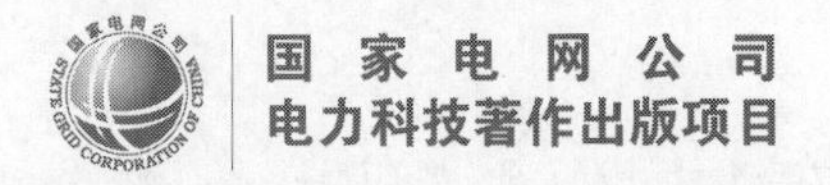

高碾压混凝土重力坝设计与研究

冯树荣 肖 峰 等著

中国电力出版社
CHINA ELECTRIC POWER PRESS

内 容 提 要

本书在吸收近年来碾压混凝土重力坝设计方面所取得的科技成果，总结我国高碾压混凝土重力坝的建设经验的基础上，重点介绍了碾压混凝土原材料及配合比、碾压混凝土性能、碾压混凝土层面性能、变态混凝土、坝体防渗结构、坝体断面设计、碾压混凝土重力坝温控防裂等技术内容，涵盖了高碾压混凝土重力坝设计中的主要方面。

本书适用于高碾压混凝土重力坝设计人员使用，其他相关专业人员可供参考。

图书在版编目（CIP）数据

高碾压混凝土重力坝设计与研究 / 冯树荣等著. —北京：中国电力出版社，2022.11
ISBN 978-7-5198-6872-7

Ⅰ. ①高… Ⅱ. ①冯… Ⅲ. ①碾压土坝–混凝土坝–重力坝–设计②碾压土坝–混凝土坝–重力坝–研究 Ⅳ. ①TV642.3

中国版本图书馆 CIP 数据核字（2022）第 110882 号

出版发行：中国电力出版社
地　　址：北京市东城区北京站西街 19 号（邮政编码 100005）
网　　址：http://www.cepp.sgcc.com.cn
责任编辑：孙建英（010-63412369）　董艳荣
责任校对：黄　蓓　常燕昆　王海南　于　维
装帧设计：赵姗姗
责任印制：吴　迪

印　　刷：三河市万龙印装有限公司
版　　次：2022 年 11 月第一版
印　　次：2022 年 11 月北京第一次印刷
开　　本：787 毫米×1092 毫米　16 开本
印　　张：36.75
字　　数：916 千字
印　　数：0001—1000 册
定　　价：350.00 元

序

碾压混凝土筑坝技术自20世纪80年代初开始在实际工程中应用以来，因其用粉煤灰或其他掺合料大量替代水泥，具有节能环保、施工速度快、工期短、投资省的优点，得到了快速和持续的发展。我国自1986年坑口坝建成后，1993年建成坝高75.0m的普定碾压混凝土拱坝，2000年建成131.0m高的江垭重力坝，2002年建成132.0m高的沙牌拱坝，标志着我国100m级碾压混凝土坝建设技术已经成熟。设计坝高216.5m的龙滩重力坝于2001年开工、2008年一期工程（坝高192.0m）全面建成，开创了我国200m级碾压混凝土坝建设的先河；随后，坝高200.5m的光照重力坝和坝高203.0m的黄登重力坝相继成功建成，标志着我国200m级碾压混凝土筑坝技术正趋于成熟，技术水平已经处于世界前列。

碾压混凝土筑坝技术因其材料特性和施工工艺特点，决定了其具有与常态混凝土筑坝技术不同的特点，主要表现在掺合料的选择和配合比设计、上游面防渗形式选择、坝体防裂及温度控制等几个方面。在碾压混凝土筑坝技术发展过程中，各个国家根据大坝所在地的条件和大坝的性能要求，结合各自的经验和对碾压混凝土性能及大坝结构潜力的理解，综合考虑成本和效率后所选择的碾压混凝土筑坝在设计理念和应用范围上存在一定的差别。我国经过30多年的研究和工程实践，已经形成了“高掺粉煤灰、富胶凝材料、低*VC*值、二级配碾压混凝土加变态混凝土组合防渗”的技术特色。

本书以我国大量研究成果和工程应用为基础，并吸收了国外碾压混凝土的部分研究成果，从碾压混凝土原材料及配合比、混凝土力学热学性能和渗透与溶蚀性能等方面进行了系统的阐述和总结。根据碾压混凝土的碾压成层特性，层间结合性能是需要考虑的一个重要问题，本书用了大量的篇幅，介绍了含层面碾压混凝土的物理力学性能和层面抗剪断特性研究成果；对变态混凝土的研究和应用始于我国，本书也较为系统、全面地介绍了变态混凝土的配合比、性能和工程应用情况，并对变态混凝土应用中的问题与改进进行了讨论。

由于坝高增加、水头增高、碾压层数增多，高碾压混凝土重力坝的碾压层面抗渗问题突出，碾压层面稳定和坝体承载能力问题凸显。随着坝体断面增大，坝体温控防裂难度也相应增大。因此，坝体防渗形式选择、断面设计和温控防裂是高碾压混凝土坝设计中的重要课题。本书介绍了200m级重力坝坝体防渗形式选择研究的主要成果，以及部分已建工程的防渗区混凝土配合比、防渗排水结构参数的总结分析；论述了碾压混凝土材料的特性和温度应力对坝体应力状态的影响，较全面、系统地总结分析了碾压混凝土温度变化特点和温控防裂设计的要点，以及部分工程的温控防裂实施效果，得到了一些有实用价值的结论。

本书资料翔实、内容全面，具有较高的理论水平和实用价值，为行业标准《碾压混凝土重力坝设计规范》的编制提供了重要参考依据，可供碾压混凝土坝设计、施工、科研和运行等领域的专业人员参考。

是为序。

中国工程院院士 马洪琪

2019年11月15日

前言

自日本和美国首次采用碾压混凝土技术分别建成岛地川坝（1981年）和柳溪坝（1983年）以来，碾压混凝土重力坝因其用粉煤灰大量替代水泥，具有节能环保、施工速度快、工期短、投资省、适应性强、结构安全性好的优点，发展迅速，成为最具竞争力的坝型之一。

我国自1986年引入碾压混凝土筑坝技术，首次建成坝高56.8m的福建坑口重力坝以来，碾压混凝土筑坝技术得到迅速推广应用和发展。1999年坝高131.0m的湖南江垭重力坝建成，解决了100m级碾压混凝土重力坝的关键技术问题；2008年，设计坝高216.5m的龙滩碾压混凝土重力坝成功建成，标志着我国碾压混凝土重力坝建设跃升至200m级，随后，相继建成了光照、黄登2座200m级的碾压混凝土重力坝，我国在200m级碾压混凝土重力坝建设方面已经积累了较丰富的经验。经过30多年的研究和建设实践，已经形成了适合本国国情、具有中国特色的碾压混凝土筑坝技术，我国碾压混凝土筑坝技术已被世界同行专家公认为具有世界领先水平。

本书在吸收近年来碾压混凝土重力坝设计方面所取得的科技成果，总结我国高碾压混凝土重力坝的建设经验的基础上，重点介绍了碾压混凝土原材料及配合比、碾压混凝土性能、碾压混凝土层面性能、变态混凝土、坝体防渗结构、坝体断面设计、碾压混凝土重力坝温控防裂等技术内容，涵盖了高碾压混凝土重力坝设计中的主要方面。

本书共分8章，其中第1章至第5章由冯树荣、肖峰、涂传林执笔，第6章由熊文清执笔，第7章由周跃飞执笔，第8章由石青春执笔。全书由冯树荣、肖峰统稿。

本书主要参考了NB/T 10332—2019《碾压混凝土重力坝设计规范》中的专题研究成果，中国水利水电科学研究院姜福田教授、张国新教授，武汉大学方坤河教授为本书中关于碾压混凝土材料和性能、碾压混凝土重力坝温控防裂的论述做出了卓有成效的贡献。对此我们深表感谢。

限于水平和经验，对本书不妥之处，敬请读者批评指正。

作 者

2022年8月

目录

第1章

碾压混凝土筑坝技术的发展及技术特色

1.1　碾压混凝土筑坝技术的发展

将干贫混凝土用于水工大坝，可以追溯到20世纪60年代。1960—1961年期间，在我国台湾地区石门坝将干贫混凝土用作大坝的防渗心墙上，并使用土石坝的施工方法进行摊铺和碾压。

1961—1964年在意大利建成的172m高的阿尔普格拉（Alpe Gera）坝，采用了许多后来在碾压混凝土施工中沿用的方法。该坝使用贫混凝土，从河谷的一侧以层状浇筑至另一侧，层厚700mm，未采用传统的分块浇筑；上游面用钢板防渗；施工时自卸汽车从拌和厂将混凝土直接运至施工仓面卸料，用推土机平仓，用悬挂于推土机后部的插入式振捣器组进行振捣，在坝体规定位置用切缝机切割振捣后的混凝土形成横缝。该坝通过减少坝体内部混凝土的水泥用量降低了大体积混凝土材料的单价。由于采用土石坝施工方法水平浇筑贫混凝土以代替传统的垂直柱状浇筑方法，因而降低了温度控制费用并加快了施工进度，节省了施工造价。

1970年杰罗姆·拉斐尔（Jerome Raphael）发表了《最优重力坝》一文，提出了采用水泥胶结材料，使大坝坡度和水泥用量（强度）达到最优的思想。优化结构的断面介于大体积土石坝和混凝土重力坝之间。1972年罗伯特·W.坎农（Robert W.Cannon）发表了题为《用土料压实方法建造混凝土坝》的论文，介绍了在泰斯·福特（Tims Ford）坝试验块上，用无坍落度的贫混凝土、自卸汽车运输、装载机铺筑、振动碾压实的试验结果。在1973年召开的第十一届国际大坝会议上，莫法特（A.I.B.Moffat）宣读了题为《适用于重力坝施工的干贫混凝土研究》的论文，推荐将早在20世纪50年代英国路基上使用的干贫混凝土用于修筑混凝土坝，用筑路机械将其压实；他预计，高40m以上的坝，造价可降低15%。

1974年，美国陆军工程师团（US Army Corps）针对Zintel Canyon坝的建设提出了一个碾压混凝土坝的比较方案，发现最初提出的堆石坝断面可以减小到类似于传统重力坝的断面，使得这种更经济重力坝的概念向前迈进了一大步。由于缺乏资金，该坝的建设推迟到1992年才开始兴建。但该坝的很多设计理念在1982年建成的柳溪（Willow Creek）坝得到采用。

20世纪70年代中期，普莱斯（Price）在试验室对碾压混凝土进行了全面的试验研究。1977年英国进行了高粉煤灰含量、低水泥用量的贫混凝土试验。1978—1980年，英国也进行了进一步的现场试验，并于1982年在小型碾压混凝土坝的施工中得到应用。

首次大规模使用碾压混凝土的是巴基斯坦塔贝拉（Tarbela）坝的隧洞修复工程。1974年，该坝的泄洪隧洞出口被洪水冲垮，修复工作必须在春季融雪之前完成，于是采用碾压混凝土进行修复。在 42d 时间里铺筑了 35 万 m^3 碾压混凝土，日平均铺筑量 8300m^3 有余，最大日铺筑强度达到 1.8 万 m^3。这是当时世界上最高的混凝土浇筑强度，充分显示了碾压混凝土施工快速、经济的特点。

美国 1982 年建成的坝高 52m 的柳溪（Willow Creek）坝，坝轴线长 543m，不设纵横缝。坝体上游面采用预制混凝土面板，坝体采用贫胶凝材料碾压混凝土，水泥用量 47kg/m^3，粉煤灰用量 19kg/m^3。该坝采用 30cm 碾压层厚的薄层连续铺筑上升方法，在 17 周里完成 33.1 万 m^3 碾压混凝土的铺筑，比常态混凝土重力坝缩短工期 1～1.5 年，造价仅相当于常规混凝土重力坝的 40%、堆石坝的 60%左右。柳溪坝的建设，充分显示了碾压混凝土坝所具有的施工快速和经济的巨大优势，极大地推动了碾压混凝土坝在世界各国的迅速发展。

20 世纪 70 年代，日本开展了碾压混凝土坝（RCD）工法的研究，该工法对混凝土坝施工的三个要素进行了改进。① 施工：使用大型的施工设备，如土石坝施工设备，采用水平面通仓浇筑，减少竖向施工缝及模板工程量，缩短施工时间。② 材料：降低混凝土的水泥用量，使用粉煤灰改善混凝土的工作性能，降低温升，取消埋设冷却系统。③ 设计：允许在以前只能修建土石坝的地质条件不佳的坝基上设计经济的碾压混凝土坝。为了获得良好的耐久性，采用 2.5～3.0m 厚的表层混凝土对坝体进行防渗和表面保护；为提高 RCD 混凝土的抗渗性和黏聚力，要对水平施工缝进行刷毛和铺砂浆垫层处理。

1976 年，日本在大川（Ohkawa）坝的围堰上进行了现场试验，结果表明 RCD 工法可用于大坝主体工程施工。日本于 1980 年建成的岛地川（Shimajigawa）坝是世界上第一座 RCD 坝。该坝高 89m，上下游面用 3m 厚的常态混凝土作为防渗层，坝体混凝土总量 31.7 万 m^3，坝体内部碾压混凝土中胶凝材料用量为 120kg/m^3，其中粉煤灰占 30%。碾压混凝土占坝体混凝土总方量的 52%。

西班牙于 1985 年建成的 Castilblanco de los Arroyos 坝和中国于 1986 年建成的坑口坝，分别是西班牙和中国修建的第一座碾压混凝土坝。这 2 座坝都引入了富胶凝材料碾压混凝土概念，大量使用掺合料。此后，碾压混凝土坝开始在南非、巴西以及墨西哥兴起。巴西的 Urugua Ⅰ 坝第一次使用了含“人工细料”的碾压混凝土，该国 Saco de Nova Olinda 坝是第一次在混凝土中采用“天然细料”的碾压混凝土坝。目前“高细料含量”概念已普遍应用于巴西的碾压混凝土坝中。

对碾压混凝土筑坝技术发展起了重要作用的另一座坝是建于 1985—1987 年的美国上静水（Upper Stillwater）坝。该坝混凝土总量 128.1 万 m^3，碾压混凝土中胶凝材料用量高达 252kg/m^3，其中 69%是低钙的粉煤灰。1987 年，日本建成了第二座 RCD 坝，坝高 100m 的玉川（Tamagawa）坝，混凝土总量 115 万 m^3。

自 1980 年第一座碾压混凝土坝——岛地川（Shimajigawa）坝建成至 2009 年，国外共建成碾压混凝土坝 241 座，在建 38 座，见表 1－1。

我国自 1986 年坑口坝建成后，碾压混凝土筑坝技术得到迅速推广应用和发展。1986—1993 年期间，建设的坝高在 70m 以下的碾压混凝土坝整个坝体使用碾压混凝土，如龙门滩、万安等，坝的上游面一般单独设置防渗层；坝高在 70m 以上的重力坝只在部分坝段使用碾压混凝土，如岩滩、铜街子等。1993 年坝高 75m 的普定碾压混凝土拱坝建成，1994 年坝高

48m 的温泉堡碾压混凝土拱坝建成。1995 年，128m 高的江垭碾压混凝土重力坝开始建设并于 2000 年建成，标志着我国 100m 级碾压混凝土重力坝建设技术已经成熟。2000 年以后我国碾压混凝土重力坝建设全面发展，龙滩碾压混凝土坝于 2001 年开工、2008 年全面建成，开创了我国 200m 级碾压混凝土坝建设的先河。已建成的坝高 132m 的沙牌拱坝是当今世界上最高的碾压混凝土重力拱坝，并经受了 2008 年 5 月 12 日汶川八级大地震的考验安然无恙；已建成的坝高 133m 的大花水拱坝是当今世界上最高的碾压混凝土双曲薄拱坝。据不完全的统计，截至 2015 年底，中国已经建成碾压混凝土坝 150 余座（其中拱坝 44 座），在建的碾压混凝土坝 10 座（其中拱坝 2 座），详见表 1-2，其中 100m 以上的高碾压混凝土重力坝约 37 座，100m 级拱坝约 16 座。

表 1-1　　国外已建、在建碾压混凝土坝汇总表（截至 2009 年）

序号	坝名	国家	坝高（m）	坝长（m）	混凝土量（万 m^3）	碾压混凝土量（万 m^3）	胶凝材料（kg/m^3）		建成年份
							水泥	掺合材料	
1	Shimajigawa	日本	89	240	31.7	16.5	84	36（F）	1980
2	Willow Creek	美国	52	543	33.1	33.1	47	19（F）	1982
3	Copperfield	澳大利亚	40	340	15.6	14.0	80	30（F）	1984
4	Middle Fork	美国	38	125	4.3	4.2	66	0	1984
5	Winchester	美国	23	363	2.7	2.4	104	0	1984
6	Galcsville	美国	50	290	17.1	16.1	53	51（F）	1985
7	Castilblanco de los Arroyos	西班牙	25	124	2.0	1.4	61	120	1985
8	Craigbourne	澳大利亚	25	247	2.4	2.2	70	60（F）	1986
9	Tamagawa	日本	100	441	115.0	77.2	91	39（F）	1986
10	Grindstone Canyon	美国	42	432	9.6	8.8	76	0	1986
11	Monksville	美国	48	670	23.2	21.9	64	0	1986
12	De Mist Kraal	南非	30	300	6.5	3.5	58	58（F）	1986
13	Saco de Nova Olinda	巴西	56	230	14.3	13.2	55	15（N）	1986
14	Arabie	南非	36	455	14.2	10.1	36	74（S）	1986
15	Zaaihoek	南非	47	527	13.4	9.7	36	84（S）	1987
16	La Manzanilla	墨西哥	36	150	3.0	2.0	135	135（N）	1987
17	Lower Chase Creek	美国	20	122	2.2	1.4	64	40（F）	1987
18	Upper Stillwater	美国	91	815	128.1	112.5	79	173（F）	1987
19	Los Morales	西班牙	28	200	2.6	2.2	80 74	140（F） 128（F）	1987
20	Les Olivettes	法国	36	255	8.5	8.0	0	130（R）	1987
21	Elk Creek	美国	35	365	34.8	26.6	70	33（F）	1988
22	Mano	日本	69	239	21.9	10.4	96	24（F）	1988

续表

序号	坝名	国家	坝高（m）	坝长（m）	混凝土量（万 m^3）	碾压混凝土量（万 m^3）	胶凝材料（kg/m^3）		建成年份
							水泥	掺合材料	
23	Ain al Koreima	摩洛哥	26	124	3.0	2.7	70 140	30（S） 60（S）	1988
24	Shiromizugawa	日本	55	367	31.4	14.2	96	24（F）	1988
25	Santa Eugenia	西班牙	85.5	290	25.4	22.5	88 72	152（F） 143（F）	1988
26	Asahi Ogawa	日本	84	260	36.1	26.8	96	24（F）	1988
27	Stagecoach	美国	46	116	3.9	3.4	71	71（F）	1988
28	Pirika	日本	40	755	36.0	16.3	84	36（F）	1988
29	Vadeni	罗马尼亚	25	55	1.7	1.4	125	0	1988
30	Rwedat	摩洛哥	24	125	2.7	2.5	100	15（N）	1988
31	Nunome	日本	72	322	33.0	11.0	78	42（F）	1988
32	Knellpoort	南非	50	200	5.9	4.5	61	142（F）	1988
33	Los Canchales	西班牙	32	240	5.4	2.5	84 70	156（F） 145（F）	1988
34	Urugua－i	阿根廷	77	687	62.6	59.0	60	0	1989
35	Stacy－spillway	美国	31	173	15.8	8.9	125	62（C）	1989
36	Tirgu Jiu	罗马尼亚	24	61	2.6	1.3	125	0	1989
37	Spitskop	南非	15	100	3.6	1.7	91	92（F）	1989
38	Wright's Basin	澳大利亚	18	86	0.9	0.9	145	73（F）	1989
39	Wolwedans	南非	70	268	21.0	18.0	58	136（F）	1989
40	Marmot Replacement	美国	17	59	0.9	0.7	70	109（F）	1989
41	Tashkumyr	吉尔吉斯斯坦	75	320	130.0	10.0	90	30（N）	1989
42	Dodairagawa	日本	70	300	34.6	16.7	96	24（F）	1990
43	Quail Creek South	美国	42	610	15.0	13.0	80	53（F）	1990
44	Concepcion	洪都拉斯	68	694	29.0	27.0	65	15	1990
45	Wriggleswade	南非	34	737	16.5	13.4	44	66（F）	1990
46	Riou	法国	26	308	4.6	4.1	0	120（R）	1990
47	Marono	西班牙	53	182	9.1	8.0	80 65	170（F） 160（F）	1990
48	Caraibas	巴西	26	160	2.2	1.8	58	16（N）	1990
49	Asari	日本	74	390	51.7	25.9	96	24（F）	1990
50	Aoulouz	摩洛哥	75	480	83.0	60.8	120 90	0 0	1990

续表

序号	坝名	国家	坝高（m）	坝长（m）	混凝土量（万 m³）	碾压混凝土量（万 m³）	胶凝材料（kg/m³）		建成年份
							水泥	掺合材料	
51	Hervas	西班牙	33	210	4.3	2.4	80	155（F）	1990
52	Freeman Diversion	美国	17	366	11.0	10.1	125	83（F）	1990
53	Kamuro	日本	61	257	30.7	13.6	96	24（F）	1990
54	Glen Melville	南非	32	380	11.4	6.6	65	65（F）	1990
55	Thornlea	南非	17	135	1.7	1.6	38	87（S）	1990
56	Nickajack Auxillary	美国	17	427	7.9	7.9	85	119（F）	1991
57	Gameleira	英国	29	150	2.9	2.7	65	0	1991
58	Cuchillo Negro	美国	50	186	8.2	7.5	77	59（F）	1991
59	Sakaigawa	日本	115	298	71.8	37.3	91	39（F）	1991
60	New Victoria	澳大利亚	52	285	13.5	12.1	79	160（F）	1991
61	Burguillo del Cerro	西班牙	24	167	3.3	2.5	80	135（F）	1991
62	Victoria replacement	美国	37	100	4.0	3.6	67	67（C）	1991
63	La Puebla de Cazalla	西班牙	71	220	22.0	20.5	80	130（F）	1991
64	Belen Caguela	西班牙	31	160	2.9	2.4	73	109（F）	1991
65	Choldocogagna	法国	36	100	2.3	1.9	0	110（R）	1991
66	Belen－Gato	西班牙	34	158	4.1	3.6	73	109（F）	1991
67	Sabigawa（lower dam）	日本	104	273	59.0	40.0	91	39（F）	1991
68	AmatisterosⅢ	西班牙	19	75	0.5	0.4	73	109（F）	1991
69	CaballarⅠ	西班牙	16	98	0.7	0.6	73	109（F）	1991
70	Belen－Flores	西班牙	28	87	1.2	1.0	73	109（F）	1992
71	Alan Henry Spillway	美国	25	84	2.3	2.2	119	59（F）	1992
72	Capanda	安哥拉	110	1203	115.4	75.7	70	100（M）	1992
73	Town Wash	美国	18	264	4.5	4.3	107	71（F）	1992
74	Urdalur	西班牙	58	206	11.3	11.0	85	135（F）	1992
75	C.E.Siegrist	美国	40	213	7.0	6.9	59	34（F）	1992
76	Taung	南非	50	320	15.3	13.2	44	66（F）	1992
77	Arriaran	西班牙	58	206	11.3	11.0	85	135（F）	1992
78	Zintel Canyon	美国	39	158	5.5	5.4	74	0	1992
79	Kroombit	澳大利亚	26	250	11.0	8.4	82	107（F）	1992
80	Burton Gorge	澳大利亚	26	285	6.8	6.4	85	0	1992

续表

序号	坝名	国家	坝高（m）	坝长（m）	混凝土量（万 m³）	碾压混凝土量（万 m³）	胶凝材料（kg/m³）		建成年份
							水泥	掺合材料	
81	Ryumon	日本	100	378	83.6	52.1	91	39（F）	1992
82	Joumoua	摩洛哥	57	297	20.0	16.2	105 180	45（N） 0	1992
83	Trigomil	墨西哥	100	250	68.1	36.2	148	47（F）	1992
84	Paxton	南非	17	70	0.3	0.3	70	100（F）	1992
85	Petit Saut	圭亚那	48	740	41.0	25.0	0	120（R）	1993
86	Elmer Thomas	美国	34	128	3.4	2.9	89	89（F）	1993
87	Marathia	希腊	28	265	4.8	3.1	55	15（N）	1993
88	Imin el Kheng	摩洛哥	39	170	14.0	13.0	100 110	20（F） 20（F）	1993
89	Tsugawa	日本	76	228	34.2	22.2	96	24（F）	1993
90	Cenza	西班牙	49	609	22.5	20.0	70	130（F）	1993
91	Spring Hollow Hattabara	美国	74	302	22.3	22.2	53	53（F）	1993
92	Hattabara	日本	83	325	50.0	22.8	84	36（F）	1993
93	Hudson River Ⅱ	美国	21	168	2.8	2.6	119	84（F）	1993
94	Sierra Brava	西班牙	54	835	34.0	27.7	70	130（F）	1993
95	Kodama	日本	102	280	55.4	35.8	84	36（F）	1993
96	Villaunur	法国	16	147	1.5	1.1	0	90（R）	1993
97	Vindramas	墨西哥	50	805	18.4	11.7	100	100（M）	1993
98	Miyatoko	日本	48	256	28.0	17.2	96	24（F）	1993
99	Sahla	摩洛哥	55	160	14.6	13.6	85 125	15（N） 25（N）	1993
100	Pelo Sinal	巴西	34	296	8.0	6.9	100	0	1993
101	Sep	法国	46	145	5.8	4.9	0	120（R）	1994
102	Pak Mun	泰国	26	323	5.0	4.8	0	120（R）	1994
103	Hinata	日本	57	290	24.0	11.3	84	36（F）	1994
104	San Lazaro	墨西哥	38	176	5.3	3.5	100 90	220（M） 220（M）	1994
105	Rocky Gulch	美国	18	55	0.7	0.6	184	0	1994
106	San Rafael	墨西哥	48	168	11.0	8.5	90	18（N）	1994
107	Lac Robertson	加拿大	40	124	3.5	2.8	85	85（F）	1994
108	La Touche Poupard	法国	36	200	4.6	3.4	0	115（R）	1994
109	Lower Molonglo Bypass Storage	澳大利亚	32	120	2.7	2.2	96	64（F）	1994

续表

序号	坝名	国家	坝高（m）	坝长（m）	混凝土量（万 m^3）	碾压混凝土量（万 m^3）	胶凝材料（kg/m^3）		建成年份
							水泥	掺合材料	
110	Varzea Grande	巴西	31	135	2.8	2.7	56	14（N）	1994
111	Cova da Mandioca	巴西	32	360	7.5	7.1	80	0	1994
112	Acaua	巴西	46	375		67.4	56	14（N）	1994
113	Miyagase	日本	155	400	200.1	153.7	91	39（F）	1995
114	Yoshida	日本	75	218	29.8	19.3	84	36（F）	1995
115	Chiya	日本	98	259	62.9	39.6	77	33（F）	1995
116	Canoas	巴西	51	116	9.3	8.7	64	16（N）	1995
117	Ohmatsukawa	日本	65	296	30.3	14.1	91	39（F）	1995
118	Satsunaigawa	日本	114	300	76.0	53.6	42	78（S）	1995
119	Enjil	摩洛哥	36	90	4.0	3.6	110 150	0 0	1995
120	New Peterson Lake	美国	21	70	0.8	0.7	145	48（F）	1995
121	Shiokawa	日本	79	225	38.8	29.9	96	24（F）	1995
122	Urayama	日本	156	372	186.0	129.4	91	39（F）	1995
123	Nacaome	洪都拉斯	54	320	30.0	25.0	64	21（N）	1995
124	Trairas	巴西	25	440	2.8	2.7	80	0	1995
125	Ano Mera	希腊	32	170	6.4	4.9	55	15（N）	1995
126	Jordan	巴西	95	546	64.7	57.0	65	10（N）	1996
127	Pangue	智利	113	410	74.0	67.0	80	100（N）	1996
128	Loyalty Road	澳大利亚	30	111	2.2	2.0	80	0	1996
129	Shimagawa	日本	90	330	49.0	39.0	84	36（F）	1996
130	Big Haynes	美国	27	427	7.4	7.2	42 39	42（F） 39（F）	1996
131	Hiyoshi	日本	70	438	64.0	44.0	84 77	36（F） 33（F）	1996
132	Boqueron	西班牙	58	290	14.5	13.7	55	130（F）	1996
133	Grand Falls spillway	加拿大	15	180	1.1	0.7	130	75（F）	1996
134	Tomisato	日本	111	250	48.0	40.9	84 72	36（F） 48（F）	1997
135	Platanovryssi	希腊	95	305	44.0	42.0	50	225（C）	1997
136	Queilesy Val	西班牙	82	375	52.0	48.0	80	145（F）	1997
137	Atance	西班牙	45	184	7.5	6.5	57	133（F）	1997
138	Takisato	日本	50	445	45.5	32.7	84	36（F）	1997

续表

序号	坝名	国家	坝高（m）	坝长（m）	混凝土量（万 m^3）	碾压混凝土量（万 m^3）	胶凝材料（kg/m^3）		建成年份
							水泥	掺合材料	
139	Kazunogawa	日本	105	264	62.2	42.8	91 84	39（F） 36（F）	1997
140	Qedusizi	南非	28	490	15.6	7.8	46	108（S）	1997
141	Tie Hack	美国	41	170	6.9	6.2	89	83（F）	1997
142	Cadiangullong	澳大利亚	43	356	12.3	11.4	90	90（F）	1997
143	Rio do Peixe	巴西	20	300	3.4	2.0	120 90	0 0	1997
144	Belo Jardim	巴西	43	420	9.3	8.1	58	15（N）	1997
145	Contraembalse de Moncion	多米尼加	20	254	15.5	13.0	80±8	0	1998
146	Bouhouda	摩洛哥	60	173	21.8	19.8	100 120	0 0	1998
147	Hayachine	日本	74	333	32.5	14.1	84	36（F）	1998
148	Salto Caxias	巴西	67	1083	143.8	91.2	80	20（F）	1998
149	Val de Serra	巴西	37	675	9.5	6.9	60	30（F）	1998
150	Gassan	日本	123	393	116.0	73.1	91	39（F）	1998
151	Penn Forest	美国	49	610	28.3	28.3	58	41（F）	1998
152	Jucazinho	巴西	63	442	50.0	47.2	64	16（N）	1998
153	Rialb	西班牙	99	630	101.6	98.0	70 65	130（F） 130（F）	1998
154	Bab Louta	摩洛哥	54	110	5.0	4.5	65 80	15（N） 20（N）	1999
155	Toker	厄立特里亚	73	263	21.0	18.7	110	85（F）	1999
156	Balambano	印度尼西亚	95	351	52.8	52.8	81	54（F）	1999
157	Bertarello	巴西	29	210	7.0	6.0	72	18（N）	1999
158	Ziga	布基纳法索	18	120		4.4			1999
159	Rosal	巴西	37	212	7.5	4.5	45	55（S）	1999
160	Sucati	土耳其	36	192	6.0	5.5	50	100（S）	1999
161	Barnard Creek Canyon Debris	美国	18	46	0.3	0.3	108	84（F）	1999
162	Nagashima sediment	日本	33	127	5.5	2.3	40	50（S）	1999
163	Las Blancas	墨西哥	28	2795	31.6	22.1	100	100（F）	1999
164	Ponto Novo	巴西	32	266	10.5	9.0	72	18（N）	1999
165	Guilman – Amorin	巴西	41	143	7.2	2.3	80	20（N）	1999

续表

序号	坝名	国家	坝高（m）	坝长（m）	混凝土量（万 m^3）	碾压混凝土量（万 m^3）	胶凝材料（kg/m^3）		建成年份
							水泥	掺合材料	
166	Camera	巴西	40						1999
167	Bullard Creek	美国	16	110	0.7	0.7	148	44	1999
168	Kubusugawa	日本	95	253	47.2	27.7	84	36（F）	2000
169	Ohnagami	日本	72	334	35.5	28.4	84	36（F）	2000
170	Trout Creek	美国	31	38	1.0	0.9	163	0	2000
171	Beni Haroun	阿尔及利亚	118	714	190.0	169.0	82	143（F）	2000
172	Origawa	日本	114	328	69.5	40.6	91 120	39（F） 0	2000
173	Pie Pol	伊朗	15	300	27.0	13.0	130	0	2000
174	Shin－miyaka	日本	68	325	48.0	39.3	91	39（F）	2000
175	Pajarito Canyon	美国	36	112	4.8	4.8	148	0	2000
176	PorceII	哥伦比亚	123	425	144.5	130.5	132 120	88（N） 80（N）	2000
177	Tucurui 2nd Phase	巴西	78	1541	880.0	7.6	70	30（N）	2000
178	Inyaka	南非	53	350	32.7	16.0	60	120（F）	2000
179	Dona Francisca	巴西	63	610	66.5	48.5	55	30（N）	2000
180	Ueno	日本	120	350	72.0	26.9	77 70	33（F） 30（F）	2000
181	Tannur	约旦	60	270	25.0	25.0	125 120	75（N） 50（N）	2000
182	Santa Cruz do Apodi	巴西	58	1660		107.0	80	0	2000
183	R' mil	突尼斯	18	260	16.0	6.4	100	0	2001
184	Safad	阿联酋	19	100	1.0	0.9	90	0	2001
185	North Fork Hughes River	美国	26	200	6.5	6.5	59 107	59（F） 65（F）	2001
186	Showkah	阿联酋	24	105	2.0	1.8	90	0	2001
187	Chubetu	日本	86	290	98.0	49.5	84	36（F）	2001
188	Cana Brava	巴西	71	510	62.0	40.0	45	55（S）	2001
189	Castanhao	巴西	60	668	103.0	89.0	85	0	2001
190	Lajeado	巴西	43	2100	133.0	21.0	30	40（S）	2001
191	Umari	巴西	42	2308	65.8	64.4	70	0	2001
192	Estreito	巴西	22	300	1.5	1.2	64	16（N）	2001
193	Pedras Altas	巴西	24	1090	19.2	17.2	80	0	2001
194	Pirapana	巴西	42	300	13.7	8.7	90	0	2001

续表

序号	坝名	国家	坝高（m）	坝长（m）	混凝土量（万 m³）	碾压混凝土量（万 m³）	胶凝材料（kg/m³）		建成年份
							水泥	掺合材料	
195	Penas Blancas	哥斯达黎加	48	211	17.0	12.0	90	35（N）	2002
196	Mae Suai	泰国	59	340	35.0	30.0	70	80～100（F）	2002
197	Hunting Run	美国	25	720	10.5	10.5	74	37（F）	2002
198	La Canada	玻利维亚	52	154	7.7	7.2	140	100（N）	2002
199	Wala	约旦	52	300	26.0	24.0	120 100	0 0	2002
200	Kutani	日本	76	280	37.0	18.8	84	36（F）	2002
201	MielI	哥伦比亚	188	345	173.0	166.9	85～160	0	2002
202	Randleman Lake	美国	31	280	7.6	7.0	89	104（F）	2002
203	Olivenhain	美国	97	788	114.0	107.0	74	121（F）	2002
204	Koyama	日本	65	462	53.1	27.0	54	66（S）	2002
205	Bureiskaya	俄罗斯	136	714	350.0	120.0	95～110	25～30（N）	2002
206	Fukutiyama	日本	65	255	20.1	11.5	84	36（F）	2002
207	Mujib	约旦	67	490	69.4	65.4	80	0	2003
208	Ait M' Zal	摩洛哥	49	212	11.7	7.7	80 100	0 0	2003
209	Nandoni	南非	47	392	31.6	15.0	54	129（F）	2003
210	El Espanagal	西班牙	21	383	8.9	6.2	68	157（F）	2003
211	Ralco	智利	155	360	164.0	159.6	133 116	57（F） 50（F）	2003
212	Takizawa	日本	140	424	180.0	81.0	84	36（F）	2003
213	Steno	希腊	27	186			70	0	2003
214	Serra do Facao	巴西	80	326	70.0	60.0	90	0	2003
215	Joao Leite	巴西	55	380	29.0	27.0			2003
216	Ghatghar（Upper Dam）	印度	15	495	4.8	3.5	88	132（F）	2004
217	Tha Dan	泰国	95	2600	540.0	490.0	90	100（F）	2004
218	Rompepicos at Corral des	墨西哥	109	250	40.0		70	53（F）	2004
219	Pedrogao	葡萄牙	43	448	35.4	14.9	55	165（F）	2004
220	Boukerkour	摩洛哥	60	213	17.2	15.2			2004
221	Sidi Said	摩洛哥	120	600	66.0	60.0	65 80	15（N） 20（N）	2004

续表

序号	坝名	国家	坝高（m）	坝长（m）	混凝土量（万 m^3）	碾压混凝土量（万 m^3）	胶凝材料（kg/m^3）		建成年份
							水泥	掺合材料	
222	Candonga	巴西	53	311	35.6	23.6	90	0	2004
223	Fundao	巴西	49	445	21.0	18.0	80	0	2004
224	Pindobacu	巴西	44	210	8.5	7.5	70	0	2004
225	Bandeira de Malo	巴西	20	320	8.7	7.5	70	0	2004
226	Santa Clara Jordao	巴西	67	588	50.4	43.8	60	30	2004
227	Saluda dam remediation	美国	65	2390	141.0	119.0			2004
228	Cindere	土耳其	107	280	168.0	150.0	50	20（F）	2005
229	Chalillo	伯利兹	45	380		14.0	80	25（N）	2005
230	Jahgin	伊朗	80	260	37.0	24.0	105	90（N）	2005
231	Krishna Weir	印度	40		4.5	3.5			2005
232	Al Wehdah	约旦/叙利亚	96	485	134.0	130.0	60	80（F）	2005
233	Burnett River	澳大利亚	50	940	40.0	40.0	65	0	2005
234	Kinta	马来西亚	85	765	95.0	90.0	100	100（F）	2006
235	Ghatghar（Lower dam）	印度	84	415	69.0	64.0	70	160（F）	2006
236	Oued R' Mil	摩洛哥	79	250	26.0	23.0	100	0	2006
237	Sa Stria	意大利	87	345	44.4	26.2			2006
238	Ban La	越南	135	480	135.9	125.0			2007
239	Mangla Emergency	巴基斯坦	17	340	5.4	2.5			2008
240	Yeywa	缅甸	132	680	280.0	255.0	70	150（N）	2008
241	Cine	土耳其	135	300	150.0	143.0	85 75	105（F） 95（F）	2009
242	Amata	墨西哥	30						施工
243	Chalillo	巴西	45						施工
244	Kido	日本	94	350	50.4	29.1	84	36（F）	施工
245	Paradise（Burnett River）	澳大利亚	50						施工
246	Can Asujan	菲律宾	42						施工
247	Nagai	日本	125	381	120.0	70.3	91	39（F）	施工
248	Pleikrong	越南	71	500	45.0	30.0	80	110（N）	施工
249	El Guapo	委内瑞拉	50						施工
250	Pinalito	多米尼加	52						施工

续表

序号	坝名	国家	坝高（m）	坝长（m）	混凝土量（万 m^3）	碾压混凝土量（万 m^3）	胶凝材料（kg/m^3）		建成年份
							水泥	掺合材料	
251	Nakai	老挝	39						施工
252	Hickory Log Creek	美国	55						施工
253	Taishir	蒙古	55	190		20.0			施工
254	Wirgane	摩洛哥	70	232	30.0	24.0			施工
255	Meander	澳大利亚	47						施工
256	North Para	澳大利亚	33						施工
257	A Vuong	越南	80	240	41.0	32.0	90	150（N）	施工
258	Koris Yefiri	希腊	41						施工
259	Ain Kouachia	摩洛哥	30						施工
260	Beydag	土耳其	96						施工
261	Koudiat Acerdoune	阿尔及利亚	121	500	185.0	165.0	77	87（F）	施工
262	La Brena Ⅱ	西班牙	120						施工
263	Toppu	日本	78	309	53.0	28.0	84	36（F）	施工
264	Boussiaba	阿尔及利亚	51						施工
265	Zirdan	伊朗	85						施工
266	Krishna Weir	印度	40						施工
267	Dong Nai 3	越南	110	590	121.0	115.0	60	130（N）	施工
268	Dong Nai 4	越南	129						施工
269	Ban Ve	越南	135	480	175.0	143.0	90	110（F）	施工
270	Song Tranh 2	越南	97						施工
271	Wadi Dayqah	阿曼	80						施工
272	Kasrgawa	日本	97						施工
273	Ban Chat	越南	130						施工
274	Pirris	哥斯达黎加	113						施工
275	Ohyama	日本	94						施工
276	Huoi Qoabg	越南	99	252	70.0	40.0			施工
277	Son La	越南	139	900	460.0	310.0			施工
278	Moula	突尼斯	84						施工
279	Dak Mi 4	越南	87						施工

注 建成年份指碾压混凝土部分完成的时间；C—高钙粉煤灰；F—F 级的粉煤灰；M—磨细砂；N—天然火山灰；R—粉煤灰和矿渣；S—粒化高炉矿渣。

表 1-2　　中国已建、在建碾压混凝土坝（截至 2015 年底）

序号	坝名	坝型	坝高（m）	坝长（m）	防渗型式	混凝土量（万m^3）	碾压混凝土量（万m^3）	完成年份
1	坑口	重力坝	56.8	122.5	沥青砂浆	6.0	4.3	1986
2	龙门滩	重力坝	57.5	150.0	补偿收缩混凝土	9.3	7.1	1989
3	潘家口下池	重力坝	28.5	1098.0	碾压混凝土	60.0	2.0	1989
4	马回	重力坝	20.2	886.8	常态混凝土	39.0	8.0	1989
5	铜街子	重力坝	82.0	1084.59	常态混凝土	272.0	42.53	1990
6	高塘坪	重力坝	51.6			220		1990
7	荣地	重力坝	56.3	137.0	碾压混凝土	7.36	6.07	1991
8	万安	重力坝	49.0	1097.5	常态混凝土	148.0	4.3	1992
9	天生桥二级	重力坝	60.7	469.9	常态混凝土	26.0	13.1	1992
10	岩滩	重力坝	110.0	525.0	常态混凝土	199.0	37.6	1992
11	水口	重力坝	100.0	783.0	常态混凝土	100.0	60.0	1993
12	广蓄下库	重力坝	43.5	153.0	常态混凝土	5.63	3.2	1993
13	普定	拱坝	75.0	165.7	碾压混凝土	13.7	10.3	1993
14	锦江	重力坝	62.65	229.0	常态混凝土	26.7	18.2	1993
15	大广坝	重力坝	57.0	719.0	常态混凝土	82.7	48.5	1993
16	猫儿岩	拱坝	35	38				1993
17	山仔	重力坝	64.6	266.4	碾压混凝土	23.0	19.4	1994
18	温泉堡	拱坝	48.0	187.9	碾压混凝土	6.3	5.6	1994
19	水东	重力坝	63.0	196.6	混凝土预制板	11.5	6.5	1994
20	溪柄	拱坝	63.5	95.5	碾压混凝土	2.8	2.24	1995
21	观音阁	重力坝	82.0	1040.0	常态混凝土	181.5	96.3	1995
22	寺山坪	拱坝	55.7	147		1.8		1995
23	毛江	拱坝	45	150				1995
24	百龙滩	重力坝	28.0	274.0	碾压混凝土	8.0	6.2	1996
25	双溪	重力坝	54.7	220.6	碾压混凝土	14.49	12.77	1997
26	石漫滩	重力坝	40.5	645.0	碾压混凝土	35.0	28.0	1997
27	满台城	重力坝	37.0	337.0	常态混凝土	13.6	7.8	1997
28	碗窑	重力坝	79.0	390.0	常态混凝土	44.2	29.4	1997
29	桃林口	重力坝	74.5	500.0	常态混凝土	126.3	62.2	1998
30	石板水	重力坝	84.1	445.0	常态混凝土	56.38	32.93	1998
31	枫香峡	拱坝	90	158	碾压混凝土	77		1998
32	涌溪三级	重力坝	86.6	198.0	碾压混凝土	25.6	17.7	1999

续表

序号	坝名	坝型	坝高（m）	坝长（m）	防渗型式	混凝土量（万m³）	碾压混凝土量（万m³）	完成年份
33	高坝洲	重力坝	57.0	188.0	碾压混凝土	13.8	8.5	1999
34	花滩	重力坝	85.3	173.2	常态混凝土	29.0	24.0	1999
35	松月	重力坝	31.1	271.0		7.75	4.44	1999
36	红坡	拱坝	55.2	244.0	碾压混凝土	7.7	7.1	1999
37	阎王鼻子	重力坝	34.5	383.0	碾压混凝土	17.1	8.7	1999
38	长顺	重力坝	69.0	279.0	碾压混凝土	20.0	17.0	2000
39	江垭	重力坝	131.0	327.0	碾压混凝土	136	114	2000
40	汾河二库	重力坝	84.3	225.0	碾压混凝土	45.6	34.7	2000
41	白石	重力坝	50.3	523.0			19.4	2000
42	杨水溪三级	重力坝	46.0	202.0	碾压混凝土	13.9	10.0	2000
43	万家寨	重力坝	105					2000
44	玉石	重力坝	50.0	265.0	常态混凝土	23.0	11.0	2001
45	龙首	拱坝	80.5	196.2	碾压混凝土	21.7	19.5	2001
46	棉花滩	重力坝	111.0	308.5	碾压混凝土	61.0	50.0	2001
47	石门子	拱坝	109.0	1394.0	碾压混凝土	21.1	18.9	2001
48	山口三级	重力坝	57.4	179.44	碾压混凝土	13.3	10.4	2001
49	大干沟	重力坝	39.8			3.6		2001
50	沙牌	拱坝	132.0	258.0	碾压混凝土	37.3	36.5	2002
51	大朝山	重力坝	115.0	480.0	碾压混凝土	193.0	90.0	2002
52	临江	重力坝	103.5	522	碾压混凝土	152.9	92.96	完成
53	河龙	重力坝	30.0	244.0			4.3	2003
54	回龙下库	重力坝	53.5	175.0	碾压混凝土	10.5	8.3	2003
55	回龙上库	重力坝	54.0	208.0	碾压混凝土	7.6	7.2	2003
56	杨水溪一级	重力坝	82.0	244.0	碾压混凝土	34.0	30.0	2003
57	碗米坡	重力坝	64.5	238.0	碾压混凝土	37.6	14.6	2003
58	蔺河口	拱坝	100.0	311.0	碾压混凝土	29.5	22.0	2003
59	小洋溪	重力坝	44.6	118.0	碾压混凝土			2003
60	小洋溪副坝	重力坝	24.6		碾压混凝土			2003
61	大寨电站配套	拱坝	37					2003
62	毛坝关	拱坝	61.0	119.7	碾压混凝土	10.6	8.35	2004
63	鱼剑口	重力坝	50	156	碾压混凝土	14.65	12	2004
64	流波	拱坝	70.1	257.8	碾压混凝土	17.0	13.0	2005

续表

序号	坝名	坝型	坝高（m）	坝长（m）	防渗型式	混凝土量（万m³）	碾压混凝土量（万m³）	完成年份
65	周宁	重力坝	73.4	201.0	碾压混凝土	21.8	15.9	2005
66	招徕河	双曲拱坝	105.5	198.1	碾压混凝土	20.4	17.9	2005
67	鱼简河	拱坝	81.0	167.3	碾压混凝土	11.0	10.5	2005
68	索风营	重力坝	115.8	164.6	碾压混凝土	70.0	44.7	2005
69	百色	重力坝	128.0	719.0	碾压混凝土	269.0	215.0	2005
70	下桥	拱坝	67.5	212.6	碾压混凝土	22.57	17.23	2005
71	通口	重力坝	71.5	220.7	碾压混凝土	33.0	30.0	2005
72	海甸峡	重力坝	54			21	12	2005
73	西溪	重力坝	71.0	243.0	碾压混凝土		23.1	2006
74	玄庙观	拱坝	65.5	191	碾压混凝土	9.5	7.5	2006
75	喜河	重力坝	62.8	346	常态混凝土	64.83	19.81	2006
76	舟坝	重力坝	74.0	172.0	碾压混凝土	40.53	22.86	2006
77	麒麟观	双曲拱坝	77	138.1		5.5	5.06	2006
78	乐滩	重力坝	66	586.3		21.01	4.95	2006
79	平班	重力坝	67.2	385.0	碾压混凝土	28.6	12.0	2006
80	惠蓄上库坝	重力坝	56.7	168		9.3	8.4	2006
81	惠蓄下库坝	重力坝	63.5	420		24.2	23.5	2006
82	土卡河	重力坝	59.2	300	碾压混凝土	53	25.0	2006
83	青莲溪	拱坝	95.5	177.7	碾压混凝土	12.2		2006
84	雷打滩	拱坝	84.0	209.5	碾压混凝土	38.9	20.4	2006
85	石堤	重力坝	53.5	212.15	碾压混凝土	16.86	9.31	2007
86	宜兴蓄能电站上副坝	重力坝	36.7	216	碾压混凝土	8.6	6.8	2007
87	沙坝	拱坝	87	148.5	碾压混凝土	9	6.7	2007
88	龙桥	双曲拱坝	91		碾压混凝土			2007
89	赛珠	拱坝	72	160	碾压混凝土	11.45	10.65	2007
90	威后	拱坝	82	271	碾压混凝土			2007
91	白沙	重力坝	74.9	171.8		23.8	21.17	2007
92	景洪	重力坝	108	433.0	碾压混凝土	84.8	61.79	2008
93	光照	重力坝	200.5	410.0	碾压混凝土	280.0	240.0	2008
94	龙滩	重力坝	192.0 216.5	735.5 830.5	碾压混凝土	532.0	339.0	2008
95	彭水	重力坝	116.5	309.45	常态混凝土	96.37	55.97	2008
96	九甸峡	重力坝	180.0	258.0	碾压混凝土	143.0	93.0	2008

续表

序号	坝名	坝型	坝高（m）	坝长（m）	防渗型式	混凝土量（万m^3）	碾压混凝土量（万m^3）	完成年份
97	洪口	重力坝	130.0	348.0	碾压混凝土	74.6	68.0	2008
98	南沙	重力坝	86		碾压混凝土	40		2008
99	弄另	重力坝	90.5	280.0	碾压混凝土	39.22	29.76	2008
100	皂市	重力坝	88.0	351.0	碾压混凝土	82	47.7	2008
101	禹门河	重力坝	64.5	213.5	碾压混凝土	18.4	12.4	2008
102	圆满贯	双曲拱坝	84.5		碾压混凝土			2009
103	大花水	双曲拱坝	133	287.56	碾压混凝土	65.0	55.0	2009
104	思林	重力坝	117.0	310	碾压混凝土	108.24	77.45	2009
105	戈兰滩	重力坝	113	466		140	94	2009
106	洛古	重力坝	82	225	碾压混凝土			2009
107	云龙河三级	双曲拱坝	135	143.69	碾压混凝土	18		2009
108	马岩洞	重力坝	70	156		18	14	2009
109	白莲崖	拱坝	102.0	348	碾压混凝土	56.0	48.5	2010
110	罗坡坝	拱坝	114		碾压混凝土			2010
111	喀腊塑克	重力坝	121.5	1570	碾压混凝土	267	235	2010
112	金安桥	重力坝	160.0	640.0	碾压混凝土	613.9	264.8	2010
113	云口	双曲拱坝	119		碾压混凝土	16.0		2010
114	冲乎尔	重力坝	74			67.4	53.4	2010
115	杨家园	拱坝	68		碾压混凝土	12	7	2010
116	等壳	重力坝	76.4	239	碾压混凝土	59.91		2010
117	新松水库	重力坝	54	349	碾压混凝土	24.43	20	2010
118	那比	重力坝	68.5		碾压混凝土			2010
119	石垭子	重力坝	134.5	249.2	碾压混凝土	75.34	66.42	2010
120	黄花寨	拱坝	114	274.77	碾压混凝土	30	27.6	2010
121	马堵山	重力坝	107.5	353	碾压混凝土			2010
122	塔西河		109.0	187.0			20.0	2011
123	马渡河	双曲拱坝	99	257	碾压混凝土	24	20	2011
124	大峡	拱坝	94.0	221.0	碾压混凝土		14.0	2011
125	野三河	拱坝	74		碾压混凝土			2011
126	小溪河	重力坝	62.0	102.5	碾压混凝土	6.56	4.71	2011
127	三里坪	双曲拱坝	141	近 300	碾压混凝土	39	33	2011
128	格里桥	重力坝	124	103.9	碾压混凝土			2011

续表

序号	坝名	坝型	坝高（m）	坝长（m）	防渗型式	混凝土量（万m^3）	碾压混凝土量（万m^3）	完成年份
129	阿海	重力坝	138	482	碾压混凝土	368	144	2011
130	功果桥	重力坝	105	356	碾压混凝土	107.2	80.5	2011
131	蟒河口	重力坝	77.6	220.5	碾压混凝土			2011
132	龙开口	重力坝	119	798	碾压混凝土	330.18	228.98	2012
133	武都引水	重力坝	120.34	736.0	碾压混凝土	160.0	130.0	2012
134	沙沱	重力坝	101.0	631.0		198	151.0	2012
135	亭子口	重力坝	116	995.4	碾压混凝土	488	236	2012
136	向家坝	重力坝（部分坝段）	164		碾压混凝土			2012
137	闸木水	拱坝	77.5					2012
138	莲花台	重力坝	70.2	220.5	碾压混凝土	29	22	2012
139	山口岩	拱坝	99.1	287.9	碾压混凝土			2012
140	红岭	重力坝	95.7	528	碾压混凝土	110.65	78.39	2013
141	官地	重力坝	168	469	碾压混凝土	350	300	2013
142	鲁地拉	重力坝	140	622	碾压混凝土	180.4	138.8	2013
143	金盘洞	重力坝	48		碾压混凝土	7.51		2013
144	广源	拱坝	119		碾压混凝土			2013
145	铁川桥	拱坝	94.5	252.3	碾压混凝土	25.18	21.91	2013
146	天花板	拱坝	113	223.17	碾压混凝土	36.0	18.2	2014
147	观音岩	重力坝	159	640	碾压混凝土	780.0	448	2014
148	乐昌峡	重力坝	84.6	256	碾压混凝土	41	30	2015
149	桐子林	重力坝	69.5	440.4	碾压混凝土			2015
150	善泥坡	拱坝	119.4	205.4	碾压混凝土	26.7	19.8	2015
正在施工的碾压混凝土坝								
1	万家口子	双曲拱坝	167.5		碾压混凝土	98	90	施工
2	象鼻岭	拱坝	144	410	碾压混凝土	76	64	施工
3	黄登	重力坝	203	464	碾压混凝土	368.3	275.3	施工
4	大华桥	重力坝	106	231.5	碾压混凝土			施工
5	卡拉	重力坝	126	258	碾压混凝土	132.1	82.2	施工
6	丰满（重建）	重力坝	94.5	1068	碾压混凝土	258.9	192.6	施工
7	霍口	重力坝	88.4	334.4	碾压混凝土	71.3	63.8	施工
8	呼拦水坝	重力坝	69.3	242	碾压混凝土	33	18.5	施工
9	梅州蓄能下库坝	重力坝	85	328.3	碾压混凝土	37.3	31.9	施工
10	托巴	重力坝	158	498	碾压混凝土	291	196.4	施工

截至2009年，已建、在建碾压混凝土坝的地域分布情况见图1－1和图1－2，其中中国占33.57%。

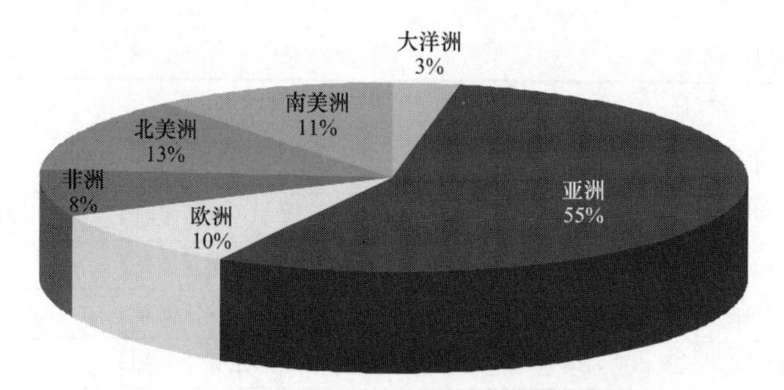

图 1-1　碾压混凝土坝在各大洲的分布图

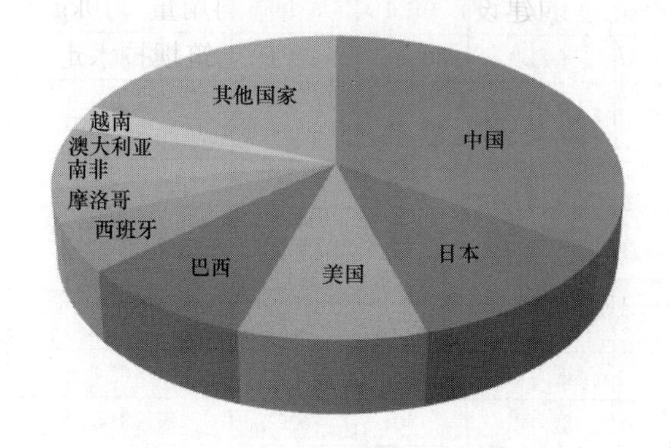

图 1-2　碾压混凝土坝在各国的分布

1.2　中国碾压混凝土坝建设的技术特色

自坑口坝成功建成以来，中国碾压混凝土筑坝技术快速发展，经过 30 多年的研究和建设实践，中国已经形成了适合本国国情的碾压混凝土筑坝技术，其碾压混凝土筑坝技术已被世界同行专家公认为具有世界领先水平。中国碾压混凝土筑坝技术具有水泥用量少、胶凝材料用量适中，碾压混凝土绝热温升低、掺合材料掺量高、抗渗和抗冻性能好的特点。

从表 1-1 的资料可以得出，世界各国已建和在建碾压混凝土坝碾压混凝土的水泥用量为 0～184kg/m^3，平均水泥用量为 81.50kg/m^3，胶凝材料用量为 60～320kg/m^3，平均用量为 139.42kg/m^3，掺合材料的平均掺量为 41.54%。根据我国碾压混凝土资料的统计，碾压混凝土的水泥用量一般为 60～90kg/m^3，平均水泥用量为 76.02kg/m^3，胶凝材料的用量一般为 140～190kg/m^3，平均用量为 163.06kg/m^3，掺合材料的掺量一般为 45%～65%，平均掺量为 55.46%。比较可以看出，中国筑坝用碾压混凝土的水泥用量少，胶凝材料用量适中。中国碾压混凝土的绝热温升一般都不超过 20℃，多数在 12～18℃范围；根据配合比的不同，碾压混凝土 90d 龄期的抗渗能力可以达到 W6～W10 的抗渗等级要求；根据设计需要，二级配碾压混凝土可以通过合理配制使其抗冻能力达到 F200～F300 的抗冻等级。

1. 碾压混凝土类型

1980 年以前，我国碾压混凝土的室内研究和室外试验使用的碾压混凝土都属于胶凝材料用量不大于 130kg/m^3、粉煤灰掺量不大于 30%、拌和物 *VC* 值 20s 左右的干贫碾压混凝土，这主要是受日本碾压混凝土筑坝技术 RCD 的影响。然而，室内的试验和研究发现，在水胶比不变的情况下，这种碾压混凝土的强度随着胶凝材料用量的增加而明显增大，抗渗性能明显提高。研究表明，干贫碾压混凝土的孔隙率大，胶凝材料浆不足以填满碾压混凝土中砂子的空隙。因此，在水胶比不变的情况下，增加胶凝材料的用量可以提高碾压混凝土的强度和抗渗性能。进一步的研究表明，在胶凝材料用量不变的情况下，增加砂中的细粉（小于 0.15mm 的颗粒）含量可以达到提高碾压混凝土强度和抗渗性能的目的，若用粉煤灰替代细粉掺加于碾压混凝土中则提高碾压混凝土强度和抗渗性能的效果更加明显。这些试验研究成果为我国碾压混凝土走向高粉煤灰含量碾压混凝土的道路奠定了理论基础。

1980 年和 1981 年四川龚咀水电站以及 1983 年在福建厦门机场工地进行的碾压混凝土试验，随后坑口碾压混凝土坝的建设，使用了胶凝材料用量 140kg/m^3，粉煤灰掺量达 57% 的碾压混凝土进行建造并获得成功，为我国碾压混凝土筑坝技术走“低水泥用量、中等胶凝材料用量、高粉煤灰掺量”技术路线积累了宝贵经验。

2. 碾压混凝土工作度

中国碾压混凝土筑坝技术推广初期，受日本 RCD 技术及西方 Vebe 测试方法的影响，在 SDJS10—1986《水工碾压混凝土试验规程》中规定，碾压混凝土拌和物的 *VC* 值宜为 20s±5s。随着我国碾压混凝土筑坝技术实践过程对 *VC* 值认识的加深，认为过大的 *VC* 值易造成碾压混凝土粗骨料的分离，不利于碾压混凝土施工层面胶结质量的提高。另外，随着我国碾压混凝土高坝的建设对碾压混凝土施工层面胶结质量要求的提高和使用的减水剂品质的改善，在相同水泥和胶凝材料用量并保持相同强度情况下使 *VC* 值的降低成为可能，碾压混凝土拌和物的 *VC* 值逐渐降低。目前，碾压混凝土拌和物的 *VC* 值，现场一般选用 2～12s。机口 *VC* 值根据施工现场的气候条件变化，采用动态控制，一般为 2～8s。

3. 外加剂

中国碾压混凝土筑坝技术引进、推广初期，碾压混凝土使用的外加剂都是普通缓凝减水剂，如坑口、铜街子、天生桥二级、岩滩和万安等碾压混凝土坝，使用的都是木质素磺酸钙。这一方面是碾压混凝土筑坝技术刚刚引进，对外加剂在碾压混凝土中的作用还未能进行深入的研究，更重要的是当时水工设计对碾压混凝土的抗压强度、抗渗等技术性能还没有提出很高的要求，使用普通缓凝减水剂即可以配制出满足技术性能要求的碾压混凝土。随着中国高碾压混凝土坝特别是高碾压混凝土拱坝的建设，普通缓凝减水剂已经不能满足碾压混凝土配合比设计对缓凝时间和减水率的要求，此时缓凝高效减水剂和超缓凝高效减水剂被引用到碾压混凝土中来，普通缓凝减水剂也就逐渐淘汰。另外，由于碾压混凝土被用作坝体的外部混凝土以及碾压混凝土坝在我国寒冷、严寒地区的建造和碾压混凝土耐久性要求的提高，在碾压混凝土中掺用引气剂也就是必然的结果。关于碾压混凝土的抗冻能力，在我国碾压混凝土筑坝技术推广应用初期，有学者提出“碾压混凝土不具备抗冻能力”的结论，这是在当时使用超干硬混凝土并按常态混凝土掺 0.6%～1.2%引气剂情况下根据试验结果得出的。进一步研究的结果表明，适当增大碾压混凝土的单位用浆量并掺加适量的引气剂，碾压混凝土的抗冻等级可以满足水工设计提出的相应抗冻等级的要求。

4. 碾压混凝土设计龄期和强度等级

我国碾压混凝土筑坝技术引进和推广的初期，碾压混凝土强度的设计龄期均为 90d，随着我国关于粉煤灰掺合材料对碾压混凝土性能的长期影响作用研究的深入，碾压混凝土强度的设计龄期可延长至 180d，如棉花滩、大朝山、金安桥、甘再（柬埔寨）等 100m 以上的高碾压混凝土重力坝的设计龄期都定为180d。

我国碾压混凝土筑坝技术引进和推广的初期，由于使用碾压混凝土的是坝高 70m 以下的重力坝，碾压混凝土的设计强度等级均为 $C_{90}10$。随着碾压混凝土应用技术的逐步成熟和碾压混凝土高坝特别是碾压混凝土高拱坝的建设，碾压混凝土的设计强度等级逐渐向 $C_{90}15$、$C_{90}20$、$C_{90}25$ 或 $C_{180}15$、$C_{180}20$、$C_{180}25$ 发展。

5. 碾压混凝土掺合材料种类

我国碾压混凝土筑坝技术引进和推广应用初期，使用于碾压混凝土中的掺合材料全都为粉煤灰。一方面是因为对于粉煤灰作为混凝土掺合材料的作用机理在当时已经研究得相对清楚一些，另一方面是因为粉煤灰作为混凝土的掺合材料的资源比较丰富。随着我国建造的碾压混凝土坝的增加，粉煤灰资源逐渐不足，特别是我国西南地区崇山峻岭中碾压混凝土坝的兴建，所需的掺合材料——粉煤灰需从遥远的中、东部采、运，这就削弱了碾压混凝土筑坝的经济性。基于这些因素，对碾压混凝土新型掺合材料的寻找和研究就成为必然。随着研究的深入，碾压混凝土的掺合材料逐渐出现了磷矿渣粉、火山灰粉、凝灰岩粉、锰矿渣粉和铜镍高炉矿渣粉等活性材料，或单独使用（如弄另坝使用火山灰粉作为掺合材料、冲乎尔坝的部分碾压混凝土使用铜镍高炉矿渣粉作为掺合材料）或两种活性材料混合用做掺合材料（如大朝山坝使用的掺合材料为磷矿渣粉与凝灰岩粉各占50%）。此后，又出现了活性材料与非活性材料（如石灰岩粉、凝灰岩粉）复合的掺合材料（如戈兰滩坝使用的掺合材料为高炉矿渣粉和石灰石粉的混合物、金安桥坝使用的掺合材料为粉煤灰与石灰岩粉的混合物、景洪坝使用的掺合材料为锰矿渣粉与石灰岩粉各占50%）和非活性材料（如石灰岩粉、白云岩粉）单独用做碾压混凝土掺合材料的工程（如泰西尔坝使用白云岩粉、甘再坝的部分碾压混凝土使用石灰岩粉）。

6. 碾压混凝土坝防渗结构

我国碾压混凝土筑坝技术引进和推广应用初期，碾压混凝土坝的防渗结构材料并非碾压混凝土而是沥青砂浆、常态混凝土或其他材料。这是因为当时对碾压混凝土抗渗性能的研究还不够深入，对获得高抗渗性能碾压混凝土特别是对整个坝体防渗结构材料的高抗渗性能存在疑虑，因此使用了更为传统的防渗结构材料。随着对碾压混凝土抗渗性能研究的深入和施工实践经验的积累，对使用碾压混凝土直接作为坝体的防渗结构材料的可靠性有了更深入的认识并采取了相应的结构防裂措施，2000 年以后所建的碾压混凝土坝，几乎都是直接使用碾压混凝土作为坝体的防渗结构材料。龙滩坝首次将变态混凝土和二级配碾压混凝土防渗结构成功应用于200m级高坝。

参 考 文 献

[1] 方坤河．碾压混凝土材料、结构与性能［M］．武汉：武汉大学出版社，2004.

[2] 贾金生，陈改新，马锋玲，李新宇译．碾压混凝土坝发展水平和工程实例［M］．北京：中国水利水电出版社，2006.

[3] 张严明，王圣培，潘罗生．中国碾压混凝土坝20年——从坑口坝到龙滩坝的跨越（综述．设计．施工．科研．运行）［M］．北京：中国水利水电出版社，2006.

[4] 高家训，何金荣，苗嘉生，等．普定碾压混凝土拱坝材料特性研究［J］．水力发电，1995，(10)：10－14.

[5] 黎展眉．普定碾压混凝土拱坝裂缝成因探讨［J］．水力发电学报，2001，(1)：96－102.

[6] 杨康宁．碾压混凝土坝施工［M］．北京：中国水利水电出版社，1997.
[7] 周建平，纽新强，贾金生．混凝土重力坝设计20年［M］． 北京：中国水利水电出版社，2008.
[8] 涂传林，孙君森，周建平，等．龙滩碾压混凝土重力坝结构设计与施工方法研究专题总报告［R］．电力工业部中南勘测设计研究院，1995年10月.
[9] 孙君森，鲁一晖，欧红光，等．高碾压混凝土重力坝渗流分析和防渗结构的研究专题研究报告［R］．国家电力公司中南勘测设计研究院，2000年10月.
[10] 陆采荣，孙君森，等．考虑防渗与防裂要求的碾压混凝土配合比优化试验研究报告［R］．南京水利科学研究院，中南勘测设计研究院，2000年3月.
[11] 孙恭尧，林鸿镁，等．高碾压混凝土重力坝设计方法专题研究报告［R］．国家电力公司中南勘测设计研究院，2000年10月.

第2章

碾压混凝土原材料及配合比

2.1 碾压混凝土原材料

2.1.1 水泥

水泥是混凝土的主要材料。在水工混凝土中常用的水泥是硅酸盐水泥，包括GB 175—2007《通用硅酸盐水泥》和GB/T 200《中热硅酸盐水泥、低热硅酸盐水泥》。对环境水有侵蚀的部位，根据侵蚀类型及程度常采用高抗硫酸盐水泥，或中抗硫酸盐水泥。当骨料有碱活性反应时，常采用硅酸盐水泥掺加30%以上粉煤灰的抑制措施。

碾压混凝土一般都掺有较大比例的活性掺合材料，活性掺合材料的水化需要$Ca(OH)_2$，从有利于活性掺合材料的水化考虑，应该使用水化产物中有较多$Ca(OH)_2$的水泥，也就是硅酸盐水泥和普通硅酸盐水泥。由于碾压混凝土要满足强度和耐久性要求，迫使低热水泥再掺加掺合料的可能性减少，低热水泥的低热效应不再显现，因此碾压混凝土不宜选用低热硅酸盐水泥。

中国大陆的碾压混凝土中一般都使用普通硅酸盐水泥或中热硅酸盐水泥，极少使用其他品种水泥。据统计，2000年以来修建的碾压混凝土坝，主体工程大部分采用P·MH 42.5中热硅酸盐水泥或P·O 42.5普通硅酸盐水泥。

2.1.1.1 硅酸盐水泥熟料的化学成分及矿物组成

凡以适当成分的生料，烧至部分熔融，得到以硅酸钙为主要成分的硅酸盐水泥熟料，加入适当的石膏，磨细制成的水硬性胶凝材料，称为硅酸盐水泥。

（1）硅酸盐水泥的主要化学成分。硅酸盐水泥熟料的化学成分主要有氧化钙（CaO）、氧化硅（SiO_2）、氧化铝（Al_2O_3）、氧化铁（Fe_2O_3）、氧化镁（MgO）等。它们在熟料中的含量范围大致如下：CaO为60%～67%、SiO_2为19%～25%、Al_2O_3为3%～7%、Fe_2O_3为2%～6%、MgO为1%～4%、SO_3为1%～3%、K_2O+Na_2O为0.5%～1.5%。

（2）硅酸盐水泥的矿物组成。在高温下煅烧成的水泥熟料含有四种主要矿物，即硅酸三钙（$3CaO \cdot SiO_2$），简称C_3S；硅酸二钙（$2CaO \cdot SiO_2$），简称C_2S；铝酸三钙（$3CaO \cdot Al_2O_3$），简称C_3A；铁铝酸四钙（$4CaO \cdot Al_2O_3 \cdot Fe_2O_3$），简称$C_4AF$。这几种矿物成分的性质各不相同，它们在熟料中的相对含量改变时，水泥的技术性能也就随之改变，它们的一般含量及主要特征如下：

1）C_3S——含量40%～55%，它是水泥中产生早期强度的矿物，C_3S含量越高，水泥28d

以前的强度也越高，水化速度比 C_2S 快，28d 可以水化 70%左右，但比 C_3A 慢。这种矿物的水化热比 C_3A 低，较其他两种矿物高。

2）C_2S——含量 20%～30%，它是四种矿物成分中水化最慢的一种，28d 水化只有 11%左右，是水泥中产生后期强度的矿物。它对水泥强度发展的影响是：早期强度低，后期强度增长量显著提高，一年后强度还继续增长。它的抗蚀性好，水化热最小。

3）C_3A——含量 2.5%～15%，它的水化作用最快，发热量最高。强度发展虽很快但不高，体积收缩大，抗硫酸盐侵蚀性能差，因此有抗蚀性要求时 C_3A+C_4AF 含量不超过 22%。

4）C_4AF——含量 10%～19%，它的水化速度较快，仅次于 C_3A。水化热及强度均属中等。含量多时对提高抗拉强度有利，抗冲磨强度高，脆性系数小。

除上述几种主要成分外，水泥中尚有以下几种少量成分：

5）MgO——含量多时会使水泥安定性不良，发生膨胀性破坏。

6）SO_3——主要是煤中的硫及由掺入的石膏带来的。掺量合适时能调节水泥凝结时间，提高水泥性能，但过量时不仅会使水泥快硬，也会使水泥性能变差。因此 SO_3 含量规定不得超过 3.5%。

7）游离 CaO——为有害成分，含量超过 2%时，可能使水泥安定性不良。

8）碱分（K_2O，Na_2O）——含量多时会与活性骨料作用能引起碱骨料反应，使体积膨胀，导致混凝土产生裂缝。

2.1.1.2　硅酸盐水泥的凝结和硬化

水泥加水拌和后，最初形成具有塑性的浆体，然后逐渐变稠并失去塑性，这一过程称为凝结。此后，强度逐渐增加而变成坚固的石状物体——水泥石，这一过程称为硬化。水泥凝结与硬化过程是一系列复杂的化学反应及物理化学反应过程。

（1）凝结硬化的化学过程。水泥的凝结与硬化主要由于水泥矿物的水化反应，水泥的水化反应比较复杂，一般认为水泥加水后，水泥矿物与水发生如下一些化学反应。

硅酸三钙与水作用反应较快，生成水化硅酸钙及氢氧化钙，即

$$2(3CaO \cdot SiO_2)+6H_2O \longrightarrow 3CaO \cdot 2SiO_2 \cdot 3H_2O+3Ca(OH)_2$$

硅酸二钙与水作用反应最慢，生成水化硅酸钙及氢氧化钙：

$$2(2CaO \cdot SiO_2)+4H_2O \longrightarrow 3CaO \cdot 2SiO_2 \cdot 3H_2O+3Ca(OH)_2$$

铝酸三钙与水作用反应极快，生成水化铝酸钙：

$$3CaO \cdot Al_2O_3+6H_2O \longrightarrow 3CaO \cdot Al_2O_3 \cdot 6H_2O$$

铁铝酸四钙与水和氢氧化钙作用反应也较快，生成水化铝酸钙和水化铁酸钙，即

$$4CaO \cdot Al_2O_3 \cdot Fe_2O_3+2Ca(OH)_2+10H_2O \longrightarrow 3CaO \cdot Al_2O_3 \cdot 6H_2O+2CaO \cdot Fe_2O_3 \cdot 6H_2O$$

以上列出的反应式实际上是示意性的，并不是确切的化学反应式。因为矿物的水化反应生成物都是一些很复杂的物质。随着温度和熟料的矿物组成比的变化，水化物的类型和结晶程度都会发生变化。比较确切的反应式为

$$3CaO \cdot SiO_2 \xrightarrow{水} CaO \cdot SiO_2 \cdot H_2O+nCa(OH)_2$$

$$2CaO \cdot SiO_2 \xrightarrow{水} CaO \cdot SiO_2 \cdot H_2O+nCa(OH)_2$$

$$3CaO \cdot Al_2O_3 \xrightarrow{水} CaO \cdot Al_2O_3 \cdot H_2O+nCa(OH)_2$$

$$3CaO \cdot Al_2O_3 \cdot Fe_2O_3 \xrightarrow{水} CaO \cdot Al_2O_3 \cdot H_2O + CaO \cdot Fe_2O_3 \cdot H_2O$$

反应式后面生成的水化物，表示组合不固定的水化物体系。

各种矿物的水化速度对水泥的水化速度有很大的影响，是决定性的因素。

C_3S 最初反应较慢，但以后反应较快。

C_3A 则与 C_3S 相反，开始时反应很快，以后反应较慢。

C_4AF 开始的反应速度较快，但以后变慢。

C_2S 的水化速度最慢，但在后期稳步增长。

（2）凝结硬化的物理过程。硅酸盐水泥的水化过程可分为四个阶段：初始反应期、诱导期、凝结期和硬化期。

当硅酸盐水泥与水混合时，立即产生一个快速反应，生成过饱和溶液，然后反应急剧减慢，这是由于在水泥颗粒周围生成了硫铝酸钙微晶膜或胶状膜。接着就是慢反应阶段，称为诱导期。诱导期终了后，由于渗透压的作用，使水泥颗粒表面的薄膜包裹层破裂，水泥颗粒得以继续水化，进入凝结期和硬化期。

水泥在凝结硬化过程中，与水化反应同时，又发生着一系列物理化学变化。水泥加水后，化学反应起初是在颗粒表面上进行的。C_3S 水解生成的 $Ca(OH)_2$ 溶于水中，使水变成饱和的石灰溶液，使其他生成物不能再溶解于水中。它们就以细小分散状态的固体析出，微粒聚集形成凝胶。这种胶状物质有黏性，是水泥浆可塑性的来源，使水泥浆能够黏着在骨料上，并使拌和物产生和易性。随着化学反应的继续进行，水泥浆中的胶体颗粒逐渐增加，凝胶大量吸收周围的水分，而水泥颗粒的内核部分也从周围的凝胶包覆膜中吸收水分，继续进行水解和水化。随着水泥浆中的游离水分逐渐减少，凝胶体逐渐变稠。水泥浆也随之失去可塑性，开始凝结。

所形成的凝胶中有一部分能够再结晶，另一部分由于在水中的可溶性极小而长期保持胶体状态。氢氧化钙凝胶和水化铝酸钙凝胶是最先结晶的部分。它们的结晶和水化硅酸钙凝胶由于内部吸水而逐渐硬化。晶体逐渐成长，凝胶逐渐脱水硬化，未水化的水泥颗粒内核又继续水化，这些复杂交错的过程使水泥硬化能延续若干年之久。

水泥凝结硬化过程可以归纳为以下 4 个特点：

1）水泥的水化反应是由颗粒表面逐渐深入到内层的复杂的物理化学过程，这种作用起初进行较快，以后逐渐变慢。

2）硬化的水泥石是由晶体、胶体、未完全水化的水泥颗粒、游离水分及气孔等组成的不均质结构。

3）水泥石的强度随龄期而发展，一般在 28d 内较快，以后变慢。

4）温度越高，凝结硬化速度越快。

2.1.1.3 水泥矿物组成对水泥性能的影响

（1）对强度的影响。硅酸盐水泥的强度受其熟料矿物组成影响较大，水泥熟料单矿物的水化物强度见表 2－1。矿物组成不同的水泥，其水化强度的发展是不相同的。就水化物而言，C_3S 具有较高的强度，特别是较高的早期强度。C_2S 的早期强度较低，但后期强度较高。C_3A 和 C_4AF 的强度均在早期发挥，后期强度几乎没有发展，但 C_4AF 的强度大于 C_3A 的强度。

表 2-1　　　　　　　　　水泥熟料单矿物的水化物强度

矿物名称	抗压强度（MPa）				
	3d	7d	28d	90d	180d
C_3S	29.6	32.0	49.6	55.6	62.6
C_2S	1.4	2.2	4.6	19.4	28.6
C_3A	6.0	5.2	4.0	8.0	8.0
C_4AF	15.4	16.8	18.6	16.6	19.6

（2）对水化热的影响。水泥单矿物的水化热试验数值有较大的差别，但是其大体的规律是一致的，见表 2-2。不同熟料矿物的水化热和放热速度大致遵循下列顺序 C_3A＞C_3S＞C_4AF＞C_2S。硅酸盐水泥四种主要组成矿物的相对含量不同，其放热量和放热速度也不相同。C_3A 与 C_3S 含量较多的水泥其放热量大，放热速度也快，对大体积混凝土防裂是不利的。

表 2-2　　　　　　　　　水泥熟料矿物的水化热

矿物名称	水化热（J/g）					
	3d	7d	28d	90d	180d	完全水化
C_3S	410	461	477	511	507	510
C_2S	80	75	184	230	222	247
C_3A	712	—	—	—	—	1356
C_4AF	121	180	201	197	306	427

（3）水泥熟料矿物的水化速度。水泥熟料矿物的水化速度见表 2-3。

表 2-3　　　　　　　不同熟料矿物的结合水量和水化速度　　　　　　　%

矿物名称	水化时间										结合水量	完全水化
	3d		7d		28d		90d		180d			
	结合水量	水化程度	结合水量	水化程度	结合水量	水化程度	结合水量	水化程度	结合水量	水化程度		
C_3S	4.9	36	6.2	46	9.2	69	12.5	93	12.9	94	13.4	100
C_2S	0.1	7	1.1	11	1.1	11	2.9	29	2.9	30	9.9	100
C_3A	20.2	82	19.9	83	20.6	84	22.3	91	22.8	93	24.4	100
C_4AF	14.4	70	14.7	71	15.2	74	18.5	89	18.9	91	20.7	100

（4）对保水性的影响。水泥保水性不仅与水泥的原始分散度有关，而且与其矿物组成有关。C_3A 保水性最强。

为获得密实度大和强度高的水泥石或混凝土，要求水泥浆体的流动性好，而需水量少，同时要求保水性好，泌水量少，从而达到比较密实的凝聚效果。但是流动性好与需水量少是矛盾的，保水性好与结构密实也是矛盾的。因此，需要采用一些工艺措施（如高频振动）或掺减水剂等方法来调整这些矛盾。

（5）对收缩的影响。四种矿物对收缩的影响见表 2－4，表中 C_3A 的收缩量最大，比其他三种熟料矿物的收缩高 3～5 倍。C_3S、C_2S 和 C_4AF 三种矿物的收缩率相差不大，因此水工混凝土应尽量降低 C_3A 含量。

表 2－4　　水泥四种矿物的收缩率

矿物名称	收缩率（%）	矿物名称	收缩率（%）
C_3A	0.002 24～0.002 44	C_3S	0.000 75～0.000 83
C_2S	0.000 75～0.000 83	C_4AF	0.000 38～0.000 60

2.1.1.4　碾压混凝土常用的水泥品种和技术指标

（1）碾压混凝土常用的水泥品种。

1）通用硅酸盐水泥（GB 175—2007）。

通用硅酸盐水泥定义为：以硅酸盐水泥熟料和适量的石膏及规定的混合材料制成的水硬性胶凝材料。

通用硅酸盐水泥按混合材料的品种和掺量分为硅酸盐水泥、普通硅酸盐水泥、矿渣硅酸盐水泥、火山灰质硅酸盐水泥、粉煤灰硅酸盐水泥和复合硅酸盐水泥。

碾压混凝土选用的水泥品种多是硅酸盐水泥和普通硅酸盐水泥。这两种水泥的组分和代号见表 2－5。

表 2－5　　硅酸盐水泥和普通硅酸盐水泥的组分

水泥品种	代号	组分（质量百分数，%）				
		熟料＋石膏	粒化高炉矿渣	火山灰质混合材料	粉煤灰	石灰石
硅酸盐水泥	P·Ⅰ	100	—	—	—	—
	P·Ⅱ	≥95	≤5	—	—	—
		≥95	—	—	—	≤5
普通硅酸盐水泥	P·O	≥80 且<95	>5 且≤20			

注　本组分材料为符合 GB 175—2007 中 5.2.3 条的活性混合材料，其中允许用不超过水泥质量 8%且符合 GB 175—2007 中 5.2.4 的非活性混合材料或不超过水泥质量 5%且符合 GB 175—2007 中 5.2.5 的窑灰代替。

2）中热硅酸盐水泥、低热硅酸盐水泥（GB/T 200—2017）。

中热硅酸盐水泥是以适当成分（C_3S 含量≤55%，C_3A 含量≤6%与 f－CaO≤1.0%）的硅酸盐水泥熟料加入适量石膏，磨细制成的具有中等水化热（3d 为≤251kJ/kg，7d 为≤293kJ/kg）的水硬性胶凝材料，代号 P·MH，强度等级为 42.5。

（2）碾压混凝土常用水泥的技术指标（见表 2－6）。

表2-6　　硅酸盐水泥、普通硅酸盐水泥及中热硅酸盐水泥技术指标

水泥品种		硅酸盐水泥（GB 175—2007）		普通硅酸盐水泥（GB 175—2007）		中热硅酸盐水泥（GB/T 200—2017）
强度等级		42.5	52.5	42.5	52.5	42.5
抗压强度（MPa）	3d	≥17.0	≥23.0	≥17.0	≥23.0	12.0
	7d	—	—	—	—	22.0
	28	≥42.5	≥52.5	≥42.5	≥52.5	42.5
抗折强度（MPa）	3d	≥3.5	≥4.0	≥3.5	≥4.0	3.0
	7d	—	—	—	—	4.5
	28d	≥6.5	≥7.0	≥6.5	≥7.0	6.5
凝结时间（min）	初凝	≥45		≥45		≥60
	终凝	≤390		≤600		≤720
细度（m²/kg）		比表面积≥300				比表面积≥250
氧化镁（%）		≤5.0，压蒸合格允许放宽6.0				
三氧化硫（%）		≤3.5				
安定性		用沸煮法检验必须合格				
氯离子（%）		≤1.3（素混凝土）或≤0.06（钢筋混凝土）				—
碱含量（%）		≤0.6（若使用活性骨料）				
烧失量（%）	P·Ⅰ	≤3.0		≤5.0		≤3.0
	P·Ⅱ	≤3.5				
不溶物（%）	P·Ⅰ	≤0.75		—		—
	P·Ⅱ	≤1.5				
水化热（kJ/kg）		—		—		3d　251
						7d　293

2.1.1.5　水泥品质指标的检验方法

（1）氧化钙（CaO）、二氧化硅（SiO_2）、三氧化二铝（Al_2O_3）、三氧化二铁（Fe_2O_3）、氧化镁（MgO）、三氧化硫（SO_3）、不溶物、烧失量、游离氧化钙（f-CaO）、氧化钠（Na_2O）和氧化钾（K_2O）。按GB/T 176《水泥化学分析方法》进行。

（2）比表面积。按GB/T 8074《水泥比表面积测定方法　勃氏法》进行。

（3）标准稠度、用水量、凝结时间和安定性。按GB/T 1346《水泥标准稠度用水量、凝结时间、安定性检验方法》进行。

（4）压蒸安定性。按GB/T 750《水泥压蒸安定性试验方法》进行。

（5）氯离子。按JC/T 420《水泥原料中氯离子的化学分析方法》进行。

（6）强度。按GB/T 17671《水泥胶砂强度检验方法（ISO法）》进行。

（7）水化热。按GB/T 12959《水泥水化热测定方法》进行。

2.1.2 矿物掺合料

为了降低碾压混凝土的绝热温升，碾压混凝土的水泥用量应尽可能地减少，但为了满足碾压混凝土的施工性能，胶凝材料用量不能太少，这就必须掺用掺合材料。碾压混凝土所用的掺合材料一般选用活性掺合材料，如粉煤灰、粒化高炉矿渣以及火山灰或其他火山灰质材料等。当缺乏活性掺合材料时，经试验论证，也可以掺用适量的非活性掺合材料。掺合材料的细度应与水泥细度相似或更细，以改善碾压混凝土拌和物的工作性能。

矿物掺合料是以硅、铝、钙等一种或多种氧化物为主要成分，掺入碾压混凝土中能改善新拌或硬化碾压混凝土性能的粉体材料。

掺合料在碾压混凝土组分中的作用主要是提高其密实性。碾压混凝土必须在密实性达到配合比设计表观密度的98%以上，才具有结构设计要求的强度和抗渗性。掺合料对碾压混凝土的作用是：

（1）填充细骨料空隙的效应：细骨料的空隙率为35%～40%，这些空隙如不被胶凝材料填充必然降低碾压混凝土的密实性、强度和抗渗性能。

（2）二次水化反应：从水泥中释析出的游离石灰，即使数量少也足以同大量掺合料反应。这种反应称二次水化反应，是水泥水化过程中析出 $Ca(OH)_2$ 通过掺合料颗粒周围的水间层，扩散到掺合料颗粒表面发生界面反应，形成次生的水化硅酸钙。如果水泥水化产物薄壳与掺合料颗粒之间的水解层被不断作用的二次水化反应产物所填满，这时碾压混凝土强度将不断增加，掺合料颗粒与水化产物之间形成牢固的联结。这段反应时间在28d龄期以后，甚至更长时间。所以，掺合料提高了碾压混凝土后期强度。

（3）微集料效应：掺合料中 0.075mm 以下的微粒，在碾压混凝土中减少骨料之间摩擦阻力，相应减少拌和物用水量，改善碾压混凝土和易性。

强度等级达 $C_{90}30$ 的碾压混凝土，其胶凝材料中满足强度要求所需的水泥用量不会过半，而满足施工可碾性、和易性及密实性要求的部分要依靠掺合料。碾压混凝土掺合料掺量比常规混凝土高，一般为50%～60%。所以，碾压混凝土掺加掺合料是一种既可填充空隙、提高后期强度和改善和易性，又不引起发热量过高最可行的措施。

2.1.2.1 粉煤灰

（1）粉煤灰及其对水泥性能的影响。粉煤灰或称飞灰，是从燃煤发电厂烟道中收集的一种工业废渣，它是由磨成一定细度的煤粉在煤粉炉中燃烧（1100～1500℃）后经除尘器收集的细灰。

粉煤灰与其他火山灰质混合材料相比，有许多特点，因此将它从人工火山灰中单列出来。它的化学成分以 SiO_2 和 Al_2O_3 为主。其活性也是来源于火山灰作用，与所含氧化硅和氧化铝含量及所含玻璃质的球形颗粒有关。

粉煤灰中玻璃体的形态和大小以及表面情况，与粉煤灰的性能有密切关系。粉煤灰是由形形色色的颗粒所组成，虽然其形态各异，但基本以密实的球形颗粒和多孔颗粒为主。形态相同的颗粒一般以硅、铝、铁的氧化物为主，但有的含钙很多，有的则较少。有的球形颗粒主要由氧化铁组成，具有明显的顺磁性。多孔颗粒则更复杂，有的是未燃尽的多孔碳粒，有的是由许多小的玻璃珠形成的子母球，还有球状的、壁薄中空能飘浮于水上的“飘珠”。粉煤灰颗粒在形态上有明显差异。致密球状颗粒的表面比较光滑，能减少需水量，对改善碾压混凝土性能有利；多孔颗粒表面粗糙，蓄水孔腔多，需水量较大，对碾压混凝土强度和其他性能不利。

1）粉煤灰置换胶材中的水泥对抗压强度的影响。用凯里Ⅱ级粉煤灰置换胶材中的柳州标号52.5中热硅酸盐水泥，胶砂抗压强度降低率的试验结果见表2－7。

表2－7　粉煤灰掺量与胶砂强度试验结果

粉煤灰掺量（%）	抗压强度（MPa）				抗压强度降低率（%）			
	7d	28d	90d	180d	7d	28d	90d	180d
0	41.3	61.3	78.8	84.1	100	100	100	100
20	30.6	47.2	64.3	75.0	74.1	77.0	81.6	89.2
30	26.2	42.1	60.6	73.4	63.4	68.7	76.9	87.3
55	12.7	22.2	38.2	53.5	30.7	36.2	48.5	63.6
58.5	10.3	19.4	33.6	47.3	24.9	31.6	42.6	56.2
65	7.4	13.7	25.1	40.3	17.9	22.3	31.8	47.9

碾压混凝土掺加粉煤灰的量超过水泥用量，相应水泥的强度效应下降，但是水工碾压混凝土强度要求不高，所以用掺加粉煤灰改善碾压混凝土的和易性、可碾性和密实性是最有效的。

2）粉煤灰置换胶材中的水泥对水化热的影响。用凯里Ⅱ粉煤灰置换胶材中的柳州标号52.5中热硅酸盐水泥，胶砂水化热降低，降低率的试验结果见表2－8。

表2－8　粉煤灰掺量与水化热试验结果

水泥（%）	粉煤灰（%）	水化热（J/g）				水化热降低率（%）			
		1d	3d	5d	7d	1d	3d	5d	7d
100	0	167	222	242	259	100	100	100	100
80	20	144	201	213	222	86	90	88	86
70	30	136	188	205	215	81	85	85	83
45	55	121	165	182	190	72	74	75	73
41.5	58.5	117	161	178	188	70	72	73	72
35	65	119	159	176	186	71	72	73	72

碾压混凝土掺加粉煤灰可降低水泥的水化热温升和发热量，但是降低幅度比抗压强度低，常用掺量时降低幅度约为30%。

（2）粉煤灰的技术指标和检验方法。

1）粉煤灰的技术指标。

a）分类。粉煤灰按煤种和CaO含量分为F类和C类。F类粉煤灰，由无烟煤或烟煤煅烧收集的粉煤灰；C类粉煤灰，氧化钙含量一般大于10%，由褐煤或次烟煤煅烧收集的粉煤灰。

b）等级。用于混凝土中的粉煤灰分为三个等级：Ⅰ级、Ⅱ级、Ⅲ级。Ⅲ级粉煤灰不宜用于碾压混凝土。

c）技术指标。用于混凝土中的粉煤灰技术指标应符合GB/T 1596《用于水泥和混凝土中的粉煤灰》的规定，其技术指标见表2－9。

表2－9　混凝土和砂浆用粉煤灰技术指标

项目		粉煤灰等级		
		Ⅰ级	Ⅱ级	Ⅲ级
细度（45μm方孔筛筛余）（%）不大于	F类粉煤灰	12.0	25.0	45.0
	C类粉煤灰			
需水量比（%）不大于	F类粉煤灰	95.0	105.0	115.0
	C类粉煤灰			
烧失量（%）不大于	F类粉煤灰	5.0	8.0	15.0
	C类粉煤灰			
含水量（%）不大于	F类粉煤灰	1.0		
	C类粉煤灰			
三氧化硫（%）不大于	F类粉煤灰	3.0		
	C类粉煤灰			
游离氧化钙（%）不大于	F类粉煤灰	1.0		
	C类粉煤灰	4.0		
安定性雷氏夹煮沸后增加距离（mm）不大于	F类粉煤灰	5.0		

2）检验方法。

a）细度。按GB/T 1345—2005《水泥细度检验方法筛析法》中45μm负压筛析法进行，筛析时间为3min。

b）需水量比。按GB/T 1596—2017附录A进行。

c）烧失量、三氧化硫、游离氧化钙和碱含量。按GB/T 176《水泥化学分析方法》进行。

d）含水量。按GB/T 1596—2017附录B进行。

e）安定性。按GB/T 1346《水泥标准稠度用水量、凝结时间、安定性检验方法》进行。

f）放射性。按GB 6566《建筑材料放射性核素限量》进行。

2.1.2.2　粒化高炉矿渣粉

矿渣粉是水淬粒化高炉矿渣经干燥、粉磨达到适当细度的粉体。水淬急冷后的矿渣，其玻璃体含量多，结构处在高能不稳定状态，潜在活性大，再经磨细，其潜能得以充分发挥。

由于粉磨技术的进步，现已能生产出比表面积不同的矿渣粉。

（1）矿渣粉的化学成分和矿渣活性激发。

1）化学成分。矿渣的化学成分也是决定矿渣粉品质的重要因素。矿渣的化学成分随其铁矿石、燃料以及加入的辅助熔剂成分而不同。某钢铁公司生产的高炉矿渣化学成分如表2－10所示。

表2－10　　高炉矿渣化学成分　　%

CaO	Al_2O_3	Fe_2O_3	SiO_2	MgO	SO_3	Na_2O	K_2O	烧失量
34.67	14.60	1.72	33.67	9.89	1.95	0.27	0.65	2.38

矿渣粉的活性可用碱度 b 来评定，即

$$b=\frac{CaO+MgO+Al_2O_3}{SiO_2}$$

式中：CaO为矿渣粉中氧化钙含量，%；MgO为矿渣粉中氧化镁含量，%；Al_2O_3为矿渣粉中氧化铝含量，%；SiO_2为矿渣粉中氧化硅含量，%。当 $b>1.4$ 时，表明矿渣粉活性较高。

2）矿渣活性的激发。磨细的粒化矿渣粉单独与水拌和时，反应极慢，得不到足够的胶凝性能。但是在激发剂作用下，矿渣的活性就会被激发出来。碱性激发剂一般是石灰或是硅酸盐水泥水化时析出的 $Ca(OH)_2$，在碱性溶液中促进了矿渣的分散和溶解。$Ca(OH)_2$ 与矿渣的活性 SiO_2 和活性 Al_2O_3 化合，生成水化硅酸钙和水化铝酸钙。矿渣经激发后，就有一定的胶凝性，使浆体硬化并具有一定的强度。

硫酸盐激发剂一般是各种石膏或以 $CaSO_4$ 为主要成分的化工废渣。但是石膏只有在一定碱性环境中才能使矿渣的活性较为充分地发挥出来，并得到较高的胶凝强度。这是因为一方面碱性环境促使矿渣分散、溶解，生成水化硅酸钙和水化铝酸钙；另一方面，在 $Ca(OH)_2$ 存在条件下，石膏与矿渣中的活性 Al_2O_3 化合，生成硫铝酸钙。

（2）矿渣粉的技术指标和检验方法。

1）矿渣粉的技术指标。

用于混凝土中的粒化高炉矿渣粉应符合GB/T 18046—2017《用于水泥、砂浆和混凝土中的粒化高炉矿渣粉》的规定，其技术指标见表2－11。

表2－11　　矿渣粉品质指标

<table>
<tr><td colspan="3" rowspan="2">检测项目</td><td colspan="3">等级</td></tr>
<tr><td>S105</td><td>S95</td><td>S75</td></tr>
<tr><td>密度（g/cm³）</td><td colspan="2">不小于</td><td colspan="3">2.8</td></tr>
<tr><td>比表面积（m²/kg）</td><td colspan="2">不小于</td><td>500</td><td>400</td><td>300</td></tr>
<tr><td rowspan="2">活性指数（%）</td><td rowspan="2">不小于</td><td>7d</td><td>95</td><td>70</td><td>55</td></tr>
<tr><td>28d</td><td>105</td><td>95</td><td>75</td></tr>
<tr><td>流动度比（%）</td><td colspan="2">不小于</td><td colspan="3">95</td></tr>
</table>

续表

检测项目		等级		
		S105	S95	S75
含水量（质量分数，%）	不大于	1.0		
三氧化硫（质量分数，%）	不大于	4.0		
氯离子（质量分数，%）	不大于	0.06		
烧失量（质量分数，%）	不大于	1.0		
玻璃体含量（质量分数，%）	不小于	85		
放射性		合格		

2）检验方法。

a）烧失量。

按 GB/T 176《水泥化学分析方法》进行，但灼烧时间为 15～20min。

矿渣粉在灼烧过程中由于硫化物的氧化引起的误差，可通过式（2－1）、式（2－2）进行校正，即

$$w_{O_2} = 0.8\times(w_{zSO_3} - w_{wzSO_3}) \quad (2-1)$$

式中：w_{O_2} 为矿渣粉灼烧过程中的吸收空气中氧的质量分数，%；w_{zSO_3} 为矿渣灼烧后测得的 SO_3 质量分数，%；w_{wzSO_3} 为矿渣未经灼烧时的 SO_3 质量分数，%。

$$X_{jz} = X_c + w_{O_2} \quad (2-2)$$

式中：X_{jz} 为矿渣粉校正后的烧失量（质量分数），%；X_c 为矿渣粉试验测得的烧失量（质量分数），%。

b）三氧化硫、氯离子。按 GB/T 176《水泥化学分析方法》进行。

c）氯离子。按 JC/T 420 水泥原材料中氯的化学分析方法进行。

d）密度。按 GB/T 208《水泥密度测定方法》进行。

e）比表面积。按 GB/T 8074《水泥比表面积测定方法　勃氏法》进行。

f）活性指数及流动度比。按 GB/T 18046—2017 附录 A 进行。

g）含水量。按 GB/T 18046—2017 附录 B 进行。

h）玻璃体含量。按 GB/T 18046—2017 附录 C 进行。

i）放射性。按 GB 6566《建筑材料放射性核素限量》进行，其中放射性试验样品和硅酸盐水泥按质量比 1:1 混合制成。

2.1.2.3　磷渣粉

用电炉冶炼黄磷时，得到以硅酸钙为主要成分的熔融物，经淬冷成粒化电炉磷渣，再磨细加工制成的粉状物料称为磷渣粉。

（1）磷渣粉的化学成分和矿物组成。

磷渣的化学成分如表 2－12 所示。

表 2－12　磷渣化学成分　%

SiO_2	Fe_2O_3	Al_2O_3	CaO	MgO	K_2O	Na_2O	SO_3	Loss	P_2O_5
39.4	0.16	1.24	49.53	1.51	1.31	0.25	1.99	0.60	1.53

表 2－12 中列出的磷渣化学成分中，SiO_2 和 CaO 占有主要成分，是磷渣活性来源的主要因素。

由磷渣的化学成分可知，它的矿物组成主要是硅酸盐和铝酸盐玻璃体，它们的含量在 85%～90%，另外还含有少量细小晶体，结晶相中有假硅灰石、石英、方解石、氯化钙、硅酸二钙等。磷渣所具有的较高活性，主要是硅酸盐和铝酸盐的玻璃体的作用。这两种玻璃体具有较高的化学潜能，在碱性和硫酸盐激发剂的作用下，能够产生二次火山灰效应，同时，磷渣中的硅酸二钙也有一定的活性，可以自身水化，但其含量少，对早期强度的作用较少。

（2）磷渣粉技术指标和检验方法。

1）技术指标。磷渣粉应符合 DL/T 5387—2007《水工混凝土掺用磷渣粉技术规范》，其技术指标见表 2－13。

表 2－13　磷渣粉技术指标

项目	技术要求	项目	技术要求
质量系数（K）	≥1.10	三氧化硫（SO_3），（%）	≤3.5
比表面积（m^2/kg）	≥300	五氧化二磷（P_2O_5），（%）	≤3.5
28d 活性指数（%）	≥60	烧失量（Loss），（%）	≤3.0
需水量比（%）	≤105	安定性	合格
含水量（%）	≤1.0	放射性	合格

注　必要时应对氟含量进行检测。

2）检验方法。

a）氧化钙、氧化镁、二氧化硅、三氧化二铝、五氧化二磷和氟含量按 JC/T 1088《粒化电炉磷渣化学分析方法》进行。

b）质量系数 K。质量系数按式（2－3）计算，计算结果保留两位小数。

$$K=\frac{w_{CaO}+w_{MgO}+w_{Al_2O_3}}{w_{SiO_2}+w_{P_2O_5}} \tag{2-3}$$

式中：K 为磷渣粉的质量系数；w_{CaO} 为磷渣粉中氧化钙质量分数，%；w_{MgO} 为磷渣粉中氧化镁质量分数，%；$w_{Al_2O_3}$ 为磷渣粉中氧化铝质量分数，%；w_{SiO_2} 为磷渣粉中氧化硅质量分数，%；$w_{P_2O_5}$ 为磷渣粉中五氧化二磷质量分数，%。

c）比表面积。按 GB/T 8074《水泥比表面积测定方法　勃氏法》进行。

d）三氧化硫和烧失量。按 GB/T 176《水泥化学分析方法》进行。

e）需水量比。按 DL/T 5387—2007 附录 A 进行。

f）含水量。按 DL/T 5387—2007 附录 B 进行。

g）安定性。按 DL/T 5387—2007 附录 C 进行。

h）活性指数。按 DL/T 5387—2007 附录 E 进行。

i）放射性。按 GB 6566《建筑材料放射性核素限量》进行，其中放射性试验样品和硅酸盐水泥按质量比 1:1 混合制成。

2.1.2.4 钢渣粉

转炉或电炉钢渣经磁选除铁处理后粉磨达到一定细度的产品，称钢渣粉。

（1）技术指标。

钢渣粉应符合 GB/T 20491—2017《用于水泥和混凝土中的钢渣粉》，其技术指标见表 2－14。

表 2－14 钢渣粉的技术指标

项目			品质指标	
			一级	二级
比表面积（m^2/kg）		不小于	350	
密度（g/cm^3）		不小于	3.2	
含水量（%）		不大于	1.0	
游离 CaO 含量（%）		不大于	4.0	
三氧化硫（%）		不大于	4.0	
碱度指数（%）		不小于	1.8	
活性指数（%）	7d	不小于	65	55
	28d	不小于	80	65
流动度比（%）		不小于	95	
安定性	沸煮法		合格	
	压蒸法		6h 压蒸膨胀率≤0.50%	

（2）检验方法。

1）碱度系数。碱度系数按式（2－4）计算，即

$$碱度系数=\frac{CaO}{SiO_2+P_2O_5} \tag{2-4}$$

式中：CaO 为氧化钙，%；SiO_2 为二氧化硅，%；P_2O_5 为五氧化二磷，%。

CaO、SiO_2、P_2O_5 和游离氧化钙按 YB/T 140《水泥用钢渣化学分析方法》测定。

2）比表面积。按 GB/T 8074《水泥比表面积测定方法　勃氏法》进行。

3）密度。按 GB/T 208《水泥密度测定方法》进行。

4）含水量。按 GB/T 51003—2014《矿物掺合料应用技术规范》附录 C 进行。

5）三氧化硫。按 GB/T 176《水泥化学分析方法》进行。

6）活性指数与流动度比。按 GB/T 51003—2014 附录 B 进行。

7）安定性：

a）压蒸法。按 GB/T 750《水泥压蒸安定性试验方法》进行。

b）沸煮法。按 GB/T 1346《水泥标准稠度用水量、凝结时间、安定性检验方法》进行。

2.1.2.5　天然火山灰质掺合料

天然火山灰是火山喷发时随同熔岩一起喷发的大量熔岩碎屑和粉尘沉积在地表面或水中形成松散或轻度胶结的物质。我国火山灰储量十分丰富，在黑龙江、内蒙古、海南岛、新疆和西藏等地均有资源分布。

火山灰质材料是水泥混凝土中的主要矿物掺合料之一。掺用火山灰质材料可以改善混凝土的工作性、密实水化产物的微观结构、提高混凝土的抗渗性、抗侵蚀性及抑制碱骨料活性反应等；同时可以节省水泥用量，达到节能减排的目的。火山灰质材料可分为人工火山灰质材料（粉煤灰、烧黏土等）和天然火山灰质材料。后者包括的范围较广，包括火山灰、浮石、沸石岩、凝灰岩、硅藻土以及蛋白石等，人工火山灰质材料与天然火山灰质材料在性能和使用技术上存在较大区别。

随着我国混凝土工程建设的大发展，优质掺合料越来越紧缺，很多地区缺乏粉煤灰、矿渣等资源，尤其西部地区。因而，开发利用天然火山灰质材料，可以就地取材，减少材料运输成本，降低建设成本。

大多数天然火山灰材料中含有无定形的活性 SiO_2 和 Al_2O_3，活性比较高，但也存在一些惰性和活性较差的天然火山灰材料，因为作为混凝土掺合料的天然火山灰质材料需要进行磨细加工工艺，所以采用惰性材料磨细加工是不经济的。在开发利用天然火山灰质材料前，需要判定其火山灰活性，是否具有火山灰活性以“火山灰性试验”为判定依据。

（1）天然火山灰质掺合料的技术要求和检验方法。

1）适用范围。天然火山灰质掺合料定义：可直接使用的磨细粉体材料，其原材料包括以下六种。

a）火山灰或火山渣。火山喷发的细粒碎屑的疏松沉积物。

b）玄武岩。火山爆发时岩浆喷出地面骤冷凝结而成的硅酸盐岩石。

c）凝灰岩。由火山灰沉积形成的致密岩石。

d）天然沸石岩（沸石）。以碱金属或碱土金属的含水铝硅酸盐矿物为主要成分的岩石。

e）天然浮石岩（浮石）。熔融的岩浆随火山喷发冷凝而成的具有密集气孔能浮于水面的火山玻璃岩。

f）安山岩。一种中性的钙碱性火山岩，常与玄武岩共生。

2）技术要求。天然火山灰质掺合料应符合 DL/T 5273—2012《水工混凝土掺用天然火山灰质材料技术规范》，其技术指标见表 2－15。

表 2－15　　天然火山灰质掺合料的技术要求

序号	项目		技术指标
1	细度（45μm 方孔筛筛余）（质量分数，%）		≤25.0
2	流动度比（%）	1）磨细火山灰	≥85.0
		2）磨细玄武岩、安山岩和凝灰岩	≥90.0
		3）浮石粉	≥65.0

续表

序号	项目		技术指标
3	活性指数（%）	7d	≥50.0
		28d	≥60.0
4	烧失量（质量分数，%）		≤10.0
5	三氧化硫（质量分数，%）		≤4.0
6	含水量（质量分数，%）		≤1.0
7	火山灰活性		合格[a]
8	放射性		符合 GB 6566 规定[b]
9	碱含量（%）		按 $Na_2O+0.658K_2O$ 计算值表示，其值由买卖双方协商确定

[a] 用于混凝土中的火山灰性为选择性控制指标，当活性指数达到相应的指标时，可不作强制要求。

[b] 当有可靠资料证明材料的放射性合格时，可不再检验。

3）检验方法。

a）细度。按 DL/T 5055《水工混凝土掺用粉煤灰技术规范》测定。

b）强度活性指数。以胶砂的 28d 抗压强度比表示，参照 DL/T 5055 测定。

c）烧失量、三氧化硫、碱含量。按 GB/T 176 进行测试。

d）含水量。按 DL/T 5055 测定。

e）火山灰活性。按 DL/T 5273—2012 附录 A 测定。

f）放射性。将天然火山灰质掺合料与符合 GB 175 要求的硅酸盐水泥按质量比 1:1 混合均匀，并按 GB 6566 方法检测放射性。

（2）在水利水电工程的应用实例。

1）海南大广坝碾压混凝土。大广坝工程位于海南省昌化江中游，东方市境内，20 世纪 90 年代中期建成。挡水建筑物为河床重力坝与两岸土坝，坝顶总长 5842m，其中重力坝长 719m，最大坝高 57m。混凝土总量 82.7 万 m^3，其中碾压混凝土 48.5 万 m^3。

碾压混凝土原材料：海南叉河水泥厂 42.5 普通硅酸盐水泥，火山灰质复合掺合料，花岗岩轧制碎石，天然砂与花岗岩轧制人工砂混合砂［细度模数 2.93，含粉量（0.16mm 筛以下）7.9%］，缓凝减水剂。

经勘探调查和试验，选定峨曼天然火山灰作为混凝土掺合料，峨曼港距大广坝 172km。矿山为火山灰与凝灰岩薄层互层组成，为多次火山喷发堆积物，两者天然质量比约为 1:1，凝灰岩稍多。大规模开采时，火山质与凝灰岩不易分离，需混合加工和使用，实质是火山灰质复合掺合料。

火山灰凝灰岩掺合料的化学成分和物理性质检验结果见表 2－16 和表 2－17。施工采用的两个配合比见表 2－18。

施工应用情况表明，火山灰凝灰岩掺合料的掺量大于 30%时，有较明显的促凝性，应掺加适量缓凝减水剂。

表 2－16　　火山灰凝灰岩掺合料化学成分　　%

SiO_2	Al_2O_3	Fe_2O_3	CaO	MgO	SO_3	总碱量	烧失量
51.02	14.90	10.0	11.24	2.28	0.10	1.82	6.34

表 2－17　　火山灰凝灰岩掺合料物理性质

密度（t/m^3）	细度（0.08mm 筛余　质量分数）	需水量比（%）	含水量（%）
2.60	11.5	102.3	3.2

表 2－18　　大广坝 $C_{90}10$ 碾压混凝土施工配合比

配合比	水胶比	掺合料掺量（%）	砂率（%）	单方材料用量（kg/m^3）						*VC* 值（s）
				水	水泥	掺合料	细骨料	粗骨料	外加剂	
RCC2	0.70	67	32	105	50	100	709	1507	1.650	5～7
RCC1	0.64	61	33	105	65	100	725	1470	1.815	5～7

2）云南江腾火山灰的应用。在云南弄另和缅甸瑞丽江等多个水电站大坝碾压混凝土中均采用了云南江腾火山灰，江腾天然火山灰掺合料应用概况见表 2－19。江腾天然火山灰掺合料的化学成分见表 2－20，物理性能见表 2－21。

表 2－19　　江腾天然火山灰掺合料工程应用概况

序号	工程名称	位置	建筑物	混凝土强度等级	水泥	火山灰掺量（%）
1	弄另水电站	德宏梁河县	重力坝	$C_{180}10$、$C_{180}15$		50
2	葫芦口水电站	德宏梁口县	双曲拱坝	$C_{90}25$	P.O 42.5	20～25
3	腾龙桥水电站（二级）	龙陵县腾龙桥	重力坝	$C_{90}10$	P.O 32.5	40
4	腊寨水电站	保山市龙江	重力坝	$C_{90}10$	P.O 42.5	40
5	缅甸瑞丽江水电站（一级）	缅甸南坎县	重力坝	$C_{90}15$	P.O 42.5	40
6	芒里水电站	潞西市遮放镇	重力坝	$C_{90}15$	P.O 32.5	40
7	勐乃水电站	德宏盈江县	重力坝	$C_{90}15$	P.O 42.5	30
8	龙川江水电站（一级）	腾冲市曲石乡	重力坝	$C_{90}10$	P.O 32.5	40
9	缅甸太平江水电站	盈江南河口岸	重力坝	$C_{90}15$	P.O 42.5	30～40

表 2－20　　江腾天然火山灰掺合料的化学成分　　%

SiO_2	Al_2O_3	Fe_2O_3	CaO	MgO	SO_3	K_2O	Na_2O	烧失量
50.65	17.38	9.04	6.38	6.09	0.06	2.48	3.24	3.26

表 2-21　　江腾天然火山灰掺合料物理性能

密度（g/cm^3）	比表面积（m^2/g）	细度（80μm 筛）（%）
2.75	365	2.9

2.1.2.6　复合矿物掺合料

由两种或两种以上矿物掺合料复合的掺合料称为复合矿物掺合料。碾压混凝土使用的复合掺合料均为两种掺合料复合。复合方法有两种：一种方法，在工厂粉磨时原材料按复合比例配料，磨机内复合；另一种方法，在混凝土搅拌楼按比例配料，搅拌机内复合。

复合掺合料分为主掺合料和辅掺合料两类。主掺合料类是指粉煤灰、矿渣粉、磷渣粉、钢渣粉 4 种已有标准的掺合料；辅掺合料主要为石灰岩粉和凝灰岩粉两种。

（1）辅掺合料的性能。

1）石灰岩粉。

a）石灰岩粉化学成分和性能。景洪坝石灰岩粉化学成分见表 2-22，龙滩坝和景洪坝石灰岩粉粒径分布试验结果见表 2-23，景洪坝石灰岩粉和粉煤灰的掺量与胶砂需水量比关系试验结果见表 2-24。

表 2-22　　景洪坝石灰岩粉化学成分　　%

CaO	SiO_2	Al_2O_3	Fe_2O_3	MgO	烧失量
53.37	1.33	0.43	0.58	1.02	43.01

表 2-23　　石灰岩粉粒径分布试验结果　　%

工程名称	各级粒径含量（质量比）			
	＞150（μm）	75～150（μm）	45～75（μm）	＜45（μm）
龙滩坝	4.9	18.3	17.3	59.5
景洪坝	0	19.4	16.5	64.1

表 2-24　　不同石灰岩粉和粉煤灰掺量的胶砂需水量比　　%

掺合料类别	不同掺量的需水量比（质量比，%）					
	0	10	20	30	40	50
粉煤灰	100	97.9	95.8	95.8	94.5	92.8
石灰岩粉	100	98.7	98.7	98.7	98.7	97.5

注　试验原材料为 P.O 42.5 普通硅酸盐水泥，Ⅰ级粉煤灰，景洪坝石灰岩粉，标准砂。

石灰岩粉的主要作用是改善碾压混凝土的和易性。石灰岩粉掺入水泥中所形成的胶凝体有一定减水作用，随着掺量增加需水量比减小。石灰岩粉掺入水泥中也有轻微增强作用。

从胶砂需水量比考虑，石灰岩粉和粉煤灰的需水量比均低于 1.0，具有相近的减水效应。

b）石灰岩粉的技术要求和检验方法。石灰岩粉应符合 DL/T 5304—2013《水工混凝土掺用石灰石粉技术规范》，其技术要求见表 2-25。

表 2-25 石灰岩粉技术要求

细度（80μm 方孔筛筛余）（%）	需水量比（%）	$CaCO_3$（%）	亚甲基蓝吸附量（g/kg）	含水量（%）	抗压强度比（%）
≤10.0	≤105	≥85.0	≤1.0	≤1.0	≥60

检验方法：

① 细度、含水量和需水量比。按 DL/T 5055《水工混凝土掺用粉煤灰技术规范》测定。

② CaO 含量。按 GB/T 176 进行测试。

③ 抗压强度比。按 DL/T 5304—2013 附录 A 测定。

④ 亚甲基蓝吸附量。按 DL/T 5304—2013 附录 B 测定。

2）凝灰岩粉。凝灰岩粉属火山灰质掺合料，含有较多的酸性氧化物（SiO_2、Al_2O_3），具有一定的活性，能与水泥水化析出的 $Ca(OH)_2$ 结合生成硅酸钙水化物，有助于后期强度增长。

a）凝灰岩粉化学成分和需水量比。云南云县棉花地凝灰岩粉化学成分见表 2-26。

表 2-26 棉花地凝灰岩粉化学成分 %

SiO_2	Al_2O_3	Fe_2O_3	CaO	SO_3	MgO	Na_2O	K_2O	烧失量
58.68	18.72	6.28	4.64	0.07	2.0	1.0	2.93	5.45

凝灰岩粉和粉煤类的掺量与胶砂需水量比关系试验结果见表 2-27。

表 2-27 不同凝灰岩粉和粉煤灰掺量的胶砂需水量比 %

掺合料类别	不同掺量的需水量比（质量比）					
	0	20	30	40	50	60
凯里粉煤灰	100	99	99	—	—	99
凝灰岩粉	100	101	101	100	101	102

凝灰岩粉的需水量比随掺量增加而略有增加，大于 1.0。因此，减水率比粉煤灰差，与石灰岩粉比较，会增加碾压混凝土用水量，但是，凝灰岩粉的活性指数比石灰岩粉高。

b）凝灰岩粉的技术要求和检验方法。天然凝灰岩粉掺合料的技术要求参照表 2-25，检验方法参照 DL/T 5304—2013。

（2）工程应用实例。

1）大朝山碾压混凝土坝。主掺合料为磷渣粉 50%，辅掺合料为凝灰岩粉 50%，两种原料按 1:1 比例配料混磨制成。

2）景洪碾压混凝土坝。主掺合料为矿渣粉 40%，辅掺合料为石灰岩粉 60%，两种掺合料可在粉磨前按 4:6 的比例配料，混磨制成；也可在混凝土搅拌楼按 4:6 比例配料，在搅拌机内复合。

矿渣粉的比表面积为 350m^2/kg；需水量比为 96.6%；活性指数：7d 为 62.3%，28d 为 85.8%，达 S75 级。石灰岩粉的比表面积为 400m^2/kg。

3）柬埔寨王国甘再水电站工程大坝。高程 73m 以上碾压混凝土的掺合材料掺用比例为 60%，使用石灰岩粉与粉煤灰各占 50%的混合物作为碾压混凝土的掺合材料（当铺筑到一定高程后将改用石灰岩粉作为单一的掺合材料）等。

2.1.3 外加剂

碾压混凝土中一般都掺有不同数量的化学外加剂。掺入碾压混凝土的化学外加剂不但能改善碾压混凝土的性能，使之便于施工，而且能节省工程费用。碾压混凝土中胶凝材料用量较少，砂率较大，为了改善拌和物的和易性，必须掺入减水剂。减水剂的掺入可以降低拌和物的 *VC* 值，改善其黏聚性，提高其抗分离性能，有助于减少碾压混凝土达到完全密实所需的振动碾压时间。此外，碾压混凝土大仓面薄层铺筑的施工方法（尤其是夏季施工时）要求拌和物具有较长的初凝时间，以使碾压层面保持塑性，减少冷缝的出现和改善施工层面的黏结特性，为此应掺入缓凝剂。位于寒冷或严寒地区的工程，为了提高碾压混凝土的抗冻性（或为了提高碾压混凝土的综合耐久性），应考虑掺用引气剂。

2.1.3.1 外加剂的种类

外加剂按其主要功能分类，每一类不同的外加剂均由某种主要化学成分组成。市售的外加剂可能都复合有不同的组成材料。

（1）高性能减水剂。高性能减水剂主要是聚羧酸盐类。早强型、标准型和缓凝型高性能减水剂可由分子设计引入不同官能团生产，也可掺入不同组分复配而成。其主要特点为：

1）掺量低、减水率高；

2）混凝土拌和物工作性好；

3）外加剂中氯离子和碱含量低；

4）生产和使用过程中不污染环境。

（2）高效减水剂。高效减水剂相较于普通减水剂，具有较高的减水率，较低引气量，是我国使用量大、面广的外加剂品种。目前我国使用的高效减水剂品种多是萘系减水剂、氨基磺酸盐系减水剂。

缓凝型高效减水剂是以高效减水剂为主要组分，再复合其他适量的缓凝组分或其他功能性组分而成的外加剂。

（3）普通减水剂。普通减水剂的主要成分为木质素磺酸盐，通常由亚硫酸盐法生产纸浆的副产品制得。常用的有木钙、木钠和木镁。其具有一定的缓凝、减水和引气作用。以其为原料，加入不同类型的调凝剂，可制得不同类型的减水剂，如早强型、标准型和缓凝型的减水剂。

（4）引气减水剂。引气减水剂是兼有引气和减水功能的外加剂。它是由引气剂与减水剂复合组成，根据工程要求不同，性能有一定的差异。

（5）泵送剂。泵送剂是用改善混凝土泵送性能的外加剂。它由减水剂、调凝剂、润滑剂等多种组分复合而成。根据工程要求，其产品性能会有所差异。

（6）早强剂。早强剂是能加速水泥水化和硬化，促进混凝土早期强度增长的外加剂，可缩短混凝土养护龄期，加快施工进度，提高模板和场地周转率。早强剂主要是无机盐类、有机物等，但现在越来越多地使用各种复合型早强剂。

（7）缓凝剂。缓凝剂是可在较长时间内保持混凝土工作性，延缓混凝土凝结和硬化时间的外加剂。缓凝剂的种类较多，主要有：

1）糖类及碳水化合物，如淀粉、纤维素的衍生物；

2）羟基羧酸，如柠檬酸、酒石酸、葡萄糖酸以及其盐类。

（8）引气剂。引气剂是一种在混凝土搅拌过程中引入大量均匀分布的微气泡，而且在硬化后能保留在其中的一种外加剂。主要有：

1）可溶性树脂酸盐（松香酸）；

2）文沙尔树脂。

2.1.3.2 外加剂的功能及作用机理

（1）外加剂的功能。

1）改善混凝土拌和物施工时的和易性；

2）提高混凝土的强度及其他物理力学性能；

3）节约水泥或代替特种水泥；

4）加速混凝土的早期强度发展；

5）调节混凝土的凝结硬化速度；

6）调节混凝土的含气量，提高混凝土的抗冻耐久性；

7）降低水泥初期水化热或延缓水化放热；

8）改善混凝土拌和物的泌水性；

9）提高混凝土耐侵蚀性盐类的腐蚀性；

10）减弱碱－骨料反应；

11）改善混凝土的毛细孔结构；

12）改善混凝土的泵送性；

13）提高钢筋的抗锈蚀能力（掺加阻锈剂）；

14）提高新老混凝土界面的黏结力；

15）水下混凝土施工可实现自流平和自密实。

（2）外加剂的作用机理。

1）改善混凝土拌和物性能。混凝土掺入引气、减水等功能的外加剂，可提高混凝土的流动性能，改善其和易性。由于混凝土和易性改善，其质量得到保证，降低能耗和改善劳动条件。掺缓凝类外加剂，延缓了混凝土凝结时间。在浇筑块体尺寸大时，尤其在高温季节可减少或避免混凝土出现冷缝，方便施工，提高混凝土的质量。在泵送混凝土中加入泵送剂，使混凝土具有良好的可泵性，不产生泌水、离析，增加拌和物的流动性和稳定性。同时，使混凝土在管道内的摩擦阻力减小，降低输送过程中能量的损耗，增强混凝土的密实性。在浇筑大流动度的混凝土时，掺用缓凝高效减水剂能有效地减少坍落度损失，便于施工，保证混凝土质量。在水下混凝土施工中，为了抗水下混凝土的分离性，增加拌和物的黏聚性能，掺入能使混凝土保持絮凝状态的水下不分散剂，且水下混凝土有很高的流动性，能自流平、自密实，大大提高水下混凝土的质量。

2）提高硬化混凝土性能。

a）增加混凝土强度。混凝土中掺入减水剂，在维持拌和物和易性与胶材用量不变的条件下，降低用水量，减小水胶比，从而能增加混凝土强度。掺木质素磺酸盐（如木钙）0.25%，可减少用水量 5%～15%，掺糖蜜类减水剂可减少用水量 6%～11%，掺高效减水剂可减少用水量 15%～30%，对于超高强混凝土，减水率甚至可达 40%，减水剂的增强效果可达 5%至 30%或更高。

增加混凝土早期强度的外加剂，最早应用氯化钙，因其与水泥中铝酸三钙发生化学反应生成氯铝酸盐，加速了铝酸三钙的水化，同时增进硅酸三钙的水化，从而加速水泥的凝结与硬化。掺加 1%和 2%的氯化钙对普通水泥和火山灰水泥混凝土强度的增长率，2d 可达到 40%～100%，以在低温条件下尤为明显，但氯化钙对钢筋有腐蚀作用，应限制使用。三乙醇胺早强剂可加速水泥中 C_3A－石膏－水体系形成钙矾石，从而加速 C_3A 的水化反应。但三乙醇胺延缓 C_3S 的初期水化，1d 后则加速其水化。三乙醇胺早强剂掺量为 0.03%～0.05%，能提高混凝土 2～3d 强度 50%左右。早强剂甲酸钙对混凝土早期强度的影响，取决于水泥中铝酸三钙的含量，铝酸三钙含量低的水泥，甲酸钙对其增强效果较好。掺甲酸钙、亚硝酸钠和三乙醇胺复合早强剂 2%时，混凝土水灰比 0.55，在低温下（气温 3℃）可提高 3～7d 强度 30%～80%，且对钢筋无锈蚀作用。有一种超早强剂是以三羟甲基氨基甲烷 10%、亚硝酸钙 16%、硫氰酸钠 10%、乳酸 4%和 60%水组成的液体超早强剂。其作用是使混凝土凝结后快速增加强度。混凝土拌和后 1h 内完成浇筑，且需保持混凝土的温度不低于 21℃。主要应用于混凝土工程抢修任务，比如水工建筑物中受高速水流冲刷磨损的混凝土、海港码头遭到海浪磨蚀的混凝土工程。这种超早强剂，能与高效减水剂复合使用，降低水灰比，其早期强度会发展更快。

b）提高混凝土耐久性。混凝土掺引气型外加剂，能降低空气与水的界面张力。其机理为引气剂是由一端带有极性的官能团分子，另一端为具有非极性的分子，具有极性的一端引向水分子的偶极，非极性的一端指向空气，因而大量的空气泡在混凝土搅拌时引入混凝土中。这些细小的气泡能够均匀、稳定存在于混凝土中，一方面可能是由于气泡周边形成带相反电荷的分子层，另一方面是因为水泥水化形成的水化物吸附在气泡的表面上，增加了气泡的稳定性。混凝土中许多微小气泡具有释放存在于孔隙中的自由水结冰产生的膨胀压力和凝胶孔中过冷水流向毛细孔产生的渗透压力。所以引气混凝土具有较高的抗冻性。换言之，配制抗冻性高的混凝土，必须掺加引气剂。

2.1.3.3 外加剂对水泥和掺合料适应性的试验

在混凝土中掺高效减水剂来改善其性能，已取得很好的效果与经验。但是，许多研究成果也表明，由于水泥的矿物组成、碱含量、细度和生产水泥时所用的石膏形态、掺量等不同，在同一种外加剂和相同掺量下，掺外加剂的效果明显不同，甚至不适应。

水泥熟料的矿物组成中 C_3A 和 C_3S 以及石膏的形态和掺量对外加剂的作用效果影响较大。水泥矿物中吸附外加剂能力由强至弱的顺序为 $C_3A > C_4AF > C_3S > C_2S$。由于 C_3A 水化速度最快，吸附量又大，当外加剂掺入至 C_3A 含量高的水泥中时，减水增强效果就差。当外加剂掺入 C_3A 含量低、C_2S 含量高的水泥时，其减水增强效果显著，而且使混凝土坍落度损失变化较小。

水泥中石膏形态和掺量对萘系减水剂的作用效果的影响，是与水泥中 C_3A 含量有关。C_3A 含量大时影响较大，反之则小。不同石膏溶解速度的顺序为半水石膏＞二水石膏＞无水石膏（硬石膏、烧石膏）。石膏作为调凝剂主要作用是控制 C_3A 的水化速度，使水泥能够正常凝结硬化。这是由于石膏也就是硫酸钙与 C_3A 反应生成钙矾石和单硫铝酸钙，控制 C_3A 的反应速度。掺外加剂对硫酸盐控制水化速度必然会影响水泥的水化过程。如上所述，硬石膏的溶解速度最低，当掺加木钙后，硬石膏在饱和石灰溶液中的溶解性会进一步减小。木钙对采用硬石膏作调凝剂的水泥有速凝作用。糖类和羟基酸对于掺硬石膏的水泥也具有类似木钙作用，而使水泥快速凝结。SO_3 含量低（$<1.3\%$）的中热水泥，曾遇到过掺正常掺量的萘系减水剂时，使掺粉煤灰混凝土凝结时间过长的问题。通过试验表明，在这种情况下，萘系减水剂吸附在 C_3A、C_3S 和 SO_3 的表面上，阻碍了钙矾石的生成，同时也延缓 C_3A 和 C_3S 水化，从而延长凝结时间。

在高性能混凝土中，由于水胶比小及高效减水剂掺量大，水泥与减水剂的不适应问题更为突出，其中以坍落度损失较快的居多。对高性能混凝土与减水剂相容性的因素，除了水泥的矿物成分，水泥细度、石膏的形态及减水剂掺量外，还受碱含量的影响。因为水泥中的碱会增加 C_3A 与石膏反应及其水化物晶体生成，导致高碱水泥凝结时间较短。温度变化也对高效减水剂的效应产生影响，当气温高时，掺高效减水剂混凝土坍落度损失就大。

掺加磷渣粉掺合料的混凝土，由于磷渣粉含有氟、磷等化合物，外加剂可能与水泥、磷渣粉不适应，导致混凝土凝结出现异常情况。应在混凝土原材料选择阶段及时进行外加剂与水泥、磷渣粉的适应性综合试验。

2.1.3.4　外加剂的技术要求

（1）受检混凝土的性能指标及检验方法。

1）性能指标。掺外加剂混凝土的性能应符合表2－28的要求。

2）检验方法。表2－28检验项目包括减水率、泌水率、凝结时间差、坍落度和含气量的1h经时变化量、抗压强度比、收缩率比和相对耐久性试验等均按GB 8076《混凝土外加剂》的规定进行。

（2）匀质性指标及检验方法。

1）匀质性指标。匀质性指标应符合表2－29的要求。

表 2-28　　受检混凝土性能指标

<table>
<tr><th colspan="2" rowspan="3">项目</th><th colspan="13">外加剂品种</th></tr>
<tr><th colspan="3">高性能减水剂 HPWR</th><th colspan="2">高效减水剂 HWR</th><th colspan="3">普通减水剂 WR</th><th rowspan="2">引气减水剂 AEWR</th><th rowspan="2">泵送剂 PA</th><th rowspan="2">早强剂 Ac</th><th rowspan="2">缓凝剂 Re</th><th rowspan="2">引气剂 AE</th></tr>
<tr><th>早强型 HPWR-A</th><th>标准型 HPWR-S</th><th>缓凝型 HPWR-R</th><th>标准型 HWR-S</th><th>缓凝型 HWR-R</th><th>早强型 WR-A</th><th>标准型 WR-S</th><th>缓凝型 WR-R</th></tr>
<tr><td colspan="2">减水率（%），不小于</td><td>25</td><td>25</td><td>25</td><td>14</td><td>14</td><td>8</td><td>8</td><td>8</td><td>10</td><td>12</td><td>—</td><td>—</td><td>6</td></tr>
<tr><td colspan="2">泌水率比（%），不大于</td><td>50</td><td>60</td><td>70</td><td>90</td><td>100</td><td>95</td><td>100</td><td>100</td><td>70</td><td>70</td><td>100</td><td>100</td><td>70</td></tr>
<tr><td colspan="2">含气量（%）</td><td>≤6.0</td><td>≤6.0</td><td>≤6.0</td><td>≤3.0</td><td>≤4.5</td><td>≤4.0</td><td>≤4.0</td><td>≤5.5</td><td>≥3.0</td><td>≤5.5</td><td>—</td><td>—</td><td>≥3.0</td></tr>
<tr><td rowspan="2">凝结时间之差（min）</td><td>初凝</td><td rowspan="2">-90～+90</td><td rowspan="2">-90～+120</td><td>>+90</td><td rowspan="2">-90～+120</td><td>>+90</td><td rowspan="2">-90～+90</td><td rowspan="2">-90～+120</td><td>>+90</td><td rowspan="2">-90～+120</td><td rowspan="2">—</td><td>-90～+90</td><td>>+90</td><td rowspan="2">-90～+120</td></tr>
<tr><td>终凝</td><td>—</td><td>—</td><td>—</td><td>—</td><td>—</td></tr>
<tr><td rowspan="2">1h经时变化量</td><td>坍落度（mm）</td><td>—</td><td>≤80</td><td>≤60</td><td rowspan="2">—</td><td rowspan="2">—</td><td rowspan="2">—</td><td rowspan="2">—</td><td rowspan="2">—</td><td>—</td><td>≤80</td><td rowspan="2">—</td><td rowspan="2">—</td><td>—</td></tr>
<tr><td>含气量（%）</td><td>—</td><td>—</td><td>—</td><td>-1.5～+1.5</td><td>—</td><td>-1.5～+1.5</td></tr>
<tr><td rowspan="4">抗压强度比（%），不小于</td><td>1d</td><td>180</td><td>170</td><td>—</td><td>140</td><td>—</td><td>135</td><td>—</td><td>—</td><td>—</td><td>—</td><td>135</td><td>—</td><td>—</td></tr>
<tr><td>3d</td><td>170</td><td>160</td><td>—</td><td>130</td><td>—</td><td>130</td><td>115</td><td>—</td><td>115</td><td>—</td><td>130</td><td>—</td><td>95</td></tr>
<tr><td>7d</td><td>145</td><td>150</td><td>140</td><td>125</td><td>125</td><td>110</td><td>115</td><td>110</td><td>110</td><td>115</td><td>110</td><td>100</td><td>95</td></tr>
<tr><td>28d</td><td>130</td><td>140</td><td>130</td><td>120</td><td>120</td><td>100</td><td>110</td><td>110</td><td>100</td><td>110</td><td>100</td><td>100</td><td>90</td></tr>
<tr><td>收缩率比（%），不大于</td><td>28d</td><td>110</td><td>110</td><td>110</td><td>135</td><td>135</td><td>135</td><td>135</td><td>135</td><td>135</td><td>135</td><td>135</td><td>135</td><td>135</td></tr>
<tr><td colspan="2">相对耐久性（200次）（%），不小于</td><td>—</td><td>—</td><td>—</td><td>—</td><td>—</td><td>—</td><td>—</td><td>—</td><td>80</td><td>—</td><td>—</td><td>—</td><td>80</td></tr>
</table>

注　1. 表中抗压强度比、收缩率比、相对耐久性为强制性指标，其余为推荐性指标。

2. 除含气量和相对耐久性外，表中所列数据为掺外加剂混凝土与基准混凝土的差值或比值。

3. 凝结时间之差性能指标中的“-”号表示提前，“+”号表示延缓。

4. 相对耐久性（200次）性能指标中的“≥80”表示将28d龄期的受检混凝土试件快速冻融循环200次后。动弹性模量保留值≥80%。

5. 1h含气量经时变化量指标中的“-”号表示含气量增加，“+”号表示含气量减少。

6. 其他品种的外加剂是否需要测定相对耐久性指标，由供、需双方协商确定。

7. 当用户对泵送剂等产品有特殊要求时，需要进行的补充试验项目、试验方法及指标，由供需双方协商决定。

表 2-29　　匀质性指标

<table>
<tr><th>项目</th><th>指标</th><th>项目</th><th>指标</th></tr>
<tr><td>氯离子含量（%）</td><td>不超过生产厂控制值</td><td rowspan="2">密度 D（g/cm^3）</td><td rowspan="2">$D>1.1$ 时，应控制在 $D\pm0.03$；
$D\leqslant1.1$ 时，应控制在 $D\pm0.02$</td></tr>
<tr><td>总碱量（%）</td><td>不超过生产厂控制值</td></tr>
<tr><td rowspan="2">含固量（S）（%）</td><td rowspan="2">$S>25\%$时，应控制在 $0.95S\sim1.05S$；
$S\leqslant25\%$时，应控制在 $0.90S\sim1.10S$</td><td>细度</td><td>应在生产厂控制范围内</td></tr>
<tr><td>pH 值</td><td>应在生产厂控制范围内</td></tr>
<tr><td>含水量（W）（%）</td><td>$W>5\%$时，应控制在 $0.90W\sim1.10W$；
$W\leqslant5\%$时，应控制在 $0.80W\sim1.20W$</td><td>硫酸钠含量（%）</td><td>不超过生产厂控制值</td></tr>
</table>

注　1. 生产厂应在相关的技术资料中明示产品匀质性指标的控制值；
2. 对相同和不同批次之间的匀质性和等效性的其他要求，可由供需双方商定。

2）检验方法。表 2-29 匀质性检验项目包括含固量、密度、细度、pH 值、氯离子含量、硫酸钠含量和碱含量等均按 GB 8077《混凝土外加剂均质性试验方法》的规定进行。

2.1.3.5　选用外加剂主要注意事项

外加剂的使用效果受到多种因素的影响，因此，选用外加剂时应特别予以注意。

（1）外加剂的品种应根据工程设计和施工要求选择。使用工程采用的原材料，通过试验及技术经济比较后确定。

（2）几种外加剂复合使用时，应注意不同品种外加剂之间的相容性及对混凝土性能的影响。使用前应进行试验，满足要求后，方可使用。如聚羧酸系高性能减水剂与萘系减水剂不宜复合使用。

（3）严禁使用对人体产生危害，对环境产生污染的外加剂。用户应注意工厂提供的混凝土安全防护措施的有关资料，并遵照执行。

（4）对钢筋混凝土和有耐久性要求的混凝土，应按有关标准规定严格控制混凝土中氯离子含量和碱的含量（包含所有原材料所含氯离子和碱含量之和）。

（5）由于聚羧酸高性能减水剂的掺加量对其性能影响较大，用户应注意准确计量。

2.1.4　骨料

2.1.4.1　水工混凝土骨料品质的一般要求

我国水工混凝土骨料品质由 DL/T 5144《水工混凝土施工规范》规定。

2001 年版施工规范 DL/T 5144《水工混凝土施工规范》，将孔形由圆孔改为方孔，骨料粒径等于筛孔边长。该级配规格与国际标准化组织 ISO 6274 系列 C 相同。SL 352—2006《水工混凝土试验规程》修订时，采用了 DL/T 5144—2001 修订方案，将圆孔筛直径改为方孔筛边长。

2001 年发布的 GB/T 14684《建设用砂》和 GB/T 14685《建设用卵石、碎石》筛孔均采用方孔筛，采用 ISO 6274 系列 B，见表 2-30。ISO 6274 系列 B 筛孔规格原先是美国 ASTM 的规格，日本砂、石标准 1993 年由圆孔筛修订为方孔筛，采取直接过渡到系列 B，其他大多数国家也是如此。我国水工混凝土用骨料试验筛筛孔尺寸体系与国际标准 ISO 体系和国标 GB/T 14684、GB/T 14685 均不相同。

表 2－30　　ISO 试验用筛筛孔尺寸（方孔筛）　　mm

系列 A		系列 B		系列 C	
63.0	1.00	75.0	1.18	80.0	1.25
31.5	0.500	37.5	0.600	40.0	0.630
16.0	0.250	19.0	0.300	20.0	0.315
8.00	0.125	9.50	0.150	10.0	0.160
4.00	0.063	4.75	0.075	5.00	0.080
2.00		2.36		2.50	

2.1.4.2　细骨料技术指标和检验方法

（1）细骨料技术指标。水工混凝土常用细骨料有天然砂（河砂、山砂）、人工砂及混合砂（人工砂与天然砂混合而成）三种。砂料应质地坚硬、清洁、级配良好；人工砂的细度模数应控制在 2.40～2.80，天然砂的细度模数在 2.20～3.0；使用山砂、粗砂、特细砂应经试验论证。

细骨料在开采过程中应定期或按一定开采数量进行碱活性检验，有潜在危害时，应采取相应措施，并经专门试验论证。

DL/T 5112—2021《水工碾压混凝土施工规范》对人工砂石粉含量定义与 GB/T 14684—2022《建设用砂》和建工行业标准及 JGJ 52—2006《普通混凝土用砂、石质量及检验方法标准》有较大差异。我国水工碾压混凝土施工规范对石粉含量定义为人工砂中公称粒径小于 160μm 石粉与砂料总量的比值；GB/T 14684—2022 和 JGJ 52—2006 对石粉含量定义为人工砂中公称粒径小于 75μm，且其矿物组成和化学成分与加工母岩相同的颗粒含量。美国 ASTMC 117 标准，对人工砂中 75μm 以下颗粒定义为 Fines（细粉）。因此，使用不同标准时应注意其差异。

DL/T 5144—2015《水工混凝土施工规范》给出的细骨料技术指标见表 2－31。

表 2－31　　砂 料 的 技 术 指 标

项目		指标		备注
		天然砂	人工砂	
石粉含量（%）		—	6～18*	
含泥量（%）	$\geqslant C_{90}30$ 和有抗冻要求的	≤3	—	
	$< C_{90}30$	≤5		
泥块含量		不允许	不允许	
坚固性（%）	有抗冻要求的混凝土	≤8	≤8	
	无抗冻要求的混凝土	≤10	≤10	

续表

项目	指标		备注
	天然砂	人工砂	
表观密度（kg/m³）	≥2500	≥2500	
硫化物及硫酸盐含量（%）	≤1	≤1	折算成 SO_3 按质量计
有机质含量	浅于标准色	不允许	
云母含量（%）	≤2	≤2	
轻物质含量（%）	≤1	—	

* 水工混凝土人工砂定义粒径小于 0.16mm 以下的为石粉。

碾压混凝土用砂，除满足表 2－32 技术指标外，尚有以下补充要求：

1）碾压混凝土用人工砂石粉含量允许放宽到 10%～20%；

2）有抗冻性要求的碾压混凝土，砂中云母含量不得大于 1.0%；

3）人工砂生产，开采石料时会有土层没有清除干净或是有黏土夹层，因此人工砂石粉中会含有黏土，需先经过亚甲蓝法（*MB* 值）试验判断。当石粉中含有黏土时，亚甲蓝 *MB* 值有明显变化。亚甲蓝 *MB* 值的限值是 $MB<1.4$，当 $MB<1.4$ 时，则判定以石粉为主；若 $MB\geqslant 1.4$ 时，则判定以泥粉为主，不能用于碾压混凝土。

（2）细骨料技术指标检验的试验方法。细骨料技术指标检验按 DL/T 5151—2014《水工混凝土砂石骨料试验规程》中的方法进行，见表 2－32。

2.1.4.3 粗骨料技术指标和检验方法

（1）粗骨料技术指标。粗骨料必须坚硬、致密、无裂隙、骨料表面不应含有大量黏土、淤泥、粉屑、有机物和其他有害杂质。粗骨料种类有卵石、碎石、破碎卵石、卵石和碎石混合石。我国碾压混凝土的最大粒径为 80mm，分为三级，骨料公称粒径 5～20mm 为小石；骨料公称粒径 20～40mm 为中石；骨料公称粒径 40～80mm 为大石。按目前碾压混凝土运送、摊铺和碾压经验，不宜再将最大骨料粒径放大，国外的最大骨料粒径一般到 63mm。

对于长期处于潮湿环境的碾压混凝土，其所使用的碎石或卵石应进行碱活性检验。

DL/T 5144—2015《水工混凝土施工规范》给出的粗骨料技术指标，见表 2－32。

表 2－32　　粗骨料的技术指标

检测项目		指标	备注
含泥量（%）	D_{20}、D_{40} 粒径级	≤1	
	D_{80}、D_{150}（D_{120}）粒径级	≤0.5	
泥块含量		不允许	
坚固性（%）	有抗冻要求	≤5	
	无抗冻要求	≤12	

续表

<table>
<tr><th colspan="4">检测项目</th><th>指标</th><th>备注</th></tr>
<tr><td colspan="4">硫化物及硫酸盐含量（%）</td><td>≤0.5</td><td>折算 SO_3（%），按质量计</td></tr>
<tr><td colspan="4">有机质含量</td><td>浅于标准色</td><td>如深于标准色，应进行混凝土强度对比试验，抗压强度比不应低于 0.95</td></tr>
<tr><td colspan="4">表观密度（kg/m³）</td><td>≥2550</td><td></td></tr>
<tr><td colspan="4">吸水率（%）</td><td>≤2.5</td><td></td></tr>
<tr><td colspan="4">针片状颗粒含量（%）</td><td>≤15</td><td>经试验论证，可以放宽至 25%</td></tr>
<tr><td rowspan="8">压碎值指标（%）</td><td rowspan="6">碎石</td><td rowspan="2">沉积岩</td><td>C_{60}～C_{40}</td><td>≤10</td><td rowspan="2">沉积岩包括石灰岩、砂岩等</td></tr>
<tr><td>≤C_{35}</td><td>≤16</td></tr>
<tr><td rowspan="2">变质岩或火成岩</td><td>C_{60}～C_{40}</td><td>≤12</td><td rowspan="2">变质岩包括片麻岩、石英岩等
大成岩包括花岗岩、正长岩、闪长岩等</td></tr>
<tr><td>≤C_{35}</td><td>≤20</td></tr>
<tr><td rowspan="2">喷出火成岩</td><td>C_{60}～C_{40}</td><td>≤13</td><td rowspan="2">喷出火成岩、玄武岩和辉绿岩等</td></tr>
<tr><td>≤C_{35}</td><td>≤30</td></tr>
<tr><td colspan="2" rowspan="2">卵石</td><td>C_{60}～C_{40}</td><td>≤12</td><td rowspan="2"></td></tr>
<tr><td>≤C_{35}</td><td>≤16</td></tr>
</table>

（2）粗骨料技术指标检验的试验方法。粗骨料技术指标检验方法按 DL/T 5151《水工混凝土砂石骨料试验规程》中的方法进行。

2.1.4.4　骨料碱活性反应

（1）骨料碱活性反应、检验方法及抑制措施。碱—骨料反应（AAR）类型可分为碱硅酸盐反应（ASR）和碱碳酸盐反应（ACR），AAR 是造成混凝土结构破坏失效的重要原因之一。正确判断骨料的碱活性和采用有效技术措施，防止混凝土工程遭受 AAR 破坏具有十分重要意义。

1）AAR 化学反应破坏。

a）混凝土工程发生碱—骨料反应破坏必须具有三个条件：一是配制混凝土时由水泥、骨料、外加剂和拌和用水带进混凝土中一定数量的碱，或者混凝土处于碱渗入的环境中；二是一定数量的碱活性骨料存在；三是潮湿环境，可以供应反应物吸水膨胀时所需的水分。

b）受碱—骨料反应影响的混凝土需要数年或一二十年的时间才会出现开裂破坏。

c）碱—骨料反应破坏最重要的现场特征之一是混凝土表面开裂，裂纹呈网状（龟背纹），起因于混凝土表面下的反应骨料颗粒周围的凝胶或骨料内部产物的吸水膨胀。当其他骨料颗粒发生反应时，产生更多的裂纹，最终这些裂纹相互连接，形成网状。若在预应力作用的区域裂纹将主要沿预应力方面发展，形成平行于钢筋的裂纹，在非预应力的区域，混凝土表现出网状开裂。

d）碱—骨料反应破坏是由膨胀引起的，可使结构工程发生整体变形、移位、弯曲、扭翘等现象。

e）碱—硅酸反应生成的碱—硅酸凝胶有时会从裂缝中流到混凝土的表面，新鲜的凝胶是透明或呈浅黄色，外观类似于树脂状。脱水后，凝胶变成白色，凝胶流经裂缝、孔隙的过程中吸收钙、铝、硫等化合物也可变为茶褐色以至黑色，流出的凝胶多有比较湿润的光泽，长时间干燥后会变为无定形粉状物。

f）ASR 的膨胀是由生成的碱—硅酸凝胶吸水引起的，因此 ASR 凝胶的存在是混凝土发生了碱—硅反应的直接证明。通过检查混凝土芯样的原始表面、切割面、光片和薄片，可在空洞、裂纹、骨—浆体界面区等处找到凝胶，因凝胶流动性较大，有时可在远离反应骨料的地方找到凝胶。

g）一般认为，ASR 膨胀开裂是由存在于骨料—浆体界面和骨料内部的碱—硅酸凝胶吸水膨胀引起的；ACR 膨胀开裂是由反应生成的方解石和水镁石，在骨料内部受限空间结晶生长形成的结晶压力引起的。也就是说，骨料是膨胀源，这样骨料周围浆体中的切向应力始终为拉伸应力，在浆体—骨料界面处达最大值，而骨料中的切向应力为压应力，骨料内部肿胀压力或结晶压力将使得骨料内部局部区域承受拉伸应力，而浆体和骨料径向均受压应力，结果，在混凝土中形成与膨胀骨料相连的网状裂纹，反应骨料有时也会开裂，其裂纹会延伸到周围的浆体或砂浆中去，裂纹能延伸到达另一颗骨料、裂纹有时也会从未发生反应的骨料边缘通过。

2）骨料碱活性检验方法。我国混凝土工程使用骨料种类很多，其中有许多为硅质骨料或含硅质矿物的其他骨料，另一类为碳酸盐骨料。建立一种科学、快速和简单的碱活性检测方法，这对我国混凝土工程防止碱骨料反应破坏，具有十分重要意义。

a）骨料碱活性岩相检验方法。本试验方法是通过肉眼和显微镜观察，鉴定各种砂、石料的类型和矿物成分，从而检验骨料中是否含有活性矿物，如酸性—中性火山玻璃，隐晶—微晶石英、鳞石英、方石英、应变石英、玉髓、蛋白质、细粒泥质灰质白云岩或白云质灰岩、硅质灰岩或硅质白云岩、喷出岩及火山碎屑岩屑等，若有类似矿物存在应采用砂浆棒快速法鉴定。

b）骨料碱活性砂浆棒快速法检验。本试验用于测定骨料在砂浆中的潜在有害的碱—硅酸反应，适合于检验反应缓慢或其在后期才产生膨胀的骨料，如微晶石英、变形石英及玉髓等。砂浆棒快速法试件养护温度为 80℃±2℃。

结果评定：砂浆试件 14d 的膨胀率小于 0.1%，则骨料为非活性骨料；砂浆试件 14d 的膨胀率大于 0.2%时，则骨料为具有潜在危害性反应的活性骨料；砂浆试件 14d 的膨胀率在 0.1%～0.2%之间时，不能最终判定有潜在碱—硅酸反应危害，对于这种骨料应结合现场记录，岩相分析，开展其他的辅助试验，试件观测时间延至 28d 后的测试结果等来进行综合评定。

c）骨料碱活性砂浆长度法检验。本试验用于测定水泥砂浆试件的长度变化，以鉴定水泥中碱与活性骨料间反应所引起的膨胀是否具有潜在危害。本试验方法适用于碱骨料反应较快的碱—硅酸盐反应和碱—硅酸反应，不适用于碱—碳酸盐反应。砂浆长度法试件养护温度为 38℃±2℃。

结果评定：对于砂、石料，当砂浆半年膨胀率超过 0.1%，或 3 个月膨胀率超过 0.05%

时（只有缺少半年膨胀率资料时才有效），即评为具有危害性的活性骨料。反之，如低于上述数值，则评为非活性骨料。

d）碳酸盐骨料的碱活性检验（岩石柱法）。本试验用于在规定条件下测量碳酸盐骨料试件在碱溶液中产生的长度变化，以鉴定其作为混凝土骨料是否具有碱活性。本试验适用于碳酸盐岩石的研究与料场初选，不可用于硅质骨料。

结果评定，试件经 84d 浸泡后膨胀率在 0.1%以上时，该岩石评为具有潜在碱活性危害，不宜作混凝土骨料，必要时应以混凝土试验结果做出最后评定。对于长龄期如果没有专门要求，至少应给出 1 周、4 周、8 周、12 周的资料。

e）骨料碱活性混凝土棱柱体试验方法。本试验用于评定混凝土试件在温度 38℃±2℃及潮湿条件养护下，水泥中的碱—硅酸反应和碱—碳酸盐反应。

试验主要条件：硅酸盐水泥；水泥含碱量为 0.9%±0.1%（以 $Na_2O+0.658K_2O$ 计）；通过外加 10%NaOH 溶液使试验水泥含碱量达到 1.25%；水泥用量为 $420kg/m^3 \pm 10kg/m^3$；水灰比为 0.42～0.45；石与砂的质量比为 6:4。

试验结果判定：① 试验精度应符合以下要求：当平均膨胀率小于 0.02%时，同一组试件中单个试件的膨胀率的差值（最高值与最低值之差）不应超过 0.008%；当平均膨胀率大于 0.02%时，同一组试件中单个试件的膨胀率的差值（最高值与最低值之差），不应超过平均值的 40%。② 当试件一年的膨胀率不小于 0.04%时，则判定为具有潜在危害性反应的活性骨料；膨胀率小于 0.04%时，判定为非活性骨料。

3）抑制碱活性骨料的技术措施。对碱—碳酸盐反应活性骨料，目前尚无抑制技术。对碱—硅酸反应活性骨料，可采用以下抑制措施：

a）应采用低碱水泥。水泥含碱量≤0.6%，CaO 含量≤1.0%，MgO 含量≤5.0%（最好控制在 2.5%以下），SO_3 含量≤3.5%，水泥品种为硅酸盐水泥。

b）掺用低碱粉煤灰。ASTMC 618 限定的用于抑制 ASR 的粉煤灰含碱量必须小于 1.5%。粉煤灰的细度及颗粒分布与抑制 ASR 有关，比表面积愈大、效果愈好。

粉煤灰对碱—硅反应的作用是化学作用和表面物理化学作用。在适当的条件下，化学作用可以使碱—硅反应得到有效抑制，而表面物理化学作用只能使碱—硅反应得到延缓。上述两种反应与体系中的 $Ca(OH)_2$ 含量有着密切的关系，只有当 $Ca(OH)_2$ 含量低到一定程度时，粉煤灰才能抑制碱—硅反应膨胀。

通过试验研究证明，掺用 25%～35%的Ⅰ、Ⅱ级粉煤灰，有显著抑制碱活性骨料膨胀破坏的作用，但由于粉煤灰的化学成分、形态、级配及细度有较大差异性，使用时必须用工程原材料进行试验论证。

c）掺用酸性矿渣，矿渣掺量为 40%～50%为宜。

d）掺用低碱外加剂。由于化学外加剂中含碱基本上为可溶盐，如 Na_2SO_4、$NaNO_2$ 这些中性的盐加入到混凝土后，会与水泥的水化产物如 $Ca(OH)_2$ 等发生反应，阴离子被部分结合到水泥水化产物中，新产生部分 OH^- 离子，并与留在孔隙溶液中 Na^+ 和 K^+ 离子保持电荷平衡。因此外加含碱盐能显著增加孔隙溶液中的 OH^- 离子浓度，加速 AAR 的进行，并进而增加混凝土的膨胀。目前，我国的早强剂、防冻剂和减水剂等外加剂及其复合外加剂均在不同程度上含有可溶性的钾、钠盐，如 Na_2SO_4 和 K_2CO_3 等，此类外加剂不宜使用。

e）控制混凝土的总碱量不超过 3.0kg/m^3。混凝土的总碱量是指混凝土中水泥、掺合料、外加剂等原材料含碱质量的总和，以当量氧化钠表示，单位为 kg/m^3。按以下规定计算：

——水泥中所含的碱均为有效碱含量。

——掺合料中所含的有效碱含量：粉煤灰中碱含量的 1/6 为有效碱含量；矿渣粉、磷渣粉、钢渣粉和硅粉中碱含量的 1/2 为有效碱含量。

——外加剂中所含的碱均为有效碱含量。

——混凝土总碱量 = 水泥带入碱量 + 外加剂带入碱量 + 掺合料中有效碱含量。

对于碱活性骨料的抑制材料应使用工程材料通过对比试验论证，达到预期目标才能使用。

4）抑制骨料碱—硅酸反应活性有效性试验。

a）抑制试验方法 A——骨料置换法（石英玻璃）。本试验以高活性的石英玻璃砂与高碱水泥制成的砂浆试件即标准试件，与掺有抑制材料的砂浆试件即对比试件进行同一龄期膨胀率比较，以衡量抑制材料的抑制效能。如骨料通过试验被评为有害活性骨料，而低碱水泥又难以取得时，也可用这种方法选择合适的水泥品种、掺合料、外加剂品种及掺量。

主要规定：标准试件用高碱硅酸盐水泥，碱含量为 1.0%（Na_2O 计）或通过外加 10%NaOH 溶液使水泥含碱量达到 1.0%；判别外加剂的抑制作用时，对比试件所用水泥与标准试件所用水泥相同；如判别掺合料效能时用 25%或 30%掺合料代替标准试件所用水泥。

结果评定：掺用掺合料或外加剂的对比试件，若 14d 龄期砂浆膨胀率降低率不小于 75%，并且 56d 的膨胀率小于 0.05%时，则认为所掺的掺合料或外加剂及其相应的掺量具有抑制碱—骨料反应的效能；对工程所选用的水泥制作的对比试验，除满足 14d 龄期砂浆膨胀率降低率不小于 75%的要求外，对比试件 14d 龄期膨胀率还不得大于 0.02%，才能认为该水泥不会产生有害碱—骨料膨胀。

b）抑制试验方法 B——砂浆棒快速法（修正法）。本试验方法源于 ASTM C1567—2008《确定胶凝材料与骨料潜在碱—硅酸反应活性的标准测试方法》。主要变动为：将用胶凝材料控制骨料碱—硅酸反应活性的判据由 0.1%调整为 0.03%，并规定了矿物掺合料的种类和掺量。本试验方法是由砂浆棒快速法发展而来，不同的是本试验方法采用有矿物掺合料的胶凝材料，而砂浆棒快速法采用水泥，如果试验判据都是 0.1%，这会导致在很少矿物掺合料掺量的情况下也判定抑制骨料碱—硅酸反应活性有效，而采用这个很少的矿物掺合料掺量可能并不能满足实际工程中抑制骨料碱—硅酸反应活性的要求。

本试验方法具有良好的敏感性，能够分辨在胶凝材料中掺加矿物掺合料对抑制骨料碱—硅酸反应的有效程度；试验方法对抑制骨料碱—硅酸反应的技术规律性显著，稳定性良好。

本试验方法见 GB/T 50733—2011《预防混凝土碱骨料反应技术规范》附录 A。

（2）碱—硅酸反应活性骨料的混凝土原材料选择和配合比设计。

1）原材料选择。

a）骨料。

——用于混凝土的骨料应进行碱活性检验。

骨料碱活性检验项目应包括岩石类型和碱活性的岩相法、碱—硅酸反应活性和碱—碳酸盐反应活性检验。

宜先采用岩相法进行骨料岩石类型和碱活性检验，确定岩石名称及骨料是否具有碱活性。岩相法检验结果如为不含碱活性矿物的非活性骨料，则可不再进行其他项目检验。当岩相法检验结果为碱—硅酸反应活性或可疑骨料时，应再采用砂浆棒快速法进行检验；当岩相法检验结果为碱—碳酸盐反应活性骨料时，应再采用岩石柱法进行检验。

在时间允许情况下，可采用混凝土棱柱体法进行碱活性检验或验证。

河砂和海砂可不进行岩相法检验和碱—碳酸盐活性反应检验。

——碱活性反应骨料的判则。

砂浆棒快速法检验碱—硅酸活性反应，试验试件14d膨胀率大于0.1%为活性骨料。

碳酸盐骨料碱活性检验（岩石柱法），试验试件84d膨胀率大于0.1%为有潜在性危害骨料。

混凝土棱柱体法检验碱—硅酸反应活性骨料或碱—碳酸盐反应活性骨料，试验试件一年膨胀率大于0.04%为有潜在性危险骨料。

——试验结果的评定规则。

当同一检验批的同一检验项目进行一组以上试验时，应取所有试验结果中碱活性指标最大者作为检验结果。碱—硅酸反应抑制有效性检验亦然。

岩相法和砂浆棒快速法的检验结果互相矛盾时，以砂浆棒快速法的检验结果为准。

岩相法、砂浆棒快速法和岩石柱法的检验结果与混凝土棱柱体法的检验结果互相矛盾时，应以混凝土棱柱体法的检验结果为准。

——采用碱—硅酸反应活性骨料必须经过抑制有效性检验，检验证明抑制有效，方可用于混凝土工程和进行配合比设计。

抑制有效性检验方法推荐采用抑制试验方法B——砂浆棒快速法（修正法）。试验结果试件14d膨胀率小于0.03%应为抑制骨料碱—硅酸活性反应有效。

——混凝土骨料还应符合现行行业标准DL/T 5144《水工混凝土施工规范》的规定。

b）其他原材料。水泥、掺合料、外加剂及拌和水的品质应符合现行行业标准的规定，其中碱含量允许值见表2－33。

表2－33　其他原材料碱含量的规定

其他原材料	水泥	Ⅰ级或Ⅱ级F类粉煤灰	粒化高炉矿渣粉	硅灰	外加剂（当量Na_2O含量）	拌和水
碱含量允许值	不宜大于0.6%	不宜大于2.5%	不宜大于1.0%	1.5%	2.5%	不大于1500mg/L

当个别项目检测值超出表2－33规定限值时，最终以混凝土总碱量应小于3.0kg/m^{3}控制。

外加剂应避免采用高碱含量的防冻剂、速凝剂和外加剂。硅灰中二氧化硅含量不宜小于90%。

2）配合比设计。

a）基本规定。

——混凝土工程宜采用非碱活性骨料。

——在盐渍土、海水或受除冰盐作用等含碱环境中，重要结构的混凝土不得采用碱活性骨料。

——具有碱—碳酸盐反应活性的骨料不得用于配制混凝土。

——碱—硅酸反应活性骨料经抑制有效性检验，确认有效后方可用于配制混凝土。

b）混凝土碱含量不应大于 3.0kg/m^3。混凝土碱含量计算应符合以下规定：

——混凝土碱含量应为配合比中各原材料的碱含量总和。

——水泥、外加剂和水的碱含量可用实测值计算；粉煤灰碱含量可用 1/6 实测值计算；硅灰和粒化高炉矿渣粉碱含量可用 1/2 实测值计算。

——骨料碱含量可不计入混凝土碱含量。

c）当采用硅酸盐水泥和普通硅酸盐水泥时，混凝土中矿物掺合料掺量宜符合以下规定：

——对于砂浆棒快速法检验结果大于 0.20%膨胀率的骨料，混凝土中粉煤灰掺量不宜小于 30%；当复合掺用粉煤灰和粒化高炉矿渣粉时，粉煤灰掺量不宜小于 25%，粒化高炉矿渣粉掺量不宜小于 10%。

——对于砂浆棒快速法检验结果为 0.10%～0.20%膨胀率范围的骨料，宜采用不小于 25%的粉煤灰掺量。

——当掺用粉煤灰或复合掺用粉煤灰和粒化高炉矿渣粉都不能满足抑制碱—硅酸反应活性有效性要求时，可再增加掺用硅灰或用硅灰取代相应掺量的粉煤灰或粒化高炉矿渣粉，硅灰掺量不宜小于 5%。

——掺加抑制碱骨料反应型外加剂。

掺加抑制型外加剂也是一条防止混凝土碱骨料反应的技术途径。抑制碱骨料反应型外加剂迄今没有技术标准，采用时必须进行抑制有效性检验。抑制型外加剂可选用的品种见表 2－34。

表 2－34　　抑制碱骨料反应型外加剂的品种和物理特性

品种	含量（%）	推荐掺量（%）	物理特性
工业碳酸锂（$LiCO_3$）	＞98	1.0	白色粉末，微溶于水，对人体无伤害
无水氧化锂（LiCl）	＞98	—	白色粉末，水溶性好，密度 2.07g/cm^3，对人体无伤害
硫酸钡（$BaSO_4$）	＞97	4～6	白色粉末，不溶于水，密度 4.50g/cm^3，细度（45μm 筛筛余）≤0.3%，对人体无伤害

引气剂也有利于缓解碱骨料反应。掺加引气剂使混凝土保持 4%～6%的含气量，可容纳一定数量的反应产物，从而缓解碱骨料反应膨胀力。

2.1.5 拌和和养护用水

混凝土用水大致可分为拌和用水和养护用水两类。

混凝土拌和水的作用是与水泥中硅酸盐、铝酸盐及铁铝酸盐等矿物成分发生化学反应，产生具有胶凝性能的水化物，将砂、石等材料胶结成混凝土。

养护水的作用是补充混凝土因外部环境中湿度变化，或者混凝土内部水化过程中而失去的水分，为混凝土供给充足水，确保其水化反应持续进行和混凝土性能不断发展。

2.1.5.1 混凝土用水的技术指标

基于水的品质对混凝土性能产生很大的影响，作为混凝土用水必须考虑以下原则：一是水中物质对混凝土质量是否有影响；二是水中物质允许的限度。

按照水工混凝土对水质的要求，凡符合国家标准的饮用水均可用于拌和与养护混凝土。未经处理的工业和生活污水不得用于拌和与养护混凝土。地表水、地下水和其他类型水在首次用于拌和与养护混凝土时，须按现行的有关标准，经检验合格后方可使用。水的技术指标应符合以下要求：

（1）混凝土拌和、养护用水与标准饮用水试验所得的水泥初凝时间差及终凝时间差均不得大于 30min。

（2）用拌和与养护用水配制的水泥砂浆 28d 抗压强度不得低于用标准饮用水拌和的砂浆抗压强度的 90%。

（3）拌和与养护混凝土用水的 pH 值、水中不溶物、可溶物、氯化物、硫酸盐的含量应符合表 2－35 的规定。

表 2－35　水工混凝土拌和与养护用水技术指标

检测项目	钢筋混凝土	素混凝土	检测项目	钢筋混凝土	素混凝土
pH 值	＞4	＞4	氯化物（以 Cl^- 计）（mg/L）	＜1200	＜3500
不溶物（mg/L）	＜2000	＜5000	硫酸盐（以 SO_4^{2-} 计）（mg/L）	＜2700	＜2700
可溶物（mg/L）	＜5000	＜10 000			

2.1.5.2 水质检验的试验方法

（1）水样的采集与保存。水样采集是为水质分析提供水样。适用于混凝土拌和、养护用水的水质分析和水工建筑物环境水侵蚀检验。

（2）pH 值测定方法。水的 pH 值测定方法有比色法和电极法两种。比色法只适用于低色度天然水质的检测，对含较多氧化剂、还原剂的水样不适用。

（3）水的溶解性固形物测定。溶解性固形物是指溶解在水中的固体物质，如可溶性的氯化物、硫酸盐、硝酸盐、重碳酸盐、碳酸盐等。

（4）水的氯离子含量测定。

（5）水的硫酸根离子含量测定。

2.2　碾压混凝土配合比

2.2.1　碾压混凝土配合比的基本类型

由于碾压混凝土中胶凝材料浆含量较少，拌和物的黏聚性较差，还因施工方法与砾石土料具有相似性，所以也可以把碾压混凝土拌和物视为类似砾石土料的物质。它是由固相、液相和气相组成的体系。碾压混凝土拌和物是依靠振动碾逐层振动压实的，拌和物在振动压实机具所施加的振动和动压力作用下，固相体积一般不发生变化，但固相颗粒的位置得到重新排列。颗粒之间产生相对位移，彼此靠近。小颗粒被挤压填充到大颗粒之间的空隙中。空隙里的空气受挤压而逐步逸出，拌和物逐渐密实。另外，拌和物中的胶凝材料浆具有触变性，在振动情况下由凝胶变为溶胶——“液化”而具有一定的流动性，逐渐填充了空隙，将空气“排挤”出去。因此，碾压混凝土拌和物的振动压实既具有混凝土的基本特点，也具有土料压实的某些施工特性。

正因为碾压混凝土拌和物及硬化后的碾压混凝土具有混凝土与砾石土料各自的某些特点，碾压混凝土配合比既有基于混凝土原理进行设计，也有基于土工原理进行设计的。混凝土原理设计方法将碾压混凝土拌和物看成与常态混凝土相似的混凝土，其强度和其他性能遵循阿勃拉姆斯（Abrams）于 1918 年建立的水灰比关系。在混凝土拌和物中要求有足够的灰浆，以充填骨料间的空隙，使拌和物能完全被压实为无空隙的混凝土。土工原理设计方法将碾压混凝土拌和物看作与水泥土类似的物质。其配合比设计以含水量—密实度关系为依据，即根据现场碾压机械所能提供的压实功来确定拌和物的最优含水量。因此，拌和物压实后，灰浆通常不能填满骨料间的空隙。

根据不同的使用目的，碾压混凝土有不同的配合比类型。它们包括水泥稳固砂砾石碾压混凝土、干贫碾压混凝土和高粉煤灰含量碾压混凝土等。不同类型的碾压混凝土有各自不同的性能，因此在使用上也有差别。

碾压混凝土的配合比设计方法因习惯的不同而有差异，但碾压混凝土的配合比设计与常态混凝土一样需要遵守水灰比定则、需水量定则。此外，为了使碾压混凝土的配合比设计更可靠、合理和快捷，碾压混凝土配合比设计参数的取值也需遵循相应的原则。碾压混凝土的配合比设计由于涉及的因素多，不少配合比设计参数须根据工程使用的原材料情况的不同通过试验后确定。

碾压混凝土配合比，从材料角度出发可以分成以下类型。

（1）水泥稳固砂砾石碾压混凝土。水泥稳固砂砾石碾压混凝土（Cement Stabilized ‘as－dug’ Material Roller Compacted Concrete or Cemented Sand & Gravel Roller Compacted Concrete）也称胶凝材料稳固砂砾石碾压混凝土（Cementitious Stabilized Sand & Gravel Roller Compacted Concrete）或超贫碾压混凝土（Especial Lean Roller Compacted Concrete）。在这一类碾压混凝土中，胶凝材料总量不大于 110kg/m^3，其中粉煤灰或其他掺合材料用量大多不超过胶凝材料总量的 30%，少数可达到 50%。此类碾压混凝土胶凝材料用量少，为了获得

碾压混凝土拌和物的可碾压性，必须通过加大用水量来实现。因此，混凝土的水胶比较大，一般达到0.95～1.50。这类碾压混凝土的强度较低，抗渗性和耐久性能较差。

水泥稳固砂砾石碾压混凝土中胶凝材料浆不足以填满砂子的空隙，碾压混凝土内部的孔隙多。工程设计者采用此类碾压混凝土，旨在利用胶凝材料浆把砂、砾石材料胶结成整体，作为坝体的一部分，依靠碾压混凝土的自身质量使坝体稳定。而坝体的防渗由其他类型混凝土或上游面的防渗材料承担，从而使工程建设达到快速及经济的目的。应用实例：1982 年建成的美国柳溪（Willow Creek）坝（水泥 47kg/m^3，粉煤灰 19kg/m^3），广西百龙滩水电站坝体内部碾压混凝土（水泥 39kg/m^3，粉煤灰 60kg/m^3），福建洪口水电站上游围堰（水泥 40kg/m^3，粉煤灰 40kg/m^3；水泥 55kg/m^3，粉煤灰 45kg/m^3）；福建街面水电站围堰（水泥 40kg/m^3，粉煤灰 40kg/m^3）等。

（2）干贫碾压混凝土。干贫碾压混凝土（Dry Lean Roller Compacted Concrete）的胶凝材料用量为120～130kg/m^3，其中掺合材料占胶凝材料总质量的25%～30%。此类碾压混凝土由于胶凝材料用量不多，通过适当加大用水量使拌和物满足可碾压性的要求。其水胶比一般为0.70～0.90。此类碾压混凝土由于掺合材料所占比例较低，故碾压混凝土的绝热温升较高。

干贫碾压混凝土的水胶比较大，抗渗性能不高。此类碾压混凝土一般不用作坝体的防渗层而作为内部混凝土。坝体的外部防渗由其他材料（如常态混凝土）承担。

干贫碾压混凝土在日本碾压混凝土坝的内部混凝土得到广泛的应用。日本的所有碾压混凝土坝几乎都是在坝的上下游设置3m厚的常态混凝土，碾压混凝土用作内部混凝土。

部分工程的碾压混凝土配合比见表2-36。

表2-36　　干贫碾压混凝土配合比

坝名	最大骨料粒径（mm）	水胶比	粉煤灰掺量（%）	每立方米混凝土材料用量（kg）				
				水泥	粉煤灰	水	胶凝材料	砂石
玉川（Tamagawa）	80	0.850	20	91	39	95	130	2201
岛地川（Shimajigawa）	80	0.875	30	84	36	105	120	2234
观音阁	120	0.58	30	91	39	75	130	2262

（3）中等或富胶凝材料用量碾压混凝土。高粉煤灰含量碾压混凝土（High Fly-ash Content Roller Compacted Concrete）中胶凝材料用量为140～250kg/m^3，其中掺合材料占胶凝材料总质量的 50%～75%。这类碾压混凝土分为两种，一种胶凝材料用量 140～170kg/m^3，其中掺合材料占50%～65%，称为中等胶凝材料用量碾压混凝土；另一种胶凝材料用量为180～250kg/m^3，其中掺合材料所占比例为60%～75%，称为富胶凝材料用量碾压混凝土。

高粉煤灰含量碾压混凝土在国外得到广泛的应用，其中最有代表性的是美国上静水（Upper Stillwater）坝。中国大陆建设的绝大部分碾压混凝土坝坝体上游面的二级配碾压混凝土属于富胶凝材料用量的碾压混凝土，其后的三级配碾压混凝土属于中等胶凝材料用量的碾压混凝土。部分工程的碾压混凝土配合比见表 2－37。

表 2－37 部分工程碾压混凝土配合比

工程名称	混凝土使用部位	最大骨料粒径（mm）	水胶比	粉煤灰掺量（%）	每立方米混凝土材料用量（kg）				
					水泥	粉煤灰	水	胶凝材料	砂石
上静水（Upper Stillwater）坝	距上游面 3m 范围内	50	0.39	68.5	80	174	99	254	2205
	坝体其余部位	50	0.33	68.6	95	208	100	303	2140
棉花滩大坝	上游防渗层	40	0.50	57.5	85	115	99	200	2150
	内部混凝土	80	0.52	59.4	70	100	89	170	2221
	内部混凝土	80	0.59	60.0	60	90	89	150	2259

中等胶凝材料用量碾压混凝土的胶凝材料用量相对较少，水泥用量较低，混凝土的绝热温升小，但施工层面胶结质量较难控制。目前一般将其用作坝体的内部混凝土。富胶凝材料用量碾压混凝土的胶凝材料用量较高（多为二级配碾压混凝土），碾压混凝土的绝热温升较高，施工层面黏结质量较前者易控制，混凝土的抗渗性能（特别是施工层面的抗渗性能）较前者好。它既可以作为坝体的内部混凝土，也可以直接用作坝体上游面防渗层混凝土。

2.2.2 碾压混凝土配合比设计的基本原理和要求

碾压混凝土的配合比设计无论基于混凝土原理，还是基于土工原理，密实碾压混凝土的配合比设计的基本出发点是：胶凝材料浆包裹细骨料颗粒并尽可能地填满细骨料间的空隙，形成砂浆；砂浆包裹粗骨料颗粒并尽可能地填满粗骨料间的空隙，形成均匀密实的混凝土。所配制出的碾压混凝土应达到所需的技术、经济指标要求。因此，在进行碾压混凝土配合比设计时，必须了解胶凝材料浆能否填满细骨料间的空隙，砂浆量是否足以填满粗骨料间的空隙。在此基础上考虑到施工现场条件与室内条件的差别，适当增加一定的胶凝材料浆量和砂浆量作为余度。最终通过现场碾压试验，检验设计出的碾压混凝土拌和物对现场施工设备的适应性。

2.2.2.1 基于土工原理的配合比设计

按土工原理进行碾压混凝土配合比设计，是将碾压混凝土视为类似于土料（如水泥土）的物质，以其含水量—密实度的关系为依据，模拟施工现场振动碾压的压实功在室内进行击实试验，确定其最优单位用水量。即对一定量的粗、细骨料和胶凝材料，在室内用击实方法，在现场用压实方法确定其最优单位用水量。室内击实功及击实的程度与现场碾压机械所能提供的压实功和压实程度相适应。普氏压实原理认为，对于一个给定的压实功有一个“最优含水量”，按这个最优含水量，碾压混凝土拌和物可以获得最大的干表观密度。压实功增大，混凝土的最大干表观密度也增加，最优含水量则减少。在土工原理设计方法中，碾压混凝土的干表观密度被用作设计指标。图 2－1 示出了在三种击实功条件下的击实曲线室内试验成果。图 2－2 示出了不同碾压遍数（即不同压实功）下的压实曲线现场试验结果。

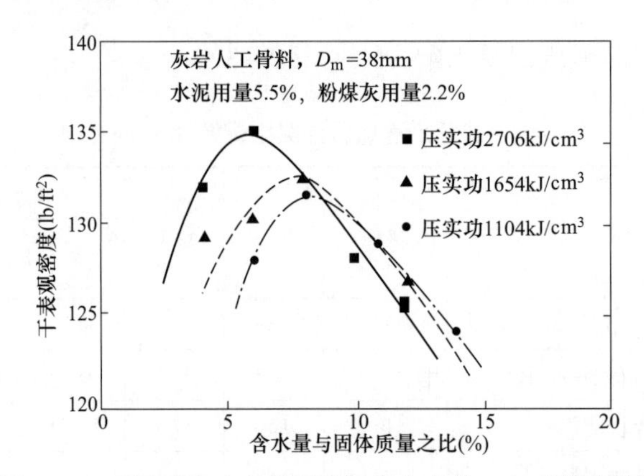

图 2-1　不同压实功下碾压混凝土含水量—表观密度曲线

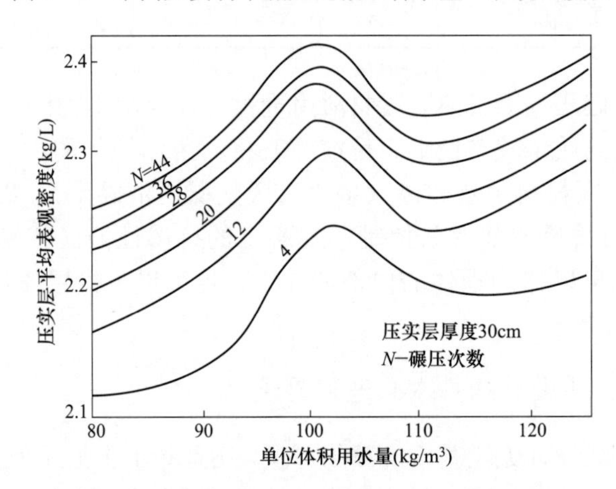

图 2-2　压实层平均表观密度与单位用水量关系

实验表明，含水率与振动压实的单位压实功有密切关系。压实功大比压实功小的拌和物表观密度增大 12.2%，而最优含水量降低 44.4%；美国的北环工程（Northloop）滞洪坝群碾压混凝土试验也表明：单位压实功大（2706kJ/m^3）比单位压实功小（1104kJ/m^3）的拌和物表观密度（2163kg/m^3）增大 2.4%，而最优含水量（含水率＝5.88%）降低 25.4%。

一些研究资料表明：碾压混凝土压实性能与土石料的振动压实性能相近。英国大坝委员会认为，碾压混凝土的含水量和土石料一样，以能获得最优密实度为选用标准，并指出碾压混凝土的最优含水量为 5%～7%。日本碾压混凝土的室内外压实试验资料表明：最大密实度和强度与混凝土一定的用水量相对应，而且最高强度对应的含水量与最大表观密度所对应的最优含水量很接近。

一般认为水泥完全水化的需水量为：当 W/C＝0.55 时，7d 龄期的需水量为水泥质量的 21.2%，365d 为 35.9%。由此，当碾压混凝土单位胶凝材料用量为 140kg/m^3 时，碾压混凝土中的胶凝材料完全水化的需水量只需 50.3kg。但是，这种用水量无法使碾压混凝土振动碾压密实。美国混凝土学会 207 委员会的报告指出：当掺有粉煤灰的碾压混凝土用水量增加至 68kg/m^3 时，碾压混凝土的振动压实的密实度随之迅速上升，但振动压实时间（VC 值）在 40s 以上；当用水量增加到 86kg/m^3 时，振动压实的时间仅为 30s，碾压混凝土相对密实度可达 98%。可见，碾压混凝土用水量还应根据施工的需要来确定。

2.2.2.2　基于混凝土原理的配合比设计

混凝土原理的配合比设计方法把碾压混凝土拌和物视为与常态混凝土相似，其抗压强度和其他性能遵循阿勃拉姆斯（Abrams）于 1918 年建立的水灰比关系，即假定混凝土骨料干净坚硬，则密实的硬化后混凝土的抗压强度与水灰比存在相应的关系，水灰比增大，抗压强度降低。混凝土原理的配合比设计以水灰比（或水胶比）—抗压强度关系为依据，即对于一定量的混凝土粗、细骨料和胶凝材料，在保证碾压混凝土拌和物碾压密实的条件下，随着碾压混凝土拌和物水灰比（或水胶比）的增大，硬化碾压混凝土的抗压强度有规律地降低。碾压混凝土的水胶比被用作配合比设计指标。

混凝土原理的配合比设计方法以碾压混凝土中各种原材料相互填充密实为基础，即在碾压混凝土拌和物中有足够多的胶凝材料浆包裹并填充细骨料间的空隙、足够多的砂浆包裹并填充粗骨料间的空隙，形成均匀密实的碾压混凝土。因此，碾压混凝土的配合比设计方法可以沿用常规混凝土的配合比设计方法，如：绝对体积法、假定表观密度法、填充包裹理论法等，只是在配合比设计过程中增加掺合材料的掺用比例作为碾压混凝土的配合比设计参数。

2.2.2.3　混凝土原理与土工原理的关系

混凝土原理与土工原理两种配合比设计方法的关系可以用混凝土水灰比与抗压强度的关系曲线加以解释，见图 2-3。图中标有“压实不充分的混凝土”的两条虚线具有含水量—表观密度关系的一般形状。其中，曲线 a 对应较小的压实功，曲线 b 对应较大的压实功并具有较低的最优含水量。考虑到碾压混凝土拌和物中夹杂有一定量的空气，充分压实的碾压混凝土的实际水胶比—抗压强度关系曲线应该与理论的无空气的曲线相平行但略低些。尽管碾压混凝土可以用两种原理进行配制，但通常是按照混凝土原理进行。因为混凝土的强度除了与压实程度有关外，还与胶结程度有关。压实程度与胶结程度越高，混凝土的抗压强度也越大。土工原理强调的主要是压实程度。就大多数按土工原理配制的拌和物而言，经震动碾压实后混凝土表面并没有足够多的灰浆出现，说明混凝土内部没有足够的灰浆填充空隙，因此混凝土中各种颗粒之间不可能完全胶结。保证经碾压后混凝土表面出现足够的灰浆不仅可以达到提高层面黏结能力的目的，同时也说明该混凝土拌和物具有较好的抵抗粗骨料分离的能力。另外，混凝土中各种颗粒之间的胶结程度，还强烈地依赖于胶凝材料浆的强度。水胶比越小，胶凝材料浆的胶结强度也越高。土工原理方法中并没有考虑水胶比这一因素。因此，当使用土工原理进行碾压混凝土配合比设计时，不应仅仅强调最优含水量，而应该强调的是最优含浆量。

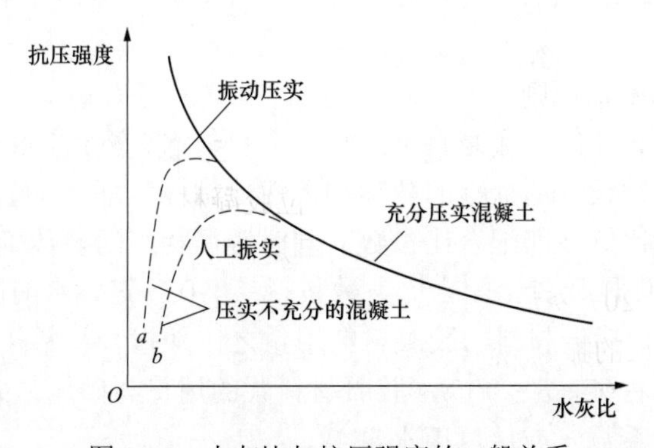

图 2-3　水灰比与抗压强度的一般关系

2.2.2.4　碾压混凝土配合比设计应遵循的基本定则

在进行碾压混凝土配合比设计时，必须遵循混凝土配合比设计共同的原则，但碾压混凝土有别于常态混凝土，在进行碾压混凝土配合比设计时，若仅将常态混凝土的流动性减小至振动碾可以碾压施工的范围，则不一定能获得良好的碾压混凝土。为了更好地进行碾压混凝土配合比设计，应遵循以下基本原则。

（1）水胶比定则。试验资料表明，成型密实的碾压混凝土硬化后（与常态混凝土相同）其强度和水胶比之间存在密切关系，即随着拌和物水胶比的增大，硬化后碾压混凝土的抗压强度有规律地降低，如图 2-4 所示。也就是说，硬化后的碾压混凝土的抗压强度符合“水灰比定则（或称水胶比定则）”。这一定则为碾压混凝土配合比初步设计及配合比调整提供了方便。

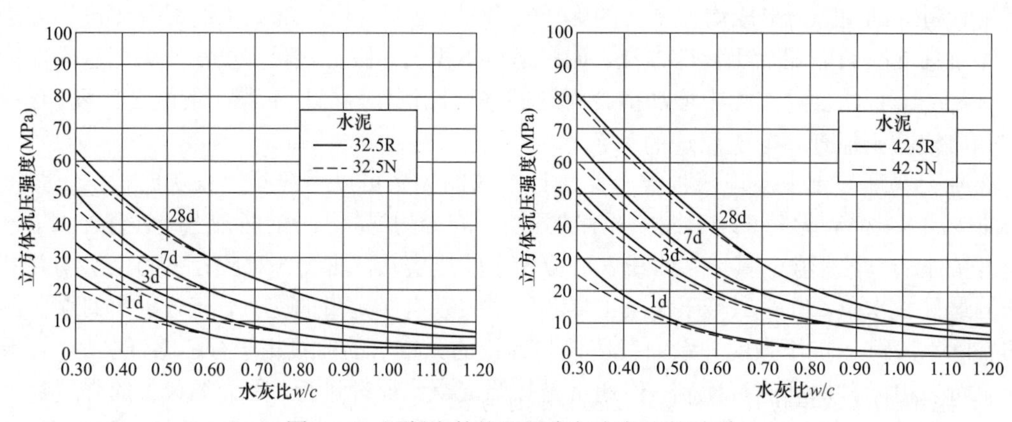

图 2-4　混凝土的抗压强度与水灰比的关系

（2）需水量定则。碾压混凝土试验资料表明，当其他条件不变时，碾压混凝土拌和物的 *VC* 值取决于碾压混凝土的单位体积用水量，在一定范围内与所用的胶凝材料总量的变化关系不大。即碾压混凝土拌和物与常态混凝土拌和物一样服从李斯恒的“需水量定则”。在不同的配合比设计方法中，都直接或间接地应用了这个基本原则。为了调整碾压混凝土拌和物的 *VC* 值而保持混凝土强度不变时，就保持水胶比不变而增减用水量和砂率。当保持 *VC* 值不变而调整水胶比从而调整混凝土的强度时，需保持用水量基本不变，增减胶凝材料用量和砂率，所增加或减少的胶凝材料以减少或增加等体积的砂进行替换，就可以达到改变水胶比从而调整碾压混凝土的强度而不影响用水量和 *VC* 值的目的。

2.2.2.5　配合比参数和确定原则

碾压混凝土配合比设计的任务是将水泥和掺合料与水、外加剂和骨料合理地配合，使所得的碾压混凝土满足工程设计所提出的各项技术性能指标，并达到经济的目的。为此，需处理好各种原材料之间的比例（即配合比参数）同时遵循相应的参数确定原则。

（1）配合比参数。碾压混凝土配合比参数包括：$W/(C+F)$，水与胶凝材料用量之比即水胶比；$F/(C+F)$或 F/C，掺合材料与胶凝材料用量之比即掺合材料掺用比例；$S/(S+G)$，砂与骨料用量之比即砂率；$(C+F+W)/S$，胶凝材料浆的用量与砂用量之比即浆砂比，或浆体填充砂子间空隙的盈余系数 α 或单位用水量 W。

上述四个配合比参数之间存在密切的关系，正确地确定这四个参数就能使配制出的碾压混凝土既满足工程设计提出的技术性能指标要求又达到经济的目的。

（2）配合比参数的确定原则与要求。为了使设计出的碾压混凝土能满足各项技术、经济指标的要求，在确定配合比参数时应遵循相应的原则与要求。

1）水胶比的确定原则与要求。碾压混凝土的水胶比，$W/(C+F)$，其大小直接影响碾压混凝土拌和物的施工性能和硬化碾压混凝土的技术性质。当胶凝材料用量一定时，水胶比增大则拌和物的 *VC* 值减小，硬化碾压混凝土的强度及耐久性降低。相反则拌和物的 *VC* 值增大，硬化碾压混凝土的强度及耐久性改善。若固定水泥用量不变，采用较大的 $F/(C+F)$或 F/C，使 $W/(C+F)$降低，则有利于碾压混凝土中掺合材料活性的发挥，碾压混凝土的强度和耐久性提高。在达到相同的强度及耐久性要求的条件下，可以获得较为经济的效果。因此，确定碾压混凝土水胶比[$W/(C+F)$]的原则是：在满足强度、耐久性及施工要求的 *VC* 值的前提条件下，选用较小值，相应选用较大的 $F/(C+F)$或 F/C 及较小的水泥用量。

2）掺合材料掺用比例的确定原则与要求。在碾压混凝土中，掺用较大比例的掺合材料（如粉煤灰）不仅可以节约水泥、改善混凝土的某些性能，而且可以降低碾压混凝土的造价，变废为宝、减少环境污染。因此，碾压混凝土中不仅一定要掺用掺合材料，而且应尽量多地掺用掺合材料。确定碾压混凝土掺合材料掺用比例[$F/(C+F)$或 F/C]的原则是：在满足设计对碾压混凝土提出的技术性能指标要求的前提条件下，尽量选用较大值。

3）浆砂比（或单位用水量）的确定原则与要求。浆砂比（或单位用水量）的大小既是影响碾压混凝土拌和物 *VC* 值的重要因素，也是影响碾压混凝土密实度的因素。随着碾压混凝土浆砂比（或单位用水量）的增大，拌和物的 *VC* 值减小，在一定的振动能量条件下碾压混凝土的密实度提高。浆砂比（或单位用水量）过度增大不仅造成 *VC* 值过小，无法碾压施工，而且造成碾压混凝土胶凝材料用量的增加，给温度控制带来困难同时也增大了混凝土的造价。因此，确定碾压混凝土浆砂比（或单位用水量）的原则是：在保证碾压混凝土拌和物于一定的振动能量下能振碾密实并满足施工要求的 *VC* 值的前提条件下，尽量取小值。

4）砂率的确定原则与要求。砂率的大小直接影响碾压混凝土拌和物的施工性能、硬化后碾压混凝土的强度及耐久性。砂率过大，拌和物干硬、松散，*VC* 值大，难于碾压密实，碾压混凝土的强度低、耐久性差。砂率过小，砂浆不足以填充粗骨料间的空隙并包裹粗骨料颗粒，拌和物的 *VC* 值大，粗骨料分离，碾压混凝土的密实度低、强度及耐久性下降。因此，在确定碾压混凝土配合比时，必须选择最优砂率。所谓最优砂率，就是在保证碾压混凝土拌和物具有好的抗离析性并达到施工要求的 *VC* 值时，胶凝材料用量最少时的砂率。

（3）配合比参数范围。碾压混凝土的配合比参数应通过试验确定。根据中国大陆工程的实践经验，碾压混凝土的水胶比宜不大于 0.65。有抗侵蚀性要求时，水胶比宜小于 0.45，并应进行试验论证。胶凝材料中掺合材料所占的质量比，在外部碾压混凝土中不宜超过总胶凝材料的 55%，在内部碾压混凝土中不宜超过总胶凝材料的 65%，超过 65%应进行论证。应通过试验选取最优砂率值。使用天然砂石料时，三级配碾压混凝土的砂率为 28%～

32%，二级配时为 32%～37%；使用人工砂石料时，砂率应增加 3%～6%。单位用水量可根据碾压混凝土施工工作度（*VC* 值）、骨料的种类及最大粒径、砂率以及外加剂等经过试验选定。

单位用水量初选值可参考表 2－38，砂率的初步选用值可参考表 2－39。

表 2－38　　碾压混凝土初选用水量　　kg/m^3

碾压混凝土 *VC* 值（s）	卵石最大粒径（mm）		碎石最大粒径（mm）	
	40	80	40	80
1～5	120	105	135	115
5～10	115	100	130	110
10～20	110	95	120	105

注　1. 本表适用于细度模数为 2.6～2.8 的天然中砂，当使用细砂或粗砂时，用水量需增加或减少 5～10kg/m^3；
2. 采用人工砂，用水量增加 5～10kg/m^3；
3. 掺入火山灰质掺合材料时，用水量需增加 10～20kg/m^3；采用 Ⅰ 级粉煤灰时，用水量可减少 5～10kg/m^3；
4. 采用外加剂时，用水量应根据外加剂的减水率作适当调整，外加剂的减水率应通过试验确定；
5. 本表适用于骨料含水状态为饱和面干状态。

表 2－39　　碾压混凝土砂率初选值　　%

骨料最大粒径（mm）	水胶比			
	0.40	0.50	0.60	0.70
40	32～34	34～36	36～38	38～40
80	27～29	29～32	32～34	34～36

注　1. 本表适用于卵石、细度模数为 2.6～2.8 的天然中砂拌制的 *VC* 值为 3～7s 的碾压混凝土；
2. 砂的细度模数每增减 0.1，砂率相应增减 0.5%～1.0%；
3. 使用碎石时，砂率需增加 3%～5%；
4. 使用人工砂时，砂率需增加 2%～3%；
5. 掺用引气剂时，砂率可减小 2%～3%；掺用粉煤灰时，砂率可减小 1%～2%。

碾压混凝土水胶比、掺合材料掺用比例、浆砂比、单位用水量、砂率等参数的选择可用单因素分析法、正交试验设计选择法或工程类比选择法通过试验确定，也可以参考类似工程经验初步确定。此外，根据中国 26 个工程碾压混凝土的胶水比（B/W）、粉煤灰掺用比例 $[F/(C+F)]$ 及 90d 龄期碾压混凝土的抗压强度，得到的下列关系也可以作为参考：

$$f_c = 12.46\frac{B}{W} - 14.24\frac{F}{C+F} + 1.82\left(\frac{F}{C+F}\right)^2 + 6.52 \tag{2-5}$$

为了便于配合比设计和节省配合比设计试验所需的时间，对于大、中型水利水电工程的碾压混凝土配合比参数选择，一般都事先进行一系列的碾压混凝土性能与碾压混凝土配合比参数之间关系的试验并获得性能与配合比参数关系的规律性资料，为配合比参数的选择和施工过程中碾压混凝土的配合比调整提供依据。

2.2.3　碾压混凝土配合比设计的基本方法和一般步骤

2.2.3.1　碾压混凝土配合比设计的基本方法

碾压混凝土配合比设计的基本方法有：假定表观密度法、绝对体积法、填充包裹理论法和密实填充理论法等。

（1）假定表观密度法。假定新铺筑好的碾压混凝土单位体积的质量为已知的表观密度 γ_{con}（kg/m^3），因此有

$$C+F+W+S+G=\gamma_{con} \tag{2-6}$$

式中：C、F、W、S、G 分别是碾压混凝土中水泥、掺合材料、水、砂和石子的用量，kg/m^3；γ_{con} 为碾压混凝土的假定表观密度，kg/m^3。

碾压混凝土的表观密度大小与骨料母岩的种类有关，与配合比（如掺合材料的掺用比例、含气量、水胶比的大小和粗骨料最大粒径等）有关，一般可以在 2380～2450kg/m^3 范围内暂时选定。

假定四个配合比参数的取值如下

$$W/(C+F)=m \tag{2-7}$$

$$F/C=n \tag{2-8}$$

$$(C+F+W)/S=K_p \tag{2-9}$$

$$S/(S+G)=K \tag{2-10}$$

解上述（五个方程）方程组，则得每立方米碾压混凝土的各种材料用量为

$$C=\frac{\gamma_{con}\times K_p}{R\times\left(K_p+\dfrac{1}{K}\right)} \tag{2-11}$$

$$F=n\times C\text{（或}\quad F=\frac{n_1}{1-n_1}\times C\text{）} \tag{2-12}$$

$$W=m\times C\times(1+n) \tag{2-13}$$

$$S=\frac{R\times C}{K_p} \tag{2-14}$$

$$G=\frac{R\times C\times(1/K-1)}{K_p} \tag{2-15}$$

以上各式中：m、n、K_p 和 K 分别为水胶比、掺合材料掺用比例、浆砂比和砂率的取定值。

$$n_1=\frac{F}{C+F}\text{，}\quad n=\frac{n_1}{1-n_1}\text{，}\quad R=1+m+n+mn$$

（2）绝对体积法。假定 1m^3 新铺筑的碾压混凝土中各种材料（包括所含的空气）的绝对

体积之和正好 $1m^3$（即 1000L）。因此有

$$C/\rho_c + F/\rho_f + W/\rho_w + S/\rho_s' + G/\rho_g' + 10a = 1000 \quad (2-16)$$

式中：ρ_c、ρ_f、ρ_w 分别是水泥、掺合材料和水的密度（水的密度一般取为 1.0），kg/L 或 g/cm^3；ρ_s'、ρ_g' 分别是砂和石子的视密度，kg/L 或 g/cm^3；a 为碾压混凝土的含气量，%；其他符号的意义同式（2-6）。

若已知碾压混凝土的参数水胶比 $[W/(C+F)]$、掺合材料掺用比例 (F/C)、浆砂比 $[(C+F+W)/S]$ 和砂率 $[S/(S+G)]$ 以及碾压混凝土的含气量 a，则式（2-16）的四个参数可以求解获得。

$$C = (1000-10a)/\{1/\rho_c + n_1/(1-n_1)/\rho_f + m[1+n_1/(1-n_1)]/\rho_w + [1+n_1/(1-n_1)+m[1+n_1/(1-n_1)]]/K_p \times [1/\rho_s' + (1-K)/(K\times\rho_g')]\} \quad (2-17)$$

$$F = C\times n \quad (2-18)$$

$$W = m\times C\times(1+n) \quad (2-19)$$

$$S = C\times[1+n+m\times(1+n)]/K_p \quad (2-20)$$

$$G = S\times(1/K-1) \quad (2-21)$$

以上各式中符号的意义同前。

（3）填充包裹理论法。假定新铺筑的碾压混凝土中胶凝材料浆和少量的空气填充砂子颗粒之间的空隙并包裹砂子颗粒形成砂浆；砂浆填充石子颗粒之间的空隙并包裹石子形成均匀密实的碾压混凝土。胶凝材料浆对砂子之间空隙的填充程度用胶凝材料浆的富余系数 α 表示；砂浆填充石子之间空隙的富余程度用砂浆富余系数 β 表示。由于考虑胶凝材料浆需要包裹砂子颗粒，砂浆需要包裹石子颗粒，因此，α 和 β 都必须大于 1.0。

因为 $\left(1-\dfrac{\gamma_s}{\rho_s'}\right) = P_s$；$\left(1-\dfrac{\gamma_g}{\rho_g'}\right) = P_g$

以及 $\dfrac{C}{\rho_c} + \dfrac{F}{\rho_f} + \dfrac{W}{\rho_w} + \dfrac{S}{\rho_g'} = 1000 - 10a - \dfrac{G}{\rho_g'}$

而 $\alpha = \dfrac{\dfrac{C}{\rho_c} + \dfrac{F}{\rho_f} + \dfrac{W}{\rho_v}}{S\times\left(\dfrac{1}{\gamma_g} - \dfrac{1}{\rho_g'}\right)}$，则 $\dfrac{C}{\rho_c} + \dfrac{F}{\rho_f} + \dfrac{W}{\rho_w} = \alpha\times\dfrac{P_s\times S}{\gamma_s}$

$\beta = \dfrac{\dfrac{C}{\rho_c} + \dfrac{F}{\rho_f} + \dfrac{W}{\rho_v} + \dfrac{S}{\rho_s'}}{G\times\left(\dfrac{1}{\gamma_g} - \dfrac{1}{\rho_g'}\right)}$ $\qquad 1000 - 10a - \dfrac{G}{\rho_g'} = \beta\times\dfrac{P_g\times G}{\gamma_g}$

又因为 $\dfrac{W}{C+F} = m$；$\dfrac{F}{C+F} = n_1$

则可以计算出 $1m^3$ 碾压混凝土的各种材料用量，即

$$G=\frac{1000-10a}{\beta\times\frac{P_g}{\gamma_g}+\frac{1}{\rho'_g}} \quad (2-22)$$

$$S=\frac{\beta\times G\times\frac{P_g}{\gamma_g}}{\alpha\times\frac{P_s}{\gamma_s}+\frac{1}{\rho'_s}} \quad (2-23)$$

$$C=\frac{\alpha\times S\times\frac{P_s}{\gamma_s}}{\frac{1}{\rho_c}+\frac{n_1}{(1-n_1)\rho_f}+\frac{m}{\rho_w}+\frac{m\times n_1}{(1-n_1)\rho_w}} \quad (2-24)$$

$$F=\frac{C\times n_1}{1-n_1} \quad (2-25)$$

$$W=m\times(C+F) \quad (2-26)$$

以上各式中：P_s、P_g 分别为砂子和石子震实状态的空隙率，%;

γ_s、γ_g 分别为砂子和石子震实状态的堆积表观密度，kg/L。

其他符号的意义同前；

对于碾压混凝土，一般来说，$\alpha=1.1$～1.3, $\beta=1.4$～1.6。

（4）密实填充理论法。假定新铺筑的碾压混凝土中，胶凝材料浆密实（没有空气）填充砂子颗粒之间的空隙；砂浆密实（没有空气）填充石子颗粒之间的空隙形成均匀密实的碾压混凝土。该方法引入了无空气（即完全密实）胶凝材料浆体积与无空气（即完全密实）砂浆体积的比值 P_v 和 $1m^3$ 碾压混凝土所需无空气（即完全密实）砂浆体积 V_m（或粗骨料体积 V_g）的概念。对于三级配碾压混凝土 P_v 一般要求不小于 0.42。此外，由于 P_v 的数值 0.42 是在完全密实状态下针对于一般的河砂提出的，掺有引气剂的碾压混凝土之中所含的空气体积和人工砂中所含大量的小于 0.074mm（或 0.080mm）的颗粒的体积也应计入胶凝材料浆的体积中。

计算公式为

$$V_m=V_{con}\times(1-a)-V_g \quad (2-27)$$

$$V_p=V_m\times P_v \quad (2-28)$$

$$V_s=V_m\times(1-P_v) \quad (2-29)$$

$$V_w=V_p\times\frac{V_w}{V_c+V_f}\times\frac{1}{1+\frac{V_w}{V_c+V_f}} \quad (2-30)$$

$$V_c=V_w\times\frac{V_c+V_f}{V_w}\times\frac{1}{1+\frac{V_f}{V_c}} \quad (2-31)$$

$$V_f = V_c \times \frac{V_f}{V_c} \tag{2-32}$$

式中 V_m、V_{com}、a、V_p、V_s、V_g——1m³碾压混凝土中砂浆、混凝土、空气、胶凝材料净浆、细骨料和粗骨料的体积，m³；

V_w、V_c、V_f——水、水泥、掺合材料的体积，m³。

初步设计时$V_{con}=1$；a由设计含气量（根据抗冻等级要求）给出；根据经验确定粗骨料体积V_g：对于三级配（$D_{\max}=80\text{mm}$）碾压混凝土，$V_g=0.51\sim0.61\text{m}^3$；对于二级配（$D_{\max}=40\text{mm}$）碾压混凝土，$V_g=0.52\sim0.58\text{m}^3$。根据中国碾压混凝土工程的经验，对于三级配碾压混凝土$V_g\leqslant0.54\text{m}^3$，对于二级配碾压混凝土$V_g\leqslant0.53\text{m}^3$。

$\frac{V_w}{V_c+V_f}$、$\frac{V_f}{V_c}$分别为水胶比（体积比）及掺合材料与水泥的体积比。

粗骨料、砂子、水、水泥、掺合材料等五种材料的体积确定或计算出来以后，分别乘以各自的密度或视密度，即可得到1m³碾压混凝土的各种材料用量。

$$C = \rho_c \times V_c = \rho_c \times V_w \times \frac{V_c + V_f}{V_w} \times \frac{1}{1 + \frac{V_f}{V_c}} \tag{2-33}$$

$$F = \rho_f \times V_f = \rho_f \times V_c \times \frac{V_f}{V_c} \tag{2-34}$$

$$W = \rho_w \times V_w = \rho_w \times V_p \times \frac{V_w}{V_c + V_f} \times \frac{1}{1 + \frac{V_w}{V_c + V_f}} \tag{2-35}$$

$$S = \rho_s' \times V_s = \rho_s' \times V_m \times (1 - P_v) \tag{2-36}$$

$$G = \rho_g' \times V_g \tag{2-37}$$

按上述公式计算出的结果，一般还需要再进行充填系数α、β控制参数的验算。

2.2.3.2　碾压混凝土配合比设计的一般步骤

碾压混凝土配合比设计的步骤大致分成以下六步：① 收集配合比设计所需的资料；② 初步配合比设计；③ 配合比的试拌调整；④ 室内配合比的确定；⑤ 施工现场配合比换算；⑥ 现场碾压试验与施工配合比确定。

（1）收集配合比设计所需的资料。进行碾压混凝土配合比设计之前应收集与配合比设计有关的全部文件及技术资料。它们包括：① 碾压混凝土所处的工程部位；② 工程设计对碾压混凝土提出的技术要求，如强度、变形、抗渗和抗冻耐久性、热学性能、拌和物的凝结时间、*VC*值、表观密度等；③ 工程施工队伍的施工技术水平，如施工队伍施工过的类似工程情况、相应工程混凝土的强度保证率、混凝土的标准差或离差系数等；④ 工程可能使用或拟使用的原材料的品质及单价等。

（2）初步配合比设计。初步配合比设计的内容包括：确定工程不同部位使用的碾压混凝土的粗骨料最大粒径和各级粗骨料所占比例；根据工程设计对不同碾压混凝土提出的不同技术性能要求，依据参考资料或个人积累的经验初步选择配合比参数；采用所选择（或习惯使用）的配合比设计方法计算出 $1m^3$ 碾压混凝土的各种材料用量。

中国大陆水工混凝土粗骨料分级为：特大石 80～150（120）mm，大石 40～80mm，中石 20～40mm 和小石 5～20mm。碾压混凝土工程使用三级配和二级配碾压混凝土，大多数三级配碾压混凝土大、中、小三级粗骨料所占的比例为 3:4:3 或 4:3:3，二级配碾压混凝土粗骨料所占的比例为中石:小石＝5:5。碾压混凝土水胶比和掺合材料掺用比例的选择可用单因素分析法、正交试验设计选择法或工程类比选择法通过试验确定。水胶比、掺合材料掺用比例、碾压混凝土的浆砂比、单位用水量和砂率可参考类似工程经验确定。

在确定碾压混凝土配合比参数的基础上，通过上述配合比设计方法的计算公式，可以计算出 $1m^3$ 碾压混凝土的材料用量。

（3）配合比的试拌调整。按以上配合比设计方法求得的材料用量是借助一些经验公式和经验数据求得的，或是利用经验资料获得的。即使某些参数是通过实验室试验确定的，由于试验条件与实际情况的差异，也不可能完全符合实际情况，必须通过试拌、调整碾压混凝土拌和物的工作度并实测碾压混凝土拌和物的含气量和表观密度。

按初步确定的配合比称取各种原材料（包括经过试验确定品种和掺量的外加剂如缓凝高效减水剂和引气剂）进行试拌，测定拌和物的 VC 值。若 VC 值大于设计要求，则应在保持水胶比不变的条件下增加用水量。若 VC 值低于设计要求，可在保持砂率不变的情况下增加骨料用量。若拌和物的抗分离性能差，则可保持浆砂比不变情况下适当增大砂率。反之则减小砂率。

当试拌调整的工作完成后，测定拌和物的含气量（含气量必须满足设计要求，否则须调整引气剂的掺量，相应调整 VC 值）及实际表观密度。根据实际的拌和物原材料的用量计算出 $1m^3$ 碾压混凝土实际的材料用量。若实测碾压混凝土拌和物的表观密度为 γ'_{con}（kg/m^3），经过试拌调整后拌和物的水泥、掺合材料、水、砂和石子的实际用量分别是 C'、F'、W'、S' 和 G'（kg），则按下面各式可以计算出 $1m^3$ 碾压混凝土各种材料的实际用量（外加剂按计算出的胶凝材料用量和掺入比例求得实际掺用量），即基准配合比，单位为 kg/m^3。

$$C = \frac{\gamma'_{con}}{C' + F' + W' + S' + G'} \times C' = kC'$$

$$F = kF'$$

$$W = kW'$$

$$S = kS'$$

$$G = kG'$$

（4）室内配合比的确定。按基准碾压混凝土配合比，成型碾压混凝土强度、抗渗、抗冻等试件，标准养护至规定龄期，进行试验。此外，按设计所要求的性能试验项目进行相应的其他性能试验。如果碾压混凝土的各项性能均满足设计要求，且超过要求指标不多，则此配合比是经济合理的。否则应将水胶比进行必要的调整，并重新做试验，直至符合要求，由此所得的碾压混凝土配合比即为试验室配合比。

为了缩短试验时间，可以基准碾压混凝土配合比为基础，同时拌制 3～5 种配合比进行试验，从中选出满足各项技术要求的配合比。在这 3～5 种配合比中，其中有一种是基准碾压混凝土配合比，其他几种配合比的水胶比值应分别比基准碾压混凝土配合比的水胶比逐次增加及减少 0.05，其用水量与基准碾压混凝土配合比相同，砂率根据增加或减少的胶凝材料作相同体积的相应调整。

对于大型碾压混凝土工程，常对碾压混凝土配合比进行系统试验。即在确定初步水胶比时，就同时选取 3～5 个值，对每一水胶比，又选取 3～5 种含砂率、3～5 种单位用水量和 3～5 种掺合材料的掺入比例，组成多种配合比，平行进行试验并相互校核。通过试验，绘制水胶比与单位用水量，水胶比与合理砂率，水胶比及掺合材料掺入比例与强度、抗渗等级、抗冻等级等的关系曲线。综合这些关系曲线最终确定出试验室配合比。

（5）施工现场配合比换算。试验室配合比是在室内标准条件下通过试验获得的。施工过程中，工地砂石材料含水状况、级配等会发生变化，气候条件、碾压混凝土运输及结构物铺筑条件也会变化，为保证混凝土质量，应根据条件的变化将试验室配合比进行换算和调整，得出施工配料单（也称施工配合比）供施工应用。

1）施工配料单换算。当骨料含水率变化较大及超、逊径颗粒含量超过规定时，应随时换算施工配料单，换算的目的是准确地实现试验室配合比。

骨料含水量变化时施工配料单计算。试验室确定配合比时，若以气干状态的砂石为标准，则施工时应扣除砂石的全部含水量；若以饱和面干状态的砂石为标准，则应扣除砂石的表面含水量或补足其达到饱和面干状态所需吸收的水量。同时，相应地调整砂石用量。

设实测工地砂及石子的含水率（或表面含水率）分别为$\alpha_a\%$及$\alpha_b\%$，则碾压混凝土施工配合比的各项材料用量（配料单）应为

$$\left.\begin{aligned}C_0&=C\\S_0&=S(1+\alpha_a\%)\\G_0&=G(1+\alpha_b\%)\\W_0&=W-S\alpha_a\%-G\alpha_b\%\end{aligned}\right\}\qquad(2-38)$$

骨料含超、逊径颗粒时施工配料单计算。当某级骨料有超径颗粒时，则将其计入上一粒径级，并增加本粒径级用量；当有逊径颗粒时，将其计入下一粒径级，并增加本粒径级用量。各级骨料换算校正数为

校正量=（本级超径量+本级逊径量）–（下一级超径量+上一级逊径量）

根据骨料超逊径含量，施工配料单换算示例见表 2–40。

表 2–40　　各级骨料用量换算表

项目	砂子	石子		
		5～20	20～40	40～80
试验室配合比的骨料用量（kg）	567	448	373	672
现场实测骨料超径含量（%）	2.1	3.3	1.6	

续表

项目	砂子	石子		
		5～20	20～40	40～80
现场实测骨料逊径含量（%）		2.2	10.2	10.0
超径量（kg）	11.9	14.8	6.0	
逊径量（kg）		9.9	38.0	67.2
校正量（kg）	+2.0	−25.2	−38.0	+61.2
换算后骨料用量（kg）	569	422.8	335	733.2

注　表中为以合格颗粒为基数的超逊径含量，%。另一种表示方法是以总质量为基数的超逊径含量，%。

2）施工配料单的调整。施工过程中发生气候条件变化、拌和物运输及浇筑条件改变时，需对设计的 *VC* 值指标进行调整，进而需调整配合比。当砂的细度模数等发生变化时，也需调整配合比。在进行配合比调整时，必须保持水胶比不变，仅对含砂率及用水量作必要的调整。

调整时可参照表 2－41 进行。

表 2－41　　条件变动时砂率及用水量的大致调整值

条件变动情况	调整值		条件变动情况	调整值	
	用水量	含砂率		用水量	含砂率
降低或增大 *VC* 值 1s	±3.0kg/m³	—	增减砂率 1%	±5.0kg/m³	—
增减含气量 1%	±3%	±0.5%	砂的细度模数增减 0.1	—	±0.5%

（6）现场碾压试验与施工配合比确定。大中型工程在进行碾压混凝土施工之前一般进行现场碾压试验。其目的除了确定施工参数、检查施工生产系统的运行和配套情况、落实施工管理措施之外，通过现场碾压试验还可以检验设计出的碾压混凝土配合比对施工设备的适应性（包括可碾压性、易密性等）及拌和物的抗分离性能。必要时可以根据碾压试验情况对配合比作适当的调整。通过碾压试验最终认为合适而确定的碾压混凝土配合比即为施工配合比，可用于现场施工。

2.2.4　典型工程的碾压混凝土配合比及统计分析

2.2.4.1　典型工程的碾压混凝土配合比

中国大陆部分已建和在建的碾压混凝土工程的碾压混凝土配合比见表 2－42。

表 2－42　　中国大陆已建和在建部分工程（72 个工程）碾压混凝土的配合比

工程名称	水胶比	掺合材料比例（%）	浆砂质量比	砂率（%）	碾压混凝土中各种材料用量（kg/m³）									备注
					水泥	掺合材料	水	砂子	石子	外加剂				
										品种	掺量	品种	掺量	
坑口（56.8m）	0.70	57	0.30	37	60	80	98	798	1370	木钙	0.35			普硅 42.5

续表

工程名称	水胶比	掺合材料比例（%）	浆砂质量比	砂率（%）	碾压混凝土中各种材料用量（kg/m³）									备注
					水泥	掺合材料	水	砂子	石子	外加剂				
										品种	掺量	品种	掺量	
龙门滩（57.5m）	0.70 0.62	61 57	0.30 0.30	38 38	54 64	86 86	98 93	805 805	1319 1319	木钙	0.35 0.38			普硅 32.5
马回（20.2m）	0.67 0.73	34 18	0.63 0.52	22 21	115 115	60 25	117 102	465 468	1648 1762	木钙	0.44 0.35			普硅 42.5
铜街子（82.0m）	0.58 0.59	57 50	0.37 0.38	28 28	65 76	85 76	87 90	637 635	1638 1633	木钙	0.38 0.38			硅大 52.5
荣地（56.3m）	0.48 0.55 0.58	61 61 62	0.45 0.37 0.37	38 34 30	90 69 60	140 110 100	110 90 93	750 729 679	1266 1430 1496	糖蜜	0.575 0.448 0.320			普硅 42.5
天生桥二（60.7m）	0.55	61	0.29	34	55	85	77	756	1466	DH_{4a}	0.56			普硅 52.5
岩滩（110.0m）	0.53	65	0.32	33	55	104	85	754	1527	TF	0.32			普硅 52.5
万安（49.0m）	0.60 0.54	55 45	0.40 0.47	29 33	72 116	88 94	96 114	633 692	1561 1415	糖蜜	0.32 0.42			普硅 42.5
大广坝（57.0m）	0.62	67	0.35	32	50	100	93	691	1469	木钙	0.38			普硅 52.5
普定（75.0m）	0.52 0.59	55 65	0.33 0.30	38 32	81 48	99 89	94 81	840 730	1390 1570	复合	1.53 1.16			普硅 52.5
锦江（62.7m）	0.59 0.59	53 60	0.37 0.37	30 30	70 60	80 90	88 88	646 645	1523 1520	MG	0.30 0.30			普硅 42.5
广蓄下库（43.5m）	0.56	64	0.44	29	62	108	95	609	1517	DH_{4aa}	1.02			普硅 52.5
水口（100m）	0.49 0.53	69 62	0.36 0.32	29 32	50 60	110 105	69 62	635 701	1571 1506	C_{6220}	0.160 0.165			纯硅 52.5
山仔（64.6m）	0.59 0.54	67 66	0.36 0.41	33 34	50 65	100 125	89 102	661 716	1529 1377	DH_{4a}	0.60 0.76			普硅 52.5
温泉堡（48m）	0.60 0.55 0.60 0.60	43 51 45 58	0.38 0.38 0.38 0.38	38.2 37.7 32.2 31.6	110 95 95 69	84 100 78 96	107 107 91 92	789 788 686 693	1300 1300 1490 1500	DH4a	0.970 0.975 0.865 0.825	DH9	0.058 0.059 0.052 0.050	普硅 42.5
观音阁（82m）	0.58 0.58	30 30	0.31 0.33	29 28	91 91	39 39	75 75	652 630	1609 1632	AD1	0.33 0.33			普硅 42.5
石漫滩（40.5m）	0.52 0.59	50 68	0.476 0.434	31 28	98 51	98 107	102 94	626 581	1403 1524	木钙	0.46 0.33			中热 52.5
桃林口（74.5m）	0.50 0.50	60 50	0.39 0.36	29 29	63 75	95 75	79 75	608 617	1510 1533	复合	0.51 0.33			普硅 42.5
石板水（84.1m）	0.61 0.63 0.63	30 63 52	0.326 0.316 0.318	41 35 36	126 55 75	54 95 80	110 95 98	890 775 795	1261 1416 1395	木钙	0.450 0.375 0.388	— — —	— — —	普硅 42.5
高坝洲（57m）	0.48 0.45 0.52	45 45 50	0.47 0.46 0.40	35 31 31	125 114 88	102 93 88	109 93 91	712 650 660	1358 1486 1510	UNF3	0.908 0.828 0.704	DH9	0.023 0.021 0.018	中热 42.5

续表

工程名称	水胶比	掺合材料比例（%）	浆砂质量比	砂率（%）	碾压混凝土中各种材料用量（kg/m³）									备注
					水泥	掺合材料	水	砂子	石子	外加剂				
										品种	掺量	品种	掺量	
红坡（55.2m）	0.55 0.60	65 65	0.30 0.28	35 36	54 50	99 92	84 85	797 823	1491 1474	QHR	1.377 1.278	Q	0.061 0.057	
花滩（85.3m）	0.56	55	0.36	33	77	93	95	730	1450	ZB－1	0.850			普硅 42.5
江垭（131m）	0.53 0.58 0.61	55 60 70	0.411 0.362 0.323	36 33 34	87 64 46	107 96 107	103 93 93	783 738 761	1413 1520 1500	木钙	0.49 0.41 0.38			普硅 52.5
汾河二库（84.3m）	0.50 0.59	45 63	0.45 0.35	35.4 34.5	103 57	85 96	94 90	784 775	1423 1474	H2－2	0.738 0.564	DH9	0.021 0.016	普硅 42.5
长顺（69m）	0.65	40	0.29	31	72	48	78	693	1542	RC－1	0.24			普硅 42.5
阎王鼻子（34.5m）	0.42 0.45 0.46	34 34 65	0.43 0.44 0.43	30 26 26	126 112 60	64 58 110	80 76 78	632 564 572	1474 1605 1629	MJS	1.140 0.680 0.340			纯硅 42.5
棉花滩（111m）	0.55 0.60 0.65	55 60 65	0.34 0.31 0.29	38 34.5 34.5	82 59 48	100 88 88	100 88 88	819 765 769	1342 1460 1469	BD5	1.092 0.882 0.816			普硅 52.5
龙首（80.5m）	0.43 0.43	53 66	0.43 0.39	32 30	96 58	109 113	88 82	674 644	1433 1503	MgO	8.815 7.353	NF	2.767 1.625	普硅 52.5
石门子（109m）	0.40 0.49	54 64	0.40 0.38	33 31	93 62	110 110	81 84	707 670	1442 1540	PMS	1.929 1.634	NEA_3	0.812 0.069	
山口三级（57.4m）	0.50 0.50 0.60 0.60	45 50 56 65	0.46 0.45 0.38 0.37	30 30 28 28	106 96 63 50	86 95 80 93	96 96 86 86	631 638 608 614	1518 1534 1611 1628	HGP3 ZB－1 HGP3 ZB－1	0.960 0.955 0.798 0.858	HPW HPW	0.019 0.014	普硅 42.5
沙牌（132m）	0.49 0.50 0.50 0.53	50 50 40 40	0.35 0.38 0.33 0.36	33 33 37 37	88 93 109 115	88 93 73 77	86 93 91 102	748 730 832 810	1496 1470 1397 1378	TG2a	1.408 1.425 1.456 1.440	TG1	0.017 0.019 0.036 0.038	普硅 42.5
蔺河口（100m）	0.47 0.47	60 62	0.34 0.34	38 34	75 66	111 106	87 81	802 750	1366 1457	JM－2	1.30 1.24	DH9	0.037 0.035	中热 52.5
白莲崖（102m）	0.60 0.60	60 60	0.39 0.36	34.5 28.5	72 56	108 84	108 90	736 630	1396 1580	木钙	0.810 0.450			普硅 42.5
龙滩（216.5m）	0.40 0.41 0.45 0.48	55 56 61 66	0.378 0.369 0.348 0.325	38 34 33 34	99 86 68 56	121 109 107 109	87 79 78 79	812 743 727 751	1340 1457 1493 1474	ZB－1RCC	1.32 1.17 1.05 0.99	ZB－1G	0.044 0.039 0.035 0.033	中热 52.5
大朝山（115m）	0.50 0.50	50 60	0.332 0.327	37 34	94 67	94 107	94 87	850 798	1423 1521	FDN－04	1.316 1.305	— —	— —	普硅 52.5
百色（128m）	0.50 0.60	58 63	0.375 0.314	38 34	91 59	125 101	108 96	864 814	1410 1579	ZB－1	1.728 1.280	DH9	0.032 0.024	中热 42.5
临江（103.5m）	0.50 0.50	50 50	0.413 0.424	27 27	83 85	83 85	83 85	603 602	1625 1620					硅大 52.5
碗窑（79m）	0.55 0.53 0.52	60 60 60	0.401 0.422 0.437	29.5 30 29.5	64 68 70	96 103 104	88 90 91	618 618 606	1500 1466 1470	木钙	0.398 0.428 0.435			普硅 32.5

续表

工程名称	水胶比	掺合材料比例（%）	浆砂质量比	砂率（%）	碾压混凝土中各种材料用量（kg/m³）									备注
					水泥	掺合材料	水	砂子	石子	外加剂				
										品种	掺量	品种	掺量	
双溪（54.7m）	0.47 0.64	65 70	0.417 0.310	40 37	80 45	150 105	108 96	810 793	1216 1351	木钙	0.48 0.30	— —	— —	普硅 32.5R
白石（50.3m）	0.40	63	0.399	28	66	112	71	624	1609					硅大 52.5
皂市（88m）	0.53 0.55	55 64	0.384 0.345	38 35	88 60	108 106	104 91	782 746	1324 1426	UNF－2	0.98 0.83	AIR202	0.069 0.058	中热 42.5
索风营（115.8m）	0.55 0.60	55 60	0.315 0.306	39 32	78 55	78+17 69+14	95 82	850 718	1334 1530	FE－C	1.471 1.173	NF－C	0.014 0.007	普硅 42.5
周宁（73.4m）	0.60 0.60	55 65	0.353 0.328	37.5 33.5	77 52	95 95	103 88	779 717	1300 1426	FDN－100	1.032 0.882	DH9	0.026 0.022	普硅 32.5
通口（71.5m）	0.56	70	0.37	33	53	123	98	735	1474		0.88		0.012	
鱼简河（81m）	0.55 0.55	50 65	0.359 0.341	35 33	87 55	69+17 87+18	95 87	746 724	1386 1471	FE－C	1.211 1.106			普硅 42.5
舟坝（74m）	0.50 0.50	45 55	0.406 0.362	36 32	112 83	92 101	102 92	754 722	1340 1513	GK－4	1.224 1.104	GK－9	0.122 0.110	普硅 32.5
光照（200.5m）	0.45 0.45 0.45 0.50 0.45 0.45 0.50 0.55	50 50 50 55 50 50 55 60	0.353 0.365 0.358 0.331 0.348 0.359 0.326 0.305	38 38 39 39 34 34 35 35	92 92 92 75 83 83 68 55	92+15 92+22 92+23 91+23 83+14 83+21 82+21 82+22	83 83 83 83 75 75 75 75	799 791 811 822 732 729 755 768	1363 1363 1348 1366 1496 1496 1488 1513	HLC－NAF	0.995 1.442 1.449 1.323 0.900 1.309 1.197 1.113	HJAE-A	0.060 0.062 0.124 0.113 0.054 0.056 0.068 0.064	普硅 42.5 粉煤灰代砂
招徕河（105.5m）	0.45 0.43	55 60	0.359 0.351	36 33	85 70	104 105	85 75	763 712	1375 1470	GK4A	1.14 1.05	AE－A	0.284 0.263	普硅 42.5
白沙（74.9m）	0.50 0.58	55 65	0.460 0.406	35 31	99 59	121 110	110 98	718 658	1315 1470	P622−C	1.320 1.014	AE−202	0.044 0.034	普硅 32.5
玉石（50.2m）	0.56	50	0.385	30	70	70	90	637＋15	1520	木钙	0.350	AE202	0.014	中热 42.5
禹门河（64.5m）	0.45 0.55	45 60	0.454 0.408	36 34	128 76	105 114	105 105	744 723	1322 1404	FDN−5B	1.398 1.140	CTE /	0.100 0	普硅 32.5
洪口（130m）	0.40 0.42 0.43 0.43 0.46 0.44	58 59 54 59 60 55	0.41 0.39 0.38 0.39 0.36 0.35	28.0 28.0 31.5 28.0 28.0 31.5	75 68 82 67 60 75	104 98 96 96 90 92	71 69 77 70 69 74	604 610 675 605 610 683	1553 1569 1466 1557 1567 1486	CH－III	1.070 0.996 1.070 0.978 0.900 1.002	AEA	0.027 0.025 0.027 0.024 0.023 0.025	普硅 32.5
悬庙观（65.5m）	0.47 0.54	50 50	0.368 0.396	40 35	108 100	108 100	101 108	862 777	1302 1453	减水剂液	13 11.4	引气剂液	6.8 6.0	普硅 32.5
麒麟观（77m）	0.48 0.50	50 55	0.357 0.341	38 35	92.7 76.5	92.7 93.5	89 85	769 747	1329 1388	SD－RC	1.25 1.15	SDY	0.034 0.044	普硅 42.5
彭水（116.5m）	0.50 0.55	60 60	0.41 0.35	36 33	81 64	121 96	101 88	745 716	1370 1465	JG3	1.212 0.640	DH9	0.061 0.048	中热 42.5

续表

工程名称	水胶比	掺合材料比例（%）	浆砂质量比	砂率（%）	碾压混凝土中各种材料用量（kg/m³）									备注
					水泥	掺合材料	水	砂子	石子	外加剂				
										品种	掺量	品种	掺量	
喜河（62.8m）	0.50	50	0.417	32	95	95	95	683	1452	JN1229－D	1.140	JN1229－F	0.038	中热42.5
	0.55	55	0.368	32	70	102	85	699	1484		1.032		0.034	
大花水（133m）	0.50	50	0.345	37	92	92	92	799	1377	QH－R20	1.472	ZB-1G	0.184	普硅42.5
	0.50	50	0.359	37	95	95	95	793	1366		1.520		0.190	
	0.50	50	0.323	33	79	79	79	733	1505		1.264		0.158	
	0.50	50	0.343	33	83	83	83	726	1491		1.328		0.166	
	0.55	60	0.306	34	60	89	82	754	1480		1.192		0.149	
	0.55	60	0.324	34	62	94	86	748	1467		1.248		0.156	
景洪（108m）	0.45	50	0.362	35	94	94	84	752	1398	减水剂	0.752	引气剂	0.038	普硅42.5
	0.50	60	0.324	30	58	86	72	667	1557		0.576		0.029	
居甸渡（95m）	0.44	45	0.360	37	110	90	88	800	1387	GK－4A	1.400	GK–9A	0.040	普硅42.5
	0.50	55	0.300	34	67.5	82.5	75	749	1456		1.050		0.030	
武都引水（120.3m）	0.50	50	0.335	38	93	93	93	832	1367	JM－Ⅱ	1.116	TG－1	0.186	中热42.5
	0.55	60	0.307	35	62	93	85	783	1464	JM－Ⅱ	0.930		0.155	
	0.51	55	0.355	37	85	103	96	799	1386	GK－4A	1.316		0.188	普硅42.5
	0.56	62	0.318	34	59	95	86	754	1491	GK－4A	1.078		0.154	
土卡河（59.2m）	0.50	55	0.346	35	78	48+48	87	754	1400	FDN－S	0.680	松香热聚物	0.170	普硅42.5矿渣/石粉
	0.50	55	0.348	38	85	53+53	95	819	1336		1.146		0.229	
	0.55	60	0.306	33	57	43+43	78	728	1479		0.572		0.143	
	0.55	60	0.330	34	64	48+48	88	752	1460		0.936		0.187	
金安桥（160m）	0.47	55	0.370	37	96	117	100	808+38	1441	ZB－1RC	2.130	ZB－1G	0.426	中热42.5/石粉
	0.47	60	0.363	34	76	115	90	740+35	1574		1.910		0.286	
	0.53	63	0.332	33	63	107	90	746+36	1588		1.700		0.340	
喀腊塑克（121.5m）	0.45	40	0.439	35	131	87	98	690+29	1333		2.180		0.262	普硅42.5
	0.47	55	0.404	35.5	91	111	95	701+35	1325		1.818		0.141	
	0.53	61	0.380	32	65	105	90	630+55	1454		1.530		0.068	
	0.56	62	0.366	32	61	100	90	632+55	1465		1.449		0.064	
戈兰滩（113m）	0.45	55	0.383	38	93	114	93	784	1318		1.242		0.104	矿渣石粉各半
	0.50	60	0.341	34	66	100	83	731	1463		1.328		0.066	
铁成（44.3m）	0.45	40	0.359	42	89	133	100	898	1240		1.776		0.089	
	0.55	60	0.300	38	66	100	90	853	1391		1.328		0.025	
莲花台（72.9m）	0.60	65	0.307	34	50	92	85	739	1434		0.852		0.007	天然骨料
	0.60	70	0.312	30	39	91	78	667	1555		0.780		0.006	
阿海（138m）	0.48	50	0.414	36	107	107	103	765	1380	JM－II	2.140	GYQ	0.171	普硅42.5
	0.50	60	0.376	32	70	105	89	703	1516		1.750		0.140	
	0.48	50	0.392	32	93	93	89	701	1513		1.860		0.149	
观音岩（159m）	0.50	55	0.334	38	82	100	91	818	1344	JM－II（R1）	1.274	GYQ	0.127	中热42.5
	0.50	65	0.316	34	55	103	79	750	1466		1.106		0.126	
	0.50	55	0.311	34	70	86	78	753	1473		1.092		0.125	
永定桥（126.5m）	0.55	60	0.304	33	60	89	82	761	1544	HC－FJ	0.7%	—	—	普硅42.5
梯子洞（55.5m）	0.65	50	0.266	35	66	66	86	820	1500		1.19			
百龙滩（28m）	0.47	57	0.331	41	88	115	95	900	1311					普硅52.5
	0.49	60	0.299	41	73	110	90	913	1333					
	0.79	61	0.221	34	39	60	78	800	1576					
平班（67.2m）	0.48	64	0.289	34	56	98	74	788	1506		0.6%			

2.2.4.2　碾压混凝土工程所用的原材料

（1）水泥。大坝碾压混凝土所使用的水泥绝大多数为普通硅酸盐水泥，少数使用中热硅酸盐水泥或硅酸盐水泥。2000年以前，中国大陆的碾压混凝土坝（除岩滩外）都不超过100m，因此都使用32.5MPa等级（当时的42.5号）的普通硅酸盐水泥。岩滩工程使用42.5MPa等级（当时的52.5号）的普通硅酸盐水泥。2000年以后，随着碾压混凝土坝坝高的增加，特别是现行水泥规范规定普通硅酸盐水泥的最低等级为42.5MPa，中国大陆几乎全部碾压混凝土坝（除了个别大坝使用32.5MPa级的水泥外）都使用42.5MPa等级的水泥，其中有少数大坝使用42.5MPa等级的中热硅酸盐水泥。

（2）掺合材料。已建和在建的碾压混凝土坝多数使用粉煤灰作为碾压混凝土的掺合材料，也有少数工程使用其他品种掺合材料或复合掺合材料。例如：云南大朝山、景洪、戈兰滩工程、金安桥和弄另水电站碾压混凝土坝等。

（3）骨料。已建碾压混凝土坝所用碾压混凝土的骨料既有天然骨料也有破碎岩石加工而成的人工骨料（包括人工砂和碎石）。但多数工程碾压混凝土使用的是人工骨料，这是因为已建工程多数在西南或西北地区，河流中没有足够的天然骨料可以使用。使用人工骨料的碾压混凝土一般情况下砂率较大，但由于人工砂中含有较多的石粉，用人工砂和碎石配制的碾压混凝土，其胶凝材料用量并不一定高于使用天然骨料配制的碾压混凝土。人工骨料的原岩涉及灰岩、花岗岩、白云岩、片麻岩、砂岩、辉绿岩、玄武岩等岩石，用得最多的是灰岩。

（4）外加剂。在1990年以前，中国大陆的碾压混凝土所掺用的化学外加剂主要是普通缓凝减水剂（主要使用的是木质磺酸钙、糖蜜等）。随着化学外加剂品种的发展，特别是要求的碾压混凝土*VC*值的降低和高碾压混凝土坝的建设，所用化学外加剂的品种逐渐从普通缓凝减水剂向缓凝高效减水剂（如奈系缓凝高效减水剂）过渡。缓凝高效减水剂也根据施工季节对碾压混凝土拌和物凝结时间要求的不同分为夏季型和秋、冬季型。此外，混凝土耐久性要求以及位于寒冷或严寒地区碾压混凝土工程的建设促进了引气剂的使用。

2.2.4.3　碾压混凝土配合比参数

对表2－42的配合比参数进行统计。参数统计时按坝高和碾压混凝土级配进行分类。其中坝高≥100m的23个工程的29个二级配配合比样本，26个工程的47个三级配配合比样本；坝高＜100m的24个工程的29个二级配配合比样本、46个工程的64个三级配配合比样本。

（1）水胶比。水胶比统计结果见表2－43～表2－46。

表2－43　　二级配碾压混凝土的水胶比（坝高≥100m）

水胶比	0.40～0.44	0.45～0.49	0.50～0.54	0.55～0.59	0.60
配合比个数	4	9	12	2	1
所占比例（%）	14.29	32.14	42.86	7.14	3.57
水胶比范围	0.60～0.40	平均水胶比		0.484	

表2-44　二级配碾压混凝土的水胶比（坝高<100m）

水胶比	0.42～0.44	0.45～0.49	0.50～0.54	0.55～0.59	≥0.60
配合比个数	3	10	10	2	4
所占比例（%）	10.34	34.48	34.48	6.90	13.79
水胶比范围	0.62～0.42	平均水胶比		0.502	

表2-45　三级配碾压混凝土的水胶比（坝高≥100m）

水胶比	0.40～0.44	0.45～0.49	0.50～0.54	0.55～0.59	0.60～0.64	0.65
配合比个数	4	11	16	9	6	1
所占比例（%）	8.51	23.40	34.04	19.15	12.77	2.13
水胶比范围	0.65～0.40	平均水胶比		0.512		

表2-46　三级配碾压混凝土的水胶比（坝高<100m）

水胶比	0.40～0.44	0.45～0.49	0.50～0.54	0.55～0.59	0.60～0.64	≥0.65
配合比个数	2	3	12	27	13	7
所占比例（%）	3.12	4.69	18.75	42.19	20.31	10.94
水胶比范围	0.79～0.40	平均水胶比		0.571		

百米及以上碾压混凝土坝的二级配碾压混凝土的水胶比在0.60～0.40的范围，平均值为0.484，水胶比在0.45～0.54范围的占75%。百米以下的碾压混凝土坝，其二级配碾压混凝土的水胶比在0.62～0.42的范围，平均值为0.502，水胶比在0.45～0.54范围的占68.96%。百米及以上高碾压混凝土坝的三级配碾压混凝土的水胶比在0.65～0.40的范围，平均值为0.512，水胶比在0.45～0.59的配合比所占的比例为76.59%。百米以下碾压混凝土坝的三级配碾压混凝土的水胶比在0.79～0.40的范围，平均值为0.571，其中水胶比在0.50～0.64的占81.25%。

（2）掺合料掺用比例。掺合料掺用比例的统计结果见表2-47～表2-50。

表2-47　二级配碾压混凝土的掺合材料掺用比例（坝高≥100m）

掺合料掺用比例（%）	40～44	45～49	50～54	55～59	60
配合比个数	3	0	10	12	3
所占比例（%）	10.71	0	35.71	42.86	10.71
掺合材料掺用比例范围（%）	60～40	掺合材料掺用比例的平均值（%）		52.54	

表2-48　二级配碾压混凝土的掺合材料掺用比例（坝高<100m）

掺合料掺用比例（%）	<40	40～44	45～49	50～54	55～59	≥60
配合比个数	3	2	6	7	7	4
所占比例（%）	10.34	6.90	20.69	24.14	24.14	13.79
掺合材料掺用比例范围（%）	65～30		掺合材料掺用比例的平均值（%）		49.76	

表 2-49　　三级配碾压混凝土的掺合材料掺用比例（坝高≥100m）

掺合料掺用比例（%）	50～54	55～59	60～64	65～69	70
配合比个数	9	6	26	5	1
所占比例（%）	19.15	12.77	55.32	10.64	2.13
掺合材料掺用比例范围（%）	70～50	掺合料比平均值（%）			58.94

表 2-50　　三级配碾压混凝土的掺合材料掺用比例（坝高<100m）

掺合料掺用比例（%）	<50	50～54	55～59	60～64	65～69	70
配合比个数	8	9	11	20	13	3
所占比例（%）	12.50	14.06	17.19	31.25	20.31	4.69
掺合材料掺用比例范围（%）	70～18		掺合料比平均值（%）			57.00

百米及以上高碾压混凝土坝的二级配碾压混凝土的掺合材料掺用比例在40%～60%的范围，平均值为52.54%，掺合材料掺用比例在50%～59%范围的占78.57%。百米以下的碾压混凝土坝，其二级配碾压混凝土的掺合材料掺合比例在30%～65%的范围，平均值为49.76%，掺合材料掺用比例在45%～59%范围的占68.97%。

百米及以上高碾压混凝土坝的三级配碾压混凝土掺合材料掺用比例在50%～70%的范围，平均值为58.94%，掺合材料掺用比例落在50%～64%范围的占87.24%。百米以下碾压混凝土坝的三级配碾压混凝土掺合材料掺用比例在18%～70%的较宽的范围，平均值为57%，掺合材料掺用比例处在55%～69%的配合比占68.75%。

百米以下碾压混凝土坝的碾压混凝土的掺合材料掺用比例均低于百米及以上高碾压混凝土坝的碾压混凝土的掺合材料掺用比例的原因，可能与碾压混凝土筑坝初期对粉煤灰的效能的研究不充分和我国早期的碾压混凝土施工规范规定碾压混凝土中水泥熟料不少于$45kg/m^3$等因素有关。

（3）浆砂比及单位用水量。

1）浆砂比。浆砂比的统计结果见表2-51～表2-54。

表 2-51　　二级配碾压混凝土的浆砂比（坝高≥100m）

浆砂比	0.32～0.34	0.35～0.37	0.38～0.40	0.41～0.43
配合比个数	9	10	6	3
所占比例（%）	32.14	35.71	21.43	10.71
浆砂比的范围	0.43～0.32	浆砂比的平均值		0.363

表 2-52　　二级配碾压混凝土的浆砂比（坝高<100m）

浆砂比	0.30～0.34	0.35～0.37	0.38～0.40	0.41～0.43	0.44～0.46	≥0.47
配合比个数	5	8	3	4	7	2
所占比例（%）	17.24	27.59	10.34	13.79	24.14	6.90
浆砂比的范围	0.48～0.30	浆砂比的平均值		0.393		

表 2－53　　三级配碾压混凝土的浆砂比（坝高≥100m）

浆砂比	＜0.30	0.30～0.34	0.35～0.39	≥0.40
配合比个数	1	23	20	3
所占比例（%）	2.13	48.94	42.55	6.38
浆砂比的范围	0.42～0.29	浆砂比的平均值		0.346

表 2－54　　三级配碾压混凝土的浆砂比（坝高＜100m）

浆砂比	＜0.30	0.30～0.34	0.35～0.39	0.40～0.44	≥0.45
配合比个数	6	18	22	14	4
所占比例（%）	9.38	28.12	34.38	21.88	6.25
浆砂比的范围	0.63～0.22	浆砂比的平均值		0.364	

百米及以上高碾压混凝土坝的二级配碾压混凝土的浆砂比在 0.32～0.43 的范围，平均值为 0.363，在 0.32～0.40 范围的占 89.28%；百米以下的碾压混凝土坝的二级配碾压混凝土的浆砂比在 0.30～0.48 的范围，平均值为 0.393，在 0.35～0.46 范围的占 75.86%。

百米及以上碾压混凝土高坝的三级配碾压混凝土的浆砂比在 0.29～0.42 的范围，平均值为 0.346，浆砂比处在 0.30～0.39 范围的达 91.49%；百米以下碾压混凝土坝的三级配碾压混凝土的浆砂比在 0.22～0.63 的范围，平均值为 0.364，在 0.30～0.44 范围的达 84.38%。

2）单位用水量。单位用水量的统计结果见表 2－55～表 2－58。

表 2－55　　二级配碾压混凝土单位用水量（坝高≥100m）

单位用水量（kg/m³）	74～80	81～85	86～90	91～95	96～100	＞100
配合比个数	2	7	2	8	4	5
所占比例（%）	7.14	25.00	7.14	28.57	14.29	17.86
单位用水量的范围（kg/m³）	108～74	单位用水量的平均值（kg/m³）				91.75

表 2－56　　二级配碾压混凝土单位用水量（坝高＜100m）

单位用水量（kg/m³）	76～80	81～85	86～90	91～95	96～100	101～105	＞105
配合比个数	2	1	5	5	3	6	7
所占比例（%）	6.90	3.45	17.24	17.24	10.34	20.69	24.14
单位用水量的范围（kg/m³）	110～76	单位用水量的平均值（kg/m³）				97.45	

表 2－57　　三级配碾压混凝土单位用水量（坝高≥100m）

单位用水量（kg/m³）	＜70	70～74	75～79	80～84	85～89	90～94	≥95
配合比个数	4	3	11	8	12	8	1
所占比例（%）	8.51	6.38	23.40	17.02	25.53	17.02	2.13
单位用水量的范围（kg/m³）	96～62		单位用水量的平均值（kg/m³）				82.04

表 2-58　　三级配碾压混凝土单位用水量（坝高＜100m）

单位用水量（kg/m³）	71～75	76～80	81～85	86～90	91～95	96～99	≥100
配合比个数	6	7	6	17	15	7	6
所占比例（%）	9.38	10.94	9.38	26.56	23.44	10.94	9.38
单位用水量的范围（kg/m³）	117～71		单位用水量的平均值（kg/m³）				89.34

百米及以上的碾压混凝土高坝的二级配碾压混凝土的单位用水量在 74～108kg/m³ 的范围，平均值为 91.75kg/m³，在 81～100kg/m³ 范围的占 75%。百米以下的碾压混凝土坝的二级配碾压混凝土的单位用水量在 76～110kg/m³ 的范围，平均值为 97.45kg/m³，在 86～105kg/m³ 范围的占 65.61%。

百米及以上的碾压混凝土高坝的三级配碾压混凝土的单位用水量在 62～96kg/m³ 的范围，平均值为 82.04kg/m³，在 75～94kg/m³ 范围的占 82.97%。百米以下的碾压混凝土坝的三级配碾压混凝土的单位用水量在 71～117kg/m³ 的范围，平均值为 89.34kg/m³，在 76～99kg/m³ 范围的占 81.26%。

（4）砂率。砂率的统计结果见表 2-59～表 2-62。

表 2-59　　二级配碾压混凝土的砂率（坝高≥100m）

砂率（%）	32～33	34～35	36～37	38～39
配合比个数	3	3	11	11
所占比例（%）	10.71	10.71	39.29	39.29
砂率的范围（%）	39～32	砂率的平均值（%）		36.61

表 2-60　　二级配碾压混凝土的砂率（坝高＜100m）

砂率（%）	26～28	29～31	32～34	35～37	38～40	41～42
配合比个数	1	4	2	8	10	4
所占比例（%）	3.45	13.79	6.90	27.59	34.48	13.79
砂率的范围（%）	42～26		砂率的平均值（%）			36.07

表 2-61　　三级配碾压混凝土的砂率（坝高≥100m）

砂率（%）	27～29	30～32	33～35
配合比个数	8	8	31
所占比例（%）	17.02	17.02	65.96
砂率的范围（%）	35～27	砂率的平均值（%）	32.40

表2-62　三级配碾压混凝土的砂率（坝高＜100m）

砂率（%）	＜25	26～30	31～35	36～38
配合比个数	2	22	33	7
所占比例（%）	3.12	34.38	51.56	10.94
砂率的范围（%）	38～21		砂率的平均值（%）	31.81

百米及以上碾压混凝土高坝的二级配碾压混凝土的砂率在32%～39%的范围，平均值为36.61%，在36%～39%范围的占78.58%。百米以下碾压混凝土坝的二级配碾压混凝土的砂率在26%～42%的范围，平均值为36.07%，在35%～40%范围的占62.07%。

百米及以上碾压混凝土高坝的三级配碾压混凝土的砂率落在27%～35%的范围，平均值为32.40%，在33%～35%范围的占65.96%。百米以下碾压混凝土坝的三级配碾压混凝土的砂率落在21%～38%的范围，平均值为31.81%，在26%～35%范围的占85.94%。

（5）胶凝材料用量。

1）水泥用量。水泥用量的统计结果见表2-63～表2-66。

表2-63　二级配碾压混凝土的水泥用量（坝高≥100m）

水泥用量（kg/m³）	72～80	81～85	86～90	91～95	96～100	＞100
配合比个数	5	6	1	11	2	3
所占比例（%）	17.86	21.43	3.57	39.29	7.14	10.71
水泥用量范围（kg/m³）	131～72	平均水泥用量（kg/m³）			90.29	

表2-64　二级配碾压混凝土的水泥用量（坝高＜100m）

水泥用量（kg/m³）	＜70	71～75	76～80	81～85	86～90	91～95	96～100	101～105	＞105
配合比个数	1	1	3	2	5	2	4	1	10
所占比例（%）	3.45	3.45	10.34	6.90	17.24	6.90	13.79	3.45	34.48
水泥用量范围（kg/m³）	128～50	平均水泥用量（kg/m³）					96.86		

表2-65　三级配碾压混凝土的水泥用量（坝高≥100m）

水泥用量（kg/m³）	＜50	50～59	60～69	70～79	80～89	≥90
配合比个数	2	11	18	7	7	2
所占比例（%）	4.26	23.40	38.30	14.89	14.89	4.26
水泥用量范围（kg/m³）	93～46	平均水泥用量（kg/m³）			67.04	

表2-66　三级配碾压混凝土的水泥用量（坝高＜100m）

水泥用量（kg/m³）	＜50	50～59	60～69	70～79	80～89	90～99	≥100
配合比个数	4	17	20	12	2	4	5
所占比例（%）	6.25	26.56	31.25	18.75	3.12	6.25	7.81
水泥用量范围（kg/m³）	116～39	平均水泥用量（kg/m³）			67.98		

百米及以上碾压混凝土高坝的二级配碾压混凝土的水泥用量在 72～131kg/m^3 的范围，平均值为 90.29kg/m^3，在 81～95kg/m^3 范围的占 64.29%。百米以下碾压混凝土坝的二级配碾压混凝土的水泥用量在 50～128kg/m^3 的范围，平均值为 96.86kg/m^3，在 86～105kg/m^3 范围的占 75.86%。百米以下碾压混凝土坝使用的二级配碾压混凝土水泥用量反而多的原因是一部分工程使用 32.5MPa 级（或原 42.5 号）的水泥。

百米及以上碾压混凝土高坝的三级配碾压混凝土的水泥用量在 46～93kg/m^3 的范围，平均值为 67.04kg/m^3，在 50～79kg/m^3 的占 76.59%。百米以下碾压混凝土坝的三级配碾压混凝土的水泥用量在 39～116kg/m^3 的范围，平均值为 67.98kg/m^3，在 50～79kg/m^3 的占 76.59%。百米以下碾压混凝土坝使用的三级配碾压混凝土水泥用量与百米及以上碾压混凝土高坝使用的水泥用量相当的原因是百米以下碾压混凝土坝的一部分使用 32.5MPa 级（或原 42.5 号）的水泥。

2）胶凝材料用量。胶凝材料用量的统计结果见表 2－67～表 2－70。

表 2－67　　二级配碾压混凝土的胶凝材料用量（坝高≥100m）

胶凝材料用量（kg/m^3）	＜170	170～179	180～189	190～199	200～209	210～219	220
配合比个数	1	2	12	4	5	3	1
所占比例（%）	3.57	7.14	42.86	14.29	17.86	10.71	3.57
胶凝材料用量范围（kg/m^3）	220～167	平均胶凝材料用量（kg/m^3）				192.93	

表 2－68　　二级配碾压混凝土的胶凝材料用量（坝高＜100m）

胶凝材料用量（kg/m^3）	＜170	170～179	180～189	190～199	200～209	210～219	≥220
配合比个数	1	4	6	7	4	1	6
所占比例（%）	3.45	13.79	20.69	24.14	13.79	3.45	20.69
胶凝材料用量范围（kg/m^3）	233～142	平均胶凝材料用量（kg/m^3）				195.90	

表 2－69　　三级配碾压混凝土的胶凝材料用量（坝高≥100m）

胶凝材料用量（kg/m^3）	＜140	140～149	150～159	160～169	170～179	180～189	≥190
配合比个数	2	5	10	12	12	4	2
所占比例（%）	4.26	10.64	21.28	25.53	25.53	8.51	4.26
胶凝材料用量范围（kg/m^3）	195～136	平均胶凝材料用量（kg/m^3）				164.32	

表 2－70　　三级配碾压混凝土的胶凝材料用量（坝高＜100m）

胶凝材料用量（kg/m^3）	＜130	130～139	140～149	150～159	160～169	170～179	≥180
配合比个数	2	5	9	17	9	14	8
所占比例（%）	3.12	7.81	14.06	26.56	14.06	21.88	12.50
胶凝材料用量范围（kg/m^3）	210～99	平均胶凝材料用量（kg/m^3）				159.23	

百米及以上碾压混凝土高坝的二级配碾压混凝土的胶凝材料用量在 167～220kg/m^3 的范围，平均值为 192.93kg/m^3，在 180～209kg/m^3 范围的占比为 75.01%。百米以下碾压混凝土坝的二级配碾压混凝土的胶凝材料用量落在 142～233kg/m^3 的范围，平均值为 195.90kg/m^3，在 170～209kg/m^3 范围的占比为 72.41%。百米以下碾压混凝土坝所用的二级配碾压混凝土胶凝材料用量反而多的原因可能是百米以下碾压混凝土坝一部分使用 32.5MPa 级（或原 42.5 号）的水泥。

百米及以上碾压混凝土高坝的三级配碾压混凝土的胶凝材料用量落在 136～195kg/m^3 的范围，平均值为 164.32kg/m^3，在 140～179kg/m^3 的占比为 82.98%。百米以下碾压混凝土坝的三级配碾压混凝土的胶凝材料用量落在 99～210kg/m^3 的范围，平均值为 159.23kg/m^3，在 140～179kg/m^3 范围的占比为 76.56%。

2.2.5 与碾压混凝土配合比设计有关的几个问题

2.2.5.1 碾压混凝土的设计龄期

由于碾压混凝土中掺用了大量的活性或非活性的掺合材料，这些掺合材料的水化过程一般都比较缓慢。室内试验资料表明，碾压混凝土的后期强度在不断地增长。根据我国 42 个工程碾压混凝土各龄期的 525 组抗压强度的室内试验数据，计算出各工程碾压混凝土各个龄期的抗压强度相对于 28d 龄期抗压强度的增长率，再以工程项目为单位求出各个龄期的平均抗压强度增长率，最后得出这 42 个工程的碾压混凝土各龄期总的平均抗压强度增长率见表 2－71。

表 2－71　　碾压混凝土各个龄期的抗压强度平均增长率

龄期（d）	7	14	28	90	180	365	1195	1610
抗压强度平均增长率（%）	56.5	69.2	100	156.9	189.8	224.3	265	404

根据我国 23 个工程碾压混凝土的 213 组劈裂抗拉强度的室内试验数据和 18 个工程碾压混凝土的 118 组轴心抗拉强度室内试验数据，按上述抗压强度增长率的计算方法，得出这 23 个工程的碾压混凝土各龄期的总平均劈裂抗拉强度增长率见表 2－72。

表 2－72　　各龄期碾压混凝土的劈裂抗拉强度增长率

龄期（d）	7	14	28	90	180	365
劈裂抗拉强度总平均增长率（%）	55	78	100	167	184	213

岩滩工程的试验研究成果显示，碾压混凝土的强度在 8a 到 9a 期间还有一定程度的增长，其他性能也有所改善。

上述的研究资料表明，碾压混凝土的强度在 90d 龄期时仅相当于 365d 龄期强度的 70%～80%，从 180d 到 365d 期间碾压混凝土的强度仍在 180d 的基础上增长 15%以上，365d 以后强度还会进一步增长。为了充分发挥掺合材料的效能并为碾压混凝土坝的温度控制减少难度，碾压混凝土的设计龄期应尽可能使用后龄期。我国已建的不少碾压混凝土高坝的碾压混凝土设计龄期也确定为 180d，如福建的棉花滩、云南的大朝山、四川的武都引水等工程，都取得了很好的效果。

越南的几个高碾压混凝土工程采用了 365d 的设计龄期。如位于越南中部距岘港市 2h 车程的达克米（Dak Mi）4 级碾压混凝土重力坝，坝高 87m，设计龄期 365d，设计要求为坝体芯样（ϕ150mm，高 300mm）365d 龄期的抗压强度 14.2MPa，现场取样成型试件（ϕ150mm，高 300mm）365d 的抗压强度要求为 16MPa。位于越南南方得农省的同奈 3（Dong Nai 3）和同奈 4（Dong Mai 4）两个工程，分别是 110m 和 129m 高的碾压混凝土重力坝，设计龄期都是 365d，设计要求为坝体芯样（ϕ150mm，高 300mm）365d 龄期的抗压强度 14MPa，现场取样成型试件（ϕ150mm，高 300mm）365d 的抗压强度要求为 15.75MPa，考虑保证率后现场取样成型试件（ϕ150mm，高 300mm）365d 龄期的抗压强度为 18.4MPa。位于越南北方莱州省的班扎（Ban Chat）碾压混凝土重力坝，坝高 130m，设计要求为坝体芯样（ϕ150mm，高 300mm）365d 龄期的抗压强度 14.2MPa，现场取样成型试件（ϕ150mm，高 300mm）365d 的抗压强度要求为 15.75MPa，考虑保证率后现场取样成型试件（ϕ150mm，高 300mm）365d 龄期的抗压强度要求为 18.4MPa。

班扎工程使用的碾压混凝土配合比见表 2－73，碾压混凝土的水泥用量大为降低，可使碾压混凝土的绝热温升显著减小。

表 2－73　　越南班扎工程碾压混凝土施工使用的配合比

水泥（kg/m^3）	粉煤灰（kg/m^3）	水（kg/m^3）	砂（kg/m^3）	粗骨料（kg/m^3）			化学外加剂 L
				50～25mm	25～12.5mm	12.5～4.75mm	
60	160	140	782	410	493	369	2.42

2.2.5.2　碾压混凝土使用的水泥

碾压混凝土所使用的水泥宜选用硅酸盐水泥、普通硅酸盐水泥、中热硅酸盐水泥，一般不使用掺有较多混合材料的其他品种的水泥（如：粉煤灰硅酸盐水泥、矿渣硅酸盐水泥和低热矿渣硅酸盐水泥等）。这是因为碾压混凝土中一般都掺有较大比例的掺合材料，掺合材料的水化需要 $Ca(OH)_2$ 的存在，$Ca(OH)_2$ 与掺合材料的活性成分（如活性 SiO_2、活性 Al_2O_3 等）发生式（2－39）和式（2－40）的水化反应（一般称为二次水化反应），生成具有胶结性能的稳定的水化产物——水化硅酸钙与水化铝酸钙等，对碾压混凝土的强度和其他性能的改善起作用。

$$x\mathrm{Ca(OH)_2} + \mathrm{SiO_2} + m_1\mathrm{H_2O} = x\mathrm{CaO}\cdot\mathrm{SiO_2}\cdot n_1\mathrm{H_2O} \tag{2-39}$$

$$y\mathrm{Ca(OH)_2} + \mathrm{Al_2O_3} + m_2\mathrm{H_2O} = y\mathrm{CaO}\cdot\mathrm{Al_2O_3}\cdot n_2\mathrm{H_2O} \tag{2-40}$$

碾压混凝土中胶凝材料的水化首先从水泥开始，水泥中的硅酸三钙和硅酸二钙水化［式（2－41）和式（2－42）］生成水化硅酸钙和 $Ca(OH)_2$，$Ca(OH)_2$ 再与掺合材料的活性成分——活性 SiO_2、活性 Al_2O_3 发生式（2－39）和式（2－40）的二次水化反应而对碾压混凝土的性能起到改善作用。

$$2(3CaO \cdot SiO_2) + 7H_2O = 3CaO \cdot 2SiO_2 \cdot 4H_2O + 3Ca(OH)_2 \tag{2-41}$$

$$2(2CaO \cdot SiO_2) + 5H_2O = 3CaO \cdot 2SiO_2 \cdot 4H_2O + Ca(OH)_2 \tag{2-42}$$

硅酸盐水泥、普通硅酸盐水泥、中热硅酸盐水泥、低热硅酸盐水泥等的硅酸三钙和硅酸二钙含量比其他掺混合材料的水泥所含的硅酸三钙和硅酸二钙的量多，因而水化生成的 $Ca(OH)_2$ 也多，有利于掺合材料的水化反应。

根据国家标准 GB 12958《复合硅酸盐水泥》，凡由硅酸盐水泥熟料、两种或两种以上规定的混合材料、适量石膏磨细制成的水硬性胶凝材料，称为复合硅酸盐水泥（简称复合水泥），代号 P・C。水泥中混合材料总掺量按质量百分比计应大于 15%，但不超过 50%。水泥中允许用不超过 8%的窑灰代替部分混合材料；掺矿渣时混合材料掺量不得与矿渣水泥重复。从这一规定可以看出，复合硅酸盐水泥中所掺的混合材料比上述提到的几种硅酸盐水泥所掺的混合材料复杂而且掺量大。因此，碾压混凝土所用的水泥一般也不使用复合硅酸盐水泥。

由于硅酸盐水泥、普通硅酸盐水泥、中热硅酸盐水泥、低热硅酸盐水泥等的强度等级已经不存在 32.5MPa 的等级，因此，碾压混凝土所用水泥的强度等级一般为 42.5MPa 的等级，极少数的碾压混凝土使用 52.5MPa 等级。

2.2.5.3　碾压混凝土使用的掺合料

我国现行的碾压混凝土施工规范规定，碾压混凝土中应优先掺入适量的I级或II级粉煤灰、粒化高炉矿渣粉、磷渣粉、火山灰等活性掺合材料。经过试验论证，也可以掺用非活性掺合材料。

碾压混凝土中掺用粉煤灰等活性的掺合材料已有较成熟的经验，但对于磷渣粉和火山灰等使用较少的活性掺合材料的应用，仍然处在经验积累的过程中。这些掺合材料有与常用的粉煤灰掺合材料不同的特点，其作用与粉煤灰类似，在某些方面的效能比粉煤灰还强（比如磷渣粉的活性比粉煤灰高）；使用磷渣粉作为碾压混凝土的掺合材料时应特别注意其缓凝作用比粉煤灰更加明显；使用火山灰作为碾压混凝土的掺合材料时应特别注意不同产地的火山灰的品质有较大的差异，同时，火山灰的掺入可能使碾压混凝土拌和物的凝结时间有较大的缩短等。

依据与水泥水化反应的化学活性的大小，混凝土掺合材料可分为活性和非活性两类。非活性掺合材料包括天然的非活性掺合材料（达不到活性掺合材料品质要求的各种天然的火山灰质材料和岩石粉末）和人工的非活性掺合材料（达不到活性掺合材料品质要求的各种工业副产品）。非活性矿物质粉末用作碾压混凝土的掺合材料在中国已经有了很好的开端。

掺合材料掺入到混凝土中，对新拌混凝土和硬化后混凝土的性能都有一定的影响，主要包括下列 5 个方面：

（1）掺合材料的形貌（或细度）对水泥砂浆及新拌混凝土性能的影响。

某些掺合材料（如粉煤灰）由于具有合宜的形貌，掺入混凝土后使混凝土的工作性能得到明显的改善。其他一些掺合材料，当将其磨细到合适的比表面积时，也能使其掺入后的混凝土的工作性能得到一定的改善。细度和掺量合适的掺合材料微细颗粒能填充水泥颗粒间的空隙，使浆体的水胶比减小、初始结构更加密实。

掺合材料的形貌可以用圆度和球度表示。圆度和球度与细度有关。圆度、球度（或细度）达到一定程度，掺合材料具有一定的减水作用。以30%不同粒径的石灰石粉等量取代水泥，测得其需水量比如表2-74所示，其圆度和球度的计算结果也列入该表中。图2-5是磨细到一定细度的石灰石粉与水泥颗粒分布情况的比较。

表2-74　石灰石粉的粒径与圆度、球度和需水量比的关系

粒径（μm）	需水量比（%）	圆度	球度
＜160	100	0.476	0.71
＜80	97	0.478	0.73
＜45	96	0.500	0.74
＜30.8	95	0.556	0.78

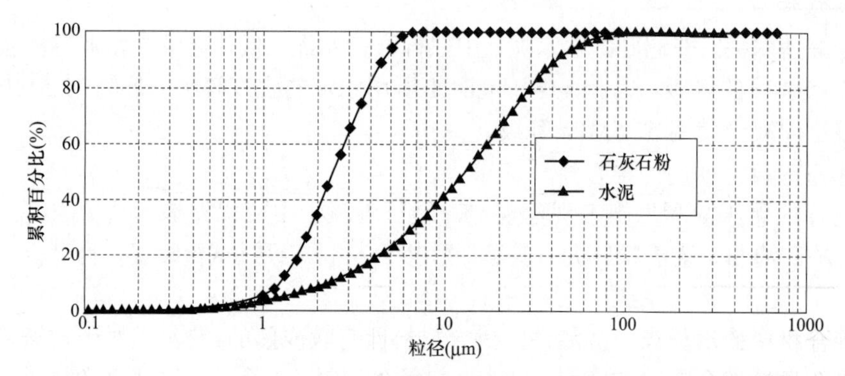

图2-5　石灰石粉和水泥的粒径分布

由表2-74所示的石灰石粉圆度、球度和需水量比之间的关系，可以看出石灰石粉的减水作用在于石灰石粉圆度和球度的增大。石灰石粉的圆度由0.476增大至0.500时，减水效果明显，需水量比由100 降至96。但是，继续增大石灰石粉的圆度，减水效果却不甚显著。同圆度类似，石灰石粉的球度愈大，其需水量比愈小。总之，增大石灰石粉的圆度和球度可以减小用水量。

需要说明的是，石灰石粉的细度也是影响需水量比的一个重要因素，石灰石粉细度愈大，其比表面积愈大，则需水量比愈大。为了便于分析，这里暂不考虑细度因素。但在本试验中，可以明确的是，石灰石粉的颗粒形貌效应对需水量比的正贡献超过了由于细度的增加而造成的负贡献，因此，石灰石粉的颗粒形貌效应对水泥基材料性能的影响不可忽视。

（2）掺合材料的掺入促进水泥的早期水化。

掺合材料细小的颗粒成为水泥水化产物结晶的晶胚，有利于水泥水化产物的结晶，因而促进水泥的早期水化。试验资料显示，随着掺合材料比表面积的增大（颗粒变细）水泥石的抗压强度提高（见图2-6）；掺合材料的掺入也会使水泥的早期水化热增加（见表2-75）。

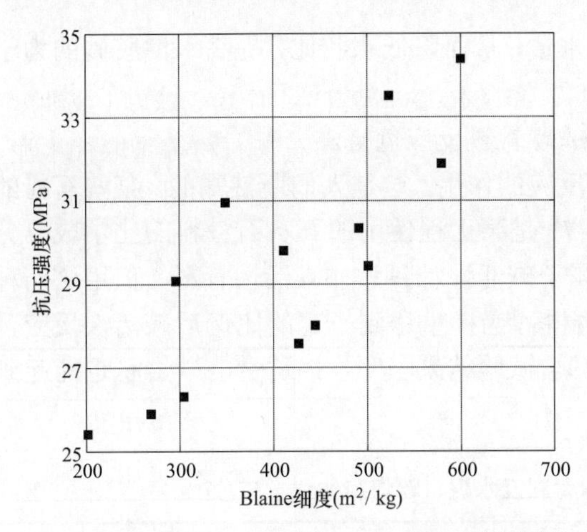

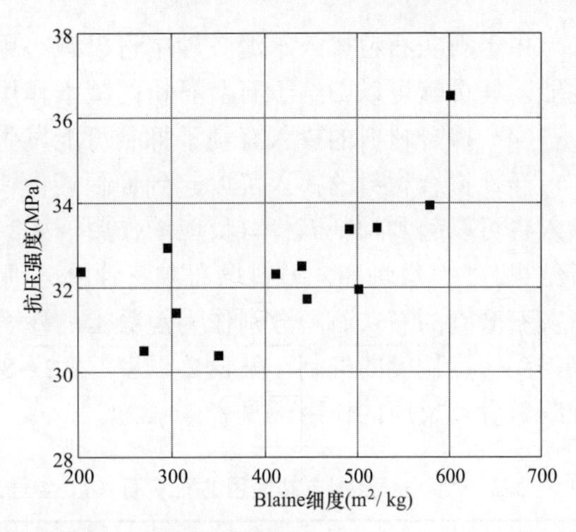

图 2－6 石灰石粉的掺入对水泥胶砂抗压强度的影响

表 2－75 掺合材料的掺入对水泥水化热的影响

掺合材料		玄武岩粉	石灰石粉	磷矿渣粉	凝灰岩粉	矿渣粉	火山灰粉	粉煤灰
水泥 70%、掺合材料 30% 时的水化热（kJ·kg⁻¹/%）	1d	71.3 57.4	96.7 77.9	94.9 76.4	82.8 66.7	109.8 88.4	97.8 78.7	108.6 87.4
	3d	120.0 62.5	138.2 71.9	156.8 81.6	135.9 70.7	153.5 79.9	148.2 77.1	170.5 88.8
	5d	150.4 64.0	167.1 71.1	192.3 81.8	168.1 71.5	193.6 82.4	180.2 76.7	207.0 88.1
	7d	173.6 66.6	184.5 70.8	217.0 83.2	191.0 73.3	215.3 82.6	199.2 76.4	230.7 88.5

（3）掺合材料的水化活性及其对硬化混凝土性能的影响。

多数掺合材料都含有一定数量的 SiO_2 和 Al_2O_3。对矿渣粉、磷矿渣粉、铜镍高炉矿渣粉、粉煤灰、火山灰以及石灰石粉、玄武岩粉、白云岩粉和花岗岩粉进行的 SEM（Scanning Electron Microscope analysis）、XRD（X-Ray Diffraction analysis）和 DSC（Differential Scanning Calorimetry analysis）、DTG（Differential Thermo-gravimetric analysis）和 TG（Thermo- gravimetric analysis）等测试分析结果表明，这些掺合材料磨细到一定细度后具有不同程度的水化活性，能与水泥的水化产物 $Ca(OH)_2$ 起反应生成与水泥相似的具有胶凝性能的水化产物——水化硅酸钙和水化铝酸钙，水化铝酸钙还能与水泥中的石膏起进一步的反应。石灰石粉和白云岩粉用作掺合材料时，能与水泥中的水化铝酸钙起反应生成水化碳铝酸钙。也就是说，掺合材料能够参与水泥的水化反应，对硬化混凝土的性能起改善作用。以水泥胶砂跳桌流动度 120mm 为基础。以 10% 的石灰石粉等量取代相应水泥，降低用水量，使胶砂流动度保持 120mm±3mm 成型胶砂试件进行强度试验，表 2－76 列出了试验得到的石灰石粉细度对水泥胶砂强度的影响。

表 2－76 石灰石粉的细度对掺有 10%石灰石粉的水泥胶砂强度的影响 MPa

强度	纯水泥	＜160μm	＜80μm	＜45μm	＜38.5μm	＜30.8μm
7d 抗折	10.79	10.53	11.03	11.15	10.79	10.93
7d 抗压	64.9	56.9	63.7	65.7	62.7	63.3
28d 抗压	69.0	69.7	67.5	75.4	70.5	71.8

由于石灰石粉掺入水泥胶砂中可以减小用水量，从而降低水胶比，提高水泥胶砂的力学性能。其贡献可以归结于石灰石粉的减水作用。

（4）掺合材料的掺入有利于抑制可能发生的碱骨料反应危害。

活性掺合材料的掺入可以起到抑制碱骨料反应的作用，这是人们所熟知的。某些石粉的掺入也可以起到抑制碱骨料反应的作用。表2－77是某工程使用的石灰石骨料的化学成分分析结果，1号料场和4号料场石灰石骨料分别属于碱活性骨料和非碱活性骨料，但用这两种石灰石磨制的石灰石粉分别作为混凝土的掺合材料，当掺量达到一定的比例后碱活性反应可以得到一定程度的抑制（见表2－78～表2－81）。试验结果表明，掺适量的砂岩粉也能起到抑制碱骨料反应的作用（见表2－82）。

表2－77　某水电站使用的石灰石（1、4号）骨料及水泥、粉煤灰的化学成分　%

化学成分	SiO_2	Fe_2O_3	Al_2O_3	TiO_2	CaO	MgO	K_2O	Na_2O	SO_3	P_2O_5	MnO	Loss
水泥	20.23	3.28	5.82	0.25	60.22	0.79	0.50	0.11	1.19	0.07	0.09	4.63
粉煤灰	55.90	4.84	31.57	0.76	1.07	1.21	3.50	0.38	—	0.11	0.01	0.74
石灰石粉1号	15.71	0.72	3.14	0.12	43.00	1.18	0.42	0.03	—	0.02	0.01	35.61
石灰石粉4号	6.72	0.17	0.53	0.02	49.10	2.05	0.03	0.01	—	0.01	0.01	41.16

表2－78　某水电站1号料场骨料砂浆棒快速法抑制试验结果

编号	膨胀率（%）				
	3d	7d	14d	21d	28d
1号GZ100－0－0	0.023	0.090	0.200	0.308	0.404
1号GZ85－0－15	0.004	0.015	0.032	0.055	0.080
1号GZ80－0－20	0.003	0.014	0.028	0.040	0.066
1号GZ70－0－30	0.002	0.010	0.014	0.027	0.038
1号GZ85－15－0	0.036	0.117	0.204	0.263	0.314
1号GZ70－30－0	0.021	0.089	0.133	0.176	0.231
1号GZ50－50－0	0.015	0.062	0.076	0.093	0.112
1号GZ55－15－30	0.006	0.005	0.010	0.017	0.026
1号GZ50－25－25	0.002	0.007	0.017	0.019	0.021

注　GZ100－0－0即水泥100%－石灰石粉0%－粉煤灰0%。

表2－79　某水电站1号料场骨料样品混凝土棱柱体试验法碱活性抑制试验结果

编号	膨胀率（%）								
	1w	2w	4w	8w	13w	18w	26w	39w	52w
1号GZ100－0－0	0.001	0.002	0.004	0.007	0.013	0.020	0.030	0.038	0.043
1号GZ85－0－15	0.001	0.002	0.002	0.003	0.003	0.003	0.004	0.006	0.007

续表

编号	膨胀率（%）								
	1w	2w	4w	8w	13w	18w	26w	39w	52w
1 号 GZ80－0－20	0.003	0.005	0.007	0.007	0.006	0.006	0.006	0.006	0.005
1 号 GZ70－0－30	0.002	0.004	0.006	0.005	0.004	0.005	0.005	0.004	0.003
1 号 GZ85－15－0	0.000	0.000	0.001	0.001	0.002	0.003	0.004	0.005	0.006
1 号 GZ70－30－0	0.000	0.001	0.002	0.004	0.005	0.006	0.004	0.002	0.001
1 号 GZ50－50－0	0.000	0.000	0.001	0.002	0.002	0.003	0.002	0.001	0.000
1 号 GZ55－15－30	0.000	0.001	0.001	0.002	0.002	0.003	0.005	0.004	0.003
1 号 GZ50－25－25	0.001	0.001	0.002	0.003	0.004	0.005	0.004	0.003	0.002

注　GZ100－0－0 即水泥 100%－石灰石粉 0%－粉煤灰 0%。

表 2－80　　　某水电站 4 号料场骨料砂浆棒快速法碱活性抑制试验结果

编号	膨胀率（%）			
	3d	7d	14d	28d
4 号 GZ100－0－0	0.005	0.017	0.055	0.166
4 号 GZ85－0－15	－0.004	－0.002	0.000	0.007
4 号 GZ80－0－20	－0.004	－0.008	－0.015	－0.020
4 号 GZ70－0－30	－0.006	－0.008	－0.013	－0.023
4 号 GZ85－15－0	－0.004	0.006	0.056	0.176
4 号 GZ70－30－0	0.000	0.015	0.043	0.120
4 号 GZ50－50－0	0.001	0.028	0.054	0.092
4 号 GZ55－15－30	－0.001	－0.002	－0.011	－0.013
4 号 GZ50－25－25	0.001	－0.003	－0.005	0.000

注　GZ100－0－0 即水泥 100%－石灰石粉 0%－粉煤灰 0%。

表 2－81　　　某水电站 4 号料场骨料样品混凝土棱柱体试验法碱活性抑制试验结果

编号	膨胀率（%）								
	1w	2w	4w	8w	13w	18w	26w	39w	52w
4 号 GZ100－0－0	0.002	0.003	0.004	0.005	0.005	0.006	0.006	0.007	0.007
4 号 GZ85－0－15	－0.001	0.000	0.000	－0.001	－0.003	－0.002	－0.002	－0.002	－0.003
4 号 GZ80－0－20	－0.001	－0.002	－0.007	－0.010	－0.010	－0.010	－0.010	－0.010	－0.011
4 号 GZ70－0－30	－0.006	－0.019	－0.026	－0.031	－0.032	－0.034	－0.036	－0.038	－0.038
4 号 GZ85－15－0	－0.002	－0.004	－0.009	－0.008	－0.012	－0.013	－0.014	－0.015	－0.016
4 号 GZ70－30－0	0.000	－0.014	－0.017	－0.017	－0.016	－0.017	－0.018	－0.018	－0.018

续表

编号	膨胀率（%）								
	1w	2w	4w	8w	13w	18w	26w	39w	52w
4号GZ50－50－0	－0.005	－0.005	－0.012	－0.016	－0.024	－0.026	－0.030	－0.032	－0.031
4号GZ55－15－30	－0.008	－0.016	－0.021	－0.023	－0.026	－0.026	－0.027	－0.027	－0.027
4号GZ50－25－25	－0.005	－0.009	－0.010	－0.012	－0.014	－0.016	－0.017	－0.018	－0.018

注　GZ100－0－0即水泥100%－石灰石粉0%－粉煤灰0%。

表2－82　　某水电站工程砂岩骨料混凝土棱柱体试验法碱活性抑制试验结果

编号	膨胀率（%）								
	1w	2w	4w	8w	13w	18w	26w	39w	52w
BW100－0－0－0	0.001	0.001	0.003	0.009	0.021	0.036	0.047	0.047	0.048
BW90－10－0－0	0.001	0.002	0.002	0.005	0.006	0.007	0.008	0.009	0.011
BW80－20－0－0	0.000	0.001	0.003	0.005	0.006	0.006	0.007	0.008	0.008
BW70－30－0－0	0.000	0.001	0.000	0.000	－0.001	0.001	0.001	0.000	0.000
BW40－30－4－30	－0.001	－0.001	－0.002	0.000	0.000	－0.001	－0.002	－0.003	－0.004
BW70－0－4－30	0.001	0.001	0.002	0.001	0.002	0.003	0.004	0.004	0.004
BW70－0－2－30	0.001	0.000	－0.001	0.002	0.003	0.004	0.005	0.007	0.006
BW70－0－3－30	0.001	0.002	0.003	0.004	0.004	0.005	0.006	0.006	0.005

注　BW100－0－0－0即水泥100%－粉煤灰0%－砂岩种类－砂岩粉0%。

（5）掺合材料的掺入对混凝土的某些不利影响。

某些掺合材料的掺入可能对混凝土的某些性能有不利的影响，例如含 P_2O_5 较多的磷渣粉可能使混凝土的凝结时间延长。这时可以通过减少水工混凝土中缓凝剂的掺量加以解决。以往认为石灰石粉的掺入会增大混凝土的干缩率，但研究表明，粉磨细度适当的石灰石粉的掺入并不增加混凝土的干缩率（见表2－83和图2－7）。

表2－83　　石灰石粉的掺入对水泥砂浆干缩率影响的试验配合比

编号	水泥（g）	石灰石粉（g）	标准砂（g）	水（g）
LP－0	450	0	1350	225
LP－10	405	45	1350	225
LP－20	360	90	1350	225
LP－30	315	135	1350	225
LP－40	270	180	1350	225
LP－50	225	225	1350	225
LP－60	180	270	1350	225

研究结果表明，所谓活性掺合材料和非活性掺合材料，是为了区别掺合材料活性的大小而人为划分的界线。实际上，矿物质材料只要磨细达到足够的比表面积都会具有一定的与水泥的某些成分或某些水化产物发生化学反应的活性，差别只是活性的大小和活性发挥的早晚以及某些矿物的某些成分对水泥石和混凝土性能的改善可能起一定的不利影响。

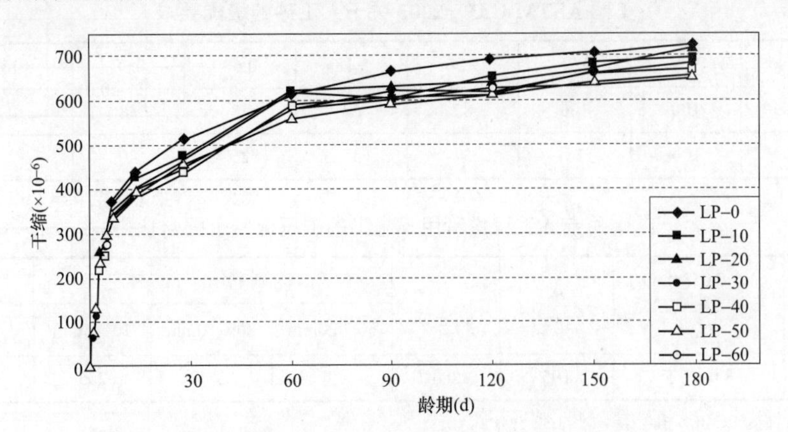

图 2－7　石灰石粉的掺入对水泥砂浆干缩率的影响

很多矿物粉末可以用作为混凝土的掺合材料。这些矿物粉末磨细到一定的比表面积后掺入混凝土中，具有一定的减水作用。它们对于混凝土拌和物和硬化后混凝土性能的改善作用包括：① 与水泥颗粒组成良好的级配，使胶凝材料浆的初始结构更加密实，起到减水和填充水泥颗粒间的空隙的作用；② 掺合材料中的活性成分与水泥的某些成分或某些水化产物起二次水化作用，生成具有胶结性能的水化产物对水泥石和硬化后混凝土性能的改善做出贡献；③ 未参与水化的掺合材料内核在水泥石和硬化后的混凝土中起到微骨料作用，对水泥石和硬化后混凝土的某些性能的改善做出贡献。

2.2.5.4　碾压混凝土所用人工砂中小于 0.08mm 的颗粒含量

DL/T 5112—2021《水工碾压混凝土施工规范》建议，"人工砂的石粉（d<0.16mm 的颗粒）含量宜控制在 12%～22%，其中 d<0.08mm 的微粒含量不宜小于 5%。最佳石粉含量应通过试验确定"。小于 0.08mm 的微粒含量的多少，不仅直接影响碾压混凝土所用砂浆的需浆量和拌和物的施工性能（包括 *VC* 值和黏聚性等），也影响碾压混凝土的表观密度、强度和抗渗等性能。人工砂中小于 0.08mm 的微粒含量适当多一些，可以改善碾压混凝土的上述性能，但过大的含量也将增大碾压混凝土的单位用水量。由于人工砂的母岩不同以及加工设备、加工工艺的不同，人工砂中小于 0.08mm 的微粒含量的变化也比较大。但应该重视人工砂中这部分微细颗粒的作用，如果人工砂中小于 0.08mm 的微粒含量能达到人工砂的 10%～15%，将会对改善碾压混凝土的性能和降低胶凝材料用量起到很好的作用。

越南南方同奈 3 和同奈 4 两个碾压混凝土重力坝工程，坝高分别是 110m 和 129m，使用玄武岩加工的人工砂、碎石骨料。尽管工程所用的粗骨料标称为最大粒径 50mm，但用 63mm 孔径的筛进行筛分时，通过率为 100%，50mm 孔径筛的筛分通过率也为 100%，37.5mm 孔径筛的筛余量也仅为 8.1%，因此，两个工程碾压混凝土使用的粗骨料的最大粒径仅应该相当于中国的 40mm。工程所使用的人工砂系按美国 ASTM C33—2003 的要求（见表 2－84）进行加工，即小于 0.075mm 的颗粒含量达到砂子总量的 14.5%～25%。通过碾压混凝土配合比设计试验，同奈3和同奈4两工程使用的碾压混凝土配合比基本相同。同奈4工程推荐用于施工的碾压混凝土配合比（见表2－85）的胶凝材料总量仅为80kg/m³（全部为水泥，没有其他掺合材料）。同奈4碾压混凝土坝实测的碾压混凝土抗压强度见表2－86。

表2－84　　美国ASTM C33—2003关于人工砂的级配要求

筛孔尺寸（mm）	9.5	4.75	2.36	1.18	0.60	0.30	0.15	0.075
上限通过率（%）	100	100	82	62	48	38	30	25
下限通过率（%）	100	75	54	35	25	20	17	14.5

表2－85　　越南同奈4工程推荐用于施工的碾压混凝土配合比

水泥（kg/m³）	小于0.075mm的石粉占骨料总量（%）	水（kg/m³）	砂（kg/m³）	粗骨料（kg/m³）			TM25外加剂（kg/m³）
				50～20mm	20～10mm	10～5mm	
80	8.0～8.5	105	883	697	511	255	3.5

注　所用的水泥为PC40，相当于中国的32.5MPa级。

表2－86　　越南同奈4工程碾压混凝土施工配合比实测的部分性能

测试项目	抗压强度（MPa）				抗拉强度（MPa）	渗透系数（cm/s）
龄期（d）	7	14	28	90	28	365
实测值	10.63	12.44	13.78	18.18	1.78	$<1\times10^{-8}$

注　表中所列强度为ϕ150mm×300mm的试件强度；设计要求365d龄期碾压混凝土的抗压强度为18.4MPa。

表2－85和表2－86的资料表明，当人工砂中小于0.075mm的颗粒含量达到一定数量时，通过合理的配合比设计，可以不掺用活性的掺合材料也能获得满足设计要求技术性能的碾压混凝土配合比。这说明人工砂中小于0.08mm的颗粒在碾压混凝土中有重要的作用。

参考文献

[1] 水利水电科学研究院结构材料所．大体积混凝土［M］．北京：中国水利水电出版社，1990.

[2] 姜福田．碾压混凝土［M］．北京：铁道出版社，1991.

[3] 陈改新，孔祥芝．石灰石粉——一种新的碾压混凝土掺合料［C］//第五届碾压混凝土国际研讨会论文集，2007年11月，贵阳，中国.

[4] 王永存，阎俊如，薛永生．观音阁水库碾压混凝土坝的设计［J］．水利水电技术，1995，(8)：13－16.

[5] 杨康宁．碾压混凝土坝施工［M］．北京：中国水利水电出版社，1997.

[6] 李启雄，董勤俭，毛影秋．棉花滩碾压混凝土重力坝设计［J］．水力发电，2001，(7)：24－27.

[7] 刘数华，李家正译．混凝土配合比设计［M］．北京：中国建材工业出版社，2009.

[8] Kenneth D. Hansen，P.E. and William G. Reinhardt .Roller Compacted Concrete Dams［M］，Printed in USA，1991.

[9] 方坤河．碾压混凝土材料、结构与性能［M］．武汉：武汉大学出版社，2004.

[10] 方坤河．中国碾压混凝土坝的混凝土配合比研究［J］．水力发电，2003，(11)：51－53.

[11] America Concrete Institute. ACI Committee 207 Roller Compacted Concrete [M]. Chicago, 1997.

[12] 方坤河，阮燕，曾力．少水泥高掺粉煤灰碾压混凝土长龄期性能研究 [J]．水力发电学报，1999，(4)：18－25.

[13] 方坤河，蔡海瑜，曾力，等．岩滩水电站围堰少水泥碾压混凝土 5 年龄期性能研究 [J]．水力发电，1996，(12)：54－57.

[14] 刘数华．石灰石粉对复合胶凝材料水化特性的影响 博士后出站报告 [D]．北京：清华大学，2007.

[15] 杨华山，方坤河，涂胜金，杨惠芬．石灰石粉在水泥基材料中的作用及其机理 [J]．混凝土，2006，(6)：32－35.

[16] 杨华山，方坤河，涂胜金．石灰石粉对水泥基材料流变性和强度的影响[J]．中国农村水利水电，2008，(12)：105－107.

[17] 陈祖荣，方彦铨，吴秀荣，等．光照水电站碾压混凝土高坝快速筑坝技术 [J]．水利水电施工，2009，(2)：22－26.

[18] GB 175—2007　通用硅酸盐水泥 [S]．北京：中国标准出版社，2007.

[19] GB/T 200—2017　中热硅酸盐水泥、低热硅酸盐水泥 [S]．北京：中国标准出版社，2017.

[20] GB/T 1596—2017　用于水泥和混凝土中的粉煤灰 [S]．北京：中国标准出版社，2017.

[21] GB/T 18046—2017　用于水泥、砂浆和混凝土中的粒化高炉矿渣粉 [S]．北京：中国标准出版社，2017.

[22] DL/T 5387—2007　水工混凝土掺用磷渣粉技术规范 [S]．北京：中国电力出版社，2007.

[23] GB/T 20491—2017　用于水泥和混凝土中的钢渣粉 [S]．北京：中国标准出版社，2017.

[24] GB 8076—2008　混凝土外加剂 [S]．北京：中国标准出版社，2008.

[25] GB/T 8077—2012　混凝土外加剂匀质性试验方法 [S]．北京：中国标准出版社，2012.

[26] DL/T 5144—2015　水工混凝土施工规范 [S]．北京：中国电力出版社，2015.

[27] JGJ 52—2006　普通混凝土用砂、石质量及检验方法标准 [S]．北京：中国建筑工业出版社，2006.

[28] GB/T 50733—2011　预防混凝土碱骨料反应技术规范 [S]．北京：中国标准出版社，2011.

[29] DL/T 5330—2015　水工混凝土配合比设计规程 [S]．北京：中国电力出版社，2015.

第3章

碾压混凝土性能

3.1 碾压混凝土拌和物性能

3.1.1 碾压混凝土拌和物的流动性及振动碾压实分析

3.1.1.1 拌和物的结构机理和流变特性

1. 结构机理

碾压混凝土的特征是无流动性，它的密实性主要取决于作用在其上振动碾的激振力和频率。在振动力作用下石子移位受到石子之间和石子与水泥砂浆之间摩擦阻力影响，石子克服摩擦阻力占居空间形成骨架，其空隙被水泥砂浆填充并包裹，形成密实体。根据上述特征，引用维莫斯（Wegmouth）粒子干扰学说来阐明碾压混凝土的结构机理。

粒子干扰学说认为："凡用具有一定直径比的骨料组成混凝土时，其粒度级配是以某一单位骨料的平均相互间隔（t）恰好等于其次一级大小的单位骨料平均直径与包裹骨料的水泥膜的厚度之和（t_0）时为最佳，当 t 比上述条件为小时（$t<t_0$），则发生粒子干扰，而使混凝土空隙增加，密实度减小。"

引用粒子干扰学说可以进一步说明如何使碾压混凝土拌和物由液相变为固相达到最佳状态（$t\geqslant t_0$）。碾压混凝土在激振力和频率的作用下，拌和物中的石子将发生移位，当 $t<t_0$ 时，石子与石子之间将产生干摩擦，此时摩擦阻系数很大，振实克服摩擦阻力将要消耗大量的功，而且也不可能达到密实状态。当 $t\geqslant t_0$ 时，水泥砂浆在石子之间形成润滑介质，石子之间的摩擦阻系数将大大减小，摩擦阻系数大小取决于水泥浆介质黏滞度、骨料颗粒形状和表面性质。碾压混凝土拌和物由液相变为固相达到理想密实状态正是这样一个条件，这也是碾压混凝土配合比设计中应满足的一个条件。

2. 流变特性

碾压混凝土的流变特性可用三个性能表示，即稳定性、振实性和流动性。稳定性以未施加力时新拌混凝土的泌水和分离度量。振实性以振动条件下新拌混凝土的最大密实体积度量。流动性以新拌混凝土的黏聚力和内摩擦阻力度量。黏聚力来自水泥浆基体和骨料之间的黏结力。内摩擦阻力来自骨料颗粒的移动或转动所发生的摩擦力，取决于骨料颗粒的形状和质地。

无振动条件下新拌混凝土堆积体，在黏聚力和内摩擦力的作用下处于稳定状态，即

$$\tau = c + \sigma \tan\varphi$$

式中　τ——剪应力；

c——黏聚力；

σ——骨料表面的正应力；

φ——内摩擦角。

在振动条件下混凝土内摩擦力显著减小，埃尔米特（L'Hermite）和吐昂（Tournon）的试验指出，振动下的内摩擦力只有静止堆积体的 5%。所以，碾压混凝土堆积体将失去稳定状态而流动，此种现象称为液化。液化后的碾压混凝土处于重液流体状态，骨料颗粒在重力作用下向下滑动，排列紧密构成骨架，骨架间的空隙被流动的水泥砂浆所填满，形成密实体。

碾压混凝土要达到密实体积必须使其液化，而碾压混凝土液化又取决于振动碾的振动特性。

3.1.1.2　碾压混凝土液化临界时间

碾压混凝土的液化作用用其表面出现泛浆时的时间表示，称液化临界时间。试验表明，激发碾压混凝土液化作用的因素有二：其一，施振振动加速度；其二是表面压强。

1. 施振特性与碾压混凝土的液化

在变频、变幅振动台上测定不同振幅和频率振动条件下，碾压混凝土液化临界时间试验结果见表 3-1。质点振动加速度与液化临界时间关系见图 3-1。

表 3-1　　不同振动振幅和频率下碾压混凝土液化临界时间试验结果

混凝土试样		液化临界时间（s）					
容器尺寸（mm）	表面压强（MPa）	振幅（mm）＼频率（Hz）	30	40	50	55	60
$\phi 240\times200$	5×10^{-3}	0.2	62.5	31	23.5	—	23.0
		0.4	43.0	23.0	18.0	—	15.1
		0.6	35.5	19.5	16.5	15.0	14.5
		0.8	30.5	15.5	13.8	10.0	1

图 3-1 试验结果表明碾压混凝土液化临界时间随振动质点加速度增加而降低，但当最大加速度（a_m）大于 $5g$ 后，液化临界时间变化平稳，已趋稳定。图 3-1 是不同的振动振幅和振动频率组合下计算的加速度。因此，不论是高振幅、低频率的振动台，还是低振幅、高频率的振动台，只要最大加速度大于 $5g$，均可以达到同样的液化作用效果。

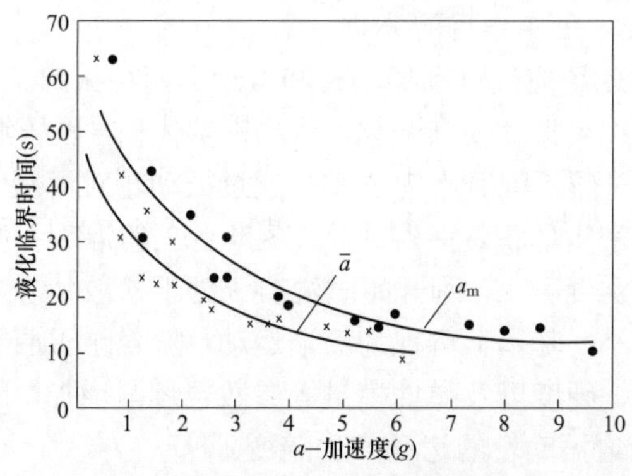

图 3-1　质点振动加速度与碾压混凝土液化临界时间的关系

a_m—最大加速度；$\bar{a}$ —平均加速度

2. 表面压强与碾压混凝土的液化

表面施加不同压强，测定液化临界时间的试验结果列于表 3-2 和图 3-2。试验结果说明表面压强对碾压混凝土液化作用有显著性影响，随着表面压强增加，碾压混凝土的液化临界时间减小，当表面压强增至 5×10^{-3}MPa 时液化临界时间的变化趋于平稳。

表 3-2　不同表面压强时碾压混凝土液化临界时间

振动台振动参数及试件尺寸			频率 50Hz，振幅±0.5mm，试验容器ϕ240mm×200mm				
表面压强（$\times10^{-3}$MPa）			0.7	1.9	3.1	4.3	5.4
表面压荷（kg）			2.75	7.75	12.75	17.75	22.75
液化临界时间（s）	卵石骨料	第 1 次	51	40	19	13	10
		第 2 次	68	41	22	17	17.5
		第 3 次	55	32	22	17	14
	碎石骨料	第 1 次	86	52	35	24	28
		第 2 次	82	49	32	24	29

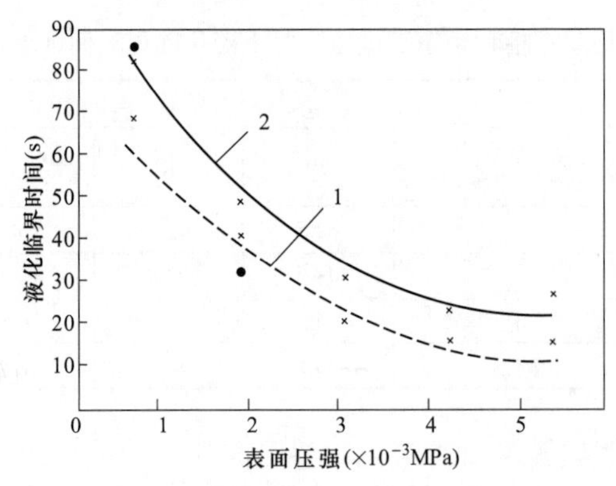

图 3-2　表面压强与液化临界时间的关系

1—卵石骨料；2—碎石骨料

3.1.1.3　振动碾压实碾压混凝土分析

1. 振动碾对碾压混凝土压实作用的分析

室内试验成果应用到现场应注意到振动台和振动碾两种振源工况上的差别。室内试验的试件在振动台上，质点是连续振动使其液化，达到密实体积，碾压混凝土才具有设计要求的强度和抗渗性能。振动碾对碾压混凝土的压实是通过振动轮对混凝土层面多次反复作用，而使碾压混凝土液化，达到密实体积。室内试验，振动台上的混凝土质点是作简谐运动，波形不会受到畸变。振动碾压实混凝土，刚开始时混凝土处于松散状态，振动轮在其上作铅垂方向振动，受到的反作用力小，基本上可视为简谐运动。随着碾压遍数增加，被碾压的混凝土逐渐被压实，其表观密度、硬度以及弹性模量等参数也逐渐增加。因而，被压体对振动轮的反作用力也逐渐增加，强迫振动轮的运动产生畸变。

BW-200 型双轮振动式振动碾压实量与实效遍数关系测定结果见表 3-3。压实量以无振碾压二遍的层面为基准，测定有振实效遍数的表面下沉量。

表 3-3 BW-200 型双轮振动式振动碾压实量与实效遍数关系测定结果

摊铺层厚（cm）	实效遍数的下沉量（cm）										下沉比*（%）
	无振 2 遍	2	4	6	8	10	12	16	20	24	
39.9	0	1.3	1.9	2.4	2.7	2.9	3.3	—	—	—	8.3
84.5	0	0.8	1.4	1.8	2.1	2.4	2.5	—	—	—	3.0
83.3	0	0.7	1.3	1.6	1.9	2.1	2.2	2.1	2.4	2.8	3.4
80.0	0	—	1.5	—	2.3	—	2.8	—	—	—	3.5
88.1	0	—	0.7	—	1.1	—	1.6	2.0	2.1	2.4	2.7
85.5	0	—	0.9	—	2.8	—	3.1	—	—	—	3.6
76.0	0	—	1.3	—	1.8	—	2.8	3.1	3.5	3.9	5.1

* 下沉比＝表面总下沉量/摊铺层厚。

振动碾压实过程中，开始几遍层面下沉量较大，表明骨料移动或转动，骨料形成骨架后层面下沉量逐渐减小，此时混凝土开始液化。不同的碾压混凝土配合比有不同的液化反映。对富灰浆量碾压混凝土，液化后层面出现水露，或层面呈黏弹状随着振动轮变形，此时再继续碾压没有必要，应停止碾压。对贫灰浆量碾压混凝土，虽已达到液化，但灰浆量只能填裹骨料空隙而无多余逸出，因此不会出现上述情况。对此种碾压混凝土应严格控制碾压遍数和加强压实表面密度的检测。

2. 加速度在碾压混凝土的衰减

随着碾压遍数增加，被压实的碾压混凝土刚性增加，对振动轮的反作用力也增加，因而振动波形发生畸变。

图 3-3 所示是碾压混凝土摊铺层厚 73cm，采用 CA51S 型单轮振动式振动碾压实，埋设在层面不同深度三支加速度计，测得不同碾压遍数的加速度实效值。

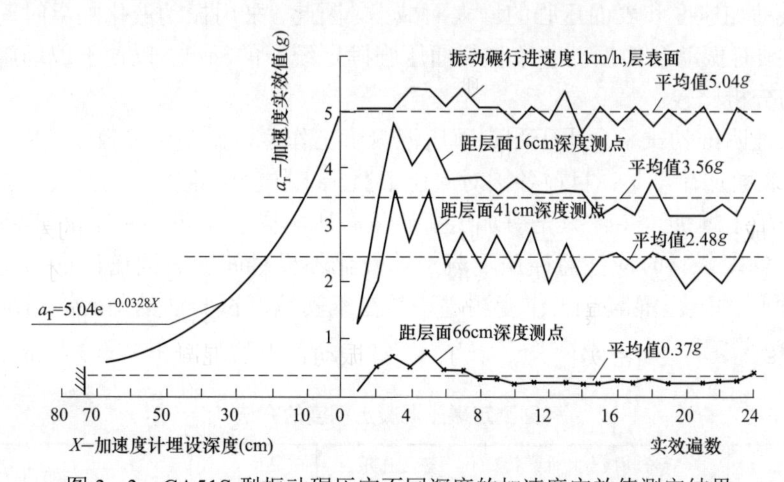

图 3-3 CA51S 型振动碾压实不同深度的加速度实效值测定结果

由图 3-3 可以看出，碾压 6 遍以前加速度增加较快，而 6 遍以后加速度变化比较平稳，基本上在平均值上下波动。同时也表明加速度由层面向下沿层深衰减。

3.1.1.4 碾压混凝土流动性与振动碾压实的关系

由碾压混凝土结构机理、流变特性和振动碾压实分析，可以得出以下结论。

（1）振动液化。对碾压混凝土施加强迫振动，使其液化后碾压混凝土才能达到或接近密实体积。液化时间与振动加速度和表面压强有关。振动台为振源时，加速度平均值不宜小于5*g*。对振动碾，加速度实效值也不宜低于5*g*，否则很难在有效碾压遍数内使其液化。

（2）压实与流动度。由理论分析得碾压混凝土压实量（下沉量）和振动加速度与碾压混凝土的刚度成反比。碾压混凝土刚度与流动度直接相关。因此，振动碾在流动度大的碾压混凝土上碾压，压实量增大，质点的振动加速度也增大，碾压混凝土容易液化，但是下沉量增大又会使振动碾陷入其中无法工作。因此，碾压混凝土配合比设计工作度选择应与振动碾的振动特性相适应。

（3）加速度和激振力衰减。振动碾的加速度和激振力在混凝土层内传播可用指数衰减函数表示，它们随着层深增加而减小。加速度衰减将影响层内碾压混凝土振动液化，衰减程度将限定每层的碾压厚度。激振力衰减会减小振动碾在上层碾压对下层的影响。

（4）密实体积。碾压混凝土的设计表观密度是建筑物的稳定性对结构设计提出的要求，碾压混凝土只有压实到密实体积才具有结构设计要求的力学性能和抗渗性能。正确施工条件下压实体积可达到配合比设计理论容重的98%以上。因此，施工现场控制碾压混凝土的压实度是重要的。有些国家的工程施工规范规定碾压混凝土现场压实质量控制主要是压实度，而对抗压强度检测只作为建筑物验收的依据。

3.1.2 碾压混凝土的工作度（*VC*值）

3.1.2.1 碾压混凝土工作度（*VC*值）测定方法

工作度是碾压混凝土拌和物一个重要特性，对不同振动特性的振动碾和不同碾压层厚度应有与其相适应的碾压混凝土工作度，方能保证碾压质量。

通过振动参数和表面压强对碾压混凝土液化临界时间关系的研究表明，振动液化临界时间随混凝土振动加速度和表面压强的增大而减小。因此，采用振动液化临界时间表示混凝土的工作度，必须对振动台的振动参数和表面压强确定统一的标准，以便于现场施工质量控制和试验结果的分析比较。

试验结果证明维勃试验台用于测定碾压混凝土工作度，振动台参数（频率、振幅）是合适的。但是，表面加荷不足。目前各国对碾压混凝土工作度测定方法的研究，均是在维勃试验法振动台基础上增加压重，只是所加压荷质量有所不同，见表3－4。目前各国标准尚不统一，在引用各国资料时应注意碾压混凝土的液化临界时间随表面压荷增加而减小这一特点。3.1.2.1采用的碾压混凝土工作度测定法是在维勃稠度试验法的基础上增加表面压荷到17.75kg±0.1kg测定。

表3－4　　各国测定碾压混凝土稠度的方法

标准	维勃振台特性			表面压重		容器尺寸（mm）	测试方法简要说明
	频率（Hz）	加速度（*g*）	振幅（mm）	外加重（kg）	总重（kg）		
美国ACI－207《大体积混凝土》	50	5	0.5	9.07	12.47	$\phi 240\times 200$	标准圆锥坍落度的混凝土体积在容器中振实所需秒数

续表

标准	维勃振台特性			表面压重		容器尺寸（mm）	测试方法简要说明
	频率（Hz）	加速度（*g*）	振幅（mm）	外加重（kg）	总重（kg）		
日本碾压混凝土设计与施工	50～66	5	0.5	—	20	ϕ240×200	混凝土分两次装入容器中用捣棒捣实，满平为止，测定液化所需秒数
DL/T 5433《水工碾压混凝土试验规程》	50	5	0.5	15	17.75	ϕ240×200	混凝土分两层装入容器中，分层捣实，装满刮平，测定液化临界时间

3.1.2.2　工作度（*VC*值）的影响因素

1. 用水量

碾压混凝土稠度主要由单位体积用水量决定。“李斯（Lyse’s rule）恒用水量定则”同样适用于碾压混凝土。试验结果说明，当混凝土原材料、最大骨料粒径和砂率不变时，如果用水量不变，在实用范围内即使水泥用量变化，碾压混凝土的稠度也大致保持不变。这个定则成立，对碾压混凝土配合比设计和调整是极其便利的，只要单位体积用水量不变，变动水灰比，可获得相同工作度的碾压混凝土。

2. 砂率

砂率对碾压混凝土工作度影响的试验结果表明，当用水量和胶凝材料用量不变时，随着砂率减小，碾压混凝土工作度减小，见图3-4。砂率减小到一定程度后，再继续减小砂率，相应粗骨料用量增加，砂浆充满粗骨料空隙并泛浆到表面的时间增长，因此碾压混凝土的工作度反而增大。图3-4 曲线的最低点所对应的砂率即为最佳砂率。选用最佳砂率，可得到最易压实的碾压混凝土。

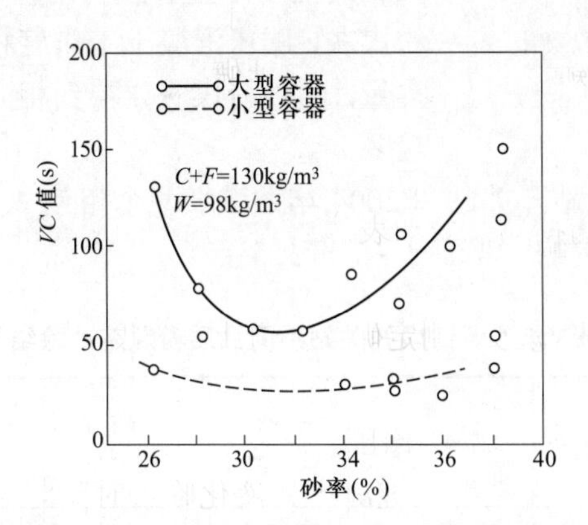

图3-4　砂率与碾压混凝土*VC*值关系试验结果

C+*F*—水泥+粉煤灰；*W*—用水量

注：大型容器为ϕ400mm×400mm；小型容器为ϕ240mm×200mm。

在选择砂率时还应考虑碾压混凝土施工中骨料分离情况。对人工骨料最大骨料粒径为80mm的碾压混凝土，砂率一般选择在28%～34%范围内。

3. 粗骨料品种

卵石和碎石由于表面形状和粗糙度不同，需要被水泥砂浆包裹的表面积不同，因此在同一配合比条件下，采用碎石骨料的碾压混凝土工作度要比卵石骨料的碾压混凝土工作度大，为得到同一工作度的碾压混凝土，采用碎石骨料所用水泥砂浆量要比卵石骨料多，试验结果见表 3－5。

表 3－5　　粗骨料品种对碾压混凝土稠度影响

碾压混凝土配合比（kg/m³）					粗骨料种类	工作度 VC 值（s）
水	水泥	粉煤灰	砂	石		
90	84	36	682	1593	卵石	16
					石灰岩碎石	24

4. 人工砂中微粒含量

伴随人工砂生产时产生的一部分比砂料最小粒径 0.15mm 更细部分，称为石粉。石粉中与水泥细度相同部分，即粒径小于 0.075mm 的微粒，在碾压混凝土中可以起到非活性掺合料作用。微粒除不具有粉煤灰二次水化反应效果外，与粉煤灰一样，可以改善碾压混凝土性能。

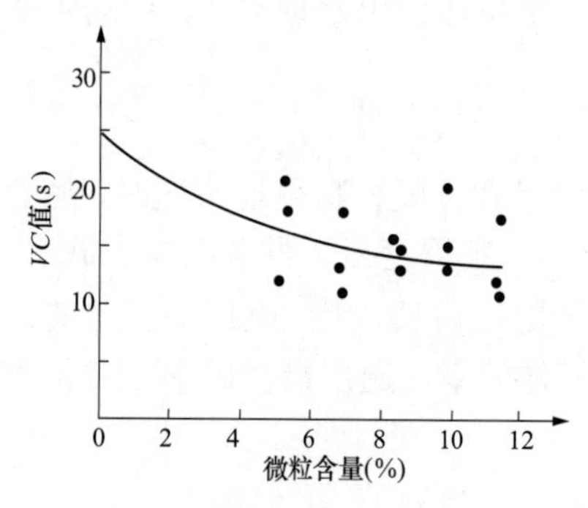

图 3－5　微粒含量对碾压混凝土工作度(VC)影响

试验表明细骨料中的微粒含量对碾压混凝土工作度有不可忽视的影响，见图 3－5。随着微粒含量增加，碾压混凝土的工作度相应减小，也就是说，为取得同一工作度的碾压混凝土用水量减少。证明微粒对碾压混凝土有减水作用。

5. 粉煤灰品质

粉煤灰品质优劣对碾压混凝土工作度有明显影响，在相同的用水量和胶材用量下，掺量相同而品质不同的粉煤灰，碾压混凝土工作度相差较大；如果采用相同的掺量，两种粉煤灰要得到相同的工作度，则用水量相差较多。

以 1983 年沙溪口水电站开关站和 2004 年龙滩坝两个相差 20 年的碾压混凝土工程，说明粉煤灰品质对工作度的影响，见表 3－6 和表 3－7。

表 3－6　　1983 年沙溪口坝开关站不同品质粉煤灰试验结果

粉煤灰			骨料品种	用水量（kg/m³）	水泥用量（kg/m³）	粉煤灰用量（kg/m³）	工作度 VC 值（s）
生产厂	细度（%）	需水量比（%）					
邵武Ⅱ级	3.0	98.5	天然砂石料	93	70	70	21
南平Ⅲ级	29.0	118.2		109	70	70	21

表 3－7　　2004 年龙滩坝碾压混凝土不同品质粉煤灰试验结果

粉煤灰	减水剂（%）	引气剂（1/10 000）	砂率（%）	用水量（kg/m³）	水泥用量（kg/m³）	粉煤灰用量（kg/m³）	工作度 VC 值（s）	含气量（%）
	ZB－1	DH9						
凯里粉煤灰	0.5	15	32	78	75	105	4.9	2.6
贵阳粉煤灰	0.5	15	32	85	75	105	5.5	2.5

邵武粉煤灰的细度和需水量比均比南平粉煤灰小。通过扫描电子显微镜直接观察，邵武粉煤灰的颗粒细小、多呈球状，而南平粉煤灰则多呈玻璃状。如果采用相同的掺量，两种粉煤灰要得到相同的工作度，则南平灰的用水量要比邵武灰多用 16kg/m^3。

龙滩坝采用的两种粉煤灰品质指标检验结果见表 3-8。

表 3-8　粉煤灰的品质指标检验结果

粉煤灰	细度（%）	烧失量（%）	需水量比（%）	三氧化硫（%）	表观密度（g/cm^3）	抗压强度比（%）	颜色
凯里粉煤灰	14.2	0.90	101	0.64	2.41	69	浅灰
贵阳粉煤灰	11.5	8.98	105	1.32	2.33	69	黑灰

龙滩坝两种混凝土，*VC* 值、含气量、水泥用量、外加剂掺量和粉煤灰掺量均相同，唯有粉煤灰品质不同，其用水量相差 7kg/m^3。

6. 外加剂

胶材用量和用水量不变，掺加几种常用品牌的外加剂对碾压混凝土工作度（*VC* 值）无明显影响。以 1983 年常用的几种外加剂和 2000 年以来常用的几种外加剂为例，说明外加剂对碾压混凝土工作度无显著性影响，见表 3-9 和表 3-10。

表 3-9　1983 年常用的几种外加剂的碾压混凝土工作度试验结果

外加剂品种	不掺	木钙	801	FDN	DH_3	DH_4
用水量（kg/m^3）	90	81	81	81	81	81
工作度 *VC* 值（s）	24.5	18～22	17～22	22～35	20.5～24.5	15～19.5

表 3-10　2000 年以来常用的几种外加剂的碾压混凝土工作度试验结果

外加剂及掺量（%）			1m^3 碾压混凝土材料用量（kg/m^3）					*VC* 值（s）	含气量（%）
名称	掺量	DH_9	水	水泥	粉煤灰	砂	石		
JG_3	0.4	0.15	78	90	110	704	1496	5.0	2.7
JM-II	0.4	0.15	78	90	110	704	1496	5.2	2.6
FDN-9001	0.4	0.15	78	90	110	704	1496	5.5	2.7
SK-2	0.4	0.15	78	90	110	704	1496	5.0	2.8
R561C	0.4	0.15	78	90	110	704	1496	5.0	2.8
ZB-1	0.4	0.15	78	90	110	704	1496	6.2	2.4

7. 出机后停搁时间对工作度（*VC* 值）的影响

碾压混凝土出搅拌机后，拌和物中一部分水被骨料所吸收，一部分水蒸发，还有一部分水参与初始水化反应，因此碾压混凝土拌和物随着搁置时间增长而逐渐变稠，试验结果见

图 3－6。出机 *VC* 值为 14s 的碾压混凝土，搁置 2h，*VC* 值增加 10s；搁置 4.5h，*VC* 值增至 40s。此时已使振动碾压实困难。

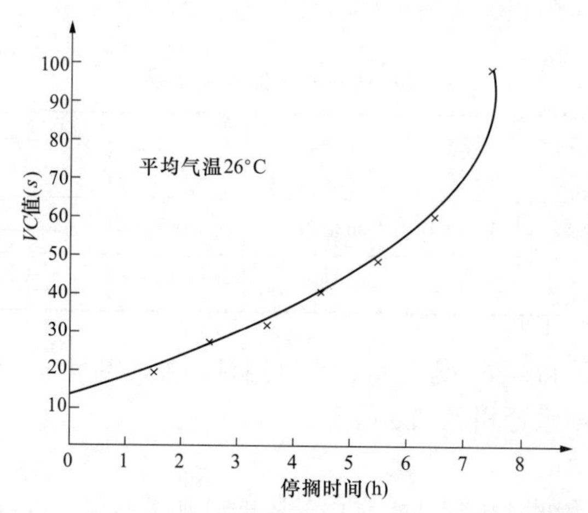

图 3－6　拌和后停搁时间对碾压混凝土工作度影响

3.1.2.3　碾压混凝土工作度（*VC* 值）检测在现场质量管理上的意义

碾压混凝土施工中要求碾压混凝土工作度与所用振动碾的振动能量相适应；太稠，振动碾能量不足以使碾压混凝土液化，达不到完全压实的目的；太稀，振动碾将下沉，无法工作。因此，现场测定碾压混凝土工作度（*VC* 值），将其控制在允许范围内，对保证碾压密实性是重要的。

现代混凝土搅拌楼的配料计量设备的精度完全可以满足质量控制要求，但是砂石骨料表面含水率的变化则不易控制，这是生产失控的主要因素之一。对碾压混凝土工作度进行现场检测能及时发现施工中的失控因素。质检人员能够及时调整碾压混凝土配合比，以确保碾压混凝土生产质量。

3.1.3　碾压混凝土的密实性

碾压混凝土的密实性是其一切性能来源的根本，包括强度、变形性能、抗渗性和抗冻性能。碾压混凝土的密实性可以用其表观密度和压实度来表征。碾压混凝土的密实性与以下因素有关。

1. 与施振加速度的关系

试验表明碾压混凝土表观密度随振动加速度增大而增加，当最大加速度大于 5*g* 时表观密度增长才趋于稳定，接近于理论密实体积。

2. 与振动时间的关系

试验表明振动时间达到液化临界时间（*VC*＝13s），碾压混凝土表观密度没有达到理论密实体积，液化后需要一段自身密实的时间，振动时间达到一倍液化临界时间（2×13＝26s）以后，碾压混凝土表观密度才接近理论密实体积。

美国混凝土学会（ACI－207）的研究结果（见图 3－7）表明，碾压混凝土表观密度随着用水量和振动时间不同而变化，相同用水量的碾压混凝土，振动时间增长，表观密度增加；

振动时间相同时，不同用水量的碾压混凝土，随着用水量增加，表观密度增加，相应于最大表观密度的用水量为最优用水量，超过最优用水量后，表观密度反而下降。图3－7中，最大表观密度可达到配合比设计理论表观密度的98%，又称压实度为98%。

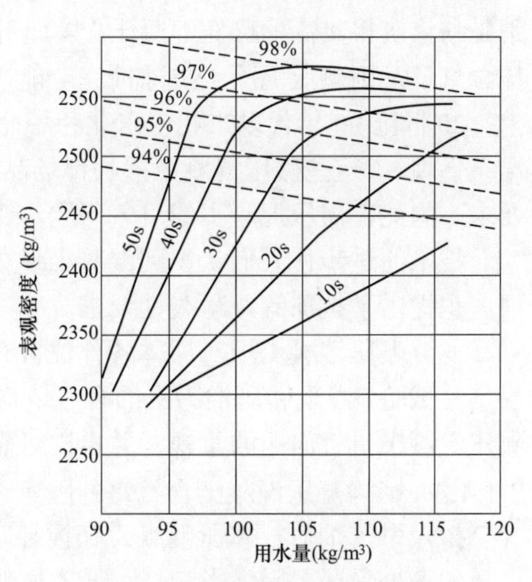

图3－7　碾压混凝土表观密度与用水量和振动时间关系

3. 与灰浆/砂浆（体积比）的关系

邓斯坦（M.R.H.Dunstan）统计了十几个碾压混凝土工程资料得出：碾压混凝土的表观密度与灰浆/砂浆（体积比）有关，因为一般工程用砂的空隙率在32%～40%之间，所以要使碾压混凝土达到密实体积，配合比设计灰浆/砂浆（体积比）不应小于0.40，见图3－8。

4. 与骨料中微粒含量的关系

图3－9是小于0.075mm微粒含量（占骨料质量的百分率）对碾压混凝土表观密度的影响。随着微粒含量增加，碾压混凝土中的空隙得到填充，故表观密度增加。不同微粒含量的碾压混凝土都有一个最优用水量（占碾压混凝土表观密度百分率），微粒含量低者，用水量对表观密度的影响没有微粒含量高者敏感。

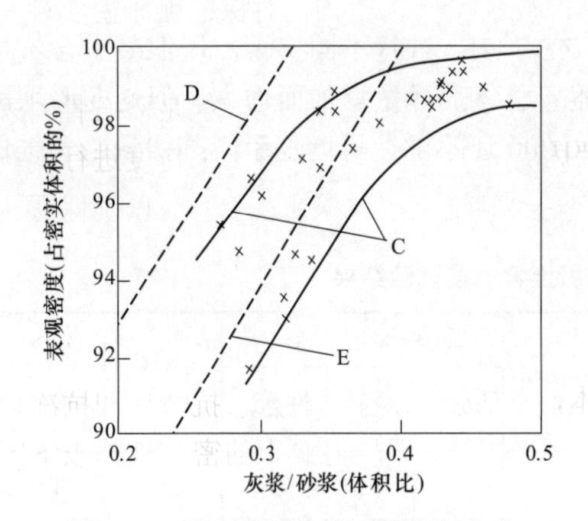

图3－8　碾压混凝土表观密度与灰浆/砂浆体积比关系

C—实测结果的界限；D—空隙率为32%的细骨料表观密度；E—空隙率为40%细骨料表观密度

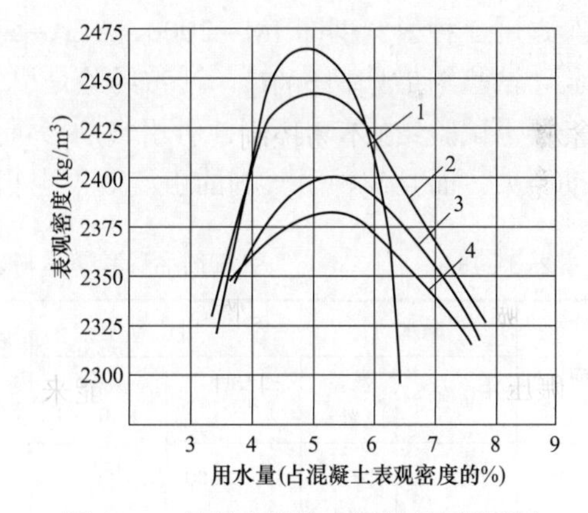

图3－9　骨料中微粒含量与碾压混凝土表观密度关系

1—微粒含量10%；2—微粒含量8%；3—微粒含量6%；4—微粒含量4%（占骨料质量的百分率）

3.1.4　碾压混凝土的含气量

3.1.4.1　碾压混凝土含气量研究的进展

20世纪80年代初期发表的论文，多数认为碾压混凝土掺加引气剂无引气效果。后期的研究（日本、美国和中国）发现，碾压混凝土掺加引气剂的掺量要比常规混凝土高许多，特别是粉煤灰掺量高的碾压混凝土，掺加引气剂的量就更多。碾压混凝土掺加引气剂并控制最佳含气量，则碾压混凝土抗冻性完全能满足规范对坝体外部混凝土抗冻性要求。

20 世纪 90 年代以来我国东北和华北地区修建的碾压混凝土坝（潘家口下池、白石坝和温泉堡坝），这些碾压混凝土掺加市场品牌的引气剂，碾压混凝土的含气量均可满足抗冻性要求。因此，碾压混凝土的引气问题，当时没有进行更多研究。

技术的进步使人们认识到混凝土耐久性的重要性。在华东和中南地区修建的碾压混凝土坝，也提出了抗冻等级耐久性要求。

龙滩碾压混凝土坝对坝体各部位皆有抗冻等级要求，通过对国内 3 种品牌的引气剂进行引气性试验，发现碾压混凝土的含气量均达不到规范推荐的含气量值。为此引起了对龙滩坝碾压混凝土引气问题的重视，并再次对碾压混凝土引气问题进行深入研究。

3.1.4.2　影响碾压混凝土含气量的因素

掺入引气剂后，碾压混凝土在搅拌时会引进大量微气泡，泡径为 20～200μm，但是引气量的多少受诸多因素影响。为研究龙滩坝碾压混凝土引气难问题，开展了影响碾压混凝土含气量的因素的研究。

确定标准试验参数，然后变动某个参数，以对比各影响因素对含气量的影响。标准试验参数如下：

（1）投料顺序：一次投料和二次投料。

（2）搅拌时间：3min、5min。

（3）含气量试样振动时间：3 倍 *VC* 值。

1. 引气剂品种和掺量与碾压混凝土含气量的关系

选用 3 种引气剂即 JM－2000、AEA－202 和 ZB－1H，进行不同掺量碾压混凝土含气量试验，试验结果见表 3－11。通常经验是引气量随着引气剂掺量增加而增大。但是龙滩坝碾压混凝土试验结果却相反，3 种引气剂掺量到 5/10 000 还不够，再增加引气剂掺量，含气量变动不大，而且 3 种引气剂的引气效果也相差不多。

表 3－11　　　　引气剂品种和掺量与碾压混凝土含气量试验结果

部位	减水剂		引气剂		石粉含量（%）	水胶比	$1m^3$ 胶材用量（kg）			*VC* 值（s）	含气量（%）
	品名	掺量（%）	品名	掺量（1/10 000）			水	水泥	粉煤灰		
上游面 RCC $R_{90}25$（二级配）	JM－2	0.5	JM－2000	1	9.9	0.36	86	100	140	5	2.2
	JM－2	0.5	JM－2000	2		0.36	86	100	140	2	2
	JM－2	0.5	JM－2000	3		0.36	86	100	140	5	2.1
	JM－2	0.5	JM－2000	5		0.36	86	100	140	4.6	2.5
	JM－2	0.5	JM－2000	8		0.36	86	100	140	3.5	2.6
	JM－2	0.5	JM－2000	10		0.36	86	100	140	4.2	2.3
	JM－2	0.5	AEA－202	1	9.9	0.36	86	100	140	2	2.2
	JM－2	0.5	AEA－202	2		0.36	86	100	140	3	3
	JM－2	0.5	AEA－202	8		0.36	86	100	140	3	2.7
	JM－2	0.5	AEA－202	10		0.36	86	100	140	2.8	2.5

续表

部位	减水剂		引气剂		石粉含量（%）	水胶比	1m³胶材用量（kg）			VC值（s）	含气量（%）
	品名	掺量（%）	品名	掺量（1/10 000）			水	水泥	粉煤灰		
上游面RCC $R_{90}25$（二级配）	JM－2	0.5	ZB－1H	2	9.9	0.36	86	100	140	2.5	2.5
	JM－2	0.5	ZB－1H	3		0.36	86	100	140	2.8	2.5
	JM－2	0.5	ZB－1H	5		0.36	86	100	140	2.9	2.4
	JM－2	0.5	ZB－1H	8		0.36	86	100	140	3	2.7
	JM－2	0.5	ZB－1H	10		0.36	86	100	140	3.2	2.7
	JM－2	0.63	JM－2000C	6.3	17.3	0.42	82	90	100	5.3	2.8
	JM－2	0.63	JM－2000C	10	17.3	0.42	82	90	100	3.5	3.8

采用JM－2000的改进性产品JM－2000C，试验结果表明引气剂掺量为10/10 000（比通常掺量多2/3），碾压混凝土含气量达到国内外规范含气量参考值3.5%～4.5%的规定。

2. 搅拌时间与碾压混凝土含气量

采用3min和5min两个搅拌时间拌制碾压混凝土，测定其含气量，试验结果见表3－12。按通常经验，搅拌时间在8min内，混凝土含气量随搅拌时间增长而增大。但是，龙滩坝碾压混凝土搅拌时间3min和5min，其含气量几乎相等。

表3－12　　　　搅拌时间与碾压混凝土含气量试验结果

部位	减水剂		引气剂		搅拌时间（min）	水胶比	1m³胶材用量（kg）			VC值（s）	含气量（%）
	品名	掺量（%）	品名	掺量（1/10 000）			水	水泥	粉煤灰		
坝下RCC $R_{90}25$（三级配）	JM－2	0.58	JM－2000	5.8	3 5	0.42	72	80	90	5	2.5 2.7
	JM－2	0.62	JM－2000	6.2	3 5	0.45	72	80	80	5	2.7 2.6
	JM－2	0.66	JM－2000	6.6	3 5	0.48	72	80	70	5.1	2.8 2.7
	JM－2	0.58	JM－2000	5.8	3 5	0.42	72	80	90	5.1	2.6 2.7
	JM－2	0.58	JM－2000	5.8	3 5	0.42	72	80	90	5.1	2.5 2.5
	JM－2	0.58	JM－2000	5.8	3 5	0.42	72	80	90	5.2	2.8 2.8

3. 测定含气量的试样振动时间与碾压混凝土的含气量

试验规程规定试样振动时间为3*VC*，实测振动时间达1.5*VC*试样已液化，表面泛浆。本次试验采用2*VC*和3*VC*两种振动时间进行对比，以验证振动时间对碾压混凝土含气量测值的影响，试验结果见表3－13。2*VC*和3*VC*两种振动时间对碾压混凝土含气量测值无显著性影响，测值变化均在含气量仪测试误差内。

振动含气量试样的振动台无止动装置，停机后因惯性仍有余振10s左右方能停机。通过本次试验，建议将振动时间定为2*VC*较合适。

表 3-13　　含气量试样振动时间与碾压混凝土引气量试验结果

部位	减水剂		引气剂		VC 值（s）	振动时间		1m³ 胶材用量（kg）			含气量（%）
	品名	掺量（%）	品名	掺量（1/10 000）		×VC	（s）	水	水泥	粉煤灰	
坝中 RCC $R_{90}20$（三级配）	JM-2	0.7	JM-2000	7.1	3 2	3.8	12 8	72	70	70	2.5 2.5
	JM-2	0.62	JM-2000	6.2	3 2	4	12 8	72	70	90	2.8 2.1
	JM-2	0.62	JM-2000	6.2	3 2	5.7	15 10	72	70	90	2.2 2.3
	JM-2	0.62	JM-2000	6.2	3 2	6.2	18 12	72	70	90	2.1 2.1

4. 砂中石粉含量对碾压混凝土含气量的影响

用不同石粉含量的人工砂拌制碾压混凝土，测定其含气量试验结果见表 3-14。石粉含量增加，碾压混凝土含气量有下降趋势，石粉含量超过 20%，含气量下降比较明显。

表 3-14　　砂中石粉含量与碾压混凝土含气量试验结果

部位	减水剂		引气剂		石粉含量（%）	水胶比	1m³ 胶材用量（kg）			VC 值（s）	含气量（%）
	品名	掺量（%）	品名	掺量（1/10 000）			水	水泥	粉煤灰		
上游面 RCC $R_{90}25$（二级配）	JM-2	0.5	JM-2000	5	9.9	0.36	86	90	148	2.5	2.6
	JM-2	0.6	JM-2000	5	14.5	0.43	86	90	110	2.2	2.7
	JM-2	0.63	JM-2000	5	17.4	0.45	86	90	100	2.4	2.8
	JM-2	0.63	JM-2000	6.3	19	0.45	86	90	100	4.5	2.3
	JM-22	0.63	JM-2000	6.3	20.7	0.45	86	90	100	3.2	2.4

5. 投料顺序与碾压混凝土含气量

二次投料顺序是先向搅拌机投入水泥、粉煤灰、砂和水（含外加剂），搅拌 2min，再投入粗骨料，搅拌 1～1.5min。试验表明，在相同引气剂掺量下，先拌制砂浆会在砂浆中引入较多空气量，碾压混凝土的含气量增大，达到国内外规范含气量参考值 3.5%～4.5%的规定，试验结果见表 3-15。

表 3-15　　两次投料与碾压混凝土含气量试验结果

部位	减水剂		引气剂		投料顺序	石粉含量（%）	水胶比	1m³ 胶材用量（kg）			VC 值（s）	含气量（%）
	品名	掺量（%）	品名	掺量（1/10 000）				水	水泥	粉煤灰		
上游面 RCC $R_{90}25$（二级配）	JM-2 JM-2	0.63 0.63	JM-2000C JM-2000C	6.3 6.3	一次 二次	17.3	0.42	82	90	100	5.3 3.2	2.8 3.9
坝下 RCC $R_{90}25$（三级配）	JM-2 JM-2	0.58 0.58	JM-2000C JM-2000C	5.8 5.8	一次 二次	17.5	0.42	72	80	90	7.6 5.6	2.7 3.8
坝中 RCC $R_{90}20$（三级配）	JM-2 JM-2	0.62 0.62	JM-2000C JM-2000C	6.2 6.2	一次 二次	16.5	0.45	72	70	90	4.8 4.1	3.1 4.1

6. 粉煤灰品种对碾压混凝土含气量的影响

凯里、宣威和石门三种Ⅰ级粉煤灰，在相同配合比条件下进行粉煤灰品种与JM－2000C引气剂不同掺量试验，试验结果见表3－16。凯里和石门两种粉煤灰引气剂掺量与碾压混凝土含气量关系相近，要使碾压混凝土含气量达到3.5%以上，则引气剂掺量应加到10/10 000。宣威粉煤灰引气剂掺量只需要4/10 000，碾压混凝土含气量即可达到4%以上。由此表明，工程采用不同品种粉煤灰时，应注意与其相适应的引气剂掺量。

表3－16　粉煤灰品种与碾压混凝土含气量关系试验结果

部位	粉煤灰品种	石粉含量（%）	JM－2000C掺量（1/10 000）	JM－2掺量（%）	用水量（kg/m³）	*VC*值（s）	含气量（%）
上游面RCC $R_{90}25$（二级配）	宣威粉煤灰	18.4	10	0.63	80	4.3	6.5
		18.4	4	0.63	80	5.1	4.3
	石门粉煤灰	18.4	10	0.63	80	3	4
	凯里粉煤灰	17.3	6.3	0.63	80	5.3	2.8
		17.3	10	0.63	80	3.5	3.8

通过试验，可以得出以下结论：

（1）3种品牌引气剂（JM－2000、ZB－1H和AEA202）对龙滩坝碾压混凝土来说，通常6/10 000掺量下含气量只能达到2.5%～3.0%范围内，再增加掺量对增加引气量效果甚微。

（2）改进的JM－2000C引气剂，增加引气剂掺量，碾压混凝土含气量相应增加。掺量到10/10 000（比通常掺量增加2/3），碾压混凝土含气量达到国内外规范含气量参考值3.5%～4.5%的规定。

（3）改变投料次序，采用两次投料，搅拌时间增加30～60s，在通常引气剂掺量下碾压混凝土含气量也可以增加到3.5%～4.5%。

（4）粉煤灰品种对JM－2000C引气剂掺量有明显影响。

3.1.5　碾压混凝土凝结时间

3.1.5.1　碾压混凝土凝结与硬化

试验表明，碾压混凝土的凝结过程与常规混凝土相同。混凝土中水泥熟料矿物成分与水起水化反应，生成新的生成物，见表3－17。

表3－17　反应及新的生成物

水		水泥矿物		生成物	形　态
H_2O	+	C_3S	→	$Ca(OH)_2$	结晶连生体
		C_2S	→	$\left\{\begin{matrix} 2CaO \cdot SiO_2 \cdot 4H_2O \\ 2CaO \cdot SiO_2 \cdot 4H_2O \end{matrix}\right\}$	凝胶体
		C_3A	→	$\left\{\begin{matrix} 3CaO \cdot Al_2O_3 \cdot 6H_2O \\ 3CaO \cdot Al_2O_3 \cdot 6H_2O \end{matrix}\right\}$	结晶连生体
		C_4AF	→	$CaO \cdot Fe_2O_{33} \cdot nH_2O$	凝胶体

水泥水化物中包括结晶连生体和凝胶体两种基本结构，另外还有少量其他生成物。因为

水泥水化作用是从水泥颗粒表面向内部渗透进行，所以随着水化时间增长，结晶连生体继续增加和凝胶体浓度增高，凝胶粒子相互凝聚成网状结构。宏观表现是水泥浆变稠，混凝土失去塑性，进而凝结和硬化。这个过程可分四个阶段来描述，见表 3－18。

表 3－18　　碾压混凝土凝结和硬化过程

第一阶段	从加水拌和开始，30min 以内，水泥颗粒表面大部分被生成的凝胶包裹时水化反应减慢
第二阶段	30min～4h 静止期
第三阶段	凝胶浓度上升，粒子相互凝聚成网状结构，水泥浆变稠，混凝土失去塑性，水化速率迅速增加，混凝土的凝结在这个阶段开始和结束
第四阶段	凝结终止即硬化开始，这个阶段开始了漫长的硬化过程，结晶连生体继续增多，凝胶体逐渐硬化，混凝土产生承载能力，水化速率逐渐下降

碾压混凝土的凝结和硬化，从绝热条件下碾压混凝土水化温升速率测定结果，可以清楚地表现出凝结和硬化的四个阶段，见图 3－10。静止期期间水化温升速率基本不变；温升速率快速上升，相当于碾压混凝土凝结开始（初凝）；温升速率的高峰相当于凝结结束（终凝）。过峰值后，水化温升速率急剧下降，开始漫长的硬化过程。

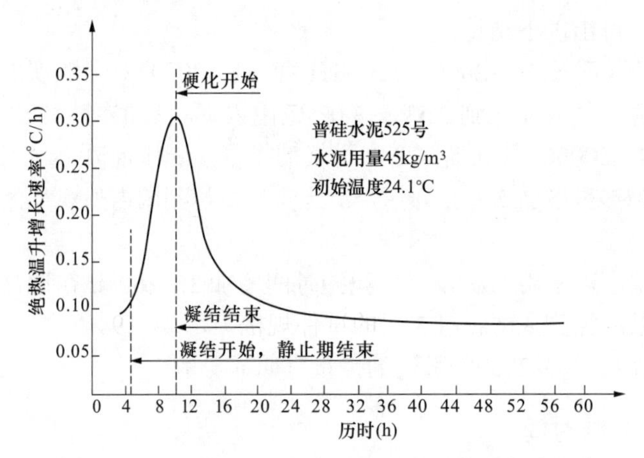

图 3－10　碾压混凝土初期绝热温升增长速率过程线

3.1.5.2　碾压混凝土凝结时间的测定

1. 凝结时间测定方法评述

混凝土拌和物凝结时间的测定方法有电测法、稠度法、声波法、热量法、力学法等。其中电测法、声波法和热量法是测量混凝土拌和物的电阻、波速和温升速率随混凝土加水后的时间变化规律，这些物理量的变化规律由混凝土中水泥的水化作用所决定，随着水泥凝结过程的发展都有一个量的突变，而人们把这些突变点定义为混凝土的初凝和终凝。在这众多的测定混凝土凝结时间的方法中，只有贯入阻力法被美国材料试验学会接纳为混凝土凝结时间测定的标准方法（ASTMC403）。

贯入阻力法是吐兹尔（Tuthill）和卡尔顿（Cordon）于 1955 年提出，该法采用普氏贯入针测定从混凝土筛出的砂浆硬化特性。从混凝土中筛出的砂浆装入容器深度至少 152mm，砂浆振实后抹平表面并排除泌水，不同间隔时间将贯入针压入砂浆 25.4mm 深，测定测针贯入阻力。

吐兹尔和卡尔顿确定混凝土初凝界限，是指在硬化期间混凝土重新振动不能再变成塑性，即一个振动着的振捣器靠它的自重不能再插入到混凝土中去。超过此界限，上层浇筑的混凝土不再能与下层已浇的混凝土变成一个整体。此时用贯入阻力法测定混凝土砂浆的贯入阻力大约是 3.4MPa。当贯入阻力达到 27.6MPa 时，可以认为砂浆已完全硬化，此时混凝土抗压强度大约是 0.7MPa。

2. 碾压混凝土拌和物凝结时间测定

碾压混凝土凝结时间测定方法是借用美国 ASTM C403《普通混凝土凝结时间测定的贯入阻力法》，套用到碾压混凝土。两者的区别如下：

（1）普通混凝土初凝时间测定，测针直径为 11.2mm（断面面积为 100mm^2）；碾压混凝土初凝和终凝时间测定，采用统一测针直径，均为 5mm（断面面积为 20mm^2）。

（2）普通混凝土初凝时间由贯入阻力为 3.5MPa 的点确定，而碾压混凝土初凝时间由贯入阻力——历时关系中直线的拐点确定。

3.2　碾压混凝土物理力学性能

3.2.1　试件规格和成型方法

3.2.1.1　碾压混凝土性能试件规格

混凝土试件成型一般都在混凝土拌和间内完成，室温为 20℃±5℃。标准养护室温度应控制在 20℃±2℃，相对湿度在 95%以上。没有标准养护室时，试件可在 20℃±2℃的饱和石灰水中养护，但应在报告中注明。

不论是普通混凝土还是碾压混凝土，其性能试验仪器设备和试件规格都是相同的，只是成型方法不同。混凝土各项性能试验采用的试件规格见表 3－19。

表 3－19　　混凝土各项性能试验采用的试件规格

标准试件		专用试件	
试验项目	试件规格（mm）	试验项目	试件规格（mm）
抗压强度	150×150×150	自生体积变形	φ200×600
劈裂抗拉强度	150×150×150	热扩散率系数	φ200×400
轴心抗拉强度	100×100×550	导热系数	φ200×400
极限拉伸	100×100×550	比热容	φ200×400
抗剪强度	150×150×150	热胀系数	φ200×500
抗弯强度	150×150×550	绝热温升	φ400×400
静力抗压弹性模量	φ150×300	渗透系数	φ150×150 150×150×150 φ300×300 300×300×300 φ450×450
混凝土与钢筋握裹力	150×150×150		
压缩徐变	φ150×450	抗冲磨（圆环法）	外径 500、内径 300、高 100
拉伸徐变	φ150×500	抗冲磨（水下钢球法）	φ300×100

续表

标准试件		专用试件	
试验项目	试件规格（mm）	试验项目	试件规格（mm）
干　缩	100×100×515	氯离子渗透性	φ95×50
抗渗等级	圆台体：顶面φ175 底面φ185 高度 150	氯离子扩散系数	φ100×50
抗冻等级	100×100×400		

3.2.1.2　碾压混凝土性能试件成型方法

碾压混凝土性能试验包括拌和、成型、养护和性能试验四个工序，其中只有成型是特定的，其余三项与普通混凝土相同。

碾压混凝土性能试验试件成型方法有两种：

1. 振动台成型试件

成型机具有：

（1）振动台：频率为 50Hz±3Hz，振幅为 0.5mm±0.1mm，承载能力不低于 200kg。试模应与振动台台面固定，可采用压板和螺杆相结合的方法紧固。

（2）成型套模：套模的内轮廓尺寸与试模相同，高度为 50mm，不易变形并能固定于试模上。

（3）成型压重块及承压板：形状与试件表面形状一致，尺寸略小于试件内面尺寸。根据不同试模尺寸，将压重块和承压板的质量调整至碾压混凝土试件表面压强为 5kPa。

2. 振动成型器成型试件

成型机具有：

（1）振动成型器。质量为 35kg±5kg，频率为 50Hz±3Hz，振幅为 3mm±0.2mm。振动成型器由平板振动器和成型振头组成。振头装有可拆卸有一定刚度的压板（φ145mm 圆板和 145mm 方板）。

（2）成型套模：与振动台成型所用套模相同。

（3）承压板：形状与试件表面形状一致，尺寸略小于试件表面尺寸，且有一定刚度。

成型碾压混凝土性能试验的试件应按 DL/T　5433《水工碾压混凝土试验规程》中各项性能试验规定的装料次数和振实时间进行。

振动成型器成型，用于现场成型量较多的抽样试件（150mm 立方体和φ150mm×300mm 圆柱体试件）较为方便，而且效率较高。

3.2.2　碾压混凝土强度

3.2.2.1　抗压强度

抗压强度是碾压混凝土结构设计的重要指标，碾压混凝土配合比设计的重要参数。在现场机口或仓面取样，测定抗压强度，可用于评定施工管理水平和验收质量。

1. 施振特性与碾压混凝土抗压强度

（1）振动加速度与碾压混凝土抗压强度。碾压混凝土工作度 VC=21s，150mm 立方体试件，表面压强为 5×10^{-3}MPa，在振动台不同振动频率和振幅振动条件下成型碾压混凝土试件，测定试件抗压强度，得到碾压混凝土抗压强度与振动加速度的关系。试验结果表明：碾压混凝土抗压强度随着振动加速度增大而增加，当最大加速度大于5g时抗压强度增长逐渐趋于稳定。因此，研究碾压混凝土抗压强度的先决条件必须是在振动力作用下使其液化，达到密实体积，这样碾压混凝土的力学特性才能发挥出来。

（2）表面压强与碾压混凝土抗压强度。试件尺寸为150mm立方体，试模固定在振动频率为50Hz和振幅为±0.5mm振动台上，振动成型时间为一倍液化临界时间（$2VC=40s$），采用不同表面压强成型试件，测定碾压混凝土抗压强度，试验结果见图3-11。表面压强在5×10^{-3}MPa左右时，碾压混凝土抗压强度最高，再继续增大表面压强，混凝土抗压强度反而下降。

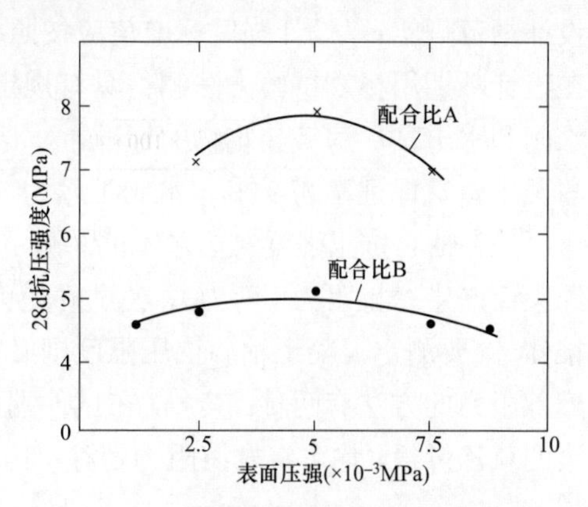

图3-11 试件成型表面压强与抗压度关系试验结果

（3）振动时间与碾压混凝土抗压强度。150mm立方体试模固定于振动频率为50Hz和振幅为±0.5mm振动台上，表面压强为5×10^{-3}MPa，采用不同振动时间成型试件，测定碾压混凝土抗压强度试验结果表明：随着成型振动时间增长，碾压混凝土抗压强度增高，当振动时间超过两倍液化临界时间时，抗压强度增长才趋于稳定。

（4）碾压混凝土表观密度与抗压强度。碾压混凝土配合比设计表观密度为2480kg/m³，工作度$VC=21s$，表面压强为5×10^{-3}MPa，振动成型时间为40s。采用不同的振动台频率和振幅成型试件，测定表观密度和抗压强度，试验结果见图3-12。结果表明碾压混凝土只有振实到接近密实体积后，才能达到设计抗压强度。

在现场钻取芯样，测定碾压混凝土表观密度与抗压强度的关系，得出与室内试验一致的结果，即碾压混凝土抗压强度随着表观密度增加而增加，见图3-13。

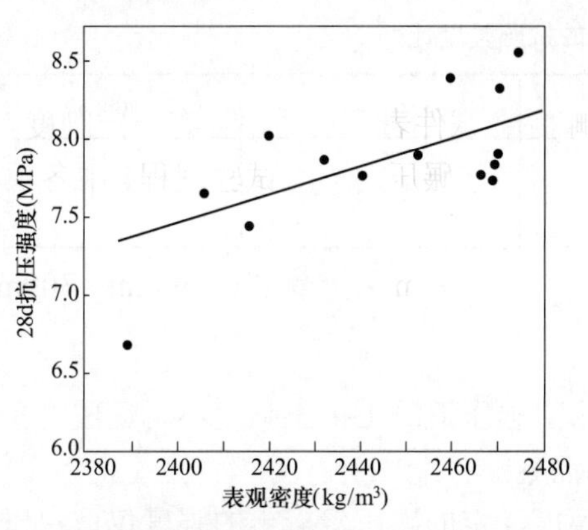

图3-12 碾压混凝土表观密度与抗压强度关系

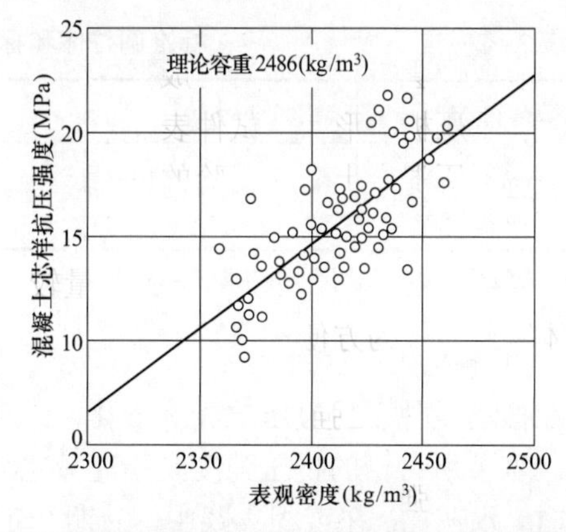

图3-13 碾压混凝土芯样表观密度与抗压强度关系

（5）振动机具与碾压混凝土抗压强度。采用振动台、平板振动器和手提式振动器三种机具成型碾压混凝土试件，测定其抗压强度。试验结果表明，只要碾压混凝土振压密实，表观密度达到或接近配合比设计表观密度的98%，试件成型采用不同振实机具，对抗压强度无明显影响。

2. 碾压混凝土抗压强度的种类

碾压混凝土抗压强度有标准立方体强度和轴心抗压强度两种。

（1）标准立方体抗压强度是水工混凝土结构抗压强度的强度等级（或强度标号）的基准。设计规范规定："设计强度标准值应按照标准方法制作养护的边长为150mm的立方体试件，在设计龄期用标准试验方法测得具有规定保证率的强度来确定。"水利水电工程包括大坝、水闸和水电站厂房等建筑物的标准，对混凝土设计强度标准值保证率的规定是不同的，工业与民用建筑保证率为95%，水闸工程为90%，大坝混凝土为80%。

（2）轴心抗压强度。立方体试件测定混凝土抗压强度，由于试件横向膨胀受到端面压板约束而产生摩擦阻力（剪力），使试件受力条件复杂，而不是单独的轴向力，试件破坏呈"双椎体"。要测定混凝土轴心抗压强度则必须将试件端面与压板接触面的摩擦阻力消除。消除摩擦阻力的方法有两种：其一，在试件端面与压板之间放置刷形承压板或加2～5mm厚度的聚四氟乙烯板，均可将摩擦阻力消除；其二，增加试件高度，试件端面约束所产生的剪应力，由试件端面向中间逐渐减小，其影响范围（高度）约为试件边长（b）的$\frac{\sqrt{3}}{2}$。当试件高度增加到1.7倍边长（b）时，端面约束可认为减弱到不予考虑的程度。

测定轴心抗压强度通常采用第二种方法。圆柱体试件高径比为2:1，即高度为直径的2倍，棱柱体试件高边比为3:1，即高度为边长的3倍。此时，混凝土破坏是单轴压缩荷载产生。测定轴心抗压强度的标准圆柱体尺寸为ϕ150mm×300mm。

（3）轴心（圆柱体）抗压强度和标准立方体的抗压强度比。英国BS1881：Part 4《混凝土试验》规定：标准圆柱体抗压强度等于标准立方体的80%。试验表明，标准圆柱体试件抗压强度与标准立方体试件抗压强度的比值，主要取决于混凝土抗压强度，混凝土强度越高，其比值也越高，见表3－20。

表3－20　标准圆柱体和标准立方体的抗压强度比

强度等级（MPa）	10～20	20～30	30～40	40～50
$\frac{\phi\text{150mm} \times \text{30mm}}{\text{150mm立方体}}$	0.775	0.821	0.861	0.910

注　强度等级之间的比值可用内插法求得。

3. 影响抗压强度的因素

在振动条件下使碾压混凝土液化，达到密实体积，碾压混凝土抗压强度不再受成型条件影响。本节所讨论的抗压强度是指充分密实的碾压混凝土。

（1）水灰比。在工程实践中，龄期一定和养护温度一定的碾压混凝土的强度仅取决于两个因素，即水灰比和密实度。对充分密实的碾压混凝土，其抗压强度服从于阿布拉姆斯（D.A.Ablams）水灰比定则。试验表明，碾压混凝土抗压强度与水灰比成反比，即随着水灰比增大而减小；或碾压混凝土抗压强度与灰水比成正比，呈线性相关关系。

姜福田研究员分析了100组42.5中热硅酸盐水泥和普通硅酸盐水泥；掺加Ⅰ级、Ⅱ级粉煤灰，掺量为50%～60%；人工砂石骨料的碾压混凝土，28d抗压强度与灰水比的相关关系，见式（3－1）。

$$R_{C\cdot 28}=30.022(C/W)-6.62 \quad (3-1)$$

$$R^2=0.8936$$

式中 $R_{C\cdot 28}$——龄期28d碾压混凝土抗压强度，MPa；

C/W——灰水比；

R——相关系数。

（2）砂率。砂率只影响碾压混凝土工作度，而对碾压混凝土抗压强度无影响，试验结果见图3－14。这对现场质量管理是方便的，当现场砂的细度模数波动超过±0.20时，调整配合比的砂率，不会影响碾压混凝土的抗压强度。

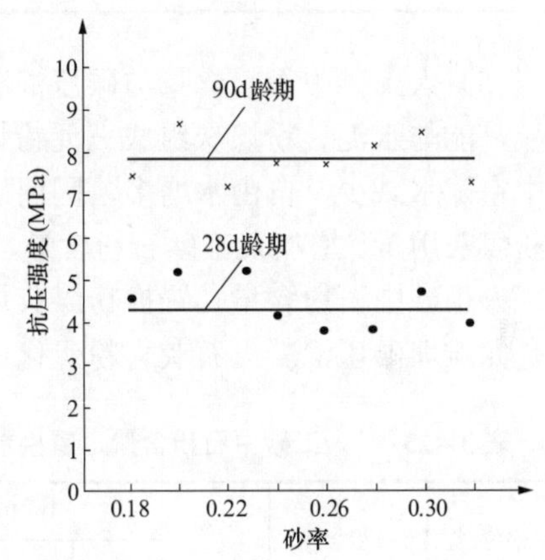

图3－14 砂率与碾压混凝土抗压强度的关系

（3）粉煤灰掺量。粉煤灰掺合料的主要作用是改善碾压混凝土的和易性、密实性和可碾性。当胶材用量达到上述要求时，掺加需水量比小于或等于100%的粉煤灰，增加粉煤灰掺量不会影响其可碾性，但会降低水泥用量，减少碾压混凝土温升，有利于控制温度裂缝，是有效的防裂措施。

增加粉煤灰掺量置换水泥用量，会使碾压混凝土的抗压强度降低，要以满足设计强度等级要求为限，某工程的试验结果见表3－21。

表3－21　粉煤灰掺量与抗压强度关系

粉煤灰	粉煤灰掺量（%）	水泥用量（kg/m³）	粉煤灰用量（kg/m³）	抗压强度（MPa）				配合比
				7d	28d	90d	180d	
贵阳粉煤灰	50	90	90	16.5	26.6	36.7	41.7	水胶比0.47；用水量85kg/m³；减水剂ZB－1，0.5%；引气剂DH_9，15.1/10 000
	52.8	85	95	15.4	24.9	33.5	39.0	
	55.5	80	100	14.2	24.0	33.6	37.4	
	58.3	75	105	14.3	23.6	37.9	41.0	
凯里粉煤灰	50	100	100	21.0	31.3	40.7	50.0	水胶比0.39；用水量78kg/m³；减水剂ZB－1，0.5%；引气剂DH_9，15.1/10 000
	55	90	110	17.7	28.8	40.2	43.2	
	60	80	120	15.1	26.9	43.0	44.7	

（4）外加剂。碾压混凝土掺加减水剂的目的是降低用水量，从而提高灰水比，相应增加强度和耐久性。只要减水剂的减水率相近，则其提高碾压混凝土强度的功效也相近。

掺加引气剂的碾压混凝土试验结果表明：保持同样工作度，掺加引气剂可减少用水量；如果水灰比不变，则可减少水泥用量，但是抗压强度随着含气量增加而降低。某工程的试验结果见表3－22，结果表明，保持碾压混凝土工作度和水泥用量不变，掺加引气剂不但提高了碾压混凝土的耐久性，改善了和易性，而且抗压强度增加。

掺加引气剂的碾压混凝土应严格控制含气量，否则会因含气量过大，而使抗压强度过度下降，造成工程质量事故。

表 3-22　　掺加引气剂每增加 1%含气量的效益

含气量 2%				含气量 3%			增加 1%含气量的结果			
							水泥用量不变		水灰比不变	
水胶比	用水量（kg/m^3）	水泥用量（kg/m^3）	28d 抗压强度（MPa）	用水量（kg/m^3）	水灰比	28d 抗压强度（MPa）	强度增加（MPa）	水灰比减小	强度降低（MPa）	减少水泥（kg/m^3）
0.80	113	141	17.0	107	0.76	18.8	+1.8	0.04	−1.7	7
0.55	105	191	32.4	99	0.52	35.0	+2.6	0.03	−2.9	11

（5）人工砂中石粉含量与碾压混凝土抗压强度。人工砂中石粉特别是 0.075mm 以下的微粒，能与水泥、粉煤灰组成三元粉体，三者颗粒间发生"填充效应"，空隙率减小会使浆体中空隙水减少，自由水增多，因而碾压混凝土工作度（*VC* 值）减小。水泥用量不变，减少粉煤灰用量，增加人工砂石粉含量，用石粉置换粉煤灰，可以获得良好的经济、技术效益。

人工砂中石粉含量、置换粉煤灰量与碾压混凝土抗压强度关系试验结果见表 3-23（本表是龙滩坝碾压混凝土石灰岩粉优化试验的部分成果）。

表 3-23　人工砂中石粉含量、置换粉煤灰量与碾压混凝土抗压强度关系试验结果

部位	石粉含量	砂率（%）	$1m^3$RCC 材料用量（kg）					抗压强度（MPa）				工作度 *VC* 值（s）
			水	水泥	粉煤灰	砂	石	7d	28d	90d	180d	
上游面 RCC（二级配）	9.88	36	86	90	148	767	1363	15.0	25.7	38.2	42.7	2.5
	14.51	37.2	86	90	110	809	1363	14.5	24.0	36.2	41.2	2.2
	15.67	37.5	86	90	100	820	1363	13.2	22.6	32.5	38.0	2.2
	16.79	37.9	86	90	90	731	1363	12.7	20.4	31.2	37.5	2
	17.79	38.2	86	90	80	842	1363	13.2	21.3	32.3	37.5	2
坝下部 RCC（三级配）	9.88	32	72	80	118	707	1503	16.8	30.2	40.4	48.2	5.3
	12.28	32.6	72	80	100	726	1503	16.5	26.0	38.1	45.8	5.4
	13.6	32.9	72	80	90	738	1503	16.7	27.3	41.6	49.7	5.0
	14.8	33.3	72	80	80	749	1503	15.9	27.2	37.2	46.8	5.0
	16.12	33.6	72	80	70	760	1503	15.5	25.6	36.4	41.3	5.1

试验结果表明：

1）上游面 RCC（二级配），石粉含量以 9.88%为基准，粉煤灰用量为 148kg/m^3，加大砂率以增加石粉含量，碾压混凝土抗压强度也随之下降，但粉煤灰用量由 148kg/m^3 降到 80kg/m^3，减少了 68kg/m^3（46%），抗压强度只降低 15%～17%，28d 抗压强度下降 4.4MPa（17%）；90d 抗压强度下降 5.9MPa（15.4%）。

2）坝下部 RCC（三级配），石粉含量以 9.88%为基准，粉煤灰用量为 118kg/m^3，加大砂率以增加石粉含量，碾压混凝土抗压强度也随之下降，但粉煤灰用量由 118kg/m^3 降到 70kg/m^3，减少了 48kg/m^3（40%），抗压强度只降低 10%～15%，28d 抗压强度下降 4.6MPa（15.2%）；90d 抗压强度下降 4MPa（9.9%）。

（6）骨料种类与碾压混凝土抗压强度。姜福田研究员统计了四座人工砂石骨料（包括石灰岩、白云岩、玄武岩人工骨料）和两座天然河砂石骨料的碾压混凝土坝，两种骨料均采用42.5 普通硅酸盐水泥，掺加 50%～60%粉煤灰。两种碾压混凝土抗压强度与灰水比关系见图 3－15。结果表明，在相同灰水比条件下，人工骨料的抗压强度比天然骨料高出 6MPa，但是因为天然骨料碾压混凝土单方用水量也低，所以达到相同灰水比的水泥用量也少。两类骨料皆可用于碾压混凝土，主要取决于料源是否充足和供应是否有保障。

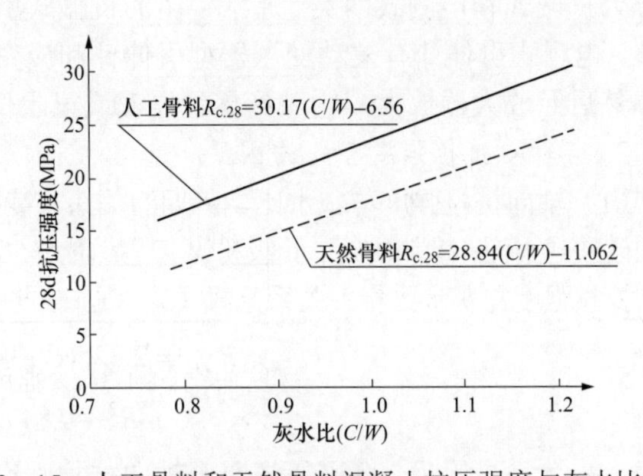

图 3－15　人工骨料和天然骨料混凝土抗压强度与灰水比关系

（7）抗压强度与龄期的增长关系。姜福田研究员统计了 42.5 中热硅酸盐水泥和普通硅酸盐水泥，掺加Ⅰ级、Ⅱ级粉煤灰，掺量为 50%～60%，人工砂石骨料的碾压混凝土，抗压强度随龄期增长而增加的关系式为

$$R_{\mathrm{C}\cdot t}=[1+0.341\mathrm{Ln}(t/28)]R_{\mathrm{C}\cdot 28} \tag{3-2}$$

式中　$R_{\mathrm{C}\cdot t}$——龄期 t(d)碾压混凝土抗压强度，MPa。

3.2.2.2　轴心抗拉强度

1. 轴心拉伸试验

混凝土轴心拉伸性能测试方法，原理比较简单，但要准确测定却难度较大，制定轴心拉伸试验方法的原则是：① 荷载应确实轴向施加，使试件断面上产生均匀拉应力，沿试件长度方向有一均匀应力段，并且断裂在均匀应力段的概率高；② 试件形状应易于制作，费用低；③ 试件夹具与试验机装卡简单易行，且能重复使用。

（1）试件装卡和偏心。混凝土试件装卡在试验机上，装卡方式往往与试件形状相联系，可分为外夹式、内埋式和粘贴式三种。外夹式简单易行，不需要埋设拉杆和粘贴拉板，但是试件体积大。内埋式试件体积适中，拉杆埋设必须有胎具保证与试件对中，拉杆可以重复使用。粘贴式效率低，粘贴表面需要预先处理，但是试件体积小，尤其是对混凝土芯样试验，除此而无更简便的方法。

混凝土轴心拉伸试验中一个关键问题是试件几何中心线与试验机加荷轴心线同心，以保证试件断面受力均匀，但是要完全做到这一点是比较困难的，实际上总有偏心发生，但应将其减小到允许范围以内。解决偏心的办法是：

1）试件成型几何尺寸准确。

2）由胎具保证拉伸夹头或粘贴拉板定位准确，并与试件同轴。

除此之外，试验机卡头上都装有球铰，用以消除试件偏心对试验机加荷活塞或丝杆的作用，但是球铰并不能消除试件偏心所产生的附加弯矩对试件的影响。

（2）力和变形的测定。液压式万能试验机、机械式万能试验机或拉力试验机均可对混凝土试件施加轴向荷载。

在荷载作用下混凝土试件变形测量，通常使用外部测量变形的方法和装置。外夹式变形测量装置使用方便、性能可靠，且可以多次重复使用，经济耐用。外夹式变形测量装置包括变形传递夹具和引伸计两部分。引伸计是对夹具传递过来的试件标距内变形量的量测机构，可分为机械式和电测式两类。通常使用的机械式引伸计有千分表，测定的变形量由表盘直接读取。电测式引伸计有差动变压器型引伸计和应变片型引伸计，其将标距内的变形量换成电量，然后经放大器放大，输入到显示仪表或记录仪。

2. 与轴心抗拉强度相关的因素

（1）轴向抗拉强度与灰水比、龄期的关系。姜福田研究员分析了 42.5 中热硅酸盐水泥和普通硅酸盐水泥；掺加Ⅰ级、Ⅱ级粉煤灰，掺量为50%～60%；人工砂石骨料的碾压混凝土，28d 轴向抗拉强度与灰水比相关关系见式（3-3）。轴向抗拉强度随龄期增长的关系式见式（3-4）。

$$R_{t\cdot 28} = 2.325(C/W) - 0.284 \qquad (3-3)$$

$$R^2 = 0.8176$$

式中　$R_{t\cdot 28}$——龄期 28d 碾压混凝土轴向抗拉强度，MPa。

$$R_{t\cdot t} = [1 + 0.413Ln(t/28)]R_{t\cdot 28} \qquad (3-4)$$

$$R^2 = 0.9931$$

式中　$R_{t\cdot t}$——龄期 t(d)碾压混凝土的轴向抗拉强度，MPa。

（2）标准轴向抗拉强度与标准立方体抗压强度及标准轴心抗压强度的关系。

1）标准轴向抗拉强度与标准立方体抗压强度的关系。对龙滩、光照、金安桥、龙江等碾压混凝土坝，28d 和 90d 样本容量各 140 组，统计标准轴向抗拉强度和标准立方体抗压强度试验结果，得到两者的相关关系为

28d 龄期为

$$R_t = 0.085R_C$$

90d 龄期为

$$R_t = 0.088R_C \qquad (3-5)$$

式中　R_t——100mm×100mm×550mm 轴向抗拉强度，MPa；

R_C——150mm 立方体抗压强度，MPa。

2）标准轴向抗拉强度与标准轴心抗压强度的关系。

由表 3-1 知强度等级为 C20～C30 的混凝土，标准圆柱体与标准立方体抗压强度比为 0.821，可推得 90d 龄期为

$$R_t = \frac{0.088}{0.821} f_c = 0.107 f_c \qquad (3-6)$$

式中　f_c——ϕ150mm×300mm 标准轴心抗压强度，MPa。

即碾压混凝土轴心抗拉强度是轴心抗压强度的 1/10。美国垦务局坝工设计标准，混凝土轴心抗拉强度与轴心抗压强度的换算也是采用 0.10 换算系数。

3.2.2.3　劈裂抗拉强度

1. 劈裂抗拉强度试验

劈裂抗拉强度试验方法是非直接测定抗拉强度的方法之一。试验方法简单，对试验机要求、操作方法和试件尺寸与抗压强度试验相同，只需要增加简单的夹具和垫条。在国际上得到广泛采用，并被列入标准，如美国 ASTM C 496《混凝土圆柱体试样的劈拉强度试验方法》

试件采用ϕ150mm×300mm 圆柱体，DL/T 5150《水工混凝土试验规程》采用 150mm×150mm×150mm 立方体试件。

计算劈裂抗拉强度的理论公式是由圆柱体径向受压推导出来的。采用立方体试件，假设圆柱体是立方体的内切圆柱，由此将圆柱体水平拉应力计算公式变换成立方体计算公式，圆柱体直径变换成立方体边长。立方体试件劈裂试验，试验机压板是通过垫条加载，理念上应该是一条线接触，而实际上是面接触，因此垫条宽度就影响计算公式的准确性。试验也表明垫条尺寸和形状对劈裂抗拉强度有显著影响，见图 3－16。

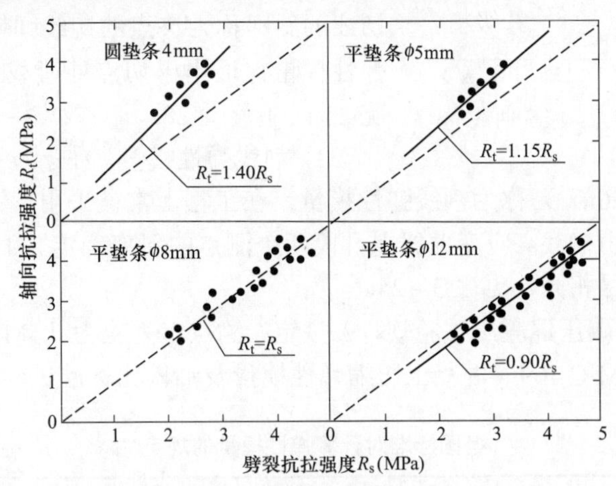

图 3－16　垫条尺寸和形状对劈裂抗拉强度与轴向抗拉强度关系影响

（劈裂试件：15cm 立方体；轴拉试件：15cm×15cm×55cm）

DL/T 5150 劈裂抗拉强度统一采用边长为 150mm 立方体为标准试件，但是对垫条尺寸和形状的规定却不统一，因此在进行同一种混凝土劈裂抗拉试验时，采用不同试验规程会得出不同的结果。

进行大坝结构拉应力和温度应力计算时，混凝土抗拉强度采用轴向抗拉强度而不采用劈裂抗拉强度，原因就在于此。

2. 劈裂抗拉强度与轴向抗拉强度的关系

轴向抗拉强度测定方法比劈裂抗拉强度复杂，且需要专用拉力试验机。中小型水利水电工程可采用劈裂抗拉强度试验，通过相关关系换算取得轴向抗拉强度。

图 3－16 试验结果表明，垫条形状和宽度均影响劈裂抗拉强度测值的大小。水工混凝土试验规程对劈拉强度试验规定：标准试件尺寸为 150mm 立方体，垫条为 5mm×5mm 平垫条。

姜福田研究员统计得出的标准劈裂抗拉强度（试件为 150mm 立方体）与标准轴向抗拉强度（100mm×100mm×550mm 方 8 字试件）相关关系见式（3－7）。统计样本容量为 140 组，轴向抗拉强度的湿筛筛孔尺寸从 40mm 孔已改为 30mm 方孔筛。

$$R_t = 1.12R_s \tag{3-7}$$

3.2.3　碾压混凝土变形性能

3.2.3.1　静力抗压弹性模量

1. 弹性模量

（1）抗压弹性模量。静弹性模量根据静荷载试验得到的应力－应变（σ－ε）曲线分析计

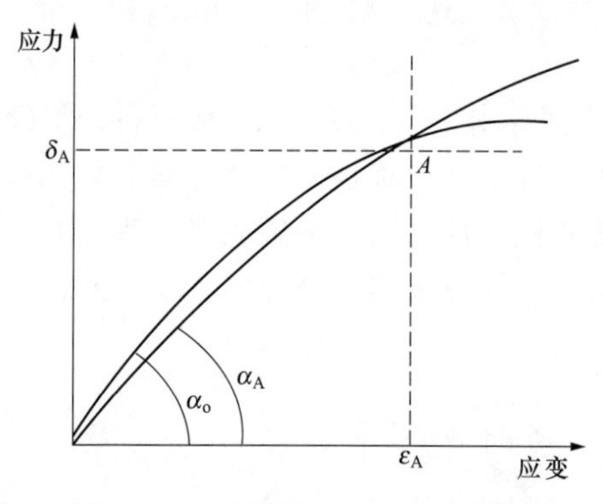

图 3-17　混凝土应力-应变曲线

算得出，其物理意义见图 3-17。碾压混凝土弹性模量由荷载-应变曲线上升段的斜率确定。依计算斜率所选测点不同，弹性模量可分为：

1）初始切线弹性模量。初始切线弹性模量（$\tan\alpha_0$）是通过$\sigma-\varepsilon$曲线坐标原点所作切线的斜率，它几乎没有工程意义。

2）切线弹性模量。在$\sigma-\varepsilon$曲线上任意一点所作切线的斜率称为该点的切线弹性模量（$\tan\alpha_T$）。切线弹性模量仅适用于切点处荷载上下变化很微小的情况。

3）割线弹性模量。在$\sigma-\varepsilon$曲线上规定两点的连线（割线）的斜率（$\tan\alpha_A$）称为割线弹性模量，在工程上常被采用。

混凝土弹性模量由荷载-应变曲线上升段两个测点的斜率确定。目前各国标准对弹性模量计算所选测点也不尽相同，见表 3-24。

DL/T 5433《水工碾压混凝土试验规程》规定：测点 1 为应力 0.5MPa，测点 2 为 40%极限荷载，和美国 ASTM C 469《混凝土压缩弹性模量及泊松比标准试验方法》基本一致。

表 3-24　　各国标准对计算弹性模量的规定

标准名称	试件尺寸（mm）	标距长度（mm）	计算弹性模量（斜率）的测点	
			测点 1	测点 2
SL 352《水工混凝土试验规程》	压缩弹性模量：ϕ150×300	150	应力 0.5MPa	40%极限荷载
美国 ASTM C 496	压缩弹性模量：ϕ150×300	150	应变 50×10^{-6}	40%极限荷载
英国建筑工业研究与情报协会 CIRIA	压缩弹性模量：150×150×350	200	原点	50%极限荷载
	拉伸弹性模量：150×150×710	200	原点	50%极限荷载

图 3-18 中：龄期为 3～365d。

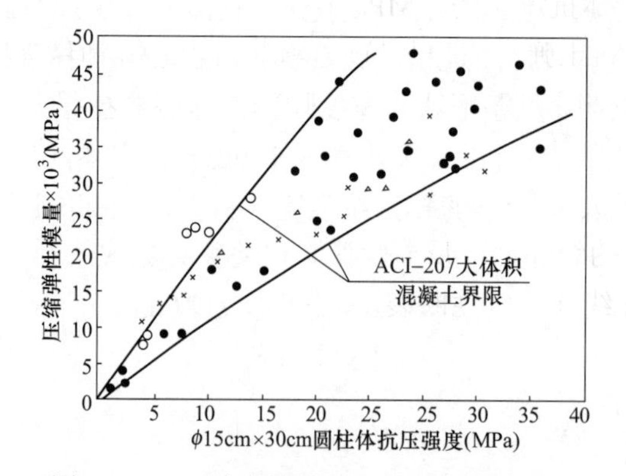

图 3-18　压缩弹性模量与抗压强度的关系

×—观音阁坝；○—岩滩水电站；△—英国 CIRIA；●—美国 ACI-207 报告常规大坝混凝土

图 3-18 是压缩弹性模量与轴心抗压强度的关系。可以认为，碾压混凝土的弹性模量基

本上在ACI－207《大体积混凝土弹性模量》的界限内，没有显著性差异。

（2）抗压弹性模量与轴拉弹性模量的差异。抗拉弹性模量计算取值点与抗压弹性模量是不同的，见表3－25。

表3－25 抗压弹性模量与轴拉弹性模量计算方法上的差异

类型	计算弹性模量斜率选点		应力－应变曲线线弹性区间	混凝土本构关系	理论分析两者关系
	第1点	第2点			
抗压弹性模量	0.5MPa	0.4极限抗压强度	0～0.4极限抗压强度	在弹性段计算结果稳定	以抗压弹性模量为准
轴向抗拉弹性模量	0（原点）	0.5极限轴向抗拉强度	0～0.35极限轴向抗拉强度	超出弹性段，进入裂缝扩展段，不稳定	比抗压弹性模量低

两种弹性模量的最大差异是拉伸弹性模量第2个测点为$0.5f_{max}$（极限轴向抗拉强度），应力－应变曲线已向下弯曲，进入裂缝扩展区，抗拉弹性模量比抗压弹性模量明显减少。混凝土拉伸力学行为应服从应力－应变关系曲线。结构设计拉应力在$0.5f_{max}$区段工作是不安全的，一个恒定荷载对结构产生的拉应力，长时间持荷会使混凝土发生脆性断裂，因此不建议采用在$0.5f_{max}$点选用轴拉弹性模量。

正如材料力学所约定拉、压弹性模量相等一样，水工建筑物结构混凝土设计应采用统一弹性模量，建议采用抗压弹性模量。混凝土的拉、压应力－应变曲线的线弹性区段是相近的。抗压弹性模量测定结构的变异性会比轴拉弹性模量小，较为准确。

2. 与静力抗压弹性模量相关的因素

（1）与抗压强度和灰水比的关系。

1）与抗压强度的关系。

美国混凝土学会（ACI）提出近似公式：

$$E_c = 681\,000\sqrt{f_{cyl}} \tag{3-8}$$

式中 E_c——混凝土弹性模量，MPa；

f_{cyl}——混凝土圆柱体抗压强度，MPa。

式（3－8）表明，混凝土弹性模量与抗压强度直接相关，但是骨料的性质会对混凝土弹性模量有影响。骨料弹性模量越高，混凝土弹性模量也越高。粗骨料的颗粒形状及其表面特征也影响混凝土弹性模量。

姜福田研究员分析了大量的弹性模量试验样本，认为粗骨料的特性对混凝土弹性模量的影响，在应力－应变曲线的线弹性段反映不明显，只有应力超过极限强度的40%以后才有表现，反映在应力－应变曲线上的脆性断裂段。

2）与灰水比和龄期的关系。因为弹性模量计算取自应力－应变曲线上线弹性阶段直线的斜率，所以弹性模量与抗压强度的相关性比较密切。

姜福田研究员分析了样本容量为50组的弹性模量试验，包括42.5中热硅酸盐水泥和普通硅酸盐水泥；掺加Ⅰ级、Ⅱ级粉煤灰，掺量为50%～60%；人工砂石骨料的碾压混凝土，28d弹性模量与灰水比相关关系，见式（3－9）。

$$E_{28} = 28.61(C/W) + 6.535 \tag{3-9}$$

$$R_2 = 0.857\ 2$$

式中　E_{28}——龄期 28d 碾压混凝土弹性模量，GPa。

（2）弹性模量与龄期增长的关系。姜福田研究员统计了 42.5 中热硅酸盐水泥和普通硅酸盐水泥；掺加Ⅰ级、Ⅱ级粉煤灰，掺量为 55%～60%；人工砂石骨料的碾压混凝土（砂岩和辉绿岩骨料除外），弹性模量随龄期增长而增加的关系式见式（3－10）。

$$E_t = [1 + 0.165\text{Ln}(t/28)]E_{28} \tag{3-10}$$

$$R_2 = 0.999\ 7$$

式中　E_t——龄期 t(d)碾压混凝土的弹性模量，GPa。

3.2.3.2　极限拉伸值

1. 极限拉伸值及抗拉强度破坏模型

（1）极限拉伸值测试方法。极限拉伸值是碾压混凝土坝裂缝控制的重要参数，国内大型碾压混凝土坝对碾压混凝土极限拉伸值规定了设计指标。

极限拉伸是与轴向抗拉强度试验同时进行的。极限拉伸值是指拉伸应力－应变曲线上，试件被拉断时抗拉强度所对应的拉伸应变。水工混凝土试验规程对拉力试验机没有严格规定，允许在普通试验机上进行。由于混凝土试件刚度与材料试验机的刚度在同一量级水平上，所以当荷载加至峰值时发生试件骤然断裂。为保护位移传感器不受伤害，当荷载加到极限荷载的 90%时，将位移传感器卸下，再拉断。然后在应力－应变曲线上作图，将曲线延伸与极限荷载的水平线相切。因此，所测极限拉伸是不准确的。

最好的方法是测出拉伸应力－应变全曲线，在刚性拉力试验机上进行是最理想的，但是费用太昂贵。对较高水平的液压伺服试验机增加功能或添加变形约束装置也可测得。

（2）拉伸荷载－应变全曲线及碾压混凝土拉伸破坏模型。中国水利水电科学研究院用 DSS－10T 型电－机伺服控制试验机，等应变加荷测定了碾压混凝土拉伸荷载－应变曲线。图 3－19 是岩滩坝碾压混凝土荷载－应变全曲线试验结果，等应变加荷速率为 10×10^{-6}/min。拉伸荷载－应变全曲线的特征包括全曲线的线型、裂缝扩展、延伸和断裂，裂缝集中扩展点的位置对线型的影响，以及因裂缝扩展而导致的试件破坏。

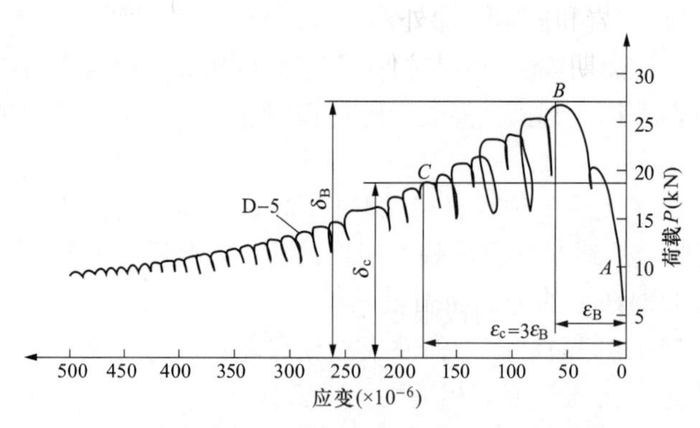

图 3－19　混凝土拉伸荷载－应变全曲线

（等应变加荷速率为 10×10^{-6}/min）

分析多个荷载－应变全曲线模型，见表 3－26，可得出以下拉伸破坏模型要点：

1）荷载－应变曲线的下降段线型与试件裂缝发展过程密切相关。试件的初始微裂缝、粗骨料粒径大小和排列以及黏着状况等随机因素都将影响裂缝发展过程，因而曲线下降段的线型有较大的离散性。

表3-26　由荷载-应变全曲线测得碾压混凝土拉伸力学模型的特征参数

试件编号	龄期（d）	峰值应力σ_B（MPa）	峰值应变ε_b（$\times10^{-6}$）	原点初始弹性模量$E_{0.35}$（GPa）	割线弹性模量$E_{0.5}$（GPa）	剩余应变$\varepsilon_c=3\varepsilon_B$（$\times10^{-6}$）	剩余应力σ_c（MPa）	剩余应力比σ_c/σ_B
KA-4	7	1.223	80	21.0	20.0	240	0.770	0.630
D-5	28	1.506	60	—	—	180	1.031	0.685
KA-3	90	1.359	80	30.6	29.6	240	0.476	0.350
		1.359	70	30.6	32.3	210	0.613	0.450
SA4-6	337	0.487	100	—	—	300	0.374	0.768
SA32-6	357	1.212	85	61.0	40.0	255	0.815	0.672

2）试验开始后，用显微放大器观察试件表面出现的微裂缝，在试件表面上观察到的微裂缝基本上是荷载-应变曲线偏离直线段开始处，即当拉应力达到极限抗拉强度的35%时，由此点开始裂缝随着荷载增加而扩展，见图3-20。

3）荷载达到峰值，其对应的应变为极限拉伸，碾压混凝土承载能力下降，裂缝扩展集中到试件最弱断面，即裂缝集中扩展区。在此区域中裂缝集中扩展、延伸，形成最后破坏断面而破坏。

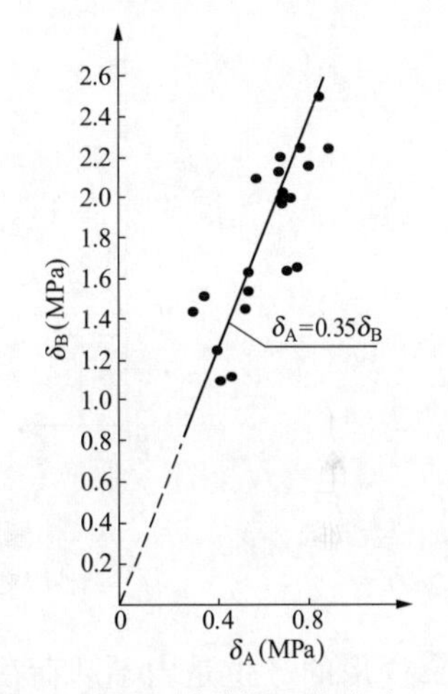

图3-20　混凝土裂缝扩展点应力δ_A与峰值应力δ_B的关系

δ_A—直线段与曲线切点应力（裂缝扩展点应力）；δ_B—峰值应力（极限抗拉强度）

2. 与极限拉伸值相关的因素

姜福田研究员分析了42.5中热硅酸盐水泥和普通硅酸盐水泥，掺加Ⅰ级、Ⅱ级粉煤灰，掺量50%～60%；人工骨料（砂岩和辉绿岩除外）的碾压混凝土试验结果，得到龄期28d极限拉伸与灰水比的相关关系和极限拉伸值随龄期增长的关系，分别见式（3-11）、式（3-12）。

$$\varepsilon_{28}=40.388(C/W)+26.433 \tag{3-11}$$

$$R_2=0.785\,3$$

式中　ε_{28}——龄期28d碾压混凝土的极限拉伸，$\times10^{-6}$。

$$\varepsilon_t=[1+0.247\mathrm{Ln}(t/28)]\varepsilon_{28} \tag{3-12}$$

$$R_2=0.971\,9$$

式中　ε_t——龄期t(d)碾压混凝土的极限拉伸，$\times10^{-6}$。

3.2.3.3　徐变度

1. 徐变特性

（1）徐变与松弛。徐变与松弛是变形和应力随时间变化的两个方面；当施加到试件上的荷载不变时，试件变形随着持荷时间增长而增大，称为徐变。当施加到试件上的变形不变时，试件中的应力随着时间增长而减小，称为松弛。

混凝土无论在多么低的应力状态下也会产生徐变，而且由徐变引起体积变化。在施加荷载时，要将瞬时弹性应变与早期徐变区分开来是困难的，而且弹性应变随着龄期增长而减小。因此，徐变视为超过初始弹性应变的应变增量。虽然在理论上欠精确，但实用上却是方便的。

在恒定应力和试件与周围介质湿度平衡条件下，随时间增加的应变称为基本徐变。

如果试件在干燥的同时，又施加了荷载，那么通常假定徐变与收缩是可以叠加的。因此，可将徐变视为加荷试件随时间而增长的总应变与同生无荷载试件在相同条件，经过相同时间干缩应变之间的差值。但是，边干燥、边承受荷载测得的徐变大于基本徐变加干燥应变的代数和。因此，从此徐变中扣除基本徐变后，称为干燥徐变。事实上干燥对徐变的影响是使徐变值增大。

混凝土卸除持续荷载后，应变立即减小，称为瞬时回复，其数量等于相应卸荷龄期的弹性应变，通常比刚加荷时的弹性应变小。紧接着瞬时回复有一个应变逐渐减小阶段，称为徐变回复（弹性后效），残余的部分成为永久变形，见图 3-21。

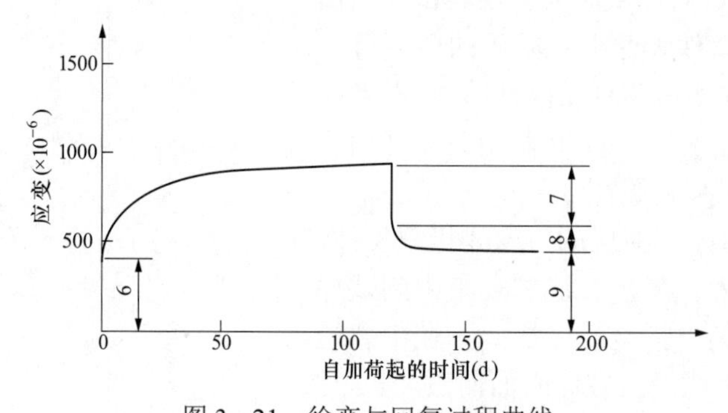

图 3-21　徐变与回复过程曲线

6—弹性应变；7—瞬时回复；8—徐变回复；9—残余变形

残余变形的产生是由于卸荷后具有弹性变形的骨料将恢复它原来的形状，但受到被硬化了的水泥石阻止，所以骨料只能部分恢复，而剩余一部分不可恢复的残余变形。

（2）徐变机理。解释混凝土徐变的机理有粘弹性理论、渗出理论、内力平衡理论、粘性流动理论和微裂缝理论等。这些理论的共同结论是混凝土徐变是由于硬化水泥石的徐变所引起，骨料所产生的徐变可以忽略不计，占混凝土组成大部分的骨料性质可以明显地改变水泥石的徐变量。

硅酸盐水泥与水拌合后，其矿物成分生成新的生成物，即

$$C_3S \rightarrow \begin{cases} Ca(OH)_2 & \text{(结晶连生体)} \\ 2CaO \cdot SiO_2 \cdot 4H_2O & \text{(凝胶体)} \end{cases}$$

$$C_2S \rightarrow 2CaO \cdot SiO_2 \cdot 4H_2O \quad \text{(凝胶体)}$$

$$C_3A \rightarrow 3CaO \cdot Al_2O_3 \cdot 6H_2O \quad \text{(结晶连生体)}$$

$$C_4AF \rightarrow \begin{cases} 3CaO \cdot Al_2O_3 \cdot 6H_2O & \text{(结晶连生体)} \\ CaO \cdot Fe_2O_3 \cdot nH_2O & \text{(凝胶体)} \end{cases}$$

这样，在水泥石中生成结晶连生体和凝胶体两种基本结构，另外还有少量未分解的水泥熟料颗粒。水泥石徐变的发展是由于凝胶体作用，而不是具有弹性的结晶连生体所促成。当水灰比一定时，结晶连生体和凝胶体的数量随着时间而改变，凝胶体的数量减少，而结晶连生体因亚微晶体转变为微晶体而增加。同时，由于凝胶体结构的改变，所以凝胶体的黏度增大。

凝胶体结构相对体积减小和黏度增加，使水泥石在长期荷载下徐变逐渐减小。与此同时，结晶连生体由于数量增加而在结晶连生体和凝胶体之间产生应力重分布，即作用于凝胶体上的应力减小，而使水泥石在长期持荷下徐变逐渐停止。混凝土骨料可视为弹性材料，水泥石中掺入骨料，应当减小徐变，并且由于应力从全部胶结材料到骨料的重分布，而使混凝土的徐变随着时间减小。

徐变作用机理已被大量试验资料所证实：随着水灰比和胶凝材料用量增大，混凝土徐变增大，骨、灰比和骨料弹性模量增大，混凝土徐变减小。

混凝土徐变机理也可以用图3-22流变学模型表示。在混凝土徐变线性范围内，当施加压缩或拉伸荷载$P(t=0)$时，产生瞬时弹性变形（弹簧1）。此时（$t>0$）徐变变形即开始发展，水泥石中的凝胶体开始黏性流动（黏性活塞3），结晶连生体（弹簧2）和凝胶体发生应力重分布。同时，水泥石和骨料（弹簧4）也发生应力重分布。随着持荷时间增长，混凝土徐变速率趋于停止，即达到极限徐变。

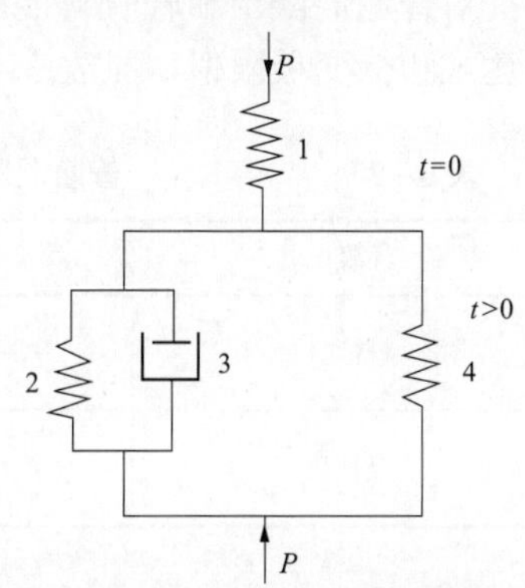

图3-22 混凝土徐变的流变学模型

（3）不同应力状态下的徐变。混凝土即使承受较小应力时也发生徐变。应力在混凝土极限强度30%～40%以下时，不论是压缩还是拉伸徐变均与应力成比例，其比例常数大体相等，这就是Davis-Glanville法则。试验表明在此应力范围内弹性应变与应力也成比例。所以

$$\varepsilon_\tau = \frac{1}{E_\tau}\sigma \tag{3-13}$$

$$\varepsilon_t = K\sigma \tag{3-14}$$

式中 ε_τ——加荷龄期τ瞬时弹性应变；
σ——作用于混凝土上的应力；
E_τ——龄期τ瞬时弹性模量；
ε_t——持荷后任意持荷时间（$t-\tau$）的徐变；
t——混凝土成型龄期；
K——比例常数。

由Davis-Glanville法则，徐变与应力呈线性关系，因此可以用单位应力的徐变来表示徐变的特性，称为徐变度，即

$$C(t,\tau) = \frac{\varepsilon_t}{\sigma} \tag{3-15}$$

混凝土徐变规定是在应力-应变曲线的线弹性阶段，低于40%极限强度的应力作用下测得。假定条件是Davis-Glanville法则，这个法则虽然尚有不同意见，但大多数试验结果是

被认可的。

当作用于混凝土上的应力超过极限强度的40%以上时，徐变以更快的速率随着应力增加而增加，徐变与应力的线性关系已不复存在；应力达到极限强度的80%～90%时，则在一定的持荷时间内混凝土就会破裂。对质量低下的混凝土建筑物，实有应力达到多少就会发生徐变断裂破坏（脆性断裂破坏），尚难准确地给出答案。

2. 影响徐变的内部和外部因素

（1）内部影响因素。其是指碾压混凝土原材料和配合比参数对徐变的影响。

1）骨料的影响。在外荷载作用下，岩石骨料只产生瞬时弹性变形，而徐变变形较小，但是，骨料的存在，对水泥浆体有约束作用，约束程度取决于骨料岩质。试验表明，骨料的岩质对混凝土徐变有明显影响，不同骨料的混凝土徐变增大次序是石灰岩、石英岩、花岗岩、砾石、玄武岩和砂岩。砂岩骨料混凝土的徐变最大，约为石灰岩骨料混凝土的1倍多。

对普通混凝土和轻骨料混凝土进行徐变对比试验，同一加荷龄期推算出两种混凝土徐变表达式和徐变极限值，见表3-27，轻骨料混凝土的徐变比普通混凝土增大约37%。

表3-27　普通混凝土和轻骨料混凝土的徐变表达式和极限值

混凝土	徐变表达式（$\times10^{-6}$）	徐变极限值（$\times10^{-6}$）	弹性应变（$\times10^{-6}$）
普通	$\varepsilon_t=\dfrac{t}{0.060+0.0132t}$	760	330
轻骨料	$\varepsilon_t=\dfrac{t}{0.040+0.0096t}$	1040	640

姜福田研究员统计了6座碾压混凝土坝碾压混凝土徐变试验结果，表明天然河砂石骨料碾压混凝土的徐变度比人工砂石骨料碾压混凝土徐变度低，约小50%。

2）灰浆率的影响。单方体积碾压混凝土内胶凝材料浆体含量称灰浆量。它综合反映了浆体对徐变的影响，因为，碾压混凝土产生徐变的主要材料是浆体。黄国兴等的试验结果表明，若保持强度不变，徐变随灰浆率增加而增大，两者近似成正比关系，见表3-28。

表3-28　灰浆率对徐变的影响

灰浆率（%）	25.5	29.3	34.8	41.3
徐变度（$\times10^{-6}$/MPa）	40.0	48.0	54.5	63.8

注　加荷龄期为28d，持荷时间为50d。

（2）外部影响因素。其是指环境的温度和湿度、加荷龄期、持荷时间、持荷应力/强度比等外部因素。

1）加荷龄期。混凝土徐变与加荷龄期呈直线关系下降。在早龄期，由于水泥水化正在进行，强度较低，故徐变较大；随着龄期增长，强度增高，所以后龄期徐变因而减小。试验结果统计表明，不同龄期加荷的徐变与28d龄期加荷的比率：3d加荷为1.8～2.0，7d加荷为1.5～1.7，90d加荷为0.7，365d加荷为0.5～0.6。

2）持荷时间。混凝土徐变随持荷时间的增长而增加，而徐变的速率却随持荷时间的增长而降低。混凝土徐变可持续很长时间，但徐变的大部分在1～2年完成。如果以持荷1年的徐变为准，则后期徐变的平均值如表 3－29 所示。

表 3－29 一年持荷龄期后徐变平均值

1 年	2 年	5 年	10 年	20 年	30 年
1.00	1.14	1.20	1.26	1.33	1.36

3）温度和相对湿度。试验表明，混凝土徐变随温度上升而增大。温度对徐变的影响可用经验式推算，即

$$\frac{C_T}{C_{20}}=1+b(T-20)$$

式中 C_T——温度 T℃时的徐变度，10^{-6}/MPa；

C_{20}——温度 20℃时的徐变度，10^{-6}/MPa；

b——经验系数，0.013～0.025；

T——温度，℃。

相对湿度对混凝土徐变的影响，取决于加荷前试件的湿度与周围环境相对湿度是否达到平衡（没有湿度交换）。如果试件与周围环境不平衡，则混凝土徐变随环境相对湿度减小而增大，同时徐变速率也随之增大，这是由于试件本身干燥收缩引起干燥徐变所致；当试件湿度与环境相对湿度平衡时，即没有湿度交换，则环境相对湿度对混凝土徐变无影响。水工混凝土徐变试验，将试件密封就是为了达到湿度平衡试验条件。

混凝土试件先在 100%相对湿度下养护，而后在不同的相对湿度下加荷，周围介质相对湿度越低，混凝土徐变越大。混凝土试件在承受荷载的同时经受干燥，使混凝土徐变增加的原因是干燥过程引起了附加的干燥徐变所致。

4）应力/强度比。试验规程的混凝土压缩徐变试验规定：施加于试件上的最大荷载不超过试件破坏荷载的 30%，即应力/强度比为 0.30。应力/强度比超出弹性阶段，我国的研究工作极少。

3. 徐变试验方法和徐变表达式

（1）徐变试验方法。混凝土试件受力状况和混凝土试件强度一样，徐变分为压缩徐变和拉伸徐变。两种徐变的基本特性相同，只是变形方向相反。压缩徐变试件承受压缩荷载，徐变量缩短；拉伸徐变试件承受拉伸荷载，徐变量伸长。本小节只讨论碾压混凝土的压缩徐变。

对徐变试验加荷系统的要求如下：

1）能够长期保持已知应力的荷载，且操作简单；

2）试件横截面上的应力分布均匀；

3）为区别瞬时弹性应变和徐变，加荷应迅速，且无冲击；

4）测量试件变形的差动式电阻应变计长期稳定性好，且精度满足试验要求。

（2）徐变表达式。碾压混凝土徐变试验除用不同持荷时间的徐变测值表、徐变度与持荷历时过程线图表示外，也可提出徐变度－持荷历时表达式表示其规律性。

研究碾压混凝土徐变，除了对徐变规律进行研究外，在解决工程问题时还必须估计其量。对混凝土单轴压缩徐变随时间变化的规律提出的经验公式有幂函数、对数函数、双曲线函数和指数函数等。

试验结果表明，碾压混凝土徐变度 $C(t, \tau)$不仅与加荷龄期τ有关，而且与持荷时间$(t-\tau)$有关。所建立的数学公式应符合碾压混凝土的徐变规律，即①当 $t-\tau=0$ 时，$C(t,\tau)=0$；② 当 $t\to\infty$时，$\dfrac{\partial C(t,\tau)}{\partial t}=0$；③ 当 $t-\tau=$常量时，$\dfrac{\partial C(t,\tau)}{\partial t}\leqslant 0$；④ 当$\tau=$常量时，$C(t,\tau)$单调增加。

1）对数型表达式。碾压混凝土试件加荷后，任意持荷时间的总应变ε可由下式表示，即

$$S(t,\tau)=\frac{1}{E_\tau}+C(t,\tau) \tag{3-16}$$

式中　$S(t,\tau)$——单位应力的总应变。

美国垦务局对大坝混凝土徐变做过进行大量研究，发现徐变度可以用对数函数表示，即

$$C(t,\tau)=F(\tau)\ln(t-\tau+1) \tag{3-17}$$

式中　t——龄期，d；

$t-\tau$——持荷时间，d；

$F(\tau)$——与加荷龄期τ有关的系数，由试验确定。

2）指数型表达式。实测徐变度过程线不是单一的曲线，而是相互联系的曲线簇。对大量试验数据进行分析，认为式（3－18）指数型表达式与试验资料符合得比较好。

$$C(t,\tau)=g(\tau)[1-\mathrm{e}^{-r(\tau)(t-\tau)^{b(\tau)}}] \tag{3-18}$$

式中　$g(\tau)$、$r(\tau)$和 $b(\tau)$——加荷龄期τ 的函数。

对每一个加荷龄期将有一个与其相对应的 $g(\tau)$、$r(\tau)$和 $b(\tau)$和一条徐变度曲线。$g(\tau)$表示该曲线的最终徐变度，$r(\tau)$和 $b(\tau)$表示徐变度增长速率，$(t-\tau)$ 为持荷时间。

根据有限个加荷龄期的实测徐变度数据，求出 $g(\tau)$、$r(\tau)$和 $b(\tau)$与τ的关系，利用式（3－18）就可以计算任意加荷龄期和任意持荷时间的徐变度。

3.2.4　碾压混凝土体积变形

体积变形是指无荷载作用下碾压混凝土的体积变形，包括初期凝缩变形、干缩变形、温度变形和自生体积变形。

3.2.4.1　早期收缩——凝缩

混凝土早期收缩，包括塑性沉降收缩、水泥水化的化学收缩和混凝土表面失水产生的干燥收缩，均发生在混凝土浇筑成型后 3～12h 初凝阶段内，又称凝缩。国内外学者都进行过研究，挪威学者采用非接触式试验方法，引入浮力测量法测定了水泥砂浆早期的体积变化；国内江苏省建筑科学研究院也进行过这方面的工作。

早期出现的塑性收缩体积变形，是因为骨料吸水和水泥水化时消失水分，使水分在混凝土内部发生迁移，造成相对湿度降低，体积收缩会使混凝土表面产生微细裂纹。

塑性收缩裂缝在混凝土泵浇筑的大流动度混凝土溢洪道建筑物表面上时有发生。当碾压混凝土碾压完毕后、等待上层铺筑前，也有发生塑性裂纹。因为碾压混凝土用水量较低，偶有发生，数量不多，如果是连续浇筑一般不处理。曾钻取芯样检查，对碾压混凝土质量无影响。

3.2.4.2　干燥收缩——干缩

1. 影响混凝土干缩的因素

试验表明，对混凝土干缩有利的因素都会在碾压混凝土特性上表现出来。

（1）混凝土干缩随用水量增加而增大，因为碾压混凝土的用水量低，所以碾压混凝土的干缩比常规混凝土的干缩率低，见图3-23。

（2）在用水量一定条件下，混凝土收缩随水泥用量增加而增大，碾压混凝土的水泥用量较低，因此，其收缩率也低。

（3）增加粉煤灰用量，可降低混凝土的干缩率。掺加20%粉煤灰的混凝土干缩率比不掺的低13.6%；掺加40%粉煤灰的混凝土干缩率比不掺的低16.7%。碾压混凝土粉煤灰掺量为50%～60%，干燥历时60d，其干缩率比不掺加粉煤灰的低24.4%。

（4）混凝土中发生收缩的主要组分是水泥石，因此减小水泥石的相对含量，也就是增加骨料的相对含量，可以减小混凝土干缩。碾压混凝土粗骨料含量占总量的60%以上，因此，碾压混凝土的干缩率较低。

（5）碾压混凝土的干缩率与骨料的岩质密切相关，它们的顺序：石英岩最低，其次是石灰岩、花岗岩、玄武岩、砾石、砂岩，砂岩骨料混凝土的干缩最大。

图3-24所示为姜福田研究员收集到不同品质骨料，掺加50%～60%粉煤灰的碾压混凝土干缩率试验结果，从图3-24中可以看出：石灰岩和白云岩骨料的碾压混凝土干缩率较小；玄武岩和天然河砂石骨料的碾压混凝土干缩率居中；砂岩骨料的碾压混凝土干缩率最大。

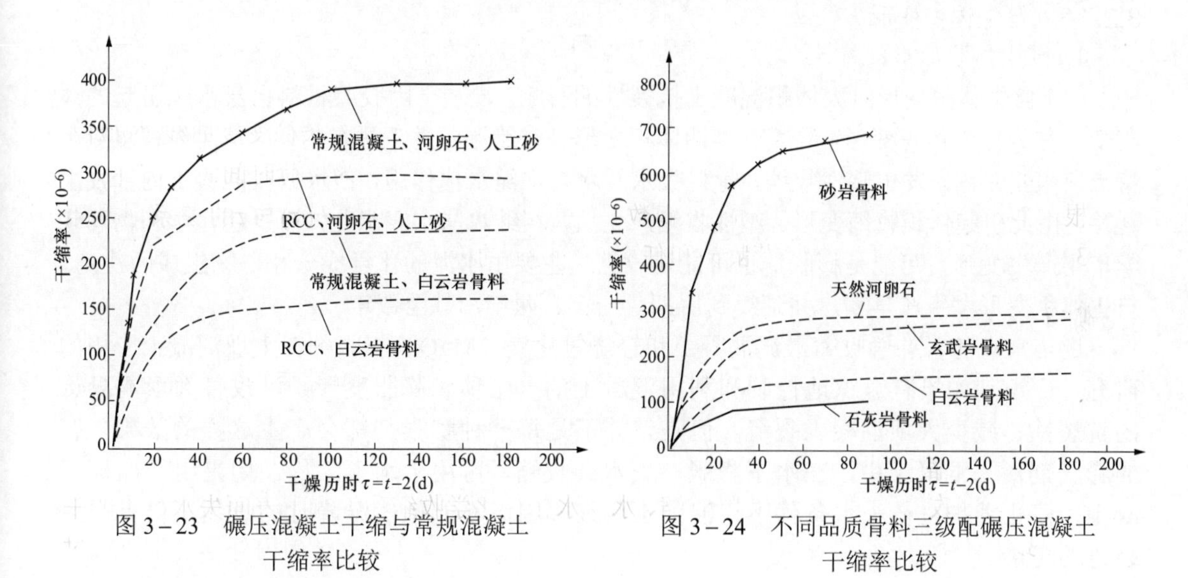

图3-23 碾压混凝土干缩与常规混凝土干缩率比较

图3-24 不同品质骨料三级配碾压混凝土干缩率比较

2. 混凝土湿度场和干缩变形的计算

有关混凝土的湿度场及其干缩应力，人们掌握甚少，特别是有关参数及边界条件往往不易确定，通常采用经验法估算。

国外有很多估算混凝土收缩的方法，如欧洲混凝土委员会/国际预应力联合会（CEB/FIP）方法，美国混凝土学会（ACI）建议方法、日本土木学会方法等。这些估算方法都是采用多系数表达式，即根据试验室试验结果考虑实际工程所处环境湿度、温度、混凝土配合比、养护方法、结构断面尺寸等因素，乘上相应的修正系数，便可得出混凝土结构物的收缩值。

对大体积碾压混凝土，干缩只限于表面有限深度内，但是干缩量级，足以导致大体积混凝土表面开裂。目前，防止干缩开裂多采用拆模后表面保护方法，如仓面喷雾、表面常流水等；有时与防止温度裂缝相结合，秋冬交接时拆模后，采用苯板保温或直接采用保温模板等措施。

3. 碾压混凝土干缩试验方法

我国水工混凝土试验规程规定干缩（湿胀）试验的恒温恒湿干缩室的相对湿度为60%±5%，与国际标准ISO和美国ASTM标准规定相对湿度50%±3%，相对湿度相差10%。

碾压混凝土组分中，水泥石是产生干缩的主要因素。水泥石是由凝胶体、结晶体、未水化的水泥残渣和水结合在一起的多孔密集体。在这些空隙中，对干缩有影响的空隙是凝胶体之间、空隙较大的毛细管孔，其间充满着水。另外，还有一部分游离水存在于空隙和水泥石与骨料的交结面上，这部分水极易蒸发。

当环境相对湿度低于碾压混凝土饱和蒸气压时，游离水首先被蒸发。最先失去的游离水几乎不引起干缩。当毛细管水被蒸发时，空隙受到压缩，而导致收缩。只有当环境湿度低于40%相对湿度时，凝胶水才能蒸发，并引起更大的收缩。因此，碾压混凝土干缩与周围介质的相对湿度关系极大，相对湿度越低，其干缩越大。

我国水工混凝土试验规程规定的干缩试验方法测定的混凝土干缩率比国际标准ISO测定值低。

3.2.4.3 自生体积变形

1. 自生体积变形的特性

（1）自生体积变形对大体积混凝土抗裂性的影响。混凝土因胶凝材料自身水化引起的体积变形称为自生体积变形。混凝土早期体积变形是在绝湿条件下进行的，这是大体积混凝土特点所限定。首先发生塑性收缩，骨料吸水及水与水泥水化作用，使水分在混凝土内部发生迁移，由此引起体积收缩变形。塑性收缩产生后，相继水与水泥水化，而引起化学和物理化学作用产生变形，可能是膨胀，也可能是收缩，主要由水泥的化学成分和矿物组成所决定。自生体积变形发生在早期，并延续到后期，一年、两年，甚至数年。

近年来，随着补偿收缩水泥混凝土和轻烧氧化镁（MgO）膨胀剂在大坝混凝土应用的研究，认识到如果有意识地控制和利用混凝土的自生体积膨胀变形，可改善大坝混凝土的抗裂性，减少大坝混凝土裂缝。但是，并不是每一种膨胀剂都会产生这样的效果。有的膨胀剂掺入混凝土中，在水下膨胀，失水会收缩，可用于水下工程。如果用于面板混凝土，停止养护，在失水条件下，混凝土收缩，因而不能抵偿温降时的收缩，仍有产生裂缝的可能。

（2）碾压混凝土的自生体积变形。碾压混凝土自生体积变形试验是从早期凝缩直至后期的自生体积变形，延续数载。姜福田研究员研究了十余座碾压混凝土坝自生体积变形试验结果，从中选出6组试验结果列于图3－26。6组结果中除水泥品种和骨料品质不同外，均为掺加50%～60%粉煤灰的三级配碾压混凝土。

自生体积变形是混凝土中水泥水化生成物的化学和物理化学作用而产生的体积变形。除与水泥化学成分和矿物组成有关外，还与掺合料、骨料和外加剂等因素的品种有关；另外，石膏、游离CaO和MgO含量也影响混凝土的自生体积变形。如果不是刻意要使碾压混凝土产生补偿膨胀自生体积变形，在碾压混凝土配合比设计时顾及不到专门考虑自生体积变形的作用；因为影响因素太多，目前研究深度达不到此等水平，有较大的随机性，见图3－25。

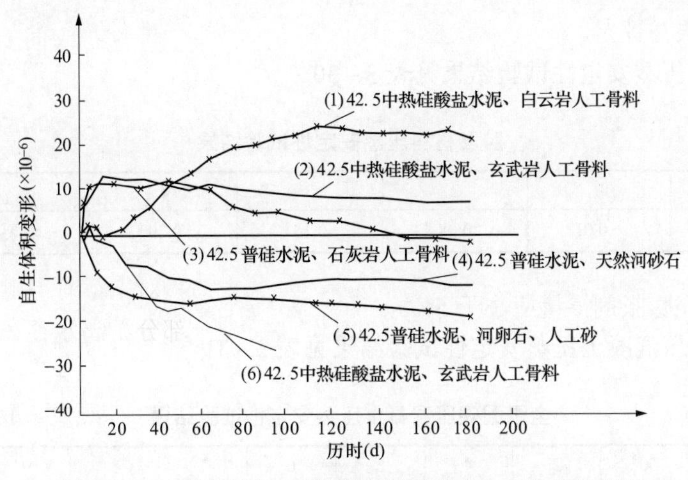

图3-25 两种水泥、三级配碾压混凝土的自生体积变形

2. 外掺氧化镁（MgO）的碾压混凝土自生体积变形

碾压混凝土自生体积变形受诸多因素影响，而且难于主观掌握，要刻意利用碾压混凝土膨胀性自生体积变形来补偿温降收缩变形，只有外掺氧化镁才能按照设计意图达到目的。

外掺氧化镁碾压混凝土具有延续性微膨胀变形，单调增加，且无回缩，可以补偿温降收缩引起的拉应力。在重力坝强约束区和拱坝中应用，可以部分取代温控措施达到防裂的目的。采用外掺氧化镁补偿收缩碾压混凝土，如果能提供100με膨胀量，其效果大致可补偿10℃的温降收缩。

目前，水利工程使用的氧化镁膨胀剂有两种：其一是轻烧氧化镁；其二是特性氧化镁。轻烧氧化镁是以辽宁省海城浮窑生产的菱镁矿为原材料的氧化镁；特性氧化镁是以钙-硅-镁为原材料生产的氧化镁。不论采用哪种原材料生产的氧化镁膨胀剂，使用前都应采用工程原材料拌制碾压混凝土，进行压蒸安定性评定，以确定氧化镁膨胀剂的允许掺量，氧化镁膨胀剂的用量按下式计算，即

$$D=\frac{(C+F)B}{A} \tag{3-19}$$

式中 D——氧化镁用量，kg/m³；

C——水泥用量，kg/m³；

F——粉煤灰用量，kg/m³；

B——氧化镁的外掺量，%；

A——膨胀剂中MgO的有效含量，%。

外掺轻烧氧化镁安全掺量试验如下：

（1）压蒸试验。成型好的试件放入标准养护室，7d后拆模，经100℃煮沸3h。然后将试件移入压蒸釜内，为提高釜内温度，使其压力表达到2MPa±0.05MPa，相当于215.7℃±1.3℃，保持3h，让压蒸釜在90min内冷却至釜内压力低于0.1MPa。

（2）试验项目。

1）胶凝材料压蒸安定性试验，试件尺寸为25mm×25mm×250mm。

2）全级配碾压混凝土安定性试验，试件尺寸为ϕ240mm×240mm圆柱体。

（3）试验结果与评定。

1）胶凝材料压蒸安定性试验结果见表 3－30。

表 3－30　胶凝材料压蒸安定性试验结果

氧化镁掺量（%）	0	2	3	4	5	6
压蒸膨胀率（%）	－0.01	0.08	0.15	0.29	溃裂	溃裂

评定：氧化镁膨胀剂掺量应小于 5%。

2）全级配碾压混凝土压蒸安定性试验结果见表 3－31。

表 3－31　全级配碾压混凝土压蒸安定性试验结果

氧化镁掺量（%）	0	2	4	5	6	7	8	9	10	12
压蒸膨胀率（%）	0.066	0.104	0.309	1.607	溃裂	溃裂	溃裂	溃裂	溃裂	溃裂
劈裂抗拉强度（MPa）	3.87	2.95	2.13	1.51	1.1	0.94	0.72	0.52	0.35	溃裂

评定：氧化镁掺量应小于 5%。原因为超过 4%，压蒸膨胀率增大，劈裂抗拉强度明显下降。

3.2.5　碾压混凝土耐久性能

3.2.5.1　渗透性

1. 碾压混凝土渗透性的基本概念

液体流过材料的迁移过程称为渗透，其特点是层流和紊流状态的黏性流。碾压混凝土本体存在着渗水的原因是：

（1）用水量超过水泥水化所需水量，而在内部形成毛细管通道。

（2）骨料和水泥石由于泌水而形成空隙。

（3）振动不密实而造成的孔洞。

毛细孔半径范围很宽，从几微米到数百微米不等。在长期不断的水化过程中，毛细孔被新水化生成物充填、覆盖。随着龄期增长，混凝土中的毛细孔结构也在变化着。

渗透流量可用达西定律（Darcy's law）表示，即

$$Q = K \cdot A\frac{H}{L} \tag{3-20}$$

式中　Q——通过孔隙材料的流量，cm^3/s；

K——渗透系数，cm/s；

A——渗透面积，cm^2；

H——水头，cm；

L——渗透厚度，cm。

由式（3－20）得

$$K = \frac{QL}{AH} \tag{3-21}$$

渗透系数 K 反映材料渗透率的大小。K 值越大，表示渗透率越大；反之，则渗透率越小。

2. 渗透性测试方法

渗透性测试方法必须与渗透性评定标准相适应。我国和苏联采用抗渗等级，而欧美和日本则采用渗透系数评定标准。

（1）抗渗等级测定的逐级加压法。碾压混凝土抗渗性试验的目的是测定抗渗等级。根据作用水头对建筑物最小厚度的比值，对混凝土提出不同抗渗等级，见表3－32。

表3－32　抗渗等级的最小允许值

作用水头对建筑物最小厚度的比值	＜5	5～10	10～50	＞50
抗渗等级	W4	W6	W8	W12

抗渗等级试验的优点是试验简单、直观，但是没有时间概念，不能正确反映碾压混凝土实际抗渗能力。当今，我国原材料的生产工艺和质量，以及混凝土浇筑技术水平均有较大发展和进步，常规混凝土和碾压混凝土抗渗等级都容易超过 W12，因此，抗渗等级评定指标已失去作为控制混凝土抗渗性的功能。

国内已有行业规范取消了对混凝土抗渗等级的要求。如TB 10005《铁路混凝土结构耐久性设计规范》和中国土木工程学会CCES 01《混凝土结构耐久性设计与施工指南》均取消了抗渗等级的要求。

自2000年以来，中国水利水电科学研究院进行了十余个碾压混凝土工程抗渗等级试验，均表明抗渗等级已失去作为碾压混凝土渗透性评定指标的意义，而采用渗透系数指标工程含义清楚，更为直接。

（2）渗透系数测定试验方法。渗透系数测定按水工混凝土试验规程进行。渗透系数计算采用式（3－21）。由式（3－21）知，水头H、试件面积A和试件长度L都是试验常数，实际上是测定流过碾压混凝土试件的流量Q。流量必须达到恒定不变，才是计算要确定的流量。可以在直角坐标纸上绘制流入累积水量——历时线和流出累积水量——历时线，当两条线变成平行时，此时即达到流量恒定不变，取100h时段的直线斜率，即是要确定的流量Q。

国外学者提出的混凝土重力坝渗透系数的允许限值见表3－33。

表3－33　混凝土重力坝渗透系数的允许限值

提出者	混凝土重力坝坝高（m）	渗透系数允许限值（cm/s）
美国汉森（Hansen）	＜50	$<10^{-6}$
	50	$<10^{-7}$
	100	$<10^{-8}$
	200	$<10^{-9}$
	＞200	$<10^{-10}$
英国邓斯坦（Dunstan）	200	$<10^{-9}$

3. 影响碾压混凝土渗透性的因素

除本章前述影响碾压混凝土密实性和强度的因素都会影响碾压混凝土的渗透性外，再着重说明胶凝材料用量和养护龄期对碾压混凝土渗透性的影响。

（1）胶凝材料用量。从8个不同国家的16个不同工程得到的结果表明，增加碾压混凝土胶凝材料用量，其渗透系数明显减小，见图 3－26。

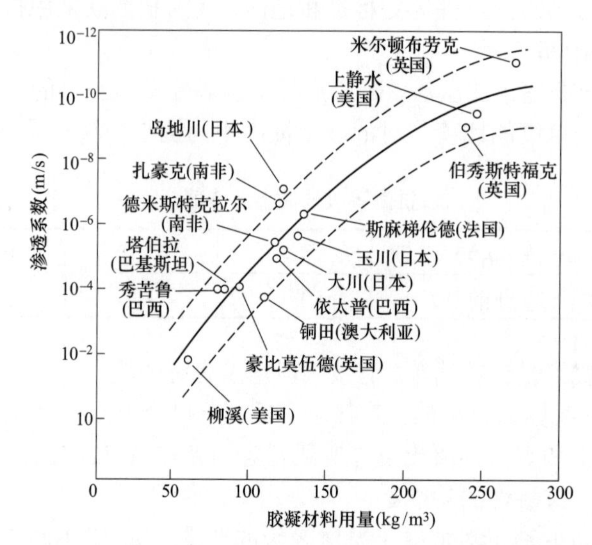

图 3－26　现场实地测定渗透系数与胶凝材料用量

图 3－26 的结果，有几个坝做了水平层缝的全面处理和铺垫层拌和物；一部分坝没有层面处理，局部铺垫层拌和物；而另一部分坝没有层面处理和铺垫层拌和物。在各种处理方法之间区分其差异是困难的。一般说来，胶凝材料用量低于 100kg/m^3 的碾压混凝土渗透系数为 10^{-7}～10^{-2}cm/s；胶凝材料用量为 120～130kg/m^3 的碾压混凝土渗透系数为 10^{-8}～10^{-5}cm/s；胶凝材料用量大于 150kg/m^3 的碾压混凝土渗透系数为 10^{-11}～10^{-8}cm/s。

另外，骨料中粒径小于 0.075mm 微粒的含量也影响碾压混凝土的渗透率。因为微粒起到填充碾压混凝土空隙的作用，所以微粒含量高的碾压混凝土，其渗透率也低。

（2）养护龄期。由于水泥颗粒的水化过程长期不断地进行，所以使水泥石孔结构发生变化。这个变化表现在初期进行得比较快，随之空隙率减小，后期逐渐减慢。只有在潮湿养护下，水化过程不断地进行，渗透系数才随龄期减小，试验结果表明，60d 龄期的渗透系数比 30d 龄期减小一倍；90d 龄期的渗透系数是 30d 龄期的 38%。

3.2.5.2　抗冻性

1. 冻融破坏作用及冻融试验

（1）冻融破坏作用。碾压混凝土遭受冻融破坏的条件如下：

1）处于潮湿状态下，混凝土内有足量的可冻水。

2）周期性受到较大正负温变化的作用。

混凝土在冻结温度下，内部可冻水变成冰时体积膨胀率约达 9%，冰在毛细孔中受到约束而产生巨大压力；过冷的水发生迁移，冰水蒸气压差造成渗透压力，这两种压力共同作用，当超过混凝土抗拉强度时则产生局部裂缝。当冻融循环作用时，这种破坏作用反复进行，使裂缝不断扩展，相互贯通，最后崩溃。在冻融过程中，混凝土强度、表观密度和动弹性模量均在发生变化。水饱和试件冻融破坏程度要比干燥试件强烈得多，原因是冻融破坏的主要原因是可冻水的存在。

（2）冻融试验。抗冻设计标准是根据建筑物所在地区的气候条件，确定混凝土所要求的抗冻等级，即在标准试验条件下混凝土所能达到的冻融循环次数。因为混凝土试件的抗冻性（所能达到的冻融循环次数）受冻结速度、水饱和程度和试件尺寸的影响非常显著，所以必须对试验方法和设备加以严格规定。

混凝土抗冻能力不足，其破坏表现为表面混凝土剥落和内部结构破坏。混凝土抗冻等级评定，是以相对弹性模量下降至初始值的60%；质量损失率5%为评定指标。

（3）国外混凝土抗冻性试验采用的方法与我国水工混凝土试验规程的差异

1）混凝土抗冻性试验的方法有以美国 ASTM C606 为代表的快冻法。以 RILEM TC117－IDC 和美国 ASTM C672 为代表的盐冻法及以苏联 TOCT 10060 为代表的慢冻法。苏联 TOCT 10060 的慢冻法目前只有俄罗斯和我国建工行业采用。日本（JIS A1148）及亚洲国家多采用美国 ASTM C666《混凝土耐快速冻融的标准试验方法》方法，加拿大引用美国 ASTM C666 快冻法和 ASTM C672 盐冻法。我国大部分行业标准均采用 ASTM C666 类似的方法。在试件尺寸、冻融温差等与 ASTM C666 有一定差异，这意味着混凝土试件升降温速率会产生差别，势必影响混凝土的抗冻性。

试件开始冻融的龄期不相同。美国 ASTM C606 和日本 JIS A1148 规定 14d 龄期；我国行业标准规定 28d 龄期；而水工混凝土如无特殊要求一般为 90d 龄期。试验证明，开始冻融龄期越晚，混凝土抗冻性越强。

试验结束条件也不相同，美国 ASTM C666 有三条：ⓐ 已达到 300 次循环；ⓑ 相对动弹性模量已降到 60%以下；ⓒ 长度膨胀率达 0.1%（可选）。

GB/T 50082《普通混凝土长期性能和耐久性试验方法标准》有三条：ⓐ 已达到规定的冰融次数；ⓑ 抗压强度损失率已达 25%；ⓒ 质量损失率达 5%；

SL 352《水工混凝土试验规程》有两条：ⓐ 相对动弹性模量已降到 60%以下；ⓑ 质量损失率达 5%。

同样一个快冻试验方法，源出于美国 ASTM C666，但各国引用该试验方法时有的未修改，有的有所修改；我国引用时做了某些修改，如试验龄期、测试参数等。因此，同样一种混凝土，采用不同的试验方法和标准，对混凝土抵抗冻融破坏能力的表现是不同的。

2）混凝土抗冻性评定方法有较大差别，美国 ASTM C666 评定标准采用抗冻耐久性指数（Durability Factor，DF）。对有抗冻性要求的混凝土，试件经受 300 次冻融循环后，DF 值需大于或等于 60%。

$$DF = P\frac{N}{M} = P\frac{N}{300} \tag{3-22}$$

式中：DF 为混凝土抗冻耐久性指数，%；P 为经 N 次冻融循环后试件的相对动弹性模量；M 为规定的冻融循环次数，$M=300$。

SL 352《水工混凝土试验规程》采用动弹性模量降低到初始值的 60%或质量损失率到 5%（两个条件中有一个先达到时的循环次数作为混凝土抗冻等级。其他行业标准如公路、港口、铁道等标准也都采用抗冻等级评定标准。

2. 原材料和配合比设计参数的选定

有抗冻性要求的碾压混凝土，材料和配合比设计参数的选定，应遵从 DL/T 5082《水工建筑物抗冰冻设计规范》的规定。根据水工结构物所处气候分区、冻融循环次数、水分饱和程度及重要性等确定设计抗冻等级；另外，要求注意原材料的稳定性和掺加引气剂等规定。

（1）粗骨料的质量。分析碾压混凝土冻融破坏时，以粗骨料质量良好为前提，破坏原因是因水泥砂浆中的裂隙水膨胀而引起混凝土破坏。如果粗骨料质量软弱，会引起试件整个断面断裂，更甚者可使混凝土崩溃，其破坏作用比砂浆冻胀严重。因此，有抗冻性要求的碾压混凝土，粗骨料质量应满足表 2－45 的质量指标，尤其是表观密度和吸水率。

（2）含气量。试验表明，砂浆含气量为 9%±1%是抗冻性最优含气量，当以整个混凝土的含气量表示时，其数据随骨料最大粒径增大而减小。对骨料最大公称粒径为 40mm 混凝土拌和物，最优含气量为 4.5%±1%。为取得碾压混凝土的最优含气量，最简单而有效的方法是掺加引气剂。

引气剂是具有憎水作用的表面活性物质，它可以明显地降低拌和水的表面张力，使碾压混凝土内部产生大量的微小、稳定和分布均匀的气泡。这些气泡使碾压混凝土冻结时由于冻结水膨胀而产生的内向压力，被无数气泡吸收而缓解，减轻了冻结破坏作用；这些气泡可以切断碾压混凝土毛细孔的通路，使外界水分不易侵入，减少水饱和程度，相应地也减轻了冻结破坏作用。

掺加引气剂相同剂量时，常规混凝土产生的含气量要比碾压混凝土大一倍多。碾压混凝土掺入引气剂与常规混凝土相比，有以下三个特点：① 为得到确定的含气量，引气剂用量要比常规混凝土多；② 含气量对碾压混凝土的工作度和强度影响较大；③ 虽然碾压混凝土难以加气，但仍能引入大量的、对改善抗冻性有效的微细气泡。

气泡参数测定是首先在冻融后的试件上切片、研磨和抛光，然后在显微镜下测定气泡分布和直径，测线长为 2.5m。

硬化碾压混凝土气泡分布试验结果见图 3－27。碾压混凝土掺引气剂后，随着含气量增加 100μm 以下直径的微气泡明显增加，气泡间距系数减小。100μm 以下直径的微气泡比较稳定，是缓冲冻融破坏作用的主要成分。气泡间距系数减小，表示每厘米导线所切割的气泡个数增多，因而抗冻性提高。

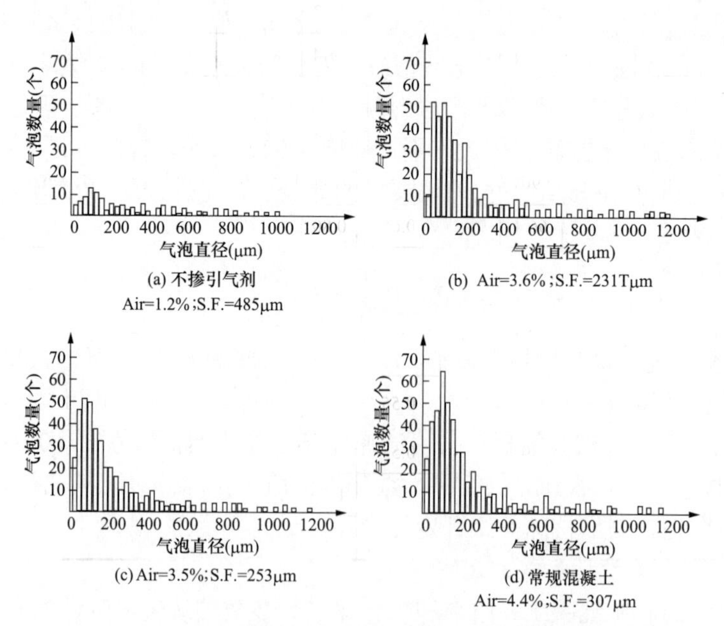

图 3－27　硬化碾压混凝土气泡分布试验结果

Air—硬化碾压混凝土含气量；S.F.—气泡间距系数

（3）最低水泥用量。试验表明，在碾压混凝土含气量相同情况下，水泥用量多者，其相对动弹性模量下降率比水泥用量少者低，即水泥用量高者的抗冻性比水泥用量低者高。这是因为水泥用量低者，在碾压混凝土中生成小于 100μm 微气泡的数量比高者少，相应水泥砂浆中可冻水的百分率增加，气泡间距系数增大。因此，对有抗冻性要求的碾压混凝土，除规定含气量达到最优含气量4.5%±1%外，同时还对水泥用量加以限制，最低不得低于60kg/m^3，见表 3－34。

表 3－34　各坝碾压混凝土抗冻等级与配合比设计参数总汇

工程名称	原材料	胶材用量（kg/m^3）			粉煤灰掺量 $\frac{F}{C+F}$	灰水比 $\frac{C}{W}$	水胶比 $\frac{W}{C+F}$	含气量（%）	*VC* 值（s）	试验终止			级配
		水 *W*	水泥 *C*	粉煤灰 *F*						循环次数	相对动弹性模量	质量损失	
布尔津冲乎尔重力坝	42.5 普硅水泥 粉煤灰Ⅰ级 天然河砂石料	85	94.4	94.4	0.50	1.11	0.45	5.0	5.5	100 150 300	93.5 92.9 89.7	0.35 0.66 1.96	二
		85	88.5	88.5	0.50	1.04	0.48	5.2	5.5	100 150 300	93.1 92.1 88.1	0.61 1.07 2.75	二
赛格重力坝	42.5 普硅水泥 粉煤灰Ⅱ级 河卵石，白云岩人工砂	78	60	90	0.60	0.77	0.52	3.6	4.7	100	88.4	0.50	三
山口岩拱坝	42.5 普硅水泥 粉煤灰Ⅱ级 长石石英砂岩人工砂石料	88	79	97	0.55	0.90	0.50	3.1	6.2	100	88.2	0.94	三
		97	97	97	0.50	1.0	0.50	3.4	7.1	100	90.1	1.15	二
光照重力坝	42.5 普硅水泥 粉煤灰Ⅱ级 石灰岩人工砂石料	74	71.2	87	0.55	0.96	0.47	5.0	4.8	100	95.4	1.0	三
		86	105	86	0.45	1.22	0.45	5.0	5.1	150	97.2	0.79	二
		86	80.6	98.6	0.55	0.94	0.48	4.6	5.3	100	96.3	0.76	二
龙开口重力坝	42.5 普硅水泥 粉煤灰Ⅱ级 白云岩人工砂石料	83	66.4	99.6	0.60	0.80	0.50	4.5	4.4	100	86.5	0.18	三
		83	60.4	90.5	0.60	0.73	0.55	4.3	4.2	100	85.8	0.57	三
		96	96	96	0.50	1.0	0.50	4.2	4.0	100	91.0	0.03	二
	42.5 普硅水泥 粉煤灰Ⅱ级 玄武岩人工砂石料	83	66.4	99.6	0.60	0.80	0.50	4.1	4.0	100	94.8	0.04	三
		83	60.4	90.5	0.60	0.73	0.55	4.4	4.2	100	95.8	0.45	三
		97	97	97	0.50	1.0	0.50	4.1	4.6	100	96.3	0.08	二
金安桥重力坝	42.5 中热水泥 粉煤灰Ⅱ级 玄武岩人工砂石料	86	69	103	0.60	0.80	0.50	4.5	5.3	100	80.4	1.02	三
		98	88	108	0.55	0.90	0.50	4.5	4.5	150	80.9	1.30	二
龙滩重力坝	42.5 中热水泥 粉煤灰Ⅱ级 石灰岩人工砂石料	78	90	110	0.55	1.15	0.39	3.0	4.2	150	86.1	3.18	三
		78	90	110	0.55	1.15	0.39	2.4	6.2	150	86.1	3.18	三
		90	100	140	0.58	1.11	0.37	2.6	5.7	150	83.7	0.79	二

3. 碾压混凝土抗冻等级与配合比设计参数实例

姜福田研究员统计了 7 座坝的碾压混凝土抗冻等级与相应配合比设计参数，见表 3－34。近年来碾压混凝土配合比设计参数的主要特点：① 掺合料品种增加，掺量稳定在 50%～

60%范围内，并使用复合掺合料。因此，掺合料存在活性掺合料和非活性掺合料之分，在计算水胶比时，只能计算活性掺合料部分，而非活性掺合料不能计入，因为它不是胶凝材料。② 水胶比$N=\dfrac{W}{C+F}$不是一个独立参数，水胶比$N=(1-K)\dfrac{W}{C}$，即水胶比N是水灰比（W/C）和掺合料掺量（K）的函数。掺合料掺量K为常数时，水胶比（N）与水灰比（W/C）直接相关，严格讲，水胶比（N）不能作为配合比设计的独立参数。采用水胶比（N）反映碾压混凝土性能指标是不唯一的，对相同水胶比（N）的碾压混凝土，其性能指标与掺合料掺量K成反比相关，K越大，性能指标越低。③ 灰水比（C/W）为碾压混凝土性能指标的独立参数，因为灰水比与碾压混凝土强度和变形性能指标直接相关。

分析表3－34中配合比设计参数与碾压混凝土抗冻等级相关关系，可得出以下结论。

（1）目前碾压混凝土坝选用的水泥品种几乎都是42.5中热硅酸盐水泥和普通硅酸盐水泥，而且选用普通硅酸盐水泥比中热硅酸盐水泥多。采用粉煤灰掺合料居多，掺量普遍采用50%～60%。

（2）在规定的工作度（$VC=5s\pm2s$）条件下，碾压混凝土用水量取决于掺合料品质和需水量比、外加剂的减水率、骨料颗粒形状和表面糙率及砂率选择是否最佳。因此，用水量是碾压混凝土配合比设计重要参数，用水量高或低表示上述因素不利影响的高或低。统计表明，人工骨料三级配碾压混凝土用水量估计值是$80kg/m^3\pm8kg/m^3$，二级配碾压混凝土用水量估计值为$90kg/m^3\pm9kg/m^3$，变动幅度都是10%。天然河砂、砾石，用水量比人工骨料略低，接近于波幅的下限。

（3）统计表明有抗冻性要求的碾压混凝土，二级配碾压混凝土的灰水比$\left(\dfrac{C}{W}\right)\geqslant1.0$；三级配碾压混凝土的灰水比$\left(\dfrac{C}{W}\right)<1.0$。

（4）水胶比0.45可拌制出抗冻等级为F300的碾压混凝土，但F100的碾压混凝土水胶比不宜超过0.55。拌制抗冻等级为F100的碾压混凝土，水泥用量不宜低于$60kg/m^3$，F300的碾压混凝土水泥用量也不宜超过$110kg/m^3$。与此同时，碾压混凝土的含气量应控制在4.5%±1%范围内。

（5）碾压混凝土的抗冻性尚有潜力，F100的碾压混凝土相对动弹性模量均在80%以上，距其限值60%还有余量。

3.2.6 碾压混凝土热性能和绝热温升

大体积碾压混凝土浇筑后，水泥水化热不能很快散发，结构物混凝土温度升高，早期混凝土处于塑性状态。随着历时增长混凝土逐渐失去塑性，变成弹塑性体。降温时混凝土不能承受相应体积变形，若作用到混凝土的拉应力超过混凝土抗拉强度时会在结构物内产生裂缝。

混凝土的热性能提供了大体积混凝土温度分布和内部多余热量冷却、降温体系的计算所需参数。这些热性能参数包括绝热温升、比热容、热扩散率、导热系数和热胀系数，是混凝土体内温度分布、温度应力计算和裂缝控制的基本资料。

上述五个热性能参数按其特征可分为两类：其一，是其特性主要由组成混凝土原材料自身的热性能参数所决定，如导热系数、比热容、热扩散率和热胀系数；另一类，主要由水泥和掺合料的品质和用量决定其热性能，如绝热温升。

3.2.6.1 热性能

1. 导温性

（1）导温性的特征。混凝土的导温性以热扩散率表征，表示材料在冷却或加热过程中，各点达到同样温度的速率。热扩散率大，则各点达到同样温度的速率就快。热扩散率的单位是m^2/h。

（2）热扩散率的影响因素。

1）不同岩质的骨料是对混凝土热扩散率影响的主要因素，石英岩骨料拌制的混凝土，温度21℃热扩散率为0.005 745m^2/h，而流纹岩骨料拌制的混凝土为0.003 372m^2/h，石英岩混凝土是流纹岩混凝土的1.7倍。

2）温度对混凝土热扩散率的影响次之，温度增高热扩散率降低，温度由21℃升高到54℃，热扩散率大约降低10%。

3）用水量对混凝土热扩散率的影响，用水量与混凝土表观密度比每增加1%，混凝土热扩散率减少3.75%。

4）水灰比和骨料相同的混凝土，不论是普通硅酸盐水泥、中热硅酸盐水泥还是低热硅酸盐水泥，其热扩散率几乎相等，水泥品种对混凝土热扩散率无影响。

5）混凝土掺加掺合料（粉煤类、矿渣粉等），其胶材用量（水泥+掺合料）及和易性相同时，混凝土热扩散率几乎相等。

6）混凝土龄期从3d到180d，热扩散率增加约2%，因此龄期的影响不予考虑。

2. 导热系数

（1）导热性的特征。材料或构件两侧表面存在着温差，热量由材料的高温面传导到低温面的性质称为材料的导热性，用导热系数表征。

（2）导热系数的影响因素。

1）粗骨料的不同岩质对混凝土导热系数有显著性影响，粗骨料的导热系数差异极大，温度21℃石英岩的导热系数为16.91kJ/（m•h•℃），而流纹岩为6.77kJ/（m•h•℃），石英岩骨料比流纹岩高出2.5倍。因此，骨料本身的导热系数对混凝土导热系数起主导作用。流纹岩骨料拌制的混凝土导热系数为7.49kJ/（m•h•℃），石英岩骨料拌制的混凝土导热系数为12.71kJ/（m•h•℃），后者约为前者的1.7倍。

2）温度对混凝土导热系数的影响次之。当混凝土导热系数小于或等于2.0kJ/（m•h•℃）时，温度增高导热系数增大或不变；而当导热系数大于2.0kJ/（m•h•℃）时，温度增高导热系数减小。

3）用水量对混凝土导热系数的影响，用水量与混凝土表观密度比每增加1%，混凝土导热系数减少2.25%。

4）水泥品种对混凝土导热系数的影响与热扩散率相同，水泥品种的影响可不予考虑。

5）混凝土掺加掺合料对导热系数的影响与热扩散率相同，胶材用量及和易性相同时，掺加与不掺加掺合料的混凝土导热系数几乎相等。

6）混凝土龄期从3d到180d，导热系数约增加3.8%，龄期影响可不予考虑。

3. 比热容

（1）比热容的特征。质量为1kg的物质温度升高或降低1℃时所吸收或放出的热量以比热容表征。比热容的单位为kJ/（kg·℃）。

（2）比热容的影响因素。

1）不同岩质骨料拌制混凝土，其比热容相差不多，石英岩骨料拌制混凝土温度21℃比热容为0.909kJ/（kg·℃），而流纹岩骨料的混凝土为0.946kJ/（kg·℃）。因此，骨料岩质对混凝土比热容无显著性影响。

2）混凝土比热容与温度呈抛物线关系，温度由21℃升高到54℃，石英岩骨料混凝土比热容约增加12%，流纹岩骨料混凝土约增加10%。

3）混凝土用水量对比热容的影响，用水量与混凝土表观密度比每增加1%，混凝土比热容增加2.5%。

4）水泥品种对混凝土比热容的影响可忽略不计。水灰比和骨料相同的混凝土，不论是普通硅酸盐水泥、中热硅酸盐水泥或低热硅酸盐水泥，其比热容是相等的。

5）混凝土掺加掺合料对比热容的影响与热扩散率相同，胶材用量及和易性相同时，掺加与不掺加掺合料的混凝土比热容几乎相等。

6）混凝土龄期从3d到180d，比热容约增加1.8%，龄期影响不予考虑。

4. 热胀系数

（1）热胀系数的特征。混凝土单位温度变化导致单位长度线性变化以热胀系数表征。热胀系数的单位是10^{-6}/℃。

（2）热胀系数的影响因素。

1）混凝土的热胀系数主要取决于骨料的岩质。一般石英岩骨料热胀系数大（10×10^{-6}/℃）拌制混凝土的热胀系数也大（11.1×10^{-6}/℃）；石灰岩骨料热胀系数小（4×10^{-6}/℃），拌制混凝土的热胀系数也小（4.3×10^{-6}/℃）。骨料热胀系数的排序是石英岩最大，其次是砂岩、花岗岩、玄武岩，石灰岩最小。

2）单方骨料用量与热胀系数的关系，水泥浆的热胀系数为11×10^{-6}～20×10^{-6}/℃，比骨料的热胀系数大，因此骨料用量多的混凝土热胀系数会小些。

3）水泥品种对混凝土热胀系数可以认为没有影响。

4）掺合料品种对混凝土热胀系数的影响甚微，但掺膨胀性掺合料的混凝土比不掺的，热胀系数要大得多。

5）同一种骨料的混凝土，在水中养护的比空气中养护的热胀系数小。

6）从常温到70℃温度范围内，混凝土热胀系数可视为常数，但当温度超出此范围，温度低于10℃，热胀系数减小，－5℃时最小。

7）热胀系数与龄期的关系，混凝土热胀系数随龄期增长而变化，以龄期3～28d为准，龄期增长到180～210d，热胀系数约增加18%，龄期再增加到5～6年，热胀系数不再增加，而下降约4%。

3.2.6.2 绝热温升

1. 碾压混凝土绝热温升测定

碾压混凝土浇筑后因水泥水化而发热，随着其强度增加的同时温度也上升。从温控设计角度，需要掌握温升随历时变化（增长）的过程，即温升——历时过程线。要取得混凝土温升——历时过程线有三种方法，其一是直接法：采用试验手段直接测定，但历时有限，只能测定到历时28d前的温升值，后期的温升值要依靠统计数学模型推算；其二是由水泥水化热推算混凝土绝热温升：因水泥水化热测定试验条件与混凝土相差较多，推算出来的混凝土绝热温升偏低；第三种方法是根据已有工程观测到的温升资料进行反演分析。

2. 绝热温升的影响因素

（1）影响水泥水化热的因素。混凝土中胶凝材料的水化反应及放热特性，如胶凝材料的组成、水胶比和反应起始温度等因素均会影响混凝土的绝热温升。影响水泥水化热的因素都对混凝土绝热温升有重要影响。

1）水泥熟料的矿物成分对水化热的影响。水泥单矿物的水化热试验数值有较大的差别，但是其大体的规律是一致的。不同熟料矿物的水化热和放热速率大致遵循铝酸三钙 C_3A＞硅酸三钙 C_3S＞铁铝酸四钙 C_4AF＞硅酸二钙 C_2S 的顺序，硅酸盐水泥四种主要组成矿物的相对含量不同，其发热量和发热速率也不相同。C_3A 与 C_3S 含量较多的水泥其发热量大，发热速率也快，对大体积混凝土防止开裂是不利的。

当已知水泥矿物成分时，可用维尔拜克（Verbeck）经验式计算水泥水化热（溶解热法）。

$$H=4.187(a\times C_3S+b\times C_2S+c\times C_3A+d\times C_4AF) \tag{3-23}$$

式中　H——水泥水化热（溶解热法），J/g；

C_3S、C_2S、C_3A 和 C_4AF——四种矿物成分，%；

a、b、c 和 d——多元回归系数，见表3－35。

表3－35　多元回归水化热经验式的四个回归系数

龄期	3d	7d	28d	90d	1年
a	0.58±0.08	0.53±0.11	0.90±0.07	1.04±0.05	1.17±0.07
b	0.12±0.05	0.10±0.07	0.25±0.04	0.42±0.03	0.54±0.04
c	2.12±0.28	3.72±0.39	3.29±0.23	3.11±0.17	2.79±0.23
d	0.69±0.27	1.18±0.37	1.18±0.22	0.98±0.16	0.90±0.22

蔡正咏曾用式（3－23）对国内生产的大坝硅酸盐水泥7d龄期的水化热（蓄热法）进行过比对，结果见表3－36。

表3－36　大坝硅酸盐水泥水化热推算值比对　J/g

大坝硅酸盐水泥	山西太原水泥厂			甘肃永登水泥厂
	A	B	C	D
式（3－23）计算值	262.94	241.17	250.38	264.20
实测值	285.97	264.20	253.31	252.89
偏　差	4.19	23.03	2.93	11.30

表3－36表明，式（3－23）计算值与实测值比较接近，可用于对水泥水化热的估值。

2）掺合料（混合材料）的掺量对水泥水化热的影响。我国通用硅酸盐水泥，除Ⅰ型硅酸盐水泥（P.I）外均掺有掺合料（混合材料）。在水泥熟料中掺入混合材料后，相应降低水泥水化热，混合材料掺量越大，降低水化热越多。

3）水灰比对水泥水化热的影响。水灰比增大造成水泥更完全水化的条件，因而其发热量有一定的增加。索伦逊（Sörensen）曾用绝热法测定同一种水泥不同水灰比的水化热，其结果见图3-28。图3-28表明水灰比对水泥水化热的影响是不忽视的。

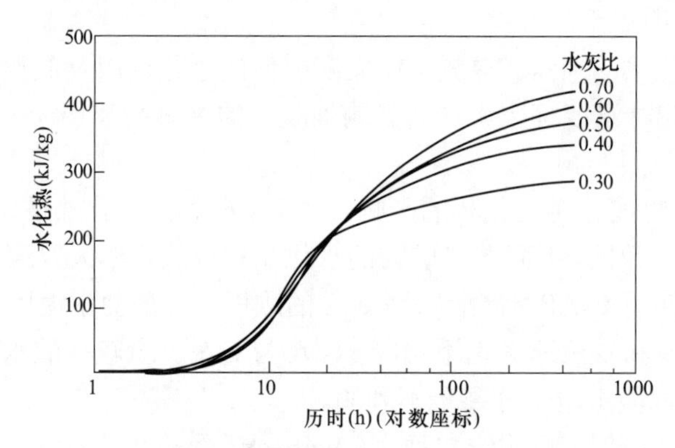

图3-28　用绝热法测定Ⅲ型水泥水化热——历时过程线

美国委尔拜克（Verbeck）等人对多类水泥20个样品进行的不同水灰比的水化热试验（溶解热法）结果见表3-37。试验结果表明：水泥水化热随着水灰比的增加而增大。

表3-37　　不同水灰比的水泥水化热试验结果

水灰比	各龄期的水化热（J/g）					
	3d	7d	28d	90d	1年	6.5年
0.40	233.0	295.3	362.2	395.4	420.9	445.8
0.60	252.4	320.9	397.8	435.4	436.5	473.0
0.80	252.0	327.2	410.0	453.0	477.4	483.2

4）温度对水泥水化热的影响。水泥水化热及其速率随着温度的升高而加大，见表3-38。

表3-38　　不同温度时水泥的水化热（溶解热法）

温度（℃）	水化热（J/g）			
	3d	7d	28d	90d
4.4	123.5	182.1	328.3	371.8
23.3	219.4	303.1	350.0	380.2
40.0	302.7	336.2	363.4	389.8

温度对水泥后期水化热没有太大影响，与温度20℃相比相差不超过3%。

因为混凝土的绝热温升来源于水泥的水化热，所以上述四个影响水泥水化热的因素对混凝土同样是重要影响因素。

（2）水泥用量对混凝土绝热温升的影响。绝热温升随着混凝土水泥用量增加而增加。浇筑温度20℃时，水泥用量增加10kg/m^3，混凝土绝热温升增加值：普通硅酸水泥为0.9～1.0℃；中热硅酸盐水泥为0.8℃；粉煤灰硅酸盐水泥为1.0～1.3℃；矿渣硅酸盐水泥为0.8～1.0℃。

（3）掺合料对混凝土绝热温升的影响。混凝土掺加掺合料使其绝热温升降低，掺合料品种和掺量与混凝土绝热温升的关系见表3－39。

表3－39　　掺合料品种和掺量与混凝土绝热温升的关系

水泥品种	水泥用量（kg/m³）	28d绝热温升（℃）	掺合料品种	不同品种和掺量的掺合料相当于不掺的绝热温升值（%）					
				20	30	40	50	60	70
普通硅酸盐水泥	350	49.0	粉煤灰	90	86	82			
	280	39.0	矿渣粉			92	90		72
中热硅酸盐水泥	358	41.5	粉煤灰		82		59		
	311	35.2			82		59		
	264	30.3			82		59		

混凝土绝热温升随着粉煤灰掺量增加而降低，同时，水化速率（℃/h）也相应降低，而且，水化速率峰值出现的时间也比不掺加粉煤灰的混凝土滞后6～10h。

（4）外加剂对混凝土绝热温升的影响。掺加普通型外加剂对绝热温升的影响是间接的，因为掺加普通型减水剂使混凝土用水量减少，从而水泥用量降低，所以绝热温升降低。但是，掺加缓凝型减水剂，混凝土早期温升速率的峰值出现时间延迟2～4h或更长时间。早期温升值也比不掺缓凝型减水剂的低。

（5）初始温度（出机温度）对混凝土绝热温升测值的影响。因为混凝土出机温度低，水泥水化温度低，热量不能充分发出来，所以绝热温升也低。试验规定：混凝土出机初始温度为20℃±2℃，出机浇筑温度降低1℃，28d绝热温升降低值：普通硅酸盐水泥为0.6℃，中热硅酸盐水泥为0.9℃。

岩滩坝碾压混凝土不同初始温度的绝热温升试验结果见表3－40。

表3－40　　岩滩坝碾压混凝土不同初始温度的绝热温升试验结果

试验编号	水泥用量（kg/m³）	粉煤灰用量（kg/m³）	初始温度（℃）	不同历时混凝土绝热温升值（℃）					备　注
				1d	3d	7d	14d	28d	
YT－A	47	107	12.4	1.5	4.2	6.3	8.8	11.5	42.5普硅水泥 Ⅰ级粉煤灰
YT－B	45	65	24.1	3.5	7.2	11.0	13.0	14.3	

混凝土出机温度对绝热温升的影响只是表现在混凝土浇筑后的初期一段时间。从理论上讲，不论出机温度如何，只要胶凝材料达到相同的水化程度，其绝热温升最终值基本上是相同的。

3.2.7　典型工程的碾压混凝土主要性能示例

表3－41列出了几座典型碾压混凝土坝工程的设计指标、原材料品质和配合比（三级配）主要参数，表3－42列出了这些典型工程碾压混凝土的主要性能，包括抗压强度、轴向抗拉强度、弹性模量、极限拉伸值、抗渗等级和抗冻等级。

表 3-41　典型碾压混凝土坝工程的设计指标、原材料品质和配合比（三级配）主要参数*

坝名	坝高（m）	部位	设计指标	用水量（kg/m³）	砂率（%）	水泥用量（kg/m³）	胶材用量（kg/m³）	水泥	掺合料	砂	石
龙滩坝	200	坝内下部	C_{90}25W12F100	72	32.9	80	170	42.5 中热硅酸盐水泥	Ⅰ级粉煤灰，需水量比为94%	石灰岩人工砂，石粉含量为 16%～18%，细度模数为 2.72	石灰岩碎石
		坝内中部	C_{90}20W12F100	72	33.2	70	160				
景洪坝	110	坝内	R_{90}15W4F50	75	30.7	65	189.6	42.5 普硅水泥	磨细矿渣 50%+石灰石粉 50%，需水量比为 98%，比表面积为 330m²/kg	天然河砂，细度模数为 2.77，过 0.16m 筛微粒含量为 2.8%	河卵石
龙开口坝	119	坝内上部（1）	C_{90}15W6F100	85	35	61.8	154.6	42.5 普硅水泥	Ⅱ级粉煤灰，需水量比为98%	玄武岩人工砂，细度模数为 2.78，石粉含量为17%	玄武岩碎石
		坝内下部（1）	C_{90}20W6F100	85	34	68	170				
		坝内上部（2）	C_{90}15W6F100	85	35	61.8	154.6			白云岩人工砂，细度模数为 2.65，石粉含量为18%	白云岩碎石
		坝内下部（2）	C_{90}20W6F100	85	34	68	170				
金安桥坝	160	坝内上部（1）	C_{90}15W6F100	82	31.5	66	164	42.5 普硅水泥	Ⅱ级粉煤灰 50%+石灰石粉 50%，粉煤灰需水量比为 101%，石粉需水量比为 99%	玄武岩人工砂，细度模数为 2.41，石粉含量为 13.7%	玄武岩碎石
		坝内下部（1）	C_{90}20W6F100	81	31.5	72	180				
		坝内上部（2）	C_{90}15W6F100	78	31.5	62	155		磷渣粉 40%+石灰石粉 60%，磷渣粉需水量比为 98%，石粉需水量比为99%		
		坝内下部（2）	C_{90}20W6F100	77	31.5	68	171				
山口岩坝	99	坝内	R_{90}20W6F100	88	31	79	176	42.5 普硅水泥	Ⅲ级粉煤灰，需水量比为 102.4%，烧失量为 10%	石英砂岩人工砂，细度模数为 2.55，石粉含量为10%	石英砂岩碎石

注　本表摘自 2000 年以来中国水利水电科学研究院承担的工程项目试验报告。

*　与配合比参数有关的相同部分：碾压混凝土拌和物工作度 $VC=5s\pm2s$，含气量为 3.5%～4.5%；最大骨料粒径为 80mm，级配为大石∶中石∶小石＝30∶40∶30。

表 3-42　　典型工程碾压混凝土的主要性能试验结果

坝名	部位	设计指标	抗压强度（MPa）				轴向抗拉强度（MPa）				弹性模量（GPa）				极限拉伸值（×10⁻⁶）				抗渗等级	抗冻等级
			7d	28d	90d	180d	7d	28d	90d	180d	7d	28d	90d	180d	7d	28d	90d	180d	90d	90d
龙滩坝	坝内下部	C_{90}25W12F100	16.7	27.3	41.1	48.9	—	2.48	3.62	3.91	—	35.3	42.2	46.6	—	71	91	103	＞W12	F100
	坝内中部	C_{90}20W12F100	12.7	26.3	32.6	38.9	—	2.01	3.14	3.31	—	34.3	41.1	44.2	—	64	87	90	＞W12	F100
景洪坝	坝内	R_{90}15W4F50	12.7	22.1	26.8	—	1.19	1.92	2.91	—	29.0	31.9	38.4	—	53	70	86	—	＞W6	F100
龙开口坝	坝内上部（1）	C_{90}15W6F100	7.4	14.5	21.8	25.6	0.69	1.06	1.84	2.16	16.5	23.9	38.4	39.9	38	48	63	64	＞W6	F100
	坝内下部（1）	C_{90}20W6F100	10.2	17.7	25.9	30.2	0.75	1.12	1.83	2.51	23.7	31.8	42.2	47.2	39	49	65	67	＞W6	F100
	坝内上部（2）	C_{90}15W6F100	8.4	15.2	22.0	25.1	0.70	1.31	2.11	2.73	18.2	27.7	36.4	41.4	42	54	75	79	＞W6	F100
	坝内下部（2）	C_{90}20W6F100	10.6	18.2	25.1	29.9	0.79	1.69	2.53	2.85	21.2	32.0	40.5	43.6	45	60	82	87	＞W6	F100
金安桥坝	坝内上部（1）	C_{90}15W6F100	9.5	17.4	29.4	34.1	0.60	1.27	2.51	3.31	14.6	30.1	39.0	46.9	38	56	74	83	＞W6	F100
	坝内下部（1）	C_{90}20W6F100	11.0	20.1	30.9	36.2	0.83	1.72	3.06	3.67	19.4	31.3	44.1	46.1	46	66	87	90	＞W6	F100
	坝内上部（2）	C_{90}15W6F100	11.3	18.5	28.8	32.8	0.76	1.35	2.02	2.45	18.1	26.9	39.2	44.1	41	55	71	78	＞W6	F100
	坝内下部（2）	C_{90}20W6F100	13.1	20.6	29.8	34.5	0.79	1.55	2.65	3.13	20.0	30.8	42.4	45.6	45	60	74	81	＞W6	F100
山口岩坝	坝内	R_{90}20W6F100	14.7	24.0	33.3	40.9	1.12	1.90	3.16	3.80	16.0	21.0	25.4	27.1	70	95	141	148	＞W6	F100

注　本表摘自2000年以来中国水利水电科学研究院承担的工程项目试验报告。

3.3　碾压混凝土渗透与溶蚀

3.3.1　碾压混凝土的渗透与溶蚀特性

碾压混凝土与常态混凝土一样，是亲水的、含有孔隙的多孔体系材料。碾压混凝土与水接触时便会吸水，在压力作用下水会在碾压混凝土的毛细孔体系中发生迁移，形成渗漏。由于组成混凝土（特别是碾压混凝土）的胶凝材料是有活性的，其水化是随时间而进行、水化产物是不断变化的，因而碾压混凝土中的孔隙体系是随碾压混凝土的龄期和水化环境条件而变化的复杂过程。这导致水在碾压混凝土中的迁移和渗透具有复杂的变化规律。

碾压混凝土中胶凝材料的水化产物与其他水泥混凝土中的水化产物相似，都是碱性并一定程度溶于水。在碾压混凝土孔隙中迁移的渗透水或多或少地溶解碾压混凝土的水化产物并将其带出混凝土。当渗透水为软水时，渗透水对水化产物的溶蚀作用将更加明显。水对混凝土中胶凝材料的水化产物的溶蚀（包括渗透溶蚀和接触溶蚀）作用，严重时将影响混凝土的耐久性。

3.3.1.1 混凝土中的孔隙及其演变

孔隙是混凝土的重要组分，也是必然存在的组分。一方面，混凝土不可能浇筑得完全密实；另一方面，混凝土中的孔隙对混凝土的性能并非完全起到负面的作用。混凝土中的水泥和掺合材料的水化是一个过程，此过程受很多方面的影响。它与原材料的品种、性能等有关，也与水化条件与水化环境有关。胶凝材料中的水泥是水化较早的材料，但水泥是多种矿物材料组成的混合物，其中不同矿物的水化进程是不一致的，不同的水泥品种、矿物含量等的不同，都影响着混凝土中孔隙体系。胶凝材料中的掺合材料是水化相对比较慢的成分，其水化不仅受到水泥水化产物的影响，也受到其水化产物生成条件等的影响。因此，混凝土中的孔隙是极其复杂、随原始条件和环境条件而变化的长期过程。

1. 混凝土中的孔隙

孔隙存在于硬化胶凝材料浆、骨料及硬化胶凝材料浆与骨料的界面上，分原生孔隙和次生孔隙两类。次生孔隙多由原生孔隙发展而成。这些孔隙在混凝土中呈网络分布并受内外条件影响而变化。

（1）混凝土中的孔隙来源于下述几方面：

1）混凝土中残留的水分。这部分水是为了混凝土拌和物获得必要的施工和易性而加入的。当此残留的水分蒸发逸出后即形成连通的（或独立的）毛细孔和微细孔。随着混凝土硬化龄期及硬化条件的不同，毛细孔和微细孔可以被水、空气或胶凝材料的水化产物等填充。

2）混凝土拌和物中含有一定量的空气。这些空气最初吸附在胶凝材料与骨料的表面，搅拌时由于空气未被完全排出或者由于掺用引气剂等而形成气孔。这些气孔多为球状，孔的尺寸一般平均为 25～500μm 或稍大一些。

3）在混凝土浇筑完毕开始凝结硬化时，部分水分上泌，形成连通的孔道。部分水分积聚在粗骨料下表面形成水膜或水囊，混凝土硬化后也形成孔隙。

4）在混凝土中还可能存在由于漏振捣而产生的不密实孔、因温差收缩作用产生温度裂缝、由于干燥收缩产生干缩裂缝等。

（2）孔隙对混凝土的影响既有负面作用也有正面作用，有的孔没有负作用，有的孔正作用十分显著。孔隙的负作用包括降低混凝土的强度、抗渗性和抗冻性等。混凝土含气量每增加 1%，其强度下降 3%～5%。与外界连通的某些孔隙降低了混凝土的抗渗性和抗冻性。孔隙的正作用概括起来有如下几方面：

1）孔隙为混凝土中胶凝材料的继续水化提供水源与供水渠道。

2）孔隙为胶凝材料水化产物的生长提供空间。

3）尺寸小于某一限度的孔隙，如引气剂引入混凝土中的气泡明显改善混凝土的抗冻性和抗渗性。

吴中伟教授根据多年资料，按孔径对强度的不同影响，将混凝土中的孔分为4类：孔径小于20nm为无害孔；孔径在20～100nm为少害孔；孔径在100～200nm为有害孔；孔径大于200nm为多害孔。美国加州大学P.K.Mehta教授认为，水泥石中只有孔径在100nm（或50nm）以上的孔才对强度和抗渗性有害，小于50nm的孔可能属于凝胶孔为主的水化产物内部的微孔。因此小于50nm的孔的数量多少，可能反映凝胶数量的多少，而水化产物的数量越多，则强度越高，抗渗性越好。

混凝土的渗透性与其孔隙率有关，更重要的是与孔径分布与孔的形态、孔的连通性密切相关。如果混凝土内部的孔隙都是球形孔或者虽是管状孔但彼此不连通且封闭，则混凝土显然是不透水的。即使是不封闭的管状孔，只要孔径小到一定程度，水也是不易通过的。

2. 混凝土中孔隙的发展变化

混凝土的密实度及混凝土中的孔隙构造一方面决定于混凝土的原生孔隙及构造，另一方面是随着龄期的延长混凝土中原生孔隙的发展变化情况。混凝土中水泥的水化是从水泥颗粒表面开始并逐渐往内部进行的，随着水化的不断加深，水化速度逐渐降低。根据S.Giertz Hedstrom的资料，水泥与水接触28d以后，实测水泥颗粒水化深度只有4μm，水化一年以后水化深度也仅为8μm。按此速度推算，水化13年也仅有粒径小于32μm的水泥颗粒能完全水化。正如T.C.Powers的计算结果所反映，只有当水泥颗粒小于50μm，在普通条件下才有可能完全水化。因此，水泥的水化是长期的，水化至一定龄期之后是缓慢进行着的。根据水蒸气压力的测量，水泥石中毛细孔的直径估计为1.3μm。随着水泥水化程度的增大，水泥石中固相物质所占比例逐渐增加，即水泥石越来越密实。在水化程度高的密实水泥石中，毛细孔可能被凝胶堵塞而分段隔开，使它们成为只与凝胶孔相连的毛细孔。水灰比适当且长期湿养护的水泥石可以达到不存在连续毛细孔。表3-43列出了水泥石中毛细孔分隔成段所需的时间。

表3-43　　水泥石中毛细孔分隔成段所需的时间

水灰比	0.40	0.45	0.50	0.60	0.70	＞0.70
所需时间（d）	3	7	14	180	365	不可能

在混凝土中，粗骨料颗粒与硬化胶凝材料浆体之间的界面区（即过渡区），对于纯水泥混凝土来说该区厚为10～50μm。它是混凝土中最薄弱的部分。根据F.Maso的研究，在新捣实的混凝土中沿粗骨料颗粒的周围形成水膜或由于泌水在粗骨料颗粒下部形成水囊，从而在贴近粗骨料处比远离粗骨料处实际水灰比要高。由于高水灰比，在贴近粗骨料处钙矾石和氢氧化钙等结晶矿物含有比较大的结晶，板状氢氧化钙晶体往往形成择优取向层，故所形成的骨架结构比水泥石或砂浆基体孔隙多。随着水泥水化的进行，结晶差的C-S-H以及氢氧化钙和钙矾石的二次较小的晶体填充于大的钙矾石和氢氧化钙晶体所构成的骨架间的孔隙内，使过渡层孔隙逐渐减少和密实。

碾压混凝土中掺有较大比例的掺合材料（如粉煤灰等），这些掺合材料初期水化较少，大量的水化产物产生于碾压混凝土铺筑28d之后，这时碾压混凝土内部的原生孔隙结构已形成，新生的水化产物将填充碾压混凝土中的原生孔隙，使毛细孔细化、分段、堵塞。因此，碾压混凝土内部孔隙构造随碾压混凝土龄期的延长变化更大。

表 3-44 是用压汞法测得的 90d 龄期碾压混凝土砂浆中孔隙的孔径分布。很显然，水胶比越低，孔隙率越小（由比孔容反映），大孔所占比例越少，小孔所占比例越大，小于 50nm 的无害孔和少害孔随着水胶比的下降所占的比例明显增大。

表 3-45 是岩滩水电站工程碾压混凝土室内砂浆试样孔隙压汞测试结果。从表 3-45 可见，孔径 100nm 以上的孔所占的比例从 28～90d 期间显著下降。100nm 以下的孔隙所占的比例增大，特别是孔径小于 30nm 的孔隙所占的比例明显增大，总孔隙率（从比孔容反映）下降。

表 3-44　　碾压混凝土砂浆中孔隙的孔径分布（90d）　　%

孔级	占总孔隙率		
	$C=90kg/m^3$ $F=30kg/m^3$ 水胶比=0.80	$C=85kg/m^3$ $F=85kg/m^3$ 水胶比=0.50	$C=75kg/m^3$ $F=162kg/m^3$ 水胶比=0.45
7500～1000nm	5.01	3.16	1.37
1000～100nm	30.52	14.41	10.32
100～50nm	19.25	20.01	20.95
50～25nm	17.58	22.68	21.58
25～5nm	27.64	39.76	45.76
比孔容（mm^3/g）	102.55	84.56	74.57

表 3-45　　岩滩工程碾压混凝土室内砂浆试样孔隙压汞测试结果

测试项目		围堰砂浆配合比		主坝砂浆配合比	
		28d	90d	28d	90d
孔径分布（%）	＜10nm	10.08	12.78	8.51	12.72
	10～30nm	16.34	31.16	16.84	33.97
	30～100nm	14.66	21.45	16.16	27.51
	100～300nm	17.03	9.08	12.61	12.96
	300～1000nm	32.39	17.13	44.06	11.45
	＞1000nm	9.51	8.40	1.86	1.39
平均孔径（nm）		428.9	339.0	311.7	134.1
最可几孔径（nm）		479.4	21.6	479.4	21.6
比孔容（mm^3/g）		93.6	72.5	62.6	55.6
比表面积（cm^2/g）		265 346	29 7000	167 750	238 286

图 3-29 示出了岩滩工程围堰碾压混凝土 5 年、6 年和 8 年龄期碾压混凝土中砂浆孔隙压汞试验测得的孔径分布累积曲线。从图 3-29 可见，即使碾压混凝土龄期达到 5 年以上，随着碾压混凝土龄期的延长，碾压混凝土中砂浆试样的孔径仍不断地下降，孔径小于 50nm 的孔隙随龄期的延长所占的比例逐渐增加；相反，大于 50nm 的孔所占的比例不断下降。

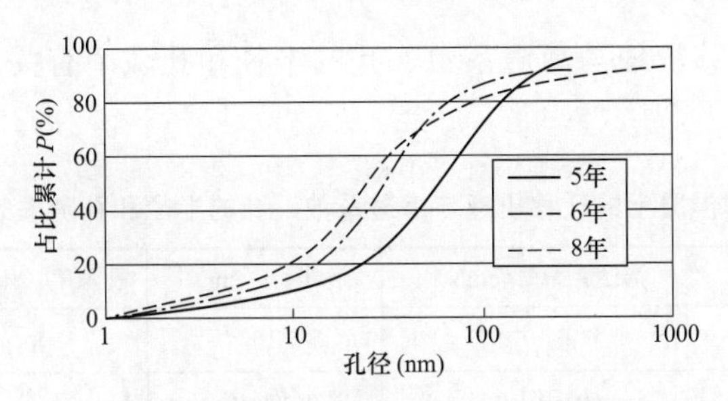

图3-29 岩滩工程围堰碾压混凝土中砂浆孔隙分布累积曲线

将岩滩工程围堰9年和10年龄期碾压混凝土芯样中的砂浆试样进行压汞测孔试验，结果列于表3-46中。从表3-46可以看出，10年龄期的混凝土砂浆的孔隙率在9年龄期的基础上又有了一定的降低，平均孔径下降，孔径小于50nm的孔隙所占的比例进一步增大。

表3-46 岩滩工程围堰9年和10年龄期碾压混凝土芯样中砂浆孔隙测试结果

测试项目		9×365d	10×365d
孔径分布（%）	＜10nm	6.49	19.87
	10～30nm	19.07	25.17
	30～50nm	23.58	18.71
	50～150nm	45.56	26.32
	＞150nm	5.30	9.93
平均孔径（nm）		4.882	4.191
比孔容（cm^3/g）		0.075 5	0.060 4

随着胶凝材料水化作用的进行，硬化胶凝材料浆中毛细孔逐渐被新生成水化产物所占据，因为有凝胶孔的水泥凝胶体积比未水化的水泥体积增大1.2倍，因而水化产物充填了由拌和水占有的那部分体积。毛细孔体积减小，凝胶孔体积增加。随着龄期的延长，硬化胶凝材料浆的孔隙率下降。同时小于50mm的毛细孔隙率增多，大于50mm的大毛细孔孔隙率减少。随着硬化胶凝材料浆和碾压混凝土养护龄期的延长，胶凝材料的水化程度提高，硬化胶凝材料浆和碾压混凝土的总孔隙率和开口（显）孔隙率都在下降，总孔隙率与开口孔隙率之差（即与外界不连通的隐孔隙率）增大，硬化胶凝材料浆和碾压混凝土中孔隙的平均孔径下降。

混凝土中的孔隙还可能由于荷载、环境因素引起混凝土裂缝而发生变化或由于渗透水挟带杂质经过混凝土的渗滤作用而存留于混凝土孔隙中，填塞了孔隙而引起变化。此外，当水中含有对水泥石起侵蚀溶解作用的物质时，渗透水将使混凝土中的孔隙产生不利的变化。

3.3.1.2 水在混凝土中的迁移与混凝土的渗透

混凝土是一种亲水的毛细孔多孔体系，当其相对的两个表面水压力存在差异时，将有水从压力高的表面通过毛细孔多孔体系向压力低的表面迁移。水在混凝土中的迁移速度一般用渗透系数表示。因为不同的混凝土中毛细孔体系不同，所以不同的混凝土水的迁移速度不同。由于混凝土中胶凝材料随着龄期的延长不断地进行水化，使不同龄期混凝土的内部毛细孔体系发生了变化，所以相同的混凝土在不同的试验龄期测得的渗透系数不同。

水透过混凝土的迁移机理与渗透系数、孔的半径和孔隙率有关，有关的研究数据列于表 3－47。

表 3－47　　水透过混凝土的迁移机理与渗透系数、孔的半径和孔隙率的关系

渗透的液体	迁移机理	渗透系数*（cm/s）	孔半径（cm）	孔隙率（%）	混凝土种类
水	黏性流	$\geqslant 10^{-4}$	$\geqslant 10^{-4}$	≥8	普通混凝土
	毛细孔流	$10^{-7} \sim 10^{-4}$	$10^{-5} \sim 10^{-4}$	3～8	密实的混凝土
	扩散流	$\leqslant 10^{-7}$	$\leqslant 10^{-5}$	1～3	特别密实的混凝土

* 压力差为 0.3～1.5MPa。

1. 水在混凝土中的迁移与渗透系数

混凝土内毛细孔孔径不同，水透过混凝土的迁移机理也不同。对于大多数混凝土来说，毛细孔最大半径大多等于或小于 10um。水与混凝土表面接触时，由于混凝土的亲水性，有两种力对水不断地向混凝土深部迁移的过程产生影响：压力差 Δp 和毛细孔压力 p_0 随着迁移的进程，水与毛细孔壁摩擦阻力增大，渗水的速度随渗透深度的增加成比例下降。水到达混凝土相反的一侧，毛细孔压力 p_0 实际上变更了方向，毛细孔原先促进水迁移，此时成为阻力。若压力差大于孔壁摩擦阻力和毛细孔阻力，则水按泊萧叶（Poiseuille）定律迁移（即此时混凝土相反的一侧有水滴出）。若压力差小于摩擦阻力和毛细孔阻力，则水的迁移为毛细孔迁移，此时的迁移速度决定于混凝土背水面水的蒸发速度。

假设碾压混凝土坝防渗混凝土中水的渗透，以圆柱管当作多孔体系的模型按照泊萧叶定律迁移。设流过管的水量为 q，管半径为 r，管长度为 l，流入与流出两侧压力差为Δp，水的黏度系数为η，泊萧叶公式表示为

$$q = \frac{\pi r^4}{8\eta} \cdot \frac{\Delta p}{l}$$

但该模型假定多孔体的横向渗透性为零，与实际不符。M.M.杜宾宁提出毛细孔孔结构应是粗孔和细孔的一种分叉体系，彼此间以微毛细孔相连接。由于混凝土中水泥的后期水化产物的填塞，混凝土是带变截面的毛细孔多孔体，所以其渗透性由连通孔道的最小断面——微毛细孔决定。考虑混凝土内部孔隙结构的形状、尺寸的复杂性，以及混凝土内部存在裂缝等情况，设混凝土透水方向长度为 L，孔隙率为 m，渗透面积为 A，孔隙的有效面积为 mA，根据泊萧叶公式，则

$$Q = \frac{\pi r^4}{8\eta} mA \frac{\Delta p}{L} = K \frac{A \Delta p}{L} \qquad (3-24)$$

式（3－24）为达西定律，K 为渗透系数，它表征混凝土的孔结构和水的特性。

2. 影响混凝土渗透性能的因素

从式（3－24）可见，透过混凝土的水量与混凝土的渗透系数成正比，与混凝土的厚度成反比，与混凝土两侧面的水压力差及混凝土的渗透面积成正比。混凝土的渗透系数与混凝土的孔隙结构（包括有效孔径、孔的连通性、孔隙率等）和水的黏度有关。混凝土内部孔隙结构受很多因素影响，可分为两大类。第一类为影响混凝土原生孔隙结构的因素，其中以水

胶比、掺合材料、外加剂等的影响最为显著。第二类是随混凝土龄期的延长而发生变化的因素，随着水化程度的提高，混凝土中孔隙发生的变化，随着水的渗透，可能发生孔隙堵塞或溶蚀等。

水胶比直接影响到混凝土的原生孔隙率。水胶比越大，原生孔隙越多，混凝土的透水性越强。但在某已定的振动能量条件下，过低的水胶比将导致混凝土的不密实，其渗透性反而增强。掺合材料的掺入将改变混凝土的渗透性，改变程度将随掺合材料的品种、质量及掺量而变化。某些掺合材料如火山灰质材料的掺入将改善混凝土的抗渗性。减水剂的掺入降低了混凝土拌和物的用水量或降低混凝土的水胶比，使混凝土透水性下降。引气剂的掺入改变了混凝土内部孔隙构造，形成分散的、不连通的微小气泡，可以明显地提高混凝土的抗渗性能。另外，混凝土防水剂等外加剂的掺入对提高混凝土的抗渗性也有明显的作用。

如前所述，随着混凝土中胶凝材料的水化，孔隙细化、分段甚至堵塞。因此，随着混凝土龄期的延长，混凝土的渗透系数降低。此外，随着混凝土渗透时间的延长，渗透系数发生变化。在一般情况下，渗透系数随渗水时间的延长而下降。

3.3.1.3 碾压混凝土的渗透特性

碾压混凝土与水接触时，其中细小的孔隙便因毛细管作用而吸水，在压力水的作用下与外界连通的开口孔隙中的渗透水便开始发生迁移。由于碾压混凝土中胶凝材料的不断水化和水化产物的不断生成，碾压混凝土中的孔隙体系不断发生变化，因此，碾压混凝土的渗透特性随碾压混凝土的试验龄期及试验过程发生相应的变化。碾压混凝土的施工层面是碾压混凝土有别于常态混凝土的部位，施工层面的暴露时间以及超过允许暴露时间的施工层面的处理质量是影响层面渗透特性的主要因素。

1. 碾压混凝土本体的渗透特性

（1）渗透系数与碾压混凝土的龄期关系。如前所述，在正常养护条件下，混凝土中胶凝材料的水化过程长期不断地进行着。随着混凝土龄期的延长，混凝土的孔隙率不断下降，孔隙结构不断得到改善（见表3－45、表3－46及图3－30）。因此，随着混凝土龄期的延长，其渗透系数降低。表3－48列出了T.C.Powers提供的水泥浆体（水灰比0.70）渗透系数随养护龄期延长而减小的资料。

表3－48　水泥浆体（水灰比0.70）渗透系数随养护龄期延长而减小的资料

养护龄期（d）	新拌水泥浆	5	6	8	13	24	∞
渗透系数（cm/s）	2×10^{-4}	4×10^{-8}	1×10^{-8}	4×10^{-9}	5×10^{-10}	1×10^{-10}	6×10^{-11}（计算值）

根据苏联水利工程科学研究所的研究，养护15d的普通水泥混凝土渗透系数是3d龄期渗透系数的70%，龄期延长渗透系数进一步下降，下降的量逐渐减少。6个月龄期混凝土的渗透系数是一个月龄期的25%～30%，一年龄期时，混凝土的渗透系数是一个月龄期时的15%～20%。水灰比为0.3的混凝土，90d龄期时混凝土孔隙中长满了凝胶状水化产物，实际上是不透水的。掺粉煤灰的混凝土，由于粉煤灰的水化作用主要发生在28d龄期以后，因此，其后期孔隙构造有更大的改善，长龄期时掺粉煤灰的混凝土的渗透系数降低更显著。根据表3－45、表3－46所测得的碾压混凝土砂浆孔隙直径和孔隙率资料并假定其他条件不变，

可计算得岩滩工程围堰碾压混凝土 90d、9×365d、10×365d 龄期的渗透系数分别为 28d 龄期碾压混凝土渗透系数的 73.0%、45.9%和 35.0%。另外，根据有关资料计算，岩滩工程主坝碾压混凝土 90d、5×365d、7×365d 龄期的渗透系数分别为 28d 龄期碾压混凝土渗透系数的 71.9%、54.1%和 45.7%。龙滩碾压混凝土 LTRⅢ配合比的试验结果显示，120d 龄期碾压混凝土的实测渗透系数是 90d 龄期渗透系数的 43.6%。

需要指出的是，只有保证混凝土中的胶凝材料水化过程不断进行时，其渗透系数才随混凝土龄期的延长而下降。

（2）渗透系数与碾压混凝土渗透历时关系。根据达西定律，混凝土的渗透系数与渗透历时无关，但试验结果并非如此。表 3–49、表 3–50 列出了混凝土的渗透系数随混凝土渗透历时变化的试验结果。试验结果表明，混凝土的渗透系数随渗透历时的延长而降低并逐渐趋于某一特定值。研究土壤、岩石、陶瓷、混凝土和石棉水泥管的许多学者也发现渗透速度随渗透时间的延长而下降。

表 3–49　28d 龄期混凝土的渗透系数与渗透历时关系的试验结果

配合比编号	水压（MPa）	渗透系数（$\times10^{-9}$cm/s）					备　注
		t	$2t$	$3t$	$4t$	$5t$	
Sby3–2F	2.8	4.44	4.47	4.10	4.03	3.87	逐级加压，经过 276h 至 2.8MPa，t=12h
Sby3–2C	3.2	6.63	5.84	5.78	5.14	4.69	在 2.8MPa 稳压 96h 后加压至 3.2MPa，t=12h

表 3–50　90d 龄期混凝土的渗透系数（$\times10^{-9}$cm/s）随渗透历时的变化试验结果

配合比编号	水压（MPa）	渗透历时（d）									
		1	2	3	4	5	6	7	8	9	10
$LTR_{Ⅲ}$	2.8	8.91	10.87	11.15	11.16	11.20	10.93	10.76	10.60	10.49	10.39
$LTR_{Ⅳ}$	2.8	3.46	3.11	2.93	5.25	5.25	—	5.48	4.95	4.24	4.15

渗透历时（d）									
11	12	13	14	15	16	17	18	19	20
10.14	10.11	9.95	9.57	—	—	9.27	8.72	8.72	8.62
3.92	3.70	3.26	3.29	3.26	3.16	3.20	3.12	3.09	2.90

渗透历时（d）									
21	22	23	24	25	26	27	28	29	30
8.49	8.52	8.37	8.34	8.47	8.80	8.81	8.54	8.49	8.44
2.79	2.62	2.49	2.31	2.35	2.35	2.33	2.31	2.26	2.11

渗透历时（d）									
31	35	36	37	38	39	40	41	42	43
8.28	—	—	—	—	—	—	—	—	—
2.10	1.78	1.78	1.73	1.64	1.71	1.69	1.61	1.71	1.65

渗透历时（d）								
44	45	46	47	48	49	50	∞	回归公式（$\times10^{-9}$cm/s）
—	—	—	—	—	—	—	8.05	$K=8.051t/(t-1.756)$，$n=25$，$r=-0.92$
1.66	1.71	1.70	1.70	1.69	1.67	1.66	1.57	$K=1.573t/(t-6.435)$，$n=41$，$r=-0.90$

注　$LTR_{Ⅲ}$和 $LTR_{Ⅳ}$是龙滩的 $R_{90}15$（三级配）和 $R_{90}25$（二级配）两种级配的碾压混凝土，以下均同。

混凝土的渗透系数随渗透历时的延长而降低，原因包括以下几方面。

1）水中夹杂的细泥、黏土等悬浮粒子堵塞混凝土中孔隙通道；

2）混凝土孔隙中的水随渗透距离的延长，氢氧化钙的浓度逐渐提高并在某些微细孔隙中结晶，堵塞了毛细孔；

3）存在于混凝土大孔隙中或溶于水中的气泡在压力作用下体积缩小，随渗透水迁移，压力逐渐减小，气泡膨胀堵塞孔隙，阻碍水的流动，见图 3－30。

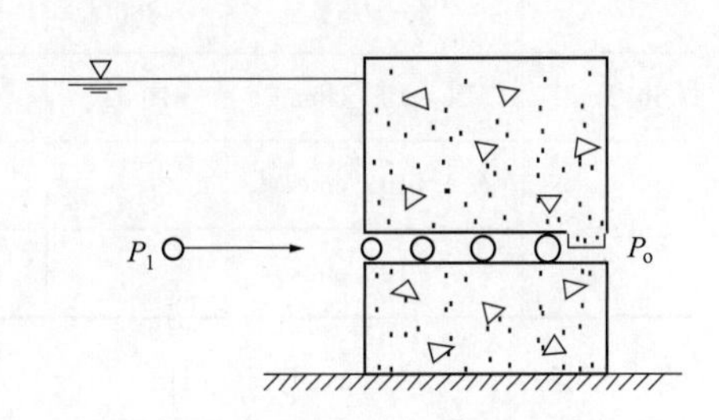

图 3－30　毛细孔中气泡迁移过程体积变化示意图

4）渗透水流经毛细孔，毛细孔中的水化产物吸水膨胀；

5）随着渗透历时的延长，由于胶凝材料的不断水化使混凝土进一步密实。

图 3－31 示出几个已建成的国外碾压混凝土工程渗漏量观测资料，显示出渗漏量随着蓄水时间的延长而减少。工程实际中还常常出现所谓的“自愈现象”或“自封闭现象”，即由裂缝造成的渗漏量随时间的延长逐渐减少和裂缝最终自动弥合。

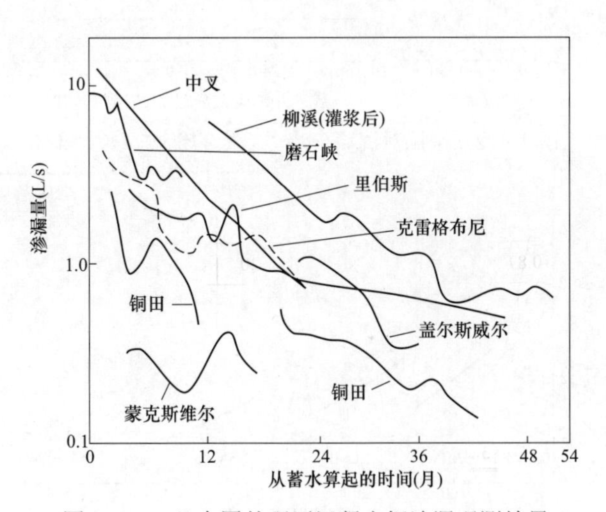

图 3－31　几个国外碾压混凝土坝渗漏观测结果

需要指出的是，表 3－48 及表 3－49 所试验的混凝土所承受的水力梯度已达 1866～2133，此时仍然测得混凝土的渗透系数随渗透历时的延长而降低。但是，当渗透的水力梯度增大至某一数值（即临界水力梯度）或者混凝土的抗渗能力太差时，混凝土内部孔隙中的某些部位可能被水压力击穿导致渗透系数随渗透历时的延长而增大。

（3）不同水力梯度下碾压混凝土的渗透系数。现有的试验结果显示，对于某些混凝土，随着压力差增加（即水力梯度增大）不仅渗透系数下降，混凝土的渗透流量也减少。对于另外一些混凝土，随着压力差的增大，渗透系数增大，渗透流量也增加。

表 3－51 列出了前一种混凝土试验的典型数据，并根据试验资料获得图 3－32 的曲线。该曲线与 А. П. 基里洛夫（Кириллов）的试验结果（图 3－33）一致。

表 3-51　　不同水力梯度下混凝土的渗透系数测试结果

配合比编号	水压（MPa）	1.2	1.6	2.0	2.4	2.8	3.2	3.6
	水力梯度	800	1067	1333	1600	1867	2134	2400
Sby3-2F	K（$\times 10^{-9}$cm/s）	10.63	7.16	5.01	4.50	3.87	—	—
Sby3-2C	K（$\times 10^{-9}$cm/s）	—	—	—	—	7.23	4.69	4.70
	K（$\times 10^{-9}$cm/s）	—	—	—	—	—	7.69	7.47

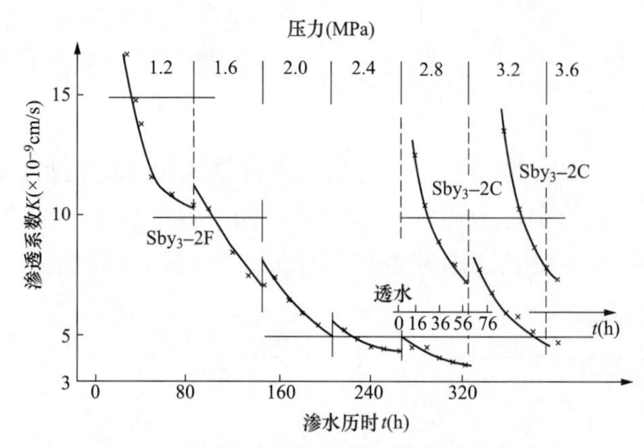

图 3-32　水压对混凝土渗透系数的影响试验结果

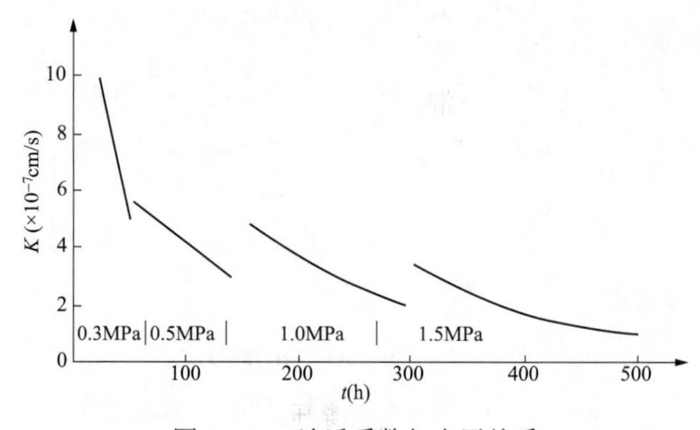

图 3-33　渗透系数与水压关系

表 3-51 和图 3-32 的试验结果表明，随着水压力（或水力梯度）的增大，混凝土的渗透系数下降。每次提高水压力时，混凝土的渗透系数稍有增大，但随后逐渐下降。出现这种现象的原因可能是在原有压力情况下，某些孔隙的渗透“阀门”在新的更高的压力下被打开，渗透量增大。但随着渗透时间的延长，孔隙被新生成的水化产物、水中悬浮粒子或气泡所堵塞，形成新的关闭的“阀门”。

表 3-52 列出了后一种情况的测试结果。从表 3-52 中可见，随着混凝土两侧压力差的增大（即水力梯度增大），混凝土的渗透系数增大，但当压力差稳定不变时，混凝土的渗透系数又随渗透历时的延长而下降。说明该混凝土在此压力差作用下并未出现渗透破坏。

表3-52 LTRⅢ配合比碾压混凝土渗透试验结果（112d）

水压（MPa）	1.2	1.6	2.0	2.4	2.8	3.2	3.2					
							0.5d	1.0d	1.5d	2.0d	2.5d	3.0d
渗透系数（$\times10^{-9}$cm/s）	6.891	9.301	9.703	9.783	10.466	10.303	10.617	10.704	10.460	10.408	9.991	9.638

（4）混凝土的渗透系数与渗径。根据达西定律，渗径长短只影响渗透流量（即渗透流量与渗径成反比）而与渗透系数无关。因为达西定律推导过程中对多孔材料的孔隙构造进行了简化，假定孔隙是等直径的、彼此平行的，也就是水在其中迁移受到的阻力是随渗径的延长等比例增大的。实际混凝土中的孔隙不仅不可能是等直径的，更不可能是彼此平行的。它是粗孔和细孔的一种分叉体系，彼此之间以微孔相连接。渗透性由连通孔道的最小孔径决定，也即由微孔孔径决定。混凝土厚度越大（即渗径越长），微孔的连通可能性越小。混凝土的渗透性不仅与孔隙的连通程度有关，还与孔隙是否和接触水的表面的孔隙连通有关。因此，混凝土的渗透性与混凝土接触水的表面积同其体积的比值（即面体比）直接相关。混凝土的厚度增加一倍，其面体比变为原来的1/2。混凝土的显孔隙率 m（即与两表面连通的开口孔隙所占的比例，m 小于1）将变为 m^2。因此，混凝土渗透系数变为原来的 m 倍。也就是说，渗径长短不仅影响渗透流量，而且影响渗透系数。随着渗径的延长，混凝土的渗透系数减小。

（5）渗透系数与碾压混凝土配合比。混凝土的孔结构影响混凝土的渗透系数，而混凝土的孔结构决定于混凝土的原生孔结构和原生孔结构随混凝土龄期的变化。水胶比低且施工密实的混凝土，其原生孔隙较少，孔隙的孔径较小，因此同龄期时混凝土的渗透系数较小。从表3-50可以看到，$LTR_{Ⅳ}$配合比碾压混凝土的渗透系数明显小于 $LTR_{Ⅲ}$ 配合比碾压混凝土。这是因为 $LTR_{Ⅳ}$配合比碾压混凝土的水胶比低于 $LTR_{Ⅲ}$ 配合比，且粉煤灰掺量较 $LTR_{Ⅲ}$小，在相同的相对较短龄期（90d）时，碾压混凝土中胶凝材料水化相对于 $LTR_{Ⅲ}$配合比碾压混凝土充分，故其内部孔隙构造优于 $LTR_{Ⅲ}$配合比碾压混凝土。表3-53列出了上述两种配合比碾压混凝土中砂浆90d龄期用水银压入法测得的孔结构情况，90d龄期时，尽管两种混凝土砂浆中的总孔隙率大致相当，但 $LTR_{Ⅲ}$配合比碾压混凝土砂浆中大于50nm的孔隙所占比例达到72.89%，而 $LTR_{Ⅳ}$配合比碾压混凝土砂浆中大于50nm的孔隙所占比例仅为63.91%；相反，小于50nm的孔隙所占的比例分别为27.11%和36.08%。

表3-53 两种碾压混凝土的砂浆压汞测孔结果

参数 / 配合比	不同孔径范围（nm）的孔隙率（cm³/kg）										孔隙比例（%）			
	＞200	150～200	100～150	50～100	25～50	20～25	10～20	5～10	＜5	Σ	＞200（nm）	50～200（nm）	20～50（nm）	＜20（nm）
$LTR_{Ⅲ}$	14.3	6.7	14.0	19.3	9.9	1.7	3.5	0.9	4.2	74.5	19.20	53.69	15.57	11.54
$LTR_{Ⅳ}$	9.2	4.2	10.6	24.0	13.4	1.6	4.8	1.7	5.6	75.1	12.25	51.66	19.97	16.11

（6）混凝土渗透的临界水力梯度。混凝土渗透的临界水力梯度定义为一定厚度的混凝土承受的作用水头超过某值后其内部结构开始发生破坏造成渗透流量、渗透系数随渗透时间的延长而增大的水力梯度。很显然，不同的混凝土其内部孔隙构造不同，临界水力梯度不

同；同一混凝土不同龄期时，其内部孔隙构造不同，因而抗渗能力不同，临界水力梯度也必然不同。

表3-50的试验资料表明，90d龄期的$LTR_{Ⅲ}$和$LTR_{Ⅳ}$配合比碾压混凝土，当承受水压力为2.8MPa时，随着渗透历时的延长其渗透系数逐渐降低并趋于稳定。这表明在该水压（或水力梯度）下，碾压混凝土并未发生渗透破坏。将渗透试验后混凝土中的砂浆试样进行孔隙结构分析，结果见表3-54。比较表3-54与表3-53可见，经过2.8MPa的压力水渗透长达31d之后的$LTR_{Ⅲ}$配合比碾压混凝土，其孔隙率有所增加，大孔增加，说明混凝土的孔结构在一定程度上受到破坏。因此，基本可以推断，$LTR_{Ⅲ}$ 配合比碾压混凝土90d龄期所能承受的，使内部孔隙结构不发生严重破坏以致渗透系数增大的最大水压为2.8MPa，即临界水力梯度为1867。作为防渗层使用的$LTR_{Ⅳ}$ 配合比碾压混凝土，经过2.8MPa的压力水渗透长达50d之后，其孔隙率不仅不增加，相反有所下降，大孔减少，小孔增加，孔隙结构得到一定程度的改善。因此，可以断定，$LTR_{Ⅳ}$配合比碾压混凝土90d龄期的临界水力梯度大于1867。

表3-54　经渗透试验后混凝土中砂浆压汞测孔结果

配合比 \ 参数	不同孔径范围（nm）的孔隙率（cm^3/kg）										孔隙比例（%）			
	>200	150～200	100～150	50～100	25～50	20～25	10～20	5～10	<5	Σ	>200nm	50～200nm	20～50nm	<20nm
$LTR_{Ⅲ}$	18.6	7.4	15.0	24.3	12.0	2.1	5.8	2.2	4.7	92.1	20.20	50.70	15.31	13.79
$LTR_{Ⅳ}$	8.0	2.0	6.2	18.2	14.6	2.6	5.4	3.3	4.6	64.9	12.33	40.68	26.50	20.49

试验资料表明，龄期112d的龙滩$LTR_{Ⅲ}$ 配合比碾压混凝土，当其承受的水压为3.2MPa时，随着渗透历时的延长，其渗透系数逐渐下降，然而当水压上升至3.6MPa时，随着渗透时间的延长，碾压混凝土的渗透系数已出现上升的趋势（见表3-55）。同一碾压混凝土在121d龄期的渗透试验结果也列于表3-55中。从表3-55的资料可看出，龙滩$LTR_{Ⅲ}$配合比碾压混凝土的龄期为112～121d时，承受水压为3.6MPa（此时水力梯度为2400），已出现渗透系数随渗透历时的延长而增大的趋势，也就是说，该混凝土在此龄期的临界水力梯度约为2400。可以预计，龙滩$LTR_{Ⅳ}$配合比碾压混凝土此时的临界水力梯度大于2400。

表3-55　$LTR_{Ⅲ}$配合比碾压混凝土渗透系数随渗透历时变化试验结果

$\times 10^{-9}$cm/s

水压（MPa）	3.2						3.6						备注
历时（d）	0.5	1.0	1.5	2.0	2.5	3.0	0.5	1.0	1.5	2.0	2.5	3.0	
养护112d	10.617	10.704	10.460	10.408	9.991	9.638	9.395	9.517	8.947	9.510	9.555	9.572	起始水压1.2MPa逐级加压
养护121d	9.200	8.021	7.608	7.319	6.666	6.238	6.437	6.340	6.132	5.144	6.072	6.314	起始水压2.4MPa逐级加压

（7）达西定律与混凝土的渗透特性。以圆柱管当作研究多孔体系渗透特性的模型，也即假定多孔体内部孔隙为等直径且孔隙彼此平行、不发生横向渗流。这与混凝土内部孔隙实际情况不一致。实际混凝土中的孔隙是粗孔、细孔及微细孔的复杂分叉体系，孔隙与孔隙之间

通过微毛细孔发生联系。不连通的孔隙是不透水的。混凝土的渗透性由连通孔隙的最小断面——微毛细孔决定。达西定律在泊萧叶公式的基础上考虑毛细孔体系的复杂性，增加了混凝土孔隙率的参数，但仍然不能完全反映混凝土的渗透特性。由于混凝土渗透系数的测定从开始试验到渗流稳定经历较长的过程，而混凝土不同于其他多孔体系材料（如陶瓷材料），在这一过程中，混凝土中的胶凝材料不断水化产生新的水化产物、原有水化产物吸水肿胀或与渗透水中某些成分发生化学反应、物理吸附、部分水化产物发生溶解、渗透水中悬浮物质随渗透水而迁移等。这些都造成混凝土的渗透系数随渗透历时的延长而降低或升高。此外，试验已表明，不同水压情况下混凝土的渗透系数不同。同一混凝土不同龄期渗透系数不同。渗透路径长短也并非不影响渗透系数。

2. 碾压混凝土施工层面的渗透特性

碾压混凝土坝的抗渗性主要取决于碾压混凝土施工层面的渗透性，因此研究有层面碾压混凝土的抗渗性能具有重要意义。以下关于有层面的碾压混凝土的渗透试验研究分别考虑4h、24h和72h三种层间间隔时间；层面不处理、铺净浆、铺砂浆三种处理方式；对胶凝材料用量分别考虑200kg/m^{3}和160kg/m^{3}两种工况。室内制作有层面的碾压混凝土试件，并按渗流方向平行层面方向的渗透试验方式进行渗透试验，试验结果见表3-56。

表3-56　　碾压混凝土层面相对渗透系数　　cm/s

层面间隔时间（h）	处理层面结合的材料	试件编号	胶凝材料用量（kg/m^3）（水泥+粉煤灰）	
			90+110	55+105
本体		—	1.7×10^{-10}	—
4	不处理	A4-1	4.0×10^{-10}	—
	净浆	A4-2	3.3×10^{-10}	—
	砂浆	A4-3	2.2×10^{-10}	—
本体		—	—	1.3×10^{-9}
4	不处理	C4-1	—	2.3×10^{-9}
	净浆	C4-2	—	1.6×10^{-9}
	砂浆	C4-3	—	2.5×10^{-10}
24	不处理	A24-1	4.6×10^{-10}	—
	净浆	A24-2	8.3×10^{-10}	—
	砂浆	A24-3	1.1×10^{-10}	—
		C24-3	—	2.1×10^{-10}
72	不处理	A72-1	4.1×10^{-9}	—
	净浆	A72-2	3.0×10^{-9}	—
	砂浆	A72-3	2.4×10^{-9}	—
	—	C72-1	—	3.1×10^{-9}
	净浆	C72-2	—	2.3×10^{-9}
	砂浆	C72-3	—	1.0×10^{-9}

研究成果表明，当层间间隔时间为4h时，层面处理与否以及采用怎样的处理层面结合的材料，碾压混凝土相对渗透系数差别不大，相对渗透系数为2.06×10^{-10}cm/s，而本体平均为0.91×10^{-10}cm/s，属同一数量级，但当胶凝材料用量不同时，碾压混凝土相对渗透系数有所差别，采用200kg/m^{3}胶凝材料碾压混凝土相对渗透系数比用160kg/m^{3}胶凝材料碾压混凝土相对渗透系数小一个数量级，当对层面铺水泥砂浆处理后，碾压混凝土相对渗透系数相差不大。当层间间隔时间为72h时，即碾压混凝土终凝以后，碾压混凝土相对渗透系数明显增大约一个数量级，层面抗渗能力明显降低，说明层间间隔时间太久对碾压混凝土的抗渗性能是不利的。

从不同层间间隔时间条件下两种不同的处理层面结合的材料情况看，层面铺水泥砂浆效果要略好，碾压混凝土的抗渗性能略优。

3.3.1.4　水对混凝土的溶蚀

1. 侵蚀机理

暂时硬度（当每升水中重碳酸盐含量以CaO计为10mg时，为1度）较大的水称为硬水。这种水中HCO_3^-的含量较多，HCO_3^-与水泥混凝土表面水泥的水化产物——氢氧化钙产生的反应为

$$Ca(OH)_2+HCO_3^- \longrightarrow CaCO_3+H_2O+OH^- \tag{3-25}$$

生成的$CaCO_3$溶解度很低，析出并形成保护层，阻止氢氧化钙被进一步溶出。

当环境水中含有游离CO_2时，环境水成为碳酸水。水泥石中的$Ca(OH)_2$与其反应，生成碳酸钙，而碳酸钙又与碳酸水反应生成易溶于水的碳酸氢钙。

$$Ca(OH)_2+CO_2+H_2O = CaCO_3+2H_2O \tag{3-26}$$

$$CaCO_3+CO_2+H_2O \longleftrightarrow Ca(HCO_3)_2 \tag{3-27}$$

暂时硬度较小的水称为软水。软水与水泥混凝土接触，水泥混凝土表面未碳化的氢氧化钙将会被溶解，$CaCO_3$也会被软水溶解（每升软水可溶7mg），使氢氧化钙失去碳化保护层，暴露出来进一步被溶解。

根据GB 50287《水力发电工程地质勘察规范》，当环境水中所含HCO_3^-的量等于或小于1.07mmol/L（即＜61mg/L）时，对水泥混凝土具有溶出性侵蚀，HCO_3^-的量等于或小于0.70mmol/L时即具有中等溶出性侵蚀。氢氧化钙的溶出属于物理作用，但能导致水泥混凝土中的水泥水化产物被化学分解的病变。

氢氧化钙的溶出有两种形式，一种为渗透溶出，另一种为扩散溶出。

当混凝土承受水压力产生渗漏时，水通过混凝土中的连通毛细孔管道向压力低的一侧渗出，渗透动力是水压力。渗滤水首先将毛细孔壁的固相游离氢氧化钙溶解，每升渗滤水将直接溶解出1300mg的$Ca(OH)_2$。毛细孔壁的固相游离氢氧化钙溶解完后，位于毛细孔周围被水化产物所覆盖的游离氢氧化钙将开始溶解，通过水化产物覆盖层向毛细孔液相扩散。若氢氧化钙扩散系数小于渗透系数，渗滤水中氢氧化钙达不到饱和浓度，毛细孔壁的水化产物将局部被分解，使孔径粗化，混凝土的孔隙率增大，从而氢氧化钙的扩散系数和混凝土的渗透系数进一步加大，渗漏现象加剧。随后渗滤水的氢氧化钙浓度越来越低，水化产物的分解由局部向周围发展，混凝土的强度开始出现下降。这种溶蚀称为渗透溶蚀。

处于水中的混凝土或与水接触的混凝土表面，氢氧化钙溶出按扩散形式进行。扩散动力

为混凝土内、外部氢氧化钙的浓度差。混凝土液相中 Ca^{2+}、OH^-向外扩散，首先混凝土表面及毛细孔壁的固相游离氢氧化钙溶解，保持固、液相平衡，当表面和毛细孔壁的固相游离氢氧化钙被消耗完后，水化产物覆盖下的游离氢氧化钙开始溶解，通过水化产物向外部及毛细孔中的液相扩散。当接触混凝土的水为流动的极软的水时，氢氧化钙的扩散不可能使接触面附近水的氢氧化钙浓度达到饱和，因此混凝土表面的水泥水化产物产生局部分解，经过较长时间的作用，混凝土表面的水泥石便开始剥落。这种溶蚀称为接触溶蚀。

2. 侵蚀过程

软水渗透溶蚀的过程是软水通过混凝土的孔隙（毛细管）迁移溶解混凝土中易溶解的水泥水化产物 $Ca(OH)_2$。渗流在迁移过程中渗透液的石灰浓度逐渐提高，当达到石灰的饱和浓度时便有 $Ca(OH)_2$ 结晶，并逐渐堵塞渗流通道，发生渗透“自愈”现象。若在渗流的迁移过程达不到石灰的饱和浓度，就不可能出现 $Ca(OH)_2$ 结晶并逐渐堵塞渗流通道的情况，因而渗透不断进行，渗透流量越来越大，混凝土被不断侵蚀直至最终的破坏。侵蚀破坏首先表现为与软水接触的上表面附近混凝土孔隙的孔径增大，孔隙增多，逐渐发展到上表面水泥砂浆的剥落，破坏逐渐深入。

软水接触溶蚀的过程是软水溶解所接触混凝土表面的水泥水化产物 $Ca(OH)_2$，使混凝土内、外部产生毛细孔液的石灰浓度差，内部混凝土中的 $Ca(OH)_2$（离子的形式）通过孔隙液扩散到混凝土表面以维持混凝土内、外部的石灰浓度平衡。当达到石灰浓度平衡时，溶蚀停止；若达不到平衡，溶蚀不断进行。不断的溶蚀使混凝土表面毛细孔的孔径逐渐增大，孔隙增多，混凝土表面变得越来越粗糙，直至混凝土表面水泥砂浆局部脱落并不断向混凝土内部发展。

3. 碾压混凝土的渗透溶蚀及特性

（1）混凝土的渗透溶蚀。

混凝土中水泥的水化产物有 $Ca(OH)_2$、水化硅酸钙、水化铁酸钙、水化铝酸钙及水化硫铝酸钙等。这些水化产物都属碱性且都一定程度地溶于水。只有在液相中石灰含量超过水化产物各自的极限浓度的条件下，这些水化产物才稳定，不向水中溶解；相反，当液相中石灰含量低于水化产物稳定的极限浓度时，这些水化产物依次发生溶解。水泥水化产物的极限石灰浓度如下：

$Ca(OH)_2$	1.3g/L
$2CaO \cdot SiO_2 \cdot aq$	约为 1.3g/L
$3CaO \cdot 2SiO_2 \cdot aq$	约为 1.3g/L
$4CaO \cdot Al_2O_3 \cdot aq$	1.08g/L
$4CaO \cdot Fe_2O_3 \cdot aq$	1.06g/L
$3CaO \cdot Al_2O_3 \cdot aq$	0.42～0.56g/L
$CaO \cdot SiO_2 \cdot aq$	0.03～0.52g/L
$3CaO \cdot Al_2O_3 \cdot 3CaSO_4 \cdot aq$	0.045g/L
$CaCO_3$［$Ca(OH)_2$ 碳化后生成］	0.013g/L

从上述可见，最易溶解的水化产物是 $Ca(OH)_2$ 和 $2CaO \cdot SiO_2 \cdot aq$ 及 $3CaO \cdot 2SiO_2 \cdot aq$，而 $2CaO \cdot SiO_2 \cdot aq$ 和 $3CaO \cdot 2SiO_2 \cdot aq$ 水解分离出 CaO 后形成更稳定的低钙硅比水化产物。

（2）渗透溶蚀试验。为了更接近混凝土使用时的实际情况，渗透溶蚀试验采用自来水作为渗透介质。将混凝土渗透试验获得的渗透液进行化学分析。测定渗透液的 pH 值、电导率、Ca^{2+}、SiO_3^{2-}、SO_4^{2-}、Cl^-、OH^-、Na^+、K^+、Al^{3+}、Fe^{3+}、CO_3^{2-}等离子的溶出量随渗透时间、水压力等的变化。为了避免空气中的二氧化碳使渗透液碳酸化，渗透液直接滴落入塑料膜袋中并及时装瓶密封。电导率用 DDS－11A 电导率仪测定；pH 值用玻璃电极测定；OH^-、CO_3^{2-}、Cl^-、Ca^{2+}用容量法测定；SiO_3^{2+}、SO_4^{2-}、Fe^{3+}、Al^{3+}用分光光度法测定；Na^+用钠电极，K^+用原子吸收法测定。

（3）碾压混凝土的渗透溶蚀特性。

1）渗透溶出物的种类。混凝土渗透溶出物的种类，与组成混凝土的材料及性质、混凝土配合比及龄期等有关。混凝土中凡能溶于水的物质均有可能随渗透过程的进行而溶出。一些易溶于水的碱性氧化物如 Na_2O、K_2O、CaO、MgO 等，当水渗入混凝土时，很快转变为 NaOH、KOH、$Ca(OH)_2$ 等。由于 NaOH 和 KOH 的存在，$Ca(OH)_2$ 的溶解受到抑制，溶解度会降低，因此，混凝土渗透初期 K、Na 的氢氧化物含量较高，但随时间延长而减小。与此同时，$Ca(OH)_2$ 却随时间的延长有所增加，这一现象在掺有少量粉煤灰的混凝土渗透液中明显地表现出来。还有一些可溶性盐类如氯化物（NaCl、KCl、$CaCl_2$ 等）、硫酸盐（Na_2SO_4、K_2SO_4 等）、碳酸盐（Na_2CO_3、K_2CO_3 等）、硅酸盐（Na_2SiO_3 等）也会溶出。这已被渗透水化学成分的分析结果所证实。

2）渗透液的 pH 值。表 3－57 列出了不同混凝土渗透液 pH 值随渗透时间 t 变化的测试结果。该试验结果表明，随着渗透时间的延长，混凝土渗透液的 pH 值逐渐降低。渗透开始阶段，pH 值降低较快，然后逐渐变慢，经过较长时间的渗透，渗透液的 pH 值仍达 11 以上，且随渗透时间的延长逐渐趋于稳定。渗透液 pH 值高低与混凝土配合比有直接关系。粉煤灰掺量高的混凝土，pH 值较低，但经过较长时间的渗透后，渗透液的 pH 值差距逐渐缩小。

表 3－57　　不同混凝土渗透液 pH 值随渗透时间 t 的变化

t（d）		1	2	3	4	5	6	7	8	9	10	11	12	13	13.5
配合比	Sby3－2F	13.08	12.96	12.95	12.91	12.86	12.84	12.80	12.80	12.83	12.85	12.80	12.80	12.75	12.70
	$LTR_{Ⅲ}$	12.15	12.04	12.04	12.00	11.94	11.88	11.71	11.53	11.40	11.45	11.43	11.39	11.42	—
	$LTR_{Ⅳ}$	—	12.72	12.48	12.46	12.12	12.34	12.40	12.43	12.31	12.40	12.32	12.32	12.16	—

t（d）		14	15	16	17	18	19	20	21	备　注
配合比	Sby3－2F	—	—	—	—	—	—	—	—	t_0=28d，正应力 σ=1.2～2.8MPa，水的 pH 值为 7.88，常态混凝土
	$LTR_{Ⅲ}$	11.37	11.24	11.30	11.27	11.26	11.26	11.22	11.17	t_0=112d，σ=1.2～3.6MPa，水的 pH 值为 8.32，碾压混凝土
	$LTR_{Ⅳ}$	12.32	12.16	11.86	11.82	11.79	11.68	—	—	t_0=90d，σ=2.0～3.6～1.6MPa，水的 pH 值为 7.88，碾压混凝土

应该指出的是，渗透液的 pH 值一定程度上反映的是渗透水流经混凝土中连通的孔隙所溶解带出的碱的数量。混凝土的渗透性较大时，其渗透液的 pH 值就较低，且随渗透历时的延长降低较快；相反，则渗透液的 pH 值较高，且随渗透历时的延长降低较慢。混凝土中大

量不连通的及封闭孔隙中的孔隙水的pH值将会明显高于上述测试值。此外，随着混凝土龄期和渗透历时的延长，混凝土的渗透系数下降，混凝土渗透液的pH值将逐渐稳定。

3）CaO的溶出。混凝土中水泥的水化产物都属碱性且都一定程度地溶于水。渗透水对这些水化产物的溶蚀表现形式之一是这些水化产物失去CaO，而逐渐转变为低钙硅比的水化产物。因此，随渗透液带出的CaO反映出混凝土的溶蚀情况。表3-58列出了部分混凝土渗透液累计溶出的CaO随渗透历时的变化。从表3-58可见，对于粉煤灰掺量较少的常态混凝土（如Sby3-2F），渗透水从混凝土中溶解出CaO。对于粉煤灰掺量较大的碾压混凝土（如龙滩工程的LTR_{III}和LTR_{IV}配合比），渗透水不仅不能从混凝土中溶解出CaO；相反地，混凝土从渗透水中吸收CaO。而且粉煤灰掺量越大者，吸收渗透水中CaO的量越多。

表3-58 渗透液累计从混凝土中溶出CaO的量随渗透历时的变化

渗透历时（d）		0.5	1.0	1.5	2.0	3.0	3.5	4.0	4.5
累计溶出CaO（mg）	Sby3-2F	376.7	789.1	1166.5	1516.9	2123.0	2415.6	2861.2	3209.6
	LTR_{III}	—	-27.0	—	-56.0	-92.7	—	-44.2	—
	LTR_{IV}	—	—	—	—	-1.6	—	—	—

渗透历时（d）		5.0	5.5	6.0	6.5	7.0	7.5	8.0	8.5	9.0	9.5
累计溶出CaO（mg）	Sby3-2F	3553.6	3848.6	4116.0	4500.3	4839.5	5155.4	5446.8	5698.4	6050.1	6395.0
	LTR_{III}	-63.7	—	-113.4	—	-133.4	—	-141.0	—	-158.5	—
	LTR_{IV}	—	—	-24.8	—	—	-32.9	—	-35.5	—	-30.4

渗透历时（d）		10.0	10.5	11.0	11.5	12.0	12.5	13.0	13.5	14.0	14.5
累计溶出CaO（mg）	Sby3-2F	6696.0	6988.6	7273.9	7633.4	7970.1	8277.3	8581.2	8863.4	—	—
	LTR_{III}	-232.5	—	-284.9	—	-231.6	—	-366.7	—	-358.4	—
	LTR_{IV}	—	-29.7	—	-27.7	—	-32.6	—	-31.8	—	-41.3

渗透历时（d）		15.0	15.5	16.0	16.5	17.0	17.5	18.0	18.5	19.0	19.5
累计溶出CaO（mg）	Sby3-2F	—	—	—	—	—	—	—	—	—	—
	LTR_{III}	-444.6	—	-552.9	-	-685.7	—	-834.2	—	-1005.1	
	LTR_{IV}	—	-40.4	-	-37.0	—	-35.4	—	-59.9	—	-81.7

渗透历时（d）		20.0	20.5	21.0	21.5	22.5	23.5	24.5	备注
累计溶出CaO（mg）	Sby3-2F	—	—	—	—	—	—	—	t_0=28d，σ=1.2～2.8MPa
	LTR_{III}	-1135.2		-1280.3	—	—	—	—	t_0=112d，σ=1.2～3.6MPa
	LTR_{IV}	—	-106.1	—	-101.1	-118.0	-138.4	-163.8	t_0=90d，σ=1.2～3.6～1.6MPa

4）SiO_2的溶出。掺粉煤灰的混凝土中，由于粉煤灰含有大量的SiO_2，其中的一部分是可溶性的，在渗透水的作用下可能被溶解带出。此外，混凝土中的CaO也会与SiO_2起反应生成不同钙硅比的水化产物——水化硅酸钙。因此，渗透液中SiO_2含量的变化也在一定程

度上反映了渗透水对混凝土的溶蚀情况。表 3－59 列出了两种碾压混凝土在 2.8MPa 的固定水压下，SiO_2 的溶出量随渗透历时的变化。从表 3－59 可见，由于碾压混凝土中粉煤灰掺量较高，渗透水逐渐溶蚀碾压混凝土中的 SiO_2，而且粉煤灰掺量较大的龙滩 $LTR_{Ⅲ}$ 碾压混凝土配合比被溶蚀带出的 SiO_2 较多。

表 3－59　在 2.8MPa 的固定水压下混凝土中 SiO_2 溶出量随渗透历时的变化　mg/d

t(d)		1	2	3	4	5	6	7	8	9	10	11	12～14	15	16
配合比	$LTR_{Ⅲ}$	106.6	103.7	86.4	97.9	63.4	56.2	57.6	41.8	60.5	44.6	40.3	34.6	24.5	21.6
	$LTR_{Ⅳ}$	—	—	—	—	44.6	29.0	13.5	19.4	14.5	23.4	12.9	12.6	—	—
t(d)		17	18	19	18～20	21～22	23～25	26～28	29～31	32～34	35～37	38～40	41～43	44～46	47～50
配合比	$LTR_{Ⅲ}$	14.4	15.8	15.8	—	—	—	—	—	—	—	—	—	—	—
	$LTR_{Ⅳ}$	(11.5)	—	—	18.5	14.2	22.3	16.1	13.1	12.7	12.6	14.8	11.9	11.9	12.2

4. 混凝土的接触溶蚀

混凝土在某些条件下可以使用数十年而完好无损，但在另一些条件下，混凝土受侵蚀破坏。长期与软水或有侵蚀性的水接触的混凝土所受的破坏称为软水（或侵蚀性水）溶出性侵蚀破坏（或侵蚀破坏）。

一般认为，硅酸盐水泥的主要矿物水化后的主要产物是水化硅酸钙（m $CaO \cdot SiO_2 \cdot aq$）、水化铝酸钙（$n\,CaO \cdot Al_2O_3 \cdot aq$）、水化铁酸钙（$p\,CaO \cdot Fe_2O_3 \cdot aq$）、水化硫铝酸钙（$m\,CaO \cdot Al_2O_3 \cdot n\,CaSO_4 \cdot aq$）、氢氧化钙［$Ca(OH)_2$］等。由于水泥成分和水化条件不同，水化产物的 CaO/SiO_2 比、CaO/Al_2O_3 比等（即上述水化产物中的 m、n、p 等系数）不同，结晶水的量也不相同。硅酸盐水泥完全水化后，将产生大约 25%的氢氧化钙。已有资料表明，硅酸盐水泥水化 1 个月，氢氧化钙的量约占水泥质量的 10%，3 个月约为 15%。

上述水泥的水化产物都属碱性且都一定程度地溶于水，只有在液相中石灰含量超过水化产物各自的极限浓度的条件下，这些水化产物才稳定；相反，当液相中石灰含量低于水化产物稳定的浓度时，这些水化产物依次发生溶解。水泥的这些水化产物在酸或某些碱溶液环境条件下会与其发生反应，反应的生成物若具有破坏性或降低胶结性能将使原有混凝土的性能降低，随着反应的不断进行，混凝土最终将破坏。

当混凝土与具有侵蚀性的水接触时，由于水与混凝土孔隙水的 $Ca(OH)_2$ 浓度差而产生 $Ca(OH)_2$ 从孔隙水向界面水扩散溶出。若接触水是流动的且其中的 $Ca(OH)_2$ 含量较低（如软水），则此种扩散溶出将一直进行下去，因而可能造成混凝土表面的破坏。

5. 影响混凝土溶蚀的因素

影响混凝土渗透溶蚀的因素，首先，渗透水的石灰浓度及水中其他影响 $Ca(OH)_2$ 溶解度的物质（离子）。渗透水中 CaO 含量越多，水的暂时硬度越高，渗透水对水化产物的溶蚀量就越小。水中有 Na_2SO_4 及 NaCl 存在时，石灰的溶解度就会增大，当水中有钙盐（如 $CaSO_4$、$CaCl_2$ 等）时，将降低石灰的溶解度。因此，这些物质（离子）的存在也影响渗透溶蚀。其次，混凝土中含极限石灰浓度高的水化产物［如 $Ca(OH)_2$］量的多少也是影响渗透溶蚀的因素。用硅酸盐水泥配制的混凝土中，存在较多 $Ca(OH)_2$ 和高钙硅比的水化产物，比较容易出现 CaO 的溶出。掺有混合材料的水泥或混凝土掺用掺合材料时，混凝土中 $Ca(OH)_2$ 较少、低钙硅比的水化产物较多，因此混凝土的抗渗透溶蚀性能较好。第三，混凝土的密实性及不透水性。混凝土的渗透溶蚀是通过混凝土内部的孔隙进行的。渗透水在混凝土内部孔隙迁移的过程中，水泥的水化产物逐渐溶解进入渗透水。随着渗透水的迁移，渗透水的石灰浓度逐渐提高。假若混凝土密实、不透水，则渗透溶蚀不可能发生。混凝土的孔隙率越大、粗大的连通渗透通道越多，渗透溶蚀就可能越严重。

影响水泥混凝土抵抗软水侵蚀能力的因素有以下几个方面。

（1）溶蚀的类型。渗透溶蚀与接触溶蚀的溶蚀机理是不同的。渗透溶蚀是渗透溶出，其溶出的动力是水压力，溶出量与渗透水量直接相关。接触溶蚀是扩散溶出，其溶出的动力是混凝土内部与外部的氢氧化钙的浓度差。

（2）环境水的溶蚀能力。环境水的溶蚀能力除了石灰浓度及水中其他影响 $Ca(OH)_2$ 溶解度的物质（离子）含量外，是否存在其他的侵蚀介质而发生复合侵蚀也是一个因素。当环境水存在复合侵蚀时，侵蚀的速度加快。如软水侵蚀夹杂有碳酸性侵蚀时，溶蚀加快。

（3）水泥混凝土本身抵抗侵蚀能力的强弱。对于渗透溶蚀，主要决定于混凝土的密实程度和抵抗渗透的能力。因为渗透溶蚀的溶出量与渗透水量直接相关，混凝土密实、抵抗渗透的能力越强，渗透水量越少，渗透溶出量就越少。对于软水的接触溶蚀，溶出量的多少主要决定于混凝土内部与外部的氢氧化钙的浓度差。但水泥混凝土经过较长时间的溶蚀作用，混凝土表面的水泥水化产物产生局部分解，溶蚀破坏首先表现为混凝土表面水泥石剥落。因此，能否长时间保持混凝土表面水泥石不剥落是衡量混凝土抵抗接触溶蚀破坏能力的一个指标。当混凝土内部有足够多的 Ca^{2+}、OH^-离子源源不断地补充混凝土表面的水泥石因溶蚀丧失的 Ca^{2+}、OH^-离子时，混凝土表面水泥石的剥落就可以避免。混凝土厚度越大，对混凝土表面水泥石的保护能力越强。这也就是说，对于表面接触溶蚀影响结果是：

1）随着表面接触溶蚀时间的延长，砂浆和混凝土被溶蚀得越来越严重，溶出的物质越来越多。水灰比对溶蚀有一定的影响，但是影响不大。

2）粉煤灰的渗入，使溶蚀量增大。粉煤灰掺量越大，溶蚀量越大（见图 3－34 和图 3－35）。用矿渣粉代替粉煤灰作为混凝土的掺合料，对抵抗软水接触溶蚀的性能并没有改善。矿渣掺量增大，抵抗软水溶蚀能力变差（见图 3－36 和图 3－37）。减水剂的掺入对抵抗软水溶蚀有一定的影响，但影响范围较小，而膨胀剂的掺入会加速溶蚀。

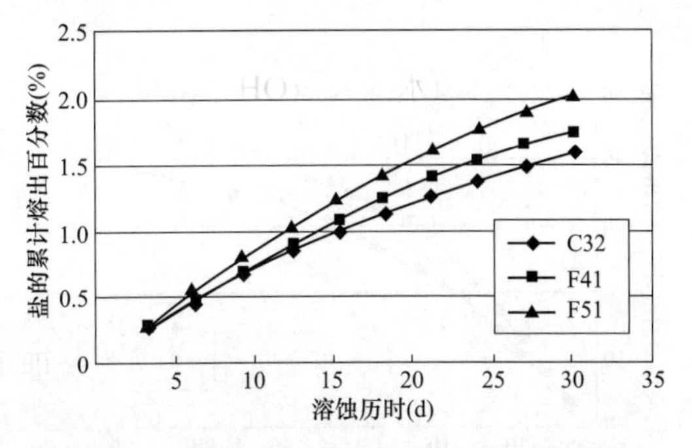

图 3－34　粉煤灰对总盐的累计溶出量的影响
［水泥砂浆（C32）、粉煤灰掺量 13%（F41）以及粉煤灰掺量 23%（F51）的粉煤灰水泥砂浆］

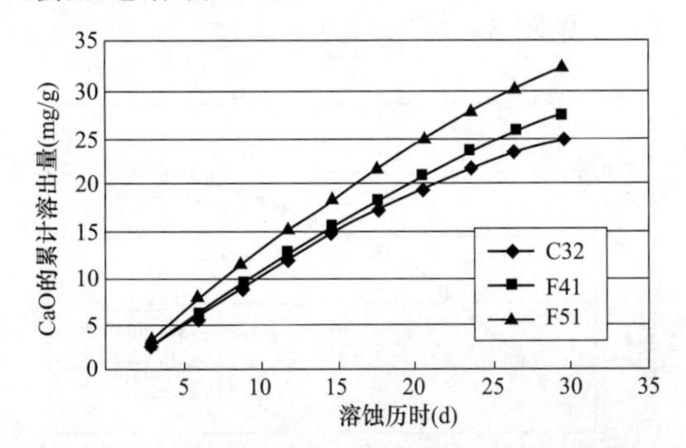

图 3－35　粉煤灰对 CaO 的累计溶出量的影响
［水泥砂浆（C32）、粉煤灰掺量 13%（F41）以及粉煤灰掺量 23%（F51）的粉煤灰水泥砂浆］

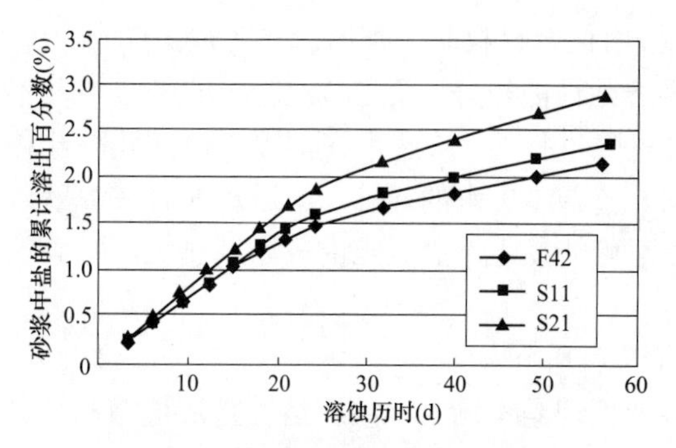

图 3-36　矿渣对总盐的累计溶出量的影响
（粉煤灰掺量30%的F42和矿渣粉掺量13%的S11与掺量为23%的S21比较）

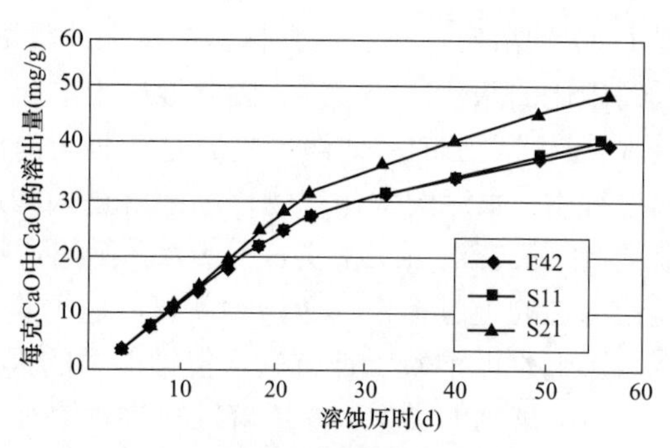

图 3-37　矿渣对 CaO 的累计溶出量的影响
（粉煤灰掺量30%的F42和矿渣粉掺量13%的S11与掺量为23%的S21比较）

3）软水中富含游离 CO_2 的量对溶蚀有明显的影响，随着水中游离 CO_2 含量的增大，溶蚀加重（见图 3-38 和图 3-39）。

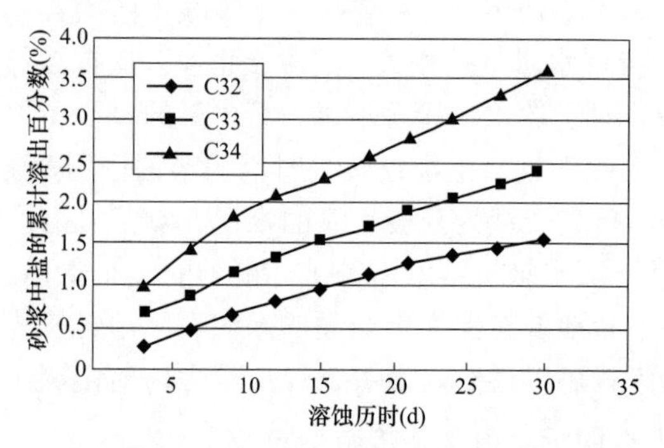

图 3-38　水质对总盐的累计溶出量的影响
（其中C32未掺入 CO_2，C33定期通入少量 CO_2，C34为通入 CO_2 至溶液饱和）

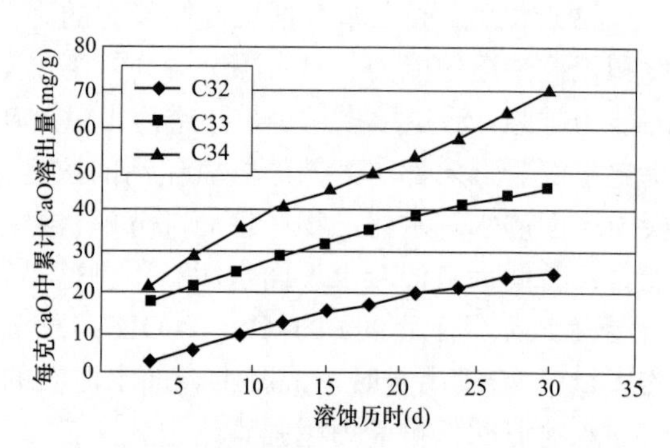

图 3-39　水质对 CaO 的累计溶出量的影响
（其中C32未掺入 CO_2，C33定期通入少量 CO_2，C34为通入 CO_2 至溶液饱和）

4）混凝土的龄期对混凝土抵抗软水溶蚀能力并没有改善，相反由于水泥的水化比较充分，水泥石中的氢氧化钙含量较多，初期的溶蚀量增加（见图 3-40 和图 3-41）。试件厚度越薄，越不利于抗溶蚀（见图 3-42 和图 3-43）。混凝土表面的粗糙度增大使软水接触溶蚀加重（见图 3-44 和图 3-45）。

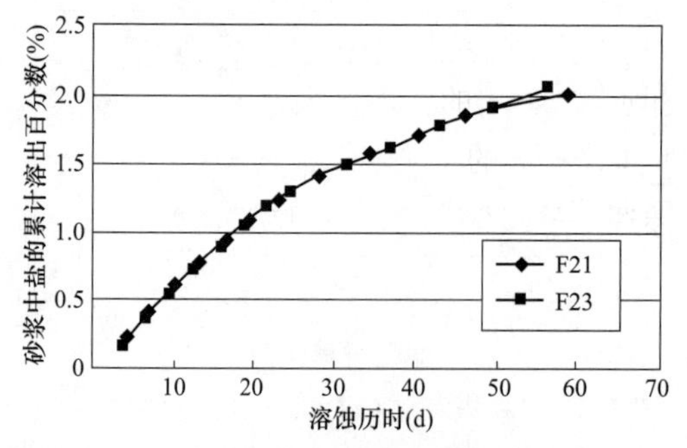

图 3-40　龄期对总盐的累计溶出量的影响
（F21为龄期28d，F23为龄期180d）

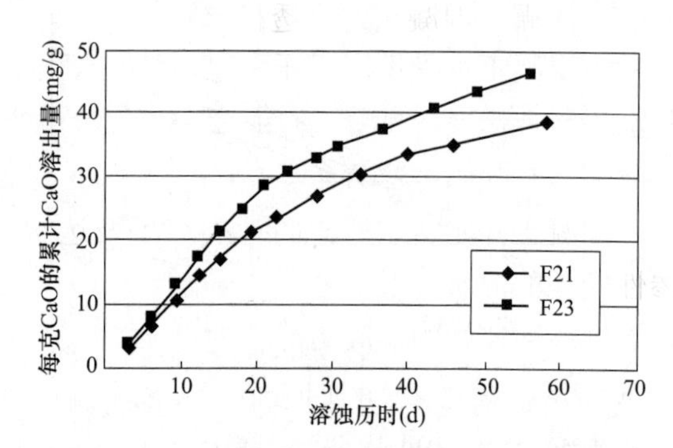

图 3-41　龄期对 CaO 的累计溶出量的影响
（F21为龄期28d，F23为龄期180d）

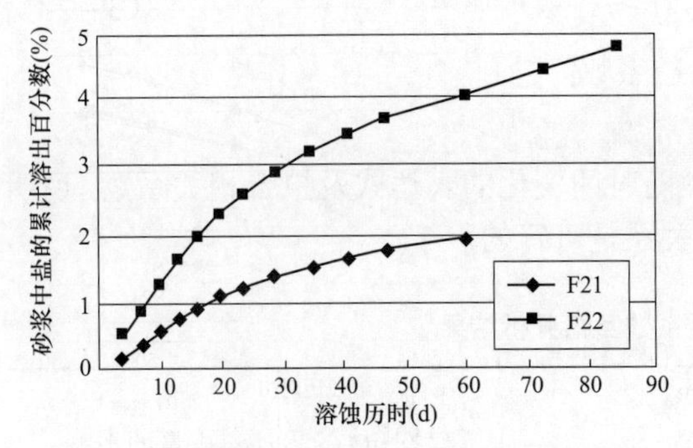

图 3-42 试件厚度对总盐的累计溶出量的影响
[试件 F21(100mm×35mm×8mm)和 F22(100mm×35mm×4mm)]

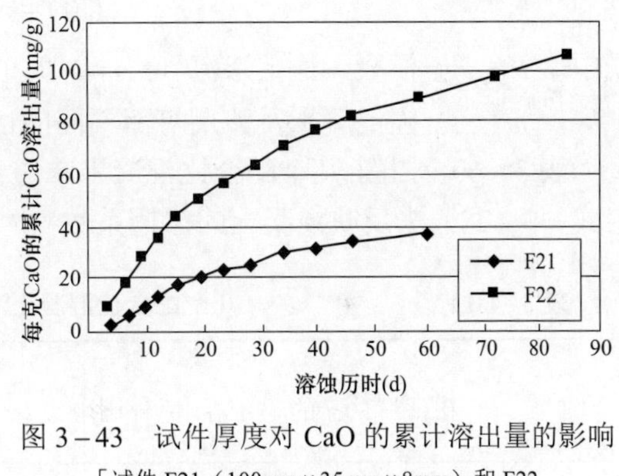

图 3-43 试件厚度对 CaO 的累计溶出量的影响
[试件 F21(100mm×35mm×8mm)和 F22(100mm×35mm×4mm)]

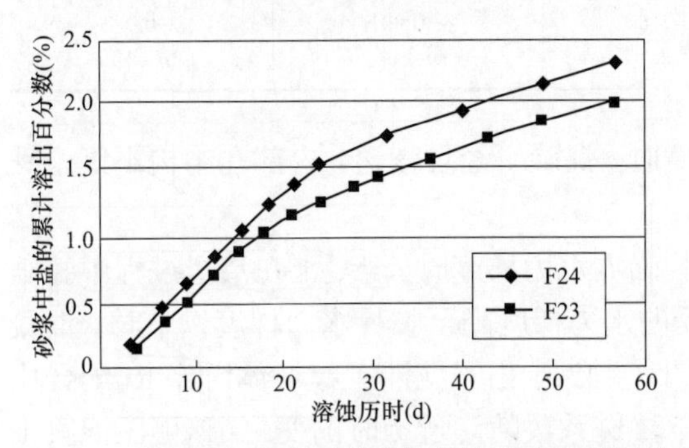

图 3-44 表面粗糙度对总盐的累计溶出量的影响
(F23 为一般砂浆表面,F24 为有刻痕的粗糙砂浆表面)

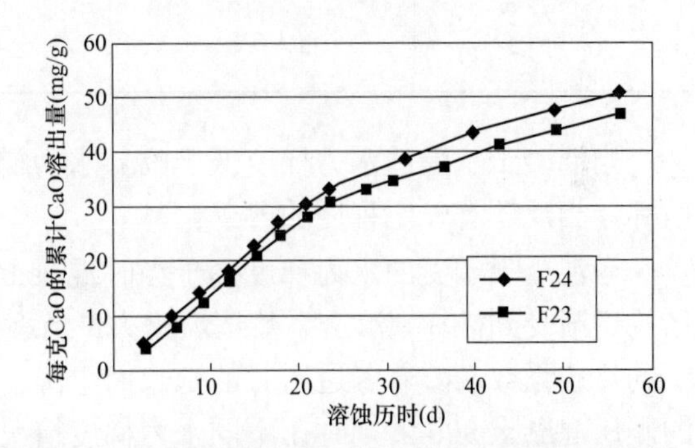

图 3-45 表面粗糙度对 CaO 的累计溶出量的影响
(F23 为一般砂浆表面,F24 为有刻痕的粗糙砂浆表面)

3.3.2 碾压混凝土的渗透及溶蚀耐久性评价

碾压混凝土在压力水的作用下发生渗流,随着渗透时间的延长渗流发生变化,可能会出现随着渗透时间的延长渗流量逐渐减少,最终趋向稳定的结果,也可能出现随着渗透时间的延长渗流量逐渐增大的结果。了解碾压混凝土的渗透耐久性发展规律,避免产生渗透破坏是十分重要的。

3.3.2.1 碾压混凝土的渗透稳定性

当混凝土承受不同水压力时,渗透呈现不同的发展趋势。若混凝土承受的水力梯度低于其临界水力梯度,混凝土的渗透系数与渗透历时呈现图 3-46 的典型关系。该曲线前半段从混凝土透水开始,渗透系数逐渐增大直至该混凝土渗透系数的最大值 K_{max}。

混凝土开始透水所需的时间 t_0 以及达到最大渗透系数所需的时间 t_m 随混凝土而异。抗渗性较差的混凝土 t_0 较小,t_m-t_0 也较小,即混凝土透水后较早达到渗透系数的最大值;相反,抗渗性较好的混凝土,t_0 和 t_m-t_0 都较大。如表 3-49 所列,90d 龄期时 $LTR_{Ⅲ}$混凝土从透水至 K_{max} 经历了 5d 时间,而 $LTR_{Ⅳ}$混凝土同一过程经历了 7d 时间,两者 t 相差则更大些。这两种混凝土 120d 龄期时,从透水至 K_{max} 出现经历了 16d 及以上。混凝土渗透性随时间变化曲线的后半段符合式(3-28),即

$$K(t) = K_\infty t / (t - m) \tag{3-28}$$

式中　K_∞ ——混凝土稳定渗流（$t \to \infty$）时的渗透系数；

　　　m ——因混凝土及龄期等而不同的试验常数。

表 3-60 列出了几个配合比混凝土渗透系数随时间变化的表达式及拟合相关系数，说明用式（3-28）来反映混凝土的渗透系数与时间关系是可行的。

表 3-60　　几个配合比混凝土渗透系数回归分析结果

回归公式		$LTR_{Ⅲ}$ $t=90d$ 2.8MPa	$LTR_{Ⅳ}$ $t=90d$ 2.8MPa	Sby3-2F $t=28d$ 1.2～2.8MPa
$K(t)=\frac{K_\infty t}{t-m}$	K_∞（$\times 10^{-9}$cm/s）	8.051	1.573	3.207
	m	1.756	6.435	3.203
	相关系数 γ	−0.918 $n=25$	−0.901 $n=41$	−0.983 $n=19$

当混凝土承受的水力梯度低于临界水力梯度时，混凝土经过渗透，内部孔结构不仅未受破坏，相反还有一定程度的改善。

当混凝土承受的水力梯度高于当时混凝土的临界水力梯度时，混凝土在渗透过程中孔隙结构逐渐受到破坏，渗透系数逐渐增大。当承受的水力梯度降至临界水力梯度以下时，混凝土的渗透系数又随着渗透历时的延长而下降。图 3-47 示出了龙滩工程坝体内部 $R_{Ⅲ}$配合比的碾压混凝土 90d 龄期时在不同水力梯度情况下渗透系数随渗透历时的变化（该碾压混凝土 90d 龄期时的临界水力梯度是 1867）。

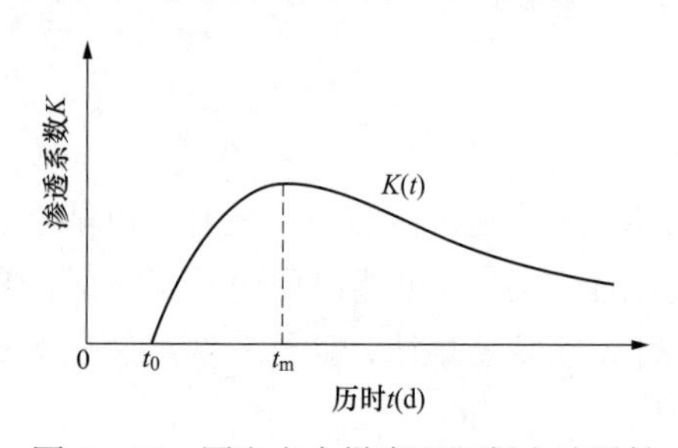

图 3-46　固定水力梯度下混凝土渗透性随时间的变化

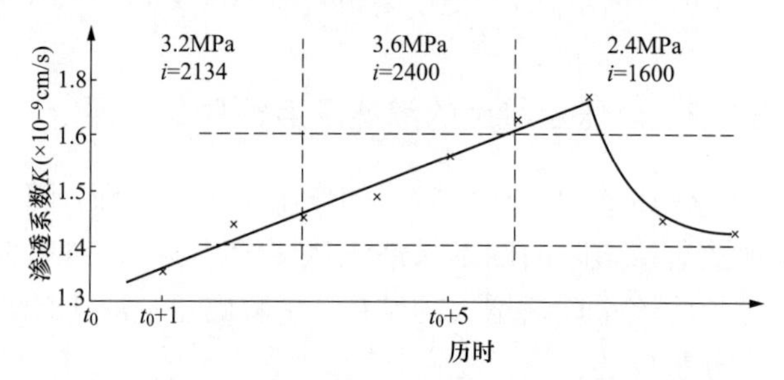

图 3-47　龙滩 $R_{Ⅲ}$在不同水力梯度下渗透系数——历时关系

3.3.2.2　碾压混凝土的溶蚀稳定性

1. 碾压混凝土的渗透溶蚀稳定性

混凝土溶蚀与渗透水性质有关，也与混凝土中粉煤灰掺量有关。当渗透水无化学侵蚀性时，渗透水对混凝土的渗透溶蚀决定于渗透水的暂时硬度及混凝土中易被溶蚀物质的含量。

（1）CaO 的溶蚀稳定性。对于不掺粉煤灰或粉煤灰掺量较低的混凝土，渗透水溶解并带走混凝土中的 CaO，而混凝土吸收水中的可溶性 SiO_2。单位体积渗透液中携带的 CaO 随渗透时间的延长逐渐减少，也即经过较长时间的渗透后，CaO 的累计溶出量趋于一个固定值。表 3-61 为 28d 龄期的混凝土试件渗透溶蚀试验结果。

表3-61 从28d龄期的普通硅酸盐水泥混凝土中溶出的石灰数量与历时关系

渗透历时（d）		1	3	5	6	7	8	10
累计溶出 $Ca(OH)_2$	（mg）	1780	3260	4780	5310	5710	6060	6490
	占水泥质量（%）	1.8	3.3	4.8	5.3	5.7	6.1	6.5
渗透历时（d）		11	12	13	14	15	16	18
累计溶出 $Ca(OH)_2$	（mg）	6600	6810	6950	7090	7260	7353	7430
	占水泥质量（%）	6.6	6.8	6.9	7.1	7.3	7.4	7.5

上述试验结果经拟合，可用式（3-29）、式（3-30）经验公式表示，即

$$G_1 = 8961.3t/(t+4.14) \tag{3-29}$$

$$W(\%) = 8.937t/(t+4.07) \tag{3-30}$$

式中 G_1 ——$Ca(OH)_2$累计溶出的数量，mg；

W ——溶出的$Ca(OH)_2$占水泥质量的百分数，%；

t ——渗透历时，d。

上面经验公式$n=14$，相关系数为0.994。从式（3-29）、式（3-30）可见，当t为无穷大时，累计溶出的$Ca(OH)_2$为8.96g，相当于水泥质量的8.94%，该值大约相当于水泥水化产生$Ca(OH)_2$的1/3。

将表3-58实测Sby3-2F配合比混凝土累计溶出CaO的数量进行拟合，可得式(3-31)经验公式，即

$$G(t) = 52214.6t/(t+67.96) \tag{3-31}$$

式中 $G(t)$ ——渗透水溶出的CaO累计数量，mg；

t ——渗透历时，d。

式（3-31）的$n=26$，相关系数为0.99。当t为无穷大时，$G(t)$的最大值是52 214.6mg。该试验所用混凝土中水泥用量为6.11kg，按产生25%的$Ca(OH)_2$进行估计，可产生$Ca(OH)_2$ 1.528kg，相当于存在1.156kg的CaO，故渗透水能溶出的CaO仅占混凝土中CaO数量的5%以下。

试验结果和分析表明，一般的水对正常使用的混凝土中CaO［或$Ca(OH)_2$］的渗透溶蚀量是有一定限度的。能溶出的CaO数量与混凝土中水泥品种及含量有关，也与混凝土的不透水性有关。掺用适量粉煤灰的密实、高抗渗性能的混凝土，渗透溶蚀出的CaO较少。掺粉煤灰较多且抗渗性能较高的混凝土渗透出的CaO极少。此时若渗透水中存在较多CaO，则混凝土吸收水中的CaO。

（2）SiO_2的溶蚀稳定性。对于粉煤灰掺量较高的混凝土，渗透水溶解并带走混凝土中的可溶性SiO_2，而混凝土吸收渗透水中的CaO。单位体积渗透液中携带的SiO_2随渗透时间的延长逐渐减少，也即经过较长时间渗透后，SiO_2的累计溶出量趋于某一固定值。

根据表3-59的试验资料，也可获得龙滩$LTR_{Ⅲ}$配合比碾压混凝土在2.8MPa的水压下SiO_2累计溶出量表达式，即

$$G(t) = 1955.39t/(t+17.102) \tag{3-32}$$

式中　$G(t)$——渗透水溶出的SiO_2累计数量，mg；

　　t——渗透历时，d。

式（3－32）的$n=17$，相关系数为0.999。当t为无穷大时，$G(t)$的最大值是1955.39mg。该试验所用混凝土中粉煤灰用量为0.472kg，其中含SiO_2 0.242kg，故渗透水能溶出的SiO_2仅占混凝土中SiO_2数量的0.81%。相应的，对于龙滩$LTR_Ⅳ$配合比碾压混凝土，渗透水能溶出的SiO_2仅占混凝土中SiO_2数量的0.38%。

试验结果和分析表明，一般的水对正常使用的碾压混凝土中SiO_2的渗透溶蚀也是有一定限度的。能溶出的SiO_2数量与碾压混凝土中粉煤灰品质及粉煤灰含量有关，也与混凝土的不透水性有关。掺用适量粉煤灰的密实、高抗渗性能的碾压混凝土，渗透溶蚀出的可溶性SiO_2极少。

（3）水化产物的稳定性。水化产物的稳定性直接影响到混凝土的耐久性及结构物的安全性，如前所述，各种水化产物只有在液相中石灰含量超过水化产物各自的极限浓度的条件下，这些水化产物才稳定，不向水中溶解。其中$2CaO \cdot SiO_2 \cdot aq$的极限浓度最高，与$Ca(OH)_2$的极限浓度相当，即只有在$Ca(OH)_2$的饱和溶液中才能稳定存在。因此$2CaO \cdot SiO_2 \cdot aq$最不容易稳定。

当混凝土中掺有粉煤灰时，由于粉煤灰中的活性组分与水泥水化产物$Ca(OH)_2$发生二次水化反应，使混凝土中液相的$Ca(OH)_2$浓度下降，pH值也有所降低。现以最不易稳定的$2CaO \cdot SiO_2 \cdot aq$为例，研究水化产物的稳定性。设水化硅酸二钙以$2CaO \cdot SiO_2 \cdot \frac{7}{6}H_2O$为代表并按式（3－33）水解，即

$$2CaO \cdot SiO_2 \cdot \frac{7}{6} \cdot H_2O + \frac{17}{6}H_2O = 2Ca^{2+}(aq) + 4OH^-(aq) + Si(OH)_4(S) \quad (3-33)$$

其热力学数据为

$$G_{298}^{\theta}(C_2SH) = -2711.2kJ \cdot mol^{-1}$$

$$G_{298}^{\theta}(H) = -306.4kJ \cdot mol^{-1}$$

$$G_{298}^{\theta}(SH_2) = -1514.0kJ \cdot mol^{-1}$$

$$G_{298}^{\theta}(Ca^{2+}) = -513.9kJ \cdot mol^{-1}$$

$$G_{298}^{\theta}(OH^-) = -232.9kJ \cdot mol^{-1}$$

反应式（3－33）的自由能变化为

$$\Delta G_{R298}^{\theta} = \Sigma G_{298}^{\theta}(\text{产物}) - \Sigma G_{298}^{\theta}(\text{反应物}) = 105.9kJ \cdot mol^{-1}$$

反应式（3－33）的平衡常数为

$$K^{\theta} = \exp(-\Delta G_{R298}^{\theta} / RT) = 2.73 \times 10^{-19} \text{（计算过程略）}$$

计算结果表明，当渗透液中Ca^{2+}离子的浓度大于5.1×10^{-4}（相当于29mg/L），即pH值高于11时，反应式（3－33）不可能向右进行，即不易分解产生$Si(OH)_4$。但在此条件下$2CaO \cdot SiO_2 \cdot aq$有可能变为$CaO \cdot SiO_2 \cdot aq$。由于一般自然水中CaO的浓度不低于50mg/L，所以水化产物$CaO \cdot SiO_2 \cdot aq$是可以稳定存在的。从平衡常数的表达式中可知，OH^-离子浓度（pH值）的变化对K^{θ}数值的影响大得多。因此，pH值的大小对保证水化产物的稳定

性更为重要。

根据Ca^{2+}离子浓度、pH 值随渗透历时变化的试验结果，Sby3－2F 配合比混凝土中的水化产物能稳定存在，而龙滩 $LTR_Ⅲ$及龙滩 $LTR_Ⅳ$配合比混凝土中的 $2CaO \cdot SiO_2 \cdot \frac{7}{6} \cdot H_2O$ 可能会转化为 $CaO \cdot SiO_2 \cdot xH_2O$ 或 $CaO \cdot 2SiO_2 \cdot xH_2O$ 的形式存在，转化后的水化产物是最稳定的，且其强度比转化前的水化产物的强度更高。

（4）积盐形成的热力学条件。已有的研究表明，盐积聚在混凝土的毛细孔、凝胶孔内，产生结晶作用，造成固相体积膨胀。这些盐的生成，或是由于侵蚀介质与混凝土组分相互作用的化学反应，或是从外部带入的，随着水的蒸发，从溶液中析出的结果。由于盐在混凝土孔隙内逐渐积聚，而使混凝土更加密实，渗透液将减少。如果这种过程发生缓慢，混凝土孔隙和空洞被生成的结晶物填充，混凝土因而密实。只有持续的结晶作用致使混凝土的孔隙壁产生很大的张力之后，混凝土结构的破坏和强度下降才变得明显起来。积盐腐蚀中最常见的是硫酸盐的侵蚀。

大多数天然水中均含有硫酸盐。地表水中硫酸根的含量通常不超过 60mg/L。在地下矿化水中，SO_4^{2-}离子的含量要高得多。对于高掺粉煤灰混凝土，若原煤中含硫量较高，其粉煤灰中所含硫酸盐也相应较高。将龙滩 $LTR_Ⅲ$配合比及龙滩 $LTR_Ⅳ$配合比数据与掺粉煤灰较少的常态混凝土 Sby3－2F 试验数据比较可知，渗透液中硫酸盐（SO_4^{2-}）离子的浓度大了 2～17 倍不等。

系统中有可能产生积盐的有下列反应，即

$$Ca^{2+} + SO_4^{2-} = CaSO_4 \qquad K_{Se}^{\theta} = 9.1\times10^{-6}$$

$$Ca^{2+} + CO_3^{2-} = CaCO_3 \qquad K_{Se}^{\theta} = 2.8\times10^{-9}$$

$$Ca^{2+} + SiO_3^{2-} = CaSiO_3 \qquad K_{Se}^{\theta} = 2.5\times10^{-8}$$

$$Ca^{2+} + 2OH^- = Ca(OH)_2 \qquad K_{Se}^{\theta} = 5.5\times10^{-6}$$

如果取龙滩工程的 $LTR_Ⅲ$及 $LTR_Ⅳ$中的实际数据：pH＝12，$[OH]^- = 10^{-2}$mol/L，$[Ca^{2+}] = 2\times10^{-3}$mol/L，$[CO_3{}^{2-}] = 10\times10^{-3}$mol/L，$[SiO_4{}^{2-}] = 1.5\times10^{-3}$mol/L，$[SO_4{}^{2-}] = 2\times10^{-3}$mol/L，则

$$[Ca^{2+}][OH^-]^2 = 2\times10^{-7} < 5.5\times10^{-6}$$

$$[Ca^{2+}][CO_3^{2-}] = 2\times10^{-5} >> 2.8\times10^{-9}$$

$$[Ca^{2+}][SiO_3^{2-}] = 3\times10^{-6} > 2.5\times10^{-8}$$

$$[Ca^{2+}][SO_4^{2-}] = 4\times10^{-6} < 9.1\times10^{-6}$$

计算结果表明，在 $LTR_Ⅲ$及 $LTR_Ⅳ$试件的孔隙中，应有 $CaCO_3$ 和 $CaSiO_3$ 固相析出。由于Ca^{2+}离子与 SO_4^{2-}离子浓度的乘积接近于 K_{se}^{θ}，考虑 $Ca(OH)_2$ 等盐效应存在的情况下，在 $CaSO_4$ 浓度较低时，固相 $CaSO_4 \cdot 2H_2O$ 也有可能形成。但根据一般性原则，当溶液中 SO_4^{2-}离子含量小于 1000mg/L 时，不会引起石膏性破坏。在 $LRT_Ⅲ$及 $LTR_Ⅳ$试验数据中只有极少数点的 SO_4^{2-}离子浓度超过 1000mg/L，其余均小于 1000mg/L，而且随着时间的延长，渗透液中 SO_4^{2-}离子的浓度迅速减小。因此，即使有少量 $CaSO_4 \cdot 2H_2O$ 生成，也不会对混凝土造成结构性破坏。

然而，当溶液中 SO_4^{2-}离子浓度不大（＜1500mg/L）时，其侵蚀作用主要表现为生成水

化硫铝酸钙（“水泥杆菌”），即

$$3CaO \cdot Al_2O_3 \cdot 6H_2O + 3CaSO_4 + 26H_2O = 3CaO \cdot Al_2O_3 \cdot 3CaSO_4 \cdot 32H_2O \quad (3-34)$$

生成物（钙矾石）含有32个结晶水，体积明显大于反应物，在混凝土内部产生膨胀压力，严重时造成混凝土开裂、强度下降。由于钙矾石的溶解度很小，故在SO_4^{2-}离子浓度较小时也能形成。但有些研究资料指出，只有当混凝土孔隙中$Ca(OH)_2$浓度很高，反应以高硫型水化硫铝酸钙出现时才产生上述破坏作用。当$Ca(OH)_2$浓度较低时，反应生成的是低硫型水化硫铝酸钙，不产生破坏作用。此外，当氯化物存在时提高了水化硫铝酸钙的溶解度，阻止了晶体的生成和长大。由于掺入较大比例的粉煤灰，使龙滩工程的$LTR_{Ⅲ}$及$LTR_{Ⅳ}$碾压混凝土的渗透液中SO_4^{2-}和Cl^-离子的浓度与sby3-2F相比均有所提高。但对于大多数试验数据而言，SO_4^{2-}离子浓度都小于250mg/L，且pH值不是很高，因此，钙矾石的侵蚀发生的可能性不大。

SO_4^{2-}离子也有可能与水化硅酸钙反应生成侵蚀性石膏，即

$$2CaO \cdot SiO_2 \cdot \frac{7}{6}H_2O + 2SO_4^{2-} + \frac{41}{6}H_2O = 2(CaSO_4 \cdot 2H_2O) + Si(OH)_4 + 4OH^- \quad (3-35)$$

反应式（3-25）的标准自由能变化为

$$\Delta G_{R298}^{\theta} = \Sigma G_{298}^{\theta}(产物) - \Sigma G_{298}^{\theta}(反应物) = 57.0kJ \cdot mol^{-1}$$

平衡常数为

$$K^{\theta} = \exp(-\Delta G_{R298}^{\theta} / RT) = 1.02 \times 10^{-10}$$

又$K^{\theta} = [OH^-]^4 / [SO_4^{2-}]^2$，将$[OH^-] = 10^{-14} / [H^+]$，可得

$$\lg[SO_4^{2-}] = 2PH - 23.2$$

此式说明侵入性硫酸根离子的浓度与溶液pH值之间的关系。pH值很低时，SO_4^{2-}离子浓度很低时就可以发生侵蚀。当pH=11时，[SO_4^{2-}]=0.063mol/L，即混凝土中[SO_4^{2-}]<0.063mol/L（6000mg/L），硅酸二钙就能稳定存在。试验结果表明，龙滩工程$LTR_{Ⅲ}$及$LTR_{Ⅳ}$配合比的渗透液中pH值均大于11，另外，测试结果显示[SO_4^{2-}]<6000mg/L，因此SO_4^{2-}对混凝土不会发生反应式（3-35）的侵蚀。

$CaCO_3$、$CaSiO_3$、$CaSO_4$等盐的结晶和积聚有双重作用。一方面，盐堵塞了混凝土中的孔隙，增加了混凝土的密实性；另一方面，析盐反应需消耗水化产物$Ca(OH)_2$，即降低系统pH值，影响水化产物的稳定性，使混凝土易遭受侵蚀。

在$LTR_{Ⅲ}$及$LTR_{Ⅳ}$碾压混凝土中，可能同时存在下列积盐反应与水化反应，它们争夺溶液中的Ca^{2+}离子，即

$$2CaO(S) + SiO_2(非晶体) + \frac{7}{6}H_2O(l) = 2CaO \cdot SiO_2 \cdot \frac{7}{6}H_2O \quad (3-36)$$

$$Ca^{2+}(aq) + CO_3^{2-}(aq) = CaCO_3(s) \quad (3-37)$$

$$Ca^{2+}(aq) + SiO_3^{2-}(aq) = CaSiO_3(s) \quad (3-38)$$

$$Ca^{2+}(aq) + SO_4^{2-}(aq) = CaSO_4(s) \quad (3-39)$$

至于哪个反应具有优先权，可以反应式（3-36）和式（3-37）为例进行分析。从能量角度看，两个反应的ΔG_{R298}^{θ}分别为$-376.1kJ \cdot mol^{-1}$、$-49.1kJ \cdot mol^{-1}$，在相同的介质中，特

别是在CaO含量相对低的环境下，首先进行的是式（3－36）的反应，即首先生成水化产物，其次才是积盐反应的发生。实际上由于微孔中这些离子的浓度大于较大孔隙中的浓度，因此，上述反应有可能在微小孔隙中同时发生，而在较大孔隙中则不能同时发生。因此，有理由认为，合适的配合比、少量的积盐不会对混凝土构成危害，相反有助于提高混凝土的密实性，改善其抗渗性。

（5）碾压混凝土的渗透溶蚀耐久性。硅酸盐水泥熟料的主要矿物成分是C_3S、C_2S、C_3A和C_4AF。其中C_3S占37%～60%，C_2S占15%～37%，C_4AF占10%～18%。为计算方便，暂取C_3S为50%，C_2S为25%，C_4AF为14%。目前倾向性的认识是熟料矿物与水发生涉及$Ca(OH)_2$的反应有

$$2C_3S+6H \equiv C_3S_2H_3+3CH$$

$$2C_2S+4H \equiv C_3S_2H_3+CH$$

$$C_4AF+2CH+10H \equiv C_3AH_6+C_3FH_6$$

因此，1000g硅酸盐水泥熟料水化后将产生的$Ca(OH)_2$为254.39g（计算过程略）。

由上述粗略的计算可得，硅酸盐水泥熟料水化产物中$Ca(OH)_2$的含量约占水泥熟料质量的25%。在水泥的水化产物中，由于$Ca(OH)_2$的极限浓度最大，最容易被渗透水溶解，以CaO的形式溶出。若将$Ca(OH)_2$换算为CaO，则CaO约占水泥熟料质量的19%。已有学者根据实验曲线指出，CaO析出大于10%以后，混凝土的强度有明显的下降。若以此作为允许从混凝土中溶出CaO的限量，则可以评价混凝土的使用寿命。

假定每立方米混凝土使用的水泥中硅酸盐水泥熟料为c（kg），水泥水化后$Ca(OH)_2$含量以CaO计算，占熟料质量百分比为α，混凝土结构设计使用年限为T，则在使用年限内厚度为b（m）的混凝土结构每平方米渗透面积允许带走CaO的量G_{CaO}为

$$G_{CaO}=0.1bc\alpha \tag{3-40}$$

在使用时间t内，渗透水实际能带走的CaO数量为$g_{CaO}(t)$，其值可根据实测资料经拟合处理求得。当使用达到T年而$g_{CaO}(t)$等于或小于G_{CaO}时，建筑物安全，或者说建筑物混凝土结构使用寿命等于或大于设计使用年限。

在使用时间t内，通过单位面积混凝土渗透出的水量Q_t可用式（3－41）表示，即

$$Q_t=\bar{K}_t\cdot\frac{Ht}{b} \tag{3-41}$$

$$\bar{K}_t=\int_{t_m}^{t}K(t)\mathrm{d}t/t \tag{3-42}$$

式中 $\bar{K}_t$——在使用时间t内，混凝土的平均渗透系数；

H——作用于混凝土结构上的水头，m；

b——混凝土结构的厚度，m；

t_m——达到最大渗透系数所需的时间；

$K(t)$——混凝土渗透系数，其值随渗透时间而变化，m/s。

由实测的渗透系数随渗透历时变化的资料获得$K(t)$，按式（3－42）求得$\bar{K}_t$，代入式（3－14）可求得Q_t。根据混凝土结构使用年限T时的$g_{CaO}(t)$及Q_t值，可获得渗透液的CaO平均浓度，从而可以求得混凝土的允许平均渗透系数$\bar{K}$。

前面试验的配合比 Sby3－2F 每立方米混凝土中用普通硅酸盐水泥 270kg，其中硅酸盐水泥熟料 248kg，即 $0.248g/cm^3$，试验试件厚度 $b=15cm$，则混凝土每平方厘米渗透面积允许带走的 CaO 数量为 $G_{CaO}=70.68(mg/cm^2)$。

试验获得该混凝土渗透液 CaO 累计溶出量如式（3－41）所示。当 t 为无穷大时，CaO 的累计溶出量为 52 214.6mg，试验时试件的总渗透面积为 $1361cm^2$，平均每平方厘米渗透面积 CaO 的溶出量为 38.4mg，小于允许溶出量值。因此，混凝土可以安全耐久。

假如要求混凝土安全使用 100 年，以 Sby3－2F 配合比混凝土为例，可根据式（3－41）计算出使用期 100 年每平方厘米渗透面积渗透水累计带走 CaO 的量为 38.29mg。因此渗透液的 CaO 平均浓度为 $2.838\times10^{-3}mg/cm^3$。

假定混凝土渗透系数变化时不影响渗透液的 CaO 平均浓度。取混凝土厚度为 120cm，作用水头为 230m，则可计算出耐久 100 年的混凝土允许平均渗透系数为

$$\begin{aligned}\bar{K}&=\frac{Q_t\times b}{Ht}\\&=3.3\times10^{-7}(cm/s)\end{aligned}$$

从以上计算结果可以看出，当河水不具有侵蚀性且混凝土板不存在裂缝等缺陷时，只要混凝土的渗透系数不大于 $3.3\times10^{-7}cm/s$，就可以满足抗溶蚀耐久 100 年的要求。混凝土抗渗等级为 W8 时，相当于渗透系数达 $2\times10^{-9}cm/s$ 的数量级，因此应该是安全可靠的。

对于粉煤灰掺量较大的碾压混凝土，渗透液不仅不能从碾压混凝土中溶解出 CaO；相反，混凝土从渗透水中吸收 CaO。因此，这类碾压混凝土不会出现由于 CaO 被溶解带出引起的溶蚀破坏。对于粉煤灰掺量较大的碾压混凝土应该考虑是否会因可溶性 SiO_2 的溶出引起溶蚀破坏。

假定每立方米碾压混凝土中粉煤灰用量为 F（kg），其中 SiO_2 含量为β（%），非晶态 SiO_2 占γ（%）。若以溶出非晶态 SiO_2 5%作为允许的限量 G_F，则可评价碾压混凝土的使用寿命。

龙滩 $LTR_{Ⅳ}$配合比，$F=140$，$\beta=51.22$，若 $\gamma=60$，用该碾压混凝土作为坝体防渗层，其厚度为 3m，则每平方米渗透面积允许溶出的 SiO_2 的限量 G_F 为 6.454kg。

试验获得该碾压混凝土渗透液 SiO_2 累计溶出量为

$$G(t)=\exp\frac{6.921t}{3.954+t} \tag{3-43}$$

式中　$G(t)$ ——渗透历时为 t d 时，试验混凝土试件 SiO_2 的累计溶出量，mg；

t——渗透历时，d。

当 t 为无穷大时，$G(\infty)=1013.3mg$。若不考虑水压的降低及混凝土厚度的增大对渗透溶蚀的影响，换算为一平方米面积 3m 厚的混凝土，则最终被溶出的 SiO_2 为 0.827kg，仅占允许溶出量的 12.81%，因此该混凝土可以长期使用不受溶蚀破坏。

龙滩 $LTR_{Ⅲ}$配合比，$F=105$，$\beta=51.22$，若 γ 仍取为 60，用该碾压混凝土作为防渗层（原设计用其作为坝体内部混凝土），其厚度为 3m，则每平方米渗透面积允许溶出的 SiO_2 的限量 G_F 为 4.840kg。

试验获得该碾压混凝土渗透液 SiO_2 累计溶出量按式（3－32）计算。当 t 为无穷大时，$G(\infty)=1955.39mg$，换算为一平方米渗透面积，厚 3m 的混凝土，则最终溶出的 SiO_2 的量为

1.305kg，仅占允许溶出量的26.96%。说明该混凝土也能长期耐久不被溶蚀破坏。

应该指出的是，上述渗透溶蚀试验是在混凝土龄期90d时进行的，随着混凝土龄期的延长，其密实性提高，渗透性降低，溶蚀量下降，此时混凝土的抗溶蚀性能更好。

（6）软水渗透溶蚀对混凝土表面的影响。图3－48是粉煤灰掺量35%的常态混凝土在软水环境条件下的渗透溶蚀过程中钙离子的浓度分布。可以看出，在渗透溶蚀过程中，随着渗透时间的延长，浓度锋面（即混凝土孔隙液中钙离子浓度由0变为最大值的过程线）距上边界的距离越来越长，即混凝土被渗透溶蚀的程度越来越大，但浓度锋面推进的速度越来越慢，即随着试验时间的延长，被渗透溶蚀的速度越来越慢，最终的溶蚀深度也不足6mm。从图3－48还可以看出，渗透溶蚀的结果主要是混凝土的表面很薄的一层被溶蚀，造成混凝土表面粗糙，因此表面混凝土对不同时刻混凝土中钙离子的浓度分布抗渗性对整个混凝土建筑物的抗溶蚀性能来说至关重要。软水条件下的渗透溶蚀对于密实混凝土的内部并不会造成危害。

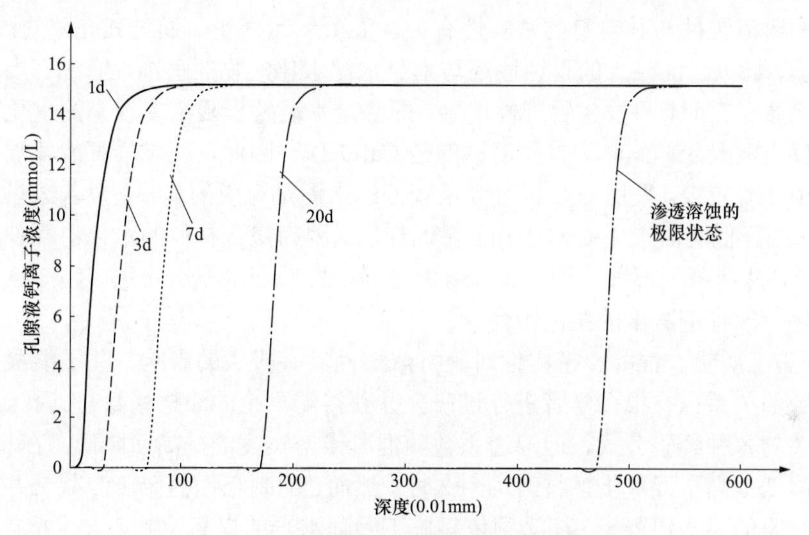

图3－48 常态混凝土在软水渗透溶蚀过程中

2. 混凝土的软水溶蚀稳定性

碾压混凝土的软水接触溶蚀稳定性。碾压混凝土一般用于作为坝体的材料，与水接触而发生接触溶蚀的部位仅限于坝体的上游面的混凝土，而此部位一般情况下流速都很小，因而软水溶解所接触坝体碾压混凝土表面的水泥水化产物$Ca(OH)_2$，使碾压混凝土内、外部产生毛细孔液的石灰浓度差，内部碾压混凝土中的$Ca(OH)_2$（离子的形式）通过孔隙液扩散到碾压混凝土表面以维持碾压混凝土内、外部的石灰浓度平衡的过程进行极其缓慢。因此，碾压混凝土坝受到软水接触溶蚀而发生破坏的情况仅限于坝体的上游表面的很薄范围，最终只能导致坝体上游表面成为粗糙表面。也就是说，由于溶蚀条件的限制，碾压混凝土坝在软水接触溶蚀条件下是能长时间稳定的。

3. 提高碾压混凝土抗渗透、溶蚀耐久性的措施

混凝土的渗透和溶蚀是相辅相成的。渗透性小的混凝土，一般情况下耐溶蚀性能也较强。混凝土耐溶蚀性能的好坏反过来也影响其渗透特性。因此，提高碾压混凝土抗渗透耐溶蚀的措施应从几个方面着手：

（1）配制高抗渗性、耐溶蚀的混凝土；

（2）提高施工质量，铺筑出密实、无缺陷的防渗层；

（3）采取防护特殊措施。

1）配制高抗渗透、耐溶蚀的混凝土。混凝土的抗渗性能与混凝土的原生孔隙及孔隙的构造直接相关。水胶比大的混凝土，孔隙率大且连通开口的毛细孔隙较多，不利于提高混凝土的抗渗性。因此，应控制水胶比值。水胶比不仅应根据混凝土的抗压强度等级确定，更重要的是应以耐久性因素确定水胶比。一般宜不大于0.45。掺用引气剂可以改善混凝土中的原生孔隙构造，使连通开口孔隙变为独立、细小、分散的不连通气泡，既提高了混凝土的抗冻性能，也明显改善混凝土的抗渗性能，因此应掺用引气剂。优质掺合材料（如Ⅰ级粉煤灰）的适量掺入可使混凝土的结构密实，减少混凝土的原生孔隙。随着混凝土龄期的延长，掺合材料不断水化，使混凝土原生孔隙分段、细化或堵塞，从而提高混凝土的抗渗性及耐溶蚀性。

混凝土的耐溶蚀性与其自身的密实性有关，混凝土越密实，通过其孔隙的渗透水越少，溶蚀作用越弱。此外，混凝土的耐蚀性还与本身水泥水化产物的耐蚀性有关。当环境水中无化学侵蚀性物质存在时，只发生物理性溶蚀，即渗透水溶解极限浓度较高的水化产物并使其随渗透水迁移出混凝土。此时，首先溶蚀的是$Ca(OH)_2$。因此，应该尽可能使混凝土中水泥水化产物$Ca(OH)_2$较少。采用C_3S相对含量较低的水泥是有效的途径。掺入适量的优质掺合材料，也可起到降低混凝土中$Ca(OH)_2$含量的作用。因为掺合材料的水化消耗部分水泥水化产物$Ca(OH)_2$，从而降低混凝土中$Ca(OH)_2$的含量，使后期水泥水化生成钙与硅的比值较低的水化硅酸钙，改善混凝土的抗溶蚀性。

2）保证施工质量。混凝土密实性对其抗渗透性具有极大的影响。关于混凝土的密实性与其渗透系数的关系已有很多学者进行过研究并获得混凝土的渗透系数与其孔隙率（或有效孔隙率）相关的各种经验公式，即渗透系数随混凝土密实度的提高而降低。在相同条件下，渗透系数的降低提高了混凝土的抗溶蚀耐久性。然而，配制合理的碾压混凝土并不一定就铺筑出密实无缺陷的碾压混凝土，还必须依靠施工管理水平的提高及施工技术措施的配套。比如，准确配料并拌制出合格的碾压混凝土拌和物；运输及铺筑的正确操作以获得骨料分离少、层面胶结良好且密实均匀的碾压混凝土；养护和防护的及时、有效，防止碾压混凝土防渗层的干缩裂缝、温度裂缝的出现等。

裂缝是混凝土抗渗透耐溶蚀的大忌。尽管有试验资料显示裂缝有自愈现象及自封现象。但是，在高水力梯度作用下，或当裂缝宽度超过自愈范围以后，自愈及自封现象是难以存在的。此时裂缝漏水量与裂缝宽度的三次方成比例，正如石川公式所示，即

$$Q=\frac{La^2\rho H}{12\sigma\eta d} \tag{3-44}$$

式中 Q——裂缝漏水量；

L——裂缝长度；

a——裂缝宽度；

ρ——水的密度；

H——压力水头；

σ——经验系数；

η ——水的黏度；

d ——混凝土厚度。

假若宽度为 a、长度为 L 的裂缝变为 m 条，每条的宽度为 a/m，长度仍为 L，则根据式（3－44）可计算得 m 条小裂缝的总漏水量为原裂缝漏水量的 $1/m^2$。由此可见，避免及降低裂缝宽度对提高混凝土的抗渗透耐溶蚀性能的重要性。

3）提高混凝土抗渗透耐溶蚀能力的特殊措施。

a. 在混凝土表面粘涂护面材料。使用密实的（或具有憎水性的）与混凝土不起化学作用的材料，使混凝土与环境水隔离是防止水渗透、提高混凝土耐溶蚀性能的有效措施。属于这类措施的有涂刷各种防水涂料、粘贴或设置各类防渗薄膜等。

防水涂料包括水乳型再生橡胶——沥青防水涂料、氯丁胶乳沥青防水涂料、JG－1 油溶性防水冷胶料、JG－2 水乳型防水冷胶料、聚氨酯防水涂料、水性石棉沥青防水涂料和弹性沥青防水涂料等。这些防水涂料都具有较好的不透水性、耐热性、抗裂性和耐久性，并可冷法施工，操作较方便。

防渗薄膜可使用高分子聚合物薄膜。主要有聚氯乙烯、增韧聚氯乙烯、氯乙烯、氯化聚乙烯、氯丁橡胶、丁基橡胶、三元乙丙橡胶等类型。根据工程应用要求，可制成带塑料衬、柔性衬的加筋膜。薄膜厚度一般为 1.5～3.5mm。

b. 对混凝土表面进行预处理。用盐溶液或某些低浓度酸溶液处理混凝土表面，使混凝土表面水泥石生成一层难溶解的钙盐以取代氢氧化钙，可提高混凝土耐溶蚀性能。用氟硅酸（H_2SiF_6）3%溶液处理混凝土表面，使水泥石表面的毛细孔隙内形成极难溶的氟化钙及硅酸凝胶组成的薄膜。也可用草酸（$H_2C_2O_4$）5%溶液或磷酸二氢钙［$Ca(H_2PO_4)_2$］溶液处理。经过处理的混凝土不仅抗溶蚀能力增强，混凝土的强度也有一定的提高。工程实践中用氟硅酸溶液处理较为普遍，不仅效果好也较为经济。

c. 表层采用特种混凝土。碾压混凝土铺筑之后，在其上游面浇筑一层特种混凝土以提高其抗渗透性和耐溶蚀性。特种混凝土可以是抗水性好的聚合物混凝土（包括树脂混凝土、聚合物水泥混凝土和聚合物浸渍混凝土）、沥青混合料以及掺用特种外加剂的防水、密实、耐溶蚀的高性能混凝土等。

3.3.3　碾压混凝土中掺合材料掺量

碾压混凝土是掺用掺合材料较多的混凝土。一般情况下，若设计技术指标相同，设计龄期越长，碾压混凝土掺用掺合材料的比例可以取得越大。掺合材料的掺入会一定程度地影响碾压混凝土的早龄期性能。掺合材料掺入过多会影响碾压混凝土的早期结构密实性，对碾压混凝土的早期抗渗性能和耐溶蚀性能都有不利的影响。根据混凝土所用胶凝材料中 CaO 及 SiO_2 的含量，计算不同配合比混凝土中 CaO/SiO_2 的摩尔比值，并将不同比值的混凝土在不同水压力下的渗透水量和 CaO、SiO_2 溶出量列于表 3－62。由表 3－62 可知：Sby3－2F 配合比常态混凝土的胶凝材料中 CaO/SiO_2 的摩尔比为 2.3，CaO 过剩而溶出；龙滩 $LTR_{Ⅲ}$ 配合比碾压混凝土的胶凝材料中 CaO/SiO_2 的摩尔比为 0.82，SiO_2 过剩而溶出；龙滩 $LTR_{Ⅳ}$ 配合比碾压混凝土的胶凝材料中 CaO/SiO_2 的摩尔比为 0.97，接近于 1，SiO_2 略有过剩而溶出，CaO 略有不足而吸收。相比之下龙滩 $LTR_{Ⅳ}$ 碾压混凝土发生溶蚀反应最少，也即最稳定，溶蚀耐久性较好。因此，对于坝体的上游面防渗层碾压混凝土，从提高抗渗透溶蚀耐久性考虑，其掺合材料的掺用比例不应取得过大。根据试验结果，当碾压混凝土的胶凝材料中 CaO/SiO_2 的摩尔比接近 1.0 时，抗渗透溶蚀的能力最强。当然，这是在碾压混凝土 90d 龄期时的试验结果。

表 3-62　　不同水压下混凝土的日均渗透及溶蚀量

配合比 CaO/SiO_2	项目 \ 水压（MPa）	1.2	1.6	2.0	2.4	2.8	3.2	3.6
Sby3-2F 2.3	渗透历时（h）	60	60	60	60	60	—	—
	渗水量（L/d）	1.250	1.074	0.948	0.885	0.906	—	—
	溶出 CaO（mg/d）	690	680	633	630	636	—	—
	溶出 SiO_2（mg/d）	2.33	-2.36	-2.30	-2.18	-2.20	—	—
$LTR_{Ⅲ}$ 0.82	渗透历时（h）	72	72	72	72	72	72	72
	渗水量（L/d）	0.838	1.381	1.803	2.072	2.722	3.058	3.117
	溶出 CaO（mg/d）	-32.50	-6.90	-15.12	-24.29	-70.56	-129.90	-148.70
	溶出 SiO_2（mg/d）	53.40	44.89	51.70	58.20	78.60	82.20	132.60
$LTR_{Ⅳ}$ 0.97	渗透历时（h）	72	72	58	72	72	72	72
	渗水量（L/d）	0.049	0.138	0.274	0.316	0.358	0.422	0.523
	溶出 CaO（mg/d）	-0.53	-7.73	-1.30	0.74	-0.26	-2.11	-15.55
	溶出 SiO_2（mg/d）	4.66	11.04	25.98	22.60	31.63	35.49	50.49

注　表中数据均为 6 个试件的试验平均值。

3.4　全级配碾压混凝土性能

3.4.1　全级配混凝土试验的特点

由于 150mm 立方体试件强度受试验方法上难以消除端面摩擦阻力影响，所以测得的强度不能反映混凝土的轴心抗压强度。湿筛混凝土缺失大粒径骨料，也不能反映大体积混凝土的真实状况。为掌握大体积混凝土实有强度，对大体积混凝土结构进行安全评估，有必要进行全级配混凝土试验。全级配碾压混凝土试验有以下特点：

（1）骨料最大粒径为 80mm，试件尺寸不低于粒径的 3 倍，立方体试件规格采用 300mm×300mm×300mm；圆柱体试件规格采用 ϕ300mm×600mm，轴向拉伸试验试件规格采用 ϕ300mm×900mm。

（2）碾压混凝土与常规混凝土施工工艺不同，常规混凝土柱状浇筑成型，碾压混凝土采用薄层连续碾压成型，在研究碾压混凝土性能时要考虑层面影响。

国内常规混凝土如二滩、五强溪、东江、三峡等工程曾进行过全级配混凝土试验，由于受大型试验机设备条件限制，碾压混凝土全级配试验资料尚少。

3.4.2　全级配碾压混凝土的强度

按照龙滩的施工配合比，分别掺用珞璜Ⅰ级粉煤灰和凯里Ⅱ级粉煤灰进行全级配碾压混凝土特性试验，在确定 1m^3 混凝土材料用水量不变的条件下，调整两种粉煤灰所用的减水剂掺量，满足 VC 值 5s±2s，含气量 3%～4%。龙滩全级配碾压混凝土特性试验配合比见表 3－63。

表 3－63　　龙滩全级配碾压混凝土特性试验配合比

粉煤灰种类	级配	配合比参数				VC (s)	含气量（%）	每方材料用量（kg/m^3）							外加剂及掺量	
		$\frac{W}{C+F}$	W	F(%)	S(%)			水	水泥	粉煤灰	人工砂	碎石			JM－Ⅱ	ZB－1G
												小石	中石	大石		
珞璜Ⅰ级	三	0.41	79	56	34	4.4	3.4	79	86	109	743	437	583	437	0.2%	5/万
凯里Ⅱ级	三	0.41	79	56	34	5.2	3.7	79	86	109	743	437	583	437	0.8%	5/万

3.4.2.1　抗压强度

全级配碾压混凝土抗压强度试件规格采用 300mm×300mm×300mm 立方体，标准试件为 150mm×150mm×150mm 立方体。龙滩全级配碾压混凝土和湿筛混凝土抗压强度试验结果见表 3－64。

表 3－64　　龙滩全级配碾压混凝土和湿筛混凝土抗压强度试验结果

粉煤灰种类	试件标志	不同龄期抗压强度（MPa）			
		28d	90d	180d	365d
珞璜Ⅰ级	L（大试件）	25.4	35.6	40.7	42.6
	S（小试件）	27.0	38.1	45.2	47.3
	大小试件强度比 L/S	0.94	0.93	0.90	0.90
凯里Ⅱ级	L（大试件）	27.8	41.2	42.7	44.0
	S（小试件）	29.1	44.1	46.8	48.1
	大小试件强度比 L/S	0.96	0.93	0.91	0.91

300mm×300mm×300mm 立方体试件与标准立方体试件抗压强度比平均值为 0.92。

3.4.2.2　轴向抗拉强度

全级配碾压混凝土轴向抗拉强度试件规格采用 ϕ300mm×900mm 圆柱体，标准轴向抗拉强度试件为 100mm×100mm×550mm 方 8 字形。龙滩全级配碾压混凝土和湿筛混凝土轴向抗拉强度试验结果见表 3－65。

表 3－65　　龙滩全级配碾压混凝土和湿筛混凝土轴向抗拉强度试验结果

粉煤灰种类	试件标志	轴向抗拉强度（MPa）		
		28d	90d	180d
珞璜Ⅰ	L（大试件）	1.87	2.25	2.79
	S（小试件）	2.56	3.19	3.99
	大小试件轴向抗拉强度比 L/S	0.73	0.71	0.70
凯里Ⅱ	L（大试件）	1.78	2.35	2.82
	S（小试件）	2.43	3.32	4.03
	大小试件轴向抗拉强度比 L/S	0.73	0.71	0.70

ϕ300mm×900mm 圆柱体试件与标准轴向抗拉强度试件轴向抗拉强度比平均值为 0.71。

三峡大坝常态混凝土全级配轴向抗拉强度为湿筛混凝土的 61%。

3.4.2.3 劈裂抗拉强度

1. 全级配碾压混凝土劈裂抗拉强度与标准试件劈裂抗拉强度的关系

全级配碾压混凝土劈裂抗拉强度试件规格采用 300mm×300mm×300mm 立方体，标准劈裂抗拉强度试件为 150mm×150mm×150mm 立方体。龙滩全级配碾压混凝土和湿筛混凝土劈裂抗拉强度试验结果见表 3－66。

表 3－66　龙滩全级配碾压混凝土和湿筛混凝土劈裂抗拉强度试验结果

粉煤灰种类	试件标志	劈裂抗拉强度（MPa）			
		28d	90d	180d	365d
珞璜Ⅰ级	L（大试件）	1.54	2.58	2.71	2.88
	S（小试件）	2.07	2.93	3.16	3.47
	大小试件劈裂抗拉强度比 L/S	0.74	0.88	0.86	0.83
凯里Ⅱ级	L（大试件）	1.51	2.47	2.58	2.81
	S（小试件）	2.18	3.06	3.14	3.39
	大小试件劈裂抗拉强度比 L/S	0.69	0.81	0.82	0.83

300mm×300mm×300mm 立方体试件与标准劈裂抗拉强度试件劈裂抗拉强度比平均值为 0.81。

2. 全级配碾压混凝土轴向抗拉强度与劈裂抗拉强度的关系

计算劈裂抗拉强度的理论公式是由圆柱体径向受压推导出来的。采用立方体试件，假设圆柱体是立方体的内切圆柱，由此将圆柱体水平拉应力计算公式，变换成立方体计算公式，圆柱体直径变换成立方体边长。立方体试件劈裂试验，试验机压板是通过垫条加载，理论上应该是一条线接触，而实际上是面接触，因此垫条宽度就影响计算公式的准确性。试验也表明垫条尺寸和形状对劈裂抗拉强度有显著影响。

对碾压混凝土来说，全级配碾压混凝土轴向抗拉强度试件为ϕ300mm×900mm 圆柱体，劈裂抗拉强度试件为 300mm×300mm×300mm 立方体，劈裂抗拉强度试验垫条宽度为 15mm，在此试验条件下轴向抗拉强度与劈裂抗拉强度的关系见表 3－67。

表 3－67　龙滩全级配碾压混凝土轴向抗拉强度与劈裂抗拉强度的比值

粉煤灰种类	轴向抗拉强度（MPa）			劈裂抗拉强度（MPa）			轴向抗拉强度(R_t)/劈裂抗拉强度(R_s)		
	28d	90d	180d	28d	90d	180d	28d	90d	180d
珞璜Ⅰ	1.87	2.25	2.79	1.54	2.58	2.71	1.21	0.87	1.03
凯里Ⅱ	1.78	2.35	2.82	1.51	2.47	2.58	1.18	0.95	1.09
平均值							1.05		

因此，全级配碾压混凝土轴向抗拉强度（R_t）与劈裂抗拉强度（R_s）的关系式为

$$R_t = 1.05R_s \qquad (3-45)$$

式（3-45）估值误差小于±15%。

劈裂抗拉强度试验方法是非直接测定抗拉强度的方法之一。试验方法简单，对试验机要求、操作方法和试件尺寸与抗压强度试验相同，只需要增加简单的夹具和垫条。

对中小型碾压混凝土坝可以采用式（3-45）估算全级配碾压混凝土的轴向抗拉强度。

3.4.3 全级配碾压混凝土的变形性能

3.4.3.1 压缩弹性模量

全级配碾压混凝土压缩弹性模量试件规格采用ϕ300mm×600mm圆柱体，标准弹性模量试件为ϕ150mm×300mm圆柱体。龙滩全级配碾压混凝土和湿筛混凝土压缩弹性模量试验结果见表3-68。

表3-68 龙滩全级配碾压混凝土和湿筛混凝土压缩弹性模量试验结果

粉煤灰种类	试件标志	压缩弹性模量（GPa）		
		28d	90d	180d
珞璜Ⅰ	L（大试件）	37.7	43.2	45.5
	S（小试件）	36.5	42.7	45.2
	大小试件弹性模量比L/S	1.03	1.01	1.01
凯里Ⅱ	L（大试件）	35.4	42.1	43.2
	S（小试件）	34.8	41.3	42.8
	大小试件弹性模量比L/S	1.02	1.02	1.01

ϕ300mm×600mm圆柱体试件与标准弹性模量试件压缩弹性模量比平均值为1.02，全级配碾压混凝土压缩弹性模量略高于湿筛混凝土标准弹性模量，约高出2%。因为碾压混凝土最大骨料粒径为80mm，湿筛后大于40mm的骨料的体积缺失不到16%，所以两者差别不大。

三峡大坝常态混凝土全级配大试件弹性模量约为湿筛标准试件的弹性模量的120%。

3.4.3.2 极限拉伸

全级配碾压混凝土极限拉伸试验与轴向抗拉强度相同，极限拉伸试验结果列于表3-69。

表3-69 龙滩全级配碾压混凝土和湿筛混凝土极限拉伸试验结果

粉煤灰种类	试件标志	极限拉伸（$\times10^{-6}$）		
		28d	90d	180d
珞璜Ⅰ	L（大试件）	63	76	85
	S（小试件）	80	108	119
	大小试件极限拉伸比L/S	0.79	0.70	0.71
凯里Ⅱ	L（大试件）	59	73	83
	S（小试件）	77	101	114
	大小试件极限拉伸比L/S	0.77	0.72	0.73

ϕ300mm×900mm 圆柱体试件与标准极限拉伸试件极限拉伸比平均值为 0.74。

三峡大坝常态混凝土全级配混凝土极限拉伸值为湿筛混凝土的 58%。

3.4.3.3 徐变度

全级配碾压混凝土压缩徐变度试验试件规格采用ϕ300mm×900mm，标准徐变度试验试件为ϕ150mm×450mm 圆柱体。两种粉煤灰全级配碾压混凝土不同加荷龄期徐变度试验结果见表 3－70、表 3－71、图 3－49 和图 3－50。

表 3－70　龙滩珞璜粉煤灰全级配碾压混凝土徐变度试验结果　$\times10^{-6}$/MPa

试验编号	加荷龄期	持荷时间（d）								
		1	2	3	5	7	10	15	20	25
珞璜大试件	28d	3.5	5.3	5.1	6.6	7.3	7.2	8.4	8.4	8.9
	90d	2.6	3.0	3.7	4.0	4.4	4.4	5.3	5.5	5.7
	180d	0.5	0.8	1.1	1.3	1.7	2.0	2.4	2.6	3.1
	龄期	28	35	40	45	50	60	70	80	90
	28d	9.3	9.8	10.1	10.8	10.8	11.2	11.4	11.5	11.5
	90d	5.9	6.0	6.6	6.7	6.7	6.7	6.8	6.9	7.0
	180d	3.3	3.3	3.5	3.7	3.8	4.2	4.3	4.2	4.2

表 3－71　龙滩凯里粉煤灰全级配碾压混凝土徐变度试验结果　$\times10^{-6}$/MPa

试验编号	加荷龄期	持荷时间（d）								
		1	2	3	5	7	10	15	20	25
凯里大试件	28d	8.7	9.0	10.0	12.7	14.1	15.5	17.1	18.2	18.5
	90d	4.0	5.0	5.2	5.5	5.6	5.2	6.9	6.6	7.1
	180d	2.5	2.5	2.3	1.8	2.0	2.5	4.8	4.7	5.0
	龄期	28	35	40	45	50	60	70	80	90
	28d	19.0	19.2	18.5	19.2	19.4	20.1	19.7	20.6	20.7
	90d	7.1	7.5	7.7	7.6	7.9	7.8	8.1	8.6	8.6
	180d	5.4	5.5	5.4	5.9	6.1	6.3	6.3	7.4	7.5

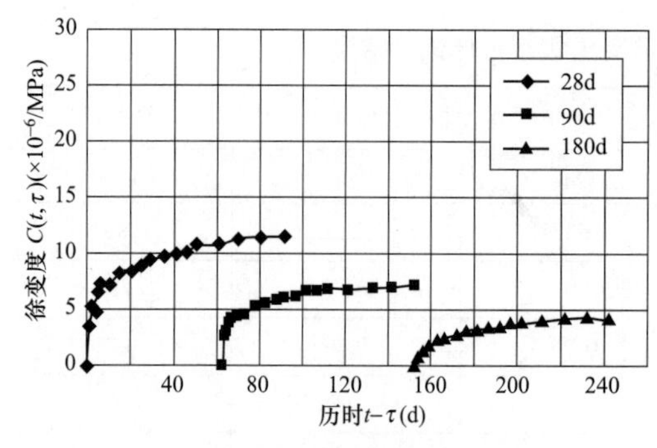

图 3－49　龙滩珞璜粉煤灰全级配碾压混凝土徐变度过程线

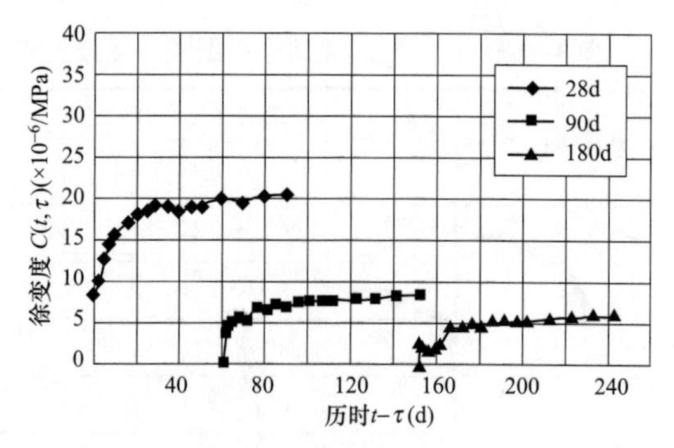

图 3－50　龙滩凯里粉煤灰全级配碾压混凝土徐变度过程线

两种粉煤灰湿筛混凝土不同加荷龄期徐变度试验结果见表 3-72、表 3-73～图 3-51和图 3-52。

表 3-72　龙滩珞璜粉煤灰湿筛混凝土徐变度试验结果　$\times10^{-6}$/MPa

试验编号	加荷龄期	持荷时间（d）								
		1	2	3	5	7	10	15	20	25
珞璜小试件	28d	4.2	5.8	6.4	6.9	8.1	8.5	9.2	9.4	10.3
	90d	2.5	3.1	3.4	4.1	4.5	4.7	4.9	6.2	5.7
	180d	2.4	3.1	3.1	3.5	4.3	4.5	4.8	4.9	5.0
	龄期	28	35	40	45	50	60	70	80	90
	28d	10.4	11.2	11.5	11.6	11.9	12.4	12.6	13.1	13.2
	90d	6.3	6.5	6.8	6.9	7.2	7.6	8.0	8.1	8.1
	180d	5.1	5.3	5.5	5.8	6.1	5.9	6.2	6.2	6.3

表 3-73　龙滩凯里粉煤灰湿筛混凝土徐变度试验结果　$\times10^{-6}$/MPa

试验编号	加荷龄期	持荷时间（d）								
		1	2	3	5	7	10	15	20	25
凯里小试件	28d	7.5	9.6	10.7	11.6	14.1	17.1	17.4	17.8	18.5
	90d	2.6	3.3	3.4	4.7	4.2	4.6	6.3	7.1	7.6
	180d	2.4	3.1	3.3	4.5	4.3	4.0	4.7	5.4	6.1
	龄期	28	35	40	45	50	60	70	80	90
	28d	19.6	20.4	20.8	20.9	23.1	24.1	24.7	25.0	25.1
	90d	8.2	8.8	10.4	10.1	11.6	12.1	12.8	13.1	13.1
	180d	6.6	6.7	6.9	7.4	7.2	7.6	8.5	8.6	8.6

由表 3-70 和表 3-72 对比，湿筛混凝土不同加荷龄期的徐变度均高于全级配碾压混凝土的徐变度；表 3-71 和表 3-73 对比也同样表明，湿筛混凝土不同加荷龄期的徐变度高于全级配碾压混凝土的徐变度。徐变度高出 2×10^{-6}～4×10^{-6}/MPa，分析其原因与压缩弹性模量试验相类似。

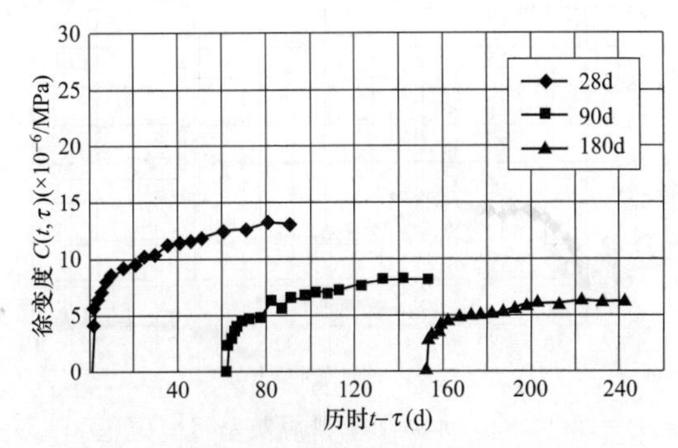

图 3-51　龙滩珞璜粉煤灰湿筛混凝土徐变度过程线

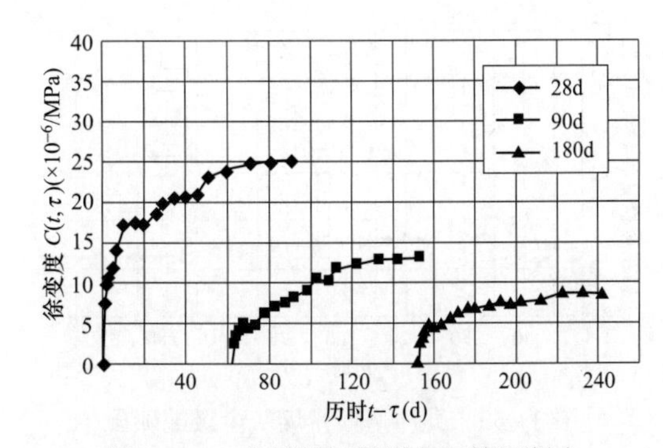

图 3-52　龙滩凯里粉煤灰湿筛混凝土徐变度过程线

三峡大坝常态混凝土全级配混凝土 7d、28d、90d 加荷龄期的徐变分别为湿筛混凝土的55%、73%和 98%。

3.4.3.4 自生体积变形

在恒温绝湿条件下，由于胶凝材料的水化作用引起的体积变形称为自生体积变形。全级配碾压混凝土自生体积变形试验试件规格采用ϕ300mm×900mm，标准自生体积变形试验试件为ϕ 200mm×600mm。两种粉煤灰全级配碾压混凝土自生体积变形试验结果见表 3－74、表 3－75、图 3－53 和图 3－54。

表 3－74　　龙滩珞璜大试件自生体积变形试验结果

试验编号	自生体积变形（×10⁻⁶）									
珞璜大试件	1d	2d	3d	5d	7d	10d	15d	20d	25d	28d
	−0.1	1.1	0.2	1.1	2.7	4.2	4.6	4.6	3.6	3.1
	35d	40d	45d	50d	60d	80d	70d	90d	105d	120d
	6.6	8.1	7.2	6.2	7.7	5.2	5.5	6.3	5.2	5.2
	135d	150d	165d	180d	210d	240d	270d	300d	330d	360d
	4.9	5.0	4.9	4.1	4.8	4.6	3.4	3.3	3.3	3.3

表 3－75　　龙滩凯里大试件自生体积变形试验结果

试验编号	自生体积变形（×10⁻⁶）									
凯里大试件	1d	2d	3d	5d	7d	10d	15d	20d	25d	28d
	3.1	0.7	5.1	6.2	7.6	5.2	3.9	2.3	4.1	6.9
	35d	40d	45d	50d	60d	80d	70d	90d	105d	120d
	4.1	6.5	8.3	11.9	9.7	13.1	12.8	10.3	9.5	9.1
	135d	150d	165d	180d	210d	240d	270d	300d	330d	360d
	11.3	9.5	9.9	8.7	8.7	7.9	8.3	8.2	8.2	8.1

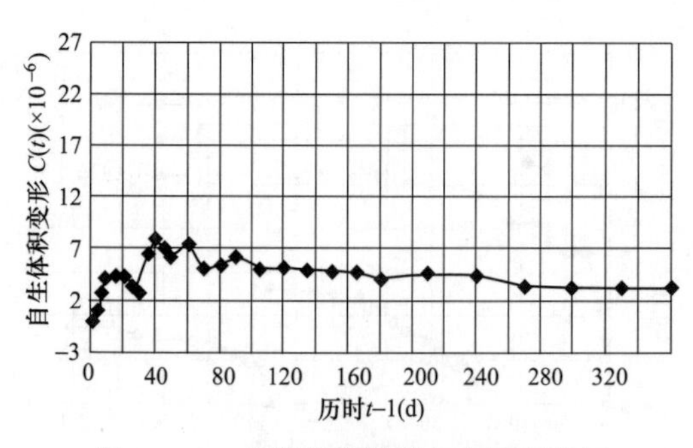

图 3－53　龙滩珞璜粉煤灰全级配碾压混凝土自生体积变形过程线

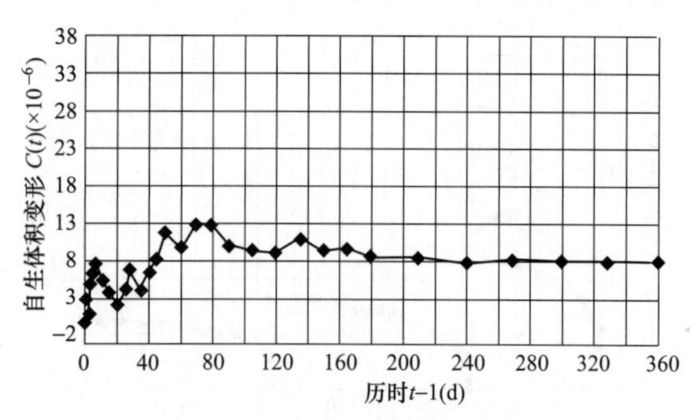

图 3－54　龙滩凯里粉煤灰全级配碾压混凝土自生体积变形过程线

两种粉煤灰湿筛混凝土自生体积变形试验结果见表3-76、表3-77、图3-55和图3-56。

表3-76　龙滩珞璜小试件自生体积变形试验结果

试验编号	自生体积变形（$\times10^{-6}$）									
珞璜小试件	1d	2d	3d	5d	7d	10d	15d	20d	25d	28d
	-0.1	-0.5	-2.5	-1.8	2.8	4.0	2.7	2.9	3.9	3.2
	35d	40d	45d	50d	60d	80d	70d	90d	105d	120d
	5.1	5.6	5.1	5.0	6.9	6.5	4.8	6.7	5.6	5.9
	135d	150d	165d	180d	210d	240d	270d	300d	330d	360d
	4.6	4.3	4.8	4.7	3.7	5.2	5.3	5.3	5.3	5.3

表3-77　龙滩凯里小试件自生体积变形试验结果

试验编号	自生体积变形（$\times10^{-6}$）									
凯里小试件	1d	2d	3d	5d	7d	10d	15d	20d	25d	28d
	5.6	20.9	24.5	21.6	29.6	25.7	23.1	24.7	30.6	26.9
	35d	40d	45d	50d	60d	80d	70d	90d	105d	120d
	28.7	26.1	30.2	33.4	31.3	32.6	30.9	31.2	31.3	28.4
	135d	150d	165d	180d	210d	240d	270d	300d	330d	360d
	30.5	29.4	32.1	29.4	29.2	29.7	29.5	28.0	29.4	28.2

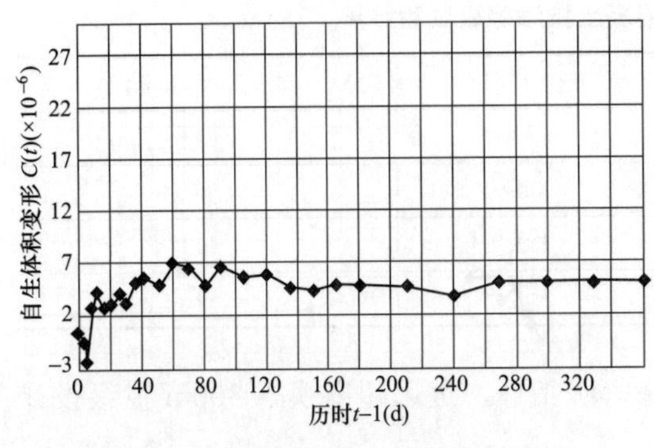

图3-55　龙滩珞璜粉煤灰湿筛混凝土自生体积变形过程线

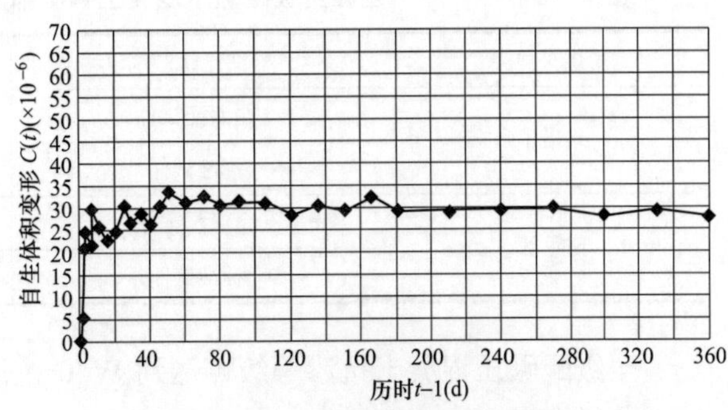

图3-56　龙滩凯里粉煤灰湿筛混凝土自生体积变形过程线

从以上试验结果可得出：

（1）全级配碾压混凝土自生体积变形试验表明：掺珞璜粉煤灰的碾压混凝土自生体积变形，开始膨胀至40d达到最高值，约为8×10^{-6}，此后下降至270d稳定，保持3个膨胀微应变（3×10^{-6}）。掺凯里粉煤灰的碾压混凝土自生体积变形开始膨胀，至70d达到最高值，约13×10^{-6}；此后下降，270d后稳定，保持8个膨胀微应变（8×10^{-6}）。

（2）珞璜粉煤灰湿筛混凝土开始微有收缩，然后膨胀至60d达到最高值，约7×10^{-6}，此后下降至240d稳定，保持5个膨胀微应变（5×10^{-6}）。凯里粉煤灰湿筛混凝土开始膨胀至50d达到最高值34×10^{-6}，自此后逐渐下降至180d稳定，保持28个膨胀微应变（28×10^{-6}）。

（3）全级配碾压混凝土自生体积变形明显地低于湿筛混凝土的自生体积变形。掺凯里粉煤灰的约低20个微应变（20×10^{-6}）；掺珞璜粉煤灰的约低5个微应变（5×10^{-6}）。

（4）碾压混凝土的自生体积变形受粉煤灰组成影响，凯里粉煤灰产生的自生体积变形比珞璜粉煤灰大。

三峡大坝常态混凝土全级配混凝土自生体积变形为湿筛混凝土的30%。

三峡大坝全级配混凝土性能试验资料表明；全级配混凝土灰浆率小，其干缩较湿筛混凝土小，干缩变形约为湿筛混凝土的30%；全级配拉伸弹性模量为湿筛混凝土的118%。

3.4.4 全级配碾压混凝土的抗渗透耐久性

国内外研究混凝土渗透性能的试验方法有两种：其一是测定混凝土的抗渗等级；其二为测定混凝土的渗透系数。抗渗等级方法是苏联国家标准规定方法，我国只有水利水电行业和建工行业标准采用，其他行业标准已取消。

3.4.4.1 抗渗等级

全级配碾压混凝土抗渗等级试件规格采用300mm×300mm×300mm立方体；标准抗渗等级试件为上口直径175mm，下口直径185mm、高150mm的截圆锥体。

龙滩全级配碾压混凝土（配合比见表3－78）和湿筛混凝土成型后标准养护90d，然后施加水压力，加到4MPa后保持恒荷，持荷30d未出现渗漏。停止试验，将试件劈开，量测渗水高度，见表3－78。

表3－78　　龙滩全级配碾压混凝土和湿筛混凝土抗渗等级试验结果

粉煤灰种类	试件标志	透水情况	渗水高度（mm）
珞璜Ⅰ	L（全级配试件）	未透	63
	S（标准试件）	未透	76
凯里Ⅱ	L（全级配试件）	未透	42
	S（标准试件）	未透	59

全级配碾压混凝土抗渗等级可达到W40抗渗等级指标，远远超出坝高300m量级设计抗渗等级指标。

3.4.4.2 渗透系数

龙滩坝开工前，曾在岩滩坝现场进行过3次碾压混凝土现场试验。本小节介绍从第二次现场试验钻取的芯样进行本体、不含层面的全级配碾压混凝土渗透系数试验。第二次现场试验是1991年9月1日在岩滩坝现场进行的，现场试验碾压混凝土配合比见表3-79。现场试验时仓面气温为32～36℃，碾压混凝土入仓温度为23～24℃，浇筑温度为25～28℃，基本没有采取温控措施。

表3-79 龙滩设计阶段第二次现场试验碾压混凝土配合比

试验段	强度等级	水胶比	粉煤灰掺量（%）	级配	单方材料用量（kg/m^3）				
					水	水泥	粉煤灰	砂	石
C、E	$C_{90}25$	0.46	68	三	100	70	150	724	1422
F		0.56	58		100	75	105	735	1476

1. 芯样的试验方法

由钻取的芯样切割成150mm的立方体。试验时，芯样放入试验容器内，并做好密封。试验从0.1MPa水压力开始，每隔8h增加0.1MPa水压力。直至试件渗水，保持此水压力恒定，每隔8～16h测量一次渗水量。

在直角坐标纸上绘制累积渗水量（W）与历时（τ）关系线。当$W=f(\tau)$呈直线时，取100h时段的直线斜率，即为通过碾压混凝土孔隙的渗流量。每个试验周期大约需要300h。

2. 渗透系数计算

压力水通过碾压混凝土孔隙的渗流量（稳定流）可用达西定律（Darcy's law）表示。渗流量和渗透系数按式（3-46）和式（3-47）计算，即

$$Q=K\cdot A\frac{H}{L} \tag{3-46}$$

式中 Q——通过孔隙材料的流量，cm^3/s；

K——渗透系数，cm/s；

A——渗透面积，cm^2；

H——水头，cm；

L——渗透厚度，cm。

由式（3-46）得

$$K=\frac{QL}{AH} \tag{3-47}$$

渗透系数K反映材料渗透率的大小，K值越大，表示渗透率越大；反之，则渗透率越小。

由式（3-47）知，水头H，试件面积F和试件高度L都是常数，只有渗流量Q需要确定。因此，试验测定的渗流量必须达到恒定不变。

3. 试验成果

试验段共钻取27个芯样，其中11个是碾压混凝土本体（不含层面），龄期一年多。龙滩设计阶段第二次现场试验碾压混凝土芯样渗透系数测定结果见表3-80。

表 3-80　龙滩设计阶段第二次现场试验碾压混凝土芯样渗透系数测定结果

工况	试件编号	计算参数					渗透系数（cm/s）	平均值（cm/s）
		试件长（mm）	试件宽（mm）	试件高（mm）	水头（m）	渗流量（mL/h）		
C、E	C8-8-1	150	150	153	220	0.28	2.4×10^{-10}	0.94×10^{-9}
	C8-8-2	148	150	153	190	0.10	1.0×10^{-10}	
	C8-8-3	150	150	151	220	0.37	3.1×10^{-10}	
	E5-4-3	150	155	149	120	0.43	6.4×10^{-10}	
C、E	E5-5-3	152	150	150	80	1.94	4.4×10^{-9}	
	E5-1-2	150	151	151	80	0.33	7.7×10^{-10}	
	E5-1-3	151	150	150	240	0.20	1.5×10^{-10}	
F	F8-16-6	150	150	150	200	1.15	1.4×10^{-10}	1.37×10^{-9}
	F8-17-3	148	153	155	150	0.68	8.6×10^{-10}	
	F5-1-1	151	151	142	80	1.84	3.9×10^{-9}	
	F5-1-3	150	146	150	120	0.36	5.8×10^{-10}	

英国邓斯坦教授在第十六届国际大坝会议上撰文提出，坝高 200m 混凝土重力坝混凝土渗透系数应达到 10^{-9}cm/s 量级。表 3-80 试验结果表明龙滩设计阶段现场试验已达到此水平。

3.4.5　大坝混凝土设计强度

重力坝坝体常态混凝土一般采用四级配，粗骨料的最大粒径达 150mm，碾压混凝土一般采用三级配，粗骨料最大粒径为 80mm。为节省试验费用、便于现场试验、质量检查和质量控制，规范规定在确定混凝土配合比及混凝土强度质量检验时均采用小尺寸标准试件，成型时采用湿筛法，将混凝土中的大骨料和特大骨料筛除。湿筛后试件配合比与坝体混凝土配合比已不同，试件中粗骨料减少、胶凝材料含量增加，配合比变化使标准试件测得的混凝土性能与坝体全级配混凝土性能有较大差异。美国垦务局早在 20 世纪 40 年代建设胡佛坝（Hoover Dam）时，就进行过相关研究，对不同直径圆柱体试件测定抗压强度，试验最大直径为 600mm、长 1200mm；同时在坝体钻取大直径芯样进行比对试验；试验结果表明，当试件直径超过混凝土最大骨料粒径的 3～4 倍时，其抗压强度试验值趋于稳定。国内外其他试验资料表明，当试件直径等于或大于 450mm 后，试件尺寸对抗压强度影响甚微，当试件抗拉断面等于或大于 300mm×300mm 后，对抗拉强度的影响已很小。

大体积混凝土强度存在比尺效应。比尺效应可以分为 3 种情况：试件尺寸效应、骨料级配效应、全级配效应（试件尺寸效应和骨料级配效应的联合效应）。另外，立方体试件和圆柱体试件强度试验成果间的换算还存在形状影响系数。比尺效应系数为固定骨料级配时试件尺寸影响系数与骨料级配影响系数的乘积，实际包含了试件尺寸、形状效应和湿筛产生的骨料级配效应的综合影响。

3.4.5.1　常态混凝土强度的尺寸效应和骨料级配效应

1. 混凝土强度的尺寸效应

试件尺寸效应是指混凝土在骨料粒径、配合比和龄期相同的条件下，试件尺寸大小对于混凝土强度的影响。一些工程的试验研究成果见表3-81和表3-82。

表3-81　二滩大坝混凝土强度的试件尺寸效应（骨料最大粒径为40mm）

试件尺寸（mm）	100×100×100	150×150×150	200×200×200	300×300×300
相对抗压强度效应	1.09	1.00	0.97	0.86
相对劈裂抗拉强度效应	1.25	1.00	0.89	0.78

表3-82　胡佛大坝混凝土强度的试件尺寸效应（骨料最大粒径为38mm）

试件尺寸（mm）	ϕ76×152	ϕ152×304	ϕ201×402	ϕ304×608	ϕ450×900	ϕ608×122
相对抗压强度效应	1.03	1.00	0.96	0.98	0.84	0.87

由表3-81、表3-82中试验结果可以看出，相同骨料粒径及相同配合比的混凝土，其抗压强度随试件尺寸的增大而逐步降低。试件尺寸对混凝土抗拉强度的影响比抗压强度的影响敏感，这是因为在承受拉力时，试件中的薄弱部位对黏结性能、混合物比例的变化、泌水通道的影响、均匀性、成型工艺的差别及养护因素等比较敏感，试件越大、抗拉强度降低越多。

E.C.Higginson等提供的美国大坝混凝土尺寸效应试验成果。试验选用4种圆柱体试件，ϕ150mm×300mm、ϕ200mm×400mm、ϕ450mm×900mm和ϕ600mm×1200mm。混凝土拌和物的最大骨料公称粒径均为40mm，试验龄期为90d。不同尺寸圆柱体90d龄期抗压强度试验结果和试件尺寸效应系数见表3-83。

表3-83表明，随着试件尺寸增大，混凝土抗压强度下降。ϕ150mm×300mm试件对ϕ450mm×900mm试件的抗压强度比为1∶0.85，即尺寸效应系数为0.85。

表3-83　不同尺寸圆柱体90d龄期抗压强度试验结果和试件尺寸效应系数统计表

最大骨料（mm）	水泥用量（kg/m^3）	抗压强度［3系列］（MPa）				抗压强度［4系列］（MPa）			
		150×300（mm）	200×400（mm）	450×900（mm）	600×1200（mm）	150×300（mm）	200×400（mm）	450×900（mm）	600×1200（mm）
40	278	44.66	38.15	35.77	36.10	36.90	29.82	32.60	28.14
		1.0	0.854	0.801	0.810	1.0	0.823	0.901	0.777
	334	52.08	47.74	42.63	44.73	36.26	30.24	33.18	32.40
		1.0	0.916	0.818	0.858	1.0	0.833 3	0.915	0.895
	390	55.23	50.96	46.06	48.58	43.89	39.41	37.03	33.60
		1.0	0.922	0.833	0.879	1.0	0.854	0.843	0.765
尺寸效应系数平均值		1.0	0.897	0.817	0.849	1.0	0.836	0.886	0.872
［3系列］+［4系列］尺寸效应系数平均值		1.0	0.866	0.850	0.830				

2. 混凝土强度的骨料级配效应

骨料级配效应是混凝土的配合比相同，试件尺寸相同，但骨料分别采用二级配、三级配、四级配，研究骨料的大小对抗压强度的影响。表3-84是二滩大坝混凝土的试验结果。

表 3-84　　二滩大坝混凝土强度的骨料级配效应

骨料最大粒径（mm）	150	80	40
相对抗压强度效应	0.98	0.95	1.00
相对劈裂抗拉强度效应	0.80	0.85	1.00

注　抗压强度试件尺寸为 300mm × 300mm × 300mm；劈裂抗拉强度试件尺寸为 300mm × 300mm × 300mm。

由表 3-84 可知，骨料最大粒径为 80mm 的混凝土抗压强度比骨料最大粒径为 40mm 的降低了 5%；骨料最大粒径为 150mm 的混凝土劈裂抗拉强度比骨料最大粒径为 40mm 的混凝土劈裂抗拉强度降低了 20%。

E. C. Higginson 等提供的不同水泥用量的混凝土抗压强度和湿筛效应试验结果见表 3-84。试件全部采用 ϕ450mm × 900mm 圆柱体试件。混凝土拌和物最大骨料公称粒径分别为 40mm、80mm 和 150mm。试验龄期为 90d。

表 3-85 表明，小粒径骨料混凝土的抗压强度比大粒径骨料高，40mm 骨料对 80mm 和 150mm 骨料抗压强度比为 1:0.94，即骨料级配（湿筛）效应系数为 0.94。

表 3-85　　ϕ450 × 900 试件不同最大骨料粒径混凝土 90d 龄期抗压强度湿筛效应系数统计表

水泥用量（kg/m³）	最大骨料粒径（mm）	1 系列		2 系列		3 系列		4 系列	
		抗压强度（MPa）	效应系数	抗压强度（MPa）	效应系数	抗压强度（MPa）	效应系数	抗压强度（MPa）	效应系数
390	150	36.61	0.823	34.09	0.815	38.36	0.832	33.39	0.901
	80	41.51	0.933	37.17	0.889	44.73	0.971	32.62	0.888
	40	44.45	1.0	41.79	1.0	46.06	1.0	37.03	1.0
334	150		—	—	—	37.17	0.872	28.91	0.871
	80		—	—	—	43.19	1.013	32.90	0.991
	40		—	—	—	42.63	1.0	33.18	1.0
278	150	33.04	0.969	33.95	1.0	37.94	1.060	32.48	0.995
	80	34.51	1.012	33.18	0.977	43.19	1.207	29.19	0.894
	40	34.09	1.0	33.95	1.0	35.77	1.0	32.62	1.0
抽样数			4		4		6		6
平均值			0.934		0.920		0.992		0.923
4 个系列平均值		$\frac{18.913}{20}=0.94$							

3. 混凝土强度的全级配效应（试件尺寸效应和骨料级配效应的联合效应）

采用骨料全级配（最大粒径 150mm）和大尺寸试件进行混凝土强度试验，所得的强度结果，既有试件尺寸的影响，也有骨料最大粒径的影响。东江、二滩、三峡大坝混凝土强度试验见表 3-86～表 3-89。

表 3-86　　东江大坝混凝土强度的试件尺寸效应（含骨料级配效应）

试件尺寸（mm）		ϕ450×450	ϕ450×900	150×150×150
相对抗压强度效应	四级配	0.76	0.64	1.00
	三级配	0.69	0.57	1.00
	二级配	0.76	0.63	1.00
相对轴向抗拉强度效应	四级配	0.63	—	1.00
	三级配	0.57	—	1.00
	二级配	0.67	—	1.00
	一级配	0.72	—	1.00

注　1. 表中级配为全级配大试件的级配；
2. 抗压强度ϕ450×900 结果为ϕ450×450 的折算值；
3. 轴拉大试件有等截面和八字形两种，全长均为 3.6m，应力均匀段尺寸分别为 450mm×450mm×1400mm 和 450mm×450mm×900mm。

表 3-87　　二滩大坝混凝土强度的试件尺寸效应（含骨料级配效应）

试件尺寸（mm）		ϕ450×900	ϕ150×300	150×150×150
相对抗压强度效应	四级配	0.54	0.76	1.00
	三级配	0.54	0.79	1.00
相对轴向抗拉强度效应	四级配	0.65	—	1.00
	三级配	0.63		1.00

注　表中级配为ϕ450×900 全级配试件的级配。

表 3-88　　三峡大坝混凝土强度的试件尺寸效应（含骨料级配效应）

试件尺寸（mm）	ϕ450×900	ϕ150×300	450×450×450	150×150×150
相对轴心抗压强度效应	0.73	0.75	1.08	1.00
相对劈裂抗拉强度效应	1.03	1.27	0.86	1.00

注　圆柱体试件劈裂抗拉强度高于立方体试件的劈裂抗拉强度，主要与劈裂抗拉试验时两者采用的垫条不同有关。

表 3-89　　试件尺寸效应与振捣频率对强度的影响

骨料种类及最大粒径	含气量（%）	振捣频率	抗压强度（MPa）		同振捣频率强度比	不同振捣频率强度比		
			150mm 立方体	450mm 立方体		高频/低频（450mm 立方体）	高频（450mm 立方体）/低频（150mm 立方体）	高频/低频（150mm 立方体）
人工骨料 40	4.9	高频	21.1	21.5	1.02	1.17	1.05	1.03
		低频	20.5	18.3	0.89			
人工骨料 150	4.9	高频	23.6	25.2	1.07	1.21	1.03	0.97
		低频	24.4	20.9	0.86			
天然骨料 150	4.9	高频	17.9	19.4	1.08		1.11	1.02
		低频	17.5					
平均强度比					0.98	1.19	1.06	1.01

表3－88中三峡大坝混凝土全级配大试件的抗压强度高于或接近标准试件的强度，主要与高频振捣对含气量的影响有关：由于湿筛标准试件采用振动台振捣，混凝土含气量控制在4.0%～5.0%；而全级配大试件采用振捣频率为12 000次/min的软轴高频振捣棒振捣，消除了混凝土中的大部分气泡，使混凝土密度和抗压强度提高。表3－89为高、低频振捣和试件尺寸对混凝土强度影响的验证性试验的结果，证实了振捣频率对混凝土强度的影响。

中国水利水电科学研究院、国际标准化组织第71“混凝土试验方法”技术委员会第一分委会（ISO/TC71/SC1）和美国及苏联对于立方体试件尺寸效应（含骨料级配效应）的试验研究结果列于表3－90和表3－91。

表3－90　　不同尺寸立方体试件的相对抗压强度
（表中系数均以150mm立方体试件强度为标准）

资料来源	试件尺寸（mm）			
	100×100×100	150×150×150	200×200×200	300×300×300
中国水利水电科学研究院	1.04	1.00	0.95	0.93
ISO	1.00	1.00	0.95	0.90
苏联	1.12	1.00	0.93	0.90

表3－91　　不同尺寸圆柱体试件的相对抗压强度
（表中系数均以ϕ150×300圆柱体试件强度为标准）

资料来源	试件尺寸（mm）						
	ϕ100×200	ϕ150×300	ϕ200×400	ϕ300×600	ϕ450×900	ϕ600×1200	ϕ900×1800
ISO	1.02	1.00	0.97	0.91			
美国	1.06（ϕ75×150）	1.00	0.96	0.91	0.86	0.84	0.82

4. 试件形状效应

我国混凝土抗压强度等级规定为150mm立方体试件抗压强度，试验表明，标准圆柱体抗压强度与标准立方体抗压强度的比值，主要取决于混凝土抗压强度，强度越高其比值也越高。在大坝混凝土抗压强度等级范围内，大量试验表明：标准圆柱体试件抗压强度比标准立方体抗压强度低，其比值为0.82，即

$$\frac{\phi 150\text{mm}\times 300\text{mm抗压强度}}{150\text{mm立方体抗压强度}}=0.82$$

英国BS 1881:《混凝土试验　Part 4》规定:标准圆柱体抗压强度等于标准立方体强度的80%。

美国混凝土协会J.M.Raphael建议的圆柱体试件与边长150mm立方体试件的抗压强度之间的关系见表3－92。

表3－92　　圆柱体试件与边长150mm立方体试件的抗压强度之间的关系

资料来源	试件尺寸（mm）			
	ϕ150×300	ϕ150×150	150×150×300	150×150×150
美国	0.88	1.02	0.82	1.00

注　表中系数均以150mm立方体试件强度为标准。

3.4.5.2 碾压混凝土的试件比尺效应和层面效应

1. 碾压混凝土骨料级配（湿筛）尺寸效应和层面效应

龙滩大坝碾压混凝土全级配（三级配）大试件用大功率平板振动成型器振实成型，湿筛标准试件用小型平板振动器振实成型。湿筛标准试件无层面，全级配混凝土分为有层面和无层面2种情况，层面间隔时间为6h。龙滩全级配碾压混凝土比尺效应和层面效应系数见表3-93，其中湿筛尺寸效应系数为无层面大试件性能结果与湿筛小试件性能结果之比，层面效应系数为有层面大试件性能结果与无层面大试件性能结果之比。

表3-93　　龙滩全级配碾压混凝土比尺效应和层面效应系数

项目		龄期				平均值
		7d	28d	90d	180d	
层面效应系数	抗压强度	0.92	0.92	0.94	0.95	0.93
	劈裂抗拉强度	0.75	0.83	0.88	0.91	0.84
	弹性模量	—	0.99	0.99	0.99	0.99
	轴向抗拉强度	—	0.81	0.83	0.93	0.86
	极限拉伸	—	0.77	0.87	0.93	0.86
比尺效应系数	抗压强度	0.95	0.93	0.91	0.91	0.93
	劈裂抗拉强度	0.72	0.85	0.84	0.83	0.81
	弹性模量	—	1.03	1.02	1.01	1.02
	轴向抗拉强度	—	0.73	0.71	0.70	0.71
	极限拉伸	—	0.78	0.71	0.72	0.74
	徐变	0.91	0.97	0.62	—	0.83
	自生体积变形	0.61	0.62	0.64	0.59	0.62

注　全级配大试件尺寸：抗压、劈裂抗拉强度试件为300mm×300mm×300mm；极限拉伸试件为ϕ300mm×900mm；弹性模量试件为ϕ300mm×600mm；抗渗试件为300mm×300mm×300mm；自变和徐变试件为ϕ300mm×900mm。

从表3-93中数据可见，湿筛尺寸效应系数的平均值：抗压强度为0.93，轴向抗拉强度为071，极限拉伸为0.74，徐变为0.83，自变为0.62。层面效应系数的平均值：抗压强度为0.93，轴向抗拉强度为0.86，极限拉伸为0.86。

2. 抗压强度试件比尺效应系数

我国碾压混凝土坝体混凝土抗压强度标准试件是150mm立方体，但在确定大坝坝体碾压混凝土强度时，需要得出直径为骨料最大粒径3～4倍的试件轴心抗压强度，即ϕ300mm×600mm圆柱体轴心抗压强度。① 通过形状影响系数，将150mm立方体抗压强度（湿筛混凝土）变换成ϕ150mm×300mm圆柱体轴心抗压强度（湿筛混凝土）；② 通过尺寸影响系数，将ϕ150mm×300mm圆柱体湿筛混凝土抗压强度变换成ϕ300mm×600mm圆柱体湿筛混凝土抗压强度；③ 通过湿筛影响系数将ϕ300mm×600mm圆柱体湿筛混凝土抗压强度变换成ϕ300mm×600mm圆柱体全级配混凝土轴心抗压强度，即坝体碾压混凝土试件轴心抗压强度。确定试件比尺效应系数的流程可按表3-94的试验设计进行。

表 3－94　　试件比尺效应试验的成型试件规格

比尺效应系数	试件规格（mm）	
	全级配碾压混凝土	湿筛混凝土
形状影响系数		150×150×150
尺寸影响系数		ϕ150×300
湿筛影响系数	ϕ300×600	ϕ300×600

我国 20 世纪 90 年代以来，不少大型水利水电工程进行过大体积混凝土抗压强度试件比尺效应试验研究，如二滩坝、五强溪坝、东江坝及三峡坝等，但因试验设计与表 3－94 不同，不能推出三个效应系数。

龙滩坝试件比尺效应试验设计也没有严格按表 3－94 的流程，而是先将 150mm 立方体抗压强度（湿筛混凝土）变换成 300mm 立方体抗压强度（全级配碾压混凝土），包含了尺寸和湿筛影响，合并成一个系数；再通过形状影响系数，将 300mm 立方体全级配碾压混凝土抗压强度变换成ϕ300mm×600mm 全级配碾压混凝土轴心抗压强度，从而完成了大坝坝体混凝土试件强度的确定。

龙滩坝碾压混凝土抗压强度试件比尺效应试验结果见表 3－95。

表 3－95　　龙滩坝碾压混凝土抗压强度试件比尺效应试验结果

粉煤灰种类		珞璜Ⅰ			凯里Ⅱ		
龄期（d）		28	90	180	28	90	180
抗压强度（MPa）	150mm 立方体（湿筛）	27.0	38.1	45.2	29.1	44.1	46.8
	300mm 立方体（全级配）	25.4	35.6	40.7	27.8	41.2	42.7
	ϕ300mm×600mm（全级配）	14.5	28.9	34.9	21.5	31.9	38.2
湿筛尺寸影响系数		0.941	0.934	0.900	0.955	0.934	0.912
形状影响系数		0.571	0.812	0.857	0.773	0.774	0.895
比尺效应系数		0.537	0.758	0.771	0.738	0.723	0.816
平均比尺效应系数		0.72					

3. 轴向抗拉强度试件比尺效应系数

碾压混凝土坝设计标准对轴向抗拉强度标准试件规格没有规定。还原大坝混凝土轴向抗拉强度仍按试件尺寸为骨料最大粒径的 3～4 倍约定。因此，从标准试件到还原大坝碾压混凝土轴向抗拉强度的转变在一次试验中完成。

标准轴向抗拉强度试件尺寸为 100mm×100mm×550mm，全级配碾压混凝土试件尺寸为ϕ300mm×900mm。龙滩坝碾压混凝土轴向抗拉强度试件比尺效应试验结果见表 3－96。

表 3-96 龙滩坝碾压混凝土轴向抗拉强度试件比尺效应试验结果

粉煤灰种类		珞璜Ⅰ			凯里Ⅱ		
龄期（d）		28	90	180	28	90	180
轴向抗拉强度（MPa）	标准试件	2.56	3.19	3.99	2.43	3.32	4.03
	全级配试件	1.87	2.25	2.79	1.78	2.35	2.82
比尺效应系数		0.73	0.71	0.70	0.73	0.71	0.70
平均比尺效应系数		0.71					

龙滩坝碾压混凝土轴向抗拉强度试件比尺效应系数为0.71。二滩和东江常态混凝土试验得到的比尺效应系数在0.62～0.65之间。碾压混凝土与常态混凝土的比尺效应系数基本相当。

3.4.5.3 龄期影响

混凝土强度随着龄期增长而增加是一个不争的事实。20世纪美国混凝土学会（ACI）报道过50年龄期标准养护的混凝土抗压强度统计资料，50年来混凝土抗压强度一直缓慢增加；美国垦务局曾对已建大坝钻取芯样，表明大坝建成后十多年来芯样抗压强度也一直增加。但是，计算龄期影响系数时，只能考虑到坝建成投入使用为止，此后长期强度增长作为安全储备考虑。

混凝土抗压强度增长率与水泥品种和掺合料活性指数有关。各工程选用水泥品种、掺合料类别等原材料不同，会得出不同的抗压强度增长率。美国奥鲁威尔（Oroville）拱坝混凝土试验成果如下。

奥鲁威尔拱坝混凝土配合比：美国Ⅱ型水泥，150kg/m^3；天然火山灰，45kg/m^3；火山灰掺量23%；外加剂为木质素（OP）；天然河砂及卵石，最大骨料粒径为150mm；砂率为19.5%。

全级配混凝土（最大骨料粒径为150mm）成型ϕ450mm×900mm（mass）试件，养护采用mass养护，测定28d、90d和1年龄期抗压强度，其增长率见表3-97。

表 3-97 mass试件mass养护抗压强度增长率

龄期（d）	28	90	1年
相对抗压强度试验	0.97	1.30	1.40
抗压强度增长率	1.0	1.34	1.44

美国Ⅱ型水泥外掺23%火山灰掺合料，1年龄期抗压强度增长率只有1.44，如果掺加40%～60%粉煤灰，推算1年龄期抗压强度增长率会达到1.60～1.80。

大型试件采用mass养护是指mass试件没有放在雾室标准养护，而是试件用铁皮焊接密封，放在可调控温度的室内。由于试件得不到充分的水分水化，故抗压强度有所降低，不到2%，见表3-98。

表 3-98 mass试件mass养护和标准养护的强度差异

混凝土（1年龄期）		mass养护	标准雾室养护
30组掺加火山灰AB	抗压强度（MPa）	28.76	29.22
	增长率（%）	100	101.6
5组掺加其他火山灰	抗压强度（MPa）	28.55	29.15
	增长率（%）	100	101

龙滩坝全级配碾压混凝土采用 42.5 中热硅酸盐水泥，掺加 50%～60%粉煤灰，根据抗压强度标准养护试验结果统计，设计龄期 90d 以后的强度影响系数（增长率）按式（3－48）计算，即

$$b_2' = \frac{R_t}{R_{90}} = 1 + 0.111\ln\left(\frac{t}{90}\right)$$

$$R^2 = 0.954\,9$$

$$b_2 = Db_2' = \left[1 + 0.111\ln\left(\frac{t}{90}\right)\right] \cdot D \qquad (3-48)$$

式中 b_2'——标准养护龄期影响系数；

R_t——t 龄期（d）的抗压强度，MPa，$t>90$d；

R_{90}——设计龄期 90d 抗压强度标准值，MPa；

R——相关系数；

b_2——龄期影响系数；

D——标准养护龄期增长系数修正值，取 0.86～0.93；

t——计算龄期，$t>90$d。

美国垦务局的试验表明，混凝土浇完后，在干燥空气中暴露 6 个月龄期的强度，只相当于先潮湿养护 14d，然后暴露在空气中同龄期混凝土强度的一半。不同潮湿养护时间与标准养护至 180d 龄期抗压强度的关系见表 3－99。

表 3－99　不同潮湿养护时间与标准养护至 180d 龄期抗压强度的关系

养护条件	相当于标准养护 180d 龄期抗压强度比	养护条件	相当于标准养护 180d 龄期抗压强度比
标准养护 3d 后置于空气中 180d	0.63	标准养护 14d 后置于空气中 180d	0.86
标准养护 7d 后置于空气中 180d	0.74	标准养护 28d 后置于空气中 180d	0.93

b_2'是在标准养护（20℃±2℃）雾室条件下养护一年得到的资料建立的抗压强度与龄期相关关系式推算的，实际施工养护不可能达到。

按 DL/T 5144—2015《水工混凝土施工规范》规定：“混凝土养护时间不宜少于 28d，有特殊要求的部位宜适当延长养护时间”。由于实际工程施工能否保证连续养护 28d 尚存疑问；即使连续养护 28d，龄期 180d 抗压强度还比标准养护低 7%；如果按连续养护 14d 考虑，抗压强度比标准养护 180d 龄期低 14%。因此，采用式（3－48）计算龄期影响系数时乘以修正系数 0.86～0.93。

3.4.5.4 脆性断裂影响

混凝土承受荷载后，持荷时间的长短对混凝土强度有影响，主要是由持荷大小、混凝土自身所固有的脆性所引起。美国 20 世纪发表的两个试验研究报告，说明了混凝土脆性断裂的本质。

第一个试验研究报告，试验在圆柱体混凝土试件不同加荷阶段，对试件切片，用电子显微镜观测裂缝发展。加荷前试件切片上观察到只有少量微裂缝，发生在骨料颗粒界面上，这

些裂缝称为初始界面裂缝。多属新拌混凝土骨料沉降、泌水、化学凝缩等原因产生。在极限荷载的 30%～40%以下时，初始界面裂缝几乎没有增加，基本稳定。超过极限荷载 40%以后，界面裂缝的长度、宽度和数量随着应力增加而增加，同时砂浆出现裂缝。达到极限荷载 70%时，砂浆裂缝明显增加，并出现连续型裂缝。砂浆裂缝往往是由于界面裂缝诱发，在大颗粒骨料界面裂缝之间搭桥。达到极限荷载 90%以后，裂缝进一步扩散，有少量裂缝穿过骨料颗粒，而导致混凝土承载能力下降，达到峰值后而破坏。混凝土从加荷到破坏实质上是混凝土微裂缝扩散和贯穿的过程。表 3－100 是一组混凝土试件在不同加荷阶段对试件切片，用电子显微镜观测裂缝发展的结果。

表 3－100　　不同应变时界面裂缝砂浆裂缝长度观测结果

应力－应变曲线	应变（$\times10^{-6}$）	0	600	1200	1800	2400	3000
	相应于极限抗压强度百分率（%）	0	30	70	90	—	—
骨料与砂浆界面开裂	石子界面总周长（mm）	3825		3853	3751	3327	3441
	界面开裂缝总长（mm）	457		551	750	553	1005
	界面开裂缝/总周长（%）	12		14	20	17	29
砂浆开裂	砂浆开裂缝总长（mm）	2.8		20.3	34.3	50.5	156.2

第二个试验研究报告是混凝土长期持荷破坏试验。试验表明，混凝土试件破坏的持荷时间与持荷应力的应力强度比有关。当持荷应力与极限强度比为 95%时，持荷 10min 试件就破坏；持荷应力与极限强度比为 90%时，持荷 1h 试件就破坏；当持荷应力与极限强度比为 77%时，持荷一年试件破坏；持荷应力与极限强度比为 69%时，试件破坏需要 30 年之久。

将两个试验研究报告结合起来看，当持荷应力与极限强度比超过 40%时，混凝土已进入裂缝扩散区。长期持荷下，应变能积蓄会导致裂缝扩展，以消耗应变能量，但是试件有效断面减小，又会使应力增长，应变能继续积聚，而使裂缝进一步扩展。由此延续，长期持荷会使混凝土最后破坏，这就是混凝土脆性断裂破坏。

混凝土的力学行为在其应力－应变曲线上反映最清楚。单轴荷载作用下，混凝土应力－应变关系表现为：在极限荷载的 40%以前，应力－应变关系呈线性，即线弹性段；过 40%极限荷载后，直线弯曲，随着荷载增加，继续向应变增大方向弯曲，直至极限荷载试件溃裂。

坝体内混凝土力学行为同样服从应力－应变关系。40%极限荷载前，混凝土内初始裂缝是稳定的；超过 40%极限荷载后进入裂缝扩散区，长期持荷会因应变能积蓄而导致裂缝扩展，直至溃裂破坏。

3.4.5.5　大坝混凝土设计强度

1. 混凝土强度比尺效应系数（含骨料级配效应）

对比分析碾压混凝土和常态混凝土比尺效应试验资料，可以发现两者比尺效应系数基本相当。综合分析国内外资料，混凝土单轴抗压强度和混凝土劈裂抗拉强度与试件尺寸、形状的换算关系（含骨料级配效应）可分别采用表 3－101 和表 3－102 中的数值。

表 3-101　　混凝土单轴抗压强度与试件尺寸、形状的换算关系

试件尺寸（mm）	ϕ450×900	ϕ300×600	ϕ150×300	450×450×450	200×200×200	150×150×150
相对强度	0.66	0.70	0.80	0.76	0.95	1.00

表 3-102　　试件尺寸对混凝土劈裂抗拉强度的影响

试件尺寸（mm）	100×100×100	150×150×150	200×200×200	300×300×300	400×400×400
相对强度	1.25	1.00	0.85	0.70	0.70

全级配混凝土轴向抗拉强度与标准轴向抗拉试件的换算系数与全级配混凝土劈裂抗拉强度与标准劈裂抗拉试件（立方体）的换算系数也基本相当。

2. 碾压混凝土大坝坝体混凝土强度标准值

我国大坝混凝土设计强度等级采用湿筛混凝土抗压强度，即筛除大于公称粒径 40mm 骨料的混凝土强度来表征。实际大坝用全级配混凝土浇筑，承受荷载的是全级配混凝土，骨料公称粒径为 80mm 或 150mm。原型和模型材料组成存在较大差别。坝体混凝土设计强度取值必须考虑坝体混凝土和试验标准试件在尺寸、级配、浇筑（成型）方法、养护条件、受荷龄期、加载速度等方面的差别。采用比尺效应转换来考虑尺寸、级配的差别是简单、实用和经济的方法。综合前述试验成果，全级配立方体试件（450mm×450mm×450mm）抗压强度与标准立方体试件抗压强度的换算系数取为 0.76。全级配混凝土试件劈裂抗拉强度或轴向抗拉强度与标准试件的换算系数取为 0.70。

考虑到实际结构中混凝土强度与试件混凝土强度之间的差异，应对试件混凝土强度进行修正。根据以往经验，结合试验数据分析并参考国内外有关规范的规定，将试件混凝土强度的修正系数取为 0.88。

由于坝体混凝土强度等级一般不高，参考 DL/T 5057《水工混凝土结构设计规范》，对强度等级不高于 C40 的混凝土不考虑脆性折减系数。

综上，碾压混凝土本体强度标准值可按照常态混凝土坝的计算原则确定。坝体混凝土轴心抗压强度标准值与混凝土强度等级之间的换算系数约为 0.67。

大坝混凝土轴心抗压强度标准值可按式（3-49）计算，即

$$f_{ck}=0.67f_{cu,k} \tag{3-49}$$

式中　f_{ck}——大坝混凝土轴心抗压强度标准值；

$f_{cu,k}$——坝体混凝土强度等级。

大体积混凝土轴向抗拉强度试验资料较少，但它与抗压强度有较好的相关关系。国内外均按试件抗压强度，采用相关关系计算混凝土轴向抗拉强度。由于碾压混凝土与常态混凝土的比尺效应系数基本相当。遵循 DL/T 5057《水工混凝土结构设计规范》中混凝土轴心抗拉强度标准值取值计算原则，根据轴心抗拉试件与 150mm 立方体抗压强度的关系计算坝体碾压混凝土本体的轴心抗拉强度。

统计龙滩、光照、金安桥和龙江等碾压混凝土坝试验结果，90d 龄期样本容量 140 组标准轴向抗拉强度和标准立方体抗压强度，得出两者相关关系为

$$\mu_{ft}=0.088\mu_{fcu,15} \tag{3-50}$$

式中　μ_{ft}——100mm×100mm×550mm 轴向抗拉强度，MPa；

$\mu_{fcu,15}$——150mm 立方体抗压强度，MPa。

全级配混凝土轴向抗拉强度与标准试件的换算系数取为 0.70，考虑机口混凝土材料性能经运输、摊铺、碾压、养护等工艺后的强度性能与试件混凝土强度的差异等，将试件混凝土强度的修正系数取为 0.88。

假定轴心抗拉强度的变异系数 $\delta_{ft}=\delta_{fcu,15}$，则坝体混凝土轴心抗拉强度标准值为

$$f_{tk}=0.088\times0.7\times0.88\mu_{fcu,15}(1.0-0.842\,\delta_{fcu,15}) \tag{3-51}$$

$$=0.054f_{cu,k}$$

坝体碾压混凝土本体强度标准值见表 3-103。

表 3-103　　坝体碾压混凝土本体强度标准值

强度种类	符号	大坝混凝土强度等级			
		$C_{dd}10$	$C_{dd}15$	$C_{dd}20$	$C_{dd}25$
轴心抗压（MPa）	f_{ck}	6.7	10.0	13.4	16.7
轴心抗拉（MPa）	f_{tk}	0.54	0.81	1.08	1.35

注　dd 为大坝混凝土设计龄期，采用 90d 或 180d。

碾压混凝土强度层面效应系数：抗压强度取为 1.0，轴向抗拉强度取为 0.80。即碾压混凝土考虑层面影响后的抗压强度、弹性模量和泊松比可取与本体强度相同的数值，垂直层面抗拉强度可取为本体强度的 0.80。

3.4.5.6　碾压混凝土芯样抗压强度与机口样抗压强度的关系

几个碾压混凝土坝工程芯样平均抗压强度与机口样平均抗压强度之间的关系见表 3-104。碾压混凝土机口取样成型的标准试件属于湿筛后混凝土小试件（150mm×150mm×150mm），碾压混凝土芯样试件的强度为按照试件尺寸与形状对于强度影响的关系换算成标准试件尺寸后的强度。

表 3-104　　碾压混凝土坝工程芯样平均抗压强度与机口样抗压强度之间的关系

工程名称	芯样强度（MPa）	机口样强度（MPa）	芯样强度/机口样强度	工程名称	芯样强度（MPa）	机口样强度（MPa）	芯样强度/机口样强度
龙滩 $C_{90}20$	30.8	33.8	0.91	铜街子 1 号坝	13.0	20.4	0.64
江垭坝 $C_{90}20$	20.8	28.7	0.72	岛地川（日本）	16.2～22.0	23.7～28.2	0.60～0.75
江垭坝 $C_{90}15$	19.9	23.3	0.85	大川（日本）	12.3	14.2	0.87
沙溪口挡墙	27.9	35.1	0.80	玉川试验坝（日本）	16.2～20.0	23.9～28.3	0.60～0.75
铜街子左挡水坝	14.1	16.7	0.84	神室（日本）	16.4	19.4	0.85

根据表 3-104 中数据可以看出，芯样的平均抗压强度低于机口样的平均抗压强度，碾压混凝土坝芯样试件与机口样试件平均抗压强度的比值为 0.70～0.85，该比值反映了粒径效应和碾压混凝土施工中各种因素对于碾压混凝土抗压强度的影响。包括：

（1）芯样试件是三级配，骨料最大粒径为80mm，湿筛试件是二级配，骨料最大粒径为40mm。

（2）芯样可能有层面。

（3）取样和加工对芯样可能有损伤和芯样加工不好使芯样试验时受力不均。

（4）机口取样和大坝芯样成型和养护方法不同。

（5）试验龄期可能不一致即使换算也不一定准确。

（6）试件尺寸与形状对于强度影响的换算系数不一定准确等。

参 考 文 献

［1］姜福田．碾压混凝土［M］．北京：中国铁道出版社，1991．

［2］Roller Compacted Concrete，ACI Manual of Concrete Practice Part 1［R］，ACI Committee 207．1987．

［3］M．R．H．Dunstan．碾压混凝土坝设计和施工考虑的问题［C］//第十六届国际大坝会议论文集，1988年6月，旧金山，美国．

［4］M．Arjovan，等．碾压混凝土用于尔韦达坝小型工程施工［C］//第十六届国际大坝会议论文集，1988年6月，旧金山，美国．

［5］姜福田．碾压混凝土现场层间允许间隔时间测定方法的研究［J］．水力发电，2008，34（2）：74－77．

［6］姜福田．混凝土力学性能与测定［M］．北京：中国铁道出版社，1989．

［7］A．M．内维尔．混凝土的性能［M］．李国泮、马贞勇译．北京：中国建筑工业出版社，1983．

［8］The Concrete Society．The creep of structural concrete Report of a working party of the Materials Technology Committee［R］．January 1973．

［9］黄国兴、惠荣炎，等．混凝土徐变与收缩［M］．北京：中国电力出版社，1988．

［10］水利水电科学研究院结构材料所．大体积混凝土［M］．北京：中国水利电力出版社，1990．

［11］张国新，张翼．MgO微膨胀混凝土在RCC拱坝中的应用研究［C］//第五届国际碾压混凝土研讨会论文集，2007年11月，贵阳，中国．

［12］何湘安，等．氧化镁微膨胀剂在全断面碾压混凝土大坝施工中的应用与研究［C］//第五届国际碾压混凝土研讨会论文集，2007年11月，贵阳，中国．

［13］冯树荣，等．龙滩碾压混凝土围堰采用MgO混凝土的研究及应用［C］//第五届国际碾压混凝土研讨会论文集，2007年11月，贵阳，中国．

［14］中原康，等．碾压混凝土施工法的研究（之五）干硬性混凝土加气特性的基本试验［R］．鹿岛建设技术研究所年报 第28号，1980年7月．

［15］蔡正咏．混凝土性能［M］．北京：中国建筑工业出版社，1979．

［16］德田弘．Experimental studies on Themal properties of concrete［C］//土木学会论文报告集，第212号，1973年4月．

［17］日本混凝土温度应力委员会．混凝土温度应力推定法［J］．コンクリート工学，1983，21（8）．

［18］姜福田．混凝土绝热温升的测定及其表达式［J］．水利水电技术，1989，（11）：52－57．

［19］谢依金．水泥混凝土的结构与性能［M］．胡春芝，袁孝敏，高学善译．北京：中国建筑工业出版社，1984．

［20］吴中伟，廉慧珍．高性能混凝土［M］．北京：中国铁道出版社，1999年．

［21］方坤河，阮燕，曾力．混凝土允许渗透坡降的研究［J］．水力发电学报，2000，（2）：8－16．

［22］林长农，金双全，涂传林．龙滩有层面碾压混凝土的试验研究［J］．水力发电学报，2001，（3）：117－129．

[23] 阮燕，方坤河，曾力，等．影响水工混凝土表面接触溶蚀的因素研究［C］//水利工程海洋工程新材料新技术研讨会，2006年11月，南京，中国．
[24] 朱伯芳．混凝土坝计算技术与安全评估展望［J］．水利水电技术，2006，37（10）：24－28．
[25] 朱伯芳．混凝土坝安全评估的有限元全程仿真与强度递减法［J］．水利水电技术，2007，38（1）：1－6．
[26] E. C. Higginson，G. B. Wallace，E. L. Ore. Effect of Maximun size Aggregate on Compressive Strength of Mass Concrete［C］// Syncposium on Mass Concrete，ACI Sp－6．
[27] 美国内务部垦务局．混凝土手册［M］．王圣培，等，译．8版．北京：水利电力出版社，1990．
[28] Lewis H. Tuthill，Robert F. Adams，Donald R. Michell. Mass Concrete for Oroville Dam［C］//Symposium on Mass concrete，ACI Sp－6．

第4章

碾压混凝土层面性能

4.1　有层面碾压混凝土的主要特点

由于碾压混凝土是分层碾压而成，其浇筑层通常为 300mm。水平层面压实后，再在其上铺筑上层碾压混凝土，间隔时间不论长短，都构成含层面碾压混凝土。

碾压混凝土中黏接良好的层面具有和大体积混凝土基本一样的性质（如抗拉、抗压、抗渗、抗剪断等），但如果层面接合不好，层面间的抗拉强度和黏聚力会显著减小，抗渗性能也会急剧降低，甚至会形成渗漏通道。研究碾压混凝土层面的结合机理，综合分析影响层面结合质量的因素及其影响程度，并提出确保层面结合质量的层间间歇时间和层间处理技术措施，对确保碾压混凝土大坝的质量有着十分重要的意义。

从 1988 年开始，我国结合水电站大坝的建设开展了碾压混凝土层间结合问题研究。室内和现场试验结果表明，当下层碾压混凝土初凝前，在正常条件下铺筑并及时碾压上层碾压混凝土，其层面性能与碾压混凝土的本体性能差别不大。在下层碾压混凝土初凝后，随着水化产物的大量生成，水泥浆结构在凝聚结构的基础上形成凝聚——结晶结构网，粒子之间的相互作用力不是范德华分子力，而是化学键力或次化学键力。因此，结晶结构破坏以后不具有触变复原的性能。这种结构的形式是依靠水化产物粒子间的交叉结合，或者依靠粒子界面上晶核诞生的结果，在此期间，如果直接在上面浇筑上层碾压混凝土，将显著降低层面的性能，尤其是层面的抗拉性能、抗剪断性能和抗渗性能。此时，上下层之间将不再能够完全结合成一个整体，形成近似的平面接触，使得层面性能显著降低。但目前碾压混凝土初凝时间测定方法只是根据水泥胶凝材料水化过程中，由凝胶变为结晶时物理量突变来确定的，没有考虑层间亲和力，与层面力学特性和渗流特性变化没有直接联系，用初凝时间来控制层面质量是不够全面的。

大量试验表明，现代碾压混凝土层面对抗压强度的影响不明显，与碾压混凝土本体相比，层面导致的抗压强度降低不超过 5%～8%。但层面对含层面碾压混凝土轴向抗拉强度有显著性影响，外露时间越长，轴向抗拉强度降低越多。层面暴露时间对碾压混凝土层间的抗渗性也有显著影响，暴露时间越长，其抗渗性越差。

试验表明，层面上的黏聚力变化幅度要比摩擦阻力大得多。澳大利亚卡舟古朗坝（Cadiangnllong Darn）在坝体上钻取芯样进行直剪试验表明，芯样黏聚力的变异系数为 0.33，比摩擦系数的变异系数大 83%。根据对龙滩、江垭、普定、棉花滩等 8 个工程 36 组大坝芯样抗剪断试验数据的统计，得摩擦系数 $f' = 1.312$，黏聚力 $c' = 2.803$MPa，离差系数 $C_{v,f'} = 0.167$，$C_{v,c'} = 0.382$，$C_{v,c'}$ 比 $C_{v,f'}$ 大 128.7%。根据对龙滩、光照、彭水、铜街子、宝珠寺、乐滩、水口、岩滩、景洪、皂市和金安桥11个工程的158组现场原位抗剪断参数（f'、c'）的统计，抗剪断参数离差系数（C_v）值：$C_{v,f'}$变化范围为0.08～0.25，平均值为0.144；$C_{v,c'}$变化范围为0.08～0.41，平均值为0.26，$C_{v,c'}$比$C_{v,f'}$大80.5%。

4.2 有层面碾压混凝土的物理力学性能

4.2.1 有层面碾压混凝土的物理力学性能研究

4.2.1.1 龙滩工程可研设计阶段的室内试验研究成果

室内试验采用的原材料为柳州52.5(R)普通硅酸盐水泥、田东Ⅱ级粉煤灰、ZB－1RCC15和FDN－HR_3和FDN－HR_6缓凝减水剂、龙滩灰岩料场人工骨料。碾压混凝土及净浆、砂浆配合比、碾压混凝土本体和处理层面结合的材料配合比汇总结果见表4－1。

表4－1　　碾压混凝土本体和处理层面结合的材料配合比汇总表

类型	配合比参数					混凝土材料用量（kg/m^3）							VC（s）或稠度（cm）	密度（kg/m^3）	抗压强度（MPa）	
	水胶比	粉煤灰（%）	砂率（%）	减水剂（%）	引气剂（%）	水	水泥	粉煤灰	砂	大石	中石	小石			28d	90d
碾压混凝土	0.37	55	33	0.80		74	90	110	738	449	599	449	5.0	2489		
	0.41	58.3	33	0.72		73	75	105	738	450	600	450	4.5	2506		
	0.45	65.6	33	0.64		72	55	105	745	454	605	454	5.0	2511		
净浆1	0.25	55	—	9.50		389	712	871	—	—	—	—		1821		
净浆2	0.35	66	—	5.40		472	539	810	—	—	—	—		1847	34.6	40.9
砂浆	0.35	60	100	2.17		190	217	326	1547	—	—	—	10.7	2274	35.7	47.2

注　减水剂为ZB－1RCC15。

1. 有层面碾压混凝土立方体抗压强度与劈裂抗拉强度

对于碾压混凝土抗压强度试验，试验采用施压方向平行于碾压混凝土层面的模型，可更充分地反映碾压混凝土层面的存在对抗压强度的影响。对于有层面碾压混凝土的劈裂抗拉强度试验，直接沿层面劈开。有层面碾压混凝土的抗压强度和劈裂抗拉强度试验研究成果见表4－2。

表4－2　　有层面碾压混凝土的抗压强度和劈裂抗拉强度试验研究成果

处理层面结合的材料	层间间歇时间（h）	试件编号	抗压强度（MPa）	平均抗压强度（MPa）	与本体抗压强度比	劈裂抗拉强度（MPa）	平均劈裂抗拉强度（MPa）	与本体劈裂抗拉强度比	拉压比	层面处理后强度增长系数	
										抗压	劈拉
不处理	4	A4－1	39.2	37.5	0.78	2.63	2.00	0.60	0.053	1.00	1.00
	24	A24－1	40.2			2.03					
	72	A72－1	33.1			1.36					
铺净浆	4	A4－2	35.9	38.9	0.80	2.49	2.26	0.67	0.058	1.04	1.13
	24	A24－2	43.2			2.50					
	72	A72－2	37.6			1.79					

续表

处理层面结合的材料	层间间歇时间(h)	试件编号	抗压强度(MPa)	平均抗压强度(MPa)	与本体抗压强度比	劈裂抗拉强度(MPa)	平均劈裂抗拉强度(MPa)	与本体劈裂抗拉强度比	拉压比	层面处理后强度增长系数	
										抗压	劈拉
铺砂浆	4	A4－3	39.3	41.4	0.85	2.27	2.35	0.70	0.057	1.10	1.18
	24	A24－3	45.9			2.34					
	72	A72－3	38.9			2.45					
本体	—	—	48.5	48.5	1.00	3.35	3.35	1.00	0.069		

注　试验龄期为180d；胶凝材料用量为200kg/m³。

表4－2数据表明，碾压混凝土设计强度等级为$C_{90}25$［$C+F=90+110=200$（kg/m³）胶材用量］，实测180d抗压强度为33.1～48.5MPa，平均抗压强度为40.18MPa；劈裂抗拉强度为1.36～3.35MPa，平均劈裂抗拉强度为2.29MPa。碾压混凝土本体的抗压强度、劈裂抗拉强度大于有层面试件相应强度，有层面碾压混凝土平均抗压强度与本体抗压强度之比为0.81，平均劈裂抗拉强度之比为0.64。说明层面的存在降低了碾压混凝土的抗压强度和劈裂抗拉强度。碾压混凝土不同工况层面抗压强度、劈裂抗拉强度关系图见图4－1。在有层面的试件中，层面铺净浆处理后试件的平均抗压强度为38.9MPa，平均劈裂抗拉强度为2.26MPa；层面铺砂浆处理后试件的平均抗压强度为41.4MPa，平均劈裂抗拉强度为2.35MPa，对层面不处理工况的平均抗压强度为37.5MPa，平均劈裂抗拉强度为2.0MPa；层面不处理试件平均抗压强度与层面铺净浆处理后试件平均抗压强度之比为0.96，平均劈裂抗拉强度之比为0.88。而层面不处理试件与层面铺砂浆处理后试件平均抗压强度之比为0.91，平均劈裂抗拉强度之比为0.85。说明对层面进行处理比不处理好。尽管如此，对层面处理后其平均抗压强度、平均劈裂抗拉强度仍比碾压混凝土本体低，分别是本体的83%和69%。

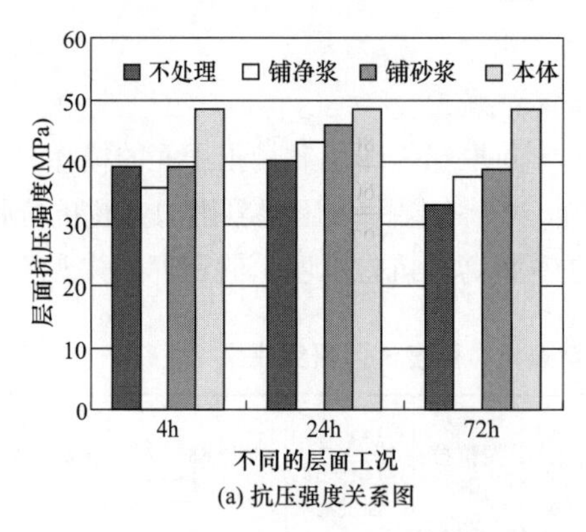

(a) 抗压强度关系图

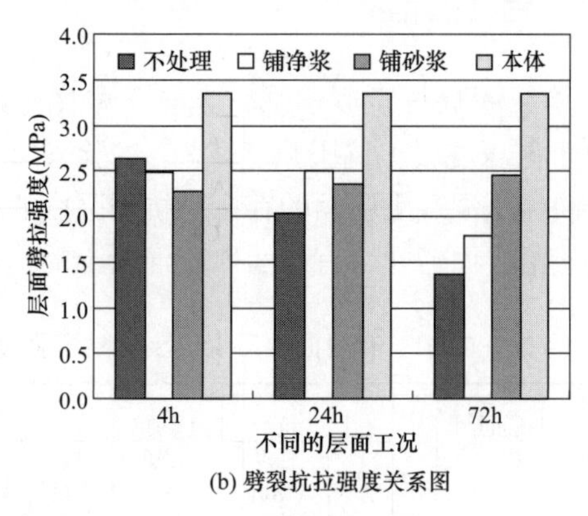

(b) 劈裂抗拉强度关系图

图4－1　碾压混凝土不同工况层面抗压强度、劈裂抗拉强度关系图

2. 有层面碾压混凝土立方体抗压强度与圆柱体抗压强度

抗压强度试验的立方体试件尺寸为150mm×150mm×150mm，圆柱体试件尺寸为ϕ150mm×300mm。立方体试件的施压方向与层面平行，圆柱体试件的施压方向与层面垂直。试验结果见表4－3。

由表 4－3 可见，碾压混凝土本体实测立方体抗压强度为 48.5MPa，实测圆柱体抗压强度为 39.2MPa，其为立方体抗压强度的 80.7%；对有层面且进行分层处理的试件，实测立方体平均抗压强度为 37.9MPa，实测圆柱体平均抗压强度为 32.3MPa，为立方体抗压强度的 85.1%；对有层面但不进行处理的试件，实测立方体平均抗压强度为 36.2MPa，实测圆柱体平均抗压强度为 29.1MPa，为立方体抗压强度的 80.6%。试验表明碾压混凝土本体和有层面的碾压混凝土，圆柱体抗压强度约为立方体抗压强度的 0.82。

表 4－3　　立方体抗压强度与圆柱体抗压强度

项目	有人为层面试件						本体
	层面未处理		层面处理				
	层间间歇时间		层间间歇时间				
	4h	72h	4h		72h		
立方体强度（MPa）	39.2	33.1	35.9	39.3	37.6	38.9	48.5
平均（MPa）	36.2		37.9				
圆柱体强度（MPa）	28.9	29.4	32.7	33.2	31.7	31.5	39.2
平均（MPa）	29.1		32.3				
圆柱体/立方体	0.74	0.89	0.91	0.84	0.84	0.81	0.82

注　试验龄期为 180d；胶凝材料用量为 200kg/m³。

3. 有层面碾压混凝土轴心抗拉强度

采用ϕ150mm×300mm 的含有层面的碾压混凝土圆柱体试件，试件的轴心受拉方向与碾压混凝土层面垂直。不同工况的轴向抗拉强度成果见表 4－4。试件受力状态如图 4－2（a）所示。

表 4－4　　不同工况的轴向抗拉强度成果表

处理层面结合材料	胶凝材料量（kg/m³）	层间间歇时间（h）	试件编号	轴向抗拉强度（MPa）	平均轴向抗拉强度（MPa）	与本体轴向抗拉强度比	平均强度比	层面处理后轴向抗拉强度增长系数
不处理	200	4	A4－1	1.86	1.58	0.86	0.73	1.00
		72	A72－1	1.30		0.60		
	160	4	C4－1	1.72	1.32	0.92	0.72	1.00
		72	C72－1	1.00		0.53		
铺净浆	200	4	A4－2	1.92	1.66	0.89	0.77	1.05
		72	A72－2	1.40		0.65		
	160	4	C4－2	1.92	1.65	1.03	0.88	1.25
		72	C72－2	1.38		0.74		
铺砂浆	200	4	A4－3	2.19	1.92	1.02	0.90	1.22
		72	A72－3	1.65		0.77		
	160	4	C4－3	1.93	1.82	1.03	0.98	1.38
		72	C72－3	1.72		0.92		
本体	200	—	—	2.15	—	1.0	—	—
	160	—	—	1.87	—	1.0	—	—

注　试验龄期为 180d；试件尺寸为ϕ150mm×300mm 圆柱体。

（1）胶凝材料用量对轴心抗拉强度的影响。层面试件的轴心抗拉试验拉断区多为层面，但也有少数试件拉断区不是层面，见图 4－2（c）、图 4－2（d）。由表 4－4 的数据可知，200kg/m³ 胶材用量本体平均轴向抗拉强度为 2.15MPa，有层面且未进行处理试件的平均轴向抗拉强度为 1.58MPa，其与本体轴向抗拉强度之比为 0.73，而层面铺净浆处理后其轴向抗拉强度为本体的 0.77，层面铺砂浆处理后其轴向抗拉强度为本体的 0.90。胶凝材料用量为 160kg/m³ 本体的平均轴向抗拉强度为 1.87MPa，层面不处理的平均轴向抗拉强度为 1.32MPa，是本体的 0.72，层面铺净浆处理的平均轴向抗拉强度是本体的 0.88，层面铺砂浆处理的平均轴向抗拉强度是本体的 0.98。说明在胶凝材料用量少的情况，对碾压混凝土层面采用铺砂浆或铺净浆处理后的轴向抗拉强度增长较大。层面铺净浆后，轴向抗拉强度比层面不处理试件轴向抗拉强度增长 15%，而层面铺砂浆轴向抗拉强度增长 30%。

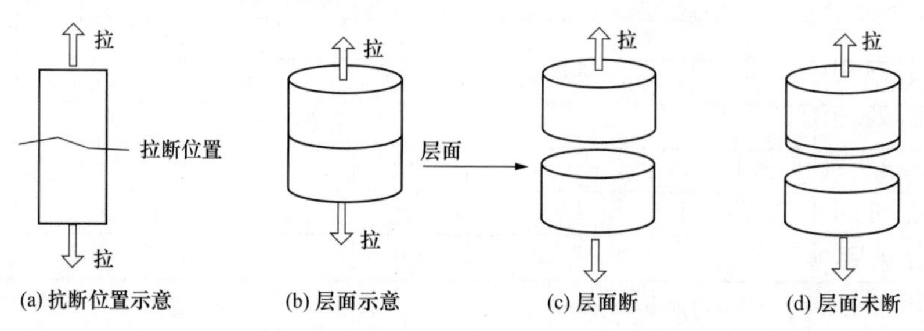

图 4－2　有层面碾压混凝土试验轴心抗拉试件承力状态及拉断位置示意图

（2）层间间歇时间对轴心抗拉强度的影响。对于层间间歇 4h 工况（初凝前），层面抗拉强度为本体抗拉强度的 0.89，而对于层间间隔 72h 工况（终凝后），层面抗拉强度仅为本体抗拉强度的 0.65，说明在碾压混凝土初凝前及时覆盖上层混凝土是非常必要的。各室内试验碾压混凝土不同层面处理与轴向抗拉强度的关系见图 4－3。

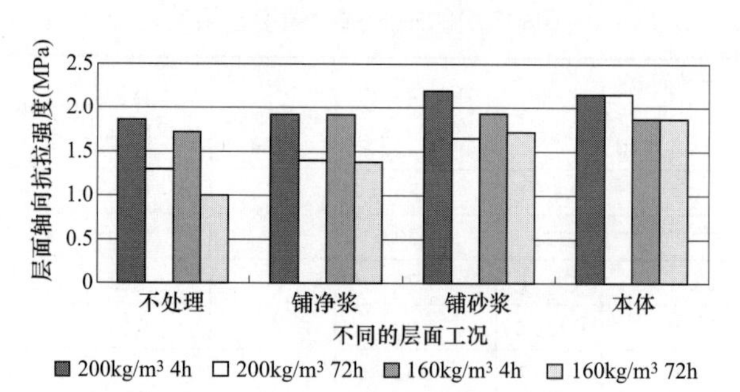

图 4－3　室内试验碾压混凝土不同层面处理与轴向抗拉强度的关系图

（3）有层面碾压混凝土强度特性的分析。对本体和有层面碾压混凝土的各种强度特性指标，包括立方体抗压强度、立方体劈裂抗拉强度、圆柱体抗压强度及轴心抗拉强度的试验研究结果表明：

1）本体试件均大于有层面碾压混凝土的相应强度，有层面碾压混凝土与本体试件强度的比值分别是 0.81、0.66、0.80 和 0.83；

2）用水泥砂浆或水泥净浆对层面进行处理后，试件的上述各项强度特性指标都得到较大的提高，试验表明用水泥砂浆对层面进行处理的效果比用水泥净浆要好；

3）碾压混凝土本体和有层面的碾压混凝土，圆柱体抗压强度与立方体抗压强度比值为0.82，符合一般规律。

4. 有层面碾压混凝土的极限拉伸特性

（1）试验方法和试验成果。对于不含层面的碾压混凝土本体，极限拉伸试件制作比较简单，试件尺寸采用100mm×100mm×515mm棱柱体，试件两端预埋ϕ14mm的螺纹钢筋，埋入深度各150mm，碾压混凝土本体试件分二层一次性连续成型。

对于有层面的碾压混凝土，由于要研究层面拉伸断裂情况，试件拉力方向必须考虑与层面垂直，采用上述试件成型方法不能满足要求，因此本试验采用ϕ150mm×300mm 圆柱体试件，即采用碾压混凝土弹性试验用试件。本体试件分二层一次性连续成型；对人为分层但不做处理的试件则先一次性成型约150mm厚的下层碾压混凝土，待层间间歇时间分别为4h或72h后直接浇筑成型上层碾压混凝土；对人为分层并做处理的试件则在层面铺一层 12mm 厚的水泥砂浆或 10mm 厚的水泥净浆，然后成型上层的碾压混凝土。碾压混凝土下部施振时间为2倍的*VC*值，上部施振时间为3倍的*VC*值，养护48h后脱模，将试件放在标准养护室养护。有层面碾压混凝土极限拉伸试件及受力状态如图4-4所示。

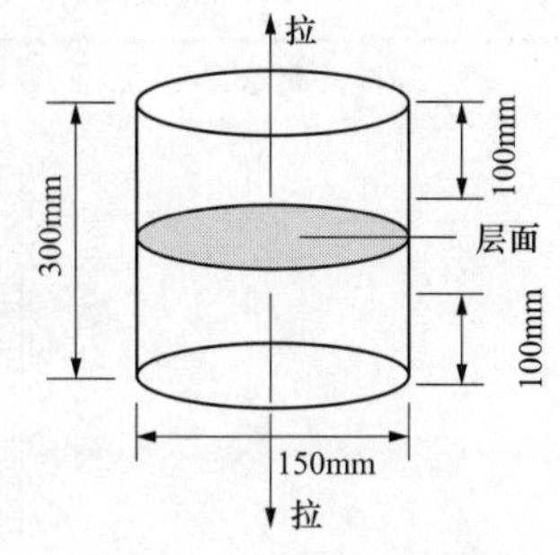

图4-4 有层面碾压混凝土极限拉伸试件及受力状态

对于有层面碾压混凝土极限拉伸试验，考虑了 200kg/m^3、180kg/m^3、160kg/m^3 三种胶凝材料用量，4h、72h 两种层间间歇时间（即碾压混凝土初凝前和终凝后两种工况），以及不处理、铺净浆和铺砂浆三种层面处理工况。不同工况极限拉伸值汇总见表 4-5，不同层间间隔时间及胶凝材料用量如图4-5所示。

表4-5　　不同工况极限拉伸值汇总表

胶凝材料用量（kg/m^3）	层间间歇时间（h）	试件编号	处理层面结合的材料	平均抗压强度（MPa）	平均极限拉伸值（$\times 10^{-6}$）	平均轴向抗拉强度（MPa）
200	4	A4-2	净浆	35.9	66	1.92
		A4-3	砂浆	39.3	71	2.19
	72	A72-2	净浆	37.6	58	1.40
		A72-3	砂浆	38.9	60	1.65
平均值				37.9	64	1.79
160	4	C4-2	净浆	—	67	1.92
		C4-3	砂浆	—	65	1.93
	72	C72-2	净浆	—	56	1.38
		C72-3	砂浆	—	59	1.72
平均值				—	62	1.74
200 本体			—	48.5	66	2.15
180 本体			—	35.3	—	—
160 本体			—	27.8	—	—

续表

胶凝材料用量（kg/m³）	层间间歇时间（h）	试件编号	处理层面结合的材料	平均抗压强度（MPa）	平均极限拉伸值（$\times10^{-6}$）	平均轴向抗拉强度（MPa）
200	4	A4－1	—	39.2	64	1.86
	72	A72－1	—	33.1	43	1.30
平均值				36.2	54	1.58
160	4	C4－1	—	—	62	1.72
	72	C72－1	—	—	40	1.00
平均值				—	51	1.36

注　试验龄期为 180d；试件尺寸为ϕ150mm×300mm 圆柱体。

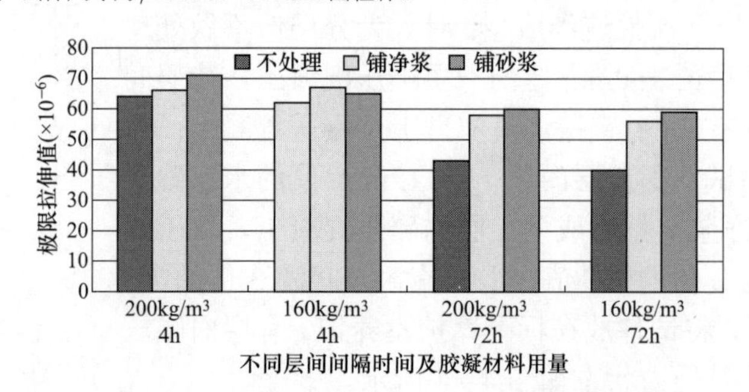

图 4－5　层面处理方式与极限拉伸值关系图

（2）层面处理方式与极限拉伸值。从表 4－6 可见，对层面不进行处理的试件，层间间歇为 4h 的碾压混凝土极限拉伸值比间歇 72h 的极限拉伸值大，说明碾压混凝土终凝后，应对层面进行处理，以提高碾压混凝土的抗裂性。对于有层面且处理的试件，亦有同样的规律。胶凝材料越多，碾压混凝土的极限拉伸值越大；铺砂浆的碾压混凝土极限拉伸值略大于铺水泥净浆的碾压混凝土极限拉伸值；层面采取了处理措施，碾压混凝土的极限拉伸值增大。

表 4－6　　　　层面处理方式与极限拉伸值

处理层面结合的材料	胶凝材料用量（kg/m³）	试件编号	极限拉伸值 ε_p（$\times10^{-6}$）	平均 ε_p（$\times10^{-6}$）	与本体极限拉伸值之比	层面处理后 ε_p 增长系数
不处理	200	A4－1	64	53	0.80	—
		A72－1	43			
	160	C4－1	62	51	—	—
		C72－1	40			
铺净浆	200	A4－2	66	62	0.94	1.17
		A72－2	58			
	160	C4－2	67	61	—	1.20
		C72－2	56			
铺砂浆	200	A4－3	71	65	0.98	1.23
		A72－3	60			
	160	C4－3	65	62	—	1.22
		C72－3	59			
本体	200	—	66	66	1.00	—

注　试验龄期为 180d；试件尺寸为ϕ150mm×300mm 圆柱体。

（3）层间间歇时间与极限拉伸值。层间间歇时间与极限拉伸值的关系见表 4-7。由表 4-7 可见，两种胶材用量，不同层面处理方式，层间间歇时间分别为 4h 和 72h 时，极限拉伸值的平均值分别为 66×10^{-6} 和 53×10^{-6}，后者为前者的 80%。说明层间间歇时间延长，极限拉伸值下降。

表 4-7　　层间间歇时间与极限拉伸值的关系

层间间歇时间（h）	胶凝材料用量（kg/m³）	试件编号	层面处理	极限拉伸值 ε_p（$\times10^{-6}$）	ε_p 比值	平均 ε_p（$\times10^{-6}$）	不同层间间歇时间 ε_p 比
4	200	A4-1	不处理	64	1.00	66	1.00
		A4-2	铺净浆	66	1.03		
		A4-3	铺砂浆	71	1.11		
	160	C4-1	不处理	62	1.00		
4	160	C4-2	铺净浆	67	1.08		
		C4-3	铺砂浆	65	1.05		
72	200	A72-1	不处理	43	1.00	53	0.80
		A72-2	铺净浆	58	1.35		
		A72-3	铺砂浆	60	1.39		
	160	C72-1	不处理	40	1.0		
		C72-2	铺净浆	56	1.40		
		C72-3	铺砂浆	59	1.47		

注　试验龄期为 180d；试件尺寸为 ϕ150mm×300mm 圆柱体。

（4）胶凝材料用量与极限拉伸值。胶凝材料用量与极限拉伸值的关系见表 4-8。由表 4-8 可见，胶凝材料用量分别为 200kg/m³ 和 160kg/m³ 时，大平均的极限拉伸值分别为 60.5×10^{-6} 和 58.5×10^{-6}，后者为前者的 97%，说明胶材用量达到 160kg/m³ 以上时，极限拉伸值主要是由层面处理方式和层间间歇时间控制和确定。

表 4-8　　胶凝材料用量与极限拉伸值的关系

胶凝材料用量（kg/m³）	层间间歇时间（h）	试件编号	层面处理	极限拉伸值 ε_p（$\times10^{-6}$）	平均 ε_p（$\times10^{-6}$）	大平均 ε_p（$\times10^{-6}$）	不同胶凝材料 ε_p 比值
200	4	A4-1	不处理	64	67	60.5	1.00
		A4-2	铺净浆	66			
		A4-3	铺砂浆	71			
	72	A72-1	不处理	43	54		
		A72-2	铺净浆	58			
		A72-3	铺砂浆	60			
160	4	C4-1	不处理	62	65	58.5	0.97
		C4-2	铺净浆	67			
		C4-3	铺砂浆	65			

续表

胶凝材料用量（kg/m³）	层间间歇时间（h）	试件编号	层面处理	极限拉伸值 ε_p（$\times 10^{-6}$）	平均 ε_p（$\times 10^{-6}$）	大平均 ε_p（$\times 10^{-6}$）	不同胶凝材料 ε_p 比值
160	72	C72－1	不处理	40	52		
		C72－2	铺净浆	56			
		C72－3	铺砂浆	59			

注　试验龄期为180d；试件尺寸为ϕ150mm×300mm圆柱体。

（5）有层面碾压混凝土的弹性模量。碾压混凝土静力抗压弹性模量试验所采用的试件尺寸是ϕ150mm×300mm圆柱体，由于试件高度为300mm，分二层一次性连续成型。为了研究有层面碾压混凝土弹性模量特性，需人为制作有层面碾压混凝土弹性模量试件。考虑了200kg/m³和160kg/m³两种胶凝材料用量，4h和72h两种层间间歇时间，以及不处理、铺净浆和铺砂浆三种层面处理工况。不同工况有层面碾压混凝土的弹性模量试验成果见表4－9。

表4－9　　不同工况有层面碾压混凝土的弹性模量试验成果

胶凝材料用量（kg/m³）	层面间歇时间（h）	试件编号	处理层面结合的材料	抗压弹性模量 E_c（GPa）	抗拉弹性模量 E_t（GPa）	E_c/E_t
200	4	A4－1	不处理	42.0	34.7	1.21
	72	A72－1	不处理	41.9	33.7	1.24
平均值				42.0	34.2	1.23
160	4	C4－1	不处理	41.0	39.5	1.04
	72	C72－1	不处理	36.3	25.8	1.41
平均值				38.7	32.6	1.19
200	4	A4－2	铺净浆	43.6	33.5	1.30
		A4－3	铺砂浆	45.5	34.7	1.31
	72	A72－2	铺净浆	41.5	31.3	1.33
		A72－3	铺砂浆	41.0	33.8	1.21
平均值				42.9	33.3	1.29
160	4	C4－2	铺净浆	38.6	36.0	1.07
		C4－3	铺砂浆	41.6	32.4	1.28
	72	C72－2	铺净浆	36.2	28.2	1.28
		C72－3	铺砂浆	40.2	30.2	1.33
平均值				39.2	31.7	1.24
200	无层面	200本体	—	46.6	41.0	1.14

注　试件尺寸均为ϕ150mm×300mm圆柱体。

从试验成果可以看出：

（1）试验测得的各种工况的抗压弹性模量为36.2～46.6GPa、抗拉弹性模量为25.8～41.0GPa。本体抗压、抗拉弹性模量分别为46.6GPa、41.0GPa；层面不处理工况的碾压混凝土平均抗压、平均抗拉弹性模量分别为 40.4GPa、33.4GPa。对层面进行处理试件的平均抗压、平均抗拉弹性模量分别为 41.0GPa、32.5GPa。层面不处理试件与本体试件弹性模量测值的比为 0.86。

（2）随胶凝材料用量的降低，弹性模量也有降低，因此，适当减少高坝碾压混凝土的胶凝材料总量，可以降低抗压、抗拉弹性模量，对提高碾压混凝土的抗裂性是有利的。

（3）碾压混凝土本体与采用了处理层面结合的材料的试件抗压弹性模量之比为 1.15，且随抗压强度的提高弹性模量增大，符合一般规律。

（4）有层面碾压混凝土的抗拉弹性模量与抗压弹性模量比值约为 0.8。

（5）层面铺砂浆比层面铺净浆抗压弹性模量提高 5%，抗拉弹性模量基本不变。

将表 4－9 中抗拉弹性模量与圆柱体轴向抗拉强度成果进行回归分析，得出轴向抗拉强度与抗拉弹性模量间相关关系式，即

$$E_t = 7.904f_t + 18.648,\ R^2 = 0.740\,8,\ 1.0 \leqslant f_t \leqslant 2.2 \tag{4-1}$$

4.2.1.2 龙滩工程施工图设计阶段的室内试验研究成果

1. 混凝土配合比

试验采用龙滩工程施工选用的原材料，即广西鱼峰牌 42.5 中热硅酸盐水泥和广西来宾电厂Ⅰ级灰，JM－Ⅱ缓凝高效减水剂和 ZB－IG 引气剂，大法坪砂石系统生产的石灰岩人工骨料。研究了缓凝高效减水剂在不同温度环境条件下对碾压混凝土凝结时间的影响规律；建立了不同间隔时间、不同层面处理措施，对碾压混凝土层间抗压、抗拉、极限拉伸、抗剪强度的影响规律。试验用的有层面碾压混凝土室内试验配合比参数见表 4－10，接缝砂浆和小骨料混凝土配合比参数见表 4－11。

表 4－10　有层面碾压混凝土室内试验配合比参数

编号	设计等级	水胶比	混凝土材料用量（kg/m³）							外加剂		VC 值（s）	含气量（%）
			水	水泥	粉煤灰	砂	小石	中石	大石	JM－Ⅱ（%）	ZB－1G（1/万）		
W1、W2	$C_{90}25$	0.42	80	90	101	719	443	591	443	0.75	3.0	5～7	2.8
W3、W4	$C_{90}15$	0.50	80	56	104	730	450	600	450	0.75	2.0	5～7	2.9

表 4－11　有层面碾压混凝土室内试验接缝砂浆和小骨料混凝土配合比参数

强度等级	级配	配合比参数							材料用量（kg/m³）							
		水胶比	水	粉煤灰（%）	砂率（%）	ZB－1 RCC15（%）	JM－Ⅱ（%）	ZB－1G（1/万）	水	水泥	粉煤灰	人工砂	小石	ZB－1 RCC15 粉剂	JM－Ⅱ 粉剂	ZB－1 G 粉剂
$R_{Ⅰ}$、$R_{Ⅳ}C_{90}25$	一	0.37	124	55	37	0.5		0.25	124	151	184	707	1218	1.675		0.008 4
							0.5	0.35							1.675	0.011 7
$R_{Ⅱ}C_{90}20$	一	0.40	124	60	38	0.5		0.25	124	124	186	734	1211	1.550		0.007 8
							0.5	0.35							1.550	0.010 8
$R_{Ⅲ}C_{90}15$	一	0.43	122	65	39	0.5		0.25	122	99	185	764	1208	1.42		0.007 1
							0.5	0.35							1.420	0.009 9
$R_{Ⅰ}$、$R_{Ⅳ}C_{90}25$	砂浆	0.37	275	55	100	0.3		0.1	275	334	409	1088		2.229		0.007 4
							0.2	0.3							2.229	0.022 3

续表

强度等级	级配	配合比参数							材料用量（kg/m³）							
		水胶比	水	粉煤灰（%）	砂率（%）	ZB－1 RCC15（%）	JM－Ⅱ（%）	ZB－1G（1/万）	水	水泥	粉煤灰	人工砂	小石	ZB－1 RCC15粉剂	JM－Ⅱ粉剂	ZB－1 G粉剂
$R_{\mathrm{II}}C_{90}20$	砂浆	0.42	270	60	100	0.3		0.1	270	257	386	1191		1.929		0.006 4
							0.2	0.3							1.929	0.019 3
$R_{\mathrm{III}}C_{90}15$	砂浆	0.45	260	65	100	0.3		0.1	260	202	376	1275		1.734		0.005 8
							0.2	0.3							1.734	0.017 3

表 4－12 为层间抗剪试验采取的各种层间间隔时间、层面处理方式和养护制度。对于有层面的碾压混凝土试件分两次振捣成型。其中层面不处理的工况，分别在规定的间隔时间内浇筑上层碾压混凝土；而层面处理的工况，则在规定层间间隔时间内经层面处理后再铺筑成型上层碾压混凝土。

表 4－12　有层面碾压混凝土室内试验层间试验条件

层面间歇时间	0h	6h	12h	24h	48h
层面处理方式	不处理	不处理	不处理	直接铺砂浆	凿毛后铺砂浆
层面缝形态	本体	热缝	温缝	冷缝	冷缝
养护制度	W1、W2	温度 20℃、湿度 95%的标准养护			
	W3、W4	层面间歇期间在室外自然状态下养护，层面覆盖后转为标准养护			

2. 力学和变形性能

不同工况条件下抗压强度、轴向抗拉强度和极限拉伸值的试验结果列于表 4－13 中。得出如下结果：

（1）碾压混凝土本体抗压强度、轴心抗拉强度均大于有层面碾压混凝土相应强度；随着间歇时间的增加，抗压强度和轴向抗拉强度均呈现下降趋势，且超过初凝时间后，下降速度加快。

（2）层面的存在对抗压强度的影响明显小于轴向抗拉强度，由于层面的存在抗压强度降低的最大值为 13%，而轴向抗拉强度由于层面的存在而降低的最大值达 65%。特别是层面间隔 24h 的冷缝直接铺砂浆工况，其轴向抗拉强度只有本体强度的 44%（平均值）。

（3）间歇 48h 后，进行凿毛处理并铺砂浆的试件，其抗压强度没有降低，且略有增加；而其轴向抗拉强度则不同，与本体比较有较大幅度的下降，与冷缝不凿毛比较对轴向抗拉强度有一定的改善，但达不到初凝时间内（热缝）的轴向抗拉强度。

（4）碾压混凝土本体极限拉伸值大于有层面的极限拉伸值，且本体都能达到设计指标的要求。有层面碾压混凝土极限拉伸位随层间间隔时间的延长而减小，在初凝时间内的有层面试件，其极限拉伸值与对应的本体极限拉伸值相比，下降不多；超过初凝时间后，极限拉伸值下降速度显著加快，层间间歇时间 24h 的极限拉伸值最低，只有本体极限拉伸值的 50%左右。

（5）间歇 48h，凿毛并铺砂浆处理后试件的极限拉伸值，较冷缝（24h）直接铺砂浆有较大的提高，但仍达不到热缝（6h）的极限拉伸值，平均只有本体极限拉伸值的 62%（28d）和 82%（90d）。

表 4-13　力学性能和变形性能试验结果

试验编号	层间间歇（h）	层面处理	抗压强度（MPa）		极限拉伸（×10⁻⁴）		轴向抗拉（MPa）	
			28d	90d	28d	90d	28d	90d
W1-0	0	不处理	27.3	42.6	0.81	1.00	2.84	3.58
W1-6	6	不处理	26.9	39.3	0.80	1.01	2.80	3.67
W1-12	12	不处理	26.9	39.2	0.77	0.82	2.55	3.13
W1-24	24	直接铺砂浆	24.5	40.3	0.39	0.51	1.62	1.72
W1-48	48	凿毛后铺砂浆	28.1	40.1	0.61	0.83	1.99	2.97
W2-0	0	不处理	27.5	40.6	0.79	0.98	2.70	3.41
W2-6	6	不处理	25.9	42.6	0.76	0.95	2.43	3.33
W2-12	12	不处理	24.3	35.5	0.70	0.76	2.46	2.76
W2-24	24	直接铺砂浆	25.4	38.5	0.34	0.56	1.05	1.81
W2-48	48	凿毛后铺砂浆	28.6	40.6	0.53	0.81	1.65	2.87
W3-0	0	不处理	16.4	26.4	0.61	0.80	1.66	2.56
W3-6	6	不处理	16.0	26.4	0.50	0.79	1.15	2.40
W3-12	12	不处理	15.5	26.5	0.45	0.55	1.34	1.54
W3-24	24	直接铺砂浆	15.9	24.5	0.32	0.42	0.66	0.93
W3-48	48	凿毛后铺砂浆	16.2	26.7	0.35	0.63	0.78	1.68
W4-0	0	不处理	17.7	28.0	0.65	0.81	1.56	2.72
W4-6	6	不处理	17.4	29.1	0.51	0.74	1.28	2.26
W4-12	12	不处理	17.2	27.9	0.52	0.62	1.41	2.04
W4-24	24	直接铺砂浆	16.1	26.5	0.29	0.47	0.66	0.95
W4-48	48	凿毛后铺砂浆	17.4	28.3	0.31	0.68	0.80	1.78

4.2.1.3　龙滩工程可研设计阶段的芯样试验研究

龙滩工程在可研阶段进行了现场碾压试验，现场碾压试验碾压混凝土和垫层料配合比见表 4-14。碾压试验完成后，从试验现场取回大量含层面的试验块，开展了大量芯样试验研究。

表 4-14　现场碾压试验碾压混凝土和垫层料配合比

工况	混凝土配合比参数						混凝土材料用量（kg/m³）						
	级配	水胶比	粉煤灰（%）	砂率（%）	外加剂		水	水泥	粉煤灰	砂	大石	中石	小石
					名称	掺量（%）							
A、B	三	0.544	58.3	33.3	TF	0.25	98	75	105	735	442	590	442
F、G、H	三	0.556	58.3	33.3	FDN	0.30	100	75	105	735	442	590	442
C、D	三	0.464	68.2	33.8	金星	0.50	103	70	150	724	427	569	427
E	三	0.455	68.2	33.8	金星	0.50	100	70	150	724	284	640	498
I	三	0.525	55	33.3	FDN	0.30	105	90	110	735	441	588	441
J	三	0.60	40	33.2	FDN	0.30	90	90	60	745	449	598	449
F	一	0.467	66.7	41.7	FDN	0.30	140	100	200	758	—	—	1062
用于 A	砂浆	0.435	10.2	100	TF	0.25	253	523	59	1457	—	—	—
用于 C	砂浆	0.435	21.1	100		—	251	461	116	1444	—	—	—
用于 H、J	砂浆	0.435	10	100	FDN	0.30	210	434	49	1208	—	—	—

注　第一次现场试验为 A、B 工况；第二次现场试验为 C、D、E、F 工况；第三次现场试验为 G、H、I、J 工况。

1. 碾压混凝土芯样的物理力学特性

碾压混凝土芯样物理力学试验尺寸为 200mm×200mm×200mm（密度、强度、超声波速度），200mm×400mm（抗压弹性模量），成果见表 4－15，现分述如下：

（1）密度。6 种工况（A～F）的密度在 2443～2486kg/m^3 之间，平均为 2462kg/m^3（包括本体的和含层面的），含层面的与本体的密度之比是 1.004 5。表明压实质量是优良的。

（2）抗压强度。10 种工况（A～J）的抗压强度在 23.44～40.91MPa 之间，平均为 31.37MPa，其中第二次碾压试验成果偏低，可能与高气温下施工有关。两种（E、F）工况，含层面的抗压强度与本体抗压强度之比为 0.984。

（3）层面劈裂抗拉强度 10 种工况沿层面的劈裂抗拉强度在 0.70～2.48MPa 之间，平均为 1.81MPa，平均拉压比为 0.058，比一般拉压比偏低。4 个工况（A、C、E、F）层面劈裂抗拉强度平均值为 1.71MPa，与本体劈裂抗拉强度 2.9MPa 之比为 0.59。

（4）抗压弹性模量。6 种工况（A～F）含层面试件的抗压弹性模量在 17.2～31.2GPa 之间，不含层面的本体试件的抗压弹性模量在 31.3～39.9GPa 之间，平均为 35.0GPa，前者与后者之比为 0.69。

（5）超声波速度。6 种工况（A～F）垂直层面的超声波速度在 4655～4875m/s 之间，平均为 4756m/s，而平行层面的超声波速度在 4952～5337m/s 之间，平均为 5139m/s，前者与后者之比为 0.925。

（6）轴向极限拉伸。4 种工况（C、D、E、F）的极限拉伸在 46.9×10^{-6}～54.5×10^{-6} 之间。

表 4－15　碾压混凝土现场试验芯样物理力学性能试验成果汇总表

工况	统计项目	密度（kg/m^3）		抗压强度（MPa）		劈裂抗拉强度（MPa）		抗压弹性模量（GPa）		超声波速度（m/s）			轴向极限拉伸		
		层面	本体	层面	本体	层面	本体	层面	本体	垂直层面	平行本体	垂直本体	σ（MPa）	E（MPa）	ε（$\times10^{-6}$）
A	样本数	6		6		6	6	6	3	9	15	6			
	平均值	2474		35.1		1.43		19.7	39.9	4786	5337	5002			
B	样本数	9		6		9		9	3	13	19	6			
	平均值	2469		25.6		0.77		25.0	39.0	4808	5315	4908			
C	样本数	6	4	6		7	3	6	4	27	27		9	8	5
	平均值	2455	2443	26.5		0.70	2.17	17.2	31.3	4718	5076		1.11	26.59	54.5
D	样本数	5		8		8		5		30	30		3	2	2
	平均值	2484		23.4		2.23		24.8	31.3	4697	5037		1.15	24.12	52.7
E	样本数	8	4	8	3	7	3	8	4	14	14		7	5	3
	平均值	2451	2450	28.4	28.8	2.24	3.95	28.3	34.3	4665	4952		0.83	27.57	46.9
F	样本数	8	4	8	3	8	3	8	4	20	30		8	7	6
	平均值	2486	2478	28.5	29.1	2.48	3.64	31.2	34.8	4875	5117		1.07	30.48	50.1
G	样本数			8		8									
	平均值			37.4		2.16									

续表

工况	统计项目	密度（kg/m³）		抗压强度（MPa）		劈裂抗拉强度（MPa）		抗压弹性模量（GPa）		超声波速度（m/s）			轴向极限拉伸		
		层面	本体	层面	本体	层面	本体	层面	本体	垂直层面	平行本体	垂直本体	σ（MPa）	E（MPa）	ε（$\times10^{-6}$）
H	样本数			4		4									
	平均值			36.2		2.44									
I	样本数			8		8									
	平均值			40.9		2.34									
J	样本数			4		4									
	平均值			31.9		1.32									

注　表中σ为轴向拉伸强度；E为拉伸强度弹性模量；ε为极限拉伸值。

从上面碾压混凝土芯样的6个指标的比较可以看出，层面的存在对碾压混凝土的密度和抗压强度没有影响。但是，层面存在使抗拉强度、弹性模量、超声波速度和极限拉伸明显降低。它与本体比值分别是0.59、0.69和0.925（芯样本体未作极限拉伸），说明碾压混凝土存在明显各向异性。

2. 碾压混凝土芯样的动力特性

本项试验由清华大学完成，主要测试龙滩现场碾压混凝土在单轴受压状态下的力学性能指标。其中包括平行层面（简称X向）和垂直层面（简称z向）的弹性模量；静、动载荷作用下的峰值应力；静、动载荷作用下的峰值应变（即对应于峰值应力的应变）；静、动载荷作用下的应力应变全过程曲线；碾压混凝土在受压状态下的破坏机理初探。

试验所用碾压混凝土取自龙滩水电站工程设计阶段第二次碾压混凝土现场试验的工况D和工况E。由现场取得的试件尺寸为250mm×250mm×250mm，考虑测试各向异性弹性模量及全曲线的需要以及材料试验机的能力，对试件进行了再加工，先将原试件沿垂直层面方向一分为四切成100mm×100mm×250mm的长方块，然后截取包含层面的100mm×100mm×100mm的立方体试块，使层面大体位于试块中部。

试验分为慢速加载、快速加载、减摩、不减摩等多组进行试验，有效试件总数为43块。其中，快速加载速率$\varepsilon_1=5000\mu\varepsilon/s$，慢速加载速率$\varepsilon_2=50\mu\varepsilon/s$。试验成果表中试件的试验工况除特别注明外均为使用了减摩措施，而未使用减摩措施的试件均为慢速加载。

（1）龙滩碾压混凝土现场芯样的静动力试验成果及统计特性。

1）弹性模量的静力试验成果及统计特性。对同一试件分别测量其平行层面的弹性模量E_x和垂直层面的E_z，获得了17对成果，其中D工况7对，E工况10对（含未减摩3对，未列出），列于表4－16。由表4－16可见：D组试件E_x/E_z比值的均值为1.20，E组E_x/E_z的平均值为1.22，说明D、E两组试件均呈现一定的各向异性性质。用E_x、E_z的均值进行计算，得出D组的弹模比$E_x/E_z=1.19$，E组为1.18，也说明两组试件呈现各向异性性质。

表 4-16　　现场试验芯样弹性模量试验统计表

	试件号	1SB	3SA	3SB	3SC	6SA	9SC	12SA	个数	均值	均方差	变异系数	均值比
工况 D	E_x	2.11	3.11	1.21	1.67	2.05	2.80	1.74	7	2.10	0.61	0.29	
	E_z	1.67	2.14	0.93	1.37	2.33	2.14	1.72	7	1.76	0.46	0.26	
	E_x/E_z	1.26	1.45	1.30	1.22	0.88	1.31	1.01	7	1.20	0.18	0.15	1.19
工况 E	试件号	5SB	7SA	8SC	11SA	11SD	13SD	15SB	个数	均值	均方差	变异系数	均值比
	E_x	2.00	1.61	2.86	2.06	2.47	1.32	3.33	7	1.90	0.43	0.23	
	E_z	1.54	2.86	1.74	1.56	1.82	1.67	2.10	7	1.22	0.37	0.30	
	E_x/E_z	1.30	0.56	1.64	1.32	1.36	0.79	1.56	7	1.22	0.37	0.30	1.18

2）峰值应力的静动力试验成果及统计特性。试验共得到峰值应力值 43 个，分组统计值列于表 4-17。由表 4-17 可见，慢速加载时 D 组的平均峰值应力为 14.10MPa，E 组为 16.62MPa；快速加载时，D 组的平均峰值应力为 15.50MPa，E 组为 17.53MPa。说明动载作用下的峰值应力均较静载作用下有所提高。

表 4-17　　现场试验芯样峰值应力分组统计表

统计指标	D 组		E 组		
	慢速加载	快速加载	慢速加载	快速加载	未减摩
试件数（个）	14	11	8	6	4
均值（MPa）	14.10	15.50	16.62	17.53	27.39
均方差（MPa）	1.44	2.43	1.47	2.26	2.69
变异系数	0.10	0.16	0.09	0.13	0.10
对应不减摩强度	22.4	24.6	26.4	27.8	

3）峰值应变的静动力试验成果及统计特性。共测得 21 个峰值应变，分组统计值列于表 4-18，由表 4-18 可见，D 组试件共得到静载作用下的峰值应变 7 个，动载作用下的峰值应变 8 个，其统计均值分别为 2147με和 2050με，对应的变异系数分别为 0.09 和 0.26，说明静载作用下试件的峰值应变的离散性小于动载作用下的离散性。

表 4-18 结果还显示，对 E 组试件，同为慢速加载，减摩试件的峰值应变均值为 1440，未减摩试件的峰值应变均值为 3470，两者相差较大。

表 4-18　　现场试验芯样峰值应变分组统计表

统计指标	D 组		E 组		
	慢速加载	快速加载	慢速加载	快速加载	未减摩
试件数（个）	7	8	3	1	2
均值（με）	2147	2050	1440	1520	3470
均方差（με）	188	539	126	0	200
变异系数	0.09	0.26	0.09	0	0.06

（2）加载速率对材料性能的影响。

1）加载速率对弹性模量的影响。对同一试件分别以快、慢两种速率加载，共获得12组数据，列于表4-19。由表4-19可见，当加载速率增加，对应的碾压混凝土试件的应变速率由50με/s增加到5000με/s时，碾压混凝土垂直层向的弹性模量仅平均增加10%。

表4-19　现场试验芯样加载速率对弹性模量的影响（垂直层向弹性模量 E_z）

×10⁴MPa

试件号	3SC	4SC	6SC	6SD	9SA	9SD	10SC	10SD	12SC	11SA	11SD	13SA	个数	均值	均方差	变异系数
慢速加载	1.37	1.73	2.53	2.0	0.89	1.54	1.43	1.29	1.18	1.56	1.82	1.73	12	1.59	0.41	0.25
快速加载	1.54	1.52	3.75	3.2	0.95	1.45	1.60	1.67	0.88	1.67	1.52	1.75	12	1.80	0.81	0.45
比值	1.12	0.88	1.48	1.6	1.07	0.94	1.12	1.29	0.74	1.07	0.83	1.01	12	1.10	0.25	0.02

2）加载速率对峰值应力和峰值应变的影响。对原试件一分为四得到一组4块试件，快、慢速加载各做两块，测量其在静动荷载作用下的峰值应力和峰值应变，结果列于表4-20。由表4-20可见，加载速率对峰值强度有较为一致的影响。当增加加载速率，使混凝土的应变速率由50με/s增加到5000με/s时，碾压混凝土的峰值强度的平均提高率为11%；增加加载速率并不一定增加（也不一定减小）峰值应变，动静载荷作用下峰值应变的比值在0.61～1.20之间变化，峰值应变比值的均值为0.96。说明碾压混凝土的应变速率在50～5000με/s范围内变化时，加载速率对碾压混凝土的峰值应变的影响并无明显的规律性。快速加载时所得峰值应变具有较大的变异系数（0.21），而慢速加载时峰应变的变异系数较小（0.09），又由于两种加载速率下峰值应变的比值为0.96，故当应变速率小于5000με/s时，可近似地采用慢速加载时的均峰值应变值。

试验时共得到19个减摩试件和2个未减摩试件的峰值应变，不减摩情况由于侧向约束的影响，使得峰值应变有较大幅度提高，这说明多向受力状态下混凝土材料性能的变化。

表4-20　现场试验芯样加载速率对峰值应力和峰值应变影响表

平均峰值应力（MPa）						平均峰值应变（με）			
试件号（1）	慢速加载（2）	块数	快速加载（3）	块数	比值	试件号（1）	慢速加载（2）	快速加载（3）	比值
4S	13.21	2	16.36	2	1.24	3S	2100	1780	0.85
6S	16.51	2	15.26	2	0.92	4S	1910	1950	1.02
9S	14.00	2	14.88	2	1.06	6S	2420	1485	0.61
10S	13.60	2	17.90	2	1.32	9S	2115	2530	1.20
12S	13.01	2	15.01	2	1.15	10S	2360	2610	1.11
13S	16.23	2	17.60	2	1.08				
个数	6		6		6	个数	5	5	5
均值	14.43		16.17		1.13	均值	2180	2071	0.96
标准差	1.41		1.22		0.13	标准差	186	434	0.21
变异系数	0.10		0.08		0.11	变异系数	0.09	0.21	0.22

注　表中比值=快速加载（3）/慢速加载（2）。

3）加载速率对应力应变全过程曲线的影响。碾压混凝土材料在受压状态下，无论是慢速加载，还是快速加载都呈现应变软化特性。对 19 条试验曲线进行规一化处理后的结果见图 4－6。从两条平均全过程曲线的线型来看，静态的软化段曲线可近似地用一条直线来代替；快速加载的软化段，可用双线性来逼近。

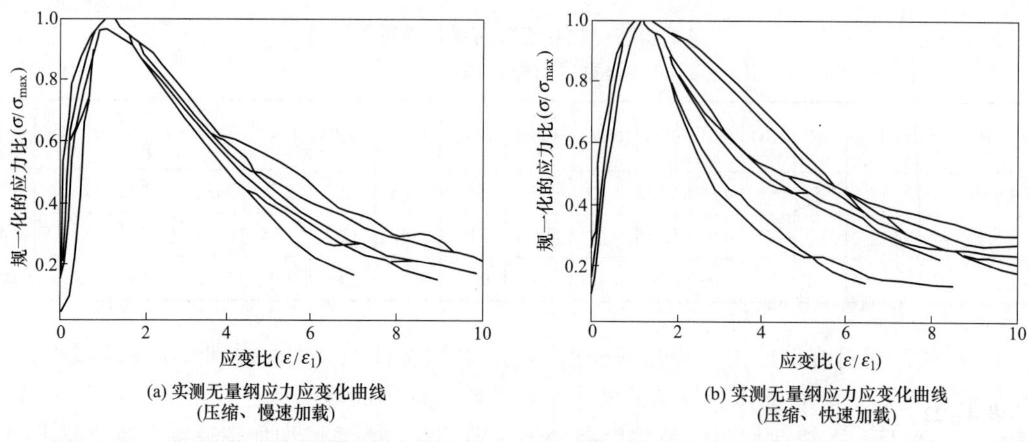

图 4－6　现场碾压试验芯样静动力作用下的应力应变化全过程曲线

4.2.1.4　碾压混凝土芯样的断裂特性

在碾压试验现场取得 D 和 E 两种工况含层面的试验块尺寸为 250mm × 250mm × 500mm，每一块试体制成 4 个试件，尺寸为 124mm × 124mm × 500mm，试件设计缝深 $a/W=0.4$（a 为缝深，W 为试件高度），裂缝位于碾压混凝土层面。用三点弯曲试件测定 Ⅰ 型问题的断裂韧度、断裂能和徐变断裂特性；用四点弯曲试件测定 Ⅰ、Ⅱ 复合型断裂特性和断裂能。碾压混凝土龄期为 730d 左右。试件及加荷情况见图 4－7。

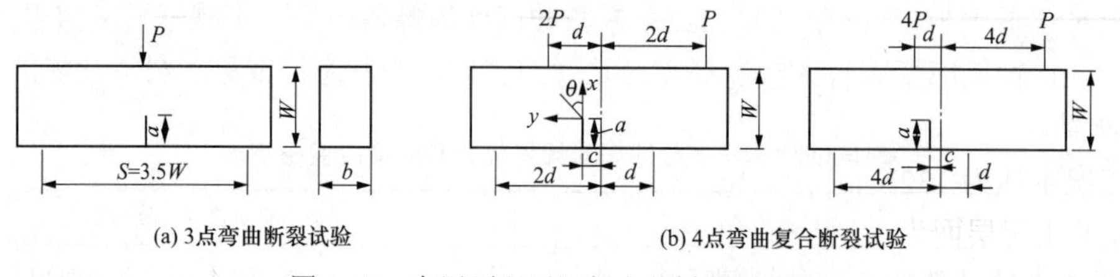

图 4－7　有层面碾压混凝土芯样断裂试验

1. 断裂韧度与复合断裂

从表 4－21 看出，本体断裂韧度均大于层面断裂韧度。工况 D 层面 K_{IC}（Ⅰ型断裂韧度）为本体的 0.99，层面 K_{IIC}（Ⅱ型断裂韧度）为本体的 0.838；工况 E 层面 K_{IC} 为本体的 0.73，层面 K_{IIC} 为本体的 0.91。综合上 4 种情况，层面断裂韧度为本体的 0.87。

表 4－21　现场碾压试验芯样层面断裂韧度

工况	K_{IC} (kN/cm$^{3/2}$)	K_{IIC} (kN/cm$^{3/2}$)	$K_{\mathrm{I}}/K_{\mathrm{IC}}$	工况	K_{IC} (kN/cm$^{3/2}$)	K_{IIC} (kN/cm$^{3/2}$)	$K_{\mathrm{I}}/K_{\mathrm{IC}}$
D 本体	0.491	0.510	1.02	D 层面	0.488	0.421	0.86
E 本体	0.605	0.513	0.85	E 层面	0.440	0.467	1.06
				F 层面	0.515	0.448	0.94

从图 4－8 中可以看出，对于工况 D 层面，试验所得断裂曲线与最大拉应力准则计算所得断裂曲线，除个别点外大体上是吻合的。从表 4－22 看出，所测的开裂角与理论值相差较大。

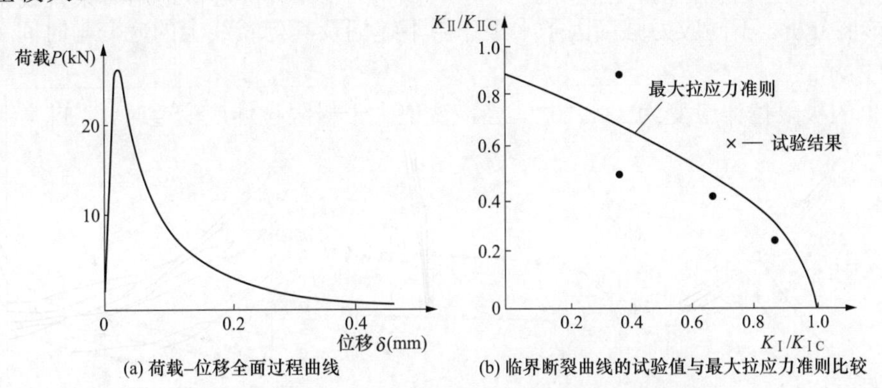

图 4－8　碾压混凝土芯样断裂试验曲线

表 4－22　　现场碾压试验芯样工况 D 层面复合型断裂试验结果

c（mm）	d（mm）	K_{IC}（kN/cm$^{3/2}$）	K_{IIC}（kN/cm$^{3/2}$）	理论θ_0（°）	实测θ_0（°）	K_I/K_{IC}	K_{II}/K_{IC}
0	45	0	－0.421	70.5	37.7	0	－0.863
5	45	0.178	－0.427	62.8	30	0.365	－0.875
15	90	0.179	－0.421	57.2	28	0.367	－0.494
30	90	0.326	－0.197	44.1	25	0.668	－0.404
55	90	0.430	－0.122	28.0	17	0.881	－0.250
三点弯曲试件		0.488	0	0	0	1.0	0

注　θ_0为开裂角。

2. 断裂能

D 工况本体为 132N/m，E 工况本体为 173N/m，D 工况层面为 106N/m，E 工况层面为 120N/m，F 工况层面为 109N/m。可见，同一工况本体试件的断裂能大于层面试件的断裂能，例如工况 D 本体试件的断裂能较层面的大 15%。对于工况 D 层面各复合型断裂试件，测得其断裂能 G_F＝101N/m，与用 3 点弯曲试件所测得断裂能（G_F＝106N/m）属同一量级；对于其他复合型断裂试件以及纯Ⅱ型试件所测得的断裂能，其值也与 3 点弯曲试件的 G_F 值属同一量级。这说明各复合型断裂试件及纯Ⅱ型断裂试件也属于拉伸断裂。

3. 碾压混凝土徐变断裂

研究碾压混凝土的徐变断裂，对于了解混凝土内部裂缝的延迟扩展过程具有重要意义，这是关系大坝安全的一个应引起注意的问题。D 工况芯样试件的徐变断裂试验结果如下：

（1）徐变断裂试验方法。徐变断裂试验是以 0.05 短期荷载作用下的断裂韧度 K_{IC} 为间隔划分各应力强度因子水平，即试验所加荷载使试件的应力强度因子比值 K_I/K_{IC}＝1.0、0.95、0.9、0.85、0.80、0.75 等。

试验采用杠杆式加荷设备，加荷速度按照 SD105—1982《水工混凝土试验规程》的要求进行。对高应力强度因子水平下的徐变断裂时间，用 7V08 数据采集仪记录；对较低应力强度因子水平下的徐变断裂时间，采用改装的日历钟记录；为监测裂缝扩展情况，在裂缝延长线上贴有应变片；为减小环境对徐变断裂的影响，该试验在恒温恒湿条件下进行。

（2）裂缝扩展分析。不同应力强度因子水平作用下缝端及其延长线上的应变与时间关系曲线如图 4－9 所示。

碾压混凝土的极限拉伸应变为 53×10^{-6}，当应变值大于极限拉伸应变值时，意味着裂缝扩展。

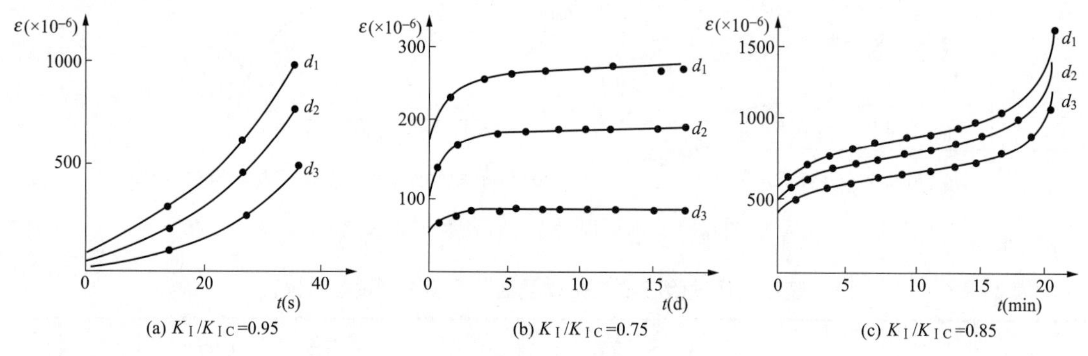

图 4－9　裂缝延长线上应变与时间关系曲线

从图 4－9，对试件的缝顶处分析如下：

1）当应力强度因子水平较高（$K_{\mathrm{I}}/K_{\mathrm{IC}}=0.95$，0.9）时，裂缝延长线上应变随时间不断增加，即裂缝随时间延长而不断扩展，其断裂时间为数十秒至数分钟，这一类的试件断裂具有瞬时断裂的性质。

2）当应力强度因子水平较低（$K_{\mathrm{I}}/K_{\mathrm{IC}}=0.75$）时，在持续荷载作用下裂缝延长线上的应变随时间有所增加，但应变经历减速阶段后，应变增长缓慢，应变值趋于一稳定值，试件历时 6 个月尚未破坏。

3）当应力强度因子水平 $K_{\mathrm{I}}/K_{\mathrm{IC}}=0.85$ 时，徐变可分为三个阶段：第一阶段为开始阶段，这一阶段徐变速率随时间而逐渐减少，即徐变速率减速阶段；第二阶段徐变曲线接近直线，这是徐变稳定阶段；第三阶段，当总变形达到某一数值后，徐变速率值随时间不断增大，最终导致试件破坏，这是徐变加速的断裂阶段。这一类型属典型的徐变断裂。

4）当变形超过材料的弯曲抗拉变形后，该处将开裂，原有裂缝将扩展。当裂缝扩展量达到一临界值时，裂缝快速扩展并失稳，导致构件断裂。

5）徐变断裂性质与应力强度因子水平有关，当应力强度因子水平较低时，徐变是由水泥石内凝胶体的黏滞流动及加荷前骨料的初始界面裂缝引起的，这时尚未出现砂浆裂缝，界面裂缝仍然保持稳定，而不致引起徐变断裂；当应力强度因子水平较高时，界面裂缝扩展速度增大，并出现了砂浆裂缝，随着时间增加，界面裂缝与砂浆裂缝连接成贯通裂缝，从而导致断裂过程区长度不断扩大，直至发生徐变断裂。

（3）断裂时间与应力强度因子水平的关系。由 4 根试件得到的瞬时断裂韧度 $K_{\mathrm{IC}}=0.448\mathrm{kN/cm^{3/2}}$，按照 $K_{\mathrm{I}}/K_{\mathrm{IC}}=0.95$、0.90、0.85、0.80、0.75 等进行了不同应力强度因子水平下的徐变断裂试验，其结果见表 4－23。

表 4－23 现场碾压试验芯样不同应力强度因子水平作用下的断裂时间

应力强度因子水平	试件编号	断裂时间（min）	应力强度因子水平	试件编号	断裂时间（min）	应力强度因子水平	试件编号	断裂时间（min）	应力强度因子水平	试件编号	断裂时间（min）
0.95	1	0.50	0.90	8	1.17	0.85	15	9	0.80	22	201 630
	2	0.30		9	1.00		16	145	0.75	23	6 个月未断
	3	0.77		10	2.27		17	4583		24	6 个月未断
	4	0.12		11	0.63	0.80	18	130 011		25	6 个月未断
	5	0.06		12	1.43		19	31 997		26	6 个月未断
	6	0.70	0.85	13	20.0		20	43 665		28	6 个月未断
	7	1.0		14	25.0		21	171 554		28	6 个月未断

从表 4－23 可以看出，断裂时间存在离散性。由于试验点数较少，不便用数理统计方法处理。表 4－24 给出了算术平均方法求得的平均断裂时间，随着 $K_{\mathrm{I}}/K_{\mathrm{IC}}$ 的降低，试件的平均断裂时间（t）显著增加，取断裂时间对数值 $\lg t$ 进行一元线性回归，得到碾压混凝土断裂时间（t）与应力强度因子水平（$K_{\mathrm{I}}/K_{\mathrm{IC}}$）的关系为

$$K_{\mathrm{I}}/K_{\mathrm{IC}}=0.923\,4-0.024\,7\lg t \tag{4-2}$$

上述回归线的相关系数 $r=-0.97$，可以根据式（4－1）来推测混凝土在持续荷载作用下，不致破坏断裂的应力强度因子水平。假定不同的工作年限，得到相应的应力强度因子水平见表 4－25。

表 4－24 现场碾压试验芯样不同应力强度因子水平作用下的平均断裂时间

序号	1	2	3	4	5
应力强度因子水平	0.95	0.90	0.85	0.80	0.75
平均断裂时间（min）	0.493	1.30	956.4	115 771.4	6 个月未断

表 4－25 现场碾压取芯样的徐变断裂试验不同使用年限应力强度因子水平

使用年限（年）	20	30	50
应力强度因子水平（$K_{\mathrm{I}}/K_{\mathrm{IC}}$）	0.749 9	0.745 6	0.740 1

通过试验验证了碾压混凝土层面存在徐变断裂现象。徐变断裂过程中，裂缝扩展量随时间而增加，当裂缝扩展到一临界长度时，裂缝快速扩展导致构件断裂。

4.2.2 有层面碾压混凝土物理力学性能的综合分析

收集了龙滩、江垭、光照、棉花滩、汾河二库、高坝洲、金安桥、大朝山、皂市、普定、岩滩和坑口等工程的试验资料进行综合分析。

4.2.2.1 有层面碾压混凝土室内物理力学性能的统计分析

有层面碾压混凝土室内物理力学性能按混凝土强度、层面处理和不处理进行统计。层面不处理只统计热缝状态，考虑层面处理方式（铺水泥浆、砂浆或小骨料混凝土）对混凝土层

面性能影响不大，为简单起见，不区分层面处理方式对层面性能的影响。

1. 有层面碾压混凝土物理力学性能的龄期增长系数

（1）龙滩施工阶段资料统计分析。有层面碾压混凝土物理力学性能的龄期增长系数的试验资料很少，龙滩工程施工阶段作了比较系统的试验。结果如下。

1）室内试验物理力学性能龄期增长系数。表4－26给出了3种工况（本体、热缝、冷缝）、2种强度等级（$C_{90}15$、$C_{90}25$）的28d到90d增长情况，由表4－26可以看出。

a. 混凝土抗压强度。3种工况（本体、热缝、冷缝），$C_{90}15$和$C_{90}25$的抗压强度平均增长系数分别是1.63和1.52，$C_{90}15$增长系数更大；本体、热缝、冷缝的增长系数差别不大。

b. 混凝土轴向抗拉强度。3种工况（本体，热缝，冷缝），$C_{90}15$和$C_{90}25$的轴向抗拉强度平均增长系数分别是1.79和1.30，$C_{90}15$增长系数更大；本体、热缝、冷缝的增长系数有一定差别。

c. 混凝土极限拉伸。3种工况（本体、热缝、冷缝），$C_{90}15$和$C_{90}25$的极限拉伸平均增长系数分别是1.54和1.31，$C_{90}15$增长系数更大；与热缝，冷缝相比，本体的增长系数较小。

表4－26　　有层面碾压混凝土室内试验物理力学性能龄期增长系数

项目	本体				热缝（层面不处理）				冷缝（层面不处理）				本体		热缝		冷缝	
龄期（d）	28		90		28		90		28		90		$\frac{90}{28}$					
强度等级	C_{15}	C_{25}	C_{15}	C_{25}	C_{15}	C_{25}	C_{15}	C_{25}	C_{15}	C_{25}	C_{15}	C_{25}	C_{15}	C_{25}	C_{15}	C_{25}	C_{15}	C_{25}
抗压强度（MPa）	16.8	27.4	27.2	41.6	16.7	26.4	27.7	41.0	16.4	26.8	26.5	40.2	1.62	1.52	1.65	1.55	1.62	1.50
轴向抗拉强度（MPa）	1.61	2.77	2.64	3.50	1.22	2.62	2.33	3.50	0.72	1.42	1.33	1.85	1.64	1.26	1.91	1.34	1.84	1.30
极限拉伸（$\times10^{-4}$）	0.63	0.80	0.80	0.99	0.32	0.78	0.54	0.98	0.32	0.47	0.54	0.67	1.27	1.23	1.68	1.26	1.68	1.43

2）芯样试验物理力学性能龄期增长系数。芯样试验物理力学性能龄期增长系数见表4－27，表4－27中给出了3种强度（$C_{90}15$、$C_{90}20$、$C_{90}25$）的28d到90d增长情况，由表4－27可以看出：

a. 混凝土抗压强度。$C_{90}15$和$C_{90}25$的抗压强度平均增长系数分别是1.10和1.07。

b. 混凝土轴向抗拉强度。$C_{90}15$和$C_{90}25$的轴向抗拉强度平均增长系数分别是1.29和1.01。

c. 混凝土极限拉伸。$C_{90}15$和$C_{90}25$的极限拉伸平均增长系数分别是1.14和1.12。

表4－27　　有层面碾压混凝土芯样物理力学性能龄期增长系数

龄期（d）	90			180			$\frac{180}{90}$			$\frac{180}{90}$ 平均值
强度等级	$C_{90}15$	$C_{90}20$	$C_{90}25$	$C_{90}15$	$C_{90}20$	$C_{90}25$	$C_{90}15$	$C_{90}20$	$C_{90}25$	—
抗压强度（MPa）	26.63	29.23	31.3	29.33	31.87	33.43	1.10	1.09	1.07	1.09
轴向抗拉强度（MPa）	1.02	1.11	1.21	1.31	1.29	1.22	1.29	1.17	1.01	1.16
极限拉伸（$\times10^{-4}$）	0.34	0.34	0.46	0.38	0.41	0.55	1.14	1.19	1.12	1.15

3）28～180d 物理力学性能龄期增长系数的推算。

由于室内试验和芯样试验具有相似的增长特性，可以从 28～90d 的增长系数和 90～180d 的增长系数，获得从 28d 到 180d 的增长系数，见表 4－28：抗压强度从 28d 到 90d 的平均增长系数为 158%，轴向抗拉强度为 155%，极限拉伸为 154%；抗压强度从 28d 到 180d 的平均增长系数为 171%，轴向抗拉强度为 181%，极限拉伸为 174%。这些数据可供从短龄期试验结果预测长龄期试验结果参考。

表 4－28　有层面碾压混凝土物理力学性能龄期增长系数

混凝土强度等级		$C_{90}15$			$C_{90}25$			平均增长系数		
龄期（d）		28	90	180	28	90	180	28	90	180
增长系数	抗压强度（MPa）	1.0	163	1.79	1.0	1.52	1.63	1.0	1.58	1.71
	轴向抗拉强度（MPa）	1.0	1.79	2.31	1.0	1.30	1.31	1.0	1.55	1.81
	极限拉伸（$\times10^{-4}$）	1.0	1.54	1.75	1.0	1.54	1.73	1.0	1.54	1.74

（2）岩滩长龄期芯样资料的统计分析。方坤河、黄锦添等将岩滩大坝 14～17 号坝段 8 年、10 年龄期，以及围堰 10 年龄期的碾压混凝土芯样试件放在密封池中自然温度养护，分别进行芯样抗压、抗拉强度与静压弹性模量试验。抗压强度试件、静压弹性模量试件的高径比分别在 1.372～2.154、1.766～2.154 之间，结果见表 4－29。

表 4－29　岩滩水电站大坝、围堰碾压混凝土芯样力学性能试验结果

坝段	抗压强度（MPa）				抗拉强度（MPa）				静压弹性模量（$\times10^4$MPa）			
	1～2 年	6 年	8 年	10 年	1～2 年	6 年	8 年	10 年	1～2 年	6 年	8 年	10 年
14 号、15 号、17 号坝段平均值	24.2	25.1	25.3	28.0	1.87	2.03	2.20	2.48	3.00	3.71	3.69	3.76
22 号、23 号坝段平均值	22.6			32.6	2.53			2.69	2.42			4.04
下游围堰（高程 160m 以下）	19.3（180d）		25.4	25.3			2.04	2.13	3.20（180d）		3.68	3.70

研究表明：

1）大坝碾压混凝土力学性能随龄期变化的趋势：6 年、8 年、10 年各龄期抗压强度分别比 1～2 年试验结果增长了 3.7%、4.5%和 15.7%；抗拉强度比 1～2 年试验结果增长了 8.5%、17.6%和 32.6%；6 年、8 年、10 年的静压弹性模量分别比 1～2 年的增长了 23.7%、23.0%和 25.3%。

2）下游围堰（160m 以下高程）碾压混凝土，8 年、10 年龄期与 180d 龄期芯样试验结果相比，抗压强度分别增长了 31.6%和 31.1%，静压弹性模量分别增长了 15.1%和 15.5%。与机口取样 28d 抗压强度比较，增长的幅度较大，约增长了 55%。10 年龄期的抗拉强度与 8 年龄期比较，约增长了 4%。

2. 碾压混凝土芯样的微观结构分析

（1）岩滩大坝。对大坝 22 号、23 号坝段 10 年龄期的碾压混凝土芯样进行差热失重、X

光衍射（XRD）和扫描电镜（SEM）分析。

岩滩22号坝段碾压混凝土芯样X射线衍射曲线见图4－10，岩滩22号坝段碾压混凝土芯样扫描电镜图见图4－11。微观分析表明：主要水化产物为水化硅酸钙、水化硫铝酸钙、水化碳铝酸钙以及少量的氢氧化钙，与纯水泥混凝土水化产物基本相同，这些水化产物的结构致密，决定了混凝土宏观结构的稳定性和耐久性。混凝土中粉煤灰不断参与了水化的过程，并且该过程仍持续进行，使混凝土长期性能得到提高。

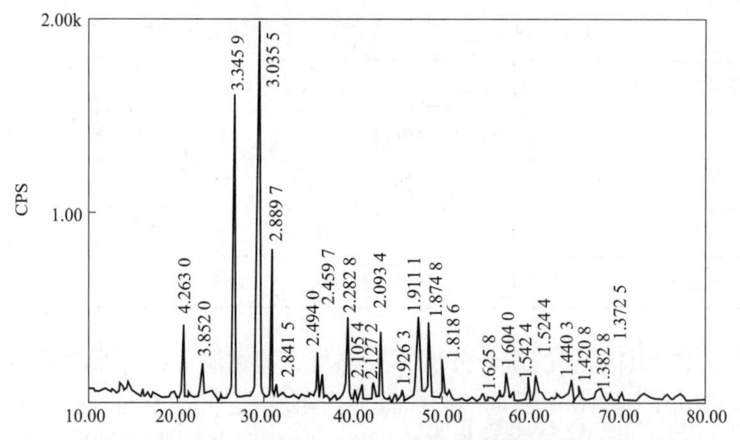

图4－10　岩滩22号坝段碾压混凝土芯样X射线衍射曲线

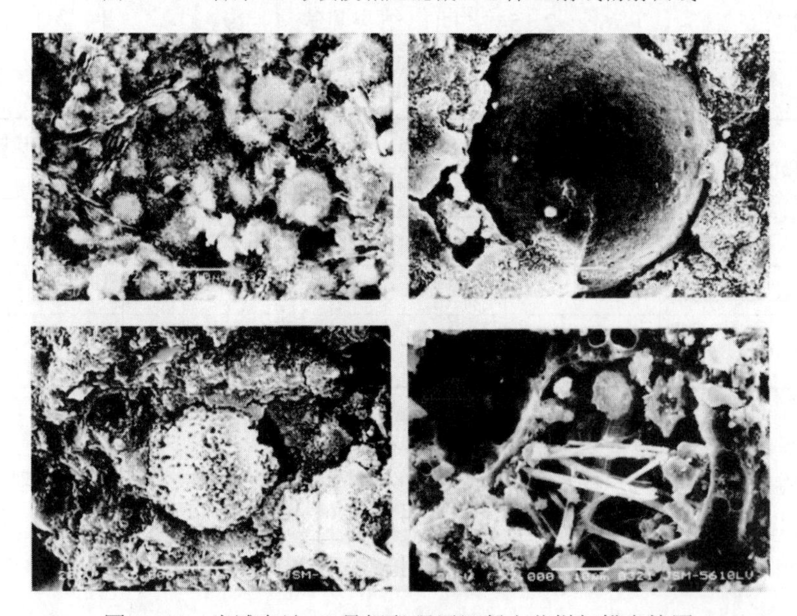

图4－11　岩滩电站22号坝段碾压混凝土芯样扫描电镜图

（2）坑口大坝。1995年11月长江科学院杨松玲等对坑口大坝的碾压混凝土芯样进行了扫描电镜电子显微图像观测。坝体碾压混凝土芯样由坑口碾压混凝土坝管理委员会提供，于1986年10月钻取。芯样从坝体中钻取时的龄期接近1年，芯样所处位置高程在576～579.36m之间，距大坝上游面约5m。芯样刚好为一个碾压层，厚度约为33cm。用肉眼观察，其断面结构较致密，上下接合层处均有天然砂浆层。在坝址附近室内（管理处办公楼的底层楼梯拐角处）的自然条件下放置了 9 年余，检测时的混合龄期约为 10 年。

10 年龄期的芯样，根据扫描电镜显微图像观测，坝体碾压混凝土芯样最主要的水化产物是水化硅酸钙凝胶，其次是氢氧化钙晶体和钙矾石晶体。由于芯样中胶凝材料的粉煤灰掺量达 57%，而粉煤灰靠水泥熟料矿物水化产生的碱性溶液激发活性水化，需要消耗部分氢氧化钙，故水化产物中的氢氧化钙晶体较少。较低的胶材用量，又使水化产物得到充分伸展的空间，故水化硅酸钙凝胶多数呈清晰的网络状，少数为纤维状。在芯样中，粉煤灰的水化情况良好，粉煤灰颗粒有的已大部分水化，有的已被水化层包围形成纤维状水化硅酸钙凝胶。未水化的粉煤灰颗粒，可能继续参与水化反应，也可能作为集料填充微结构。微观分析表明，粉煤灰已参与二次水化反应，形成低碱水化硅酸钙，有利于后期性能提高。同时，由于水化环境中碱度降低，只有较少不完整的氢氧化钙，为钙矾石的形成与稳定提供有利条件。

4.2.2.2　有层面碾压混凝土物理力学性能综合统计分析

与常态混凝土和碾压混凝土本体不同，有层面的碾压混凝土，其物理力学性能受多种因素的影响，它们之间的相互关系也比较复杂。

1. 大坝芯样性能统计分析

表 4－30 列出了一些国内碾压混凝土大坝芯样性能。应该指出，由于是从大坝上取得，它们的龄期、试件尺寸、试验方法、是否一定包含有层面、甚至混凝土的强度等级都不明确，而且这里采用的一般是平均值，因此，这些数据只能作为参考。

表 4－30　　国内一些碾压混凝土大坝芯样性能统计

工程名称	密度（kg/m^3）	抗压强度（MPa）	劈裂抗拉强度（MPa）	轴向抗拉强度（MPa）	极限拉伸（$\times 10^{-6}$）	抗拉弹性模量（GPa）	抗压弹性模量（GPa）	抗冻	抗渗
龙滩 $C_{90}25$	2494	32.1	2.16	1.68	46	42.1		＞F 125	＞W12
龙滩 $C_{90}20$	2499	30.8	2.73	1.61	45	40.2			＞W12
龙滩 $C_{90}25$	2488	35.5		1.70	44	38.9			＞W12
龙滩 $C_{90}25$		37	2.35		42				
龙滩 $C_{90}25$		36.2	2.9		30				
江垭 A1	2478					37.8			
江垭 A2	2481					36.7			
棉花滩（二）				1.39	61				
棉花滩（二）				1.19	57				
棉花滩（变态，机拌）$R_{180}20$	2423	36.8		1.83	80	31.6			
棉花滩（变态，加浆）$R_{180}15$				1.38	52				
汾河二库（二）	2530	34	2.9	1.09	90		37.19		
汾河二库（三）	2552	30.3	1.4	0.61	70		34.7		
高坝洲 $R_{90}150$（三）		25.58	3.29		65	22.4	18.67	＞F 50	

续表

工程名称	密度（kg/m³）	抗压强度（MPa）	劈裂抗拉强度（MPa）	轴向抗拉强度（MPa）	极限拉伸（×10⁻⁶）	抗拉弹性模量（GPa）	抗压弹性模量（GPa）	抗冻	抗渗
金安桥 $C_{90}20$（二）	2541	26.0		1.09	69		31.5		W8
金安桥 $C_{90}20$（三）	2640	24.1		1.01	59		29.45	F 75	
大朝山 $C_{90}15$（三）	2572	26.1				28.5			
大朝山 $C_{90}20$（二）	2568	26.3				31.9			
藺河口 $C_{90}20$（1 期）	2505	29.7	3.22			30～78			
藺河口 $C_{90}20$（2 期）	2497	30	3.16			29～74			
岩滩围堰（5 年，A）		20.68							
岩滩围堰（6 年，A）		22.59							
岩滩围堰（5 年，B）		14.48							
岩滩围堰（6 年，B）		15.13							
岩滩大坝（10 年）		30.3	2.5～2.7				37.6～40		
皂市（A1，二级配）		25.04							
皂市（A2，三级配）		19.55							
普定（二级配）	2497	36.1		2.31	81	33	39.8		
普定（三级配）	2518	38		2.17	72	35	41.2		
三峡围堰		43.6	2.39				28.7		W7
大广坝（粉煤灰）	2431	29.2	2.27	1.32	67		26.8		
大广坝（火山灰）	2423	23.8	2.75						

2. 机口取样强度与芯样强度的比较

对龙滩、江垭、铜街子、沙溪口、普定、棉花滩、皂市、高坝洲、金安桥、藺河口、日本岛地川、坝日本大岛坝和日本玉川坝 13 个国内外部分碾压混凝土工程机口取样强度与芯样强度的比较见表 4-31。由表 4-31 可见：芯样与机口抗压强度的比值（22 个工程）为 63.7%～96%，平均为 79.2%；芯样与机口轴向抗拉强度的比值（龙滩）为 46.6%～50.6%，平均为 48.5%；芯样与机口极限拉伸的比值（8 个工程）为 49.5%～92%，平均为 68.9%。

表 4-31　国内外部分碾压混凝土工程机口取样强度与芯样强度对比表

工程名称	抗压强度（MPa）			极限拉伸（×10⁻⁶）		
	芯样	机口	$\frac{芯样}{机口}$（%）	芯样	机口	$\frac{芯样}{机口}$（%）
龙滩 R_{I}（$C_{90}25$）	32.1	37.9	85	46	90	51.1
龙滩 R_{II}（$C_{90}20$）	30.8	32.1	96	45	90	50.0
龙滩 R_{IV}（$C_{90}25$）	35.5	42.6	83	49	99	49.5
高坝洲	25.6	28.8	88.8	65	70	91.5
金安桥（$C_{90}20$）（二）	20.9	26.0	80.4	69	75	92.0

续表

工程名称	抗压强度（MPa）			极限拉伸（×10⁻⁶）		
	芯样	机口	$\frac{芯样}{机口}$（%）	芯样	机口	$\frac{芯样}{机口}$（%）
金安桥（$C_{90}20$）（三）	19.1	25.1	76.1	59	70	84.3
蔺河口一期	29.7			54	80	67.5
蔺河口二期	29.9			51	78	65.5
江垭 A1（$R_{90}20S_{90}12$）	20.1	24.7	81			
江垭 A2（$R_{90}15S_{90}8$）	21.6	22.6	96			
江垭 A1（$R_{90}20S_{90}12$）	20.8	28.7	72			
江垭 A2（$R_{90}15S_{90}8$）	19.9	23.3	85			
铜街子 1 号坝	13.0	20.4	63.7			
沙溪口围堰混凝土	27.9	35.1	79.5			
普定拱坝	36.1	41.9	86.2			
棉花滩重力坝（二）	31.4	41.8	75.2	62		
棉花滩重力坝（三）	30.3	35.5	85.3	50		
皂市（C_{20}F100W8）（1）	21.2	31.8	67.9			
皂市（C_{15}F50W6）（1）	18.44	26.8	71.5			
皂市（C_{20}F100W8）（2）	24.4	32.2	75.5			
皂市（C_{15}F50W6）（2）	19.7	27.4	71.8			
日本岛地川坝（内部）	19.1	25.9	68.0			
日本大岛坝	12.3	14.2	86.6			
日本玉川坝	18.1	26.1	68.0			
日本	16.4	19.4	84.5			
平均值			79.4			68.9

3. 极限拉伸与其他性能指标的关系

碾压混凝土的极限拉伸值是混凝土坝设计的一个重要指标。目前，这一指标都是对碾压混凝土本体提出的，而且室内试件是经过湿筛后成型的，所包含的砂浆比较多，极限拉伸值就会比较大。但是有层面碾压混凝土的极限拉伸值，比本体的极限拉伸值要低得多，如果是芯样试件，极限拉伸值就可能还要低一些。下面的统计主要是对芯样进行的，见表 4－32 及图 4－12～图 4－15。可以看出：

（1）根据对龙滩、棉花滩、金安桥、高坝洲、岩滩等工程 299 个试验点的统计，有层面碾压混凝土的极限拉伸平均值的变化范围在 36.63×10^{-6}～56.06×10^{-6} 之间。

（2）轴向抗拉强度和抗拉弹性模量与极限拉伸值的拟合度比较好，相关系数分别为 0.812 和 0.611，因为在试验室这三个指标一般都是在同一个试件中测得的。其他的相关系数都比较低。应该指出，轴向抗拉强度、抗拉弹性模量与极限拉伸值都是反映混凝土抗裂能力的重要指标。

（3）轴向抗拉强度与极限拉伸是正相关关系，即轴向抗拉强度大，极限拉伸值也大。抗拉弹性模量与极限拉伸是负相关关系，即抗拉弹性模量大，极限拉伸值便小，这一现象已被一些试验所证实。

（4）抗压强度、劈裂抗拉强度、轴压强度和抗压弹性模量与极限拉伸值的关系都不密切，这可能与试验资料主要是有层面芯样试件有关。

表 4－32　有层面碾压混凝土的一些性能与极限拉伸值的关系

图号	拟合的参数	拟合的公式	拟合的点数	相关系数	极限拉伸平均值（$\times10^{-6}$）
图 4－13	抗压强度与极限拉伸的关系	$\varepsilon_p=(0.8361R_c+30.61)\times10^{-6}$	89	0.363	56.06
图 4－14	轴向抗拉强度与极限拉伸的关系	$\varepsilon_p=(21.425R_t+21.48)\times10^{-6}$	108	0.812	55.87
图 4－15	抗拉弹性模量与极限拉伸的关系	$\varepsilon_p=(-1.0656E_p+81.42)\times10^{-6}$	30	0.611	45.45
图 4－16	轴压强度与极限拉伸的关系	$\varepsilon_p=(1.088R_u+13.288)\times10^{-6}$	14	0.295	36.63

注　ε_p —极限拉伸变形；R_c —抗压强度，MPa；R_t —轴向抗拉强度，MPa；E_p —抗拉弹性模量，GPa；R_u —轴压强度，MPa。

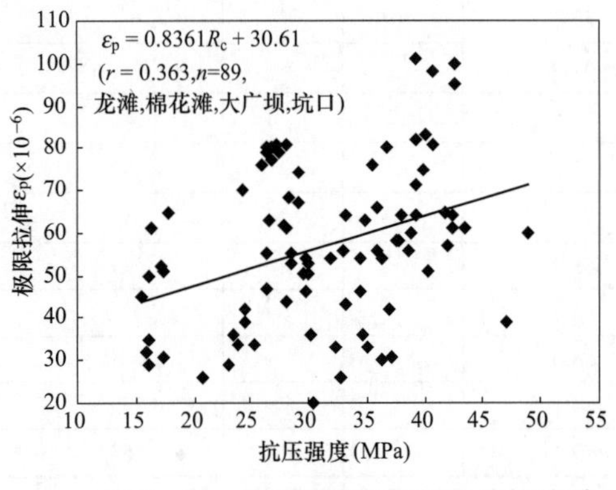

图 4－12　抗压强度与极限拉伸的关系

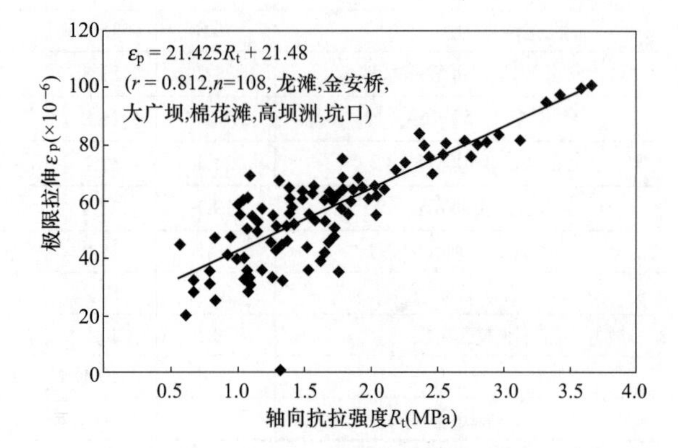

图 4－13　轴向抗拉强度与极限拉伸的关系

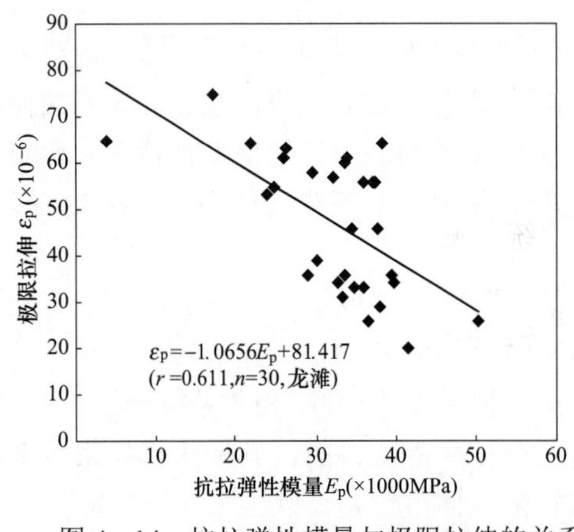

图 4－14　抗拉弹性模量与极限拉伸的关系

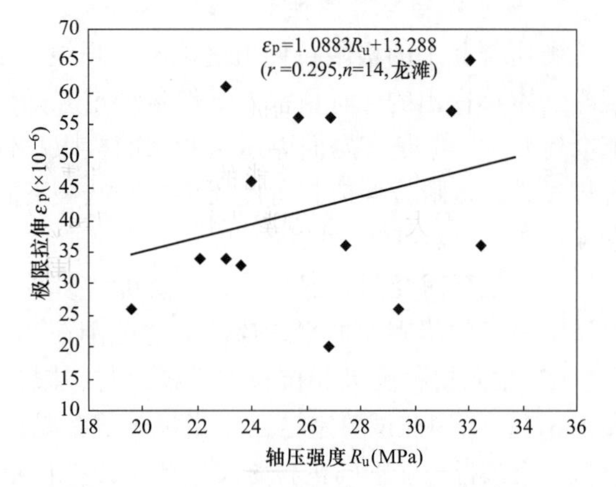

图 4－15　有层面碾压混凝土轴压强度与极限拉伸

4. 弹性模量与强度指标的关系

见表 4－33 及图 4－16～图 4－19。弹性模量均与强度正相关，平均轴向抗拉强度是抗压强度的 0.057。

表 4－33　　有层面碾压混凝土的一些性能与极限拉伸值的关系

图号	拟合的参数	拟合的公式	拟合的点数	相关系数
图 4－17	轴压强度与抗压弹性模量的关系	$E_c = 0.4655R_u + 23.9$	15	0.603
图 4－18	抗拉弹性模量与抗压弹性模量的关系	$E_c = 0.3387E_p + 28.984$	56	0.32
图 4－19	轴向抗拉强度与抗拉弹性模量的关系	$E_p = 3.2326R_t + 29.168$	22	0.354
图 4－20	抗压强度与轴向抗拉强度的关系	$R_p = 0.0352R_c + 0.6652$	75	0.391

注　R_c—抗压强度，MPa；R_t—轴向抗拉强度，MPa；E_p—抗拉弹性模量，GPa；R_u—轴压强度，MPa；E_c—抗压弹性模量，GPa。

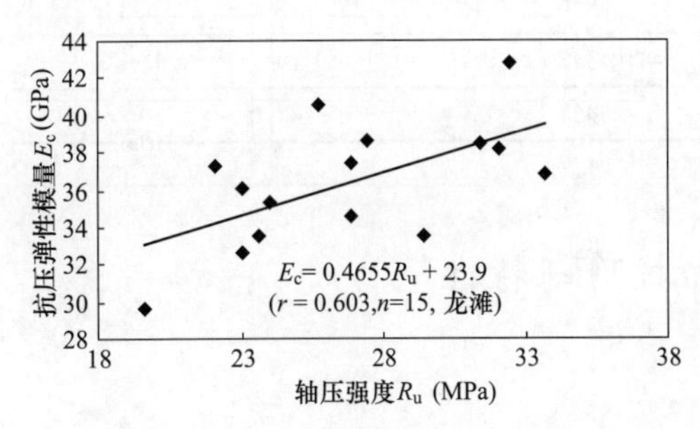

图 4－16　有层面碾压混凝土轴压强度与抗压弹性模量的关系

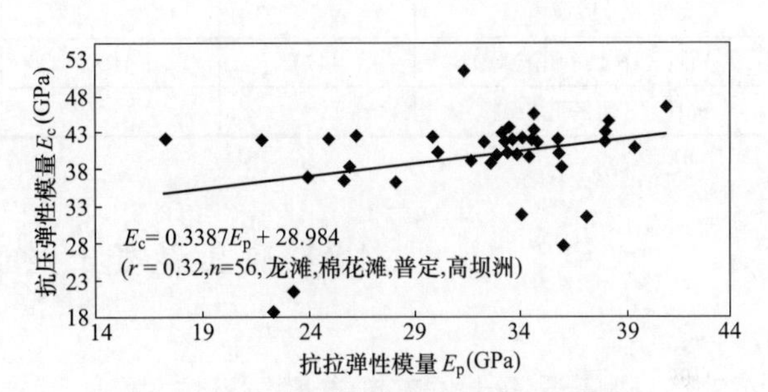

图 4－17　有层面碾压混凝土抗拉弹模与抗压弹性模量的关系

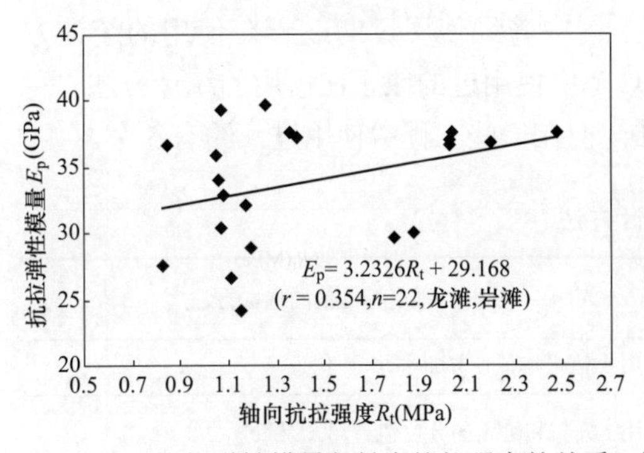

图 4－18　抗拉弹性模量与轴向抗拉强度的关系

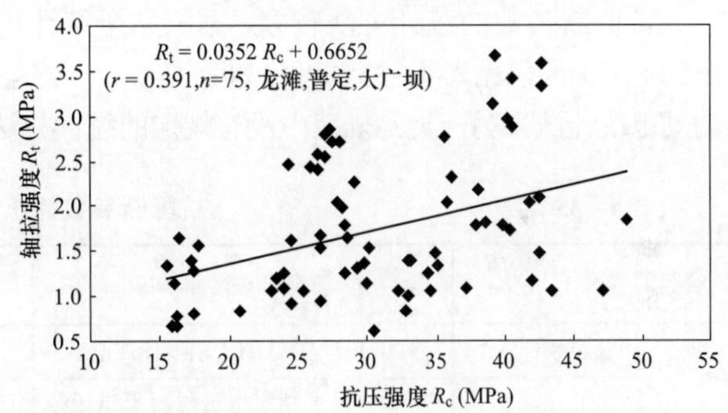

图 4－19　有层面碾压混凝土抗压强度与轴向抗拉强度的关系

5. 大坝碾压混凝土性能的超声波波速统计

几个工程大坝碾压混凝土性能的超声波波速的统计见表 4－34。波速最大值变化范围在 4474～5324m/s 之间；波速最小值变化范围在 3529～4665m/s 之间；波速平均值变化范围在 4311～4899m/s 之间；波速均方差变化范围在 75.3～276.3m/s 之间；波速离差系数变化范围在 1.57%～6.4%之间。

表 4－34　　大坝碾压混凝土性能的超声波波速的统计

工程名称	超声波波速特征值				
	最大值（m/s）	最小值（m/s）	平均值（m/s）	均方差（m/s）	离差系数（%）
皂市（试验块）	5025	4310	4797	75.3	1.57
皂市（抗剪孔）	5324	3529	4311	276.3	6.4

续表

工程名称	超声波波速特征值				
	最大值（m/s）	最小值（m/s）	平均值（m/s）	均方差（m/s）	离差系数（%）
龙滩（试验块）	4858	4665	4739		
龙滩（大坝）			4521	159.0	3.5
棉花滩	4474	4160	4238		
普定	5069	4576	4899		
大朝山（上游防渗层）			4850	388	8
大朝山（大坝内部）			4840	425	88
光照（16 组单孔检测）	4474	4160	4328		
光照（8 组跨孔检测）			4457		

4.3 碾压混凝土层面抗剪断特性

4.3.1 碾压混凝土抗剪断参数统计方法

4.3.1.1 抗剪断参数的统计方法

抗剪断参数的统计方法较多，据不完全统计，工程中曾经使用过的或正在使用的统计方法约有 10 种，见表 4-35。可分为两大类，一类是规范中使用过的或正在使用的统计方法，称为规范统计法；另一类是规范中没有规定的统计方法，但在一些工程中使用过，约有 5 个。

表 4-35　　抗剪断参数的统计方法

分类	本总结中的名称	统计法名称	抗剪断强度标准值的选取方法
规范统计法	规范统计法 1	SDJ21《混凝土重力坝设计规范》	用小值平均值计算斜率 f'、保证率 c'
	规范统计法 2	SL264《水利水电工程岩石试验规程》	用 t 分布和给定的分位值计算 f' 和 c'
	规范统计法 3	SL319—2005《混凝土重力坝设计规范》	抗剪断参数 c'、c' 的取值：规划阶段可参考附录 D-2 选用；可行性研究阶段及以后的设计阶段，应经试验确定
	规范统计法 4	NB/T 35026《混凝土重力坝设计规范》	采用抗剪断强度的平均值，选取时以试验的小值平均值为基础，考虑现场实际情况、参照类似工程经验等，加以适当调整后决定
	规范统计法 5	GB 50287《水力发电工程地质勘察规范》	以试验成果的平均值为基础，考虑试件代表性、尺寸效应，建筑物工作条件和其他已建筑工程的经验对均值进行调整
非规范统计法	统计法 1		用 t 分布和给定的分位值计算 f' 和 c'
	统计法 2		用正态分布和给定的分位值计算 f' 和 c'
	统计法 3	随机组合法	对试验数据进行随机组合后，用正态分布和给定的分位值计算 f' 和 c'
	统计法 4		根据统计，f' 和 c' 可能适合正态分布、对数正态分布或极值 I 型分布
	统计法 5	优定斜率法	优先确定斜率 f'，再根据保证率确定 c'

目前，传统的抗剪断试验数据统计分析方法一般都是在完成抗剪断试验后，根据不同的正应力，将试验数据分成若干组（一般设5块不同正应力的试件为1组），用最小二乘法计算这1组的一对f'、c'，如果做了n组（共$5\times n$块试件），才能获得n对f'、c'，然后分别对n个f'和n个c'按选定的统计分布函数，计算在给定的分位值（即保证率）下的f'、c'。传统的统计方法主要存在2个问题：第一，要进行统计分析，试验组数n比较大，但是在实际工程中，同一种工况，要进行4组或者4组以上的抗剪断试验是很困难的；第二，在$5\times n$块试件中，把哪5块不同正应力的试件放在1组，完全是人为的，不同的人会有不同的分法，也就获得了另外n对不同的f'、c'，因此，统计结果也就存在人为性。这是目前的传统统计方法无法克服的两个困难。

针对传统的抗剪断试验数据统计分析方法的缺点，提出两种抗剪断试验数据统计分析的方法，即非规范统计法——统计法1和统计法3。

（1）统计法1。不进行预先分组，直接对每个试验块进行统计，得到某一保证率下的f'、c'，计算简单、方便，而且解答是唯一的，没有人为性。

（2）统计法3（又称为随机组合法）。为了克服进行抗剪断统计分析前预先进行人为分组的缺点，放弃人为分组，将所有可能的组合都包括进去形成大量的f'、c'，然后由计算机对这些f'、c'进行统计分析。这种方法计算简单、方便，而且解答是唯一的，没有人为性。

4.3.1.2 统计方法的比较与选取

龙滩工程曾经结合抗剪断试验，对现场原位抗剪断的10种工况和室内芯样抗剪的9种工况的试验成果分别用统计法1、小值平均法和随机组合法进行统计和对比研究，得到如下结论：

1. 统计法1和小值平均法的比较（取10种工况计算的平均值进行比较，统计法1取保证率为80%）

两种统计方法所得f'、c'比较接近，其中f'平均相差2.5%，c'平均相差9.4%。当统计的数据很多时，用小值平均法和用统计法1计算所得到的f'、c'基本相等，两者相差只有1%左右。

2. 随机组合法中两种统计方法的比较（取10种工况计算的平均值进行比较，统计法1取保证率为80%）

用随机组合法获得大量抗剪断参数f_0'、c_0'后，可用两种方法进行下一步的统计：一种方法是对f_0'、c_0'取小值平均值法计算出新的f'、c'；另一种方法是对f_0'、c_0'进行统计分析求出$c_{v,f'}$、$c_{v,c'}$后，再取保证率80%计算新的f'、c'。

这两种方法所得的抗剪断参数f'、c'基本相等，说明当有大量试验数据时，小值平均法和统计法（取保证率80%时）基本等价。但当试验数据减少时，两种方法计算的结果有一定的差别。

3. 统计方法的选取

对龙滩工程碾压混凝土抗剪断试验数据的统计分析表明：

（1）$t-$分布比较适合抗剪断参数f'、c'的统计分析，而且当试验点数较多时，正态分布与$t-$分布已经非常接近。

（2）当计算点数比较多时，小值平均值法与统计法1（当保证率为80%时）所得f'、c'结果相当接近，统计方法1计算更科学、更合理，建议用统计方法1进行f'、c'的计算。

（3）试验结果一般都是在特定条件下，根据小规模的抗剪试验获得的。而碾压混凝土层（缝）面的抗剪断参数与配合比、气候条件、层间间歇时间、层面处理方式以及取样方式等密切相关，且离散性较大。由于施工期间影响混凝土质量的因素远比试验期间多，用统计法1选取碾压混凝土层面的 f'、c' 时，选取的 CV 值应比试验得出的 CV 值大。根据龙滩碾压混凝土现场和室内抗剪断试验情况并参考其他工程的经验，建议 f' 的 CV 值选用 0.20，c' 的 CV 值选用 0.30 或 0.35。

4.3.2 碾压混凝土层面抗剪断试验研究成果

4.3.2.1 室内试件层面抗剪断试验

1. 龙滩工程可研设计阶段进行了室内试件层面抗剪断试验研究

试验采用的原材料：鱼峰 52.5（R）普通硅酸盐水泥；田东Ⅱ级粉煤灰；ZB－1RCC15 和 RH_6 缓凝减水剂；大法坪料场的灰岩人工骨料，细骨料的细度模数为 2.86。

室内成型 150mm×150mm×150mm 立方体试件，进行本体和多种工况条件下有层面碾压混凝土抗剪断试验。研究内容包括在不同的层间间歇时间条件下，对碾压混凝土层面分别采取不处理，铺水泥粉煤灰浆（简称水泥净浆）、水泥砂浆及采用不同的胶凝材料用量和不同试验龄期对碾压混凝土层面抗剪断特性的影响。试验成果见表 4－36、表 4－37。

表 4－36　不同层面工况碾压混凝土层面抗剪断试验成果表（计算 τ 时，正应力 σ＝3MPa）

序号	层面工况	层间间歇时间（h）	胶材用量（kg/m³）		龄期（d）	峰值强度			残余强度		
			C	F		f'	c'（MPa）	τ'（MPa）	f	c（MPa）	τ（MPa）
1	不处理	4	90	110	180	1.44	4.41	8.73	1.27	0.66	4.47
2		12	90	110	180	1.75	2.81	8.06	1.31	0.15	4.08
3		24	90	110	180	1.38	2.27	6.91	1.21	0. 38	4.01
4		72	90	110	180	1.47	2.05	6.46	0.88	1.18	3.82
5		24	75	105	180	1.41	2.55	6.98	1.27	0.26	4.07
6		24	55	105	180	1.44	2.26	6.58	1.26	0.35	4.13
7		24	90	110	28	1.14	2.87	6.29	1.03	0.46	3.55
8		24	90	110	90	1.25	2.78	6.53	0.88	0.51	3.15
9		24	90	110	360	1.50	2.38	6.88	1.00	0.36	3.36
平均值		25.8	84.4	108	173	1.42	2.71	7.02	1.12	0.48	3.85
10	铺净浆	4	90	110	180	1.73	4.10	9.29	1.11	0.84	4.17
11		12	90	110	180	1.99	3.15	9.12	1 04	0.84	3.96
12		24	90	110	180	1.44	3.83	8.15	1.18	0.11	3.65
13		72	90	110	180	1.35	3.61	7.66	1.09	0.20	3.47
14		24	75	105	180	1.17	4 50	8.01	1.07	0.47	3.68
15		24	55	105	180	0 92	5 14	7.90	1.04	0.61	3.73
16		24	90	110	28	1.57	2.71	7.42	0.92	0.44	3.20
17		24	90	110	90	1.18	4.20	7.74	0.90	0.56	3.26
13		24	90	110	360	1.20	5.02	8.62	1.03	0.61	3.70
19		24	90	110	90	1.56	3.80	8.48	1.31	0.12	4.05
20		24	90	110	360	1.78	3.10	8.44	0.82	0.59	3.04

续表

序号	层面工况	层间间歇时间（h）	胶材用量（kg/m³）		龄期（d）	峰值强度			残余强度		
			C	F		f′	c′（MPa）	τ′（MPa）	f	c（MPa）	τ（MPa）
平均值		25.4	85.4	109	182	1.44	3.92	8.26	1.05	0.49	3.63
21	铺砂浆	4	90	110	180	0.99	6.48	9.45	1.35	0.26	4.31
22		12	90	110	180	1.00	4.00	9.17	0.91	0.61	3.34
23		24	90	110	180	0.98	5.67	8.61	0.89	0.65	3.32
24		72	90	110	180	0.92	5.90	8.66	0.73	1.07	3.26
25		24	75	105	180	1.42	4.22	8.48	0.99	0.43	3.40
26		24	155	105	180	1.18	4.76	8.30	1.10	0.38	3.68
平均值		26.7	81.7	108	180	1.20	5.18	8.78	1.00	0.57	3.55
27	本体		90	110	180	1.55	4.67	9.32	1.12	0.90	4.26

表 4-37　不同的层面工况碾压混凝土层面抗剪断试验结果

（计算τ时，正应力σ=1.00MPa）

序号	处理层面结合的材料	层间间歇时间（h）	胶材用量（kg/m³）		龄期（d）	峰值强度			残余强度		
			C	F		f′	c′（MPa）	τ′（MPa）	f	c（MPa）	τ（MPa）
1	不处理	4	90	110	180	1.44	4.41	5.85	1.27	0.66	1.93
2		12	90	110	180	1.75	2.81	4.56	1.31	0.15	1.46
3		24	90	110	180	1.38	2.27	3.65	1.21	0.38	1.59
4		72	90	110	180	1.47	2.05	3.52	0.88	1.18	2.06
5		24	75	105	180	1.41	2.55	3.96	1.27	0.26	1.53
6		24	55	105	180	1.44	2.26	3.70	1.26	0.35	1.61
7		24	90	110	28	1.14	2.87	4.01	1.03	0.46	1.49
8		24	90	110	90	1.25	2.78	4.03	0.88	0.51	1.39
9		24	90	110	360	1.50	2.38	3.88	1.00	0.36	1.36
平均值		25.8	84.4	108	173	1.43	2.76	4.19	1.12	0.48	1.60
10	铺净浆	4	90	110	180	1.73	4.10	5.83	1.11	0.84	1.95
11		12	90	110	180	1.99	3.15	5.14	1.04	0.84	1.88
12		24	90	110	180	1.44	3.83	5.27	1.18	0.11	1.29
13		72	90	110	180	1.35	3.61	4.96	1.09	0.20	1.29
14		24	75	105	180	1.17	4.50	5.67	1.07	0.47	1.54
15		24	55	105	180	0.92	5.14	6.06	1.04	0.61	1.65
16		24	90	110	28	1.57	2.71	4.28	0.92	0.44	1.36
17		24	90	110	90	1.18	4.20	5.38	0.90	0.56	1.46
18		24	90	110	360	1.20	5.02	6.22	1.03	0.61	1.64
19		24	90	110	90	1.56	3.80	5.16	1.31	0.12	1.43
20		24	90	110	360	1.78	3.10	4.88	0.82	0.59	1.41

续表

序号	处理层面结合的材料	层间间歇时间(h)	胶材用量(kg/m³)		龄期(d)	峰值强度			残余强度		
			C	F		f'	c'(MPa)	τ'(MPa)	f	c(MPa)	τ(MPa)
平均值		25.4	85.4	109	182	1.44	3.92	5.36	1.05	0.49	1.54
21	铺砂浆	4	90	110	180	0.99	6.48	7.47	1.35	0.26	1.61
22		12	90	110	180	1.70	4.07	5.77	0.91	0.61	1.52
23		24	90	110	180	0.98	5.67	6.65	0.89	0.65	1.54
24		72	90	110	180	0.92	5.90	5.82	0.73	1.07	1.80
25		24	75	105	180	1.42	4.22	5.64	0.99	0.43	1.42
26		24	155	105	180	1.18	4.76	5.94	1.10	0.38	1.48
平均值		26.7	81.7	108	180	1.20	5.18	6.38	0.99	0.57	1.56
27	本体	—	90	110	180	1.55	4.67	9.32	1.12	0.90	2.02

光照工程室内抗剪断试验结果。每组试验制作 15 个试块，试件尺寸为 200mm×200mm×200mm（二级配）和 300mm×300mm×300mm（三级配）。根据不同组合共安排布置了 105 组试验，具体成果见表 4－38，破坏面情况统计见表 4－39。

表 4－38　　光照碾压混凝土层面室内抗剪断强度试验成果

设计强度等级	试验编号	层面处理措施		试验组数	层面抗剪断参数综合值		
		层间间歇(h)	层面处理		摩擦系数 f'	黏聚力 c'(MPa)	抗剪断强度 τ'(σ =3.5MPa)
C_{90}15W6F50（三级配）	τ_1^1	0	不处理	3	1.576	1.429	6.945
	τ_1^2	6	不处理	3	1.622	1.350	7.027
	τ_1^3	10	不处理	3	1.652	1.257	7.039
	τ_1^4	16	不处理	3	1.637	1.264	6.994
	τ_1^5	20	不处理	3	1.237	1.130	5.460
	τ_1^6	20	铺砂浆	3	1.659	2.009	7.816
	τ_1^7	20	铺净浆	3	1.693	2.028	7.941
	平均值				1.582	1.495	7.031
C_{90}15 与 C_{90}20 接触面	τ_1^8	48	铺砂浆	3	1.663	2.015	7.836
C_{90}20W6F100（三级配）	τ_2^1	0	不处理	3	1.423	1.727	6.708
	τ_2^2	6	不处理	3	1.399	1.514	6.411
	τ_2^3	10	不处理	3	1.382	1.493	6.330
	τ_2^4	16	不处理	3	1.376	1.492	6.308
	τ_2^5	20	不处理	3	1.017	1.100	4.660
	τ_2^6	20	铺砂浆	3	1.651	2.387	8.166
	τ_2^7	20	铺净浆	3	1.678	2.655	8.528
	平均值				1.418	1.767	6.731

续表

设计强度等级	试验编号	层面处理措施		试验组数	层面抗剪断参数综合值		
		层间间歇（h）	层面处理		摩擦系数 f'	黏聚力 c'（MPa）	抗剪断强度 τ'（σ =3.5MPa）
$C_{90}20$ 与 $C_{90}25$ 接触面	τ_2^8	48	铺砂浆	3	1.659	2.315	8.122
$C_{90}25W8F100$（三级配）	τ_3^1	0	不处理	3	1.521	1.782	7.106
	τ_3^2	6	不处理	3	1.516	1.531	6.837
	τ_3^3	10	不处理	3	1.474	1.517	6.674
	τ_3^4	16	不处理	3	1.444	1.491	6.545
$C_{90}25W8F100$（三级配）	τ_3^5	20	不处理	3	1.128	1.309	5.257
	τ_3^6	20	铺砂浆	3	1.685	2.466	8.364
	τ_3^7	20	铺净浆	3	1.704	2.687	8.651
	平均值				1.496	1.826	7.062
$C_{90}25$（碾压）与 $C_{90}25$（垫层）接触面	τ_3^8	48	铺砂浆	3	1.670	2.472	8.317
$C_{90}25W12F150$（二级配）	τ_4^1	0	不处理	3	1.512	1.795	7.087
	τ_4^2	6	不处理	3	1.505	1.557	6.825
	τ_4^3	10	不处理	3	1.483	1.548	6.739
	τ_4^4	16	不处理	3	1.436	1.518	6.544
	τ_4^5	20	不处理	3	1.120	1.290	5.210
	τ_4^6	20	铺砂浆	3	1.687	2.475	8.380
	τ_4^7	20	铺净浆	3	1.697	2.731	8.671
	平均值				1.491	1.844	7.065
$C_{90}20W6F1050$（二级配）	τ_5^1	0	不处理	3	1.420	1.755	6.725
	τ_5^2	6	不处理	3	1.319	1.528	6.145
	τ_5^3	10	不处理	3	1.384	1.518	6.362
	τ_5^4	16	不处理	3	1.340	1.459	6.149
	τ_5^5	20	不处理	3	1.054	1.188	4.877
	τ_5^6	20	铺砂浆	3	1.643	2.446	8.197
	τ_5^7	20	铺净浆	3	1.652	2.822	8.604
	平均值				1.402	1.817	6.723

表 4－39　　光照碾压混凝土层面室内抗剪断破坏面情况统计表

设计强度等级	试验编号	试件数量（块）	剪切破坏面数量（块）		
			接触面	混凝土	其他
$C_{90}15W6F50$（三级配）	$\tau_1^1 \sim \tau_1^7$	315	208	68	39
$C_{90}20W6F100$（三级配）	$\tau_2^1 \sim \tau_2^7$	315	148	143	24
$C_{90}25W8F100$（三级配）	$\tau_3^1 \sim \tau_3^7$	315	135	153	27
$C_{90}25W12F150$（二级配）	$\tau_4^1 \sim \tau_4^7$	315	158	122	35
$C_{90}20W6F1050$（二级配）	$\tau_5^1 \sim \tau_5^7$	315	216	84	15
合计（块）/比例（%）		1575	865/54.9	570/36.2	140/8.9

临江工程试验结果。碾压混凝土抗剪断参数 f'、c' 值见表 4–40。

表 4–40　　临江碾压混凝土抗剪强度

配合比号	浇筑情况	试验尺寸（mm）	间歇时间（h）	层面处理	抗剪断强度			残余强度（MPa）		
					摩擦系数 f'	黏聚力 c'（MPa）	抗剪断强度 τ'（σ =3.0MPa）	摩擦系数 f'	黏聚力 c'（MPa）	抗剪断强度 τ'（σ =3.0MPa）
R4	整体	150 300	0	不处理	1.33 1.33	1.82 1.75	5.81 5.74	1.16	1.04	4.52
R1		150		不处理	1.58	1.85	5.59	1.01	1.03	4.06
R4	热缝	150 300	5～6	不处理	1.25 1.20	1.50 1.50	5.25 5.10	0.91	0.82	3.55
R1		150		不处理	1.35	1.70	5.75	0.82	0.50	2.96
R4 R1	温缝	150 150	17～18	不处理	1.22 1.20	1.40 1.60	5.06 5.20	0.85 0.90	0.57 0.34	3.12 3.04
R4 R1	冷缝	150 150	72～98	凿毛铺砂浆	1.40 1.60	1.50 1.70	5.70 6.30	1.00 0.91	0.94 0.74	3.94
平均值										

注　90d 龄期。

试验成果表明：

（1）不同层间间歇时间碾压混凝土层面抗剪断特性。对龙滩工程 $C+F=$（90+110）kg/m^3、龄期 180d、层间间歇时间 4h、12h、24h、72h 四种工况，每种工况下对层面又分别采用不处理、铺净浆、铺砂浆三种方式的试验成果进行整理分析，不同层间间歇时间与碾压混凝土层面抗剪断强度关系曲线见图 4–20。试验成果表明，当垂直正应力 σ =3.0MPa 时，随着层间间歇时间的延长即由 4h 到 72h，三种层面处理工况的碾压混凝土抗剪断平均峰值强度由 9.16MPa 逐渐降至 7.59MPa，降低约 20%；残余剪断强度平均值也随层间间隔时间延长，逐渐从 4.32MPa 降低至 3.52MPa，也降低约 20%；层面不处理时，层间间歇时间 24h、72h 的抗剪断峰值强度分别降低 20%、26%。

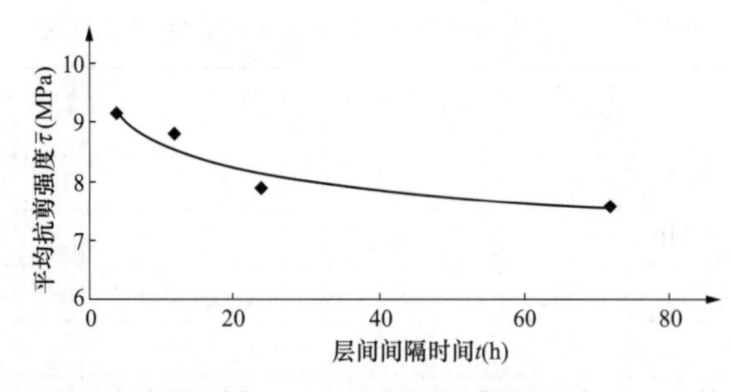

图 4–20　层间间隔时间（t）与层面抗剪断强度（$\bar{\tau}$）关系曲线

光照工程试验成果表明，当垂直正应力$\sigma=3.5$MPa 时，随着层间间歇时间的延长即由0h 到 20h，5 种碾压混凝土、层面不处理工况的抗剪断峰值强度降低 21%～30%（均值为26%）。

临江工程的抗剪断和复位摩擦试验都表明，层面处理对f'、c'的影响，总的趋势是混凝土整体的抗剪强度均大于热缝、温缝和冷缝的抗剪强度，规律性较好。以 R4 混凝土的 90d 小试件抗剪断强度为例，整体、热缝、温缝、冷缝的抗剪强度分别为 5.81、5.25、5.06、5.70MPa，它们的比值为 1∶0.903∶0.871∶0.981。

（2）不同胶凝材料用量碾压混凝土层面抗剪断特性。龙滩工程采用 200kg/m^3、180kg/m^3、160kg/m^3 三种胶凝材料用量，龄期 180d，层间间歇时间 24h，层面又分别考虑不处理、层面铺净浆和层面铺砂浆三种方式，其抗剪断试验研究成果表明，胶凝材料用量分别采用200kg/m^3、180kg/m^3、160kg/m^3 时，碾压混凝土抗剪断强度随着胶凝材料用量的降低而降低。层面未处理时，其相对值为 100%、98%、95%；层面处理后，其相对值为 100%、98%、97%。另外，层面铺净浆的抗剪断强度比层面不处理的抗剪断强度高 18%～20%；层面铺砂浆的抗剪断强度又略大于层面铺净浆的抗剪断强度。

光照工程的试验成果也表明，碾压混凝土抗剪断强度随着胶凝材料用量的降低而降低。三级配 $C_{90}25$、$C_{90}20$、$C_{90}15$ 碾压混凝土、层间间歇时间 20h，未处理时，其相对值为 100%、89%、104%；层面处理后，其相对值为 100%、98%、93%。且层面处理比层面不处理的抗剪断强度约高 60%。

（3）不同试验龄期的碾压混凝土层面抗剪断特性。对龙滩工程 $C+F=(90+110)$kg/m^3、层间间隔时间 24h 的碾压混凝土，分别采用 28d、90d、180d 和 360d 共 4 种龄期，每一龄期碾压混凝土层面采用不处理和铺净浆两种处理方式的成果进行整理，试验龄期（d）与碾压混凝土层面抗剪断平均强度$\bar{\tau}$关系见图 4－21。

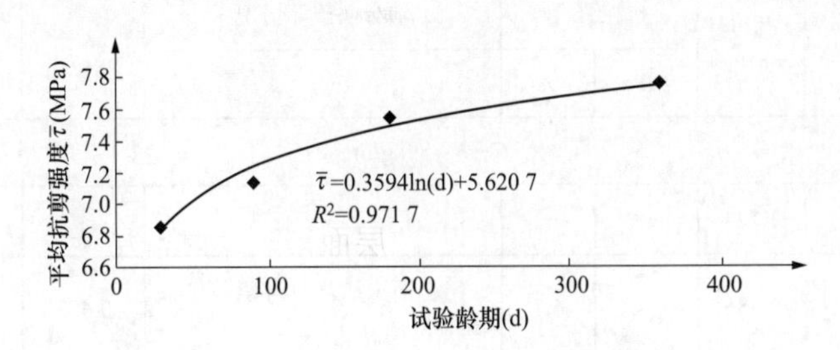

图 4－21　试验龄期（d）与碾压混凝土层面抗剪断平均强度$\bar{\tau}$关系

成果表明：试验龄期越长，碾压混凝土抗剪断强度越大；在每一个试验龄期内，层面铺净浆的碾压混凝土比层面不处理的碾压混凝土抗剪断强度大约高 18%。

试验龄期（d）与碾压混凝土层面抗剪断平均强度$\bar{\tau}$的回归关系式为

$$\bar{\tau}=0.3594\ln(d)+5.6207(\sigma=3.0\text{MPa}, d\leqslant 360\text{d}), R^2=0.9717 \quad (4-3)$$

（4）不同的层面结合材料的碾压混凝土层面抗剪断特性。龙滩工程研究了三种不同的层面处理方式，即层面不处理、层面铺净浆和层面铺砂浆，以及 200kg/m^3 胶凝材料用量的碾压混凝土本体抗剪断试验。不同层面处理材料与抗剪强度关系见图 4－22。

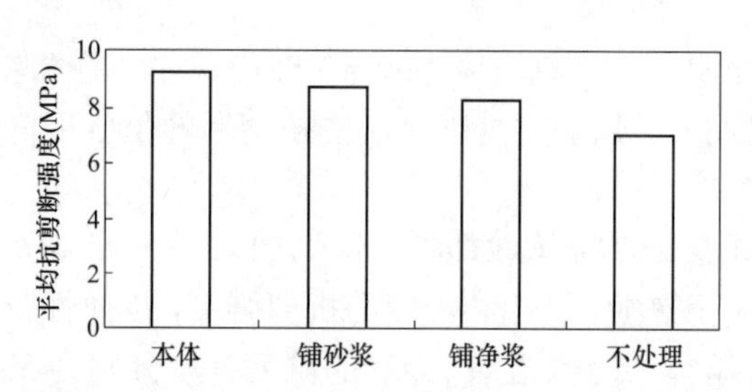

图 4-22　不同层面处理材料与抗剪强度关系图

采用层面铺净浆方式和铺砂浆方式，抗剪断峰值强度分别比层面不处理方式提高 17.7% 和 25.1%，说明碾压混凝土层面平均间歇时间在 25h 以上，即碾压混凝土终凝后，必须对层面进行处理，以提高层面黏结强度。采用层面铺砂浆处理方式较铺净浆方式好，铺砂浆与铺净浆方式抗剪断强度的比为 1.06，黏聚力 c' 的比值为 1.32。

光照工程的试验成果也表明，层间间歇时间 20h 时，层面处理比层面不处理的抗剪断强度高约 60%。层面铺净浆处理略优于层面铺砂浆，主要是层面铺净浆的黏聚力比层面铺砂浆的黏聚力大。

2. 美国垦务局的碾压混凝土层面抗剪断试验成果

表 4-41 中列出的是美国垦务局及波特兰水泥协会提供的不同配比、不同层面间歇时间及层面处理方式条件下的层面结合强度室内及野外试验成果资料。对表 4-41 的成果进行分类统计，得到表 4-42～表 4-47。

表 4-41　　碾压混凝土结合强度室内试验综合成果表
（美国垦务局及波特兰水泥协会）

结合面条件（1）		龄期（d）	本体平均抗压强度（MPa）	平均抗拉强度			抗剪断强度		抗剪强度	
层间间歇（h）	层面处理			抗拉强度		结合面破坏情况	c' MPa	f'	c MPa	f
				MPa	%					
$C+F=89\text{kg/m}^3$										
8	缝面不处理	28	1.724	—	—	—	—	—	—	—
		56	3.585	0.241	6.7	结合面未破坏，环氧胶结板破坏	0.483	0.93	0.241	0.81
		90	4.585	0.412	9.0	结合面未破坏，环氧胶结板破坏	0.690	1.15	0.414	1.00
		365	7.722	0.758	9.8	结合面未破坏，环氧胶结板破坏	1.482	1.07	0.345	0.97
24	缝面不处理	56	3.585	0.241	6.7	结合面未破坏	0.276	0.87	0.138	0.65
		90	4.585	0.310	6.8	结合面未破坏，环氧胶结板破坏	0.758	0.84	0.310	0.70
		365	7.722	0.412	5.4	结合面未破坏，环氧胶结板破坏	1.827	0.65	0.138	0.90

续表

结合面条件（1）		龄期（d）	本体平均抗压强度（MPa）	平均抗拉强度			抗剪断强度		抗剪强度	
层间间歇（h）	层面处理			抗拉强度		结合面破坏情况	c' MPa	f'	c MPa	f
				MPa	%					
72	缝面不处理	56	3.585	0.207	5.8	结合面未破坏	—		0.021	0.73
		90	4.585	0.241	8.3	结合面破坏	0.276	0.60	0.172	0.81
		365	7.722	0.412	5.4	结合面未破坏，环氧胶结板破坏	0.724	1.28	0.138	0.81
24	水泥稀浆	90	4.585	0.448	9.8	结合面未破坏，环氧胶结板破坏	1.310	1.04	0.207	0.81
		365	7.722	0.758	9.8	结合面未破坏	1.862	1.07	0.207	0.87
24	砂浆	90	4.585	0.310	6.8	结合面未破坏，环氧胶结板破坏	1.172	1.04	0.172	0.78
		365	7.722	0.724	9.4	结合面未破坏	1.793	1.28	0.172	0.90
24	喷砂	90	4.585	0.448	9.8	结合面未破坏，环氧胶结板破坏	0.690	1.24	0.172	0.70
		365	7.722	0.793	10.3	结合面未破坏	1.758	0.97	0.241	1.04
24	干水泥	90	4.585	0.412	9.0	结合面破坏	0.965	1.38	0.241	0.97
		365	7.722	0.655	8.5	结合面破坏	1.724	1.38	0.138	1.07
24	垫层混凝土	90	4.585	0.412	9.0	结合面破坏	1.103	0.90	0.207	0.84
		365	7.722	0.690	8.9	结合面破坏	1.827	0.93	0.103	0.90
$C+F=178kg/m^3$										
8	缝面不处理	28	10.205	1.000	908	结合面破坏	0.552	1.04	0.379	0.87
		90	18.203	1.344	7.4	结合面未破坏	2.827	0.75	0.276	0.97
		365	31.303	1.620	5.2	结合面未破坏，环氧胶结板破坏	4.137	1.28	0.345	1.07
24	缝面不处理	28	10.205	1.069	10.5	结合面破坏	1.827	0.36	0.776	0.93
		90	18.203	1.241	6.8	结合面未破坏	3.103	0.58	0.241	0.87
		365	31.303	1.724	5.5	结合面未破坏	4.275	0.70	0.172	0.97
72	缝面不处理	28	10.205	1.000	9.7	结合面破坏	1.517	0.84	0.241	0.75
		90	18.203	1.241	6.8	结合面破坏	2.620	1.28	0.207	0.87
		365	31.303	1.862	6.0	结合面破坏	3.310	2.15	0.138	0.84
24	水泥稀浆	90	18.203	1.379	7.6	结合面未破坏	2.896	1.38	0.241	0.90
24	砂浆	90	18.203	1.448	8.0	结合面未破坏	3.310	0.97	0.138	1.04
24	喷砂	90	18.203	1.207	7.4	结合面未破坏	2.275	1.66	0.172	0.84
24	干水泥	90	18.203	1.345	7.4	结合面破坏	3.033	0.73	0.138	0.84
本体	无缝面	90	18.203	1.310	7.2	结合面未破坏	—	—	—	—

表 4-42　碾压混凝土结合强度室内试验综合统计成果表（层间间歇时间对抗剪断强度参数的影响）

层间间歇（h）	层面处理	龄期（d）	胶材用量（$C+F=89kg/m^3$）				胶材用量（$C+F=178kg/m^3$）			
			抗剪断强度		抗剪强度		抗剪断强度		抗剪强度	
			c'（MPa）	f'	c（MPa）	f	c'（MPa）	f'	c（MPa）	f
8	不处理	56，90，365	0.885	1.05	0.333	0.927	2.505	1.023	0.333	0.923
24	不处理	56，90，365	0.954	0.79	0.195	0.750	3.068	0.547	0.396	0.750
72	不处理	56，90，365	0.500	0.94	0.110	0.783	2.482	1.423	0.195	0.780
平均值		56，90，365	0.780	0.93	0.213	0.820	2.685	0.998	0.308	0.820

表 4-43　碾压混凝土结合强度室内试验综合统计成果表（层间处理材料对抗剪断强度参数的影响）

层间间歇（h）	层面处理	胶材用量（$C+F=89kg/m^3$）					胶材用量（$C+F=178kg/m^3$）				
		龄期（d）	抗剪断强度		抗剪强度		龄期	抗剪断强度		抗剪强度	
			c'（MPa）	f'	c（MPa）	f		c'（MPa）	f'	c（MPa）	f
24	不处理	90，365	1.293	0.75	0.224	0.80	90	2.827	0.75	0.276	0.97
24	水泥稀浆	90，365	1.586	1.05	0.207	0.84	90	2.896	1.38	0.241	0.90
24	砂浆	90，365	1.48	1.16	0.172	0.84	90	3.310	0.97	0.138	1.04
24	喷砂	90，365	1.22	1.11	0.210	0.87	90	2.275	1.66	0.172	0.84
24	干水泥	90，365	1.34	1.38	0.189	1.02	90	3.033	0.73	0.138	0.84
24	垫层混凝土	90，365	1.47	0.91	0.150	0.87	90				
平均值		90，365	1.398	1.06	0.192	0.87	90	2.868	1.098	0.193	0.918

表 4-44　碾压混凝土结合强度室内试验综合统计成果表（层间处理材料对抗剪断强度参数的影响）

层间间歇（h）	层面处理	胶材用量（$C+F=89kg/m^3$）					胶材用量（$C+F=178kg/m^3$）				
		龄期（d）	抗剪断强度		抗剪强度		龄期	抗剪断强度		抗剪强度	
			c'（MPa）	f'	c（MPa）	f		c'（MPa）	f'	c（MPa）	f
24	不处理	90	0.758	0.84	0.310	0.70	90	2.827	0.75	0.276	0.97
24	水泥稀浆	90	1.310	1.04	0.207	0.81	90	2.896	1.38	0.241	0.90
24	砂浆	90	1.172	1.04	0.172	0.78	90	3.310	0.97	0.138	1.04
24	喷砂	90	0.690	1.24	0.172	0.70	90	2.275	1.66	0.172	0.84
24	干水泥	90	0.965	1.38	0.241	0.97	90	3.033	0.73	0.138	0.84
平均值		90	0.979	1.11	0.220	0.79	90	2.868	1.10	0.193	0.918

表4-45 碾压混凝土结合强度室内试验综合统计成果表（层间处理材料对抗剪断强度参数的影响）

层间间歇（h）	层面处理	胶材用量（$C+F=89kg/m^3$）和$178kg/m^3$抗剪（断）强度参数成果的平均值						
		龄期（d）	抗剪断强度			抗剪强度		
			c'（MPa）	f'	τ（MPa）	c（MPa）	f	τ（MPa）
24	不处理	90	1.792	0.71	3.372	0.293	0.84	1.973
24	水泥稀浆	90	2.103	1.21	4.523	0.228	0.85	1.928
24	砂浆	90	2.24	1.00	4.240	0.155	0.91	1.975
24	喷砂	90	1.482	1.45	4.382	0.172	0.77	1.712
24	干水泥	90	1.994	1.05	4.094	0.189	0.91	0.009

表4-46 碾压混凝土试验坝层间结合强度试验成果表

配合比	缝面间歇（h）	养护	处理情况	碾压混凝土配合比编号mc1			碾压混凝土配合比编号mc2		
				芯样结合完好数	抗拉强度（MPa）	抗剪强度（MPa）	芯样结合完好数	抗拉强度（MPa）	抗剪强度（MPa）
A	6	湿润	不处理	0	—	—	0	—	—
			水泥浆（砂浆）	6	0.552（1层破坏）	1.413	4	—	0.758
				—	0.414（2层破坏）	2.000/1.172	—	—	—
			垫层混凝土	6	0.414（结合面破坏）	—	4	0.483（2层破坏）	1.655/0.724
				—	0.552（1层破坏）	—	—	—	—
A	6	空气	不处理	0	—	—			
			水泥浆（砂浆）	—	0.552（1层破坏）	1.000			
				6	0.724（2层破坏）	—	5	0.103（1层破坏）	—
			垫层混凝土	5	0.214（结合面破坏）	—	4	0.379（2层破坏）	–/1.103
				—	0.586（1层破坏）	2.482/1.517	—	—	—
B	6	湿润	不处理	3	—	1.00	3	—	0.793
			水泥浆（砂浆）	6	0.586（结合面破坏）	2.275	6	1.034（1层破坏）	2.413
			垫层混凝土	5	2.413（2层破坏）	—	6	1.069（1层破坏）	2.378/1.793
				—	0.414（1层破坏）	2.999/2.172	—	—	—
		空气	不处理	2	—	0.517	4	0.448（结合面破坏）	0.758
			水泥浆（砂浆）	6	0.827（结合面破坏）	1.482	6	552（结合面破坏）	—
				—	—	—	—	0.093（2层破坏）	2.448

续表

配合比	缝面间歇（h）	养护	处理情况	碾压混凝土配合比编号 mc1			碾压混凝土配合比编号 mc2		
				芯样结合完好数	抗拉强度（MPa）	抗剪强度（MPa）	芯样结合完好数	抗拉强度（MPa）	抗剪强度（MPa）
A	6	空气	垫层混凝土	5	1.034（2 层破坏）	—	6	1.034（2 层破坏）	3.034/2.344
				—	1.034（1 层破坏）	2.999/2.172	—	—	—
B	48	湿润	不处理		—	—	4	0.517（结合面破坏）	1.241
			水泥浆（砂浆）		1.207（2 层破坏）	2.000	5	1.379（结合面破坏）	—
			垫层混凝土		1.241（结合面破坏）	—	6	1.448（结合面破坏）	1.586
					1.138（2 层破坏）	－/2.448	—	0.862（结合面破坏）	3.723/2.310
B	48	空气	不处理		0.138（结合面破坏）	—	4	0.414（结合面破坏）	1.034
			水泥浆（砂浆）		1.381（2 层破坏）	—	6	0.695（1 层破坏）	—
					1.207（结合面破坏）	1.931	—	0.896（1 层破坏）	1.862
			垫层混凝土		0.414（结合面破坏）	—	5	0.414（结合面破坏）	3.379/1.069
					1.103（2 层破坏）	－/1.103	—	—	—
A	48	湿润	不处理		—	—	0	—	—
			水泥浆（砂浆）		0.655（2 层破坏）	—	4	—	1.448
					0.586（1 层破坏）	1.482	—	—	—
			垫层混凝土		0.414（结合面破坏）	—	5	0.517（1 层破坏）	1.482
					0.793（2 层破坏）	2.965/1.586	—	—	—
		空气	不处理		—	—	1	—	—
			水泥浆（砂浆）		0.931（2 层破坏）	—	5	0.517（1 层破坏）	1.379
					0.655（1 层破坏）	1.586	6	0.827（结合面破坏）	—
			垫层混凝土		0.758（1 层破坏）	1.020/1.792	—	0.621 1 层破	－/1.103

注 1. 芯样试验，在施工后 75～105d 之间进行；抗剪强度是在无法向荷载下进行的。

2. 与垫层混凝土抗剪为垫层混凝土用层 1 间的抗剪强度/垫层混凝土用层 2 间的抗剪强度。

表 4-47　　试验坝使用的配合比及芯样本体强度试验成果表
（美国垦务局及波特兰水泥协会）

工况	水泥（kg/m^3）	粉煤灰（kg/m^3）	用水量（kg/m^3）	骨料容重（饱和面干）（kg/m^3）	抗压强度（MPa）	抗拉强度（MPa）	抗剪强度（MPa）
A-mc1	89	0	107	2192	6.447	1.100	0.655
A-mc2	89	0	119	2180	5.120	1.096	0.445
B-mc1	89	89	107	2103	16.210	2.337	1.083
B-mc2	89	89	119	2091	13.221	2.796	1.027

（1）胶材用量（$C+F$）对抗剪断强度参数的影响（只分析平均值）。

表 4-42 表明：胶材用量（$C+F$）$=89kg/m^3$ 时，抗剪断强度参数 $c'=0.78MPa$，$f'=0.93$；胶材用量（$C+F$）$=178kg/m^3$ 时，$c'=2.685MPa$，$f'=0.998$。后者分别是前者的 344.2%和 121.7%。

表 4-43 表明：胶材用量（$C+F$）$=89kg/m^3$ 时，抗剪断强度参数 $c'=1.398MPa$，$f'=1.06$；胶材用量（$C+F$）$=178kg/m^3$ 时，$c'=2.868MPa$，$f'=1.098$。后者分别是前者的 205.2%和 103.6%。

表 4-44 表明：胶材用量（$C+F$）$=89kg/m^3$ 时，抗剪断强度参数 $c'=0.979MPa$，$f'=1.108$；胶材用量（$C+F$）$=178kg/m^3$ 时，$c'=2.868MPa$，$f'=1.098$。后者分别是前者的 292.9%和 99.1%。

以上成果表明：胶材用量对抗剪断强度参数 c' 影响很大，对 f' 影响较小。两种胶材用量时，c' 的比值在 205.2%～344.2%之间变化，f' 的比值在 99.1%～121.7%之间变化。

（2）层间间歇时间对抗剪断强度参数的影响。

表 4-45 给出了 3 个层间间歇（8h、24h、72h）情况下，对 3 个龄期（56d、90d、365d）抗剪断强度的平均值进行的分析，看不出层间间歇对抗剪断强度的影响，不符合一般规律，可能在覆盖上层混凝土时下层混凝土已经初凝或终凝了。

（3）层面处理材料对抗剪断强度参数的影响。由表 4-45 可见：各种层面处理材料的抗剪断强度参数，以层面铺水泥稀浆，喷砂和铺砂浆比较高，铺干水泥次之，层面不处理的为最低。以 $\sigma=2MPa$ 为例，层面抗剪断强度 τ 分别是 4.52MPa、4.38MPa、4.24MPa、4.094MPa 和 3.357 2MPa；抗剪强度 τ 在 1.712MPa～2.009MPa 之间。

（4）碾压混凝土养护条件对试验坝层间结合和抗剪强度的影响。表 4-46 和表 4-47 的成果表明：配合比 A-mc1（胶材用量 $89kg/m^3$），分别在湿润和空气条件下养护，平均抗拉强度分别为 0.483MPa 和 0.519MPa；平均抗剪强度分别为 1.528MPa 和 1.66MPa，两者相差不大。配合比 A-mc2（胶材用量 $178kg/m^3$），分别在湿润和空气条件下养护，平均抗拉强度分别为 1.137MPa 和 0.965MPa；平均抗剪强度分别为 2.482MPa 和 2.216MPa，两者相差也不大。但胶材用量高的抗拉强度和抗剪强度也高，后者分别为前者的 209.78%和 147.36%。

芯样本体的抗拉强度和抗剪强度也有类似规律。

4.3.2.2　现场碾压试验的原位和芯样层面抗剪断试验研究

国内多座大型碾压混凝土坝进行了现场碾压试验和原位抗剪断试验研究，如龙滩工程在可研设计阶段即进行了三次现场碾压试验，工程开工后，又进行了 3 场碾压试验。目前收集到的现场原位抗剪断试验研究成果及其统计分析成果见表 4-48～表 4-55。

表 4-48　C_{90}25 碾压混凝土层面现场原位抗剪断强度试验成果

设计强度等级	层面工况		抗剪断参数		抗剪断强度 τ'（MPa）（σ =3.0MPa）	抗剪断强度 τ'（MPa）（σ =4.5MPa）
	层间间歇（h）	层面处理	f'	c'（MPa）		
龙滩 C_{90}25（三级配）200kg/m^3 龄期 180d	4.5	不处理	1.29	2.80	6.67	8.61
			0.95	1.14	3.99	5.42
龙滩 C_{90}25（三级配）190kg/m^3 龄期 180d	高温 2～3	不处理	1.51	2.08	6.61	8.88
	高温 4～5		1.50	2.41	6.91	9.16
	常温 10～12		1.37	2.19	6.30	8.36
	72	冲毛，铺砂浆	1.38	2.67	6.81	8.88
	72	冲毛，铺一级配混凝土	1.34	2.66	6.68	8.69
	平均值		1.40	2.47	6.66	8.76
龙滩 C_{90}25（三级配）220kg/m^3 龄期 90d	高温 3	不处理	1.09	2.31	5.58	7.22
	高温 4	不处理	0.98	1.64	4.58	6.05
	高温 7.5	铺砂浆	0.89	1.59	4.26	5.60
龙滩三级配 180kg/m^3 龄期 90d	高温 7	铺一级配混凝土	1.0	1.94	4.94	6.44
龙滩三级配 150kg/m^3 龄期 180d	常温 72	打毛，铺砂浆	1.16	3.29	6.77	8.51
光照 C_{90}25W12F150（二级配）	6	不处理	1.18	1.06	4.6	6.37
	12	铺砂浆	1.36	1.17	5.25	7.29
	48	冲毛，铺砂浆	1.19	1.13	4.7	6.49
	平均值		1.24	1.12	4.85	6.72
	6	铺砂浆	1.33	1.67	5.66	7.66
光照 C_{90}25W8F100（三级配）	6	不处理	1.42	1.40	5.66	7.79
	12	铺砂浆	1.35	1.07	5.12	7.15
	48	冲毛，铺砂浆	1.37	1.11	5.22	7.28
	平均值		1.38	1.19	5.33	7.40
	72（常态与碾压结合面）	冲毛，铺砂浆	1.22	1.41	5.07	6.90
官地 C_{90}25W6F100（三级配）	初凝前	不处理	1.51	2.60	7.13	9.40
			1.14	1.23	4.65	6.36
	冷缝	冲毛，铺砂浆	1.53	2.62	7.21	9.51
			1.12	1.07	6.33	8.42
	初凝前、降雨 3mm/h	不处理	1.45	2.45	6.8	8.98
			1.08	1.18	4.42	6.04
	平均值		1.50	2.56	7.05	9.30
			1.11	1.16	5.13	6.94
	本体	抗剪断强度	1.48	2.60	7.04	9.26
		抗剪强度	1.12	1.23	4.59	6.27

注　表中 2 行数据时，第一行：抗剪断强度；第二行：抗剪强度。

表 4-49　C_{90}20 碾压混凝土层面现场原位抗剪断强度试验成果

设计强度等级	层面工况		抗剪断参数		抗剪断强度 τ'（MPa）（σ =3.0MPa）	抗剪断强度 τ'（MPa）（σ =3.5MPa）
	层间间歇（h）	层面处理	f'	c'（MPa）		
龙滩 C_{90}20（三级配）180kg/m^3 龄期 180d	4.5	不处理	1.17	2.10	5.61	6.20
			0.73	0.59	2.78	3.15
龙滩 C_{90}20（三级配）170kg/m^3 龄期 180d	高温 2～3	不处理	1.44	3.20	7.52	8.24
	常温 10～12		1.42	1.84	5.30	6.81
	72	冲毛，铺砂浆	1.29	2.71	6.58	7.23
	72	冲毛，铺一级配混凝土	1.66	1.72	6.7	7.53
	平均值		1.40	2.31	6.34	7.19
光照 C_{90}20W6F100（三级配）	6	不处理	1.27	1.35	5.16	5.80
	12	铺砂浆	1.41	1.97	6.2	6.91
	48	冲毛，铺砂浆	1.17	1.19	4.7	5.29
	平均值		1.28	1.50	5.35	6.00
江垭 C_{90}20（二级配）	终凝	铺水泥浆	0.86	1.66	4.24	4.67
			0.74	0.36	2.58	2.95
金安桥 C_{90}20W6F100（三级配）龄期 302d	热升层 1	不处理	1.28	1.65	5.49	6.13
	热升层 2	不处理	1.32	1.51	5.47	6.13
	热升层 3	不处理	1.24	1.73	5.45	6.07
	平均值		1.28	1.63	5.47	6.11
彭水 C_{90}20W10F150（二级配）龄期 90d	3	不处理	1.43	2.00	6.29	7.01
			1.02	0.60	3.66	4.17
			0.92	0.51	3.27	3.73
	6	铺净浆	1.41	2.13	6.36	7.07
			0.94	0.88	3.7	4.17
			0.85	0.83	3.38	3.81
	12	铺净浆	1.25	2.62	6.37	7.00
			0.90	1.02	3.72	4.17
			0.88	0.79	3.43	3.87
	45～48	铺砂浆	0.81	1.15	3.58	3.99
			0.62	0.15	2.01	2.32
			0.84	0.12	2.64	3.06
	12	铺砂浆	1.39	1.34	5.51	6.21
			0.94	0.58	3.4	3.87
			0.91	0.35	3.08	3.54

续表

设计强度等级	层面工况		抗剪断参数		抗剪断强度 τ′（MPa）（σ =3.0MPa）	抗剪断强度 τ′（MPa）（σ =3.5MPa）
	层间间歇（h）	层面处理	f′	c′（MPa）		
彭水 C_{90}20W10F150（二级配）龄期 90d	18	铺砂浆	1.47	1.28	5.69	6.43
			0.74	0.47	2.69	3.06
			0.75	0.28	2.53	2.91
	26	冲毛，铺砂浆	1.05	1.84	4.99	5.52
			0.77	0.94	3.25	3.64
			0.81	0.74	3.17	3.58
	45～48	冲毛，铺砂浆	1.14	1.22	4.64	5.21
			0.93	0.16	2.95	3.42
			0.92	0.04	2.8	3.26
	平均值	抗剪断强度	1.24/1.31	1.70/1.78	5.43/5.69	6.05/6.35
		残余强度	0.86	0.60	3.17	3.60
		摩擦强度	0.86	0.46	3.04	5.47
官地 C_{90}20W6F50（三级配）	初凝前	不处理	1.42	2.48	6.74	7.45
			1.15	1.35	4.8	5.38
	冷缝	冲毛，铺砂浆	1.39	2.27	6.44	7.14
			0.93	1.07	3.86	4.33
	初凝前、降雨 3mm/h	不处理	1.45	2.50	6.85	7.58
			1.19	0.92	4.49	5.09
	本体		1.40	2.58	6.78	7.48
			1.12	1.11	4.47	5.03
	平均值	抗剪断强度	1.42/1.42	2.46/2.42	6.70/6.68	7.41/7.39
		抗剪强度	1.10/1.09	1.11/1.11	4.40/4.38	4.95/4.93

注 1. 表中 2 行数据时，第一行：抗剪断强度；第二行：抗剪强度。
2. 表中 3 行数据时，第一行：抗剪断强度；第二行：残余强度；第三行：摩擦强度。

表 4-50　C_{90}15 碾压混凝土层面现场原位抗剪断强度试验成果

设计强度等级	层面工况		抗剪断参数		抗剪断强度 τ′（MPa）（σ =2.0MPa）	抗剪断强度 τ′（MPa）（σ =3.0MPa）
	层间间歇（h）	层面处理	f′	c′（MPa）		
龙滩 C_{90}15（三级配）160kg/m³ 龄期 180d	高温 2～3		1.78	1.74	5.3	7.08
	高温 4～5		1.69	1.48	4.86	6.55
	常温 10～12	不处理	1.13	1.95	4.21	5.34
	72	冲毛，铺砂浆	1.34	1.62	4.3	5.64
	72	冲毛，铺一级配混凝土	1.40	1.41	4.21	5.61
	平均值		1.47	1.64	4.58	6.04

续表

设计强度等级	层面工况		抗剪断参数		抗剪断强度 τ′（MPa）（σ =2.0MPa）	抗剪断强度 τ′（MPa）（σ =3.0MPa）
	层间间歇（h）	层面处理	f'	c'（MPa）		
光照 C_{90}15W6F50（三级配）	6	不处理	1.02	1.02	3.06	4.08
	12	铺砂浆	1.01	0.70	2.72	3.73
	48	冲毛，铺砂浆	1.26	1.26	3.78	5.04
	平均值		1.10	0.99	3.19	4.28
大朝山 C_{90}15（三级配）	6	不处理	1.41	1.36	4.18	5.59
	20	冲毛，铺水泥浆	1.17	1.18	3.52	4.69
	20（二筛）	冲毛，铺水泥浆	1.21	1.13	3.55	4.76
	60	冲毛，铺砂浆	1.07	1.60	3.74	4.81
	平均值		1.22	1.32	3.75	4.96
彭水 C_{90}15W6F100（三级配）龄期 90d	6	不处理	1.14	1.86	4.14	5.28
			0.84	0.90	2.58	3.42
			0.87	0.66	2.4	3.27
	12	铺净浆	1.14	1.16	3.44	4.58
			0.84	0.50	2.18	3.02
			0.87	0.21	1.95	2.82
	12	铺砂浆	1.46	1.19	4.11	5.57
			0.98	0.34	2.3	3.28
			0.92	0.20	2.04	2.96
	26	冲毛，铺砂浆	1.07	1.20	3.34	4.41
			0.95	0.32	2.22	3.17
			0.92	0.24	2.08	3.00
	45～48	冲毛，铺砂浆	1.11	2.38	4.6	5.71
			0.92	0.77	2.61	3.53
			0.92	0.42	2.26	3.18
	平均值	抗剪断强度	1.18	1.56	3.93	5.11
		残余强度	0.91	0.57	2.38	3.28
		摩擦强度	0.90	0.35	2.15	3.05
官地 C_{90}15W4F50（三级配）	初凝前	不处理	1.32	1.43	4.07	5.39
			0.93	1.02	2.88	3.81
	冷缝	冲毛，铺砂浆	1.28	1.46	4.02	5.30
			0.99	0.82	2.8	3.79
	初凝前、降雨 3mm/h	不处理	1.36	1.79	4.51	5.87
			0.85	1.05	2.75	3.60

续表

设计强度等级	层面工况		抗剪断参数		抗剪断强度 τ'（MPa）（σ =2.0MPa）	抗剪断强度 τ'（MPa）（σ =3.0MPa）
	层间间歇（h）	层面处理	f'	c'（MPa）		
官地 C_{90}15W4F50（三级配）	本体	不处理	1.42	1.60	4.44	5.86
			1.15	1.03	3.33	4.48
	平均值	抗剪断强度	1.35/1.32	1.57/1.56	4.26/4.20	5.61/5.52
		抗剪强度	0.98/0.92	0.98/0.96	2.94/2.81	3.92/3.73
江垭 C_{90}15（三级配）	初凝前	铺水泥浆	1.14	1.30	3.58	4.72
			0.86	0.47	2.19	3.05
	初凝～终凝	铺砂浆	1.09	1.37	3.55	4.64
			0.83	0.39	2.05	2.88
	终凝后	铺砂浆	1.36	1.07	3.79	5.15
			0.20	0.22	0.62	0.82
	施工缝	铺砂浆	1.28	1.32	3.88	5.16
			0.90	0.76	2.56	3.46
	平均值	抗剪断强度	1.22	1.27	3.70	4.92
		抗剪强度	0.70	0.46	1.86	2.55
	初凝后		0.97	1.20	3.14	4.11
			0.82	0.41	2.05	2.87
景洪天然骨料 C_{90}15（三级配）	Ⅰ型冷缝	铺砂浆	1.32	1.26	3.9	5.22
	Ⅰ型冷缝	铺净浆	1.08	1.11	3.27	4.35
	Ⅱ型冷缝	冲毛，铺砂浆	1.14	1.07	3.35	4.49
	热升层连续上升	不处理	1.17	1.19	3.53	4.70
	平均值		1.18	1.16	3.51	4.69
	Ⅱ型冷缝	冲毛，铺净浆	0.89	0.84	2.62	3.51
景洪人工骨料 C_{90}15（三级配）	Ⅰ型冷缝	铺砂浆	0.95	1.06	2.96	3.91
	Ⅰ型冷缝	铺净浆	1.74	1.21	4.69	6.43
	Ⅱ型冷缝	冲毛，铺砂浆	1.46	1.91	4.83	6.29
	热升层连续上升	不处理	1.18	1.29	3.65	4.83
	平均值		1.33	1.37	4.03	5.37
	Ⅱ型冷缝	冲毛，铺净浆	2.52	0.68	5.72	8.24
金安桥 C_{90}15W6F100（三级配）龄期 106d	热升层 1	不处理	1.20	1.87	4.27	5.47
	热升层 2	不处理	1.20	1.71	4.11	5.31
	热升层 3	不处理	1.21	1.78	4.2	5.41
	平均值		1.20	1.79	4.19	5.40

续表

设计强度等级	层面工况		抗剪断参数		抗剪断强度 τ'（MPa）（σ =2.0MPa）	抗剪断强度 τ'（MPa）（σ =3.0MPa）
	层间间歇（h）	层面处理	f'	c'（MPa）		
岩滩 $R_{90}15$ 55+104kg/m³	初凝前覆盖	不处理	1.17	1.36	3.70	4.87
高坝洲 $R_{90}15$ 88+88kg/m³	层面		1.70	1.58	4.98	6.68
	铺浆层面		1.22	1.78	4.22	5.44
	缝面		0.92	2.28	4.12	5.04

注 1. 表中 2 行数据时，第一行：抗剪断强度；第二行：抗剪强度。

2. 表中 3 行数据时，第一行：抗剪断强度；第二行：残余强度；第三行：摩擦强度。

3. 景洪工程的冷缝分类：4～8 月，6h＜T≤12h，为Ⅰ型冷缝；T＞12h，为Ⅱ型冷缝。3 月、9～10 月，当 8h＜T≤16h，为Ⅰ型冷缝；T＞16h，为Ⅱ型冷缝。11～次年 2 月，10h＜T≤20h，为Ⅰ型冷缝；T＞20h，为Ⅱ型冷缝。

4. T 为碾压完后间隔时间。

表 4－51　$C_{90}10$ 碾压混凝土层面现场原位抗剪断强度试验成果

设计强度等级	层面工况		抗剪断参数		抗剪断强度 τ'（MPa）（σ =2.0MPa）	抗剪断强度 τ'（MPa）（σ =2.5MPa）
	层间间歇（h）	层面处理	f'	c'（MPa）		
坑口 $R_{90}10$ 60+80kg/m³			1.12	1.17	3.41	3.97
铜街子 $R_{90}10$ 65+85kg/m³	初凝前覆盖		1.54	1.23	4.31	5.08

表 4－52　$C_{90}25$ 碾压混凝土层面现场原位抗剪断强度试验综合成果

设计强度等级	层面工况		抗剪断参数		抗剪断强度 τ'（MPa）（σ =3.0MPa）	抗剪断强度 τ'（MPa）（σ =4.5MPa）
	层间间歇（h）	层面处理	f'	c'（MPa）		
龙滩 $C_{90}25$ （三级配） 190～200kg/m³ 龄期 180d	范围值	抗剪断强度	1.29～1.51	2.19～2.80	6.30～6.91	8.36～9.16
		抗剪强度				
	平均值	抗剪断强度	1.40	2.47	6.66	8.76
		抗剪强度	0.95	1.14	3.99	5.42
光照 C_{90}25W8F100 （三级配）	范围值		1.35～1.42	1.07～1.40	5.12～5.66	7.15～7.79
	平均值		1.38	1.19	5.33	7.40
官地 C_{90}25W6F100 （三级配）	范围值	抗剪断强度	1.45～1.53	2.45～2.62	6.8～7.21	8.98～9.51
		抗剪强度	1.08～1.14	1.07～1.23	4.42～6.33	6.04～8.42
	平均值	抗剪断强度	1.50	2.56	7.05	9.30
		抗剪强度	1.11	1.16	5.13	6.94
综合	范围值	抗剪断强度	1.24～1.50	1.12～2.56	4.85～7.05	6.72～9.30
		抗剪强度	0.95～1.11	1.14～1.16	3.99～6.33	5.42～6.94
	平均值	抗剪断强度	1.38	1.84	5.97	8.05
		抗剪强度	1.03	1.15	4.56	6.18
光照 C_{90}25W12F150 （二级配）	范围值		1.18～1.36	1.06～1.17	4.6～5.25	6.37～7.29
	平均值		1.24	1.12	4.85	6.72

表 4-53　$C_{90}20$ 碾压混凝土层面现场原位抗剪断强度试验综合成果

设计强度等级	层面工况		抗剪断参数		抗剪断强度 τ′(MPa)(σ=3.0MPa)	抗剪断强度 τ′(MPa)(σ=3.5MPa)
	层间间歇(h)	层面处理	f′	c′(MPa)		
龙滩 $C_{90}20$(三级配)170～180kg/m^3 龄期 180d	范围值	抗剪断强度	1.17～1.66	1.72～3.20	5.30～7.52	6.81～8.24
		抗剪强度				
	平均值	抗剪断强度	1.40	2.31	6.34	7.19
		抗剪强度	0.73	0.59	2.78	3.15
光照 $C_{90}20W6F100$(三级配)	范围值		1.17～1.41	1.19～1.97	4.7～6.2	5.29～6.91
	平均值		1.28	1.50	5.35	6.00
金安桥 $C_{90}20W6F100$(三级配)龄期 302d	范围值		1.24～1.32	1.51～1.73	5.45～5.49	6.07～6.13
	平均值		1.28	1.63	5.47	6.11
彭水 $C_{90}20W10F150$(二级配)龄期 90d	范围值	抗剪断强度	1.05～1.47	1.22～2.62	4.64～6.37	5.21～7.07
		残余强度	0.74～1.02	0.16～1.02	2.69～3.72	3.06～4.17
		摩擦强度	0.75～0.92	0.04～0.83	2.53～3.43	2.91～3.87
	平均值	抗剪断强度	1.31	1.78	5.69	6.35
		残余强度	0.86	0.60	3.17	3.60
		摩擦强度	0.86	0.46	3.04	5.47
官地 $C_{90}20W6F50$(三级配)	范围值	抗剪断强度	1.39～1.45	2.27～2.50	6.44～6.85	7.14～7.58
		抗剪强度	0.93～1.19	0.92～1.35	3.86～4.80	4.33～5.38
	平均值	抗剪断强度	1.42	2.42	6.68	7.39
		抗剪强度	1.09	1.11	4.38	4.93
综合	范围值	抗剪断强度	1.28～1.42	1.50～2.42	5.35～6.68	6.00～7.39
		抗剪强度	0.73～1.09	0.46～1.11	2.78～4.38	3.15～5.47
	平均值	抗剪断强度	1.34	1.93	5.91	6.61
		抗剪强度	0.89	0.72	3.40	4.52
江垭 $C_{90}20$(二级配)	终凝	铺水泥浆	0.86	1.66	4.24	4.67
			0.74	0.36	2.58	2.95

表 4-54　$C_{90}15$ 碾压混凝土层面现场原位抗剪断强度试验综合成果

设计强度等级	层面工况		抗剪断参数		抗剪断强度 τ′(MPa)(σ=2.0MPa)	抗剪断强度 τ′(MPa)(σ=3.0MPa)
	层间间歇(h)	层面处理	f′	c′(MPa)		
龙滩 $C_{90}15$(三级配)160kg/m^3 龄期 180d	范围值		1.13～1.78	1.41～1.95	4.21～5.30	5.34～7.08
	平均值		1.47	1.64	4.58	6.04

续表

设计强度等级	层面工况		抗剪断参数		抗剪断强度 τ'（MPa）（σ =2.0MPa）	抗剪断强度 τ'（MPa）（σ =3.0MPa）
	层间间歇（h）	层面处理	f'	c'（MPa）		
光照 C_{90}15W6F50（三级配）	范围值		1.01～1.26	0.70～1.26	2.72～3.78	3.73～5.04
	平均值		1.10	0.99	3.19	4.28
大朝山 C_{90}15（三级配）	范围值		1.07～1.41	1.13～1.60	3.52～4.18	4.69～5.59
	平均值		1.22	1.32	3.75	4.96
彭水 C_{90}15W6F100（三级配）龄期 90d	范围值	抗剪断强度	1.07～1.46	1.16～2.38	3.34～4.6	4.41～5.71
		残余强度	0.84～0.98	0.32～0.90	2.18～2.61	3.02～3.53
		摩擦强度	0.87～0.92	0.20～0.66	1.95～2.40	2.82～3.27
	平均值	抗剪断强度	1.18	1.56	3.93	5.11
		残余强度	0.91	0.57	2.38	3.28
		摩擦强度	0.90	0.35	2.15	3.05
官地 C_{90}15W4F50（三级配）	范围值	抗剪断强度	1.28～1.36	1.43～1.79	4.02～4.51	5.30～5.87
		抗剪强度	0.85～0.99	0.82～1.05	2.75～2.88	3.60～3.81
	平均值	抗剪断强度	1.32	1.56	4.20	5.52
		抗剪强度	0.92	0.96	2.81	3.73
江垭 C_{90}15（三级配）	范围值	抗剪断强度	1.09～1.36	1.07～1.37	3.55～3.88	4.64～5.16
		抗剪强度	0.20～0.90	0.22～0.76	0.62～2.56	0.82～3.46
	平均值	抗剪断强度	1.22	1.27	3.70	4.92
		抗剪强度	0.70	0.46	1.86	2.55
景洪天然骨料 C_{90}15（三级配）	范围值		1.08～1.32	1.07～1.26	3.27～3.90	4.35～5.22
	平均值		1.18	1.16	3.51	4.69
景洪人工骨料 C_{90}15（三级配）	范围值		0.95～1.74	1.06～1.91	2.96～4.83	3.91～6.43
	平均值		1.33	1.37	4.03	5.37
金安桥 C_{90}15W6F100（三级配）龄期 106d	范围值		1.20～1.21	1.71～1.87	4.11～4.27	5.31～5.47
	平均值		1.20	1.79	4.19	5.40
岩滩 R_{90}15 55+104kg/m^3	初凝前覆盖	不处理	1.17	1.36	3.70	4.87
高坝洲 R_{90}15 88+88kg/m^3	范围值		0.92～1.70	1.58～2.28	4.12～4.98	5.04～6.68
	平均值		1.28	1.88	4.44	5.72
综合	范围值		1.10～1.47	0.99～1.88	3.19～4.58	4.28～6.04
			0.70～0.92	0.35～0.96	1.86～2.81	2.55～3.73
	平均值		1.24	1.45	3.93	5.17
			0.84	0.59	2.27	3.11

表 4－55 $C_{90}10$ 碾压混凝土层面现场原位抗剪断强度试验成果

设计强度等级	层面工况		抗剪断参数		抗剪断强度 τ'（MPa）（σ =2.0MPa）	抗剪断强度 τ'（MPa）（σ =2.5MPa）
	层间间歇（h）	层面处理	f'	c'（MPa）		
坑口 $R_{90}10$ 60+80kg/m³			1.12	1.17	3.41	3.97
铜街子 $R_{90}10$ 65+85kg/m³	初凝前覆盖		1.54	1.23	4.31	5.08
综合	范围值		1.12～1.54	1.17～1.23	3.41～4.31	3.97～5.08
	平均值		1.33	1.2	3.86	4.53

从上述数据可以看出，尽管同样强度等级的碾压混凝土，其层面抗剪断强度各工程相差较大，但总体规律基本一致。综合分析，有以下结论：

1. 胶材用量的影响

随着胶凝材料用量的增加，碾压混凝土抗剪断强度呈增长趋势。胶凝材料用量从160kg/m³ 增加到 170～180kg/m³ 时，抗剪断强度明显增大；胶凝材料用量达到一定程度后，碾压混凝土抗剪断强度增长趋势放缓。

以 σ =3MPa 时的抗剪断强度比较。在施工采用的层面工况下，碾压混凝土层面抗剪断参数随混凝土设计强度等级提高而升高。总体而言，$C_{90}20$ 比 $C_{90}15$ 抗剪断强度提高了 14.3%，效果比较明显；但是 $C_{90}25$ 比 $C_{90}20$ 的抗剪断强度只提高了约 1%，效果不大，其中龙滩、官地工程的 $C_{90}25$ 比 $C_{90}20$ 的抗剪断强度提高了约 6%，光照工程的 $C_{90}25$ 只比 $C_{90}20$ 的抗剪断强度提高了 0.6%。

高碾压混凝土重力坝中，采用高胶凝材料用量是必要的，但由于胶凝材料用量到一定程度后所带来的抗剪断强度的增长有限，而相应的工程成本和温控难度增加，因此，采用高胶凝材料碾压混凝土筑坝时应存在一个相对经济的胶凝材料用量。

2. 层间间歇时间和层面处理方式的影响

层间间歇时间和层面处理方式是影响碾压混凝土层面抗剪断强度的主要因素。

初凝前、在层间允许间歇时间内，层面不处理直接铺筑，振动碾压能使上层骨料嵌入到下层混凝土中，保证碾压混凝土上层、下层结合紧密，层面与碾压混凝土本体抗剪断强度基本相当。因此，在层间允许间歇时间以内、层面不处理连续上升是保证碾压混凝土层间结合性能的最有效方式。

当层间间歇时间过长（如在现场环境条件下已初凝），层面必须处理。层面不处理工况的抗剪断强度低于层面处理工况的抗剪断强度，如龙滩、光照等工程的试验结果。龙滩工程的一个试验工况（RCD 工法），虽然其胶材用量较少［$C+F=60+90=150$（kg/m³）］，但其抗剪断强度在当时试验的 10 个工况中是最高的，说明层面经打毛、冲洗和铺砂浆后，层面胶结状态大大提高。

彭水、景洪等工程的试验结果均表明铺砂浆的效果明显好于铺净浆。当碾压混凝土在现场环境条件下已终凝或冷缝、施工缝，层面必须进行冲毛处理，彭水工程的试验结果表明：冲毛较不冲毛可提高 30%。冲毛后铺砂浆的效果也明显好于铺净浆，如景洪、大朝山等工程的试验结果。

3. 高温和降雨的影响

其他施工参数都相同的情况下，高温施工和常温施工的层面抗剪断强度有较大差异。施工时气温对碾压混凝土的初凝时间影响很大，高气温条件下施工如不能即时覆盖上层混凝土会严重影响层面胶结强度。例如，龙滩工程试验结果表明，高温季节施工层间间歇 3h 和 4h，层面抗剪断强度（$\sigma=3\text{MPa}$）相差 18%；层间间歇 7.5h 铺砂浆的抗剪断强度仅为层间间歇 3.0h 不处理工况的 76%。

官地试验成果表明，降雨强度为 3mm/h 时，对抗剪断强度参数 c' 值没有影响或影响不大。因此，当降雨强度小于 3mm/h 时，可采用适当措施继续施工。

4. 级配及其他影响因素

同样设计强度等级的碾压混凝土的三级配和二级配层面抗剪断参数有一定差异。光照工程的 $C_{90}25$ 三级配的平均抗剪断强度（$\sigma=3\text{MPa}$）比 $C_{90}25$ 二级配约高 10%。

人工骨料碾压混凝土层面抗剪断特性优于天然骨料，如景洪工程的试验结果。

5. 层面抗剪断强度与龄期的关系

龙滩工程曾在现场原位抗剪断试验中做过层面抗剪断强度与龄期的关系研究，见表 4－56。

表 4－56　　碾压混凝土抗剪断强度与龄期的关系对照表

混凝土品种	龄期（d）	平均值		正应力 3MPa 下 90d 龄期剪应力相对 180d 龄期的比值（%）
		f'	c'（MPa）	
$C_{90}25$	90	1.37	1.93	90
	180	1.44	2.36	100
$C_{90}20$	90	1.22	1.80	84
	180	1.38	2.36	100
$C_{90}15$	90	1.07	1.94	87
	180	1.40	1.73	100

研究表明，龄期从 90d 增长至 180d，层面抗剪断强度有 10%～16%的增长，胶凝材料用量越高后期抗剪断强度增长相对较小。

6. 关于峰值抗剪断强度的离差系数

龙滩工程曾对现场原位抗剪断试验结果用统计法（全样本）直接求出抗剪断参数 f' 和 c' 的平均值及其离差系数 C_{vf} 和 C_{vc}，并选取剪断面中层面占剪切面面积的 1/2 以上或剪断面起伏差一般在 10mm 以下的样本（选择样本）进行统计分析，见表 4－57。

表 4－57　　龙滩工程碾压混凝土峰值抗剪断强度的离差系数

项目	C_{vf}	C_{vc}
$C_{90}25$ 全样本	0.04	0.07
$C_{90}20$ 全样本	0.07	0.08
$C_{90}15$ 全样本	0.09	0.15
$C_{90}25$ 选择样本	0.08	0.17

总体上看，摩擦系数 f' 变异系数较小，黏聚力 c' 变异系数较大；混凝土强度等级越高，变异系数越小。层间结合质量越差的，变异系数越大。

由于实际施工时环境条件、质量控制等较现场试验时状况差异较大，因此，实际施工的碾压混凝土层面抗剪断强度的变异系数应较试验统计值大。总体而言，坝体碾压混凝土层面参数的离差系数可取为 $C_{vf}=0.2$、$C_{vc}=0.35$。

7. 残余强度、摩擦强度与峰值强度的关系

综合几个工程的试验结果，$C_{90}25$、$C_{90}20$ 和 $C_{90}15$ 碾压混凝土的层面摩擦抗剪强度分别为峰值抗剪断强度（$\sigma=3\text{MPa}$）的 76%、58%和 60%，平均值为 65%。

龙滩工程进行了同样本的碾压混凝土残余强度、摩擦强度和峰值抗剪断强度对比分析，见表 4－58，残余强度、摩擦强度约为峰值抗剪断强度的 50%～60%。

表 4－58　　碾压混凝土残余强度、摩擦强度和峰值抗剪断强度对比分析

项目	正应力 3MPa 下抗剪（断）强度相对值（%）		
	$C_{90}25$	$C_{90}20$	$C_{90}15$
峰值强度	100	100	100
残余强度	53	61	62
摩擦强度	47	55	56

8. 碾压混凝土层面抗剪断设计强度的确定

碾压混凝土高坝的层面抗剪断强度设计值宜根据现场原位试验成果确定。试验模拟工况尤其是施工环境条件、层间间歇时间和层面处理措施应与实际施工时的状况基本一致。层面抗剪断设计强度可取为试验成果的 80%保证率值（取 $C_{vf}=0.2$、$C_{vc}=0.35$）或小值平均值。

4.3.2.3　碾压混凝土芯样抗剪断强度

表 4－59 汇总列出了国内部分工程碾压混凝土芯样的抗剪断强度试验成果。总体而言，芯样抗剪断强度高于现场原位抗剪断强度，两者之间的差别包括了混凝土强度龄期增长、尺寸效应、试验条件和取样位置等多种因素的影响。

表 4－59　　碾压混凝土芯样抗剪断强度试验成果

工程名称	混凝土强度等级	试件尺寸（mm）/龄期（d）	抗剪断参数		抗剪断强度 τ'（MPa）（$\sigma=3.0\text{MPa}$）
			f'	c'（MPa）	
龙滩现场碾压试验块	$C_{90}20$ 三级配 180kg/m^3	200×200×200/605	1.13	2.78	6.17
	$C_{90}25$ 三级配 200kg/m^3	200×200×200/619	1.36	4.30	8.38
龙滩现场碾压试验块	$C_{90}25$ 三级配 200kg/m^3	150×150×150/520	1.75	3.89	9.14
	$C_{90}20$ 三级配 170kg/m^3	150×150×150/520	1.63	3.92	8.81
龙滩大坝	$C_{90}25$ 三级配	150×150×150/300～360	1.73	3.93	9.12
	$C_{90}20$ 三级配	150×150×150/300～360	1.35	4.36	8.41

续表

工程名称	混凝土强度等级	试件尺寸（mm）/龄期（d）	抗剪断参数		抗剪断强度 τ'（MPa）（σ =3.0MPa）
			f'	c'（MPa）	
金安桥大坝	$C_{90}20$ 三级配层面冷缝	芯样直径 200/337～433	1.22	1.65	5.31
	$C_{90}20$ 三级配本体（热缝）	芯样直径 200/286～313	1.27	1.82	5.63
	$C_{90}20$ 二级配本体（热缝）	芯样直径 150/306～336	1.32	1.83	5.79
大朝山	$R_{90}15$ 层面 168kg/m³	芯样/龄期大于 90d	2.14	4.00	10.42
	$R_{90}15$ 缝面 168kg/m³	芯样/龄期大于 90d	1.88	3.5	9.14
棉花滩大坝	$R_{180}20$，二级配 160kg/m³	150×150×150/	1.38	2.56	6.7
	$R_{180}15$，三级配	150×150×150/	1.28	2.53	6.37
江垭大坝	$C_{90}15$ 三级配浆层面	210×120×250/	1.42	2.32	6.58
	$C_{90}15$ 三级配平浇层面	210×120×250/95～140	1.30	2.25	6.15
	$C_{90}15$ 三级配斜浇层面	210×120×250/100～120	1.27	2.39	6.2
	$C_{90}15$ 三级配缝面	210×120×250/100～130	1.18	2.07	5.61

1. 芯样和原位抗剪试验结果之间的关系

为了确定芯样与原位试验间抗剪断试验成果的转换关系，龙滩工程曾专门在下游引航道现场碾压试验块上钻取芯样进行抗剪断试验，并与同部位同品种的原位抗剪断试验成果进行对比分析，见表4-60、表4-61。

表4-60　$C_{90}25$ 混凝土芯样与原位抗剪断试验峰值强度对比分析表

编号	项目	平均值		正应力 3MPa 下平均强度比值（芯样/原位，%）
		f'	c'（MPa）	
同部位同工况（间歇时间 4～5h）	芯样试验	1.69	3.74	127
	原位试验	1.67	1.92	
	比值（芯样/原位）	1.01	1.95	
（剔除冷缝铺小骨料混凝土工况）	芯样试验	1.8	4.03	135
	原位试验	1.55	2.34	
	比值（芯样/原位）	1.16	1.72	

注　芯样试件尺寸为150mm×150mm×150mm，龄期约为520d；原位抗剪断试件尺寸为500mm×500mm×300mm，龄期为180d。

表4-61　$C_{90}20$ 混凝土芯样与原位抗剪断试验峰值强度对比分析表

编号	项目	平均值		正应力 3MPa 下平均值剪应力的比值（芯样/原位，%）
		f'	c'（MPa）	
同部位同工况（冷缝铺砂浆工况）	芯样试验	1.55	3.96	129
	原位试验	1.25	2.91	
	比值（芯样/原位）	1.24	1.36	

续表

编号	项目	平均值		正应力 3MPa 下平均值剪应力的比值（芯样/原位，%）
		f'	c'（MPa）	
冷缝铺砂浆工况	芯样试验	1.67	3.9	134
	原位试验	1.25	2.91	
	比值（芯样/原位）	1.34	1.34	
剔除冷缝铺小骨料混凝土工况	芯样试验	1.67	3.9	125
	原位试验	1.35	3.05	
	比值（芯样/原位）	1.24	1.28	

注　芯样试件龄期约为 520d，原位抗剪断试件龄期为 180d。

根据以上分析结果，520d 龄期碾压混凝土芯样抗剪断试件与 180d 龄期原位抗剪断试件在 3MPa 正应力下剪应力比值约为 1.3、f' 的比值为 1.0～1.34、c' 的比值为 1.3～2.0，综合考虑 f' 与尺寸效应和龄期的变化规律，f' 为无量纲量，其测值一般不受试件尺寸影响，因此，进行芯样抗剪断强度与原位抗剪断强度换算时，可取 f' 芯样与原位抗剪断参数换算系数为 1.1，c' 芯样与原位抗剪断参数换算系数为 1.75。以上换算系数实际上包括了芯样的龄期增长系数，由于没有同一部位各龄期的试验成果进行统计分析，龄期增长系数无法在上述换算系数中进行区分。

江垭工程进行的现场碾压试验块芯样室内抗剪断试验及与原位剪断试验结果见表 4-62 和表 4-63。室内抗剪断试验剪面 250mm×250mm，标准原位剪断试验（剪面 555mm×455mm）。由表 4-63 可见，f'（室内）/f'（原位）=1.06，c'（室内）/c'（原位）=2.06。f' 比值接近于 1.0，可以不考虑尺寸影响，而 c' 比值接近于两种试件的长度比（55.5/25.0=2.22）。

表 4-62　　江垭碾压混凝土施工试验块原位和室内抗剪强度测试结果

层面编号	工况	原位抗剪试验				室内抗剪试验			
		f'	c'	f	c	f'	c'	f	c
Ⅰ-⑤/④	A2/C2（施工缝铺砂浆）	1.28	1.32	0.90	0.76	1.21	3.84	0.91	1.19
Ⅰ-③/②	A2/A1（初凝前铺水泥浆）	1.14	1.30	0.86	0.47	1.33	3.76	1.16	0.99
Ⅰ-②/①	A1/A1（终凝后铺水泥浆）	0.86	1.66	0.74	0.36	1.01	2.32	1.05	0.64
Ⅰ-④/③	A2/A2（初～终凝后铺砂浆）	1.09	1.37	0.83	0.39	1.29	2.22	0.93	0.61
Ⅰ-③/②	A2/A2（初凝后）	0.97	1.20	0.82	0.41	1.01	2.11	1.07	0.55
Ⅰ-②/①	A2/A2（终凝后铺砂浆）	1.36	1.07	0.195	0.22	1.12	1.92	0.89	0.62

注　1. f'、c' 为抗剪断强度参数；f、c 为摩擦（残余值）强度参数；c'、c 的单位为 MPa。
2. A1 为二级配 $C_{90}20$，$C+F$=87+107；A2 为三级配 $C_{90}15$，$C+F$=64+96；C2 为三级配常态混凝土 $C_{28}20$，$C+F$=207+69。

表 4-63　　江垭碾压混凝土现场试验室内与原位抗剪断试验结果之比值

层间面编号	Ⅰ-⑤/④	Ⅰ-③/②	Ⅰ-②/①	Ⅱ-⑤/⑥	Ⅱ-③/②	Ⅱ-②/①	平均值
f'（室内）/f'（原位）	0.96	1.17	1.17	1.08	1.04	0.82	1.06
c'（室内）/c'（原位）	2.91	2.89	1.40	1.62	1.76	1.79	2.06

2. 碾压混凝土龄期对抗剪断强度的影响

由于每个钻孔自下而上的芯样试件代表不同的浇筑龄期，为了解芯样抗剪断强度随龄期的增强情况，江垭工程曾对 1997 年 8 月钻取的各类芯样测试结果，经除去个别偏离过大的值，得到 365d 强度与 90d 比较的平均增长系数，f' 为 1.09，c' 为 1.16。

4.3.2.4　某常态混凝土拱坝工程施工缝面抗剪断试验成果

本小节介绍某拱坝常态混凝土施工缝面抗剪断试验情况，以便与碾压混凝土缝面抗剪断试验成果进行比较。因为常态混凝土施工层面（一般 1.5～3.0m 有一个层面）与碾压混凝土缝面（一般 3.0m 左右有一个缝面）的处理方式是基本相同的，其成果可供碾压混凝土缝面处理参考。

1. 抗剪断试验情况

某拱坝不同工况的抗剪断试验工况和胶结面处理见表 4－64。试验所用原材料为该工程工地材料，室内成型 450mm×450mm×450mm 的大试件，采用插入式振动棒振捣。N2～N7 试件分二次成型，间隔时间为 7d。在 90d 龄期时做室内大剪试验，得出了 7 种不同剪切面的抗剪断试验结果，见表 4－65。

表 4－64　　　某拱坝不同工况的抗剪断试验工况和胶结面处理

编号	第一层混凝土		表面处理情况	层间胶结材料情况	第一层混凝土	
	级配	高度（mm）			级配	高度（mm）
N1	四	450	在 450mm 高度上一次性浇筑四级配混凝土			
N2	四	225	表面不凿毛	—	四	225
N3	四	225	表面凿毛，冲洗	—	四	225
N4	四	225	表面凿毛，冲洗	铺 10mm 厚砂浆	四	220
N5	四	225	表面凿毛，冲洗	—	三	225
N6	四	215	表面凿毛，冲洗	铺 20mm 厚一级配混凝土	四	215
N7	二	225	表面凿毛，冲洗	—	二	225

表 4－65　　　某拱坝工程全级配混凝土层面剪应力与法向应力关系式

试验编号	抗剪断参数		试验编号	抗剪断参数		试验编号	抗剪断参数	
	f'	c'（MPa）		f'	c'（MPa）		f'	c'（MPa）
N1	1.234	5.492	N4	1.013	4.413	N7	1.009	3.736
N2	0.780	3.516	N5	1.009	3.699	E1	0.810	3.200
N3	0.942	4.604	N6	1.318	3.910			

试验结果表明：

（1）整体浇筑的四级配混凝土（N1）层内黏聚力和抗剪强度最大，分别为 $f'=1.234$，$c'=5.492$MPa；而层面不作处理直接浇筑四级配混凝土（N2）层面黏聚力和抗剪强度最低，分别为 $f'=0.784$，$c'=3.516$MPa，后者为前者的 63.2%和 64.0%。

（2）层面处理（凿毛，冲洗）后再浇筑混凝土（N3～N7）的五种工况，其层面黏聚力和抗剪强度居上述两种情况（N1、N2）之间，其平均值为 $f'=1.058$，$c'=4.072$MPa，分别为整体浇筑的 85.7%和 74.1%。

（3）层面处理（凿毛，冲洗）后再浇筑混凝土（N3、N5、N7）的三种工况，其平均值为 $f'=0.987$，$c'=4.013$MPa；层面处理（凿毛，冲洗，铺 1cm 厚砂浆或铺 2cm 厚一级配混凝土）后再浇筑混凝土（N4、N6）的两种工况，其平均值为 $f'=1.165$，$c'=4.162$MPa；前者分别为后者的 84.7%和 96.4%。说明后者可适当提高混凝土的抗剪强度，并且对提高层间抗渗性有益。

（4）七种不同剪切面的黏聚力大小排序为 N1→N3→N4→N6→N7→N5→N2；在法向应力为 6MPa 时抗剪强度大小排序为 N1→N6→N4→N3→N7→N5→N2。

（5）不论是常态混凝土还是碾压混凝土其浇筑层面都是弱面，与本体混凝土相比，其层面抗剪断强度（还有抗拉强度和抗渗性能指标等）都会下降。

2. 大坝芯样混凝土室内抗剪断试验

为了解该工程大坝的实际层间、层内抗剪断强度指标，在坝体 9 个坝段 4 个浇筑层内钻取了约 100d 龄期的层内、层间混凝土芯样 52 个。

坝体混凝土芯样制备：将 ϕ145mm 的芯样置于方形制样盒内，四周填筑高强度砂浆将其包裹，制成 200mm×200mm×200mm 正方体。同时在其高的 1/2 处预留剪切缝。缝宽约 5mm，缝深 27.5mm，试件的剪切面积为混凝土芯样的实际面积 16 513mm²。

由于同一高程的混凝土浇筑时间比较接近，为提高可比性，因此按同一高程分层内及层间计算混凝土芯样法向应力和剪应力关系，同时也按总的层内、层间计算了两种情况的混凝土层芯样法向应力、剪应力关系（C2、C3），见表 4－66。

表 4－66　某拱坝大坝芯样层面抗剪断参数（剪应力与法向应力关系式）

高程	f'	c'（MPa）	τ（MPa）	高程	f'	c'（MPa）	τ（MPa）
1037～1040 高程层内	1.12	4.49		1037 高程层间	1.16	3.76	
1034～1037 高程层内	0.94	5.96		1034 高程层间	1.29	4.03	
1031～1037 高程层内	1.01	5.48		1031 高程层间	1.04	5.00	
1028～1031 高程层内	0.89	5.99		1028 高程层间	1.10	4.19	
4 层平均值	0.98	5.48		4 层平均值	1.14	4.25	
4 个浇筑层层内（C2）	1.04	5.18		4 个浇筑层层间（C3）	1.10	4.49	
岩石原位大剪（C1）	1.00	6.00		混凝土与岩石原位大剪（C1）	0.81	3.20	

注　大坝四级配混凝土浇筑层间处理，采用表面凿毛冲洗浇筑 50cm 三级配混凝土的层面处理措施。

为便于分析比较，表 4－66 中列出了初设阶段岩石及岩石与混凝土原位大剪试验值（E1、C1），从以上试验结果分析：

（1）总的来看，层内抗剪断强度值高于层间抗剪断强度，4 层层间之间抗剪断强度值相差比层内之间更大一些，即层间之间抗剪断强度值离散较大，主要受层面的凿毛清洗以及混凝土芯样层间位置的准确性等因素影响。

（2）4 层混凝土层内芯样综合抗剪断强度值（C2）小于室内成型大试件的层内抗剪断强度值（N1）；而 4 层混凝土层间芯样抗剪断强度值（C3）大于室内成型大试件的层间抗剪断强度值（N5），可能与芯样的层间进行了处理，室内成型大试件（N5）而没有进行层面处理有关。

（3）产生上述抗剪断强度值差别的原因主要有层间取样准确位置；骨料最大粒径为150mm，而试件尺寸（ϕ145mm）偏小的影响以及混凝土表面凿毛深度大于预留剪切缝宽度，而出现层间剪切面剪断较多骨料现象。尽管如此，这些试验数据还是反映了大坝坝体混凝土抗剪断强度的基本情况。

3. 大坝芯样和混凝土室内抗剪断试验成果综合分析

（1）通过室内模拟某工程大坝混凝土浇筑工艺成型全级配大试件，以及从该大坝坝体钻取混凝土芯样做抗剪断强度试验，了解了几种不同层间胶结面处理的抗剪断强度。其抗剪断强度不仅同层间胶结面处理方法有关，而且随着法向应力（即层面至坝顶高度）增加而增大。

（2）从 6 种不同层间胶结面处理效果看，层间铺一级配混凝土抗剪断强度较高，表面凿毛冲洗浇二、三级配混凝土、铺砂浆浇四级配混凝土抗剪断强度居中，而表面不凿毛直接浇四级配混凝土抗剪断强度最低，但都远高于混凝土和岩石胶结面的原位大剪试验值。

（3）大坝四级配混凝土浇筑层间处理，采用表面凿毛冲洗浇筑 50mm 三级配混凝土的层面处理措施，从混凝土芯样试验看（尽管芯样直径偏小，试验有一定偏差），其层间处理效果较好，比层面铺砂浆的方法更便于施工。

4.3.3　碾压混凝土层面抗剪断参数的尺寸效应

目前混凝土重力坝设计规范中，是根据剪断面积为 500mm×500mm 的原位抗剪断试验得出的层面抗剪断参数（f'、c'）为代表值进行大坝的稳定分析，而且，对同一工况要进行多组抗剪断试验，得出多组（f'、c'），然后进行统计分析，获得在某一保证率（如 80%）下的抗剪断参数，供设计使用。试验的工作量是一般工程难于承受的，因此研究室内小试件（如 150mm×150mm）的抗剪断参数（f'、c'）和抗剪断面积为 500mm×500mm 的抗剪断参数（f'、c'）的换算关系问题十分必要。另外，大坝的实际抗剪断面积（长度）一般在 50m 以上，为了评价大坝的抗剪断安全度，有必要研究抗剪断参数（f'、c'）的尺寸效应问题。

4.3.3.1　抗剪断参数尺寸效应的试验研究

广西大学于 1998 年 12 月在室外场地浇筑两层碾压混凝土，试验块用材料为龙滩工程拟用材料，配合比采用胶凝材料总量为（75+105）kg/m^3 配比方案，其配合比见表 4-14 的龙滩现场碾压试验 G 工况。

用人工斗车摊铺碾压混凝土，控制层厚 35cm，接着用 YZ12 型液压振动压路机振动碾进行碾压，先无振碾压 2 遍，再有振碾压 6 遍，最后再无振碾压 2 遍。层间间隔时间为 4h 50min。浇筑第一层碾压混凝土时，气温为 15～17℃；浇筑第二层碾压混凝土时，气温为 17～13.5℃。碾压混凝土浇筑后 12h 开始洒水养护，10d 后开始锯缝，用灌水浸泡养护，直至试验。

试件尺寸为 750mm×750mm×300mm、500mm×500mm×300mm、300mm×300mm×300mm，150mm×150mm×200mm，缝深 100mm，人工凿制试块 40 块，进行原位抗剪断试验。采用平推法，推力方向与层面平行，且与碾压机械行驶轨迹成正交。试件在 90～110d 内完成试验，最大正应力为 3MPa。

用最小二乘法对上述 4 种尺寸的试件所得的试验成果进行线性回归分析，得：

试件尺寸为750mm×750mm×300mm时，$f'=1.05$，$c'=1.60$MPa；

试件尺寸为500mm×500mm×300mm时，$f'=1.11$，$c'=1.76$MPa；

试件尺寸为300mm×300mm×300mm时，$f'=1.20$，$c'=1.91$MPa；

试件尺寸为150mm×150mm×200mm时，$f'=1.33$，$c'=2.42$MPa。

将试验得出的不同尺寸的f'、c'值，以500mm×500mm为基准，给出尺寸效应换算系数如下：

尺寸为750mm×750mm时，f'的换算系数为1.06，c'的换算系数为1.10；

尺寸为500mm×500mm时，f'的换算系数为1.00，c'的换算系数为1.00；

尺寸为300mm×300mm时，f'的换算系数为0.92，c'的换算系数为0.92；

尺寸为150mm×150mm时，f'的换算系数为0.83，c'的换算系数为0.73。

临江工程试验得出的剪断面积大小对f'、c'的影响（见表4-40）。以整体和热缝浇筑，90d龄期成果为例。整体浇筑的大试件（300mm×300mm）与小试件（150mm×150mm）的抗剪断参数f'值分别为1.33和1.33，两者相等，而c'值分别为1.75MPa和1.82MPa，后者比前者高4%；而热缝浇筑的大试件与小试件的抗剪断参数f'值分别为1.20和1.25，后者比前者高4%，而c'值分别为1.50MPa和1.50MPa，两者相等；综合抗剪强度来看，小试件比大试件约高2.0%。

4.3.3.2 抗剪断参数尺寸效应的计算分析

抗剪断参数（f'、c'）的大尺寸试块（f'、c'）的尺寸效应换算系数，可以通过非线性有限元分析来计算。这里主要介绍清华大学、武汉水利电力大学和华北水电学院利用虚裂纹模型、钝裂纹带模型、节理单元模型和弹塑性有限元法的（f'、c'）尺寸效应计算结果，这些计算是通过与中南勘测设计研究院在龙滩设计阶段碾压混凝土层面原位抗剪断试验（剪断面积为500mm×500mm）成果进行拟合来进行的。

1. 碾压混凝土沿层面虚裂纹模型的压剪断裂破坏模型

碾压混凝土沿层面的抗剪断试验是属于压剪破坏，其层面特性可用莫尔～库仑准则来描述，即用抗剪断参数（f、c）来反映，压剪破坏是一个渐进发展过程，也就是随着剪应力的不断增大，压剪破坏区域不断向前推进，并且（f、c）不断软化（降低）的过程，直到试块被剪断为止，这一过程可用虚裂纹模型来描述。虚裂纹模型假定剪切裂纹破裂区发生在一个带状区域，并分为真实裂纹区（主裂纹区）、虚裂纹区（断裂过程区）、弹性区（未损伤区）三个区域（见图4-23）。在真实裂纹区内，裂纹面发生过很大的错位，材料已经完全剪断，材料的抗剪强度采用残余强度f_R、c_R来表示；在虚裂纹区内材料正处于剪切破坏的过程中，材料抗剪强度取决于缝面错动位移D，其抗剪断参数数值介于残余强度和未损伤材料的强度之间；在虚裂纹顶端，其错开位移为0，材料刚好为其未损伤的点抗剪断强度参数f_0、c_0。在弹性区内，材料承受的应力超过材料未损伤强度参数f_0、c_0下的莫尔～库仑准则包络线。

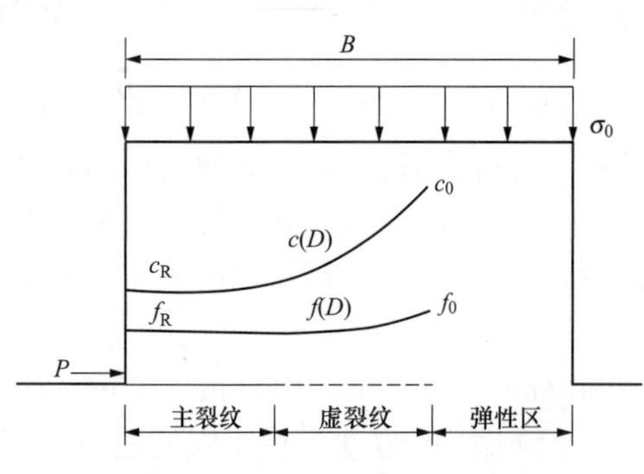

图4-23 碾压混凝土层面压

f_R、c_R—抗剪残余强度；f_0、c_0—抗剪断强度；$f(D)$、$c(D)$—随D变化的抗剪断强度

碾压混凝土层面抗剪断强度可以写为

$$\tau = c\,(D) + f\,(D)\,\sigma_{\mathrm{n}} \tag{4-4}$$

式中　D ——碾压混凝土层面压剪断裂时裂纹面相对剪切（错动）位移；

σ_{n} ——法向压应力。

$f\,(D)$、$c\,(D)$ 是缝面错动位移 D 的函数，该函数具有下列性质：

（1）当压剪断裂开始发生时 $D=0$、$c\,(D)=c_0$、$f\,(D)=f_0$，其中 c_0、f_0 为碾压层面各点无损伤抗剪断强度参数。

（2）当压剪断裂正在过程中时，$D=D_{\mathrm{m}}$、$c\,(D)=c_{\mathrm{m}}$、$f\,(D)=f_{\mathrm{m}}$，其中 c_{m}、f_{m} 为碾压层面各点已部分损伤抗剪断强度参数。

（3）当压剪断裂已完成，即 $D=D_{\mathrm{R}}$ 时、$c\,(D)=c_{\mathrm{R}}$、$f\,(D)=f_{\mathrm{R}}$，其中 D_{R} 为试块已完全剪断的极限剪切位移，c_{R}、f_{R} 为碾压层面各点的残余抗剪强度参数。

图 4－24 中的 $f\,(D)$、$c\,(D)$ 为抗剪断强度参数与裂纹面相对剪切（错动）位移的关系，称为剪切断裂参数软化曲线或抗剪断强度软化曲线，它可以概化为单折线型、双折线型或曲线型，为了简单又能真实反映材料特性，取双折线型作为分析的概化模型。双折线型虚裂纹模型黏聚力 c 与剪切（错动）位移 D 的关系以及摩擦系数 f 与剪切（错动）位移 D 的关系可以用图 4－24 来表示。即：

$$c = c_1 + k_c D \qquad f = f_1 + k_f D \tag{4-5}$$

式中　D ——剪切（错动）位移；

c ——黏聚力；

f ——摩擦系数；

c_1、f_1、k_c、k_f ——系数。

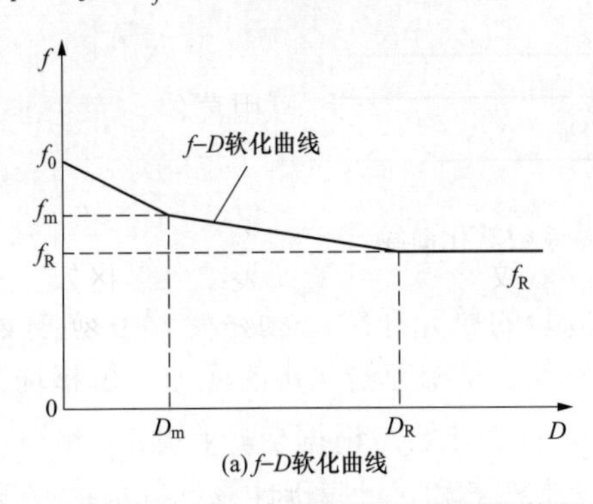

(a) f–D软化曲线

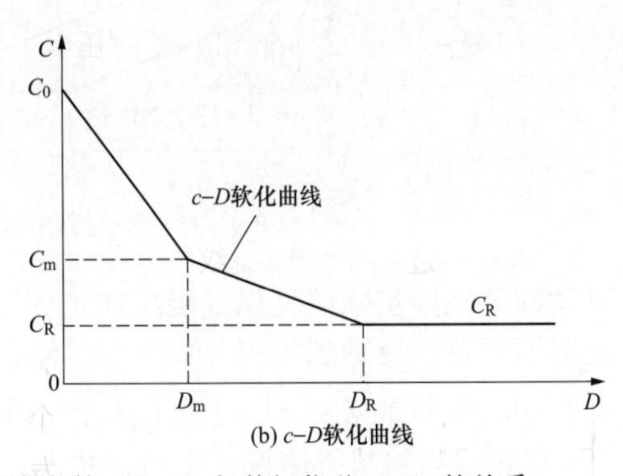

(b) c–D软化曲线

图 4－24　碾压混凝土层面抗剪断强度参数（f、c）与剪切位移（D）的关系

c、f 根据 D 取值按如下方法确定。

当 $0 \leqslant D \leqslant D_{\mathrm{m}}$ 时，则

$$c_1 = c_0 \quad ; \qquad k_{\mathrm{c}} = \frac{c_{\mathrm{m}} - c_0}{D_{\mathrm{m}}}$$

$$f_1 = f_0 \quad ; \qquad k_{\mathrm{f}} = \frac{f_{\mathrm{m}} - f_0}{D_{\mathrm{m}}}$$

当 $D_{\mathrm{m}} \leqslant D \leqslant D_{\mathrm{R}}$ 时，则

$$c_1=\frac{c_{\mathrm{R}}D_{\mathrm{m}}-c_{\mathrm{m}}D_{\mathrm{R}}}{D_{\mathrm{m}}-D_{\mathrm{R}}}\quad;\qquad k_c=\frac{c_{\mathrm{m}}-c_{\mathrm{R}}}{D_{\mathrm{m}}-D_{\mathrm{R}}}$$

$$f_1=\frac{f_{\mathrm{R}}D_{\mathrm{m}}-f_{\mathrm{m}}D_{\mathrm{R}}}{D_{\mathrm{m}}-D_{\mathrm{R}}}\quad;\qquad k_f=\frac{f_{\mathrm{m}}-f_{\mathrm{R}}}{D_{\mathrm{m}}-D_{\mathrm{R}}}$$

当 $D_{\mathrm{R}}<D$ 时，则

$$c_1=c_{\mathrm{R}}\quad;\qquad k_c=0$$

$$f_1=f_{\mathrm{R}}\quad;\qquad k_f=0$$

式中　D_{m}——出现损伤时的位移；

c_{m}、f_{m}——已损伤的抗剪断参数。

对于混凝土坝，在正常情况下，结构承受设计荷载时往往具有相当的安全度，通常难以发生开裂和破坏情况。人们往往关心在设计情况下，材料的强度是否有足够的储备系数，因此可保持外荷载不变，始终为设计荷载，从而反算裂纹开裂过程与强度储备系数的关系，其意义是坝体材料强度储备系数为 ς 时，在正常荷载下裂纹的开裂深度及相应的应力和位移场。

在计算开裂过程与坝体强度储备系数的关系过程中，对应开裂过程的每个时刻，坝体材料的强度储备系数都不同，即材料所需的 f、c 值不同。在此假定材料抗剪断参数 f 和 c 的软化曲线总是相似的，比如黏聚力 c 的软化曲线如图 4-25 所示。由 $(m=i,\cdots,i+j)$、c_{m}、c_{R} 组成的材料的实际软化曲线，如果强度储备系数为 ς，则相应的软化曲线由 c_0/ς、c_{m}/ς、c_{R}/ς 组成。

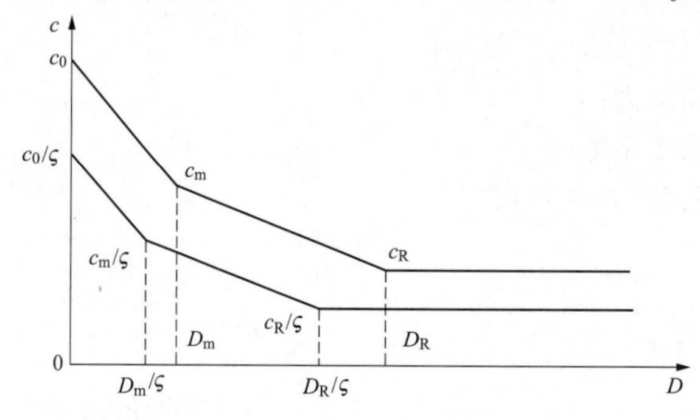

图 4-25　不同强度储备系数软化曲线

计算过程可根据实际情况规定裂纹首先从最危险的单元开裂，裂纹按步骤由当前步的最危险单元逐渐开裂，反算到相应各步的强度储备系数 ς 及相应的此步的应力、位移场。

对于剪切断裂参数 f 和 c，也可以从计算的标准值开始，根据变异系数 V_{sf} 和 V_{sc} 不相同的特点，采用提高材料强度保证率的方法，分别计算 f 和 c 对应于计算标准值的强度储备系数 ς_f 和 ς_c。

2. 抗剪断参数（f 和 c）的尺寸效应计算分析

用虚裂纹边界元方法解这个非线性虚裂纹模型是只在一个界面上考虑应力软化问题，因而用这种方法解这个非线性断裂的裂纹扩展时，只需向前增加单元，不需改变原来网格，也没有单元的宽度效应。对于现场或室内抗剪断试验，通常是不断地增加试件的某组荷载，直至试件完全破坏，这个过程可由开裂过程反算外荷的方法来模拟，根据试验获得的抗剪断试验 $\tau\sim u$（剪应力～水平应力）全过程曲线来反算断裂参数（f_0、c_0 等）。对于实际工程，可保持外荷载不变（始终为设计荷载），反算裂纹开裂过程与强度储备系数的关系来模拟。可

根据这些参数计算大坝裂缝开展过程和强度储备系数。

用虚裂纹模型，对龙滩工程现场原位抗剪断试验过程进行数值模拟。选取E、F工况现场试验获得的8组（每组4块试件）$\tau \sim u$ 曲线作为比较的依据。计算时，通过改变抗剪断参数 f_0、c_0、f_m、c_m、D_m、D_R（f_R、c_R 取实验得到的残余强度值），使得到的计算曲线和实验曲线有比较满意的吻合为止，如图4-26所示。计算得出的断裂参数及其软化过程曲线见图4-27和表4-67。

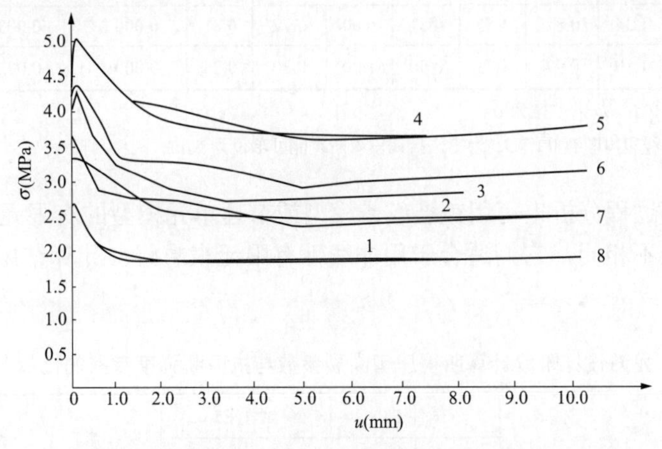

图4-26　龙滩设计阶段碾压混凝土原位抗剪断试验F工况F6试块 $\tau-u$ 曲线

（试验值与虚裂纹模型计算值的 $\tau-u$ 全过程曲线的比较）

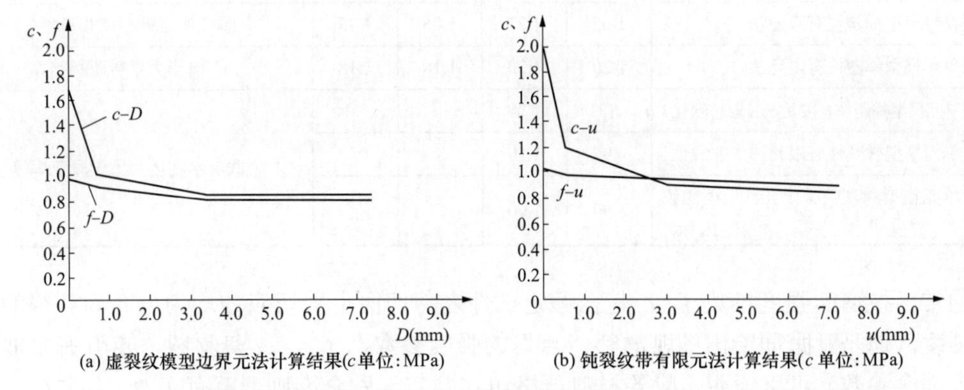

(a) 虚裂纹模型边界元法计算结果(c单位：MPa)　　(b) 钝裂纹带有限元法计算结果(c单位：MPa)

图4-27　龙滩设计阶段碾压混凝土原位抗剪断试验E工况 f 和 c 平均软化曲线

表4-67　龙滩设计阶段原位抗剪断试验断裂参数反分析结果

（虚裂纹模型边界元法计算结果）

类别	试件组号	实验抗剪断参数		数值反分析剪切断裂参数									
		f'	c'	f_0	c_0	f_m	c_m	f_R	c_R	D_m	D_R	G_{F1}	G_{F2}
	F2	0.93	1.70	0.93	1.95	0.92	1.20	0.89	0.65	0.000 8	0.004 5		
	F3	1.14	1.54	1.15	1.80	1.10	0.80	0.87	0.67	0.000 8	0.004 5		
F组	F4	1.00	1.80	1.00	2.00	0.90	1.30	0.73	1.10	0.000 8	0.004 5	580	460
	F5	0.91	2.23	0.91	2.50	0.85	1.70	0.68	1.27	0.000 8	0.004 5		
	平均	1.00	1.82	1.00	2.06	0.94	1.25	0.79	0.92	0.000 8	0.004 5		

续表

类别	试件组号	实验抗剪断参数		数值反分析剪切断裂参数									
		f'	c'	f_0	c_0	f_m	c_m	f_R	c_R	D_m	D_R	G_{F1}	G_{F2}
E组	E2	1.05	1.76	1.05	2.00	1.00	1.40	0.91	1.04	0.000 8	0.004 5	450	230
	E3	0.90	1.68	0.90	1.90	0.88	0.80	0.86	0.70	0.000 8	0.003 0		
	E4	1.07	1.19	1.07	1.40	0.90	0.90	0.71	0.81	0.000 8	0.003 0		
	E5	0.82	1.34	0.82	1.55	0.81	0.90	0.72	0.81	0.000 8	0.003 0		
	平均	0.97	1.50	0.97	1.71	0.90	1.00	0.80	0.84	0.000 8	0.003 4		

注 1. c 的单位为MPa；D 的单位为m；

2. G_{F1} 为第一折线段内断裂能，G_{F2} 为第二折线段内断裂能，单位为N/m。

压剪断裂破坏过程分析也可用钝裂纹带模型或节理单元模型的有限元方法来模拟，这两种模型采用的理论不相同，它们适合于用非线性有限元来求解。计算结果见图4-27（b）和表4-68。

表4-68　　龙滩设计阶段计算所得压剪断裂参数与抗剪断强度参数的比值

计算模型与计算方法	试件F3		试件E5		完成人
	f_0/f'	c_0/c'	f_0/f'	c_0/c'	
虚裂纹模型边界元法	1.01	1.16	1.00	1.13	清华大学刘光廷等
钝裂纹带模型弹塑性有限元法	1.05	1.27	1.05	1.25	华北水电站学院张镜剑等
夹层单元模型弹塑性有限元法	1.20	1.20	1.18	1.18	清华大学曾昭扬等
节理单元模型弹塑性有限元法（理想软化）	1.131	1.88			武汉水利电力大学段亚辉等
节理单元模型弹塑性有限元法（非线性）	0.95	1.50			
节理单元模型弹塑性有限元法（理想弹塑性）	1.00	1.00			

通常，抗剪断强度参数 f、c 是在假定试件之剪切面上剪切应力均匀分布而获得的断面平均强度。但是，上面给出的是材料“点”的强度参数，f_R、c_R 是材料“点”完全剪断后的残余强度参数。可以证明，只要材料严格遵守摩尔～库仑准则，就有 $f_0>f'>f_R$，$c_0>c'>c_R$。

从图4-27可以看出，材料软化曲线 $f-D$ 变化较小，在第一折线段内，f 几乎不变，且与 f' 几乎相等；而软化曲线 $c-D$ 变化很大，而且主要是在第一折线段内降低，这说明材料压剪破坏主要是黏聚力 c 的丧失，而且大部分是在剪切断裂的前期失去的。虚裂纹模型，边界元法的计算结果是 f_0 与 f' 大致相等，c_0 比 c' 约大15%，f_m 是 f' 的90%～95%，c_m 是 c' 的60～70%，f_R 是 f' 的75%～80%，c_R 是 c' 的50%～60%。钝裂纹带非线性有限元法的计算结果是 f_0 比 f' 大4%～7%，c_0 比 c' 大23%；f_m 比 f' 大2%，c_m 比 c' 小30%；f_R 是 f' 的82%，c_R 约是 c' 的49%。表4-68给出了用不同模型计算获得的“点”抗剪断强度参数（压裂参数）f'、c' 与试件平均抗剪断强度参数（通常称抗剪断参数）f'、c' 的比值 f_0/f'、c_0/c'。

由表4-68可见，多种计算方法所得的压裂参数都大于抗剪断强度参数，f_0/f' 的变化在 0.95～1.2 之间，c_0/c' 的变化在 1.00～1.88 之间，f_0/f' 变化小一些，c_0/c' 变化大一些；不同的模型计算的结果都有一定的差别，有的差别还较大。同时，即使采用同一模型计算条件的变化也会使计算结果发生某些变化。实际上，“点”抗剪断强度，是反映材料在某点的抗剪断能力，不应受计算方法和条件的影响。因此，点抗剪断强度计算值得进一步研究与完善。

3. 抗剪断参数的尺寸效应计算分析

抗剪断强度参数 f'、c' 是在标准加载和标准试件尺寸下获得的材料在剪断面上的宏观平均意义下抗剪断强度参数。那么各种因素变化（如试件尺寸变化）时，剪断面上这种宏观的平均效果也会变化。现以上面及分析获得的现场原位抗剪断 F6 组和 F2 组的非线性断裂参数（f_0、c_0、f_m、c_m、D_m、D_R、f_R、c_R）为例，在参数和受载情况完全一致且试件完全相似的情况下，取抗剪断面尺寸（试件长度）分别为 0.5m、2.5m、5.0m、25.0m、50.0m，用虚裂纹模型的边界元法和钝裂纹带有限元法进行了剪切断裂渐进过程分析，并得到了各个尺寸试件在正应力分别为 0.75MPa、1.5MPa、2.25MPa 和 3.0MPa 时的峰值荷载和 f'、c'，见表 4－69。由此可以看出，随试件尺寸增大，试件能承受的剪切荷载降低，相应的 f'、c' 也相应降低。当试件长度由 0.5m 增至 50m 时，虚裂纹模型计算结果是 f' 降低了 18%，c' 降低了 34%；钝裂纹带模型计算结果是 f' 降低了 3%，c' 降低了 47%；夹层单元模型计算结果是当试件长度由 0.5m 增至 13m 时，f' 降低了 42%，c' 降低了 42%。可见不同模型计算结果相差较大。

表 4－69　龙滩设计阶段试件尺寸对抗剪断参数 f'、c' 的影响

试件	分析方法	试件长度（m）	各种正应力下的峰值强度（MPa）				抗剪断参数		以 0.5m 的比值试件为准（%）	
			3.0	2.25	1.5	0.75	f'	c'（MPa）	f'	c'（MPa）
F6	现场试验	0.5	5.06	4.25	3.40	3.06	0.91	2.23	100	100
	虚裂纹模型	0.5	5.09	4.40	3.62	2.90	0.91	2.23	100	100
		2.5	4.67	4.04	3.25	2.55	0.91	1.90	100	85
		5.0	4.40	3.69	3.08	2.29	0.90	1.70	99	76
		25.0	3.90	3.31	2.70	2.11	0.82	1.50	90	67
		50.0	3.66	3.10	3.55	1.99	0.75	1.48	82	66
F2	现场试验	0.5	4.47	3.90	2.96	2.45	0.93	1.70	100	100
	钝裂纹带模型	0.5	4.46	3.83	3.12	2.38	0.93	1.70	100	100
		2.5	4.21	3.47	2.82	2.10	0.92	1.42	99	84
		5.0	3.95	3.24	2.56	1.91	0.915	1.21	98	71
		50.0	3.60	2.95	2.28	1.55	0.902	0.90	97	53

注　F6 表示现场试验编号，虚裂纹模型计算采用对 F6 反分析获得的断裂参数。

F2 表示现场试验编号，钝裂纹模型计算采用对 F2 反分析获得的断裂参数。

上述计算结果与试件拉压强度随试件尺寸的增大而降低，具有共同的规律，也与强度统计理论的概念相符。

4.3.4 碾压混凝土层面抗剪断参数的综合分析

4.3.4.1 碾压混凝土层面抗剪断参数统计分析

1. 现场原位抗剪断试验成果统计分析

碾压混凝土层面的抗剪断强度尤其是黏聚力与层间间歇时间和层面处理方式密切相关，胶凝材料的贫、富对层面抗剪断强度影响也较大。按照混凝土强度等级、层间间歇时间和层面处理方式分类，对龙滩、光照、大朝山等工程的碾压混凝土层面原位直剪试验的抗剪断强度进行了统计，见表4－70。

表4－70　碾压混凝土层面抗剪断参数统计表

类别名称	混凝土强度等级	抗剪断参数综合均值		抗剪断参数均值范围	
		f'	c'（MPa）	f'	c'（MPa）
碾压混凝土（层面黏结）	C_d10	1.12	1.17	1.12	1.17
	C_d15	1.24	1.45	1.10～1.47	0.99～1.88
	C_d20	1.34	1.93	1.28～1.42	1.50～2.42
	C_d25	1.43	2.07	1.38～1.50	1.19～2.56

注　碾压混凝土参数为180d龄期的抗剪断强度；连续上升层面的层间间歇时间在直接铺筑允许间歇时间之内，超过直接铺筑允许间歇时间的层面按冷缝处理。

总体而言，混凝土强度高，层面抗剪断强度也高：$C_{90}20$和$C_{90}25$的混凝土，抗剪断参数的平均值$f'=1.39$，$c'=2.00$MPa，$C_{90}10$和$C_{90}15$的混凝土抗剪断参数的平均值$f'=1.18$，$c'=1.31$MPa，前者分别是后者的118%和153%，强度对c'的影响更大一些。

2. 室内抗剪断成果分析

满足上面统计要求的室内抗剪断成果比较少，且只有龙滩、光照90d龄期的成果共24组，层面不处理（热缝）时，$C_{90}20$和$C_{90}25$混凝土抗剪断参数$f'=1.404$，$c'=2.256$MPa，$C_{90}10$和$C_{90}15$混凝土$f'=1.404$，$c'=2.07$MPa，两者平均值为$f'=1.404$，$c'=2.15$MPa。现场原位抗剪断参数90d龄期两者平均值$f'=1.225$，$c'=1.71$MPa，前者分别是后者的115%和126%。说明室内层面抗剪断较现场高。

3. 大坝芯样抗剪断成果分析

由于芯样的特性，所有工程碾压混凝土芯样合在一起统计，根据对龙滩、江垭、普定、棉花滩等8个工程36组大坝芯样抗剪断成果的统计，得$f'=1.312$，$c'=2.803$MPa，离差系数$C_{v,f'}=0.167$，$C_{v,c'}=0.382$。大坝芯样抗剪断成果与现场和室内试验成果的比较：大坝芯样的f'较现场和室内试验比较接近，c'则较大；$C_{v,f'}$接近，$C_{v,c'}$较大。

4. 碾压混凝土抗剪断参数的C_v值的选取

取原位和芯样抗剪断试验所得到的C_v值的平均值，即取$C_{v,f'}=0.15$，$C_{v,c'}=0.33$。考虑已进行的试验的局限性以及工程的重要性，初步设计时，可取$C_{v,f'}=0.15$～0.20；$C_{v,c'}=0.30$～0.35。

4.3.4.2 碾压混凝土层面抗剪断参数尺寸效应

根据试验和计算分析，初步提出碾压混凝土层面抗剪断参数尺寸效应的换算系数，见表4－71。

表 4－71　　碾压混凝土层面抗剪断参数尺寸效应的换算系数

试件剪断面尺寸（mm）	换算系数		试件剪断面尺寸（mm）	换算系数	
	f'	c'		f'	c'
750×750	1.06	1.10	300×300	0.92	0.92
500×500	1.00	1.00	150×150	0.83	0.73

4.4　层面对全级配碾压混凝土性能影响

层面对全级配碾压混凝土性能影响的研究成果较少，本节主要介绍龙滩坝碾压混凝土层面对全级配碾压混凝土性能影响的试验结果。

4.4.1　层面对抗压强度的影响

掺加珞璜Ⅰ级和凯里Ⅱ级两种粉煤灰的全级配碾压混凝土，试件尺寸为 300mm×300mm×300mm 立方体，层面间歇时间为 6h。抗压强度试验时施力方向与层面平行。龙滩坝碾压混凝土抗压强度层面影响系数试验结果见表 4－72。

表 4－72　　龙滩坝碾压混凝土抗压强度层面影响系数试验结果

粉煤灰种类		珞璜Ⅰ		凯里Ⅱ	
工况		无层面（D_1）	有层面（D_2）	无层面（D_1）	有层面（D_2）
抗压强度（MPa）	28d	25.4	23.1	27.8	25.6
	90d	35.6	32.9	41.2	37.8
	180d	40.7	37.5	42.7	40.5
	365d	42.6	39.7	44.0	42.4
层面影响系数 $\left(\frac{D_2}{D_1}\right)$	28d	0.91		0.92	
	90d	0.92		0.92	
	180d	0.92		0.95	
	365d	0.93		0.96	
	平均值	0.92		0.93	

由于立方体试件受压端面约束，试件破坏呈锥形。试件中部留下一个未完全破坏的锥形体，而层面就在锥形体内，层面影响系数为 0.93。与碾压混凝土本体相比，含层面碾压混凝土抗压强度降低 7%。

4.4.2　层面对轴向抗拉强度的影响

试件尺寸为ϕ300mm×900mm 圆柱体，层面间歇时间为 6h。两种粉煤灰的全级配碾压混凝土，层面对轴向抗拉强度影响系数试验结果见表4－73。

表4－73　龙滩坝碾压混凝土层面对轴向抗拉强度影响系数试验结果

粉煤灰种类		珞璜Ⅰ		凯里Ⅱ	
工况		无层面（D_1）	有层面（D_2）	无层面（D_1）	有层面（D_2）
轴向抗拉强度（MPa）	28d	1.87	1.53	1.78	1.43
	90d	2.25	1.84	2.35	1.95
	180d	2.79	2.63	2.82	2.59
层面影响系数 $\left(\frac{D_2}{D_1}\right)$	28d	0.82		0.80	
	90d	0.82		0.83	
	180d	0.94		0.92	
	平均值	0.86		0.85	

层面外露时间对含层面碾压混凝土轴向抗拉强度有显著性影响。层面间歇时间为6h，层面影响系数为0.85；含层面碾压混凝土轴向抗拉强度比本体降低15%。这也是龙滩坝施工、设计允许的连续浇筑层面间隔时间。随着龄期增长，层面影响系数也有增加。

4.4.3　层面对压缩弹性模量的影响

试件尺寸为ϕ300mm×600mm圆柱体，层面间歇时间为6h。两种粉煤灰的全级配碾压混凝土，层面对压缩弹性模量的影响系数试验结果见表4－74。

表4－74　龙滩坝碾压混凝土层面对压缩弹性模量的影响系数试验结果

粉煤灰种类		珞璜Ⅰ		凯里Ⅱ	
工况		无层面（D_1）	有层面（D_2）	无层面（D_1）	有层面（D_2）
压缩弹性模量（GPa）	28d	37.7	37.1	35.4	35.2
	90d	43.2	42.5	42.1	41.9
	180d	45.5	44.9	43.2	43.0
层面影响系数 $\left(\frac{D_2}{D_1}\right)$	28d	0.98		0.99	
	90d	0.98		1.0	
	180d	0.99		1.0	
	平均值	0.983		0.997	

弹性模量试验施荷方向垂直于层面，且试验加荷只有破坏荷载的40%，处于弹性阶段，层面影响尚难显现。因此，层面影响系数接近于1.0，可视为层面对压缩弹性模量无影响。

4.4.4 层面对极限拉伸的影响

两种粉煤灰的全级配碾压混凝土层面间歇时间 6h，极限拉伸层面影响系数试验结果见表 4－75。

表 4－75　　龙滩坝碾压混凝土极限拉伸层面影响系数试验结果

粉煤灰种类		珞璜Ⅰ		凯里Ⅱ	
工况		无层面（D_1）	有层面（D_2）	无层面（D_1）	有层面（D_2）
极限拉伸（$\times 10^{-6}$）	28d	63	47	59	46
	90d	76	64	73	66
	180d	85	78	83	78
层面影响系数 $\left(\frac{D_2}{D_1}\right)$	28d	0.75		0.78	
	90d	0.84		0.90	
	180d	0.92		0.94	
	平均值	0.84		0.87	

碾压混凝土极限拉伸层面影响系数与轴向抗拉强度相当，约为 0.85。

4.4.5 层面对抗渗透耐久性的影响

1. 抗渗等级比较

两种粉煤灰的全级配碾压混凝土，含层面和本体试件进行抗渗等级比较，试件尺寸为 300mm×300mm×300mm 立方体，龄期 90d 后进行压水试验，持荷 30d 含层面碾压混凝土出现渗水，而碾压混凝土本体试件没有渗水。劈开试件观察，渗水高度只有 50mm，约为试件高度的 1/6，显然层面对碾压混凝土抗渗透性有明显影响。

2. 含层面碾压混凝土的渗透系数

含层面两种粉煤灰的全级配碾压混凝土，加水压至 4MPa，持荷 30d 出现渗水，其累积渗出水量过程线见图 4－28 和图 4－29。直线的斜率为通过孔隙的渗流量 Q，珞璜粉煤灰的全级配碾压混凝土渗流量 Q=0.113 2g/h；凯里粉煤灰的全级配碾压混凝土渗流量 Q=0.083 1g/h。含层面碾压混凝土的渗透系数见表 4－76。

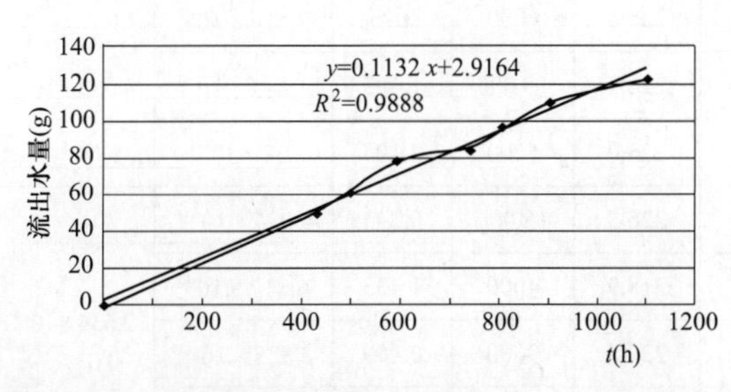

图 4－28　珞璜有层面大试件累积流出水量过程线

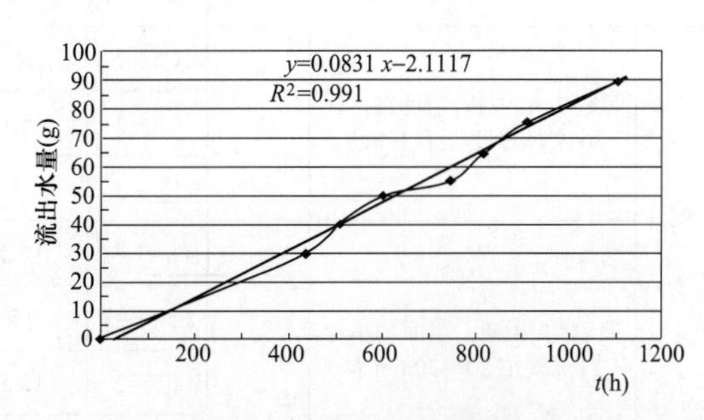

图 4－29　凯里有层面大试件累积流出水量过程线

表 4-76　　含层面碾压混凝土的渗透系数

粉煤灰种类	计算参数				渗透系数（cm/s）
	厚度 L（cm）	面积 F（cm^2）	水头 H（cm）	渗流量 Q（ml/s）	
珞璜Ⅰ级	30	900	40 000	3.14×10^{-5}	2.62×10^{-11}
凯里Ⅱ级	30	900	40 000	2.3×10^{-5}	1.92×10^{-11}

表 4-76 表明，龙滩坝层面间歇时间为 6h，含层面的全级配碾压混凝土渗透系数达 10^{-11}cm/s 量级，其抗渗透性能是相当高的。

3. 现场芯样渗透系数检测

现场试验碾压混凝土配合比见表 4-14。钻取芯样切割成 150mm 立方体试件，测定其渗透系数。含层面芯样及中断层面处理后的芯样渗透系数测定结果见表 4-77。

表 4-77　　含层面芯样及中断层面处理后的芯样渗透系数测定结果

现场试验	工况	配合比	芯样编号	计算参数				渗透系数（cm/s）	平均值（cm/s）
				厚度 L（cm）	面积 A（cm^2）	水头 H（cm）	渗流量（ml/s）		
第三次	连续浇筑层面间歇 5.0h	I	I-1	15	235.6	26 000	0.470 4	3.199×10^{-10}	3.105×10^{-10}
			I-2	15.4	229.5		1.224 6	8.229×10^{-10}	
			I-3	15.3	232.5		0.161 2	1.133×10^{-10}	
			I-4	15.7	229.5		0.343 6	2.511×10^{-10}	
			I-5	15	232.5		0.142 3	0.981×10^{-10}	
			I-6	14.7	231.0		0.298	2.025×10^{-10}	
	连续浇筑层面间歇 4.5h	G	G-1	15.2	232.6		0.880 9	6.151×10^{-10}	6.555×10^{-10}
			G-2	15.3	218.9		0.216 6	1.617×10^{-10}	
			G-3	15.1	219.0		0.335 8	2.473×10^{-10}	
			G-4	15	225.0		1.611 1	11.475×10^{-10}	
			G-5	14.6	225.0		1.311 1	9.089×10^{-10}	
			G-6	14.5	225.0		1.238 6	8.527×10^{-10}	
第二次	间歇 7.5h 中断，层面铺水泥砂浆，厚度小于 10mm	C	C8-1	15	225.0	7000	0.95	2.516×10^{-9}	4.053×10^{-9}
			C8-2	15.1	226.5	15 000	1.493	1.844×10^{-9}	
			C8-3	15	225.0	5000	2.105	7.8×10^{-9}	
	间歇 7h 中断，层面铺小骨料混凝土 20～30mm 厚	F	F5-1-1	14.3	226.5	15 000	0.345	4.034×10^{-10}	2.534×10^{-9}
			F5-1-3	15	218.9	4000	1.433	6.817×10^{-9}	
			F5-2	15.5	229.5	9000	0.409	8.525×10^{-10}	
			F5-3	15.3	228.0	4000	0.443	2.064×10^{-9}	

表 4－77 渗透系数测定结果表明：含层面碾压混凝土芯样，层面间隔时间不超过 6h，渗透系数均低于 1×10^{-9}cm/s；层面间歇时间超过 6h，应该中断浇筑，对层面铺 10mm 厚水泥砂浆或 20～30mm 小骨料混凝土，然后接着浇筑上层碾压混凝土，使层面渗透系数达到 10^{-9}cm/s 量级，以满足坝高 200m 级重力坝设计对渗透系数要求的指标。

参 考 文 献

[1] 冯立生．碾压混凝土的层面允许暴露时间［J］．武汉水利电力大学学报，1995，(5)：500－505．

[2] 王述银，等．龙滩碾压混凝土层间结合质量控制标准研究［C］//第五碾压混凝土坝国际研讨会论文集，2007 年 11 月，贵阳，中国．

[3] 姜荣梅，覃理利，李家健．龙滩大坝碾压混凝土层间结合质量识别标准［J］．水力发电，2005，31(4)：53－56．

[4] 姜福田．碾压混凝土坝现场层间允许间隔时间测定方法的研究［J］．水力发电，2008，34(2)：74－77．

[5] 宋拥军，肖亮达．改善碾压混凝土坝层间结合性能的主要措施［J］．湖北水力发电，2008，(1)：37－40．

[6] 陈改新，姜福田，纪国晋，等．碾压混凝土筑坝材料研究［C］//中国碾压混凝土坝 20 年，2006 年 5 月，广西，中国．

[7] 姜福田．碾压混凝土［M］．北京：中国铁道出版社，1991．

[8] 方坤河．碾压混凝土材料、结构与性能［M］．武汉：武汉大学出版社，2004．

[9] 杨华全，任旭华．碾压混凝土的层面结合与渗流［M］．北京：中国水利水电出版社，1999．

[10] 姜福田．碾压混凝土坝的层面与影响［J］．水利水电技术，2008，39(2)：19－21．

[11] 涂传林，孙君森，周建平，等．龙滩碾压混凝土重力坝结构设计与施工方法研究专题总报告［R］．1995 年 10 月．

[12] 林长农，金双全，涂传林，等．碾压混凝土的性能研究［R］．中南勘测设计研究院，1999 年 12 月．

[13] 方国建，等．龙滩水电站大坝工程 LT/C－Ⅲ标第一次碾压混凝土工艺性试验报告［R］．龙滩水电站七八葛联营体，2004 年 10 月．

[14] 方国建，等．龙滩水电站大坝工程 T/C－Ⅲ标第二次碾压混凝土工艺性试验报告［R］．龙滩水电站七八葛联营体，2004 年 10 月．

[15] 涂传林，王光纶，黄松梅，等．龙滩碾压混凝土芯样试件特性试验研究［J］．红水河，1998，17(3)：1－4．

[16] 肖开涛，王述银，等．龙滩碾压混凝土芯样性能试验研究［C］//中国碾压混凝土坝 20 年，2006 年 5 月，广西，中国．

[17] 杨康宁．江垭大坝坝体碾压混凝土钻孔测试［J］．水力发电，1999，(7)：28－31．

[18] 许剑华，黄开信，钟宝全，任荣．棉花滩水电站大坝第一枯水期碾压混凝土取芯试验［J］．水利水电技术，2000，31(11)：52－55．

[19] 范世平，梁怀文．汾河二库大坝碾压混凝土芯样试验成果分析［J］．山西水利科技，2001，(11 增刊)：15－16．

[20] 张小明．汾河二库碾压混凝土坝钻孔取芯和压水试验检测［J］．水电站设计，2002，18(4)：88－90．

[21] 郑国和，范世平．汾河二库碾压混凝土钻孔取芯和压水试验成果及分析［J］．水利水电技术，1999，

30（6）：58－60.

［22］韩晋潭，唐怀珠．皂市大坝主体工程 RCC 现场试验成果浅析［J］．水利水电快报，2007，28（8）：11－15，27.

［23］夏东海，陈俊．碾压混凝土钻孔取芯施工技术探讨［J］．葛洲坝集团科技，2007，（1）：58－60.

［24］涂传林，金双全，陆忠明．龙滩碾压混凝土性能研究［J］．水利学报，1999，（4）：65－69.

［25］林长农，金双全，涂传林，成方，等．碾压混凝土层面强度特性试验研究［J］．红水河，2000，19，（3）：9－13.

［26］林长农，涂传林，李双艳．高掺量粉煤灰碾压混凝土层面抗裂性能研究［J］．粉煤灰 2006，（4）：28－30.

［27］张建文，文家海，申茂夏．龙滩水电站碾压混凝土重力坝施工与管理［M］．北京：中国水利水电出版社，2007.

［28］简政，黄松梅，涂传林，隆开沂．碾压混凝土层面断裂试验研究［J］．西安理工大学学报，1997，13（2）：129－134.

［29］冯立生．碾压混凝土压实厚度对层面结合质量的影响［J］．红水河，2002，21，（4）：17－19.

［30］肖焕雄，卢文波，胡志根，等．龙滩碾压混凝土重力坝层面处理措施研究［J］．红水河，2002，21（4）：26－29，37.

［31］孙恭尧，林鸿镁，等．高碾压混凝土重力坝设计方法的研究专题研究报告［R］．中南勘测设计研究院，2000 年 10 月.

［32］成方，安冬英，林长农，等．碾压混凝土层面极限拉伸试验研究［J］．红水河，2001，20（2）：62－64，73.

［33］张楚汉，等．碾压混凝土在单轴受压状态下静动力力学性能的试验研究［R］．清华大学水利系，1994 年 12 月.

［34］张楚汉，等．碾压混凝土在单轴拉伸下的全过程曲线试验研究［R］．清华大学水利系，1993 年 11 月.

［35］邬钢，等．龙滩坝体碾压混凝土声波检测资料的统计分析［C］//中国碾压混凝土坝 20 年，2006 年 5 月，广西，中国.

［36］林森．光照水电站大坝碾压混凝土钻孔取芯和压水试验检测［J］．贵州水力发电，2008，22（5）：78－81.

［37］谭建军，等．光照水电站碾压混凝土材料特性研究［C］//第五碾压混凝土坝国际研讨会论文集，2007 年 11 月，贵阳，中国.

［38］陈祖荣．光照水电站碾压混凝土高坝快速筑坝技术研究［J］．水利水电施工，2009，（2）：22－26.

［39］覃向学．贵州光照电站大坝碾压混凝土施工质量控制监理措施［J］．科技资讯 2009，（25）：132－132.

［40］郝文旭，雷绍华，王彦宏．金安桥 RCC 大坝斜层碾压混凝土施工工艺研究［J］．四川水力发电，2009，28（4）：91－92，121.

［41］田育功，等．中国碾压混凝土筑坝技术［M］．北京：中国水利水电出版社，2010.

［42］郭世明，黄国庆．大朝山水电站 RCC 施工量控制及评价［J］．水力发电，2001 年，（12）：9－12，67.

［43］汪志福，王传杰，苗嘉生，陈世其．普定水电站碾压混凝土拱坝性态研究［J］．水力发电，1995，（10）：20－25.

[44] 高家训，何金荣，苗嘉生，陈世其．普定碾压混凝土拱坝材料特性研究 [J]．水力发电，1995，(10)：10－14．
[45] 姜福田，蔡继勋，黄家利．岩滩水电站围堰碾压混凝土层间结合问题的研究 [J]．水力发电，1989，(9)：33－37．
[46] 陶洪辉，罗燕，盘春军．岩滩水电站碾压混凝土坝的运行 [J]．中国水利，2007，(21)：44－46．
[47] 蔡继勋，朱敏敏．岩滩大坝 RCC 性能与试验 [J]．广西科学，1994，1 (3)：71－79．
[48] 方坤河，蔡海瑜，等．岩滩水电站围堰少水泥碾压混凝土 5 年龄期性能研究 [J]．水力发电，1996，(12)：54－57．
[49] 张治文，黄云生．岩滩水电站碾压混凝土坝设计与施工 [J]．1993，(2)：26－30．
[50] 黄锦添，蓝文坚，何玉珍．岩滩水电站大坝及围堰高掺粉煤灰碾压混凝土长龄期性能试验与研究 [C] //中国碾压混凝土坝 20 年，2006 年 5 月，广西，中国．
[51] 杨松玲，周守贤，吴丽华．坑口水库坝体碾压混凝土芯样显微结构分析 [C] //中国碾压混凝土坝 20 年，2006 年 5 月，广西，中国．
[52] 涂传林，何积树，陈子山，陈厚池，王良之．龙滩碾压混凝土层面抗剪断试验研究 [J]．红水河 1999，18 (2)：31－34，38．
[53] 王述银，等．龙滩水电站碾压混凝土现场原位层间接触面抗剪强度试验研究总报告 [R]．长江科学院，2005．05．
[54] 孙恭尧，王三一，冯树荣．高碾压混凝土重力坝 [M]．北京：中国电力出版社，2004．
[55] 涂传林，何积树，金庭节，孙君森，周建平．龙滩大坝碾压混凝土现场碾压试验研究 [J]．中南水力发电，1998，(1)：30－35．
[56] 林长农，金双全，涂传林．龙滩有层面碾压混凝土的试验研究 [J]．水力发电学报，2001．(3)：117－129．
[57] 周浪，陈国胜，王晓军．彭水水电站碾压混凝土原位抗剪试验研究 [J]．长江科学院院报，2009，26 (8)：76－79．
[58] 周中贵．混凝土层间胶结面抗剪断特性研究 [J]．水电工程研究，1997，(3)：1－5．
[59] 涂传林．抗剪断参数统计方法的探讨 [J]．水利学报，1998 (增刊)．
[60] 周华章．工业技术应用数理统计学 [M]．北京：人民教育出版社，1960．
[61] 何声武．概率论与数理统计 [M]．北京：经济科学出版社，1992．
[62] 张小蒂．应用回归分析 [M]．杭州：浙江大学出版社，1991．
[63] 潘罗生，等．龙滩碾压混凝土室内外抗剪试验结果对比分析 [C] //第五碾压混凝土坝国际研讨会论文集，2007 年 11 月，贵阳，中国．
[64] 龙件开，王述银．龙滩碾压混凝土芯样与机口取样性能参数的比较分析 [C] //第五碾压混凝土坝国际研讨会论文集，2007 年 11 月，贵阳，中国．
[65] 周建平，等．重力坝设计 20 年 [M]．北京：中国水利水电出版社，2008．
[66] 金双全，林长农，黄东霞，何祖湘，涂传林．有层面碾压混凝土抗剪断特性试验研究 [J]．红水河，2001，20 (3)：6－13．
[67] 韩晓凤，张仲卿．试件尺寸对碾压混凝土层面抗剪断强度的影响 [J]．人民长江，2002，33 (7)：47－48．
[68] 甘艳华，等．龙滩碾压混凝土原位层面抗剪强度试验研究 [C] //第五碾压混凝土坝国际研讨会论文

集，2007年11月，贵阳，中国.
[69] 姜荣梅，冯炜. 层面与尺寸效应对全级配碾压混凝土力学性能的影响 [J]. 水力发电，2007，33（4）：20-22.
[70] 曾正宾，等. 光照水电站碾压混凝土层面抗剪断特性研究 [C] //第五届碾压混凝土坝国际研讨会论文集，2007年11月，贵阳，中国.
[71] 林森. 光照水电站大坝碾压混凝土钻孔取芯和压水试验检测 [J]. 贵州水力发电，2008，22（5）：78-81.
[72] 湖南水利水电勘测设计研究院. 江垭全断面碾压混凝土重力坝结构设计与筑坝材料特性 [J]. 水利水电技术，2000，31（1）：62-65.
[73] 胡华雄，张如强. 江垭碾压混凝土重力坝结构设计与筑坝材料选择 [J]. 水利水电技术 1995，（7）：5-7.
[74] 马岚，杜志达. 江垭水利枢纽大坝碾压混凝土施工 [J]. 水力发电，1999，（7）：43-45.
[75] 杨立忧，梁维仁，关晓明. 江垭大坝碾压混凝土现场试验 [J]. 水利水电技术，1998，29（2）：39-42.
[76] 周群力. 江垭大坝碾压混凝土芯样抗剪断强度测试研究 [J]. 人民长江，2000，31（3）：37-39.
[77] 周翠云，王良之. 单点法抗剪断强度的试验研究 [J]. 湖南水利，1999，（1）：21-22，35.
[78] 王永开，郝伟，肖承杰，罗钰生. 江垭大坝 RCC 斜层铺筑法施工 [J]. 东北水利水电，1999，（6）：30-33.
[79] 李启雄，董勤俭，毛影秋. 棉花滩碾压混凝土重力坝设计 [J]. 水力发电，2001，（7）：24-27.
[80] 杨槐. 从棉花滩水电站碾压混凝土质量评定谈评定方法 [J]. 华东水电技术，2001，（3）：59-61.
[81] 于忠政，雷兴顺. 大朝山水电站碾压混凝土重力坝设计 [J]. 水力发电，1998，（9）：36-39.
[82] 于忠政，陆采荣. 大朝山水电站碾压混凝土新型 PT 掺合料的研究和应用 [J]. 水力发电 1999，（5）：15-17，25.
[83] 于飞. 大朝山水电站大坝碾压砼层间抗剪强度模拟试验 [J]. 云南水电技术，1999，（3）：16-19.
[84] 曾祥虎，陈勇伦，李婧. 高坝洲工程 RCC 现场试验及其成果 [J]. 水力发电，2002（3）；70-72，74.
[85] 杨富亮. 三峡 3 期围堰碾压混凝土层面抗剪强度试验研究 [J]. 云南水力发电，2008，24（6）：22-24.
[86] 梁维仁，梁晶晶. 皂市水利枢纽工程大坝混凝土钻孔压水检查与取芯检验 [J]. 湖南水利水电，2008，（4）：25-26.
[87] 杨华全，周守贤，邝亚力. 三峡工程碾压混凝土层面结合性能试验研究 [J]. 长江科学院院报，1996，13（4）：28-31，44.
[88] 韩淑琴，杨科元. 大坝碾压混凝土原位抗剪强度试验问题 [J]. 四川水利，1996，（5）：15-18.
[89] 刘晖，吴效红，李国勇，唐力，黄红飞. 彭水碾压混凝土大坝设计 [J]. 人民长江 2006，37（1）：20-21，32.
[90] 张业勤，周浪，蔡胜华. 彭水水电站碾压混凝土原位抗剪试验研究 [J]. 四川水力发电，2008，27（5）：91-94.
[91] 刘芝贵，王海生，蔡胜华. 彭水重力坝 RCC 层间结合强度试验研究 [J]. 水利水电快报，2007，28（14）：26-28.

[92] 王文德，李桂芳，李东升. 临江水电站碾压混凝土坝设计 [J]. 东北水利水电，1990，(7)：2-8.
[93] 杨金莎，梁德平，肖志平. 景洪水电站碾压混凝土施工质量及控制 [J]. 水力发电，2008，34 (4)：22-24.
[94] 罗世厚. 景洪水电站枢纽布置 [J]. 云南水力发电，2001，17 (1)：42-45.
[95] 张湘涛，马经春. 景洪电站双掺料碾压混凝土现场工艺试验[J]. 葛洲坝集团科技，2009，(1)：6-10.
[96] 殷洁. 景洪水电站混凝土掺和料选择试验研究 [J]. 云南水力发电，2005，21 (3)：40-45.
[97] 李迪光，等. 金安桥大坝碾压混凝土芯样及原位抗剪试验 [J]. 水力发电，2011，37 (1)：86-88，91.
[98] 詹候全，王红霞，等. 官地水电站大坝碾压混凝土层间抗剪断强度的试验研究 [J]. 四川水力发电，2017，36 (1)：29-32.
[99] 彭明，李敏. 碾压混凝土筑坝的抗剪特性研究 [J]. 四川水力发电，1999，18 (1)：28-31.
[100] 负燕文. 碾压混凝土高坝抗剪（断）试验研究 [J]. 东北水利水电，1991，(7)：15-21.

第5章

变 态 混 凝 土

5.1 变态混凝土的应用概况

5.1.1 变态混凝土的由来

变态混凝土由中国首创，是指在摊铺完毕未经压实的碾压混凝土中加入适量水泥类浆材，使碾压混凝土中灰浆含量达到低塑性混凝土的浆量水平，然后用插入式振捣器振捣密实，即为碾压混凝土的变态，相应的经加浆振实的碾压混凝土称为变态混凝土。

变态混凝土的应用，带来了以下好处：

（1）拌和楼不用变换混凝土品种，可提高混凝土生产率。

（2）运输工具不需另外安排，可提高运输生产率。

（3）不存在两种混凝土先后施工产生的时间间隔问题，保证混凝土浇筑同步上升，并避免了异种混凝土在结合处产生薄弱面的问题。

（4）变态混凝土的宽度可以相当小，简化了施工工艺，减少了施工干扰，加快了 RCC 施工进度，提高了效率。

5.1.2 变态混凝土的应用概况

1. 变态混凝土在国内工程的应用概况

变态混凝土来源于工程实践。我国在 1989 年岩滩碾压混凝土（RCC）围堰施工中创造了变态混凝土，主要用于贴近模板处不便碾压的部位，其基本原理是在 RCC 摊铺层表面泼洒水泥浆，使该处的 RCC 变成具有坍落度的常态混凝土（VCC），用插入式振捣器振捣密实。这种方法有效解决了 RCC 在模板附近不易碾压的难题。

其后，在荣地、普定、山仔、石漫滩、江垭、大朝山、山口三级、沙牌等碾压混凝土坝中均应用了变态混凝土，并逐步将变态混凝土应用范围扩展至坝体上下游面、岸坡岩基接触带、电梯井、廊道和止水片周边等难以碾压的部位。

早期修建的碾压混凝土坝，除坑口坝采用沥青混凝土外，大部分均在上游面采用 3m 厚的常态混凝土作防渗体。由于施工中出现了碾压混凝土与常态混凝土结合面胶结不良现象，以及两种混凝土的运输方式不同，给施工造成困难。普定碾压混凝土拱坝首次将变态混凝土与二级配碾压混凝土施工工艺技术成功应用，结束了碾压混凝土坝防渗结构“金包银”的历史。变态混凝土的应用给大坝防渗体带来了巨大的变化，自 1993 年以后，100m 级碾压混凝土坝均在上游面区采用变态混凝土与富胶材二级配碾压混凝土（骨料最大粒径为 40mm）组合式防渗体。龙滩工程经过多年的研究，首次在 200m 级碾压混凝土坝中采用了变态混凝土与二级配碾压混凝土组合防渗方案。

变态混凝土的施工工艺，几乎每座RCC坝都不尽相同。江垭使用的变态混凝土宽度范围为0.2～1.0m，加水泥或水泥粉煤灰浆使干硬性碾压混凝土变成坍落度为30～50mm的混凝土，用装载机运送到工地；用橡皮筒铺洒，不抽槽分层，或用四联振捣器，或用手持ϕ100振捣器振捣，振捣后再进行碾压。在山仔和石漫滩坝都是在平仓后进行人工挖槽，槽宽0.3m，深0.15m，再将水泥灰浆注入，回填碾压混凝土，再用插入式振捣器振捣。棉花滩采用过人工摊铺成低于碾压面50～100mm的槽，再用自制脚踩打孔器，按间距0.3m×0.3m人工手提桶定量定孔加浆；5min后，再用高频器振捣或软轴式振捣器插入下层100mm；振捣时间为25～30s。大朝山RCC坝工艺与普定拱坝的相同，采用的加浆法是先铺洒一层水泥净浆，然后分两次铺 RCC，中间再铺一层水泥净浆，再按常态混凝土振捣密实。山口三级水电站采用的变态混凝土是与RCC同步上升，RCC平仓后先做孔，孔距0.2m、深0.3m，然后人工注浆，用垂直振捣器振捣密实，注浆量上下面为6%，坝肩为8%，水与胶凝材料之比为0.47。

2. 变态混凝土在国外工程的应用概况

澳大利亚 B.A.福贝斯将变态混凝土技术推荐应用于澳大利亚的卡甸古龙坝（Cadiongullong，坝高46m，坝长356m）；2000年在土耳其高135m的奇内RCC坝上下游面应用，后又在约旦的塔努尔坝（Tannur，坝高60m）上采用。在美国佐治亚州的亚特兰大路（Atlanta Road）坝，圣迭戈的奥利文海恩坝，西弗吉尼亚州北福克休斯（North Fork Hughes）坝也应用了变态混凝土。

5.2 变态混凝土配合比

5.2.1 变态浆液配合比和性能

5.2.1.1 浆液的材料组成和配合比

常用的加浆材料由水泥、粉煤灰、高效缓凝减水剂加水经机械搅拌而成，拌制好的加浆材料称为浆液；大朝山工程由于主坝没用粉煤灰，因此用PT掺合料代替。

浆液配合比的设计采用绝对体积法，首先根据流动度确定单方浆液的用水量，其次根据绝对体积法计算水泥用量以确定水灰比。当掺用粉煤灰时，可采用固定粉煤灰掺量，如采用与碾压混凝土相同的粉煤灰掺量，也可采用水灰比固定，再用绝对体积法计算粉煤灰用量。例如，选取水灰比为1.0，即水泥用量与用水量相同，再用绝对体积法计算粉煤灰用量（F），即

$$F = \gamma_f\left(1000 - W - \frac{C}{\gamma_c}\right) \tag{5-1}$$

式中 F——粉煤灰用量，kg/m^3；

γ_f和γ_c——粉煤灰和水泥密度，kg/L；

W——用水量，kg/m^3；

C——水泥用量，kg/m^3。

5.2.1.2 浆液的性能

变态混凝土加浆浆液必须具有良好的流变性、体积稳定性和抗离析性。浆液凝固后有较

高的强度和变形性能。

1. 浆液的流动度

浆液流变性能中一个指标是流动度，其受用水量、水泥和粉煤灰用量、质量及外加剂品质和掺量影响较大。控制浆液流动度是保证浆液流变性能稳定和变态混凝土质量的必要条件。

浆液流动度测定常用 GB/T 8077《混凝土外加剂均质性试验方法》。这种方法一般适用于稠度较稠的浆液，净浆流动度为 130～180mm。变态混凝土用浆液一般稠度较稀，净浆流动度在 250mm 以上，超出净浆流动度的精度测试范围，不能真实反映变态混凝土浆液的流动性能，见图 5-1。因此，中国水利水电科学研究院专门研制了一种新的锥体流动度仪，见图 5-2，又称 Marsh 流动度仪。

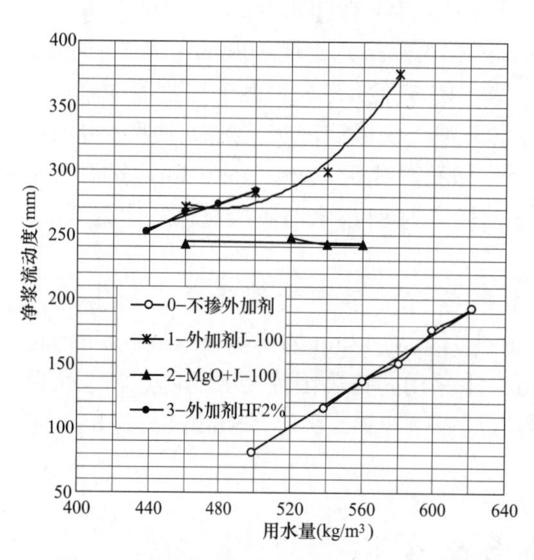

图 5-1　加浆材料用水量与流动度关系图

Marsh 流动度仪主要由等边锥形漏斗和量杯组成。Marsh 流动度测试方法如下：将拌制好的浆液倒入锥形漏斗中，盛满顶面略有凸起，用钢尺刮平。将漏斗阀门打开，同时用秒表计时，然后观察量杯顶面三角开口尖端，当浆液液面与尖端齐平时计时结束，流动时间以秒（s）计，称为 Marsh 流动度。

Marsh 流动度对浆液用水量、外加剂品质和掺量反应非常灵敏，见图 5-3。Marsh 流动度可用于现场制浆质量控制，它也是现场控制浆液质量的有效工具。

图 5-2　Marsh 流动度仪图

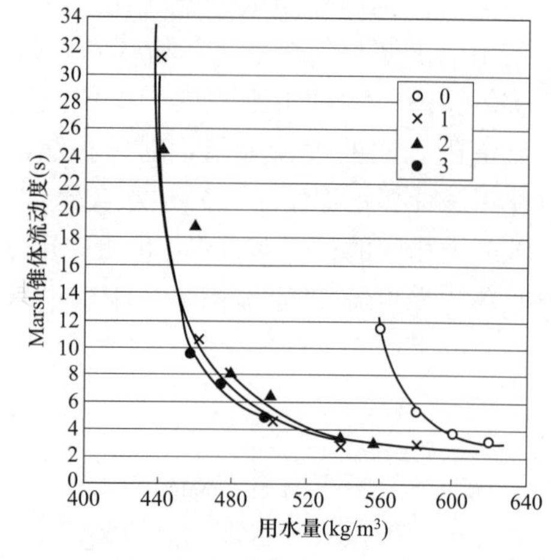

图 5-3　加浆材料用水量与 Marsh 锥体流动度关系图

2. 浆液的强度

浆液凝固后应有较高的强度，通常制成 40mm×40mm×160mm 试件，测定其抗压强度和抗折强度，表 5-1 示出了龙滩工程改性外加剂的浆液抗压强度和抗折强度试验研究成果。

表 5-1 浆液抗压强度和抗折强度试验研究成果表

试验编号	外加剂		抗压强度（MPa）			抗折强度（MPa）		
	品名	掺量（%）	7d	28d	90d	7d	28d	90d
LT-16 LT-12	J-100	0.5	—	19.6	—	—	4.33	—
LT-43 LT-44	J-400	0.5	8.6 8.1	20.8 20.1	32.3 31.4	2.21 2.42	4.22 4.56	5.2 5.2
LT-57 LT-58	J-500	0.5	10.5 10.4	22.2 19.7	40.1 33.1	3.04 3.00	4.34 4.45	5.65 5.82
LT-61 LT-63	J-600	0.5	10.5	19.2	29.3	2.82	4.15	5.02

3. 浆液的凝结时间和静置稳定性

浆液的凝结时间测定执行 GB/T 1346《水泥标准稠度用水量、凝结时间、安定性检验方法》，静置稳定性用浆液的 Marsh 流动度与历时的关系表示，即拌制好的浆液静置不同时间后重新搅拌测定其 Marsh 流动度。表 5-2 是龙滩工程改性外加剂的浆液凝结时间和静置稳定性试验研究成果。

表 5-2 浆液凝结时间和静置稳定性试验研究成果表

试验编号	凝结时间（h:min）		Marsh 流动度（s）			
	初凝	终凝	0h	2h	4h	6h
LT-16	49:45	52:00	7.1	5.7	5.7	4.6
LT-43	46:30	50:30	8.5	8.1	7.1	6.3
LT-57	46:15	50:15	8.2	8.1	6.5	5.4
LT-61	48:30	52:00	6.9	6.7	5.8	5.4

4. 浆液的水化特性

浆液的水化热可采用 GB 2022《水泥水化热试验方法（直接法）》进行；龙滩工程变浆材料的水化热试验研究成果见表 5-3，其水化速率过程曲线如图 5-4 所示，水化温升随时间变化曲线见图 5-5。

表 5-3 水化热试验研究成果表

序号	配比编号	变浆材料配合比	各龄期水化热值（kJ/kg）						
			1d	2d	3d	4d	5d	6d	7d
1	—	100% 52.5 中热硅酸盐水泥	151 （100）	197 （100）	220 （100）	235 （100）	247 （100）	255 （100）	263 （100）
2	BTY	50%水泥+50%宣威灰+0.5%ZB-1Rcc15+0.15‰ZB-1G	22 （15）	26 （13）	44 （20）	79 （34）	100 （40）	115 （45）	126 （48）

续表

序号	配比编号	变浆材料配合比	各龄期水化热值（kJ/kg）						
			1d	2d	3d	4d	5d	6d	7d
3	BTO	50%水泥+20%宣威灰+30%高性能掺合料+0.5% ZB-1Rcc15+0.15‰ZB-1G	24（16）	94（48）	153（70）	180（77）	198（80）	212（83）	222（84）
4	BTP	50%水泥+20%宣威灰+30%高性能掺合料+0.5%ZB-1Rcc15+0.15‰DH_9	25（17）	82（42）	140（64）	170（72）	190（77）	205（80）	217（83）
5	BTR	50%水泥+20%凯里灰+30%高性能掺合料+0.5%ZB-1Rcc15+0.15‰ZB-1G	23（15）	66（34）	141（64）	177（75）	200（81）	217（85）	230（87）
6	BTS	60%水泥+20%宣威灰+20%高性能掺合料+0.5%ZB-1Rcc15+0.15‰ZB-1G	28（19）	86（44）	135（61）	162（69）	183（74）	199（78）	214（81）
7	BTZ	50%水泥+50%高性能掺合料+0.5%ZB-1Rcc15+0.15‰ZB-1G	22（15）	90（46）	174（79）	205（87）	221（89）	233（91）	242（92）

注　括号内数据为该龄期水化热与纯水泥水化热值的比值（%）。

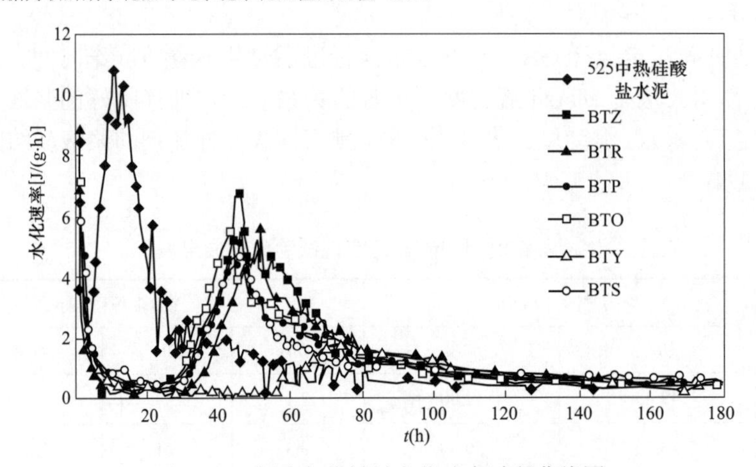

图 5-4　龙滩变浆材料水化速率过程曲线图

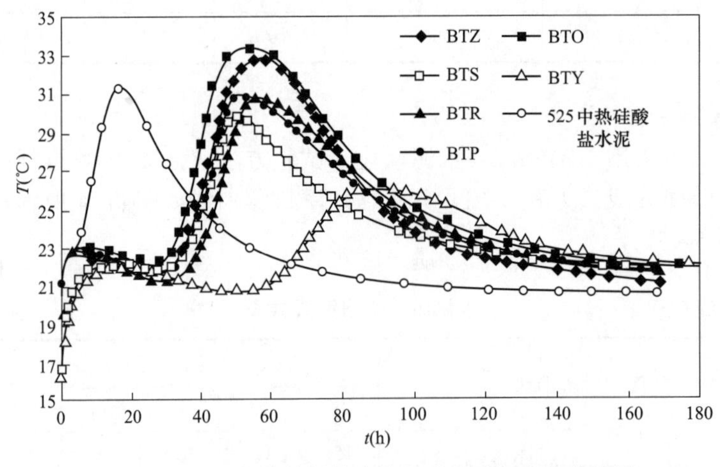

图 5-5　龙滩变浆材料的水化温升随时间变化曲线图

5. 浆液的干缩性能

浆液的干缩性能可参照 DL/T 5150《水工混凝土试验规程》中水泥砂浆干缩（湿胀）试

验方法进行；表5-4列出了龙滩工程变态浆液干缩性能试验成果。

表5-4　　龙滩工程变态浆液干缩性能试验成果表

序号	配合比编号	凝结时间（h:min）		抗压强度（MPa）		抗折强度（MPa）		干缩率（$\times 10^{-4}$）						
		初凝	终凝	14d	28d	14d	28d	3d	7d	14d	21d	28d	43d	81d
1	BTY	23:17	38:28	12.6	18.0	3.2	4.1	0.31	−4.03	−10.84	−16.18	−20.42	−24.33 57	−27.07
2	BTO	32:32	33:43	28.3	41.8	4.8	6.5	−2.04	−10.44	−17.67	−24.25	−30.61	−38.06	−41.47
3	BTP	30:47	32:08	29.3	42.6	4.7	6.9	−2.56	−11.60	−18.02	−25.32	−31.35	−37.98	−42.32
4	BTR	29:37	32:13	20.5	29.6	4.1	4.9	−5.78	−16.84	−26.23	−33.53	−40.63	−49.84	−53.44
5	BTS	27:04	28:20	28.6	40.4	5.3	6.2	−1.75	−10.00	−16.93	−24.43	−30.66	−37.90	−41.79
6	BTZ	31:11	32:00	41.3	53.5	5.9	7.3	−8.71	−19.60	−25.27	−31.55	−37.05	−45.22	−50.44

5.2.1.3　掺浆量的确定原则

掺浆量以浆液的体积占变态混凝土的体积百分比表示；浆液的流变性直接影响变态混凝土的掺浆量，浆液较稀，流变性能好，则掺浆量低，但浆液容易泌水；浆液较稠，流变性较差，掺浆量较高，胶凝材料用量增加，不利于混凝土的抗裂性。合适的掺浆量使浆液稳定性好且容易扩散填充，振捣密实后表面无浮浆。如果变态混凝土的掺浆量较高，则会在顶面形成浮浆层，并发生泌水与离析在浮浆表面形成粉煤灰浆层，降低层缝的抗拉强度和抗剪黏聚力，也容易形成渗漏通道。因此，选择流动度合适的浆液和掺浆量对保证变态混凝土的质量十分重要。

现场的施工以控制变态混凝土的坍落度来选择掺浆量，各个工程的做法不尽相同，江垭采用的变态混凝土坍落度为30～50mm，龙滩和石漫滩水库为10～30mm，三峡三期围堰为50～70mm，相应的掺浆量也就各异，江垭10%，龙滩6%，石漫滩水库5%～6%，三峡三期围堰 3%～4.5%。当然这些工程的浆液流变性是不同的。掺浆量对变态混凝土的坍落度影响十分敏感，图5-6是龙滩工程掺浆量与变态混凝土坍落度的关系。

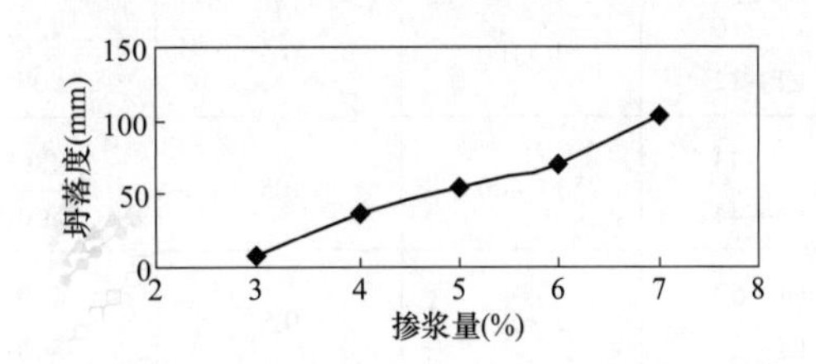

图5-6　龙滩工程掺浆量与变态混凝土坍落度的关系图

变态混凝土掺浆量随碾压混凝土的*VC*值变化而变化，掺浆量控制范围一般为变态混凝土体积的6%～10%，相应的坍落度为30～50mm，根据碾压混凝土的级配调整掺浆量，二级配比三级配灰浆用量应适当增加。不能实现快速施工时，变态混凝土的灰浆用量也应适当增加。

5.2.2　变态混凝土配合比

5.2.2.1　室内试验的加浆方法

在碾压混凝土配合比和浆液配合比确定情况下，现场加浆方式和加浆率是影响变态混凝土配合比和质量的重要因素。为研究确定龙滩工程变态混凝土配合比和为变态混凝土施工加浆方式提供依据，曾采用实验室仿真试验研究变态混凝土加浆方式、加浆率和变态混凝土振动液化形态。

1. 仿真试验模型

仿真试验模型见图 5－7，仿真试件高 0.3m，相当于一层碾压混凝土层厚。插入式振动器采用 ZX－50 型振动器，规格如下：振动棒直径为 36mm，长度为 500mm；棒空载频率大于或等于 11 000 次/min，最大振幅大于或等于 1.1mm，功率为 1.1kW。

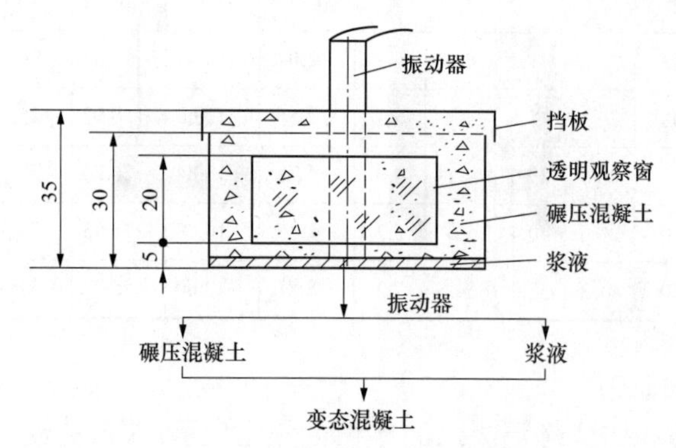

图 5－7　变态混凝土仿真模型

2. 试验基材

龙滩变态混凝土仿真试验用的浆液配合比见表 5－5，上游二级配碾压混凝土配合比见表 5－6。

表 5－5　变态混凝土仿真试验用的浆液配合比

试验编号	改性外加剂		$1m^3$ 浆液材料用量（kg）			Marsh 流动度（s）	
	品名	掺量（%）	水	水泥	粉煤灰	测次	平均值
LT－16 LT－12	J－100	0.5	480 500	480 500	888 825	11	8.6
LT－43 LT－44	J－400	0.5	480 500	480 500	888 825	8	12.2
LT－57 LT－58	J－500	0.5	480 500	480 500	888 825	8 7	8.8 7.1
LT－61 LT－63	J－600	0.5	480 500	480 500	888 825	8 7	9.4 6.6

表 5－6　上游面二级配碾压混凝土配合比表

类别	试验编号	水胶比	石粉含量（%）	砂率（%）	外加剂		$1m^3$RCC 材料用量（kg）					工作度 *VC* 值（s）	含气量（%）
					JM－2（%）	JM－2000（1/万）	水	水泥	粉煤灰（凯里）	砂	石		
设定 RCC	LTR6－11	0.36	9.9	36	0.5	5	86	100	140	765	1360	5	2.5
优化 RCC	LTR6－31	0.43	15.6	37.5	0.63	6.3	82	90	100	823	1370	5.4	2.7
	LTR6－32	0.43	17.3	37.5	0.63	6.3	82	90	100	823	1370	4.6	2.8

3. 不同加浆方法和加浆率仿真试验

从国内各工程已采用的加浆方法中筛选出底层、中间层和造孔加浆三种加浆方法进行仿真试验。由观察窗可以清楚观察到振动液化后浆液上浮和碾压混凝土颗粒排列整个过程的形态变化。图5－8～图5－11清楚反映出浆液振动液化形成变态混凝土整个过程。

图5－8　加浆率5%，底层加浆方法，碾压混凝土摊铺后

图5－9　加浆率5%，底层加浆方法，插入振捣器浆液液化上浮

图5－10　加浆率5%，底层加浆方法，插入振捣器12s浆液上浮

图5－11　加浆率5%，底层加浆方法，插入振捣器25s浆液浮出表面

变态浆液的室内加浆方式有两种，一种是在基准混凝土拌和完成后，直接在搅拌机内掺加浆液，再拌2min，得到变态混凝土（简称机内变态）；另一种是先在试模内铺一层浆液，加入混凝土，再在混凝土上部加一层浆液，最后进行振捣，从而得到变态混凝土（简称模内变态）。

从振动液化机理考虑，三种加浆方法中以底层加浆最好；从简化施工工艺考虑，底层加浆方法最简便。合适的加浆率（体积%）可以从仿真试件表面泛浆分析判断，加浆率为4%～5%，表面全部泛浆，振动时间大约为30s。

加浆率应与浆液的流变性相适应。浆液Marsh流动度为9s±3s的浆液与其相适应的加浆率为4%～5%。加浆率过高，会在顶面上形成一层浮浆。如果浆液泌水，稳定性差，浮浆表面会出现一层粉煤灰浆，将降低层缝的抗拉强度和抗剪黏聚力，也易形成渗漏通道。

以表5－5三种浆液的6个配比和表5－6两个RCC优化配合比为基材，变态混凝土仿真试验结果见表5－7和表5－8。不论是底层加浆还是造孔加浆，加浆率5%（体积百分比）

时三种优化浆液的 6 个配比均在 30s 内表面泛浆，7d 龄期抗压强度差异不大，振实容重达到 2450kg/m³ 以上，满足设计规定值。

表 5-7　　三种加浆方法和不同加浆率仿真试验结果表

<table>
<tr><th rowspan="2">试验编号</th><th colspan="2">基材</th><th rowspan="2">加浆方法</th><th rowspan="2">加浆率（体积%）</th><th rowspan="2">振动液化描述</th><th rowspan="2">仿真试件抗压强度7d（MPa）</th><th rowspan="2">仿真试件振实容重（kg/m³）</th></tr>
<tr><th>名称</th><th>试件编号</th></tr>
<tr><td>LTG1-11</td><td rowspan="3">设定RCC浆液</td><td rowspan="3">LTR6-11
LT-16</td><td rowspan="3">中间层加浆：先铺 100mm 厚 RCC，再铺浆液，然后铺 RCC 至顶面高出 30～50mm</td><td>4</td><td>插入振动器后 10s 内激振液化，20s 内浆液上浮，30～35s 顶面见浆，但不能扩展</td><td>15.9</td><td>2500</td></tr>
<tr><td>LTG1-12</td><td>6</td><td>插入振动器 30s 内整个顶面见浆，扩展迅速成片，浆量足够</td><td>13.2</td><td>2463</td></tr>
<tr><td>LTG1-13</td><td>8</td><td>插入振动器 15s 顶面见浆，25s 扩展成片并流淌，浆量过多</td><td>13.8</td><td>2470</td></tr>
<tr><td>LTG1-14</td><td rowspan="2">设定RCC浆液</td><td rowspan="2">LTR6-11
LT-12</td><td rowspan="2">底层加浆：浆液全部铺满底层，上面铺RCC，高 350mm</td><td>4</td><td>RCC 摊铺后浆液升高 50～70mm，插入振动器 15s 内浆液上升 250mm，表面全部出浆 30s，但不能扩展成片</td><td>14.9</td><td>2481</td></tr>
<tr><td>LTG1-15</td><td>5</td><td>浆铺底层，厚 18mm，插入振动器 10s 浆液上浮 250mm 高度，25s 浆液全部浮出表面，浆量足够</td><td>14.8</td><td>2469</td></tr>
<tr><td>LTG1-16</td><td></td><td></td><td></td><td>6</td><td>浆铺底层，厚 20mm，插入振动器 10s 浆液上浮 300mm 高度，15s 完全浮出表面，浆量足够</td><td>11.9</td><td>2452</td></tr>
<tr><td>LTG2-11</td><td>优化RCC浆液</td><td>LTR6-31
LT-58</td><td rowspan="3">造孔加浆：对角线上相距 250mm 造 2 孔，孔径 50mm，浆液平均倒入孔内</td><td rowspan="3">5</td><td rowspan="3">插入振动器，上部孔中浆液上浮封住下部孔中浆液上升通道，气泡不能全部逸出。30s 表面全部出浆</td><td>14.7</td><td>2478</td></tr>
<tr><td>LTG2-12</td><td>优化RCC浆液</td><td>LTR6-31
LT-44</td><td>13.3</td><td>2507</td></tr>
<tr><td>LTG2-13</td><td>优化RCC浆液</td><td>LTR6-31
LT-63</td><td>12.3</td><td>2489</td></tr>
</table>

表 5-8　　以三种浆液和两个优化 RCC 为基材的变态混凝土仿真试验表

<table>
<tr><th rowspan="2">试验编号</th><th colspan="2">基材</th><th rowspan="2">加浆方法</th><th rowspan="2">加浆率（体积%）</th><th rowspan="2">液化出浆描述</th><th rowspan="2">仿真试件抗压强度7d（MPa）</th><th rowspan="2">仿真试件振实容重（kg/m³）</th></tr>
<tr><th>二级配RCC</th><th>浆液</th></tr>
<tr><td>LTG2-11</td><td>LTR6-31</td><td>LT-58</td><td>造孔加浆</td><td>5</td><td>30s 表面完全出浆</td><td>14.7</td><td>2478</td></tr>
<tr><td>LTG2-12</td><td>LTR6-31</td><td>LT-44</td><td>造孔加浆</td><td>5</td><td>30s 表面完全出浆</td><td>13.3</td><td>2507</td></tr>
<tr><td>LTG2-13</td><td>LTR6-31</td><td>LT-63</td><td>造孔加浆</td><td>5</td><td>30s 表面完全出浆</td><td>12.3</td><td>2489</td></tr>
<tr><td>LTG2-21</td><td>LTR6-32</td><td>LT-57</td><td>底层加浆</td><td>5</td><td>30s 表面完全出浆</td><td>—</td><td>2456</td></tr>
<tr><td>LTG2-22</td><td>LTR6-32</td><td>LT-43</td><td>底层加浆</td><td>5</td><td>30s 表面完全出浆</td><td>12.5</td><td>2474</td></tr>
<tr><td>LTG2-23</td><td>LTR6-32</td><td>LT-61</td><td>底层加浆</td><td>5</td><td>30s 表面完全出浆</td><td>12.6</td><td>2470</td></tr>
</table>

5.2.2.2 现场施工的加浆方法

变态混凝土施工的现场加浆方法和均匀性都影响变态混凝土的施工质量。工程实践中，顶部、分层、掏槽和插孔等多种注浆方式均有应用的实例。

（1）顶部注浆方法。是在摊铺好的碾压混凝土上面直接用工具将计量准确的浆液均匀地洒在其表面，随后用插入式振捣器振动密实。

（2）分层加浆方法。碾压混凝土分两层摊铺，分别在底层和中部加浆，加浆量各为50%，采用大功率振捣器振动密实。

（3）掏槽加浆方法。是指浇筑变态混凝土时分两层铺料，每层铺料厚度控制在160mm左右，铺完第一层后，人工在已摊铺混凝土上按规定尺寸和数量掏槽，用定量容器在规定长度的槽沟内均匀注入水泥粉煤灰浆液，然后进行第二层变态混凝土的铺料、掏槽和加浆，最后振捣密实。

（4）插孔注浆方法。是指在摊铺好的碾压混凝土上面采用40～60mm直径的插孔器每隔一定距离的间距造出排孔和行孔，并采用“容器法”定量加浆，每个部位加浆要求均匀，水泥粉煤灰净浆掺入碾压混凝土10～15min后开始用振捣器振动密实，加浆到振捣完毕控制在40min以内。采用人工脚踩插孔器造孔时，一般使孔深达到大于或等于250mm深度的要求，但孔内灰浆往往渗透不到底部和周边。造孔深度是影响变态混凝土施工质量的关键，可以借鉴手提式振动夯原理，把振动夯端部改造为机械式的插孔器。在夯头端部安装单杆或多杆插孔器，这样可以有效地提高造孔深度和造孔率，减轻劳动强度，明显改善变态混凝土施工质量。

5.2.2.3 变态混凝土配合比的计算方法

变态混凝土由碾压混凝土加水泥粉煤灰类浆液混合而成，在掺浆量一定的情况下，变态混凝土配合比的计算方法为

$$W = W_r(1-X) + W_jX \tag{5-2}$$

$$C = C_r(1-X) + C_jX \tag{5-3}$$

$$F = F_r(1-X) + F_jX \tag{5-4}$$

$$S = S_r(1-X) \tag{5-5}$$

$$G = G_r(1-X) \tag{5-6}$$

$$A_R = A_{Rg}(1-X) + A_{Rj}X \tag{5-7}$$

$$A_A = A_{Ag}(1-X) \tag{5-8}$$

式中 X——变态混凝土掺浆量，%；

W_r、C_r、F_r、S_r、G_r、A_{Rg}、A_{Ag}——碾压混凝土水、水泥、粉煤灰、砂、石、高效缓凝减水剂和引气剂的用量，kg/m³；

W_j、C_j、F_j、A_{Rj}——浆液的水、水泥、粉煤灰和高效缓凝减水剂的用量，kg/m³；

W、C、F、S、G、A_R、A_A——变态混凝土水、水泥、粉煤灰、砂、石、高效缓凝减水剂和引气剂的用量，kg/m³。

5.3 变态混凝土的性能

5.3.1 变态混凝土拌和物性能

1. 坍落度

碾压混凝土是干硬性的混合物，其稠度指标由 *VC* 值表示，加浆变成低塑性的混凝土后，坍落度指标控制就显得尤为重要，通过现场的试验资料表明，坍落度控制在 30～50mm 是较为可行的。

2. 含气量

碾压混凝土中的引气剂一般掺量较高，经加浆变成低塑性的混凝土后，含气量会大幅度上升，其中掺浆量对变态混凝土的含气量有较大影响，图 5－12 所示为龙滩工程试验研究阶段变态混凝土掺浆量与含气量的关系。现在变态混凝土大都起到防渗功能的作用，为保持变态混凝土的抗冻防渗性能，含气量宜控制在 4%～6%范围内。

3. 表观密度

在材料特别是骨料相同的情况下，碾压混凝土的表观密度一般较常态混凝土要大一些，这是因为碾压混凝土振动碾压密实效果好的原因。经加浆变态的碾压混凝土表观密度在一定范围内有减小的趋势，龙滩工程曾经在室内作过试验研究，表明了随掺浆量的增加和变态混凝土坍落度的增加表观密度的变化情况，如图 5－13 所示。

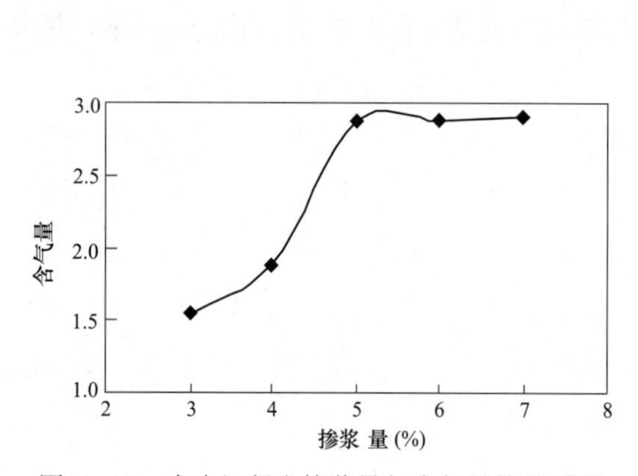

图 5－12 变态混凝土掺浆量与含气量的关系图

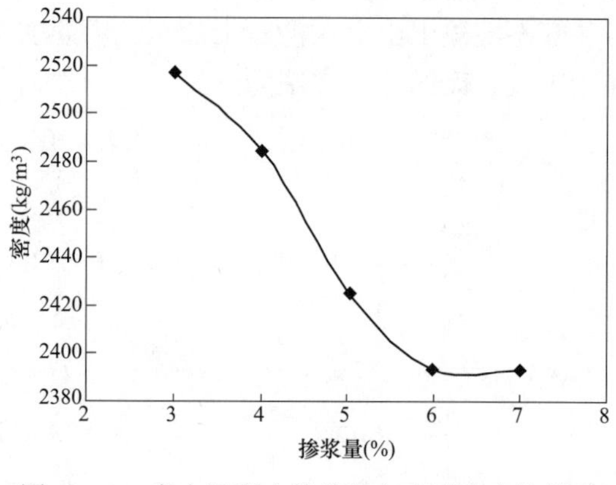

图 5－13 变态混凝土掺浆量与表观密度的关系

表观密度的大小反映变态混凝土的密实情况，对强度和其他各项性能都有很大的影响，除了控制好掺浆量、坍落度和含气量外，施工过程中的操作措施要到位，质量要有保证，这样才能获得理想的表观密度。

4. 凝结时间

变态混凝土由碾压混凝土加入适量水泥类浆液演变成具有 30～50mm 的常态混凝土。碾压混凝土和常态混凝土的凝结时间测定都采用贯入阻力法，但在定义初凝时间上有区别：对于常态混凝土当贯入阻力达到 3.5MPa 的时间即为初凝时间，而碾压混凝土则是当贯入阻力与时间的曲线上出现拐点的时间为初凝时间。两种混凝土的终凝时间都是贯入阻力达到

28MPa 所对应的时间。变态混凝土所用的原材料与碾压混凝土相同，其所需的初凝时间比常态混凝土的初凝时间稍长，但与相邻带碾压混凝土的初凝时间相同。

5. 泌水率

在材料相同的情况下，碾压混凝土由于拌和用水量较少，拌和物成干硬性状态，因此泌水率是相对较小的。经加浆变成低塑性的常态混凝土后，实际上单方混凝土的用水量增加了，拌和物的流动性也变大了，容易产生泌水现象，泌水率就增大。

5.3.2 变态混凝土力学性能

1. 抗压强度

抗压强度是变态混凝土的一项基本性能，抗压强度的大小能大致反映变态混凝土性能的优劣；经加浆变态的碾压混凝土胶凝材料用量稍有增加，但比相应级配的常态混凝土的胶凝材料低得多，而抗压强度增大了。表 5-9 列出了石漫滩和江垭工程的变态混凝土与碾压混凝土抗压强度性能对比结果。

表 5-9　变态混凝土与碾压混凝土抗压强度性能对比表

工程名称	混凝土类别	级配	混凝土指标	抗压强度（MPa）	
				组数	平均值
石漫滩	变态	二	R_{90}200S6F50	15	26.5
		三	R_{90}150S4F50	15	20.8
	碾压	二	R_{90}200S6F50	15	25.2
		三	R_{90}150S4F50	15	19.0
江垭	变态	二	R_{90}200S12	24	32.1
	碾压	二	R_{90}200S12		30.0

石漫滩室内试验结果表明：二级配碾压混凝土加浆后，当水胶比小于 0.70 时，90d 龄期抗压强度大于基准混凝土；当水胶比小于 1.00 时，180d 龄期抗压强度大于基准混凝土；当水胶比相同时，变态混凝土的强度大于基准混凝土。施工现场取混凝土芯样试验也发现：变态混凝土的抗压强度大于碾压混凝土；混凝土层面结合良好，混凝土芯样外表面光滑致密，骨料分布均匀；拆模后的坝面混凝土表面光滑，变态混凝土与二级配碾压混凝土之间看不出结合面，只能从混凝土的颜色区别。江垭水利枢纽工程的芯样试验结果也表明：变态混凝土芯样平均抗压强度比碾压混凝土高。

1999 年在棉花滩坝体进行钻孔取芯时，对岸坡变态混凝土取芯做了试验，而且将直接机拌变态混凝土与现场加浆的变态混凝土进行了比较，表观密度和弹性模量相差不多，而抗压强度提高不少。百色大量的试验表明，掺纤维变态混凝土各龄期的抗压强度略有降低，但降幅在 5%以内。

变态混凝土的抗压强度规律符合水胶比定则，并且随养护龄期的延长而增加。

2. 劈裂抗拉强度和轴向抗拉强度

迄今为止，国内很少工程对变态混凝土的劈裂抗拉强度和轴向抗拉强度进行取芯检测。百色工程大量的试验结果认为，纤维变态混凝土 180d 龄期的劈裂抗拉强度提高 21.5%；大

朝山检测了 $R_{90}20$ 变态混凝土一组 90d 龄期的劈裂抗拉强度为 2.16MPa，一组轴向抗拉强度为 2.23MPa。

龙滩工程在室内对变态混凝土和相应二级配基准碾压混凝土的劈裂抗拉强度、轴向抗拉强度进行了试验研究，结果列于表 5－10。研究表明：变态混凝土的劈裂抗拉强度普遍比相应的基准二级配碾压混凝土高，但拉/压强度比变化不大，这对提高变态混凝土的防裂性能是有利的。

表 5－10　　龙滩工程变态混凝土抗拉强度研究成果表

配合比编号	混凝土类别	抗拉强度（MPa）				拉/压强度比				备注
		7d	28d	90d	180d	7d	28d	90d	180d	
C20－X	碾压	0.96	1.68	2.75	3.14	0.10	0.09	0.11	0.10	劈裂抗拉
BTO	变态	1.36	2.38	3.15	3.54	0.10	0.09	0.11	0.12	劈裂抗拉
		1.52	2.48	3.55	3.81	0.11	0.10	0.13	0.12	轴向抗拉
C20－K	碾压	1.00	1.87	3.23	3.27	0.10	0.10	0.11	0.09	劈裂抗拉
BTR	变态	1.24	2.15	2.99	3.75	0.11	0.09	0.11	0.12	劈裂抗拉
		1.46	2.42	3.49	3.68	0.13	0.10	0.13	0.12	轴向抗拉

3. 抗剪断强度

有层面存在情况下的碾压混凝土抗剪断强度，更为人们所重视。变态混凝土抗剪断强度研究很少。龙滩工程做过变态混凝土的室内抗剪断试验，试验采用尺寸为 150mm×150mm×150mm 立方体试件，水平荷载施力的剪切面正为变态混凝土的一次加浆位置，研究成果见表 5－11。抗剪断试件的变态成型及试验方式见图 5－14。抗剪应力与位移的关系见图 5－15 及图 5－16。变态混凝土抗剪断试验剪应力与法向应力关系见图 5－17。试验表明：两个配比的变态混凝土的抗剪断指标与基准二级配混凝土抗剪断强度相当。

表 5－11　　龙滩变态混凝土抗剪断研究成果表

试件编号	龄期	抗剪（断）峰值强度参数			残余强度参数			摩擦强度参数		
		C' MPa	f'	τ MPa	C MPa	f	τ MPa	C MPa	f	τ MPa
BTO	180d	3.65	1.21	7.28	0.50	0.82	2.96	0.41	0.85	2.96
BTR	180d	2.51	1.60	7.31	0.57	0.82	3.03	0.32	0.93	3.11

注　$\tau=C+f\times3.0$（MPa）。

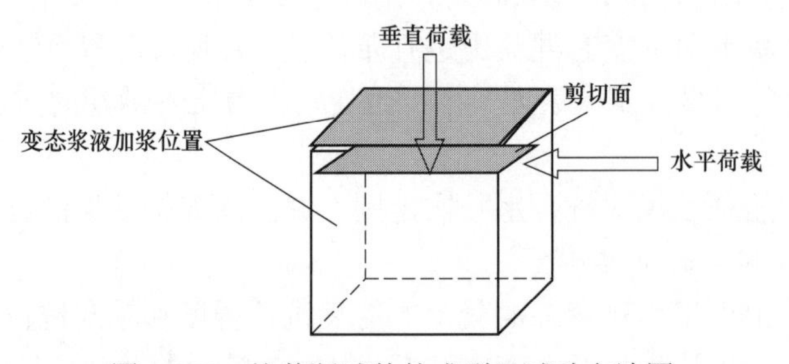

图 5－14　抗剪断试件的成型及试验方法图

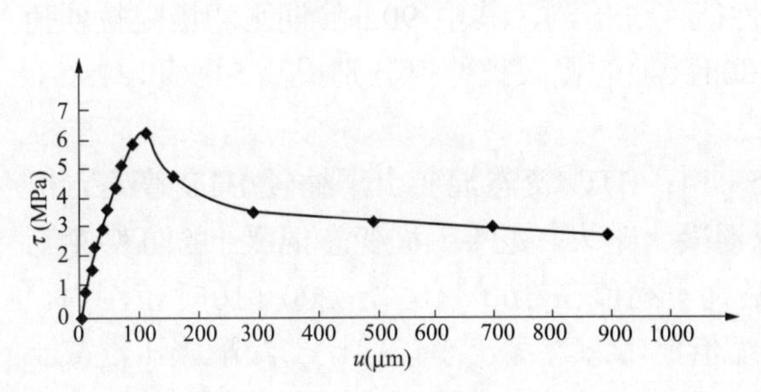

图 5-15 σ=2.25MPa 剪应力与位移的关系（BTR）

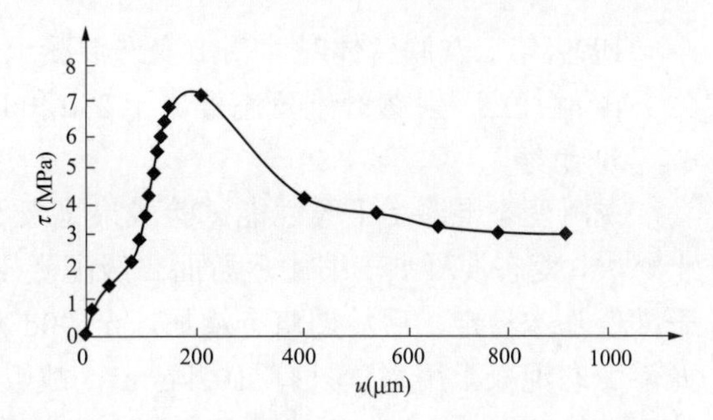

图 5-16 σ=3.0MPa 剪应力与位移的关系（BTO）

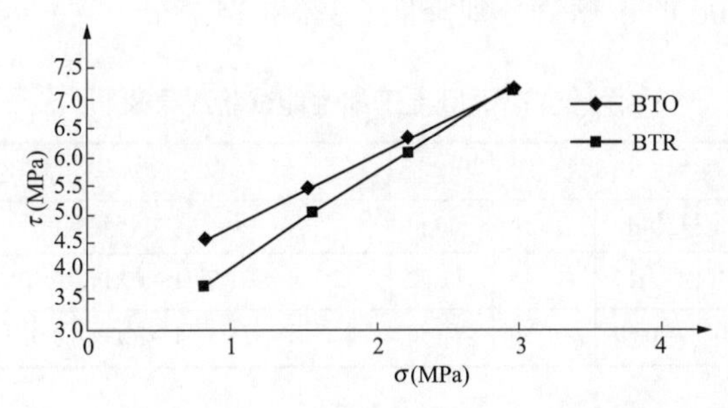

图 5-17 变态混凝土抗剪断试验剪应力与法向应力关系图

5.3.3 变态混凝土变形性能

1. 抗压弹性模量

大朝山水电站大坝现场检测了一组 $R_{90}20$ 变态混凝土 90d 龄期的抗压弹性模量，为 32.5GPa。百色工程大量的室内试验和现场试验表明，掺纤维变态混凝土的弹性模量降低 10%～20%。

龙滩工程变态混凝土抗压弹性模量的研究成果列于表 5-12：变态混凝土的抗压弹性模量与基准的二级配碾压混凝土相近。变态混凝土的泊松比为 0.22～0.24。

表 5-12 龙滩工程变态混凝土抗压弹性模量的研究成果表

配合比编号	抗压弹性模量（$\times 10^4$MPa）				抗压弹性模量增长率				抗压弹性模量 E_c 与龄期 τ 的表达式
	7d	28d	90d	180d	7d	28d	90d	180d	
BTO	2.38	3.71	3.82	4.11	0.64	1.00	1.03	1.11	$E_c=4.20\tau/(5.56+\tau)$
BTR	2.66	3.40	4.15	4.31	0.78	1.00	1.22	1.27	$E_c=4.46\tau/(6.65+\tau)$

2. 极限拉伸

龙滩工程变态混凝土的极限拉伸值研究成果列于表 5-13，研究成果说明，变态混凝土较相应的基准二级配碾压混凝土的极限拉伸值提高较多。施工阶段室内测得大坝上游面麻村骨料变态混凝土 28d 龄期极限拉伸值为 86.7～88.4με，满足设计要求。

表 5-13 龙滩工程变态混凝土的极限拉伸研究成果表

配合比编号	极限拉伸（με）				极限拉伸增长率				极限拉伸 ε_p 与龄期 τ 的表达式
	7d	28d	90d	180d	7d	28d	90d	180d	
BTO	58.1	88.4	101.0	95.4	0.66	1.00	1.14	1.08	$\varepsilon_p=98\tau/(2.55+\tau)$
BTR	63.7	86.7	94.3	92.5	0.73	1.00	1.09	1.07	$\varepsilon_p=94.34\tau/(2.28+\tau)$

1999 年三八联营体对大朝山变态混凝土性能作过检测，其中 90d 龄期平均极限拉伸值为 79με；百色工程：掺纤维变态混凝土 28d 和 180d 龄期的极限拉伸值分别提高 5.0%和 21.8%。

3. 干缩

龙滩变态混凝土干缩性能试验成果见表 5－14：BTO 变态混凝土干缩较 BTR 变态混凝土略大，变态混凝土干缩比上游面二级配碾压混凝土略大。龙滩工程变态混凝土 28d 龄期后干缩值基本稳定，后龄期略有增加，至 90d 龄期干缩值在 160×10^{-6}～200×10^{-6} 范围内。龙滩变态混凝土用水量只有 102kg/m^3，故干缩值比常态混凝土小，但比二级配碾压混凝土的干缩值高出 10%～15%。百色工程大量试验表明，掺纤维变态混凝土各龄期的干缩值均有所降低，其中 28d 和 180d 的干缩值分别降低 9.3%和 14.7%。

表 5－14　　龙滩变态混凝土干缩性能试验成果表

序号	配合比编号	干缩率（$\times10^{-4}$）					拟合公式	
		3d	7d	14d	28d	60d	复合指数式	相关系数
1	BTO	－0.43	－0.71	－1.17	－1.45	－1.72	$\varepsilon_t=-1.79[1-EXP(-0.1084\tau^{0.8298})]$	$r=0.9979$
2	BTR	－0.13	－0.50	－0.87	－1.30	－1.50	$\varepsilon_t=-1.51[1-EXP(-0.0255\tau^{1.3097})]$	$r=0.9954$

4. 自生体积变形

龙滩大坝上游面的变态混凝土自生体积变形研究成果见表 5－15。自生体积变形随龄期变化过程曲线见图 5－18 和图 5－19：BTO 是早期膨胀，后期收缩型，3d 前膨胀迅速，后收缩，28d 后趋于平稳。BTR 是膨胀型，早期膨胀较大，随着龄期的增长，膨胀量减少，10d 后趋于稳定，收缩较小。以上两种变态混凝土最大膨胀量为 25.68×10^{-6}，最大收缩为 -17.82×10^{-6}，而同级配碾压混凝土均为收缩变形，最大收缩量为 23.6×10^{-6}，与之相比减少 24.5%。（注：为二级配碾压混凝土，使用 42.5 普通硅酸盐水泥，凯里灰，胶材用量为（100＋140）kg/m^3，减水剂 ZB－1 为 0.5%，引气剂 DH_9 为 0.15‰，以下二级配碾压混凝土所指配比均同）

表 5－15　　龙滩大坝上游面的变态混凝土自生体积变形试验研究成果表

单位：$\times10^{-6}$

龄期（d）	自生体积变形 G（t）		龄期（d）	自生体积变形 G（t）		龄期（d）	自生体积变形 G（t）		龄期（d）	自生体积变形 G（t）	
	BTO	BTR		BTO	BTR		BTO	BTR		BTO	BTR
1	0	0	11	－9.97	1.10	64	－15.37	0.72	148	－9.30	2.98
2	19.25	25.68	17	－11.45	－1.21	70	－12.31	2.02	155	－12.05	－1.34
3	7.14	9.45	24	－14.52	－2.21	77	－14.20	1.06	162	－12.84	－0.93
4	－3.75	4.24	28	－12.42	2.49	84	－11.64	3.44	169	－13.31	—
5	－5.80	4.89	35	－16.83	－0.85	98	－12.72	－0.40	177	－10.42	0.46
6	－8.55	1.16	42	－17.82	－1.58	106	－13.03	1.12	183	－10.88	－1.50
7	－8.24	2.78	49	－13.92	2.32	113	－9.87	－0.53	190	－12.90	－3.12
8	－7.83	4.52	56	－13.78	1.97	133	－12.56	－0.74	197	－12.43	－3.78
9	－9.53	2.16				141	－12.59	－1.45			

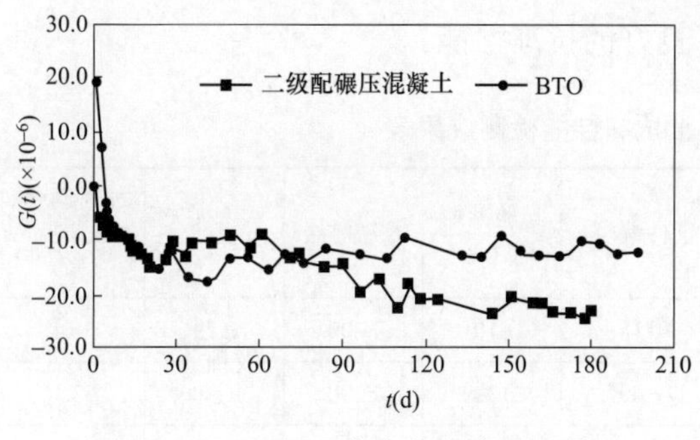

图 5－18 （BTO）自生体积变形随龄期变化过程曲线图

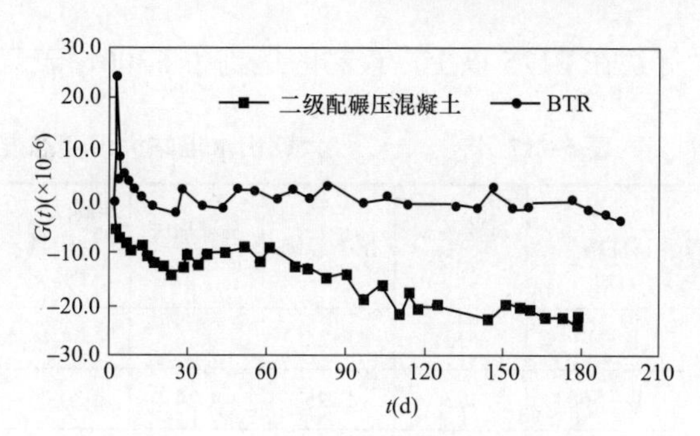

图 5－19 （BTR）自生体积变形随龄期变化过程曲线图

5.3.4　变态混凝土耐久性能

1. 抗渗

大朝山水电站大坝现场检测了 3 组变态混凝土抗渗指标，最小值大于 S10，最大值大于 S20，工程的变态混凝土抗渗性能良好。江垭变态混凝土芯样试件，渗透系数为 0.87×10^{-11}cm/s，相当于抗渗标号 S16，远超过大坝防渗要求的指标；现场压水试验，变态混凝土层面的渗透系数为 9.65×10^{-11}cm/s；而碾压混凝土层面的渗透系数为 1.14×10^{-9}cm/s。说明变态混凝土的层面结合效果已好于碾压混凝土。百色工程大量试验表明，掺纤维变态混凝土 180d 龄期的抗渗等级从 S10 提高到 S12。龙滩工程攻关期间和施工阶段所做的大坝上游面变态混凝土室内抗渗指标均大于 S12，相对渗透系数为 5.19×10^{-11}～1.72×10^{-10}cm/s。

变态混凝土无论从抗渗性还是均匀性方面均已达到常态混凝土的水平，作为防渗结构其性能优于二级配碾压混凝土。变态混凝土施工中要求将振捣器插入下层，使层面结合质量提高，基本消除了层面的影响。有关工程二级配碾压混凝土和变态混凝土渗透系数统计成果列于表 5－16，其渗透系数总体达到 10^{-9}cm/s，可以满足坝体防渗的要求。

表 5－16　　二级配碾压混凝土和变态混凝土渗透系数统计成果表　　cm/s

混凝土种类	总体	含层面	含缝面	本体
二级配碾压混凝土	1.02×10^{-9}	5.60×10^{-10}	2.35×10^{-9}	9.20×10^{-11}
变态混凝土	8.13×10^{-10}	2.26×10^{-11}	1.44×10^{-11}	7.07×10^{-11}

2. 抗冻

在变态混凝土抗冻性与碾压混凝土的关联性研究中，设计了 3 个变态混凝土配合比，经过 200 次快速冻融试验后，相对动弹性模量分别保持在 86.0%、84.3%和 82.1%，质量损失率分别为 1.66%、1.79%和 1.50%，抗冻等级达到了 F200 以上。

龙滩工程对变态混凝土抗冻性的试验研究结果，抗冻等级达到 F150，少数变态混凝土由于含气量较低，抗冻标号只有 F100；施工期龙滩上游面变态混凝土的抗冻室内试验达到 F150 以上。

大朝山对变态混凝土进行了抗冻性能试验，性能检测成果见表 5－17：变态混凝土抗冻等级在 F125 以上，最高的达到了 F300，表现了良好的抗冻性能。

表 5-17　　大朝山水电站大坝变态混凝土抗冻性能检测成果表

试件编号	试验龄期（d）	抗冻等级	质量损失（%）	相对动弹性模量（%）	试件编号	试验龄期（d）	抗冻等级	质量损失（%）	相对动弹性模量（%）
拌 1-114-2	613	F125	0.36	64.4	拌-115-1	610	F200	0.79	64.4
D-568	123	F125	1.24	70.7	D-435	132	F300	1.90	63.1
B-1	174	F150	0.11	68.2					

5.3.5　变态混凝土热学性能

1. 绝热温升

变态混凝土的水泥用量比碾压混凝土多，因此，绝热温升比碾压混凝土要高。

龙滩变态混凝土绝热温升与龄期函数关系列于表 5-18。随时间变化曲线见图 5-20 和图 5-21。试验表明：28d 时 BTO 配比 1kg 胶凝材料产生的温度值为 0.09℃，BTR 配比为 0.088℃。其绝热温升值略高于碾压混凝土，较常态混凝土低很多。采用 3 种函数形式对试验结果进行拟定，拟定的方程见表 5-18。编号为 BTO 和 BTR 的变态混凝土，最终绝热温升分别为 26.65℃和 25.8℃，均较低。

表 5-18　　变态混凝土绝热温升与龄期函数关系表

序号	配合比编号	函数形式	拟合方程式	相关系数
1	BTO	双曲线式	$\theta=34.72\tau/(6.41+\tau)$	$r=0.9526$
		复合指数式	$\theta=26.65[1-\mathrm{EXP}(-0.13041\tau^{1.2058})]$	$r=0.9762$
		指数式	$\theta=26.65(1-e^{-0.2064\tau})$	$r=0.9747$
2	BTR	双曲线式	$\theta=32.30\tau/(5.36+\tau)$	$r=0.9683$
		复合指数式	$\theta=25.8[1-\mathrm{EXP}(-0.1440\tau^{1.1791})]$	$r=0.9846$
		指数式	$\theta=25.8(1-e^{-0.2232\tau})$	$r=0.9915$

注　表达式中 θ 为绝热温升值，τ 为试验龄期。

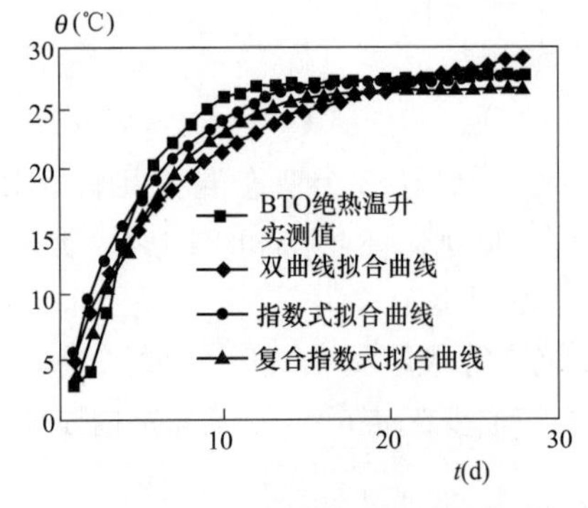

图 5-20　绝热温升值（BTO）随时间变化曲线图

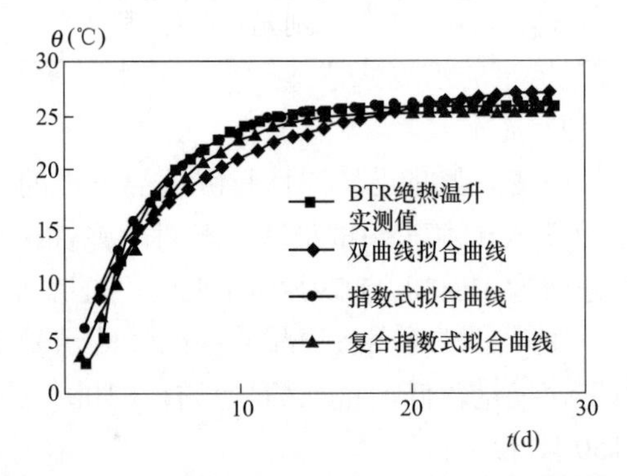

图 5-21　绝热温升值（BTR）随时间变化曲线图

2. 线膨胀系数

龙滩工程研究了变态混凝土的线膨胀系数，对于编号为 BTO 和 BTR 的变态混凝土，线膨胀系数分别为 4.24×10^{-6}/℃和 3.47×10^{-6}/℃。两种变态混凝土线膨胀系数均较小。

5.4　变态混凝土的应用实例

5.4.1　变态混凝土在国内工程中的应用

5.4.1.1　岩滩工程

岩滩是最早采用变态混凝土的工程。在岩滩上游围堰试验段进行过碾压混凝土变态的试验，即将碾压混凝土改变成常态混凝土，以达到防渗的目的。将岩滩水电站重力坝段 $R_{90}15$ 常态混凝土与围堰 $R_{90}15$ 碾压混凝土的配合比进行比较，见表 5－19。

表 5－19　　常态混凝土与碾压混凝土配合比比较表

混凝土种类	岩滩重力坝段常态混凝土	岩滩围堰碾压混凝土	常态混凝土与碾压混凝土差值
设计标号	$R_{90}15$	$R_{90}15$	
52.5 普通水泥用量（kg/m³）	92	50	
粉煤灰用量（kg/m³）	75	105	
胶凝材料总用量（kg/m³）	167	155	12
用水量（kg/m³）	117	95	22
水胶比	0.70	0.61	
砂率（%）	32	34	－2
砂用量（kg/m³）	681	756	－75
碎石用量（kg/m³）	1464	1484	－20
骨料最大粒径（mm）	80	80	
坍落度（mm）	40～60		
VC 值（s）		15～20	

两者的明显的区别是胶凝材料增加 12kg/m³，水量增加 22kg/m³。若在碾压混凝土中加入一定量的水泥浆体补充其水及水泥之不足，一经振捣，碾压混凝土就由干硬性变成流塑性，成为常态混凝土。1987 年，在离岸坡 20m 范围内的上游面，进行碾压混凝土变态试验，目的是使它起到防渗作用。试验是在距上游模板 1.0～1.5m 范围内进行。先按碾压混凝土的施工程序进行铺料、平仓、碾压，当碾压达到设计要求的容重后，在距上游模板 1.0～1.5m 范围内灌入 1∶0.8 的水泥浆液（即水泥 1kg，水 0.8kg 配比），从模板逐步向内灌入。当灌注水泥浆后，即用插入式振捣器进行振捣，达到起浆与密实。经拆模检查，表面光滑、平整，与常态混凝土一样，无层面痕迹；60d 后，在距离模板面 0.5m 处，用静态爆破将它剥离，检验内部是否一致，从剥离后的混凝土来看，与常态混凝土无区别，无层面痕迹，整体性很好。后又沿边线进行钻孔取样，岩芯获得率 100%，其抗压强度达 18.0MPa，劈裂抗拉强度为

1.21MPa，抗渗等级达 W5，容重达到 2490kg/m^3，满足上游面防渗混凝土的要求。

这一试验，提供了碾压混凝土坝防渗的途径。它比“金包银”的施工要简单得多。

5.4.1.2 大朝山工程

大朝山变态混凝土主要应用在模板边、台阶式坝面、坝体孔洞附近、廊道周边、止水片附近等碾压设备无法靠近的部位。5 个溢流表孔在宽尾墩末端与消力池反弧起点之间设置了 44 个高 1m、宽 0.7m 的台阶，台阶采用变态混凝土浇筑，可省去台阶上二期混凝土光滑坝面浇筑，简化坝面施工。

坝体上游迎水面靠模板边 0.3～0.5m 的变态混凝土直接承受水压，对抗渗性要求高，对正常蓄水位以上部位变态混凝土的抗冻性和抗裂性也有较高的要求。因此，对上游迎水面 0.3～0.5m 变态混凝土的密实性、抗渗性、抗裂性和抗冻性要求与百米级常态混凝土重力坝完全相同。此外，对变态混凝土台阶式坝面的水力体形及修能结构必须满足防空化、防空蚀及抗冲磨要求。

1. 变态混凝土施工

大朝山水电站变态混凝土施工工艺流程：建造制浆站→水泥净浆生产→水泥净浆输送→铺洒下层水泥净浆→摊铺碾压混凝土拌和物→铺洒上层水泥净浆→振捣棒振捣→碾压。

大朝山工程碾压混凝土采用凝灰岩和磷矿渣按 1:1 的比例混合磨细而成的 PT 掺合料，相对粉煤灰而言，PT 料密度大、需水比高、强度比低、包裹性差。为保证变态混凝土的防渗性能、耐久性能、抗冲磨性能，试验成果确定水泥净浆的水胶比为 0.5，净浆中的胶材由滇西 52.5 号水泥和 PT 掺合料两部分组成，两种胶材质量比为 1:1；经试验论证水泥 PT 掺合料净浆加浆量按变态混凝土体积的 6%左右控制为宜，加浆后变态混凝土的胶凝材料用量与相同强度等级和级配的富胶材常态混凝土相当，变态混凝土各项物理力学性能指标完全满足设计要求。变态混凝土施工配合比如表 5－20 所示。典型仓面一次铺浆实施成果列于表 5－21。变态混凝土的振捣采用常态混凝土的振捣方法，利用高频振捣器垂直插入碾压混凝土中。

表 5－20　二级配碾压混凝土拌和物加浆后的变态混凝土施工配合比表　kg/m^3

设计强度	级配	C	PT	FDN－04	S	G
R_{90}20－2	60:40	130	130	1.504	850	1423

表 5－21　典型仓面一次铺浆实施成果表

铺浆长度（m）	铺浆宽度（m）	混凝土体积（m^3）	铺浆量（L）	水胶比	净浆含量	胶材用量（kg）
12	0.3	1.08	64.8	0.5	6%	78（C：39；PT：39）

2. 防渗层碾压混凝土物理力学性能检测成果

为检查坝体碾压混凝土的物理力学性能，先后分四阶段对碾压混凝土进行了取芯、压水试验及声波测试。防渗层碾压混凝土共布置了 21 个压水孔，总压水段数 233 段，总段长 735.85m，透水率均小于 1Lu（极个别孔段透水率大于 1Lu，经过补强灌浆后均小于 1Lu）。防渗层碾压混凝土共布置了 9 个取芯孔，总孔深 287.7m，芯样长 286.29m，芯样获得率 99.5%。在 18 号坝段同一取芯孔内取出了 10.12m 和 10.47m 长的完整芯样，取出的碾压混凝土芯样表面光滑，冷热升层层间结合良好，结构密实。强度保证率为99.6%，离差系数在0.04～0.08之间，说明碾压混凝土均匀性较好。对变态混凝土进行了各项物理力学性能指标检测。检测成果列于表5－22。结果表明：变态混凝土各项物理力学性能指标均超过设计要求；抗冻标号均在D125以上，远远大于设计要求。

表5－22 大坝变态混凝土物理力学性能检测成果表

试验项目	龄期（d）	组数	最小值	最大值	平均值
抗压强度（MPa）	90	3	25.0	28.5	26.7
劈裂抗拉强度（MPa）	90	1	2.16	2.16	2.16
抗拉强度（MPa）	90	1	1.93	2.76	2.23
抗压弹性模量（$\times 10^4$MPa）	90	1	3.25	3.25	3.25
抗拉弹性模量（$\times 10^4$MPa）	90	3	2.98	3.22	3.10
极限拉伸（$\times 10^{-6}$）	90	3	70	95	79
抗渗	90	3	＞S10	＞S20	—

5.4.1.3 百色水利枢纽主坝工程

在百色碾压混凝土重力坝施工中，变态混凝土充分运用于两岸坝基垫层混凝土、坝基、孔洞、模板周边及拼缝钢筋网部位，并在施工工艺上进行了一些新的尝试，包括采用插孔加浆新工艺，有效控制加浆量；对于具备汽车直接入仓的岸坡变态混凝土集中部位及钢筋网部位，使用拌和楼直接拌制变态混凝土等，取得了较好的效果。

1. 制浆

主坝变态混凝土所使用的浆液采用集中制浆，制浆站生产能力为5.0m³/h。净浆通过管道从制浆站输送至浇筑仓面，然后用机动翻斗车运往使用地点，在摊铺好的0.3m厚碾压混凝土层面上人工手提（有计量）铺洒。通过试验，变态混凝土的加浆量确定为在碾压混凝土基础上掺6%的水泥粉煤灰净浆，不同强度等级碾压混凝土采用不同配合比净浆。净浆的配合比见表5－23。

表5－23 变态混凝土净浆配合比表

变态混凝土强度等级	级配	配合成分（kg/m³）			外加物（%）
		水泥	粉煤灰	水	ZB－1Rcc15
RV15	准三级配	400	600	550	0.6
RV20	二级配	462	638	550	0.6

2. 变态混凝土的施工工艺

（1）铺料。变态混凝土铺料采取人工辅助摊铺平整，同时为防止变态混凝土的灰浆流入碾压混凝土仓面，一般要求将变态混凝土区域摊铺成低于碾压混凝土60～100mm的槽状。

（2）加浆。对变态混凝土所用灰浆进行试验，设计出灰浆的配合比及加浆量等参数。为了保证浆液的均匀性，应配置制浆站进行集中制浆，净浆从开始拌制到使用完毕控制在1h

以内，做到随用随拌。

加浆方式主要有底部加浆和顶部加浆。底部加浆是在下一层变态混凝土层面上加浆后再在其上面摊铺上碾压混凝土后进行振捣，用振动力使浆液向上渗透，直到顶面泛浆为止，优点是均匀性好，但振捣困难。顶部加浆是在摊铺好的碾压混凝土面上铺洒灰浆进行振捣，这种方式振捣容易，但浆液向下渗透困难，不易均匀，且会出现浆体浮在表面的不利状况。经试验，最终采取插孔加浆施工工艺。设计了插孔器，改水平加浆为垂直加浆方式。铺浆前先在摊铺好的碾压混凝土面上用 ϕ100 的造孔器进行造孔，插孔按梅花形布置，孔距一般为 300mm，孔深 200mm。然后用人工手提桶（有计量）铺洒净浆，加浆时控制一桶浆液加入既定的加浆孔内，从而达到控制加浆量的目的。

（3）振捣。振捣一般采用 ϕ100 高频振捣器或 ϕ70 软抽式振捣器。振捣一般要求在加浆 15min 之后进行，振捣时间控制在 25～30s 之间，振捣时振捣器插入下层的深度要达到 100mm 以上。在与碾压混凝土搭接部位处要求高频振捣向碾压混凝土一侧振捣，使两者互相融混密实。

（4）机拌变态混凝土。主坝的部分岸坡坝基垫层、坝面拼缝钢筋网部位及模板拉条比较多而集中的部位采用变态混凝土，于是岸坡平台等变态混凝土量大而集中的地方，若按现场加浆的施工方法，加浆工作量过大，并且加浆均匀性很难保证。在实际施工中，能够应用汽车运输直接入仓的部位采用拌和楼直接拌制变态混凝土。

3. 变态混凝土的质量检查

对一枯、二枯的变态混凝土施工质量进行了检查，其相应的各项物理力学性能见表 5－24。

表 5－24　　变态混凝土各项物理力学性能表

试验指标		机拌变态混凝土		现场加浆变态混凝土	
		RV20 二级配	RV15 准三级配	RV20 二级配	RV15 准三级配
表观密度（kg/m³）	范围	2610～2620	2630～2670	2590～2630	2630～2690
	平均值	2610	2660	2610	2660
抗压强度（MPa）	范围	21.6～30.2	18.2～25.6	20.6～28.3	16.7～23.2
	平均值	25.7	20.4	25.4	20.7
弹性模量（$\times10^4$MPa）	范围	2.21～2.44	2.35～2.56	2.06～2.37	2.13～2.40
	平均值	2.32	2.44	2.24	2.28
抗拉强度（MPa）	范围	2.2～2.9	1.8～2.3	1.6～2.4	1.4～2.2
	平均值	2.4	2.0	2.1	1.7
极限拉伸（$\times10^{-6}$）	范围	84～108	78～92	78～102	72～86
	平均值	90	84	89	80

5.4.1.4　江垭大坝工程

1. 变态混凝土应用范围

允许应用变态混凝土的范围是模板、电梯井、埋设件、上游面、竖井、廊道周边、岸坡和止水片周边等部位。江垭大坝变态混凝土应用部位及厚度见表 5－25。根据统计，江垭大坝变态混凝土方量为 2.0 万 m^3。

表 5－25　　江垭大坝变态混凝土应用部位及厚度　　mm

部位	变态混凝土厚度	常态混凝土设计厚度	部位	变态混凝土厚度	常态混凝土设计厚度
上游面	300		廊道、电梯井周边钢筋混凝土	500	1000
下游面	200		岸坡	500	2000/1000
横缝面	200		溢流面下卧层	500	3000
止水周边	1000	1000～1200	中孔周边一期常态混凝土过渡区	1000	1000

2. 配合比

江垭大坝共有 3 种强度等级的碾压混凝土，设计龄期均为 90d，其中 A1 为 20MPa，为上游面防渗体碾压混凝土；A2 为 15MPa，用于 191m 高程以下；A3 为 10MPa，用于 190m 高程以上。

变态混凝土采用 52.5 号大坝硅酸盐水泥的净浆，掺用比例为 100～80L/m^3 水泥浆加 900～920L/m^3 碾压混凝土，水泥净浆的配合比为水泥 986kg/m^3、水 690kg/m^3，外加剂（DH_4R）为 3.94kg/m^3。三种变态混凝土使用同一种灰浆。

按 10%灰浆加 90%碾压混凝土的掺配比例，坍落度值均为 30～50mm。

3. 施工工艺

采用集中制浆站拌浆，制浆站产量为 6m^3/h，采用高速搅拌机拌浆。拌好后放入低速搅拌筒内，通过管道泵送到左岸 230m 高程的低速搅拌筒，然后沿左坝坡管道自流放入仓面，中间设一级低速搅拌筒中转。230m 以上直接泵入仓面。仓面用装载机斗盛装由管道送入的灰浆，再运送到使用地点。

江垭工程采用四联振捣器组振捣，插入深度超过 300mm（这是层面芯样也具有高抗渗性能的原因）；但止水片附近用手持 ϕ100mm 振捣器振捣，以免止水片因强力振捣而发生变位。靠近上游模板处，先振捣变态混凝土，再碾压 A1 混凝土，此时已振好的变态混凝土表面会凸起，因而对其再振捣 1 次。由于用大型振捣器振捣，而变态混凝土每层只有 300mm，因此插入下层的深度都大于 100mm。

4. 抗压和抗渗性能检测

对 A1 变态混凝土进行现场取样，测试结果如表 5－26 所示。

表 5－26　　A1 变态混凝土现场取样抗压强度测试结果表

试件数	R_{90} 平均值（MPa）	R_{90max}（MPa）	R_{90min}（MPa）	Σ（MPa）	变异系数 C_v
24	32.1	38.9	28.5	3.16	0.098

1997 年汛期在上游面布设了 8 个直径 150mm 的水平取芯孔进行检查，检查结果表明，A1 变态混凝土与 A1 碾压混凝土结合良好，过渡自然，没有可分辨的交界痕迹。A1 变态混凝土芯样由河海大学渗流试验室加工成边长 140mm 或 100mm 立方体进行渗透试验，测试渗透系数结果见表 5－27。

从检测结果看，A1 变态混凝土抗压强度和抗渗性均达到了较高的指标，优于 A1 碾压混凝土；A2、A3 变态混凝土未进行过系统的检测，但从混凝土的性状看应当优于 A2、A3 碾压混凝土。

表 5－27　　　　A1 变态混凝土渗透特性试验结果表　　　　cm/s

部位	试样编号	渗透系数	平均值	部位	试样编号	渗透系数	平均值
本体	22 号本变 P－1	10^{-11}	8.70×10^{-10}	3m 缝面	2 号缝变 P－1	10^{-11}	1.79×10^{-9}
	22 号本变 P－2	1.01×10^{-10}			2 号缝变 P－2	3.31×10^{-10}	
	24 号本变 P－1	10^{-11}			4 号缝变 P－1	5.14×10^{-9}	
	24 号本变 P－2	3.36×10^{-9}			4 号缝变 P－2	1.15×10^{-9}	
30cm 层面	1 号层变 P－1	10^{-11}	9.65×10^{-11}		23 号缝变 P－1	10^{-11}	
	1 号层变 P－2	10^{-11}			23 号缝变 P－2	4.01×10^{-10}	
	3 号层变 P－1	10^{-11}			23 号缝变 P－3	10^{-11}	
	3 号层变 P－2	3.56×10^{-10}			25 号缝变 P－1	10^{-11}	
					25 号缝变 P－2	4.34×10^{-10}	
					25 号缝变 P－3	10^{-11}	

5.4.1.5　龙滩大坝工程

1. 前期的变态混凝土室内试验研究

龙滩大坝上游迎水面面积为 7.71 万 m^2，水库库容为 272.7 亿 m^3。前期的变态混凝土试验于 2000 年开始，针对龙滩工程拟在上游面采用 1.5m 以上厚度的二级配变态混凝土防渗方案而考虑。研究内容包括变态混凝土的变态方式、采用的变态材料、成型工艺及力学性能、耐久性能、绝热温升、抗剪断特性等。

（1）变态混凝土基本试验原则。参照原龙滩工程“八五”科技攻关二级配常态混凝土和碾压混凝土配合比 $R_{IV}C_{90}$ 25，采用柳州 52.5（R）普通硅酸盐水泥，田东Ⅱ级粉煤灰，大法坪灰岩料场人工砂及人工碎石和 ZB－1Rcc15、DH_9、BSⅡ（水剂）外加剂，进行配合比验证调整工作，使常态混凝土坍落度达到 60～100mm，碾压混凝土拌和物 *VC* 值达到 3～6s。

变态混凝土变态用浆液胶凝材料用量按碾压混凝土与常态混凝土胶凝材料总量的差值控制。变态混凝土变态采用的材料分别考虑了水泥浆和高性能掺合料浆两种。变态混凝土的变态方式分别考虑机口变态、一次装模变态（碾压混凝土层厚 150mm）和二次装模变态（碾压混凝土层厚 75mm）3 种形式。变态混凝土的成型工艺主要从不同的变态方式和不同的成型振动时间等方面进行考虑。

（2）变态混凝土采用的变态材料。龙滩工程采用变态混凝土防渗方案，由于坝高库大，要求变态混凝土具有良好的抗渗防裂性能。采用水泥浆作变态材料，变态混凝土平均抗压强度为 39.26MPa，平均劈裂抗拉强度为 3.32MPa，拉压比为 8.46%；采用高性能掺合料浆作变态材料，变态混凝土平均抗压强度为 32.10MPa，平均劈裂抗拉强度为 3.11MPa，拉压比为 9.69%。可使变态混凝土的强度指标满足强度等级要求。

由于高性能掺合料较水泥的水化热值低得多，故其掺入不会引起变态混凝土绝热温升值提高，且价格比水泥便宜，变态混凝土的拉压比值又可提高14.4%，这对提高变态混凝土的抗裂性非常有利，因此，可进一步研究其用作变态混凝土材料的可行性。

（3）变态混凝土变态方式。对于变态混凝土变态方式，结合施工状况共考虑了3种形式：即碾压混凝土出拌和机时在机口立即进行变态（机口变态）、碾压混凝土层厚控制在150mm时进行装模变态（一次装模变态）和碾压混凝土层厚控制在75mm左右分两次进行装模变态（二次装模变态）。在上述3种变态方式下，变态混凝土的平均抗压强度分别为37.6MPa、34.75MPa和39.26MPa，一次、二次装模变态的平均劈裂抗拉强度分别为3.13MPa和3.32MPa。

经比较变态混凝土的工作性能、抗压强度和劈裂抗拉强度，得出采用二次装模变态方式较好的结论。

（4）变态混凝土成型工艺。研究表明，由于变态混凝土的变态方式不同、成型振动时间不同、使用的变态材料不同等，将直接影响变态混凝土的质量。从选择的变态方式看，成型插捣装模时变态方式以分两层为好，即要控制变态混凝土的变态层厚度，以75mm左右为好，水泥浆容易渗入混合，试件均匀性较好。成型振动时间宜控制在2倍*VC*值左右。

对各工况配成的常态混凝土、碾压混凝土、变态混凝土的强度指标进行比较，发现变态混凝土的强度值接近常态混凝土而高于碾压混凝土，并且变态混凝土强胶比（抗压强度与胶凝材料总量的比值）与常态混凝土相近。不同成型振捣时间抗压强度比较见图5－22。

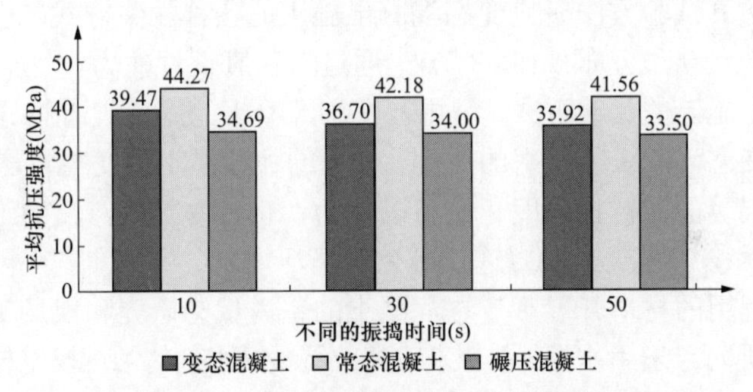

图5－22　不同成型振捣时间抗压强度比较图

2. 工程开工初期的变态混凝土室内试验研究

设计采用了变态混凝土与二级配碾压混凝土组合防渗结构形式，同时对变态混凝土工艺、质量、性能提出了更高的要求。于2002—2003年在中国水利电力科学研究院、南京水利电力科学研究院和中南勘测设计研究院平行开展了变态混凝土的室内试验研究。主要研究成果有：

（1）针对龙滩大坝的变态混凝土性能要求，研究了水泥浆材、水泥粉煤灰浆材、丙乳，以及以水泥和粉煤灰为基本掺浆材料，分别掺入复合高性能掺合料、渗透结晶防水剂、丙乳的变态混凝土浆液配合比，对变态混凝土浆液的性能、浆液质量控制方法，提出了相应研究成果。系统地探索了室内变态混凝土配合比试验研究方法，为规范变态混凝土配合比设计和试验方法提供了重要的系统的参考成果。

（2）以龙滩大坝二级配碾压混凝土为基材，采用了多种试验方法，研究将其改性为变态混凝土的掺浆方式及掺浆比例。研究证明：掺浆量和掺浆均匀性对变态混凝土的性能有较大的影响；采用底部掺浆有利于浆液均匀分布；提出的底层加浆方式可在龙滩及其他碾压混凝土工程的变态混凝土施工和质量控制中推广应用。

龙滩大坝二级配碾压混凝土中掺入以水泥和粉煤灰为基本材料的浆液，其合适的掺浆比例（体积比）为5%左右；采用丙乳乳液作为改性浆液时，其合适的掺浆比例（体积比）为1.5%左右。

在常规的变态混凝土掺浆浆液（水泥+粉煤灰+减水剂）中，引入了其他改性材料用以提高变态混凝土性能，减少变态混凝土中水泥增加量，使变态混凝土具有高抗渗性、耐久性和抗裂性，满足200m水头大坝的表面防渗要求，试验证明是十分有效的。

（3）利用浆液流动度对浆液质量的敏感性，提出采用流动度指标进行现场浆液质量控制，并对各种浆液流动扩散度试验方法进行了对比分析，提出了适合于不同材料和配合比的变态混凝土浆液、操作简便、易于现场检测的对应的方法和仪器以及相应的质量控制标准，可在现场质量检测中采用。

（4）研究了多种变态混凝土室内成型方法和仿真模拟方法，对各种成型方法和各类浆液材料成型的变态混凝土进行了系统的物理力学性能试验。通过变态混凝土性能比较，提出了多种满足龙滩大坝变态混凝土性能要求的配合比。试验证明：变态混凝土的强度和抗渗性易于满足，抗冻和抗裂性较难满足；采用高性能掺合料型、渗透结晶防水剂型、丙乳型变态混凝土能更好地满足龙滩变态混凝土的各项性能要求。

（5）采用室内仿真试验方法研究变态混凝土施工的各种加浆方式，充分揭示了变态混凝土振捣过程中浆液的运动与分布规律和特点，通过对仿真试件的力学性能对比试验，提出科学合理的变态混凝土施工的加浆方式，对规范变态混凝土的施工具有指导意义。室内仿真试验研究提出了确定变态混凝土加浆率的原则，过大的加浆率不但发热量增大，而且将影响层面结合性能，降低层缝面的抗拉强度和抗剪黏聚力，也容易形成渗漏通道。

3. 大坝施工期的变态混凝土室内试验研究和现场试验

施工期结合工程用的材料开展了变态混凝土的室内试验研究和现场工艺性试验。

（1）室内试验研究。采用水泥+粉煤灰+高效缓凝减水剂的常规掺浆材料，开展了浆液密度、凝结时间、析水率、安定性及抗压抗折试验项目，随着水胶比的减小，浆液密度增大，总体上浆液析水率呈减小趋势，浆体的静置稳定性逐渐变好；随着外加剂掺量增大，浆液稠度增大，浆液密度减小，浆液析水率增大；随着粉煤灰掺量增大，浆液密度减小，凝结时间呈延长趋势，浆液结石强度降低；粉煤灰掺量为55%时，28d强度较低，不利于提高变态混凝土的28d强度性能及极限拉伸值。根据不同粉煤灰掺量的浆液结石强度试验结果，并参考龙滩前期试验研究成果，浆液粉煤灰掺量选择50%，同时推荐了实际施工的浆液配合比，如表5-28所示。

表5-28　龙滩工程变态混凝土浆液配合比表

水胶比	粉煤灰掺量	减水剂掺量	水	水泥	粉煤灰	减水剂
0.40	50%	0.4%	497kg/m^3	621kg/m^3	621kg/m^3	4.97kg/m^3

通过试验比较，选择了6%的掺浆量，其中采用麻村骨料的大坝上游面变态混凝土坍落度为18～36mm，含气量为3.9%～4.2%；90d龄期的抗压强度达33.0～41.8MPa、极限拉伸值为85～87με、抗渗等级大于W12、抗冻标号大于F150。大法坪骨料的大坝上游面变态混

凝土坍落度为 14～18mm，含气量为 3.4%～3.8%，泌水率为 0～0.3%，初凝时间为 8h 48min～12h 45min，终凝时间为 17h 15min～37h，表观密度为 2410～2420kg/m^3；90d 龄期的抗压强度达 36.5～39.4MPa，劈裂抗拉强度为 2.86～3.4MPa，极限拉伸值为 86～89με，抗压弹性模量为 3.83×10^4～4.02×10^4MPa，抗渗等级大于 W12，抗冻标号大于 F150。

（2）现场变态混凝土施工试验。在第Ⅰ区采用挖槽加浆法，在第Ⅱ区采用底层加浆法，在第Ⅲ区采用插孔加浆法。实际施工过程中，均采用面层加浆法，辅以振捣棒振捣的方式。由于振捣不够充分，芯样获得率相对很低。变态混凝土芯样 90d 龄期物理力学性能检测结果见表 5－29。

表 5－29　　变态混凝土芯样 90d 龄期物理力学性能检测结果表

区号	抗压强度（MPa）	劈裂抗拉强度（MPa）	轴向抗拉强度（MPa）	极限拉伸（με）	抗拉弹性模量（$\times 10^4$MPa）	轴心抗压强度（MPa）	抗压弹性模量（$\times 10^4$MPa）	泊松比	抗剪断强度	
									摩擦系数	黏聚力（MPa）
BDI	35.8	2.91	2.04	56	3.76	25.7	4.06	0.24	2.03	1.73
BDII	42.0	2.34	1.17	57	3.21	31.4	3.85	0.22	2.72	1.59
BDIII	41.8	1.82	2.03	65	3.86	32.1	3.81	0.21	2.94	2.68

变态芯样 90d 龄期抗渗等级大于 W12，抗冻标号小于 F25，但拌和楼出机口混凝土抗冻标号均满足设计要求。单点法的压水试验，变态混凝土的透水率在 0～0.33Lu 范围内。

4. 变态混凝土的施工

采用平仓机辅以人工分两次摊铺平整，顶面低于碾压混凝土面 30～50mm。浆液采取集中拌制，按配合比拌制的水泥粉煤灰净浆，通过输送泵、管道从制浆站输送至仓面搅拌储浆车。变态混凝土加浆是一道极其关键的施工工艺，直接关系到变态混凝土质量，主要控制以下两个环节：

（1）加浆方式：主要采用“双层”加浆法和“抽槽”加浆法来进行施工，以达到加浆的均匀性，加浆方式控制着平面洒浆均匀和立面浆液渗透均匀。

（2）定量加浆：主要采用“容器法”人工定量加浆。水泥煤灰净浆掺入碾压混凝土 10～15min 后，开始用大功率振捣器进行振捣，加浆到振捣完毕控制在 40min 以内。

5.4.2 变态混凝土在国外工程中的应用

5.4.2.1 哥伦比亚 Mie 1 号碾压混凝土坝

1. 大坝上游面变态混凝土的应用

哥伦比亚 Mie 1 号 RCC 坝，最大坝高 188m，RCC 总量为 1.75×10^6m^3。坝址处于热带雨林环境，气温高（超过 38℃），降雨量大（年雨量超过 4200mm）。

混凝土浇筑层厚 0.3m，使用低到中热水泥（不含火山灰），1m^3 用量为 85～160kg，大多数部位浇筑层间的砂浆层和每隔 18.5m 的收缩缝也是坝的主要特征。

通过由变态混凝土层和沿上游面覆盖的 PVC 土工膜组成的双重防护系统实现了防渗。RCC 浇筑使用了运输带、塔式起重机和履带式浇筑机，月浇筑量达 120 000m^3。

大坝的原设计采用滑模钢筋混凝土面板。由于合同协议要按计划进行，上游面通过浇筑

0.40m厚的变态混凝土和覆盖与变态混凝土平行的2.5～3.0mm厚的PVC土工膜进行防渗处理。

变态混凝土由经改进的未压实的RCC拌和物组成，加有少量的水泥浆，改善了其和易性，便于振捣固结。变态混凝土最大的效用是产生均质隔水层，能防RCC浇筑层和接缝间不连续性所造成的渗漏，而不会降低RCC块的渗透性。

PVC 薄膜固定在底座上，覆盖了大坝的上游面。它也固定在埋设于变态混凝土面的镀锌钢结构上。通过镀锌钢管网将薄膜下的渗漏引到坝内的排水廊道。

2. 变态混凝土的施工

沿大坝上游垂直面和靠近垂直面的RCC坝肩浇筑变态混凝土。沿0.4m宽的槽缝加入水灰比0.8的水泥浆，每延米体积为10 000cm^3。为了使水泥浆进一步渗透到RCC层，添加了超塑化剂（所占比例为水泥质量的0.8%）。水泥浆在坝址用人工拌和、加工和浇筑。用插入式振捣器和振捣板振实拌和物。变态混凝土拌和物的浇筑率为80～100m/h。

5.4.2.2 约旦坦努尔坝

约旦坦努尔坝是约旦的第一座RCC坝，坝高60m。采用了RCC及变态混凝土。RCC骨料为灰岩碎石，采自河床中的裸露岩层。添加的细砂是天然砂。采用约旦产普通波特兰水泥，拌以天然火山灰，火山灰的黏性有限，但确保混合物不易分离。

最初，RCC的水泥和火山灰的配比为125:75（kg/m^3），随施工进展有所调整。后来浇筑的RCC中，有一半采用120:50（kg/m^3）配比。在RCC中添加了DaratardP2缓凝剂，在整个施工过程中，根据早期试验室成果，其剂量为1L/m^3。缓凝剂延长了RCC初凝时间，对于同样的浇筑效能而言能减少用水量，降低水灰比，产生了更高的水泥效率。

所有的上游面、下游台阶、180m宽阶梯式溢洪道、廊道墙、止水片以及RCC与坝肩石灰岩体邻接的交界面均采用变态混凝土。变态混凝土采用的水灰比为1.0，并用75mm直径的振捣器捣实。变态混凝土的最小宽度规定为400mm，但是用16t滚筒碾压上游面附近RCC和变态混凝土的交界面时遇到了困难，因为止水突出到模板以外450mm。解决的办法是将变态混凝土的宽度增加到600mm，使交界面能更好地碾压，同时也会减小模板的荷载。使用变态混凝土的效果是改善混凝土外观质量，并且它对大坝与基岩的黏结作用就像普通的大体积混凝土重力坝一样。对下游1.2m高的台阶，采用4层300mm厚的变态混凝土。

表5－30列出了RCC和变态混凝土的抗压强度检测结果，其中24h热养护为60℃的水浸泡。变态混凝土的抗压强度比RCC的抗压强度约小5%；因为变态混凝土的水灰比为1.0，比RCC的水灰比0.6大。而且，变态混凝土的变差系数非常接近RCC的值，前者为10%。后者为9.8%。

表5－30　　约旦坦努尔坝RCC和变态混凝土的抗压强度检测结果

整个坝体（所有拌和物，150mm立方体试件）								
混凝土种类	RCC					变态混凝土		
龄期	24h热养护	7d	28d	90d	180d	24h热养护	28d	90d
测试次数	335	331	344	340	120	325	335	336
平均值（MPa）	11.9	14.8	21.2	25.7	27.7	10.7	20.0	24.6
标准差（MPa）	1.7	1.9	2.6	2.7	3.0	1.8	2.8	3.1
变差系数（%）	14.5	12.9	12.2	10.6	10.7	16.9	14.0	12.5

续表

最后50%的坝体（混合120kg/m³的水泥和50kg/m³的火山灰，150mm立方体试件）								
龄期	24h热养护	7d	28d	90d	180d	24h热养护	28d	90d
测试次数	142	142	146	142	36	135	143	138
平均值（MPa）	11.6	14.9	20.9	24.8	27.7	10.6	19.6	23.5
标准差（MPa）	1.4	2.0	2.5	2.4	2.9	1.7	2.4	2.3
变差系数（%）	12.4	13.1	11.8	9.8	10.8	16.3	12.3	10.0

5.4.3 变态混凝土应用中的问题与改进

从20世纪80年代至今，我国的变态混凝土施工工艺技术已经经历了三十多年的不断发展。就施工、材料的性质和施工成本等方面看，变态混凝土施工相对方便、使用材料与碾压混凝土相同、施工成本相对较低，并有方便施工、光滑表面、防渗、保护表面4个方面的主要作用。虽然变态混凝土应用已日趋普遍，但工程实践中积累的成功经验仍然不多，迄今尚未形成较为成熟的模式，因此，在认识到变态混凝土的诸多优点的同时还应看到各工程使用的变态混凝土在浆体配方、拌制、加浆量、加浆量的控制方式、变态后混凝土的工作度、振实方法、变态混凝土的厚度、变态混凝土的性能等存在着较大的差异，在加浆和振捣过程的操作中仍因人为因素的影响而难以保证施工工艺的标准化和施工质量的均匀性。因此，为了更好地发挥变态混凝土的优越性、保证施工质量，尚需要从材料、施工机械、变态方式等方面对变态混凝土作进一步的研究和创新。

1. 变态混凝土浆液材料

变态浆液材料是保证变态混凝土质量的关键之一。根据材料理论和变态混凝土的实践经验，浆液材料的改进需要从以下几个方面进行研究。

（1）常规水泥浆体流动性大时稳定性较差，容易出现泌水、沉降，此现象随水灰比的增加将更加明显，因此需要对变态混凝土用浆液进行改性研究，以保证水泥浆体的稳定性、降低析水率、延长失水时间和析水稳定时间，尽量减少水泥悬浮液静态时的泌水离析问题。

（2）研究在保证灌浆施工和混凝土性能的条件下尽量减少和控制单位加浆量和单位体积浆液中水泥含量的措施，以降低水化温升、延缓水化热峰，防止变态混凝土的温度裂缝。

（3）高效分散剂、保水剂品种及掺量对浆液性能的影响显著，应研究采用合适的外加剂，以获得流动性和稳定性良好的浆液，使浆料更容易实现浇灌、渗透和振捣工艺。

（4）研究缓凝剂品种、掺量与浆体流动性保持时间和温度的关系，以及对浆体絮凝时间延缓的影响效果，使其不仅能保持较长时间的流动态，而且凝结时间又与碾压混凝土基本保持一致。

2. 变态混凝土的注浆与振捣的机械化

由于目前变态混凝土的加浆工艺还比较粗糙，很难实现均匀加浆。因此，要浇筑出高质量的变态混凝土，其关键问题是要对变态混凝土料实现均匀加浆。应重视密间距、小孔径开孔加浆方法研究，在变态混凝土物料上造密间距、小孔径的孔，均匀布浆，用高频插入式振捣器振动密实的施工工艺技术和方法作为浇制高质量变态混凝土的首选。

变态混凝土施工应实现机械化、自动化和规范化，早日形成成熟的变态混凝土工法。

3. 变态混凝土的厚度与抗渗、抗冻、防裂

变态混凝土在上游面的厚度，目前国内应用的情况是：普定为0.4m，汾河二库为0.4～1.0m，棉花滩为0.5m，沙牌为0.5m，江垭为0.3～0.6m，碗米坡为0.5～1.0m，大朝山为0.4～0.6m，蔺河口为0.3～0.5m，龙滩为1.0m左右。变态混凝土的布浆及振捣必须达到均匀，在振捣过程中要求出现泛浆现象，即表明浆液在二级配RCC中已经比较均匀，才能取得良好的防渗作用。因此，变态混凝土不宜太宽，如果超过1m，则振捣次数过多，时间过长，质量保证困难。原因是防渗主体仍然是靠二级配RCC。

由于变态混凝土常用于上下游坝面，直接受气候变化影响，因而面临两个问题：一是防止出现表面裂缝，横缝间距应合理；二是变态混凝土的耐久性是能否满足整个坝体要求，特别是在寒冷地区，冬季低温需满足抗冻要求。这样就要求变态混凝土要有足够的含气量，一般应该达到4%～6%。

参 考 文 献

[1] 姜福田. 碾压混凝土 [M]. 北京：中国铁道出版社，1991.
[2] Roller Compacted Concrete. ACI Manual of Concrete Practice Part 1 [R]. ACI Committee 207，1987.
[3] M. R. H. Dunstan. 碾压混凝土坝设计和施工考虑的问题 [C] //第十六届国际大坝会议论文集，1988年6月，旧金山，美国.
[4] 沈崇刚. 碾压混凝土坝变态混凝土的应用与发展 [J]. 水利水电快报，2001，22（20）：9-11.
[5] 庞力平，袁瑶才. 变态混凝土施工技术的应用与发展 [J]. 红水河，2005，24（2）：93-96.
[6] 周海慧，赵红敏，王红斌，肖峰. 龙滩碾压混凝土大坝设计及施工实践 [J]. 广西水利水电，2008，（1）：17-21.
[7] 姜福田. 我国碾压混凝土筑坝技术的新水平 [J]. 水利水电技术，2008，39（5）：40-43.
[8] 纪国晋，陈改新，姜福田. 变态混凝土浆液的试验研究 [J]. 水利水电科技进展，2005，25（6）：31-33.
[9] 陈改新，纪国晋，姜福田，王爱勤. 高性能变态混凝土掺浆材料及配合比研究子题研究报告 [R]. 中国水利水电科学研究院，2003年4月.
[10] 金双全，朱育岷. 变态混凝土掺浆材料及配合比研究子题研究报告 [R]. 中南勘测设计研究院，2003年8月.
[11] 印大秋，郑智仁. 大朝山水电站大坝变态混凝土施工工艺研究与实施 [J]. 水力发电，2001，（12）：48-49.
[12] 吴胜光. 碾压混凝土筑坝技术研讨 [J]. 水利水电施工，1990，（1）：1-10.
[13] 张正国，任永义，王洪浪，胡存宝. 变态混凝土在百色水利枢纽主坝施工中的应用 [J]. 人民珠江，2006，（B02）：27-28，37.
[14] 关佳茹，杨康宁. 变态混凝土在碾压混凝土坝施工中的应用 [J]. 水力发电，1999，（7）：53-55，67.
[15] 林长农. 变态混凝土试验研究 [J]. 水力发电，2001，（2）：51-53.
[16] 杨利. 变态混凝土在三峡三期围堰中的应用 [J]. 中南水力发电，2004，（2）：16-17.

[17] 郑家祥，钟登华，胡程顺，郭勇．沙牌拱坝碾压混凝土浇筑中的关键技术研究［J］．水力发电快报，2004，23（2）：83－87．
[18] A. Marulanda，等．哥伦比亚建成世界最高 RCC 坝［J］．水力发电快报，2002，23（21）：20－23．
[19] B. A 福布斯，等．约旦坦努尔 RCC 坝达到高标准［J］．水利水电快报，2002，23（6）：4－6．

第6章

坝体防渗结构

6.1 坝体防渗结构类型

碾压混凝土坝防渗结构有常态混凝土防渗（俗称金包银）、碾压混凝土自防渗、PVC类定型薄膜防渗等多种类型。

常态混凝土防渗源于日本，是在碾压混凝土外围包一定厚度的常态混凝土，即金包银方式。如日本于1980年建成的岛地川重力坝（坝高89m）、1999年建成的宫濑坝（坝高156m）。我国应用碾压混凝土筑坝技术早期建成的天生桥二级（坝高61m，1989年建成）、铜街子（坝高88m，1990年建成）、大广坝（坝高57m，1993年建成）、岩滩（坝高111m，1992年建成）、万安（坝高68m，1992年建成）、观音阁（坝高82m，1995年建成）等大坝也均采用厚常态混凝土作为上游面防渗层。

常态混凝土防渗结构的防渗效果、耐久性和抗冻性均较好。但常态混凝土防渗结构的常态混凝土比例大，工艺复杂，难以充分发挥碾压混凝土快速施工的优势，影响施工进度；另外，常态混凝土防渗结构温控措施要求严格，温度裂缝产生概率大，从而降低防渗效果。

我国在气候条件比较优良的福建省，曾先后进行了多种防渗结构的研究和实践，包括坑口坝（坝高56.8m，1986年建成）的沥青砂浆防渗层（厚6cm）、龙门滩坝（坝高57.5m，1989年建成）的补偿膨胀性钢筋混凝土面板（厚2.5～6cm）、水东坝（坝高68m，1994年建成）的预制混凝土板浆砌深勾缝等。

碾压混凝土自身防渗是利用碾压混凝土本体的抗渗性，通过改善层面结合，以达到整体抗渗的效果。该型式的显著优点是结构简单，防渗体与坝体内部混凝土可快速同步碾压上升，施工干扰少，利于充分发挥碾压混凝土快速施工的优势，且解决了异种混凝土之间结合不佳的问题；缺点是易产生碾压混凝土层面渗漏问题。如1982年建成的世界上第一座全碾压混凝土重力坝——美国的柳溪坝（坝高52m），由于防渗体和碾压混凝土胶凝材料用量过低（水泥47kg/m^3，粉煤灰19kg/m^3），且没有其他任何辅助防渗措施，最后渗漏严重。我国最早采用碾压混凝土自防渗的是普定碾压混凝土拱坝（坝高75m，1993年建成）和山仔碾压混凝土重力坝（坝高65m，1994年建成），大坝渗漏量较少，防渗效果良好。

随着对碾压混凝土材料防渗性能研究的深入和施工技术水平的提高，我国对碾压混凝土自身防渗能力有了更深入的认识，积累了一些成功的经验，我国在20世纪末期建成的大朝山（坝高111m，2003年建成）、棉花滩（坝高111m，2001年建成）、江垭（坝高131m，1999年建成）等大坝均采用了碾压混凝土自防渗结构，成功解决了100m级碾压混凝土坝防渗问题。龙滩工程自1990年以来，连续经过“八五”“九五”国家重点科技攻关和原国家电力公司科技攻关，首次采用碾压混凝土自防渗结构解决了200m级碾压混凝土坝防渗问题，随后建设的光照、黄登等 200m 级大坝也采用了同类防渗结构型式并取得成功。

阿根廷的乌拉圭Ⅰ（Urugua Ⅰ）坝及洪都拉斯康森普坝（Concepcion）采用 PVC 内贴薄膜，美国温彻斯特坝（Willow creek）和澳大利亚柯普菲尔德坝（Copperfield）用金属肋或锚筋直接将 PVC 防渗薄膜固定于大坝表面。2002 年建成的哥伦比亚 Miel No.1 坝，最大坝高 188m，是世界上最高的采用 PVC 土工膜与混凝土联合防渗的碾压混凝土坝。

我国已建和在建部分碾压混凝土重力坝防渗结构一览表见表 6-1。

表 6-1　　我国已建和在建部分碾压混凝土重力坝防渗结构一览表

序号	坝名	坝高（m）	混凝土总量（万 m^3）	碾压混凝土（万 m^3）	建成年份	上游防渗型式
1	坑口	56.3	6.00	4.30	1986	沥青混合料
2	龙门滩	57.5	9.32	7.13	1989	补偿钢筋混凝土面板
3	潘家口下池	24.5	6.00	2.00	1989	二级配 RCC
4	马回	24.0	41	26	1989	金包银
5	铜街子	88	271.00	42	1990	金包银
6	荣地	57	10.8	6.3	1991	二级配 RCC
7	天生桥二级	58.7	26.02	13.03	1992	金包银
8	广蓄下库	43.5	5.35	3.87	1992	金包银
9	万安	68	21.1	5.5	1992	金包银
10	锦江	62.6	26.70	18.20	1993	金包银
11	水口	101	171	60.00	1993	金包银
12	大广坝	57.0	82.72	48.50	1993	金包银
13	水东	63.0	12.00	8.00	1994	预制混凝土块丙乳砂浆勾缝防渗
14	宝珠寺	132.0	230.00	45.00	1998	金包银
15	东西关	47.2	47.00	10.00	1996	金包银
16	山仔	65.0	22.00	17.00	1994	二级配 RCC
17	观音阁	82.0	181.30	113.50	1995	金包银
18	岩滩	110.0	90.5	62.6	1995	金包银
19	百龙滩	28	8	6.2	1996	富胶二级配 RCC
20	双溪	54.7	17.2	12.77	1997	富胶二级配 RCC
21	石漫滩	40	35	27.5	1997	二级配 RCC+坝面防渗涂料
22	满台城	37	13.6	7.8	1999	金包银
23	桃林口	81.5	126.30	62.20	1998	金包银
24	碗窑	83.0	46.00	33.00	1998	金包银
25	石板水	84.0	61.60	44.40	1998	二级配 RCC+聚氨酯防渗涂料

续表

序号	坝名	坝高（m）	混凝土总量（万 m^3）	碾压混凝土（万 m^3）	建成年份	上游防渗型式
26	涌溪三级	87	25.5	19.6	1998	二级配 RCC
27	花滩	85	29	24	1999	金包银（外掺 MgO）
28	长顺	69	20	17	1999	富胶二级配 RCC
29	江垭	128.0	135	105.62	1999	二级配 RCC＋变态混凝土＋SRCM 橡胶乳液改性水泥砂浆辅助防渗
30	高坝洲	57	79.8	70.2	1999	二级配 RCC＋CKB 聚合物砂浆
31	阎王鼻子	34.5	22	8.73	1999	金包银
32	汾河二库	87	44.8	36.2	2000	二级配 RCC＋变态混凝土＋聚氨酯发泡保温层
33	大朝山	111	150	89	2000	二级配 RCC＋变态混凝土＋丙乳砂浆
34	棉花滩	111	61.74	49.75	2001	二级配 RCC＋PCCM 聚合物水泥砂浆
35	临江	104.0	142.60	85.00	1997	金包银
36	山口三级	57	12.65	10.56	2002	二级配 RCC＋变态混凝土
37	碗米坡	66.5	24.38	11.94	2004	富胶二级配 RCC
38	周宁	73	19.9	15.9	2004	二级配 RCC＋变态混凝土
39	通口	71.5	30	14	2005	二级配 RCC＋变态混凝土
40	松月	31.1	7.75	4.44	—	金包银
41	百色	130	269.3	214.5	2006	二级配 RCC＋变态混凝土＋自黏性复合卷材防水层
42	索风营	116	55.5	44.7	2006	二级配 RCC＋变态混凝土
43	思林	117	114	82	2009	二级配 RCC
44	雷打滩	84	34	21	2006	二级配 RCC＋变态混凝土＋喷涂防渗材料
45	喜河	62.8	64	20	2006	二级配 RCC
46	景洪	110	84.8	29.2	2008	二级配富胶凝材料碾压混凝土＋变态混凝土＋掺渗透结晶型防水材料
47	龙滩一期	192	532	339	2008	二级配 RCC＋变态混凝土＋深部坝面防渗涂料
48	彭水	116.5	132.9	60.8	2008	富胶二级配 RCC＋深部坝面防渗涂料
49	光照	200.5	280	241	2008	富胶二级配 RCC＋变态混凝土＋深部坝面防渗涂料
50	石堤	53.5	16.86	9.31	2008	二级配 RCC
51	酉酬	62.6			2008	二级配 RCC
52	沙沱	106	198	151	2013	二级配 RCC
53	金安桥	160	392	269	2012	二级配 RCC＋坝表面防渗涂层
54	官地	168			2013	二级配 RCC＋变态混凝土＋坝表面防渗涂层

6.2 碾压混凝土的渗透性

6.2.1 碾压混凝土渗透性的评价指标

常用碾压混凝土渗透性的评价指标有室内试验的抗渗等级、渗透系数和现场压水试验的透水率3种。目前我国水工混凝土室内试验与苏联一样采用抗渗等级作为混凝土的渗透性评价指标，而欧美和日本则采用渗透系数评定指标。

6.2.1.1 室内试件抗渗等级与渗透系数的对照关系

我国对有抗渗要求的水工混凝土，以抗渗等级作为渗透性的评定标准，它与混凝土渗透试验方法相适应，采用规定的抗渗仪，将经过标准养护28d或者90d的试件按照逐级加压法进行压水试验，当6个试件中有3个试件表面出现渗水时，该水压力值减1即为抗渗等级。对于抗渗性能较高的混凝土，在抗渗试验中给出了一次加压法，测定混凝土在恒定水压力作用下试件的渗水高度，计算相对渗透系数。按照一次加压法进行混凝土的抗渗试验，渗透系数可按式（6-1）计算，即

$$K=\frac{md^2}{2th} \tag{6-1}$$

式中 K——渗透系数，cm/s；

m——混凝土的吸水率，一般为0.03；

d——平均渗水高度，cm；

t——恒压经过时间，s；

h——水压力，以水柱高度表示，cm。

国外的混凝土坝通常用渗透系数作为混凝土渗透性的评定标准，在试验室内测定施加压力水后渗透过碾压混凝土试件的渗水量，利用达西（Darcy）定律，求得该试件碾压混凝土的渗透系数。将式（6-1）用于逐级加压法，可得表6-2。

表6-2　　混凝土室内试件抗渗等级与渗透系数的对照关系

抗渗等级	渗透系数 k（$\times10^{-10}$cm/s）	抗渗等级	渗透系数 k（$\times10^{-10}$cm/s）
W2	196	W8	26
W4	78	W10	18
W6	42	W12	13

6.2.1.2 芯样室内试验抗渗等级与渗透系数的对照关系

龙滩工程科技攻关期间，采用江垭工程芯样室内渗流试验成果采用回归分析的方法建立了芯样渗透系数与抗渗等级的相关关系，江垭二级配碾压混凝土初渗压力与渗透系数拟合关系见式（6-2）和图6-1，江垭全部碾压混凝土（包括二级配和三级配）初渗压力与渗透系数拟合关系见式（6-3）和图6-2，二级配碾压混凝土初渗压力累计概率曲线见图6-3。

$$\text{Ln}k=-2.13\times\text{Ln}p-20.64\text{（相关系数 }r=0.77\text{）} \tag{6-2}$$

$$\text{Ln}k=-2.08\times\text{Ln}p-20.32\text{（相关系数 }r=0.73\text{）} \tag{6-3}$$

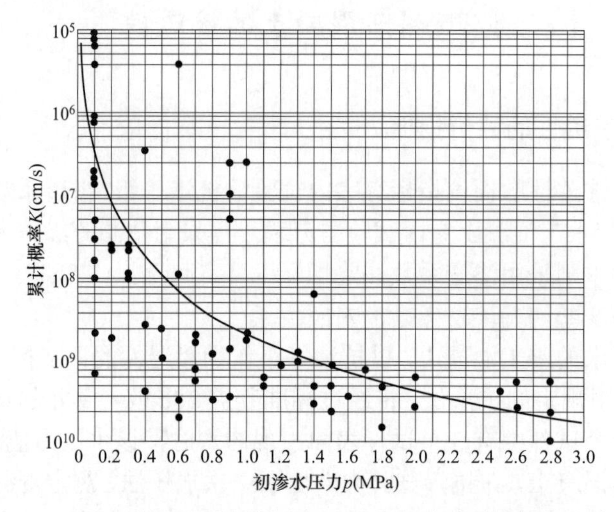

图 6-1 江垭二级配碾压混凝土初渗压力与渗透系数拟合关系曲线

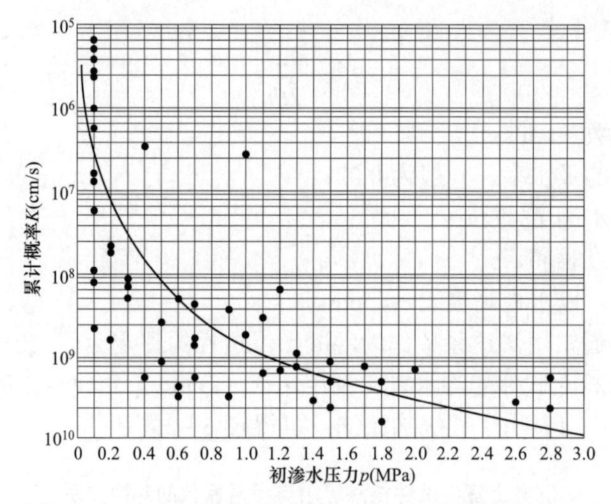

图 6-2 江垭全部碾压混凝土（包括二级配和三级配）初渗压力与渗透系数拟合关系曲线

采用数理统计方法，建立芯样渗透系数与初渗压力的累计概率曲线，引入确定抗渗等级定义中隐含的保证率概念（66.7%），从而确定江垭碾压混凝土的抗渗等级为 W8，对应的渗透系数为 10^{-9}cm/s。

抗渗等级试验的优点是试验简单、直观，但是没有时间概念，不能正确反映碾压混凝土实际抗渗能力。中国水利水电科学研究院的试验结果表明，配合比设计良好的龙滩大坝碾压混凝土，在 4MPa 水压力作用下，历时 1 个月不透水，抗渗等级大于 W40。当今，我国原材料的生产工艺和质量，以及混凝土浇筑技术水平均有较大发展和进步，不论是常规混凝土，还是碾压混凝土抗渗等级都超过 W12 要求 1 倍以上。自 2000 年以来，中国水利水电科学研究院进行了十余个碾压混凝土工程抗渗等级试验，均表明抗渗等级已失去作为碾压混凝土渗透性评定指标的意义，而采用渗透系数指标更为直接，工程涵义清楚。

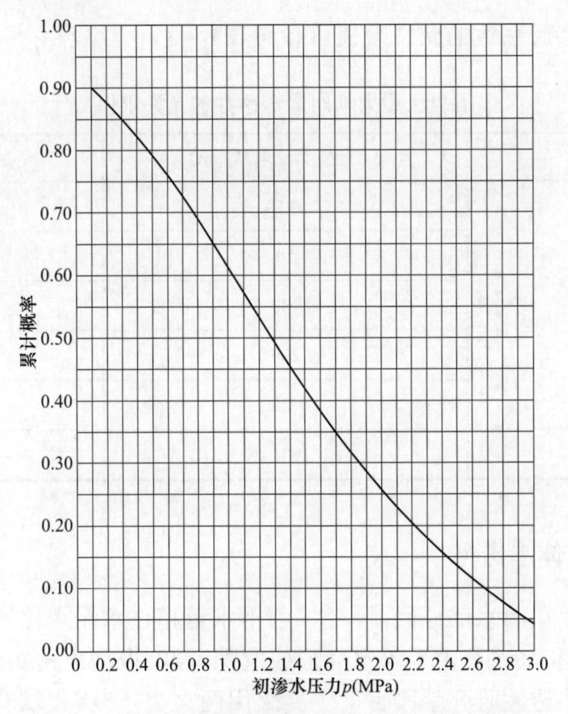

图 6-3　二级配碾压混凝土初渗压力累计概率曲线

6.2.1.3　现场压水试验透水率与渗透系数的对照关系

现场压水试验评价碾压混凝土坝渗透性的方法为国际上普遍使用的吕荣试验法，压水试验结果给出介质的透水率 q（Lu）。通常用下述公式根据透水率计算渗透系数，前提是碾压混凝土处于饱和状态，渗流影响半径等于试段长度 l，即

$$k = \frac{Q}{2\pi pl}\ln\frac{l}{\gamma_0} \tag{6-4}$$

式中　k——渗透系数，m/s；

Q——压入流量，m^3/s；

p——试验压力，m；

l——试段长度，m；

γ_0——钻孔半径，m。

1Lu 相当于渗透系数为 10^{-5}cm/s。

根据龙滩碾压混凝土坝试验浇筑块现场压水试验结果，层面的水力隙宽约 20μm，此时坝体沿层面切向的主渗透系数已达 3.35×10^{-6}cm/s，沿层面切向与法向的主渗透系数的各向异性比达 3～4 个数量级。与室内芯样试验结果相比较，压水试验所给出的层面水力隙宽约要大一个数量级，这与两种试验方法的差异性及不同的试验水力环境等条件有关，室内试验是先将试件充分浸水饱和及充分渗水后，再正式进行测试渗流量的准备工作，而现场压水试验在正式测试渗流量前，未进行足够长时间的预压注水，试验影响区未能充分吸水饱和。在原始记录资料中，明显地反映出开始低压力时的压水吸水率大于后期高压力时的吸水率这一“异常”现象。

混凝土重力坝对渗透系数的允许限值可参考表6-3。

表6-3　　混凝土重力坝对渗透系数的允许限值

提出者	混凝土重力坝坝高（m）	渗透系数允许限值（cm/s）
美国汉森（Hansen）	<50	$<10^{-6}$
	50	$<10^{-7}$
	100	$<10^{-8}$
	200	$<10^{-9}$
	>200	$<10^{-10}$
英国邓斯坦（Dunstan）	200	$<10^{-9}$

6.2.2　碾压混凝土本体渗透性

碾压混凝土本体存在渗水的原因是：① 因用水量超过水泥水化所需水量而在内部形成毛细管通道；② 骨料和水泥石由于泌水而形成空隙；③ 振动不密实而造成的孔洞。

碾压混凝土本体渗透性研究手段目前主要采用两大类：一类是试验室圆柱体试件的抗渗试验成果，另一类是垂直层面的现场芯样的抗渗试验成果。

表6-4～表6-7分别列出了国内外典型RCC重力坝芯样垂直层面渗透系数或试验室圆柱体试件抗渗试验结果。

表6-4　　柳溪坝室内圆柱体试件试验成果表

水泥（kg/m^3）	粉煤灰（kg/m^3）	骨料（mm）	水压（MPa）	渗透系数（cm/s）
47	19	80	0.45	6.58×10^{-9}
47	19	80	0.9	6.92×10^{-9}
104	47	80	0.45	1.80×10^{-10}
104	47	80	0.9	1.50×10^{-10}
186	80	40	0.45	4.00×10^{-10}
186	80	40	0.9	9.00×10^{-10}

表6-5　　龙滩现场碾压试验芯样垂直层面渗透系数统计表

工况	胶凝材料（kg/m^3）		级配	层面施工条件		渗透系数（cm/s）	
	水泥	粉煤灰		间歇时间（h）	层面处理	最大值	最小值
C	70	150	3	7.5	铺30mm厚水泥砂浆	3.1×10^{-10}	8.3×10^{-11}
E	70	150	2.5	4	不处理	1.5×10^{-8}	5.7×10^{-11}
F	75	105	3	7	铺30mm厚小石子混凝土	4.0×10^{-9}	5.4×10^{-11}

表 6-6　江垭室内芯样本体渗流试验统计成果表

项目	二级配碾压混凝土	三级配碾压混凝土
	本体	本体
样本容量	4	5
最大值（cm/s）	1.1×10^{-9}	1.75×10^{-6}
最小值（cm/s）	9×10^{-12}	2.29×10^{-10}
均值（cm/s）	9.2×10^{-11}	7.99×10^{-9}
倍差	1.2×10^{2}	7.6×10^{3}
均方差 σ	1.166	1.525
变异系数 C_v	0.116	0.188

表 6-7　国内外典型 RCC 重力坝芯样垂直层面渗透系数统计表

工程名称	渗透系数（cm/s）
柳溪（Willow Creek 美国）	1.03×10^{-8}～1.7×10^{-9}
洛斯特溪（Lost Creek 美国）	1.13×10^{-8}～4.0×10^{-10}
水道试验站（美国）	5.0×10^{-10}～2.0×10^{-10}
铜街子（中国）	4.3×10^{-9}～5.0×10^{-9}
岩滩（中国）	1.3×10^{-8}～8.6×10^{-10}
奥利维特斯（法国）	1.0×10^{-9}
江垭（中国）	9×10^{-12}～1.1×10^{-9}（二级配）
龙滩（中国）	1.5×10^{-8}～1.5×10^{-10}（准二级配）

从表 6-4～表 6-7 中可以看出：

（1）表 6-4 柳溪坝室内圆柱体试件试验成果中：胶凝材料从 66（47+19）kg/m^3 增加 266（186+80）kg/m^3，渗透系数从 6.58×10^{-9} 变化到 4.0×10^{-10}cm/s，表明碾压混凝土本体的渗透系数随着胶凝材料用量增加而提高，特别是胶凝材料用量高于 150kg/m^3 的碾压混凝土本体的渗透系数达到甚至超过了常规混凝土坝；而随着作用水压的变化，其渗透系数变化不大。表 6-5 龙滩现场碾压试验芯样垂直层面渗透系数统计也反映了该规律。

（2）表 6-6 表明，二级配碾压混凝土随着其胶凝材料用量的提高，二级配 RCC 渗透系数普遍比三级配 RCC 小 1 个数量级以上。

（3）表 6-7 中几个典型碾压混凝土坝芯样垂直层面渗透成果中：各工程芯样垂直层面渗透系数为 9×10^{-12}～1.5×10^{-8}cm/s，其碾压混凝土本体的渗透系数已接近或者达到常态混凝土坝的水平（常态混凝土坝渗透系数一般是 5×10^{-10}～50×10^{-10}cm/s）。

综上所述，碾压混凝土只要配合比选择适当，胶凝材料合适，精心施工，加强质量监控，其本体的抗渗性可以达到常规混凝土的水平。

6.2.3 碾压混凝土层（缝）面渗透性

6.2.3.1 碾压混凝土层（缝）面渗透性能分析

碾压混凝土是一种典型的成层体系结构，众多的层面使层间结合的质量难于完全控制，而层间结合的好坏将直接影响结构的抗渗性能。碾压混凝土层面抗渗性的试验研究，目前主要有2种方法：一种是在RCC中取出含层面的芯样，加工成试件后，沿平行层面方向做渗流试验；另一种是在现场钻孔做层间压水试验。这两种方法均可在一定程度上代表RCC沿层面方向的平均渗流特性。

1. 含层面芯样室内试验成果

表6-8～表6-10列出了国外一些工程以及龙滩、江垭碾压混凝土大坝芯样渗流试验成果。

表6-8　　国外部分碾压混凝土芯样平行层面抗渗性成果表

工程名称	水泥用量（kg/m³）	粉煤灰用量（kg/m³）	渗透系数（cm/s）
洛斯特溪测试断面	56	44	1.11×10^{-8}
洛斯特溪测试断面	71	83	1.26×10^{-9}
洛斯特溪测试断面	139	0	3.84×10^{-9}
水道试验站试验	305	0	3.00×10^{-10}

表6-9　　龙滩现场碾压试验芯样平行层面渗透系数统计表

工况	胶凝材料（kg/m³）		级配	层面施工条件		实验单位	渗透系数（cm/s）	
	水泥	粉煤灰		间歇时间（h）	层面处理		最大值	最小值
C	70	150	3	7.5	铺30mm厚水泥砂浆	水科院	7.8×10^{-9}	1.8×10^{-9}
						河海大学	2.8×10^{-7}	6.0×10^{-10}
D	70	150	3	3	不处理	河海大学	6.3×10^{-9}	3.1×10^{-10}
E	70	150	2.5	4	不处理	水科院	3.9×10^{-9}	5.7×10^{-10}
						河海大学	2.0×10^{-8}	4.4×10^{-11}
F	75	105	3	7	铺30mm厚小石子混凝土	水科院	6.8×10^{-9}	4.0×10^{-10}
						河海大学	4.4×10^{-8}	3.6×10^{-11}
G	75	105	3	4.5	不处理	水科院	9.1×10^{-8}	1.6×10^{-8}
H	75	105	3	5.5	铺10mm厚砂浆	河海大学	5.6×10^{-9}	1.9×10^{-11}
I	90	110	3	5	不处理	水科院	8.8×10^{-8}	9.8×10^{-11}
J	90	60	3	72	打毛、冲洗铺砂浆	河海大学	1.99×10^{-7}	1.31×10^{-9}

注　中国水利水电科学研究院简称水科院。

表 6-10　江垭室内芯样渗流试验统计成果表

项目		二级配碾压混凝土				三级配碾压混凝土			
		总体	含层面	含缝面	本体	总体	含层面	含缝面	本体
样本容量		62	27	31	4	21	12	4	5
最大值（cm/s）		3.89×10^{-6}	1.27×10^{-7}	3.89×10^{-6}	1.1×10^{-9}	1.75×10^{-6}	5.5×10^{-7}	1.5×10^{-7}	1.75×10^{-6}
最小值（cm/s）		9×10^{-12}	9×10^{-12}	9×10^{-12}	9×10^{-12}	2.29×10^{-10}	2.61×10^{-10}	4.16×10^{-10}	2.29×10^{-10}
倍差		4.3×10^{-5}	1.4×10^{4}	4.3×10^{5}	1.2×10^{2}	7.6×10^{3}	2.1×10^{3}	3.6×10^{2}	7.6×10^{3}
均方差σ		1.426	1.176	1.567	1.166	1.178	1.444	1.099	1.525
变异系数 C_V		0.159	0.127	0.182	0.116	0.146	0.144	0.131	0.188
各保证率下的渗透系数（cm/s）	%	1.02×10^{-9}	5.6×10^{-10}	2.35×10^{-9}	9.18×10^{-11}	8.4×10^{-9}	1.06×10^{-8}	4.38×10^{-9}	7.99×10^{-9}
	60%	2.34×10^{-9}	—	—	—	1.67×10^{-8}	—	—	—
	66.7%	4.21×10^{-9}	—	—	—	2.71×10^{-8}	—	—	—
	70%	5.71×10^{-9}	—	—	—	3.48×10^{-8}	—	—	—
	80%	1.62×10^{-8}	—	—	—	8.24×10^{-8}	—	—	—
	90%	6.85×10^{-8}	—	—	—	2.72×10^{-8}	—	—	—

表 6-8～表 6-10 表明碾压混凝土平行层面渗透系数同样随着胶凝材料用量的增加而减少，增加胶凝材料用量有助于改善 RCC 层面的结合，提高层面的抗渗性，层面结合良好时，其抗渗性能可接近 RCC 本体。试验也表明，平行层面的渗透系数离散性较大，层面渗流的均匀性较差，反映出由于层面的存在，RCC 的渗流特性具有横观各向同性的特性。

2. 现场钻孔层间压水试验成果

现场压水试验是评价碾压混凝土渗透性的重要方法，其可靠性、正确性是至关重要的。根据对碾压混凝土的测试要求，压水试验的试段长度按每次升程确定，一般可作两种考虑：一种是每一试段长度含一个冷缝层面，即为一个升程高度；另一种是一个升程高度分两个试段长度，一段（即 1/2 升程高度）不含冷缝层面，习惯叫碾压混凝土本体，另一段（即 1/2 升程高度）含冷缝层面，也即碾压混凝土现场钻孔层间压水试验。

由于碾压混凝土本体的透水能力较小，现场压水试验所得试验成果往往是反映了碾压混凝土缝面切向的透水性和渗透系数，很大程度上是碾压混凝土的综合渗透性的体现。

表 6-11～表 6-14 是国内外几座大坝的现场压水试验成果。

表 6-11　天生桥二级大坝压水试验成果表

配合比编号	级配	胶凝材料（kg/m^3）		孔号	单位吸水率［L/（min·m·m）］	渗透系数（cm/s）
		水泥	粉煤灰			
天-8	3	55	85	1	0.005 9	6.66×10^{-6}
					0.004	4.35×10^{-6}
				2	0.046	5.00×10^{-5}
					0.003 5	3.95×10^{-6}
				3	0.036	4.60×10^{-5}

表 6-12　　柳溪坝、观音阁及铜街子坝的压水试验结果

坝名		平均渗透系数（cm/s）	层间间歇时间（h）	备注
Willow Creek		3.00×10^{-3}		坝体曾严重渗水
观音阁		7.64×10^{-4}		为日本 RCD 式施工的重力坝
铜街子	孔 R_{B-1}	1.35×10^{-8}	＜1	层面未处理
	孔 R_{B-2}	1.96×10^{-8}	168	层面刷毛铺富胶质砂浆层
	孔 R_{B-3}	1.96×10^{-8}	672	层面刷毛铺富胶质砂浆层
	孔 R_{B-4}	4.20×10^{-9}	672	层面刷毛铺纯水泥浆层

表 6-13　　观音阁水电站大坝压水试验成果表

序号	坝体压水试验		层间压水试验		备注
	单位吸水率［L/（min·m·m）］	渗透系数（cm/s）	单位吸水率［L/（min·m·m）］	渗透系数（cm/s）	
1	0.18	1.4×10^{-4}	4.05	2.2×10^{-3}	大坝采用日本 RCD 工法施工，碾压层厚 750mm，层面均进行刷毛铺砂浆处理。坝体碾压混凝土水泥用量为 84kg/m³，粉煤灰用量 36kg/m³
2	0.11	8.2×10^{-5}	13.13	7.2×10^{-3}	
3	0.115	8.9×10^{-5}	0.203	1.1×10^{-4}	
4	0.16	1.3×10^{-4}	0.725	3.8×10^{-4}	
5	0.042	3.2×10^{-5}	0.188	9.8×10^{-5}	
6	0.012	9.3×10^{-6}	0.208	1.1×10^{-4}	
7	0.13	1.0×10^{-4}	0.162	9.8×10^{-5}	
8	0.058	4.4×10^{-5}	0.225	1.2×10^{-4}	
9	0.003	2.2×10^{-6}	0.272	1.5×10^{-4}	
10	0.003	2.1×10^{-6}	0.507	2.8×10^{-4}	
11	0.112	8.5×10^{-5}	0.507	2.7×10^{-4}	
12	0.42	3.2×10^{-4}	0.768	4.1×10^{-4}	
13	0.3	2.3×10^{-4}	1.307	7.0×10^{-4}	
14	0.056	4.3×10^{-5}	1.47	7.9×10^{-4}	
15	0.24	1.8×10^{-4}	0.56	3.0×10^{-4}	
16	0.51	3.9×10^{-4}	0.99	5.1×10^{-4}	
17	0.18	1.4×10^{-4}	0.76	4.0×10^{-4}	
18	0.03	2.3×10^{-5}	1.15	6.0×10^{-4}	
19	0.13	9.9×10^{-5}	0.81	4.2×10^{-4}	
20	0.003	2.1×10^{-6}	0.26	1.3×10^{-4}	

表 6-14　　水口水电站大坝压水试验成果表

胶凝材料（kg/m³）		部位	孔号	段数	单位吸水率［L/（min·m·m）］	渗透系数（cm/s）
水泥	粉煤灰					
50	110	27 坝块	1	Ⅰ	0.009 8	1.02×10^{-5}
				Ⅱ	0.008 9	8.8×10^{-6}
			2	Ⅰ	0.006	6.14×10^{-6}
				Ⅱ	0.001	9.92×10^{-7}
50	110	29 坝块	3	Ⅰ	0.003	3.01×10^{-6}
				Ⅱ	0.000 4	4.11×10^{-7}
				Ⅲ	0.000 2	2.02×10^{-7}
			4	Ⅰ	0.005	3.75×10^{-6}
				Ⅱ	0.005	5.23×10^{-6}
				Ⅲ	0.009	9.56×10^{-6}
		18 坝块	1	Ⅲ	0.006	6.04×10^{-6}
				Ⅳ	0.004	4.32×10^{-6}
				Ⅴ	0.002	2.18×10^{-6}
				Ⅵ	0.004	4.16×10^{-6}
				Ⅶ	0.003	3.18×10^{-6}
			2	Ⅴ	0.013	1.14×10^{-5}
				Ⅵ	0.006	6.6×10^{-6}
				Ⅶ	0.250	2.5×10^{-4}

早期的碾压混凝土层面成为碾压混凝土坝渗流的薄弱面，众多层面的存在导致碾压混凝土坝的渗流不同于常态混凝土坝，同时，胶凝材料用量的增加将有助于提高层面抗渗性，施工间歇时间较长、进行刷毛铺设砂浆垫层处理的层面的抗渗性不及层面不处理、在混凝土初凝时间以内连续碾压施工的层面。

表 6-15～表 6-20 列出了普定、汾河二库和大朝山等工程压水试验统计分析成果。

表 6-15　　普定碾压混凝土拱坝现场压水试验结果

混凝土强度	级配	胶凝材料（kg/m³）		孔号	单位吸水率［L/（min·m·m）］	渗透系数（cm/s）
		水泥	粉煤灰			
R_{90-200}	2	85	103	Y_{s1}	0.002 3	4.18×10^{-6}
				Y_{s2}	0.000 7	1.27×10^{-6}
				Y_{s3}	0.001 0	1.82×10^{-6}
				Y_{s4}	0.000 2	3.64×10^{-7}

续表

混凝土强度	级配	胶凝材料（kg/m³）		孔号	单位吸水率 [L/（min·m·m）]	渗透系数 （cm/s）
		水泥	粉煤灰			
R_{90-200}	2	85	103	Y_{s5}	0.000 7	1.27×10^{-6}
				Y_3	0.001 0	1.79×10^{-6}
				Y_4	0.002 5	4.48×10^{-6}
R_{90-150}	3	54	99	Y_{s6}	0.001 9	3.34×10^{-6}
				Y_{s7}	0.001 5	2.65×10^{-6}
				Y_{s7-1}	0	0
				Y_{s7-2}	0.009 4	1.63×10^{-5}
				Y_{s8}	0.003 0	4.97×10^{-6}
				Y_{s8-1}	0.001 1	1.94×10^{-6}
				Y_{s8-2}	0.006 3	1.09×10^{-5}

表 6-16　汾河二库压水试验各孔段透水率特征值统计表

种类	孔号	段数	最大值（Lu）	最小值（Lu）	平均值（Lu）	二级配间歇层（Lu）			二级配碾压层（Lu）			极端最大（Lu）	极端最小（Lu）	加权平均（Lu）
						最大值	最小值	平均值	最大值	最小值	平均值			
二级配	1	23	0.028 44	0.000 71	0.005 46	0.028 44	0.001 6	0.006 24	0.009 24	0.000 71	0.004 46	0.050 41	0.000 71	0.005 75
	2	28	0.009 96	0.001 42	0.003 51	0.009 96	0.001 66	0.004	0.008 53	0.001 42	0.002 94			
	3	26	0.021 11	0.002 13	0.006 43	0.021 11	0.003 13	0.007 5	0.017 07	0.002 1	0.005 29			
三级配	4	33	0.050 41	0.000 71	0.005 75	—	—	—	—	—	—			

表 6-17　汾河二库碾压混凝土现场压水试验统计表

项目	透水率（Lu）					合计
	0～0.000 9	0.001～0.009	0.01～0.09	0.1～0.9	＞1	
段次	1	102	7	0	0	110
百分率（%）	0.9	92.7	6.4	0	0	100

表 6-18　大朝山碾压混凝土坝现场压水试验透水率统计表

部位	压水段数	统计项目	透水率（Lu）						最大值（Lu）	最小值（Lu）	平均值（Lu）
			＜0.1	0.1～0.3	0.3～0.5	0.5～1	1～3	＞3			
11、12、15 号坝段	41	段数	16	10	4	4	5	2	4.545	0	0.538 6
		百分率（%）	39	24	10	10	12	5			

续表

部位	压水段数	统计项目	透水率（Lu）						最大值（Lu）	最小值（Lu）	平均值（Lu）
			＜0.1	0.1～0.3	0.3～0.5	0.5～1	1～3	＞3			
16、17 号坝段	46	段数	6	14	9	14	1	2	3.898	0	0.545 6
		百分率（%）	13	30	20	30	2	4.3			
合计	87	段数	22	24	13	18	6	4	4.545	0	0.542 1
		百分率（%）	25	28	15	21	6	4.6			

表 6－19　　大朝山碾压混凝土现场压水试验统计表

项目	透水率（Lu）						合计
	0～0.000 1	0.000 1～0.001	0.001～0.01	0.01～0.1	0.1～1	＞1	
段次	4	3	27	26	13	1	110
百分率（%）	5.41	4.05	36.49	35.13	17.57	1.35	100

表 6－20　　汾河二库和大朝山碾压混凝土压水试验统计分析表

项目		二级配 RCC				三级配 RCC
		汾河二库			大朝山	汾河二库
		连续层	间歇层	全部		
样本容量（个）		38	39	77	74	33
最大值（Lu）		0.017	0.028 4	0.028 4	3.524	0.050 41
最小值（Lu）		0.000 71	0.001 7	0.000 71	0.000 005	0.002 13
均方差σ		0.304	0.285	0.3	1.148	0.285
变异系数 C_V		0.123	0.122	0.125	0.586	0.126
各保证率下的透水率（Lu）	50%	0.003 4	0.004 6	0.004	0.011	0.005 4
	60%	0.004 1	0.005 5	0.004 7	0.021	0.006 4
	66.7%	0.004 6	0.006 2	0.005 4	0.034	0.007 1
	70%	0.004 9	0.006 5	0.005 7	0.044	0.007 6
	80%	0.006 1	0.008 1	0.007 1	0.101	0.009 3
	90%	0.008 4	0.010 7	0.009 7	0.325	0.012 5

表 6－21、表 6－22 列出了江垭碾压混凝土现场压水试验透水率和现场压水试验统计分析成果。

表 6-21　　江垭碾压混凝土现场压水试验透水率统计表

项目		透水率（Lu）											
		<0.000 1	0.000 1～0.001	0.001～0.005	0.005～0.01	0.01～0.05	0.05～0.1	0.1～0.5	0.5～1	1～5	5～10	>10	合计
二级配	样本 1	0	0	0	0	6.67	22.22	46.67	4.44	11.11	4.44	4.44	100
	样本 2	0	0	0	0	8.33	27.78	58.33	2.78	2.78	0	0	100
	样本 3	5.63	5.63	14.08	8.45	25.35	7.04	14.08	5.63	5.63	7.04	1.41	100
	样本 4	5.21	9.38	26.04	8.33	26.04	6.25	12.5	3.13	2.08	1.04	0	100
	样本 5	2.5	10	17.5	7.5	27.5	10	15	7.5	2.5	0	0	100
	样本 6	9.09	10.91	30.91	10.91	20	5.45	9.09	0	1.82	1.82	0	100
	样本 7	0	0	8.6	11.83	22.58	8.6	19.35	9.68	13.98	3.23	2.15	100
	样本 8	3.46	5	16.54	9.62	24.62	7.31	15.38	6.15	7.31	3.46	1.15	100
	样本 9	5.39	7.78	20.96	8.38	25.75	6.59	13.17	4.19	3.59	3.59	0.6	100
三级配	样本 10	0	0	0	0	8.33	8.33	50	0	8.33	8.33	16.67	100
	样本 14	1.87	1.87	9.43	7.55	22.64	13.21	18.87	1.89	18.87	3.77	0	100
	样本 15	2.22	2.22	8.89	6.67	15.56	15.56	20	2.22	22.22	4.44	0	100

表 6-22　　江垭大坝碾压混凝土现场压水试验统计成果表

项目		二级配碾压混凝土									三级配碾压混凝土					
		样本 1	样本 2	样本 3	样本 4	样本 5	样本 6	样本 7	样本 8	样本 9	样本 10	样本 11	样本 12	样本 13	样本 14	样本 15
样本容量（个）		45	36	71	96	40	56	93	260	167	12	14	31	8	53	45
最大值（Lu）		25.26	1.68	13.8	7.464	1.067	7.464	15.56	15.56	13.8	83.56	5.35	6.141	0.129	6.141	6.14
最小值（Lu）		0.019	0.019	1×10^{-5}	1×10^{-5}	1×10^{-5}	1×10^{-5}	0.002	1×10^{-5}	1×10^{-5}	0.044	0.01	1×10^{-5}	0.003	1×10^{-5}	1×10^{-5}
倍差		1.3×10^{3}	8.8	1.4×10^{6}	7.5×10^{5}	1.1×10^{5}	7.5×10^{5}	7.8×10^{3}	1.6×10^{6}	1.4×10^{6}	1.9×10^{3}	5.4×10^{2}	6.1×10^{5}	38	6.1×10^{5}	6.1×10^{5}
均方差 σ		0.709	0.394	1.404	1.173	1.085	1.262	1.029	1.264	1.291	1.067	0.865	1.310	0.503	1.219	1.277
变异系数 C_v		1.332	0.482	0.904	0.590	0.63	0.55	1.043	0.836	0.716	6.452	2.761	0.963	0.283	1.064	1.235
各保证率下的透水率（Lu）	50%	0.294	0.152	0.028	0.010	0.019	0.005	0.103	0.031	0.016	0.683	0.486	0.044	0.017	0.071	0.092
	60%	0.444	0.192	0.064	0.020	0.036	0.011	0.188	0.064	0.033	—	—	—	—	0.146	0.195
	66.7%	0.594	0.225	0.113	0.033	0.056	0.018	0.287	0.108	0.057	—	—	—	—	0.24	0.329
	70%	0.691	0.245	0.153	0.042	0.07	0.023	0.357	0.142	0.075	—	—	—	—	0.311	0.432
	80%	1.160	0.327	0.426	0.1	0.156	0.058	0.757	0.357	0.192	—	—	—	—	0.759	1.098
	90%	2.377	0.487	1.766	0.327	0.467	0.21	2.147	1.284	0.709	—	—	—	—	2.608	4.005

江垭碾压混凝土坝现场压水试验既包含现场碾压试验块上进行的，也包含坝体上进行的；既包含二级配碾压混凝土，也包含三级配碾压混凝土；既包含平层碾压，也包含斜层碾压。试验段次多，试验条件也不尽相同，为便于进行整理分析，按如下情况进行样本划分：

样本1：碾压试验块上进行的二级配碾压混凝土压水试验成果；

样本2：在样本1基础上剔除部分外逸孔段的成果；

样本3：第一次现场压水试验二级配碾压混凝土试验成果；

样本4：第二次现场压水试验二级配碾压混凝土试验成果；

样本5：第二次现场压水试验二级配碾压混凝土平层试验成果；

样本6：第二次现场压水试验二级配碾压混凝土斜层试验成果；

样本7：第三次现场压水试验二级配碾压混凝土试验成果；

样本8：一、二、三次现场压水试验二级配碾压混凝土试验成果；

样本9：第一、二次现场压水试验二级配碾压混凝土试验成果；

样本10：碾压试验块上进行的三级配碾压混凝土压水试验成果；

样本11：第一次现场压水试验三级配碾压混凝土压水试验成果；

样本12：第二次现场压水试验三级配碾压混凝土压水试验成果；

样本13：第三次现场压水试验三级配碾压混凝土压水试验成果；

样本14：一、二、三次现场压水试验三级配碾压混凝土压水试验成果；

样本15：一、二次现场压水试验三级配碾压混凝土压水试验成果。

上述样本中，样本1、样本2和样本10与其他样本的差别主要是压水试验工艺的不同；样本5和样本6主要是施工工艺的不同；样本3、样本4、样本7主要是反映大坝施工各阶段施工质量情况；样本8反映在大坝施工全过程中总体的施工质量情况；样本7和样本13是第三次现场压水试验成果，试验部位为大坝上部，据现场情况反馈，施工中出现了质量控制放松的情况，在设计上对上部混凝土的各项性能要求也有所降低；样本9和样本15剔除了第三次现场压水试验成果，更能反映目前碾压混凝土的施工水平和所能达到的品质。

由于所收集的江垭工程的渗流试验资料较丰富，所以采用这些资料通过数理统计的方法研究碾压混凝土渗透系数的分布规律。

每一个试件（压水段）所测定的渗透系数（透水率）x_1、x_2、…、x_n作为样本观察值构成总体X，X的分布为未知，假定总体X服从对数正态分布，分别采用χ^2适度准则和柯尔莫哥洛夫检验对总体分布函数的假设进行检验。

将二级配碾压混凝土、三级配碾压混凝土的各类试件分别合并成两个相对较大的样本，检验结果表明：在显著性水平0.05条件下进行假定检验，两个芯样渗流试验样本均符合对数正态分布；在显著性水平$\alpha=0.05$情况下，碾压混凝土现场压水试验的混凝土透水率同样服从对数正态分布。

根据以上研究成果，由碾压混凝土渗流试验成果构成的样本总体Y的分布函数为

$$f(y)=\frac{1}{\sqrt{2\pi}\sigma}\mathrm{e}^{-\frac{(y-\mu)^2}{2\sigma^2}} \tag{6-5}$$

累积概率（保证率）函数为

$$P(y)=\frac{1}{\sqrt{2\pi}\sigma}\int_{-\infty}^{y}\mathrm{e}^{-\frac{(y-\mu)^2}{2\sigma^2}}\mathrm{d}y \tag{6-6}$$

采用极大似然估计法估计总体Y的均值、均方差和变异系数，并可以求得各保证率所对应的渗透系数。

均值为

$$\mu=\frac{1}{n}\sum_{i=1}^{n}y_i$$

均方差为

$$\sigma=\sqrt{\frac{\sum_{i=1}^{n}(y_i-\mu)^2}{n-1}}$$

变异系数为

$$C_v=\frac{\sigma}{|\mu|}$$

龙滩工程现场碾压试验块上的现场压水试验成果见表 6-23、表 6-24。

表 6-23　　龙滩现场碾压试验各工况压水试验成果表

工况	胶凝材料（kg/m³）		层面施工条件		试件编号	单位吸水率［L/（min·m·m）］	渗透系数（cm/s）
	水泥	粉煤灰	间歇时间（h）	层面处理			
A	75	105	24	铺 15～20mm 厚水泥砂浆	ZK_{1-15}	0.029 2	4.37×10^{-6}
					ZK_{1-21}	0.073 3	1.10×10^{-5}
					ZK_{1-26}	0.058 6	8.78×10^{-6}
					ZK_{1-35}	0.014 7	2.20×10^{-6}
C	70	150	7.5	铺 30mm 厚水泥砂浆	⑤	0.004 8	1.35×10^{-6}
						0.004 1	1.16×10^{-6}
						0.002 9	8.18×10^{-7}
					⑥	0.002 7	7.62×10^{-7}
						0.004 1	1.16×10^{-6}
						0.002 9	8.18×10^{-7}
					⑦	0.003 2	9.03×10^{-7}
						0.004 3	1.21×10^{-6}
						0.002 7	7.62×10^{-7}
					⑧	0.005 2	1.47×10^{-6}
						0.003 9	1.10×10^{-6}
						0.002 9	8.18×10^{-7}
E	70	150	4	不处理	⑤	0.007 4	2.09×10^{-6}
						0.000 2	5.64×10^{-8}
						0.011 8	3.33×10^{-6}

续表

工况	胶凝材料（kg/m^3）		层面施工条件		试件编号	单位吸水率［L/（min·m·m）］	渗透系数（cm/s）
	水泥	粉煤灰	间歇时间（h）	层面处理			
E	70	150	4	不处理	⑥	0.002 6	7.34×10^{-7}
						0.001 1	3.10×10^{-7}
						0.000 4	1.13×10^{-7}
					⑦	0.002 4	6.77×10^{-7}
						0.001 3	3.67×10^{-7}
						0.001 1	3.10×10^{-7}
					⑧	0.002 6	7.34×10^{-7}
						0.001 3	3.67×10^{-7}
						0.000 7	1.97×10^{-7}
B	75	105	4～6	不处理	ZK_{2-2}	0.029 6	4.43×10^{-6}
					ZK_{2-9}	0.044	6.59×10^{-6}
					ZK_{2-23}	0.014 7	2.20×10^{-6}
					ZK_{2-38}	0.029 6	4.43×10^{-6}
D	70	150	3	不处理	①	0.008 9	2.51×10^{-6}
						0.009 7	2.74×10^{-6}
						0.002 4	6.77×10^{-7}
					②	0.006 2	1.75×10^{-6}
						0.006 2	1.75×10^{-6}
						0.006 2	1.75×10^{-6}
					③	0.004 6	1.30×10^{-6}
						0.003 6	1.02×10^{-6}
						0.004 1	1.16×10^{-6}
					④	0.003 9	1.10×10^{-6}
						0.006 6	1.86×10^{-6}
						0.004 1	1.16×10^{-6}
F	75	105	7	铺 30mm 厚小石子混凝土	①	0.006 4	1.81×10^{-6}
						0.008 2	2.31×10^{-6}
						0.009 4	2.65×10^{-6}
					②	0.003 3	9.31×10^{-7}
						0.000 7	1.97×10^{-7}
						0.000 3	8.46×10^{-8}

续表

工况	胶凝材料（kg/m³）		层面施工条件		试件编号	单位吸水率［L/（min·m·m）］	渗透系数（cm/s）
	水泥	粉煤灰	间歇时间（h）	层面处理			
F	75	105	7	铺 30mm 厚小石子混凝土	③	0.001 4	3.95×10^{-7}
						0.001 2	3.39×10^{-7}
						0.001 0	2.82×10^{-7}
					④	0.001 0	2.82×10^{-7}
						0.000 4	1.13×10^{-7}
						0.000 4	1.13×10^{-7}

注 1. 渗透系数系根据经验公式换算而得。

2. 表中 A、B 工况均为含层面的试验值；C、D、E、F 工况每一孔中的中间数值为含层面的试验值。

表 6－24　龙滩现场碾压试验块压水试验统计成果表

样本容量	最大值（Lu）	最小值（Lu）	均方差σ	变异系数 C_V	各保证率下的透水率（Lu）					
					50%	60%	66.7%	70%	80%	90%
56	7.33	0.02	0.565	1.284	0.363	0.505	0.636	0.718	1.085	1.923

将龙滩工程的试验成果与其他工程对比分析后可知：随着胶凝材料用量的增加，龙滩大坝推荐配合比的三级配碾压混凝土的渗透性明显提高，无论层面处理与否其芯样的渗透系数接近常态混凝土的水平，现场压水试验成果比江垭样本 10 的成果要好，接近于江垭样本 1 的水平，即龙滩三级配碾压混凝土的抗渗性比江垭三级配碾压混凝土要好，接近于江垭二级配碾压混凝土的水平。

3. 芯样层（缝）面防渗性能

从上述若干工程的实际资料分析，可以得到以下结论：

（1）二级配碾压混凝土的抗渗性好于三级配碾压混凝土，但两者渗透系数上的差异不如室内芯样试验反映的那样明显。

（2）只要施工工艺得当，对各种影响因素处置较周全，作为坝体主要组成部分的三级配碾压混凝土及其层面也可获得较好的渗透性能，即使众多层面的存在也可以做到坝体抗渗性能匀质性非常好。

（3）现场压水试验成果离散性较室内芯样试验更明显。层间压水试验成果普遍比芯样试验值高 3 个数量级左右。这一方面是由于两种试验方法的不同而产生的差别；另一方面芯样试验试件的获得，经过钻孔取样和试件加工等工艺，只有层面胶结较好的试件才能经受这样的机械加工过程，试验成果一般代表了层面结合较好的情况。因此，RCC 坝的渗流各向异性的差异实际上比芯样试验所反映的更大。

（4）目前施工的碾压坝的层间结合性能和整体的抗渗性已达到较高的水平，二级配碾压混凝土 90%保证率的透水率可小于 1Lu。

（5）斜层浇筑作为一种施工工艺有助于提高层间结合性能，增强坝体抗渗性。

（6）随着层面施工质量的提高，施工缝面的抗渗性反而有可能较层面弱，应进一步加强缝面处理措施的研究。

（7）适量的石粉等惰性材料的含量有助于提高碾压混凝土的抗渗性、密实性和均匀性。

（8）由于碾压混凝土配合比中胶凝材料少，施工时碾压不够，密实度低；由于灰浆量较少，运输和摊铺过程中产生骨料分离，使局部粗骨料集中，形成孔隙和渗水通道；由于施工仓面大，运输和拌和能力不足，或施工环境气温高，层面产生冷缝或施工时层面污染而形成渗水通道。层面是潜在的抗渗薄弱环节，碾压混凝土抗渗性总体具有横观各向同性的特点。层面结合质量控制是保障碾压混凝土抗渗性能的关键环节。

6.2.3.2 碾压混凝土层（缝）面抗渗对策

碾压混凝土层间结合的好坏将直接影响碾压混凝土的抗渗性能。鉴于此，国内外许多学者针对碾压混凝土层面处理措施展开了一系列试验，通过不同试验方案比选，得出了一系列推荐性结论，对实际工程应用提供了良好借鉴。杨华全等人（1996 年）结合三峡工程碾压混凝土的施工特点，对不同层面间隔时间，不同层面处理方式的层面劈裂抗拉强度、层面抗剪强度及层面抗渗性能进行了试验研究；林长农等人（2000 年）在其“九五”国家重点科技攻关项目中研究了在不同层间间隔时间条件下，采用不同的胶凝材料用量，对碾压混凝土层面分别采取不处理，铺水泥粉煤灰浆（简称水泥净浆）、水泥砂浆等措施对碾压混凝土层面抗渗性能的影响等。

在“九五”国家重点科技攻关“高碾压混凝土重力坝渗流分析和防渗结构的研究”专题中，依托龙滩工程的两种配合比，对有层面的碾压混凝土渗透试验研究分别考虑了 4h、24h、72h 三种层间间隔时间；层面不处理、铺净浆、铺砂浆三种处理方式，对胶凝材料用量则分别考虑 200kg/m^3 和 160kg/m^3 两种工况，进行渗透试验研究工作，试验研究成果见表 6－25。

表 6－25 碾压混凝土层面相对渗透系数成果表 cm/s

层面间隔时间（h）	处理层面结合的材料	试件编号	胶凝材料用量（kg/m^3）（C+F）	
			90+110	55+105
本体		—	1.7×10^{-10}	—
4	—	A4－1	4.0×10^{-10}	—
	净浆	A4－2	3.3×10^{-10}	—
	砂浆	A4－3	2.2×10^{-10}	—
本体		—	—	1.3×10^{-9}
4	—	C4－1	—	2.3×10^{-9}
	净浆	C4－2	—	1.6×10^{-9}
	砂浆	C4－3	—	2.5×10^{-10}
24	—	A24－1	4.6×10^{-10}	—
	净浆	A24－2	8.3×10^{-10}	—
	砂浆	A24－3	1.1×10^{-10}	—
		C24－3	—	2.1×10^{-10}

续表

层面间隔时间（h）	处理层面结合的材料	试件编号	胶凝材料用量（kg/m³）（C+F）	
			90+110	55+105
72	—	A72-1	4.1×10^{-9}	—
	净浆	A72-2	3.0×10^{-9}	—
	砂浆	A72-3	2.4×10^{-9}	—
	—	C72-1	—	3.1×10^{-9}
	净浆	C72-2	—	2.3×10^{-9}
	砂浆	C72-3	—	1.0×10^{-9}

研究成果表明：

（1）当层间间隔时间为4h时，即碾压混凝土初凝前，对层面处理与否，以及采用怎样的层面处理结合材料，碾压混凝土相对渗透系数差别不大，属同一数量级。但当胶凝材料用量不同时，碾压混凝土相对渗透系数有所差别，采用200kg/m³胶凝材料碾压混凝土的相对渗透系数比用160kg/m³胶凝材料碾压混凝土的层间相对渗透系数小一个数量级。

（2）当层间间隔时间为72h时，即碾压混凝土终凝以后，碾压混凝土相对渗透系数明显增大，比初凝前增加一个数量级，层面抗渗能力明显降低，说明层间间隔时间太久对碾压混凝土的抗渗性能是不利的。

（3）从不同层间间隔时间条件下两种不同的处理层面结合的材料情况看，层面铺水泥砂浆效果要好些，碾压混凝土的抗渗性能略优。

另外，被称为北环工程的美国得克萨斯州的梯级坝群，也曾在其工程试验室进行了不同层缝面处理技术的现场试验，并钻芯测定渗透系数，同样得出了层面铺水泥砂浆能有效地降低渗透系数的这一结论。不同层面处理方法的渗透系数测定结果见表6-26。

表6-26　不同层面处理方法的渗透系数测定结果表

层面处理方法	渗流方向	平均渗透系数（$\times10^{-6}$cm/s）
无缝	垂直层面	2.3
只洒水	平行层面	2.25
铺水泥浆	平行层面	2.6
铺水泥砂浆	平行层面	0.19

6.2.4　碾压混凝土综合渗透性

碾压混凝土综合渗透性的研究方法目前主要有室内芯样试验和现场压水试验两种。室内芯样试验由于试件易扰动、运输和制备过程中易损伤、代表性差、试验水力梯度大等缺点，很可能使试验成果失真。而现场压水试验则基本上反映了碾压混凝土坝整体的渗透性，既包含了结合较好的层（缝）面，也包含了层间结合不良的层（缝）面。鉴于此，主要采用所搜集的国内部分工程的现场压水试验成果对碾压混凝土的综合渗透性进行分析研究。

6.2.4.1 以透水率（Lu）表征的RCC综合渗透性研究

对龙滩、江垭、大朝山等碾压混凝土大坝的现场压水试验成果进行整理，从透水率的角度分析碾压混凝土的渗透性。表6-27列出了龙滩、江垭、大朝山等碾压混凝土大坝的现场压水试验分析样本的基本情况，表6-28、表6-29列出了主要分析成果。

表6-27 龙滩、江垭、大朝山等碾压混凝土大坝的现场压水试验分析样本的基本情况

工程名称	龙滩				江垭		大朝山	
混凝土类型	常态	二级配	三级配 R_{I} 区	三级配 R_{II} 区	二级配	三级配	二级配	三级配
样本容量	81	266	413	626	260	53	74	87
胶凝材料（kg/m^3）	213～245	220	196	175	194	160	188	168
掺合料类型	一级粉煤灰				粉煤灰		凝矿渣和凝岩混磨（PT料）	

表6-28 龙滩、江垭、大朝山等碾压混凝土大坝的现场压水试验分析样本统计

工程名称	龙滩				江垭		大朝山
混凝土类型	常态	二级配	三级配 R_{I} 区	三级配 R_{II} 区	二级配	三级配	二级配
透水率最大值（Lu）	0.4	4.46	1017	0.533	15.56	6.141	3.524
样本离散系数	0.7	0.71	0.46	0.68	0.84	1.06	0.59
50%保证率的透水率（Lu）	0.03	0.04	0.04	0.06	0.03	0.07	0.01
80%保证率的透水率（Lu）	0.24	0.28	0.13	0.3	0.36	0.76	0.1

注 所列大朝山数据均为灌浆处理后的复检成果。

表6-29 龙滩、江垭、大朝山等碾压混凝土大坝的现场压水试验透水率区间分布 %

项目		透水率统计区间（Lu）							
工程名称	混凝土类型	≤0.001	≤0.005	≤0.01	≤0.05	≤0.1	≤0.5	≤1	≤5
江垭	二级配	8.46	25	34.62	59.24	66.55	81.93	88.08	95.39
	三级配	3.74	13.17	20.72	43.36	56.57	75.44	77.33	96.2
大朝山	二级配	9.46	35.14	45.95	77.03	81.08	93.24	98.65	
	三级配	—	—	—	—	25	68	89	100
龙滩	常态	13.58	13.58	14.81	34.57	70.37	100		
	二级配	10.53	11.28	14.29	40.23	63.16	98.5	98.87	100
	三级配 R_{I} 区	2.91	5.81	10.41	65.62	81.6	97.34	99.52	100
	三级配 R_{II} 区	6.71	6.87	9.9	30.19	53.99	99.84	100	

从表 6-27～表 6-29 的统计成果可知：

（1）富胶凝材料碾压混凝土的透水率与常态混凝土透水率非常接近，离散性也基本相当。

（2）当胶凝材料用量达到一定程度时，二级配碾压混凝土与三级配碾压混凝土的透水率基本相当。

（3）随着胶凝材料用量的增加，碾压混凝土的渗透性有逐渐减少的趋势，这种趋势不但表现为透水率的减少，还表现在离散系数的减小上。

（4）胶凝材料用量达到一定程度时（170～190kg/m^3），透水率减少的趋势减缓，胶凝材料用量在 170～190kg/m^3 之间可能存在一个较经济的胶凝材料用量。

6.2.4.2　以渗透系数表征的 RCC 综合渗透性

表 6-27～表 6-28 列出了国内几个工程的现场压水试验资料。通过对表中数据进行统计分析，可初步得出以下结论：

（1）渗透系数从大至小依次排列为天生桥二级、普定工程三级配 RCC、水口、普定工程二级配 RCC 和龙滩现场碾压试验，该排列顺序与各工程胶凝材料用量的相应排列顺序相对应。即碾压混凝土的抗渗性与胶凝材料用量密切相关，中等胶凝材料和富胶凝材料用量的碾压混凝土的抗渗性比早期的贫胶凝材料碾压混凝土的抗渗性有了大大的提高。

（2）压水试验成果还显示，碾压混凝土渗透系数随胶凝材料用量的增加而减小的规律。当胶凝材料用量达到一定程度时，渗透系数基本上稳定在 10^{-7}～10^{-6}cm/s 的量级上，因此仅通过继续增加胶凝材料的用量这一途径来进一步减小渗透系数是比较困难的，也是不经济的。但是，胶凝材料用量的增加会有助于提高试验成果的稳定性，使成果的离散性较小，这一点从所列的各工程的试验成果中得到反映。

6.2.5　碾压混凝土渗透性影响因素分析

碾压混凝土的抗渗性主要取决于水胶比、胶凝材料用量和压实程度。此外，碾压混凝土骨料中，粒径小于 0.15mm 微粒的含量也影响抗渗性，微粒起到填充空隙的作用，所以适量的微粒含量可以改善碾压混凝土的抗渗性。

1. 胶凝材料用量对碾压混凝土渗透性的影响分析

碾压混凝土坝的抗渗性主要取决于碾压混凝土施工层面和坝体裂缝的渗透性。坝体碾压混凝土层面产生冷缝造成渗水通道，这是坝体产生渗漏的主要原因。配合比中胶凝材料过少，无法碾压密实；或者碾压混凝土的灰浆量较少，难于适应运输与平仓时的骨料分离，留下松散的渗水层，是大坝抗渗性能差的重要原因。邓斯坦（M.R.H.DUN STAN）根据 8 个不同国家 15 个已建碾压混凝土现场实地测定渗透系数与胶凝材料用量见图 6-4。坝体渗透率与胶凝材料之间存在着近似直线关系，增加碾压混凝土的胶凝材料用量，其抗渗性的改善是明显的。

2. 养护龄期对碾压混凝土渗透性的影响及碾压混凝土的自愈性分析

碾压混凝土的密实度及其孔隙的构造是影响碾压混凝土渗透性能的重要因素，一方面决定于混凝土的原生孔隙及构造，更重要的方面是随着龄期的延长，混凝土原生孔隙的变化情况。高粉煤灰含量碾压混凝土中胶凝材料用量较多，水胶比相对较小，混凝土中原生孔隙较少，28d 龄期抗渗等级可达 W4～W6 或者更高，随着养护龄期的增加，由于水泥颗粒的水化过程长期不断地进行，使水泥石孔隙结构发生变化，其空隙率随之减小；粉煤灰的二次水化作用主要在 28d 龄期以后开始，碾压混凝土的孔隙率和孔隙构造，28d 以前和 90d 时有明显的差别；掺用足量的引气剂，可使混凝土中含有一定量的分散、细小气泡，使混凝土中的孔隙绝大多数形成封闭孔隙，抗渗性得到明显提高。因此，碾压混凝土的抗渗性随着养护龄期的增长而增加，且后期抗渗性显著提高，养护龄期与渗透系数的关系见图6-5。图6-5中60d龄期的渗透系数比30d龄期的减小一半，90d龄期的渗透系数是30d龄期的38%，90d龄期抗渗等级一般可达W8～W12以上，或者渗透系数可达到10^{-9}～10^{-11}cm/s。

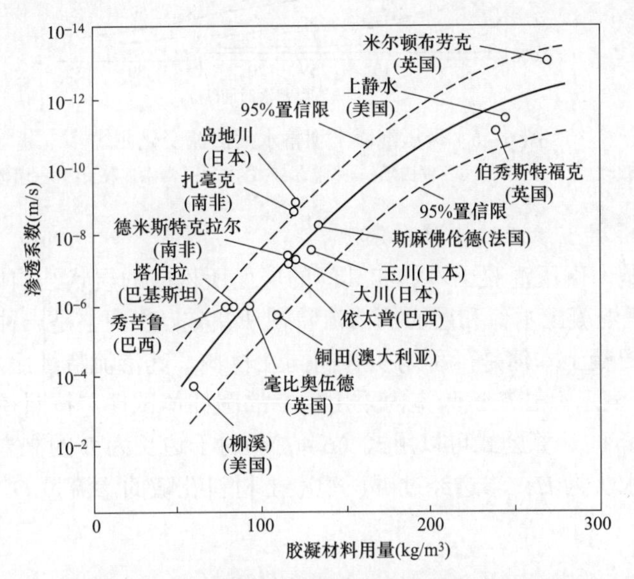

图6-4　现场实地测定渗透系数与胶凝材料用量

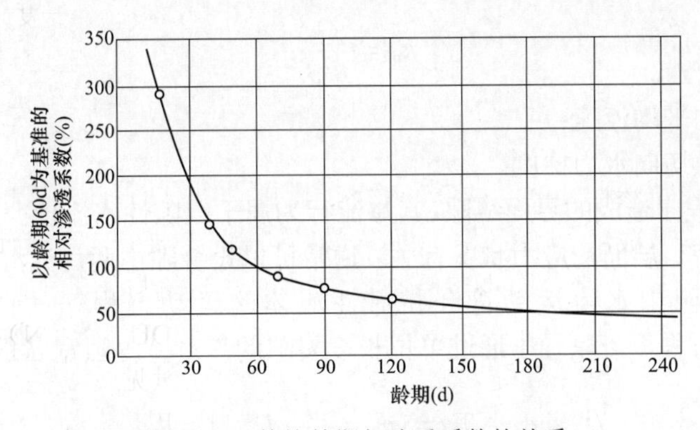

图6-5　养护龄期与渗透系数的关系

图6-6所示为几座碾压混凝土坝蓄水后渗流变化情况。图6-6中碾压混凝土坝的渗流观测统计曲线说明，大坝蓄水初期渗流量较大，随着运行时间的延长，混凝土中的一些微小裂缝和孔隙逐步自密合，使混凝土的抗渗性不断改善，大坝的渗流量随时间减小。因此，只要碾压混凝土中不出现较大的裂缝，或承受可导致混凝土孔隙结构破坏的水力梯度，其抗渗性是稳定的，且在渗水作用下不断得到改善。

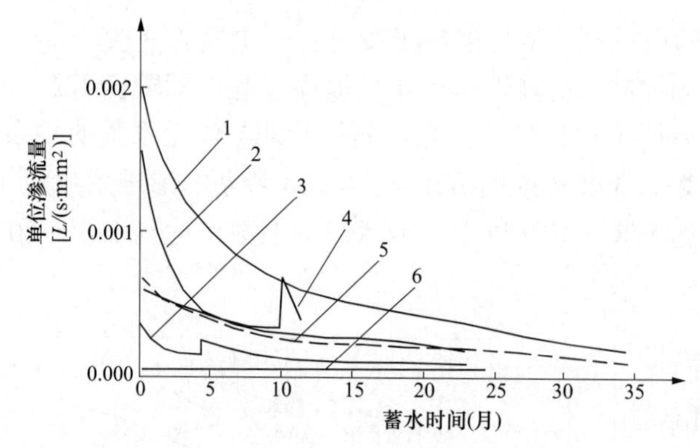

图 6-6　碾压混凝土坝蓄水后渗流变化曲线

1—柳溪坝；2—中叉坝；3—铜田坝；4—盖尔斯威尔；5—常态混凝土；6—温彻斯特

3. 层面对碾压混凝土渗透性的影响分析

碾压混凝土坝是由碾压混凝土本体和其间的层面所构成的层状结构体系，这种结构的渗流特性，分别由碾压混凝土本体和层面的渗流特性所决定，宏观上是一种典型的横观各向同性渗流介质。碾压混凝土本体是一种均质各向同性材料，其渗流特性服从达西（Darcy）定律，用渗透系数 k_R 表示。若在试验室内采用中空的圆柱体试件，按照径向渗流方式进行渗透试验，渗透系数 k_R 的计算公式可以用式（6-7）。对于边长为 B 的立方体试件，从顶面施加水压力，其压力水头为 H，渗透经过碾压混凝土材料孔隙的渗流量 Q，由试件底部流出。根据达西定律

$$Q = k_R B^2 \frac{H}{B}$$

$$v = k_R J$$

$$k_R = \frac{Q}{B^2 J} \tag{6-7}$$

式中　v ——缝隙的平均流速；

J ——沿缝隙切向水力梯度。

层面是由施工程序造成的界面缝隙，其渗流行为属于缝隙性水流，它与层面的水力隙宽、裂隙粗糙度、连通率、层面的应力状况有关。通常可以设缝隙由两片光滑的平行板构成，隙宽 d_f 为常数，缝隙中水流运动符合黏滞性液体的运动方程——纳维埃·司托克斯（Navier—Stokes）方程，可以导出通过单位长度裂隙的流量 q 与隙宽 d_f 的立方成正比，即

$$q = v d_f = \frac{g d_f^3}{12\mu} J$$

$$v = \frac{g d_f^2}{12\mu} J = k_f J \tag{6-8}$$

$$k_f = \frac{g d_f^2}{12\mu}$$

式中　g ——重力加速度，取 981cm/s²；

μ ——水的运动黏滞系数，在水温 0℃时，$\mu = 0.013\ 1\text{cm}^2/\text{s}$；

k_f——缝隙的水力等效渗透系数。

根据以往的研究工作，当隙宽 d_f 在 μm 量级时，微裂隙中渗透水流仍然符合上述的立方定律。

在含有层面的碾压混凝土渗透试验模型中，当渗透水流方向平行于层面时，称为并联模型，渗透水流方向垂直于层面时，称为串联模型。对于图 6-7 所示的长方体试件，并联模型中的层面平行于渗水方向，试件渗水面的两个短边垂直于渗水方向，边长为 B_1，试件的渗水高度 B_2 为渗径长度。对于空心的圆柱体试件，并联模型的轴线平行于层面方向，且层面位于试件剖面的中面上，层面的短边长度为试件的直径尺寸，试件长度为渗水高度；进行串联模型试验时，圆柱体试件的轴线垂直于层面。根据达西定律及有关成层材料的渗流理论，可以设定碾压混凝土沿层面切向和法向的均化主渗透系数 k_t 和 k_n，当混凝土的碾压厚度为 B，在层面不进行处理，碾压混凝土连续浇筑时，B 包括碾压混凝土本体的碾压层厚度和层面的水力隙宽 d_f，对于正方体试件则有

$$k_t = \frac{1}{B}\left[(B - d_f)\,k_R + \frac{g}{12\mu}d_f^3\right] \tag{6-9}$$

$$k_n = \frac{Bk_R}{B - d_f} \tag{6-10}$$

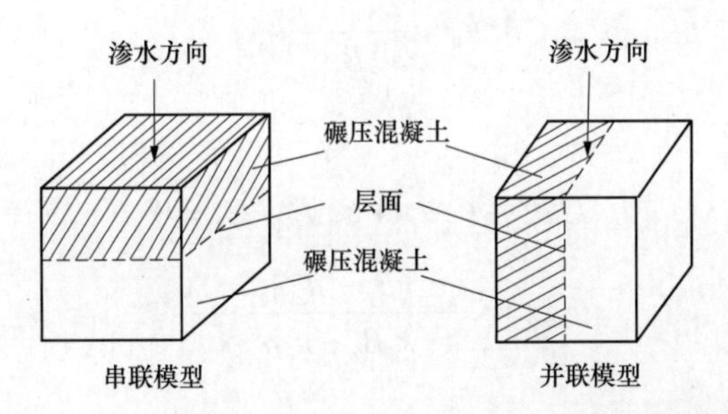

图 6-7　碾压混凝土长方块试件的并联及串联渗透试验模型

当碾压混凝土的层面进行刷毛及铺设砂浆或者胶浆垫层处理时，已知垫层厚度 d_s，垫层渗透系数 k_s，则有

$$\overline{k}_t = \frac{1}{B}\left[(B - d_s - 2d_f)k_R + \frac{g}{6\mu}d_f^3 + d_s k_s\right] \tag{6-11}$$

$$\overline{k}_n = \frac{Bk_s k_R}{d_s k_R + (B - d_s - 2d_f)k_s} \tag{6-12}$$

因 B 远大于 d_f 和 d_s，以及 k_s 和 K_R 都很小，从式（6-11）中可以看出，碾压混凝土沿层面法向的主渗透系数，主要取决于碾压混凝土本体及层面垫层体的透水性，层面缝隙的存在对它的影响可忽略不计；而沿层面切向的主渗透系数则主要取决于层面的隙宽。

若在六面体试件中先测得 k_t 和 k_n 以及已知层面垫层材料的渗透系数 k_s，则由式(6-12)～式（6-19），可求得层面水力等效隙宽 d_f 和碾压混凝土本体渗透系数 k_R。计算时先用解析法或数值法，解出式（6-13）或式（6-15）中一元三次方程的根 d_f，再由式（6-14）或式（6-16）算得 k_R 的大小，即

$$\frac{g}{12\mu}Bd_f^3+k_nd_f^2-2Bk_nd_f+B^2(k_n-k_t)=0 \tag{6-13}$$

$$k_R=\frac{B-d_f}{B}k_n \tag{6-14}$$

以及

$$C_1d_f^3+C_2d_f^2+C_3d_f+C_4=0 \tag{6-15}$$

$$k_R=\frac{k_sk_n(B-d_s-2d_f)}{k_s(B+d_s)-k_nd_s} \tag{6-16}$$

式中：$C_1=\frac{g}{6\mu}[k_s(B+d_s)-k_nd_s]$，$C_2=4k_sk_n$，$C_3=4k_sk_n(B-d_s)$，$C_4=k_sk_nB(B-2d_s)+(B+d_s)[k_s^2d_s+k_nk_td_s-k_sk_t(B+d_s)]$。

同理，对于长方体试件可得出式（6-17）～式（6-20），以便求解层面水力隙宽和碾压混凝土本体渗透系数，即

$$\frac{g}{12\mu}B_2d_f^3+k_nd_f^2-(B_1+B_2)k_nd_f+B_1B_2(k_n-k_t)=0 \tag{6-17}$$

$$k_R=\frac{B_2-d_f}{B_2}k_n \tag{6-18}$$

以及

$$C_1d_f^3+C_2d_f^2+C_3d_f+C_4=0 \tag{6-19}$$

$$k_R=\frac{k_sk_n(B_2-d_s-2d_f)}{k_sB_2-k_nd_s} \tag{6-20}$$

式中：$C_1=\frac{g}{6\mu}(k_sB_2-k_nd_s)$，$C_2=4k_sk_n$，$C_3=2k_sk_n(2d_s-B_1-B_2)$，$C_4=B_1B_2k_s(k_n-k_t)+B_1d_sk_n\times(k_t-k_s)+B_2d_sk_s(k_s-k_n)$。

前述资料分析表明一定胶凝材料用量情况下碾压混凝土本体的抗渗性接近常态混凝土，层面是影响碾压混凝土抗渗性能的主要环节，采用龙滩工程大坝碾压混凝土现场试验的浇筑块含有层面的碾压混凝土芯样进行渗透试验，发现渗透水流主要集中地从试件的层面或大骨料的周边渗出，说明层面是构成碾压混凝土的集中渗漏通道，目前的施工材料、技术和工艺，还无法消除碾压混凝土坝中这种渗透强各向异性的特性。

若取碾压混凝土的碾压层厚为30cm，根据龙滩工程大坝碾压混凝土芯样渗透试验成果，碾压混凝土本体的渗透系数采用实测数据的平均值 2.06×10^{-10}cm/s，层面砂浆质垫层的渗透系数为 3.84×10^{-11}cm/s（实测），垫层厚为1.5cm，根据计算可得出龙滩碾压混凝土层面的水力隙宽均很小，是几个微米级的量，铺砂浆垫层或细骨料混凝土垫层的处理与层面未进行处理时的工况相比较表明，层面处理后垫层顶底面与碾压混凝土本体之间的层面水力隙宽，较层面未处理时连续上升浇筑的碾压混凝土，本体上下层之间的层面水力隙宽的大小差不多或更大。龙滩大坝现场碾压混凝土试验块现场压水试验的结果也显示，层面刷毛铺设砂浆层的抗渗效果，只能达到或不如间歇时间短的连续上升浇筑时所形成的层面的抗渗性。

表 6-30 给出了碾压混凝土沿层面切向的均化主渗透系数 k_t 与层面水力隙宽 d_f 之间的关系。因碾压混凝土本体的渗透系数很小（与常态混凝土的渗透系数大小基本相同），尽管层面的水力隙宽很小，但此时因层面的存在，碾压混凝土坝的渗透特性已在工程意义上发生了根本性的变化，渗透各向异性比已达到两个数量级。当层面隙宽从 4μm 增加到 200μm 时，碾压混凝土沿层面切向的渗透系数大约从 1.0×10^{-8}cm/s 变化到 1.0×10^{-3}cm/s，增大了五个数量级，碾压混凝土的渗透各向异性比约从 2 个变到 7 个数量级（碾压混凝土沿层面法向的主渗透系数通常为 1.0×10^{-9}～1.0×10^{-10}cm/s）。

表 6-30　碾压混凝土沿层面切向的均化主渗透系数 k_t 与层面水力隙宽 d_f 之间的关系

层面水力隙宽（μm）		2	4	8	20	40	80	100	200
层面渗透系数（cm/s）		2.52×10^{-4}	1.01×10^{-3}	4.03×10^{-3}	2.52×10^{-2}	1.01×10^{-1}	4.03×10^{-1}	6.29×10^{-1}	2.52
碾压混凝土沿层面切向的主渗透系数（cm/s）	k_t	1.88×10^{-9}	1.36×10^{-8}	1.08×10^{-7}	1.68×10^{-6}	1.34×10^{-5}	1.07×10^{-4}	2.10×10^{-4}	1.68×10^{-3}
	$\overline{k}_t$	3.55×10^{-9}	2.70×10^{-8}	2.15×10^{-7}	3.35×10^{-6}	2.68×10^{-5}	2.15×10^{-4}	4.19×10^{-4}	3.35×10^{-3}

表 6-31～表 6-33 分别给出了碾压混凝土的渗流特性与碾压混凝土本体的透水性（不为变量时 $k_R = 2.06 \times 10^{-10}$cm/s）、层面垫层的透水性（不为变量时 $k_s = 3.84 \times 10^{-11}$cm/s）及垫层厚度 d_s（不为变量时 $d_s = 1.5$cm）之间的关系。可见，当层面的水力隙宽达到 20μm 时，碾压混凝土沿层面切向的主渗透系数，几乎只取决于混凝土中层面的隙宽，而碾压混凝土本体及层面垫层的透水性或抗渗性，只对碾压混凝土沿层面法向的主渗透系数有影响。

表 6-31　碾压混凝土的渗流特性与碾压混凝土本体透水性的关系

本体渗透系数（cm/s）	1.0×10^{-7}	1.0×10^{-8}	1.0×10^{-9}	1.0×10^{-10}	1.0×10^{-11}	0
层面切向渗透系数（cm/s）	3.45×10^{-6}	3.36×10^{-6}	3.36×10^{-6}	3.35×10^{-6}	3.35×10^{-6}	3.35×10^{-6}
层面法向渗透系数（cm/s）	7.62×10^{-10}	7.16×10^{-10}	4.44×10^{-10}	9.62×10^{-11}	1.04×10^{-11}	0
渗透各向异性比	4523	4699	7555	36 225	322 939	∞

表 6-32　碾压混凝土的渗流特性与层面垫层的透水性的关系

垫层渗透系数（cm/s）	1.0×10^{-9}	1.0×10^{-10}	1.0×10^{-11}	1.0×10^{-12}	1.0×10^{-13}	0
层面切向渗透系数（cm/s）	3.35×10^{-6}	3.35×10^{-6}	3.35×10^{-6}	3.35×10^{-6}	3.35×10^{-6}	3.35×10^{-6}
层面法向渗透系数（cm/s）	2.15×10^{-10}	1.96×10^{-10}	1.04×10^{-10}	1.83×10^{-11}	1.98×10^{-12}	0
渗透各向异性比	15 633	17 143	32 236	183 168	1 692 486	

表 6-33　碾压混凝土的渗流特性与层面垫层厚度 d_s 的关系

垫层厚度（cm）	0.5	1.0	1.5	2.0	2.5	3.0
层面切向渗透系数（cm/s）	3.35×10^{-6}	3.35×10^{-6}	3.35×10^{-6}	3.35×10^{-6}	3.35×10^{-6}	3.35×10^{-6}
层面法向渗透系数（cm/s）	1.92×10^{-10}	1.80×10^{-10}	1.69×10^{-10}	1.60×10^{-10}	1.51×10^{-10}	1.43×10^{-10}
渗透各向异性比	17 464	18 648	19 833	21 017	22 201	23 386

根据柳溪、观音阁、龙滩、普定及铜街子工程的现场压水试验结果，可以得到龙滩碾压混凝土坝试验浇筑块层面的水力隙宽约 20μm，此时坝体沿层面切向的主渗透系数已达 3.35×10^{-6}cm/s，沿层面切向与法向的主渗透系数的各向异性比达 3～4 个数量级；铜街子坝的层面水力隙宽达到了只有 3～4μm 这个水平；普定拱坝的二级配及三级配混凝土区，层面水力隙宽分别为 11.1μm 和 17.5μm，坝体的渗透各向异性比达 3～4 个数量级；观音阁及柳溪两坝中，层面的水力隙宽达到了 107μm 和 212μm，坝体的渗透各向异性比竟达到 6～7 个数量级，此时坝体中渗透水流沿层面的渗透，几乎不会产生有水头损失。

根据上述计算和分析，层面水力隙宽过大导致坝体在各层面通道产生强大的排水能力，若坝体排水设施不充分且上游面防渗体局部失效情况下，库水会沿水力阻力很小的水平向层面，直接迅速渗至坝下游面并逸出，此时整个坝下游面上的逸出线位置，会高得几乎与库水位一样高，由此不难解释前期多座碾压混凝土坝下游逸出点很高的现象。因此，碾压混凝土及碾压混凝土坝沿层面切向的主渗透系数，主要取决于层面的水力隙宽，施工时设法减小层面的水力隙宽，是提高碾压混凝土及碾压混凝土坝自身抗渗能力的基本策略。

4. 碾压混凝土渗透性与应力环境的耦合分析

据美国柳溪坝渗透测试资料发现，坝上部的渗透系数较下部的大，如果不是龄期的影响而是应力环境差异的影响，则表明碾压混凝土渗透性对应力变化的响应很灵敏。若坝体下部随压应力增高而渗透性减弱，一旦上游产生裂缝，层面扬压力会明显提高。因此，有必要对碾压混凝土坝应力环境对渗流的影响进行研究。

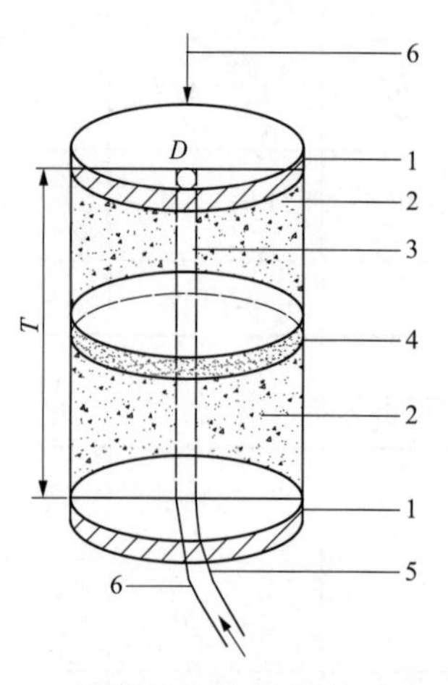

图 6-8　渗流应力耦合试验原理示意图

1—传力板；2—碾压混凝土；3—内孔；4—结合层面砂浆；5—压力进水管；6—荷载

（1）试验原理。在轴向荷载作用的同时，向试件中心孔提供稳定压力水源，使水从中心孔向外径向渗透运动。待压力，渗流量稳定后，测记渗透水量和相应的轴向荷载，从而寻找渗流量和应力变化的对应关系。渗流应力耦合试验原理示意见图 6-8。

（2）渗透系数计算。设试样中心孔内水压力处处相等，中心孔压力水头为 H_i，试件外表面压力水头为 H_o，当 $H_i>H_o$ 时，水由内孔向外周产生径向渗透。将该试件近似看作是均质各向同性体，渗透即为一轴对称问题。此时试件内部各点的水头（H_r）与中心距 r 的关系为

$$H_r = H_o + (H_i - H_o)\frac{\ln\dfrac{R_1}{r}}{\ln\dfrac{R_1}{R_2}} \tag{6-21}$$

式中　H_o——试件外表面压力水头；

　　H_i——试件中心孔压力水头；

　　R_1——试件外半径；

　　R_2——试件中心孔半径；

　　r——试件内部任一点至同一平面中心的距离。

设试样总高为 T，在某一应力状态下的总体平均渗透系数为 k，则可得总渗流量基本关系，即

$$Q = 2\pi Tk\frac{H_i - H_o}{\ln\dfrac{R_1}{R_2}} \tag{6-22}$$

渗透系数计算公式则为

$$k = \frac{Q\ln\dfrac{R_1}{R_2}}{2\pi T(H_i - H_o)} \tag{6-23}$$

当 H_o 与 H_i 相差很大或 $H_o=0$ 时，也可简化为

$$k = \frac{Q\ln\dfrac{R_1}{R_2}}{2\pi TH_i} \tag{6-24}$$

含砂浆层面碾压混凝土的渗流－应力关系试验结果：通过5组试验，绘于图6－9。试验表明含层面碾压混凝土的渗透性是随应力增加而降低的，但应力达到 $\ln(\sigma_n/p_a)\approx 4.0$ 以后，碾压混凝土随着应力增加渗透量猛烈增大。

（3）碾压混凝土本体渗流－应力关系试验。试验初始荷载为125～150kN，水头增加到9.0m，几天都不渗水，直至水头加到57.50m时，方测得稳定渗透流量，继续逐级加载，渗透流量基本维持不变，当荷载增到300kN时，渗流量突然增大，试验结果见表6－34。

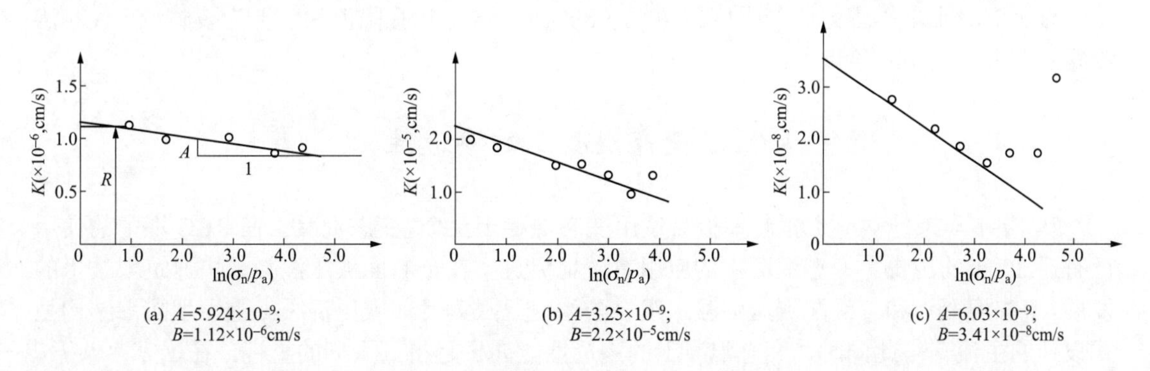

图6－9　含砂浆层面碾压混凝土渗流－应力关系图（一）

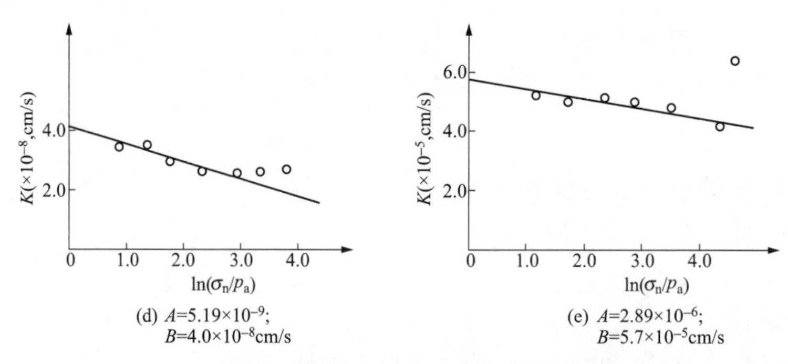

图 6-9　含砂浆层面碾压混凝土渗流-应力关系图（二）

表 6-34　　碾压混凝土本体渗流-应力关系试验结果（$H_i=57.5$m）

试件编号	轴向荷载（kN）	正应力σ_n（MPa）	渗水量（cm³/s）	渗透系数（cm/s）	σ_n/R_{90}（%）
F_{1-78}	25～200	1.473～11.78	1.13×10^{-3}	3.35×10^{-9}	60
	300	17.83	180×10^{-3}	5.33×10^{-7}	84
F_{1-19-8}	50～150	2.947～8.842	1.479×10^{-3}	4.39×10^{-9}	35
	250	14.73	47.1×10^{-3}	1.40×10^{-7}	58

（4）结论。含砂浆层面的碾压混凝土应力达极限强度的30%～50%以内，渗透系数随应力的增加而减少，其变化符合对数关系，即

$$k=A\ln(\sigma_n/p)+B \tag{6-25}$$

式中　k——渗透系数，cm/s；

p——大气压力，kPa；

A、B——回归参数，量纲与k相同。

在这个应力以内，碾压混凝土受压，结合层面的孔隙和内部裂缝产生弹性压缩，使有效渗水总面积减小，所以渗流量随之减小。

当应力超过一定限度以后，渗透系数随应力增加而急剧增大，渗透量由小转大所对应的应力值称为临界应力，各种强度等级的碾压混凝土临界应力不同，应通过试验确定。

碾压混凝土本体应力达到强度的70%～80%时，试件从孔隙流为主转为裂隙流为主，渗流猛烈增大，达100倍以上。

6.3　变态混凝土的渗透性

从1991年荣地混凝土预制模板后试用变态混凝土至今，变态混凝土在RCC坝中的使用已有近30年的历史。变态混凝土的应用有效地促进了在全断面碾压混凝土快速筑坝技术的发展。变态混凝土和二级配碾压混凝土组合防渗也已成为目前碾压混凝土重力坝防渗结构型式设计的主流。与此同时，变态混凝土的渗透性能亦日趋得到人们的重视。在国家“八五”科技攻关项目研究成果基础之上，以龙滩工程为依托，国家“九五”重点科技攻关“高碾压混凝土重力坝渗流分析和防渗结构研究”和国家电力公司科技项目“高碾压混凝土坝防渗技术研究”专题均对变态混凝土的渗透进行了专门研究，取得了一系列研究成果并在实际工程中推广使用。

6.3.1 变态混凝土渗透性能分析

目前，变态混凝土的渗透性能试验主要有室内试件抗渗试验和现场芯样室内试验两种。下文主要介绍龙滩和江垭工程的相应试验研究成果。

6.3.1.1 室内试件抗渗试验成果

以龙滩工程为依托，国家“九五”科技攻关“高碾压混凝土重力坝渗流分析和防渗结构研究”和原国家电力公司科技项目“高碾压混凝土坝防渗技术研究” 专题均对龙滩RCC重力坝变态混凝土进行了室内试件抗渗试验，主要试验分析成果如下：

1.“九五”国家科技攻关试验成果

“九五”国家科技攻关“高碾压混凝土重力坝渗流分析和防渗结构研究”专题采用与龙滩碾压混凝土相同的原材料对龙滩RCC重力坝变态混凝土进行了室内试验。为使掺浆均匀并确定试件成型工艺，试验考虑了一次变态和两次变态两种变态方法，并考虑了10s、30s和50s三种不同的成型振动时间。变态混凝土基本配合比和室内抗渗实验成果分别见表6－35和表6－36。

表6－35　　试验用基本配合比

种类	$\frac{W}{C+F}$	$\frac{F}{C+F}$（%）	材料用量（kg/m³）							
			$C+F$	C	F	W	S	G		外加剂
二级配碾压混凝土	0.346	58	240	100	140	83	843	528+	791	ZB－1RCC15：0.96 DH9：0.024
水泥浆	0.675	—	—	40	—	27或28.5	—	—		二合一或BSⅡ

注　C为水泥，F为粉煤灰，W为水。

表6－36　　变态混凝土抗渗性室内试验成果表

试件编号	变态方式	变态材料		外加剂	振动时间（s）	龄期（d）	抗渗等级
		水泥（kg/m³）	水（kg/m³）				
9909	二次变态	40	28.5	二合一	15	110	＞W20
9915			27		30	143	＞W20
9916			27		50	143	＞W20
9918			28.5	BSⅡ	10	147	＞W18
9919			28.5		30	147	＞W18
9920	一次变态	40	27	二合一	10	160	＞W12
9921					30	164	＞W12
9922					50	164	＞W12

注　1. 二合一为ZB－1RCC15（0.4%）＋DH9（0.01%）。

2. 一次变态指碾压混凝土一次装模，然后再进行掺浆并插捣振动成型；二次变态指碾压混凝土分两次装模，水泥浆也相应地分两次掺入并插捣，然后振动成型。

表 6-35 和表 6-36 试验成果显示：

（1）从变态混凝土抗渗性能来看，变态混凝土的抗渗等级较高，已达到常态混凝土的水平，能满足龙滩碾压混凝土坝的防渗要求。

（2）从变态混凝土抗渗性能相关影响因素来看，变态混凝土的抗渗性与装模方式关系密切，即与掺浆的均匀程度关系密切，同时抗渗性还受水灰比、外加剂等因素的影响。

2. 原国家电力公司科技项目“高碾压混凝土坝防渗技术研究”成果

原国家电力公司科技项目“高碾压混凝土坝防渗技术研究”专题中也针对变态混凝土的抗渗性进行了室内试验。该试验采用将两种已拌制好的基材（碾压混凝土和浆液）进行混拌的方法拌制变态混凝土，表 6-37 中列出了抗渗性能试验所选试样的配合比性能。抗渗性能试验结果见表 6-38。试验结果表明，5 种变态混凝土的抗渗性全部超过设计要求 W12。

表 6-37　变态混凝土性能和配合比

试验编号	基材		加浆率（体积，%）	变态混凝土材料用量（kg/m³）					坍落度（cm）	含气量（%）
	RCC	浆液		水	水泥	粉煤灰	砂	石		
LTG1-17	LTR6-11	LT-16	5	106	119	176	727	1290	3.6	2.5
LTG2-21	LTR6-32	LT-57	5	102	110	139	782	1302	3.2	2.7
LTG2-22	LTR6-32	LT-43	5	102	110	139	782	1302	2.5	2.7
LTG2-23	LTR6-32	LT-61	5	102	110	139	782	1302	1.6	2.6
LTG2-24	LTR6-32	LT-16	5	102	110	139	782	1302	1.7	2.8

注　配合比只是表示两种基材混拌后每 m³ 材料用量，不能直接用来拌制变态混凝土。

表 6-38　变态混凝土抗渗性能试验结果

指标＼试验编号	LTG1-17	LTG2-21	LTG2-22	LTG2-23	LTG2-24
抗渗标号（90d）	＞W12	＞W12	＞W12	＞W12	＞W12
渗透高度（cm）	1.1	1.7	1.8	1.4	1.7

6.3.1.2　变态混凝土芯样室内试验成果

为了研究变态混凝土的整体渗透性，“九五”国家科技攻关期间，曾在江垭碾压混凝土坝上游面 50cm 厚变态混凝土内布设水平孔 8 个，取芯后进行室内芯样渗流试验。在有效钻孔深度内，变态混凝土全部取出并加工成试件完成试验，共完成试件 18 个，其中含层面和本体的试件各 4 个，含缝面的试件 10 个。由于取芯情况很好，钻孔部位的变态混凝土全部完成了试验，故可认为变态混凝土室内芯样试验基本上反映了变态混凝土整体的渗透特性。

表 6-39 和表 6-40 分别为江垭变态混凝土室内芯样渗流试验成果和室内芯样渗流试验统计成果。

表 6－39　　　　江垭变态混凝土室内芯样渗流试验成果表

类别	试件编号	初渗压力（MPa）	平均渗透系数（cm/s）	渗透梯度	初渗时出水面情况
含层面	1 号层变 P－1	2.0 未出水	$<10^{-11}$	＞1333	
	1 号层变 P－2	2.5 发潮	$<10^{-11}$	1667	沿试件部位周边发潮
	3 号层变 P－1	2.0 未出水	$<10^{-11}$	＞1333	
	3 号层变 P－2	2.5 发潮	3.6×10^{-10}	1667	沿试件部位周边发潮
含缝面	2 号层变 P－1	2.0 未出水	$<10^{-11}$	＞1333	
	2 号层变 P－2	1.6 出水	3.31×10^{-10}	1067	非缝面出水
	2 号层变 P－3	2.8 出水	1.94×10^{-10}	1867	沿缝面有细小水珠
	4 号层变 P－1	0.6 发潮	5.4×10^{-9}	400	沿缝面出渗
	4 号层变 P－2	0.6 出水	9.42×10^{-9}	400	沿缝面出渗
	23 号缝变 P－1	2.8 未出水	$<10^{-11}$	＞1867	
	23 号缝变 P－2	1.4 发潮	4.01×10^{-10}	933	试件一侧边沿发潮
	25 号缝变 P－1	2.0 未出水	$<10^{-11}$	＞1333	
	25 号缝变 P－2	2.6 发潮	4.34×10^{-10}	1773	非缝面局部发潮
	25 号缝变 P－3	2.8 未出水	$<10^{-11}$	＞1867	
本体	22 号本变 P－1	2.0 未出水	$<10^{-11}$	＞1333	
	22 号本变 P－2	2.8 发潮	1.01×10^{-10}	1867	试件部分边沿潮
	24 号本变 P－1	1.2 发潮	$<10^{-10}$	800	试件中部稍有潮感
	24 号本变 P－2	0.6 出水	3.05×10^{-9}	400	试件中部出水

表 6－40　　　　江垭变态混凝土室内芯样渗流试验统计成果表

项目	含层面试件	含缝面试件	本体	总体
样本容重	4	10	4	18
最大值（cm/s）	3.56×10^{-10}	9.42×10^{-9}	3.05×10^{-10}	9.42×10^{-9}
最小值（cm/s）	10^{-11}	10^{-11}	10^{-10}	10^{-11}
平均值（cm/s）	9.58×10^{-11}	1.62×10^{-9}	7.92×10^{-10}	1.1×10^{-9}
均方差 σ	0.799	1.162	1.197	1.091
变异系数 C_v	0.075	0.118	0.118	0.108
50%保证率的渗透系数（cm/s）	2.26×10^{-11}	1.44×10^{-11}	7.07×10^{-11}	8.13×10^{-10}

通过对表 6－39 和表 6－40 分析表明：

（1）室内芯样试验基本上能反映变态混凝土整体的抗渗性能，变态混凝土无论从抗渗性还是均匀性方面均已达到常态混凝土的水平，横观各向同性已不太明显，作为防渗结构其性能优于二级配碾压混凝土。

（2）变态混凝土施工中要求将振捣器插入下层 50～100mm，使层面结合质量提高，消除了层面的影响，但含缝面试件中有两个典型的沿缝面渗漏的试件，且初渗压力低，水力梯度也相对较小，因此，变态混凝土缝面处理工艺是影响变态混凝土整个抗渗性的一个重要因素，值得关注。

（3）由于江垭碾压混凝土坝上游面变态混凝土较薄（300mm），故试验中往往出现靠上游端的试件的渗透系数比其后的试件的渗透系数小的现象，这主要是因为施工中先振捣变态混凝土而后碾压二级配碾压混凝土，使得变态混凝土中浆液往二级配碾压混凝土中外逸所致，这种施工程序有利于异种混凝土的结合，变态混凝土厚度较大时，这种现象仅会出现在异种混凝土搭接部位；由于这种现象出现的范围很有限，所以变态混凝土实际的抗渗性有可能比表 6－40 统计的情况更好。

6.3.2 变态混凝土配合比的改进

变态混凝土抗渗性能主要取决于加浆量和加浆均匀性。目前工程中变态混凝土使用的加浆材料由水、水泥、粉煤灰和普通外加剂组成，经机械搅拌而成浆液。由于材料密度的差异，会发生明显的分层和颗粒沉降，浆液稳定性较差。为取得流变性好和稳定性高的浆液，研究主要采用以下 3 种方法对变态混凝土浆液性能进行改善，分别为：

（1）在普通外加剂中增加改性剂。

（2）在常用的水泥浆和水泥粉煤灰浆中加入高性能掺合料，并选用合适的外加剂。

（3）采用无机、有机、有机无机复合改性掺浆材料。

下面将分别就上述三种改善方法及相关研究试验成果加以叙述。

6.3.2.1 改性外加剂型变态混凝土配合比

所谓改性外加剂型变态混凝土，即是指通过在普通外加剂中增加改性剂，以改善浆液性能的一种变态混凝土。在变态混凝土中增加的改性外加剂类别及代号如表 6－41 所示。

表 6－41　在变态混凝土中增加的改性外加剂类别及代号

改性外加剂代号	材料类别
J－100	高效减水剂＋苯磺酸盐类
J－400	高效减水剂＋短纤维类
J－500	高效减水剂＋水溶性聚合物类
J－600	高效减水剂＋铝酸盐类

通过对外加剂进行各类组合试验，经筛选选定的外加剂组合和浆液配合比见表 6－42。

在碾压混凝土配合比和浆液配合比确定情况下，采用试验室仿真试验的方式对变态混凝土加浆方式、加浆率和变态混凝土振动液化形态进行了专门研究，并最终得出：针对龙滩 RCC 工程变态混凝土，三种加浆方法中以底层加浆最好，加浆率宜为 4%～5%。上游面二级配碾压混凝土配合比见表 6－43。

表6-42　浆液优化配合比

试验编号	改性外加剂		浆液材料用量（kg/m³）			Marsh流动度（s）	
	品名	掺量（%）	水	42.5中热水泥	Ⅰ级粉煤灰	测次	平均值
LT-16	J-100	0.5	480	480	888	11	8.6
LT-43	J-400	0.5	480	480	888	8	12.2
LT-57	J-500	0.5	480	480	888	8	8.8
LT-61	J-600	0.5	480	480	888	8	9.4

表6-43　上游面二级配碾压混凝土配合比

类别	试验编号	水胶比	石粉含量（%）	砂率（%）	外加剂		RCC材料用量（kg/m³）					工作度VC值（s）	含气量（%）
					JM-2（%）	JM-2000（1/10 000）	水	水泥	粉煤灰（凯里）	砂	石		
设定RCC	LTR6-11	0.36	9.9	36	0.5	5	86	100	140	765	1360	5	2.5
优化RCC	LTR6-31	0.43	15.6	37.5	0.63	6.3	82	90	100	823	1370	5.4	2.7
优化RCC	LTR6-32	0.43	17.3	37.5	0.63	6.3	82	90	100	823	1370	4.6	2.8

另外，以表6-42和表6-43相应浆液配合比和二级配RCC配合比为基材，通过将两种已拌制好的基材（碾压混凝土和浆液）进行混拌，拌制得出变态混凝土试件，并进行了抗渗试验。表6-44列出了变态混凝土抗渗性能试验所选用配合比和性能，试验结果见表6-45。

表6-44　变态混凝土抗渗性能试验所选用配合比和性能

试验编号	基材		加浆率（体积%）	变态混凝土材料用量（kg/m³）					坍落度（cm）	含气量（%）
	RCC	浆液		水	水泥	粉煤灰	砂	石		
LTG1-17	LTR6-11	LT-16	5	106	119	176	727	1290	3.6	2.5
LTG2-21	LTR6-32	LT-57	5	102	110	139	782	1302	3.2	2.7
LTG2-22	LTR6-32	LT-43	5	102	110	139	782	1302	2.5	2.7
LTG2-23	LTR6-32	LT-61	5	102	110	139	782	1302	1.6	2.6
LTG2-24	LTR6-32	LT-16	5	102	110	139	782	1302	1.7	2.8

表6-45　变态混凝土抗渗性能试验结果

试验编号	LTG1-17	LTG2-21	LTG2-22	LTG2-23	LTG2-24
抗渗标号（90d）	＞W12	＞W12	＞W12	＞W12	＞W12
渗透高度（cm）	1.1	1.7	1.8	1.4	1.7

结合表6-42和表6-43相应基材用量，对表6-44和表6-45数据进行对比分析，可初步得出以下结论：

（1）表 6－45 中试验结果表明，5 种变态混凝土的抗渗性能全部超过设计要求 W12（90d）。

（2）对 LTG1－17 和 LTG2－24 两试件的相应基材及抗渗试验结果进行对比分析可知，在保证浆液配合比相同的情况下，随着二级配 RCC 水胶比的增大（也即胶凝材料用量减少），变态混凝土试件渗透高度有增大趋势，试件抗渗性能变差。如在均采用 LT－16 浆液配合比的情况下，LTG1－17（二级配 RCC 水胶比为 0.36）渗透高度为 11mm，LTG2－24（二级配 RCC 水胶比为 0.43）渗透高度为 17mm。

（3）对 LTG2－21、LTG2－22、LTG2－23、LTG2－24 四组试件相应基材及抗渗试验结果进行对比分析可知，在保证二级配 RCC 配合比相同的情况下，掺加 J－600 型改性外加剂的变态混凝土抗渗性能较好，试验试件渗透高度较小。如 4 组试件抗渗试验渗透高度依次为 17、18、14、17mm。

6.3.2.2　高性能掺合料型变态混凝土配合比

高性能掺合料型变态混凝土是指为提高变态混凝土的浆液性能，从而满足碾压混凝土重力坝防渗要求，在常用的水泥浆和水泥粉煤灰浆中加入高性能掺合料，并选用合适的外加剂的一种变态混凝土。

为确定高性能掺合料型变态混凝土的合理浆液配合比，原国家电力公司科技攻关开展的“龙滩高 RCC 坝防渗专题研究”中开展了大量室内试验。其中针对加浆方式和加浆量开展的相应试验研究成果表明，变态混凝土的掺浆方式和均匀性对混凝土的性能有影响。机口变态混凝土由于浆液与碾压混凝土混合得比较均匀，因此其试件强度发展优于二次变态混凝土，而二次变态混凝土的性能又优于一次变态混凝土。掺浆量体积比为 5%时，较合适。

另外，通过配合比的选择试验，确定针对编号为 BTO（宣威灰）和 BTR（凯里灰）两个配合比进行变态混凝土抗渗性能研究。试件主要采用二次变态方式成型，配合比参数及拌合物性能见表 6－46。变态混凝土性能试验所选两种变态混凝土浆液配合比见表 6－47。其中变态混凝土浆液的掺浆量体积比为 5%。

表 6－46　　变态混凝土配合比参数及拌合物性能表

序号	配合比编号	水胶比	粉煤灰品种及掺量	高性能掺合料掺量	砂率（%）	混凝土材料用量（kg/m³）								含气量（%）	坍落度（cm）	实测体积密度（kg/m³）
						水	水泥	粉煤灰	高性能掺合料	砂	石	减水剂（ZB－1Rcc15）	引气剂（ZB－1G）			
1	BTO	0.40	宣威灰 49.7%	6.8%	39	117	128	146（宣）	20	797	1246	1.469	0.044	2.9	5.5	2421
2	BTR	0.41	凯里灰 50.0%	6.5%	39	119	127	146（凯）	19	797	1246	1.462	0.044	2.4	4.5	2439

表 6－47　　性能试验所选两种变态混凝土浆液配合比

序号	配合比编号	浆液品种	水胶比	粉煤灰品种及掺量	高性能掺合料掺量（%）	引气剂品种	浆体材料用量（kg/m³）						实测浆液密度（kg/m³）
							水	水泥	粉煤灰	高性能掺合料	减水剂（ZB－1 Rcc15）	引气剂	
1	BTO	水泥粉煤灰高性能掺合料浆	0.362	宣威灰 20%	30	ZB－1G	476	658	263	395	6.58	0.197	1791
2	BTR		0.400	凯里灰 20%	30	ZB－1G	515	644	258	386	6.44	0.193	1802

变态混凝土的抗渗性试验成果见表 6－48。

表 6－48　　变态混凝土抗渗性能试验成果表

序号	配合比编号	抗渗性能（90d）		变态方式
		抗渗标号	相对渗透系数 K_r（cm/h）	
1	BTO（宣威灰）	＞W12	6.19×10^{-7}	二次变态
2	BTR（凯里灰）	＞W12	1.82×10^{-7}	二次变态

通过对表 6－48 中抗渗试验成果进行分析，可得出结论：

（1）两配比的抗渗标号大于 W12，均能满足设计的抗渗要求，且渗透系数较小。

（2）变态混凝土 BTO 配比的渗透系数为 6.19×10^{-7}cm/h，BTR 的渗透系数为 1.82×10^{-7}cm/h。采用 BTR（凯里灰）的变态混凝土试件抗渗性明显优于采用 BTO（宣威灰）的变态混凝土试件的抗渗性。

6.3.2.3　无机、有机及复合浆材变态混凝土配合比

为获得抗渗性、耐久性、抗裂性好的变态混凝土，采用变态混凝土加浆材料及配合比试验研究了无机、有机、有机无机复合改性掺浆材料，主要包括水泥浆材、丙乳水泥浆材、粉煤灰水泥浆材、防水剂粉煤灰水泥浆材、丙乳乳液 5 种掺浆材料。

通过上述 5 种掺浆材料进行了大量试验，最终选定的 5 种浆液材料的配合比见表 6－49，1m^3 的掺浆材料各种材料用量见表 6－50。采用的防水剂为水泥基渗透结晶型防水剂，掺量为折算到 1m^3 变态混凝土胶材总量的 2%左右。

表 6－49　　5 种掺浆材料的配合比

编号	浆材品种	掺浆材料的配合比（比例）					
		粉体材料				液体材料	
		水泥	凯里灰	防水剂	FDN－04	水	丙乳
PJ	水泥浆材	1	—	—	0.007	0.65	—
BJ	丙乳水泥浆材	1	—	—	0.007	0.28	0.3
FJ	粉煤灰水泥浆材	0.42	0.58		0.007	0.37	—
KJ	防水剂 粉煤灰水泥浆材	0.42	0.48	0.1	0.007	0.37	—
B	丙乳乳液	—	—	—	—	—	1

表 6－50　　1m^3 的掺浆材料各种材料用量

编号	浆材品种	浆材的原材料用量（kg/m^3）					
		水泥	凯里灰	防水剂	FDN－04	水	丙乳
PJ	水泥浆材	1010	—	—	7.1	657	—
BJ	丙乳水泥浆材	1100	—	—	7.7	308	330
FJ	粉煤灰水泥浆材	540	746	—	9	481	—

续表

编号	浆材品种	浆材的原材料用量（kg/m³）					
		水泥	凯里灰	防水剂	FDN－04	水	丙乳
KJ	防水剂 粉煤灰水泥浆材	540	617	129	9	481	—
B	丙乳乳液	—	—	—	—	—	1040

针对粉煤灰水泥浆材、防水剂粉煤灰水泥浆材和丙乳乳液3种变态混凝土进行了抗渗性能试验。抗渗试验成果见表6－51。

表6－51　　　　变态混凝土抗渗试验成果

编号	浆材品种	养护条件	逐级加压至3.0MPa后的渗水高度	抗渗
			（mm）	等级
FJb	粉煤灰水泥浆材	标养90d	36.7	≥W30
KJb	防水剂 粉煤灰水泥浆材	标养90d	26.7	≥W30
Bb	丙乳乳液	标养90d	22.1	≥W30

通过对表6－51中试验结果进行分析，得出以下结论：

（1）3种变态混凝土的抗渗等级均大于W30，能满足W12的设计要求。

（2）采用防水剂改性粉煤灰水泥浆材制作的变态混凝土与常规浆材变态混凝土相比，90d抗渗能力提高27%；与本体碾压混凝土相比，抗渗能力提高33%。

（3）采用丙乳乳液作为掺浆材料的变态混凝土与常规浆材变态混凝土相比，90d抗渗能力提高40%，与本体碾压混凝土相比，抗渗能力提高43%。

6.4　200m级碾压混凝土坝防渗结构方案设计研究

6.4.1　坝体防渗结构设计要求

6.4.1.1　防渗结构设计特点

碾压混凝土重力坝防渗结构的主要作用是降低层面扬压力和减小坝体渗漏量，尤其对高碾压混凝土重力坝来说，有效地控制层面扬压力比控制渗漏量更为重要。通过提高防渗结构的抗渗性，拉大防渗结构与坝体混凝土渗透系数的差值，从而使作用水头尽可能消耗在防渗结构上，然后通过排水管的作用，以控制排水管之后的层面扬压力。

碾压混凝土重力坝对防渗结构的要求可概括为以下几个方面：① 防渗结构必须安全可靠，且有很好的耐久性；② 渗控结构必须有效地降低层面扬压力和控制坝体渗漏量；③ 渗控结构必须与坝体施工相互协调，减少施工干扰，以利坝体快速上升；④ 上游面防渗体必须具有良好的整体性和强度，防止坝面裂缝的扩展。

同常态混凝土坝相比，碾压混凝土坝对渗流的可靠性和耐久性等要求更为严格。因此，碾压混凝土坝防渗结构设计应主要从如下几个方面进行：

1. 可靠性

已建碾压混凝土坝实际防渗效果表明，常态混凝土（俗称金包银）和 PVC 膜柔性材料防渗效果较好。但 PVC 膜柔性材料存在易老化等缺点，可靠性差。而常态混凝土防渗结构可靠性和耐久性均较好。因此单从防渗效果和可靠性角度来看，可重点考虑常态混凝土防渗。

从提高防渗结构的可靠性出发，应采用一种能互相弥补的组合型防渗结构，避免采用单一的防渗结构，使二级配碾压混凝土中的个别薄弱层面不能与水库直接贯通。近年来，随着我国碾压混凝土筑坝技术的不断发展，碾压混凝土自身防渗已克服早期工程胶凝材料用量过低的缺点，防渗效果满足设计要求，二级配 RCC 和变态混凝土组合防渗，上游坝面喷涂高分子辅助防渗材料已成为目前 RCC 重力坝防渗结构设计的主流。

2. 经济性

从经济性角度比较，采用碾压混凝土自身防渗较合适。常态混凝土结构由于结构复杂、温控措施和止水设施要求高，且需布置另外的混凝土拌和设施，造价相对较高。

3. 施工方便

碾压混凝土高坝的施工特点要求坝体防渗结构的施工工艺适应碾压混凝土的快速施工，工艺简单，便于施工质量控制。

6.4.1.2　防渗结构设计的基本要求

重力坝要求迎水坝面混凝土有一定的抗渗性能，以满足大坝的挡水功能和坝体材料耐久性的要求。我国对有抗渗要求的水工混凝土，以抗渗等级作为渗透性的设计标准，混凝土的抗渗等级分为 W2、W4、W6、W8、W10 和 W12 共计 6 级。国外的混凝土坝通常用渗透系数作为混凝土渗透性的设计标准，表 6－52 给出国内外重力坝混凝土抗渗性能的设计和评定方法及标准。

表 6－52　　重力坝混凝土抗渗性能的设计和评定方法及标准

我国重力坝混凝土抗渗等级最小允许限值		国外重力坝混凝土渗透系数允许限值	
坝高 H（m）	抗渗等级	坝高 H（m）	渗透系数允许限值（cm/s）［美国汉森（Hansen）］
＜30	W4	＜50	10^{-6}
30～70	W6	50	10^{-7}
70～150	W8	100	10^{-8}
＞150	W10	150	10^{-9}
		＞200	10^{-10}

注　美国垦务局确定混凝土渗透率为 1.5×10^{-7} 的限值。

依表 6－52 确定 200m 级碾压混凝土渗透性设计标准应为抗渗等级 W10，渗透系数小于 10^{-10}cm/s。配合比设计阶段进行室内成型试件试验需按照上述标准进行设计，但由于碾压混凝土层（缝）面的影响，其渗流特性不同于常态混凝土，施工期进行渗透性检测和评价方法也与常态混凝土不同，施工期碾压混凝土渗透性检测和评价主要是采用机口成型试件、室内芯样试验和现场压水试验等方法，因此，有必要探讨碾压混凝土渗透性施工期检测和评价标准。

机口成型试件基本上与室内成型试件相同，未包含层面，反映了碾压混凝土原材料和拌和生产的实际情况。室内芯样试验的试件取自于坝体，包含了层（缝）面，由于钻孔取芯过程中的扰动，以及运输和试件制备过程中的损伤，一些层（缝）面结合不良的碾压混凝土往往不能形成试件，故能做成试件的芯样都是一些层（缝）面结合较好的情况，并不能完全代表碾压混凝土坝整体的渗透性，从室内芯样试验的变异系数远小于现场压水试验的变异系数这一点也能佐证。

现场压水试验基本上反映了碾压混凝土坝整体的渗透性，既包含了结合较好的层（缝）面，也包含了层间结合不良的层（缝）面，从反映大坝整体的抗渗性方面，现场压水试验反映得更真实更全面。

相比大坝坝基帷幕灌浆，帷幕的检测和评价指标为透水率，要求90%试段小于1Lu即为合格，帷幕相应的允许渗透坡降为20，帷幕本身与坝基岩体渗透性能之差为1～2个量级；碾压混凝土坝防渗结构（坝面至排水孔幕）所承受的渗透坡降约为15，二级配碾压混凝土与三级配碾压混凝土渗透系数之差相对较小，约不到一个量级，但大坝层面扬压力较坝基扬压力控制相对宽松，因此可以认为采用透水率小于0.5Lu（90%保证率）作为二级配碾压混凝土防渗结构渗流控制的评价指标，采用透水率小于1Lu（90%保证率）作为坝体三级配碾压混凝土渗流控制的评价指标，可满足坝体渗流控制要求。

综合碾压混凝土渗透性研究和上述分析，提出200m级碾压混凝土大坝渗透性检测和评价设计要求，见表6－53。

表6－53　200m级碾压混凝土大坝渗透性检测和评价设计要求

设计控制	试件来源或类型	检测和评价方法	设计允许值
抗渗等级	室内成型试件	规范渗透仪渗透试验	W10
	机口成型试件		W10
渗透系数	钻孔芯样试件	测量时间与渗流量，运用达西定律计算	10^{-10}cm/s
透水率	钻孔压水试段	现场压水试验	90%保证率0.5Lu（二级配）
			90%保证率1Lu（三级配）

碾压混凝土大坝坝体扬压力设计要求按照现行规范执行，建基面及坝内层面扬压力分布图形如图6－10所示。

6.4.2　防渗结构方案的初步比较

表6－54列出了碾压混凝土坝典型防渗结构的结构特征以及25个典型工程实例防渗结构相应实施效果。

通过对表6－54进行分析，可初步得出以下结论：

（1）表6－54中列出的国内外早期建成的几座碾压混凝土坝，均采用了厚常态混凝土防渗结构（俗称金包银）型式，如日本的玉川坝、龙门坝，国内的岩滩、铜街子、大广坝等。其防渗效果较好，可靠性高，但施工工序多，干扰大，影响碾压混凝土的快速施工，且温控费用较高。

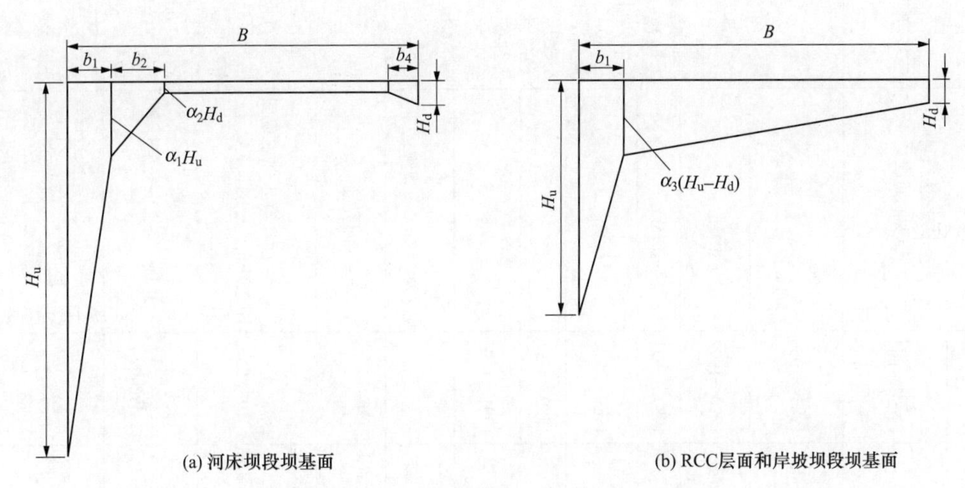

图 6－10　建基面及坝内层面扬压力分布图形

B—坝底宽或层面宽度；α_1—坝基主排水孔幕处扬压力折减系数，河床坝段取 0.2；α_2—残余扬压力折减系数，取 0.5；H_u、H_d—分别为上、下游水头；α_3—坝体排水管处渗压折减系数，取 0.25

（2）与厚常态混凝土防渗结构相比，采用现浇常态混凝土薄面层作为防渗结构的 RCC 坝中碾压混凝土所占的比例和施工速度均有提高，但常态混凝土温度和干缩裂缝仍存在，防渗作用不够理想。

（3）对钢筋混凝土面板防渗结构，面板分缝和布筋能够提高面板的抗裂能力，限制裂缝的扩展，防渗效果较好，面板可不与碾压混凝土同步上升，施工干扰少，可充分发挥碾压混凝土快速施工的优势，同时由于面板可选择有利的气候条件下浇筑而不增加附加的温控费用，但温度应力对面板仍有较大影响，值得进一步研究。国外的斯苔西坝、利欧坝，国内龙门滩均采用了该种防渗结构。

（4）PVC 薄膜防渗多用于国外工程，国内工程采用该种防渗结构的工程实例较少。外贴薄膜防渗结构的防渗薄膜施工速度快，效果好，但易遭受损坏和老化，薄膜与坝基和周边接头复杂，目前主要用于已建大坝渗漏的修复；内贴薄膜防渗虽可省去坝体各种接缝的处理；运输、安装和焊接方便，加快施工速度，可适应坝体变形，在预制板的保护下，薄膜可防止紫外线辐射和遭受机械作用破坏，但其成本较高，接缝质量对渗漏影响较大。

（5）沥青混合料防渗在我国第一座碾压混凝土重力坝——坑口坝得到采用，这种防渗结构具有工程量小，不干扰坝体的施工，自身裂缝有自愈能力，能适应坝体发生的毫米级裂缝而防渗效果不遭破坏。但沥青料的老化问题有待论证，目前沥青混合料大多用于已建大坝的修复工程中。

（6）通过对国内外早期建成的柳溪坝、荣地坝、普定坝的施工情况和防渗结构实施效果进行分析可知，碾压混凝土自身防渗结构具有施工干扰少、能有效地发挥碾压混凝土快速施工的优势、经济性好、温控费用低等优点。虽然在早期工程中（如柳溪坝）坝体出现了不同程度的渗漏，但这主要与当时筑坝技术落后、碾压混凝土胶凝材料用量过少有关。近年来，随着碾压混凝土筑坝技术的飞速发展，碾压混凝土的防渗效果及可靠性不断提高，碾压混凝土自身防渗已成为国内 RCC 的主流防渗结构型式。

表 6-54 国内外碾压混凝土坝主要防渗结构一览表

防渗结构名称		结构特征	典型工程								施工情况或施工中出现的问题	主要优缺点
			坝名	坝高（m）	混凝土体积（万 m^3）	碾压混凝土（万 m^3）	防渗层厚		备注	施工时间		
							上游（m）	下游（m）				
常态混凝土防渗	素常态混凝土（俗称金包银）	上游面设置 1.5～3.5m 厚的常态混凝土作防渗结构，下游面亦设 1.5～2.5m 厚的常态混凝土，常态混凝土与碾压混凝土均设置横缝，且同步上升，横缝内设置完善的止水，碾压混凝土层间铺设 1.5cm 厚水泥砂浆	玉川坝	103	115.40	77.2	3	2	每一碾压层进行刷毛处理，切缝、养护，间歇 3～4d，层面铺 1.5cm 厚水泥砂浆	1983—1986	层厚 0.75m，碾压混凝土与常态混凝土同步施工	防渗效果较好，可靠性高，但施工工序多，干扰大，影响碾压混凝土的快速施工，平均日升高 0.12～0.25m，且减小碾压混凝土的比例，将增加常态混凝土的附加温控费用
			八汐下坝	104	59		3	2	层间铺 1.5cm 厚水泥砂浆	1990—1992	层厚 0.75m	
			宫濑坝	155	200.1	150	2	2	层间铺 1.5cm 厚水泥砂浆	1987—1991	层厚 0.75m	
			岩滩	110	199	37.0	3.5	1.5	上游防渗层常态混凝土 C_{20}（180d），S_{10}	1989—1991	层厚 0.3m	
			铜街子	82	271	41.0	2.5		常态混凝土 C_{20}（90d），S_6	1989—1991		
			大广坝	55	88.7	51.8	2.0	0.5（预制块）	常态混凝土 C_{20}（90d），S_6	1991—1993		
			观音阁	82	211.7	137.6	3	2			层厚 0.75m，常态混凝土部位施工期发生裂缝	
	现浇常态混凝土薄面层	上游面浇筑厚度为 0.3～1.0m 的常态混凝土薄面层，在面层后一定宽度（2～5m）的 RCC 层面上铺设常态混凝土垫层或水泥砂浆，下游面不采用常态混凝土。面层常态混凝土一般分缝并设置完善的止水，碾压混凝土内设诱导缝，也有大坝面层不分缝，每隔一定间距设 V 形切口，控制裂缝，适应干缩和表面温度收缩，槽内充填塑性止水材料	中叉坝	38	4.2	3.9	0.3～0.9		层间铺 2.5～5cm 常态混凝土，宽 1.8m	1984.07—1984.09	出现表面裂缝	碾压混凝土所占的比例和施工速度均有提高，一般日升高 0.4～1.0m，但常态混凝土温度和干缩裂缝仍存在，防渗作用不够理想
			盖尔斯威尔	52	16.6		0.3～0.9	富胶凝 RCC	常态混凝土后面铺设 2.5～7cm 厚细骨料混凝土，宽 1.2～2m，下游富胶料碾压混凝土宽 1.2m	1985.05—1985.08	上游面在蓄水前出现间距 0.91m 的密集垂直裂缝	
			铜田坝	40	15.7	14	1.0		常态混凝土后面 RCC 层面上，设垫层宽 2m，坝体设三条横缝，设 PVC 止水	1984.05—1984.09	出现一条上下贯穿裂缝	
			萨科	56	14.3	13.2	0.25～0.4		碾压混凝土层间铺 3cm 厚垫层材料，大坝底部宽为 3m，向上逐渐变窄	1986.02—1986.10	上游面出现 17 条垂直裂缝，最宽为 0.5mm，通过布筋，分缝设止水，减少水泥用量和加强养护等措施后，裂缝减少	

续表

防渗结构名称		结构特征	典型工程								施工情况或施工中出现的问题	主要优缺点
			坝名	坝高（m）	混凝土体积（万 m^3）	碾压混凝土（万 m^3）	防渗层厚		备注	施工时间		
							上游（m）	下游（m）				
常态混凝土防渗	钢筋混凝土面板防渗	上游设置与面板堆石坝相似的钢筋混凝土面板，面板通过锚筋附着在碾压混凝土坝面，面板一般间隔15～18m设置横缝，在面板横缝内布置完善的止水系统，利用面板钢筋限制裂缝的发展，一般采用常规的混凝土层间处理措施	SERRE DE LA FARE	80	40	33	下部2 上部1		面板与坝体间设锚杆，保证平均抗拉力为130kN/m²		钢筋混凝土面板在RCC填筑前浇筑，兼作内部RCC的模板，紧靠面板每隔2.5m设垂直排水与廊道相通，面板双向布筋，面板在RCC之前上升3～4层	面板分缝和布筋能够提高面板的抗裂能力，限制裂缝的扩展，防渗效果较好，面板可不与碾压混凝土同步上升，施工干扰少，可充分发挥碾压混凝土快速施工的优势，同时由于面板可选择有利的气候条件下浇筑而不增加附加的温控费用，但温度应力对面板仍有较大影响，值得进一步研究。混凝土学术研究会的资料表明在RCC浇筑完毕后，在其上游设置钢筋混凝土面板防渗是一个经济的解决方法
			斯苔西坝	45			0.46（等厚）		面板每次浇筑高度为4m，宽14m		先铺筑的碾压混凝土达到其最高水化热温度后再浇筑钢筋混凝土面板	
			利欧坝	25	5.5		0.82		碾压混凝土层间不铺设水泥砂浆，将常规混凝土与碾压混凝土水平接缝错开（阿伯尔多弗赫公司研究成果方案之一）		每碾压3层RCC后浇筑90cm的常态混凝土	
			龙门滩	56.5	9.6	6.8	0.25～0.6		上游面采用补偿收缩混凝土，用含膨胀剂的水泥配制	1987.12—1989.07	防渗面板内配置ϕ12螺纹铝，间距为18cm，上部为单层，下部双层，通过预埋锚筋与RCC连接，面板与坝体均不分缝	
碾压混凝土自身防渗			柳溪坝	52	33.1		2.8		上游面水泥用量为104kg/m³，不掺粉煤灰；坝体水泥和粉煤灰用量分别为47kg/m³和19kg/m³；下游面水泥和粉煤灰用量分别为104kg/m³和47kg/m³；上游设1.2～4.9m（高×宽）的预制钢筋混凝土板作模板	1982.05—1982.09	密集的裂缝和层间结合不良导致出现大量渗漏	

续表

防渗结构名称	结构特征	典型工程								施工情况或施工中出现的问题	主要优缺点
		坝名	坝高（m）	混凝土体积（万 m^3）	碾压混凝土（万 m^3）	防渗层厚		备注	施工时间		
						上游（m）	下游（m）				
碾压混凝土自身防渗	在坝体上游一定范围内采用较坝体内部碾压混凝土胶凝材料用量高的碾压混凝土作为防渗体，与坝体碾压混凝土同仓碾压，同步上升，可根据要求设置横缝	上静水	91	123.3	107			上游面水泥用量为 221kg/m^3，粉煤灰用量为 153kg/m^3；下游采用道牙式常态混凝土作模板	1985.09—1987.08	发现 17 条贯穿裂缝，水渗入基础廊道并从下游渗出，看不到层间渗漏	施工干扰少，能有效地发挥碾压混凝土快速施工的优势，比较经济，适当设置横缝可避免出现上下游方向的贯穿裂缝，不会因为胶凝材料的增加而给温控带来更大的困难或增加额外的费用，抗渗性能得到提高，但层间渗漏仍是一个令人关注的问题
		荣地坝	57	7.8	6.3	3.5～4.5		上游二级配水泥用量为 90kg/m^3，粉煤灰用量为 140kg/m^3；坝体三级配水泥用量为 69kg/m^3，粉煤灰用量为 111kg/m^3。表面用预制板作模板，板缝用水泥砂浆勾缝	1989—1990		
		普定	75	19.8	10.7	1.8～6.5		上游二级配水泥用量为 85kg/m^3，粉煤灰用量为 103kg/m^3，坝体三级配水泥用量为 54kg/m^3，粉煤灰用量为 99kg/m^3，上游碾压混凝土层间喷 2m 宽水泥浆	1992.02—1993	实行了严格的施工质量控制，施工质量良好，防渗效果较理想	

续表

防渗结构名称		结构特征	典型工程								施工情况或施工中出现的问题	主要优缺点
			坝名	坝高（m）	混凝土体积（万 m³）	碾压混凝土（万 m³）	防渗层厚		备注	施工时间		
							上游（m）	下游（m）				
薄膜防渗	内贴薄膜防渗	采用预先贴好防渗膜的预制板现场安装，模板接头部位采用防渗膜互相搭接粘贴，用密封圈等措施密封穿过防渗膜的锚筋，也可在立模后现场粘接或在浇筑好的坝面上铺设薄膜和安装预制护面板。为保险起见，有的还在膜后浇筑一层常态混凝土作第二道防渗体	温彻斯特	21	2.7	2.45			内贴防渗膜后浇筑 0.5m 厚常态混凝土，PVC 薄膜厚 1.65mm，防渗面积为 3900m²	1984.08—1984.11	模板兼护面板为 1.22m × 4.88m × 0.1m 四边带榫槽的预制钢筋混凝土板，用ϕ20、长 1.22m 的锚筋固定	薄膜防渗可省去坝体各种接缝的处理，运输、安装和焊接方便，加快施工速度，可适应坝体变形，在预制板的保护下，薄膜可防止紫外线辐射和遭机械作用破坏，但其成本较高，接缝质量对渗漏影响较大
			乌拉圭－1	77	62.6	59.0			上游预制板后贴 2mm 厚 PVC 薄膜，薄膜后设 0.5～0.9m 宽常态混凝土，其后的 RCC 层间铺 2～12m 宽的垫层，预制板的上游侧的接缝用 PVC 条封闭，同时兼作模板，常态混凝土中每隔 20m 设一道横缝，缝内设两道 PVC 止水和一道排水孔，防渗面积为 28 000m²	1988.04—1989.04	渗流量为 550L/min，可能是混凝土冷却收缩及薄膜拉裂	
	外贴薄膜防渗	在碾压混凝土坝面上用金属肋和锚筋将防渗膜固定	概念	70	29	27			PVC 薄膜宽 4m、厚 3.2mm，覆盖面积为 16 000m²，背面贴有土工织物	1991 年安装	不漏水	防渗薄膜施工速度快，效果好，但易遭受损坏和老化，薄膜与坝基和周边接头复杂，目前主要用于已建大坝渗漏的修复
			利欧	30	4.5				PVC 薄膜厚 2.5mm，薄膜覆盖面积为 2500m²	1990	大坝出了间距 15～30m 的裂缝，因有防渗膜，也不漏水	

续表

防渗结构名称	结构特征	典型工程								施工情况或施工中出现的问题	主要优缺点
		坝名	坝高（m）	混凝土体积（万 m^3）	碾压混凝土（万 m^3）	防渗层厚		备注	施工时间		
						上游（m）	下游（m）				
沥青混合料防渗	在碾压混凝土上游坝面设一定厚度的沥青混合料防渗层，外侧加设钢筋混凝土预制板，通过锚筋与坝体连接。实质上是将内贴防渗膜改为沥青混合料	坑口	56.8	5.6	4.1	0.06		防渗面积为 3100m^2	1985.11—1986.06	6cm×50cm×200cm（厚×高×长），板周设口，锚筋直径为 16mm。竖向间距为 50cm，水平间距为 150cm，埋入坝体为 50～150cm	工程量小，不干扰坝体的施工，自身裂缝有自愈能力，能适应坝体发生的毫米级裂缝而防渗效果不遭破坏。沥青料的老化问题有待论证，大多用于已建大坝的修复

根据碾压混凝土的施工技术水平和对碾压混凝土渗流特性的认识，以及所确定的 200m 级碾压混凝土大坝防渗结构设计要求、标准和设计思路，主要进行了以下方案的比较：厚常态混凝土防渗方案、钢筋混凝土预制板内贴 PVC 与二级配 RCC 组合防渗方案、钢筋混凝土面板与二级配 RCC 组合防渗方案、变态混凝土与二级配 RCC 组合防渗方案、沥青混凝土防渗方案、不锈钢钢板防渗方案，上述防渗结构方案及比较见表 6－55。

表6-55 主要防渗结构方案比较表

项目		方案					
		厚常态混凝土防渗（方案一）	钢筋混凝土预制板内贴PVC与二级配RCC组合防渗（方案二）	钢筋混凝土面板与二级配RCC组合防渗（方案三）	变态混凝土与二级配RCC组合防渗（方案四）	沥青混合料防渗（方案五）	不锈钢钢板防渗（方案六）
防渗结构方案说明		常态混凝土上游高程270m以上为3m，270m以下为5m、下游面最高尾水位以下为2m。上游排水幕以前的RCC层面铺垫层料。防渗结构与RCC同步上升	由PVC和二级配RCC组成。PVC场外预贴于预制板内侧，现场安装，二级配RCC设置于排水幕前部位，其层面铺垫层料，预制板通过锚筋与坝体连接，下游采用二级配RCC作防渗体	由lm厚钢筋揭混凝土面板与二级配RCC组成，排水幕前设二级配RCC，其层面铺垫层料，面板与坝体不同步上升。通过锚筋与坝体连接，下游采用二级配RCC作为防渗体	上下游防渗结构采用富胶凝二级配RCC，上游厚度按0.07H确定，其层面铺垫层料，上游表面lm厚的二级配区域用变态混凝土，并在其表面布置限裂钢筋，防渗体与坝体RCC同步上升	由8cm厚防护面板内浇8cm厚沥青料防渗层，防护板通过锚筋坝体连接	钢面板厚度5mm，布置于高程275m以下，钢板块周边采用宽0.4m、长8～8.8m的波形板条与相邻板块焊接，波形板可起到适应钢板自由伸缩变形的作用，钢面板与坝的连接通过焊接在面板上的槽形挂勾，挂在大坝的预埋件上，并承担钢板的自重。钢面板的上端由预埋螺栓固定，面板端口和螺栓周边用焊接密封，面板下端与坝面预埋件焊接密封，面板后由坝面波形板处的垂直凹槽和挂预埋件处的水平凹槽形成交叉排水系统，钢面板不跨大坝横缝，每个坝块形成独立的防渗系统
方案评价	优点	1. 与RCC用同样原材料。 2. 使用传统、熟悉的施工工艺，有丰富经验。 3. 施工质量有保证，防渗性高且耐久。外表美观	1. 新的合成膜防渗性能高，变形大。 2. 坝体RCC工程量比例大	1. 与RCC用同样原材料。 2. 使用传统、熟悉的施工工艺。有丰富的施工经验。 3. 施工如质量有保证。防渗性高，且耐久，外表美观。 4. 常态混凝土用量较少。 5. 钢筋对混凝土有限裂作用。 6. 与RCC施工可分开，互不干扰	1. 用RCC同样原材料、施工设备和施工工艺。 2. 整个坝体RCC工程量占比例大，结构简单。 3. 施工干扰少，施工速度快	1. 防渗性能高，在常温下塑性流变变形能力大，裂缝可自愈。 2. 施工干扰小，RCC工程量比例大。 3. 不需分缝，沥青料施工无季节限制	1. 防渗作用完全能够满足大坝下部高水头区的防渗要求。 2. 安装钢面板的预埋件大部分为板条，并且不需伸出坝面，便于埋设，对大坝施工干扰少，钢面板的安装施工可随时独立地进行，不会影响大坝碾压混凝土的上升速度
	缺点	1. 常态混凝土用量大。 2. 与RCC同时施工，干扰大。影响RCC施工速度。 3. 温控较复杂，温控不当，易产生裂缝	1. 合成膜有老化问题，使用期超过30年，还缺乏实际工程考验。 2. 接缝多，穿孔多，可靠性相对差些	1. 面板可能由温度应力作用产生裂缝。 2. 面板施工需要二次立模	1. 仍存在RCC的质量不够和层间结合不良的问题。 2. 易产生温度裂缝。 3. 表面变态混凝土现场掺入水泥浆，均匀性难以控制，影响抗渗性和耐久性	1. 原材料与RCC不通用，需增设一套专用施工设备，沥青需热施工，有怪味。 2. 施工工艺较复杂，多数人还不熟悉，尚无专业施工队伍	1. 焊缝太多，焊缝的焊接质量将直接影响面板防渗作用。 2. 造价高，如采用普通钢板，钢板的防锈处理还需要进行深入研究

从防渗效果而言，沥青混合料和 PVC 是一种性能优良的防渗材料，沥青混合料还具有自密实性和流塑性，材料本身的渗透系数非常小，与钢板一样，其防渗效果勿庸置疑；厚常态混凝土防渗方案防渗效果稍逊于沥青混合料、PVC 以及钢板防渗方案；钢筋混凝土面板和变态混凝土其材料本身的渗透系数较沥青混凝土和钢板要大一些，但也具有较好的防渗性能，能满足龙滩碾压混凝土重力坝防渗效果的要求。

从防渗的可靠性而言，沥青混合料能与碾压混凝土牢固地结合，并能适应较大的坝体变形，即使产生裂缝也可自密实，只要处理好沥青混合料与常态混凝土底座周边接缝和止水，其可靠性最好；厚常态混凝土防渗方案、变态混凝土与钢筋混凝土面板主要是受施工期和运行期的温度影响较大，温度徐变应力和气温骤降所产生的表面应力都有可能产生裂缝，影响坝体的防渗效果，施工期只要采取适当的温度控制和表面保护措施，将大大减小开裂的可能性，即使产生少量的裂缝也可通过蓄水前的全面检查发现并加以修复，而运行期的温控防裂则需要与坝体的温控统一考虑；比较而言，厚常态混凝土防渗方案和变态混凝土方案的防渗结构的可靠性优于钢筋混凝土面板方案，且一旦产生裂缝，对厚常态混凝土防渗方案和变态混凝土方案而言只是局部的问题，对后浇钢筋混凝土面板则可能使面板的防渗功能完全丧失；影响 PVC 和钢板防渗效果的因素主要是焊缝质量和钢板后期锈蚀作用，由于焊缝太多，焊接质量控制难度较大，PVC 和钢板方案一旦出现缺陷，而处于死水位以下，修复难度大，代价高。

结构耐久性方面，混凝土结构的耐久性较好，厚常态混凝土、钢筋混凝土面板和变态混凝土由于水泥用量大，密实性和均匀性好，均可满足龙滩碾压混凝土重力坝的要求；钢板受水流侵蚀而容易锈蚀，其耐久性相对要差一些；沥青混合料和 PVC 的耐久性主要受材料老化的影响，目前国内外均有正常运行达三十年以上的工程实例，理论和工程实践表明只要保证一定厚度的防渗体或防止直接暴露受紫外线照射，采用沥青混合料和 PVC 材料不致于降低整个防渗结构的防渗效果，但是沥青混合料和 PVC 材料的耐久性也仍然值得进一步研究。

在施工工艺方面，变态混凝土施工最方便简捷，但目前变态混凝土施工还没有规范的工艺流程，人为因素对其质量影响较大，作为大坝防渗结构的变态混凝土施工还应在施工工艺和施工机具配套上进一步研究；钢筋混凝土面板施工工艺成熟，但坝面需二次立模，施工需要专门的滑模施工系统，采用后浇面板尽管一定程度上减少对坝体 RCC 的施工干扰，但众多的连接锚筋的埋设对大坝施工的影响仍存在；厚常态混凝土防渗方案与坝体碾压混凝土同步上升，施工干扰大，不利于充分发挥碾压混凝土快速施工的优势；PVC 和钢板防渗方案由于焊缝多且质量要求高，对操作人员的技术水平要求高；沥青混合料的施工工艺最复杂，要求有专用的拌和、加热、运输、入仓的设备，施工条件要求严格，必须由专业施工队伍施工，另外，也需要二次立模。

就对施工干扰程度而言，很明显变态混凝土与二级配 RCC 防渗方案对坝体 RCC 的施工干扰最小，其他方案均需要在坝体上预埋大量的预埋件或锚筋，对上游坝面的立模和混凝土浇筑速度有一定的影响。

在造价方面，变态混凝土作为坝体的一部分，造价最低，而其他方案均为坝体基本断面以外的附加防渗层，故造价相对较贵，但造价因素不是方案比较的决定因素。

龙滩大坝全高度采用碾压混凝土，是碾压混凝土筑坝技术水平上一个大的飞跃。对大坝防渗方案设计和选择也应非常谨慎，采用的防渗方案既要满足200m级高碾压混凝土坝的防渗可靠性和耐久性要求，又要适应碾压混凝土快速施工的特点。通过各方案的比较分析，在确保防渗效果和可靠性的前提下，以二级配碾压混凝土作为防渗结构的主体，各方案均有其优劣，“八五”期间由于当时缺乏充分的碾压混凝土渗流试验研究，特别是对变态混凝土的物理力学和渗流特性的试验研究，对二级配碾压混凝土和变态混凝土的渗流特性的认识还不充分，世界银行特别咨询团和加拿大CCEPC咨询公司均认为采用钢筋混凝土面板防渗是适合龙滩大坝的最可靠的方案，国内咨询专家根据我国碾压混凝土筑坝工程经验和研究成果也推荐该方案，因此，“八五”攻关提出的推荐方案为“钢筋混凝土面板与二级配碾压混凝土组合防渗方案”。

钢筋混凝土面板与二级配碾压混凝土组合防渗其防渗效果和可靠性满足设计要求，面板具有良好的耐久性，面板浇筑有利于减少坝体施工干扰、简化温控防裂措施。但该方案也存在面板与坝体连接锚筋埋设对坝面快速立模影响较大、面板较薄易出现裂缝、面板与坝体结合不良时水位骤降和动荷载作用对面板稳定不利及造价相对较高等问题。

“九五”期间，通过二级配碾压混凝土和变态混凝土的渗流特性大量的试验研究，对两者的抗渗性能有了更充分和完整的认识，其抗渗性得到进一步的确认，此时，变态混凝土和二级配碾压混凝土组合防渗方案具有施工简单、施工干扰少的显著优势得到凸显，因此，最终推荐变态混凝土和二级配碾压混凝土组合防渗方案作为龙滩碾压混凝土重力坝防渗结构，并从材料、抗渗性和温控等方面进行深入研究。

6.4.3 防渗结构方案渗流分析

1. 计算参数

本次渗流计算参数根据国内完建的几座碾压混凝土坝现场压水试验成果，以及龙滩工程的渗流试验资料确定，以江垭碾压混凝土重力坝现场压水试验渗透系数成果为参照，将江垭碾压混凝土现场压水试验的均值作为龙滩同类型碾压混凝土现场压水试验80%保证率的值采用，得到龙滩大坝二级配和三级配混凝土压水试验的透水率均值分别为0.001 94Lu和0.015 35Lu，按透水率和渗透系数关系式计算出该均值透水率相应的层面和缝面切向的主渗透系数，见表6－56。

表6－56　龙滩坝体混凝土材料渗流计算参数取值表　cm/s

混凝土种类	本体渗透系数	层面法向渗透系数	层面切向渗透系数
常态混凝土	1.0×10^{-10}		
变态混凝土	1.0×10^{-9}	1.0×10^{-9}	1.0×10^{-9}
二级配碾压混凝土	1.0×10^{-9}	1.0×10^{-9}	2.25×10^{-8}
三级配碾压混凝土	1.0×10^{-9}	1.0×10^{-9}	1.78×10^{-7}

2. 计算工况

渗流分析计算工况设置除分析构成防渗结构的不同防渗材料的性能和作用，以及坝体主排水系统和辅助排水系统的作用以及排水的可靠性外，还对防渗和排水结构局部出现各种缺陷，防渗和排水功能削弱的情况下，渗控方案整体的渗流控制的可靠性进行了多方案的渗流敏感性分析。防渗效果分析计算的工况汇总见表 6–57，各计算工况的坝体渗流场和典型层面扬压力如图 6–11～图 6–17 所示。

表 6–57　防渗效果分析计算的工况汇总表

工况号	工况说明	成果图号
1	最高河床挡水坝段，按设计推荐情况，坝上游面变态混凝土（高程 270.00m 以下为 1.5m、以上为 1.0m），后面为二级配碾压混凝土，然后为三级配碾压混凝土；上游主排水孔间距高程 270.00m 以下为 2.0m、以上为 3.0m；坝体中部排水孔顶部高程 230.00m，间距 4m；下游为 4.0m 厚二级配碾压混凝土防渗，下游主排水孔间距为 3.0m；坝上下游水位为 375.00m 和 225.25m	图 6–11
2	同工况 1，替换变态混凝土为二级配碾压混凝土	
3	同工况 1，变态混凝土渗透系数较工况 1 大半个数量级	图 6–12
4	上游变态混凝土厚度在高程 270.00m 以上为 1.5m、以下为 2.0m，其他同工况 1	
5	上游变态混凝土厚度在高程 270.00m 以上为 0.5m、以下为 0.8m，其他同工况 1	图 6–13
6	同工况 1，在高程 226.00m、270.00m、330.00m 和 342.00m 处变态混凝土贯穿水平开裂，裂缝隙宽为 0.1mm	图 6–14
7	在高程 226.00m、270.00m、330.00m 和 342m.00m 处二级配碾压混凝土也贯穿水平开裂，其他同工况 6	
8	同工况 1，坝上游面变态混凝土防渗体有竖直向贯穿性劈头缝，裂缝隙宽为 0.2mm	图 6–15
9	坝上游面二级配碾压混凝土防渗体也有竖直向贯穿性劈头缝，其他同工况 8	
10	坝上下游水位 380.69m 和 259.71m，其他同工况 1	
11	最高溢流坝段，坝上下游水位为 380.69m 和 259.71m，其他同工况 1	
12	考虑排水孔周边层面局部排水受阻，即将排水孔周边 2m 范围内的层面切向渗透系数取为与碾压混凝土本体一致，其他同工况 1	
13	考虑排水孔隔孔受堵，也即排水孔间距为 6m，其他同工况 1	图 6–16
14	排水孔间距为 10m，其他同工况 1	
15	取消坝体中部向上的三排排水孔，其他同工况 1	
16	高程 270.00m 以下坝体上、下游主排水孔幕失效，其他同工况 1	图 6–17

对比分析各计算工况的坝体渗流场形态和典型层面扬压力图形，可以比较清楚地看出：

（1）坝体各项渗流控制措施均处于正常运行情况下，防渗结构几乎承担了全部的渗透压力，排水孔后仅存在极微弱的渗透水头，各典型层面的扬压力均远小于设计扬压力，为坝体各层面提供了额外的安全储备。

（2）变态混凝土的防渗功能体现得非常明显，高程 270.00m 以下的变态混凝土承担了层面上 40%左右的渗透压力，高程 270.00m 以上的变态混凝土承担了层面上 30%左右的渗透压力，二级配碾压混凝土承受的水力梯度控制在小于 10，而高程 270m 以下的变态混凝土承受的最大水力梯度为 45 左右，高程 270.00m 以上的变态混凝土承受的最大水力梯度为 35 左右。

（3）由于坝体三级配碾压混凝土的强渗透各向异性，渗透水流总是沿阻力最小的方向和渗漏通道流动，坝体的渗流等势线呈近于水平的分布，一旦某些层面排水孔处的扬压力不能得到有效的控制，则可能在坝体该层面的下游坝面出现渗流逸出点，这种逸出虽然不能认定层面扬压力失控，危及坝体的稳定，但有碍观瞻。

（4）如果取消坝体上游面的变态混凝土，全部采用二级配碾压混凝土防渗，由于其他渗控措施正常发挥作用，因此，坝体排水孔之后的渗流场仍得到有效的控制，主要差异体现在排水孔之前的渗流场形态和从上游坝面渗入的渗漏量两个方面；该工况计算出来的从上游坝面渗入的渗漏量在工况 1 的基础上约增加 50%，由此也可见变态混凝土对渗漏量控制的作用。

（5）由于计算中变态混凝土的渗透系数取值是按偏于安全的大值取的，变态混凝土渗透系数增大半个数量级后，变态混凝土与二级配碾压混凝土渗透系数之间的差异较小，计算出来的渗流场和典型层面扬压力图形基本与全二级配碾压混凝土方案相同，渗漏量的差异也不大；该方案提示，变态混凝土本身是一种抗渗性能优良的混凝土材料，但施工质量控制非常重要。

（6）在现有的设计方案基础上小幅度减薄或加厚坝体上游面变态混凝土的厚度对坝体渗流场形态和典型层面的扬压力分布几乎没有影响，渗漏量的差异也不大，主要差异体现在变态混凝土所承受的水力梯度上；高程 270.00m 以下的变态混凝土厚度减至 0.8m、高程 270.00m 以上的变态混凝土厚度减至 0.5m 时，高程 270.00m 以下的变态混凝土承受的最大水力梯度为 80 左右，高程 270.00m 以上的变态混凝土承受的最大水力梯度为 70 左右，水力梯度的增大对变态混凝土的耐久性不利。

（7）高程 270.00m 以下的变态混凝土厚度增加到 2m、高程 270.00m 以上的变态混凝土厚度增加到 1.5m 时，高程 270.00m 以下的变态混凝土承受的最大水力梯度为 30 左右，高程 270.00m 以上的变态混凝土承受的最大水力梯度为 24 左右，但增加变态混凝土厚度对变态混凝土的施工和质量控制均带来不利影响。

（8）坝体上游面无论是变态混凝土还是变态混凝土与二级配碾压混凝土在某些高程发生贯穿性水平裂缝，除开裂部位裂开的防渗结构的防渗功能基本丧失外，开裂部位的层面扬压力分布略有增大，由于排水孔的强排渗作用，但仍控制在设计扬压力假定范围内，其他未开裂部位没有影响。

（9）坝体上游面变态混凝土发生贯穿性竖直劈头裂缝时，开裂部位的变态混凝土防渗功能完全丧失，但其影响范围局限于开裂部位，坝体依靠二级配碾压混凝土防渗，开裂部位的坝体渗流场和层面扬压力依然得到有效的控制，其他未开裂部位没有影响。

（10）坝体上游面变态混凝土与二级配碾压混凝土同时发生贯穿性竖直劈头裂缝时，开裂部位的渗流场发生显著变化，坝体完全依靠排水孔进行排渗和降压，虽然开裂部位的层面扬压力仍控制在设计扬压力假定范围内，尚不危及坝体稳定，但层面扬压力已显著增加。

（11）各种局部开裂情况，单宽渗漏量均成倍地增加，尤以上游面变态混凝土与二级配碾压混凝土同时发生贯穿性竖直劈头裂缝时为甚；但其影响范围均只局限在开裂部位的有限范围内，均不致影响大坝整体渗流场的形态和扬压力的控制，对总的渗漏量的影响也较小，除非发生大面积的裂缝。但为确保防渗结构的耐久性和防止水力劈裂作用导致裂缝向深部发展等，首先应采取严格温控措施防止坝面裂缝的发生，此外，适当加厚变态混凝土厚度和在变态混凝土的上游面布设抗裂钢筋网也是必须的结构措施。

（12）校核情况下游面二级配碾压混凝土具有良好的防渗作用，坝体渗流场除下游坝面至下游坝体主排水孔之间由于河床高水位的入渗作用，该局部区域有较明显变化外，其他区域与工况 1 基本相同；层面扬压力与工况 1 相比略有增加，但幅度很小，层面扬压力远小于设计扬压力假定；渗漏量略有增加。

（13）溢流坝段各种工况下整体的渗流场控制和层面扬压力及渗漏量的控制情况基本上与挡水坝段一致。

（14）从计算成果来看，排水孔具有超强的排渗降压功能，这是与排水孔穿过碾压混凝土这样的成层体系结构所有的结构面相关的，因此，排水孔的作用在碾压混凝土中较常态混凝土更显著，但也应看到计算模型比实际情况偏于理想化，在使用计算成果时应谨慎。

（15）由于碾压混凝土层面存在渗流的离散性，当坝体排水孔不能穿过强渗透面的时候，排水系统的排渗降压的功能受到很大的削弱；在计算工况 12 的这种较为保守的情况下（一般局部层面的渗透系数较小，但也不可能达到本体的水平），高程 230.00m 以上的层面扬压力已经超过扬压力设计假定，而高程 230.00m 以下由于坝体辅助排水孔发挥作用，则层面扬压力仍得到有效控制；但在坝体施工和质量控制做得很好的情况下，将确实可能出现层面的渗透系数较小且层面渗流离散性小的状态，这种状态下排水孔的降压作用和影响范围将减弱。

（16）对龙滩这样的高坝而言，为了有效地控制层面特别是坝体下部受稳定控制的层面扬压力，坝体主排水系统应按高程采取下密上稀的不同的排水孔间距，坝体下部排水孔加密后有利于穿过更多层间强渗面，即使穿过的是层间弱渗面，较密的间距也有利于保证排水孔的影响范围能够对整体渗流场形成较有效的控制；坝体下部设置辅助排水系统的作用是明显的，辅助排水系统对控制这些层面的扬压力是可行的，也是必要的。

（17）排水孔应布置在渗透性较强的三级配碾压混凝土区域，采用拔管成孔工艺时，应避免采用变态混凝土等有碍于顺畅排水的措施对排水孔周边局部不密实的部位进行处理。

（18）在目前的计算参数情况下，坝体排水孔的影响和控制范围较大，排水孔的布置间距具有足够的安全裕度。

（19）在坝体主排水系统正常工作时，辅助排水系统的作用很小；主排水系统不能正常工作时，坝体下部的层面可依靠辅助排水系统对层面扬压力实行有效的控制，而坝体中、上部则由于没有辅助排水系统，可能导致扬压力超过设计假定。

（20）计算中排水孔超强的排渗降压作用主要依赖于在防渗结构与坝体三级配碾压混凝

土之间渗透系数保持量级上的差异和三级配碾压混凝土层面抗渗性的均匀性，从另外一个角度也说明施工中确保变态混凝土和二级配碾压混凝土等防渗结构的抗渗性能以及坝体提高施工质量的重要性。

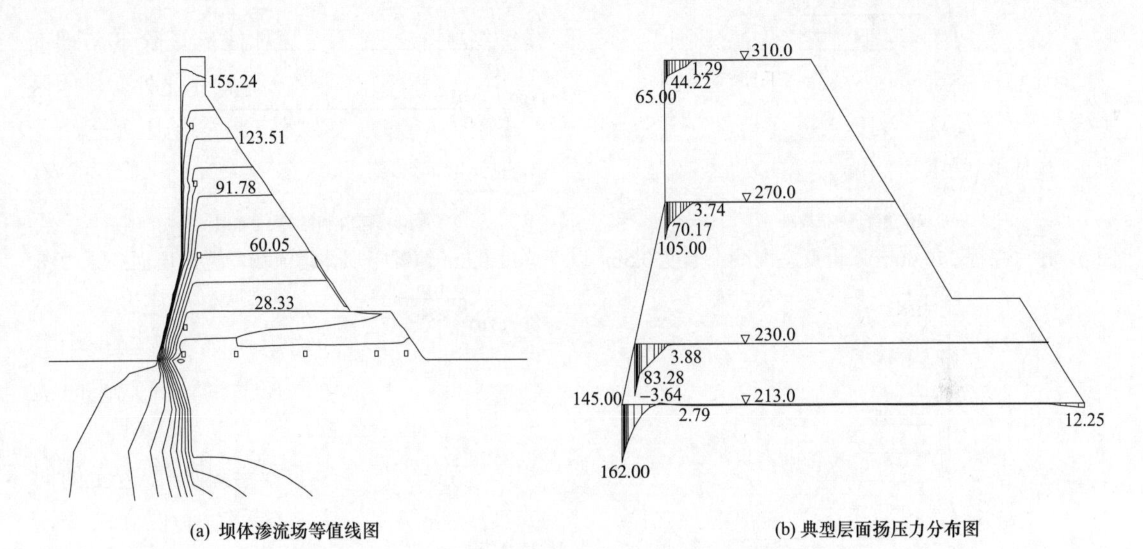

(a) 坝体渗流场等值线图　　(b) 典型层面扬压力分布图

图 6-11　正常情况下坝体渗流场和典型层面扬压力图

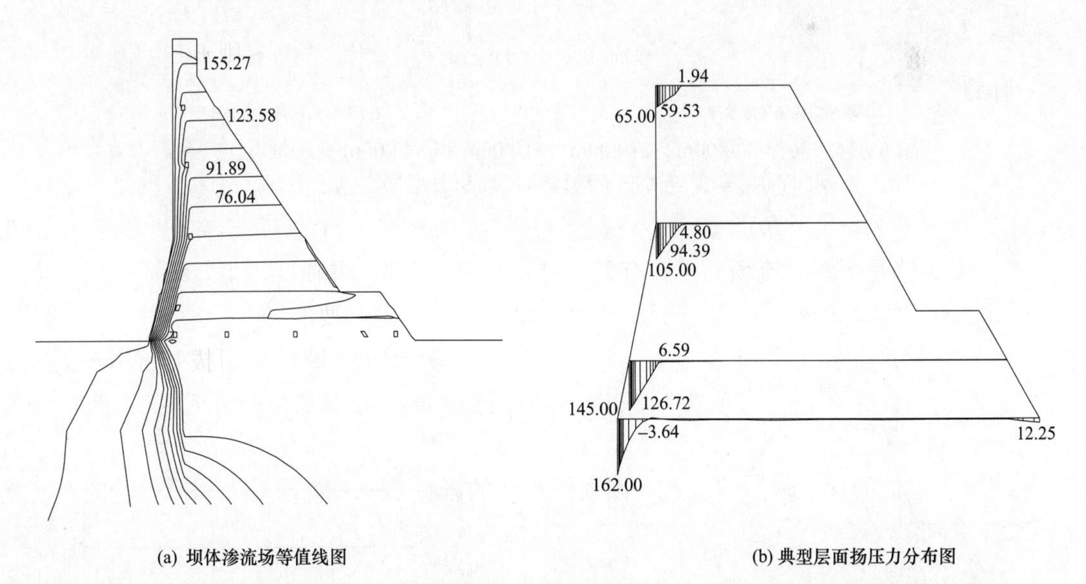

(a) 坝体渗流场等值线图　　(b) 典型层面扬压力分布图

图 6-12　变态混凝土渗透系数增大半个数量级情况下坝体渗流场和典型层面扬压力图

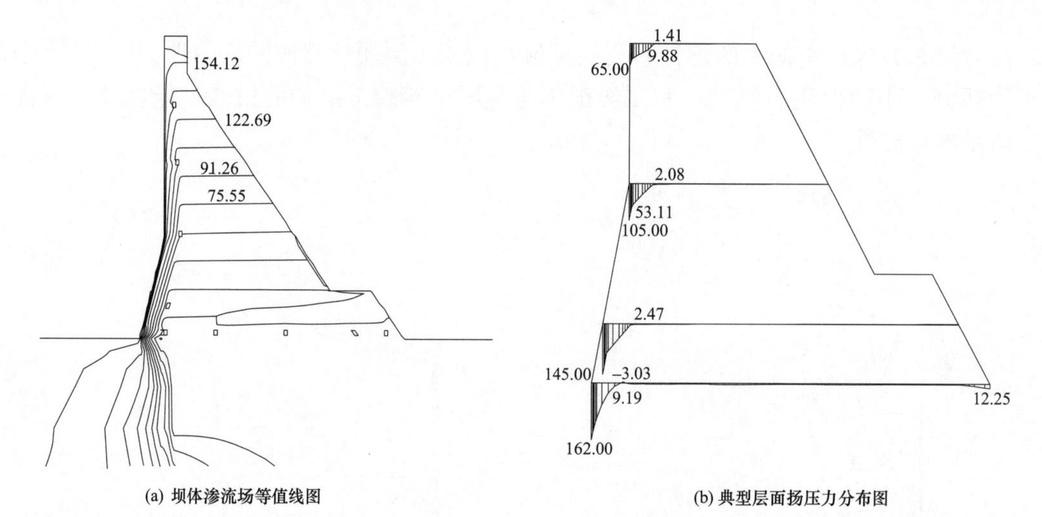

图 6-13　高程 270.00m 以上变态混凝土厚度 0.5m、以下厚度 0.8m 情况下坝体渗流场和典型层面扬压力图

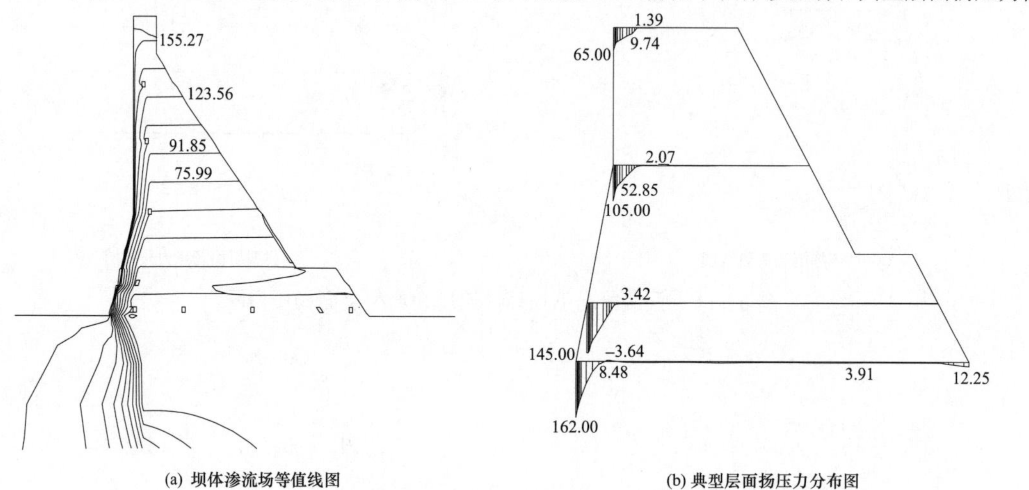

图 6-14　高程 230.00m、270.00m、310.00m 和 342.00m 变态混凝土产生水平向贯穿裂缝情况下坝体渗流场和典型层面扬压力图

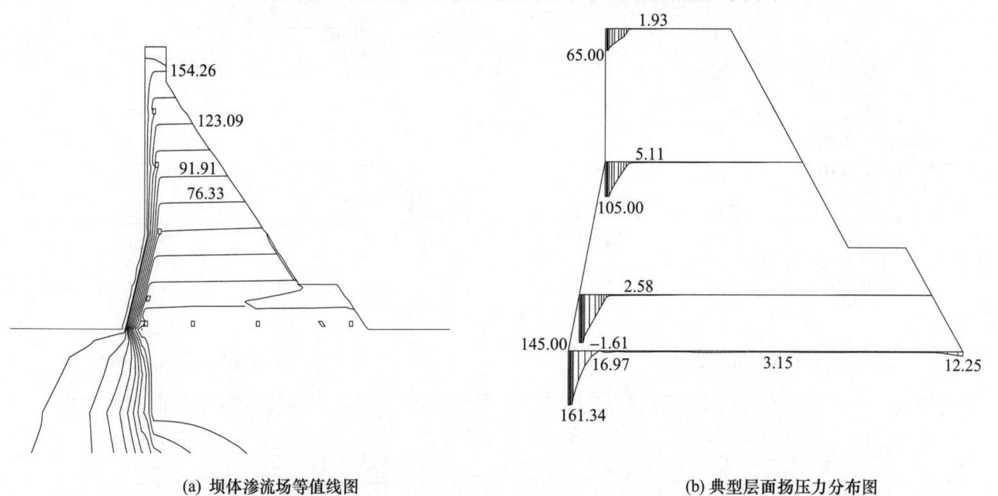

图 6-15　坝体变态混凝土产生竖直向贯穿劈头裂缝情况下坝体渗流场和典型层面扬压力图

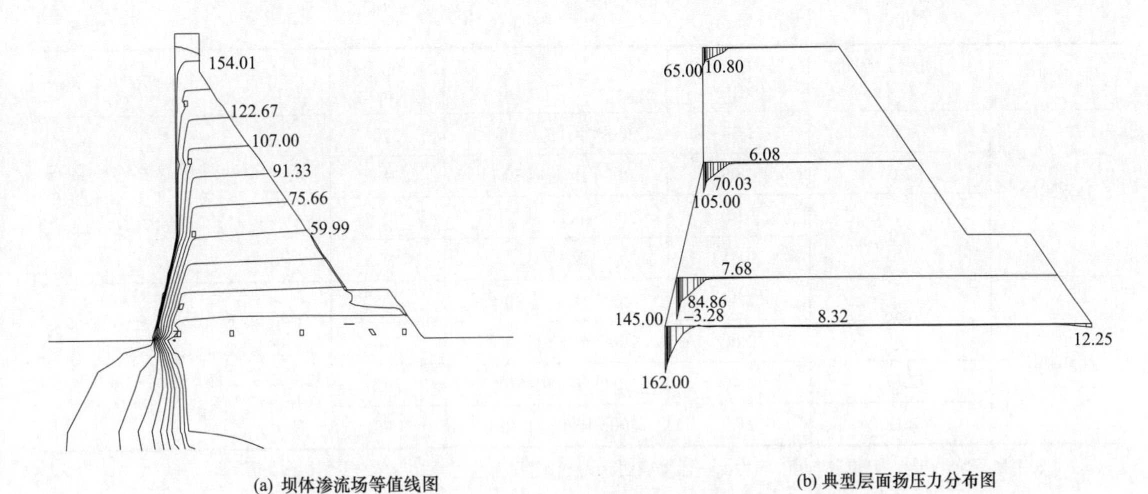

图6-16 考虑排水孔隔孔受堵（即孔距6m）情况下坝体渗流场和典型层面扬压力图

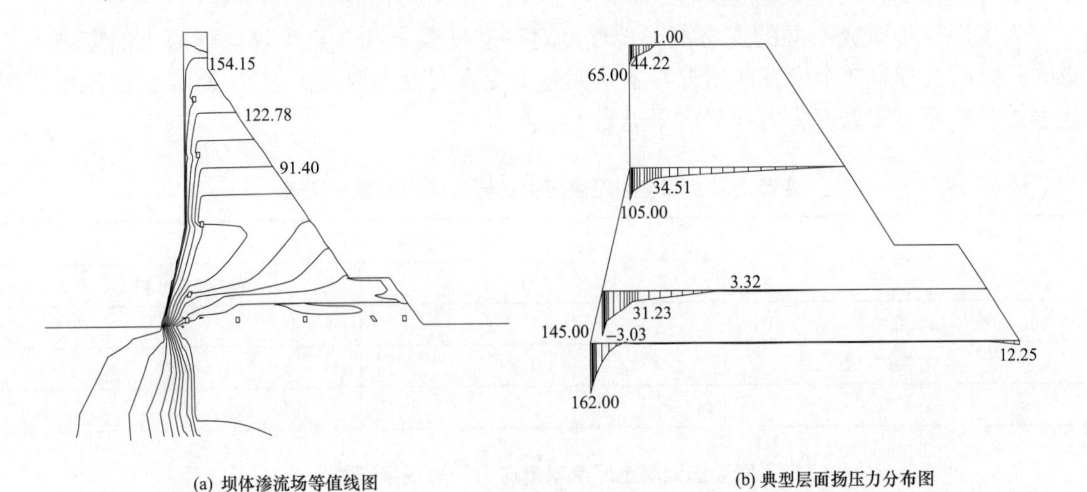

图6-17 高程270m以下上、下游主排水孔均失效情况下坝体渗流场和典型层面扬压力图

6.4.4 防渗结构温控防裂分析

龙滩碾压混凝土重力坝上、下游防渗结构位于坝体表面，受内外温差的影响，在防渗结构内必将产生温度应力，况且变态混凝土由于胶凝材料用量大，绝热温升高，对温控不利。

防渗结构在温度荷载作用下的抗裂性能是确定防渗结构的结构可靠性的重要依据。典型坝段坝体上游面温度应力计算成果汇总见表6-58。

表6-58　　典型坝段坝体上游面温度应力计算成果汇总表

典型坝段	剖面距上游面距离（m）	最大拉应力（MPa）	出现时间	出现高程（m）	计算条件
溢流坝段	0.29	1.62	2006年12月30日	290	碾压混凝土浇筑温度冬季为16℃，夏季控制在17℃以内；基础常态混凝土通水冷却
	2.12	0.73	2007年3月30日	280	
	8.12	0.82	2007年7月30日	200	

续表

典型坝段	剖面距上游面距离（m）	最大拉应力（MPa）	出现时间	出现高程（m）	计算条件
挡水坝段	0.17	1.34	2007年11月30日	370	每年5～9月采取表面喷雾；碾压混凝土浇筑温度冬季不低于11℃，夏季控制在17℃以内
	2.0	1.00	2006年1月30日	248.5	
	7.0	0.50	2007年11月30日	201.5	
		0.55	运行期	201.5	
底孔坝段	0.29	2.34	2005年1月30日	205	碾压混凝土浇筑温度冬季为16℃，夏季控制在17℃以内；底孔周边及坝体其他局部采用通水冷却；夏季采取表面喷雾
		2.00	2005年12月30日	240	
	2.13	1.46	2005年1月30日	202	
	8.13	2.20	2006年12月30日	290	

注 表中所列均为平行坝轴线方向的应力σ_x，计算表明σ_x是控制性应力。

上游变态混凝土计算厚度高程270m以上和以下均为1.5m。

为了进一步研究不同的变态混凝土厚度对变态混凝土和二级配碾压混凝土温度应力的影响，先后进行了3个方案的研究，各研究方案变态混凝土厚度见表6-59，以溢流坝段为代表的各研究方案温度应力计算成果见表6-60。

表6-59　变态混凝土厚度对温度应力的影响研究方案一览表

方案编号	变态混凝土厚度（m）	
	高程270m以下	高程270m以上
方案一	1.5	1.5
方案二	1.0	0.5
方案三	1.5	1.0

表6-60　不同变态混凝土厚度温度应力计算成果汇总表

典型坝段	剖面距上游面距离（m）	最大拉应力（MPa）	出现时间	出现高程（m）
方案一	0.29	1.30	2006年12月30日	290
	0.75	1.15		
	1.20	0.95		
	2.12	0.73	2007年3月30日	280
	8.12	0.70	2007年7月30日	200
方案二	0.29	1.40	2005年11月30日	240
			2006年12月30日	300
	0.50	1.20	2005年11月30日	240
		1.40	2006年12月30日	300
	0.90	1.20	2005年11月30日	240
			2006年12月30日	300
	2.12	0.70	2005年冬	230
	8.12	0.70	2007年底	230

续表

典型坝段	剖面距上游面距离（m）	最大拉应力（MPa）	出现时间	出现高程（m）
方案三	0.29	1.40	2005年冬	240
		1.30	2006年冬	300
	0.75	0.90	2005年11月30日	240
		1.20	2006年12月30日	300
	1.20	0.80	2005年冬	240
		1.00	2006年冬	300
	2.12	0.70	2005年冬	230
		0.65	2006年冬	280
	8.12	0.70		

温度应力计算成果表明：

（1）以90d龄期的混凝土性能计算的混凝土抗拉安全系数，除底孔坝段外均可达到1.9左右，上游防渗结构具有一定的抗裂安全性。

（2）底孔坝段应加强温度控制措施或调整施工进度安排，以防止劈头裂缝的发生。

（3）变态混凝土厚度的变化对温度应力的影响没有明显的差异，且这种影响仅局限在该材料的区域内，对其他部位影响甚小。

（4）变态混凝土中最大温度应力均发生在施工期，且与气温有密切的关系，施工中应加强表面保护。

（5）从控制上游坝面裂缝发展深度以及影响考虑，目前所采用的变态混凝土厚度和在变态混凝土的上游面配置抗裂钢筋的做法是合适的。

（6）从加强防渗可靠性考虑，上游坝面采取辅助防渗措施以弥补部分可能发生的温度裂缝对坝体渗流的影响也是必要的。

6.4.5 防渗结构方案设计

采用变态混凝土和二级配碾压混凝土组合防渗方案。

大坝上游面设1.0～1.5m的变态混凝土层，其后为4.0～10.0m的二级配RCC作为大坝的防渗体，横缝处按照包裹横缝止水和排水管的要求加厚该部位的变态混凝土厚度；为提高二级配RCC的抗渗性，在每个层面上要求铺水泥浆或砂浆进行处理。在变态混凝土层表面配置钢筋网，钢筋直径为ϕ20mm，间距为200mm×200mm，以限制坝面裂缝开展。此外，为进一步保障变态混凝土的抗渗性、修复可能产生的表面裂缝，在变态混凝土表面涂刷了一层约1mm厚的水泥基渗透结晶防渗材料；为提高下部碾压混凝土的稳定温度，在高程250.00m以下的大坝表面设置了黏土铺盖，客观上也起到辅助防渗的作用，同时有利于减少该部位产生表面裂缝的概率。

坝体上游主排水幕设在二级配RCC下游1.2m处，排水孔直径为ϕ150mm，间距在高程270.00m以下为2.0m、高程270.00m以上为3.0m。辅助排水系统由布置在基础纵向辅助排水廊道内朝上钻孔、孔顶高程至230.00m的辅助排水孔幕组成。辅助排水孔幕主要目的是防止由于层面渗流离散性导致的绕主排水孔的渗流在坝体内部形成较大的扬压力，提高坝体下部层面的抗滑安全性和混凝土的耐久性，辅助排水孔间距为4m。主排水幕和辅助排水孔幕均由钻孔形成。

下游正常尾水位以下采用变态混凝土和二级配碾压混凝土防渗，正常尾水位以上采用三级配变态混凝土防渗。下游排水幕在下游廊道内钻孔形成，孔顶高程以下游最高水位控制，排水孔直径为ϕ150mm，间距为3.0m。

龙滩水电站碾压混凝土重力坝防渗结构经过多年的研究，方案几经优化，最终推荐采用变态混凝土与二级配碾压混凝土组合防渗方案，对该方案的渗控效果和结构可靠性方面进行了充分的论证，变态混凝土与二级配碾压混凝土组合防渗方案满足200m级的龙滩碾压混凝土坝防渗排水结构的总体要求，并具有以下主要特点：

（1）充分利用了碾压混凝土本体优良的抗渗性能。

（2）采用变态混凝土封闭了碾压混凝土层面可能形成的渗流弱面与水库的直接连通，变态混凝土对碾压混凝土施工干扰少，有利于碾压混凝土的快速连续施工。

（3）在二级配碾压混凝土防渗区域内的层面逐层铺筑层间垫层拌和物有利于改善层间结合和抗渗性能。

（4）坝体上游排水孔幕成为降低层面扬压力最重要的措施之一，目前的布置间距考虑了碾压混凝土层面渗流特性的不均匀性，有利于穿过层面的强渗流区域。

（5）坝内抽排孔幕的布置是对坝体上游排水孔幕的有效补充，通过强渗流区域绕过上游排水孔进入坝体的渗流可得到有效控制，坝体上游排水孔幕局部失效情况下坝内抽排孔幕对坝体渗流场的控制发挥了重要作用。

（6）推荐方案中所采用的变态混凝土厚度及其适当的加厚和减薄对防渗结构自身的抗裂安全性均不产生显著影响，变态混凝土内布置钢筋网有利于控制水平和垂直的贯穿性裂缝的发生和发展，降低内外温差和表面保护措施仍是上游面防裂的最有效方法。

6.5 碾压混凝土坝辅助防渗材料

通过在上游坝面喷涂高分子材料辅助防渗层从而进一步加强碾压混凝土坝上游面防渗效果，在近年来建成的部分RCC坝中也得到了应用。坝面辅助防渗结构具有可单独实施、与碾压筑坝施工不交叉、不影响坝体的施工进度等显著特点。目前常用的辅助防渗有聚合物水泥砂浆、水泥基渗透结晶防水材料、高分子合成防水涂料3种。

6.5.1 聚合物水泥砂浆

聚合物水泥砂浆是由分散于水中或溶于水中的聚合物掺入普通水泥砂浆中配制而成，它以水泥水化产物和聚合物两者作为胶结材料。用普通水泥砂浆及混凝土的施工方法施工，所需设备简单，操作方便。

目前世界上聚合物改性砂浆技术比较领先的国家有美国、日本、苏联、德国、法国、意大利、英国、南非、挪威、波兰、瑞典、墨西哥、中国等。美国和日本都制定了相关标准。

国内直至20世纪60～70年代才开始研究掺天然胶乳、丁苯胶乳、氯丁胶乳、氯偏胶乳和丙烯酸酯共聚乳液的聚合物水泥砂浆，并逐步在船外墙喷涂、地下工程防渗、防潮及某些特殊气密要求的工程中应用，取得较好效果。

国内几种典型的聚合物及聚合物砂浆的性能见表6-61、表6-62。表6-61中PAE为丙烯酸酯共聚乳液，CR为氯丁胶乳，PVAC为聚醋酸乙烯乳液，SBR为丁苯胶乳。由表6-62可以看出，PAE的性能最优。

表6-61　国内几种典型聚合物的性能

项　目	PAE	CR	PVAC	SBR
固形物含量（%）	46	42	50	48
稳定剂种类	非离子	非离子	非离子	非离子
密度（26℃，g/cm^3）	1.01	1.1	1.09	1.01
单位质量（25℃，kg/m^3）	1054	1078	1102	1006
pH值	9.5	9	2.5	10
粒子尺寸（nm）	—	—	—	200
表面张力（26℃，Pa）	4	4	—	3.2
黏度（20℃，CP）	250	10	17	24
储存期限	极好	—	—	2年

表6-62　几种典型聚合物砂浆的性能

项　目	PAE砂浆	CR砂浆	PVDC砂浆	SBR砂浆
抗压强度（MPa）	35.0～44.8	34.8～40.5	43.7	30.5
抗折强度（MPa）	13.5～16.4	8.2～12.5	13.4	7
抗拉强度（MPa）	7.3～7.6	5.3～6.7	6.2	—
与老砂浆黏结强度（MPa）	2.9～7.8	3.6～5.5	4.4	5.3
抗渗性能（承受水压，MPa）	1.5	1.5	1.5	1.5
干缩率（$\times 10^{-6}$）	430～530	700～730	普通水泥的60%	1110
吸水率（%）	1.9～2.4	2.6～2.9	普通水泥的60%	8.3
抗冻性（抗冻融循环，次数）	300	50	—	50
抗碳化性能（20%CO_2，碳化20d）	0.8mm	—	—	6.5mm

6.5.1.1　丙烯酸酯共聚乳液及其乳液砂浆的性能特点

丙烯酸酯共聚乳液水泥砂浆在一些工程中作为一种修补、防渗、防腐、防冻材料而应用。

丙烯酸酯共聚乳液的技术指标见表6-63。丙烯酸酯共聚乳液水泥砂浆与普通水泥砂浆的性能对比见表6-64。可见丙烯酸酯共聚乳液水泥砂浆具有较优异的防渗特性。

表6-63　丙烯酸酯共聚乳液的技术指标

项目名称	指标
外观	乳白微蓝乳状液
固含量（%）	39～41

续表

项目名称	指标
黏度（涂—4杯，s）	11.5～13.5
pH值	4～6
凝聚浓度（$CaCl_2$溶液，g/L）	≥50

表6-64　　丙烯酸酯共聚乳液水泥砂浆与普通水泥砂浆的性能对比

性　能	水泥砂浆	
	普通	丙烯酸酯
抗压强度（MPa）	50	44.2
抗拉强度（MPa）	5.5	7.6
抗折强度（MPa）	10.7	16.9
极限引伸率（$\times 10^{-6}$）	228	558～900
抗拉弹性模量（GPa）	26	16.5
收缩变形（$\times 10^{-6}$）	1271	536
与老砂浆黏结强度（MPa）	1.4	8
与钢板的黏结强度（MPa）	0	0.9～1.6
渗水高度（水压1.5MPa、恒压24h，mm）	90	35
磨耗百分率（双圆柱圆盘耐磨机，%）	5.38	3.97
快速碳化深度（20%CO_2碳化20d，mm）	3.6	0.8
盐水浸渍后氯离子渗透深度（mm）	＞20	1
室内加速紫外老化2160h的强度损失（%）	13	14
2天吸水率（%）	12	0.8
抗冻性（快冻循环，次数）	—	＞300

注　试验试件的水泥为P.O 42.5，灰砂比为1:1，丙乳掺量为30%。

6.5.1.2　丙烯酸酯共聚乳液水泥砂浆的施工工艺及其要求

丙烯酸酯共聚乳液水泥砂浆施工方便，对基底处理不要求烘干，配制拌和简单，不仅可以用机械喷涂快速施工，也可以人工涂抹施工，为使传统的湿法喷涂丙烯酸酯共聚乳液水泥砂浆工艺能够适应于碾压混凝土坝面喷涂时大面积、大高差的特点，南京水利科学研究院改进了施工工艺，克服了湿喷工艺中常见的稠浆易堵，稀浆易淌的缺陷。

施工前须清除基底表面污物、尘土和松软、脆弱部分，并对基面加以喷砂或人工凿毛（深度为1～2mm），然后用清水冲洗干净，施工前应使待施工面处于水饱和状态（但不应有积水）。

根据工程要求，选定灰砂比及丙烯酸酯共聚乳液掺量，防腐抗渗要求高的，应选1:1.5～1:2砂浆，丙烯酸酯共聚乳液掺量为水泥用量25%～30%，要求较低者，丙烯酸酯共聚乳液掺量为15%～20%。施工前根据现场水泥、砂子及施工和易性要求通过试拌确定水灰比。

丙烯酸酯共聚乳液砂浆拌制时，先将水泥、砂干拌均匀，再加入经试拌确定的水量及丙烯酸酯共聚乳液，充分搅拌均匀，材料必须称量准确，尤其是水和丙烯酸酯共聚乳液，拌和过程中不能随意扩大水灰比。每次拌制的砂浆，要求能在 30～45min 内用完，不宜一次拌和过多数量。

在涂抹砂浆时，基面上需先用丙烯酸酯共聚乳液净浆打底，净浆配比为 1kg 丙烯酸酯共聚乳液加 2kg 水泥搅拌成浆，在净浆未硬化前，即铺筑丙烯酸酯共聚乳液砂浆。仰面和立面施工，涂层厚度超过 7mm 时，需分两次抹压，以免重垂脱空，砂浆铺筑到位后，用力压实，随后就抹面，注意向一个方向抹平，不要来回多次抹，不需第二次收光。修补面积较大时，可隔块跳开分段施工。

丙烯酸酯共聚乳液砂浆表面略干后，宜喷雾养护，或用薄膜覆盖，一昼夜后，再洒水养护 7 天即可自然干燥，在阳光直射或风口部位，注意遮阳、保湿。

6.5.1.3　丙乳砂浆的应用实例

丙烯酸酯共聚乳液砂浆曾应用于山仔碾压混凝土坝上游面防渗涂层。山仔碾压混凝土坝坝顶全长 266m，最大坝高 64.6m，坝顶高程 96.60m，从基岩至 38m 高程为常态混凝土，自高程 38.00m 至坝顶为全断面三级配碾压混凝土（其中距上游面 3～4m 为二级配）。设计考虑该坝没有设放空底孔，挡水后死水位以下的坝体将处于水下，决定在传统作法的基础上再增设一道防渗屏障，喷涂一层厚度为 5～8mm 的丙烯酸酯共聚乳液砂浆。在施工过程中，采用喷枪直接往试模中喷注成型的方法取样两次，各项物理、力学性能的测试结果表明，湿喷丙烯酸酯共聚乳液砂浆具有较好的力学性能与抗渗透性能。在最大水头 45.2m 蓄水 12h，喷涂过丙烯酸酯共聚乳液砂浆坝体的廊道壁基本保持干燥，但该坝劈头裂缝向下发展后，丙烯酸酯共聚乳液水泥砂浆层也失效开裂漏水。

此外丙烯酸酯共聚乳液砂浆还用于河北邯郸武仕水库、潘家口水电站、岳城水库溢洪道等冻融面破坏修补和南京栖霞山水库、广西蒙山水库上游面防渗处理等工程。

6.5.2　水泥基渗透结晶防水材料

水泥基渗透结晶防水材料是一种刚性防水材料。与水作用后，材料中含有的活性化学物质通过载体向混凝土内部渗透，在混凝土中形成不溶于水的结晶体，填塞毛细孔道，从而使混凝土致密、防水。水泥基渗透结晶防水材料包括水泥基渗透结晶型防水涂料和水泥基渗透结晶型防水剂两种。

水泥基渗透结晶防水材料国外已有六七十年的历史，到目前为止，在国外只有企业标准，在国内已有国家标准——GB 18445《水泥基渗透结晶型防水材料》。

水泥基渗透结晶型防水涂料是一种粉状材料，经与水拌和可调配成刷涂和喷涂在水泥混凝土表面的浆料；也可将其以干粉撒覆并压入未完全凝固的水泥混凝土表面；水泥基渗透结晶防水剂是一种掺入混凝土内部的粉状材料。

水泥基渗透结晶型防水涂料的活性和渗透深度取决于多种因素。如周围温度、混凝土的致密度和湿气含量、外掺剂以及环境条件。其中的活性化学复合物一旦渗入，则变成混凝土的组成部分。作为混凝土的组成部分水泥基渗透结晶型防水涂料可以抵抗较高的负压水头。在缺水的情况下，活性化学复合物可以潜伏在混凝土中，出现湿气可继续晶体增长的化学反应，从而保证了完全充分地向混凝土结构内部渗透结晶。

目前，国外生产销售水泥基渗透结晶防水材料的公司很多，我国于 20 世纪 80 年代起引进该材料，开始应用于上海地铁工程。20 世纪 90 年代中期开始在国内生产。

6.5.2.1　水泥基渗透结晶防水材料的施工工艺及要求

防水材料涂刷前，必须对基层混凝土表面进行预处理。除去基层表面上的浮灰、水泥浮浆、返霜、油垢和污脂等物，并用水冲洗干净；对于基层表面上的凸起、疙瘩以及起壳、分层等疏松部位，应将其铲除，并用水冲洗干净；对基层上的蜂窝、麻面的松动石子应剔除，对于裂缝、缺陷，应先按相关规定进行修补；混凝土表面的脱模剂应予以清除并用水洗净；若混凝土表面较光滑，宜用钢丝刷、砂磨机等工具将表面打磨粗糙后，再用水洗净；必须用水充分浸透基层混凝土，而不能仅仅是表面润湿；表面预处理时，不得使用酸洗。

涂料施工前，基层混凝土表面预处理要求做到毛、潮、净。应根据各产品说明书要求的配合比进行拌料，计算好单位面积涂料用量，不得随意调整。涂料应搅拌均匀，并严格做到随混合随施工；拌制好的涂料，宜在规定时间内用完，在施工过程中，应不时地搅拌混合料。并严禁向已经混合好的粉料中另外加水。

涂层涂刷时，用半硬的鬃毛刷子或尼龙刷子将涂料采用圆形涂刷方法（刷子以圆形的运动轨迹涂刷）涂到进行预处理的混凝土表面。喷涂时，喷枪的喷嘴与基面的距离不应大于 0.5m，且尽可能做到垂直于基面喷涂；喷涂完成后，再用大毛刷以圆形方法涂刷基面。当施工现场受风力的影响较大或喷嘴方向不易控制时，应改为涂刷施工。

涂层施工时，必须控制涂层的厚度。即应在规定的施工面积上将计算得出的涂料用量，均匀地涂刷或喷涂直至用完。

当需要在防水材料上进行其他装饰施工作业时，按各厂家要求执行。严禁用酸清洗防水涂层。无论是涂刷还是喷涂，均要求涂层厚度均匀、无漏喷、无空白。待表面涂层初凝达到足够硬后，立即进行喷洒水养护，并保证涂层处于润湿状态，但不得用水浸泡养护。

养护开始的 1～2d 内，每天向涂层喷洒水次数不得少于 3 次。在夏季，遇到炎热气候时，应增加喷水次数；在冬季，养护时应加盖草包防冻。

涂层养护开始的 2 昼夜内，应避免受到暴风、曝晒、雨淋以及负温受冻。5d 内避免行车，7d 内不得长期浸水。

对内掺的水泥基渗透结晶防水剂，应按产品说明书的要求添加，在规定的时间内浇注，按规定进行养护。其他按混凝土施工方法执行。

6.5.2.2　水泥基渗透结晶防水材料的性能指标

所有厂家生产的水泥基渗透结晶材料均以国家标准中规定的性能指标为控制标准，GB 18445《水泥基渗透结晶型防水材料》主要性能指标规定见表 6－65、表 6－66。

表 6－65　　防水涂料的主要物理力学性能指标

试验项目		性能指标
抗折强度（MPa）≥	28d	2.8
抗压强度（MPa）≥	28d	15
湿基面黏结强度（28d，MPa）≥		1
抗渗压力（28d，MPa）≥		报告实测值
带涂层第二次抗渗压力（56d）≥		0.8
带涂层渗透压力比（28d，%）≥		250

表6-66 防水剂混凝土的主要物理力学性能指标

试验项目		性能指标
减水率（%）≥		8
抗压强度比	7d（%）≥	100
	28d（%）≥	100
含气量（%）≤		3.0
凝结时间差	初凝（min）≥	-90
	终凝（min）≤	—
收缩率比（28d，%）≤		125
渗透压力比（28d，%）≥		200
第二次抗渗压力（56d，MPa）≥		报告实测值
对钢筋有无锈蚀作用		无

6.5.2.3 水泥基渗透结晶防水材料应用实例

龙滩、光照、景洪等碾压混凝土重力坝上游面采用了水泥基渗透结晶防水材料辅助防渗。龙滩碾压混凝土坝坝顶全长为836.5m，最大坝高为216.5m，坝顶高程为375.00m。碾压混凝土重力坝坝体上游面采用0.50m厚变态混凝土与二级配碾压混凝土组合防渗结构型式。二级配碾压混凝土厚度根据作用水头不同采用3～15m，高程342.00m以下坝面还增设了一道水泥基渗透结晶材料涂层作为辅助防渗；光照水电站最大坝高为200.5m，坝顶高程为750.50m，上游侧采用富胶凝二级配碾压混凝土防渗型式，防渗层厚度自上而下为3.5～13.3m，上游坝面高程615.00m以上和以下分别采用0.8m和1.0m厚的变态混凝土，为了提高大坝上游面的抗渗性能，采用PSI-200渗透结晶型防水涂料在主坝上游坝面设置辅助防渗涂层；另外，2008年建成的景洪水电站，采用二级配富胶凝材料碾压混凝土加变态混凝土组合防渗，上游变态混凝土净浆及层间净浆均掺入渗透结晶型防水材料。

6.5.3 高分子合成防水涂料

涂料是一种呈现流动状态或可液化之固体粉末状态或厚浆状态的，能均匀涂覆并且能牢固地附着在被涂物体表面，并对被涂物体起到装饰作用、保护作用及特殊作用或几种作用兼而有之的成膜物质。在砂浆或混凝土表面涂覆防水涂料达到防渗、防水、防腐蚀和防碳化的功能是混凝土结构普遍采用的措施。

我国已制定了关于防水涂料的国家标准和行业标准，如GB/T 16777《建筑防水涂料试验方法》、GB/T 19250《聚氨酯防水涂料》、JC/T 408《水乳型沥青防水涂料》、JC/T 674《聚氯乙烯弹性防水涂料》、JC/T 852《溶剂型橡胶沥青防水涂料》以及GB/T 23445《聚合物水泥防水涂料》等，目前用得较多的有聚氨酯系列、丙烯酸酯系列等高分子合成防水涂料。

6.5.3.1 聚氨酯防水涂料性能特点及施工工艺

聚氨酯防水涂料是一种化学反应型涂料，产品按组分为单组分（S）和多组分（M）两种，根据产品性能又分Ⅰ～Ⅲ型。单组分聚氨酯防水涂料是以异氰酸酯、聚醚为主要原料，配以各种助剂制成的反应型柔性防水涂料。该产品具有良好的物理性能，黏结力强，常温湿固化。多组分一种是焦油系列双组分聚氨酯涂膜防水材料，另一种是非焦油系列双组分聚氨酯涂膜防水材料。由于这类涂料是借组分间发生化学反应而直接由液态变为固态，几乎不产生体积收缩，故易于形成较厚的防水涂膜。我国聚氨酯防水涂料大量生产和应用始于 20 世纪 80 年代初，至今已在全国各地大量生产和应用，但绝大部分是焦油聚氨酯防水涂料，国外常见的高弹性（非焦油）聚氨酯防水涂料，近年来，我国亦已生产、应用。

聚氨酯防水涂料的特点是防水效果好、具有较高的弹性和延伸能力、施工简单、安全、附着力强、适用性强，为冷施工涂料，勿需加温、加热，只需用简单的涂刮方法施工，就可获得高质量的防水层，不仅适用于屋面、地下室、卫生间、游泳池、桥梁等防水施工，尤其适用于建筑物的异形部位及基层伸缩缝的漏水，还适用于房屋的维修，修复只需对损坏部位进行局部修补，水工建筑物聚氨酯防水涂料主要采用多组分系列。

GB/T 19250《聚氨酯防水涂料》规定的聚氨酯防水涂料多组分系列主要性能指标见表 6－67。

表 6－67　　聚氨酯防水涂料多组分系列主要性能指标

项　目		性能指标	
		Ⅰ	Ⅱ
固体含量（%）≥		92	
干燥时间	表干时间（h）≤	4	
	实干时间（h）≤	12	
拉伸强度（MPa）≥		2	6
断裂伸长率（%）≥		500	450
低温弯折性（无裂纹）		－35 ℃	
潮湿基面黏结强度（MPa）≥		—	
基面干燥程度含水率（%）≥		9	
溶剂		有机溶剂	
使用性		双组分	
		计量要求高	
施工厚度（mm）		2	

聚氨酯防水涂料主要施工工艺如下：

（1）找平。找平层应抹平压光，坚实平整，不起砂，含水率低于 9%。找平层的泛水坡度应在 2%以上。在转角处要抹成小园角，以便于涂膜施工。

（2）清面。要做防水的基层表面，必须彻底清扫干净。

（3）涂刷底胶。将聚氨酯涂料按组分比例搅拌均匀，涂刷在基层表面上，待表面干后，再进行下一道工序。

（4）防水层施工。将聚氨酯涂料按组分比例搅拌均匀，涂刷厚度要均匀一致。在前道涂膜固化 24h 以后，再按规定进行第二层涂刷。两次涂刷方向要相互垂直。第三层涂刷用量应控制好。当涂膜固化完全、检查验收合格后即可进行保护层施工。

（5）保护层施工。不上人涂层，待涂膜固化后，可涂保护涂料；需要上人的涂层，待最后一层涂料未干时，均匀撒少量干净的石渣或砂粒，待防水层实干后做水泥砂浆保护层。

6.5.3.2　丙烯酸酯弹性防水涂料

丙烯酸酯弹性防水涂料是以高固含量的丙烯酸酯乳液为基料，掺加各种高分子原料及各种助剂配制而成，是目前较流行的新型的防水材料。特点是水性、无环境污染、运输储存安全、回弹率高、色彩丰富、耐候性好、不易老化。

丙烯酸酯弹性防水涂料适用于屋顶、地下室、水池、内外墙体防水、防渗。车库、卫生间、天沟、窗台、窗角补漏补渗效果甚佳。由于该产品色泽艳丽、光洁度高，具有良好的装饰价值和美化环境的功能。

丙烯酸酯弹性防水涂料性能见表6－68。

表6－68　丙烯酸酯弹性防水涂料性能

项　目	指标
固体含量（%）	≥65
耐热性（80℃，5h）	合格
低温柔性（绕ϕ10mm棒，－35℃）	合格
延伸率（%）	400～800
抗裂性（涂膜厚1mm，mm）	4～6
回弹率（%）	90
抗渗性（涂膜厚1mm，MPa）	迎水面0.8～1.5

施工工艺如下：

（1）基层检查。用2m直尺检查平整度，凹陷处不得超过5mm，超过时用107水泥浆找平；基层不得起砂，对疏松基层必须用107水泥浆批刮增强。

（2）施工顺序。基层清理—基层涂刷冷底子（先立面后平面）—接缝、节点密封—节点部位作增强处理—涂料施工—胎体增强—涂料施工。

（3）施工操作：将本涂料作冷底子，在干净的基层上全面薄涂一遍，以增加涂料与基层黏结性能；接缝、节点周边贴隔离纸，密封处理后撕去隔离纸；节点部位涂刷涂料，用胎体作增强处理；涂料施工采用薄层多次涂布法，一道干燥后进行下一道施工。预计干燥固化前有雨水不宜施工，以免造成涂层流失；施工温度不宜低于5℃，否则影响涂料成膜，固化后性能也会随之降低。

6.5.3.3　高分子合成防水涂料应用实例

武都水库工程是武引二期的龙头骨干工程，是四川省在建的最大水利枢纽工程，拦河大坝为碾压混凝土重力坝，最大坝高120m，坝顶长727m，采用柔性布的LJP合成高分子涂料作为坝体上游面辅助防渗体系，实测黏结强度达2.6MPa，两布六涂的抗渗压力达1.6MPa。此外，重庆石板水水电站和云南雷打滩水电站上游面均采用了高分子防水涂料作为辅助防渗。

6.5.4　辅助防渗材料分析比较

聚合物砂浆、水泥基渗透结晶防水材料、高分子合成防水涂料各有所长，其主要优缺点见表 6–69。

表 6–69　　防水材料的性能比较

序号	聚合物砂浆	水泥基渗透结晶防水材料	高分子合成防水涂料
1	靠在砂浆内部的聚合物膜的封闭作用起到抗渗防水作用	靠活性化学物质的渗入，在混凝土的表面、内部化学反应形成不溶解的结晶，从根本上提高混凝土的密实度，有效地增加混凝土的强度	靠膜的物理作用使表面封闭，对提高混凝土的强度无作用
2	聚合物在混凝土内部（对紫外线、氧气不敏感，不易光氧老化），易受温度影响	属无机和小分子有机物的复合（对紫外线、温度、氧气不敏感，不老化、寿命长）	属于有机物（受紫外线、氧气、温度影响大，易老化、易龟裂、寿命有限）
3	施工可与混凝土同步	喷涂和刷涂可与混凝土同步	喷涂和刷涂前混凝土要有 14～28d 的固化期
4	回填土石前需要保护，损坏后不具有自修复功能	无须任何保护，涂层一般在规定时间后即可回填土石，如果涂层受到伤害，其特有的结晶会自动充填、密闭、愈合受到伤害的地方	回填土石前涂层要作特别的防护，以免在施工过程中受土石、金属、玻璃等硬物的伤害
5	含少量有机溶剂，无特别气味，符合环保要求	无有机溶剂，无特别气味，符合环保要求	某些涂料含有有机溶剂，有特殊的气味
6	可在其上面复涂其他涂层	可在其上面复涂其他涂层	施工后外加别的涂层需要配套
7	有严格的养护要求	有严格的养护要求	不存在养护问题
8	外观与混凝土一致	外观与混凝土一致	外观与混凝土差别较大
9	热膨胀性能与混凝土非常接近	热膨胀性能与混凝土几乎一致	热膨胀性能与混凝土差别大
10	延伸性较好	延伸性差，有较好的自愈功能	延伸性很好
11	抗冻融性很好	抗冻融性好	材料不同，抗冻融性有差别
12	大面积施工需分隔施工	大面积施工无须分隔施工	大面积施工无须分隔施工
13	可以湿表面施工	必须湿表面施工	大多情况下不能湿表面施工

6.6　碾压混凝土重力坝防渗排水设计

6.6.1　碾压混凝土重力坝防渗结构型式选择

设置防渗结构的目的在于减少渗漏量和降低坝体层面的扬压力。在有效控制坝体渗漏量和降低层面扬压力的前提下，防渗结构应满足下述原则：首先防渗结构必须安全可靠，且具有很好的耐久性，其次防渗结构的施工应尽量与坝体施工协调，干扰少；最后是防渗结构应尽可能简单、经济，且对环境没有污染。

碾压混凝土重力坝防渗结构型式按材料属性主要可分刚性和柔性 2 大类，按防渗作用分为主要防渗结构和辅助防渗结构 2 大类。

刚性结构包括常态混凝土防渗和碾压混凝土自身防渗 2 种。其中常态混凝土防渗有素常态混凝土防渗（俗称金包银）、钢筋混凝土防渗、坝面挂网喷微膨胀水泥砂浆等型式，柔性结构包括 PVC 类定型薄膜防渗和沥青混合料防渗等。RCC 坝体辅助防渗结构主要包括聚合物水泥砂浆、水泥基防水渗透结晶型、高分子合成防水涂料型等。

碾压混凝土重力坝防渗结构型式的比选，除应充分考虑防渗效果、可靠性及耐久性等决定性因素外，还与其施工难易程度、工程造价、对周围环境的适应程度、坝高和工程重要性等因素密切相关。

20世纪80年代以来我国已建和在建部分碾压混凝土重力坝防渗结构一览表如表6-70所示。

表6-70　　我国已建和在建部分碾压混凝土重力坝防渗结构一览表

序号	坝名	坝高（m）	混凝土总量（万m^3）	碾压混凝土（万m^3）	建成年份	上游防渗型式
1	坑口	56.3	6.00	4.30	1986	沥青混合料
2	龙门滩	57.5	9.32	7.13	1989	补偿钢筋混凝土面板
3	潘家口下池	24.5	6.00	2.00	1989	二级配RCC
4	马回	24.0	/41	10.0/26	1989	金包银
5	铜街子	82.0/88	271.00/85.5	42.00/40.7	1990	金包银
6	荣地	57	7.70/10.8	6.00/6.3	1991	二级配RCC
7	天生桥二级	58.7	26.02	13.03	1992	金包银
8	广蓄下库	43.5	5.35	3.87	1992	金包银
9	万安	68	21.1	5.5	1992	金包银
10	锦江	62.6	26.70	18.20	1993	金包银
11	水口	100.0/101	/171	60.00/37.5	1993	金包银
12	大广坝	57.0	82.72	48.50	1993	金包银
13	水东	63.0	12.00	8.00	1994	预制混凝土块丙乳砂浆勾缝防渗
14	宝珠寺	132.0	230.00	45.00	1998	金包银
15	东西关	47.2	47.00	10.00	1996	金包银
16	山仔	65.0	22.00	17.00	1994	二级配RCC
17	观音阁	82.0	181.30	113.50	1995	金包银
18	岩滩	110.0	63.65/90.5	37.58/62.6	1995	金包银
19	百龙滩	28	8	6.2	1996	富胶二级配RCC
20	双溪	52/54.7	17.2/14.49	11.3/12.77	1997	富胶二级配RCC
21	石漫滩	40	35	27.5	1997	二级配碾压混凝土+坝面防渗涂料
22	满台城	37	13.6	7.8	1999	金包银
23	桃林口	81.5	126.30	62.20	1998	金包银
24	碗窑	83.0	46.00	33.00	1998	金包银
25	石板水	84.0	61.60	44.40	1998	二级配RCC+聚氨酯防渗涂料
26	涌溪三级	87	25.5	19.6	1998	二级配RCC
27	花滩	85	29	24	1999	金包银（外掺 MgO）
28	长顺	63/69	20	17	1999	富胶二级配RCC

续表

序号	坝名	坝高（m）	混凝土总量（万 m^3）	碾压混凝土（万 m^3）	建成年份	上游防渗型式
29	江垭	128.0	132.93/135	105.62/99	1999	二级配 RCC+变态混凝土+SRCM橡胶乳液改性水泥砂浆辅助防渗
30	高坝洲	57	79.8	70.2	1999	二级配 RCC+CKB 聚合物砂浆
31	阎王鼻子	34.5	22	8.73	1999	金包银
32	汾河二库	87	44.8	36.2	2000	二级配 RCC+变态混凝土+聚氨酯发泡保温层
33	大朝山	111	150	89	2000	二级配 RCC+变态混凝土+丙乳砂浆
34	棉花滩	110.0/111	61.74/55.3	49.75/47	2001	二级配 RCC+PCCM 聚合物水泥砂浆
35	临江	104.0	142.60	85.00	1997	金包银
36	山口三级	57	12.65	10.56	2002	二级配 RCC+变态混凝土
37	碗米坡	66.5	24.38	11.94	2004	富胶二级配 RCC
38	周宁	73	19.9	15.9	2004	二级配 RCC+变态混凝土
39	通口	71.5	30	14	2005	二级配 RCC+变态混凝土
40	松月	31.1/12.6	7.75	4.44	—	金包银
41	百色	130	269.3	214.5	2006	二级配 RCC+变态混凝土+自黏性复合卷材防水层
42	索风营	116	55.5	44.7	2006	二级配 RCC+变态混凝土
43	思林	117	114	82	2009	二级配 RCC
44	雷打滩	84	34	21	2006	二级配 RCC+变态混凝土+喷涂防渗材料
45	喜河	62.8	64	20	2006	二级配 RCC
46	景洪	110	84.8	29.2	2008	二级配富胶凝材料碾压混凝土+变态混凝土+掺渗透结晶型防水材料
47	龙滩一期	192	532	339	2008	二级配 RCC+变态混凝土+深部坝面防渗涂料
48	彭水	116.5	132.9	60.8	2008	富胶二级配 RCC+深部坝面防渗涂料
49	光照	200.5	280	241	2008	富胶二级配 RCC+变态混凝土+深部坝面防渗涂料
50	石堤	53.5	16.86	9.31	2008	二级配 RCC
51	酉酬	62.6	—	—	2008	二级配 RCC
52	沙沱	106	198	151	2013	二级配 RCC
53	金安桥	160	392	269	2011.03	二级配 RCC+坝表面防渗涂层
54	官地	168	—	—	2013	二级配 RCC+变态混凝土+坝表面防渗涂层

通过对表 6-70 中数据进行统计分析，初步得出结论如下：

（1）从碾压混凝土坝随时间发展历程来看，自 1986 年我国建成第一座碾压混凝土重力坝——坑口坝到 20 世纪 90 年代初（统计截至 1995 年），受日本 RCCD（金包银）设计思想和理念的影响，我国碾压混凝土重力坝防渗结构型式大多采用厚常态混凝土防渗。1995 年之前（含 1995 年）建成的 16 座 RCC 坝中，除坑口、龙门滩、荣地作为探索期试验坝型外，其余 13 座中的 11 座均采用了厚常态混凝土（金包银）防渗结构，占该阶段样本总量的 68.75%；20 世纪 90 年代中期以后，以金包银为主流的各坝面防渗结构型式逐渐向二级配 RCC 自身防渗结构演变，1996 年之后建成的 41 座碾压混凝土重力坝中，仅 4 座大坝采用了金包银或预制混凝土面板等其他防渗结构，二级配 RCC 防渗结构占该阶段样本总量的 90.2%，成为当前碾压混凝土重力坝防渗结构的主流；此外，高分子材料辅助防渗在近年来建成的二级配 RCC 自身防渗工程中日趋得到应用。

（2）从坝高设计来看，1995 年之前，因我国碾压混凝土筑坝技术仍处于探索期和过渡期，碾压混凝土筑坝仅在一些中低坝工程中得到采用。1995 年之前建成的 16 座碾压混凝土重力坝中仅有 3 座超过了 100m，且受当时筑坝技术不成熟等因素的限制，均保守地采用了金包银的防渗结构型式；20 世纪 90 年代中期以后，我国碾压混凝土筑坝技术凭借其自身显著优点，在一些大中型工程中得到广泛应用，其中包括龙滩、光照等 200m 级大坝，且绝大多数 RCC 大坝上游坝面均采用了富胶凝材料 RCC 作为主要防渗结构。

（3）从辅助防渗结构的设计情况来看，20 世纪 90 年代中期以后建成的碾压混凝土重力坝，尤其是 100m 级以上的 RCC 坝基本上都考虑了主辅联合防渗设计和施工。1995 年之后建成的 14 座 100m 以上大坝中，11 座均采用了主辅防渗。近年来建成的几座中低坝，有的也设计了高分子材料辅助防渗涂层，如雷打滩等。辅助防渗结构可大致分为聚合物水泥砂浆型、水泥基渗透结晶型和高分子防水涂料型三种，其中高分子防水涂料在实际工程中应用较多。

同其他防渗结构型式相比，富胶凝材料 RCC（二级配 RCC＋变态混凝土）防渗结构型式明显具有经济、施工干扰少、能有效地发挥碾压混凝土快速施工的优势。

6.6.2　碾压混凝土重力坝防渗层混凝土抗渗等级与作用水头的关系

SL314—2004《碾压混凝土坝设计规范》和 NB/T 35026—2014《混凝土重力坝设计规范》均对碾压混凝土重力坝防渗层混凝土抗渗等级与作用水头的关系做出了相关规定。

SL314—2004《碾压混凝土坝设计规范》中 5.0.5 规定："碾压混凝土坝的上游面应设防渗层。防渗层宜优先选用二级配碾压混凝土，其抗渗等级的最小允许值为：

——$H<30$m 时，W4；

——$H=30\sim70$m 时，W6；

——$H=70\sim150$m 时，W8；

——$H>150$ 时，应进行专门试验论证。" H 为水头，m。

NB/T 35026—2014《混凝土重力坝设计规范》9.5.2 中则指出："当上游面防渗层采用常态混凝土防渗层、富胶凝材料碾压混凝土防渗层、加膨胀剂的补偿收缩混凝土防渗层时，其厚度及抗渗等级应满足坝体抗渗要求。" 但未对防渗层混凝土的抗渗等级作明确说明。

国内已建或在建碾压混凝土重力坝上游面防渗层混凝土抗渗等级与作用水头之间的关系如表 6－71 所示。

表 6-71　国内已建或在建碾压混凝土重力坝上游面防渗层混凝土抗渗等级与作用水头之间的关系

序号	坝名	坝高 H_0（m）	上游面防渗层最大厚度 D	变态混凝土厚度 d	混凝抗渗等级
1	坑口	56.3	60mm 厚柔性材料沥青砂浆防渗层，外侧 60mm 厚的钢筋混凝土预制板，兼做模板及防渗层	无	—
2	龙门滩	57.5	按照承受水头大小确定为 0.25～0.6m，补偿混凝土厚度为 0.4～0.5m；预制混凝土块护面平均厚度为 0.5m	无	—
3	天生桥二级	58.7	上游：2.5m；下游：1.0m 的 R_{90}100 号常态混凝土	无	S6
4	铜街子	82	挡水坝段上游迎水面层采用 2.5m，溢流坝段采用 3.0m	无	S6
5	岩滩	110	最小厚度大于坝前水头的 1/25，常态混凝土防渗层沿坝高等厚 3.5m	过渡带铺设	S8
6	荣地	57	3～4m	岸坡基础以及预制砌块与坝体碾压混凝土接触带用变态混凝土过渡	W6
7	大广坝	57	上游面 2m 厚区域采用常态混凝土防渗，厚度约为坝前最大水头的 1/25	过渡带铺设	S6
8	水东	63	上游面设置预制混凝土块丙乳砂浆勾缝防渗	过渡带铺设	
9	桃林口	74.5	迎水面采用 3.5m 厚常态混凝土防渗，下游坝面 1.5m 厚常态混凝土作为保护层	过渡带铺设	S6
10	石板水	84	近基础部位不小于 7m，坝顶正常蓄水位附近不小于 2.0m	过渡带铺设	S6
11	山口三级	57.4	上游面防渗富胶凝材料碾压混凝土防渗形式，防渗层厚度为 2.5m，靠上游侧 500mm 范围为加浆变态混凝土	0.5m	W6
12	高坝洲	57	4m	过渡带铺设	W6
13	碗米坡	66.5	2.5～4.5m，控制在水头的 1/15 以内	2.5～4.5m	W8
14	江垭	131	高程为 125.00～165.00m，厚度为 8m；高程为 165～215m，厚度为 5m；高程在 215.00m 以上，厚度为 3m	0.3～0.5m	W12
15	大朝山	111	9.1～4m	不易碾压部位均采用变态混凝土	W8
16	棉花滩	111	高程 143.00m（坝顶高程 179.00m）以上等厚 2m，以下则以 1:0.066 7 坡度直线变化	过渡带铺设	W8
17	汾河二库	88	二级配碾压混凝土防渗上游最小厚度为 4m，下游为 2.5m	200mm	W8
18	百色	130	顶部厚 3m，底部最大厚度为 8m	3～9 号坝段基岩面 1.5m 厚；2～3 号坝段高程 147～177m 岸坡等基础部位 2m 厚	W10

续表

序号	坝名	坝高 H_0（m）	上游面防渗层最大厚度 D	变态混凝土厚度 d	混凝抗渗等级
19	索风营	115.8	$C_{90}20$	不易碾压部位均采用变态混凝土	W8
20	彭水	116.5	上游面厚度为3.0～7.8m，下游面厚度为3m	贴靠上下游模板厚约为0.5m	W10
21	景洪	108	底部最大厚度为9m	在靠近模板、分缝和细部结构等0.5m宽范围内采用“挖坑注浆法”浇注变态混凝土	W8
22	龙滩	192/216.5	按照水头不同采用3～15m	上游面1m厚	W12
23	光照	200.5	上游面防渗层自上而下3.5～13.3m；按1/15水头控制	高程61 500m以上和以下变态混凝土厚度分别为0.8m和1.5m	W12
24	洪口	130	二级配碾压混凝土防渗层厚度按1/15水头控制	50cm	W8
25	戈兰滩	113	1/15水头控制，设计采用2～7.5m	台阶溢流面1m厚变态混凝土	W8
26	沙沱	101	防渗层厚度在坝顶为3m，以25.5:1的坡度往坝基逐渐加厚	大坝垫层混凝土在高程285.00m以上采用0.5m厚的$C20$二级配变态混凝土	W8
27	金安桥	160	厚度为3～5m	上游面0.5m变态混凝土	W8
28	官地	168	二级配碾压混凝土＋变态混凝土＋常态混凝土＋防渗涂层组合防渗	左右岸挡水坝段1321.00m高程以下、溢流坝段1284m高程以下坝体上游迎水面采用1m厚变态混凝土	W10/W8
29	思林	117	3～5.1m	坝体上游面变态防渗混凝土厚0.5m，溢流台阶面1m厚	W8
30	雷打滩	84	5.0m	过渡带铺设	—
31	石漫滩	40.5	$R_{90}200$，最大厚度为3m	—	W6
32	涌溪Ⅲ级	86.5	$R_{90}200$，最大厚度为5m	—	W6
33	功果桥	105	$C_{180}20$，最大厚度为5m	—	W10

注 1. S和W分别为混凝土抗渗等级在不同规范中的相应表示方法，其中S为旧规范中抗渗等级的表示方法，W为现行规范中抗渗等级的表示方法。

2. H_0为最大坝高，m。

通过对表中数据进行统计分析，得出结论如下：

（1）抗渗等级W6（或S6）所对应工程的坝高范围为40.5m＜H_0＜86.5m。

（2）抗渗等级W8（或S8）所对应工程的坝高范围为66.5m＜H_0＜160.0m。

（3）抗渗等级W10所对应工程的坝高范围为105.0m＜H_0＜168.0m。

（4）抗渗等级W12所对应工程的坝高范围为131.0m＜H_0＜195.5m。

（5）早期建成的100m以上高碾压混凝土坝，如1999年建成的江垭大坝（最大坝高为131.0m），限于当时筑坝技术尚未发展成熟，上游防渗结构二级配碾压混凝土保守采用了较高的抗渗等级（W12）。

（6）对于坝高 200m 级以上的大型工程，如龙滩、光照等，经过充分论证研究，二级配碾压混凝土防渗等级最终取为 W12。

将上述统计分析结论与 SL 314—2004《碾压混凝土坝设计规范》中相关要求对比分析，易知：统计分析结论与规范中相关要求基本吻合，且统计结果中各混凝土抗渗等级相应坝高均较 SL 314—2004 要求中偏大，这与近年来碾压混凝土筑坝技术日趋成熟等因素有关。因此，建议如下：

当碾压混凝土坝上游面防渗层选用二级配碾压混凝土（或二级配碾压混凝土＋变态混凝土）时，其抗渗等级的最小允许值为：

1）$H<50$m 时，W6；

2）$H=50\sim100$m 时，W6～W8；

3）$H=100\sim200$m 时，W8～W10；

4）$H>200$m 时，W12 或进行专门试验论证。

注：H 为水头，由于水头与上游最大坝高相近，此处可用坝高代替。

6.6.3 RCC 重力坝二级配 RCC 防渗层厚度选择

SL 314—2004《碾压混凝土坝设计规范》5.0.5 中规定："二级配碾压混凝土防渗层的有效厚度，宜为坝面水头的 1/30～1/15，但最小厚度应满足施工要求。二级配碾压混凝土防渗层上游面采用变态混凝土时，变态混凝土的厚度宜为 30cm～50cm，最大厚度宜不大于 100cm。"

NB/T 35026—2014《混凝土重力坝设计规范》中就 RCC 坝二级配防渗层厚度给出了定性要求，9.5.2 中规定："当上游防渗层结构采用常态混凝土防渗层、富胶凝材料 RCC 防渗层、加膨胀剂的补偿收缩混凝土防渗层时，其厚度及防渗等级应满足坝体防渗要求。"，但未就富胶凝材料 RCC（二级配碾压混凝土＋变态混凝土）防渗层有效厚度给出明确范围。

表 6－72 列出了采用二级配碾压混凝土作为防渗结构的典型工程实例。从表 6－72 中数据可以看出：

（1）除山口三级外（统一层厚为 2.5m），其余 RCC 大坝上游面二级配防渗层厚度均随坝面作用水头沿坝高发生变化。二级配防渗层最大厚度为 15m（龙滩），最小厚度为 2.0m（戈兰滩、棉花滩等）。

（2）除石板水（1/12）和金安桥外（1/32）外，其余 RCC 大坝上游面二级配防渗层厚度（D）与上游最大作用水头（H）一般比值关系（D/H）介于 1/30～1/15 之间。

（3）受施工技术、材料工艺等因素限制，早期建成的 RCC 工程中，变态混凝土主要运用于大坝防渗区表面部位、模板周边、岸坡、廊道、孔洞及设有钢筋等部位，如荣地、石板水、高坝洲等，变态混凝土层厚呈无规律性。

（4）近年来，随着变态混凝土施工工艺等关键技术的创新，变态混凝土已广泛应用于 RCC 坝上游面防渗层，与二级配 RCC 组合防渗。由表 6－72 中数据可知，各工程上游面变态混凝土厚度一般为 0.3～0.5m，如江垭（0.3～0.5m）、山口三级（0.5m）、彭水（0.5m）、思林（0.5m）、沙沱（0.5m）；个别中低坝及 200m 级以上高坝变态厚度达 1.0m，如官地（1.0m）、龙滩（1.0m）、光照（不同高程分别采用 0.8m 和 1.0m）。

表6-72 国内部分碾压混凝土重力坝防渗结构及相应变态混凝土厚度统计表

序号	坝名	坝高 H（m）	建成年份	二级配 RCC 防渗层厚度 D	变态混凝土厚度 d	$(D+d)/H$
1	荣地	57	1991	3～4m	不易碾压部位铺设，50～60cm	1/19～1/14.25
2	石板水	84	1998	近基础部位不小于7m，坝顶正常蓄水位附近不小于2.0m	不易碾压部位铺设	1/12
3	高坝洲	57	1999	4m	不易碾压部位铺设	1/14.25
4	江垭	131	1999	高程125.00～165.00m，厚度为8m；165.00～215.00m，厚度为5m，高程215.00m以上，厚度为3m	0.3～0.5m	1/16.38
5	汾河二库	88	2000	二级配碾压混凝土防渗上游最小厚度4m，下游2.5m	0.2m	不小于1/22
6	大朝山	111	2000	9.1～4m	不易碾压部位铺设	1/27.75～1/12.2
7	棉花滩	111	2001	高程143.00m（坝顶高程179.00m）以上等厚2m，以下则以1:0.066 7坡度直线变化	不易碾压部位铺设	1/15.86
8	山口三级	57.4	2002	2.5	0.5m	1/22.96
9	碗米坡	66.5	2004	2.5～4.5m	0.5m	1/26.6～1/14.7
10	百色	130	2006	顶部厚3m，底部最大厚度8m	不易碾压部位铺设	1/16.25
11	索风营	115.8	2006	2.5～6.5m	不易碾压部位铺设	17.82
12	雷打滩	84	2006	5.0m	过渡带铺设	1/16.8
13	彭水	116.5	2008	上游面厚度3.0～7.8m，下游面厚度3m	贴靠上下游模板厚约0.5m	1/14.94
14	景洪	108	2008	上游面3.0～9.0m，下游面2.0～3.0m	不易碾压部位铺设约0.5m	1/8～1/12
15	龙滩	192/216.5	2008	按照水头不同采用3～15m	上游面1m厚	1/14.43
16	光照	200.5	2008	上游面防渗层自上而下3.5～13.3m；按1/15水头控制	高程615.00m以上和以下变态混凝土厚分别为0.8m和1.0m	1/15.08
17	洪口	130	2008		0.5m	按1/15水头控制
18	戈兰滩	113	2009	1/15水头控制，设计采用2～7.5m	台阶溢流面1m厚变态混凝土	1/15.06
19	思林	117	2009	3～5.1m	坝体上游面变态防渗混凝土厚0.5m，溢流台阶面1m厚	1/22.94
20	金安桥	160	2009	厚度3～5m	上游面0.5m变态混凝土	1/32
21	沙沱	101	2013	防渗层厚度在坝顶为3m，以25.5:1的坡度往坝基逐渐加厚	大坝垫层混凝土在高程285.00m以上采用0.5m厚的C20二级配变态混凝土	1/14.51
22	官地	168	2013	7m	左右岸挡水坝段高程1321.00m以下、溢流坝段高程1284.00m以下坝体上游面采用1m厚变态混凝土	1/24

续表

序号	坝名	坝高 H（m）	建成年份	二级配 RCC 防渗层厚度 D	变态混凝土厚度 d	（$D+d$）/H
23	山仔	65.0	1994	3.0～4.0m	表面 0.3m 及与两岸基岩接触部分	1/19.7～1/15.1
24	临江	104.0		3m 厚常混凝土	—	—
25	涌溪三级	86.5	1998	2.0～5.0m	—	—
26	通口	76	2005	3.0～4.0m	不易碾压部位铺设	—
27	周宁	73	2004	4.0m	迎水面 0.3～0.5m	1/17.0～1/16.2
28	长顺	63/69	2000	3.0m	—	—
29	双溪	52/54.7	1997	3.0m	—	—
30	石漫滩	40	1997	溢流坝段 3.0m，非溢流坝段下部 3m，上部 2m	0	1/13.33
31	满台城	37	1999		—	—
32	阎王鼻子	35	1999	挡水坝段 3m	0	1/11.66
33	松月	31		挡水坝段 2m	下游面 0.5m	1/16.48
34	河龙	30		挡水坝段 2m	0	1/16.48
35	百龙滩	28	1998	挡水坝段 2.2m	溢流坝段下游面 1m	1/8.75

通过上述统计分析，可以给出建议如下：

二级配碾压混凝土防渗层的有效厚度，宜为坝面水头（此处用上游最大坝高代替）的1/20～1/15，如经充分论证，厚度可适当减小，但最小厚度应满足施工要求。

二级配碾压混凝土防渗层上游面采用变态混凝土时，变态混凝土的厚度宜为 0.3～0.5m，最大厚度宜不大于 1.0m。对于 200m 级高碾压混凝土重力坝，其变态混凝土厚度宜做专门论证，原则上宜不大于 1.0m。

6.6.4 碾压混凝土防渗层二级配 RCC 混凝土配合比选择

水胶比是决定混凝土强度和耐久性的关键参数和主要因素。碾压混凝土的抗压强度主要取决于水胶比的大小。

SL 314—2004《碾压混凝土坝设计规范》6.0.2 中规定："碾压混凝土的配合比应由试验确定，碾压混凝土的总胶凝材料用量宜不低于 130kg/m^3；水泥用量应根据大坝级别、坝高并通过试验研究确定；水胶比宜小于 0.70。"

NB/T 35026—2014《混凝土重力坝设计规范》9.5.2、9.5.6 给出了混凝土水灰比最大参考值，但该项规定主要针对常态混凝土，对碾压混凝土适应性不强。9.5.10 则规定"碾压混凝土总胶凝材料用量不宜低于 140kg/m^3；最低水泥熟料用量应根据工程等级、坝高并通过试验研究确定，不宜低于 50kg/m^3"。

为充分吸纳和总结近年来国内多座 100m 级以上 RCC 大坝，尤其龙滩、光照等 200m 级高 RCC 重力坝的成功建设经验，田育功（2010 年）曾对 20 世纪 90 年代至今国内部分 RCC 坝防渗区二级配碾压混凝土配合比情况进行了统计，如表 6－73 所示。对表 6－73 数据进行统计分析，可得出以下结论：

（1）除龙滩外（经充分论证后取为0.40），其余各RCC重力坝防渗区二级配RCC水胶比一般均在0.45～0.50之间，总胶凝材料用量在177～227kg/m^{3}之间。

（2）各RCC重力坝防渗区二级配RCC的水泥用量在64～127kg/m^{3}之间，满足NB/T 35026—2014《混凝土重力坝设计规范》9.5.10中："最低水泥熟料用量应根据工程等级、坝高并通过试验研究确定，不宜低于50kg/m^3"的要求。

表6-73　国内部分主要工程大坝防渗区二级配碾压混凝土配合比表

工程名称	坝高（m）	配合比参数						材料用量（kg/m^3）			
		水胶比（%）	粉煤灰（%）	砂率（%）	减水剂（%）	引气剂（1/万）	*VC*值（s）	用水量	水泥	粉煤灰	水泥+粉煤灰
普定	75	0.5	55	38	三复合 0.55	—	10±5	94	85	103	188
江垭	131	0.53	55	36	0.5	—	7±4	103	87	107	194
汾河二库	88	0.5	45	35.5	0.6	6	2～5	94	103	85	188
		0.45	40	35	0.6	6	2～5	95	127	84	211
棉花滩	111	0.55	60	36	0.6	—	5～10	99	71	106	177
		0.5	60	36	0.6	—	5～10	99	80	118	198
高坝洲	57	0.48	45	35	0.4	1	5～8	109	114	93	207
大朝山	111	0.50	PT50	37	0.7	—	2～5	94	94	94	188
龙首（拱）	80.5	0.43	53	32	0.7	40	0～5	91	100	112	212
沙牌（拱）	132	0.53	40	37	0.75	2	2～8	102	115	77	192
蔺河口（拱）	100	0.47	60	37	0.7	2	3～5	87	74	111	185
三峡三期围堰	94	0.50	55	39	0.6	10	1～5	93	84	102	186
百色	130	0.50	58	38	0.8	7	1～5	106	89	123	212
索风营	115.8	0.50	50	38	0.8	6	3～5	94	94	94	188
招徕河（拱）	107	0.48	50	37	0.6	15	3～5	85	88.5	88.5	177
彭水	116.5	0.50	50	38	0.6	6	3～8	91	91	91	182
景洪	110	0.45	NH50	38	0.5	2	3～8	84	93	93	186
龙滩	192/216.5	0.40	55	38	0.6	2	2～7	87	99	121	220
光照	200.5	0.45	50	38	0.7	6	3～5	83	92	92+23	207
		0.50	55	39	0.7	6	3～5	86	77	95+23	195
思林	117	0.48	50	38	0.6	13	2～6	91	95	95	190
		0.46	45	39	0.6	8	2～6	90	108	88	196
戈兰滩	120	0.45	SL55	34	0.8	5	3～8	93	93	114	207
土卡河（拱）	51	0.55	SL60	34	0.6	12	3～8	88	64	96	160
居甫度	95	0.44	SL45	37	0.7	2	1～12	88	110	90	200

续表

工程名称	坝高（m）	配合比参数						材料用量（kg/m³）			
		水胶比（%）	粉煤灰（%）	砂率（%）	减水剂（%）	引气剂（1/万）	VC值（s）	用水量	水泥	粉煤灰	水泥+粉煤灰
武都引水	119	0.5	55	38	0.7	10	3～5	93	84	102	186
喀腊塑克	130	0.45	40	35	1	12	1～5	98	131	87	218
		0.47	55	35.5	0.9	7	1～5	95	91	111	202
金安桥	160	0.47	55	37	1	20	1～5	100	96	117	213
功果桥	105.0	0.46	50	38	0.8	5	3～7	100	109	109	218
官地	168	0.45	55	36	0.8	12	3～7	102	102	125	227
		0.48	55	37		12	3～7	102	102	96	198

注 1. 碾压混凝土配合比均为施工配合比，VC值为出机口控制值，动态控制。
2. 表中PT为磷矿渣与凝灰岩；SL为铁矿渣与石灰石粉。

根据上述统计分析结果，并结合SL 314—2004《碾压混凝土坝设计规范》6.0.2及NB/T 35026—2014《混凝土重力坝设计规范》9.5.10中的相关规定，可给出推荐性建议如下：

碾压混凝土的配合比应由试验确定，当碾压混凝土坝采用二级配RCC作为防渗层时：二级配RCC的总胶凝材料用量宜不低于140kg/m³，其中的水泥用量应根据大坝级别、坝高并通过试验研究确定，不宜低于50kg/m³；防渗层二级配RCC水胶比宜介于0.45～0.50之间，对于200m级高RCC重力坝宜专门立项研究，经充分论证后给出推荐方案。

6.6.5 变态混凝土防渗层水胶比及掺浆方式选择

变态混凝土最初主要应用于RCC坝上下游面，目的单一，因为靠近模板处不好碾压，拆模后出现振捣不实、影响观瞻，所以将干硬性混凝土加入少量水泥浆液、加大水灰比，进行人工垂直振捣。1991年在荣地混凝土预制模板后试用变态混凝土，效果很好。如今，变态混凝土在碾压混凝土坝的上、下游面模板处、廊道等孔洞周围、大坝岸坡基础垫层、止水片、管道、布设钢筋区等部位已得到广泛应用，较好地解决了异种混凝土之间结合的问题，进一步发挥了碾压混凝土快速施工的特点。变态混凝土和二级配碾压混凝土组合防渗也已成为目前碾压混凝土重力坝防渗结构型式设计的主流。

表6－74中列出了国内部分工程变态混凝土灰浆配合比情况。从表6－74中可以看出，灰浆的用水量一般在500～600kg/m³、粉煤灰掺量在45%～60%，外加剂采用与碾压混凝土相同的缓凝高效减水剂，掺量一般为0.5%～0.7%，灰浆的密度一般为1600～1800kg/m³。

表6－74　国内部分工程变态混凝土灰浆配合比情况

工程名称	碾压混凝土设计指标	配合比参数				材料用量（kg/m³）				灰浆密度（kg/m³）
		水胶比（%）	粉煤灰（%）	减水剂（%）	引气剂（%）	水	水泥	粉煤灰	外加剂	
棉花滩	$R_{180}100$	0.65	65	0.6	—	615	331	615	5.7	1567
	$R_{180}150$	0.6	65	0.6	—	597	348	647	6	1598
	$R_{180}200$	0.5	55	0.6	—	560	504	616	6.7	1687

续表

工程名称	碾压混凝土设计指标	配合比参数				材料用量（kg/m³）				灰浆密度（kg/m³）
		水胶比（%）	粉煤灰（%）	减水剂（%）	引气剂（%）	水	水泥	粉煤灰	外加剂	
龙首	C_{90}20F300W8	0.45	40	0.7	—	531	401	779	8	1719
蔺河口	R_{90}200D50S8	0.51	50	0.7	0.007	590	578	579	8	1755
百色	R_{90}200S10D50	0.5	58	0.6	0.03	550	462	638	6	1656
招徕河	C_{90}20F150W8	0.48	50	0.6	—	523	545	545	6.5	1613
宜兴副坝	R_{90}200W8F100	0.45	50	0.6	—	505	561	561	6.7	1634
龙滩	C_{90}25W12F150	0.4	50I级	0.4	—	497	621	621	5	1744
光照	C_{90}25W12F150	0.45	50	0.7	—	523	581	581	8	1693
	C_{90}20W10F100	0.5	55	0.7	—	574	517	631	8	1730
	C_{90}15W6F50	0.55	60	0.7	—	594	432	648	7	1681
金安桥	C_{90}20W8F100	0.52	50	0.5	—	574	552	552	5	1683
居甫度	C_{90}20W8F100	0.47	55	0.7	—	572	669	669	8.5	1798
戈兰滩	C_{90}20W8F100	0.43	40矿渣石粉	0.8	—	583	607	607	8	1805
	C_{90}15W4F50	0.48	30	0.8	—	558	519	519	10	1866
喀腊塑克	R_{180}20F300W10	0.44	40	0.7	—	534	364	364	8.5	1757
功果桥	C_{180}20W10F100	0.46	50	0.7	—	558	486	486	8	1780
官地	C_{90}25W6F100	0.45	50	0.7	—	500	555	555	7.8	1618
	C_{90}20W6F50	0.48	50	0.7	—	500	521	521	7.3	1549
	C_{90}15W6F50	0.5	50	0.7	—	500	500	500	7	1507
莲花台	C_{180}20W6F200	0.47	60	0.6	—	500	638	638	8	1572
向家坝	C_{180}25W10F150	0.42	50	0.4I级	—	497	591	591	4.7	1685

注　灰浆按碾压混凝土体积的4%～6%加浆，即每加浆量为40～60L；坍落度控制在2～4cm。

变态混凝土所用灰浆由水泥、粉煤灰及外加剂加水拌制而成，其水胶比应不大于同种碾压混凝土的水胶比。实际使用中也不宜过于黏稠。表6-75为其具体试验结果，试验结果表明，浆—2、浆—3灰浆配合比较为理想。

表6-75　变态混凝土灰浆配合比试验结果

试验编号	试验参数						性能指标
	灰浆	水胶比	粉煤灰（%）	ZB—1RCC15（%）	水（kg/m³）	灰浆密度（kg/m³）	灰浆情况
浆—1	灰浆	0.44	58	0.6	550	1540	稠、沉淀快、黏性好
浆—2	灰浆	0.5	60	0.6	550	1500	稍稠、沉淀慢、匀质性好
浆—3	灰浆	0.55	60	0.6	550	1500	稍稀、沉淀慢、匀质性良
浆—4	灰浆	0.6	60	0.6	550	1480	稀、沉淀快、黏性稍差

注　采用田东52.5号中热水泥，曲靖Ⅱ级粉煤灰。

碾压混凝土中变态混凝土的注浆方式，先后经历了顶部、分层、掏槽和插孔等多种注浆法方式，大量的工程实践表明，目前插孔注浆法应用较多，插孔注浆法是在摊铺好的碾压混凝土面上采用直径 40～60mm 的插孔器进行造孔。变态混凝土中掺浆量为变态混凝土量的4%～6%（体积百分含量）。试验室确认的灰浆掺量：二级配变态混凝土的灰浆掺量为 $60L/m^3$，三级配变态混凝土的灰浆掺量为 $40L/m^3$。国内部分工程变态混凝土掺浆量和掺浆方式一览表见表 6－76。

表 6－76　　国内部分工程变态混凝土掺浆量及掺浆方式一览表

序号	工程名称	建成年份	最大坝高 H（m）	掺浆量	掺浆方式
1	荣地	1991	57	—	插孔加浆
2	石板水	1998	84	—	层间喷浆
3	高坝洲	1999	57	—	摊铺
4	江垭	1999	131	80～$100L/m^3$	顶部加浆
5	汾河二库	2000	88	20～$25L/m^3$	灰浆搅拌机生成净浆，随用随配
6	大朝山	2000	111	6%	两层加浆法
7	棉花滩	2001	111	4%～6%	插孔加浆
8	山口三级	2002	57.4	4%～6%	—
9	碗米坡	2004	66.5m	—	二级配富胶混凝土（机拌变态混凝土）
10	百色	2005	130	6%	插孔加浆
11	索风营	2006	115.8	$60L/m^3$	分层摊铺振捣碾压
12	龙滩	2008/在建	192/216.5	4%～6%	双层加浆和抽槽加浆
13	光照	2008	200.5	—	插孔加浆
14	彭水	2008	116.5	6%	面层加浆
15	洪口	2008	130	—	插孔加浆
16	景洪	2008	108	控制在 $50L/m^3$	插孔加浆
17	思林	2009	117	4%～7%	两层加浆法、底部加浆法和沟槽加浆法
18	戈兰滩	2009	113	—	顶部加浆
19	金安桥	2009		4%～6%	插孔加浆
20	沙沱	2013	101	—	插孔加浆
21	官地	2013	168	—	插孔加浆

注　掺浆量中的百分比为占 RCC 体积百分数。

6.6.6　碾压混凝土坝分缝、止水、排水结构

6.6.6.1　碾压混凝土坝的分缝

1. 坝体分缝的背景及主要方法

碾压混凝土重力坝通常不宜设纵缝，但必须分横缝。初期几座碾压混凝土重力坝因处于气候温和地区，而且坝轴线长度在 130m 范围内，如坑口、龙门滩、荣地等坝均未设横缝，建成后运行十余年来未发生贯穿性裂缝。但随着河谷变宽，坝高的增加，出现横缝不可避免。

已建的碾压混凝土坝分缝基本上有 2 种方法：

（1）按照坝体的功能和施工仓面的大小与填筑的速度而分缝，如锦江坝缝分在溢流坝两边，棉花滩大坝初期选择间距33～70m，缝分在河谷转弯处，后期改为横缝间距20m。

（2）按照坝体温控需要而分缝，一般横缝间距以15～20m划分，多见于北方兴建的碾压混凝土重力坝，如观音阁、桃林口、白石、阎王鼻子坝以及临江重力坝等。在南方气候较温和地区，有些工程将横缝间距放宽到30～60m，如岩滩、水口坝和大朝山坝等。

近年来修建的碾压混凝土重力坝的最大横缝间距一般控制在30m左右，如光照、龙滩、金安桥等大坝大都在30m内。当横缝超过25m时，在其坝块上游面中部一般增设1条深3～5m的短缝，有效防止了坝体上游面裂缝的产生。

2. 横缝的常用构造形式及成缝方法

碾压混凝土横缝正规缝的构造与常态混凝土相似。对于早期建成的多个碾压混凝土坝工程，通常在靠近迎水面的缝内设置两道止水，两道止水间设一沥青井。第一道止水用铜片止水至上游缝内贴沥青油毛毡；第二道止水采用铜片或合成橡胶止水片。两道止水间的沥青井宜采用正方形或圆形，边长或内径可为150～200mm。然而，随着碾压混凝土筑坝技术的不断发展进步，二级配碾压混凝土防渗层已得到普遍应用且成为基本发展趋势。考虑在坝体横缝或诱导缝内设置沥青井对碾压混凝土施工存在干扰性大、沥青易老化、维护复杂、效果不理想等特点，且实际工程中采用二级配碾压混凝土防渗层的大坝无一例设置沥青井，建议在坝体横缝或诱导缝内不宜设沥青井。

当上下游面均采用常态混凝土防渗时，其分缝与碾压混凝土不同步，分缝间距为碾压混凝土的1/3～1/2，因此存在并缝的问题。碗窑重力坝采取排水孔止缝（如图6-18所示），锦江重力坝采用ϕ20mm钢筋、间距30cm并缝，以限制裂缝扩展。因此，这也是上下游采用常态混凝土不便利的一方面。

一些工程如天生桥二级、石漫滩重力坝设诱导缝，采用如邮票孔一样的形式（如图6-19所示）。诱导孔钻孔在混凝土具有一定的强度（约7d龄期）后进行，孔径为90mm，孔距为1m，每次孔深为3m，分缝控制准确，效果良好，还有设槽孔以削弱断面成缝的做法，可根据具体工程结构要求选用。诱导缝对于重力坝，主要是对可能出现贯穿裂缝部位有所控制，不致沿裂缝集中渗漏、无法控制，只能灌浆处理。根据天生桥二级工程大坝和石漫滩重力坝的经验，这种诱导缝在施工过程中就可以裂开，因其上游设止水片，也就不可能有渗漏的途径，沙牌碾压混凝土坝在诱导缝靠近坝面处增设边缘切口，利用切口的应力集中，使坝面裂缝集中在诱导缝处，这在不增加缝面削弱面积的情况下发挥诱导缝的作用，具有良好的效果。

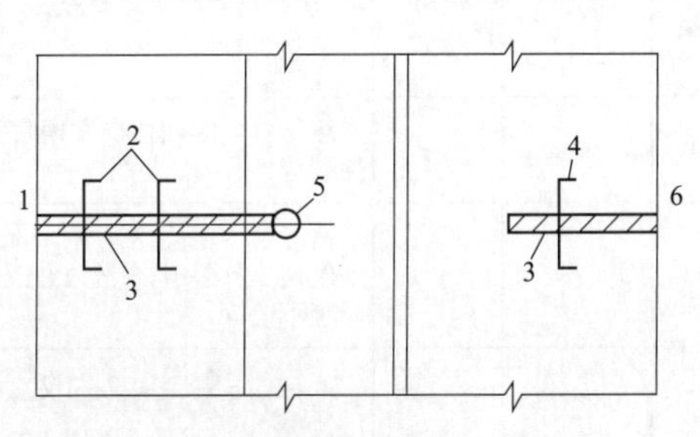

图6-18 释放应力短缝示意图

1—上游面；2—止水铜片；3—充填材料；4—PVC止水；5—应力释放孔；6—下游面

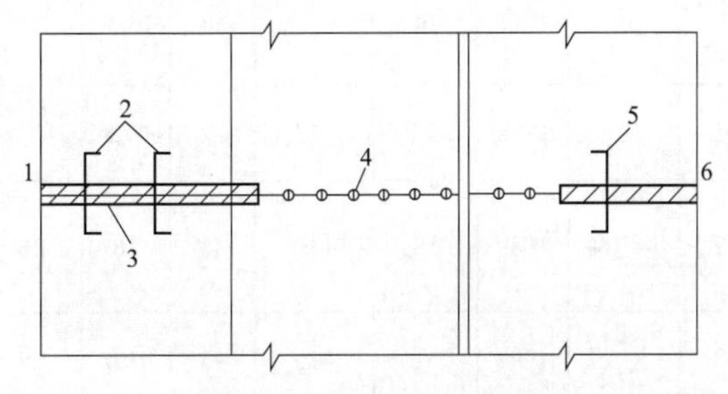

图6-19 诱导缝示意图

1—上游面；2—止水铜片；3—填充材料；4—诱导孔；5—PVC止水；6—下游面

工程实践表明，我国碾压混凝土重力坝横缝的成缝方法主要分为以下几种：

（1）切缝机成缝：在平仓后，碾压前或碾压后，用切缝机在混凝土内切出一条缝；具有“先碾后切”和“先切后碾”两种方式。为了保证缝面的形成，规定每层成缝面积应满足规定要求，余下的部分待混凝土自然拉裂，横缝材料（铁皮、PVC 等）随切缝机刀片振动压入。

（2）诱导缝：在碾压混凝土初凝前有一定强度时，人工或机械成孔；当采用薄层连续铺筑时，诱导缝可在混凝土碾压后由人工打钎或风钻钻进形成，成孔后孔内应塞满干燥砂子，以免上层施工时混凝土塞满诱导孔，达不到诱导缝的目的，当采用间歇式施工时，可在层间间隙时间用风钻钻成。

（3）预埋分缝板：平仓后埋设分缝板，通仓碾压。分缝板用预制混凝土板、铁皮、沥青木板等；设置隔板时，为保证成缝面积，隔板衔接处的间距不得大于 100mm；为了不影响混凝土压实及避免隔板破坏，其高度应比压实厚度低 30～50mm。

（4）模板成缝：仓面分区浇筑或个别坝段提前升高时，在横缝位置立模，拆模后成缝。沙牌碾压混凝土坝采用了预制重力式混凝土成缝模板结构。坝体施工时先将重力式成缝模板安置定位，然后进行碾压混凝土的摊铺和碾压作业。实践证明，这样的成缝技术，具有成缝效果好、施工工艺简单、适合碾压混凝土坝快速施工等特点。

3. 国内已建或在建 RCC 坝工程实例及分缝趋势

我国已建或在建的部分碾压混凝土重力坝采用横缝的情况及部分实施效果见表 6－77。通过对表 6－77 中数据分析，可初步得出以下结论：

（1）表 6－77 中统计数据显示，1999 年之前建成的碾压混凝土重力坝，除个别坝体未分缝外，其余大多采用诱导缝成缝方法；1999 年至今建成的 RCC 重力坝，除汾河二库和棉花滩采用正规缝外，其余均采用切缝机成缝。切缝机成缝已成为当前碾压混凝土坝主要成缝方法，这主要归结于该方法施工方便、与主体工程施工不冲突等优点。

（2）采用诱导缝成缝或正规缝成缝的坝体，同一坝体横缝间距波动范围较大，不呈现显著规律性；采用切缝法成缝的坝体，其横缝间距呈现一定的规律性，基本上均介于 15～35m 之间。

表 6－77　　国内部分碾压混凝土重力坝采用横缝的情况及部分实施效果

序号	工程名称	完成年份	坝高（m）	坝顶长（m）	底宽（m）	多年平均温度（℃）	最高月平均气温（℃）	最低月平均气温（℃）	横缝间距（m）	采用横缝型式	运行后横缝及坝体情况
1	坑口	1986	57	123	42	17.8	27	8.4	—	—	运行 14 年坝体未发现贯穿性裂缝
2	龙门滩	1989	58	139	48	18	26	9	—	—	运行 1 年后在左坝肩 20cm 处发现 1 条裂缝，缝宽 1.8mm，原因不明
3	天生桥二级	1992	61	470	43	19.7	28	10.7	68～73	诱导缝	运行后未发现贯穿性裂缝
4	潘家口	1989	25	277	36	9.9	25	－8.1	57	诱导缝	运行后未发现贯穿性裂缝
5	铜街子	1990	88	1029	81.2	17	26	7.6	16～21	切缝	坝体未出现裂缝

续表

序号	工程名称	完成年份	坝高（m）	坝顶长（m）	底宽（m）	多年平均温度（℃）	最高月平均气温（℃）	最低月平均气温（℃）	横缝间距（m）	采用横缝型式	运行后横缝及坝体情况
6	荣地	1991	50	136	44	10～15		−3	—	—	运行后未出现贯穿性裂缝
7	广蓄下库	1992	43.5	153.1	32	20.1	27	12	—	常态混凝土按11～16m	运行后未发现贯穿性裂缝，有表面裂缝，渗流量为18.62L/s，进行灌浆处理
8	水口	1992	101	191	68	19.6	25.5	10	40	诱导缝	用人工挖槽埋厚2cm松木板回填成缝，未发现裂缝
9	万安	1992	68	1104	41	18.7	35	3	10～18	诱导缝	用木板导向
10	岩滩	1992	111	525	73	20.4	27.3	11.6	20～46	诱导缝	运行后未发现裂缝，但部分坝段取芯证明需灌浆
11	锦江	1993	60	229	38	19.5	35.5	0.4	15	诱导缝	有一条贯穿坝下游面裂缝，缝宽1mm、长15m，廊道中有渗漏，下游面未见渗漏
12	大广坝	1993	57	719	42	24.3	33	24.6	20～40	诱导缝	未出现裂缝
13	水东	1994	57	203	43	18.9	27.9	8.9		诱导缝	运行后发现贯穿性裂缝4条
14	观音阁	1995	82	1040	66	6.2	23.3	−14.3	16	切缝	在施工过程中多次出现裂缝
15	百龙滩	1996	36	274	26.5	21.3			22～52	正规缝	上游面两道止水铜片，相距50cm
16	石漫滩	1997	40	674	33	14.6	32.5	0.8	16～20、10～42	诱导缝	施工后采用间距50cm人工打孔，孔径50cm，上游处有两道止水
17	桃林口	1998	82	524	62	9.65	24.5	−8.23	12.5～18.2、17～30	正规缝	采用两毡三油，插沥青木板隔开，缝长25cm、宽1cm；水库蓄水后，发现有一处横缝漏水，可能是止水片附近振捣不密实，进行了灌浆处理
18	石板水	1998	84	445	60	18.3	29	7.5	41～70	正规缝	运行后未发现裂缝
19	涌溪三级	1999	86.5	190	60	17.9	25.9	9.1	56、37、42、52	诱导缝	三道止水，一道铜片止水，距上游面1.5m，两道橡皮止水
20	阎王鼻子	1999	34.5	383	27.25	8.4	24.7	−10.7	15～35	切缝	—
21	高坝洲	1999	56	188.5	42	16.7			18.2～25	诱导缝	—
22	白石	2000	50.3	514	55	7.83	24.1	−11.1	20～24	切缝	—
23	汾河二库	2000	73.4	201	74	9.6	23.5	−6.7	66、45、90	正规缝	止水4道，下部并缝，以提高抗滑能力，但两坝肩分缝间距过大，严冬时出现裂缝
24	棉花滩	2001	111	303	82	20.1	27.5	10.7	22、33～70	正规缝	—
25	碗米坡	2004	64.5	238	—	16.1	39.3	27	10个坝段	切缝与诱导孔	切缝为主，诱导孔为辅；切缝采用“先碾后切”的方式，诱导孔成缝采用人工打孔、孔内及时填干沙

续表

序号	工程名称	完成年份	坝高（m）	坝顶长（m）	底宽（m）	多年平均温度（℃）	最高月平均气温（℃）	最低月平均气温（℃）	横缝间距（m）	采用横缝型式	运行后横缝及坝体情况
26	百色	2005	130	720	106	26.7	—	—	22、33、35	切缝	各坝段在坝上游迎水面增设一条3m长的短缝
27	索风营	2006	115.8	164.58	97	16.3	40.5	－5	9个坝段、14.52～25	切缝	上游面780m高程以下设2道铜片止水，780m高程以上设置铜片止水和塑料止水各1道；下游面设1道塑料止水，缝间沥青杉板分割
28	龙滩	2008/在建	192/216.5	836.5	169	20.1	40.5（高）	－5（低）	横缝间距一般为20	切缝	坝体横缝上游侧高程342.0m以上和以下分别设2道和3道铜片止水片
29	景洪	2008	108	700.5	—	22	38	7.3	26个坝段	切缝	—
30	洪口	2008	130	304.25	103	—	—	—	22～33	切缝	上游设3道止水，第1、2道采用止水铜片，第三道采用橡胶止水带；下游洪水位以下采用橡胶止水带
31	光照	2008	200.5	410	160	18	—	—	20个坝段	切缝	658m高程以下设三道1紫铜片止水，以上设两道紫铜片止水
32	彭水	2009	113.5	309.53	90.25	17.6	四川、贵州、长江中下游过渡地带		16～21	切缝	上游面两道铜片止水，下游面一道铜片止水，止水铜片临水侧缝间填塞沥青浸木板
33	金安桥	2009.12	160	640	156	19.8	39.6	0.7	<30～34	切缝	凡坝段宽度超过30m者，在坝体上游的坝段中心线的二级配碾压混凝土中设置3m深的短缝
34	沙沱	2013	106	631.155	90.5	17.5	42	－5.4	20～36	切缝	在上游坝面和溢流面均设置两道铜片止水，非溢流坝下游坝面校核洪水位以下横缝内设置一道橡胶止水；厂房引水坝段上游设置爬山虎止水
35	官地	2013	168	529.32	153.2	18.6	39.4	0.5	24个坝段	切缝	上游设三道止水铜片，下游1226m高程以下设2道厚铜片；溢流坝段过流面设2道止水铜片
36	思林	2009	117	310	80.61		39.9	－5.2	17、16～24	切缝	

6.6.6.2　碾压混凝土重力坝止水结构

常态混凝土重力坝坝间横缝一般设2道铜片止水。当止水铜片失效时，仅仅会导致库水沿横缝发生渗漏和坝下游面美观受损，不会引起坝体渗流场特性的明显变化。但对碾压混凝土坝来讲，因坝体采用分层碾压施工，层面和缝面抗渗能力较差。靠近上游面第一道止水一旦失效破坏，库水将顺横缝直接渗入坝体层面和缝面中，坝体排水孔幕的降压作用将会完全丧失，层缝面的扬压力随之大大增加，甚至危及大坝的安全性。

表6－78对国内部分碾压混凝土重力坝止水形式进行了统计。通过对表6－78中数据分

析可知：

（1）从建成年份来看，2000 年之前建成的大多数碾压混凝土重力坝，如铜街子、天生桥二级、大广坝、桃林口等，均设置 2 道止水，且以 2 道铜片止水者较多；2000 年后建成的 RCC 坝，除个别中低坝（如山口三级）外，坝体横缝均设置了 3 道止水。通常前 2 道为铜片止水，靠近下游面为橡胶止水。

（2）从坝高来看，表 6－78 中所统计的各中低坝均设置两道止水；近年来建成的龙滩一期、光照，在建的官地 RCC 坝均在不同高程分别设置了 2 道和 3 道铜片止水。

表 6－78　　近年来国内碾压混凝土重力坝止水形式不完全统计

工程名称	建成年份	最大坝高（m）	止水型式
铜街子	1990	82	常态混凝土内设 2 道止水片
天生桥二级	1992	58.7	在上游设置 2 道止水片
大广坝	1993	57	横缝上游面设 2 道止水，一道为止水铜片，一道为橡胶止水带，缝中填料为沥青牛毛毡和沥青杉木板
岩滩	1995	110	上游坝面设置止水铜片－沥青井－止水铜片 3 道止水
桃林口	1998	74.5	横缝上游防渗层设置 2 道紫铜片止水
汾河二库	2000	87	上游面 2 道铜片止水，下游面一道铜片止水。止水铜片临水侧缝间填塞沥青浸木板
大朝山	2000	111	横缝内设置 3 道止水，2 道 U 形铜片止水和 1 道橡胶止水带。3 道止水间间距分别为 750mm，非溢流坝段坝体下游面横缝内设置 1 道橡胶止水带
山口三级	2002	57.4	设止水铜片及橡胶止水条 2 道止水
索风营	2006	115.8	上游面高程 780.00m 以下设 2 道铜片止水，高程 780.00m 以上设置铜片止水和塑料止水各 1 道；下游面设 1 道塑料止水，缝间用沥青杉板分隔
龙滩	2008/在建	192/216.5 （坝顶高程 375.00m）	坝体横缝上游侧高程 342.00m 以上和以下分别设 2 道和 3 道铜片止水片
光照	2008	200.5 （坝顶高程 750.50m）	高程 658.00m 以下设 3 道 1.8mm 厚的 W 形紫铜片止水，高程 658.00m 以上设 2 道 1.6mm 厚的紫铜片止水
彭水	2008	116.5	横缝和诱导缝设 3 道止水，均为紫铜止水片
洪口	2008	130	上、下游分别设止水片，其中上游设 3 道止水，第 1、2 道采用止水铜片，第三道采用橡胶止水带，下游洪水位以下采用橡胶止水带
戈兰滩	2009	113	坝体横缝在上游面防渗层内，坝高高于 70m 时，设置 3 道止水，第一、二道为铜片止水，第三道为橡胶止水。坝高低于 70m 时，设置 2 道铜片止水
沙沱	2013	101	在上游坝面和溢流面均设置 2 道铜片止水，非溢流坝下游坝面校核洪水位以下横缝内设置 1 道橡胶止水
官地	2013	168 （坝顶高程 1334.00m）	挡水坝段横缝分缝处设止水铜片，其中上游设 3 道 1.6mm 厚的止水铜片，下游高程 1226.00m 以下设 2 道 1.2mm 厚铜片；溢流坝段横缝分缝部位上游面设 3 道 1.6mm 厚的止水铜片，过流面设 2 道 1.6mm 厚止水铜片，并与坝体和护坦分缝处止水铜片相焊接；未设置诱导缝

6.6.6.3　碾压混凝土重力坝排水孔设置

坝体排水系统是坝体渗流控制的关键。在碾压混凝土坝排水系统设置完善的情况下，防渗结构的局部缺陷将不会导致坝体和层面扬压力的急剧上升。碾压混凝土坝坝体排水措施通常是在紧随大坝防渗体后布设逸出型排水管，以截断坝体内的渗透水流，有效降低坝体扬压力。

坝体排水孔幕由按一定间距布置的排水孔构成。一般设在纵向排水廊道的上游侧，靠近廊道壁，离上游面的距离为1/15～1/20坝面的作用水头，最小距离为3.0m。排水孔轴线方向的间距一般为2～3m。排水孔的清理工作应定期进行，以防堵塞。

碾压混凝土坝内设置排水孔（管），过去曾研究过多种施工方案，如塑料管包砂，预制无砂混凝土管等，都由于碾压混凝土施工过程中容易错位、漏浆或压碎而失效。涌溪三级电站碾压混凝土坝，坝内排水孔采用预埋长度600～700mm的钢管，在每层混凝土碾压完成以后，将埋管上拔300mm，进行上一层混凝土的摊铺和碾压，逐层施工较为方便。

近年来，钻孔、埋设透水管或拔管等方法应用较多。钻孔的孔径一般为76～150mm，透水管或拔管的直径宜为150～200mm。国内部分已建或在建碾压混凝土重力坝坝体排水设置情况如表6－79所示。

表6－79　　国内部分已建或在建碾压混凝土重力坝坝体排水设置情况

序号	工程名称	最大坝高 H（m）	坝体排水设置			
			成孔方式	成孔材料/孔内填充材料	孔径/孔距	距上游面距离
1	坑口	56.3	薄层浇筑通仓碾压，坝身排水管无法以预埋管方式设置，采取了埋设：碎石束“的办法代替，效果不理想，甚至无效			
2	龙门滩	57.5	砂桩法和拔管法	瓦楞直筒/砂子，钢管/无填充	150mm/3m	—
3	天生桥二级	58.7	多孔混凝土排水管；溢流坝排水系统布置在常态混凝土防渗层下游侧，左非坝段布置在距离上游面600cm处。排水廊道轴线与坝轴线平行，位于坝轴线以下9.15m处，城门洞形，1.7m×2.5m			
4	铜街子	82	机械钻孔	多孔混凝土材料	20cm/3.0～6.0m	位于常态混凝土与碾压混凝土交界区域
5	岩滩	110	钻孔	不详	不详	5m
6	荣地	57	拔管/钻孔	不详	150mm/孔距3.2m 两排间距2.6m	第1排3.2/第2排5.8
7	大广坝	57	钻孔	不详	150mm/3m	距坝轴线4m
8	水东	62.5	上游预制板后设置棱体排水	上游预制板后设置棱体排水	上游预制板后设置棱体排水	无
9	石板水	84	预埋混凝土花管和硬塑料管	无砂混凝土管	200mm/3.0m	迎水面常态混凝土防渗层内
10	山口三级	57.4	钻孔法形成		在防渗层后设置坝体排水管	
11	碗米坡	66.5m	钻孔		91mm/3m	6～10.3m
12	江垭	131	不详	不详	120mm/2500mm	2725mm
13	大朝山	111	不详	不详	不详	不详
14	棉花滩	111	钻孔		间距为3m	5m

续表

序号	工程名称	最大坝高 H（m）	坝体排水设置			
			成孔方式	成孔材料/孔内填充材料	孔径/孔距	距上游面距离
15	百色	130	高程155.00m以下埋管法；高程200.00m以上钻孔法		150mm/780mm以上3m，783mm以下5m	基础灌浆排水廊道与155m、195m检查观测交通廊道组成的立面上
16	索风营	115.8	预埋盲沟管方式形成，排水孔设置在上游二级配防渗碾压混凝土的下游侧		150mm/5m	3～10.4m
17	彭水	116.5	钻孔法		150mm/3m	
18	景洪	108	预埋盲沟管与钻孔相结合		竖向孔110～150mm/3～4m；水平方形管100mm×100mm/3.6m	布置在上游二级配碾压混凝土的下游侧
19	龙滩	192/216.5	预埋铅直盲沟管的成孔方式		200mm/根据高程不同为3～5m	布置在上游二级配防渗碾压混凝土下游侧
20	光照	200.5	钻孔法		110mm/3m	设置于上游二级配与三级配混凝土交界面上
21	洪口	130	碾压混凝土内采用钻孔形成，常态混凝土内由拔管形成			大坝上游三层廊道间
22	金安桥	160	竖向排水孔（与排水廊道相通）		150mm/3m	紧贴上游防渗体
23	官地	168	钻孔及预埋无砂管，从坝顶至高程310.00m为竖直布置，高程310.00m以下据基础廊道位置而定		150mm/3m	5m
24	思林	117	大坝坝体上游侧在不同高程布置4排纵向排水廊道，廊道之间设有坝体排水孔		150mm/3m	

参 考 文 献

[1] 速宝玉，等. 龙滩碾压混凝土重力坝坝基及坝体渗流与排水对大坝安全影响的研究 [R]. 河海大学，1995.

[2] 熊文标，等. 碾压混凝土在不同水力梯度作用下的溶蚀和渗透特性研究 [R]. 武汉水利电力大学，1998.1.

[3] 孙君森，等. 碾压混凝土的性能研究 [R]. 中南勘测设计研究院，1998.4.

[4] 杨华全，周守贤. 碾压混凝土的层面结合研究 [J]. 人民长江，1997，28（8）：15－17.

[5] 杨华全，周守贤，等. 三峡工程碾压混凝土层面结合性能试验研究 [J] 长江科学院院报，1996，13（4）：28－31.

[6] 林长农，金双全，涂传林，等. 碾压混凝土层面抗渗研究 [J]. 红水河，2000，19（4）：9－11.

[7] 王红斌，朱岳明，等. 碾压混凝土现场压水试验与渗透性研究 [C] //第五届碾压混凝土坝国际研讨会论文集，2007年11月，贵阳，中国.

[8] 姜福田. 碾压混凝土 [M]. 北京：铁道出版社，1991.

[9] 谭志林，罗熙康，杨康宁．大坝芯样测试与压水试验 [J]．人民长江，1999，30（6）：24－26.
[10] 胡云进，速宝玉，等．碾压混凝土室内试验和压水试验渗透系数的关系 [J]．水利学报，2001 年 6 月：41－44.
[11] 窦铁生，张有天，等．碾压混凝土渗透系数的确定方法 [J]．水利学报，2002 年 6 月：125－127.
[12] 朱岳明，黄文雄．碾压混凝土及碾压混凝土坝的渗流特性研究 [J]．水利水电技术，1995 年第 12 期：49－57.
[13] 速宝玉，詹美礼，赵坚，等．龙滩碾压混凝土重力坝坝基和坝体渗流与排水对大坝安全性影响的研究（“八五”国家科技攻关子题成果，特性试验部分）[R]．河海大学水利水电学院，1993，4.
[14] 胡云进，速宝玉，毛根海，等．碾压混凝土渗透系数与抗渗标号关系研究 [J]．水力发电学报，2006，25（4）108－111.
[15] 朱岳明，匡峰，王锋．江垭碾压混凝土重力坝渗流特性分析 [J]．河海大学学报（自然科学版），2004，32（3）：266－271.
[16] 朱岳明，陈振雷．大朝山水电站地下厂房区渗流场分析 [J]．红水河，1997，17（1）13－18.
[17] 李茂秋．百色水利枢纽坝址区渗流场演变及其渗控措施的研究 [J]．1997，16（2）11－14.
[18] 朱岳明，李璟．百色重力坝坝基复杂地质条件渗流特性分析 [J]．2004，24（6）6－9.
[19] 朱岳明，张燎军，黄文雄，等．龙滩碾压混凝土重力坝坝基及坝体渗流及排水对大坝安全性影响的研究（“八五”国家科技攻关子题成果，计算分析部分）[R]．河海大学水利水电工程学院，1995，3.
[20] 朱岳明，狄远涪，等．龙滩高碾压混凝土重力坝渗控设计研究 [J]．水利学报，1997（3）：1－8.
[21] 朱岳明，张燎军，庞作会，等．碾压混凝土坝及龙滩碾压混凝土重力坝的渗流特性研究（一）[J]．红水河，1999，18（1）：2－8.
[22] 朱岳明，张燎军，庞作会，等．碾压混凝土坝及龙滩碾压混凝土重力坝的渗流特性研究（二）[J]．红水河，1999，18（2）：8－11.
[23] 孙君森．龙滩碾压混凝土重力坝的防渗研究 [J]．红水河，2001，20（4）：6－10.
[24] 朱岳明，张燎军，龚道勇，等．高碾压混凝土重力坝的渗流特性与防渗结构的研究（“九五”国家科技攻关子题成果）[R]．河海大学水利水电工程学院，2000，3.
[25] 朱岳明，宋崇能，等．碾压混凝土坝现场压水试验成果整理数值反演分析理论及龙滩高碾压混凝土重力坝渗控方案论证研究（“十五”攻关子题）[R]．河海大学水利水电工程学院，2004，3.
[26] 田育功．碾压混凝土快速筑坝技术 [M]．北京：中国水利水电出版社，2010.
[27] 肖峰，冯树荣．龙滩碾压混凝土重力坝关键技术 [M]．北京：中国水利水电出版社，2016.

第7章

坝体断面设计

7.1 坝体断面设计原则

7.1.1 碾压混凝土坝体断面设计原则

根据碾压混凝土筑坝施工的特点，便于碾压混凝土大仓面机械化施工，碾压混凝土重力坝宜采用实体重力坝，其体型设计宜力求简单。坝体体型断面宜简化，以更有效地发挥其快速施工的优点。

碾压混凝土与常态混凝土重力坝相比，只是在混凝土配合比和施工方法上有所不同，即将常态混凝土振捣施工改为干硬性混凝土振动碾压施工，而在设计上两者并无区别。因此，除在坝体构造、配合比设计、温度控制与施工方法上应结合碾压混凝土的性能提出设计要求外，碾压混凝土坝断面设计原则、方法和设计基本要求与常态混凝土重力坝相同。

重力坝非溢流坝段的基本断面呈三角形，其顶点宜在坝顶附近。坝顶宽度应根据设备布置、运行、检修、施工和交通、抗震、特大洪水时抢护等需要确定，还应满足碾压混凝土施工的要求，如果坝顶宽度过小，接近坝顶部位的碾压混凝土施工仓面也将减小，这对施工作业很不利。根据国内已建部分碾压混凝土坝的坝顶宽度，其最小宽度不宜小于 5m。

大坝上、下游坝坡及与坝轴线相交处的折坡点高程是最主要的大坝体型设计参数。有的工程下游坝坡与坝轴线的交点采用正常蓄水位、最高洪水位或坝顶高程，根据坝体稳定和应力要求，通过计算和优化设计确定上、下游坝坡。中低坝坝体断面一般受坝体应力条件控制，设置上游坡会造成坝踵压应力减小，上游坝面采用铅直面较有利。但对于高坝，坝体断面一般受抗滑稳定条件控制，为了节省混凝土量，也可采用上游面为斜坡或折坡。上游坝坡采用折面时，折坡点高程应结合电站进水口、泄水孔等建筑物的布置一并考虑。

碾压混凝土重力坝应以材料力学法和刚体极限平衡法计算成果作为确定坝体断面的基本依据，以材料力学法计算坝体应力，刚体极限平衡法计算坝体的稳定。碾压混凝土重力坝坝体抗滑稳定分析应包括沿坝基面、碾压层面和坝基深层滑动面的抗滑稳定。为了较准确地反映碾压混凝土重力坝的应力状况，对于高坝，除按材料力学法计算应力外，尚宜采用有限元法计算。对于修建在复杂地基上的中坝，为了分析复杂地基对坝体应力的影响及为大坝基础处理提供必要的依据，也宜采用有限元法进行分析。必要时，可采用结构模型或地质力学模型试验验证。

碾压混凝土重力坝一般采用通仓浇筑，不设纵缝。大坝宜设横缝，对于宽河谷高坝更应设置横缝。有横缝的重力坝属平面问题，其强度和稳定计算宜取一个坝段或取单位宽度进行计算。不分横缝的整体式重力坝属三向应力问题，坝体承受水压力后，向上、下游方向和坝轴线方向传递荷载，可考虑整体作用，用有限元法或结构模型试验法等方法求坝体应力，进行强度和稳定计算。

碾压混凝土重力坝的设计断面宜由正常蓄水位挡水等持久状况控制，并以施工期等短暂状况和校核洪水、地震等偶然状况复核。不宜由偶然状况控制设计断面。复核偶然组合下的坝体断面时，由于偶然作用出现机会甚少且持续时间很短，可考虑坝体的空间作用；在地震作用情况下，可考虑适当提高材料强度等措施。

7.1.2　大坝稳定与应力极限状态设计规定

NB/T 10332—2019《碾压混凝土重力坝设计规范》编制过程中，为与 NB 35026—2014《混凝土重力坝设计规范》协调一致，避免两个重力坝规范的冲突，也便于将来标准的修编与整合，在结构计算基本规定、作用与作用组合、极限状态设计表达式、稳定应力控制标准等方面尽量与 NB/T 35026—2014 保持一致，根据碾压混凝土的特点，重点突出与常态混凝土重力坝设计不同的方面。

根据 NB 35026—2014《混凝土重力坝设计规范》，混凝土重力坝断面设计采用概率极限状态设计原则，以分项系数设计表达式分别按承载能力极限状态对坝体结构及坝基岩体进行强度和抗滑稳定计算，按正常使用极限状态进行坝体上、下游面混凝土拉应力验算。

进行承载能力极限状态设计时，应考虑基本组合和偶然组合两种作用组合；进行正常使用极限状态设计时，采用作用的基本组合进行验算。基本组合用于持久设计状况或短暂设计状况，偶然组合用于偶然设计状况。对每一种作用组合，设计均应采用其最不利的效应设计值。

1. 承载能力极限状态计算

（1）对基本组合，应采用下列极限状态设计表达式，即

$$\gamma_0 \psi S(\gamma_G G_k, \gamma_Q Q_k, a_k) \leqslant \frac{1}{\gamma_d} R\left(\frac{f_k}{\gamma_m}, a_k\right) \tag{7-1}$$

或

$$\eta = \frac{\dfrac{1}{\gamma_d} R\left(\dfrac{f_k}{\gamma_m}, a_k\right)}{\gamma_0 \psi S(\gamma_G G_k, \gamma_Q Q_k, a_k)} \geqslant 1 \tag{7-2}$$

式中　γ_0——结构重要性系数，见表 7-1；

ψ——设计状况系数，对应于持久设计状况、短暂设计状况、偶然设计状况，可分别取用 1.0、0.95、0.85；

$S(\cdot)$、$R(\cdot)$——作用效应函数、结构抗力函数；

γ_G、γ_Q——永久作用分项系数、可变作用分项系数，见表 7-2；

G_k、Q_k——永久作用标准值、可变作用标准值；

a_k——几何参数的标准值（可作为定值处理）；

γ_d——结构系数，见表 7-3；

f_k——材料性能的标准值；

γ_m——材料性能分项系数，见表 7-4；

η——抗力作用比系数。

（2）对偶然组合，应采用下列极限状态设计表达式，即

$$\gamma_0\psi S(\gamma_G G_k, \gamma_Q Q_k, A_k, a_k) \leqslant \frac{1}{\gamma_d} R\left(\frac{f_k}{\gamma_m}, a_k\right) \tag{7-3}$$

或

$$\eta = \frac{\dfrac{1}{\gamma_d} R\left(\dfrac{f_k}{\gamma_m}, a_k\right)}{\gamma_0\psi S(\gamma_G G_k, \gamma_Q Q_k, A_k, a_k)} \geqslant 1 \tag{7-4}$$

式中 A_k——偶然作用代表值。

表7-1　重力坝结构安全级别及重要性系数

水工建筑物级别	水工建筑物结构安全级别	结构重要性系数
1	Ⅰ	1.1
2、3	Ⅱ	1.05
4、5	Ⅲ	1.0

表7-2　作用分项系数

序号	作用类别			分项系数
1	自重			1.0
2	水压力	静水压力		1.0
		动水压力	时均压力	1.05
			反弧段水流离心力	1.1
3	扬压力	无封闭抽排	渗透压力	1.2
			浮托力	1.0
		有封闭抽排	主排水孔之前扬压力	1.1
			残余扬压力（主排水孔之后）	1.2
4	淤沙压力			1.2
5	浪压力			1.2

表7-3　结构系数

序号	项目	基本组合	偶然组合			备注
			校核洪水	地震		
				动力法	拟静力法	
1	抗滑稳定	1.5	1.5	0.65	2.7	包括建基面、层面
2	混凝土抗压	1.8	1.8	1.3	2.8	
3	混凝土抗拉	1.8	—	0.7	2.1	

表7-4　材料性能分项系数

序号	材料性能		分项系数	备注
1	抗剪断强度	摩擦系数 f'	1.7	包括建基面、混凝土层面
		黏聚力 c'	2.0	
2	混凝土强度	抗压强度 fc	1.5	

根据NB 35047—2015《水电工程水工建筑物抗震设计规范》，当地震作用效应是按拟静力法求得时，由于地震作用的简化和结构地震作用效应按静力计算，并引入了对地震作用效应进行折减的系数，是主要基于工程实践经验的近似方法，难以反映结构的作用效应和抗力的随机变异性，因此，拟静力法设计时的作用效应和抗力的设计值的分项系数都取为1.0。即采用拟静力法计算时，静态作用和材料性能分项系数均取1.0。

2. 正常使用极限状态计算

正常使用极限状态作用效应采用下列设计表达式，即

$$\gamma_0 S(G_k, Q_k, f_k, a_k) \leqslant C \tag{7-5}$$

式中 $S(\cdot)$——作用的效应函数；

C——正常使用极限状态结构的功能限值。

7.1.3 作用与作用组合

在设计坝体断面时，应分别进行基本组合和偶然组合计算分析。

1. 主要的作用

基本组合应考虑以下永久和可变作用的组合。

（1）坝体及其上永久设备自重（包括永久机械设备、闸门、起重设备及其他的自重）。

（2）上游正常蓄水位、防洪高水位、施工期临时挡水位等常遇水位，相应不利的下游水位下，大坝上、下游面的静水压力。

（3）与上述上、下游水位对应的扬压力。

（4）泄水建筑物泄洪时，溢流面时均压力、反弧段水流离心力等动水压力。

（5）大坝淤沙压力。

（6）坝体外侧有填土时，大坝上、下游侧土压力。

（7）50年一遇风速引起的浪压力。

（8）冬季坝前结冰时的冰压力。

（9）其他出现机会较多的作用。

偶然组合在基本组合下计入一个偶然作用，包括校核洪水、地震等情况。校核洪水情况下的静水压力、扬压力、泄洪时动水压力与校核洪水位、下泄泄量及相应下游水位对应。地震情况在正常蓄水位基本组合作用的基础上，增加地震作用。施工期不考虑地震作用。偶然组合，浪压力采用多年平均年最大风速计算。

2. 作用组合

重力坝承载能力极限状态设计的作用和作用组合见表7-5。

表7-5　重力坝承载能力极限状态设计的作用和作用组合

设计状况	作用组合	主要考虑情况	作用类别										备注
			自重	静水压力	扬压力	淤沙压力	浪压力	冰压力	动水压力	土压力	地震作用	其他荷载	
持久状况	基本组合	1. 正常蓄水位情况	+	+	+	+	+	–	–	+	–	+	以发电为主的水库
		2. 防洪高水位情况	+	+	+	+	+	–	+	+	–	+	以防洪为主的水库，正常蓄水位较低
		3. 冰冻情况	+	+	+	+	–	+	–	+	–	+	

续表

设计状况	作用组合	主要考虑情况	作用类别										备 注
			自重	静水压力	扬压力	淤沙压力	浪压力	冰压力	动水压力	土压力	地震作用	其他荷载	
短暂状况	基本组合	施工期临时挡水情况	+	+	+	–	–	–	–	+	–	+	
偶然状况	偶然组合	1. 校核洪水情况	+	+	+	+	+	–	+	+	–	+	
		2. 地震情况	+	+	+	+	+	–	–	+	+	+	

施工期临时挡水断面，其强度和稳定按短暂状况计算。分期施工和投入运行的坝，其强度和稳定按持久状况计算。坝体在施工和检修情况下应按短暂状况承载能力极限状态的基本组合进行设计。作用值大小及其组合应按照建筑物施工与检修具体条件确定。根据地质和其他条件，如考虑运用时排水设备易于堵塞，须经常维修时，应考虑排水失效的情况，作为偶然组合。

正常使用极限状态只进行基本组合的拉应力验算。持久状况下坝踵不出现拉应力正常使用极限状态，往往是决定坝体断面的条件。坝体施工时，以下游坝面拉应力为控制条件；坝体检修时，以库水位较低甚至放空水库的情况下，坝体下游面拉应力为控制条件。施工和检修期应按正常使用极限状态的短暂设计状况。

7.1.4 国内典型碾压混凝土坝断面体型参数

国内几个高碾压混凝土坝的断面体型参数见表 7–6，龙滩、光照大坝典型剖面见图 7–1、图 7–2。

表 7–6　国内几个高碾压混凝土坝的断面体型参数

项目	龙滩（一期/二期）	黄登	光照	官地	百色	龙开口	索风营	棉花滩	沙沱
最大坝高（m）	192/216.5	203	200.5	168	130	116	115.8	113	101
坝顶高程（m）	382/406.5	1625	750.5	1334	234	1303.00	843.80	179	371
坝顶宽度（m）	14/18	16	12	14	10	10.5	8	7	10
上游坡比	1:0.25	1:0.2	1:0.25	1:0.3	1:0.2	1:0.2	1:0.25	垂直	1:0.15
起坡点高程（m）	270	1500	615	1176	146	1235.00	780.00	—	310
挡水坝段下游坡比	1:0.7/1:0.73	1:0.75	1:0.75	1:0.75	1:0.75	1:0.75	1:0.70	1:0.75	1:0.75
起坡点高程（m）	380.5/406.5	1619	731.07	1334	232	1303.00	830.94	177.33	356.167
建基面高程（m）	207	1422	565	1186	104	1202.00	734	78	283
溢流坝段下游坡比	1:0.66/1:0.68	1:0.75	1:0.75	1:0.7	1:0.70	—	1:0.70	1:0.75	1:0.75
起坡点高程（m）	385.5/408.5	1619	583.74		237.42	—	830.94	177.33	356.167
建基面高程（m）	190	1422	550	1166	104	1187	728.00	66	270
基岩岩性	砂岩	变质凝灰岩	玄武岩	玄武岩	辉绿岩	玄武岩	灰岩	花岗岩	灰岩

注　表中的起坡点高程均换算到坝轴线位置。

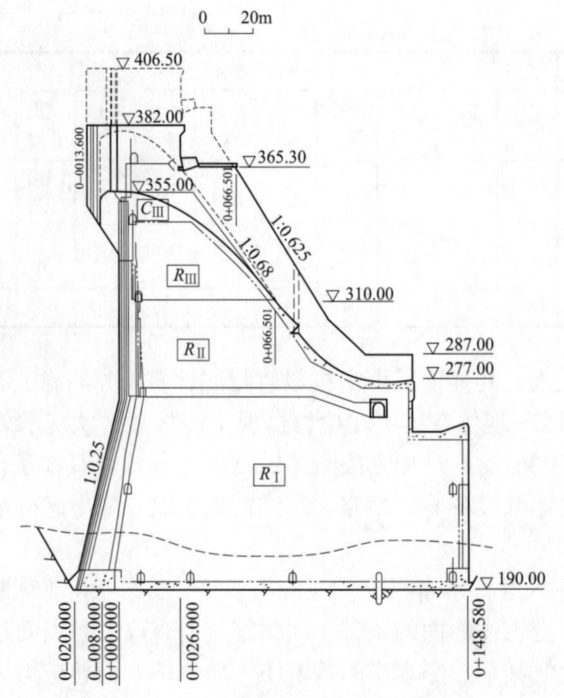

图 7-1　龙滩溢流坝段剖面图

注：实线是一期断面，线是二期断面。

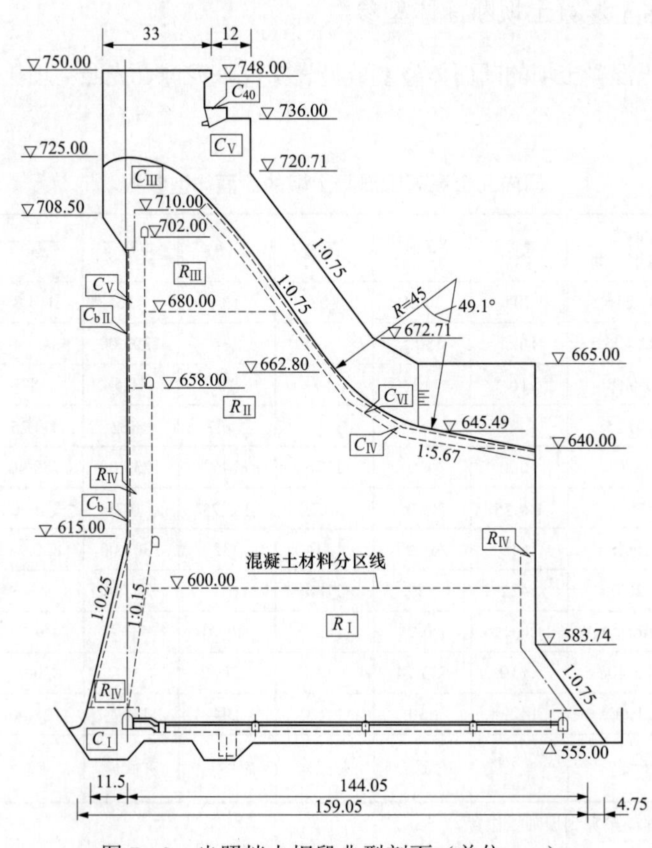

图 7-2　光照挡水坝段典型剖面（单位：m）

7.2 碾压混凝土特性对重力坝坝体应力状态的影响

7.2.1 碾压混凝土材料横观各向同性的影响

“九五”国家重点科技攻关项目《高碾压混凝土重力坝应力计算方法和极限承载能力研究》，通过将龙滩碾压混凝土重力坝 RCC 部分混凝土视为横观各向同性体，研究了当 RCC 竖向弹性模量从 1.0 倍水平向弹性模量变化到 0.5 倍水平向弹性模量时，对坝体静应力和动力特性的影响，从水压加自重荷载条件下的应力比较可以看出，在坝踵 σ_x 和 σ_y 的变幅高达 22%和 65%，但 τ_{xy} 的变幅仅 6.5%，由于 τ_{xy} 的值远大于 σ_x 和 σ_y 的值，故在坝踵处主应力的变幅并没有像 σ_x 和 σ_y 的变幅那样大。根据计算，当 E_y 由 1.0 E_x 变为 0.5 E_x 时，坝踵处的主拉应力由 2.31×10^6Pa 降为 2.01×10^6Pa，约减小 13%；而坝趾处的主压应力由 -8.84×10^6Pa 升为 -9.18×10^6Pa，约增大 4%。考虑材料的横观各向同性，对应力集中程度会产生一定的影响。

考虑 RCC 的横观各向同性特性对坝体上部静应力的影响不大，应力分布规律基本不变。对于坝体与地基交界面处，由于条件复杂，考虑 RCC 横观各向同性特性后，在坝踵、坝趾的局部应力将产生一定的变化，造成这种变化的原因可能是多方面的，但 $E_x\neq E_y$ 对应力集中程度会有所影响可能是一个重要的原因，E_y 的降低使压应力集中程度增大，拉应力集中程度减小。因此，对水压和自重合成应力而言，这种影响将有助于坝踵拉应力集中区应力条件的改善，而对坝趾压应力集中区则使其压应力值增大。对龙滩坝具体情况来说，当 RCC 的 E_y 从 1.0 E_x 降低到 0.5 E_x 时，坝踵主拉应力减小了约 13%，坝趾主压应力约增大 4%。E_y 变化时，坝趾和坝趾处的应力值比较见表 7－7。

表 7－7　**E_y 变化时，坝踵和坝趾处的应力值比较**

荷载	弹性模量	坝踵（$\times10^6$Pa）			坝趾（$\times10^6$Pa）		
		σ_x	σ_y	τ_{xy}	σ_x	σ_y	τ_{xy}
自重	$E_y=E_x$	－2.941	－6.676	－3.230	－1.142	－1.200	1.034
	$E_y=0.5E_x$	－3.041	－6.918	－3.325	－1.220	－1.227	1.101
	变幅（%）	(－) 增 3.4	(－) 增 3.5	增 3.3	(－) 增 6.8	(－) 增 2.3	增 6.5
水压	$E_y=E_x$	3.453	7.057	5.080	－3.746	－3.311	3.102
	$E_y=0.5E_x$	3.438	7.047	5.063	－3.833	－3.425	3.190
	变幅（%）	(+) 减 0.4	(+) 减 0.14	减 0.3	(－) 增 2.3	(－) 增 3.4	增 2.8
自重+水压	$E_y=E_x$	0.511	0.380	1.859	－4.888	－4.511	4.136
	$E_y=0.5E_x$	0.398	0.130	1.739	－5.054	－4.653	4.292
	变幅（%）	(+) 减 22.1	(+) 减 65.8	减 6.5	(－) 增 3.4	(－) 增 3.1	增 3.8

根据龙滩工程现场碾压混凝土浇筑块进行的试验研究工作，从应力－应变全曲线测试结

果，确定材料的初始弹性模量、软化段线型、峰值应力强度、极限应变、断裂能、抗压强度比和动静强度比等参数。测得碾压混凝土竖向与横向弹性模量之比 E_y/E_x 约为 0.8。研究结果表明，碾压混凝土重力坝的横观各向同性性质，对坝体应力分布的影响很小。在计算时，碾压混凝土可简化为各向同性均匀介质材料。

7.2.2 碾压混凝土重力坝温度应力特点及影响

碾压混凝土弹性模量、线膨胀系数和常态混凝土相近；但胶凝材料较少、水化热绝热温升较低；水化速率低、发热过程长；碾压混凝土通仓浇筑，施工铺筑速度快、层面散热差。虽然碾压混凝土的徐变比常态混凝土小，但碾压混凝土自然冷却到坝体稳定温度要相当长的时间，徐变可充分发挥。碾压混凝土重力坝运行期坝体应力除受坝体重力、水压力影响外，还受温度应力影响，必须进行专门研究。

1. 碾压混凝土材料特点

碾压混凝土原材料与常态混凝土相同，但胶凝材料中水泥用量相对减少，增加了粉煤灰或其他掺合料的用量。于是混凝土中早期的抗压强度会较低且增长较慢。

碾压混凝土的抗压强度与其密实程度和粉煤灰的掺量有关：混凝土粉煤灰掺量越高，28d以内的抗压强度越低。碾压混凝土的抗拉强度与常态混凝土一样，随着龄期的增长而增加，随抗压强度的增加而增加，资料显示碾压混凝土 90d 龄期的抗拉强度与 28d 相比，其增长速度较同龄期的抗压强度大。

碾压混凝土弹性模量随龄期的增长而增加，其增长率与水泥品种及用量有关。水泥用量少的碾压混凝土早龄期弹性模量较低。碾压混凝土极限拉伸值随着龄期的增长而增加，随水灰比的增大和粉煤灰掺量的增加而降低。

水化热是影响混凝土温度应力的一个重要因素。碾压混凝土中的水泥用量较常态混凝土小，粉煤灰掺量大，由于粉煤灰发热慢于水泥，碾压混凝土的水化热温升速度慢，后期温升大。

2. 碾压混凝土坝的施工特点

碾压混凝土施工时，采用薄层、大仓面连续碾压，一次碾压厚度只有 3cm 左右，不易出现漏碾现象。但每个浇筑层由多个碾压层组合而成，因而水平施工层面较多，存在层间结合问题，而层间结合与混凝土质量、上层覆盖时间、外界气候条件等因素有关。层间结合的质量直接影响到混凝土的层间抗拉强度及抗滑稳定。

碾压混凝土的原材料与常态混凝土相同，但胶凝材料中水泥用量相对减少，增加了粉煤灰或其他掺合料的用量，用水量也有所减小。水泥用量少了，混凝土的发热量相应降低，从而对控制混凝土的温差、降低温度拉应力水平有益。但是碾压混凝土的极限拉伸一般低于常态混凝土，与常态混凝土相比抗裂能力较差。

碾压混凝土重力坝断面尺寸设计与常态混凝土坝相同，通常建基面用常态垫层混凝土找平，上游面变态混凝土及二级配混凝土作为防渗层，大坝主体混凝土则采用三级配碾压混凝土。由于碾压混凝土重力坝的最大底宽不变，受基础约束或下层混凝土的约束程度不变，因此在水管冷却措施相对常态混凝土坝较弱的情况下，由上、下层温差导致的温度应力会较大。

随着碾压混凝土筑坝技术的发展，近年来碾压混凝土坝施工中，也采用水管冷却措施来控制温差。但由于碾压混凝土施工多采用通仓浇筑，坝体不设纵缝，因而没有接缝灌浆前的二期冷却，坝体温度只靠自然散热，而温度要降到稳定温度场，需要相当漫长的过程。因此，在很长的时间里，坝内由于持续高温，在低温季节、水库蓄水或遭遇寒潮时，内外温差水平较高，导致内外温差应力较大，极易产生表面裂缝。

3. 碾压混凝土坝温度应力特点

由于材料和施工工艺的特点，碾压混凝土坝坝体的温度场和温度应力具有如下特点：

碾压混凝土坝施工期坝内温度高，气温骤降、寒潮等很容易引起过大的内外温差，从而在混凝土表面引起超标拉应力，导致开裂。施工期的裂缝不仅会发生在低温季节，高温季节遇连续阴雨或温度骤降时，同样会出现这个问题。另外，如果夏季高温季节停工，汛期度汛，坝体过水，当水温较低时，也会因冷击引起混凝土的表面裂缝；之后在老混凝土上浇筑新混凝土，当新、老混凝土温差过大时，又有可能因新、老混凝土的相互约束引起裂缝。

坝建成早期，坝表面一定范围内的混凝土温度逐步下降，约束区的混凝土与基础的温差加大，遇低温季节、水库蓄水冷击等因素时，易在上下表面引起较深的裂缝。上游面的浅层裂缝如果进水，则会因水力劈裂的作用发展成深层裂缝，部分会穿透防渗体，对大坝的防渗体和安全带来不利影响。另由于大坝建成早期内部混凝土持续高温，冬季低温季节，内外温差加大，尤其是当遇寒潮时，极易出现表面裂缝，并逐渐发展成深层裂缝。

随着大坝的长期运行，坝体内部温度缓慢下降，高碾压混凝土重力坝的温度需要几十年才会下降到稳定、准稳定温度，坝体在很长一段时间内具有较高温度，更易因内外温差变化而出现裂缝。目前工程中碾压混凝土出现温度裂缝的主要原因是内外温差效应。另外，由于碾压混凝土坝施工仓面大，上、下层混凝土间的约束作用强，层间抗拉强度低，当施工间歇时间较长时，上、下层温差也成为防裂的控制因素。碾压混凝土坝最大基础温差出现在坝建成多年后，此时混凝土强度已经相应增长，同时由于水压、自重等作用，混凝土徐变得以充分发挥作用，基础温差对顺河向应力一般不起控制作用。

另外，上游面变态混凝土、二级配防渗混凝土和溢流面的抗冲耐磨混凝土，都因水泥用量高，水化热温升高，且热力学参数与内部碾压混凝土有一定差距，易产生更大的拉应力，从而导致开裂。

7.2.3 龙滩高碾压混凝土重力坝应力分析与监测成果

1. 龙滩最高挡水坝段、溢流坝段应力场全过程仿真分析

龙滩水电站于2006年9月30日下闸蓄水，水库于2007—2008年11月首次达到满蓄。中南勘测设计研究院有限公司于2014年整理、归纳并分析了龙滩碾压混凝土重力坝的温控监测资料，开展了施工及运行期温度场及应力场仿真分析，仿真计算模型的边界条件：温度计算中，所取基岩的底面及4个侧面为绝热面，基岩顶面与大气接触的为第3类散热面，坝体上、下游面及顶面为散热面，两个横侧面为绝热面。应力计算中，所取基岩底面，4个侧面为法向单向约束，上游面自由；坝体的4个侧面及顶面自由。计算中仅考虑自重及施工期温度荷载。

11号坝段坝体及坝基三维有限元模型如图7-3所示。

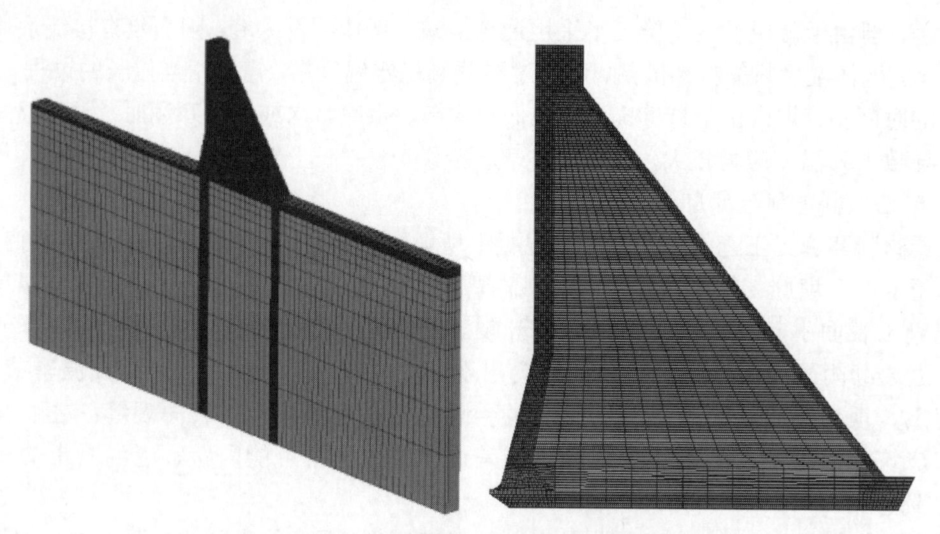

图 7-3　11 号坝段坝体及坝基三维有限元模型

根据龙滩工程坝址附近气温观测资料统计分析及实测气温资料统计，采用如下推荐的余弦函数形式描述气温变化，即

$$T_a(\tau)=20.08+8.25\times\cos[\pi/6(\tau-7.0)]$$

式中　T_a ——气温；

τ ——月份。

气温拟合曲线如图 7-4 所示。

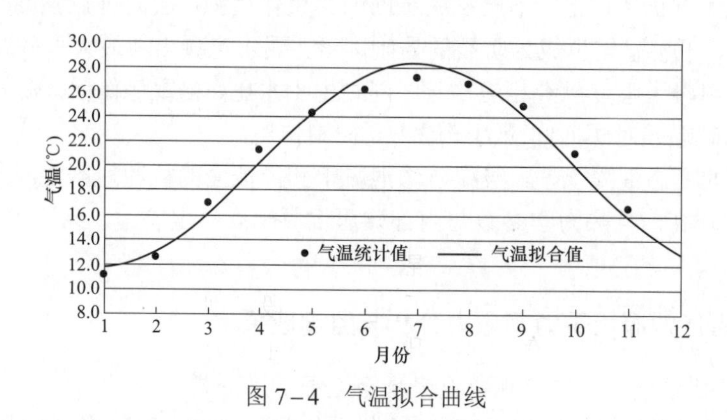

图 7-4　气温拟合曲线

计算中的主要温控措施：

一期冷却参数控制：根据龙滩 11 号坝段实测温度过程线中一期冷却时的现场实测温度分布，采用反演得到的热学参数，对 11 号坝段施工期一期冷却的混凝土温度场进行仿真模拟。

中期冷却参数控制：11 号坝段部分区域在 2005—2006 年间进行了中期冷却，流量按 $0.3m^3/h$ 进行控制，通水温差按要求控制为 15～20℃。根据施工单位实际的中期通水冷却实测资料，模拟坝体运行期的现状温度场。

蓄水过程控制如下：

（1）实际的蓄水过程是较长时间段内的水位逐渐上升的过程，计算中做了近似处理，水库实际蓄水过程近似处理结果见图 7－5。其中，蓄水时刻的水库水温取为各月的平均河水温度，水库满蓄以后的运行阶段，水库水温采用稳定库水温度。

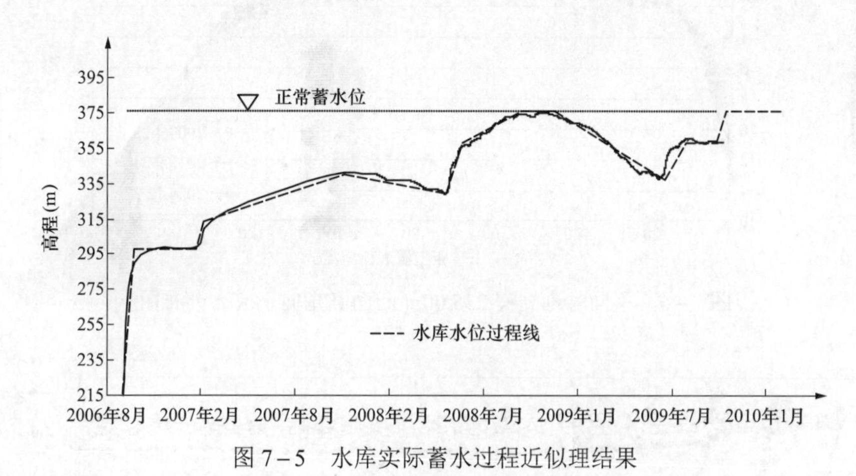

图 7－5　水库实际蓄水过程近似理结果

（2）应力计算时考虑蓄水过程中产生的水压力以及坝体自身重力的影响。

仿真模拟了 11 号坝段施工期至运行期全过程的温度场，可知：① 施工期，最高温度达 40℃，而后温度缓慢下降，在 2012 年 10 月，该坝段的最高温度为 32℃左右，集中在坝体中心区域。② 运行期，坝体内部温度缓慢下降，基本靠自然散热，运行至 2017 年时，内部最高温度降至 28℃左右；运行至 2027 年时，内部温度降至 26℃以下；运行至 2057 年时，内部温度降至 23℃以下。

仿真计算了 11 号坝段施工期至运行期全过程的温度应力场，可知：① 施工期，坝体内部大部分特征点的顺河向应力波动幅度较小，一期通水阶段的最大应力基本都在 1.0MPa 以内。坝体表面混凝土的最大应力为 1.5～2.0MPa，且随外界气温呈周期性波动。② 对于 11 号坝段高程 EL219.00 以下的常态混凝土，由于处于基础强约束区，所以计算得到的温度应力相对较大，而对于坝体碾压混凝土区域，在蓄水运行后一直处于较低的应力水平，基本都在 1.0MPa 以下。③ 蓄水后的运行阶段，坝体大部分区域处于受压状态，基础约束区部位的温度拉应力有缓慢上升趋势，这主要是由于坝体内部残余水化热的继续作用所致。

基于二维有限单元法开展了施工及运行期温度场及应力场仿真，对大坝施工及蓄水、后期运行全过程进行反馈计算及预测仿真，对上游坝面附近混凝土水平及竖直向正应力：给出了不同高程（高程 234.00m、273.00m、313.00m、360.00m）处的水平及竖直应力仿真分析结果，2005—2013 年之间，蓄水后坝面附近的顺河向及竖直向正应力基本为压应力，竖直向应力主要受上游库水水位及温度变化的影响，蓄水期迅速上升至 5～12MPa，后期水位稳定后受温度变化而周期变化；水平向压应力很小，基本在 0～1.8MPa 以内；后期 2015—2055 年间，高程 360.00m 竖直向正应力先缓慢减小至 2.8MPa，然后又逐渐增加至 3.2MPa；其他各高程各向应力基本稳定，变化幅度很小。上游面竖直向正应力未减小。

不同时刻高程235.00m断面竖直向正应力分布图（图7-6），以及上游坝面附近不同高程处水平及竖直应力的仿真分析结果见图7-7、图7-8，其中σ_x-AL234表示坝面高程234.00m处的顺河向应力，σ_y-AL234表示坝面高程234.00m处的竖直向应力，其他标识以此类推。

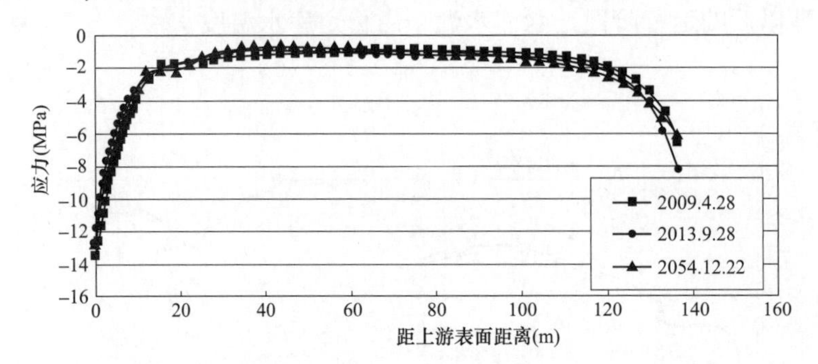

图7-6　不同时刻高程235.00m断面竖直向正应力分布图

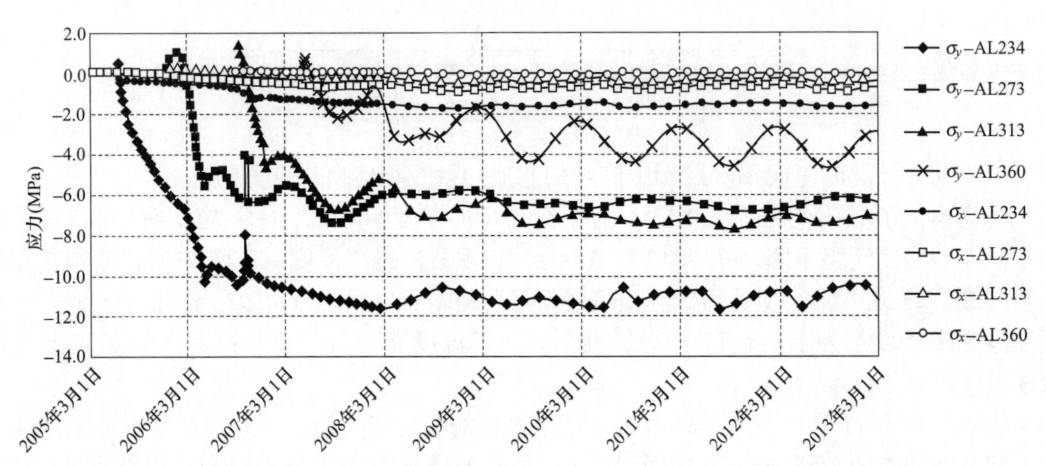

图7-7　上游坝面附近不同高程处水平及竖直应力的仿真分析结果（2005—2013年）

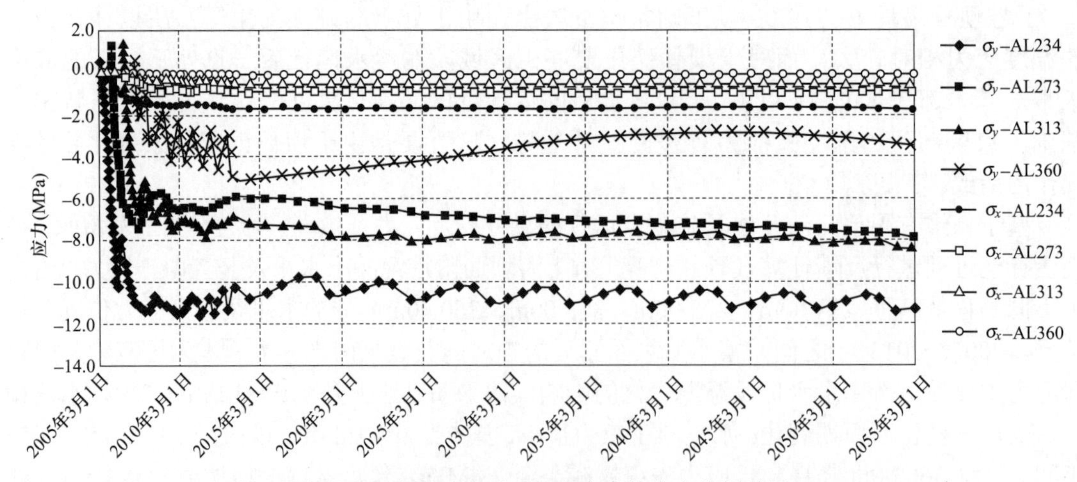

图7-8　上游坝面附近不同高程处水平及竖直应力的仿真分析结果（2005—2055年）

为了解后期大坝表面应力变化趋势，表7－8给出了不同时刻上游面各高程垂直正应力仿真值。由图7－6～图7－8及表7－8可知，2015年后应力变化基本趋于稳定，坝体中下部高程（234.00m、273.00m、313.00m）上游面垂直压应力呈逐渐增加的趋势，变化幅度不大。

表7－8　不同时刻上游面各高程垂直正应力仿真值（压应力为“－”）

日期	σ_y－AL234	σ_y－AL273	σ_y－AL313	σ_y－AL360
2009年4月1日	－11.2	－6.0	－6.1	－2.0
2012年1月16日	－10.9	－6.6	－7.1	－2.8
2013年1月10日	－10.4	－6.2	－7.0	－3.0
2025年5月28日	－10.7	－6.8	－8.0	－4.1
2054年12月22日	－11.2	－7.8	－8.4	－3.4

2. 龙滩高碾压混凝土坝温度应力分析结论

（1）龙滩碾压混凝土重力坝在施工期内部最高温度一般都在35～38℃，但由于冷却通水强度不高、持续时间不长，所以混凝土内部温度变化较为平缓，温度降幅不大、降温速率也保持在较低水平。大坝蓄水后的运行期，内部温度则呈缓慢下降态势。

（2）坝体碾压混凝土区域，在蓄水运行后一直处于较低的应力水平。蓄水后的运行阶段，坝体大部分区域处于受压状态。

（3）蓄水后上游坝面附近混凝土的顺河向及竖直向正应力基本为压应力，竖直向应力主要受上游库水水位及温度变化的影响，后期水位稳定后受温度变化而周期变化。

（4）高碾压混凝土重力坝的温度场是一个长期、缓慢的演化过程，至少需要数十年才可达到稳定状态。

（5）施工期的温度荷载不仅作用于施工阶段的混凝土浇筑块，同时也会影响大坝的运行工作性态，造成坝体各个浇筑块内部以及施工结构层面的拉应力增大，是不利因素。随着碾压混凝土的水化反应趋于完毕，坝体内部温度场逐渐趋于稳定，其温度应力对大坝的不利影响也逐渐减小。

以上成果表明，碾压混凝土重力坝坝体混凝土水化过程产生的最大温升和温度应力主要影响施工期的应力和坝体内部的应力。蓄水后的运行期，坝体内部混凝土处于缓慢而持续的降温状态，不会在上游坝面产生不利的拉应力，坝体大部分区域处于受压状态。

3. 龙滩碾压混凝土坝应力监测资料分析

国家能源局大坝安全监察中心于2017年6月对龙滩水电站一期工程碾压混凝土重力坝进行了安全监测资料分析，11号挡水坝段和16号溢流坝段的应力分析成果如下：

（1）11号坝段混凝土应力。11号坝段为最高挡水坝段，为碾压混凝土浇筑，共布置应变计5组，全部为五向应变计，选择坝右0＋101.00监测断面的5组应变计进行应力应变分析。

龙滩水电站大坝应变计全部布置在坝体，坝踵部位未布置应变计，11号坝段距离坝踵位置最近的一支五向应变计S11－1位于高程242.00m（建基面高程216.50m），距离上游面7m左右（见图7－9）。

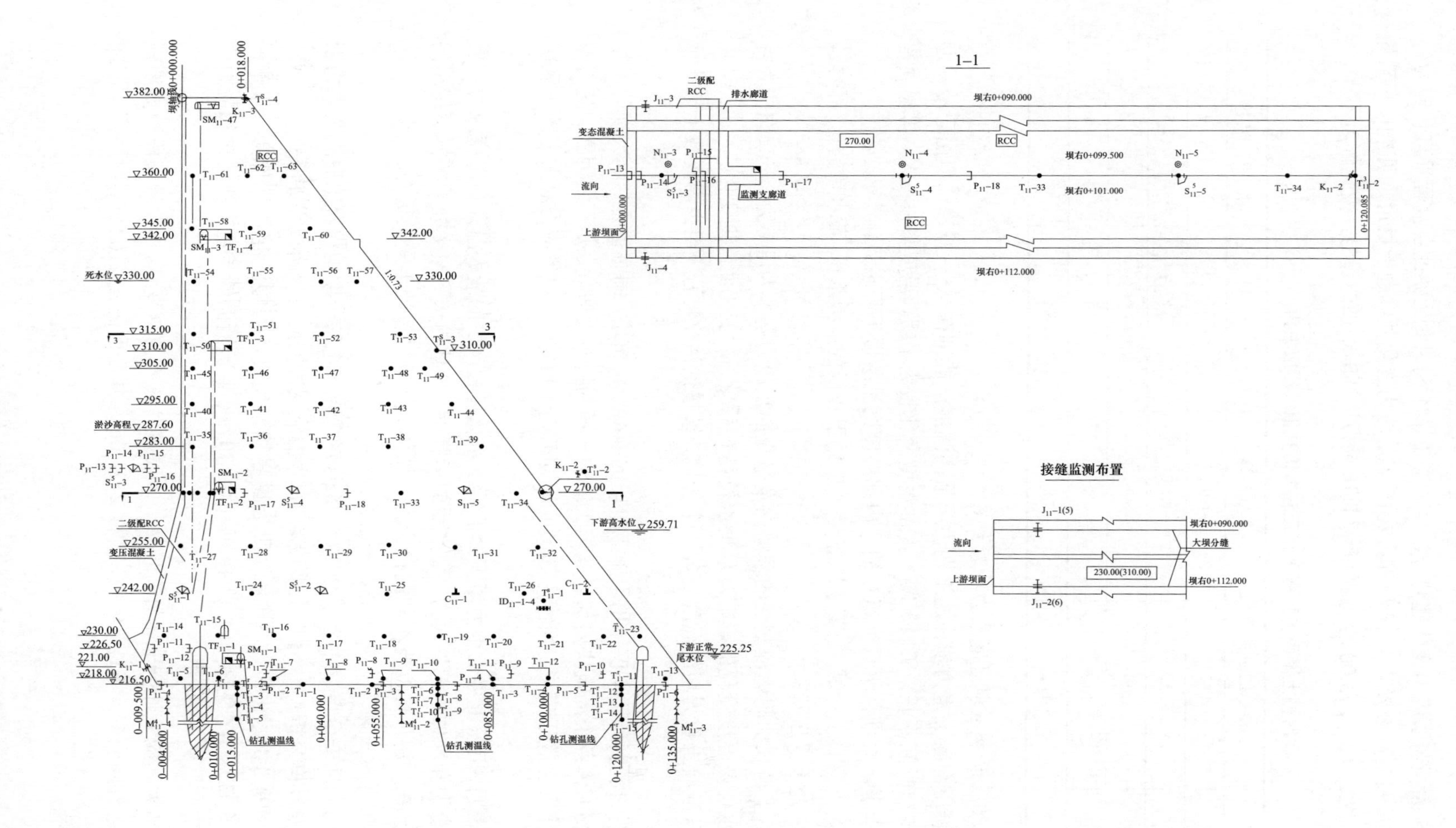

图 7-9 11 号坝段监测仪器布置图

11号坝段坝右0+101.00断面上S11－1由于部分传感器损坏，采用应变平衡后进行应力计算，垂直向正应力和最大主压应力过程线见图7－10。

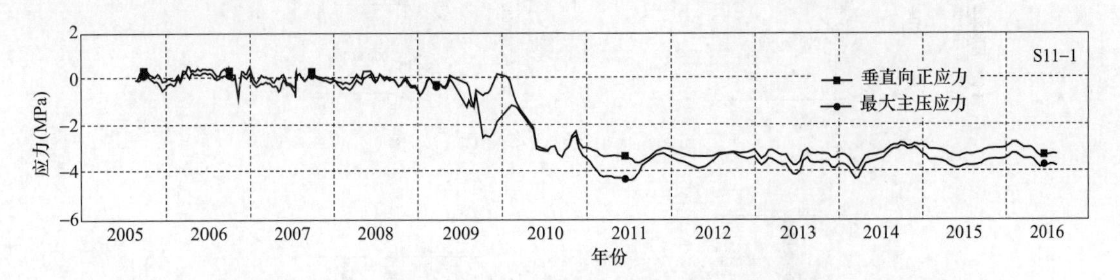

图7－10　11号坝段S11－1垂直向正应力和最大主压应力过程线

由图7－10可见：11号坝段各测点坝体垂直向正应力和最大主应力在2011年之前大致表现为压应力增大方向的趋势变化，2012年之后应力保持相对稳定；2012年至今，各测点垂直向正应力最大值在－0.51～－4.91MPa之间，未出现拉应力，最大主压应力在－0.63～－5.12MPa之间，11号坝段压应力在设计值之内，11号坝段应力状态正常。

（2）16号坝段混凝土应力应变。16号坝段为最高溢流坝段，为碾压混凝土浇筑，共布置应变计9组，包括6组五向应变计和3组三向应变计，建基面上没有布置压应力计，埋设在坝体内距离建基面最近的一层应力监测仪器高程222.00m（相应建基面高程190.00m），选择坝左0+010.00监测断面6组五向应变计进行应力计算分析（见图7－11），S16－1垂直向正应力和最大主压应力过程线见图7－12。

由图7－12可见：位于高程222.00m的测点坝体垂直向正应力和最大主应力在埋设初期表现为轻微拉应力，2011年之前大致表现为压应力增大方向的趋势变化，2012年之后应力保持相对稳定；位于高程272.00m测点应力变化相对稳定，拉应力和压应力交叉变化，应力相对较小，后期表现为压应力；2012年至今各测点垂直向正应力最大值在－4.24～0.88MPa之间（除去2014年向拉应力方向变化的突变值），最大主压应力在－4.70～0.75MPa之间，16号坝段应力水平在设计范围内，应力状态正常。

7.2.4　碾压混凝土重力坝应力控制标准

研究成果表明，由于碾压混凝土水化热温升过程持续时间较长，高坝坝体内部混凝土降温缓慢，蓄水运行后大坝混凝土的内部温度变化速率极小，需要数十年才可达到稳定状态。在满足设计温控标准的情况下，坝体混凝土应力均小于混凝土允许拉应力。坝体内部混凝土应力在一期通水结束时相对较大，达到稳定温度时应力较小。后期残余温度作用产生的应力不至于恶化上游面应力状态，因此，可仍然采用与常态混凝土重力坝相同的无拉应力设计准则。施工期坝趾和下游坝面拉应力采用与常态混凝土重力坝一致的控制标准，拉应力允许值与碾压混凝土抗拉强度相比，仍有一定的富余。

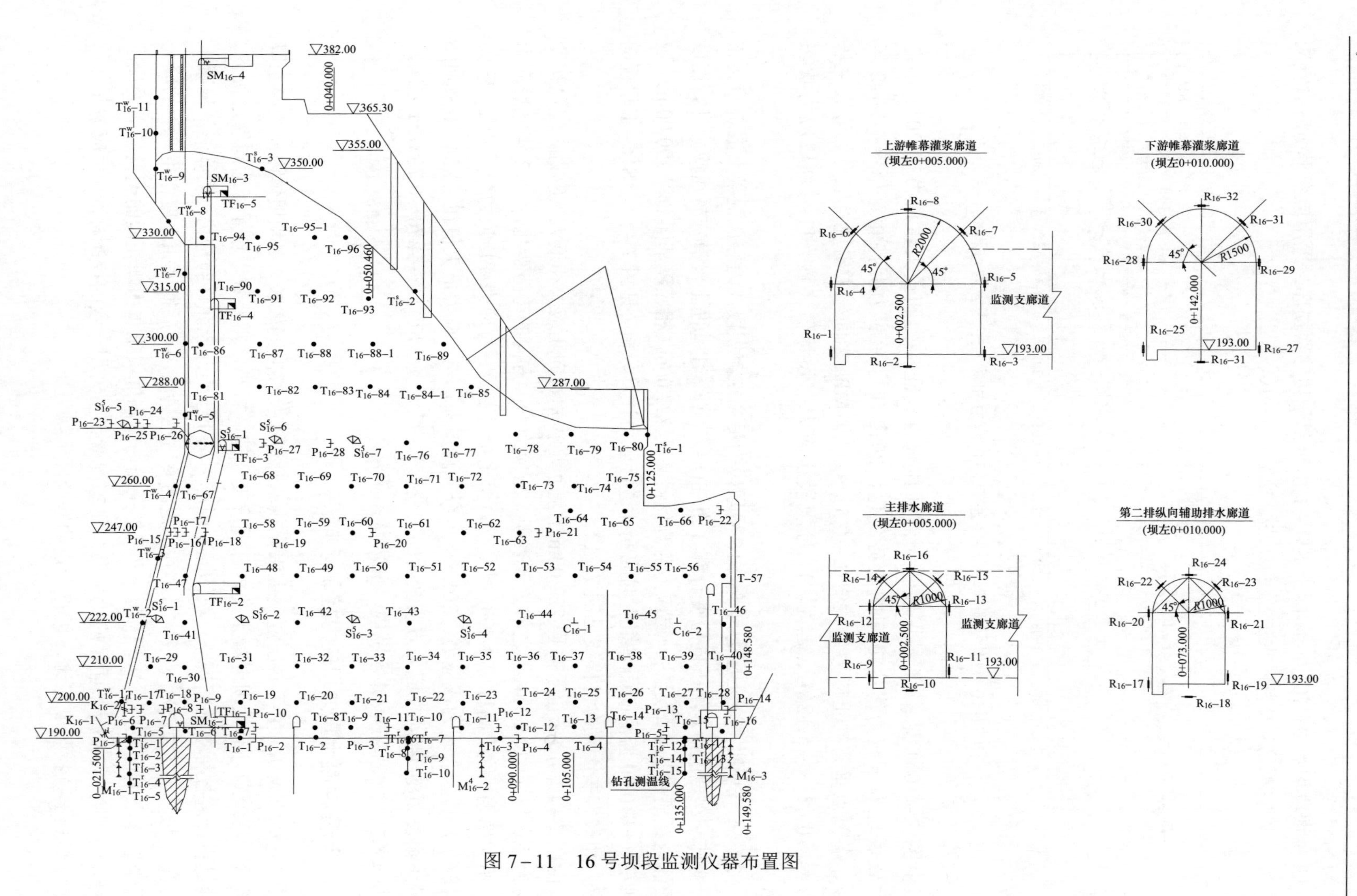

图 7-11　16号坝段监测仪器布置图

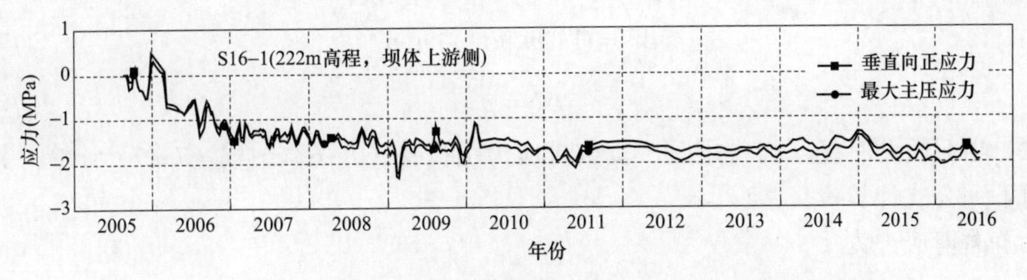

图 7-12　16 号坝段 S16-1 垂直向正应力和最大主压应力过程线

7.3　材料力学法坝体应力计算

材料力学法主要计算坝体选定截面上的应力，计算截面根据坝高、体型、混凝土分区等选定，包括坝基面、混凝土分区高程、体型突变或折坡处的截面，及其他需要计算的截面。

7.3.1　实体重力坝的应力计算公式

实体重力坝坝体应力计算示意图见图 7-13。

(1) 当截面上无扬压力作用时，采用下列公式计算。

上游面垂直正应力为

$$\sigma_y^u = \frac{\Sigma W}{T} + \frac{6\Sigma M}{T^2} \qquad (7-6)$$

下游面垂直正应力为

$$\sigma_y^d = \frac{\Sigma W}{T} - \frac{6\Sigma M}{T^2} \qquad (7-7)$$

上游面剪应力为

$$\tau^u = (p - \sigma_y^u)m_1 \qquad (7-8)$$

下游面剪应力为

$$\tau^d = (\sigma_y^d - p')m_2 \qquad (7-9)$$

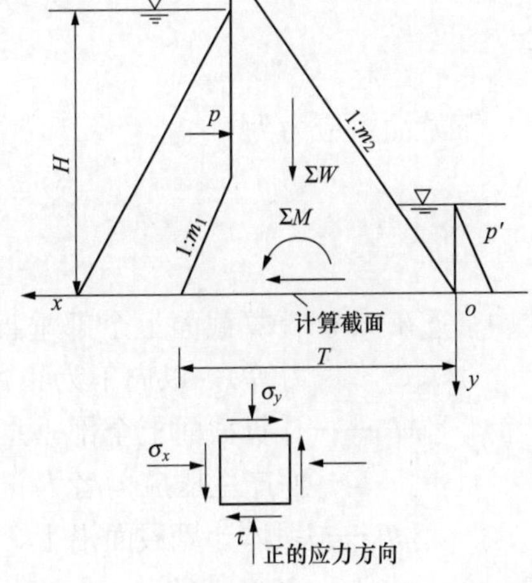

图 7-13　实体重力坝坝体应力计算示意图

上游面水平正应力为

$$\sigma_x^u = p - (p - \sigma_y^u)m_1^2 \qquad (7-10)$$

下游面水平正应力为

$$\sigma_x^d = p' + (\sigma_y^d - p')m_2^2 \qquad (7-11)$$

上游面主应力为

$$\sigma_1^u = (1 + m_1^2)\sigma_y^u - m_1^2 p \qquad (7-12)$$

$$\sigma_2^u = p \qquad (7-13)$$

下游面主应力为

$$\sigma_1^d = (1+m_2^2)\sigma_y^d - m_2^2 p' \tag{7-14}$$

$$\sigma_2^d = p' \tag{7-15}$$

（2）当截面上有扬压力作用时，垂直正应力仍按式（7-6）～式（7-7）计算，其他应力采用下列公式计算。

上游面剪应力为

$$\tau^u = (p - p_u^u - \sigma_y^u)m_1 \tag{7-16}$$

下游面剪应力为

$$\tau^d = (\sigma_y^d - P' + P_u^d)m_2 \tag{7-17}$$

上游面水平正应力为

$$\sigma_x^u = (p - p_u^u) - (p - p_u^u - \sigma_y^u)m_1^2 \tag{7-18}$$

下游面水平正应力为

$$\sigma_x^d = (p' - p_u^d) + (\sigma_y^d - p' + p_u^d)m_2^2 \tag{7-19}$$

上游面主应力为

$$\sigma_1^u = (1+m_1^2)\sigma_y^u - m_1^2(p - p_u^u) \tag{7-20}$$

$$\sigma_2^u = (p - p_u^u) \tag{7-21}$$

下游面主应力为

$$\sigma_1^d = (1+m_2^2)\sigma_y^d - m_2^2(p' - p_u^d) \tag{7-22}$$

$$\sigma_2^d = (p' - p_u^d) \tag{7-23}$$

式中 ΣW ——计算截面上全部垂直力之和（包括坝体自重、水重、淤沙重及计算的扬压力等），以向下为正，对于实体重力坝，均切取单位宽度坝体为准（下同）；

ΣM ——计算截面上全部垂直力及水平力对于计算截面形心的力矩之和，以使上游面产生压应力者为正；

T ——坝体计算截面沿上、下游方向的长度，m；

m_1 ——上游坝坡；

m_2 ——下游坝坡；

p、p' ——计算截面在上、下游坝面所受承的水压力强度（如有淤沙压力时，应计入在内）；

p_u^u、p_u^d ——计算截面在上、下游坝面处的扬压力强度。

按上述公式计算的截面应力，以压应力为正。

7.3.2 混凝土和基岩抗压强度承载能力极限状态验算

1. 坝基面抗压强度验算

重力坝坝基面应根据垂直应力分别验算混凝土和基岩的抗压强度。应分别计算基本组合和偶然组合。

（1）坝趾抗压强度作用效应为

$$S(\cdot)=\frac{\sum W_{\mathrm{R}}}{A_{\mathrm{R}}}-\frac{\sum M_{\mathrm{R}} T_{\mathrm{x}}}{J_{\mathrm{R}}} \tag{7-24}$$

式中 $\sum W_{\mathrm{R}}$——坝基面上全部法向作用之和，kN，向下为正；

A_{R}——坝基面的面积，m^2；

$\sum M_{\mathrm{R}}$——全部作用对坝基面形心的力矩之和，kN·m，逆时针方向为正；

T_{x}——坝踵或坝趾到形心轴的距离，m；

J_{R}——坝基面对形心轴的惯性矩，m^4。

（2）混凝土抗压强度抗力为

$$R(\cdot)=f_{\mathrm{ck}}/\gamma_{\mathrm{m}} \tag{7-25}$$

式中 f_{ck}——混凝土抗压强度标准值，MPa。

（3）坝基面混凝土抗压强度应满足

$$\eta=\frac{\frac{1}{\gamma_{\mathrm{d}}}R(\cdot)}{\gamma_0\psi S(\cdot)}=\frac{f_{\mathrm{ck}}/(\gamma_{\mathrm{d}}\cdot\gamma_{\mathrm{m}})}{\gamma_0\psi\left(\frac{\sum W_{\mathrm{R}}}{A_{\mathrm{R}}}-\frac{\sum M_{\mathrm{R}} T_{\mathrm{x}}}{J_{\mathrm{R}}}\right)}\geqslant 1 \tag{7-26}$$

（4）基岩的强度应满足

$$\eta=\frac{f_{\mathrm{R}}}{\gamma_0\psi S(\cdot)}=\frac{f_{\mathrm{R}}}{\gamma_0\psi\left(\frac{\sum W_{\mathrm{R}}}{A_{\mathrm{R}}}-\frac{\sum M_{\mathrm{R}} T_{\mathrm{x}}}{J_{\mathrm{R}}}\right)}\geqslant 1 \tag{7-27}$$

式中 f_{R}——基岩允许承载力，MPa。

2. 坝体截面抗压强度验算

坝体截面根据最大主压应力验算混凝土抗压强度，应分别计算基本组合和偶然组合。

（1）坝体截面抗压强度作用效应为

$$S(\cdot)=\left(\frac{\sum W_{\mathrm{C}}}{A_{\mathrm{C}}}-\frac{\sum M_{\mathrm{C}} T_{\mathrm{C}}}{J_{\mathrm{C}}}\right)(1+m_2^2) \tag{7-28}$$

式中 $\sum W_{\mathrm{C}}$——计算截面上全部法向作用之和，kN，向下为正；

A_{C}——计算截面的面积，m^2；

$\sum M_{\mathrm{C}}$——全部作用对计算截面形心的力矩之和，kN·m，逆时针方向为正；

T_{C}——截面上下游端到形心轴的距离，m；

J_{C}——计算截面对形心轴的惯性矩，m^4；

m_2——截面下游坝坡。

（2）混凝土抗压强度抗力为

$$R(\cdot)=f_{\mathrm{ck}}/\gamma_{\mathrm{m}} \tag{7-29}$$

取值方法与坝基面混凝土抗压强度相同。

（3）计算截面混凝土抗压强度应满足

$$\eta=\frac{\frac{1}{\gamma_{\mathrm{d}}}R(\cdot)}{\gamma_0\psi S(\cdot)}\geqslant 1 \tag{7-30}$$

7.3.3 坝体拉应力验算

1. 正常使用极限状态拉应力验算

重力坝正常使用极限状态拉应力验算应按作用的标准值计算，并符合下列要求：

（1）运用期（持久设计状况）坝踵及坝体上游面的垂直正应力不出现拉应力（计扬压力），即

$$S(\cdot)=\frac{\sum W_{\mathrm{R}}}{A_{\mathrm{R}}}+\frac{\sum M_{\mathrm{R}}T_{\mathrm{x}}}{J_{\mathrm{R}}}\geqslant 0 \tag{7-31}$$

（2）施工期（短暂设计状况）坝趾处的垂直正应力可允许有不大于 0.1MPa 的拉应力，即

$$\gamma_0 S(\cdot)=\gamma_0\left(\frac{\sum W_{\mathrm{R}}}{A_{\mathrm{R}}}-\frac{\sum M_{\mathrm{R}}T_{\mathrm{x}}}{J_{\mathrm{R}}}\right)\geqslant -0.1\mathrm{MPa} \tag{7-32}$$

（3）施工期下游坝面可允许有不大于 0.2MPa 的主拉应力，即

$$\gamma_0 S(\cdot)=\gamma_0\left(\frac{\sum W_{\mathrm{R}}}{A_{\mathrm{C}}}-\frac{\sum M_{\mathrm{C}}T_{\mathrm{C}}}{J_{\mathrm{C}}}\right)(1+m_2^2)\geqslant -0.2\mathrm{MPa} \tag{7-33}$$

2. 地震情况的拉应力验算

地震情况的计算一般为与正常蓄水位对应的基本组合时的作用，再计入地震作用。采用计算截面的垂直拉应力进行验算。

根据 NB/T 35026—2014《混凝土重力坝设计规范》，正常使用情况只进行基本组合拉应力验算。地震情况为偶然组合，在 NB 35047—2015《水电工程水工建筑物抗震设计规范》中规定了与动力法和拟静力法对应的抗拉结构系数，其验算成果不宜作为确定大坝基本体型的依据。

（1）截面拉应力作用效应为

$$S(\cdot)=\frac{\sum W_{\mathrm{R}}}{A_{\mathrm{R}}}\pm\frac{\sum M_{\mathrm{R}}T_{\mathrm{x}}}{J_{\mathrm{R}}} \tag{7-34}$$

式（7-34）适用于按拟静力法计算地震作用的情况，计算地震作用时，除坝体地震惯性力外，还应考虑由于地震引起的大坝迎水面地震动水压力等作用。

当采用动力法计算地震作用效应时，可在分别计算静、动力作用产生的应力的基础上进行应力叠加。

（2）混凝土抗拉强度抗力为

$$R(\cdot)=f_{\mathrm{tk}}/\gamma_{\mathrm{m}} \tag{7-35}$$

式中　f_{tk}——混凝土动态抗拉强度标准值，MPa。

（3）混凝土抗拉强度应满足

$$\eta=\frac{\frac{1}{\gamma_{\mathrm{d}}}R(\cdot)}{\gamma_0\psi S(\cdot)}\geqslant 1 \tag{7-36}$$

地震情况坝体允许局部出现拉应力，当材料力学法坝体截面上下游端点拉应力验算不满足要求时，可考虑空间作用和其他抗震措施，并采用非线性有限元等方法分析其开裂和发展

情况。可考虑优化体型、局部提高混凝土强度、加强配筋等措施。不宜由地震情况下的局部拉应力控制坝体断面设计。

7.3.4 坝基岩体允许承载力

1. 基岩允许承载力

根据GB 50287《水力发电工程地质勘察规范》，对均质岩石的单轴抗压强度，应采用试验成果的算术平均值作为标准值；对非均质的各向异性的岩体，可划分成若干小的均质体或按不同岩性分别试验取值；对层状结构岩体，应按建筑物荷载方向与结构面的不同交角进行试验，以取得相应条件下的单轴抗压强度，并应采用算术平均值作为标准值。

坝基岩体允许承载力，硬质岩宜根据岩石饱和单轴抗压强度，结合岩体结构、裂隙发育程度及岩体完整性，可按1/3～1/10折减后确定地质建议值；软质岩、破碎岩体宜采用现场载荷试验（取比例极限确定），也可采用超重型动力触探试验或三轴压缩试验确定其允许承载力。当软质岩的天然饱和度接近100%时，其天然状态下的抗压强度可视为软岩的饱和单轴抗压强度。

采用分项系数法的坝基岩体允许承载力与安全系数法的坝基允许压应力取值一致。

2. 基岩动态抗压强度

坝基岩体动态抗压强度，抗震规范中未做规定，在设计中对地震情况主要进行混凝土动态抗压强度验算，较少进行基岩动态承载力的验算。

陈庆寿采用改型的霍布金生杆法对岩石试件在动载下的破坏强度作了试验研究，结论为在动载作用下，岩石的抗压强度是随冲击末速度的增高而增大，不同岩石对冲击末速度的反应是不同的；岩石的破坏模式与冲击末速度有关，各种岩石的动载抗压强度与静载抗压强度的比值是不同的。其所试的九种岩石的动载和静载抗压强度的比值K见表7-9，可供参考。

表7-9　岩石动载和静载抗压强度的比值K

试　件	比值K	破坏模式	组织结构
软与中硬灰岩、砂岩	1.5	塑性	一般具有高的孔隙度、不致密
坚硬灰岩、大理岩	2.0	塑脆性	多由多种矿物晶体组成
花岗正长岩、闪长花岗岩、花岗岩	2.5	脆性	由单一矿物成分组成，均匀致密

7.3.5 大坝混凝土强度

1. 大坝碾压混凝土的抗压强度标准值

大坝混凝土的强度等级用设计龄期混凝土立方体抗压强度标准值表示，符号为“C_d（d为设计龄期）立方体抗压强度标准值（MPa）”。立方体抗压强度标准值指按标准方法制作养护的边长为150mm的立方体试件，在设计龄期用标准试验方法测得的具有80%保证率的抗压强度。大坝碾压混凝土的设计龄期可采用90d或180d。

混凝土强度标准值应考虑试件强度和坝体混凝土强度之间的转换关系，主要考虑比尺效应，比尺效应包括试件尺寸、形状效应和湿筛产生的骨料级配效应的综合影响。

大体积常态混凝土全级配试验成果相对较多，而大体积碾压混凝土全级配试验成果相对较少。大坝常态混凝土试验资料统计出的比尺效应系数约为0.76。龙滩碾压混凝土全级配试验成果得出的300mm立方体全级配试件的抗压强度为150mm立方体湿筛试件抗压强度的0.94，其中包含了湿筛效应和尺寸效应的影响，即湿筛尺寸效应系数约为0.94；ϕ300mm×600mm全级配试件与300mm立方体全级配试件的抗压强度比，即形状影响系数约为0.79，综合比尺效应系数约为0.74。

部分工程的碾压混凝土坝体混凝土芯样与机口样抗压强度的比值见表7-10。

表7-10　碾压混凝土芯样与机口样抗压强度比值

工程名称	芯样强度（MPa）	机口样强度（MPa）	芯样强度/机口样强度
龙滩 $C_{90}20$	30.8	33.8	0.91
江垭坝 $C_{90}20$	20.8	28.7	0.72
江垭坝 $C_{90}15$	19.9	23.3	0.85
沙溪口挡墙	27.9	35.1	0.80
铜街子左挡水坝	14.1	16.7	0.84
铜街子1号坝	13.0	20.4	0.64
岛地川（日本）	16.2～22.0	23.7～28.2	0.60～0.75
大川（日本）	12.3	14.2	0.87
玉川试验坝（日本）	16.2～20.0	23.9～28.3	0.60～0.75
神室（日本）	16.4	19.4	0.85

注　碾压混凝土机口取样成型的标准试件为湿筛后试件，150mm×150mm×150mm；碾压混凝土芯样试件的强度为已考虑试件尺寸与形状效应换算成标准试件尺寸后的强度。

可以看出碾压混凝土坝芯样试件与机口样试件平均抗压强度的比值为0.70～0.85，该比值反映了粒径效应和碾压混凝土施工以及龄期、试件加工等对于碾压混凝土抗压强度的综合影响，与常态混凝土坝芯样试件与机口样试件平均抗压强度的比值基本相当。

综上，碾压混凝土本体抗压强度的比尺效应与常态大体积混凝土基本相同。抗压强度标准值遵循DL/T 5057《水工混凝土结构设计规范》中的转换原则计算确定。取比尺效应系数为0.76，坝体混凝土强度与试件强度差异的修正系数为0.88，即混凝土强度等级与混凝土轴心抗压强度之间的换算系数约为0.67。

用于碾压混凝土重力坝承载能力极限状态计算的坝体碾压混凝土本体抗压强度的标准值可按表7-11取用。

表7-11　坝体碾压混凝土本体抗压强度标准值

强度种类	符号	大坝混凝土强度等级			
		C_d10	C_d15	C_d20	C_d25
轴心抗压（MPa）	f_{ck}	6.70	10.00	13.40	16.70

注　坝体混凝土强度等级和标准值可内插使用。

研究表明，碾压混凝土考虑层面影响后的抗压强度可取与本体强度相同的数值，因此，碾压混凝土重力坝坝体抗压强度承载能力极限状态验算，可直接采用本体抗压强度进行抗力计算，无需进行折减。

2. 大坝碾压混凝土抗拉强度标准值

大体积混凝土轴向抗拉强度试验资料较少，但它与抗压强度有较好的相关关系。国内外均按试件抗压强度，采用相关关系计算混凝土轴向抗拉强度。根据龙滩、光照、金安桥和龙江等碾压混凝土坝试验结果统计，28d、90d 龄期的样本容量各 140 组标准轴向抗拉强度和标准立方体抗压强度，得出相关关系为

$$28d：\mu_{ft}=0.085\mu_{fcu,15}$$

$$90d：\mu_{ft}=0.088\mu_{fcu,15}$$

式中　μ_{ft}——100mm × 100mm × 550mm 轴向抗拉强度，MPa；

$\mu_{fcu,15}$——150mm 立方体抗压强度，MPa。

全级配混凝土轴向抗拉强度与标准试件的换算系数取为 0.71；考虑机口混凝土材料性能经运输、摊铺、碾压、养护等工艺后的强度性能与试件混凝土强度的差异等，对试件混凝土强度的修正系数取为 0.88。并假定轴心抗拉强度的变异系数 $\delta_{ft}=\delta_{fcu,15}$，则坝体混凝土轴心抗拉强度标准值为

$$f_{tk}=0.088\times0.71\times0.88\mu_{fcu,15}(1.0-0.842\,\delta_{fcu,15})=0.055f_{cu,k}$$

计算结果表明，碾压混凝土轴心抗拉强度标准值约为轴心抗压强度标准值的 0.08。

用于碾压混凝土重力坝承载能力极限状态计算的坝体碾压混凝土本体抗拉强度的标准值可按表 7 – 12 取用。

表 7 – 12　　坝体碾压混凝土本体抗拉强度的标准值

强度种类	符号	大坝混凝土强度等级			
		C_d10	C_d15	C_d20	C_d25
轴心抗拉强度（MPa）	f_{tk}	0.77	1.16	1.54	1.78

考虑层面影响的碾压混凝土的力学参数取值，根据收集的龙滩等工程的相关资料，按层面处理方式分类进行了统计分析，得到的有层面碾压混凝土与碾压混凝土本体力学参数比值的统计结果见表 7 – 13。

表 7 – 13　　有层面碾压混凝土与碾压混凝土本体力学参数比值的统计结果

试验分类	抗压强度比	抗拉强度比	弹性模量比	极限拉伸值比
室内湿筛试件试验	0.95	0.65	0.9	0.80
室内全级配试件试验	0.93	0.85	0.99	0.85

注　层面处理方式按照直接铺筑层间间歇允许时间分为 2 类，即未超过直接铺筑层间间歇允许时间的，层面不处理连续上升；超过层间间歇允许时间的，停止浇筑，按冷缝处理。

根据表 7 – 13，碾压混凝土考虑碾压层面影响后，垂直层面抗拉强度可取为本体抗拉强度的 0.70。

3. 碾压混凝土动态强度

NB 35047—2015《水电工程水工建筑物抗震设计规范》规定，工程设防类别为甲类的大体积混凝土水工建筑物，应通过专门的试验确定其混凝土材料的动态性能。对不进行专门的试验确定其混凝土材料动态性能的大体积水工混凝土建筑物，其混凝土动态强度的标准值可较其静态标准值提高 20%，相应的材料性能分项系数可取为 1.5；其动态弹性模量标准值可较其静态标准值提高 50%；其动态抗拉强度的标准值可取为其动态抗压强度标准值的 10%。

由于静力工况正常使用状况按上游面无拉应力或施工期不超过 0.1～0.2MPa 拉应力控制，与混凝土抗拉强度无关，因此表 7－12 中的碾压混凝土抗拉强度值在重力坝断面设计中并未使用。

7.4 刚体极限平衡法抗滑稳定计算

用刚体极限平衡法进行重力坝抗滑稳定计算时，应根据坝高、大坝体型和混凝土分区选定计算截面，包括坝基面、混凝土层面、折坡处的截面、坝体削弱部位及其他需要计算的截面。分别计算基本组合和偶然组合。

7.4.1 坝体混凝土与基岩接触面的抗滑稳定验算

（1）作用效应为

$$S(\cdot)=\sum P_{R} \tag{7-37}$$

（2）抗滑稳定抗力

$$R(\cdot)=f_{R}'\sum W_{R}+c_{R}'A_{R} \tag{7-38}$$

式中：$\sum P_{R}$ ——坝基面上全部切向作用之和，kN；

f_{R}' ——坝基面抗剪断摩擦系数；

c_{R}' ——坝基面抗剪断黏聚力，kPa。

（3）抗滑稳定抗力作用比应满足

$$\eta=\frac{\frac{1}{\gamma_{d}}R(\cdot)}{\gamma_{0}\psi S(\cdot)}\geqslant 1 \tag{7-39}$$

7.4.2 坝基抗剪断参数的取值

根据 GB 50287《水力发电工程地质勘察规范》，混凝土坝基础底面与基岩间的抗剪（断）强度取值方法应符合下列规定：

（1）抗剪断强度应取峰值强度，抗剪强度应取比例极限强度与残余强度两者的小值或取二次剪（摩擦试验）峰值强度。当采用各单组试验成果整理时，应取小值平均值作为标准值；当采用同一类别岩体试验成果整理时，应取优定斜率法的下限值作为标准值。

（2）应根据基础底面和基岩接触面剪切破坏形状、工程地质条件和岩体应力对标准值进行调整，提出地质建议值。

（3）对新鲜、坚硬的岩浆岩，在岩性、起伏差和试件尺寸相同的情况下，也可采用坝基混凝土强度等级的 6.5%～7.0%估算黏聚力。

NB 35026—2014《混凝土重力坝设计规范》附录 D 给出了坝基岩体分类及岩体与混凝土接触面的抗剪断参数标准值，见表 7－14。

表 7－14　　坝基岩体分类及岩体与混凝土接触面抗剪断参数表

岩体工程分类	坝基岩体特性	岩体基本参数变化范围类比值	接触面抗剪断参数标准值	
			f'_R	c'_R（MPa）
Ⅰ	坚硬岩，岩体呈整体块状或巨厚层、厚层状结构，新鲜～微风化，岩体完整，结构面不发育	R_b＞60MPa，v_p＞5000m/s，E_r＞20GPa；具有各向同性的力学特性	1.50～1.30	1.50～1.30
Ⅱ	坚硬岩，岩体呈块状或厚层状结构，微风化～弱风化，岩体较完整，结构面中等发育。 中硬岩，岩体呈块状或厚层状结构，新鲜～微风化，岩体完整，结构面不发育	R_b＞30MPa，v_p＞4000m/s，E_r＞10GPa；具有各向同性的力学特性	1.30～1.10	1.30～1.10
Ⅲ	坚硬岩，岩体呈次块状、中厚层状或呈互层状、镶嵌碎裂状结构，弱风化，结构面发育。 中硬岩，岩体呈次块状或中厚层状结构，微风化～弱风化，岩体较完整，结构面中等发育。 软岩，岩体呈整体状或厚层状结构，新鲜、完整，结构面不发育	R_b＞15MPa，v_p＞3000m/s，E_r＞5GPa；力学特性不均一	1.10～0.90	1.10～0.70
Ⅳ	坚硬岩，岩体呈互层状、薄层状或碎裂状结构，弱风化上限，岩体破碎，结构面很发育。 中硬岩，岩体呈互层状、薄层状或碎裂状结构，弱风化，岩体较破碎，结构面较发育。 软岩，岩体呈整体状或互层状结构，微风化～弱风化，岩体较完整，结构面中等发育	R_b＞10MPa，v_p＞2000m/s，E_r＞2GPa；力学特性显著不均一	0.90～0.70	0.70～0.30
Ⅴ	强风化、极破碎的坚硬岩或中硬岩，结构松散或断层带、破碎带；风化、泥化的软岩	R_b＜10MPa，v_p＜2000m/s，E_r＜2GPa；力学特性各异	0.70～0.40	0.30～0.05

注　1. R_b—饱和抗压强度；v_p—声波纵波速；E_r—变形模量。

2. 坚硬岩为 R_b＞60MPa 的岩石，中硬岩为 R_b＝60～30MPa，软岩为 R_b＜30MPa。

7.4.3　高碾压混凝土的建基面抗滑稳定复核

为进行建基面抗滑稳定计算分项系数法和安全系数法的比较，检验规范规定的分项系数取值合理性，选取龙滩、光照、官地、龙开口、沙沱等几个典型碾压混凝土高坝，根据收集到的大坝挡水坝段基本体型、主要荷载、建基面抗剪断参数取值等材料，并补充必要的计算假定和经验取值，按照 NB/T 35026—2014《混凝土重力坝设计规范》进行了典型挡水坝段建基面抗滑稳定验算，并和按 SL 319—2005《混凝土重力坝设计规范》计算的层面抗滑稳定安全系数进行了比较。

计算选取的典型 RCC 大坝见表 7－15。

表 7-15　　计算选取的典型 RCC 大坝

序	工程名称	建筑物级别	最大坝高（m）	计算坝段最大坝高（m）	建基面抗剪断参数	
					f'	C'（MPa）
1	龙滩	1	216.5	199.5	1.1	1.2
2	光照	1	200.5	195.5	1.2	1.3
3	官地	1	168	148	1.3	1.3
4	龙开口	1	116	101	1.05	1.05
5	沙陀	2	101	88	1.1	1.1

注　1. 光照的建基面抗剪断参数取值为考虑齿槽作用的综合参数。
2. 分项系数法中的抗剪断参数标准值与安全系数法中的抗剪断参数取值相同。

为便于比较，将各工况截面抗滑稳定安全系数除以规范要求值（正常蓄水情况为 3.0、校核洪水情况为 2.5），再与按 NB 35047—2015 规范计算的抗力作用比系数进行比较。龙滩、光照等高碾压混凝土坝典型挡水坝段建基面抗滑稳定计算成果见表 7-16。

表 7-16　　高碾压混凝土坝典型挡水坝段建基面抗滑稳定计算成果

工程名称	计算工况	SL 319—2005			NB 35047—2015	$K/[K]/\eta$
		安全系数 K	要求值[K]	比值 $K/[K]$	抗力作用比 η	
龙滩	正常蓄水	2.964	3	0.988	0.978	1.010
	校核洪水	2.866	2.5	1.146	1.094	1.048
光照	正常蓄水	3.184	3	1.061	1.045	1.016
	校核洪水	3.232	2.5	1.293	1.237	1.045
官地	正常蓄水	3.975	3	1.325	1.299	1.020
	校核洪水	3.99	2.5	1.596	1.533	1.041
龙开口	正常蓄水	4.014	3	1.338	1.304	1.026
	校核洪水	4.432	2.5	1.773	1.673	1.060
沙沱	正常蓄水	4.191	3	1.397	1.415	0.987
	校核洪水	5.345	2.5	2.138	2.084	1.026

通过对龙滩、光照、官地、龙开口、沙沱等碾压混凝土大坝典型挡水坝段基本断面建基面正常蓄水情况和校核洪水情况的抗滑稳定应力分析，主要结论如下：

（1）碾压混凝土重力坝建基面抗滑稳定承载能力极限状态验算可按 NB/T 35026—2014 的规定进行，其设计表达式中各分项系数均可按该规范取值。

（2）按 NB/T 35026—2014《混凝土重力坝设计规范》和 SL 319—2005《混凝土重力坝设计规范》计算建基面抗滑稳定，建基面抗剪断参数宜采用相同的取值，按 SL 319—2005 计算得到的层面抗滑稳定安全系数 K 与规范要求［K］的比值和按 NB/T 35026—2014 规范计算的抗力作用比 η 相当，比值平均为 1.028。其中龙滩、光照、官地、龙开口 4 个大坝为一级建筑物，平均比值略大于沙沱，其原因与 NB/T 35026—2014 对不同级别建筑物结构重要性系数的差别有关。

本节没有进行地震情况的坝基面抗滑稳定计算。对于地震情况，由于分别涉及相应的水工建筑物抗震设计规范，采用极限状态分项系数设计时，材料性能分项系数、结构系数等取值与其他工况完全不同，计算成果与安全系数法差异很大，在此不进行探讨。需要指出的是，安全系数法中地震工况要求的安全系数不小于 2.3，只适用于采用拟静力法计算地震作用的情况。NB 35047—2015《水电工程水工建筑物抗震设计规范》进行坝基面抗滑稳定结构系数套改时，考虑地震作用瞬时、往复和短暂的特点，按动力法计算时的坝基面抗滑稳定安全系数取为 1.0。

7.4.4　坝体混凝土层面的抗滑稳定验算

（1）作用效应为

$$S(\cdot)=\sum P_{c} \tag{7-40}$$

（2）抗滑稳定抗力为

$$R(\cdot)=f_{c}'\sum W_{c}+c_{c}'A_{c} \tag{7-41}$$

式中　$\sum P_{c}$——计算层面上全部切向作用之和，kN；

f_{c}'——混凝土层面抗剪断摩擦系数；

$\sum W_{c}$——计算层面上全部法向作用之和，kN；

c_{c}'——混凝土层面抗剪断黏聚力，kPa；

A_{c}——计算层面截面积，m^2。

（3）抗滑稳定抗力作用比应满足

$$\eta=\frac{\frac{1}{\gamma_{d}}R(\cdot)}{\gamma_{0}\psi S(\cdot)}\geqslant 1 \tag{7-42}$$

7.4.5　碾压混凝土层面抗剪断参数取值

碾压混凝土重力坝坝体碾压层面的抗剪断强度宜采用原位直剪试验的抗剪断强度的 0.2 分位值或小值平均值作为标准值。高、中坝的碾压混凝土层面抗剪断强度标准值宜根据层面的施工条件及处理措施通过现场试验分析确定。原位直剪试验应按 DL/T 5368《水电水利工程岩石试验规程》和 DL/T 5433《水工碾压混凝土试验规程》的规定执行。

前期设计阶段，高、中坝的碾压混凝土层（缝）面抗剪断强度标准值可参考类似条件工程的试验成果结合工程实际情况选用。低坝的碾压混凝土层（缝）面抗剪断强度标准值可参照类似工程选用。

碾压混凝土层面的抗剪断强度尤其是黏聚力与层间间歇时间和层面处理方式密切相关，胶凝材料的贫、富对层面抗剪断强度影响也较大。按混凝土强度等级、层间间歇时间和层面处理方式分类对龙滩、光照、大朝山等工程的碾压混凝土层面原位直剪试验的抗剪断强度进行了统计，见表 7-17、表 7-18。

表 7-17　　碾压混凝土层面原位直剪试验成果表

工程名称	混凝土强度等级	抗剪断参数均值		抗剪断参数范围		备注
		f'	c'（MPa）	f'	c'（MPa）	
龙滩	$C_{90}15$	1.47	1.64	1.13～1.78	1.41～1.95	
	$C_{90}20$	1.4	2.31	1.17～1.66	1.72～3.20	
	$C_{90}25$	1.4	2.47	1.29～1.51	2.08～2.80	
光照	$C_{90}15$	1.10	0.99	1.01～1.26	0.70～1.26	
	$C_{90}20$	1.28	1.5	1.17～1.41	1.19～1.97	
	$C_{90}25$	1.38	1.19	1.35～1.42	1.07～1.40	
大朝山	$C_{90}15$	1.22	1.32	1.22	1.32	
彭水	$C_{90}15$	1.18	1.56	1.18	1.56	
	$C_{90}20$	1.31	1.78	1.31	1.78	
江垭	$C_{90}15$	1.22	1.27	1.22	1.27	
金安桥	$C_{90}15$	1.2	1.79	1.2	1.79	
	$C_{90}20$	1.28	1.63	1.28	1.63	
景洪	$C_{90}15$	1.18	1.16	1.18	1.16	天然骨料
	$C_{90}15$	1.33	1.37	1.33	1.37	人工骨料
官地	$C_{90}15$	1.32	1.56	1.28～1.36	1.43～1.79	
	$C_{90}20$	1.42	2.42	1.39～1.45	2.27～2.50	
	$C_{90}25$	1.5	2.56	1.45～1.53	2.45～2.62	
岩滩	$C_{90}15$	1.17	1.36	1.12	1.17	
高坝洲	$C_{90}15$	1.28	1.88	0.92～1.70	1.58～2.28	
坑口	$C_{90}10$	1.12	1.17	1.12	1.17	

注　龄期 102～302d，未注明的均为三级配，只包括层面不处理、连续上升层面和按冷缝处理后上升的层面。

表 7-18　　碾压混凝土层面抗剪断参数统计表

类别名称	混凝土强度等级	抗剪断参数综合均值		抗剪断参数均值范围	
		f'	c'（MPa）	f'	c'（MPa）
碾压混凝土（层面黏结）	C_d10	1.12	1.17	1.12	1.17
	C_d15	1.24	1.45	1.10～1.47	0.99～1.88
	C_d20	1.34	1.93	1.28～1.42	1.50～2.42
	C_d25	1.43	2.07	1.38～1.50	1.19～2.56

注　碾压混凝土参数为 180d 龄期的抗剪断强度；连续上升层面的层间间歇时间在直接铺筑允许间歇时间之内，超过直接铺筑允许间歇时间的层面按冷缝处理。

根据试验结果统计得出的碾压混凝土层面抗剪断参数变异系数一般较小，但实际施工时碾压混凝土层间抗剪断参数的变异系数较试验时大，变异系数建议取 $C_{vf}=0.2$、$C_{vc}=0.35$。

对表 7-18 中的各强度等级的混凝土抗剪断参数综合均值，分别进行抗压强度与 f' 和 C' 的线性拟合，并按上述建议的变异系数计算与 80%保证率对应的抗剪断参数标准值，在拟合值的基础上，根据工程经验，对抗剪断参数标准值进行适当调整，给出的参考值见表 7-19。

表 7-19　　碾压混凝土层面抗剪断参数值拟合表

类别名称	特征	抗剪断参数均值（拟合值）		抗剪断参数标准值			
				拟合值		调整后参考值	
		f'	c'（MPa）	f'	c'（MPa）	f'	c'（MPa）
碾压混凝土（层面黏结）	C_d10	1.13	1.18	0.94	0.83	0.95	0.8
	C_d15	1.23	1.50	1.02	1.06	1.0	1.1
	C_d20	1.33	1.82	1.11	1.28	1.05	1.4
	C_d25	1.43	2.13	1.19	1.51	1.1	1.7

7.4.6　高碾压混凝土坝典型 RCC 层面抗滑稳定复核

根据碾压混凝土的特点，其层面特性与常态混凝土不同，层面抗剪断参数和抗滑稳定是坝体断面设计时重点关注的内容。

根据收集到的国内龙滩、光照、官地、龙开口、沙沱等几个典型碾压混凝土高坝基本体型、主要荷载、层面抗剪断参数取值等材料，并补充必要的计算假定和经验取值，按照 NB/T 35026—2014《混凝土重力坝设计规范》对大坝最高挡水坝段典型层面进行了正常蓄水情况和校核洪水情况的抗滑稳定验算，并和按 SL 319—2005《混凝土重力坝设计规范》计算的层面抗滑稳定安全系数进行了比较。

龙滩典型挡水坝段抗滑稳定计算采用的层面抗剪断参数和验算成果见表 7-20，抗滑稳定计算成果见表 7-21。

表 7-20　　龙滩 RCC 层面抗剪断参数标准值

类别	f'	c'（MPa）	备注
碾压混凝土 $R_{Ⅰ}$	1.05	1.70	高程 250 以下
碾压混凝土 $R_{Ⅱ}$	0.95	1.50	高程 250～高程 342
碾压混凝土 $R_{Ⅲ}$	0.9	1.00	高程 342 以上

表 7-21　　龙滩典型截面抗滑稳定验算成果对比

截面高程	计算工况	SL 319—2005			NB 35047—2015	$\frac{K/[K]}{\eta}$
		安全系数 K	要求值[K]	比值 $K/[K]$	抗力作用比 η	
210.00m（R_1）	正常蓄水	3.313	3	1.104	1.08	1.023
	校核洪水	3.206	2.5	1.282	1.211	1.059

续表

截面高程	计算工况	SL 319—2005			NB 35047—2015	$K/[K]$ / η
		安全系数 K	要求值 $[K]$	比值 $K/[K]$	抗力作用比 η	
250.00m（$R_{Ⅱ}$）	正常蓄水	3.263	3	1.088	1.058	1.028
	校核洪水	3.014	2.5	1.206	1.148	1.050
270.00m（$R_{Ⅱ}$）折坡点	正常蓄水	3.488	3	1.163	1.131	1.028
	校核洪水	3.243	2.5	1.297	1.237	1.049
342.00m（$R_{Ⅲ}$）	正常蓄水	4.862	3	1.621	1.562	1.038
	校核洪水	4.147	2.5	1.659	1.566	1.059

光照碾压混凝土层面抗剪断参数见表7-22，采用表中的现场碾压试验值进行层面抗滑稳定计算，计算成果见表7-23。

表7-22　　光照碾压混凝土层面抗剪断参数建议值

坝高（m）	类别	室内试验值		现场碾压试验值		现场RCC取芯试验值		设计反演标准值	
		f'	c'（MPa）	f'	c'（MPa）	f'	c'（MPa）	f'	c'（MPa）
70.5	$R_{Ⅰ}$	1.237	1.130	1.00	0.70	无	无	0.90	0.47
150.5	$R_{Ⅱ}$	1.017	1.100	1.170	1.19	1.20	1.29	1.00	1.04
193.5	$R_{Ⅲ}$	1.128	1.309	1.22	1.23	1.28	1.36	1.10	1.23

表7-23　　光照挡水坝段典型截面抗滑稳定验算成果（按现场碾压试验值）

截面高程	计算工况	SL 319—2005			NB 35047—2015	$K/[K]/\eta$
		安全系数 K	要求值 $[K]$	比值 $K/[K]$	抗力作用比 η	
557.00m（$R_{Ⅰ}$）	正常蓄水	3.172	3	1.057	1.045	1.012
	校核洪水	3.211	2.5	1.284	1.233	1.042
600.00m（$R_{Ⅱ}$）	正常蓄水	3.321	3	1.107	1.093	1.013
	校核洪水	3.152	2.5	1.261	1.219	1.034
615.00m 折坡点（$R_{Ⅱ}$）	正常蓄水	3.423	3	1.141	1.126	1.013
	校核洪水	3.314	2.5	1.326	1.282	1.034
680.00m（$R_{Ⅲ}$）	正常蓄水	3.559	3	1.186	1.16	1.023
	校核洪水	3.338	2.5	1.335	1.28	1.043

官地碾压混凝土层面抗剪断参数见表7-24，官地典型挡水坝段典型截面抗滑稳定计算成果见表7-25。

表 7-24　官地碾压混凝土层面抗剪断参数表

碾压混凝土强度等级	标准值		均值		备注
	f'	c'（MPa）	f'	c'（MPa）	
$C_{90}25$	1.07	1.37	1.30	1.96	$R_{Ⅰ}$
$C_{90}20$	0.98	1.29	1.20	1.85	$R_{Ⅱ}$
$C_{90}15$	0.91	1.21	1.10	1.73	$R_{Ⅲ}$

表 7-25　官地典型挡水坝段典型截面抗滑稳定计算成果

截面高程	计算工况	SL 319—2005			NB 35047—2015	$K/[K]/\eta$
		安全系数 K	要求值 $[K]$	比值 $K/[K]$	抗力作用比 η	
1188.00m（$R_{Ⅰ}$）	正常蓄水	3.716	3	1.239	1.209	1.025
	校核洪水	3.732	2.5	1.493	1.427	1.046
1200.00m（$R_{Ⅱ}$）	正常蓄水	3.567	3	1.189	1.156	1.029
	校核洪水	3.515	2.5	1.406	1.337	1.052
1240.00m 折坡点（$R_{Ⅱ}$）	正常蓄水	4.143	3	1.381	1.337	1.033
	校核洪水	4.102	2.5	1.641	1.557	1.054
1283.00m（$R_{Ⅲ}$）	正常蓄水	6.252	3	2.084	1.979	1.053
	校核洪水	6.134	2.5	2.454	2.283	1.075

龙开口水电站典型挡水坝段抗滑稳定计算，碾压混凝土（$C_{90}20$）层面抗剪断参数标准值区 $f'=1.0$，$c'=1.3$，计算成果见表 7-26。

表 7-26　龙开口典型挡水坝段截面抗滑稳定计算成果

截面高程	计算工况	SL 319—2005			NB 35047—2015	$K/[K]/\eta$
		安全系数 K	要求值 $[K]$	比值 $K/[K]$	抗力作用比 η	
1202.50m（$R_{Ⅰ}$）	正常蓄水	4.385	3	1.462	1.412	1.035
	校核洪水	4.84	2.5	1.936	1.813	1.068
1240.00m（$R_{Ⅱ}$）	正常蓄水	5.741	3	1.914	1.83	1.046
	校核洪水	5.058	2.5	2.023	1.892	1.069

沙沱水电站典型挡水坝段抗滑稳定计算，取碾压混凝土重力坝规范编制组统计拟合的 $f'=1.02$，$c'=1.06$ 作为 $C_{90}15$ 碾压混凝土抗剪断强度标准值，计算成果对比见表 7-27。

表 7-27　沙沱典型挡水坝段截面抗滑稳定计算成果对比

截面高程	计算工况	验算项目	SL 319—2005			NB 35047—2015	$K/[K]/\eta$
			安全系数 K	要求值 $[K]$	比值 $K/[K]$	抗力作用比 η	
270.50m（$R_{Ⅰ}$）	正常蓄水	抗滑稳定	3.969	3	1.323	1.338	0.989
	校核洪水	抗滑稳定	5.053	2.5	2.021	1.969	1.027

续表

截面高程	计算工况	验算项目	SL 319—2005			NB 35047—2015	$K/[K]/\eta$
			安全系数 K	要求值 $[K]$	比值 $K/[K]$	抗力作用比 η	
310.00m 折坡点	正常蓄水	抗滑稳定	5.232	3	1.744	1.754	0.994
	校核洪水	抗滑稳定	4.551	2.5	1.820	1.785	1.020

通过对龙滩、光照、官地、龙开口、沙沱等碾压混凝土大坝典型挡水坝段基本断面典型RCC层面正常蓄水情况和校核洪水情况的稳定应力分析，碾压混凝土层面抗滑稳定验算主要结论如下：

（1）碾压混凝土重力坝层面抗滑稳定承载能力极限状态验算可按NB/T 35026—2014的规定进行，其设计表达式中各分项系数均可按该规范取值。

（2）按NB/T 35026—2014《混凝土重力坝设计规范》和SL 319—2005《混凝土重力坝设计规范》计算层面抗滑稳定，层面抗剪断参数宜采用相同的取值，按SL 319—2005计算得到的层面抗滑稳定安全系数K与规范要求$[K]$的比值和按NB/T 35026—2014规范计算的抗力作用比η相当，对一级大坝则SL 319—2015略大，其原因与NB/T 35026—2014对不同级别建筑物结构重要性系数的差别有关。

各工程典型RCC层面$K/[K]/\eta$平均值见表7-28。其中龙滩、光照、官地、龙开口4个大坝为一级建筑物，$K/[K]/\eta$总平均值为1.044，沙沱大坝（二级建筑物）为1.008。

表7-28　各工程典型RCC层面$K/[K]/\eta$平均值

工程名称	$K/[K]/\eta$	备　注
龙滩	1.042	坝高216.5m，计算RCC层面高程207.00m（$C_{90}25$）、250.00m（$C_{90}20$）、270.00m（$C_{90}20$）、342.00m（$C_{90}15$）
光照	1.034	坝高200.5m，计算RCC层面高程557.00m（$C_{90}25$）、600.00m（$C_{90}20$）、615.00m（$C_{90}20$）、680.00m（$C_{90}15$）
官地	1.044	坝高168m，计算RCC层面高程1188.00m（$C_{90}25$）、1200.00m（$C_{90}20$）、1240.00m（$C_{90}20$）、1283.00m（$C_{90}15$）
龙开口	1.055	坝高116m，计算RCC层面高程1202.50m（$C_{90}20$）、1240.00m（$C_{90}15$）
沙沱	1.008	坝高101m，计算RCC层面高程270.50m（$C_{90}15$）、310.00m（$C_{90}15$）

7.4.7　深层抗滑稳定

当坝基岩体内存在软弱结构面、缓倾角裂隙及坝下游经冲刷形成临空面等情况时，需核算深层抗滑稳定。必要时，可辅以有限元法、地质力学模型试验法等核算深层抗滑稳定，并进行综合评判。

碾压混凝土重力坝深层抗滑稳定计算与常态混凝土重力坝相同，计算方法见NB 35026—2014中附录F。

7.5　碾压混凝土重力坝有限元法分析

7.5.1　碾压混凝土本构模型及对大坝位移应力的影响

在高水头混凝土重力坝的设计中，需要用有限元法分析坝体与坝基应力状态，确定大坝和坝基软弱结构面中最危险的部位，以及材料抗力的最有效部位，作为加固处理的依据。用非线性有限元法研究坝体的极限承载能力，以便与刚体极限平衡法相配合，综合评价大坝的抗滑稳定性。因此，非线性有限元分析已经成为高坝设计中应力分析的重要方面。

碾压混凝土坝的施工特点，决定了坝体的水平层间结合面比常规混凝土坝多出 5～7 倍。这众多结合面的存在，将使坝体混凝土的物理参数、力学参数及渗透系数明显地出现垂直异性性质，并会因此使坝的应力、稳定等特性与常规混凝土坝有所不同。

龙滩工程设计时，对碾压混凝土本构模型及对大坝位移应力的影响开展了大量的研究，包括碾压混凝土坝层内力学参数分析，有层面碾压混凝土结构力学性能的数值模拟，碾压混凝土层面对大坝应力和变形的影响，碾压混凝土坝双向异弹性模量对大坝位移的影响，碾压混凝土成层特性对重力坝静、动力分析的影响，碾压混凝土非线性和弹塑性本构模型等，进行了龙滩碾压混凝土坝的稳定和承载能力分析。研究结果表明，成层状碾压混凝土结构可由等效连续模型来模拟。碾压混凝土竖向弹性模量的降低对自重、水压等主要静载所产生的应力分布影响不大，但对坝踵、坝趾局部控制性应力值将会产生一定的影响；对坝体的自振振型特性影响不大，但对自振糍率值有明显影响。

根据龙滩工程现场碾压混凝土浇筑块进行的试验研究工作，主要是从应力–应变全曲线测试结果，确定材料的初始弹性模量、软化段线型、峰值应力强度、极限应变、断裂能、抗压强度比和动静强度比等参数。测得碾压混凝土竖向与横向弹性模量之比 E_y/E_x 约为 0.8，研究结果表明，这一量级的横观各向同性性质，对坝体应力分布的影响很小。在进行弹性应力分析时，碾压混凝土可简化为各向同性均匀介质材料。

从龙滩大坝的研究成果来看，对于采用中等材料或富胶凝材料碾压混凝土、采用现代方法施工和质量控制的坝高不超过 200m 的碾压混凝土重力坝，设计工况下的坝体动静力反应分析可不考虑碾压混凝土材料平行层面和垂直层面方向的物理力学特性差异的影响。

龙滩工程从补充可行性研究阶段起，对挡水坝段、溢流坝段、底孔坝段、进水口坝段等各种典型坝段分考虑和不考虑作用分项系数两种情况分别进行了平面和三维有限元计算分析，成果表明，由于自重、水压力等主要荷载的作用分项系数为 1，偶然设计状况的地震作用不考虑作用分项系数，各种计算工况下两种情况坝体的应力峰值和分布差别较小。为方便设计，有限元法计算坝体应力、坝基面抗滑稳定时，可采用作用的标准值或代表值进行计算，材料、地基性能应根据试验成果结合工程类比取定值计算。

7.5.2　坝基面失稳破坏指标

理论研究认为，重力坝沿坝基面的失稳破坏机理可以归结为屈服区的连通，所以可以将屈服区范围作为衡量稳定的标准。在一般情况下，坝基在坝踵处基岩和胶结面存在屈服区，随着强度降低，坝趾处胶结面出现局部区域的剪切屈服，且其扩展最初是缓慢的，随着材料强度的进一步降低，屈服逐渐加快且向上游延伸，此时，坝趾处浅层基岩也出现剪切屈服且范围逐渐增大，但坝的最终失稳是胶结面下游剪切屈服区向上游扩展形成滑动通道，从而导致大坝整体失稳。由于坝踵处微裂区的发展是稳定的，裂缝的长度和深度是有限的，它们一般不会破坏防渗帷幕，因此坝的失稳过程主要是胶结面的剪切屈服区的发展过程。屈服区贯通率发展过程简图如图 7－14 所示。

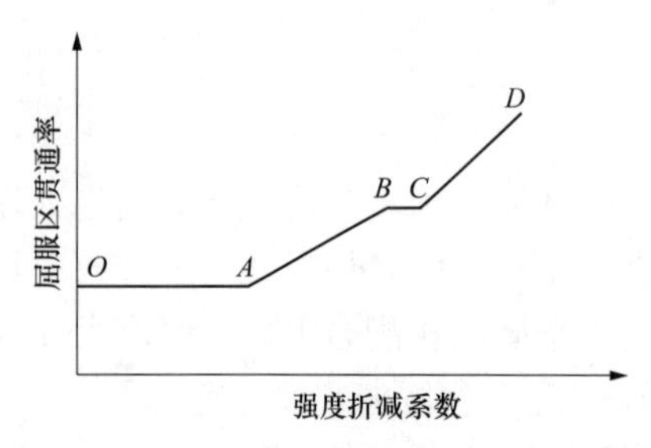

图 7－14　屈服区贯通率发展过程简图

研究揭示的建基面的渐进破坏中，屈服区扩展曲线有一个明显的稳定阶段 *OA* 段。*A* 点是屈服区扩展曲线的一个特征点，在 *A* 点以前大坝是稳定的，且基本上处于弹性状态。*A* 点的整个建基面屈服区贯通率一般小于 14.67%，过 *A* 点以后，建基面随折减系数值的增加屈服区呈快速扩展的不稳定状态，而且在 *A* 点以前，坝下基岩基本上处于弹性状态，将 *A* 点作为稳定的临界点是较为合理，可以将它作为衡量稳定的标准。因此，可以将屈服区范围达到坝基面宽度的 15% 作为临界控制标准。

极限状态下的强度储备系数反映了结构整体的安全储备。虽然在实际的工程中一般不会达到，也不允许达到这样的极限状态，但是作为长久以来设计者们一直采用并已积累了丰富经验的方法，是有其重要意义的，其结论与材料力学法是基本一致的。因此，可以采用准弹性临界点 *A* 和极限状态的强度储备系数作为建基面的抗滑稳定指标。

7.5.3　有限元法的大坝稳定应力控制标准

有限元计算的局部应力极值与计算模型、网格划分、边界模拟、计算参数等关系较大，可以压应力超过抗压强度的范围或拉应力范围作为控制指标或进行等效处理，不宜简单地以拉、压应力极值作为评价标准。地震情况下的有限元分析应考虑材料等非线性影响，其稳定应力评价标准单独研究。

1. 坝踵拉应力

采用线弹性有限元法计算坝踵垂直应力时，控制标准为：

计扬压力时，拉应力区宽度宜小于坝底宽度的 0.07 倍（垂直拉应力分布宽度/坝底面宽度）或坝踵至帷幕中心线的距离。

2. 坝基面抗滑稳定

采用弹塑性有限元法分析坝基面的抗滑稳定时，可以建基面屈服区贯通率作为控制标准。

（1）在建基面屈服区全部贯通时，要求强度储备系数大于 2.2，即 $K_{1.0}>2.2$。

（2）也可以坝基面屈服区宽度小于坝底宽度的 15%为控制标准；当 $K_{1.0}<2.2$ 或采用材料力学法计算不满足要求时，若 $K_{0.15}>1.4$，可认定建基面抗滑稳定满足要求。

用有限元法进行坝基深层抗滑稳定分析，可以获得沿软弱结构面的位移场、应力场分布，其结果可确定最有效加固处理部位和方案，可作为坝基加固处理方案的评价和选择的依据。

7.6　材料分区设计

7.6.1　坝体材料分区设计原则

碾压混凝土大坝混凝土所用的水泥、骨料、水、活性掺合料、外加剂等应符合现行的国家标准及有关行业标准的规定。

大坝混凝土材料分区的影响因素除考虑满足设计上对强度的要求外，还应根据大坝的工作条件、地区气候等具体情况，分别满足耐久性（包括抗渗、抗冻、抗冲耐磨和抗侵蚀）和浇筑时良好的和易性以及低热性等方面的要求。

碾压混凝土大坝的材料分区与常态混凝土大坝类似，又有其自重的特点，其设计原则主要有：

（1）在考虑坝体各部位工作条件和应力状态，合理利用混凝土性能的基础上，尽量减少混凝土分区的数量，同一浇筑仓面的混凝土材料最好采用同一种强度等级，不宜超过两种。

（2）河床坝段基础垫层，考虑坝踵、坝址部位以及基础上下游灌浆廊道周边混凝土有较高的强度要求而且拟采用通仓浇筑法施工，整个区域混凝土可仅用一种混凝土强度等级。

（3）河床坝段基础部位的混凝土、有抗冲刷要求和结构复杂的混凝土（溢流面、泄水孔、牛腿、闸墩、导墙、门槽等）宜采用常态混凝土。

（4）为便于快速施工，避免因采用多种强度等级的混凝土而造成施工混乱，坝体内部碾压混凝土宜采用一种强度等级。大坝内部碾压混凝土除上、下游防渗结构外，高坝由于不同高程层面所要求的抗剪断强度等参数不同，施工时的气温环境也不同，可根据坝体内部应力情况对内部碾压混凝土按不同高程或部位进行分区，不同区域用不同的混凝土配合比。

分区宽度应根据坝体受力状态、构造要求和施工条件确定。工程实践经验表明，碾压混凝土施工仓面宽度小于 3.0m 时，不利于卸料、平仓及碾压等施工作业。相邻两个分区的强度等级相差不宜超过两级。

（5）模板附近、空洞周边、布置钢筋处等部位宜设置变态混凝土。

（6）材料分区要尽量减小对施工的干扰，要有利于提高施工进度，同时又便于质量控制。具有相同或近似工作条件的混凝土尽量采用同一种材料指标，如泄洪表孔、泄洪中孔、冲砂孔及导流底孔周边，中表孔隔墙等均可采用同一种混凝土。

（7）由于对碾压混凝土工作性能的要求和我国采用的中胶～富胶碾压混凝土的技术路线，坝体内部碾压混凝土强度等级一般不低于 $C_{90}10$。

在分析工程具体条件的前提下，类比其他类似工程的设计经验，进行大坝混凝土分区设计。

7.6.2　碾压混凝土坝材料分区的主要特性

1. 碾压混凝土坝材料分区

碾压混凝土重力坝根据不同部位及其工作环境，材料分区一般为：

Ⅰ区——上、下游最高水位以上坝体外部表面混凝土，采用碾压及变态混凝土；

Ⅱ区——上、下游水位变化区坝体外部表面混凝土，采用碾压及变态混凝土；

Ⅲ区——上、下游最低水位以下坝体外部表面混凝土，采用碾压及变态混凝土；

Ⅳ区——坝体基础混凝土，与建基面接触，一般用常态混凝土，也有部分中小工程及大型工程的少数部位的垫层混凝土采用变态混凝土；

Ⅴ区——坝体内部混凝土，采用碾压混凝土，高坝按高程或部位采用不同的强度等级；

Ⅵ区——抗冲刷部位的混凝土（如溢流面、泄水孔、导墙、闸墩等），采用常态混凝土。

变态混凝土是在碾压混凝土摊铺后加浆振捣，用于上、下游坝体表面，与常态混凝土接合部，与岸坡部位建基面接触的基础混凝土，孔洞周边等部位的混凝土及坝体难以碾压部位的混凝土。模板附近、布置钢筋处等部位宜设置变态混凝土。

坝体混凝土分区见图7－15，各分区性能要求宜按表7－29确定。

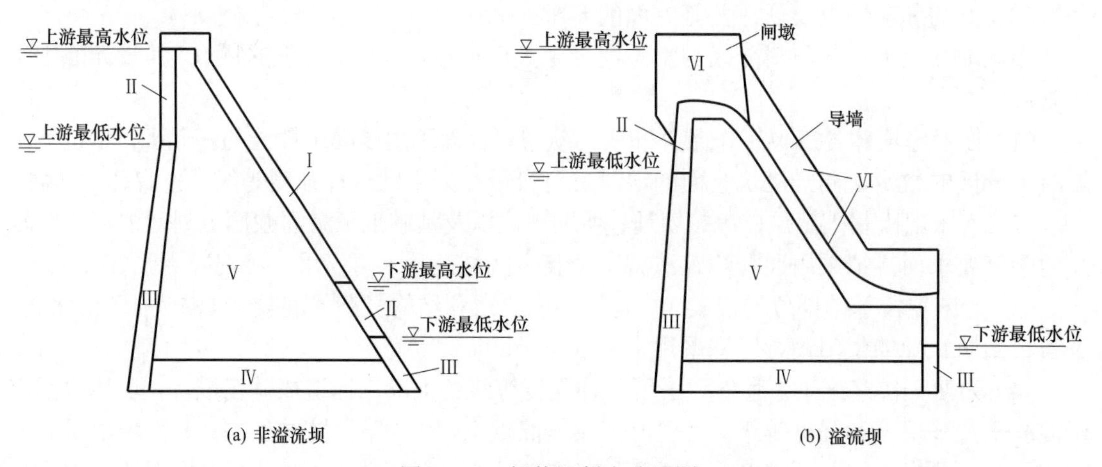

图7－15　坝体混凝土分区图

表7－29　坝体各分区性能要求

分区	强度	抗渗	抗冻	抗裂	抗冲刷	抗侵蚀	低热	最大水灰比
Ⅰ	+	−	++	−	−	−	+	+
Ⅱ	+	++	++	++	−	+	+	+
Ⅲ	++	++	+	++	−	+	+	+
Ⅳ	++	+	+	++	−	+	++	+
Ⅴ	++	+	+	+	−	−	++	+
Ⅵ	++	−	++	−	++	++	+	+

注　表中有“++”的项目为选择各区混凝土等级的主要控制因素，有“+”的项目为需要提出要求的，有“−”的项目为不需提出要求的。

2. 碾压混凝土强度等级与设计龄期

碾压混凝土的强度等级取值标准同常态混凝土，以设计龄期80%保证率的150mm立方体抗压强度表示。

碾压混凝土设计龄期可采用90d或180d。碾压混凝土具有早期强度低、后期强度增长大的特点，当碾压混凝土重力坝施工工期较长时，经过论证，也可以采用更长的设计龄期。

3. 层面抗剪断参数

碾压层面的抗剪断参数是大坝抗滑稳定分析的重要参数。材料分区设计时应考虑不同的抗剪断参数要求。

7.6.3 我国部分碾压混凝土大坝材料分区设计

国内典型碾压混凝土坝材料分区和设计技术指标列于表 7－30，从中可以看出我国碾压混凝土筑坝材料的应用和发展的一些基本情况。

表 7－30　　国内典型碾压混凝土坝材料分区和设计技术指标

序号	坝名	坝高（m）	RCC 量（万 m³）	建成年份	坝体混凝土分区与设计技术指标		
					坝体内部	上游面防渗层	大坝变态混凝土
1	龙滩	216.5	339	2008（一期）	C_{90}15W4F50εp0.7（大坝上部） C_{90}20W6F100εp0.75（大坝中部） C_{90}25W6F100εp0.80（大坝下部）	C_{90}25W12F150εp0.80	C_{90}25W12F150εp0.85
2	光照	200.5	240	2008	C_{90}15W6F50εp0.65（大坝上部） C_{90}20W6F100εp0.70（大坝中部） C_{90}25W6F100εp0.75（大坝下部）	C_{90}25W12F150εp0.75	C_{90}20W12F150εp0.80 C_{90}25W12F150εp0.85
3	金安桥	160	264.8	2010	C_{90}15W6F50（大坝上部） C_{90}20W8F100（大坝下部）	C_{90}20W8F100	C_{90}20W6F100
4	江垭	131	114	2000	C_{90}10（大坝上部） C_{90}15W8（大坝下部）	C_{90}20W12	C_{90}20W12
5	百色	130	215	2005	C_{180}20W4F25（大坝内部）	C_{180}20W10F50	
6	索风营	115.8	44.7	2005	C_{90}15W4F50εp0.74（大坝内部）	C_{90}20W8F50	C_{90}20
7	思林	117	77.45	2009	C_{90}15W6F50εp0.74（大坝内部）	C_{90}20W8F100εp0.82	C_{90}20W8
8	彭水	116.5	55.97	2008	C_{90}15W6F100εp0.70（大坝内部）	C_{90}20W10F150εp0.75	C_{90}15W6F100εp0.75 C_{90}20W10F150εp0.80
9	棉花滩	113	50	2001	C_{180}10W4εp0.70（大坝上部） C_{180}15W4F50εp0.75（大坝中部） C_{180}15W4F50εp0.75（大坝下部）	C_{180}20W8F50εp0.80	C_{180}20W8F50εp0.80
10	戈兰滩	113	94	2009	C_{90}15W4F50εp0.75（大坝内部）	C_{90}20W8F100εp0.80	
11	大朝山	111	90	2002	C_{90}15W4（大坝内部）	C_{90}20W8	
12	景洪	110	61.79	2008	C_{90}15W6F50（大坝内部）	C_{90}20W8F100	C_{90}20W8F100
13	岩滩	110	37.6	1992	C_{180}15W4（大坝内部）	C_{180}20W10	
14	水口	100	60	1993	C_{90}15W2 C_{90}10W2		
15	汾河二库	84.3	34.7	2000	C_{90}10S2D50（大坝内部）	C_{90}20W6F150	
16	皂市	88	47.7		C_{90}15W8F100 C_{90}25W6F100（常态）	C_{90}25W8F100（常态） C_{90}15W8F100（常态）	
17	涌溪三级	86.6	17.7	1999	C_{90}15S2（大坝内部）	R_{90}20S6	
18	三峡围堰	121			R_{90}15S4D50εp0.65（大坝内部）	C_{90}20W8D50εp0.70	C_{15}S8D50

续表

序号	坝名	坝高（m）	RCC 量（万 m^3）	建成年份	坝体混凝土分区与设计技术指标		
					坝体内部	上游面防渗层	大坝变态混凝土
19	石板	84.1	32.93	1998	R_{90}10S2（大坝内部） R_{90}20S6（基础垫层，常态）	R_{90}20S6	
20	雷打滩	84	20.4	2006	C_{90}15W4F50（大坝内部） C_{90}20W6F50（基础垫层，常态）	C_{90}20W8F100	C_{90}20W8F100
21	铜街子	82	42.53	1990	R_{90}10S2（大坝内部） R_{90}20S6（基础垫层，常态）	R_{90}20S6（常态）	
22	杨溪水一级	82	30	2003	C_{10}W2（大坝内部） C_{15}W8（基础垫层，常态）	C_{20}W8（常态，上部） C_{20}W8（常态，下部）	C_{15}（下游）
23	观音阁	82	96.3	1995	R_{90}15D50S2（大坝内部） R_{90}20D200（基础垫层，常态）	R_{90}20D150S8（常态）	
24	桃林口	74.5	62.2	1998	R_{90}15D50S2（大坝内部） R_{90}20D100S6（基础垫层，常态）	R_{90}20D200S6（常态，上部） R_{90}20D100S8（常态，下部）	
25	周宁	73.4	15.9	2005	C_{180}7.5W2F50（大坝内部） C_{90}15W6F50（基础垫层，常态）	C_{180}7.5W6F50	C_{180}7.5W2F50
26	舟坝	74	22.86	2006	C_{90}15F50W8（大坝内部） C_{90}20F100W8（基础垫层，常态）	R_{90}20F100W8	R_{90}20F100W8
27	通口	71.5	30.2	2005	C_{90}10（大坝内部） C_{90}20W6（基础垫层，常态）	C_{20}W6F100	
28	万安	49	4.3	1992	R_{90}15（大坝内部） R_{90}20（基础垫层，常态）	R_{90}25S6（常态）	
29	锦江	62.65	18.2	1993	R_{90}10S2（大坝内部）	R_{90}20S6（常态）	
30	平班	67.2	12	2006	C_{10}W2（大坝内部） C_{15}W6F50（基础垫层，常态）	C_{15}W6	
31	双溪	54.7	12.77	1997	R_{180}10S2（大坝内部） R_{90}15（基础垫层，常态）	R_{180}20S6	
32	大广坝	57	48.5	1993	C_{90}10S4（大坝内部） R_{90}15（基础垫层，常态）	C_{90}20S6（常态）	
33	荣地	56.3	6.07	1991	R_{90}100（大坝内部） R_{100}（基础垫层，常态）	R_{100}	
34	回龙	54	7.2	2003	C_{15}W4（大坝内部） C_{20}W8（基础垫层）	C_{20}W8F150	
35	石漫滩	40.5	28	1997	R_{90}15D50S4（大坝内部） R_{90}20D50S6（基础垫层，常态）	R_{90}20D50S8	
36	高坝洲	57	8.5	1999	R_{90}15D50S4（大坝内部） R_{90}20D50S4（强约束区）	R_{90}20D100S6	
37	乐滩	66	4.95	2006	C_{10}W2（大坝内部） C_{15}（层间结合）	R_{90}20S6	
38	普定	75	10.3	1993	R_{90}15S4（大坝内部） R_{90}20S6（基础垫层，常态）		

续表

序号	坝名	坝高（m）	RCC 量（万 m^3）	建成年份	坝体混凝土分区与设计技术指标		
					坝体内部	上游面防渗层	大坝变态混凝土
39	沙沱	101	151	2012	C_{90}15W6F50（大坝内部） C_{90}20W8F100（大坝内部）	C_{90}20W8F100	
40	官地	168	300	2013	C_{90}15W4F50（大坝上部） C_{90}20W6F100（大坝中部） C_{90}25W6F100（大坝下部）	C_{90}25W10F100 C_{90}20W10F100	C_{90}25W8F100 C_{90}20W8F100
41	黄花寨	114	28	2013	C_{90}20W6F100（大坝内部） C_{90}20W6F100（基础垫层，变态）	C_{90}20W6F100	C_{90}20W6F100
42	向家坝	162	38.84	2014	C_{180}25W8F150	C_{180}25W8F150	C_{180}25W8F150

注　极限拉伸应取 $\times 10^{-4}$。

1．碾压混凝土的设计指标

我国碾压混凝土一般提出设计指标，即强度、抗渗、抗冻和极限拉伸。根据坝高和工程部位的重要性的下降，上述指标也相应降低。强度一般分为 C_{90}25、C_{90}20、C_{90}15、C_{90}10 4 个等级；抗渗一般分为 W12、W10、W8、W6、W4 5 个等级；抗冻一般分为 F200、F150、F100、F50 4 个等级；极限拉伸一般分为 0.85×10^{-4}、0.80×10^{-4}、0.75×10^{-4}、0.70×10^{-4}、0.60×10^{-4} 5 个等级。

碾压混凝土的设计龄期，一般采用 90d 龄期，为了充分发挥碾压混凝土后期强度也有采用 180d 龄期的，强度保证率一般采用 80%～85%。

2．碾压混凝土内部分区

对于高坝（如 200m 级的龙滩、光照）一般分为坝的下部、中部、上部三个区，强度分别取 C_{90}25、C_{90}20、C_{90}15（三级配）；对于中高坝（如 160m 级的金安桥）一般分为坝的下部、上部两个区，强度分别取 C_{90}20、C_{90}15（三级配）；对于 100m 级左右及以下的坝（如百色、索风营等）一般不分级，强度一般取 C_{90}15 或 C_{90}10（三级配）。基础垫层一般采用常态混凝土，其强度等级一般比内部混凝土高一级。

3．碾压混凝土上游防渗

（1）上游设一定厚度的常态混凝土防渗层（如岩滩、皂市等），其厚度由水头确定。

（2）在上游面一定范围内采用二级配碾压混凝土，在上游表面采用变态混凝土防渗（龙滩、光照等），这种防渗方案由于施工方便，已大量推广采用。

（3）在上游表面涂防渗材料。

（4）上游表面采用沥青防渗层。

4．碾压混凝土配合比

碾压混凝土原材料一般采用中热 42.5 水泥或低热水泥；掺合料中，粉煤灰应用最多，目前磷矿渣（P）与凝灰岩（T）混磨作为掺合料也得到了采用；为了提高碾压混凝土的质量，降低水泥用量，高效减水剂和引气剂得到了广泛的应用。

碾压混凝土配合比的控制因素主要是胶材用量和粉煤灰的掺合料的掺量。随着坝的高度增加，胶材用量增加，掺合料的掺量下降。对于 200m 级高坝（如的龙滩、光照），底部胶材用量可达到 180～190kg/m^3，掺合料的掺量在 55%左右；150m 级的坝，胶材用量可达到

170～180kg/m^3，掺合料的掺量为55%～60%；100m级的坝，胶材用量可达到160～170kg/m^3，掺合料的掺量为60%～65%；100m级以下的坝，胶材用量可达到130～160kg/m^3，掺合料的掺量在65%左右。

参考文献

[1] 孙恭尧，等. 高碾压混凝土重力坝应力计算方法和极限承载能力研究[R]. 中南勘测设计研究院，1999.

[2] 冯树荣，肖峰，等. 高碾压混凝土重力坝工作性态和安全性评价研究 [R]. 中国电建集团中南勘测设计研究院，2014.

[3] NB 35026—2014 混凝土重力坝设计规范 [S]. 北京：中国电力出版社，2015.

[4] NB 35047—2015 水电工程水工建筑物抗震设计规范 [S]. 北京：中国电力出版社，2015.

[5] GB 50287—2016 水力发电工程地质勘察规范 [S]. 北京：中国计划出版社，2016.

[6] DL/T 5057—2009 水工混凝土结构设计规范范 [S]. 北京：中国电力出版社，2009.

[7] SL 319—2018 混凝土重力坝设计规范 [S]. 北京：中国水利水电出版社，2018.

[8] 陈庆寿，吴煌荣. 岩石在动载作用下的破坏与强度 [J]. 地球科学，1987，12（2）：208-216.

[9] 周建平. 重力坝建设成就及技术发展中国水电100年 [M]. 北京：中国电力出版社，2010.

[10] 贾金生. 中国大坝建设60年 [M]. 北京：中国水利水电出版社，2013.

[11] 周建平，钮新强，贾金生. 重力坝设计二十年 [M]. 北京：中国水利水电出版社，2008.

第8章

碾压混凝土重力坝温控防裂

8.1 概　　述

防裂是混凝土坝设计、施工、运行中的一项重要任务。混凝土坝的裂缝大多数是由于温度应力引起，因此防裂最主要的手段是通过温度和结构措施控制温度应力。与常态混凝土相比，碾压混凝土的材料参数和施工方法有较大的区别，其温度应力和温控措施都有自己的特点，在对碾压混凝土坝的温度和应力进行分析和控制时，要充分考虑这些特点。

8.1.1 碾压混凝土材料特性对温控防裂的影响

影响温度控制的材料参数主要有以下几种：绝热温升、徐变、极限拉伸、线膨胀系数及弹性模量等。这几种参数中，线膨胀系数和弹性模量主要取决于混凝土原材料，即砂石骨料和胶凝材料，与施工方法关系不大。此处主要比较碾压与常态两类混凝土中存在明显区别、又对温度应力有较大影响的几个参数。

1. 绝热温升

混凝土的发热量，主要由水泥水化热引起，虽然粉煤灰在水化过程中也会发热，但其发热量远小于水泥。碾压混凝土的水泥用量较常态混凝土小，因此绝热温升低于常态混凝土。同时由于碾压混凝土中粉煤灰掺量大，而粉煤灰有延迟发热的特点，因此，碾压混凝土的水化热温升速度慢，后期温升大，部分碾压混凝土坝曾观测到混凝土浇筑3个月后仍存在继续升温的现象。

2. 徐变

徐变是影响温度应力的一个重要材料性质，徐变的存在使温度应力部分得到松弛。徐变越大，温度应力越小。混凝土的徐变主要与胶凝材料用量有关，碾压混凝土胶凝材料少，属半塑性混凝土，与常态混凝土相比，其徐变度一般要小，这一点不利于温度应力控制与防裂。

3. 极限拉伸

混凝土的抗裂能力可以表示为弹性模量与极限拉伸的乘积，即

$$\sigma_1(\tau)=E(\tau)\varepsilon_c(\tau)$$

式中　$\sigma_1(\tau)$——龄期τ时的抗裂能力；

$E(\tau)$、$\varepsilon_c(\tau)$——龄期τ时的弹性模量和极限拉伸值。

由于温度应力与弹性模量$E(\tau)$大致成线性关系，因此极限拉伸值$\varepsilon_c(\tau)$就成为衡量混凝土抗拉能力的主要指标。

受配合比和施工方法的影响，碾压混凝土的极限拉伸值比常态混凝土低，国内部分碾压

混凝土极限拉伸值见表 8-1。虽然近几年随碾压混凝土施工技术水平和试验精度的提高，碾压混凝土的极限拉伸值有了很大提高，有的工程碾压混凝土极限拉伸试验值甚至大于常态混凝土，但大多数工程 90d 龄期的极限拉伸在(70～80)×10^{-6}之间，仍然低于相同原材料的常态混凝土。多数工程的钻孔取芯实测极限拉伸值远低于室内试验值，尤其是碾压混凝土的层间结合强度及极限拉伸值由层面处理方式和层间间隔时间控制和确定，极限拉伸值仅为混凝土本体的 0.5～0.8 倍，因此碾压混凝土抗拉能力低，更容易出现裂缝。这些对于碾压混凝土的抗裂都是不利的，在温控设计时应予以重视。表 8-2 及表 8-3 列出龙滩工程碾压混凝土层面不同处理方式及不同层间间隔时间对极限拉伸值的影响。

表 8-1　　部分工程碾压混凝土极限拉伸值

工程名称	强度等级	水灰比	水泥用量（kg/m³）	胶凝材料用量（kg/m³）	极限拉伸值（×10^{-6}）	
					28d	90d
龙滩	$C_{90}25$	0.42	90	200	65	74
光照	$C_{90}25$	0.43	83	197	77	85
岩滩	$C_{90}15$	0.57	40	110	59	68
观音岩	$C_{90}20$	0.5	82	182	71	90
	$C_{90}15$	0.5	70	156	53	80
龙开口	$C_{90}20$	0.5	68	170	60	82
	$C_{90}15$	0.55	61.8	154.6	54	75
鲁地拉	$C_{90}25$	—	—	—	71	87
	$C_{90}20$	—	—	—	62	79
景洪	$C_{90}20$	0.55	64	160	79	82
	$C_{90}15$	0.5	60	150	67	79
索风营	$C_{90}20$（二级配）	0.5	94	188	68	77
	$C_{90}15$（三级配）	0.55	64	159	63	71
百色	$C_{180}20$（二级配）	0.5	91	216	59	72
	$C_{180}15$（准三级配）	0.6	60	163	52	63
武都	$C_{180}20$	0.5	93	186	67	76
沙牌	$C_{90}20$	0.5	93	186	—	100
白莲崖	$C_{90}20$	—	—	—	84	102
	$C_{90}15$	—	—	—	82	92
金安桥	$C_{90}15$	0.5	66	164	56	74
	$C_{90}20$	0.45	72	180	66	87

续表

工程名称	强度等级	水灰比	水泥用量（kg/m^3）	胶凝材料用量（kg/m^3）	极限拉伸值（$\times10^{-6}$）	
					28d	90d
托巴	$C_{90}20$	0.5	76	170	62	77
黄登	$C_{90}25$	0.45	83.5	196	60	73
沙沱	$C_{90}20$（二级配）	0.48	100	200	71	83
	$C_{90}15$（三级配）	0.53	63.4	158.4	67	78

表 8－2　　龙滩碾压混凝土层面不同处理方式层面极限拉伸值试验成果表

处理层面结合的材料	胶凝材料用量（kg/m^3）	试件编号	极限拉伸值 ε_p（$\times10^{-6}$）	平均 ε_p（$\times10^{-6}$）	与本体极限拉伸值之比	层面处理后 ε_p 增长系数
不处理	200	A4－1	64	53	0.80	—
		A72－1	43			
	160	C4－1	62	51	—	—
		C72－1	40			
铺净浆	200	A4－2	66	62	0.94	1.17
		A72－2	58			
	160	C4－2	67	61	—	1.20
		C72－2	56			
铺砂浆	200	A4－3	71	65	0.98	1.23
		A72－3	60			
	160	C4－3	65	62	—	1.22
		C72－3	59			
本体	200	—	66	0.66	1.00	—

注　试验龄期为 180d；试件尺寸为 ϕ150mm×300mm 圆柱体。

表 8－3　　龙滩碾压混凝土不同层间间隔时间层面极限拉伸值试验成果表

层间间隔时间（h）	胶凝材料用量（kg/m^3）	试件编号	层面处理	极限拉伸值 ε_p（$\times10^{-6}$）	ε_p 比值	平均 ε_p（$\times10^{-6}$）	不同层间间隔时间 ε_p 比
4	200	A4－1	不处理	64	1.00	66	1.00
		A4－2	铺净浆	66	1.03		
		A4－3	铺砂浆	71	1.11		
	160	C4－1	不处理	62	1.00		
		C4－2	铺净浆	67	1.08		
		C4－3	铺砂浆	65	1.05		

续表

层间间隔时间（h）	胶凝材料用量（kg/m^3）	试件编号	层面处理	极限拉伸值 ε_p（$\times10^{-6}$）	ε_p 比值	平均 ε_p（$\times10^{-6}$）	不同层间间隔时间 ε_p 比
72	200	A72－1	不处理	43	1.00	53	0.80
		A72－2	铺净浆	58	1.35		
		A72－3	铺砂浆	60	1.39		
	160	C72－1	不处理	40	1.0		
		C72－2	铺净浆	56	1.40		
		C72－3	铺砂浆	59	1.47		

注　试验龄期为180d；试件尺寸为ϕ150mm×300mm圆柱体。

8.1.2　碾压混凝土施工工艺对温控防裂的影响

我国碾压混凝土采用薄层铺筑、薄层碾压、连续上升的施工工艺，采用拌和楼预冷混凝土低温入仓方式时，冷量损失大，加之碾压混凝土拌和时加制冷水（冰）有限，难以实现常态混凝土那样的较低浇筑温度。常态混凝土浇筑中最重要的温控措施——水管冷却由于会对碾压混凝土的施工带来不利影响，影响施工进度，因此大部分碾压混凝土不设冷却水管，少数设冷却水管的也仅限于高温季节浇筑的部位。因此，常态混凝土温控措施中的两大主要方法——降低浇筑温度和通水冷却在碾压混凝土中采用时受到一定限制。碾压混凝土坝一般无二期水冷，大坝的后期散热仅靠自然散热，温度降到稳定温度需要很长的时间，如像龙滩这样的碾压混凝土坝，内部温度需要100年以上才接近稳定温度。因此大坝会在较长的一段时间内处于高温状态，在低温季节及寒潮等不利气候条件下，内外温差增大时更易出现裂缝。

8.1.3　碾压混凝土坝坝体温度场、温度应力和温度裂缝的特点

由于材料和施工工艺的特点，碾压混凝土坝坝体的温度场和温度应力具有如下特点：

1. 大坝温降缓慢，坝体持续高温

碾压混凝土拱坝的温度需要几年甚至十几年才会下降到稳定温度、准稳定温度，大坝建成若干年后常出现贯穿性裂缝，如普定拱坝建成5～6年后出现多条贯穿性裂缝和大量表面裂缝。而高重力坝的坝体自然降温则需要更长的时间，坝体在很长一段时间内具有较高温度，更易因内外温差变化而出现裂缝。因此，早期未出现裂缝的坝仍可能在运行多年后产生危害性裂缝。

2. 内外温差是控制温差，上下层温差次之，基础温差对顺河向应力一般不起控制作用

拱坝及重力坝设计规范都将基础温差作为首要控制温差。常态混凝土由于需要二期水冷和并缝灌浆，坝块在较早期就出现最大基础温差，将基础温差作为首要控制措施是合适的。而碾压混凝土坝最大基础温差出现在坝建成多年后，此时混凝土强度已经相应增长，同时由于水压、自重等作用，混凝土徐变得以充分发挥作用，目前为止尚未见因基础温差过大而出现裂缝。但是由于坝内高温持续时间长，坝表面遇低温季节、寒潮时，内外温差增大极易产生表面裂缝。因而，目前工程中碾压混凝土坝出现温度裂缝的主要原因是内外温差效应。一

般情况下，碾压混凝土坝施工过程中应将内外温差作为主要控制温差。

另外，由于碾压混凝土坝施工仓面大，上下层混凝土间的约束作用强，当施工间歇时间较长时，上下层温差也成为防裂的控制因素。

3. 碾压混凝土坝更容易出现劈头裂缝

由于碾压混凝土坝高温持续时间长，因此首次蓄水或水温降低时会引起较大的内外温差，坝上游面强约束区同时还受到基础温差的影响，在两者共同作用下，该区域极易出现劈头裂缝。

4. 层间强度低，内外温差作用会引起水平裂缝

大量取芯试验结果表明，碾压混凝土层间抗拉强度是混凝土本身的0.5～0.8倍，遇低温水冷击或温度骤降时，易引起水平裂缝。上游面的裂缝，因压力水进入，易引起水力劈裂使裂缝向更深发展。水平裂缝，尤其是上游面临水的水平裂缝，降低了混凝土的抗剪能力，影响坝体稳定，需要十分重视。

5. 上游面混凝土防渗层更易出现裂缝

目前的碾压混凝土坝一般在上游面设一定厚度的二级配碾压混凝土或变态混凝土防渗层。防渗层混凝土水泥用量高、绝热温升高，且热力学参数与内部碾压混凝土有一定差距，这些特点都使防渗层混凝土易产生更大的拉应力，从而导致开裂。

6. 基础垫层混凝土易出现裂缝

在碾压混凝土坝的基础表面，往往需要先浇筑1～4m厚的常态混凝土垫层，然后停止该区域混凝土浇筑30～60d，以便进行固结灌浆，这一过程形成“薄层长间歇”。研究结果表明，“薄层长间歇”过程中浇筑的混凝土温度应力较大，极易出现裂缝。

我国碾压混凝土坝遍及全国广大地区，这些工程所处地区的气候条件往往差异巨大，个别地区的气候条件甚至非常恶劣。其中，西南的干热河谷高温季节的局部温度可达45℃，而东北地区冬季最低温度可低至－40℃。目前，我国已实现了在这些极端气候条件下的碾压混凝土不间断施工，从而积累了大量的碾压混凝土温度应力和温控防裂的研究成果和经验。

早期的工程师和研究人员大多认为，采用碾压混凝土筑坝可以大大简化温控措施，甚至可以不采取专门的温控措施，只要避开高温季节，自然浇筑即可。然而，工程实践表明，碾压混凝土施工过程中，缺少合适的温控措施同样会产生温度裂缝。一般情况下，控制浇筑温度、通水冷却、表面保温及高温季节仓面喷雾等常态混凝土施工中所经常采用的工程措施仍旧是必要的。

因此，及时系统总结碾压混凝土温控防裂的相关研究成果和经验教训对于我国今后水电水利工程建设有着非常重要的意义。

8.1.4 温度应力仿真分析

我国目前绝大多数碾压混凝土坝温度控制标准是根据温度场、温度应力仿真分析结果而定的。混凝土坝的温度场、应力场的时空变化受多种因素影响，包括混凝土热学、力学性能随龄期及温度的变化，施工过程，环境条件等。正确的温度场和应力场分布及变化过程只能通过仿真分析的方法确定，SL 314—2004《碾压混凝土设计规范》及NB/T 35026—2014《混凝土重力坝设计规范》对碾压混凝土坝的仿真分析均提出了要求。

碾压混凝土温度和应力仿真分析的基本方程与常态混凝土坝相同，但是碾压混凝土具有薄层碾压的特点，要正确模拟碾压混凝土的施工和温度应力，应该在一个碾压层内至少划分2层单元，对于一个大坝的三维仿真分析来讲，这样计算的规模十分庞大。朱伯芳院士在1994年就提出了并层解法和分区异步长算法，所谓并层解法即新浇混凝土用薄层精细单元来模拟温度沿碾压层厚度方向分布梯度，而被覆盖达到一定厚度后，由于温度梯度变小可将若干层单元合并，分层积分，并层求解。在混凝土早龄期由于水化热发热量大，温度随时间的变化剧烈，而到后期温度随时间变化变小，这样可以考虑在早龄期混凝土采用小的时间步长，在老龄期后用大的时间步长，这就是所谓的分区异步长算法。采用并层解法和分区异步长算法可以对碾压混凝土进行高精度大规模仿真分析。

碾压混凝土坝整体三维全过程仿真分析，往往需要数万甚至数十万节点，上千时步的计算，计算量巨大，而仿真分析中耗时最大的是方程求解，研究开发高速方程求解器是提高计算效率的途径之一。

最近十几年，大坝温度和应力仿真计算领域最大的进步体现在并层算法、分区异步长、等效水管算法及高效大规模方程求解共几个方面，以中国水利水电科学研究院开发的SAPTIS为代表的全过程仿真分析程序已具备这些功能，可以对混凝土坝从施工至运行全过程的温度场、变形、应力等进行仿真模拟，使我国在仿真分析方面处于国际领先地位。

8.1.5 重力坝分缝

重力坝分缝的目的是为了减少坝轴向温度应力，避免产生裂缝，即是一种温控防裂措施。碾压混凝土筑坝技术的应用早期认为，碾压混凝土水泥用量少，水化热温升低，温度控制措施可以大幅度简化，由于重力坝分缝影响到混凝土的大仓面碾压，不利于碾压混凝土快速施工优势的发挥，因此认为碾压混凝土坝可以少分缝，甚至不分缝。美国于1982年建成的柳溪坝坝顶长543m未设横缝，我国早期建成的几座重力坝如坑口、龙门滩、荣地等，虽然坝顶长度达到了120～150m，但未设横缝及诱导缝，天生桥二级、棉花滩、汾河二库等的横缝间距达70～90m（见表8－4）。但是，实践中发现坝段过宽时，极易出现裂缝，裂缝往往将过宽的坝段裂成若干段。我国某坝河床6个坝段为（5×36＋26）m，5个36m宽的坝段均开裂，缝宽最大达2mm。另一个碾压混凝土重力坝坝段宽50～64m，每个坝段都开裂成2～3段，最严重的裂缝从上游面一直到廊道，缝宽达2mm。

表8－4　部分碾压混凝土重力坝的分缝情况　m

序号	坝名	坝高	坝顶长度	横缝间距	采用横缝型式
1	坑口	57	123	无	
2	龙门滩	58	139	无	
3	荣地	50	136	无	
4	广蓄下库	43.5	153.1	无	常态混凝土按11～16
5	天生桥二级	61	470	68～73	诱导缝
6	潘家口	25	277	57	诱导缝
7	铜街子	88	1029	16～21	切缝

续表

序号	坝名	坝高	坝顶长度	横缝间距	采用横缝型式
8	水口	101	191	40	诱导缝
9	万安	68	1104	10～18	诱导缝
10	岩滩	111	525	20～46	诱导缝
11	锦江	60	229	15	诱导缝
12	大广坝	57	719	20～40	诱导缝
13	观音阁	82	1040	16	切缝
14	水东	57	203	无	诱导缝
15	山仔	65	273	不设	上游诱导
16	石板水	84	445	41～70	正规缝
17	桃林口	82	524	12.5～30	正规缝
18	大朝山	118	480	18～36	正规缝
19	棉花滩	111	303	33～70	正规缝
20	涌溪三级	86.5	187	56、37、42、52	诱导缝
21	汾河二库	73.4	201	66、45、90	正规缝
22	百色	130	720	33～35	正规缝
23	阎王鼻子	34.5	383	15～35	切缝
24	高坝洲	56	188.5	18.2～25	诱导缝
25	百龙滩	36	274	22～52	正规缝
26	白石	50.3	514	20～24	切缝
27	九甸峡	180	258	40～65～78	正规缝
28	临江	104	531	15	正规缝
29	思林	117	316	18～25	诱导缝
30	龙滩	192	741	20、22、25、30	切缝

朱伯芳院士早在 1993 年指出：碾压混凝土重力坝的分缝间距应当与常态混凝土块相近。早期的实践也证明，不设横缝或横缝间距过大，坝体会因温降收缩产生类似横缝的上下游方向的裂缝。目前碾压混凝土重力坝分缝已与常态混凝土坝相近，缝间距大多在 20～25m 之间，个别坝段因引水洞、泄洪等布置要求，可放宽到 35～40m，但须经过论证，并采取适当的温控措施。分缝方式采用横缝和诱导缝相结合的方式。

纵缝的设置不仅会影响到碾压混凝土施工，更重要的是，由于碾压混凝土重力坝不设二期冷却，靠自然散热温度下降到稳定温度需要几十年甚至上百年的时间，因此难以进行并缝灌浆，所以目前为止的碾压混凝土重力坝都未设纵缝，而是采用通仓浇筑。

8.2 影响碾压混凝土温控防裂的基本因素

8.2.1 水文气象

水电站大坝是由人工建造、又回归自然的建筑物，环境友好、浑然天成是其最佳的运行状态。在水电站大坝的长期运行中，环境温度（气象水文条件和水库水温）是影响大坝安全运行的重要边界条件，是大坝性态发展的外因。在大坝设计之初，科学地考虑环境因素的影响，在多年环境参数积累的基础上，模拟大坝建成后的环境状况，合理的温控参数和系统的温控措施，使得建成后的大坝能够与周围环境和谐共存，是水电站大坝温控设计的主导思想。

8.2.1.1 不同地区的水文气象条件

水文气象参数包括气温、太阳辐射、风速、云量、蒸发量、降雨、入库流量、入库水温、河流泥沙含量等。我国幅员辽阔，东西南北中的气候条件差异很大。

通常情况下，我国大部分西南地域地处低纬高原，由于大气环流的影响，冬季受干燥的大陆季风控制，夏季盛行湿润的海洋季风。气候类型丰富多样，有北热带、南亚热带、中亚热带、北亚热带、南温带、中温带、高原气候区共七个气候类型。兼具低纬气候、季风气候、山原气候的特点。其主要表现为气候的区域差异和垂直变化十分明显；年温差小、日温差大；降水充沛，干湿分明，分布不均。

我国的西北地域主要气候类型属于温带大陆性气候，在青海、新疆、甘肃及靠近青藏高原的地区气候属于高原气候。其共同特点是气候干旱、降水稀少，冬冷夏热、年温差和日温差均很大。

我国东北地区是我国纬度位置最高的区域，属温带湿润、半湿润大陆性季风气候。夏季高温多雨，冬季寒冷干燥。冬季由于从北冰洋、西伯利亚极地来的寒潮直袭，因而冬季气温较同纬度大陆低 10℃以上。夏季由于其南面临近渤海、黄海，东面临近日本海，导致经华中、华北而来的变性很深的热带海洋气团，可经渤海、黄海补充湿气后进入东北，给东北带来较多雨量和较长的雨季。由于气温较低，蒸发微弱，降水量虽不十分丰富，但湿度仍较高，从而使东北地区在气候上具有冷湿的特征。

我国华东及华南地域属亚热带季风气候区，冬夏季风交替显著，年温适中，四季分明，雨量丰沛，日照充足。流域多年平均降水量较大（多为 1000～2000mm 以上），多年平均雨日大于 100d 域内的降水主要为春雨、梅雨、台风暴雨及局部雷阵雨，其中台风暴雨和梅雨是形成流域大洪水的主要因素。

我国的华中地区主要属于亚热带区，跨中亚热带和北亚热带两个气候带，年平均气温在 14～21℃之间，气温由北向南递增；年降水量为 800～2000mm，降水分布由东南沿海向西北递减。地形对降水量影响显著，华中地区一般山地多于平地，向风坡多于背风坡，气候温暖而湿润，是中国热量条件优越，雨水丰沛的地区；冬季气温虽较低，但并无严寒，没有明显的冬季干旱现象；春季相对多雨；夏季则高温高湿，降水充沛；秋季天气凉爽，常有干旱现象；冬夏季交替显著。这种温寒适宜、雨热同季的特征，具有明显的亚热带季风气候特点。

8.2.1.2　代表河流河段的气象水文条件

1. 澜沧江

澜沧江发源于青藏高原唐古拉山，其源头为海拔 5160.00m 的拉塞贡码山南麓冰川末端，流经西藏进入云南，于西双版纳州流出国境。澜沧江在我国境内长约 2100km 的河段上，集中了近 5000m 的落差，其中云南境内河段长 1240km，落差 1780m，水能资源十分丰富。由于“建库条件好，水库调节性能好，淹没损失小，地理位置适中”，在三大流域中，澜沧江被我国列为实施“西电东送”战略重点开发的水电基地之一优先开发。澜沧江流域典型水电工程气象水文要素统计见表 8－5。

表 8－5　澜沧江流域典型水电工程气象水文要素统计表

项目	月份	1	2	3	4	5	6	7	8	9	10	11	12	全年
多年平均气温（℃）	上游托巴站	3.8	5.1	7.6	10.9	15.2	18.2	18.5	18.0	16.3	12.6	7.8	4.5	11.5
	中游小湾站	12.9	14.8	18.4	20.7	23.1	23.5	22.9	23.1	21.8	19.6	15.8	12.8	19.1
	下游景洪站	16.0	18.0	21.1	24.3	25.7	25.8	25.4	25.1	24.5	22.6	19.4	16.2	22.0
多年平均水温（℃）	上游托巴站	4.0	5.0	6.0	8.0	10.0	12.0	12.5	13.0	13.4	10.0	6.2	4.2	8.7
	中游小湾站	9.9	11.6	13.7	15.8	17.2	19.5	20.0	20.3	19.1	16.8	13.5	10.5	15.7
	下游景洪站	13.1	14.5	16.9	18.6	20.4	21.7	22.2	22.2	21.5	19.7	16.9	14.0	18.5
多年平均风速（m/s）	上游托巴站	1.7	2	2.1	1.9	1.6	1.6	1.5	1.3	1.2	1.2	1.3	1.4	1.6
	中游小湾站	2.0	2.5	2.7	2.8	2.3	1.8	1.6	1.5	1.7	1.5	1.7	1.8	2.0
	下游景洪站	0.4	0.5	0.6	0.7	0.8	0.7	0.6	0.5	0.4	0.4	0.3	0.3	0.5
多年平均流量（m^3/s）	上游托巴站	239	223	259	410	657	1228	1777	1798	1517	942	505	317	822.67
	中游小湾站	418	375	405	585	879	1580	2370	2690	2270	1610	881	555	1218.2
	下游景洪站	1307.2	1412.6	1497.9	1478.7	1741.8	1325.9	1643.2	3000.3	2493.1	1609.2	1322.5	1251.6	1673.7
多年平均平均蒸发量（mm）	上游托巴站	93.3	92.1	117.3	130.2	176.1	157.6	142.9	135.2	110.1	109.5	101.3	94.4	1460.0
	中游小湾站	79.4	92.3	133.3	130.8	133.4	86.9	70.5	84.8	75.2	74.4	66.1	63.9	1091.1
	下游景洪站	90.2	126.3	173.8	195.6	194.8	146.6	131.7	130.7	131.5	112.5	87.0	74.7	1595.2

2. 金沙江

金沙江是我国第一大河长江的上游，位于世界屋脊青藏高原腹地的长江江源水系汇成通天河后，到青海玉树县境进入横断山区，开始称为金沙江。流经云南高原西北部、川西南山地，到四川盆地西南部的宜宾接纳岷江为止，全长 2316km，流域面积 34 万 km^2。由于流经山高谷深的横断山区，水流湍急，向东南奔腾直下，至云南省丽江纳西族自治县石鼓附近突然转向东北，形成著名的虎跳峡，两岸山岭与江面高差达 2500～3000m，是世界最深峡谷之一。金沙江落差 3300m，水力资源 10 亿 MW 多，占长江水力资源的 40%以上。流域内矿物资源丰富，但流急坎陡，江势惊险，航运困难。由于河床陡峻，流水侵蚀力强，金沙江是长江干流宜昌站泥沙的主要来源。

金沙江流域径流主要来自降水，上游有部分融雪补给。根据屏山站1939～1992年共53年水文年流量资料统计，实测最大流量为29 000m^3/s，实测最小流量为1060m^3/s，洪枯水位变幅达15.3m。多年平均流量为4570m^3/s，折合年径流量为1440亿m^3，径流深为314mm，径流模数为9.97L/（s·km^2）。金沙江流域典型水电工程气象水文要素统计见表8-6。

表8-6　金沙江流域典型水电工程气象水文要素统计表

项目	月份	1	2	3	4	5	6	7	8	9	10	11	12	全年
多年平均气温（℃）	上游站	—	—	—	—	—	—	—	—	—	—	—	—	—
	中游鲁地拉站	15.2	18.2	21.9	24.7	26.6	26.5	25.8	25.2	23.7	21.7	18.0	15.0	21.9
	下游溪洛渡站	10.6	12.4	16.2	21.1	23.9	25.8	27.1	27.1	23.9	19.6	17.0	12.2	19.7
多年平均水温（℃）	上游站	—	—	—	—	—	—	—	—	—	—	—	—	—
	中游鲁地拉站	10.2	12.2	14.8	16.7	18.5	20.8	20.7	20.1	19.8	17.7	13.0	10.0	16.2
	下游溪洛渡站	12.0	13.4	16.2	19.4	21.7	23.0	22.5	22.7	21.1	18.8	16.3	13.2	18.4
多年平均风速（m/s）	上游站	—	—	—	—	—	—	—	—	—	—	—	—	—
	中游鲁地拉站	0.9	1.2	3.0	2.7	1.5	2.4	2.1	2.0	2.1	2.0	1.9	2.0	2.0
	下游溪洛渡站	3.3	3.6	3.9	3.5	2.9	2.2	1.9	2.0	2.2	2.9	3.3	3.2	2.9
多年平均流量（m^3/s）	上游站	—	—	—	—	—	—	—	—	—	—	—	—	—
	中游鲁地拉站	602.4	535.7	534.2	644.6	1166	1548	2708	4605	3701	2961	1315	804.1	1770
	下游溪洛渡站	1846.6	1693.4	1657.4	1801.7	2326.8	4790.3	8103.0	10 095.8	9735.6	6837.5	3486.7	2224.4	4550
多年平均蒸发量（mm）	上游站	—	—	—	—	—	—	—	—	—	—	—	—	—
	中游鲁地拉站	132.5	147.2	342.9	402.5	311.7	201.2	183.4	121.1	142.5	141.6	121.5	105.8	185.7
	下游溪洛渡站	130.5	141.0	219.1	258.7	265.2	205.7	206.9	220.2	164.5	139.6	153.5	132.4	2237.2

3. 黄河

黄河是中国第二长河，世界第五长河，也是世界上含沙量最多的河流。黄河源于青藏高原巴颜喀拉山，长达5464km，流域面积达到752 442.76km^2。黄河干流贯穿九个省、自治区，分别为青海省、四川省、甘肃省、宁夏回族自治区、内蒙古回族自治区、陕西省、山西省、河南省、山东省，最终注入渤海。年径流量574亿m^3，平均径流深度79m。沿途汇集有35

条主要支流，较大的支流多在上游，有湟水、洮河；在中游有清水河、汾河、渭河、沁河，下游有伊河、洛河。由于下游两岸缺乏湖泊且河床较高，流入黄河的河流很少，因此黄河下游流域面积很小，不宜建设水电站。

黄河流域界于北纬 32°～42°、东经 96°～119°之间，南北相差 10 个纬度，东西跨越 23 个经度，集水面积 75.2 万 km^2，河源至河口落差 4830m。流域内石山区占 29%，黄土和丘陵区占 46%，风沙区占 11%，平原区占 14%。

黄河流域水土流失严重，河流泥沙含量大，尽管降水量少，但蒸发量却很大。例如：上游贵德站年平均降雨量为 175mm，而蒸发量为 1950mm；黄河万家寨水利枢纽，年平均降雨量为 200～400mm，比全国平均年降水量少了 16%，而蒸发量却超过了 2000mm。尽管守着黄河，两岸水资源却严重缺乏。黄河流域典型站点气象水文要素统计见表 8-7。

表 8-7　　黄河流域典型站点气象水文要素统计表

项目 \ 月份		1	2	3	4	5	6	7	8	9	10	11	12	全年
多年平均气温（℃）	上游贵德站	-6.4	-2.4	3.7	9.6	13.5	16.2	18.3	18.2	13.5	7.3	0.1	-5.0	7.3
	中游万家寨站	-11.2	-7.1	1.1	9.2	16.3	21.0	22.8	20.8	14.8	7.8	-1.2	-9.6	7.1
多年平均水温（℃）	上游贵德站	5.17	4.47	4.43	6.13	7.27	8.07	9.23	10.10	11.17	10.67	8.87	5.4	7.58
	中游万家寨站	—	—	—	8.3	14.5	19.5	22.3	21.5	16.4	9.6	2.3	—	—
多年平均风速（m/s）	上游贵德站	1.3	2.2	3.0	0.7	2.5	2.1	2.0	2.1	2.2	1.8	1.3	1.1	2.0
	中游万家寨站	1.8	2.1	2.6	3.2	3.1	2.7	2.2	1.9	1.8	2.0	2.1	1.9	2.3
多年平均流量（m^3/s）	上游贵德站	568.4	589.6	614.9	638.3	475.7	582.2	677.9	846.6	867.1	569.7	628.4	563.0	635.1
	中游万家寨站	523	620	473	549	759	982	1500	1882	626	285	474	545	768.2
多年平均蒸发量（mm）	上游贵德站	50.6	83.6	174.9	250.6	254.8	231.5	235.4	244.8	173.5	130.8	73.7	46.1	1950.3
	中游万家寨站	29.8	45.1	118.1	246.9	352.5	334.5	337.9	271.6	160.5	123.7	59.4	30.1	2109.9
多年平均降雨量（mm）	上游贵德站	9.6	7.4	0.5	8.6	19.7	20.6	30.0	22.4	22.6	9.7	12.2	11.7	175
	中游万家寨站	10.5	8.4	0.8	9.9	22.5	25.5	38.8	45.4	32.5	13.2	15.4	12.7	235.6
多年平均含沙量（kg/m^3）	上游贵德站	—	—	—	—	—	—	—	—	—	—	—	—	—
	中游万家寨站	0.60	0.66	3.75	5.33	5.31	4.49	17.57	15.45	10.59	5.2	5.14	0.88	6.25

4. 雅砻江

雅砻江发源于青海巴颜喀拉山系尼彦纳克山与冬拉冈岭之间，洁白的冰雪融水，集成涓涓细流，成为它的上源“扎曲”。在石渠县附近进入四川时，才正式被称为雅砻江。雅砻江干流总长约 1500km，在四川境内全长达 1375km。在尼坎多以下流入四川后，基本南流，通过四川省内面积最大，海拔最高，气温最低的石渠县、甘孜县，然后在连绵不断的峡谷中向南穿过以黄金产地闻高的新龙县，飞驰过四川第一高峰——海拔 7566.00m 的贡嘎山，来到盛产良木的木里县，受到锦屏山的阻挡，流向骤然拐向北东，继而又急转南流，环绕着锦屏山绕了个一百多度的大急弯，形成长达 150km、中国著名“三大河湾”之一的雅砻江大河湾，湾道颈部最短距离仅 16km，水头落差高达 310m，巨大的水能资源蕴藏其中，为世上所罕见。在大河湾口处，经冕宁县又挤过锦屏山和牦牛山勒成的峡谷，一泻千里。越过钢城攀枝花市，投入金沙江的怀抱。

雅砻江滩多水急，水量丰沛，自然落差大。水资源十分丰富。雅砻江径流是由降雨、地下水和融雪水三部分组成，其中降雨为地下水和融雪水之和的一半。降水量上游一般为 600～800mm，中游为 1000～1800mm，其中东侧贡嘎山，小相岭山区可达 1500～1700mm，下游区为 900～1300mm。降雨，使雅砻江径流丰沛而稳定，年内年际间变化不大。估水期流量比较平稳。据小得石水文站 18 年水文资料分析，多年平均流量为 1550m^3/s，最大年均流量为 2330m^3/s，最小平均流量为 1220m^3/s。年内径流的变化，11 月—次年 5 月为枯水期，水量约占全年径流量的 24%，6—10 月为丰水期，占全年径流的 26%左右。雅砻江年水量为 570 亿 m^3，占长江上游的 13%，在四川境内流程 1375km 中，天然落差 3192m，平均比降 2.32‰。雅砻江流域典型水电工程气象水文要素统计见表 8－8。

表 8－8　雅砻江流域典型水电工程气象水文要素统计表

项目 \ 月份		1	2	3	4	5	6	7	8	9	10	11	12	全年
多年平均气温（℃）	中游杨房沟站	8.8	12.0	15.5	18.6	21.3	21.9	21.8	21.0	19.9	17.2	11.6	7.9	16.5
	下游锦屏站	10.3	13.8	17.6	20.5	21.5	21.5	21.4	21.3	19.2	17.0	12.7	9.3	17.2
	下游二滩站	11.2	14.7	19.1	22.9	25.6	27.4	25.3	24.6	22.3	19.2	15.0	11.4	19.9
多年平均水温（℃）	中游杨房沟站	3.8	5.8	9.0	12.3	14.9	16.0	17.2	16.9	15.3	12.5	7.3	3.7	11.2
	下游锦屏站	5.1	7.2	10.3	13.4	15.8	16.9	17.2	17.4	15.7	13.3	9.1	5.7	12.3
	下游二滩站	7.9	10.0	12.9	15.9	17.6	18.7	19.2	18.9	17.3	16.4	11.8	8.4	14.6
多年平均风速（m/s）	中游杨房沟站	0.7	1.1	1.3	1.4	1.4	1.0	0.6	0.3	0.3	0.4	0.5	0.4	0.8
	下游锦屏站	1.3	1.7	2.1	1.8	1.6	1.1	0.8	0.8	1.0	1.0	1.1	1.0	1.3
	下游二滩站	1.3	1.6	1.9	1.9	1.7	1.2	1.1	0.9	0.7	0.8	0.9	1.0	1.3

续表

项目 \ 月份		1	2	3	4	5	6	7	8	9	10	11	12	全年
多年平均流量（m^3/s）	中游杨房沟站	227	198	214	347	477	766	1550	2030	2010	1470	623	340	854.3
	下游锦屏站	311	275	295	438	849	1480	4030	1830	2450	1340	696	440	1202.8
	下游二滩站	550	600	600	600	1010	2500	4300	6200	5000	2500	1000	580	2120
多年平均蒸发量（mm）	中游杨房沟站	97.8	113.6	155.7	178.6	181.4	138.0	125.3	114.4	111.6	97.6	89.2	92.3	1495.5
	下游锦屏站	126.0	172.4	255.0	270.6	226.1	148.5	119.7	116.7	89.5	95.9	78.4	83.9	1782.7
	下游二滩站	134.5	193.4	263.4	289.3	245.9	152.7	131.8	123.6	95.4	108.4	82.3	91.5	1912.2

8.2.2 水库水温

水库水温是水电站混凝土大坝的一个重要的温度边界条件，是大坝温度应力和温度控制的重要影响因素之一。上游水库水温将直接影响到大坝运行期稳定（准稳定）温度场的分布。

8.2.2.1 水库水温分布的主要规律

在河道上修建大坝后，形成了水库，改变了河道的自然环境。水库通过蓄水成库后，水温的变化是一个很复杂的现象，受多种因素的控制。通过对已建水库的大量水温观测资料进行统计分析，水库水温分布有如下主要规律：

（1）在天然河道中，水流速度较大，属于紊流，水温在河流断面中的分布近乎均匀。但在大中型水库中，尽管不同的水库在形状、气候条件、水文条件、运行条件上有很大的差异，但由于水流速度很小，属于层流，基本不存在水的紊动。另外，水的密度依赖于温度，以4℃时的密度为最大，水温高于4℃时，水的密度随着温度的增高而减小；水温在0～4℃的范围时，水的密度随着温度的降低而减小，直至冰点。因此一般情况下，同一高程的库水具有相同的温度，整个水库的水温等温面是一系列相互平行的水平面。

（2）表面水温基本上随着气温的变化而变化，由于日照的影响，表面水温在多数情况下略高于气温。在寒冷地区，当水库表面结冰以后，表面水温就不再随气温变化。

（3）库水表面以下不同深度的水温均以一年为周期呈周期性的变化，变幅随深度的增加而减小。与气温比较，水温的年变化在相位上有滞后现象。一般情况下，在距离表面深度超过80m以后，水温基本上趋于稳定。

（4）库底水温主要取决于河道来水温度、地温以及异重流等因素。在无异重流等特殊情况的前提下，库底低温水层的温度在寒冷地区等于4～6℃，这是由于4℃水的密度最大。在温暖地区，约等于最低三个月的气温平均值，但如果入库水体源于雪山融化或地热条件特殊等情况，库底水温等于最低月平均水温加2～3℃。

（5）在多泥沙河流上，如有可能在水库中形成异重流，并且夏季高温浑水可沿库底直达坝前，则库底水温将有明显增高。

（6）综上所述，水库水温沿深度方向的分布，一般可分为3～4个层次：表层，该层水温主要受季节气温变化的影响，一般在10～20m深度范围；掺混变温层，该层水温在风吹掺混、热对流、电站取水及水库运行方式的影响下，年内不断变化，该层范围与水库引泄水建筑物的位置、运行季节及引用流量有关；稳定低温水层，一般对于坝前水深超过100m的水库，在距离水库表面60～80m以下的水体，由于受季节气温变化的影响很小，加之密度较大的低温水体下沉，将会形成一个比较稳定的低温水层，但如果电站的泄水建筑物位置较低，则情况将会有所变化；如果有异重流，或受蓄水初期坝前堆渣等因素的影响，库底局部水温将有明显增高。深水库年内水温分布示意见图8-1。

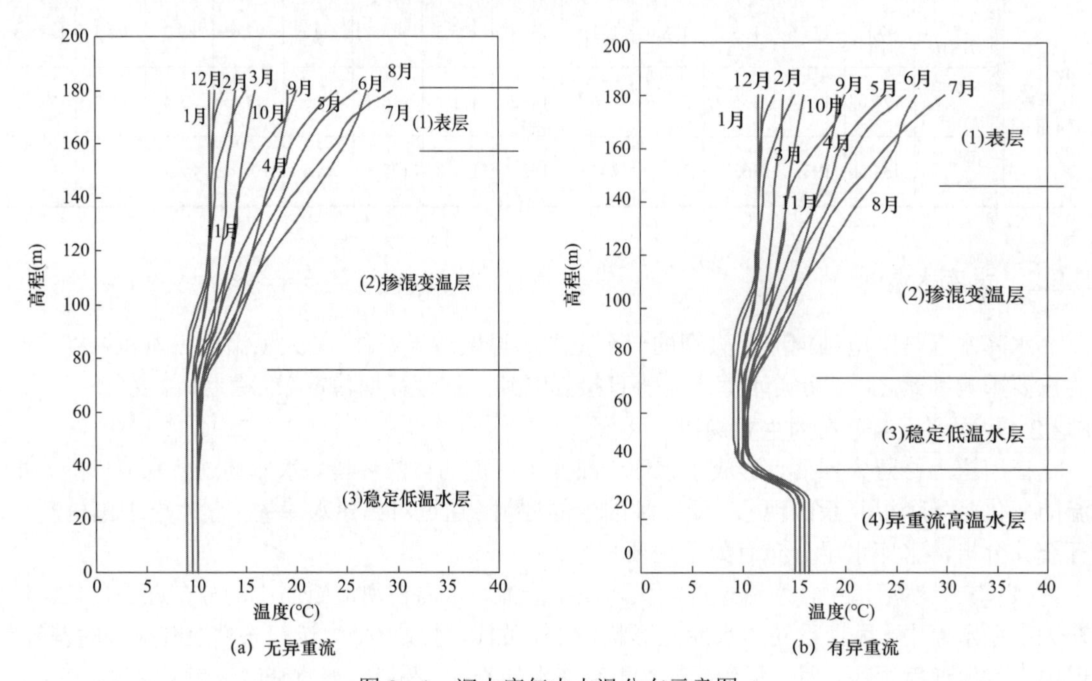

图8-1　深水库年内水温分布示意图

8.2.2.2　影响水库水温分布的主要因素

（1）水库形状参数：水库库容、水库深度、水库水位～库容～库长～面积关系等。

（2）水文气象条件参数：气温、太阳辐射、风速、云量、蒸发量、入库流量、入库水温、河流泥沙含量、入库悬移质等。其中气温、太阳辐射、入库流量、入库水温等因素，是直接参与热量交换的热源；风速、云量、蒸发量等因素，是热量交换的条件或催化剂；而入库悬移质则是水体热量交换中的外力。

（3）水库运行条件参数：水库调节方式、电站进水口位置及引水能力、水库泄水建筑物位置及泄流能力、水库的运行调度情况、水库水位变化等。

（4）水库初始蓄水条件参数：初期蓄水季节、初期蓄水时地温、初期蓄水温度、水库蓄水速度、坝前堆渣情况、上游围堰处理情况等。

8.2.2.3　典型水库的库水温分布

表8-9和表8-10分别为国内部分水电水利工程（碾压混凝土大坝）水文气象及水库水温要素统计表。图8-2～图8-5所示为几个典型水库坝前水库水温实测值。

表8-9 国内部分水电水利工程（碾压混凝土坝）水文气象要素统计表

序号	水库	工程地址/所在河流	坝型	总库容（亿 m^3）	年总径流（亿 m^3）	气温（℃）			河道水温（℃）			河流泥沙（kg/m^3）	风速（m/s）	太阳辐射（kJ/cm^2）	云量（成）	水面蒸发量（mm）
						年平均	最低月平均	最高月平均	年平均	最低月平均	最高月平均					
1	龙滩	广西/红水河	重力坝	162/273	517	20.1	11.0	27.1	21.0	14.5	25.6	0.627	0.7	399 767	8	1023.2
2	光照	贵州/北盘江	重力坝	32.45	81.1	20.5	11.8	26.7	17.9	12.8	21.5		1.2			980.1
3	黄登	云南/澜沧江	重力坝	14.18	283.5	11.1	3.1	17.7	13.2	6.8	19.2		1.6			1645.2
4	官地	四川/雅砻江	重力坝	7.6	451	17.2	9.3	22.6	13.0	6.0	17.5		1.3		6.2	1783
5	亚碧罗	云南/怒江	重力坝	4.93	473	16.9	9.5	23.3	14.2	8.3	20.3	0.63	1.9			1038.7
6	向家坝	四川/金沙江	重力坝	51.63	1457	18.4	8.4	27.0	18.4	11.6	22.9	1.72	1.5	6600	8.8	1140.4
7	托巴	云南/澜沧江	重力坝	10.39	259.2	11.5	3.8	18.5	13.3	6.7	18.7		1.5		6.5	1460
8	鲁地拉	云南/金沙江	重力坝	17.18	558.2	21.9	15	26.6	16.2	10	20.8	0.81	2.0			2228.4
9	沙牌	四川/草坡河	拱坝	0.18	5.39	11.3	0.8	20.9	8.4	3.4	12.6		1.5		6.8	756.2
10	百色	广西/右江河	重力坝	56.6		22.1	13.3	28.5	22.3	14.9	27.4					
11	索风营	贵州/乌江	重力坝	2.012	124.6	16.3	5.4	25.6	16.8	9.4	22.8		2.0		8.2	1007.4
12	龙开口	云南/金沙江	重力坝	5.58	533	20.7	12.7	26.2	14.8	7.8	20.1	0.808	0.6			
13	彭水	重庆/乌江	重力坝		404	17.4	7.1/3.7	28.5/30.7	18	11.6	24.4		0.7			
14	棉花滩	福建/汀江	重力坝	2.035		20.1	10.7	27.5	20.3	10.8	28.1		2.4			1163.2
15	景洪	云南/澜沧江	重力坝	11.39		22	16	25.8	18.5	13.1	22.2		0.5	132.06		
16	招徕河	湖北/招徕河	拱坝	0.703 3	5.2	16.4	4.6	27.5	15.7	6.9	25.3		1.2			
17	大华桥	云南/澜沧江	重力坝	2.93		16.7	8.7	23.2					1.4			1037.4
18	功果桥	云南/澜沧江	重力坝	3.16		15.4	7.6	21.6	13.3（入库水温）	6.7	18.7		1.9		6	
19	铜街子	四川/大渡河	重力坝	2		16.8	7.2	25.5	14.3	7.5	19.6					
20	观音阁	辽宁/太子河	重力坝	21.68	10.74	6.8	−13.1	23.3	9.1	0	21.2		2.1	490.1	5.0	1372.1
21	普定	贵州/三岔河	拱坝	3.77/4.21		15.08/14.7			16.3			1.042	1.8			
22	乐滩	广西/红水河	重力坝	9.5		20.8	11.1	28.4	21.4	14.7	26.1		1.6			

表 8-10　国内部分水电工程（碾压混凝土坝）水库水温要素统计表

序号	水库	竣工年份（含计划）	装机容量（MW）	水库调节性能	特征高程（m）		最大坝高	正常蓄水位（m）	坝前水深（m）	下游尾水位（m）	引泄水建筑物中心线高程（m）		库水温度（℃，含预测）			变温层深度（m）	是否有异重流
					建基面	坝顶					电站引水	泄水建筑物	表面年均	表面年变幅	库底年均		
1	龙滩	2008（一期/最终）	5400/6300	年～多年调节	190	382/406.5	192/216.5	375/400	185/210	226	305	表孔 355/380	20.7	7.0	13.4	110	暂无
2	光照	2008	1040	不完全多年调节	550	750.5	200.5	745	195	605	675	表孔 725	21.3	6.1	14.9	100	暂无
3	黄登		1900	季调节	1422	1625	203	1619	197	1480	1560	表孔 1598	12.5	6.8	10.3	100	暂无
4	亚碧罗		2100	日调节	918	1082	164	1079	160	962	1037	表孔 1058	18.4	6.8	11.8	80	暂无
5	向家坝	2015	6400		222	384	162	380	158	270	349.3	中孔 309	19.8	8.7	12.5	90	
6	托巴		1400	季调节	1582	1740	158	1735	153	1620.8	1706.7	表孔 1719.5	12.7	6.9	6.0	85	暂无
7	鲁地拉		2160	周调节	1088	1228	140	1223	135	1155	1196	表孔 1204	22.9	5.4	12.9	70	暂无
8	沙牌	2003	36	不完全年调节	1735.5	1867.5	132	1866	130		1818	泄洪洞 1846、1805	12	7	6	50	
9	索风营	2006	600	日调节	721.8	843.8	122	837	115	756	804	表孔 818.5	17.8	8.1	14.2	50	
10	观音阁	1995	20.75	多年调节	185	267	82	255.2	70		217.3	底孔 206.5	10	11.5	5.3	80	无
11	坑口	1986	1.5				56.8	614.5				608.5	21.08	12.68	12.35		

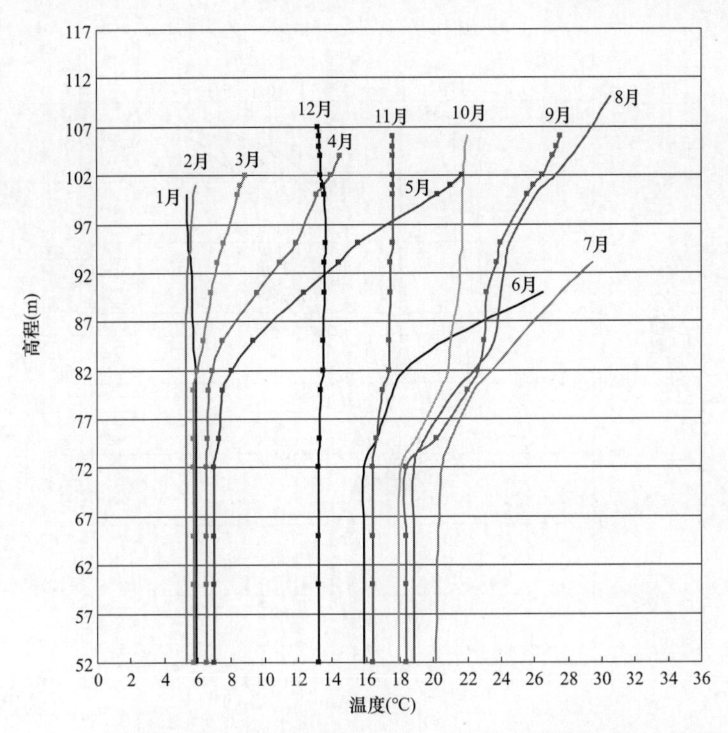

图 8－2　温带清水浅库－安徽梅山水库 1968 年坝前水库水温实测值
（中国华东安徽，淮河支流史河，水库深度小于 80m）

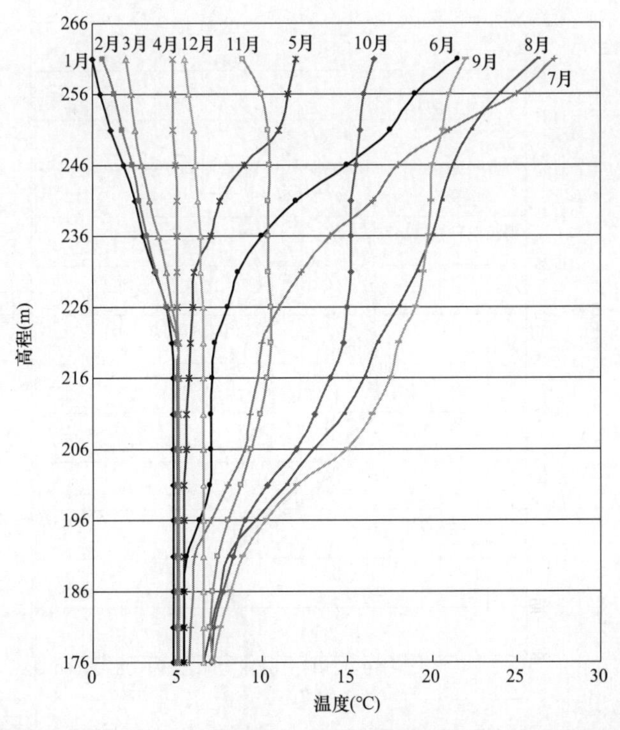

图 8－3　寒冷地区–吉林丰满水库 1970 年坝前水库水温实测值
（中国东北吉林，发源于长白山天池的第二松花江，水库深度 80m）

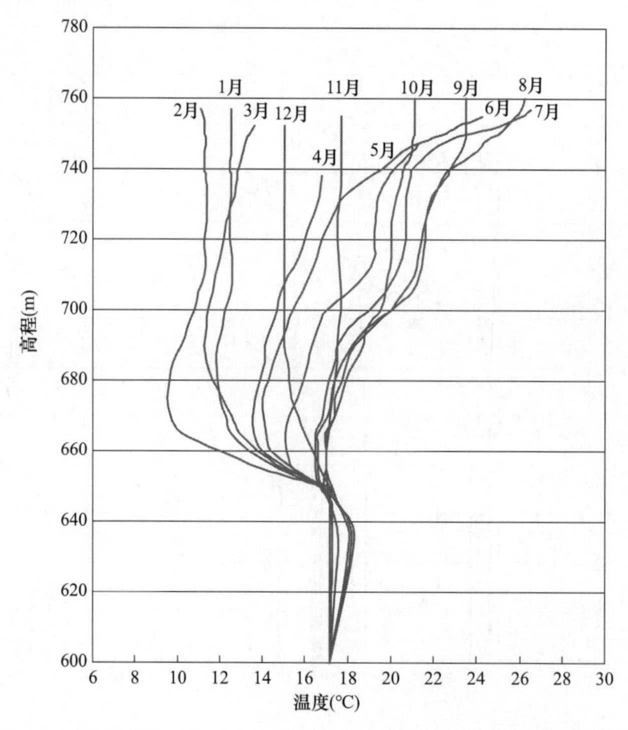

图 8-4 异重流-贵州乌江渡水库 1984 年坝前水库水温实测值
（中国西南贵州，乌江中游岩溶典型发育区，水库深度 160m）

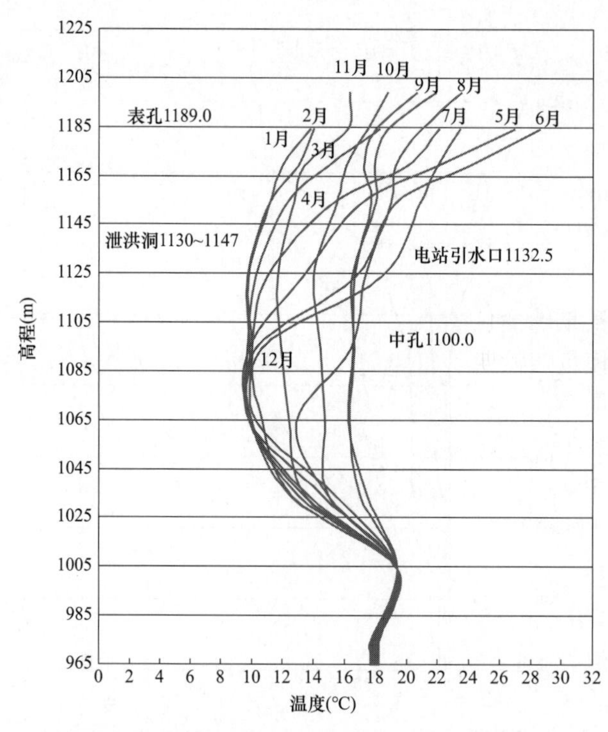

图 8-5 深库库底坝前淤积-四川二滩水库 2005 年坝前水库水温实测值
（中国西南四川，雅砻江下游，水库深度 240m）

8.2.3 碾压混凝土的材料特点

碾压混凝土原材料与常态混凝土相同，但胶凝材料中水泥用量相对减少，增加了粉煤灰或其他掺合料的用量。于是混凝土中早期的抗压强度会较低且增长较慢。

碾压混凝土的抗压强度与其密实程度有关；与粉煤灰的掺量有关，混凝土粉煤灰掺量越高，28d 以内的抗压强度越低。

碾压混凝土弹性模量随龄期的增长而增加，其增长率与水泥品种及用量有关。水泥用量少的碾压混凝土早龄期弹性模量较低，根据统计资料，碾压混凝土 90d 龄期的弹性模量为 22～43GPa。90d 比 28d 增长 4%～58%，低于抗压强度的增长率 12%～63%。

碾压混凝土的抗拉强度与常态混凝土一样，随着龄期的增长而增加；随水灰比的增大而减小；随抗压强度的增加而增加。资料显示碾压混凝土 90d 龄期的抗拉强度与 28d 相比，其增长速度较同龄期的抗压强度大。

极限拉伸值是大体积碾压混凝土结构抗裂的重要指标之一。随着龄期的增长而增加，随水灰比的增大和粉煤灰掺量的增加而降低。

水化热是影响混凝土温度应力的一个重要因素，实际温控研究中温度场计算时所采用的是混凝土的绝热温升。

8.2.3.1 配合比与基本参数

碾压混凝土的配合比有别于常态混凝土，它的水泥用量相对较少，含砂率较高，同时掺合料的用量也比较大。水泥用量小了，混凝土的发热量也就减小了，尤其是降低了混凝土早期的发热量，对控制混凝土的最高温度，减小基础温差有利。其温控措施较常态混凝土简单，降低了温控的费用。

碾压混凝土重力坝的碾压混凝土强度等级一般为 $C_{90}10$、$C_{90}15$、$C_{90}20$、$C_{90}25$。水泥用量一般为 50～100kg/m^3，粉煤灰掺量一般为 100kg/m^3。

碾压混凝土的线膨胀系数一般为（5～10）$\times 10^{-6}$/℃。碾压混凝土的线膨胀系数随着骨料用量的增加而减小。

8.2.3.2 弹性模量随龄期的变化

碾压混凝土弹性模量随龄期的增长而增加，其增长率与水泥品种及用量有关。水泥用量少的碾压混凝土早龄期弹性模量较低，至 90d 比 28d 增长 4%～58%，低于抗压强度的增长率 12%～63%。根据统计资料，碾压混凝土 90d 龄期的弹性模量为 22～43GPa。

受混凝土配合比骨料等因素的影响，碾压混凝土的弹性模量往往会大于同龄期的常态混凝土的相应值。

8.2.3.3 强度及极限拉伸随龄期的变化

1. 抗压强度

抗压强度是碾压混凝土结构设计的重要指标，是碾压混凝土配合比设计的重要参数，抗压强度与碾压混凝土的密实程度有关。碾压混凝土的抗压强度受下列因素影响：① 水灰比；② 用水量；③ 砂率；④ 外加剂（随含气量增加而降低）；⑤ 粉煤灰（改善拌和物和易性；填充空隙，增加容重；与水泥水化析出 $Ca(OH)_2$ 发生二次水化反应；降低水化热）掺量。与常态混凝土类似，碾压混凝土的抗压强度与水胶比有关。

碾压混凝土的抗压强度试验一般采用立方体试件或圆柱体试件。

从典型工程试验成果看，碾压混凝土的抗压强度与常态混凝土对比有以下差异：

（1）早期比较接近。

（2）半熟龄期较大，强度增长的速率较慢。

（3）最终强度小。

2. 轴向抗拉强度

碾压混凝土的抗拉强度与常态混凝土一样，随着龄期的增长而增加；随水灰比的增大而减小；随抗压强度的增加而增加。

从典型工程试验成果看，碾压混凝土的抗拉强度与常态混凝土对比有以下差异：

（1）总体偏小。

（2）半熟龄期较大，抗拉强度增长的速率较慢。

（3）最终强度小。具体相差多少，与不同工程的配合比、骨料特性有关。

3. 极限拉伸值

极限拉伸值是大体积碾压混凝土结构抗裂的重要指标之一。随着龄期的增长而增加，随水灰比的增大和粉煤灰掺量的增加而降低。

180d 龄期的极限拉升值一般小于 100×10^{-6}，180d 龄期前的碾压混凝土极限拉伸值小于相同龄期的常态混凝土。

从典型工程实验成果看，碾压混凝土的极限拉伸值与常态混凝土对比有以下差异：

（1）总体偏小。

（2）半熟龄期较大，抗拉强度增长的速率较慢。

（3）最终值小，与不同工程的配合比及原材料有关。

8.2.3.4 绝热温升随龄期的变化

水化热是影响混凝土温度应力的一个重要因素，实际温控研究中温度场计算时所采用的是混凝土的绝热温升。

碾压混凝土中的水泥及粉煤灰等掺合料在水化过程中放出的热量为胶凝材料的水化热。而碾压混凝土的绝热温升指的是混凝土在绝热条件下的温升值。根据统计资料，除变态混凝土外，碾压混凝土的绝热温升一般在 16～23℃之间，混凝土半熟龄期（绝热温升达到最大绝热温升的一半时的龄期）一般为3～7d。相对于常态混凝土而言，绝热温升相对较低，发热相对较慢。

从典型工程试验成果看，碾压混凝土的绝热温升值与常态混凝土对比有以下差异：

（1）由于水泥用量少，发热量偏小；

（2）半熟龄期较大，绝热温升值增长的速率较慢。

8.2.4 施工特点对大坝混凝土温度与应力的影响

在结构形式和混凝土配合比已经确定的前提下，实际施工中大坝混凝土的温度和温度应力水平，主要取决于大坝的施工方式和施工措施。

8.2.4.1 碾压混凝土坝的施工特点

碾压混凝土施工技术是在混凝土施工中，采用类似于土石坝填筑的施工工艺，将混凝土振动碾压密实的一种施工技术。碾压混凝土施工突破了传统的柱状浇筑法，将土石坝施工机械容量大、速度快、作业面大等优点，与混凝土坝混凝土强度高、耐久性强等特点相结合，成为现代混凝土筑坝的主导技术之一。与常态混凝土坝的施工技术相比，碾压混凝土具有以下特点：

（1）常态混凝土施工特点是柱状浇筑、垂直振捣和应用流态大的混凝土，施工振捣中往往会出现漏振现象。而碾压混凝土施工时，采用薄层、大仓面连续碾压，一次碾压厚度只有 30cm 左右，不易出现漏碾现象。但每个浇筑层由多个碾压层组合而成，因而水平施工层面较多，存在层间结合问题，而层间结合与混凝土质量、上层覆盖时间、外界气候条件等因素有关。层间结合的质量直接影响到混凝土的层间抗拉强度及抗滑稳定。

（2）碾压混凝土的原材料与常态混凝土相同，但胶凝材料中水泥用量相对减少，增加了粉煤灰或其他掺合料的用量，用水量也有所减小。水泥用量少了，混凝土的发热量相应降低，从而对控制混凝土的温差、降低温度拉应力水平有益。但是碾压混凝土的极限拉伸一般低于常态混凝土，与常态混凝土相比抗裂能力较差。

（3）碾压混凝土重力坝断面设计与常态混凝土坝相同，通常建基面用常态垫层混凝土找平，上游面用 1m 左右的变态混凝土及相邻的 6～8m 的二级配混凝土作为防渗层，大坝主体混凝土则采用三级配碾压混凝土。由于碾压混凝土重力坝的最大底宽不变，受基础约束或下层混凝土的约束程度不变，因此在水管冷却措施相对常态混凝土坝较弱的情况下，由上下层温差导致的温度应力会较大。

（4）随着碾压混凝土筑坝技术的发展，近年来碾压混凝土坝施工中，也采用水管冷却措施来控制温差。但由于碾压混凝土施工多采用通仓浇筑，坝体不设纵缝，因而没有接缝灌浆前的二期冷却，坝体温度只靠自然散热，而温度要降到稳定温度场，需要相当漫长的过程。因此在很长的时间里，坝内由于持续高温，在低温季节、水库蓄水或遭遇寒潮时，内外温差水平较高，导致内外温差应力较大，极易产生表面裂缝。因而在碾压混凝土的施工过程中，特别要做好表面保护工作，对上下游面、孔洞及浇筑层面均要适时覆盖保温被。

（5）与常态混凝土类似，碾压混凝土坝施工中也应设置收缩缝，以减小基础约束以及地基不均匀沉陷而导致的坝体开裂。但两者设缝的施工方式有所差异。碾压混凝土坝收缩缝一般采用诱导缝、切缝机造缝等形式，也可以与常态坝相同采用模板成缝。

大坝横缝间距的设计与施工过程中诸多因素有关，譬如浇筑温度、水管冷却方式、混凝土原材料性能、大坝所处的地理位置、环境气温等。如前述碾压混凝土重力坝内外温差水平较高，如果施工过程中上游面已产生了表面裂缝，运行期在内外温差和缝内裂隙水的共同作用下，即存在出现劈头裂缝的可能性。施工期上游表面出现裂缝，是大坝形成劈头裂缝的先决条件。而表面裂缝的产生，又与内外温差、大坝表面轴向应力和横缝间距有着直接的联系。在其他条件相同的情况下，横缝间距越大，表面应力水平将越高，产生劈头裂缝的概率也越大。

由碾压混凝土重力坝不同横缝间距下的表面应力分布可见，表面应力水平与横缝间距成正比。通常情况下，碾压混凝土重力坝的横缝间距最好控制在 30m 以内。

8.2.4.2 施工特点对碾压混凝土坝温度和应力的影响

碾压混凝土坝有三个核心问题——稳定、防渗、防裂，其中防裂是关系到大坝工程成败的重要问题。碾压混凝土坝的裂缝主要由温度应力所致，按照裂缝产生的时间，可分为施工期裂缝、建成早期裂缝和后期裂缝三种。

碾压混凝土坝施工期坝内温度高，气温骤降、寒潮等很容易会引起过大的内外温差，从而在混凝土表面引起拉应力超标，导致开裂。施工期的裂缝不仅会发生在低温季节，高温季节遇连续阴雨或温度骤降时，同样会出现这个问题。另外，如果夏季高温季节停工，汛期度汛，坝体过水，当水温较低时，也会因冷击引起混凝土的表面裂缝；之后在老混凝土上浇筑新混凝土，当新老混凝土温差过大时，又有可能因新老混凝土的相互约束引起裂缝。

大坝建成早期，坝表面一定范围内的混凝土温度逐步下降，约束区的混凝土与基础的温差加大，遇低温季节、水库蓄水冷击等因素时，易在上下表面引起较深的裂缝。上游面的浅层裂缝如果进水，则会因水力劈裂的作用发展成深层裂缝，部分会穿透防渗体，对大坝的防渗体和安全带来不利影响。另由于大坝建成早期内部混凝土持续高温，冬季低温季节，内外温差加大，尤其是当遇寒潮时，极易出现表面裂缝，并逐渐发展成深层裂缝。

随着大坝的长期运行，坝体内部温度缓慢下降，使约束区混凝土的基础温差，以及高、低温季节浇筑的混凝土的上下层温差不断加大。当这两种温差引起的拉应力超过混凝土的抗拉强度时，会产生裂缝。这种裂缝会出现在大坝长期运行之后。

另外，上游面变态混凝土、二级配防渗混凝土和溢流面的抗冲耐磨混凝土，都因水泥用量高，水化热温升高，尤其容易出现裂缝。

8.2.4.3 碾压混凝土坝施工中的温控关键点

与常态混凝土重力坝相比，碾压混凝土重力坝有两点不利于防裂：一是极限拉伸一般低于常态混凝土，与常态混凝土相比抗裂能力差；二是坝内高温持续时间长，在低温季节、水库蓄水或遭遇寒潮时，会因较大的内外温差引起表面裂缝。针对碾压混凝土的材料和施工特点，施工中应该注意以下几个方面。

1. 关键控制部位

（1）基础约束区——控制基础温差和基础温差应力。

（2）上、下游表面——预防由于内外温差超标造成表面应力超标，导致上游面劈头裂缝。

（3）结构断面复杂的区域——控制陡坡、孔口局部的高应力水平区。

（4）高强度等级混凝土区域——控制上游面变态混凝土、二级配防渗混凝土、溢流面高强度等级抗冲耐磨混凝土和孔口周围等区域的局部高温及高应力。

（5）汛期过流缺口段、长间歇层面——控制上下层温差和上下层温差应力。

2. 关键控制时段

（1）施工早期混凝土入仓前后——控制浇筑温度和混凝土最高温度。

（2）施工过程中汛期过流、气温骤降、水库初期蓄水——控制内外温差。

（3）大坝长期运行后——控制基础温差和基础温差应力。

3. 关键控制参数

（1）混凝土最高温度——控制基础温差和内外温差。

（2）最大顺河向应力——重力坝通仓浇筑，浇筑块长边为顺河向。最大顺河向应力是基础约束区的控制应力。

（3）内外温差——控制坝体的表面应力，预防上游面劈头裂缝产生。

（4）上下层温差——控制层间结合质量。

4. 关键控制措施

温控防裂的关键是控制基础温差、内外温差和上下层温差。

（1）控制基础温差主要有三种方法：

1）控制浇筑温度，可以选取低温季节浇筑，或者采用人工预冷措施法降低骨料的拌合温度；

2）控制混凝土的最高温度，可通过内部布置冷却水管、合理的分层间歇等措施来降温；

3）减小混凝土的绝热温升，可通过优化配合比来减小水泥的用量，或采用粉煤灰等低发热量的材料来代替水泥等。

（2）控制内外温差的主要方法有：

1）采用表面保护措施；

2）低温季节来临前、水库初期蓄水前，采用大范围中期冷却降低内部混凝土的温度。

（3）控制上、下层温差的主要方法有：

1）尽量避免浇筑层面的长间歇；

2）各温控分区之间的温控措施梯度不宜过大。

8.3　碾压混凝土重力坝温控防裂设计的基本特点

8.3.1　碾压混凝土重力坝温度变化特点

在工程实践中，碾压混凝土的温控措施一般比常态混凝土简单，有些碾压混凝土重力坝冬季不用采取温控措施，只需连续碾压上升就能满足温控防裂要求。本小节分析碾压混凝土重力坝的温度变化特点，以及碾压混凝土坝的温控与常态混凝土的差异。

以龙滩工程为例，选取 11 号坝段高程 230.00m、270.00m 的典型温度过程来说明。其中高程 230.00m 有水管冷却，高程 270.00m 无水管冷却。

由图 8－6 可知，高程 230.00m 有水管冷却时，最高温度（35℃）出现时间为 5～10d，之后在水管冷却作用下降至 30℃左右，停水后温度回升至 32℃左右，之后在下层较低温混凝土以及外界气温的影响下，混凝土温度由 2005 年冬季的 32℃逐步降至 2008 年春季的 28℃。

由图 8－7 可知，高程 270.00m 无水管冷却，2005 年 12 月浇筑，最高温度（31℃）出现在 2006 年 3～4 月，龄期 90～120d，至 2008 年 3 月混凝土温度一直保持在 30～32℃之间，有的温度计温度还回升至 32℃，超过前期最高温度。

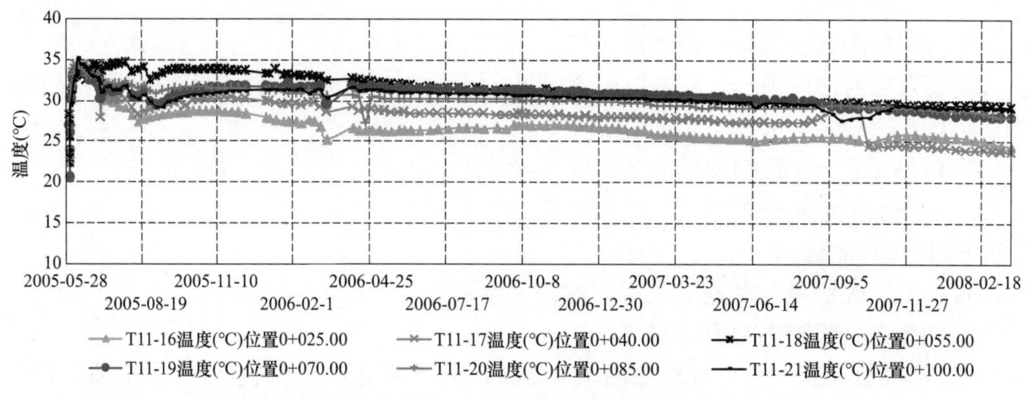

图 8-6　龙滩碾压混凝土重力坝 11 号坝段典型点温度过程线（高程 230.00m）

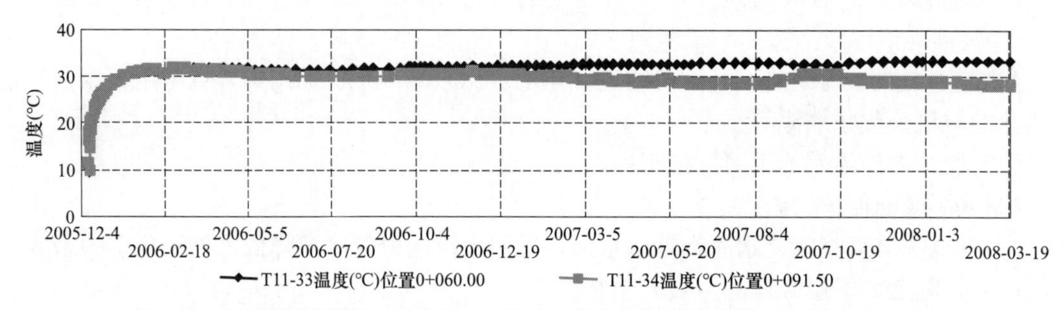

图 8-7　龙滩碾压混凝土重力坝 11 号坝段典型点温度过程线（高程 270.00m）

根据龙滩工程及其他碾压混凝土重力坝工程的实测温度，碾压混凝土重力坝的温度变化特点如下：

（1）混凝土浇筑早期（一般 30d 龄期左右，具体龄期视通水冷却时间而定），混凝土温度受水化热温升、温控措施、外界气温变化等因素影响，混凝土温度出现第一个峰值。相对于常态混凝土而言，由于碾压混凝土高掺粉煤灰，水化热速度较慢，推迟了温峰，降低了温峰值。

（2）之后受水泥残余水化热和粉煤灰水化热影响，在相当长的一段时间内（一般为 100d 龄期左右），混凝土温度表现为回升，温度回升所达到的峰值一般要大于早期的峰值。温度回升的时间与早期的温控措施、坝体厚度、混凝土材料相关。一般而言，早期无温控措施的，温度回升的时间长；坝体越厚，温度回升的时间越长。

（3）第二个峰值出现后，坝体内部混凝土温度进入下降期，温度下降的速率并不是均匀的，早期由于混凝土内部温度与外界气温差值大，温降速率较快，后期温降速率慢。碾压混凝土重力坝一般坝体体积大，以 1:0.7 的下游坡比计算，100m 高的重力坝底宽厚度就会达到 70m，在没有后续温控措施的条件下，内部混凝土达到稳定温度的时间需要几十年，甚至上百年。

（4）与混凝土内部达到稳定温度实现基础温差需要很长时间不同，大坝临空面的混凝土温度基本受外界温度影响而呈现出周期性变化的规律。上下游水位以下受周期性变化的水温影响；变化幅度较小；水位以上受气温影响，变化幅度较大。

（5）施工期的过水面、长间歇面的温度受外界气温水温影响周期性变化，而内部温度一般较高，内外温差和温度梯度较大是这些部位温度变化的主要特征。

8.3.2　碾压混凝土重力坝温度应力变化特点

理论上而言，温差加约束产生温度应力，本小节从基础温差应力、上下游表面内外温差应力、长时间临空暴露面温度应力、施工期过流温度应力、运行期孔洞过水的温度应力五个方面来阐述碾压混凝土重力坝温度应力的变化特点。

8.3.2.1　基础温差产生的温度应力

基础温差是指基础约束区（0～0.4）L（L 为浇筑块长边尺寸）内坝体最高温度和稳定温度或准稳定温度之差。早期温升阶段由于坝体混凝土弹性模量较小，温升阶段产生的压应力较小，后期温降时弹性模量较大，基础温差产生的变形受到基岩的约束产生拉应力。

基础温差应力与弹性模量、线膨胀系数和基础温差成正比，与徐变成反比，此外，地基变模也是影响因素之一。

在碾压混凝土重力坝中，基岩的约束作用与拱坝和常态混凝土重力坝是基本相同的，不同的是基础温差的实现时间。

拱坝由于需要封拱灌浆，在较短的时间内（一般为 120～180d）基础温差就已经实现，按照 120d 或 180d 龄期的混凝土强度来进行控制是基本合适的。

常态混凝土重力坝的基础温差与碾压混凝土重力坝的基础温差基本类似，均需要较长时间才能实现，其温度应力也在一直增长，较长时间才能达到最大值（见图 8-8）。两者所不

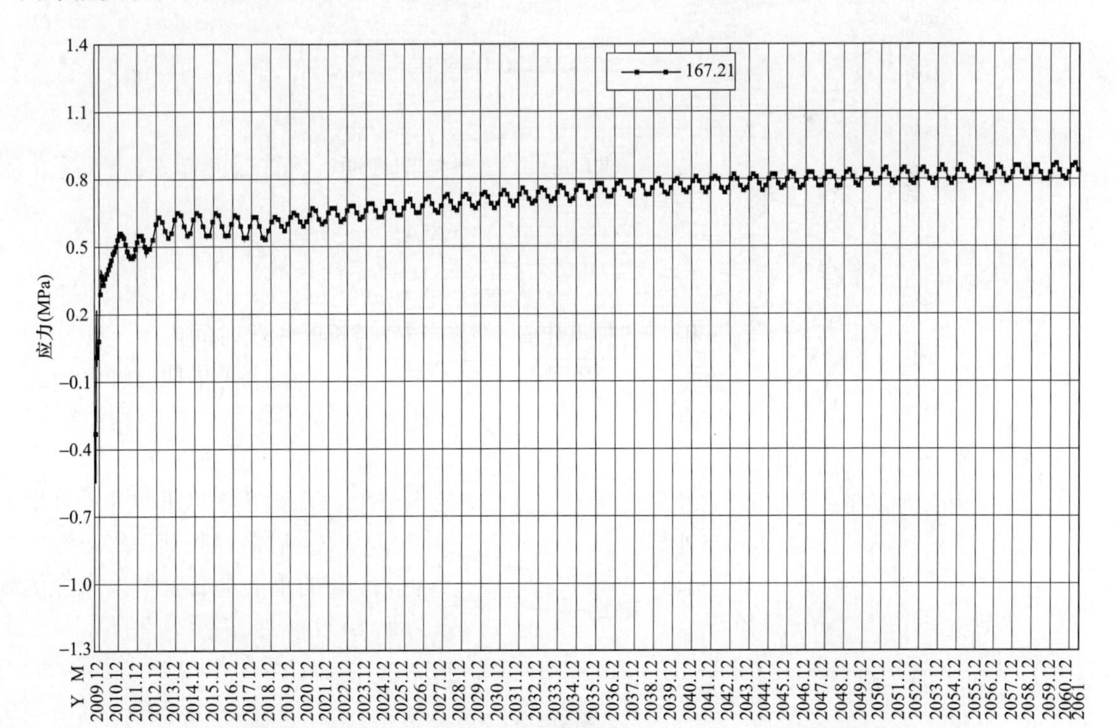

图 8-8　碾压混凝土重力坝基础约束部位顺河向温度应力过程

Y—年份；M—月份

同的是，碾压混凝土重力坝后期发热较多，温度回升等因素导致基础温差的实现时间更长一些。由于徐变的影响，同样的基础温差产生的温度应力碾压混凝土重力坝也略小于常态混凝土重力坝，远小于混凝土拱坝。

碾压混凝土后期水化反应导致的强度增长幅度一般要大于常态混凝土，如果都按照180d龄期的强度进行控制，实际上低估了最大应力发生时的强度。

综上所述，目前工程界关于碾压混凝土重力坝基础温差控制的主流观点是控制标准可在现有常态混凝土重力坝基础上放宽。需要注意的是计算稳定温度场时要考虑运行期过水的影响。

8.3.2.2　长间歇层面的上下层温差产生的温度应力

在混凝土重力坝规范中，上下层温差的定义是在老混凝土面（混凝土龄期超过28d）上下各1/4块长范围内，上层新浇筑混凝土的最高平均温度与开始浇筑混凝土时下层老混凝土的平均温度之差。

由于新浇混凝土与老混凝土之间的温降幅度不一致，上层混凝土温降幅度大，下层混凝土温降幅度小，下层混凝土对上层混凝土产生约束作用而产生较大的温度应力。图8-9所示为上下层温差产生的温度应力分布图。

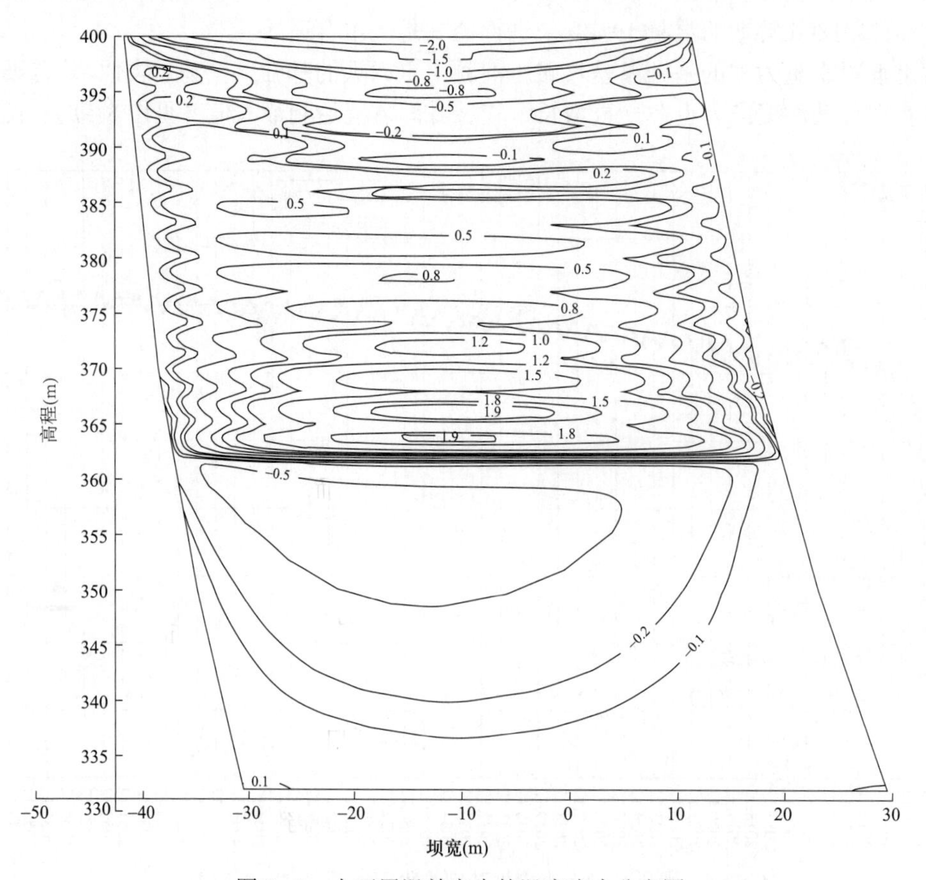

图8-9　上下层温差产生的温度应力分布图

8.3.2.3　上下游面内外温差产生的温度应力

大坝上下游表面温度受水温或气温影响，内部长期处于较高温度，冬季时表面温降幅度大、内部温降幅度小，表面混凝土的收缩变形受到内部混凝土限制从而产生较大的表面温度应力。

内外温差应力的大小取决于表面一定范围内的温度梯度，同时与线膨胀系数和弹性模量成正比。特别是对于冬夏气温差较大的地区，夏季浇筑的混凝土第一次过冬时温降幅度大，温度梯度大，表面温度应力也较大，表面拉应力的范围一般小于 8m。需要指出的是，对于坝段宽度小于 25m 的坝段，一般而言，内外温差按照现有重力坝规范控制问题不大，而对于某些碾压混凝土重力坝坝段宽度达到 35m，则需要进行专门论证，采取表面保温，上游面局部区域过冬前冷却，设置短缝等措施减少坝面劈头裂缝开裂风险。

图 8－10 和图 8－11 所示为功果桥碾压混凝土重力坝上游面横河向应力包络图与横河向应力过程线。由图 8－11 可知，最大应力发生在冬季。

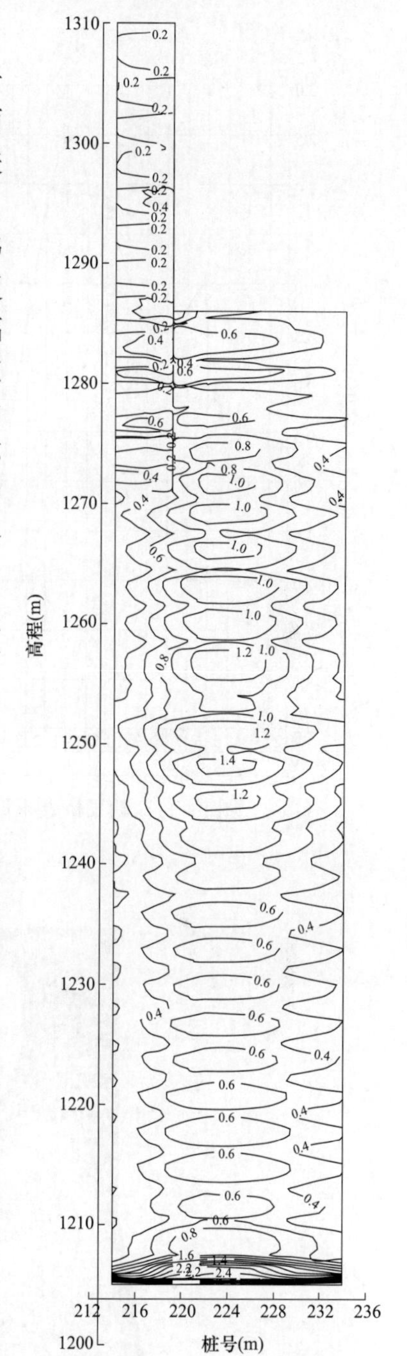

图 8－10　功果桥碾压混凝土重力坝上游面横河向应力包络图

8.3.2.4　长间歇过冬与长时间浸水产生的温度应力

由于分期导流或巴塘缺口度汛或是进度方面的原因，有的坝段浇筑侧面长时间暴露，侧面温度受外界气温影响，过冬时内外温差较大，在基础部位叠加基础温差导致温度应力较大。图 8－12 所示为景洪碾压混凝土重力坝侧面顺河向应力包络图，该断面暴露时间长达 6 个月以上，导致过大的温度应力，在侧面中间部位出现一条贯穿性裂缝。

此外，基础约束区薄层浇筑后如果长间歇过冬或者长时间泡在水里，则会产生过大的基础温差应力，这是因为，基础约束区的稳定温度场一般约等于年均库水温和年均水温的平均值，一般高于最低月平均气温和最低月平均水温，而如果薄层浇筑长间歇过冬或者长时间泡在水里，冬季时最低温度会接近最低平月均气温或者最低月平均水温，这样产生的温差将大于最高温度与稳定温度之差，从而导致过大的温度应力而产生贯穿性裂缝。

8.3.2.5　施工期过流与初次蓄水产生的温度应力

由于施工导流度汛的原因，功果桥、鲁地拉、龙开口、观音岩等碾压混凝土重力坝均要经历汛期过流，汛期过流时一般情况下水温比气温低，过水冷击产生的温度应力可能导致温度应力过大而开裂。

此外，初次蓄水也可能产生过大的温度应力，特别是针对某些来水以雪山融水为主、水温比气温低的水电站而言，初次蓄水将会对上游坝面产生冷击作用，过大的温度梯度导致开裂。

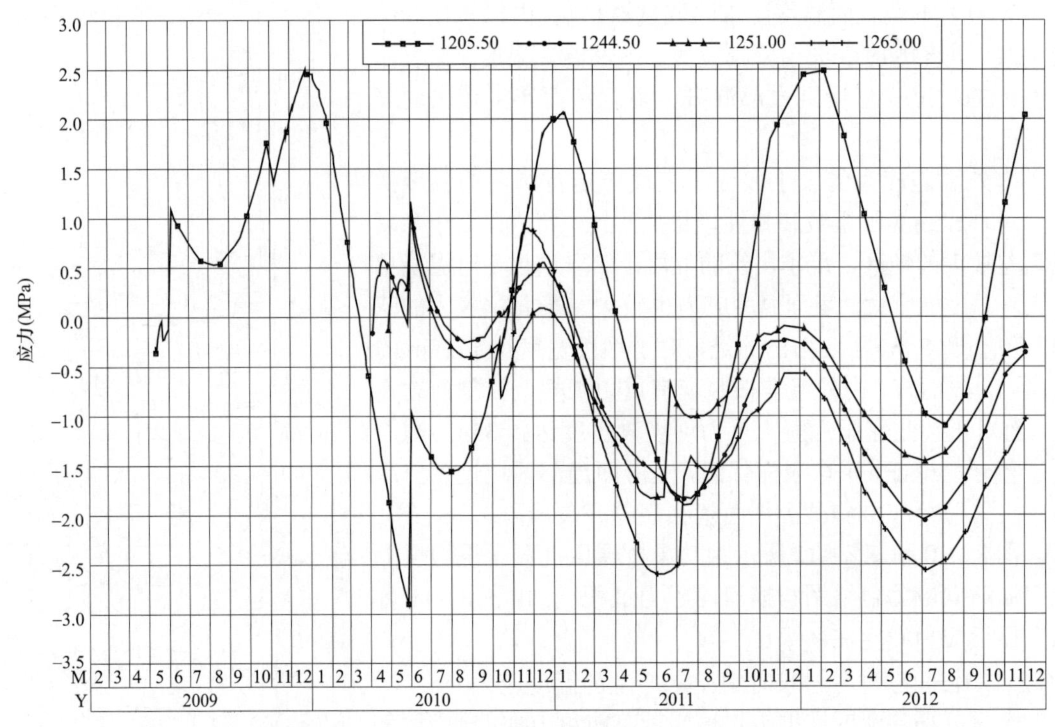

图 8-11　功果桥碾压混凝土重力坝上游面横河向应力过程线（仿真计算值）

Y—年份；M—月份

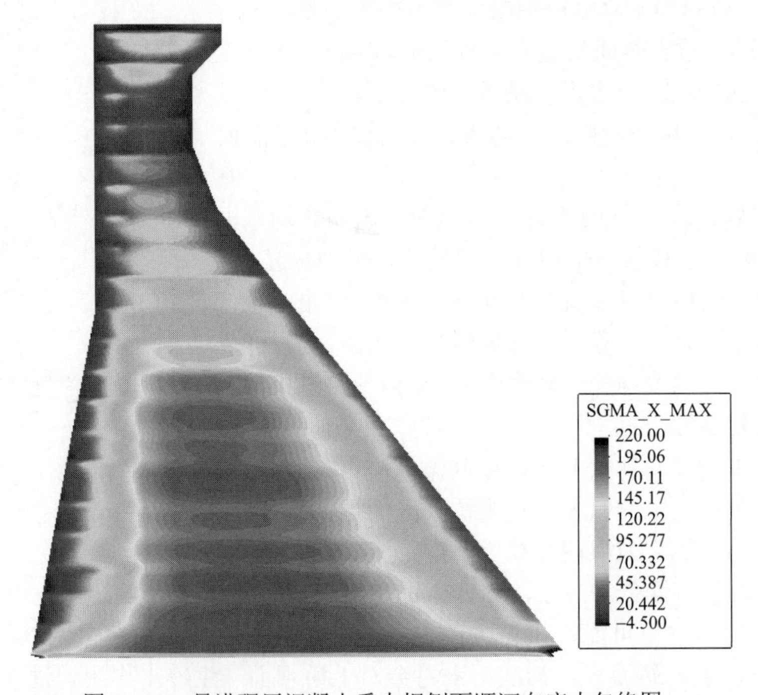

图 8-12　景洪碾压混凝土重力坝侧面顺河向应力包络图

图 8－13 所示为功果桥碾压混凝土重力坝表孔坝段高程 1256.00m 施工期过流产生的温度过程和应力过程，由图 8－13 可知，由于过水时的温度骤降，应力瞬间升高，产生较大的开裂风险。初次蓄水冷击的温度应力特点与施工期过流类似。

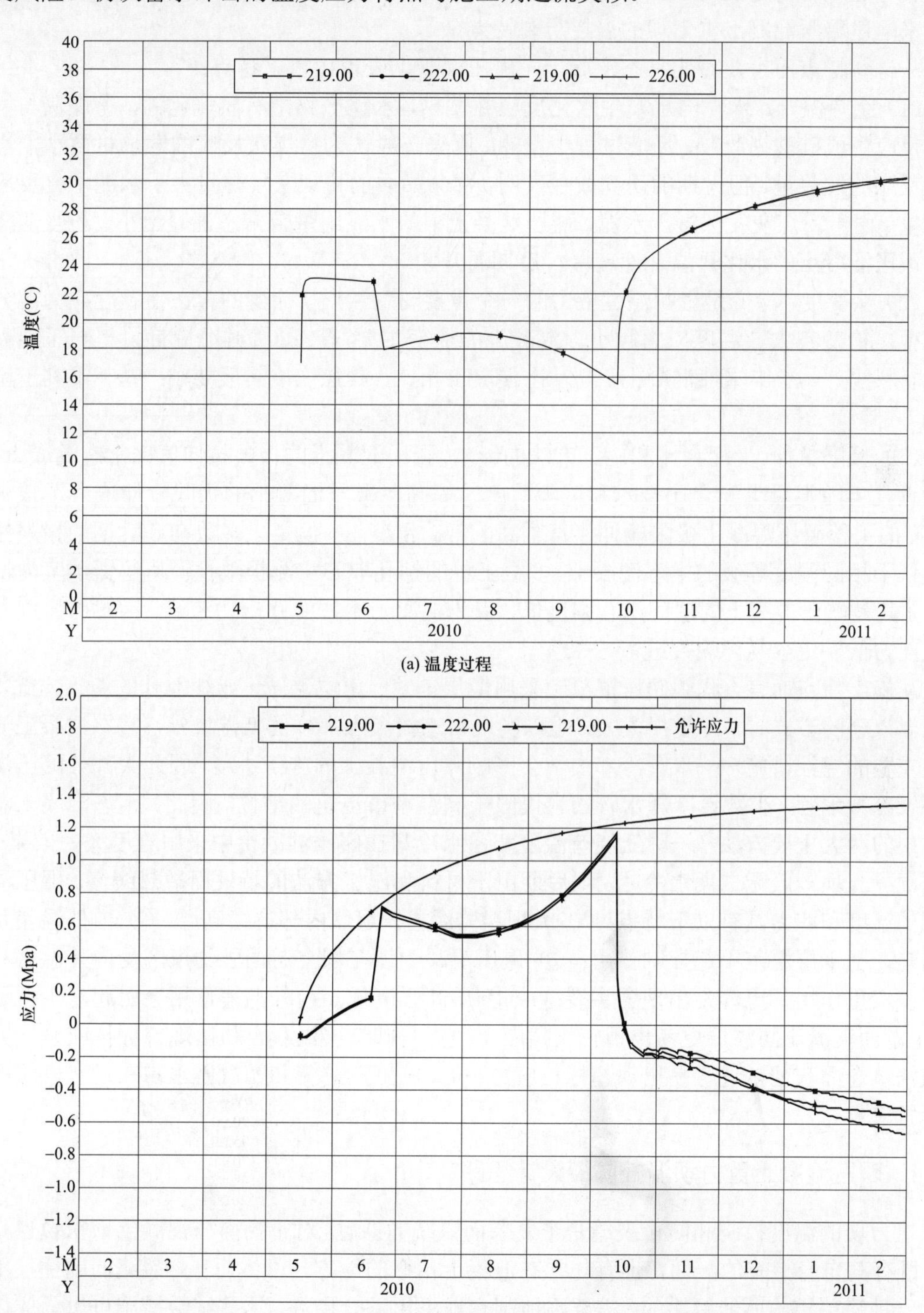

图 8－13　功果桥碾压混凝土重力坝表孔坝段高程 1256.00m 施工期过流产生的温度过程和应力过程

M—月份；Y—年份

8.3.3 碾压混凝土重力坝温控防裂特点及其设计思路

裂缝的产生都是混凝土应力超过允许强度的结果，本小节从材料、施工、温度、应力等方面来阐述碾压混凝土重力坝的温控防裂特点。

从材料特点而言，对比常态混凝土，碾压混凝土表现出以下特点：

（1）绝热温升。水泥与水发生水化反应并发热，水化产物中有氢氧化钙，粉煤灰与氢氧化钙反应生成硅酸钙凝胶，反应过程中发热。原来一般认为粉煤灰反应的发热量要小于水泥水化反应的发热量，但近期的研究成果表明，部分品质的粉煤灰发热量大于水泥水化反应的发热量。由于粉煤灰发热慢于水泥，碾压混凝土中的水泥用量较常态混凝土小，粉煤灰掺量大，碾压混凝土的水化热温升速度慢，后期温升大。

（2）徐变度。徐变是影响温度应力的一个重要材料性质，徐变的存在使温度应力部分得到松弛。徐变越大，温度应力越小。混凝土的徐变主要与胶凝材料用量有关，碾压混凝土胶凝材料少，属于半塑性混凝土，与常态混凝土相比，其徐变度一般要小一些，不利于温控防裂。

（3）极限拉伸。受配合比和施工方法的影响，碾压混凝土的极限拉伸值比常态混凝土低。虽然近几年随混凝土配合比技术和试验精度的提高，碾压混凝土的极限拉伸值有了很大提高，有的工程碾压混凝土极限拉伸值甚至高于常态混凝土，但是大多数90d龄期的极限拉伸仍然低于相同强度等级的常态混凝土。多数工程的钻孔取芯实测极限拉伸值远低于室内试验值，尤其是碾压混凝土的层间结合强度低，仅为混凝土本体的0.5～0.8倍，因此碾压混凝土抗拉能力低，更容易出现裂缝。

从施工特点而言，我国碾压混凝土采用薄层铺筑、薄层碾压、连续上升的施工方式，采用低温入仓的方式时，冷量损失大，难以实现常态混凝土那样的低温浇筑。常态混凝土浇筑中最重要的温控措施——水管冷却由于会影响碾压混凝土的施工进度，因此大部分碾压混凝土不设冷却水管，少数设冷却水管的也仅限于高温季节浇筑的部位。因此，常态混凝土温控措施中的两大主要方法——降低浇筑温度和通水冷却在碾压混凝土中采用难度大，效果差。碾压混凝土坝一般无二期水冷，大坝后期由于材料和施工方法的特性而散热缓慢。碾压混凝土坝的温度和应力具有以下特点：① 大坝温降缓慢，坝体内部持续高温；② 内外温差是控制温差，上下层温差不起控制作用；③ 碾压混凝土坝在坝上游面强约束区受内外温差和基础温差双重作用，更容易出现劈头裂缝；④ 层间强度低，内外温差作用会引起水平裂缝；⑤ 上游面混凝土防渗层更易出现较大拉应力；⑥ 基础垫层混凝土易出现超标拉应力；⑦ 侧面或浇筑仓面长间歇过冬易出现超标拉应力；⑧ 施工期过流和初次蓄水易在过水表面产生超标拉应力。

8.3.4 碾压混凝土重力坝温控防裂设计思路

重力坝的温度控制和防止裂缝是个复杂而系统的课题，对于高碾压混凝土坝来说也是如此，既有其自身特有的一面，也有与常态混凝土相似的地方。总体而言，裂缝问题往往不是采用一种简单措施所能解决的，需要因地制宜地采用综合措施。这些综合措施可以分成以下几种类型：

（1）选择合理的结构形式和分缝分块。理论和实践都证实，浇筑块的尺寸越大，形状越平（所谓嵌固板），所受到的约束也越强，越容易开裂。因此混凝土重力坝被各种接缝分为若干块体独立浇筑。一部分做成永久性的伸缩缝（如横缝），一部分是临时性的，在坝体散热收缩后进行灌浆。实际经验和理论分析都表明，当浇筑块平面尺寸控制在 15m 左右时，温度应力还是比较小的，基础约束高度也只有 3～4m。在气候温和地区，出现裂缝的可能性较小；但在寒冷地区，由于温差过大，这种尺寸的浇筑块仍然难以避免出现大量裂缝，需要采取严格的保温措施。为了减小温度应力的集中，还要求浇筑块的外形尽量平顺。例如，建基面应尽量修整平顺，坝体外形尽量避免出现尖锐折角等。横缝的划分应根据坝基地形地质条件、枢纽布置、坝体断面尺寸、温度应力和施工条件等因素通过技术经济比较确定。常态混凝土重力坝横缝间距可为 15～20m，超过 24m 或小于 12m 时，应做论证；碾压混凝土重力坝的横缝间距，可较常态混凝土重力坝的横缝间距适当加大，通常为 20m 左右为好，超过 25m 以上一般就需专门论证。

（2）合理选择混凝土原材料、优化混凝土配合比。合理选择混凝土原材料、优化混凝土配合比的目的，是使混凝土具有较大的抗裂能力，具体说来，就是要求混凝土的绝热温升较小、抗拉强度较大、极限拉伸值变形能力大、弹性模量比较小、线膨胀系数较小，自生体积变形最好是微膨胀，至少是低收缩。

1）选择水泥。内部混凝土主要考虑抗裂性能好、兼顾低热和高强两方面的要求。一般采用低热矿渣水泥、中热硅酸盐水泥或硅酸盐水泥掺入一定量的粉煤灰。至于外部混凝土，除了抗裂性能外，还要求抗冻性、耐磨性、抗蚀性、强度较高及干缩较小，因此一般采用较高强度等级的中热硅酸盐水泥。当环境水具有硫酸盐侵蚀时，应用抗硫酸盐水泥。

2）掺用混合材料。掺用混合材料的目的在于降低混凝土的绝热温升、提高混凝土抗裂能力。混合材料包括矿渣、粉煤灰、烧黏土等，目前粉煤灰采用较多。

3）掺用外加剂。外加剂有减水剂、引气剂、缓凝剂、早强剂等多种类型。减水剂是最常用、最重要的外加剂，它具有减小和增塑作用，在保持混凝土工作度及强度不变的条件下，可减小用水量，节约水泥，降低绝热温升。引气剂的作用是在混凝土中产生大量微气泡以提高混凝土的抗冻融耐久性。缓凝剂用于夏季施工。早强剂则用于冬季施工。

4）优化混凝土配合比。在保证混凝土强度和工作条件下，尽量节省水泥，降低混凝土的绝热温升。根据抗裂要求，高坝基础部位混凝土强度等级不低于 $C_{90}25$（相应极限拉伸值为 0.80×10^{-4}）。迎水面还应根据抗渗、抗裂、抗冻要求和施工条件等综合确定混凝土强度等级。

（3）严格控制混凝土温度，减小基础温差、内外温差及表面温度骤降影响。严格控制混凝土的温度是防止裂缝的最重要措施，主要有以下几种方法：

1）降低混凝土浇筑温度，通过冷却拌和水、加冰拌和、预冷骨料等办法降低混凝土出机口温度，采用加大混凝土浇筑强度、仓面保冷等方面减小浇筑过程的温度回升。

2）水管冷却。在混凝土内埋设水管，通冷却水或河水以降低混凝土温度。

3）表面保温。在混凝土表面覆盖保温材料，以减小内外温差、降低混凝土表面温度梯度。常态混凝土、碾压混凝土都应进行坝面、层面、侧面保温和保湿养护。应通过保温设计，选定保温材料，确定保温时间。孔口、廊道等部位应及时封闭。寒冷地区尤应重视冬季的表面保温。

（4）加强施工控制，各坝段尽量连续均匀上升。由于采取通仓薄层浇筑，上升速度快，可使坝体温度分布趋于均匀，有利于减少浇筑层之间的约束。在混凝土浇筑进度安排上，尽量做到薄层、短间歇5～7d、均匀上升，避免突击浇筑一块混凝土，然后长期停歇；避免相邻坝块之间过大的高差及侧面的长期暴露，相邻坝块的高差不宜超过12～14m，浇筑时间不宜间隔太久，侧向暴露面应保温过冬。

此外，应严格注意避免“薄块、长间歇”，即在基岩或老混凝土上浇筑一薄块而后长期停歇，经验表明，这种情况极易产生裂缝。上述情况如不可避免，则应做专门研究并采取相应的措施。此外，尽量利用低温季节浇筑基础部分混凝土，注意加强混凝土的养护。

设计时可按照以下思路：① 按照现有重力坝的规范要求进行分缝设计，坝段宽度尽量控制在25m以内，如超出这一限制，则需要专门论证；② 只要施工能力允许，一般可采取通仓碾压；③ 参照类似工程的成功经验，重点比较线膨胀系数和抗拉强度，通过工程类比确定约束区基础温差；④ 参照类似工程的成功经验，初步拟定内外温差控制标准；⑤ 根据气象、水文资料，按照朱伯芳编著的《大体积混凝土温度应力与温度控制》的公式，计算水库水温，对于重大工程可采用数值计算方法；⑥ 选择典型坝段，计算稳定温度场和准稳定温度场；⑦ 依据拟定的基础温差和稳定温度场、逐月平均气温和内外温差控制标准，确定不同温控分区逐月最高温度控制标准；⑧ 参照类似工程的经验，依据确定的最高温度控制标准，结合现场实际的气象和施工条件，初步拟定控制浇筑温度、水管冷却、表面保温等温控措施；⑨ 应该重点关注长间歇层面或侧面、上下游面、施工期过流面等特殊部位的温控措施；⑩ 对于重大工程，应开展专门的仿真分析，以确定合适的温控标准和措施。

8.4 温度场与温度应力场的计算

8.4.1 计算理论及边界条件

8.4.1.1 温度场计算理论

实践经验表明，在如图8－14所示简单温度边界条件下，比如一维温度场计算，采用差分法较为方便。而实际工程中温度边界大都较为复杂，一般属于二维和三维温度场的计算，则以采用有限单元法为宜。在混凝土坝仿真分析中，温度是基本作用荷载。坝体温度变化是一个热传递问题，用有限元法求解有下面几个优点：① 容易适应不规则边界；② 在温度梯度大的地方，可局部加密网格；③ 容易与计算应力的有限单元法程序配套，将温度场、应力场和徐变变形三者统一在一个计算程序中。此外，用有限元进行应力仿真计算时，还可考虑混凝土温度、徐变、水压、自重、自生体积变形和干缩变形等的作用，因此目前的仿真计算大都采用有限元法求解。

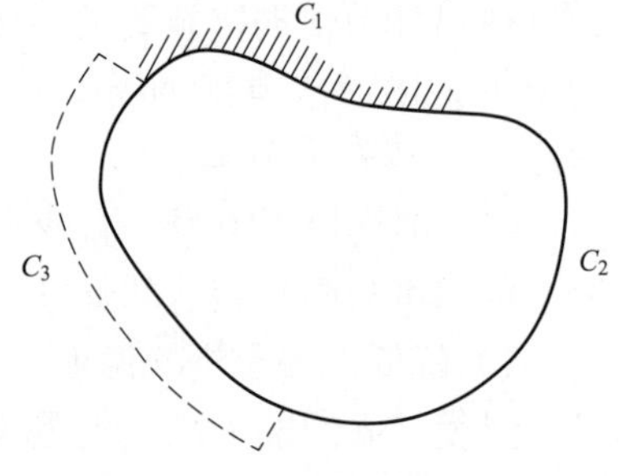

图8－14　温度场计算示意图

1. 热传导的微分方程

均匀、各向同性固体温度场满足式(8-1),即

$$\frac{\partial^2 T}{\partial x^2}+\frac{\partial^2 T}{\partial y^2}+\frac{\partial^2 T}{\partial z^2}+\frac{1}{a}\left(\frac{\partial \theta}{\partial \tau}-\frac{\partial T}{\partial \tau}\right)=0 \tag{8-1}$$

$$a=\frac{\lambda}{c\rho}$$

边界条件是

$$T=\bar{T}(\tau) \tag{8-2}$$

$$-\lambda\frac{\partial T}{\partial n}=q(\tau) \tag{8-3}$$

$$-\lambda\frac{\partial T}{\partial n}=\beta(T-T_a) \tag{8-4}$$

式中 T——温度,℃;
θ——混凝土的绝热温升,℃;
τ——时间,h;
a——导温系数,m^2/h;
λ——导热系数,$kJ\cdot m^{-1}\cdot h^{-1}\cdot ℃^{-1}$;
c——比热,$kJ\cdot kg^{-1}\cdot ℃^{-1}$;
ρ——密度,kg/m^3;
$\bar{T}(\tau)$——C1边界上的给定温度,℃;
$q(\tau)$——C2边界上的给定热流,$kJ\cdot m^{-2}\cdot h^{-1}$;
β——C3边界上表面放热系数,$kJ\cdot m^{-2}\cdot h^{-1}\cdot C^{-1}$;
T_a——在自然对流条件下,T_a是外界环境温度;在强迫对流条件下,T_a是边界层的绝热壁温度。

上述热量平衡方程式式(8-1)属于抛物线型的微分方程。式中前三项项是由x、y、z方向流入微元体的热量;第四项是微元体内热源产生的热量;最后一项是微元体升温需要的热量。微分方程表明:微元体内升温所需的热量应与传入微元体的热量以及微元体内热源产生的热量相平衡,即能量的守恒。

在C_1边界上给定温度$T(\tau)$,称为第一类边界条件;它是强制边界条件。

在C_2边界上给定热流量$q(\tau)$,称为第二类边界条件;当$q=0$时就是绝热边界条件。

在C_3边界上给定对流热交换条件,称为第三类边界条件。

在C_1边界上的温度条件要首先得到满足;C_2、C_3边界条件是自然边界条件,在求解过程中自然得到满足。

2. 热传导的泛函形式

瞬态温度场的求解就是在$T=T_0(x,y,z)$初始条件下求得满足瞬态热传导方程及边界条件的温度场函数$T_0(x,y,z,\tau)$。

如果边界上的$\overline{T}(\tau)$、$q(\tau)$、T_a以及θ不随时间变化,则经过一定时间的热交换后,物体内的温度场将不随时间变化,即$\frac{\partial T}{\partial \tau}=0$,瞬态热传导方程退化为稳态的热传导方程,$T$

只与坐标有关。

根据最小位能原理，热传导微分方程式（8－1）可以转换为温度 $T(x,y,z,\tau)$ 在 $\tau=0$ 时给定初始温度 $T_0(x,y,z)$，在边界 C_1 上满足给定边界条件 $\overline{T}(\tau)$ 的泛函式（8－5）的极值问题，即

$$I(T)=\iiint_R\left\{\frac{1}{2}\left[\left(\frac{\partial T}{\partial x}\right)^2+\left(\frac{\partial T}{\partial y}\right)^2+\left(\frac{\partial T}{\partial z}\right)^2\right]+\frac{1}{a}\left(\frac{\partial T}{\partial\tau}-\frac{\partial\theta}{\partial\tau}\right)T\right\}\mathrm{d}x\mathrm{d}y\mathrm{d}z+$$

$$\iint_{C_2}\overline{q}T\mathrm{d}s+\iint_{C_3}\left(\frac{\overline{\beta}}{2}T^2-\overline{\beta}T_{\mathrm{a}}T\right)\mathrm{d}s \tag{8-5}$$

$$\overline{\beta}=\beta/\lambda,\quad \overline{q}=q/\lambda,\quad \theta=\theta_0(1-\mathrm{e}^{-m_1\tau^{m_2}})$$

式中　θ_0 ——混凝土最终绝热温升；

m_1、m_2 ——参数。

空间域和时间域不耦合，分别用有限元和差分进行离散计算。

3. 空间域离散

将整个求解区域 R 划分为有限个单元，假定单元内任一点任何时刻的温度和温度变化率由结点的温度和温度变化率通过形函数 N 插值得到，即

$$T^e(x,y,z,\tau)=[N]\{T\}^e \tag{8-6}$$

$$\frac{\partial T^e}{\partial\tau}=[N]\frac{\partial\{T\}^e}{\partial\tau} \tag{8-7}$$

$$\frac{\partial T^e}{\partial x}=\frac{\partial[N]}{\partial x}\{T\}^e \tag{8-8}$$

$$\frac{\partial T^e}{\partial y}=\frac{\partial[N]}{\partial y}\{T\}^e \tag{8-9}$$

$$\frac{\partial T^e}{\partial z}=\frac{\partial[N]}{\partial z}\{T\}^e \tag{8-10}$$

$T^e(x,y,z,\tau)$ 为单元内任一点 τ 时刻的温度；$[N]=[N_1,N_2,\cdots,N_m]$ 是坐标 x，y，z 的函数；$\{T\}^e=\{T_1,T_2,\cdots,T_m\}^T$ 是时间 τ 的函数；m 为该单元的结点数。

在单元 e（子域ΔR）中的泛函为

$$I^e(T)=\iiint_{\Delta R}\left\{\frac{1}{2}\left[\left(\frac{\partial T}{\partial x}\right)^2+\left(\frac{\partial T}{\partial y}\right)^2+\left(\frac{\partial T}{\partial z}\right)^2\right]+\frac{1}{a}\left(\frac{\partial T}{\partial\tau}-\frac{\partial\theta}{\partial\tau}\right)T\right\}\mathrm{d}x\mathrm{d}y\mathrm{d}z+$$

$$\iint_{\Delta C_2}\overline{q}T\mathrm{d}s+\iint_{\Delta C_3}\left(\frac{\overline{\beta}}{2}T^2-\overline{\beta}T_{\mathrm{a}}T\right)\mathrm{d}s \tag{8-11}$$

将式（8－6）～式（8－10）代入式（8－11），由此可以得到单元 e 对结点温度的偏导数，即

$$\frac{\partial I^e}{\partial T_i}=\iiint_{\Delta R}\left(\frac{\partial[N]}{\partial x}\frac{\partial N_i}{\partial x}+\frac{\partial[N]}{\partial y}\frac{\partial N_i}{\partial y}+\frac{\partial[N]}{\partial z}\frac{\partial N_i}{\partial z}\right)\{T\}^e\mathrm{d}x\mathrm{d}y\mathrm{d}z+$$

$$\iint_{\Delta C_3} \overline{\beta} N_i [N] \{T\}^e \mathrm{d}s - \iint_{\Delta C_3} \overline{\beta} T_a N_i \,\mathrm{d}s + \frac{1}{a} \iiint_{\Delta R} N_i [N] \frac{\partial \{T\}^e}{\partial \tau} \mathrm{d}x\mathrm{d}y\mathrm{d}z +$$

$$\iint_{\Delta C_2} \overline{q} N_i \,\mathrm{d}s - \frac{1}{a} \iiint_{\Delta R} N_i \frac{\partial \theta}{\partial \tau} \mathrm{d}x\mathrm{d}y\mathrm{d}z \tag{8-12}$$

在单元 e 上把各个偏导数 $\frac{\partial I^e}{\partial T_i}$ 进行列阵（$i = 1, 2, \cdots, m$），得

$$\left\{ \frac{\partial I^e}{\partial T} \right\} = [H]^e \{T\}^e + [R]^e \frac{\partial \{T\}^e}{\partial \tau} + \{F\}^e \tag{8-13}$$

其中：

$$[H]^e = \iiint_{\Delta R} \left(\frac{\partial [N]^T}{\partial x} \frac{\partial [N]}{\partial x} + \frac{\partial [N]^T}{\partial y} \frac{\partial [N]}{\partial y} + \frac{\partial [N]^T}{\partial z} \frac{\partial [N]}{\partial z} \right) \mathrm{d}x\mathrm{d}y\mathrm{d}z$$

$$+ \iint_{\Delta C_3} \overline{\beta} [N]^T [N] \,\mathrm{d}s \tag{8-14}$$

$$[R]^e = \frac{1}{a} \iiint_{\Delta R} N^T [N] \,\mathrm{d}x\mathrm{d}y\mathrm{d}z \tag{8-15}$$

$$\{F\}^e = \frac{1}{a} \iiint_{\Delta R} \frac{\partial \theta}{\partial \tau} [N]^T \mathrm{d}x\mathrm{d}y\mathrm{d}z + \iint_{\Delta C_2} \overline{q} [N]^T \mathrm{d}s - \iint_{\Delta C_3} \overline{\beta} T_{\mathrm{a}} [N]^T \mathrm{d}s \tag{8-16}$$

热传导矩阵 $[H]^e$ 中第一项是单元的贡献，第二项是第三类热交换边界对热传导矩阵 $[H]^e$ 的修正。

温度荷载向量 $\{F\}^e$ 中第一项是单元热源产生，第二项是单元第二类给定热流边界条件产生的，第三项是单元第三类对流换边界产生的。

在单元足够小的条件下，泛函 $I(T)$ 的极值条件等价于

$$\frac{\partial I}{\partial T_i} = \sum \frac{\partial I^e}{\partial T_i} = 0 \ (i = 1, 2, \cdots, n) \tag{8-17}$$

各个单元 $[H]^e$，$[R]^e$，$\{F\}^e$ 集成，得到泛函的各个结点温度的偏微分，即

$$\left\{ \frac{\partial I}{\partial T} \right\} = [H]\{T\} + [R] \frac{\partial \{T\}}{\partial \tau} + \{F\} = 0 \tag{8-18}$$

其中：$H_{ij} = \sum H_{ij}^e$，$R_{ij} = \sum R_{ij}^e$，$F_i = \sum F_i^e$。

式（8-18）是一组以时间 τ 为独立变量的线性常微分方程组。其中 R 是热容矩阵，H 是热传导矩阵，C 与 K 都是对称正定矩阵，F 是温度荷载列阵，T 是结点温度列阵，$\frac{\partial \{T\}}{\partial \tau}$ 是结点温度对时间的导数列阵。

4. 时间域离散

在 $\tau = \tau_n \sim \tau_{n+1}$ 时，假定 $[H]$ 和 $[R]$ 为常矩阵，式（8-18）对任意时间 τ 都成立，则对 $\tau = \tau_n$，$\tau = \tau_{n+1}$ 也成立，即

$$[H]\{T_n\}+[R]\left\{\frac{\partial T}{\partial \tau}\right\}_n+\{F_n\}=0 \tag{8-19}$$

$$[H]\{T_{n+1}\}+[R]\left\{\frac{\partial T}{\partial \tau}\right\}_{n+1}+\{F_{n+1}\}=0 \tag{8-20}$$

假定$\frac{\partial T}{\partial \tau}$随时间线性变化（中心差分），则

$$\{T_{n+1}\}-\{T_n\}=\frac{1}{2}\left[\left(\frac{\partial T}{\partial \tau}\right)_n+\left(\frac{\partial T}{\partial \tau}\right)_{n+1}\right]\Delta\tau_n \tag{8-21}$$

式（8－21）可写成

$$\left(\frac{\partial T}{\partial \tau}\right)_{n+1}=\frac{2}{\Delta\tau_n}[\{T_{n+1}\}-\{T_n\}]-\left(\frac{\partial T}{\partial \tau}\right)_n \tag{8-22}$$

把式（8－22）代入式（8－20）得

$$\left\{[H]+\frac{2}{\Delta\tau_n}[R]\right\}\{T_{n+1}\}-\frac{2}{\Delta\tau_n}[R]\{T_n\}-[R]\left(\frac{\partial T}{\partial \tau}\right)_n+\{F_{n+1}\}=0 \tag{8-23}$$

式（8－19）可写成

$$-[R]\left\{\frac{\partial T}{\partial \tau}\right\}_n=[H]\{T_n\}+\{F_n\} \tag{8-24}$$

代入式（8－23），则

$$\left\{[H]+\frac{2}{\Delta\tau_n}[R]\right\}\{T_{n+1}\}+\left([H]-\frac{2}{\Delta\tau_n}[R]\right)\{T_n\}+\{F_n\}+\{F_{n+1}\}=0 \tag{8-25}$$

式（8－25）为求解非稳定温度场的有限单元法，只要给定τ时刻的温度场$\{T\}_\tau$，即可求得$\tau+\Delta\tau$时刻的温度场$\{T\}_{\tau+\Delta\tau}$。

对于给定温度值的边界C_1上的n_1个结点，方程中给定下面条件，即

$$T_i=\overline{T}_i \qquad (i=1,2,\cdots,n_1) \tag{8-26}$$

5. 冷却水管的模拟

（1）无热源的水管冷却问题。考虑单独一根水管的冷却问题。设混凝土圆柱体的直径为D，长度为L，无热源，混凝土初温为T_0，水管进口处的冷却水温度为T_w，混凝土的平均温度为

$$T=T_w+(T_0-T_w)\Phi \tag{8-27}$$

其中，Φ的表达式如下：

当$z=a\tau/D^2>0.75$时为

$$\left.\begin{aligned}&\Phi=e^{-b_1\tau^s}\\&b_1=k_1(a/D^2)^s\\&k_1=2.08-1.174\eta+0.256\eta^2\\&s=0.971+0.1485\eta-0.044\eta^2\\&\eta=\lambda L/c_w\rho_w q_w\end{aligned}\right\}\tag{8-28}$$

当 $z\leqslant 0.75$ 时为

$$\left.\begin{aligned}&\Phi=e^{-b\tau}\\&b=ka/D^2\\&k=2.09-1.35\eta+0.32\eta^2\end{aligned}\right\}\tag{8-29}$$

式中　τ ——时间；

a——混凝土导温系数；

λ ——混凝土导热系数；

c_w ——冷却水比热；

ρ_w ——冷却水密度；

q_w ——冷却水流量。

（2）有热源的水管冷却问题。设混凝土的绝热温升为 $q(t)$，在有冷却水管的条件下，由绝热温升产生的混凝土平均温度为

$$T(t)=\int_0^t e^{-b(t-\tau)}\frac{\partial\theta}{\partial\tau}\mathrm{d}\tau\tag{8-30}$$

1）指数型绝热温升。设绝热温升公式为

$$\theta(\tau)=\theta_0(1-e^{-m\tau})\tag{8-31}$$

式中　θ_0 ——最终绝热温升；

m——常数。

微分得

$$\frac{\partial\theta}{\partial\tau}=\theta_0 me^{-m\tau}\tag{8-32}$$

代入式（8-30）积分得

$$T(t)=\theta_0\Psi(t)\tag{8-33}$$

其中：

$$\psi(t)=\frac{m}{m-b}(e^{-bt}-e^{-mt})\tag{8-34}$$

2）双曲线型绝热温升。设绝热温升公式为

$$\theta(\tau)=\theta_0\tau/(n+\tau)\tag{8-35}$$

式中　n——常数。

微分得

$$\frac{\partial\theta}{\partial\tau}=n\theta_0/(n+\tau)^2 \tag{8-36}$$

代入式（8－30）积分仍得到式（8－33），而

$$\psi(t)=nbe^{-b(n+1)}\left\{\frac{e^{bn}}{nb}-\frac{e^{b(n+1)}}{b(n+1)}+E_i(bn)-E_i[b(n+t)]\right\} \tag{8-37}$$

其中指数积分为

$$E_i(bx)=\int\frac{e^{bx}}{x}\mathrm{d}x$$

3）任意绝热温升

设混凝土绝热温升为$\theta(\tau)=\theta_0 f(\tau)$，其中$f(\tau)$是任意函数。代入式（8－30）仍得式（8－33），其中$\varPsi(t)$可用中点龄期$\tau+0.5\Delta\tau$计算，则

$$\varPsi(t)=\sum e^{-b(t-\tau-0.5\Delta\tau)}\Delta f(\tau) \tag{8-38}$$

式中，$\Delta f(\tau)=f(\tau+\Delta\tau)-f(\tau)$。

当冷却水温度T_w不等于混凝土初温T_0时，混凝土平均温度可按下式计算，即

$$T(t)=T_w+(T_0-T_w)\varPhi(t)+\theta_0\varPsi(t) \tag{8-39}$$

（3）考虑水管冷却效果的混凝土等效热传导方程。在上述单根水管冷却计算中，假定冷却柱体外表面为绝热边界，只考虑了冷却水管的散热作用，实际上，混凝土与空气、水、岩石等介质的接触面也会传递热量，也具有散热作用，这一问题是十分复杂的，无法用理论方法求解，甚至也很难用有限元法精确求解，而只能求近似解：将冷却水管看作负热源，在平均意义上考虑冷却水管的作用，由此可得混凝土等效热传导方程式为

$$\frac{\partial T}{\partial t}=a\nabla^2 T+(T_0-T_w)\frac{\partial\varPhi}{\partial t}+\theta_0\frac{\partial\varPsi}{\partial t} \tag{8-40}$$

根据这个方程，利用现有的有限元程序及计算网格，即可使问题得到极大的简化，近似地计算冷却水管与混凝土表面的共同散热作用。目前工程普遍采用这一算法。

（4）水管冷却的精细模拟。水管冷却问题实质上是一个空间温度场问题，但若采用三维有限单元法计算，其计算量十分庞大。从热传导理论可知，在固体中热波的传播速度与距离的平方成反比，在实际工程中，水管的间距通常为1.5～3.0m，而水管的长度往往为200m以上，因此，混凝土浇筑块内部的热传导主要是在与水管正交的平面内进行的。平行于水管方向的混凝土温度梯度是很小的，故通常忽略平行于水管方向的混凝土温度梯度，在与水管正交的方向，每隔ΔL，切取一系列垂直截面，先按平面问题计算各截面的混凝土温度场，然后考虑冷却水与混凝土之间的热量平衡，求出冷却水沿途吸热后的温度上升值，从而得到空间问题的精确解。

8.4.1.2　温度应力及徐变应力场计算理论

1. 温度应力

当混凝土温度场 T 求解后，需进一步求出各部分的温度应力。

温度变形只产生线应变，不产生剪应变，可以把这种线应变看作是物体的初应变。计算温度应力时首先计算出温度引起的变形 ε_0，进而求得相应的初应变引起的等效结点温度荷载 P_{ε_0}，然后按通常的求解应力方法求得由于温度变化引起的结点位移，再求得温度应力 σ。单元 e 的等效结点温度荷载 $P_{\varepsilon_0}^e$ 为

$$P_{\varepsilon_0}^e = \iiint_{\Delta R} B^T D \varepsilon_0 \mathrm{d}R \tag{8-41}$$

式中　B——应变与位移的转换矩阵；

D——弹性矩阵。

可以将温度变形引起的等效结点荷载 P_{ε_0} 与其他荷载项加在一起，求得包括温度应力在内的总应力。

计算应力的应力－应变关系中包括初应变项，即

$$\sigma = D(\varepsilon - \varepsilon_0) \tag{8-42}$$

2. 徐变仿真应力

混凝土是弹性徐变体，在仿真计算过程中需要考虑混凝土的徐变影响。混凝土的徐变柔度为

$$J(t,\tau) = \frac{1}{E(\tau)} + C(t,\tau) \tag{8-43}$$

式中　$E(\tau)$——混凝土瞬时弹性模量；

$C(t,\tau)$——混凝土徐变度。

用增量法求解，把时间 τ 划分成一系列时间段：$\Delta\tau_1$、$\Delta\tau_2$、…、$\Delta\tau_n$。

在时段 $\Delta\tau_n$ 内产生的应变增量为

$$\{\Delta\varepsilon_n\} = \{\varepsilon_n(\tau_n)\} - \{\varepsilon_n(\tau_{n-1})\} = \{\Delta\varepsilon_n^e\} + \{\Delta\varepsilon_n^c\} + \{\Delta\varepsilon_n^T\} + \{\Delta\varepsilon_n^0\} + \{\Delta\varepsilon_n^s\} \tag{8-44}$$

式中　$\{\Delta\varepsilon_n^e\}$——弹性应变增量；

$\{\Delta\varepsilon_n^c\}$——徐变应变增量；

$\{\Delta\varepsilon_n^T\}$——温度应变增量；

$\{\Delta\varepsilon_n^0\}$——自生体积变形增量；

$\{\Delta\varepsilon_n^s\}$——干缩应变增量。

混凝土的徐变与当前应力状态有关，还与应力历史有关，计算中需要记录应力的历史。为了提高计算的精度与效率，徐变度采用指数形式，即

$$C(t,\tau) = \sum_{s=1} \psi_s(\tau)[1 - e^{-r_s(t-\tau)}] \tag{8-45}$$

假设在每一个时段 $\Delta\tau_i$ 中，应力呈线性变化，即应力对时间的导数为常数（如图 8－15 所示）。弹性应变增量 $\{\Delta\varepsilon_n^e\}$ 为

$$\{\Delta\varepsilon_n^e\}=\frac{1}{E(\overline{\tau}_n)}[Q]\{\Delta\sigma_n\} \tag{8-46}$$

式中　$E(\overline{\tau}_n)$——中点龄期 $\overline{\tau}_n=(\tau_{n-1}+\tau_n)/2=\tau_{n-1}+0.5\Delta\tau_n$ 的弹性模量。

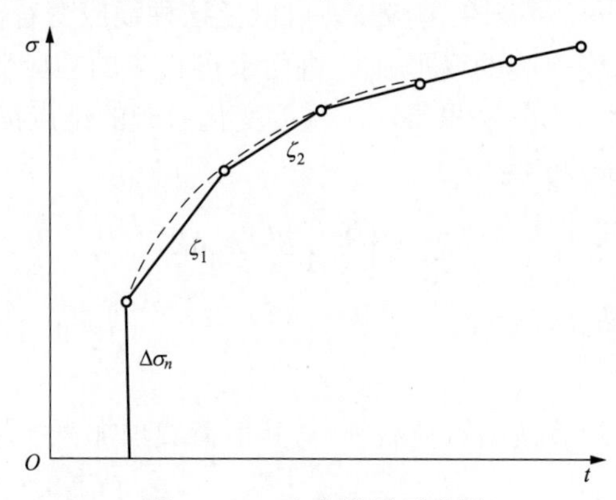

图 8－15　应力增量示意图

$$[Q]=\begin{bmatrix}1 & -\mu & -\mu & 0 & 0 & 0\\ & 1 & -\mu & 0 & 0 & 0\\ & & 1 & 0 & 0 & 0\\ & \text{对} & & 2(1+\mu) & 0 & 0\\ & & \text{称} & & 2(1+\mu) & 0\\ & & & & & 2(1+\mu)\end{bmatrix} \tag{8-47}$$

徐变应变增量为

$$\{\Delta\varepsilon_n^c\}=\{\eta_n\}+C(\tau_n,\overline{\tau}_n)[Q]\{\Delta\sigma_n\} \tag{8-48}$$

$$\{\eta_n\}=\sum_s(1-e^{-r_s\Delta\tau_n})\{\omega_{sn}\} \tag{8-49}$$

$$\{\omega_{sn}\}=\{\omega_{s,n-1}\}e^{-r_s\Delta\tau_{n-1}}+[Q]\{\Delta\sigma_{n-1}\}\psi_s(\overline{\tau}_{n-1})e^{-0.5r_s\Delta\tau_{n-1}} \tag{8-50}$$

应力增量与应变增量关系为

$$\{\Delta\sigma_n\}=[\overline{D}_n](\{\Delta\varepsilon_n\}-\{\eta_n\}-\{\Delta\varepsilon_n^T\}-\{\Delta\varepsilon_n^0\}-\{\Delta\varepsilon_n^s\}) \tag{8-51}$$

$$[\overline{D}_n]=\overline{E}_n[Q]^{-1} \tag{8-52}$$

$$\overline{E}_n=\frac{E(\overline{\tau}_n)}{1+E(\overline{\tau}_n)C(\tau_n,\overline{\tau}_n)} \tag{8-53}$$

单元的结点力增量为

$$\{\Delta F\}^e=\iiint[B]^T\{\Delta\sigma\}\mathrm{d}x\mathrm{d}y\mathrm{d}z \tag{8-54}$$

式中　$[B]$——应变与位移的转换矩阵。

把（8－51）代入上式，则

$$\{\Delta F\}^e=[k]^e\{\Delta\delta_n\}^e-\iiint[B]^T[\bar{D}_n](\{\eta_n\}+\{\Delta\varepsilon_n^T\}+\{\Delta\varepsilon_n^0\}+\{\Delta\varepsilon_n^s\})\mathrm{d}x\mathrm{d}y\mathrm{d}z \tag{8-55}$$

单元刚度矩阵为

$$[k]^e=\iiint[B]^T[\bar{D}_n][B]\mathrm{d}x\mathrm{d}y\mathrm{d}z \tag{8-56}$$

由（8-56）可得非应变变形引起的单元节点力增量为

$$\{\Delta P_n\}_e^c=\iiint[B]^T[\bar{D}_n]\{\eta_n\}\mathrm{d}x\mathrm{d}y\mathrm{d}z \tag{8-57}$$

$$\{\Delta P_n\}_e^T=\iiint[B]^T[\bar{D}_n]\{\Delta\varepsilon_n^T\}\mathrm{d}x\mathrm{d}y\mathrm{d}z \tag{8-58}$$

$$\{\Delta P_n\}_e^0=\iiint[B]^T[\bar{D}_n]\{\Delta\varepsilon_n^0\}\mathrm{d}x\mathrm{d}y\mathrm{d}z \tag{8-59}$$

$$\{\Delta P_n\}_e^s=\iiint[B]^T[\bar{D}_n]\{\Delta\varepsilon_n^s\}\mathrm{d}x\mathrm{d}y\mathrm{d}z \tag{8-60}$$

式中　$\{\Delta P_n\}_e^c$——徐变引起的单元结点荷载增量；
$\{\Delta P_n\}_e^T$——温度引起的单元结点荷载增量；
$\{\Delta P_n\}_e^0$——自生体积变形引起的单元结点荷载增量；
$\{\Delta P_n\}_e^s$——干缩引起的单元结点荷载增量。

进行整体的单元集成，可得整体平衡方程为

$$[K]\{\Delta\delta_n\}=\{\Delta P_n\}^L+\{\Delta P_n\}^C+\{\Delta P_n\}^T+\{\Delta P_n\}^0+\{\Delta P_n\}^S \tag{8-61}$$

式中　$\{\Delta P_n\}^L$——外荷载引起的结点荷载增量；
$\{\Delta P_n\}^C$——徐变引起的结点荷载增量；
$\{\Delta P_n\}^T$——温度引起的结点荷载增量；
$\{\Delta P_n\}^0$——自生体积变形引起的结点荷载增量；
$\{\Delta P_n\}^S$——干缩引起的结点荷载增量。

求出各个结点的位移增量$\{\Delta\delta_n\}$之后，由（8-61）求得应力增量$\{\Delta\sigma_n\}$，累加后得到各个单元τ_n时刻的应力，则

$$\{\sigma_n\}=\sum\{\Delta\sigma_n\} \tag{8-62}$$

3. 碾压混凝土重力坝温度应力计算

以龙滩工程的溢流坝段为例，某仿真计算工况下，主要计算边界条件及温控措施见表 8-11。

表 8-11　　仿真计算边界条件及温控措施

坝段	部位	综合温控措施
挡水坝段及溢流坝段	基础常态	12℃入仓，仓面喷雾、仓面洒水冷却，水管冷却
	0.4L 以下 RCC	入仓温度≤17℃，4～10 月浇筑的混凝土仓面喷雾、仓面洒水冷却，第 1 个 5～9 月浇筑的混凝土水管冷却
	0.4L 以上 RCC	入仓温度≤17℃，4～10 月浇筑的混凝土仓面喷雾、仓面洒水冷却

注　1. 喷雾洒水：在每个浇筑仓面喷雾两天，然后采取仓面洒水冷却；
2. 水管冷却：水管间距 1.5m×1.5m，通水 20d，水温 12℃。

由图 8－16～图 8－19 可见，上下游方向应力除了在高程 197.00m 靠近上、下游坝面 20～40m 的范围内和坝踵坝趾等特殊部位有超过 2.0MPa 的拉应力外，其余部位的应力均小于 2.0MPa，高程 200.00m 以上的所有应力均小于 1.8MPa，小于允许拉应力。另外，基础约束区由于温降缓慢，相对应的应力也呈现缓慢增大趋势。

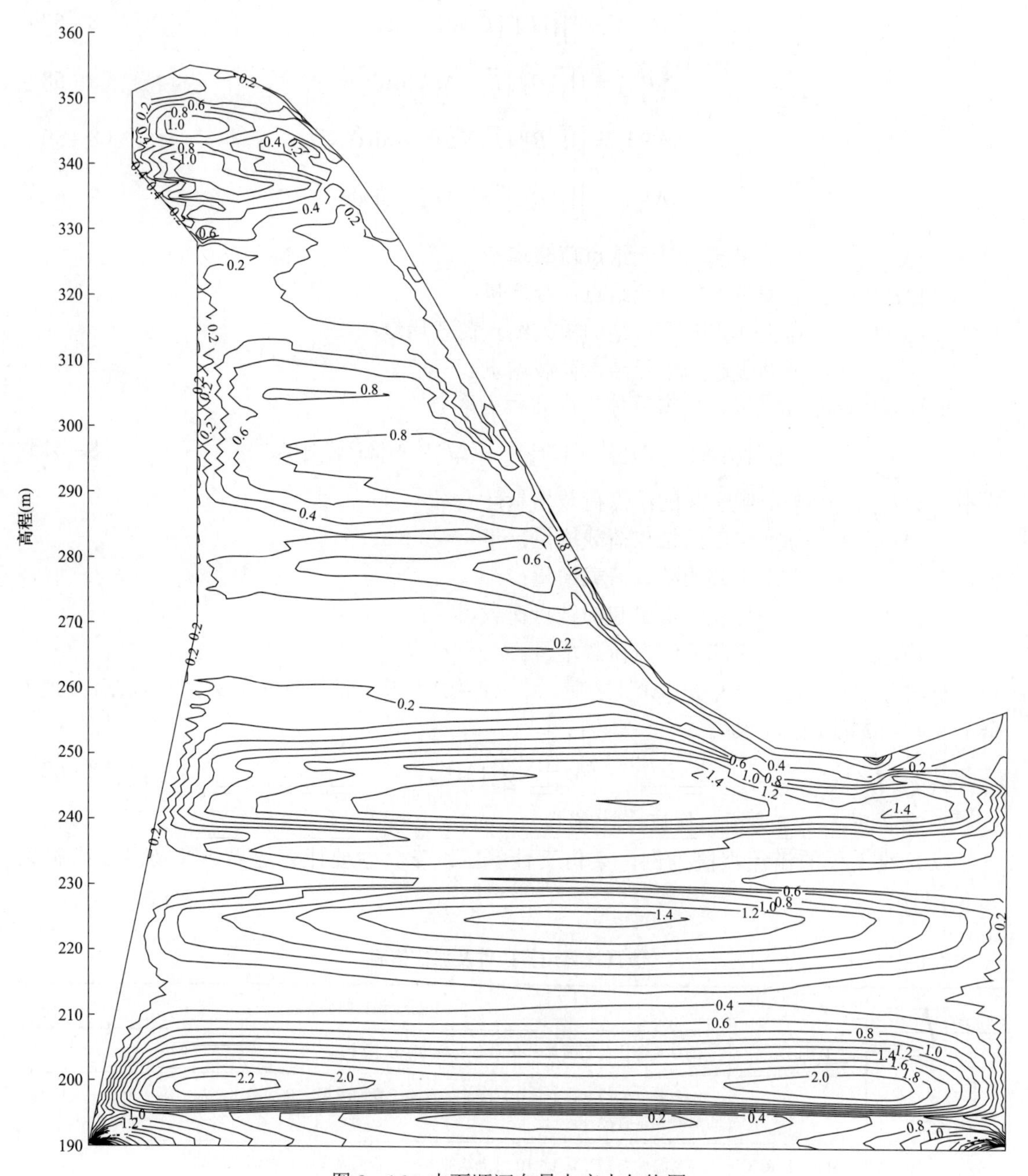

图 8－16　中面顺河向最大应力包络图

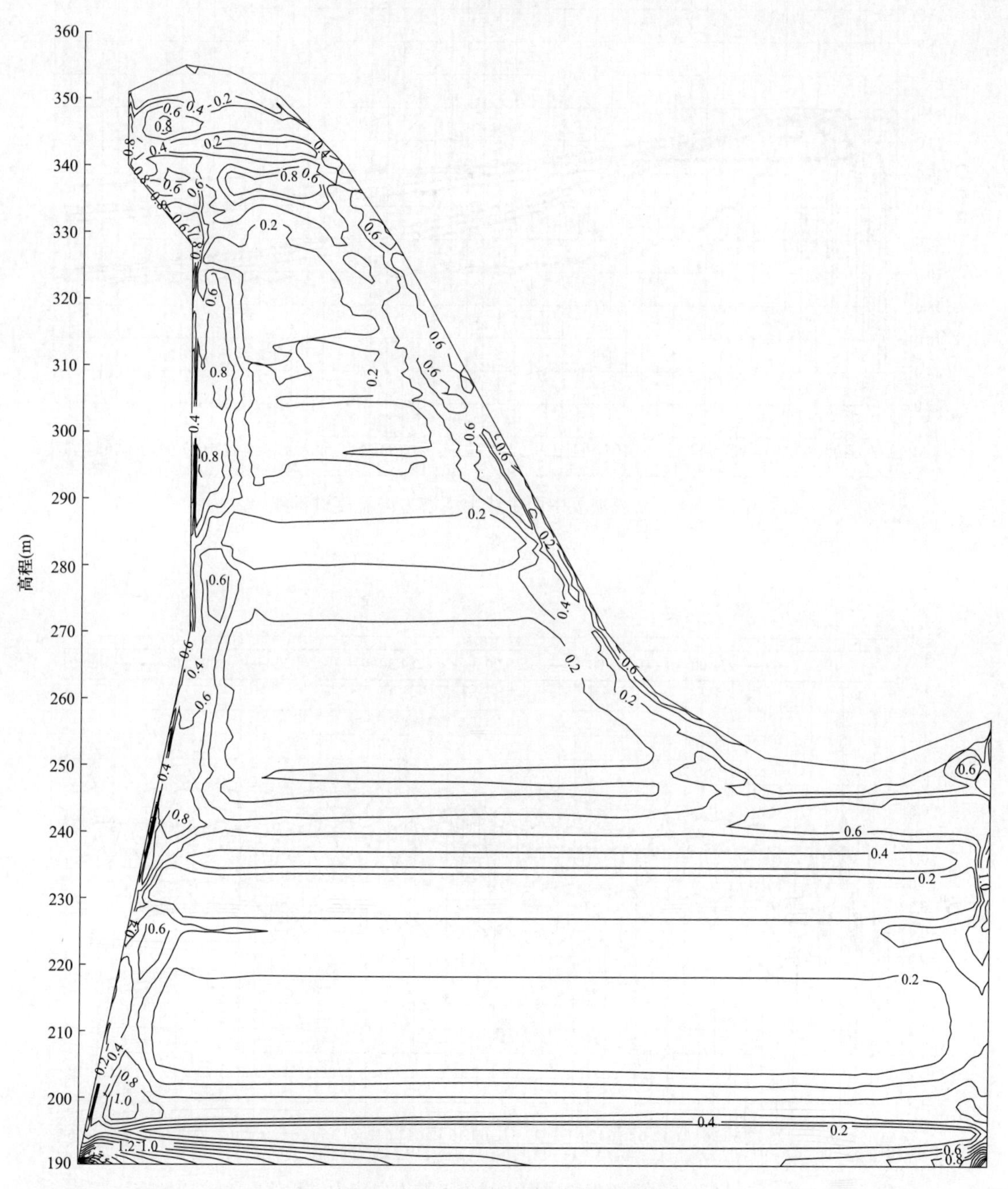

图 8－17　中面轴向最大应力包络图

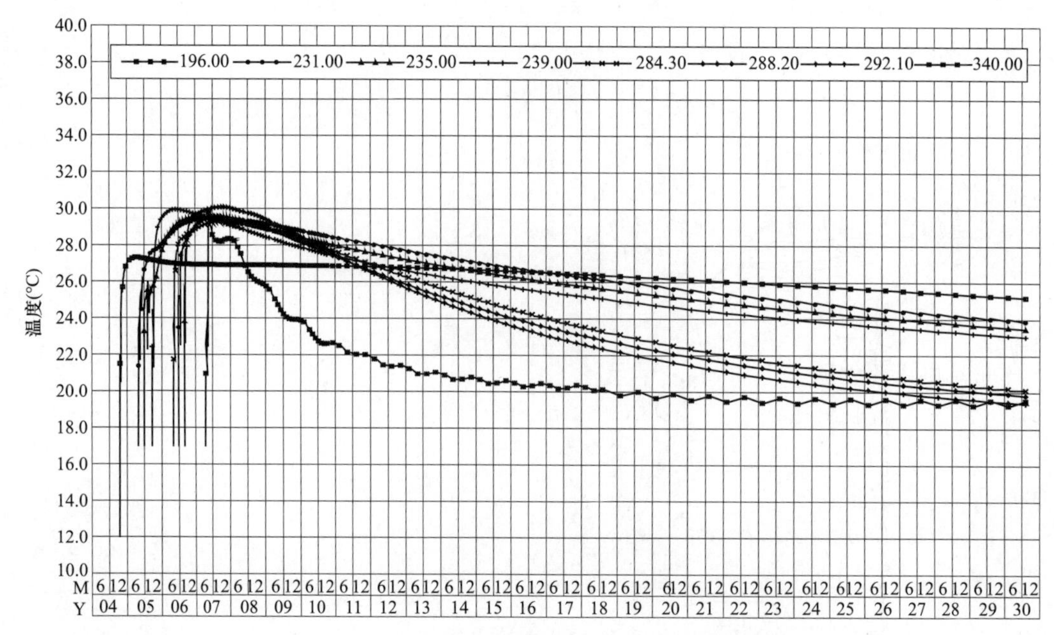

图 8-18　溢流坝段中面中线上下游方向温度过程线

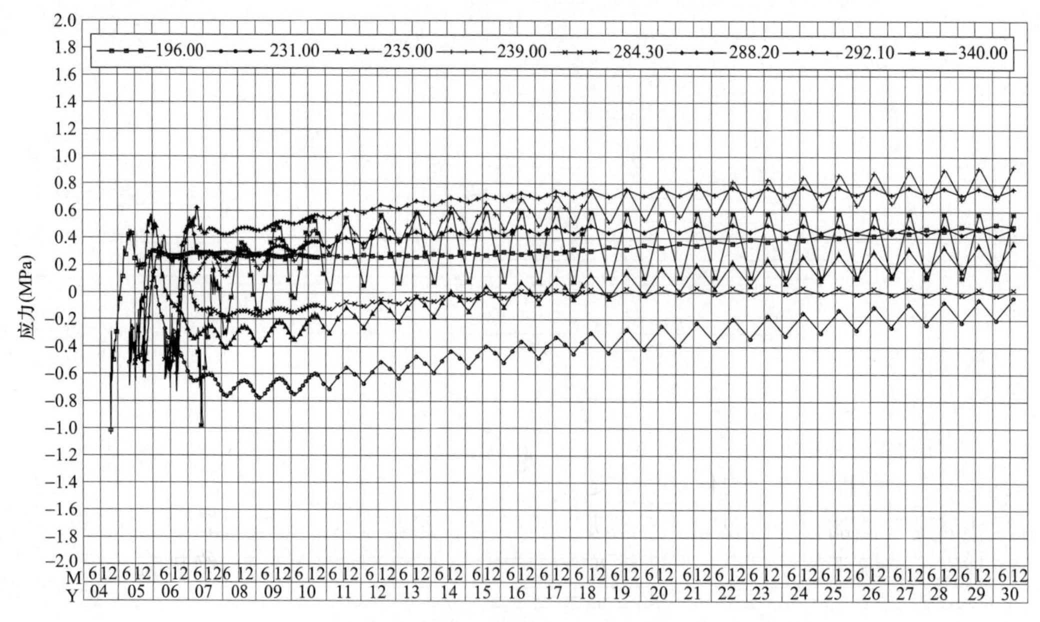

图 8-19　溢流坝段中面中线上下游方向应力过程线

8.4.2　简化计算方法及程序

8.4.2.1　温度场的差分法计算

1. 基本理论推导

假定求解无限大平板的温度场，设板的厚度为 L，把板在厚度方向等分为 $n-1$ 层，每层厚度为 $h=L/(n-1)$，用差分代替微分，然后求出不同时间各层面上的温度值。

上述问题可理解为求解的一维热传导方程为

$$\frac{\partial T}{\partial \tau}=\alpha\frac{\partial^2 T}{\partial x^2}+\frac{\partial \theta}{\partial \tau} \tag{8-63}$$

将混凝土块体分成 $n-1$ 薄层，每层厚度为 h，如图 8-20 所示，设 T_i、τ 代表第 i 点在时间 τ 的温度，试取出相邻的 $i-1$、i、$i+1$ 三点来分析。

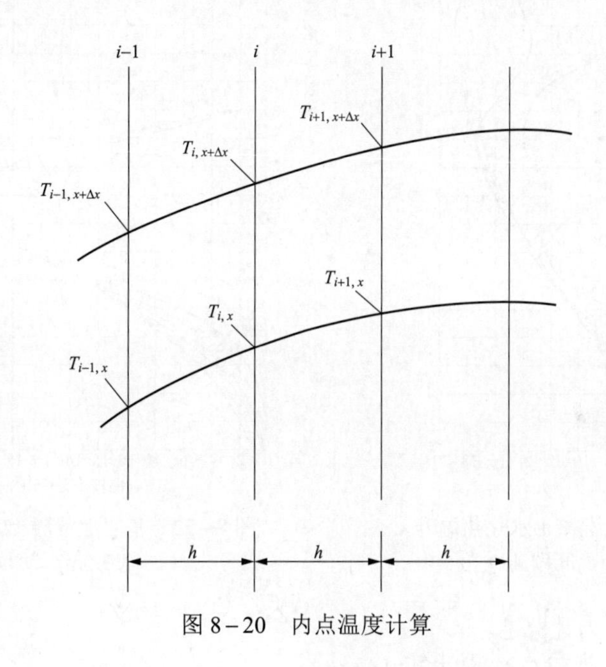

图 8-20　内点温度计算

根据差分原理，在一定的边界条件下，可通过差分求解上述方程。

2. 用一维差分法求多层浇筑块水化热温升

大体积混凝土浇筑层的厚度通常只有 1.5～3.0m，而平面尺寸往往是 15～100m，甚至更大。因此，施工过程中热量的传导主要是在铅直方向，等温线基本是水平的，简化为一维问题进行计算是合适的。差分法用于计算是方便的，显式解法和隐式解法都可用。

在基岩上浇筑混凝土，每隔 4d 浇筑一层，导温系数 $a=0.10\text{m}^2/\text{d}$，绝热温升为$\theta=27.3(1-e^{-0.384\tau})$，$\tau$ 以 d 计，$\lambda/\beta=0.10\text{m}$，计算两种情况，一种情况，每层厚度为 1.50m；另一种情况，每层厚度为 3.0m。用显式差分法计算浇筑过程中的温度分布。

取　$x=0.50\text{m}$，$\Delta\tau=1\text{d}$，$r=a\Delta\tau/\Delta x^2=0.10\times1.0/0.50^2=0.40$，则

$$T_{i,\tau+ir\Delta\tau}=0.20T_{i,\tau}+0.40\left(T_{i-1,\tau}+T_{i+1,\tau}\right)+\Delta\theta \tag{8-64}$$

计算中假定岩石的热性能与混凝土相同，但岩石无热源，在岩石与混凝土的接触面上，取$\Delta\theta/2$。混凝土表面温度高于气温，虽无预冷在新老混凝土的接触面上，初温不连续，取$\Delta\theta=(\Delta\theta_{new}+\Delta\theta_{old})/2$，计算结果见图 8－21 及图 8－22。这是水利水电工程中比较典型的两种浇筑情况。

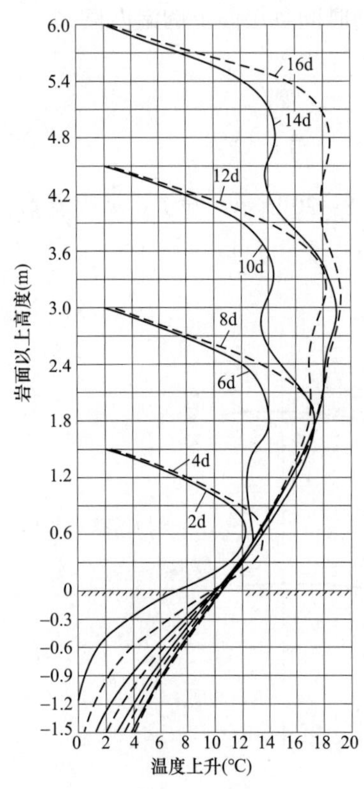

图 8－21　基岩上混凝土水化热温升
（层厚 1.5m，间歇 4d）

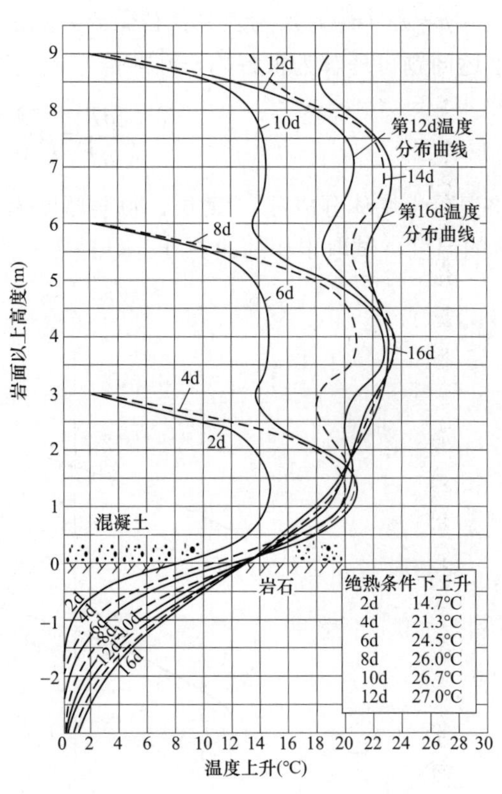

图 8－22　基岩上混凝土水化热温升
（层厚 3.0m，间歇 4d）

8.4.2.2　基础温差应力计算

1. 基础浇筑块温度应力近似计算

坝体温度变化有 3 个特征值：浇筑温度 T_p、水化热温升 T_r、最终稳定温度 T_f。最高温度为 T_p+T_r，最大温差为 $T_p+T_r-T_f$。

温差 $T_p+T_r-T_f$ 可以分为两部分：浇筑温差 T_p-T_f 及水化热温升 T_r。等间歇、均匀上升的浇筑块，在离基础一定高程后，会出现一种近乎均匀的温度分布 T。但在接近基础部分，由于岩石传热，形成温度梯度。这种不均匀温差所产生的应力与浇筑块的长度有关。浇筑温差 T_p-T_f 通常认为是均匀分布的，可用约束系数计算。故温差 $T_p+T_r-T_f$ 在基础浇筑块中所引起的应力可按下式计算，即

$$\alpha=-\frac{RE^{m}\mu(T_p-T_f)}{1-\mu}-\frac{k_r AE^{m}\mu T_r}{1-\mu} \tag{8-65}$$

式中　R——基础约束系数；

E^{m}——长期弹性模量，通常可取 $E^{m}=0.5E_0$，E_0 为 90d 龄期的瞬时弹性模量；

μ——混凝土的泊松比；

k_r——考虑早期升温的折减系数，其值约为 0.85，但因问题比较复杂，在初步计算中通常取 $k_r=1.0$；

A——基础影响系数，见图 8-23。

2. 基础浇筑块弹性温度应力简易算法

基础浇筑块温度应力，计算主要是验证浇筑块中央部位的水平应力，以及沿基础面剪应力。温度应力可用有限元法计算，根据前述温度场和应力场有限元计算理论编制相关程序，可用计算机完成相关计算工作。工程需要时也可采用影响线法计算，本节主要介绍影响线法。

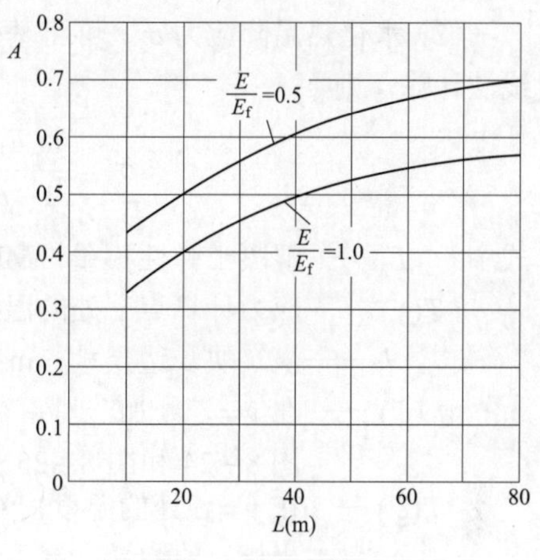

图 8-23　系数 A

假定基础块温度应力为单连域线性弹性应力问题，分别计算浇筑温度与稳定温度之差所引起的温度应力 σ_1 和水化热温降引起的温度应力 σ_2，然后进行叠加，则

$$\sigma=\sigma_1+\sigma_2 \tag{8-66}$$

（1）浇筑温度和稳定温度的温差应力 σ_1 计算。浇筑温度和稳定温度的差为均匀温度场，其应力可用约束系数法求得，则

$$\sigma_1=K_p\frac{RE_c a}{1-\mu}(T_p-T_f) \tag{8-67}$$

式中　K_p——由混凝土徐变引起的应力松驰系数，在缺乏试验资料时，可取 0.5；

R——基础约束系数，当混凝土弹性模量 E_c 和基岩弹性模量 E_R 相近时，R 可按表 8-12 取值，当混凝土弹性模量 E_c 和基岩弹性模量 E_R 不相等时，建基面处 R 可按表 8-13 取值，建基面以上 R 值可按比例折算；

E_c——混凝土弹性模量，MPa；

a——混凝土的线膨胀系数；

μ——混凝土的泊松比；

T_p——混凝土浇筑温度，℃；

T_f——坝体稳定温度，℃。

表 8-12　　基础约束系数

$\frac{y}{L}$	0	0.1	0.2	0.3	0.4	0.5
R	0.61	0.44	0.27	0.16	0.10	0

注　y—计算点离建基面的高度，m；

L—浇筑块长边尺寸，m。

表 8-13　　建基面基础约束系数

$\frac{E_R}{E}$	0	0.5	1.0	1.5	2.0	3.0	4.0
R	1.0	0.72	0.61	0.51	0.44	0.36	0.32

（2）水化热温降应力 σ_2。可将基础块各层水化热最高温升包络图作为计算温差，按影响线法计算，则

$$\sigma_2=\frac{K_p E_c a}{1-\mu}\left[T(y)-\frac{1}{l}\sum A_y(\zeta)T(\zeta)\Delta y\right] \tag{8-68}$$

式中　E_c——混凝土弹性模量，MPa；

$T(y)$——应力计算点 y 处的温度值，℃；

l——浇筑块长边尺寸，m；

$A_y(\zeta)$——在 $y=\zeta$ 处加一对单荷载 $P=1$，对计算点 y 所产生的正应力影响系数，可由图 8-24 和图 8-25 查取；

$T(\zeta)$——在 $y=\zeta$ 处的温度，℃；

Δy——坐标 y 的增量，m。

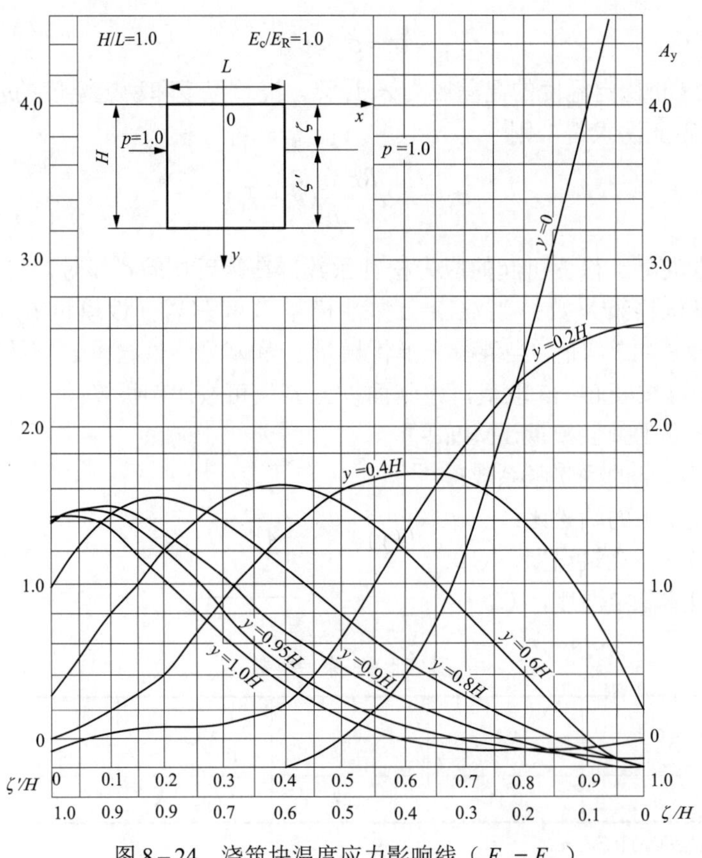

图 8-24　浇筑块温度应力影响线（$E_c=E_R$）

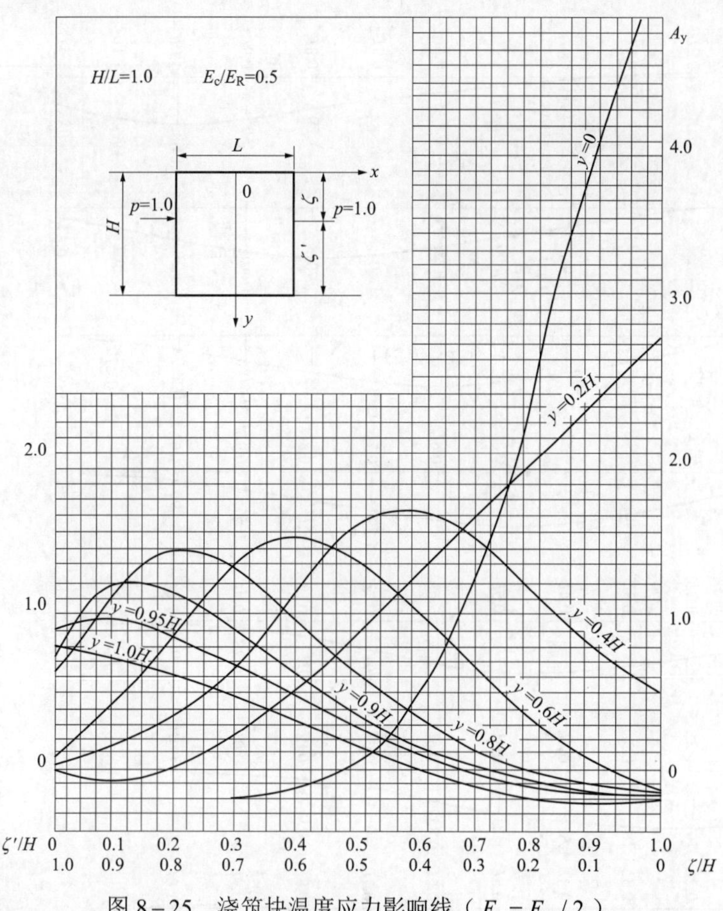

图 8－25　浇筑块温度应力影响线（$E_c = E_R / 2$）

8.4.2.3　上下层温差应力计算

在长期停歇的浇筑块上部，由于气温的变化、过水时的温度冲击、寒潮等因素，往往会在铅直方向产生较大的温差。在经过长时间停歇的老混凝土上浇筑新混凝土，由于新混凝土中的水化热及浇筑温度的变化等因素，也会形成较大的上下层温差。由于浇筑块的平面尺寸比较大，通常等温线近于水平，设温度 $T(y)$是铅直方向坐标 y 的函数，如图 8－26 所示，可用单向差分法计算。应力用影响线计算，按平面应变问题考虑，中央断面上的水平正应力可计算为

$$\sigma_x(y)=\frac{Ea}{1-\mu}\left[-T(y)+\frac{1}{L}\sum_{i=1}^{n}A_y(\zeta)T(\zeta_i)\Delta\zeta_i\right] \tag{8-69}$$

式中　E——弹性模量；

a——膨胀系数；

L——浇筑块宽度；

μ——泊松比；

$A_y(\zeta)$——高浇筑块的应力影响系数，见图 8－27。

为了考虑徐变，算得的应力可再乘以松弛系数 K。

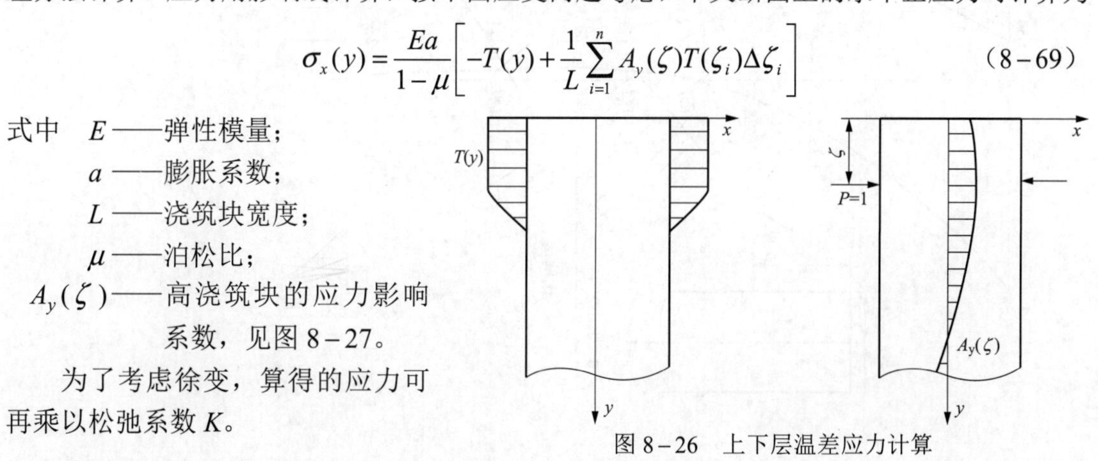

图 8－26　上下层温差应力计算

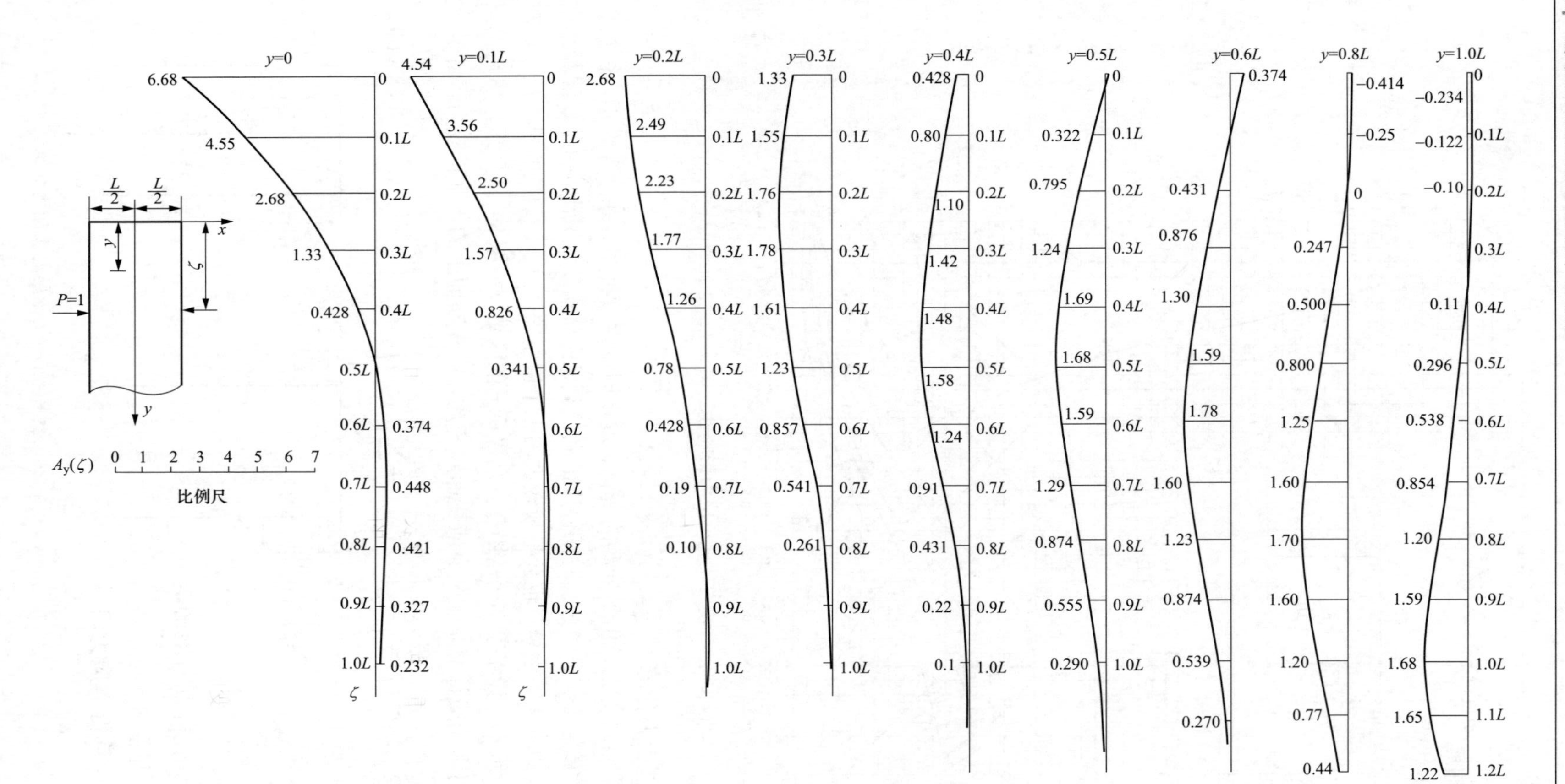

图 8－27 高浇筑块的应力影响线

L—浇筑块的宽度；ζ—加力点至坝面的距离；y—计算应力的点至顶面的距离；

$A_y(\zeta)$—在ζ处加一对水平力，在 y 点产生的应力

8.4.2.4　内外温差应力计算

在宽缝重力坝的施工中会出现并列浇筑块，其水平剖面如图 8－28 所示。在相邻坝块之间热量传递很少，块体中热量主要向宽缝面传导，取坐标 y 垂直于宽缝表面，块体中的温度场将是坐标 y 的函数 $T(y)$，浇筑块中央断面上的应力也可用式（8－69）计算，但 $A_y(\zeta)$ 应采用图 8－29 中方形浇筑块的应力影响系数。至于实体重力坝，如侧面暴露时间很长，浇筑块内出现较大的内外温差，温度应力也可以用上述方法计算。

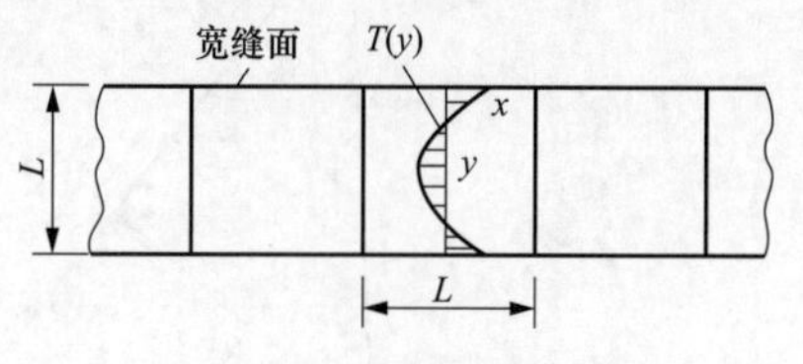

图 8－28　并列柱状浇筑块

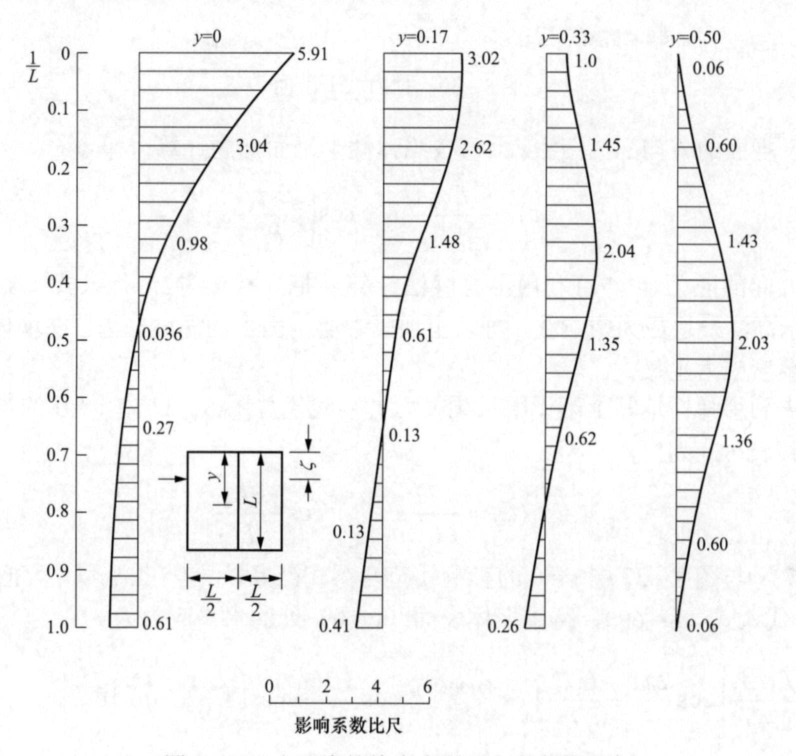

图 8－29　方形浇筑块中央断面上应力影响线

8.4.2.5　年温度变化在坝体表面引起的温度应力

外界温度的年变化在重力坝的上下游表面可以引起相当大的应力。水温，尤其是深水温度，变幅较小，引起的应力也较小。气温的变幅较大，引起的应力也较大。

坝体表面温度年变化可用余弦函数表示为

$$T(\tau)=A_0\cos\frac{2\pi\tau}{P} \tag{8-70}$$

式中　A_0——表面温度年变幅；

P——周期（1 年）。

如图 8－30 所示，在垂直于表面方向，在深度 y 处的温度为

$$T(y,\tau)=A_0\mathrm{e}^{-qy}\cos\left(\frac{2\pi\tau}{P}-qy\right) \tag{8-71}$$

式中　$q=\sqrt{\pi/\alpha P}$。

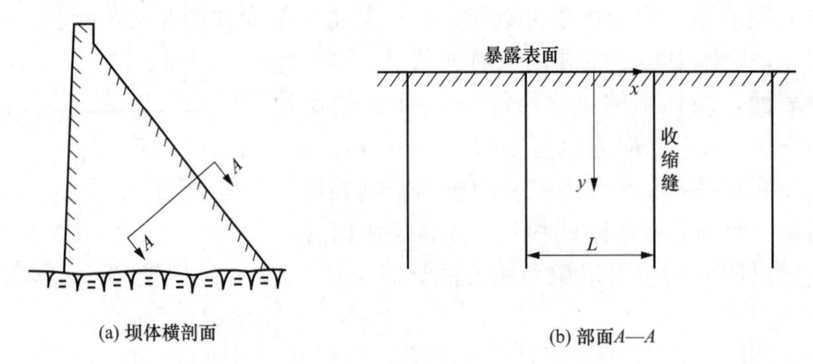

图 8－30　重力坝下游面

在平行于坝面的方向 z，温度应力可按照弹性半平面问题计算，即

$$\sigma_z(y,\tau)=-\frac{E\alpha A_0}{1-\mu}e^{-qy}\cos\left(\frac{2\pi\tau}{P}-qy\right) \tag{8-72}$$

在水平方向的应力 σ_x，可利用影响线法计算。把式（8－72）代入式（8－69），利用图 8－27 所示高浇筑块应力影响线，可求出坝段中心剖面上的温度应力。在坝体表面，温度变幅最大，温度应力也最大。

瓦西列夫利用弹性地基上半无限长梁反力影响线代替图 8－27 中 $y=0$ 的半无限长条应力影响线，其表达式为

$$A_{y=0}(\zeta)=\frac{6.72}{L}e^{-3.36\zeta/L}\cos\frac{3.36\zeta}{L} \tag{8-73}$$

式（8－73）与图 8－27 中 $y=0$ 的影响线符合得相当好，误差在 3%以下。把式（8－72）、式（8－73）代入式（8－69），得到坝体表面（$y=0$）处的水平应力为

$$\begin{aligned}\sigma_{x0}&=-\frac{E\alpha A_0}{1-\mu}\left[\cos\frac{2\pi\tau}{P}-\frac{6.72}{L}\int_0^{\infty}e^{-(q+3.36/L)\zeta}\cos\frac{3.36\zeta}{L}\cos\left(\frac{2\pi\tau}{P}-q\zeta\right)\mathrm{d}\zeta\right]\\&=-\frac{E\alpha A_0 r}{1-\mu}\cos\left(\frac{2\pi\tau}{P}-\eta\right)\end{aligned} \tag{8-74}$$

$$\left.\begin{aligned}r&=\sqrt{b^2+c^2},\eta=\tan^{-1}\left(\frac{c}{b}\right),q=\sqrt{\frac{\pi}{aP}}\\b&=1-6.72\left(\frac{1}{4qL+13.44}+\frac{3.36+qL}{4q^2L^2+45.2}\right)\\c&=6.72\left(\frac{1}{4qL+13.44}-\frac{3.36-qL}{4q^2L^2+45.2}\right)\end{aligned}\right\} \tag{8-75}$$

由式（8－75）可知，当 $2\pi\tau/P=\eta$ 时，表面温度应力达到最大值，即

$$\sigma_{x0}=-\frac{E\alpha A_0 r}{1-\mu} \tag{8-76}$$

取导温系数 $a=0.004\ 0\text{m}^2/\text{h}$，周期 $P=1$ 年，求得坝体表面最大弹性温度应力如图 8－31 所示。其中 L 为收缩缝间距，即坝段宽度，由图可见分缝间距 L 与温度应力的关系。

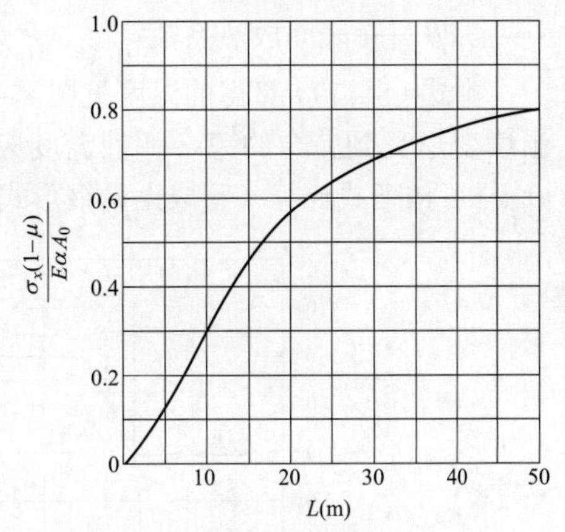

图 8－31　重力坝表面年温度变化产生的温度应力

8.4.2.6　气温骤降在坝体表面引起的温度应力

1. 气温骤降引起的温度应力

根据 DL/T 5144《水工混凝土施工规范》的规定：气温骤降指日平均气温在 2～3d 内连续下降累计 6℃以上，寒潮指日平均气温 5℃以下的气温骤降。

实践经验表明，大体积混凝土所产生的裂缝，绝大多数都是表面裂缝，但其中有一部分后来会发展为深层或贯穿性裂缝，影响结构的整体性和耐久性，危害很大。不论是南方还是北方，气温骤降是引起混凝土表面裂缝的重要原因，因此在设计中应分析当地气温资料，列出各月的气温骤降次数、气温降低幅度及降温历时。用朱伯芳建议的下列方法可计算气温骤降引起的温度应力。

气温骤降期间气温的变化近似地用折线式（8－77）表示，如图 8－32 所示。

$$\left.\begin{aligned}&\text{当}0\leqslant\tau\leqslant Q\text{时}\qquad &T_{\mathrm{a}}=k\tau\\&\text{当}Q\leqslant\tau\leqslant 2Q\text{时}\qquad &T_{\mathrm{a}}=k\tau-2k(\tau-Q)\end{aligned}\right\}\tag{8-77}$$

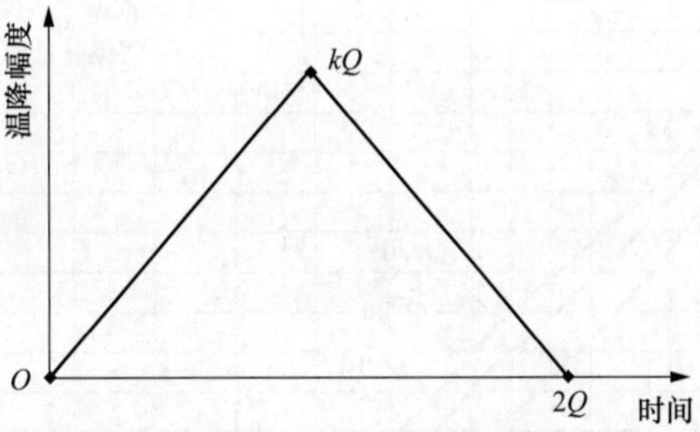

图 8－32　典型气温骤降过程

气温骤降期间，混凝土内的温度变化只限于极浅的表层部分，深度只有 20～30cm，因此温度变形受到完全约束，产生较大应力。按无限大平板计算，厚度为 $2R$。

$$T(x,\tau)=k\tau-\frac{k}{2a}\left[R^2\left(1+\frac{2\lambda}{\beta R}\right)-x^2\right]+\frac{kR^2}{a}\sum_{n=1}^{\infty}\frac{A_n}{\mu_n^2}\cos\left(\frac{\mu_n x}{R}\right)\exp\left(-\mu_n^2\frac{a\tau}{R^2}\right)\tag{8-78}$$

在表面上温度最低、应力最大，在上式中令 $x=R$，得到表面温度

$$T(R,\tau)=k\tau-\frac{\lambda kR}{\beta a}+\frac{kR^2}{a}\sum_{n=1}^{\infty}\frac{A_n}{\mu_n^2}\cos\mu_n\exp\left(-\mu_n^2\frac{a\tau}{R^2}\right)\tag{8-79}$$

$$A_n=2\sin\mu_n/(\mu_n+\sin\mu_n\cos\mu_n)$$

式中　λ ——导热系数；

a ——导温系数；

μ_n ——特征方程 $\cot\mu_n-(\lambda/\beta R)\mu_n=0$ 的根；

β——表面放热系数。

由式（8－79）算得的温度见图 8－33 及图 8－34。由于温度变化时间短、影响深度很浅、温度变形受到完全约束，弹性温度应力为$\sigma = E\alpha T(\tau)/(1-\mu)$，考虑混凝土徐变后的应力$\sigma^*(t)$可按下式计算（写成无量纲形式），即

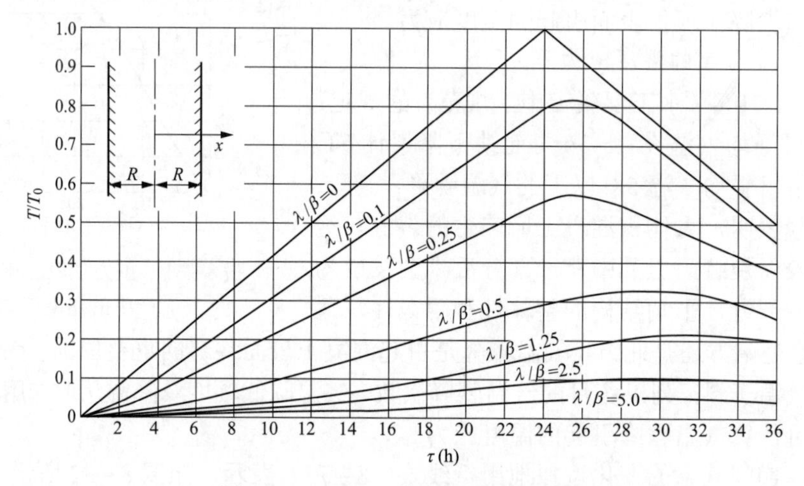

图 8－33　$Q=1$d 的表面温度过程线

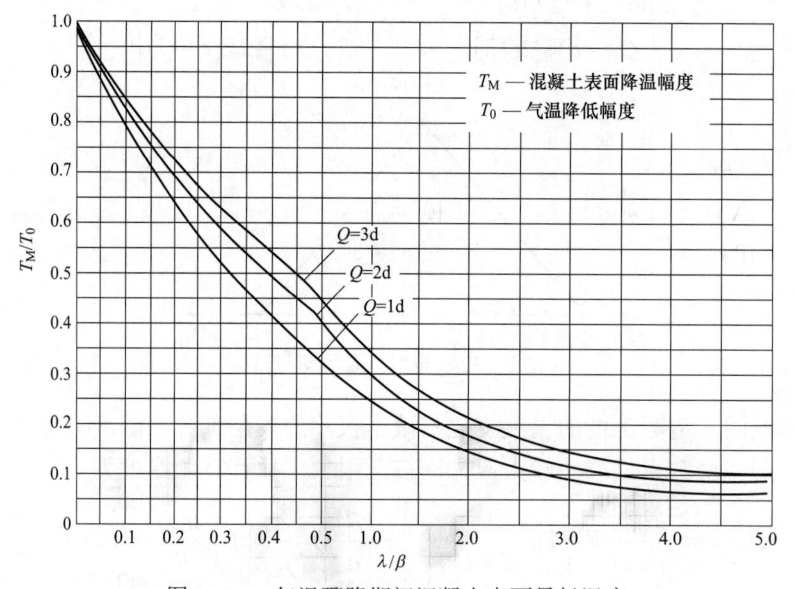

图 8－34　气温骤降期间混凝土表面最低温度

$$\frac{(1-\mu)\sigma^*(t)}{E\alpha T_0} = \frac{1}{T_0}\sum K(t,\tau)\Delta T(\tau) \qquad (8-80)$$

式中　$K(t,\tau)$——混凝土的松弛系数；

T_0——气温降低幅度。

2. 表面保温对温度应力的影响

理论分析与实践经验都表明，表面保温是防止表面裂缝的最有效措施。由图 8－33 可以看出，表面保温(λ/β)对混凝土表面降温幅度的影响十分显著。通过计算不同季节温度骤降

引起的温度应力，不同季节可采取不同的表面保温措施。

当混凝土坝块厚度在5m以上时，由于降温历时很短，厚度对表面温度影响不大，计算厚度10m的无限平板，导温系数 $a=0.004\ 0\text{m}^2/\text{h}$，表面最大弹性徐变应力见图8－35。由图8－35可见，随着保温能力的加强，即 (λ/β) 的增加，表面温度应力急剧减小。

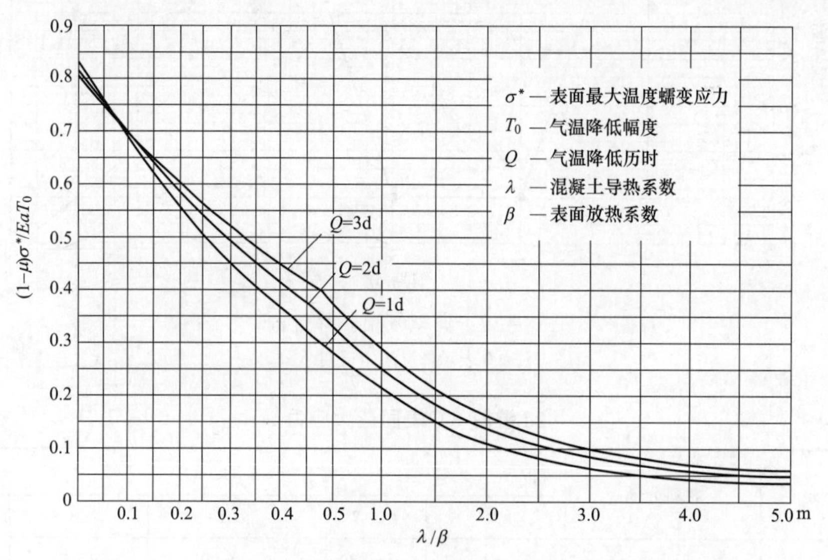

图8－35 保温层对气温骤降期间表面最大温度徐变应力的影响

取两个浇筑块长60m和20m，以模拟坝段厚度和宽度方向，计算网格图如图8－36所示，考虑2d气温骤降8℃（如图8－37所示），导温系数 $a=0.003\ 239\ \text{m}^2/\text{h}$，线膨胀系数为 8.26×10^{-6}/℃，A区混凝土的混凝土弹性模量为 $E(\tau)=33\text{e}^{-0.480\tau^{0.308}}$（GPa），泊松比为0.189；基础变模取30GPa，泊松比为0.19。按照考虑保温与不考虑保温两种情况分别计算，不保温时表面散热系数为47.1kJ/（$\text{m}^2\cdot\text{h}\cdot$℃），采取表面保温措施时等效放热系数 β 取10kJ/（$\text{m}^2\cdot\text{h}\cdot$℃），各工况下在气温骤降荷载作用下的温度最大应力如表8－14所示，60m块长不保温情况下最大温度应力沿深度的分布如图8－38所示。

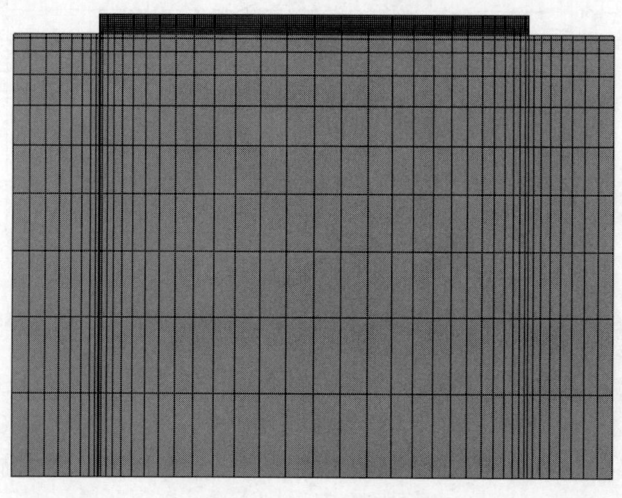

图8－36 计算网格图

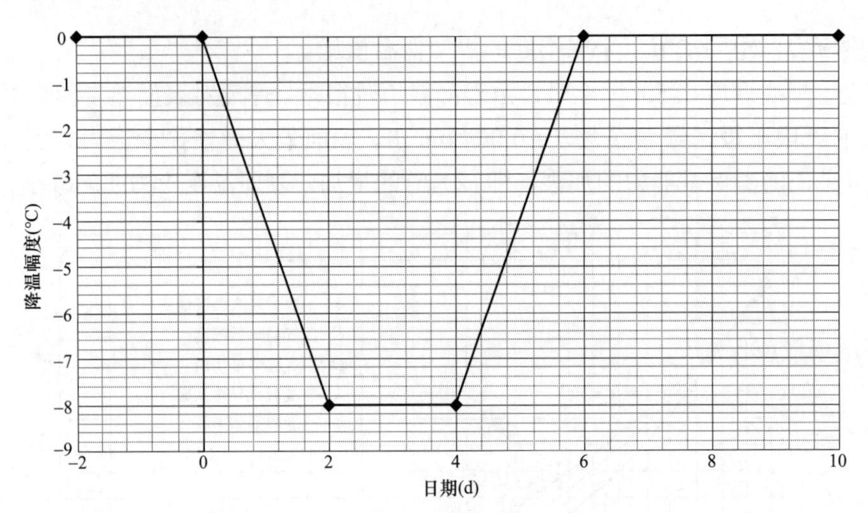

图 8－37　典型气温骤降过程

注：0 表示降温起始日期。

表 8－14　　2d 温降 8℃表面最大应力　　MPa

浇筑块长度（m）	材料分区	龄期（d）				
		3	7	14	28	90
20m	无保温	0.66	0.82	0.90	1.05	1.26
	有保温	0.32	0.38	0.44	0.52	0.65
60m	无保温	0.72	0.88	0.96	1.12	1.36
	有保温	0.38	0.44	0.50	0.57	0.70

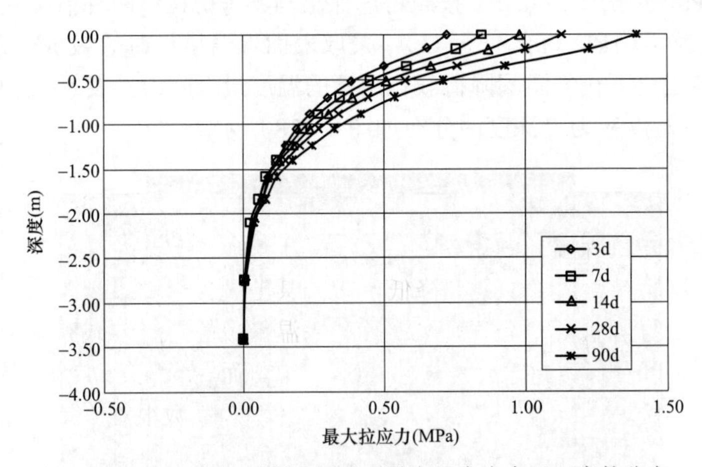

图 8－38　60m 块长不保温情况下最大温度应力沿深度的分布

60m 块长 90d 龄期混凝土气温骤降产生的表面温度应力最大值为 1.36MPa，温度应力沿深度方向迅速衰减，1m 深处最大值为表面最大值的 25%；20m 块长与 60m 块长的混凝土在气温骤降作用下的最大应力差别不大，保温能有效降低气温骤降产生的温度应力，等效放热系数取 10kJ/（m^2・h・℃）时，能削减温度应力幅度将近 50%。

3. 表面保温效果的估算

当混凝土表面覆盖有保温材料时，混凝土表面的模板或保温层对温度的影响可用等效放热系数 β_s 来考虑。每层保温材料的热阻为

$$R_i = \frac{h_i}{\lambda_i}$$

式中 h_i——第 i 层保温材料的厚度；

λ_i——第 i 层的导热系数。

最外层模板或保温材料与空气接触，它们中间的热阻为 $1/\beta$，故总热阻为

$$R_s = \sum \frac{h_i}{\lambda_i} + \frac{1}{\beta} \tag{8-81}$$

由此可得到等效放热系数 β_s 及虚厚度 d 为

$$\beta_s = \frac{1}{R_s}，\ d = \frac{\lambda}{\beta_s} = \lambda R_s \tag{8-82}$$

各种保温材料的导热系数见表 8-15。

表 8-15　保温材料的导热系数λ　kJ/（m·h·℃）

材料	λ	材料	λ
木板	0.8374	泡沫塑料	0.1256
木屑	0.6280	玻璃棉毡	0.1675
麦秆或稻草席	0.5024	油毛毡	0.1675
炉渣	1.6747	填实的沙	3.1401
石棉毡	0.4187	麻屑	0.1675
泡沫混凝土	0.3768	水泥膨胀珍珠岩	0.4187
膨胀型聚苯乙烯（EPS）	0.148	挤塑型聚苯乙烯（XPS）	0.108
聚乙烯（PE）	0.160	聚氨酯（PUF）	0.080～0.108

表 8-15 中给出的保温材料的导温系数是在干燥条件下的数值，当被水浸泡、含水或潮湿时，部分材料的保温效果会大大降低，有的甚至丧失保温效果。同时，保温效果还与保温材料与混凝土的结合程度有关，上述等效保温系数的计算公式有一个基本假定：保温材料和混凝土之间以及各层保温材料直接紧密黏结。而实际上，等效保温系数受保温板覆盖的施工质量影响极大。因此，在施工中实际等效保温系数很难确定，建议有条件的采用反演法确定。

朱伯芳计算了外界温度周期变化对混凝土内部温度的影响，用式（8-83）表示，即

$$\Delta T(x) = A\mathrm{e}^{-x\sqrt{\pi/aP}} \tag{8-83}$$

式中 $\Delta T(x)$——距离表面 x 的温度变幅；

A——外界温度变幅；

a ——混凝土导温系数；

P——温度变化周期。

利用这一公式，可以得到不同等效放热系数的材料保温后混凝土表面温度变幅与外界温度变幅比之间的关系。基于这一关系，可以通过简单的现场温度监测估算出工程所采用的保温措施的实际保温效果。设 $a=0.08\text{m}^2/\text{d}$，混凝土导热系数 $\lambda=8.3\text{kJ/}$（m·h·℃），计算成果如表 8-16 所示。

表 8-16　不同等效放热系数条件下的虚厚度和混凝土表面的温度变化幅度

等效放热系数 [kJ/(m²·h·℃)]	虚厚度 （m）	混凝土表面温度变幅与外界温度变幅之比	
		$P=1$d（昼夜温差）	$P=365$d（年气温变化）
3	2.77	0.00	0.40
5	1.66	0.00	0.58
10	0.83	0.01	0.76
15	0.55	0.03	0.83
20	0.42	0.07	0.87

8.4.2.7　混凝土出机口温度、入仓温度、浇筑温度计算

1. 混凝土出机口温度计算

混凝土出机口温度主要取决拌和前各种原材料的温度。混凝土浇筑温度则是由混凝土的出机口温度和混凝土在运输、浇筑过程中所进行的热交换两部分决定的。利用拌和前混凝土原材料总热量与混凝土拌和物的总热量相等的原理，可求得混凝土的出机口温度 T_0。

混凝土出机口温度根据热平衡原理按下式计算，即

$$T_0=\frac{\sum(c_i\cdot w_iT_i)+q}{\sum c_i\cdot w_i}\qquad(8-84)$$

式中　T_0——混凝土出机口温度；

w_i——每 m³ 混凝土中各种原材料的重量，kg/m³；

c_i——混凝土各种原材料的比热，kJ/(kg·℃)；

T_i——混凝土各种原材料的温度，℃；

q——每立方米混凝土拌合时机械热，kJ。

2. 混凝土入仓及浇筑温度计算

（1）混凝土入仓温度计算公式为

$$T_1=T_0+\left(T_a+\frac{R}{\beta}-T_0\right)\cdot(\phi+\sum A_i\tau_i)\qquad(8-85)$$

式中　T_1——混凝土入仓温度；

T_0——混凝土出机口温度；

T_a——多年月平均气温；

R/β——太阳辐射热引起的气温升高值，该值与纬度和浇筑月份有关；

ϕ——混凝土在装料、卸料、转运等过程中的热交换系数；

$\sum A_i\tau_i$——混凝土在运输过程中的热交换系数。τ 为运输时间（分）；A 值与混凝土运输工具和单车运输混凝土量有关。

（2）混凝土浇筑温度计算公式为

$$T_p = T_1 + \left(T_a + \frac{R}{\beta} - T_1\right) \cdot (\phi_1 + \phi_2) \tag{8-86}$$

式中　T_p——混凝土浇筑温度；

ϕ_1——混凝土平仓前的温度回升系数；

ϕ_2——混凝土平仓以后、振捣至上坯混凝土覆盖前的仓面温度回升系数，采用差分法计算混凝土浇筑过程中的温度回升率。

3. 太阳辐射热影响

太阳辐射热温升值与月份、时段及照射时间有关，太阳辐射热温升计算根据朱伯芳院士编著的《大体积混凝土温度应力与温度控制》中有关公式计算，多云或阴天太阳辐射热引起的气温升值为

$$\Delta T_a = R/\beta \tag{8-87}$$

式中　ΔT_a——太阳辐射热温升，该值与纬度和浇筑月份有关；

R——太阳辐射热被建筑物吸收的部分；

β——混凝土表面热交换系数。

$$R = a_s S = a_s S_0 (1 - kn) \tag{8-88}$$

式中　a_s——吸收系数；

S——太阳辐射热，考虑一定云量影响；

S_0——晴天太阳辐射热；

k——与纬度有关的系数；

n——平均云量。

8.4.3　仿真计算方法及程序

模拟混凝土块浇筑过程的温度场有限元仿真计算始自 20 世纪 70 年代，到 20 世纪 80 年代，国内以中国水利水电科学研究院为代表的一些科研单位相继开发出温度场和温度应力仿真计算程序的早期版本。20 世纪 90 年代后，国内已有多家单位开发出功能相对较完善的温度场和温度应力仿真分析程序。也有一些单位对商业软件 ANSYS 进行二次开发，用于混凝土结构的温度场和温度应力仿真分析。自行开发的程序核心功能强，非常专业，便于新理论和新方法的实现，但前后处理相对商业软件较弱，通用性也有不足；而基于商业软件二次开发的程序的优缺点与自行开发程序恰好相反。

8.4.4 计算依据与计算条件分析

对于碾压混凝土重力坝的仿真来说，需要明确以下几个方面的边界条件。

8.4.4.1 气象水文条件

1. 设计阶段

在设计阶段，一般需要提供坝址区多年平均气温、多年平均水温、多年平均风速、多年平均太阳辐射热、入库流量等内容。仿真计算时，气温边界一般采用年平均逐月气温叠加适当的辐射热，水温边界初次蓄水期间采用年平均河水水温，运行期取库水温。

2. 施工阶段

施工阶段进行仿真分析，气温边界可采用实测的气温资料叠加辐射热。辐射热可通过监测地面温度与气温的差值，再考虑斜坡与平面的相关关系以及不同太阳照射角度的关系折减得到上、下游的辐射热。初次蓄水期的水温边界也可采用实测值。

8.4.4.2 温度边界条件的概化

对大坝混凝土进行温度场和应力场仿真计算模拟时，边界选择合理与否对计算结果影响非常大，只有计算边界与工程实际相吻合，才能保证计算结果的精确与可靠。因此，仿真计算时每一个计算边界都必须根据工程的实际情况进行恰当的模拟，真实地反映工程现状。

单坝段温度场仿真时，基础的底面及 4 个侧面为绝热面，基础顶面为与大气接触的第三类散热面，被水覆盖后为第一类边界；坝体上下游面及顶面为散热面，两个侧面为绝热面；大坝蓄水前，上、下游表面为第三类边界；大坝蓄水后，坝体上、下游水位高程以下为第一类边界，水位高程以上为第三类边界，温度计算边界示意如图 8－39 所示。

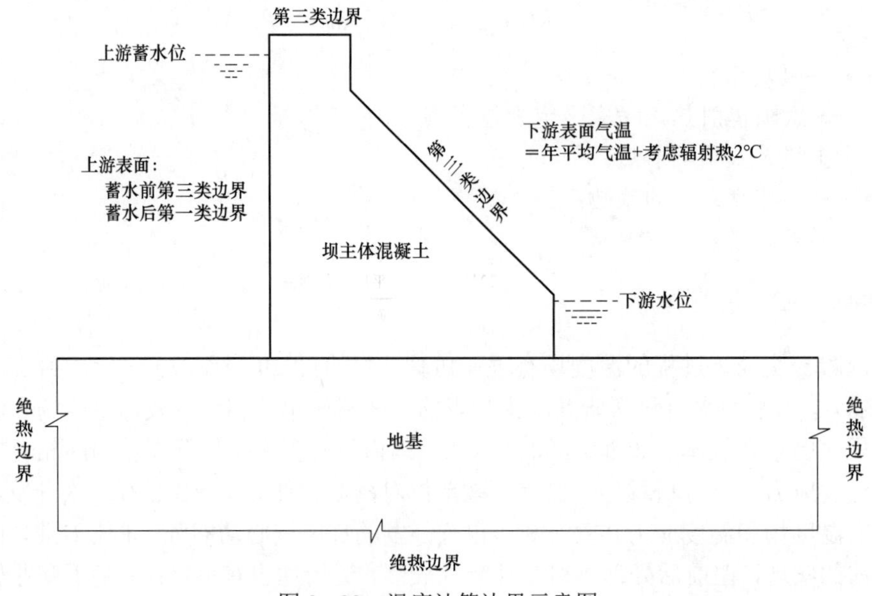

图 8－39 温度计算边界示意图

表面散热第三类温度边界条件模拟，通过表面散热参数的变化模拟不同的风速、表面湿度、加减保温等对表面散热的影响，每个散热面均给出一个散热系数随时间的变化过程。当表面从与大气接触的一般散热面变为水位以下时，则边界条件从第三类改为第一类，或将表面散热系数改为无穷大。当相同坝段尚未浇筑时，侧面为第三类边界条件，相同坝段浇筑后，则散热消失，变为结构内部的热传导。仓面喷雾、积水、洒水养护也通过改变表面散热系数及环境温度模拟。

8.4.4.3　施工条件的模拟

碾压混凝土坝通仓碾压时，一个胚层为 30～50cm，计算模拟时应根据碾压层厚进行模拟，斜层碾压时，应根据斜层碾压的情况进行模拟。

1. 平层碾压

采用平铺浇筑时，大坝的浇筑模拟采用类似图 8－40 所示分层进行模拟。

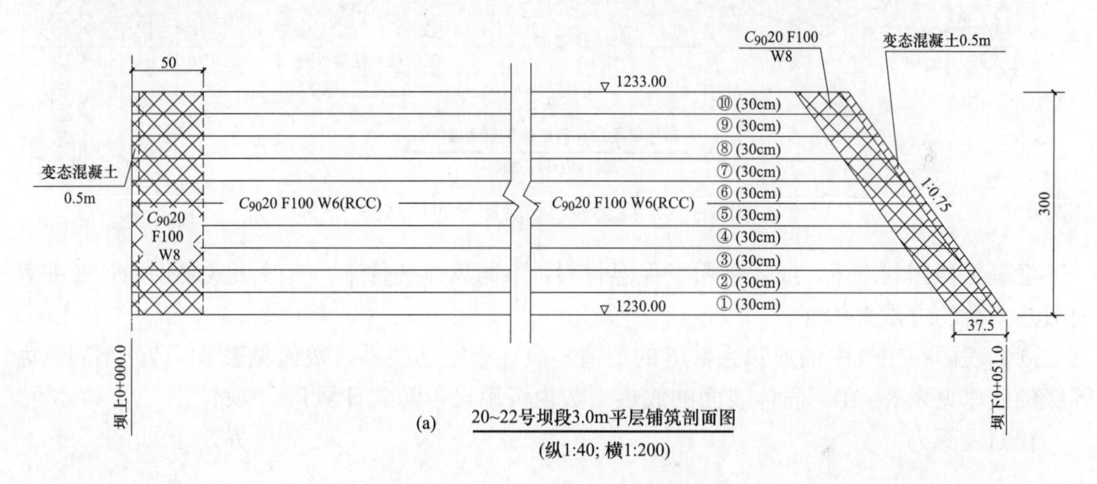

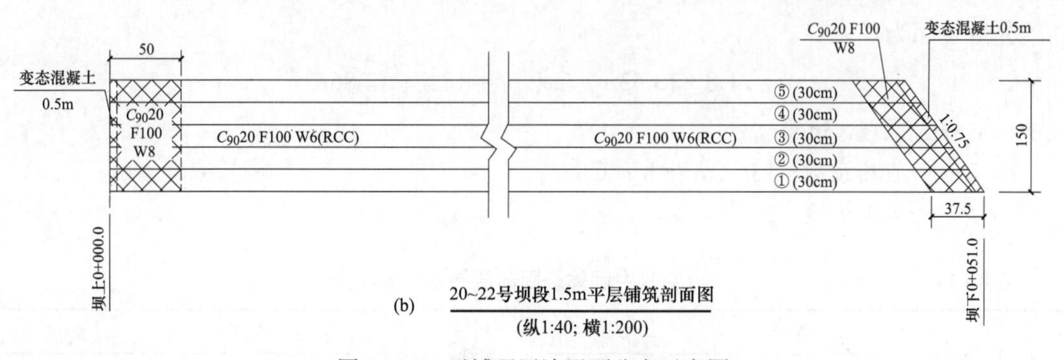

图 8－40　平铺碾压法层面分布示意图

2. 斜层碾压

采用斜层碾压浇筑时，大坝的浇筑模拟采用类似图 8－41 所示分层进行模拟。

3. 跳仓浇筑模拟

多坝段仿真时，需要模拟不同坝段的跳仓浇筑过程，按浇筑分层进行模拟。

8.4.4.4　温控措施的模拟

表面散热第三类温度边界条件模拟，通过表面散热参数的变化模拟不同的风速、表面湿度、加减保温等对表面散热的影响，每个散热面均给出一个散热系数随时间的变化过程。当表面从与大气接触的一般散热面变为水位以下时，则边界条件从第三类改为第一类，或将表面散热系数改为无穷大。当相同坝段尚未浇筑时，侧面为第三类边界条件，相同坝段浇筑后，则散热消失，变为结构内部的热传导。仓面喷雾、积水、洒水养护也通过改变表面散热系数及环境温度模拟。

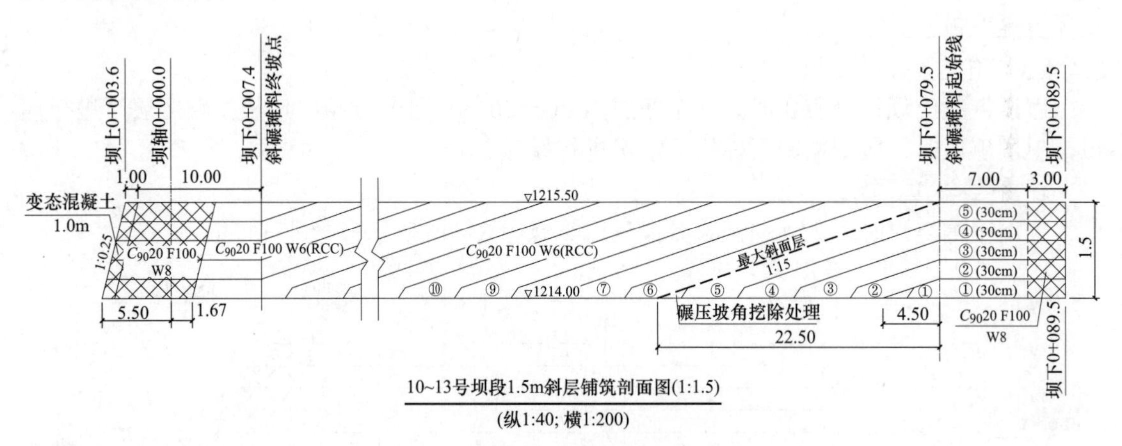

图 8-41　斜层碾压法层面分布示意图

混凝土裸露状态下，或者采用了保温材料，不同风速条件下，其散热效果均通过改变表面散热系数的方法来体现。

固体表面在空气中的放热系数 β 的数值与风速有密切关系，数值见表 8-17，不同风力等级的风速见表 8-18。固体表面的放热系数也可用以下两式计算：

粗糙表面为

$$\beta = 23.9 + 14.50\, v_a \quad 或 \quad \beta = 21.1 + 14.6F^{1.4.2}$$

光滑表面为

$$\beta = 21.8 + 13.53\, v_a \quad 或 \quad \beta = 18.5 + 12.86F^{1.4.2}$$

式中　v_a——风速，m/s；

β——放热系数，kJ/（m^2 · h · ℃）；

F——风力等级。

表 8-17　　**空气中固体表面的放热系数 β**

风速（m/s）	β	β	风速（m/s）	β	β
	光滑表面	粗糙表面		光滑表面	粗糙表面
0.0	18.46	21.06	5.0	90.14	96.71
0.5	28.68	31.36	6.0	103.25	110.99
1.0	35.75	38.64	7.0	116.06	124.89
2.0	49.40	53.00	8.0	128.57	138.46
3.0	63.09	67.57	9.0	140.76	151.73
4.0	76.70	82.23	10.0	152.69	165.13

表 8-18　　不同风力等级的风速

风力等级	0	1	2	3	4	5
风速（m/s）	0～0.2	0.3～1.5	1.6～3.3	3.4～5.4	5.5～7.9	8.0～10.7
风力等级	6	7	8	9	10	
风速（m/s）	10.8～13.8	13.9～17.1	17.2～20.7	20.8～24.4	24.5～28.4	

1. 仓面喷雾

仓面喷雾主要是降低仓面局部环境气温，因此仓面喷雾的温降效果可通过改变仓面环境气温来模拟。根据彭水的经验，在 37℃的气温下，经喷雾降温，温度降到 33℃，效果显著，保湿效果也很理想。

对于不同地区的大坝，受当地气温条件，包括季节等多种因素的影响，仓面喷雾的模拟一般要通过现场试验，确定实际的喷雾效果。

2. 流水养护

流水养护可较快地带走混凝土的热量，仿真模拟时，应从两个方面考虑，首先是流水养护的仓面应该是水边界，但与泡水养护相比，其热量传导要稍差，因此不能完全是第一类边界，仿真时可参照第三类边界模拟，环境温度为水温，表面散热系数取相对较大的值，一般可取 150～400kJ·m^2/h。

3. 水边界

水边界一般为第一类边界，按第一类边界进行模拟。

8.4.5　仿真计算模型

进行仿真计算时，几个关键参数的模型如下。

8.4.5.1　绝热温升模型

通常可采用以下模型来模拟混凝土水化温升过程。

指数模型为

$$T(\tau)=T_0(1-e^{-\alpha\tau^{\beta}}) \tag{8-89}$$

双曲线模型为

$$T(\tau)=T_0\tau^{\alpha}/(\beta+\tau^{\alpha}) \tag{8-90}$$

复合模型为

$$T(\tau)=T_1(1-e^{-\alpha_1\tau^{\beta_1}})+T_2(1-e^{-\alpha_2\tau^{\beta_2}}) \tag{8-91}$$

$$T(\tau)=T_1\tau^{\alpha_1}/(\beta_1+\tau^{\alpha_1})+T_2\tau^{\alpha_2}/(\beta_2+\tau^{\alpha_2}) \tag{8-92}$$

$$T(\tau)=T_1\tau^{\alpha_1}/(\beta_1+\tau^{\alpha_1})+T_2(1-e^{-\alpha_2\tau^{\beta_2}}) \tag{8-93}$$

成熟度模型为

$$\tau_e=\int_0^{\tau}\exp R\left(\frac{1}{273+T_r}-\frac{1}{273+T}\right)dt \tag{8-94}$$

$$T(\tau)=T_0(1-e^{-\alpha_1\tau_e^{\beta}}) \tag{8-95}$$

$$T(\tau)=T_0\tau_e^{\alpha}/(\beta+T_e^{\alpha}) \tag{8-96}$$

8.4.5.2 弹性模量模型

对应大体积混凝土结构，由于温度应力的数值与弹性模量成正比，而且混凝土浇筑以后，水化热的散发、温度场的变化与混凝土弹性模量的变化是同步发展的，所以在大体积混凝土温度应力计算中，混凝土弹性模量的数值以及它与龄期的关系是很重要的。

混凝土弹性模量是龄期的函数$E(\tau)$，它的表达式是大体积混凝土温度应力计算中的一个基本公式。较为常用的几种表达式如下。

1. 指数式

$$E(\tau)=E_0(1-e^{-a\tau}) \tag{8-97}$$

式中 τ——龄期；

E_0——$\tau\to\infty$时的最终弹性模量；

a——常数。

2. 复合指数式

朱伯芳在1985年提出采用复合指数式，即

$$E(\tau)=E_0(1-e^{-a\tau b}) \tag{8-98}$$

式中 E_0、a、b——常数，上式与试验资料符合很好，式中的常数也容易确定。

3. 双曲线式

朱伯芳在提出复合指数式的同时，还认为可采用双曲线式，即

$$E(\tau)=\frac{E_0\tau}{q+\tau} \tag{8-99}$$

式中 E_0——最终弹性模量；

q——常数，当$\tau=q$时，$E(\tau)=E_0/2$。

计算结果表明，对于不同类型的混凝土，双曲线和复合指数均可取得较好的效果。对于常规混凝土，复合指数公式的计算精度较好；而对于碾压混凝土，则双曲线公式的精度较好。

岩滩及三峡工程弹性模量计算公式中的常数取值见表8－19，弹性模量计算值与试验值比较见表8－20。

表8－19　弹性模量计算公式中的常数

混凝土品种		双曲线公式		复合式公式		
		E_0（GPa）	q（d）	E_0（GPa）	a	b
碾压混凝土	岩滩$C_{90}15$	32.8	8.20	36.07	0.24	0.45
	三峡$C_{90}15$	35.6	28.00	35.00	0.061	0.70
	三峡$C_{90}20$	37.9	25.63	38.00	0.065	0.70
常态混凝土	岩滩$C_{28}20$	35.91	6.46	35.70	0.28	0.52
	三峡$C_{28}20$	34.25	8.59	34.25	0.24	0.50

表 8-20　　碾压混凝土弹性模量计算值与试验值比较

强度计算公式		岩滩 $C_{90}15$			三峡 $C_{90}15$			三峡 $C_{90}20$		
		试验（GPa）	计算（GPa）	误差（%）	试验（GPa）	计算（GPa）	误差（%）	试验（GPa）	计算（GPa）	误差（%）
双曲线公式	7d	15.09	15.10	0.06	6.76	7.12	5.32	7.69	8.13	5.72
	28d	24.63	25.37	3.00	18.84	17.80	5.52	21.02	19.79	5.85
	90d	30.06	30.06	0.00	28.82	27.15	5.79	29.51	29.50	0.03
	180d	—	—	—	29.15	30.81	5.69	33.21	33.18	0.09
复合指数式	7d	15.09	15.79	4.67	6.76	7.42	9.76	7.69	8.51	10.74
	28d	24.63	23.76	3.53	18.84	16.33	13.32	21.02	18.55	11.75
	90d	30.06	30.21	0.50	28.82	26.57	7.81	29.51	29.66	0.51
	180d				29.15	31.53	8.16	33.21	34.76	4.66

4. 考虑温度影响的弹性模量表达式

从图 8-42 中可知，养护温度对混凝土弹性模量的发展速度有较大影响，为了考虑这一影响，朱伯芳建议用下式计算弹性模量，即

$$E(\tau)=\frac{E_0\tau}{q(T)+\tau} \tag{8-100}$$

在养护温度为常数的条件下，当 $\tau=q(T)$ 时，$E(\tau)=E_0/2$，即 $E(\tau)$ 达到最终弹性模量的一半。显然，$q(T)$ 是养护温度的函数，朱伯芳建议取值为

$$q(T)=\sum a_i T^{-b_i} \tag{8-101}$$

式中　a_i、b_i——试验常数。

对于图 8-42 所示的混凝土，则

$$q(T)=50T^{-1.10} \tag{8-102}$$

$q(T)$ 的计算值与试验值的比较见图 8-43。把上式代入式（8-100），对于图 8-42 所示的混凝土，其弹性模量为

$$E(\tau)=\frac{E_0\tau}{50T^{-1.10}+\tau} \tag{8-103}$$

式中　E_0——最终弹性模量，GPa；
　　　T——养护温度；
　　　τ——龄期。

考虑温度影响的混凝土弹性模量也可用下式表示，即

$$E(\tau)=E_0\{1-\exp[-a(T)\tau^{b(T)}]\} \tag{8-104}$$

式中　E_0——最终弹性模量；
　　　τ——龄期；
$a(T)$、$b(T)$——养护温度 T 的函数。

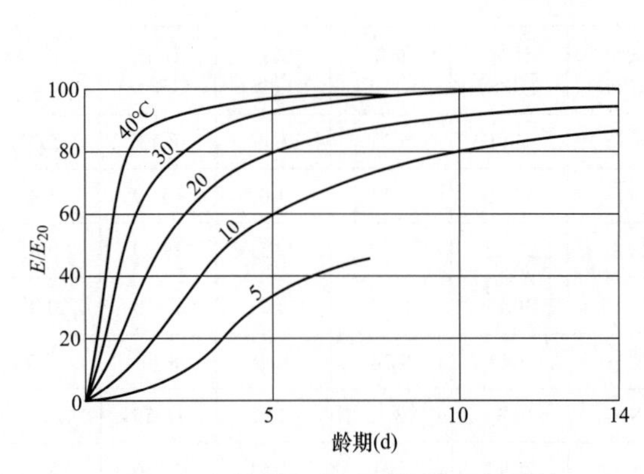

图 8-42　养护温度对弹性模量的影响

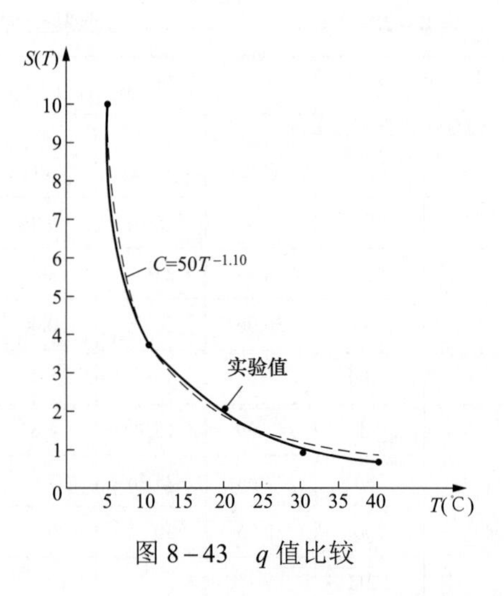

图 8-43　q 值比较

8.4.5.3　徐变模型

目前大坝混凝土中掺入粉煤灰越来越普遍，尤其是一些碾压混凝土，掺量可在 50%以上。与不掺粉煤灰的混凝土相比，掺粉煤灰混凝土的早期强度较低，而后期强度较高；由于这个原因，与不掺粉煤灰混凝土相比，掺粉煤灰混凝土的早期弹性模量较低，徐变度较大；而后期的弹性模量较高，徐变度较小。碾压混凝土中，粉煤灰掺量更大，这一影响更显著。在同等强度条件下，碾压混凝土的徐变比一般掺粉煤灰混凝土的徐变要小10%～40%。

由于缺乏统计数据，还难以提出一个统一的公式来描述掺粉煤灰混凝土和碾压混凝土的弹性模量和徐变度，目前较为常用的几个徐变公式见式（8-105）和式（8-106）。

$$C(t,\tau)=\left(A_1+\frac{A_2}{\tau}+\frac{A_3}{\tau^2}\right)(1-e^{-k_1(t-\tau)})+\left(B_1+\frac{B_2}{\tau}+\frac{B_3}{\tau^2}\right)(1-e^{-k_2(t-\tau)})+De^{-k_3(t-\tau)}(1-e^{-k_3(t-\tau)})$$

（8-105）

$$C(t,\tau)=(A_1+A_2\tau^{-\alpha_1})(1-e^{-k_1(t-\tau)})+(B_1+B_2\tau^{-\alpha_2})(1-e^{-k_2(t-\tau)})+De^{-k_3 t}(1-e^{-k_3(t-\tau)})$$

（8-106）

式中　k_1、k_2、k_3——徐变速率参数，无量纲数；

A_1、A_2、A_3、B_1、B_2、B_3、D——徐变度参数，单位荷载引起的徐变度；

τ——混凝土龄期；

α_1、α_2——描述散热速率的参数。

应用中式（8-106）能更好的拟合实测徐度参数。

混凝土徐变试验，工作量大，历时久，一般需要两年以上时间，即使是大型工程，在可行性设计阶段也很少做徐变试验。一般工程，即使在施工设计阶段，有时也缺乏试验资料。但在坝体施工应力和温度徐变应力计算中，却需要用到弹性模量、徐变度和松弛系数，因此需要有一套计算公式，供缺乏试验资料时应用。

鉴于徐变资料较小，表 8-21 列举一些工程的徐变试验资料，供参考。

表 8-21　　国内部分碾压混凝土的徐弹比 $\phi(t,\tau)$（徐变与瞬时弹性变形之比）

工程名称	强度等级	加荷龄期		
		7d	28d	90d
三峡围堰碾压混凝土	—	0.55	0.39	0.25
岩滩碾压混凝土	—	1.12	0.69	0.47
龙滩	$C_{90}25$	0.718	0.48	0.39
光照	$C_{90}25$		1.09	0.616
龙开口	$C_{90}20$	1.26	1.13	0.94
鲁地拉	$C_{90}25$	—	1.57	1.008
索风营	$C_{90}20$（二级配）	1.11	0.98	0.68
	$C_{90}15$	1.282	1.252	0.8085
托巴	$C_{90}20$	0.73	0.70	—
常态混凝土		1.08	1.01	0.96

岩滩碾压混凝土材料用量：42.5 硅酸盐水泥 47 kg/m³，粉煤灰 101 kg/m³，水 89 kg/m³，减水剂 0.296%，朱伯芳给出的公式为

$$E(\tau)=37\,900\tau/(8.70+\tau)\ \text{(MPa)} \tag{8-107}$$

$$C(t,\tau)=(6.0+170\tau^{-0.80})[1-e^{-0.90(t-\tau)}]+(3.0+60\tau^{-0.80})[1-e^{-0.0050(t-\tau)}]\ (\times10^{-6}/\text{MPa}) \tag{8-108}$$

黄国兴、惠荣炎给出的公式为

$$C(t,\tau)=(1.10+45.0\tau^{-0.80})\{1-\exp[-(0.08+0.64\tau^{-0.338})(t-\tau)^{0.290}]\}\ (\times10^{-6}/\text{MPa}) \tag{8-109}$$

对于龙滩大坝 $C_{90}20$ 碾压混凝土，徐变度曲线见图 8-44。根据试验结果得到弹性模量和徐变度公式如下。

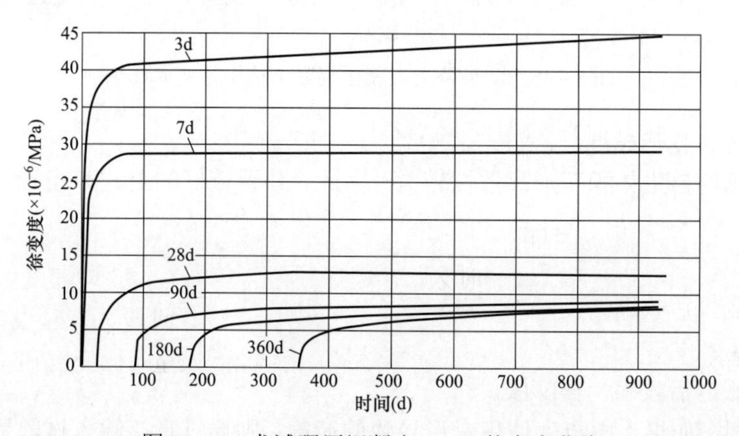

图 8-44　龙滩碾压混凝土 $C_{90}20$ 徐变度曲线

$$E(\tau)=48\,000[1-\exp(-0.40\tau^{0.37})] \tag{8-110}$$

$$C(t,\tau)=(1.50+0.96\tau^{-0.56})[1-e^{-0.80(t-\tau)}]+ \tag{8-111}$$

$$(1.40+74.0\tau^{-0.59})[1-e^{-0.09(t-\tau)}]\ (\times10^{-6}/\text{MPa})$$

功果桥碾压混凝土（粉煤灰掺量66.7%）徐变参数如表8－22和图8－45所示。拟合后的公式为

$$C(t,\tau)=(0.96\tau^{-0.376})[1-e^{-0.564(t-\tau)}]+14[1-e^{-0.006(t-\tau)}]+75.153e^{-0.038\tau}[1-e^{-0.038(t-\tau)}] \tag{8-112}$$

表8－22　功果桥碾压混凝土徐变度ε与龄期t的拟合关系式

混凝土强度等级	加荷龄期（d）	$\varepsilon(t,\tau)=\dfrac{a\times(t-\tau)^c}{b+(t-\tau)^c}$		
		a	b	c
$C_{90}15$	7	119.03	4.67	0.66
	28	72.39	5.07	0.59
	90	38.23	5.09	0.44
	180	32.79	5.74	0.43

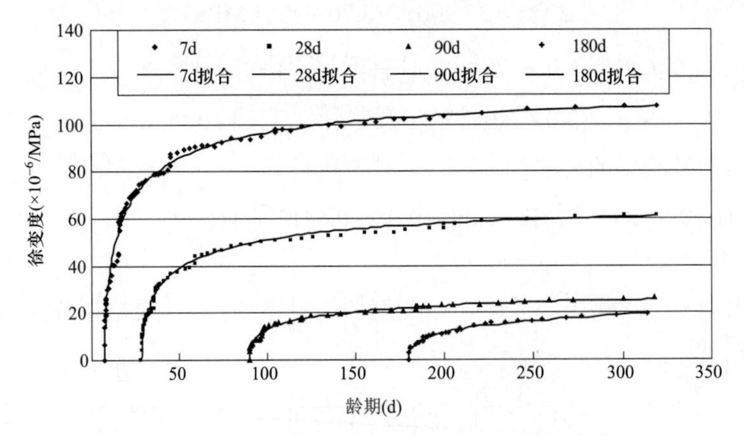

图8－45　功果桥大坝碾压混凝土抗压徐变曲线

8.4.5.4　自生体积变形模型

由于混凝土的自生体积变形离散性较大，因此，并无较好的公式来模拟，但主要分以下几种类型：

（1）收缩型；

（2）先膨胀，后收缩；

（3）膨胀型；

（4）先膨胀，后收缩，再膨胀。

仿真计算时，如果考虑自生体积变形导致的荷载，则通过直接输入试验数据，不同龄期

之间的变形值通过样条插值求解。

8.4.6　仿真计算的几何模型

8.4.6.1　计算体型

通常情况下，碾压混凝土重力坝温度应力仿真计算一般选取三种典型的计算模型，分别是溢流坝段、底孔坝段和陡坡挡水坝段。

溢流坝段一般为控制坝段，底宽较长，主要关注顺河向温度应力。

底孔坝段仿真计算，主要关注大坝底孔过流时的温度应力状态。

陡坡坝段主要是为了反映陡坡建基面浇筑混凝土的温度和应力状态。主要关心上、下游表面，坡面轴向应力。

8.4.6.2　诱导缝的模拟

水工结构分析中遇到的缝可分为三类：构造缝（横缝、纵缝及诱导缝）、裂缝及岩石的节理裂隙。中国水利水电科学研究院张国新开发的 SAPTIS 软件系统中采用无厚度接触单元和有厚度缝单元模拟各种缝。两种缝单元均可设置抗拉及抗剪强度，在未屈服之前处于粘接状态时，其受力与变形均为连续，当拉应力超过抗拉强度时则发生张拉破坏，剪应力超过抗剪强度时发生剪切屈服。拉坏及剪切屈服的缝单元只能传压、传剪，不能传拉，其开闭状态随受力的不同而变化，需要进行开闭迭代计算其状态。保留迭代计算缝单元的开度确定两侧面接触状态，累计开度大于 0 时缝张开，缝单元不参与计算刚度矩阵的集成，两侧可独立变形；当累计张开度小于 0 时缝闭合，两侧压紧，缝单元刚度计入总刚度矩阵的集成。当从开到闭合贯入时，要通过迭代计算消除单元贯入。压紧的单元可以传压、传剪，当剪应力大于剪切强度时只能传递残余剪应力，且只有法向刚度和未屈服方向的剪切刚度，屈服方向的剪切刚度为 0。由于缝间开合是一个几何非线性问题，剪切屈服为材料非线性问题，因此缝的迭代计算包含了几何非线性和材料非线性两个非线性过程的迭代。

8.4.6.3　边界条件模拟

1. 温度场计算边界条件

温度场计算中，温度计算边界条件如图 8－39 所示。基础的底面及 4 个侧面为绝热面，基础顶面为与大气接触的第三类散热面，被水覆盖后为第一类边界；坝体上下游面及顶面为散热面，两个侧面为绝热面；大坝蓄水前，上、下游表面为第三类边界；大坝蓄水后，坝体上、下游水位高程以下为第一类边界，水位高程以上为第三类边界。

2. 应力场仿真计算边界条件

应力场计算中，在基础取足够大的前提下，基础底面三向全约束，左右侧面及下游面为法向约束，上游面自由，坝体 4 个侧面及顶面自由。

应力计算时同时考虑了温度荷载、水荷载、混凝土自重、混凝土自生体积变形以及混凝土徐变等荷载。应力计算边界条件如图 8－46 所示。

8.4.7　计算成果分析及应用

龙滩碾压混凝土重力坝位于广西壮族自治区天峨县境内的红水河上，初期按正常蓄水位 375m 建设时，最大坝高 192m，最大坝底宽度约为 169m，坝顶轴线长 746.49m，共分 31 个

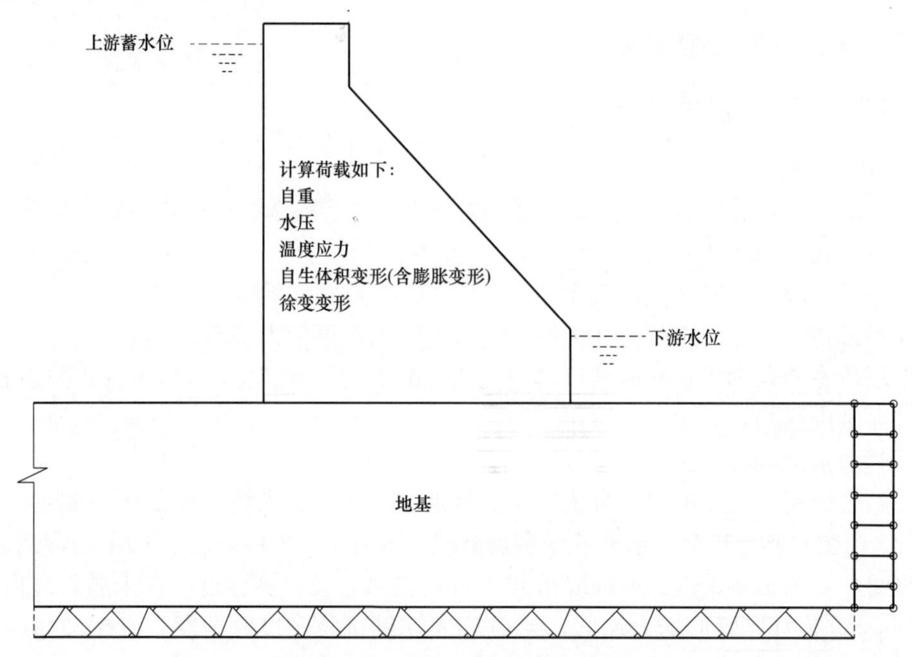

图 8-46　应力计算边界示意图

坝段。左岸地下厂房进水口坝段及右岸通航坝段全部采用常态混凝土，其余坝段以碾压混凝土为主。大坝混凝土总量约 670 万 m^3，其中碾压混凝土约 444 万 m^3。该坝无论是坝高还是混凝土方量，都为迄今为止世界规模最大、坝高最高的碾压混凝土重力坝。

通航坝段位于龙滩大坝右岸，坝高 97.0m，横河向长度达 88.0m。由于坝段太长，为了防止裂缝，在高程 327.00m 以下设两条横缝，将坝段下部分为三个坝段，后期予以灌浆形成整体，上部连为一体。对通航坝段的温度场、应力场进行了三维仿真分析，并在此基础上，研究产生劈头裂缝的可能性及应采取的温控措施。

1. 仿真软件及计算模型

采用中国水利水电科学研究院开发的仿真分析软件 SAPTIS 对龙滩大坝进行仿真计算，该软件可以仿真模拟混凝土坝施工及运行过程中影响大坝温度和应力的各种因素，包括气温、水温、水位、太阳辐射、风速、寒潮等环境要素；绝热温升、硬化、徐变、自生体积变形等混凝土与基岩的材料特性；入仓温度、浇筑层厚、间歇时间、跳仓、水管冷却、仓面喷雾与流水养护、表面保温、自重及水压等施工、温控与荷载工况；结构及施工缝、孔口等结构特性。通过对大坝的施工期及运行期的温度和应力进行仿真模拟，可较准确地给出大坝的温度场、应力场的变化过程。该软件系统已成功用于国内外数十座混凝土建筑物的温度和应力的仿真模拟，取得了良好的应用效果。

在对龙滩大坝进行仿真计算时，地基与坝体采用六面体单元，局部采用五面体和四面体单元进行过渡，横缝采用八节点无厚度接触单元。接触单元可以传递热量、压应力与剪应力，但不能承受拉应力，可模拟横缝的开合。对于图 8-47 所示的通航坝段，按照大坝施工过程进行单元剖分，坝体部分网格剖分见图 8-48。通航坝段为常态混凝土，浇筑层厚 3m，为了模拟温度与应力沿厚度方向的非线性分布，在每个浇筑层内划分 3 层单元。

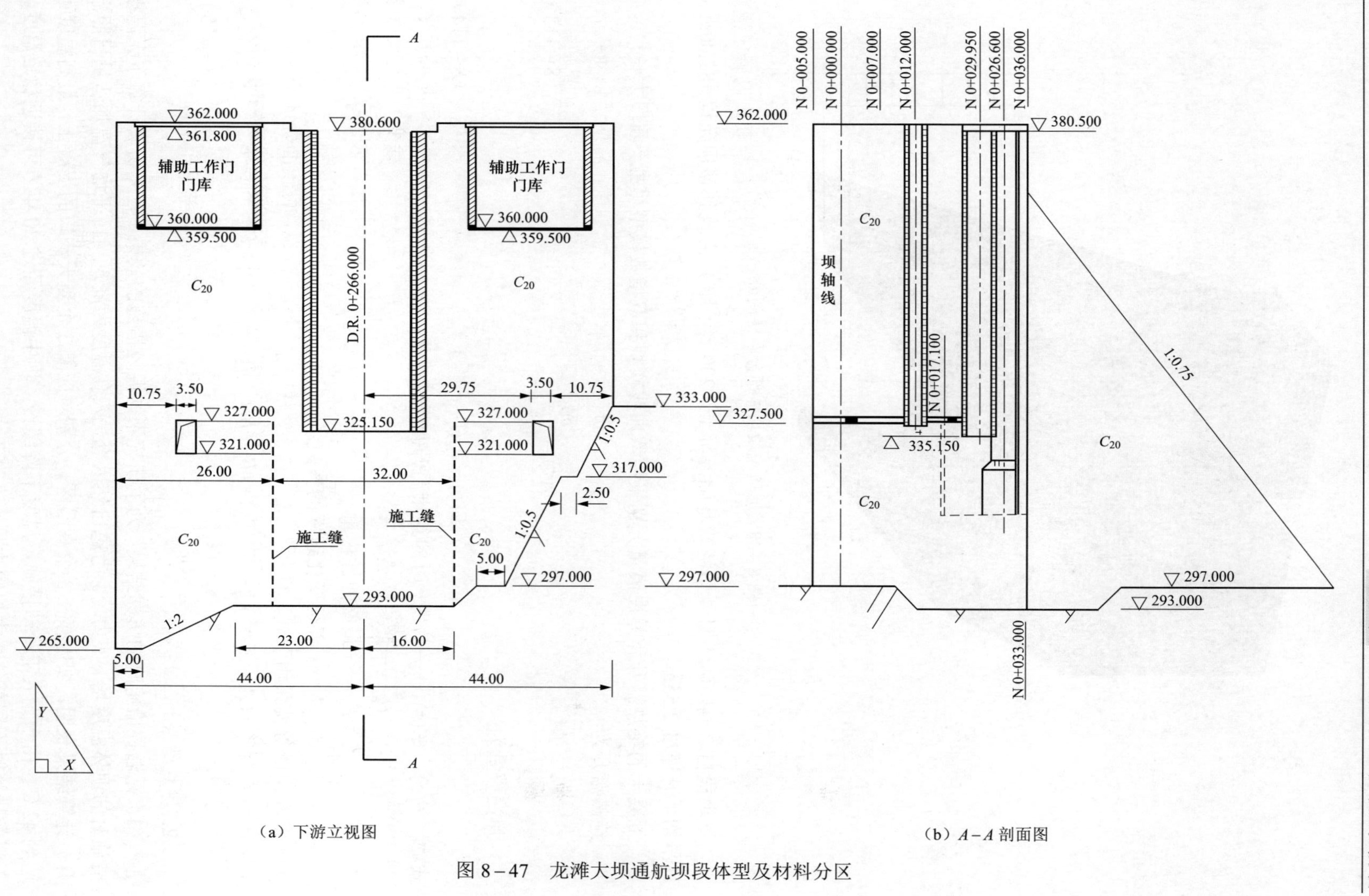

（a）下游立视图

（b）$A-A$ 剖面图

图 8-47 龙滩大坝通航坝段体型及材料分区

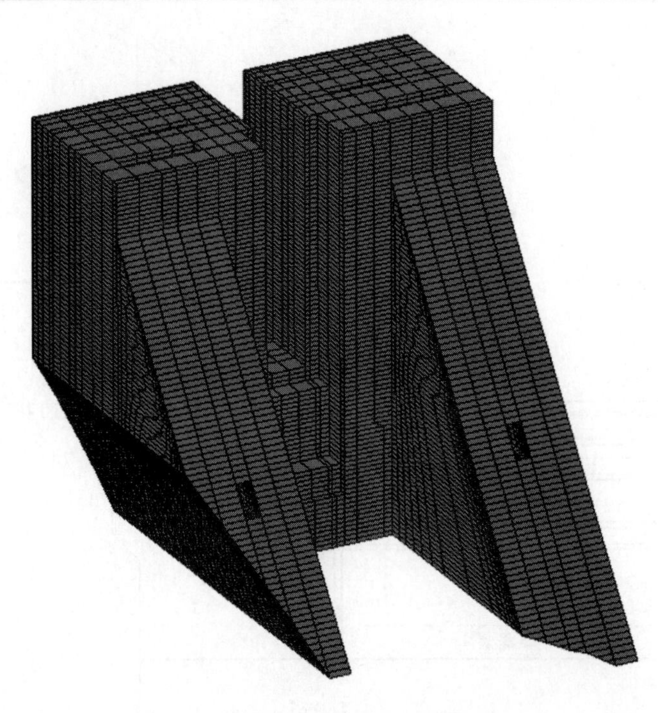

图 8-48　通航坝段坝体部分网格剖分

该坝段自 2004 年 11 月开始浇筑基础混凝土，2007 年 12 月浇筑到坝顶高程 382.00m，月平均上升速度 2.55m。

混凝土的绝热温升和弹性模量分别采用双曲线模型和双指数模型模拟，即

绝热温升为

$$\theta(\tau)=\frac{\theta_0}{a+b\tau} \tag{8-113}$$

弹性模量为

$$E(\tau)=E_c(1-e^{-\alpha\tau^{\beta}}) \tag{8-114}$$

式中　$\theta(\tau)$、$E(\tau)$ ——龄期 τ 时的绝热温升和弹性模量；

θ_0 ——最终绝热温升；

E_c ——最终弹性模量；

a、b、α、β ——表征变化速率的参数。

混凝土的徐变采用下式，即

$$C(t,\tau)=(A_1+A_2\tau^{\alpha_1})[1-e^{-k_1(t-\tau)}]+(B_1+B_2\tau^{\alpha_2})[1-e^{-k_2(t-\tau)}]+De^{-k_3\tau}[1-e^{-k_3(t-\tau)}] \tag{8-115}$$

2. 仿真结果

（1）无温控措施时的仿真结果。为了研究不同温控措施的效果，首先仿真计算了无温控措施时的坝体温度场、应力场。考虑自然入仓，入仓温度为浇筑当日平均气温加适量日照温升。计算结果表明，坝内存在 3 个高温区，分别对应着 3 个夏天浇筑的混凝土，最高温度可达到 42℃。由于无人工冷却措施，温度下降缓慢，坝中温度经过 20 年方可接近稳定温度。无温控措施时不同部位最大拉应力见表 8-23。

表 8-23 无温控措施时不同部位最大拉应力

部位	最大拉应力（MPa）	应力方向	出现时间
坝踵	3.8	上下游方向	运行多年后
坝中部	3.2	上下游方向	运行多年后
上游面	2.8	坝轴线方向	施工后第一个冬季
缝端	3.8	坝轴线方向	施工后第一个冬季

坝踵和坝中部的最大拉应力出现在运行多年、坝体温度下降之后，而上游面坝轴向的最大拉应力则出现在施工后第一个冬季。此时坝内温度仍较高，而坝面温度受气温影响，与气温接近，内外温差在坝表面引起较大的拉应力。

图 8-49 所示为上游面坝轴向应力包络图，3 个大的拉应力区对应着 3 个高温季节浇筑的混凝土，高程 315.00m 附近最大拉应力超过了 3.1MPa，高程 345.00m、375.00m 附近拉应

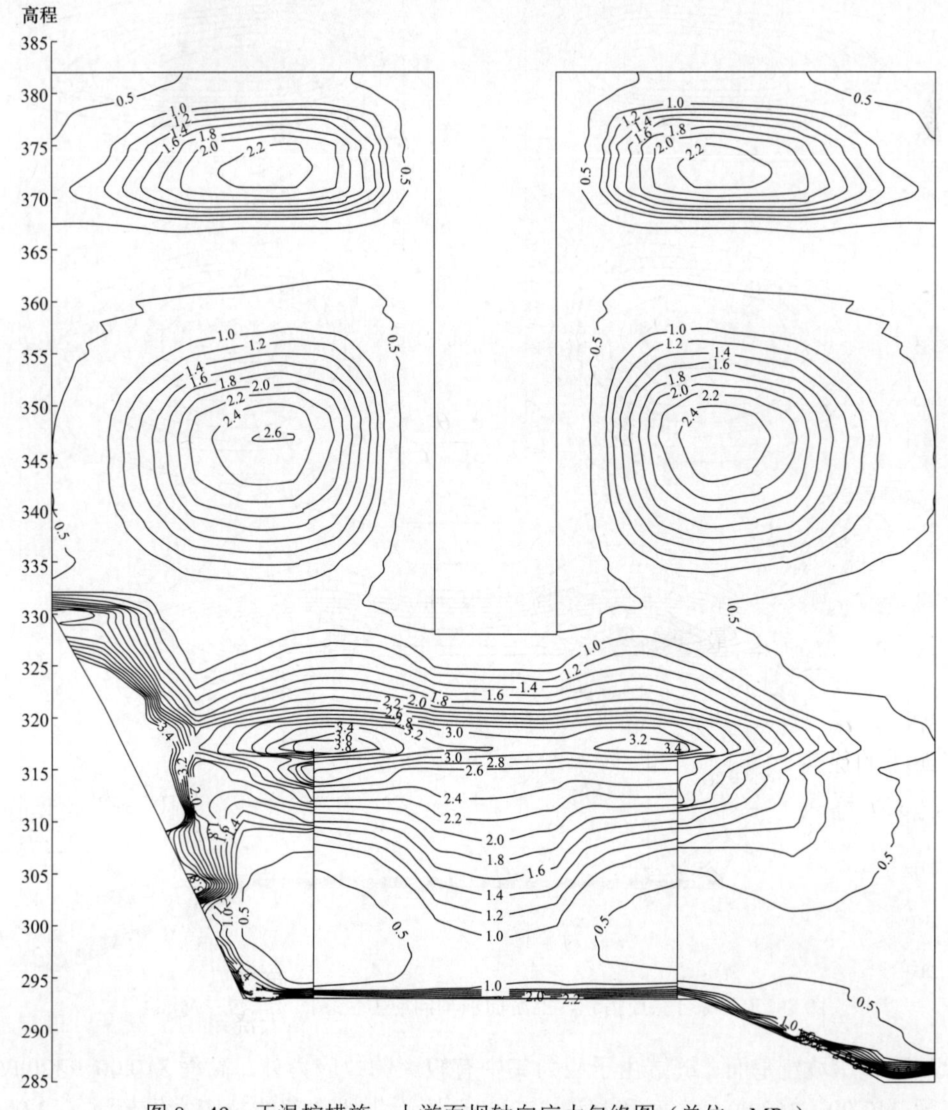

图 8-49 无温控措施，上游面坝轴向应力包络图（单位：MPa）

力分别超过 2.6MPa 和 2.2MPa，都超过了混凝土的允许拉应力。大的拉应力都出现在施工后的第一个冬季。由仿真结果来看，不采取温控措施时，上游坝面的竖向裂缝是难以避免的。

（2）综合温控措施时的仿真结果。经过多种工况的反复计算分析比较，确定了如下综合温控措施：控制混凝土入仓温度小于或等于 12℃，4～10 月浇筑的混凝土在仓面喷雾，2d 后流水养护，表面采用保温措施。距基础 6m 以内的混凝土及 0.4L 以下约束区 5～9 月浇筑的混凝土除以上措施外，还需通水冷却（水管间距 1.5m×1.5m，通水时间 20d，水温 12℃）。采取以上综合温控措施后，可将基础约束区的最高温度控制在 28℃以内，约束区以上的混凝土温度控制在 32℃以内。坝体上下游方向应力除坝踵、坝址等个别部位的应力超过 2.0MPa 外，均小于 2.0MPa，满足混凝土的抗裂要求。上游面坝轴向应力包络图见图 8－50。

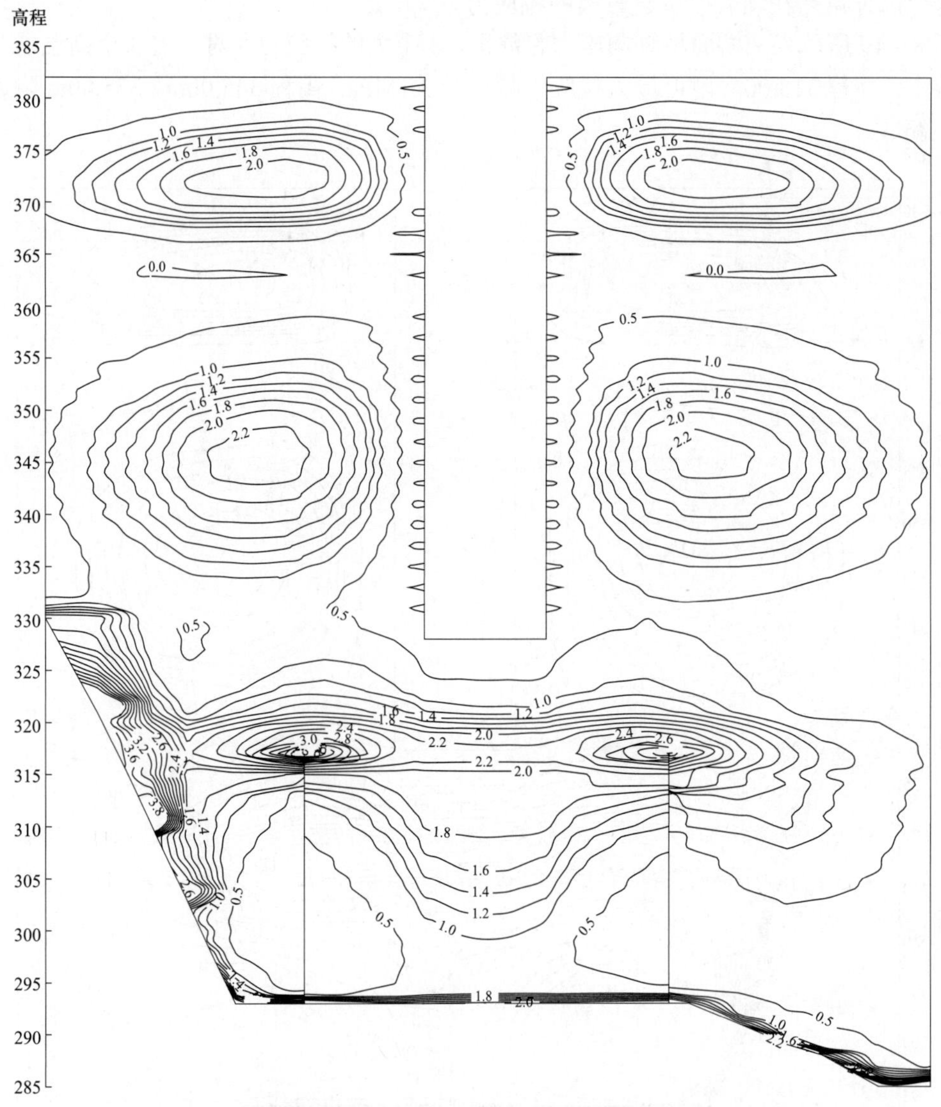

图 8－50　综合温控措施，上游面坝轴向应力包络图（单位：MPa）

除坝踵、岸坡建基面、缝端由于应力集中有较大的拉应力外，高程 310.00～320.00m 之间、高程 340.00～350.00m 之间和高程 370.00m 附近坝段中部的拉应力仍超过了 2.0MPa，接近混凝土的允许拉应力，即使不考虑寒潮，也可能出现表面裂缝。计算结果表明，拉应力大于 1.0MPa 的拉力区深度超过 5m，因此一旦表面裂缝产生，即使不考虑水压等作用，也可能发展成深层劈头裂缝。

据 34 年气象统计，龙滩坝址区最强的寒潮为 2d 温降 16.2℃及 3d 温降 16.9℃。表 8－24 为用三维有限元法对坝块混凝土在不同龄期时遭遇寒潮的最大拉应力和拉应力区深度。随遭遇寒潮时混凝土龄期的增加，表面拉应力变大，3d 龄期时可达 1.5～1.6MPa，90d 龄期时可达 3.3～3.4MPa。与图 8－50 不计寒潮时的应力叠加，可使上游面局部拉应力达到 4～5MPa，远远超过混凝土的抗拉强度，足以在上游面引起铅直方向的裂缝。因此，若不采取进一步的温控措施，通航坝段遇到寒潮时，劈头裂缝仍难以避免。

表 8－24　不同龄期混凝土遇寒潮时的表面应力与拉应力区深度

项目	温降时混凝土龄期（d）	3	7	14	28	90
2d 寒潮	最大拉应力（MPa）	1.54	1.94	2.33	2.77	3.31
	拉应力区深度（m）	4	4	4	4	4
3d 寒潮	最大拉应力（MPa）	1.61	2.0	2.4	2.86	3.44
	拉应力区深度（m）	4	4	4	4	4

3. 表面保温对上游面应力的改善

由于通航坝段横河向过长，若不采取强力的温控措施，上游面在冬季会出现较大的拉应力，可能产生裂缝，发展至劈头裂缝。因此考虑在上游面布置永久性保温板，保温材料取 4～5cm 厚的苯板，可在施工时贴在施工模板内侧一起安装，上游面设置保温板后，无水时的散热系数为 70kJ/（m・d・℃），与水接触时为 75kJ/（m・d・℃），其他温控措施与上小节相同。图 8－50 所示为考虑保温后的上游面拉应力包络图。表面最大拉应力已从无保温时的 2.0～2.2MPa 下降到 1.2～1.6MPa，可满足混凝土的抗裂要求。此外，由于保温板的存在，混凝土表面可免受寒潮侵袭。因此，在上游面铺设保温板可有效改善上游面的应力状况，避免出现表面裂缝与劈头裂缝。

4. 小结

龙滩大坝通航坝段长度达 88m，高程 327.00m 以下用横缝分成 3 块，上半部连成一体，采用常态混凝土浇筑，但不分纵缝，因此不需进行接缝灌浆前的二期冷却，坝内温度下降极慢。在采取预冷骨料、一期冷却、仓面喷雾洒水等综合温控措施后，虽然坝内应力能够满足抗裂要求，但上下游表面暴露于大气中，受气温变化的影响，易受寒潮冲击，产生表面裂缝。尤其是上游面，水库蓄水后在低温水的冷击及水力劈裂作用下，有可能使表面裂缝扩展为严重的劈头裂缝。

仿真计算结果表明，即便采取了一系列综合温控措施，无保温时，在年变化气温影响下，冬季仍会在上游表面引起 2.0～2.2MPa 的坝轴向拉应力，寒潮引起的拉应力在 3.0MPa 以上，两者叠加，可达 5.0MPa 以上，足以引起表面裂缝，蓄水后会扩展为较深的劈头裂缝。表面保温是避免劈头裂缝的有效手段，仿真结果表明，用 4～5cm 的苯板贴在上游表面，可将上游表面的拉应力控制在 1.6MPa 以内，有效地防止表面裂缝的产生，并因此而避免劈头裂缝的产生。建议在大坝上游面设置永久性保温板。

8.5 稳定温度场与准稳定温度场

混凝土重力坝的温度场，从施工期到运行期在周而复始的外界环境因素（如气温、水温）影响下作热交换运动，最终形成稳定温度场要经过几十年甚至上百年的时间。

8.5.1 计算方法概述

1. 稳定温度

坝体稳定温度是确定运行期温度荷载、接缝灌浆时机及施工期控制基础混凝土温差，防止贯穿裂缝的重要依据。

如果建筑物厚度超过 30m，内部温度已不受外界周期性变化温度的影响，温度不随时间而变化，这种温度称为稳定温度。

稳定温度计算方程如下。

热传导方程为

$$\frac{\partial^2 T}{\partial x^2}+\frac{\partial^2 T}{\partial y^2}+\frac{\partial^2 T}{\partial z^2}=0 \tag{8-116}$$

在边界 s 上，则

$$T_{\mathrm{b}}=T_{\mathrm{m}}(s) \tag{8-117}$$

其中，$T_{\mathrm{m}}(s)$为年平均温度。

稳定温度场边界温度示意图见图 8－51。

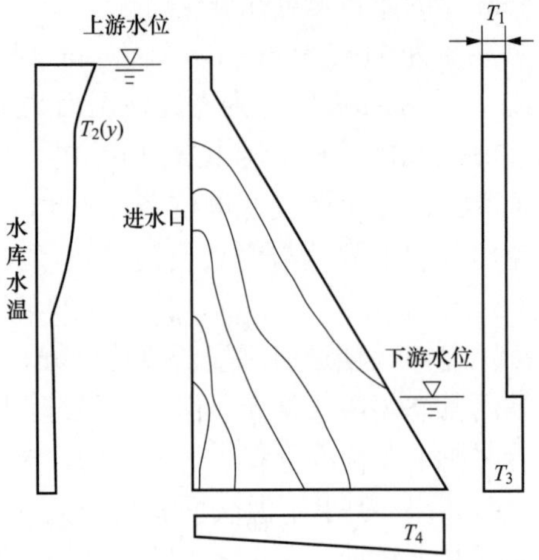

2. 准稳定温度

如果建筑物厚度小于 30m，内部温度将受外界周期性温度变化的影响，也随时间而作周而复始的周期性变化，这种温度称为准稳定温度。

准稳定温度计算方程如下。

热传导方程为

$$\frac{\partial^2 T}{\partial x^2}+\frac{\partial^2 T}{\partial y^2}+\frac{\partial^2 T}{\partial z^2}=a\frac{\partial T}{\partial \tau} \tag{8-118}$$

式中 a——导温系数。

在边界 s 上

$$T_{\mathrm{b}}=A\sin\omega\tau \tag{8-119}$$

式中 A——外界年温度变幅；

ω——外界温度变化的圆频率，$\omega=2\pi/p$。

图 8－51 稳定温度场边界温度示意图

稳定温度场可用平面有限元或两项差分法计算，必要时，可用三维有限元计算。

8.5.2 龙滩大坝的稳定（准稳定）温度场

图 8－52～图 8－54 所示为龙滩各典型坝段稳定温度场，图 8－55 所示为龙滩溢流坝段典型月（2 月、7 月）对称面准稳定温度场。

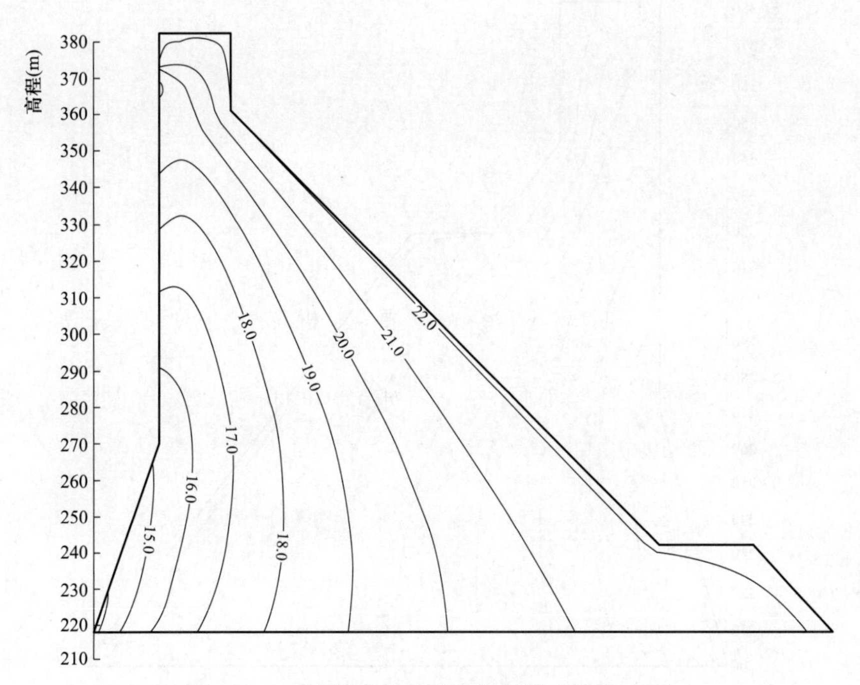

图 8－52　龙滩挡水坝段稳定温度场（单位：℃）

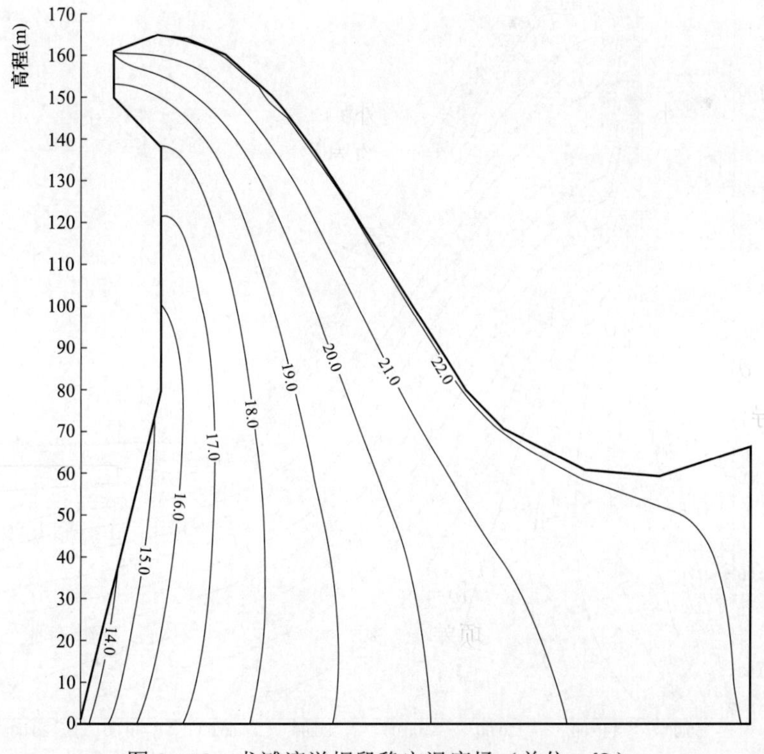

图 8－53　龙滩流溢坝段稳定温度场（单位：℃）

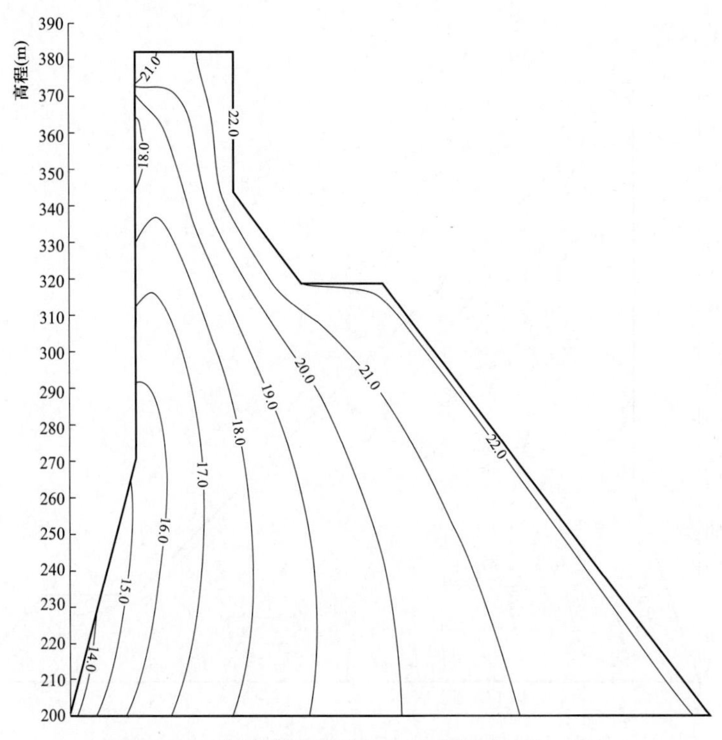

图 8－54　龙滩底孔坝段稳定温度场（单位：℃）

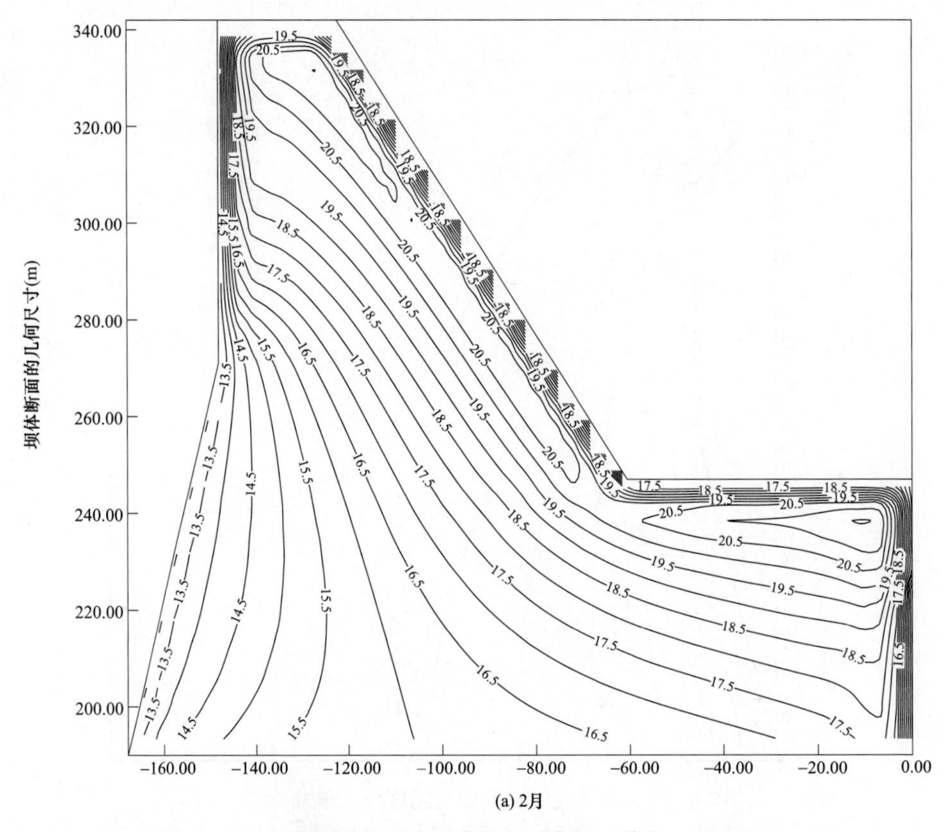

图 8－55　龙滩溢流坝对称面准稳定温度场（单位：℃）（一）

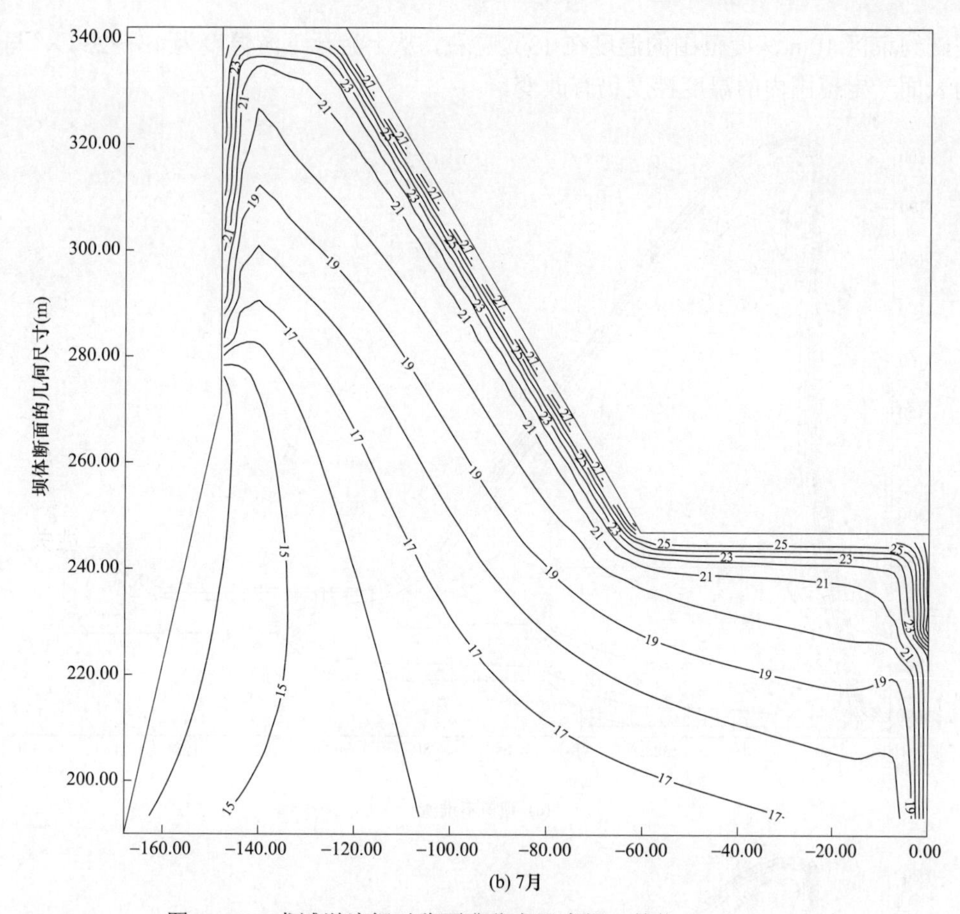

图 8-55 龙滩溢流坝对称面准稳定温度场（单位：℃）（二）

8.5.3 典型工程稳定温度场的形成过程

本小节介绍鲁地拉碾压混凝土重力坝的稳定温度场形成过程。鲁地拉水电站位于云南省大理州宾川县与丽江永胜县交界的金沙江中游河段上，是金沙江中游河段规划 8 个梯级电站中的第 7 级电站。

图 8-56～图 8-58 所示为坝体建成后 1 年、10 年及 100 年坝体温度场等值线图。

受鲁地拉水电站坝址环境气温、水温的影响，坝体建成后稳定温度场形成需经过几十年甚至几百年的时间。研究结果显示，厚度超过 30m 的坝体，从 50 年到 100 年靠近上游面基础约束区一定高程内以及与空气接触的表面一定范围内温度场分布仍有变化。

在坝址年均气温水温影响下：

（1）坝体建成 1～5 年的温度场，自上游至下游均在发生变化，坝体内部温度由 30℃下降至 26℃，且作用范围明显减小，上游基础约束区 10m 深度范围的温度由 13～30℃变为 13～18℃。

（2）坝体建成 10～30 年温度场受上下游边界的影响，坝体内部温度稳定在 17～19℃，上游约束区 10m 深度范围的温度由 13～18℃变为 13～14℃。

（3）坝体建成 50～100 年，坝体内部温度仍稳定在 17～19℃，但分布范围略有变化。

上游基础约束区 10m 深度范围的温度在 13℃左右，从上游至下游温度为 13～23℃，与空气接触的表面一定范围内的温度梯度仍有改变。

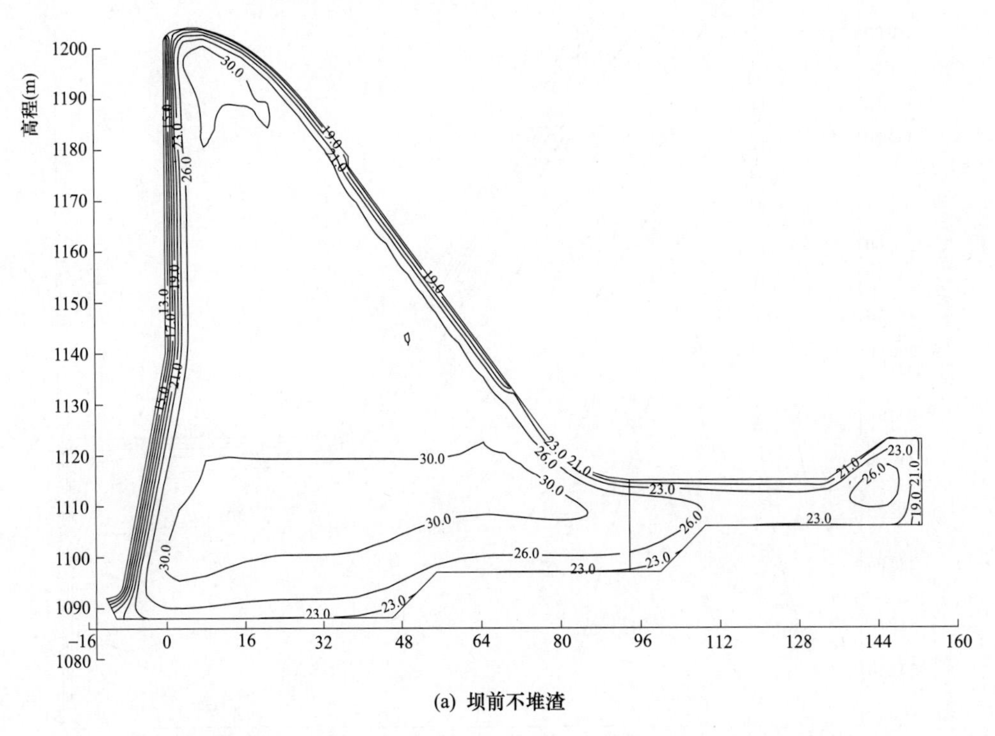

(a) 坝前不堆渣

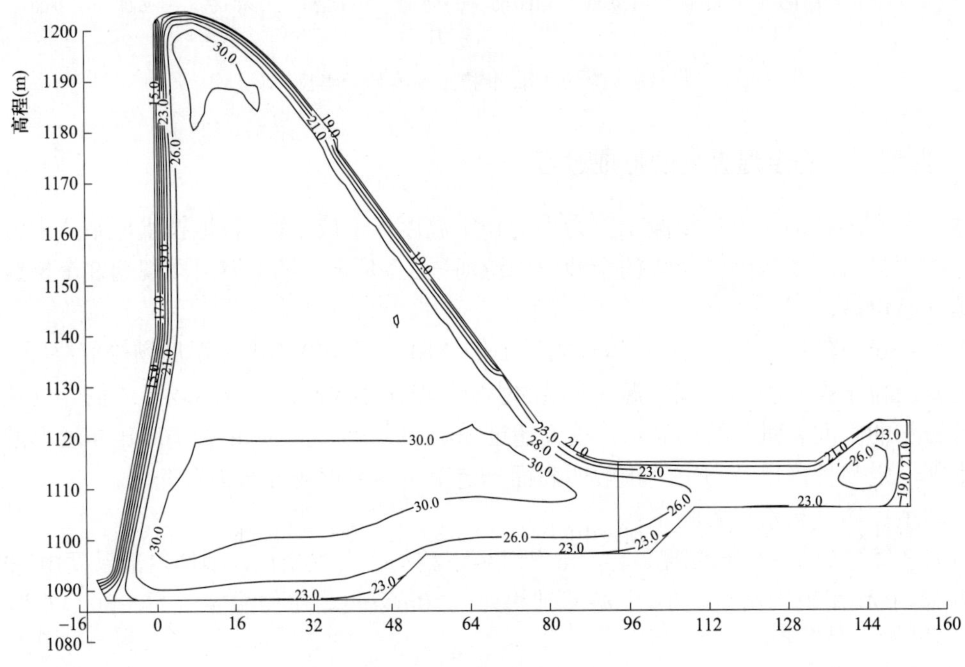

(b) 坝前填渣土20m

图 8－56　鲁地拉溢典型坝段中间剖面的不同边界条件稳定温度场分布图比较（坝体建成后 1 年）（单位：℃）

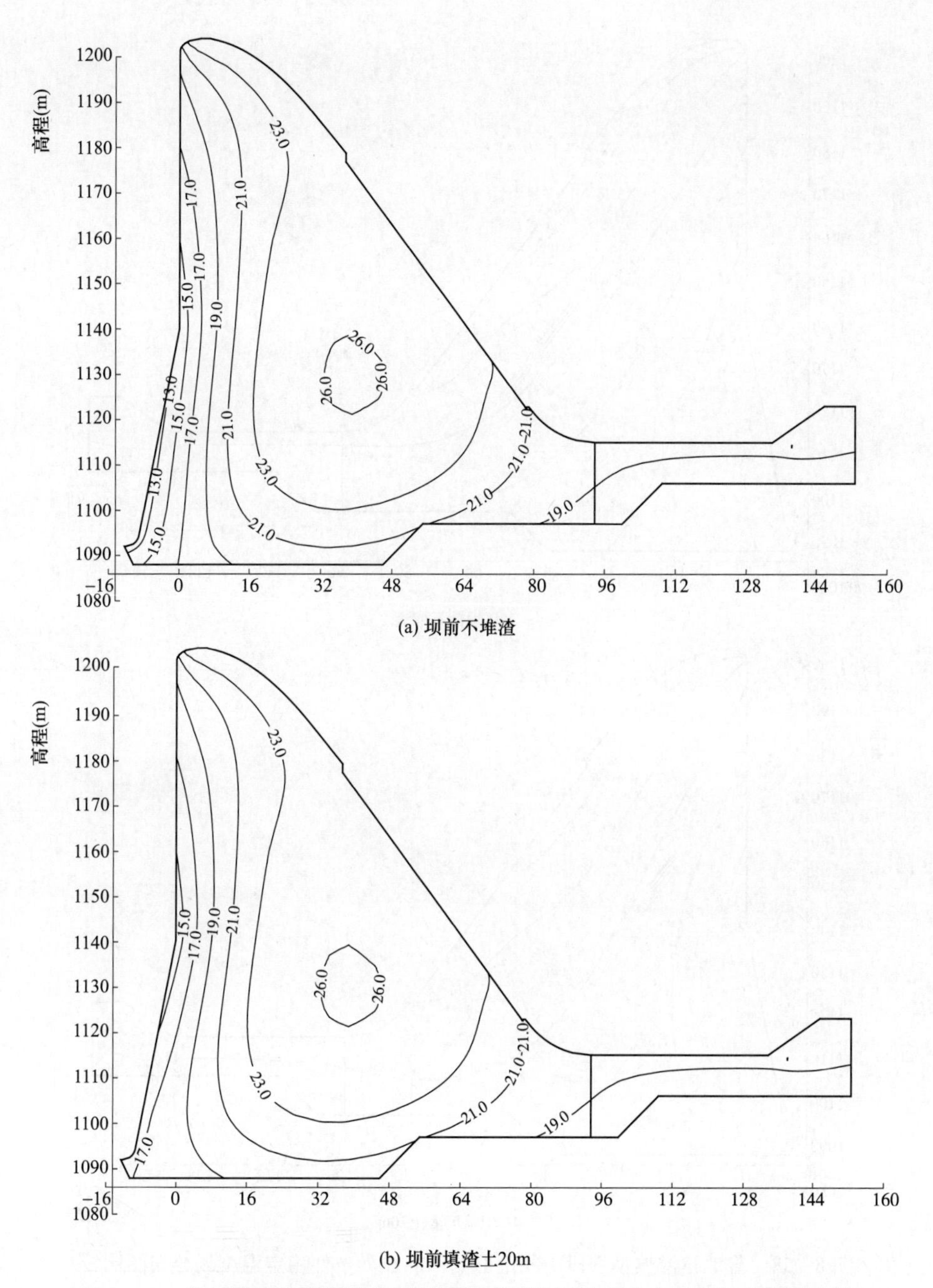

图 8－57　鲁地拉溢典型坝段中间剖面的不同边界条件稳定温度场分布图比较（坝体建成后 10 年）（单位：℃）

由此可见，厚度超过 30m 的混凝土重力坝稳定温度场的形成需要一个较为漫长的发展过程，上游基础约束区受库底水温的影响，温度场在不断变化中，50～100 年的影响深度在 7～8m。下游受环境气温的影响，同样需要 50～100 年的时间方能稳定到年均气温，其影响深度也在 7m 左右。

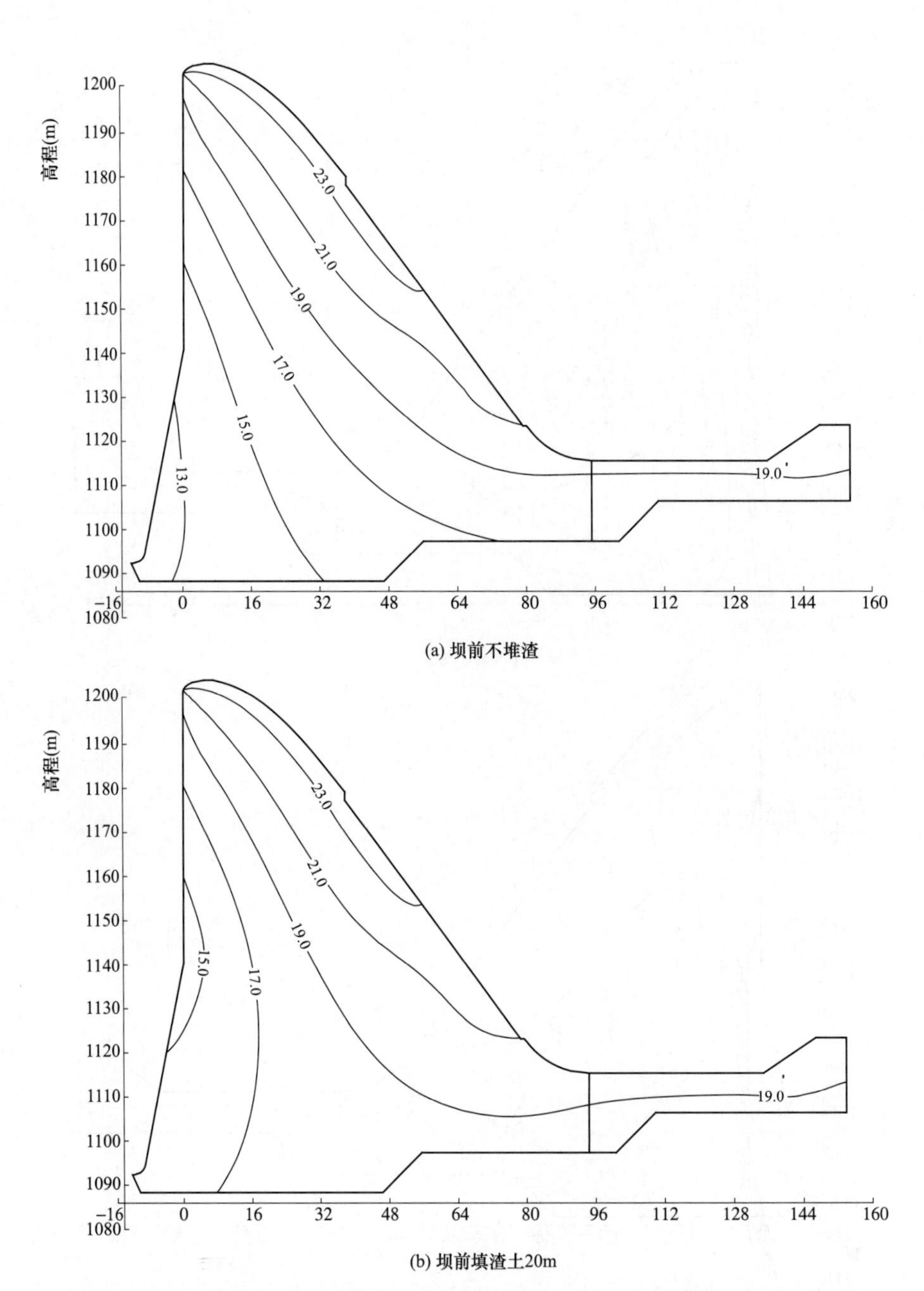

图 8-58　鲁地拉溢典型坝段中间剖面的不同边界条件稳定温度场分布图比较
（坝体建成后 100 年）（单位：℃）

对比上游基础约束区 20m 高度范围内堆渣土与不堆渣工况，堆渣后随着时间推移，到 10 年后已有明显改变，约 10m 深度范围的温度由 13～19℃变为 16～19℃；50 年后的温度由 13～14.5℃变为 16℃。

50～100 年过程中，不堆渣方案上游基础约束区温度分布仍有明显变化，而考虑堆渣后，相同部位的温度分布变化不大。

8.5.4 永久保温对稳定温度场的影响

本小节介绍永久保温对鲁地拉碾压混凝土重力坝稳定温度场形成过程的影响。图 8-59～图 8-61 为坝体建成后 1 年、10 年、50 年及 100 年坝体温度场等值线图。

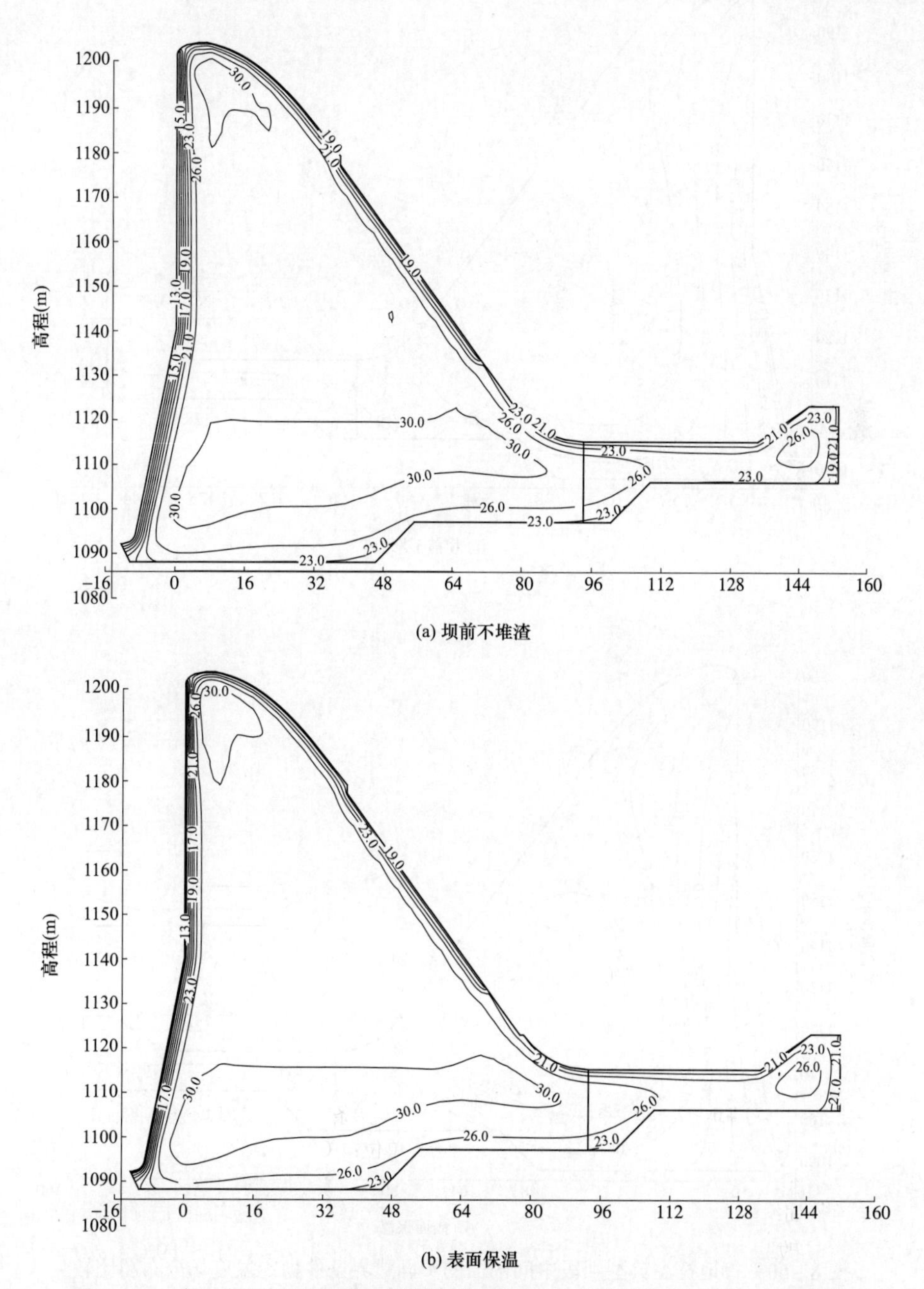

(a) 坝前不堆渣

(b) 表面保温

图 8-59 鲁地拉溢典型坝段中间剖面的不同边界条件稳定温度场分布图比较（坝体建成后 1 年）（单位：℃）

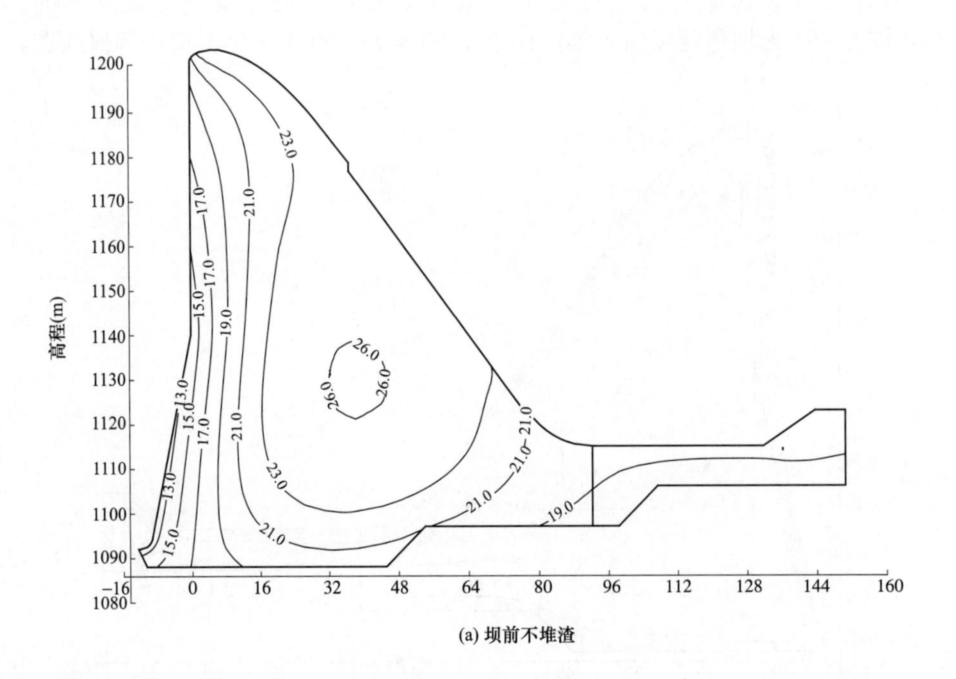

(a) 坝前不堆渣

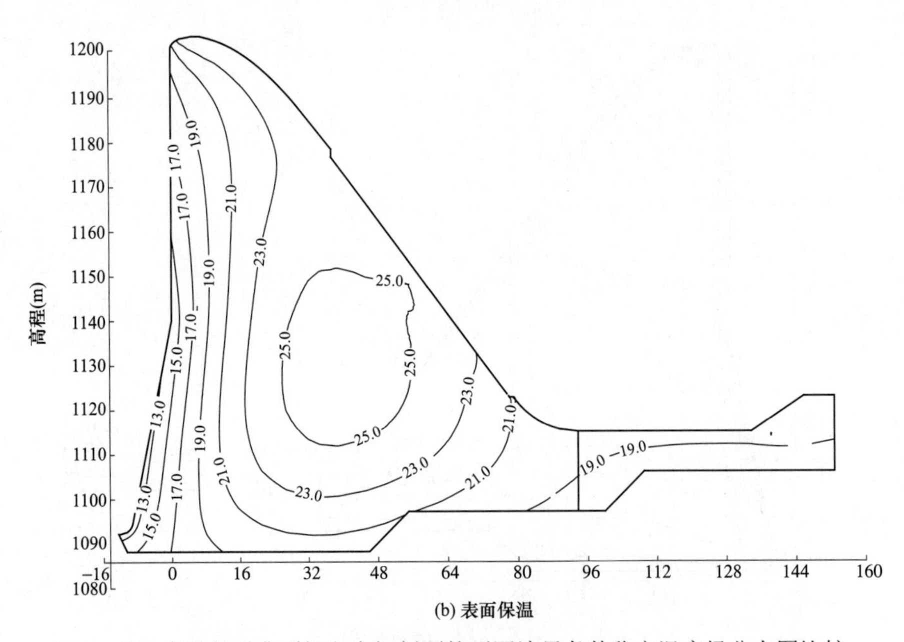

(b) 表面保温

图 8-60 鲁地拉溢典型坝段中间剖面的不同边界条件稳定温度场分布图比较
(坝体建成后 10 年)(单位:℃)

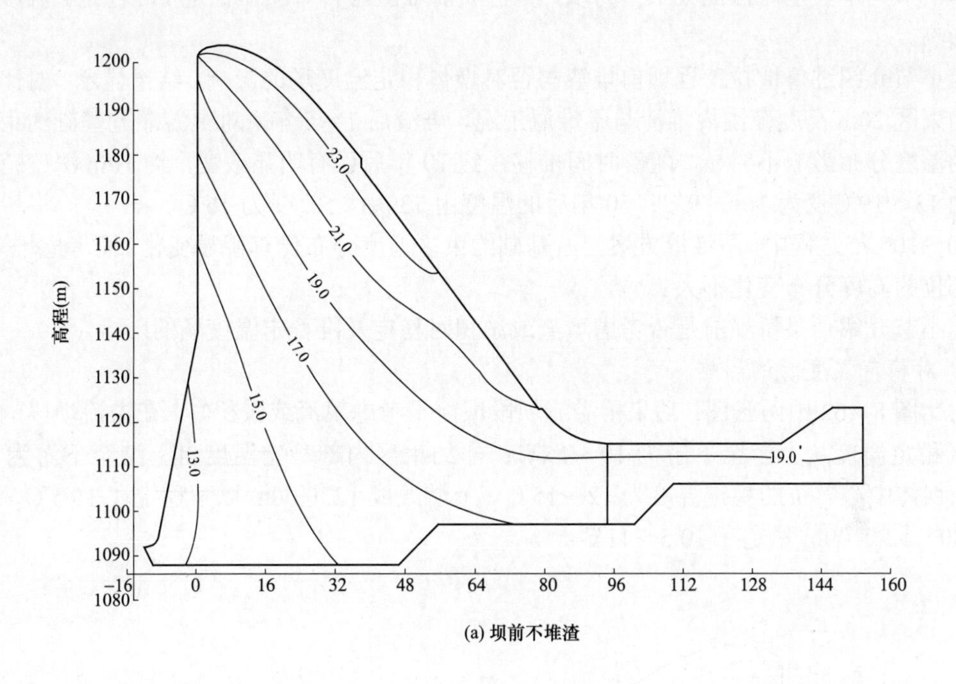

(a) 坝前不堆渣

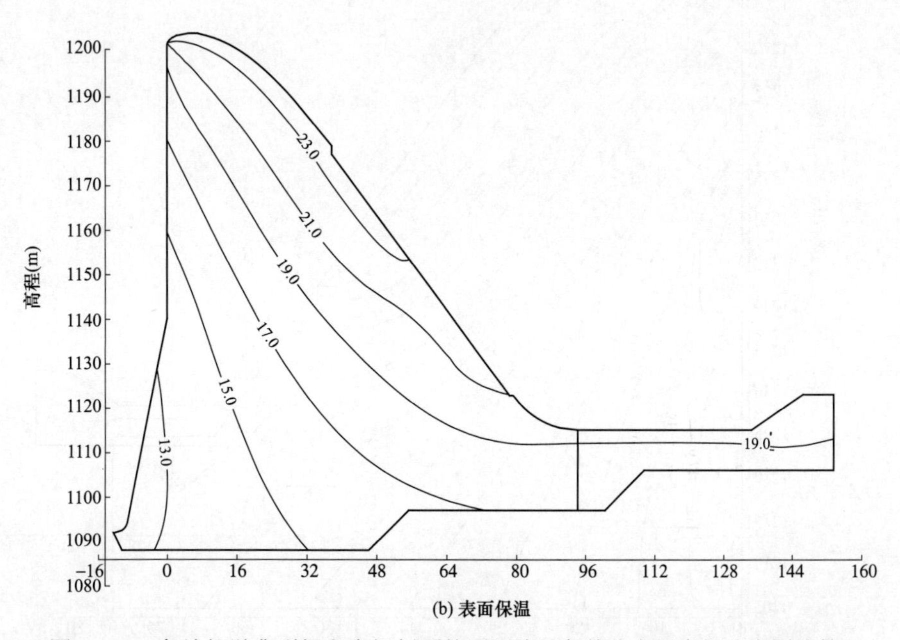

(b) 表面保温

图 8－61　鲁地拉溢典型坝段中间剖面的不同边界条件稳定温度场分布图比较（坝体建成后 100 年）（单位：℃）

8.5.5　坝前堆渣对稳定温度场和准稳定温度场的影响

本小节列举典型碾压混凝土重力坝，分析坝前堆渣与否对坝体稳定（准稳定）温度场分布的影响。

上小节介绍过鲁地拉工程坝前堆渣与否对坝体稳定温度场的影响。结果显示：对比上游基础约束区 20m 高度范围内堆渣与不堆渣工况，堆渣后 1～5 年，对上游靠近基础约束区混凝土的温度分布影响不明显，随着时间推移，到 10 年后已有明显改变，约 10m 深度范围的温度由 13～19℃变为 16～19℃；50 年后的温度由 13～14.5℃变为 16℃。

50～100 年过程中，不堆渣方案上游基础约束区温度分布仍有明显变化，而考虑堆渣后，相同部位的温度分布变化不大。

本小节介绍功果桥坝前是否考虑填渣或淤积对稳定及准稳定温度场的影响。

1. 对稳定温度场的影响

对比图 8－62 中两张图：功果桥溢流坝段坝前不考虑填渣或淤积时，在溢流坝段的基础约束区稳定温度从上游至下游为 10～15℃；非约束区内部稳定温度自上游至下游为 11～16℃；坝体中心部位的稳定温度为 12～15℃。上游改成 1230.00m 以下稳定在 10.5℃，高程 1230.00～1245.00m 稳定在 10.5～11℃。

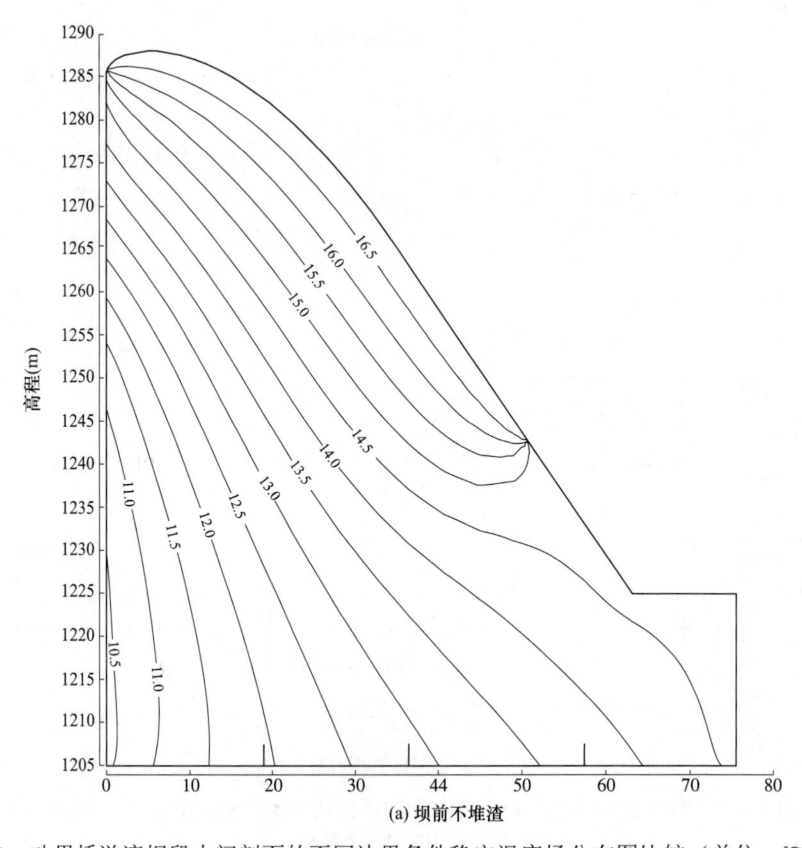

图 8－62　功果桥溢流坝段中间剖面的不同边界条件稳定温度场分布图比较（单位：℃）（一）

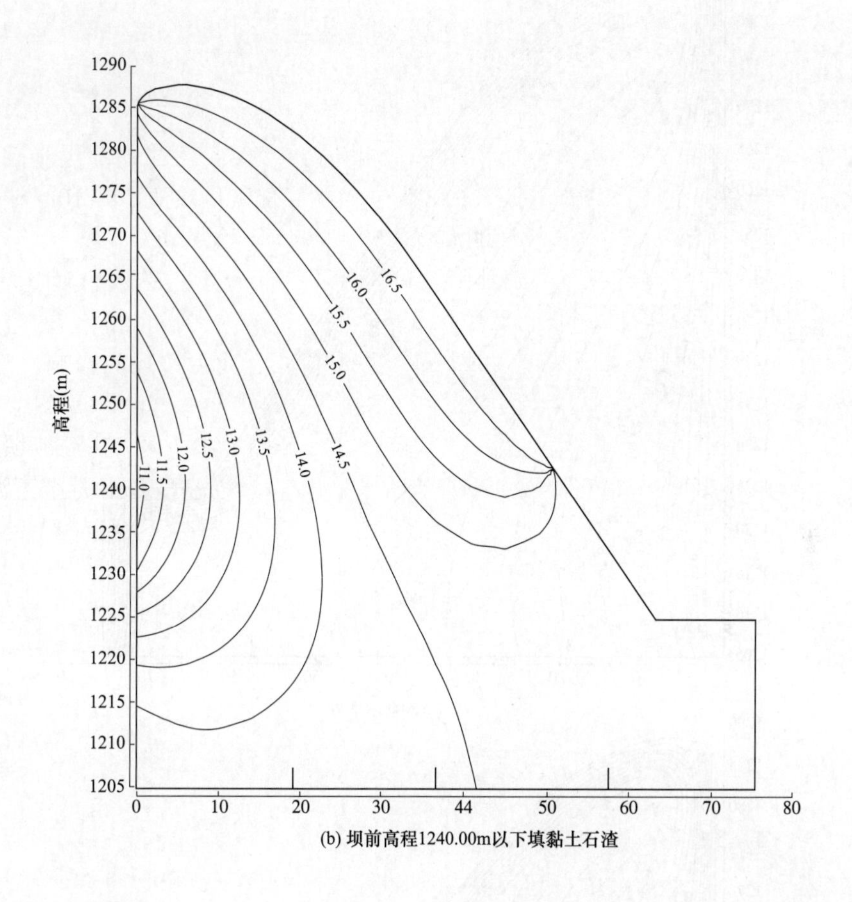

(b) 坝前高程1240.00m以下填黏土石渣

图 8-62 功果桥溢流坝段中间剖面的不同边界条件稳定温度场分布图比较（单位：℃）（二）

考虑坝前高程 1240.00m 以下填黏土石渣后，高程 1215.00m 以下温度场稳定在 14～14.5℃、高程 1215.00～1235.00m 稳定在 14～11℃、高程 1235.00～1245.00m 稳定在 11℃。基础强约束区稳定在 14～15℃。高程 1240.00m 以下填黏土石渣对上游高程 1245.00m 以上坝体稳定温度场无影响。

2. 对准稳定温度场的影响

对比图 8-63、图 8-64 中坝前堆渣与不堆渣对坝体准稳定温度场的影响：

从各月准稳定温度场对比图看，高程 1240.00m 以下填黏土后，对基础约束区上游及坝体内部温度场有影响。不堆渣时，该部位的准稳定基本稳定在 10～14.5℃之间，各月不尽相同；堆渣后，高程 1230.00m 以下准稳定温度场能提高 1～4℃，内部基本稳定在 14.5℃。随着季节的不同，靠近上游稳定在 14℃的高程随季节的变化而改变。

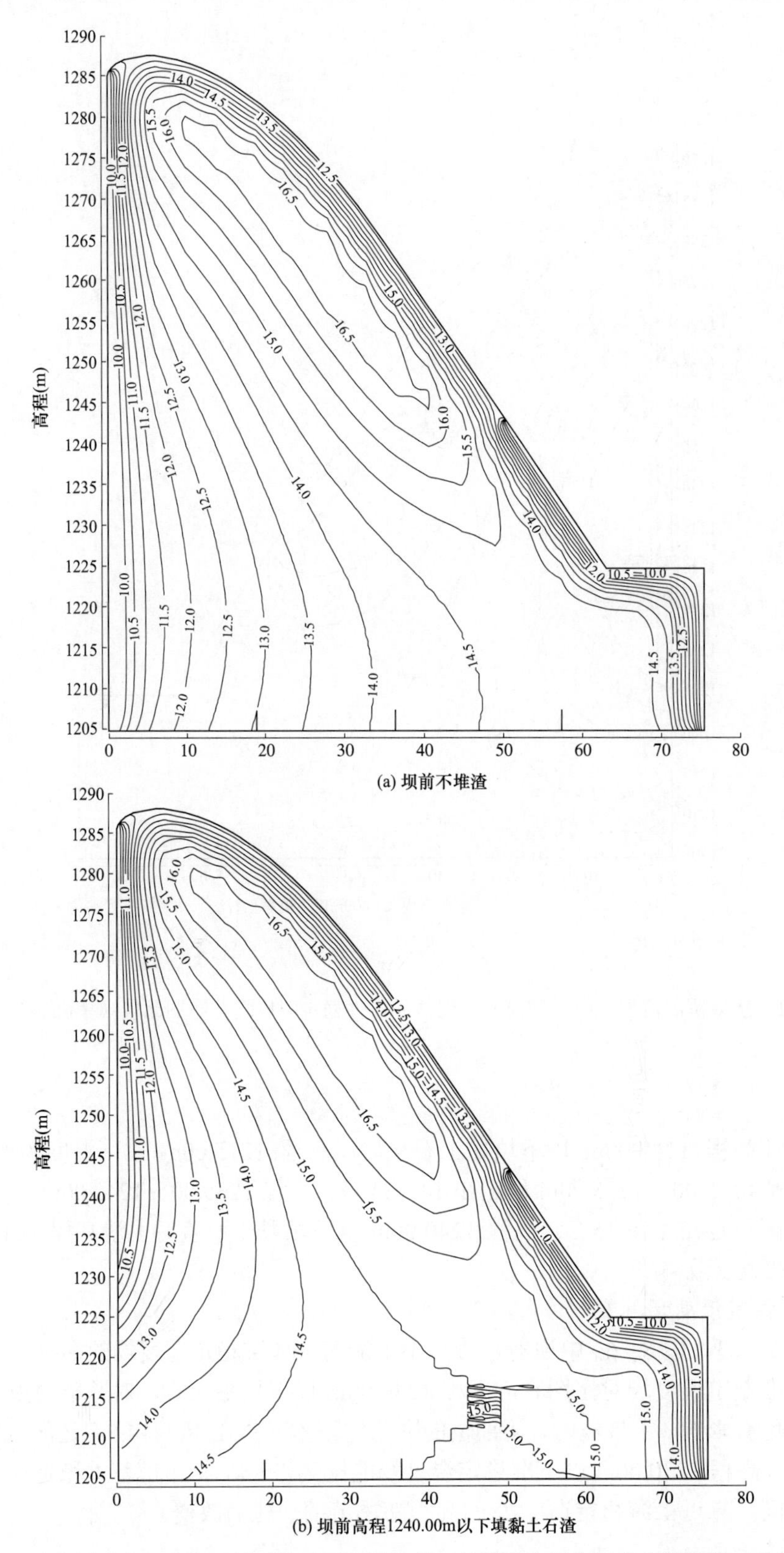

图 8－63　功果桥溢流坝段中间剖面的不同边界条件 2 月准稳定温度场分布图比较（单位：℃）

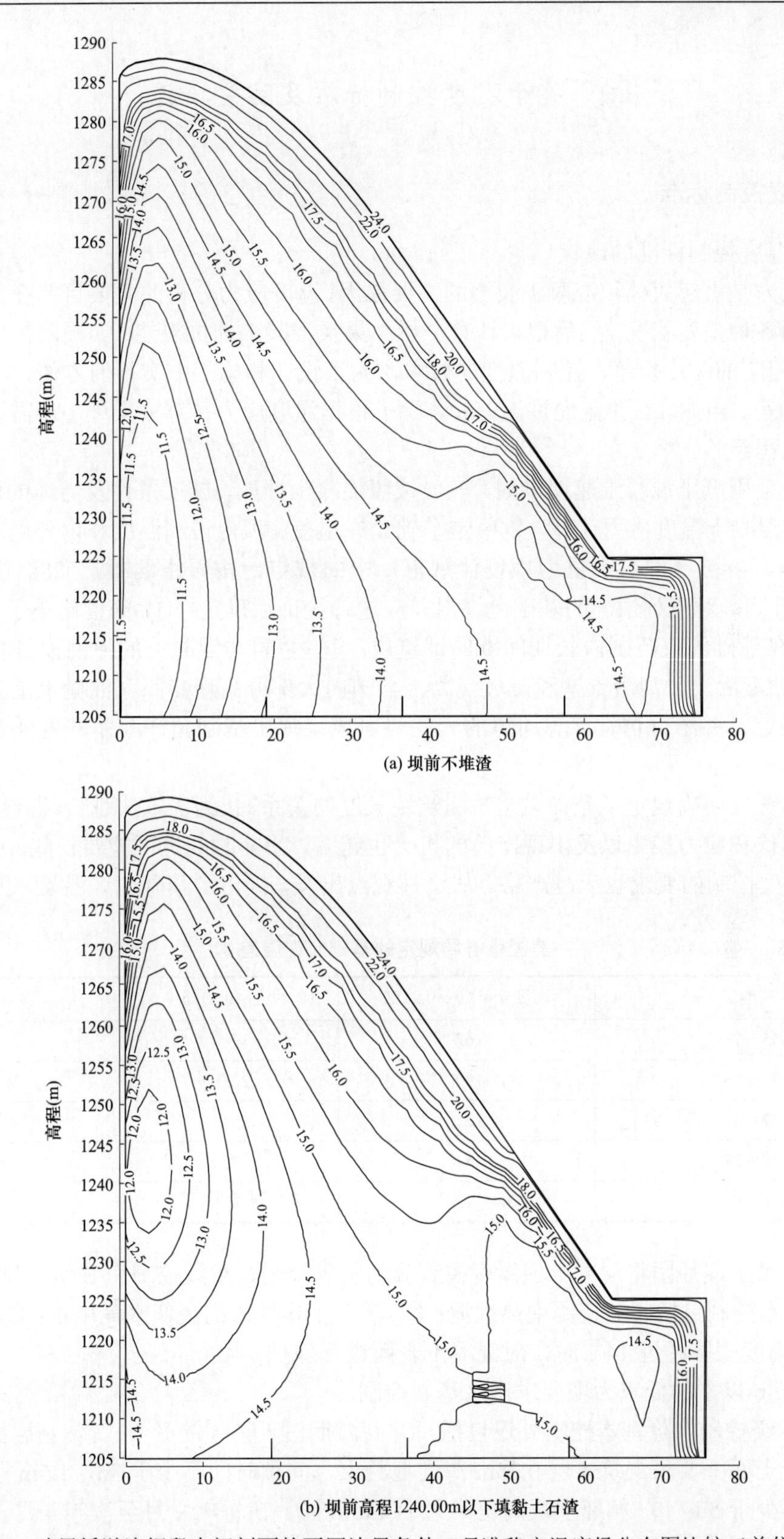

图 8－64　功果桥溢流坝段中间剖面的不同边界条件 7 月准稳定温度场分布图比较（单位：℃）

8.6 关于温度控制标准及防裂措施

8.6.1 温度控制标准

8.6.1.1 温度控制标准的现状

温度应力是引起大体积混凝土裂缝的主要原因，温度应力分析的主要目的在于查明可能引起裂缝的各种温度状况，然后根据计算分析结果及混凝土的抗裂能力（极限拉伸或抗拉强度），提出相应的防止裂缝、控制温度的要求，为了设计和施工中实行的方便，一般是提出各种允许温差。当然，在决定允许温差时，除了根据温度应力计算成果外，还需要考虑国内外的实际工程经验。

我国在采用碾压混凝土建坝早期，一般按照混凝土性能、施工条件及当地的地质、气候条件，进行混凝土温度应力计算，以决定基础允许温差、坝内最高温度和内外温差。关于基础允许温差，参照《混凝土重力坝设计规范》中的规定，按碾压混凝土 28d 极限拉伸值 0.7×10^{-4} 折算，对下列情况的基础允许温差应进行论证后确定：① 高度比小于 0.5 的薄型结构；② 在基础约束范围内长期间歇的铺筑层；③ 基岩与混凝土的弹性模量相差较大；④ 基础填塘混凝土、混凝土塞和陡坡混凝土。国内大部分高坝参照《混凝土重力坝设计规范》中的规定，并结合仿真计算所得的一些科研成果提出基础允许温差、内外温差等温控标准。

美国垦务局明确规定了允许温差与浇筑块长度的关系，认为浇筑块越长，温度应力越大，遇到基础起伏和应力集中以及出现冷缝的机会也越多，暴露时间也可能要长些。因此，浇筑块越长，温度控制的要求也应越严格。从这种观点出发，提出了基础允许温差，见表 8－25。

表 8－25　　美国垦务局规定的基础允许温差　　℃

浇筑块长度 *L*（m）	高度 *h*=（0～0.2）*L*	（0.2～0.5）*L*	＞0.5*L*
55～73	16.7	19.5	22.2
37～55	19.5	22.2	25.0
27～37	22.2	25.0	不限制
18～27	25.0	不限制	不限制
＜18	27.8	不限制	不限制

美国陆军工程师团将混凝土坝温度控制分为基本控制、A 级控制和 B 级控制。

（1）基本控制包括 ① 使用中热水泥；② 满足工程要求的最低水泥用量；③ 浇筑层厚 1.5m；④ 温度骤降超过 14℃时，对混凝土表面进行保护。

高度 15m 以下的低重力坝要求满足基本控制。

（2）A 级控制。除基本控制外还包括 ① 高温期白天禁浇混凝土；② 基岩面上或 15d 以上老混凝土面上要求浇筑 4 层 0.75m 薄层混凝土，间歇时间不少于 3d，1.5m 以上浇筑层间歇时间不少于 5d；③ 相邻坝块高差不大于 4.6m；④ 在每年 9 月至次年 4 月，当浇筑块顶面及侧面暴露时间超过 30d 时，必须进行保护，以防止急剧的温度变化。高度 15～46m

的重力坝需要部分或全部上述措施。

（3）B级控制。除基本及A级控制外，还包括 ① 限制混凝土浇筑温度为10℃；② 高温期考虑使用低热水泥；③ 在基础约束范围内局部使用冷却水管进行一期冷却以降低水化热温升。高度46m以上重力坝需部分或全部采用上述措施。在限制了浇筑温度之后，前述规定有些可以改变，例如，白天可以浇混凝土，薄层浇筑及规定最少间歇时间在高温期反而不利，因高温期浇混凝土不是向大气散热，反而吸热，在这种情况下不宜浇筑薄层，并应限制最长间歇时间。

在美国陆军工程师团的规定中没有具体明确允许温差数值，但限制了浇筑温度，实际上就在一定程度上限制了温差值。没有明确规定允许温差与浇筑块长度的关系，但实际上考虑了浇筑块长度的影响。由于采取通仓浇筑对坝高作了规定，就等于对浇筑块长度做了规定。

在20世纪50年代以前，苏联只修建过一些低坝，没有建设混凝土高坝的经验。20世纪50年代以后，在中亚和西伯利亚兴建了一系列混凝土高坝，由于气温严寒，在温度控制方面遇到了较大的困难，但也积累了不少经验和教训。

20世纪50年代以前，苏联建造的混凝土坝都比较低，一般采用错缝浇筑。20世纪50年代后期（1956—1960年）在西伯利亚兴建赫塔尔明重力坝时，仍然采用错缝，施工中产生了严重裂缝，此后即不再采用错缝。在兴建马马康坝（1959—1963年）和布拉茨克坝（1958—1965年）时，采用直缝柱状分块，分缝间距都不大，马马康坝纵缝间距15m，横缝间距12m，层高4m；布拉茨克坝纵缝间距13.8m，横缝间距15～22m，基础块层高1.5～2.0m和3m。但由于两坝都是宽缝重力坝，施工过程中宽缝长期暴露在寒冷大气中，仍然产生了严重裂缝。吸取这两个宽缝重力坝的教训，20世纪60年代以后，苏联不再采用宽缝重力坝。

为了适应严寒气候条件，苏联经常采用切口缝，即在坝段上下游面中间平面平行于横缝方向，再设置一条短横缝，高度大致在基础约束范围内。在上游面设有止水。这种切口缝可以减小坝块上下游面的温度应力，但因为切口缝不穿过整个坝体。在拉应力作用下，有沿切口缝尖端向上扩展的危险，布拉茨克坝的切口缝就发生过这种情况。

在兴建215m高的托克托古尔重力坝时（1969—1977年），创立了所谓“托克托古尔施工法”，即采用自动上升的活动帐篷，建立局部人工气候，坝体仍为柱状分块，但浇筑块平面尺寸达到32m×60m，层厚为0.5～1.0m，表面流水养护，据称这样做有效地防止了裂缝。

在西伯利亚建坝，由于气候严寒，在坝体灌浆问题上曾遇到困难。如布拉茨克坝址年平均气温为−2.6℃，原设计灌浆温度为2℃，实际提高到4～10℃。在1979年颁布的混凝土和钢筋混凝土坝设计规范中已规定基岩上60m以上重力坝，在整体强度计算中要考虑从坝体灌缝时温度降低到多年平均温度时的温度作用，实际意味着可提高灌浆温度，但在坝体应力计算中应考虑其影响。

在1979年开始实行的苏联《混凝土和钢筋混凝土坝设计规范》中，没有明确规定混凝土的允许温差，只规定：“对于各级坝均应对运用期间受外界温度作用的所有混凝土表面进行温度裂缝计算，对于混凝土浇筑块则应进行施工期温度作用力的计算。”因此，苏联对混凝土坝的允许温差没有统一的规定，而是根据各工程的具体条件通过计算确定，这点与我国和美国的情况是不同的。根据克拉斯诺雅尔斯克、乌斯季依里姆斯克、泽雅、萨扬舒申斯克等坝的实际资料，他们采用的允许温差见表8-26。由此表可见，允许温差直接与混凝土强度等级挂钩，这是合理的。我国重力坝和拱坝设计规范中的允许温差没有直接与混凝土强度等级挂钩，而是隐含在混凝土极限拉伸与强度等级的关系中。

表 8-26　　苏联混凝土坝允许温差　　℃

混凝土强度等级	浇筑块长度 L（m）	允许混凝土最高温度 T_{max}	允许基础温度	允许中心与侧表面内外温差	允许中心与水平上表面内外温差
150	10	38	27～29	25	12
	15	38	22～24	24	11
	20	38	18.5～20.5	23	11
	25	38	16～18	22	10
	30	38	14～16	21	10
200	10	40	29～31	26	14
	15	40	23～25	25	13
	20	40	19.5～21.5	24	13
	25	40	17～19	23	12
	30	40	15～17	22	12
250	10	42	30～32	27	16
	15	42	24.5～26.5	26	15
	20	42	21～22.5	25	15
	25	42	18～20	24	14
	30	42	16～17.5	23	14
300	10	44	32～34	28	18
	15	44	26～28	27	17
	20	44	22～24	26	17
	25	44	19～21	25	16
	30	44	17～19	24	16

综上所述，就温度控制标准而言，不同国家都有自已的规范与标准，具体实施时也应根据各自不同的要求进行控制。

8.6.1.2　温度控制标准拟定及其需要考虑的主要因素

影响温度控制标准的因素很多，碾压混凝土重力坝基础允许温差，与坝址区的气候条件、碾压混凝土的抗裂性能、热学性能和变形性能、浇筑块的高长比，以及基岩变形模量等因素密切相关。

本小节从规范对温度应力控制标准公式出发，定性地研究碾压混凝土重力坝温控标准与材料特性之间的相关性。

NB/T 35026—2014《混凝土重力坝设计规范》规定，混凝土重力坝基础混凝土的温度应力按混凝土极限拉伸值控制，即

$$\sigma \leqslant \varepsilon_p E_c / \gamma_{d3}\gamma_0 \tag{8-120}$$

式中　σ ——各种温差所产生的温度应力之和，MPa；

ε_p ——混凝土极限拉伸值的标准值；

E_c ——混凝土弹性模量标准值；

γ_{d3} ——温度应力控制正常使用极限状态短期组合结构系数，取1.5；

γ_0 ——结构重要性系数，对应于结构安全级别为Ⅰ、Ⅱ、Ⅲ级的结构和构件，可分别取1.1、1.0、0.9。

对于特定的混凝土大坝，在混凝土材料和结构安全级别确定的前提下，由式（8-120）即可推算出本工程混凝土的允许抗裂应力（应力控制标准）。

同时规范中还指出，基础混凝土均匀温度场降温的温度应力σ可使用约束系数法进行估算，即

$$\sigma = \frac{K_p E_c R \alpha}{1-\mu} \Delta T \tag{8-121}$$

式中 K_p ——由混凝土徐变引起的应力松弛系数，在缺乏试验资料时，可近似取0.5；

R——基础约束系数，与基岩弹性模量和混凝土弹性模量的差异相关；

α——混凝土的线膨胀系数；

μ——混凝土的泊松比；

ΔT ——相应的基础温差。

再叠加上由混凝土的自生体积变形ε_z引起的基础温差应力，式（8-122）可变为

$$\sigma = \frac{K_p E_c R}{1-\mu}(\alpha \Delta T + \varepsilon_z) \tag{8-122}$$

将式（8-120）和式（8-122）联系起来可得

$$\sigma \leqslant \frac{K_p E_c R}{1-\mu}(\alpha \Delta T + \varepsilon_z) \leqslant \varepsilon_p E_c / \gamma_{d3} \gamma_0 \tag{8-123}$$

$$\Delta T \leqslant \varepsilon_p (1-\mu) / (\gamma_{d3} \gamma_0 K_p R \alpha) - \varepsilon_z / \alpha \tag{8-124}$$

基础温差产生的应力是温度应力最重要的组成部分，基础温差是温度控制最重要的指标。而由式（8-124）可以清楚地看出，从混凝土材料的角度出发，对基础温差控制的主要影响因素有以下几方面：

（1）基础温差控制标准与混凝土的极限拉伸值成正比。极限拉伸值越大，对于基础温差的控制可以越宽松。

（2）K_p是由混凝土徐变引起的应力松弛系数。混凝土的徐变越大，应力松弛系数就越小，相应对于基础温差的控制就越宽松。

（3）基础温差控制标准与混凝土的线膨胀系数成反比。混凝土的线膨胀系数越大，对基础温差的控制就越严格。

（4）混凝土的自生体积收缩变形越大，对基础温差的控制就越严格。

（5）约束系数对基础温差的控制标准也会产生影响。相对于其他因素而言，约束系数的影响比较复杂，与混凝土基础浇筑块长度、混凝土与基岩弹性模量比等因素相关。由式（8-124）可见，约束系数越大，温差控制标准将越严格。

（6）混凝土的弹性模量虽然与温度应力成正比，但是由于混凝土的虚拟抗拉强度也与弹性模量成正比，因此由式（8-124）可见，温差控制标准与混凝土弹性模量本身关系不大。

综上所述，碾压混凝土重力坝的温度控制标准，除了受坝址地区的气候条件影响以外，

从材料的角度出发，主要与碾压混凝土的抗裂性能、热学性能、变形性能、浇筑块的高长比、基岩变形模量等因素密切相关。

1. 极限拉伸值对温控标准的影响

尽管混凝土的极限拉伸值不影响温度应力数值的大小，但是极限拉伸值与混凝土的抗裂能力成正比，在相同的抗裂安全系数条件下，极限拉伸值越小，混凝土抗裂能力越差，基础温差控制标准就越严格；反之，极限拉伸值越大，对于基础温差的控制就可以相对宽松。

运用有限元仿真分析方法，以龙滩碾压混凝土重力坝为例，进行了有限元仿真分析，以180d 龄期极限拉伸值为 0.79×10^{-6} 为基准值，当基础温差取 16℃时，抗裂安全系数为 1.65。以这个工况为基准工况，进行了不同极限拉伸值的多工况仿真分析，确定了安全系数为 1.65 时的基础温差控制标准。

如表 8－27 和图 8－65、图 8－66 所示，在温控标准不调整的前提下（基础允许温差为 16℃），混凝土极限拉伸值越大，混凝土实际的抗裂安全系数就越高；而在安全系数不变的前提下（$K=1.65$），极限拉伸值越大，基础温差控制标准就越宽松。两者均成线性关系。

表 8－27　　不同极限拉伸值对温控标准的影响

极限拉伸值 （$\times10^{-6}$）	温控标准不调整时的抗裂安全系数	安全系数不变时的温控标准（℃）	备　注
70	1.46	14.0	
75	1.57	15.1	
79	1.65	16.0	基准工况
85	1.78	17.4	
90	1.88	18.5	
100	2.09	20.8	
110	2.30	23.0	

注　表中以龙滩的参数为基准工况。

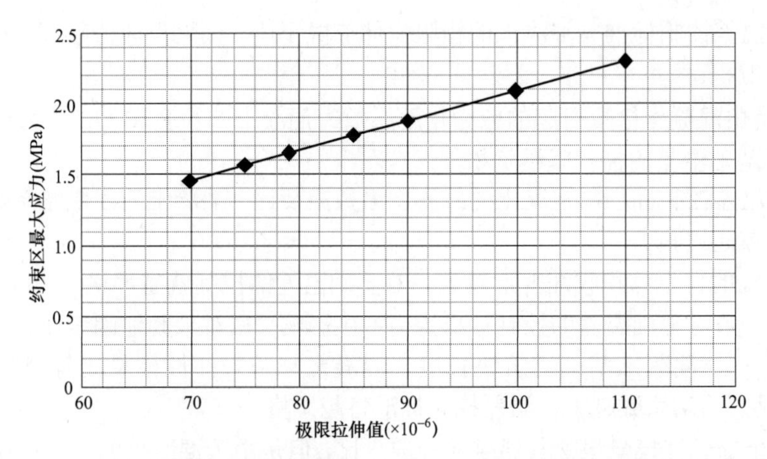

图 8－65　温控标准不调整时的混凝土抗裂安全系数与混凝土极限拉伸值的关系（以龙滩碾压混凝土坝为例）

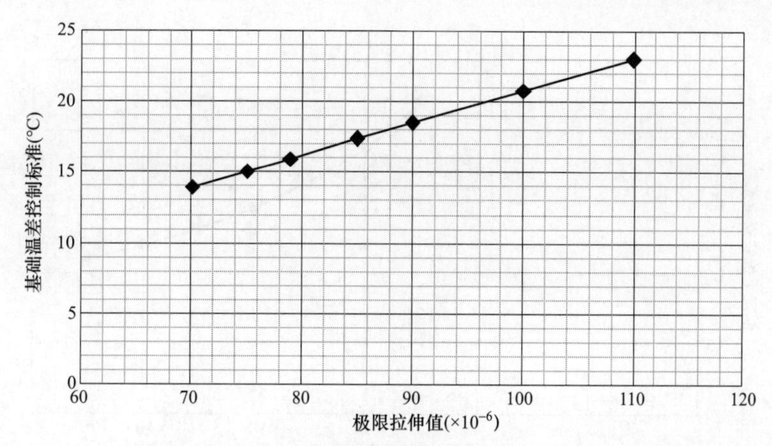

图 8-66　安全系数不变时的基础温差控制标准与混凝土极限拉伸值的关系（以龙滩碾压混凝土坝为例）

从表 8-27 中还可以看出，以龙滩现有温控标准和材料参数为基准，当极限拉伸值分别取 70×10^{-6}、75×10^{-6}、79×10^{-6}、85×10^{-6}、90×10^{-6}、100×10^{-6}、110×10^{-6}时，如不调整温控标准和措施，抗裂安全系数分别为 1.46、1.57、1.65、1.78、1.88、2.09、2.30；如保持安全系数不变，相应温控标准（基础允许温差）分别为 14.0℃、15.1℃、16.0℃、17.4℃、18.5℃、20.8℃、23.0℃。可见，从原材料的角度提高混凝土极限拉伸值，对于降低（放宽）温控标准、简化施工措施有十分重要的意义。

2. 线膨胀系数对温控标准的影响

混凝土线膨胀系数与温度应力成正比，线膨胀系数越大，温度应力越大。在混凝土抗裂能力不变、且线膨胀系数较大的条件下，如果要保证抗裂安全系数不变化，就必须严格温度控制标准，减小基础允许温差值。

运用有限元仿真分析方法，以龙滩碾压混凝土重力坝为例，进行了有限元仿真分析，以线膨胀系数 79×10^{-6}/℃为基准值，当基础温差取 16℃时，抗裂安全系数为 1.65。以这个工况为基准工况，进行了不同线膨胀系数的多工况仿真分析，确定了安全系数为 1.65 时的基础温差控制标准。

如表 8-28 和图 8-67、图 8-68 所示，在温控标准不调整的前提下（基础允许温差为 16℃），混凝土线膨胀系数越大，混凝土抗裂安全系数就越低；而在安全系数不变的前提下（$K=1.65$），线膨胀系数越大，基础温差控制标准就越严格。两者均成反比关系。

表 8-28　　不同线膨胀系数对温控标准的影响

线膨胀系数（$\times10^{-6}$/℃）	温控标准不调整时的抗裂安全系数	安全系数不变时的温控标准（℃）	备　注
5	2.22	22.4	
6	1.89	18.7	
7	1.65	16.0	基准工况
8	1.46	14.0	
9	1.31	12.4	
10	1.19	11.2	
11	1.09	10.2	

注　表中以龙滩实际温控标准和参数为基准工况。

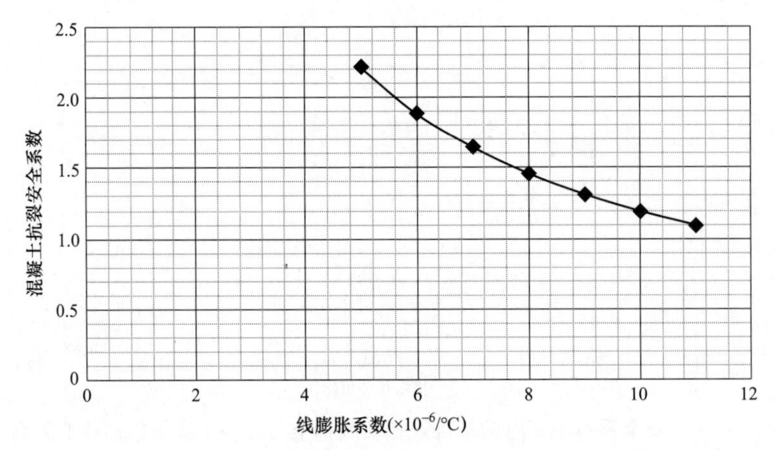

图 8－67　温控标准不调整时的混凝土抗裂安全系数与混凝土线膨胀系数的关系
（以龙滩碾压混凝土坝为例）

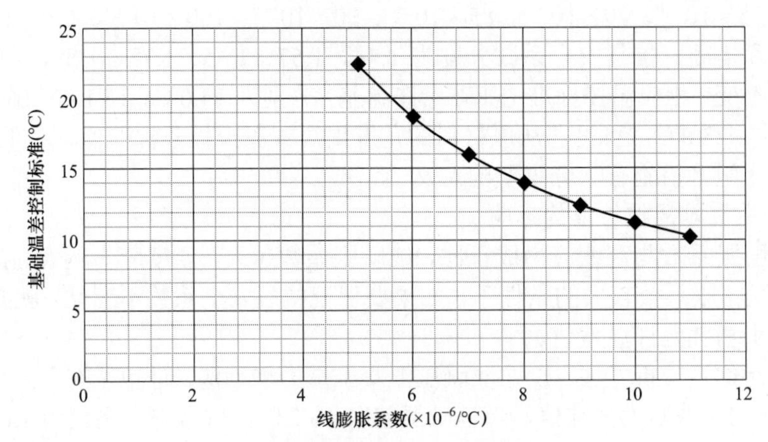

图 8－68　安全系数不变时的基础温差控制标准与混凝土线膨胀系数的关系
（以龙滩碾压混凝土坝为例）

从表 8－28 中可以看出，以龙滩现有的结构材料参数为基准，当线胀系数分别取 5×10^{-6}/℃、6×10^{-6}/℃、7×10^{-6}/℃、8×10^{-6}/℃、9×10^{-6}/℃、10×10^{-6}/℃、11×10^{-6}/℃时，如不调整温控标准（基础允许温差为 16℃）和温控措施，抗裂安全系数分别为 2.22、1.89、1.65、1.46、1.31、1.19、1.09；如保持安全系数不变（$K=1.65$），基础允许温差可调整为 22.4℃、18.7℃、16.0℃、14.0℃、12.4℃、11.2℃、10.2℃。

同时由图 8－67 和图 8－68 可知，温控标准不变时，混凝土抗裂安全系数与线膨胀系数成双曲线反比关系；混凝土抗裂安全系数一定时，基础温差控制标准与线膨胀系数也成双曲线反比关系。也就是说，线胀系数越低，对温控防裂越有利。

3. 基岩与混凝土弹性模量之比对温控应力的影响

约束系数对基础温差的控制标准也会产生影响。相对于其他因素而言，约束系数的影响比较复杂，与混凝土基础浇筑块长度、基岩与混凝土弹性模量比等因素相关。

利用仿真分析方法，以龙滩工程为例，计算不同的基岩与混凝土弹性模量之比对基础温度应力的影响。计算工况与计算结果摘要如表 8－29 所示，6 种计算工况的最大应力包络图、最大应力值点的应力过程线如图 8－69 及图 8－70 所示（X 方向为顺河向）。

表 8－29　　基岩与混凝土弹性模量之比对温度应力的影响

工况号	基岩弹性模量（GPa）	混凝土最终弹性模量（GPa）	基岩与混凝土弹性模量之比	基础区温度应力（MPa）	混凝土抗裂安全系数	备　注
3.6－1	5.5	43.8	0.125	1.49	2.32	
3.6－2	11.0	43.8	0.25	1.55	2.23	
3.6－3	21.9	43.8	0.50	1.84	1.88	
3.6－4	39.0	43.8	0.89	2.06	1.65	基准工况
3.6－5	43.8	43.8	1.0	2.09	1.63	
3.6－6	65.7	43.8	1.5	2.23	1.55	

注　表中以龙滩实际温控标准和参数为基准工况。

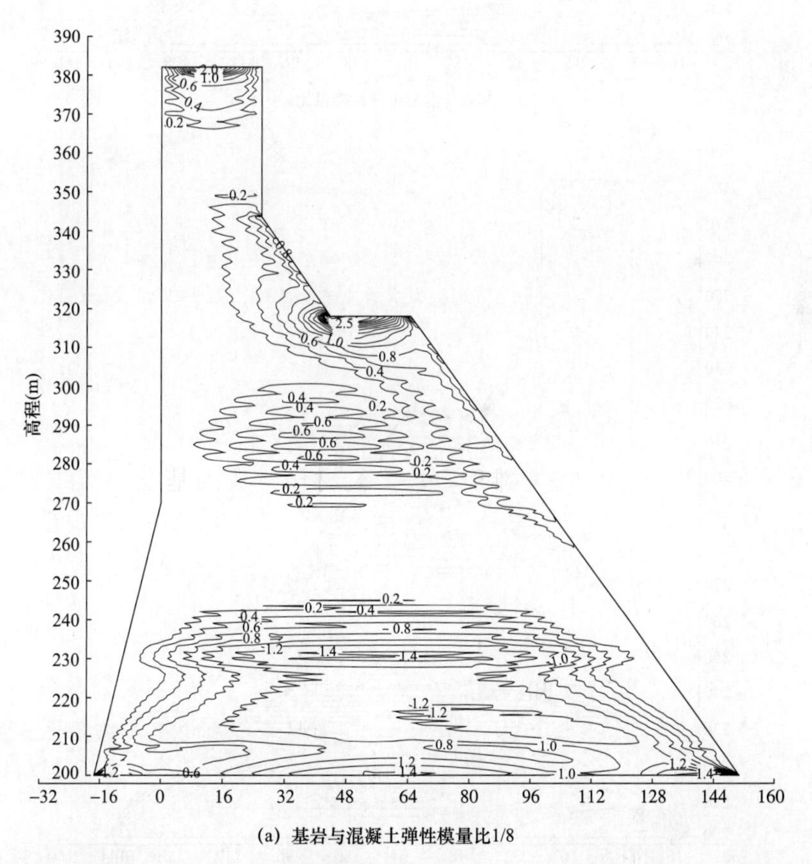

(a) 基岩与混凝土弹性模量比1/8

图 8－69　不同基岩与混凝土弹性模量比最大顺河向应力包络图（单位：MPa）（一）

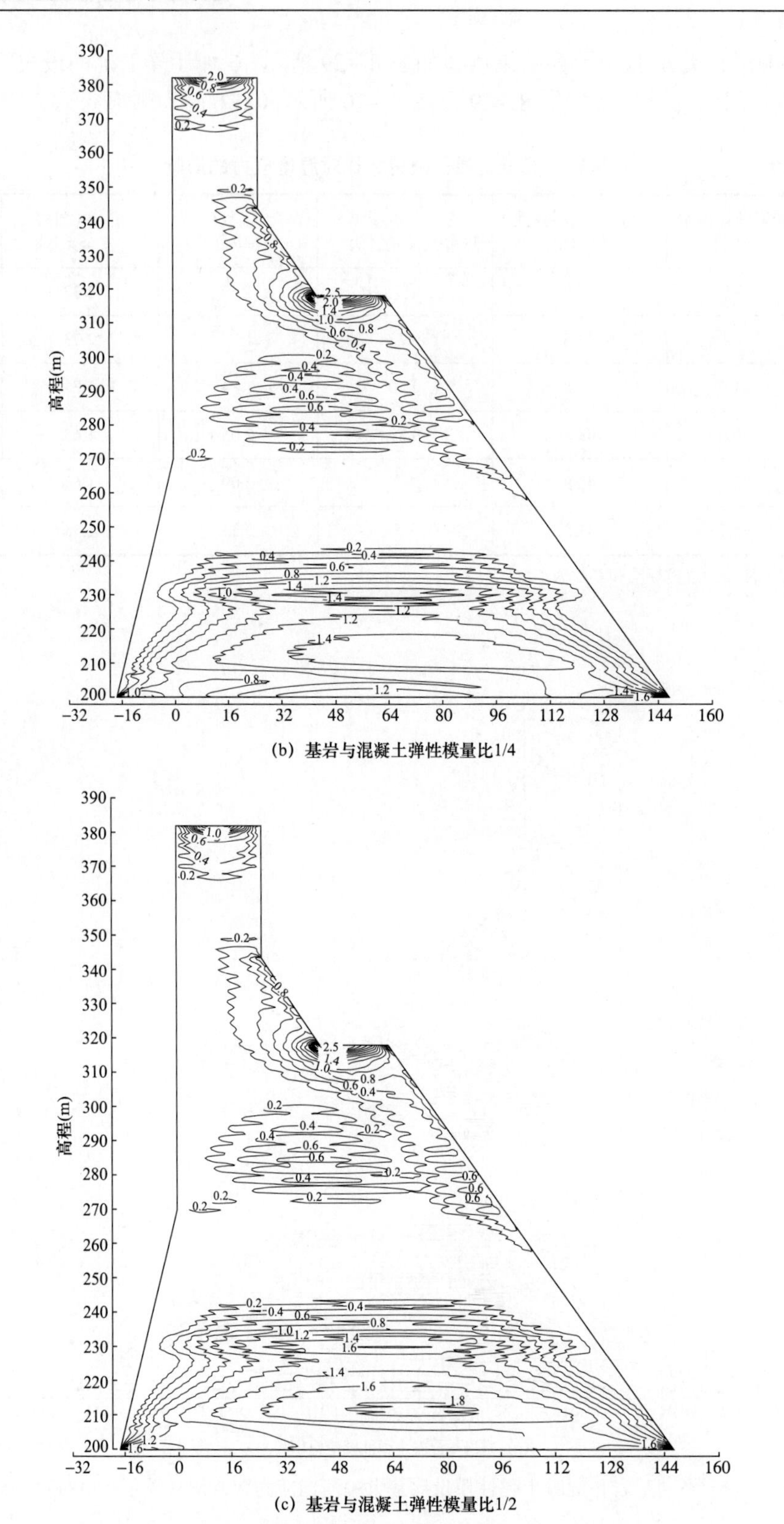

图 8-69 不同基岩与混凝土弹性模量比最大顺河向应力包络图（单位：MPa）（二）

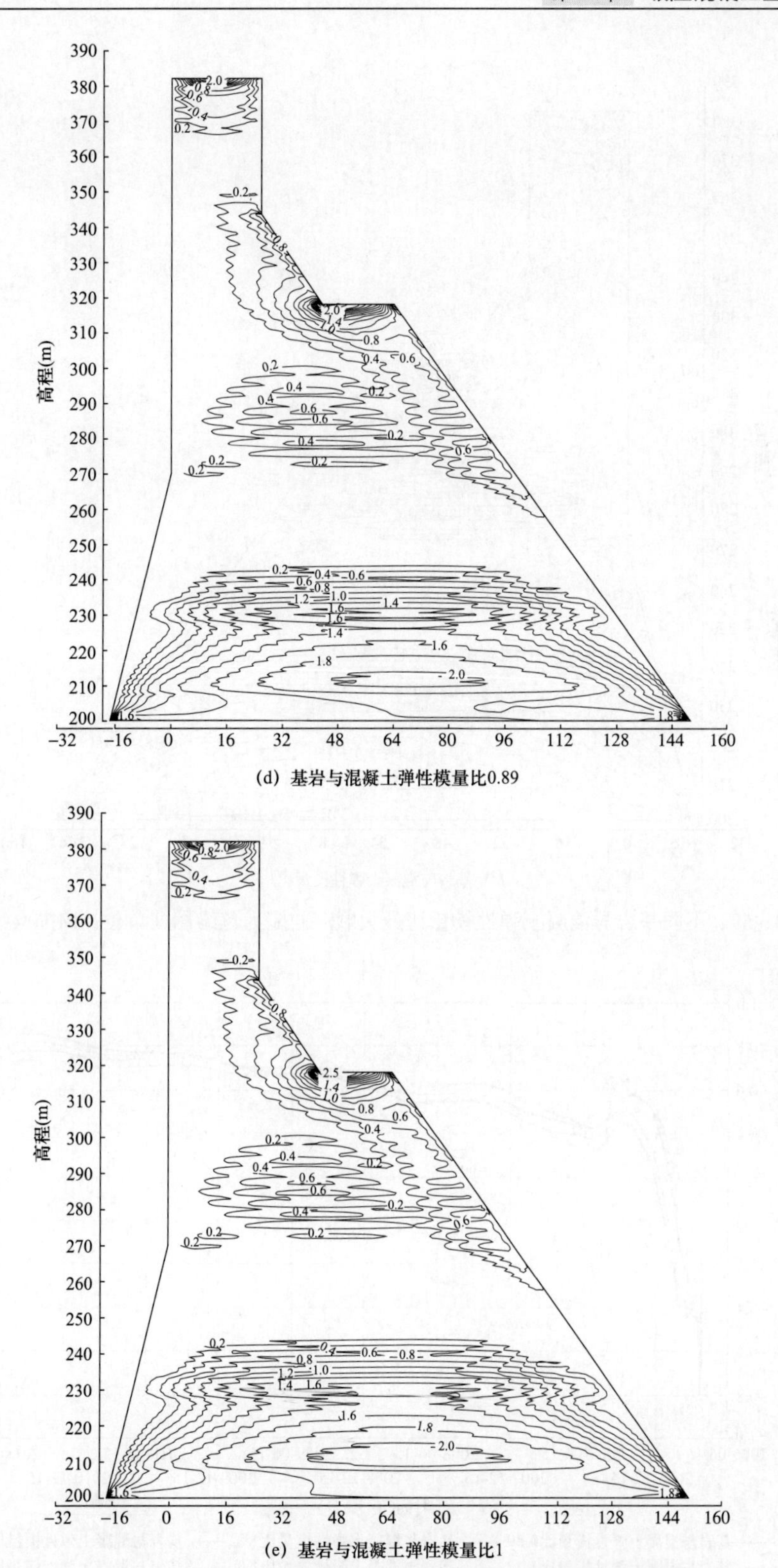

图 8-69　不同基岩与混凝土弹性模量比最大顺河向应力包络图（单位：MPa）（三）

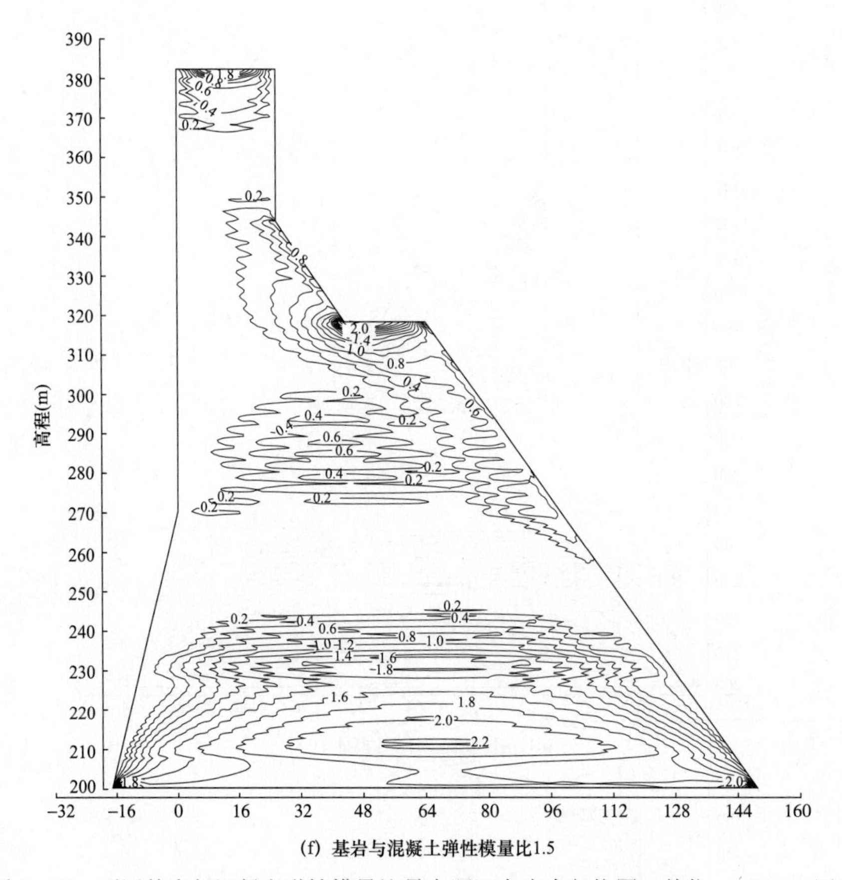

图 8-69 不同基岩与混凝土弹性模量比最大顺河向应力包络图（单位：MPa）（四）

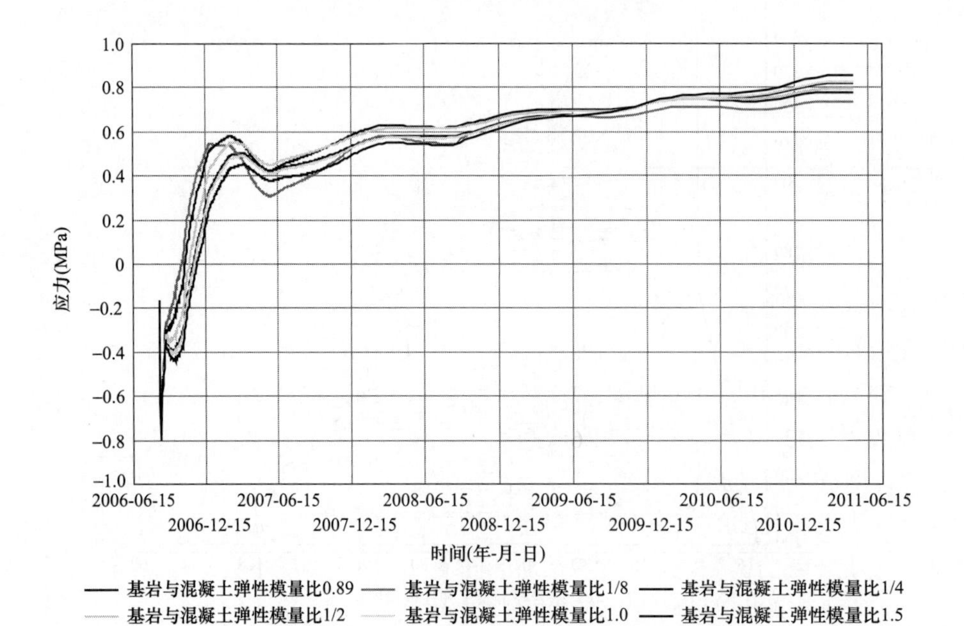

图 8-70 不同基岩与混凝土弹性模量比典型点顺河向应力过程线（单位：MPa）

可以看出，基岩与混凝土弹性模量比不同，对温度应力分布规律及其过程规律影响不大，但是对具体温度应力数值存在明显影响。以龙滩实际温控标准和材料参数为基准，当基岩与混凝土弹性模量之比分别为 1/8、1/4、1/2、0.89、1.0、1.5 时，基础区碾压混凝土最大拉应力分别为 1.49MPa、1.55MPa、1.84MPa、2.06MPa、2.09MPa、2.23MPa；如果保持温控标准不变，混凝土抗裂安全系数相应为 2.32、2.23、1.88、1.65、1.63、1.55。由此可见，在混凝土弹性模量不变的前提下，基岩的弹性模量越低，对基础混凝土的约束作用越小，对基础混凝土的抗裂安全越有利。

4. 混凝土弹性模量对温控标准的影响

理论上，混凝土弹性模量与温度应力成正比。如果保持混凝土弹性模量和基岩弹性模量同比例（即保持约束系数不变），则混凝土弹性模量与温控标准无直接关系。但是，如果在基岩弹性模量不变的条件下，改变混凝土弹性模量，就意味着有不同的约束系数，就有可能对温度应力和温控标准产生非线性的影响。

利用仿真分析方法，计算不同的混凝土弹性模量对温度应力和抗裂安全系数的影响。计算工况与计算结果摘要如表 8－30 所示，6 种计算工况的最大应力包络图、最大应力值点应力过程线如图 8－71 及图 8－72 所示（X 方向为顺河向）。

表 8－30　不同混凝土弹性模量对温度应力的影响

工况号	基岩弹性模量（GPa）	混凝土最终弹性模量（GPa）	基岩与混凝土弹性模量之比	基础区温度应力（MPa）	混凝土抗裂安全系数	备注
3.7－1	39.0	15.6	2.50	0.99	1.40	
3.7－2	39.0	23.4	1.67	1.40	1.48	
3.7－3	39.0	31.2	1.25	1.75	1.58	
3.7－4	39.0	39.0	1.00	2.06	1.65	基准工况
3.7－5	39.0	43.8	0.89	2.33	1.68	
3.7－6	39.0	46.8	0.83	2.55	1.69	

注　表中以龙滩实际温控标准和参数为基准工况。

可以看出，混凝土弹性模量的不同，对温度应力分布规律及其过程规律影响不大，但是对具体数值存在明显影响。在保持基岩弹性模量为 39GPa 的条件下，混凝土最终弹性模量分别取 15.6GPa、23.4GPa、31.2GPa、39.0GPa、43.8GPa、46.8GPa 时，基础约束区最大温度应力分别为 0.99MPa、1.40MPa、1.75MPa、2.06MPa、2.33MPa、2.55MPa，相应混凝土抗裂安全系数为 1.40、1.48、1.58、1.65、1.68、1.69。

总之，降低混凝土弹性模量，会降低温度应力。但是与基岩弹性模量同比例降低的情况相比，仅仅降低混凝土的弹性模量，将会使约束系数变大。正如考虑基岩弹性模量不变而混凝土弹性模量降低的工况，由于约束系数的改变，温度应力并不会随混凝土弹性模量同比例降低；而抗裂安全系数是随混凝土弹性模量同比例降低的，因此，单独降低混凝土弹性模量，将会导致安全系数降低。

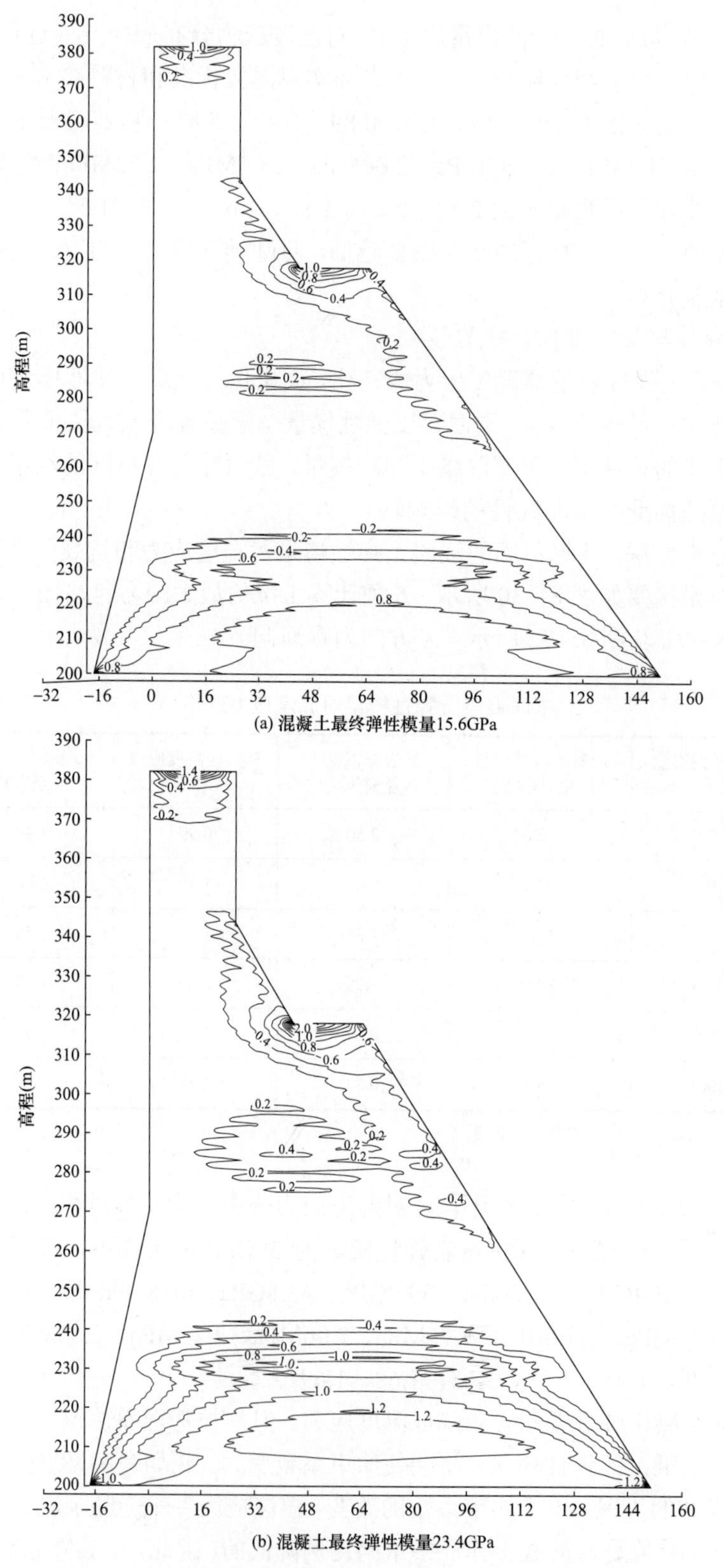

图 8-71　不同混凝土弹性模量最大顺河向应力包络图（单位：MPa）（一）

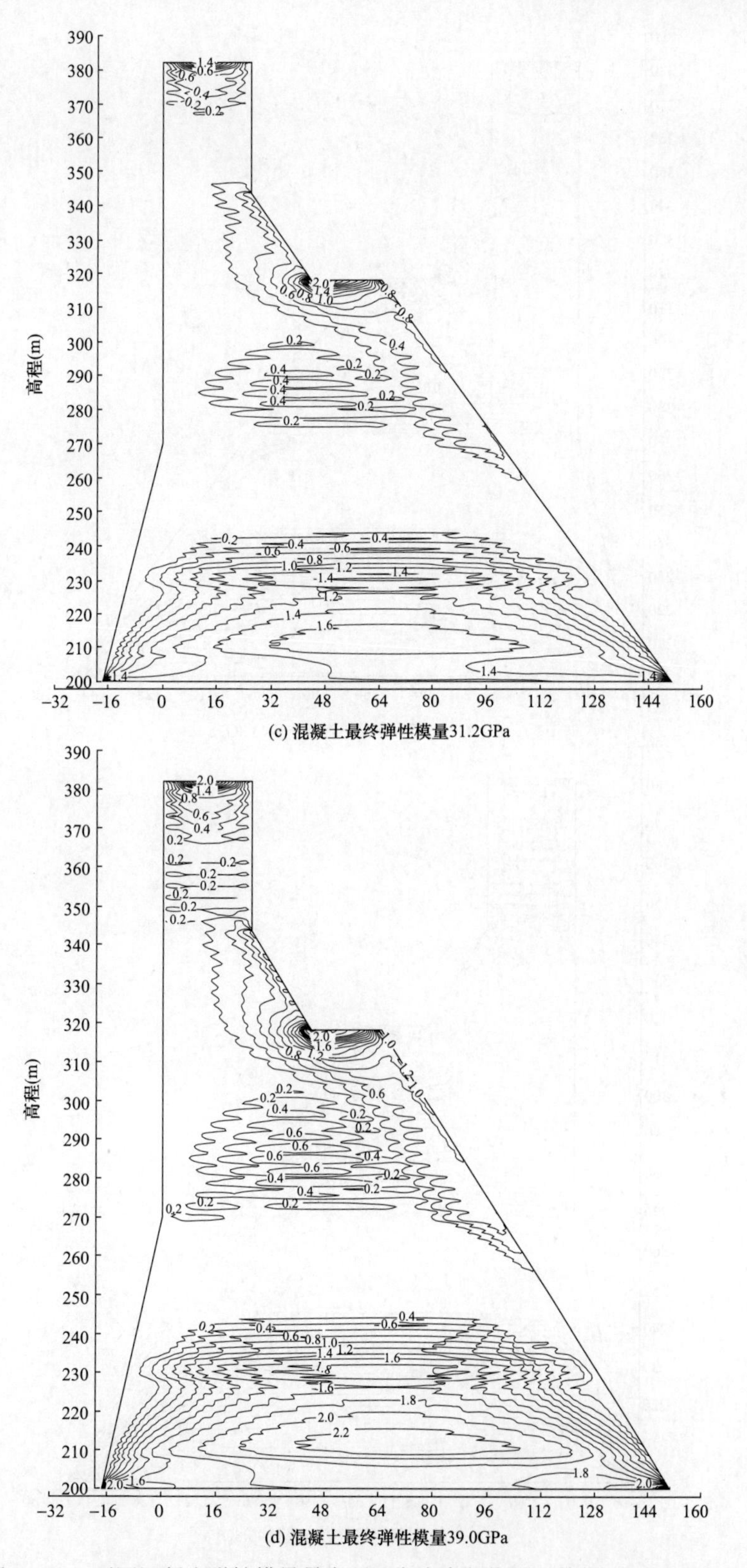

图8-71 不同混凝土弹性模量最大顺河向应力包络图（单位：MPa）（二）

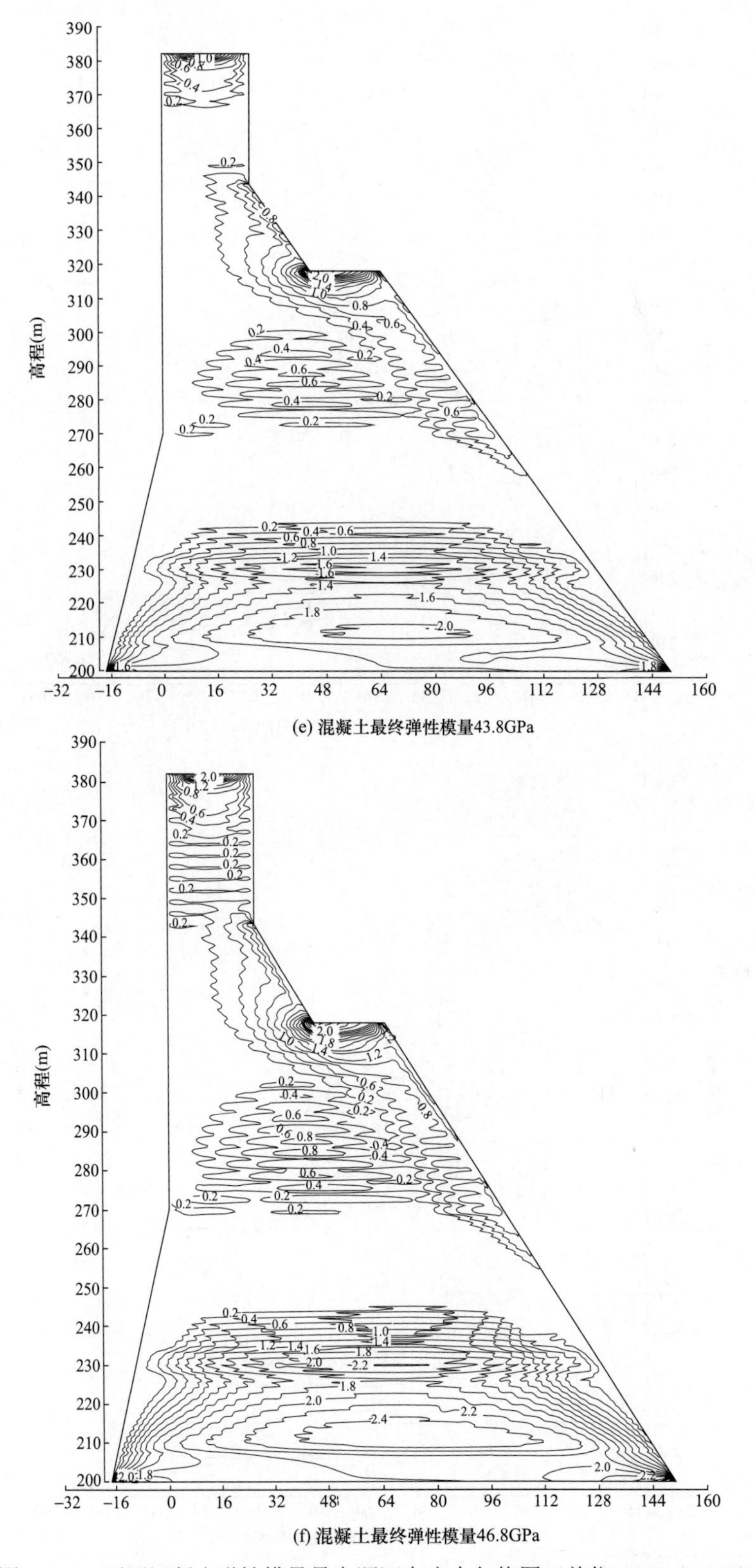

图 8-71　不同混凝土弹性模量最大顺河向应力包络图（单位：MPa）（三）

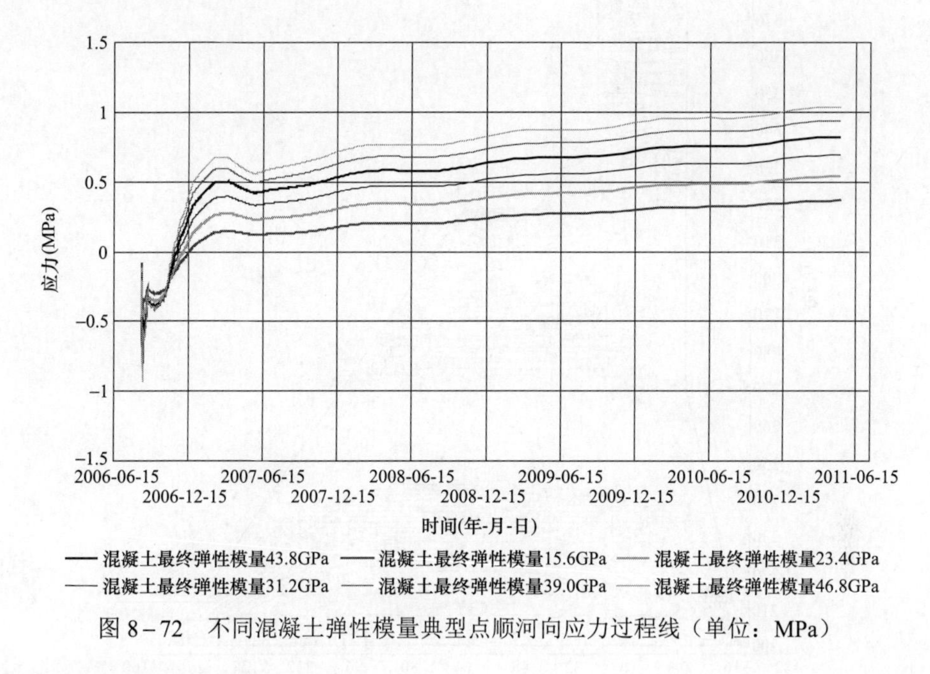

图 8－72　不同混凝土弹性模量典型点顺河向应力过程线（单位：MPa）

5. 混凝土徐变对温控标准的影响

混凝土徐变对温度应力有重要影响，徐变越大，温度应力越小，温控标准越松；反之，温度应力越大，温控标准越严。运用有限元仿真分析方法，研究不同混凝土徐变参数对温度应力及抗裂安全系数的影响。

计算工况与计算结果摘要如表 8－31 所示，4 种计算工况的最大应力包络图、最大应力值点应力过程线如图 8－73 及图 8－74 所示。可以看出，混凝土徐变对温度应力分布规律及其过程规律影响不大，但是对具体数值存在明显影响。以龙滩实际温控标准和材料参数为基准，当混凝土徐变取实际徐变 0.5 倍、1 倍、1.5 倍、2 倍时，基础区最大温度应力分别为 2.21MPa、2.06MPa、1.93MPa、1.81MPa，混凝土抗裂安全系数为 1.57、1.65、1.79、1.91。

表 8－31　　不同混凝土徐变对温度应力与抗裂安全系数的影响

工况号	混凝土徐变	基础区温度应力（MPa）	混凝土抗裂安全系数	备注
3.8－1	0.5 倍基准徐变	2.21	1.57	
3.8－2	1 倍基准徐变	2.06	1.65	基准工况
3.8－3	1.5 倍基准徐变	1.93	1.79	
3.8－4	2 倍基准徐变	1.81	1.91	

注　表中以龙滩实际温控标准和参数为基准工况。

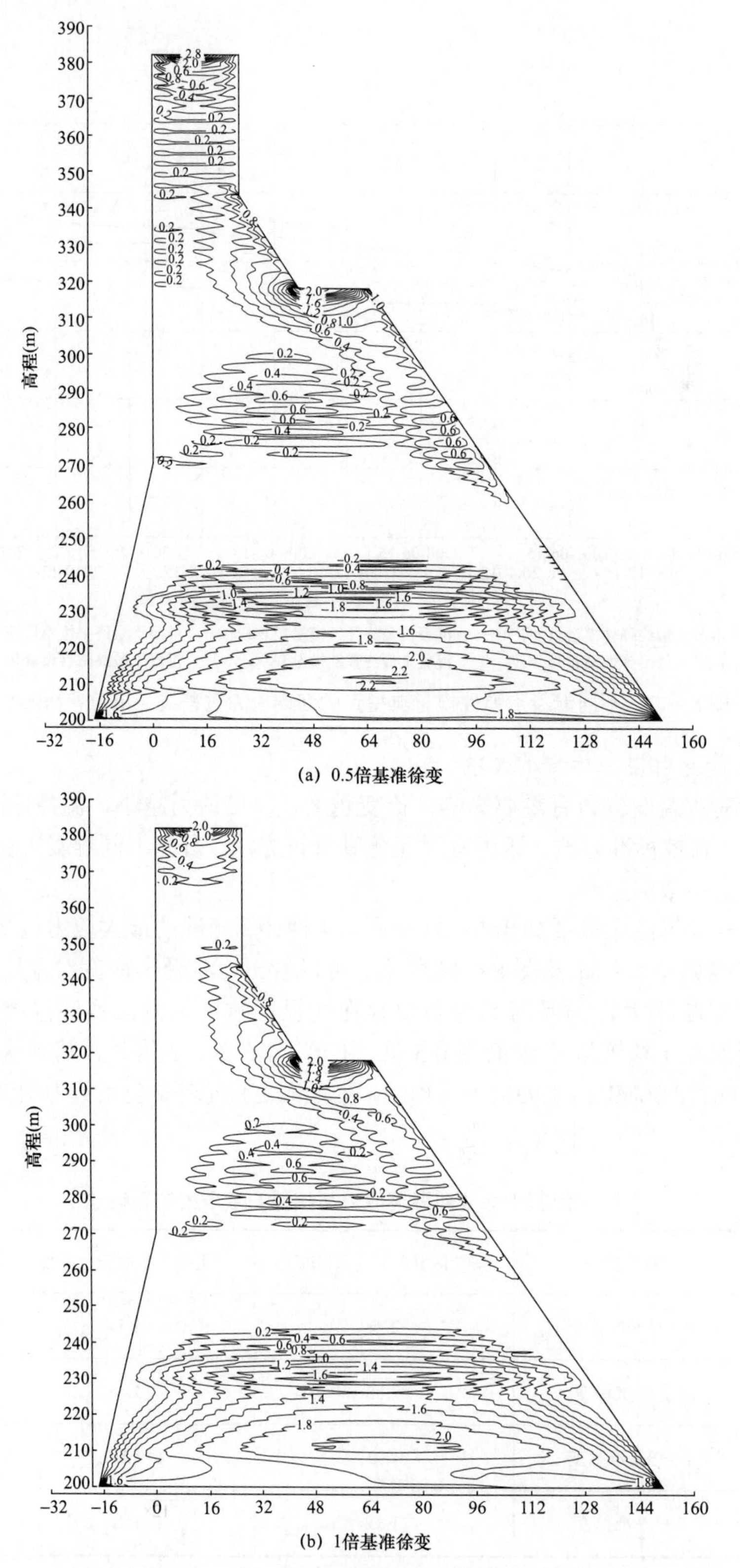

图 8-73　不同混凝土徐变最大顺河向应力包络图（单位：MPa）（一）

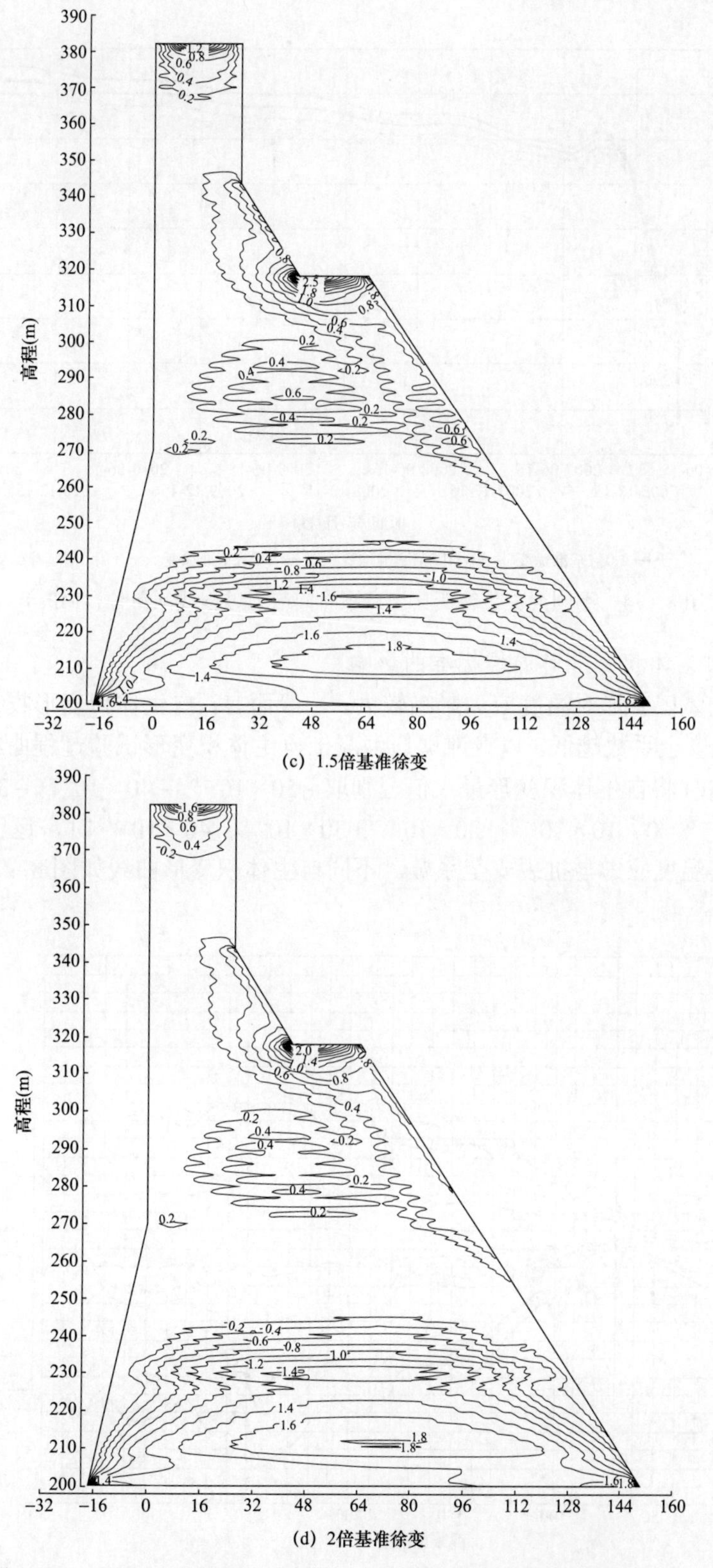

(c) 1.5倍基准徐变

(d) 2倍基准徐变

图 8－73　不同混凝土徐变最大顺河向应力包络图（单位：MPa）（二）

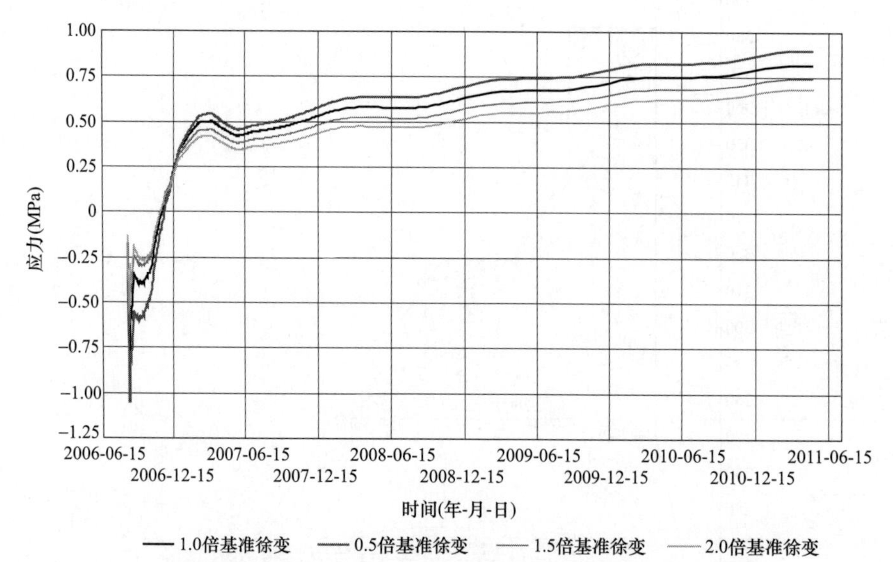

图 8－74　不同混凝土徐变典型点顺河向应力过程线（单位：MPa）

6. 混凝土自生体积变形对温控标准的影响

混凝土自生体积变形对温度应力影响较大，一般而言，自生体积变形收缩值越大，温度应力越大，抗裂安全系数越低。以龙滩碾压混凝土自生体积变形试验过程曲线为基准，同比变化为 10 种曲线，将自生体积变形最大值分别取 -50×10^{-6}、-40×10^{-6}、-30×10^{-6}、-20×10^{-6}、-10×10^{-6}、0、10×10^{-6}、20×10^{-6}、30×10^{-6}、40×10^{-6} 时，运用有限元仿真分析方法，计算其温度应力与抗裂安全系数。不同自生体积变形曲线如图 8－75 所示。

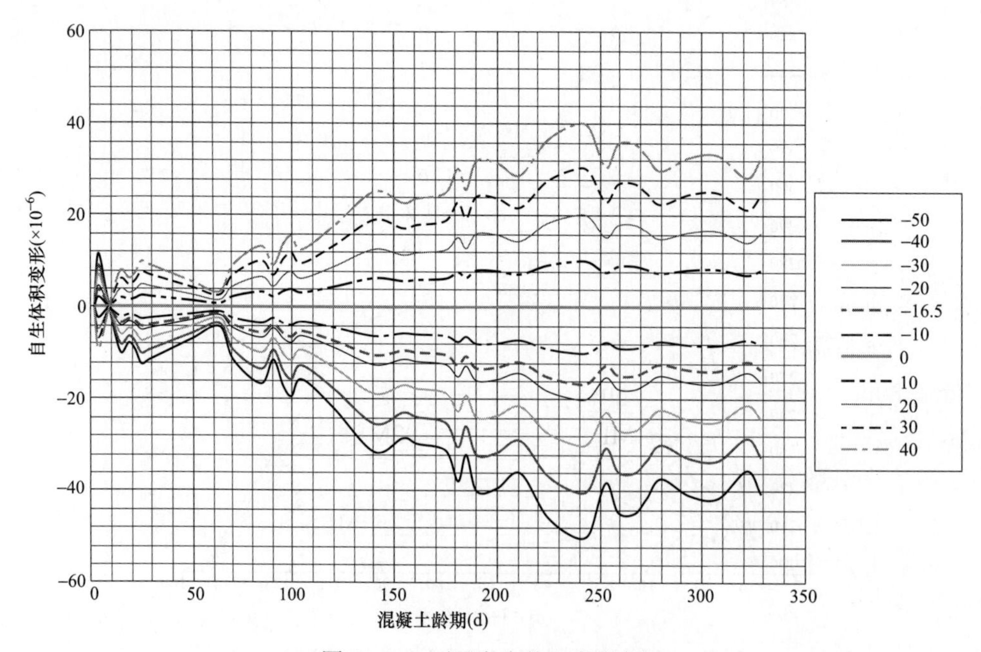

图 8－75　不同自生体积变形曲线

表 8－32 所示为不同自生体积变形对混凝土温度应力的影响，最大应力包络图、最大应力值点应力过程线如图 8－76 及图 8－77 所示。可以看出，混凝土自生体积变形对温度应力分布规律及其过程规律影响不大，但是对具体数值存在明显影响。当自生体积变形为-50×10^{-6}、-40×10^{-6}、-30×10^{-6}、-20×10^{-6}、-16.5×10^{-6}、-10×10^{-6}、0、10×10^{-6}、20×10^{-6}、30×10^{-6}、40×10^{-6}时，基础区混凝土最大温度应力分别为 2.54MPa、2.41MPa、2.28MPa、2.15MPa、2.06MPa、2.02MPa、1.89MPa、1.77MPa、1.64MPa、1.52MPa、1.39MPa，抗裂安全系数分别为 1.36、1.44、1.52、1.61、1.65、1.71、1.83、1.96、2.11、2.28、2.49，自生体积收缩变形与基础约束区温度应力最大值成线性关系。

表 8－32　　不同自生体积变形对混凝土温度应力的影响

工况号	自生体积变形最大值（$\times10^{-6}$）	基础区温度应力（MPa）	混凝土抗裂安全系数	备注
3.9－1	－50	2.54	1.36	
3.9－2	－40	2.41	1.44	
3.9－3	－30	2.28	1.52	
3.9－4	－20	2.15	1.61	
3.9－5	－16.5	2.06	1.65	基准工况
3.9－6	－10	2.02	1.71	
3.9－7	0	1.89	1.83	
3.9－8	10	1.77	1.96	
3.9－9	20	1.64	2.11	
3.9－10	30	1.52	2.28	
3.9－11	40	1.39	2.49	

7. 浇筑块长度对温控标准的影响

分缝对混凝土温度应力有较明显的释放作用，浇筑块越长，温度应力越大。运用有限元仿真分析方法，取不同混凝土浇筑块长，研究其对混凝土温度应力和抗裂安全系数的影响。

表 8－33 所示为不同浇筑块长对基础混凝土温度应力和抗裂安全系数的影响，由表 8－33 可知，以龙滩实际温控标准和材料参数为基准，浇筑块长为 10m、20m、30m、40m、50m、60m、70m、80m、100m、150m、168m 时，基础区最大温度应力分别为 1.24MPa、1.49MPa、1.63MPa、1.72MPa、1.79MPa、1.84MPa、1.88MPa、1.92MPa、1.97MPa、2.04MPa、2.06MPa，混凝土抗裂安全系数分别为 2.80、2.33、2.13、2.01、1.93、1.88、1.84、1.81、1.76、1.69、1.65。浇筑块长度由 10m 到 40m 时温度应力增加了 0.48MPa，浇筑块长度由 40m 增加到 100m 时温度应力增加了 0.25MPa，浇筑块长度由 100m 增加到 168m 时温度应力增加了 0.09MPa。

图 8－78 所示为不同浇筑块长与顺河向应力最大值的关系。

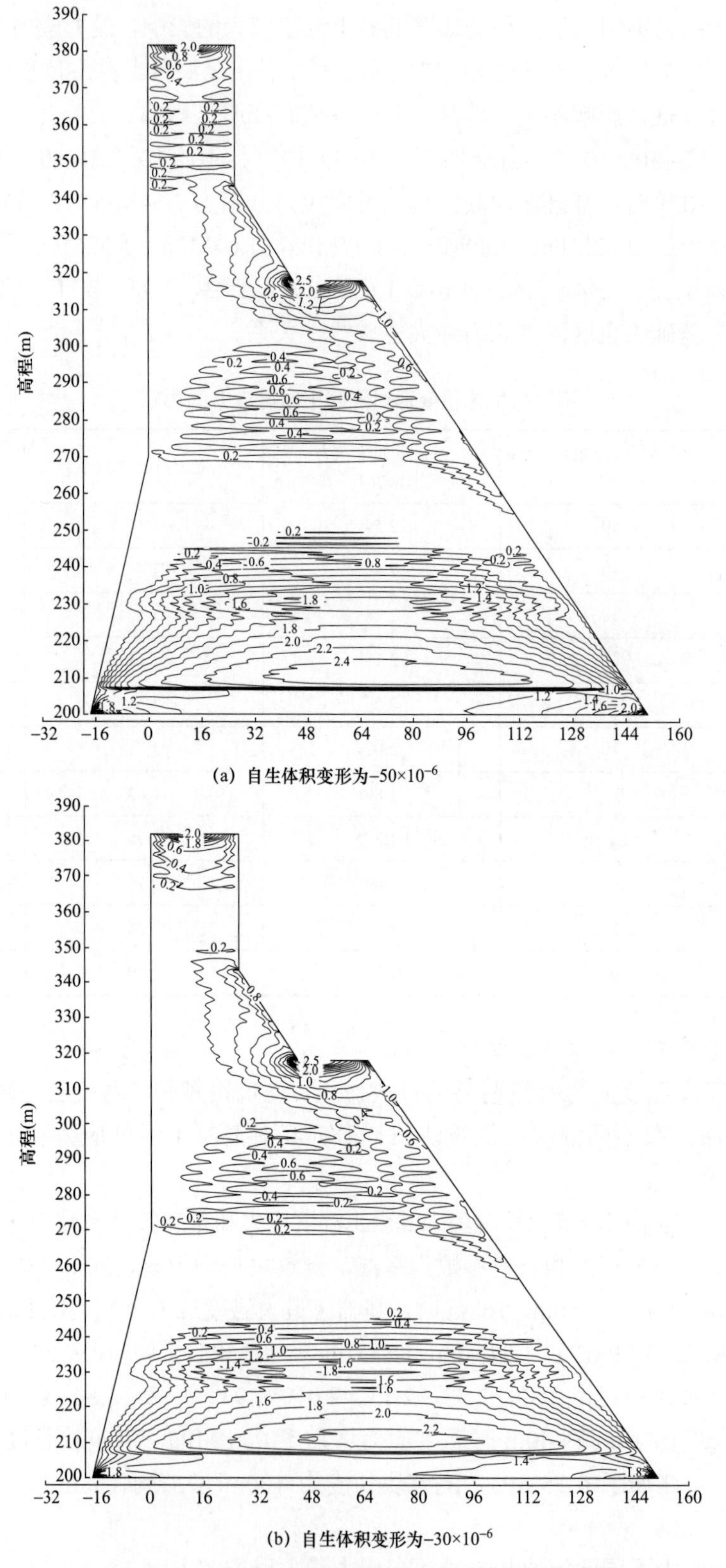

(a) 自生体积变形为-50×10^{-6}

(b) 自生体积变形为-30×10^{-6}

图 8-76 不同混凝土自生体积变形最大顺河向应力包络图（单位：MPa）（一）

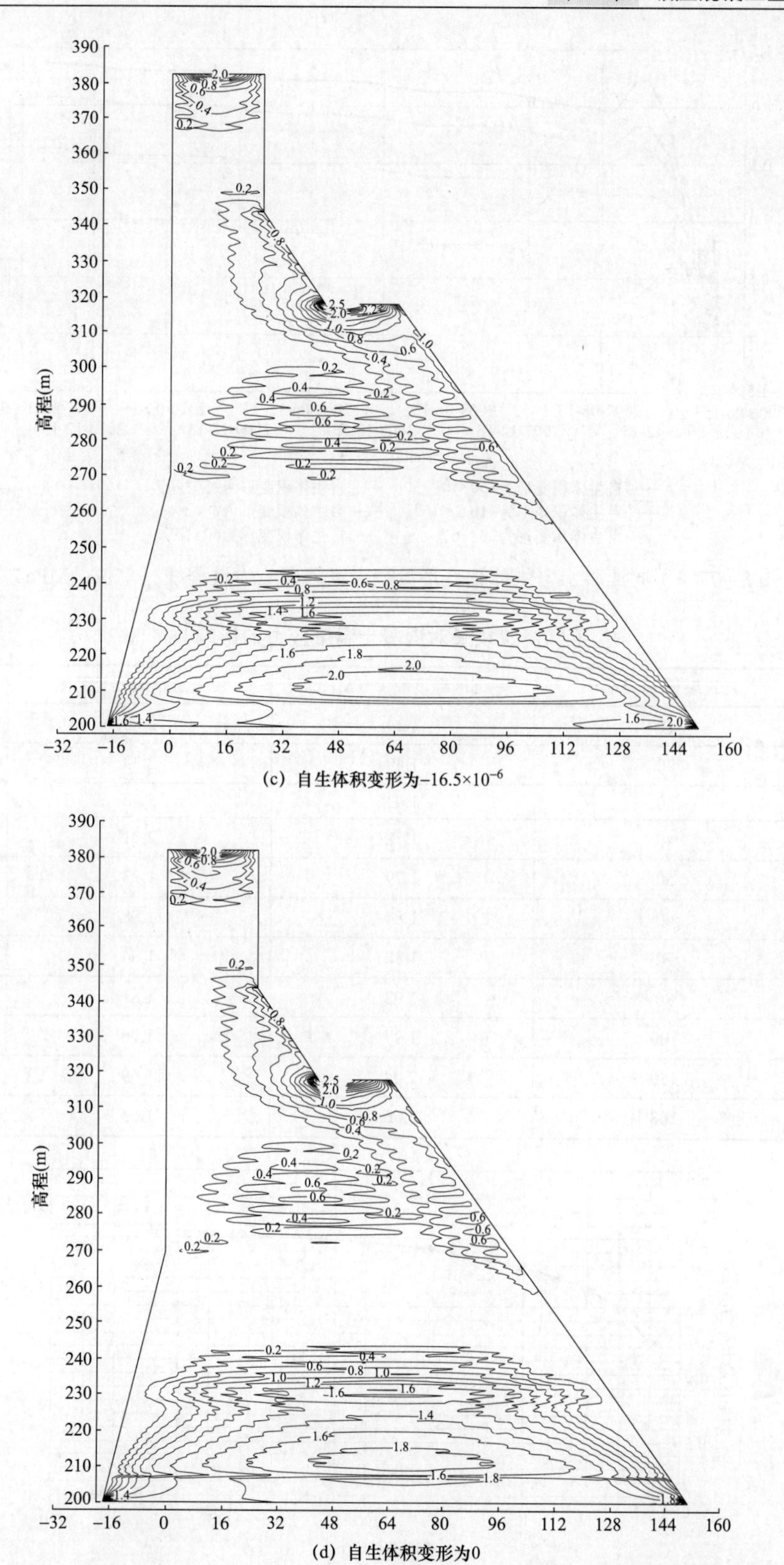

(c) 自生体积变形为-16.5×10^{-6}

(d) 自生体积变形为0

图 8-76 不同混凝土自生体积变形最大顺河向应力包络图（单位：MPa）（二）

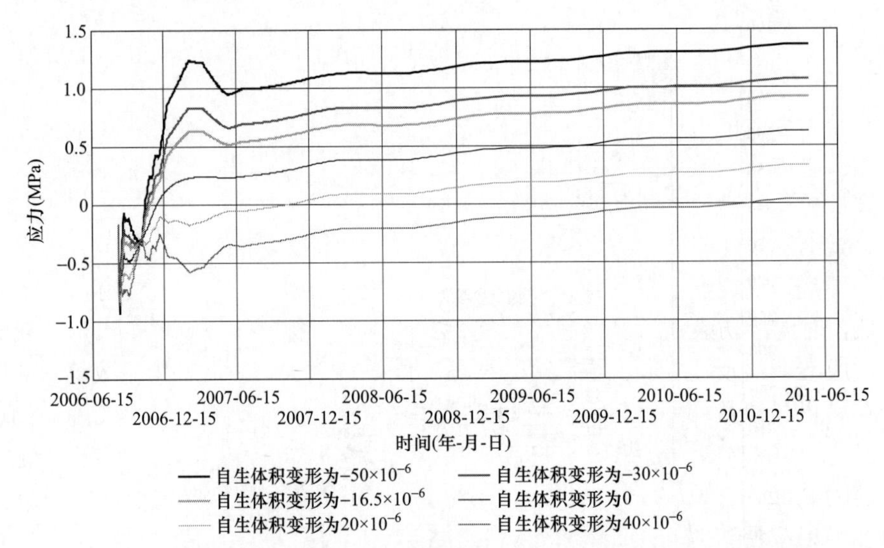

图 8-77　不同混凝土自生体积变形典型点顺河向应力过程线（单位：MPa）

表 8-33　　不同浇筑块长对混凝土温度应力的影响

工况号	浇筑块长度（m）	基础区温度应力（MPa）	混凝土抗裂安全系数	备注
3.11-1	10	1.24	2.80	
3.11-2	20	1.49	2.33	
3.113	30	1.63	2.13	
3.11-4	40	1.72	2.01	
3.11-5	50	1.79	1.93	
3.11-6	60	1.84	1.88	
3.11-7	70	1.88	1.84	
3.9-8	80	1.92	1.81	
3.9-9	100	1.97	1.76	
3.9-10	150	2.04	1.69	
3.9-11	168	2.06	1.65	基准工况

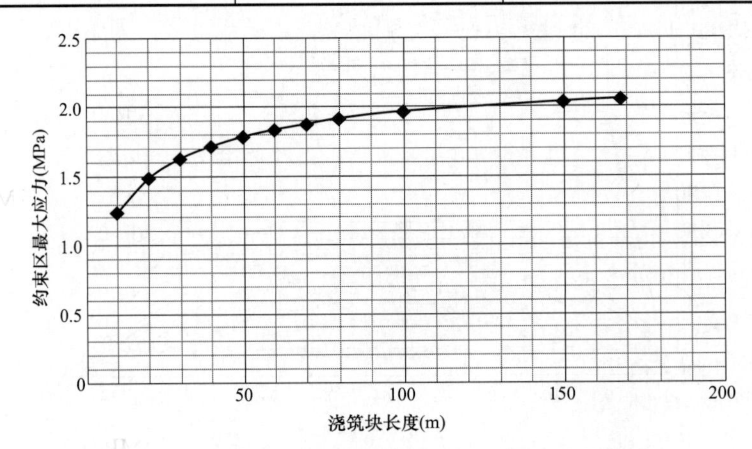

图 8-78　不同浇筑块长与顺河向应力最大值的关系

8. 小结

（1）极限拉伸值与混凝土的抗裂能力成正比，在相同的抗裂安全系数条件下，极限拉伸值越小，混凝土抗裂能力越差，基础温差控制标准就越严格；反之，极限拉伸值越大，对于基础温差的控制就可以相对宽松；另外，如果温控标准一定，极限拉伸值与混凝土的抗裂安全系数成线性关系，极限拉伸值越大，混凝土的抗裂安全系数就越大。

（2）混凝土的线膨胀系数与温度应力成正比，线膨胀系数越大，温度应力越大。在混凝土抗裂能力不变，抗裂安全系数一定的前提下，线胀系数越大，温度控制标准就越严格；线胀系数越低，对温控防裂越有利。另外，如果要保持温控标准不变，混凝土抗裂安全系数与线膨胀系数成双曲线反比关系。也就是说，线膨胀系数越大，抗裂安全系数越低。以龙滩实际温控标准和材料参数为基准，当线胀系数分别取 5×10^{-6}/℃、6×10^{-6}/℃、7×10^{-6}/℃、8×10^{-6}/℃、9×10^{-6}/℃、10×10^{-6}/℃、11×10^{-6}/℃时，如果温控标准和措施一定，抗裂安全系数分别为 2.22、1.89、1.65、1.46、1.31、1.19、1.09；如果保持安全系数不变，基础温差控制标准须相应调整为 22.4℃、18.7℃、16.0℃、14.0℃、12.4℃、11.2℃和 10.2℃。

（3）约束系数对基础温差的控制标准也会产生影响。而影响约束系数的主要因素之一，是基岩与混凝土弹性模量之比。在混凝土弹性模量不变的条件下，基岩弹性模量越低，对基础混凝土的约束作用越小，对混凝土抗裂安全越有利。以龙滩实际温控标准和材料参数为基准，当基岩与混凝土弹性模量之比分别为 1/8、1/4、1/2、0.89、1.0、1.5 时，基础区碾压混凝土最大拉应力分别为 1.49MPa、1.55MPa、1.84MPa、2.06MPa、2.09MPa、2.23MPa；如果保持温控标准不变，混凝土抗裂安全系数相应为 2.32、2.23、1.88、1.65、1.63、1.55；如果保持抗裂安全系数不变，温控标准就须作相应调整。

（4）在基岩弹性模量不变的条件下，降低混凝土弹性模量，会降低温度应力。但是与基岩弹性模量同比例降低的情况相比，仅仅降低混凝土的弹性模量，将会使约束系数变大。正如考虑基岩弹性模量不变而混凝土弹性模量降低的工况，由于约束系数的改变，温度应力并不会随混凝土弹性模量同比例降低；而抗裂安全系数是随混凝土弹性模量同比例降低的，因此，单独降低混凝土弹性模量，将会导致安全系数降低。以龙滩实际温控标准和材料参数为基准，在保持基岩弹性模量为 39GPa 的条件下，混凝土最终弹性模量分别取 46.8GPa、43.8GPa、39.0GPa、31.2GPa、23.4GPa、15.6GPa 时，基础区温度应力分别为 2.55MPa、2.33MPa、2.06MPa、1.75MPa、1.40MPa、0.99MPa，混凝土抗裂安全系数相应为 1.69、1.68、1.65、1.58、1.48、1.40。

（5）混凝土徐变对温度应力有重要影响，徐变越大，温度应力越小，温控标准可以放松；反之，温度应力越大，温控标准越严。以龙滩实际温控标准和材料参数为基准，当混凝土徐变分别取现有徐变的 0.5 倍、1 倍、1.5 倍、2 倍时，基础区温度应力分别为 2.21MPa、2.06MPa、1.93MPa、1.81MPa，混凝土抗裂安全系数相应为 1.57、1.65、1.79、1.91。

（6）混凝土自生体积变形对混凝土温度应力影响较大，一般而言，自生体积变形收缩值越大，温度应力越大，抗裂安全系数越低。以龙滩实际温控标准和材料参数为基准，当自生体积变形为 -50×10^{-6}、-40×10^{-6}、-30×10^{-6}、-20×10^{-6}、-16.5×10^{-6}、-10×10^{-6}、0、10×10^{-6}、20×10^{-6}、30×10^{-6}、40×10^{-6}时，基础区混凝土温度应力分别为 2.54MPa、2.41MPa、2.28MPa、2.15MPa、2.06MPa、2.02MPa、1.89MPa、1.77MPa、1.64MPa、1.52MPa、1.39MPa，抗裂安全系数分别为 1.36、1.44、1.52、1.61、1.65、1.71、1.83、1.96、2.11、2.28、

2.49，自生体积收缩变形与基础约束区温度应力最大值成线性关系。

（7）分缝对混凝土温度应力有较明显的释放作用，浇筑块越长，温度应力越大。以龙滩实际温控标准和材料参数为基准，当浇筑块长度分别为10m、20m、30m、40m、50m、60m、70m、80m、100m、150m、168m时，相应基础区温度应力分别为1.24MPa、1.49MPa、1.63MPa、1.72MPa、1.79MPa、1.84MPa、1.88MPa、1.92MPa、1.97MPa、2.04MPa、2.06MPa，混凝土抗裂安全系数分别为2.80、2.33、2.13、2.01、1.93、1.88、1.84、1.81、1.76、1.69、1.65。

8.6.1.3 应力控制标准

在碾压混凝土坝的温控防裂过程中，应力控制标准至关重要，标准过严则可能导致人员、材料和经济上的浪费，过松则会增加开裂风险，给大坝安全及稳定带来隐患。因此，如何合理恰当地制定应力控制标准显得尤为重要。

应力标准一般通过混凝土本身的抗拉强度等指标来制定，目前国内规范中通常采用的几个强度指标主要包括虚拟抗拉强度、轴向抗拉强度、劈裂抗拉强度等，这些强度是指采用室内湿筛试件进行试验后的强度，在这个强度的基础上除以一个按规范要求的抗裂安全系数获得的值作为应力控制标准，老混凝土重力坝设计规范中抗裂安全系数$k=1.3$～1.8，后来根据朱伯芳院士的建议，提高至1.5～2.0。这个安全系数是基于湿筛试件获取的一个标准值。而实际上，混凝土的真实抗裂能力指的是混凝土原型试验获取的强度指标，即全级配混凝土的强度指标。考虑全级配混凝土试验的难度和费用，目前国内规范仍采用湿筛试件的虚拟抗拉强度、轴向抗拉强度或劈裂抗拉强度作为评判标准。

因此，关于应力强度标准，如何合理地用试验参数来反映混凝土的抗裂能力，倒底哪个强度指标能更好地反映混凝土的真实抗裂能力，实际工程应按哪个标准来进行控制，制定相关标准，需要进一步探讨。首先针对混凝土真实安全系数（真实抗裂能力）进行讨论，在此基础上确定制定相关标准的原则与依据。

1. 混凝土坝抗裂安全系数

目前混凝土坝抗裂安全系数偏低导致实际工程中出现大量裂缝，影响坝的安全性和耐久性，建议适当提高抗裂安全系数。防止裂缝是混凝土坝设计和施工中的一个重要问题。目前混凝土坝抗裂采用下列公式计算允许拉应力和允许温差，即

$$\sigma \leqslant \frac{E\varepsilon_{p}}{K_{1}} \tag{8-125}$$

式中　σ——允许拉应力；

E——弹性模量；

ε_{p}——极限拉伸；

K_1——安全系数。

式（8-125）直接决定混凝土允许温差，是混凝土坝设计和施工中的一个重要公式，此式存在两个问题：第一，目前设计规范中采用的安全系数$K_1=1.3$～1.8，数值太小，是混凝土坝产生大量裂缝的根本原因。第二，混凝土拉伸变形较小，量测精度较低，而极限拉伸试验中量测方法又不够规范，同一种混凝土由不同单位或同一单位用不同方法求得的极限拉伸往往相差较远，因而给允许温差的确定带来一定的困难。

抗裂计算也可采用下列公式，即

$$\sigma \leqslant \frac{R_t}{K_2} \tag{8-126}$$

式中　R_t——混凝土轴向抗拉强度；

K_2——安全系数。

混凝土抗拉强度试验结果比较稳定，式（8－126）用于抗裂计算更为合适。但目前我国所有规范都采用式（8－125）进行抗裂计算，如改用式（8－126），还缺乏安全系数 K_2 的数值。

首先论述适当提高抗裂安全系数的必要性和抗裂计算改用式（8－126）的合理性，然后提出一套完整的决定混凝土坝抗裂安全系数的理论和方法，使抗裂安全系数的决定趋于科学化，最后提出校核水平施工缝抗裂安全性的必要性和方法。

2. 两种抗裂计算公式的比较

（1）两种计算模式。图 8－79 表示了两种简化的计算模型，图 8－79（a）所示为串联模型，各单元中的应力为 $\sigma_1=\sigma_2=\sigma_3=\sigma$，这种模型的破坏应采用抗拉强度准则，当 $\sigma=R_t$ 时，单元破坏。图 8－79（b）所示为并联模型，各单元中的应变为 $\varepsilon_1=\varepsilon_2=\varepsilon_3=\varepsilon$，这种模型的破坏应采用拉应变准则，当 $\varepsilon=\varepsilon_p$ 时，单元破坏。实际的混凝土结构比较复杂，内部结构和应力都不是均匀的，当某部分进入非线性范围后，应力就会重新分布。从细观上看，在受力之前，混凝土内部已存在着微细裂缝，混凝土的破坏实际上是微细裂缝不断扩展的结果。

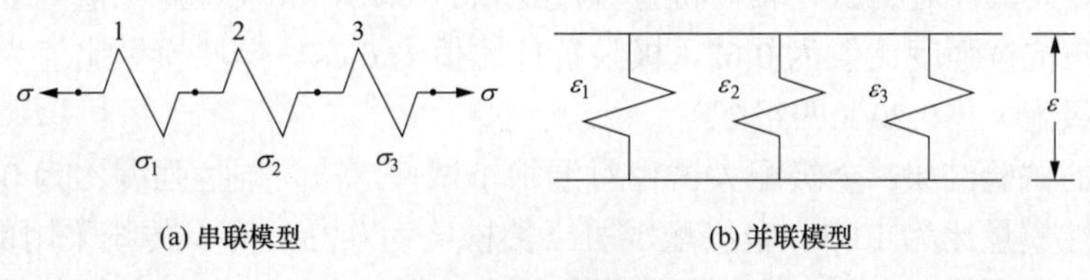

图 8－79　计算模型

（2）混凝土断裂时的极限拉伸。为了求出混凝土受拉的荷载－应变全曲线，需要采用刚性试验机，但刚性试验机十分昂贵，而且求得的曲线包括产生裂缝后的拉伸变形，数值偏大，不能直接用于工程设计与施工，因此目前实际工程中还是采用普通试验机进行混凝土的极限拉伸试验。从开始加荷到破坏，混凝土 $\sigma-\varepsilon$ 关系如图 8－80 中 OA 曲线，由于试件突然断裂时常易损坏量测仪器，为避免仪器损坏，实际进行试验时通常在应力达到约 0.9 倍抗拉强度时即卸下仪器，剩下的一段 $\sigma-\varepsilon$ 曲线只能人工延长，从而引起误差。

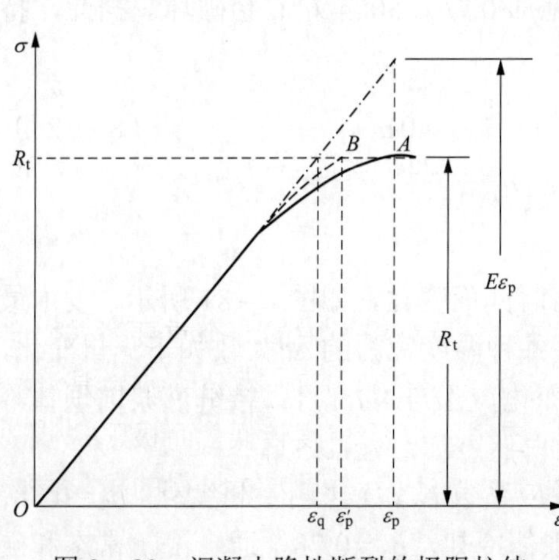

图 8－80　混凝土脆性断裂的极限拉伸

由图 8－80 可知，拉伸试验中，应力应变曲线 OA 是向下弯曲的，因此应有 $E\varepsilon_p > R_t$，但某些混凝土坝的拉伸试验中，大量出现 $E\varepsilon_p < R_t$ 的试验结果，表明极限拉伸测值误差较大。

（3）抗拉强度 R_t 与 $E\varepsilon_p$ 的比值 s。

为了保持大致相同的安全度，由式（8－125）、式（8－126）可知

$$\frac{K_2}{K_1}=\frac{R_t}{E\varepsilon_p}=s \tag{8-127}$$

表 8－34 中列出了三峡等几个工程的混凝土试验结果，其中单位 C 有很多 $s>1.0$ 的结果，显然是不合理的，表明所用试验方法可能有问题。从表 8－34 可见，比值 s 大多在 0.75～0.95 之间，剔去大于 1.0 的数值后，总平均 $s=0.84$（A 为中国水利水电科学研究院陈改新、纪国晋等试验结果，B、C 为另外两个科研单位的结果），如考虑单位 C 的成果偏大，剔去该单位成果后总平均 $s=0.820$。图 8－80 中 $\varepsilon_q=R_t/E$ 为虚拟极限拉伸，表示应力应变关系直线延伸达到抗拉强度时的拉伸变形；$R_q=E\varepsilon_p$ 为虚拟抗拉强度，表示应力应变关系直线延伸达到极限拉伸时的应力，显然，$\varepsilon_q=s\varepsilon_p$。

3. 原型混凝土与室内试件抗拉性能的差别

（1）试件尺寸和湿筛影响系数 b_1。式（8－125）、式（8－126）中的极限拉伸和抗拉强度是由室内试验求得的，DL/T 5150《水工混凝土试验规程》规定轴向抗拉强度和极限拉伸用 10cm×10cm 横断面的试件（骨料最大粒径 3cm）测得，而坝体断面很大，最大骨料粒径为 8～15cm，其抗拉强度和极限拉伸与室内试验有较大差别，影响因素为尺寸效应和湿筛影响。

杨成球给出了全级配大试件与湿筛小试件轴向抗拉性能的试验结果，见表 8－35，对于三级配混凝土，大试件对小试件轴向抗拉强度比值为 0.73，极限拉伸比值为 0.70；对于四级配混凝土，轴向抗拉强度比值为 0.62，极限拉伸比值为 0.64。弹性模量比值为 1.15，徐变比值为 0.80（三级配）～0.70（四级配）。

李金玉等的试验结果：全级配大试件对湿筛小试件，轴向抗拉强度比为 0.60，极限拉伸比为 0.57，弹性模量比为 1.05。全级配混凝土泊松比为 0.23，高于传统采用的 0.167。

（2）时间效应系数 b_2。加荷速率对混凝土强度有重要影响，室内静态试验中，试件是在 1～2min 内破坏的，在地震或冲击荷载作用下，加荷速率较快，混凝土强度较高；相反，实际工程中，水压、自重和温度的加荷速率较慢，荷载作用时间较长，混凝土强度比室内标准试验结果为低。目前缺乏加荷速率对抗拉强度影响的试验资料。持荷时间对混凝土抗压强度的影响如下：同样的混凝土试件，如果用常规速度加荷，承受荷载为 P，那么施加 $0.9P$，到 1h 左右会破坏；施加 $0.77P$，一年左右会破坏；施加 $0.7P$，30 年左右会破坏。据此，持荷时间对强度的影响，也可近似表示为

$$p=0.67+0.33\exp(-0.60t^{0.160})，\quad t\geqslant 0.01d \tag{8-128}$$

式中 p——持荷时间 t 的强度与标准试验速率下强度的比值；

t——持荷时间，d。

由于温度场变化和徐变作用，坝内温度应力随着时间而变化，如图 8－81 所示，设由最大温度应力 σ_{max} 下降到 $0.8\sigma_{max}$ 所经历的时间为 Δt，各种温度应力的 Δt 大致如下：日变化，$\Delta t=3.5$h；寒潮，$\Delta t=0.5Q$（Q——降温历时）；年变化，$\Delta t=1.75$ 月；接缝灌浆前坝体冷却，$\Delta t=50$d；通仓浇筑常态和碾压混凝土重力坝的自然冷却，$\Delta t\geqslant 5$ 年。

由式（8－128），可知各种温度应力的特荷时间效应系数 b_2 大致如下：日变化，$b_2=0.88$；历时 3d 的寒潮，$b_2=0.80$；年变化及接缝灌浆前的坝体冷却，$b_2=0.78$；通仓浇筑常态和碾压混凝土重力坝的自然冷却，$b_2=0.70$。

表 8-34 比值 $s=R_t/E\varepsilon_p$

工程	试验单位	混凝土	编号	弹性模量 E（×10^4MPa）				极限拉伸 ε_p（×10^6）				轴向抗拉强度 R_t（MPa）				$s=R_t/E\varepsilon_p$					备注
				7d	28d	90d	180d	7d	28d	90d	180d	7d	28d	90d	180d	7d	28d	90d	180d	平均	平均
龙滩	A	常态	C1	3.70	3.98	4.23	4.34	78	98	107	112	2.34	3.21	3.89	4.30	0.811	0.823	0.859	0.885	0.845	0.871
		碾压	R1	2.91	3.84	4.37	4.62	49	63	84	98	1.31	2.08	3.14	3.92	0.919	0.860	0.851	0.865	0.874	
			R2	2.43	3.39	4.24	4.34	37	67	91	96	0.97	2.12	3.31	3.62	1.078	0.933	0.858	0.869	0.887	
			R3	3.16	3.81	4.72	4.81	51	68	90	92	1.50	2.38	3.42	3.77	0.931	0.919	0.805	0.852	0.877	
	B	常态	C1	2.74	3.74	3.82	—	70	79	92	—	2.05	2.77	3.44	—	1.07	0.938	0.978	—	0.958	0.860
		碾压	R1	3.28	4.07	4.54	4.55	56	65	74	83	1.62	2.47	3.21	3.64	0.882	0.934	0.955	0.964	0.934	
			R2	3.17	4.35	4.39	4.40	49	—	66	79	1.11	—	2.14	3.34	0.714	—	0.739	0.737	0.730	
			R3	2.86	3.61	—	3.67	34	38	51	74	0.67	1.21	2.04	3.15	0.689	0.882	—	1.16	0.786	
			R4	3.44	4.30	4.36	4.51	44	53	65	83	1.25	1.83	2.75	3.64	0.826	0.803	0.970	0.972	0.893	
小湾	A	常态	R400	2.32	2.66	2.98	3.10	106	123	134	143	1.95	2.49	3.07	3.53	0.793	0.761	0.769	0.769	0.780	0.777
			R350	2.22	2.55	2.97	—	106	114	125	141	1.94	2.30	2.85	—	0.824	0.791	0.768	—	0.794	
			R300	2.09	2.75	3.12	3.23	98	120	126	139	1.63	2.27	2.93	3.48	0.796	0.688	0.745	0.775	0.751	
			R250	2.19	2.65	3.02	3.19	110	113	124	129	1.89	2.33	2.88	3.25	0.785	0.778	0.769	0.790	0.781	
	C	常态	R400	2.00	2.3	2.8	3.1	80	88	95	105	1.5	2.1	2.8	3.3	0.938	1.037	1.053	1.013	0.938	0.937
			R350	1.9	2.2	2.7	3.0	75	87	92	98	1.3	1.8	2.6	3.1	0.912	0.940	1.047	1.054	0.988	
			R300	1.8	2.1	2.6	2.9	72	85	90	95	1.0	1.6	2.3	2.8	0.772	0.896	0.983	1.016	0.884	
三峡	A	常态	R150	2.04	2.52	2.95	—	67	73	96	—	0.95	1.34	2.11	—	0.695	0.728	0.745	—	0.723	0.769
			R250	2.26	2.97	3.19	—	83	94	111	—	1.51	1.94	3.23	—	0.805	0.695	0.912	—	0.804	
			R200	2.19	2.68	3.08	—	69	92	109	—	1.32	1.95	2.90	—	0.874	0.791	0.864	—	0.843	
			R200	2.31	2.83	3.04	—	75	86	90	—	1.20	1.75	2.77	—	0.693	0.719	1.012	—	0.706	
	A	碾压	F40%	2.53	3.05	3.52	—	52	62	82	—	1.02	1.56	2.39	—	0.775	0.825	0.828	—	0.809	0.821
			F50%	2.47	3.28	3.43	—	43	58	75	—	0.83	1.42	2.18	—	0.781	0.746	0.847	—	0.791	
			F60%	2.25	2.90	3.59	—	38	53	65	—	0.76	1.29	2.01	—	0.889	0.839	0.861	—	0.863	

表 8-35　　全级配混凝土大试件与湿筛小试件拉伸性能比较

混凝土品种	骨料最大粒径（cm）	水胶比	轴向抗拉强度（MPa）			极限拉伸（10^{-6}）			拉伸弹性模量（GPa）		
			（10×10×60）cm	ϕ45×90cm	比值	（10×10×60）cm	ϕ45×90cm	比值	（10×10×60）cm	ϕ45×90cm	比值
碾压	8.0	0.52	1.31	0.96	0.73	45	34	0.76	34.6	36.9	1.07
		0.49	1.76	1.32	0.75	66	43	0.65	38.2	39.3	1.03
常态	8.0	0.66	1.69	1.18	0.70	54	33	0.61	34.7	41.5	1.19
		0.63	2.28	1.58	0.69	68	50	0.74	38.6	4.29	1.11
		0.59	2.49	1.97	0.79	72	54	0.75	39.2	45.2	1.15
	15.0	0.62	1.97	1.16	0.59	60	38	0.63	38.3	42.9	1.12
		0.59	2.19	1.42	0.65	66	43	0.65	39.2	45.9	1.17

4. 抗裂安全系数的合理取值

（1）理论抗裂安全系数。

原型混凝土抗拉强度表示为

$$\bar{R}_t = R_t b_1 b_2 \tag{8-129}$$

式中　$\bar{R}_t$——原型混凝土抗拉强度；

R_t——按“水工混凝土试验规程”求出的混凝土轴向抗拉强度；

b_1——试件尺寸及湿筛影响系数；

b_2——持荷时间效应系数。

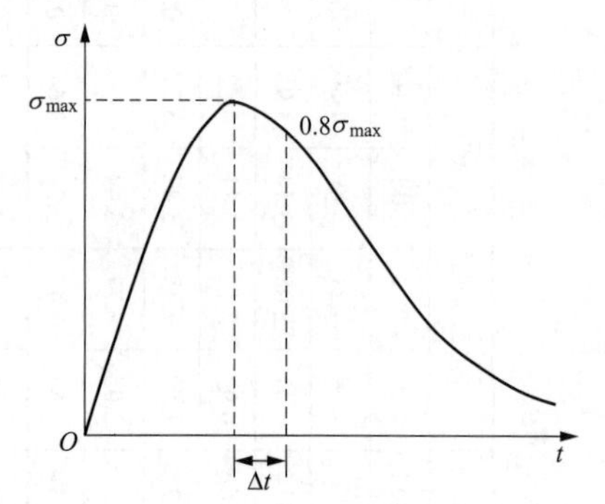

图 8-81　温度应力的变化

混凝土的拉应力应不大于原型抗拉强度，即

$$\sigma \leqslant b_1 b_2 R_t = R_t / K_{20} \tag{8-130}$$

$$K_{20} = 1/(b_1 b_2) \tag{8-131}$$

K_{20} 为理论抗拉安全系数，表 8-36 给出了一个例子，由表可见理论抗拉安全系数为 1.56～2.30，数值是比较大的。

表 8-36　　理论抗裂安全系数 $K_{20}=1/(b_1b_2)$

骨料最大粒径（mm）			80	150
试件尺寸及湿筛影响系数 b_1			0.73	0.62
时间效应系数 b_2	日变化	0.88	1.56	1.83
	寒潮（3d）	0.80	1.71	2.01
	年变化及灌缝前冷却	0.78	1.76	2.07
	通仓浇筑自然冷却	0.70	1.96	2.30
忽略时间效应		1.00	1.37	1.61

（2）实用混凝土抗裂安全系数。我国混凝土重力坝和拱坝设计规范要求抗压安全系数 K=4.0；一方面，抗压安全系数十分重要，如果混凝土压坏，大坝可能溃决；另一方面，混凝土抗压强度较高，取安全系数 4.0，工程上没有什么困难，适当地选择水灰比，很容易满

足要求。

如果混凝土抗拉安全系数也取为 4.0，当然实际工程中就不会出现裂缝了，但由于混凝土的抗拉强度只有抗压强度的 0.08～0.10 倍，如取安全系数 4.0，允许温差数值将非常小，实际上很难做到；另外，坝内出现裂缝，虽然对坝的安全性和耐久性有相当大的影响，但经过适当处理后，一般还不至于引起坝的溃决。因此，目前设计和施工规范中采用的抗拉安全系数比 4.0 要低得多。

设计规范中采用抗裂安全系数 $K_1 = 1.3 \sim 1.8$ 数值太小，如前所述，由于试件尺寸和湿筛的影响，实际工程中混凝土极限拉伸只有室内试验值的 0.60～0.70 倍，加上时间效应，如采用 $K_1 = 1.3 \sim 1.5$，实际安全系数 K_1 只有 0.6～0.8，安全系数这么小是目前大体积混凝土产生较多裂缝的根本原因。

SDJ 21—78《混凝土重力坝设计规范》是在 20 世纪 70 年代制定的，当时我国混凝土温度控制水平较低，如予冷骨料还很少采用，表面保温主要靠草袋，效果很差，由于客观条件的制约，安全系数偏低，目前我国温度控制水平已显著提高，预冷骨料技术已趋成熟，塑料工业迅速发展的结果，表面保温普遍采用泡沫塑料，效果好，成本低。目前已有条件适当提高混凝土抗裂的安全系数。理论抗裂安全系数 $K_{20} = 1/(b_1 b_2)$ 是根据混凝土力学性能计算的，工程实用抗裂安全系数应考虑更多的因素，中国水利水电科学研究院提出一套计算方法。

令混凝土的设计拉应力为

$$\sigma_{dt} = \sigma_t a_1 a_2 a_3 a_4 a_5 \tag{8-132}$$

式中　σ_{dt}——设计拉应力；

σ_t——计算拉应力；

a_1——建筑物重要性系数，对于Ⅰ、Ⅱ、Ⅲ等级建筑物，分别取 1.1、1.0、0.9；

a_2——拉应力所在部位的重要性系数，基础约束区内部和表面及上游坝面取 1.0，约束区外的侧面取 0.9，下游表面取 0.8；

a_3——超载系数，考虑气温及寒潮变幅超过计算值、绝热温升试验 28d 时间偏短带来的误差等，取 1.05～1.10；

a_4——变形后龄期系数，通常弹性模量和徐变加荷龄期只有 180d，据此推算的后期弹性模量偏小，徐变偏大，a_4 为考虑这些因素，早期 $\tau \leqslant 1$ 年，$a_4 = 1.0$，后期 $\tau \geqslant 3$ 年，$a_4 = 1.1 \sim 1.2$；

a_5——校正系数，考虑大量实际工程经验及工程实施的可行性，建议 $a_5 = 0.70 \sim 1.00$。

混凝土可用抗拉强度为

$$f_t = b_1 b_2 b_3 R_t \tag{8-133}$$

式中　f_t——可用抗拉强度；

b_1——试件尺寸及湿筛影响系数；

b_2——时间效应系数；

b_3——强度后龄期系数，通常强度试验只做到 180d，据此估算的后期强度一般偏低，通仓浇筑重力坝天然冷却主要发生在 5 年以后，大量坝内钻孔取芯试验结果表明，20 年后强度仍在缓慢增长，掺用粉煤较多的混凝土可能后期增长更多一些，当 $\tau \leqslant 1$ 年，取 $b_3 = 1.0$；当 $\tau \geqslant 3$ 年，取 $b_3 = 1.2 \sim 1.3$。

由$\sigma_{dt} \leqslant f_t$，可得抗裂安全系数为

$$K_2 = \frac{a_1 a_2 a_3 a_4 a_5}{b_1 b_2 b_3} \tag{8-134}$$

算例：取超载系数$a_3=1.05$；校正系数$a_5=0.80$；对Ⅰ、Ⅱ、Ⅲ等级建筑物，$a_1=1.1$、1.0、0.9；a_2、b_1、b_2及b_3/a_4及计算的抗拉安全系数K_2见表8-37。

表8-37　　实用抗拉安全系数K_2算例

骨料最大粒径及尺寸和湿筛系数b_1					150mm（$b_1=0.62$）			80mm（$b_1=0.73$）		
应力类型及部位		a_2	b_2	b_3/a_4	Ⅰ等	Ⅱ等	Ⅲ等	Ⅰ等	Ⅱ等	Ⅲ等
基础约束应力	柱状块	1.0	0.78	1.0	1.91	1.74	1.56	1.62	1.47	1.32
	通仓浇筑	1.0	0.70	1.1	1.93	1.76	1.58	1.64	1.49	1.34
上游表面及基础约束区表面应力	日变化	1.0	0.88	1.0	1.69	1.54	1.39	1.44	1.31	1.18
	寒潮（3d）	1.0	0.80	1.0	1.86	1.69	1.52	1.58	1.44	1.29
	年变化	1.0	0.78	1.0	1.91	1.74	1.57	1.62	1.48	1.33
约束区外的侧面、顶面	日变化	0.9	0.88	1.0	1.52	1.39	1.25	1.29	1.18	1.06
	寒潮（3d）	0.9	0.80	1.0	1.68	1.52	1.37	1.43	1.29	1.16
	年变化	0.9	0.78	1.0	1.72	1.56	1.41	1.46	1.33	1.20
下游表面应力	日变化	0.8	0.88	1.0	1.36	1.23	1.11	1.16	0.94	0.94
	寒潮（3d）	0.8	0.80	1.0	1.49	1.36	1.22	1.27	1.15	1.04
	年变化	0.8	0.78	1.0	1.53	1.39	1.25	1.30	1.18	1.06

（3）初步设计中的抗裂安全系数。在初步设计中，建议采用抗裂安全系数如下：

按式（8-125）计算：$K_1=1.6\sim2.2$；

按式（8-126）计算：$K_2=1.4\sim1.9$。

与采用$K_1=1.3\sim1.8$相比，上述安全系数已有较大提高，据实践经验，采用上述安全系数已可使裂缝大为减少，而相应的温度控制措施在实际工程中也可实现，在目前条件下兼顾了需要与可能两个方面。根据中国水利水电科学研究院适当提高抗裂安全系数的建议，新编的水利行业混凝土重力坝设计规范采用$K_1=1.5\sim2.0$。从发展来看，今后应逐步过渡到采用式（8-126）进行抗裂计算并由式（8-134）决定安全系数K_2。采用式（8-126）进行抗裂计算有两大好处：第一，抗拉强度试验结果较稳定；第二，施工中不进行极限拉伸测验，只进行抗拉强度测验，采用式（8-126）可知道施工中实际抗拉强度与设计采用值的差别，必要时可调整温控措施。

5. 水平施工缝面上的允许拉应力

实际工程中，在坝体上下游表面存在着很多水平裂缝，一般是沿水平施工缝拉开的，水平施工缝面的抗拉强度较低，不可能达到$E\varepsilon_p$，缝面上的允许拉应力应按中国水利水电科学研究院提出的公式计算，即

$$\sigma_y = \frac{rR_t}{K_2} \tag{8-135}$$

式中　σ_y——铅直方向拉应力；

R_t——轴向抗拉强度；

r——折减系数，经验表明，$r_1=0.5\sim0.7$。

8.6.1.4　基础温差控制标准

温度控制标准是大坝施工温度控制的主要内容之一，目前的温度控制标准主要是基础温差，基础温差一般指基础约束范围以内混凝土最高温度与稳定温度之差。DL/T 5005—92《碾压混凝土坝设计导则》及 SL 314—2004《碾压混凝土坝设计规范》均未对基础温差给出建议值，而是要求采用有限元法对坝体温度场、温度应力进行分析，并在此基础上提出温控标准及温控措施。DL 5018—1999《混凝土重力坝设计规范》及 NB/T 35026—2014《混凝土重力坝设计规范》中有关碾压混凝土温控标准均规定为：当碾压混凝土 28d 龄期极限拉伸值不低于 0.70×10^{-4}，基岩变形模量与混凝土弹性模量相近、薄层连续升高时，其碾压混凝土坝基础允许温差可采用表 8－38 中规定的数值。

表 8－38　碾压混凝土坝基础允许温差　℃

距基础面高度 h	浇筑块长边长度 L		
	30m 以下	30～70m	70m 以上
0～0.2L	18～15.5	14.5～12	12～10
0.2～0.4L	19～17	16.5～14.5	14.5～12

对以下各种情况的基础混凝土允许温差，应进行分析论证：

（1）结构尺寸高长比小于 0.5；

（2）在基础约束区范围内长期停歇或过水的浇筑块；

（3）基岩变形模量和混凝土弹性模量相差较大者；

（4）基础填塘混凝土、混凝土塞及陡坡坝段等浇筑块；

（5）采用含氧化镁较高的水泥，试验或实测资料表明混凝土具有明显的自生体积变形者；

（6）混凝土所用的骨料线膨胀系数与 1.0×10^{-5}/℃相差较大者。

近几年我国已建、在建及设计中的碾压混凝土坝的基础温差标准基本都是在仿真分析的基础上，参照同类工程确定。基础温差标准主要取决于坝体混凝土的线膨胀系数，同时还与坝体体型、材料参数等有关。实际控制中不能直接控制基础温差，而是通过控制最高温度实现温度控制。最高温度在基础温差确定的基础上，根据大坝的稳定温度场确定。

8.6.1.5　内外温差标准

混凝土表面裂缝多数发生在浇筑的初期，而初期的表面温度骤降导致内外温差过大是引起表面裂缝的主要外因。

当日平均气温在 2～4d 内连续下降超过 6℃时，未满 28d 龄期的混凝土的暴露表面可能产生裂缝（温和地区，龄期 5d 以前一般不易开裂），因此在基础混凝土、上游坝面及其他重要部位，应有表面保护措施。严寒地区应特别重视混凝土表面保护，其标准和措施可另行研究。

内外温差的形成主要是由于两个因素：① 气温的变化，包括年变化和寒潮；② 水泥水化热。

1. 长期暴露部位内外温差

由于气温年变化等因素的影响，形成过大的内外温差，在后期长期暴露部位也可能产生裂缝。因此，在基础混凝土、上游坝面及其他重要部位，表面保护的时间和材料应根据当地气候条件研究确定。脱离基础约束范围以后，坝体最高温度在不同季节也应适当控制。廊道及孔口的顶部不应长期暴露，低温季节和气温骤降期间应予以遮盖。

2. 相邻坝块高差

在施工中，各坝块应尽量均匀上升，避免过大的高差，浇筑时间不宜相隔太久。相邻坝块高差一般不超过10～20m，以减少侧面暴露时间，并避免纵缝键槽被挤压，影响纵缝灌浆质量。

工程实践表明，内外温差是混凝土施工期产生裂缝的主要原因之一，也是温度控制的主要内容之一，因此应强调对坝体混凝土内外温差的计算分析和控制要求。根据气温骤降幅度和混凝土龄期来确定保温标准，在近年来的工程施工实践中证明是可行的。工程实践经验又表明，防止坝体上游面的表面裂缝（或劈头裂缝）尤其重要，因此做好坝体上游面的表面保护，控制好内外温差也是温控设计的重要组成部分之一。

8.6.1.6 上下层温差标准

上下层温差指在老混凝土面（龄期超过28d）上下各$L/4$范围内，上层混凝土最高平均温度与新混凝土开始浇筑时下层实际平均温度之差。

从计算分析和实际工程均表明，由于碾压混凝土都是通仓浇筑，上下层温差引起的拉应力较大，因此，在温控设计中必须引起足够的重视。考虑在现有条件下还难以在规范中推荐具体的上下层温差标准数值，因此要求各个工程在计算分析并参考已建工程经验的基础上最终确定上下层温差标准。

当上层混凝土短间歇均匀上升的浇筑高度h大于$0.5L$时，上下层允许温差为15～20℃，浇筑块侧面长期暴露时，宜采用较小者。严寒地区上下层温差标准可另行研究。

8.6.1.7 已建工程的温差控制标准

国内部分碾压混凝土坝温控标准见表8－39。

表8－39　国内部分碾压混凝土坝温控标准　℃

序号	工程名称	基础部位碾压混凝土强度等级	基础允许温差		内外温差		上下层温差
			强约束区（0～0.2）L	弱约束区（0.2～0.4）L	强约束区（0～0.2）L	弱约束区（0.2～0.4）L	
1	龙滩	$C_{90}25$	16	19	16～20	16～20	13～15
2	光照	$C_{90}25$	16	18	16～18	16～18	15
3	官地	$C_{90}25$	12	14	16	16	15
4	鲁地拉	$C_{90}25$	14	16	12	14	16
5	黄登	$C_{90}25$	14.5	16			
6	托巴	$C_{90}25$	15	18			
7	景洪	$C_{90}20$	14	17			
8	碗米坡	$C_{90}20$	13	15			
9	江垭	$C_{90}20$	13	15	18	18	13

续表

序号	工程名称	基础部位碾压混凝土强度等级	基础允许温差		内外温差		上下层温差
			强约束区（0～0.2）L	弱约束区（0.2～0.4）L	强约束区（0～0.2）L	弱约束区（0.2～0.4）L	
10	百龙滩	$C_{90}20$	15	17			
11	沙陀	$C_{90}15$	16	18			
12	索风营	$C_{90}15$	14	17			
13	大广坝	$C_{90}20$	15	17			
14	武都	$C_{180}20$	16	18			
15	石漫滩	$C_{90}20$	18	20			
16	观音阁	$C_{90}20$	20				
17	水口	$C_{90}20$	14～15	18～20			
18	金安桥	$C_{90}20$	12	13.5			
19	彭水	$C_{90}20$	12	15	18～20	18～20	16～18
20	龙开口	$C_{90}20$	14	17			
21	大朝山	$C_{90}20$	14	17			
22	功果桥	$C_{90}20$	14.5	16.5	15	18	15
23	汾河二库	$C_{90}20$	12～14.5	14.5～16	16	16	13
24	大华桥	$C_{90}20$	13	14	15	17	
25	白沙	$C_{180}20$	14	17			
26	铜街子	$C_{90}20$	14	17			
27	棉花滩	$C_{180}20$	16	19	18～20	18～20	

从表 8－39 可用看出，大部分工程基础允许温差均突破了规范的规定值。在基础部位采用碾压混凝土强度等级 $C_{90}25$ 的 6 个工程中，在强约束区（0～0.2）L 基础允许温差最低为鲁地拉的 12℃，最高为龙滩及光照的 16℃；在弱约束区（0.2～0.4）L 基础允许温差，最低为 14℃，最高为龙滩的 19℃。在基础部位采用碾压混凝土强度等级 $C_{90}20$ 的工程中，在强约束区（0～0.2）L 基础允许温差最低为 12℃，一般为 14～16℃，最高为 18～20℃；在弱约束区（0.2～0.4）L 基础允许温差最低为 14℃，一般为 15～18℃，最高为 20℃。

8.6.2　碾压混凝土重力坝的防裂措施

8.6.2.1　基本措施

目前在常态混凝土坝施工中采用的三个主要温控措施，控制浇筑温度、通水冷却、表面保温及高温季节仓面喷雾均已在碾压混凝土温度控制中普遍应用。

1. 降低浇筑温度

降低浇筑温度主要靠风冷骨料、加冰或低温水拌和，以降低出机口温度，采取措施减少运输沿途温度回升和铺筑过程中的温度回升。龙滩大坝在实践中已总结一套成功的经验，并已在多座大坝中应用。

（1）风冷骨料、加冰或低温水拌和，降低出机口温度。由于碾压混凝土水灰比低、用水量较少从而加冰量也少，因此加冰降低出机口温度有限，预冷骨料是降低出机口温度的主要措施。采用一、二次风冷粗骨料加片冰或低温水拌制混凝土，可在高温季节将拌和楼出机口温度控制在12℃以下。主要采用以下措施：

1）采取一、二次风冷预冷粗骨料。控制骨料调节料仓，一次风冷后出仓口骨料温度低于7℃，进入拌和楼料仓时骨料温度低于8℃；在拌和楼料仓采用超低温冷风进行二次风冷。

2）采用片冰或冷水拌和混凝土。按照常规1m^3混凝土加10kg冰可降低出机口温度1.2℃，1m^3混凝土加10kg冷水可降低出机口温度0.22℃。一般情况下，1m^3混凝土实际最大加冰量仅有20～30kg，通过实测，仅能降低出机口温度2.5～3℃。

（2）减少混凝土运输中的温度回升。当采用自卸汽车入仓时，在拌和楼入口设喷雾装置，以降低小环境气温，对车厢进行降温湿润；自卸汽车运输时车厢顶部设活动遮阳棚，外侧面贴隔热板；合理安排浇筑仓面，根据施工强度合理安排运输车辆，严格控制混凝土在车上的滞留时间。采用高速皮带机供料线运输时，皮带运输机用冷风降温，机口放料均匀连续，保证供料线皮带上有一定厚度的混凝土料输送，避免薄层和空转。皮带机上方设遮阳防雨盖板和保温隔热设施。

高速皮带运输机在龙滩工程中得到成功应用，单线实际最高运输强度达320m^3/h以上，平均强度达260m^3/h。通过实测，皮带机从拌和楼进料到仓面卸料，在气温为25～35℃、混凝土出机口温度为10～12℃、供料线皮带上方设遮阳隔热设施、运输距离为410～585m的条件下，温度回升在3～5℃之间。

自卸汽车运输，在气温为25～35℃、混凝土出机口温度为10～12℃、汽车设遮阳棚、运输距离为2.3～5.9km的条件下，温度回升在0.5～2.2℃之间。汽车运输温度回升量小于皮带机供料线的原因主要是汽车装料多，热量不容易交换。因此，在施工条件许可的情况下，应尽量选用自卸汽车运输碾压混凝土直接入仓，有利于减少运输过程中的温度回升。

（3）控制混凝土铺筑过程中的温度回升。碾压混凝土在仓面的平仓摊铺和碾压过程中，其工序和施工管理不当容易造成温度回升，龙滩工程为防止浇筑过程温度回升采取的主要措施有：

1）合理规划仓号，确定仓面大小，以最短的时间完成每个仓号的平仓摊铺和碾压。

2）混凝土料入仓后及时平仓摊铺，及时碾压，做到从拌和楼出机口取料到碾压完成控制在1.5h（最短仅为1h）。碾压完成后立即覆盖保温被，直到上一层料摊铺时再依次揭开。

3）在混凝土的平仓摊铺和碾压过程中，进行仓面喷雾，形成人工小环境。龙滩工程成功研制了一种新型仓面喷雾机，应用于仓面降温、保湿，效果良好。新型喷雾机装备一套120°摇摆装置，喷雾距离可达25m，雾滴粒径可小到20～60μm，每台喷雾机的控制范围达到700m^3。实测结果表明，全面喷雾可降低仓面温度3～6℃。

2. 通水冷却

由于铺设冷却水管与碾压施工有干扰，早期的碾压混凝土不进行通水冷却。大朝山碾压混凝土围堰开始进行了PVC冷却水管的应用试验取得成功，沙牌拱坝即开始全面应用PVC冷却水管，龙滩则在基础约束区及高温季节浇筑的部位埋设了PVC水管。实践证明，通水冷却措施在碾压混凝土的温度控制方面仍然是行之有效的措施。目前，多数碾压混凝土拱坝如大花水、黄花寨、白莲崖、大华桥都采取了通水冷却措施，碾压混凝土重力坝如光照、武都、金安桥、龙开口、黄登等均在大坝中部分采用了通水冷却措施。

碾压混凝土坝的通水冷却的目的，主要还是削减温度峰值。由于碾压混凝土的发热慢，这种削峰作用更明显。具体实施中注意控制通水水温和温度峰值之间的温差，一般不宜超过20℃，同时要控制降温速率，峰值过后的降温速率应控制在每天 0.5℃以内。实践中发现，当采用河水冷却且通水量小、不对水管保温时，则会影响降温效果。

碾压混凝土坝采用 PVC 水管冷却时，一个特别需要注意的问题是，避免碾压致水管破裂，一旦水管破裂漏水，会导致碾压层面结合不良，对层间结合带来不良影响，甚至影响大坝安全。

3. 表面保温

统计结果表明，混凝土坝出现的裂缝大多数由于内外温差引起的始自表面的裂缝，因此目前已建在建的碾压混凝土大坝大多数采用了表面保温措施。仓面的保温不管是高温季节还是低温季节都是一项必要措施。高温季节可防止热量倒灌，低温季节可避免气温下降，引起表面裂缝，长期暴露的表面进行表面保温，则可有效地防止内外温差引起的裂缝。

目前常用的保温材料有三种，分别是聚苯乙烯、聚乙烯和聚氨酯。三种常见的保温材料的物理力学性能见表 8－40。浇筑层面的保温由于不断地铺设与拆除，多为聚乙烯柔性保温被外包彩条布。立面的临时保温视保温的时间长短，可以采用柔性保温，也可以采用聚乙烯苯板。永久保温则为聚乙烯苯板或喷涂聚氨酯泡沫涂层。保温被和保温板的厚度需根据计算分析确定，一般为 3～5cm。

表 8－40　　保温材料的物理力学性能

品种	密度（kg/m^3）	导热系数 kJ/（m·h·℃）	吸水率（%）	抗压强度（kPa）	抗拉强度（kPa）
聚苯乙烯	15～30	0.148	2～6	60～280	130～130
聚乙烯	22～40	0.160	2	33	190
聚氨酯	35～55	0.080～0.108	1	150～300	500

4. 氧化镁微膨胀混凝土防裂技术

混凝土坝的拉应力除了由温度变化引起，需通过控制温度变化减小应力以防裂外，混凝土硬化过程中自身体积的收缩变形也会引起拉应力，从而增大开裂的风险。因此在混凝土的材料选择及配合比设计时，应尽量减少混凝土的自身体积收缩，最好是产生膨胀变形。实践中发现，在混凝土中掺少量的氧化镁，可以使混凝土产生可控的微膨胀，因此通过内含或外掺氧化镁的方式，适当提高混凝土中氧化镁含量，可成为防裂措施之一。早期的掺氧化镁仅限于填塘、孔口附近等混凝土。自 2000 年起，国内开始尝试全坝外掺氧化镁，部分或全部代替温控措施，以快速浇筑拱坝的技术。2004 年贵州建成了第一座全坝外掺氧化镁，配合两条诱导缝和两条横缝，取消全部温控措施的碾压混凝土拱坝——鱼简河碾压混凝土拱坝，龙滩下游碾压混凝土围堰也采用了外掺氧化镁技术，取得了良好的防裂效果。试验及实测结果表明，外掺 3.5%～4.5%的氧化镁，可使混凝土产生 30～100με 的膨胀变形，减小混凝土坝拉应力 0.3～1.0MPa。

5. 高寒地区的碾压混凝土坝的温度控制

我国北方冬季严寒，最低气温可达－30～－40℃，西北地区夏季干燥炎热，日温差可达

70～80℃，这样严寒酷热的气候条件给碾压混凝土的施工与温控防裂带来极大困难。早年修建的观音阁碾压混凝土坝位于严寒地区，施工中取得了一些高寒地区混凝土温控防裂的经验教训。位于甘肃省张掖市龙首碾压混凝土坝在设计和施工中研究总结了一套高寒地区碾压混凝土施工的方法，并已成功用于其他工程。龙首水电站坝址年平均气温为8.5℃，绝对最高温度为37.2℃，最低气温为－33.0℃，日温差平均大于20℃以上。2000年3月11日开始碾压混凝土施工，2001年4月完工，不管是在最高气温接近38℃的高温季节，还是最低气温－30℃以下的低温季节，均正常浇筑混凝土，实现了干燥高寒地区碾压混凝土的全年施工。低温季节采取的温控防裂措施如下：

（1）蓄热法施工。

1）原材料蓄热：采用骨料加热和热水拌和的方法，对原材料进行加热，提高出机口温度。拌和水采用蒸汽加热，将蒸汽导管插入水箱内，水的加热温度控制在40～60℃范围，以防止混凝土假凝。砂石骨料加热方法，在砂、石骨料堆中埋入蒸汽管，管的直径为108mm，呈“山”字形排列。在通蒸汽加温时，管壁的热量使周围的空气形成热循环，通过热传递，达到预热砂、石骨料的目的。

2）浇筑仓面暖棚加热：在浇筑仓面中架设暖棚，采用火炉升温，使仓内温度升到正温，以满足低温季节混凝土强度增长需求。

通过如上两项措施，将拌和物出机口温度控制在12℃左右。运输过程中保热：骨料料仓周边贴保温材料，另挂保温被，骨料输送皮带采用全封闭式，尽量减少原材料的热量损失，拌和好的混凝土运输过程中同样采用封闭，带有保温措施的运输设备，尽快运到仓面完成入仓、平仓与碾压。

（2）加防冻剂。当气温在－3～－10℃时，为防止碾压混凝土早期受冻破坏，在碾压混凝土中掺入4%的DH_8防冻剂，提高混凝土防冻性能，降低混凝土中拌合用水的冰点，使混凝土液相在一定的负温范围内不冰冻，从而使碾压混凝土不遭受冻害，并保证水泥水化反应能继续进行，而使混凝土继续硬化。

掺入防冻剂的碾压混凝土在没有保温措施的情况下，混凝土能免遭冻害，但强度略低于标准养护强度，其结果表明，初始水化反应没有完全进行，也就是说掺有防冻剂的新拌混凝土在负温下向固相硬化发展的速度较慢。因试件体积较小，易受温度影响，但大体积混凝土中受温度影响甚微。

（3）保温。高寒地区碾压混凝土坝的保温是最重要的温控防裂措施。混凝土卸料平仓后，立即用保温被保温，碾压时沿碾压条带揭开保温被，碾压后立即加盖保温被。一个浇筑层完成后，立即用多层保温被保温，保温被的厚度、层数需根据具体工程情况统计分析确定，龙首采用了两层保温被。开始浇筑上层混凝土之前，不能一下揭开全部保温被，而是分层依次揭，每揭开一层间歇一段时间，让保温被下的混凝土有一个适应过程，避免突然全部揭开保温被对混凝土层面造成冷击。

上下游面的保温被分为施工期和运行期保温，高寒地区施工的保温最好采用内贴法，避免拆模后贴保温板前受到冷击影响。永久保温最好与施工期保温结合，如果不能结合时应选择合适的季节拆除施工期保温及粘贴永久保温，具体施工的季节应根据工程具体情况经计算分析确定，以避免拆除施工期保温板受冷击和粘贴永久保温板前的气温变化应力超限引起裂缝。

龙首拱坝采用如上蓄热法、加防冻剂和灵活运用保温的方法，成功实现了高寒地区在极端低温季节的碾压混凝土施工，有效地控制了坝体温度，未见危害性裂缝。位于严寒地区的喀腊塑克碾压混凝土重力坝采用类似的方法，成功实现了严寒地区冬季混凝土的施工，取得良好效果。

6. 斜层碾压

由于碾压混凝土重力坝施工仓面大，在夏季大仓面施工的部位受层间间隔时间控制，可采用斜层平推法铺筑。由于斜层碾压缩短了层间间隔时间，可以减小高温季节热量的回灌，有一定的温控效果。

7. 混凝土材料防裂措施

防止混凝土裂缝的另一个重要手段是改善混凝土材料的性能，使其有更高的抗裂能力，同时降低温度应力。主要手段是通过选择原材料和优化配合比设计，使混凝土有较大的极限拉伸值、较小的热膨胀系数、较小的收缩变形或微膨胀、较低的发热量。

8.6.2.2　工程实例

1. 龙滩工程

龙滩碾压混凝土重力坝位于广西天峨县境内的红水河上，初期建设最大坝高 192m，设计最大坝高 216.5m，2008 年竣工，大坝全年施工。大坝共 31 个坝段，挡水坝段横缝间距 22m，底孔宽度 30m，通航坝段为 88m，下部分 2 条施工缝。龙滩大坝采取以下综合措施进行温控防裂：

（1）优化混凝土的抗裂性能。

1）选用发热量较低的 42.5 中热水泥，MgO 含量为 3%～5%，具有一定微膨胀特性。

2）采用高掺量一级粉煤灰，基础部位碾压混凝土 $C_{90}25$，水泥用量 86kg/m^3，粉煤灰 109kg/m^3。

3）掺用 0.5%的 ZB－1 碾压混凝土高效缓凝减水剂。

（2）预冷混凝土。在基础约束区，为满足基础允许温差 16℃的温度控制标准以及相应的最高温度控制要求，混凝土浇筑温度不能超过 17℃。每年 10 月—次年 4 月混凝土自然入仓，5—9 月碾压混凝土出机口温度为 12℃，常态混凝土出机口温度为 10℃。采用二次风冷骨料、加片冰及冷水拌和等预冷措施。第一次风冷在骨料调节仓内进行，冷风由底部进入，进行逆流封闭式循环，当骨料初温 28℃时，经 55min 可冷却至 8℃。第二次冷却在拌和楼料仓内进行，使骨料温度进一步降至 3℃以下。加上 4～5℃冷水和冰屑拌和，可使混凝土出机口温度降至 12℃以下。2005 年 4 月以来，对预冷骨料测温 1578 次，平均温度为 3.0～7.5℃：砂（包括常态砂和碾压砂）测温 425 次，平均温度为 19～25℃，总体满足次高温、高温季节骨料预冷设计要求。

龙滩右岸大坝混凝土生产配置 3 座 2×6m^3 强制式搅拌楼和 1 座 4×3m^3 自落式搅拌楼，1 座 2×6m^3 强制式搅拌楼夏季拌制 12℃预冷碾压混凝土设计生产能力 220m^3/h。但是，实际上在夏季气温 30℃以上且连续生产的情况下，强制式搅拌楼 12℃预冷碾压混凝土的生产能力只能维持在 150～180m^3/h，达不到设计能力要求。一旦浇筑速度过快，预冷混凝土需求量较高，混凝土的预冷效果难以得到有效保证。原因在于骨料调节料仓的预冷骨料储备不足，经过二次筛分和冲洗，骨料含水率较高，风冷的效率降低，冷却时间延长，难以达到设计能力。尤其是二级配混凝土，中石和小石预冷效果远不如大石，稳定生产更加困难。至于加冰和冷水，根据理论计算，1m^3 混凝土加 10kg 冰，可降低出机口温度 1℃左右，1m^3 混凝土加 10kg 低温冷水，可降低出机口温度 0.22℃左右。碾压混凝土自身单位用水量较低，在扣除骨料含水、外加剂溶液含水后，总的自由水掺量仅为 20～30kg/m^3，加冰量一般都在 15～25kg/m^3 范围内，因此加冰量非常有限。

（3）运输过程中的保温与防护。前期浇筑主要采用自卸汽车运输和供料线配合塔、顶带机入仓。在自卸车和供料线上加装了遮阳蓬，但皮带上混凝土的平均厚度不到 30cm，运输途中需要经过 7～8 次转料，当环境温度超过 30℃时，温度回升超过 4℃。后期对供料线进行了改造：在原有的遮阳蓬上覆盖聚乙烯保温被；其次是在供料线皮带两侧布置了有小孔的通风管，用专用空调不停地输送冷气，以降低皮带上混凝土表面的环境温度。经改造后，当环境温度为 34℃时，从机口至入仓回升温度仅为 2～3℃。

（4）浇筑过程中的温度控制。

1）根据仓面大小及混凝土入仓强度及碾压设备的能力，高温季节尽量采用斜层平推铺筑法，缩小仓面面积，减小太阳辐射热量。根据设备入仓及浇筑能力等，高温季节碾压混凝土施工按 1～2 个坝段为一个浇筑仓、仓面面积为 4000～7000m^2 较为适宜；低温季节碾压混凝土施工按 3～4 个坝段为一个浇筑仓、仓面面积为 8000～14 000m^2 较为适宜。

2）提高混凝土入仓强度，缩短混凝土层间间隔时间，降低混凝土温度回升。为减小碾压混凝土受施工环境的影响（太阳曝晒、大风天气等）、延缓碾压混凝土的初凝时间、减少 *VC* 值损失以及降低混凝土温度回升等，采取提高混凝土入仓强度以缩短混凝土层间间隔时间的方式，确保混凝土施工质量。

3）及时摊铺、碾压及覆盖，防止热气倒灌。为了减少太阳辐射热，在混凝土碾压完毕以后，及时覆盖聚乙烯保温被。仓面覆盖可人为控制碾压混凝土仓面的热交换和湿度交换特性，防止或减少外界高气温的倒灌和混凝土仓面湿度的迁移，避免日晒和蒸发的影响，减缓混凝土温度回升速率和混凝土水分蒸发速率，起到了保温保湿的作用。在高气温环境条件下碾压混凝土坝的连续施工中，对仓面进行覆盖，不仅可以起到保温保湿的作用，还可延缓碾压混凝土的初凝时间，减少 *VC* 值的增加。

4）在混凝土浇筑过程中，进行仓面喷雾，在仓面形成人工小气候环境。仓面喷雾是高气温环境条件下，碾压混凝土坝连续施工的主要措施之一。采用喷雾的方法，可以形成适宜的人工小气候，起到降温保湿、减少 *VC* 值的增长、降低混凝土的浇筑温度以及防晒的作用。开工初期，用冲毛机喷雾，效果不佳，在仓面极易形成积水。研究后发现，要达到良好的雾状效果，关键在于喷雾机的喷嘴孔直径必须减小。通过试验，采用微雾喷嘴（雾滴平均粒径为 50μm，单个喷嘴流量为 0.21L/min，在 8MPa 压力下喷量为 12.31L/h），并将其安装在冲毛机和喷雾机上形成特制喷嘴。改进后的喷雾机的喷雾效果极佳，起到了良好的降温保湿作用。浇筑温度比没有采取喷雾和覆盖的混凝土降低了 5～6℃。

（5）水管冷却。以往在碾压混凝土中铺设冷却水管的工程不多，主要是担心在摊铺、碾压过程中，各种设备、骨料（尤其人工骨料）的挤压造成水管破损。龙滩通过对冷却水管的碾压试验，详细安排了水管铺设方式和开始通水的时间，尽量减少碾压对水管的破坏，并采用了新型的卡式接头，以满足水管的快速铺设。

冷却水管间距为 1.5m×1.5m，采用长度不大于 250m、直径 2.5cm、导热系数 1.037W/（m·h）的塑料管，对 3 月下旬至 11 月上旬浇筑的混凝土通水冷却，通水流量为 18L/min，冷却水温为10℃。通水14d左右，在混凝土连续上升6m/月的情况下，最高温度可控制在36℃以内，冷却水管按上下游两个区域分别布置，冷却水总管分别布置在上下游纵向排水廊道内。为避免碾压过程中压破水管，在碾压混凝土收仓后48h（即混凝土终凝有一定强度后）开始通冷却水。冷却水进水温度为12～15℃，流量为18～20L/min，初期通水时间为15d。当冷却水管出水温度达24～26℃，即可开始进行闷温，当闷温温度不超过32℃，即可结束初期通水；否则，按照超过1℃通水3d的原则延长通水时间。为了减少蓄水初期坝体上游面的内外温差，除初期冷却外，对坝体上游侧面，还采用两组冷却水管单独用河水进行中、后期冷却。通水冷却技术要求一览表详见表8-41。

表8-41　　通水冷却技术要求一览表

冷却名称	冷却时间	冷却部位	通水方式	通水时间（d）	单根管流量（L/min）
初期冷却	4月、10月	新浇混凝土	天然河水	10～15	20
	5～9月	新浇混凝土	12℃制冷水	10～15	18
中期冷却	10月	当年5～9月浇混凝土	天然河水	45～75	20～25
	11月	当年4月、10月浇混凝土	天然河水	45～75	20～25
后期冷却	10～12月	需接缝灌浆混凝土	5℃制冷水	5～20	18
	次年1月	需接缝灌浆混凝土	天然河水	30～40	20～25

1）初期冷却。通水采用12℃制冷水，通水根据实测坝体混凝土温度适当调整。单根水管流量为18L/min，混凝土温度与水温之差不超过22℃，冷却时混凝土日降温幅度不应超过1℃，水流方向应每12h改变一次，块体均匀冷却。

2）中期冷却。通水时间为2个月左右（根据实测坝体混凝土温度适当调整通水时间）。通水采用河水，单根水管流量为20～25L/min，水温与混凝土内部温度之差不超过20℃，日降温不超过1℃，水流方向应每24h改变一次，使混凝土块体均匀冷却。

3）根据埋设在坝体内的温度计监测情况，调整通水冷却时间，以此控制基础、内外温差。

（6）流水养护和夜间浇筑。混凝土表面进行流水养护，养护水呈漫流状态，以降低混凝土内部温度。夏季避免在白天高温时段浇筑碾压混凝土，充分利用早晚和夜间低温时段浇筑。

高温时段施工时，除对层面立即采用保温被覆盖外，待混凝土终凝后对混凝土表面进行洒水或流水养护，2～3d后低温时段拆除保温被散热，同时对混凝土长期暴露面采用ϕ32花眼塑料管进行流水养护。

施工过程中，碾压混凝土的仓面应保持湿润。正在施工和碾压完毕的仓面应防止外来水流入。在施工间歇期，碾压混凝土终凝后即应开始洒水养护。对水平施工层面，洒水养护应持续至上一层碾压混凝土开始浇筑为止，对于永久暴露面，养护至设计龄期为止，并采用流水或蓄水养护。

（7）混凝土的表面保护。

1）坝体永久外露面采用2cm厚的聚乙烯保温被保温，临时外露面挂设2cm厚的聚乙烯保温被。低温季节对廊道、电梯井等孔洞进行临时封闭。

2）低温季节及气温骤降时的保护。当日平均气温低于 3℃或遇气温骤降（指日平均气温在 2～3d 内连续下降 6℃以上）冷击时，为防止碾压混凝土的暴露表面产生裂缝，坝面及仓面（特别是上游坝面及过流面）覆盖保温被或其他能保温的设施，并适当延长拆模时间，所有孔、洞及廊道等入口进行封堵以防受到冷气袭击。保温材料贴挂应牢固，覆盖搭接应严密。

3）高温天气的保护。施工过程中，对碾压混凝土仓面进行喷雾保湿，降低仓面环境温度，正在施工和刚碾压完毕的仓面，采取设隔流堤、排水沟等方式防止外来水流入。

2. 其他工程

表 8－42 列出了国内部分碾压混凝土重力坝工程中实际采用的温控防裂措施，主要小结如下。

（1）早期的碾压混凝土重力坝多采用“金包银”断面型式，如岩滩、花滩、观音阁等，1999 年后的碾压混凝土重力坝均采用全断面碾压。

（2）早期均采取较简易的温控措施，夏季高温季节停浇，如江垭、百色、大朝山、岩滩、棉花滩、水口、花滩、观音阁等；东北、西北寒冷地区冬季停浇，保温过冬，如喀腊塑克、观音阁等；除寒冷地区外，2000 年后的碾压混凝土重力坝一般都采取较强的温控措施，保证全年施工，加快施工进度。

（3）早期一般不采取水管冷却措施，如岩滩、棉花滩、花滩、观音阁等，后期一般都采取水管冷却措施，如龙滩、光照、官地等。

总体而言，目前常用的温控防裂措施如下：

1）优化混凝土抗裂性能。比较通用的是采用中热水泥，高掺粉煤灰，掺高效缓凝减水剂的方式，降低水化热温升，个别工程掺 MgO，使混凝土具有微膨胀性能。

2）薄层碾压、短间歇、均匀连续上升是温控防裂的重要措施。

3）温控措施比较简易时，浇筑层厚控制在 3m 以下，且保证一定的间歇期充分发挥表面散热功能；温控措施严格（低温入仓＋通水冷却）时，连续碾压层厚最大可达 10m。

4）骨料风冷、加冰、加冷水拌和是控制出机口温度的主要措施。此外还可采取骨料堆高遮阳、拌和楼保温与风冷、避开高温时段生产混凝土等措施。出机口温度最低可控制到 11℃（龙开口）。

5）运输和碾压过程中防止温度回升非常重要，一般出机口温度与浇筑温度的差值限制在 4～5℃以内。采取的措施包括：① 限制拌和到碾压完毕的时间，一般控制在 2h 以内；② 限制上胚层覆盖时间，一般控制在 4～5h 以内，为加快覆盖时间，部分工程采用了斜层碾压的方式；③ 减少转运次数，自卸车保温遮阳隔热，禁用出气口在顶部的汽车，塔带机、皮带机、缆机吊罐遮阳保温；④ 高温季节仓面喷雾；⑤ 高温季节覆盖保温板保温隔热。强约束区浇筑温度一般控制在 15～17℃以内。

6）通水冷却。考虑到施工便利，一般埋设 PVC 水管，需要采取可行措施防止冷却水管被碾压损坏，水管接头必须认真对待。冷却水管间距一般强约束区为 1.5m×1.5m，自由区可以更稀疏一些，低温季节浇筑可不铺冷却水管。根据需要可通冷却水或河水。

7）养护。流水养护是限制最高温升的补充手段，洒水养护是必备手段。

表 8-42 国内部分高碾压混凝土重力坝温控措施

序号	工程名	地点	坝高（m）	最大坝宽（m）	施工方式	完工年限	优化混凝土抗裂性能	分层与间歇	骨料	运输过程	仓面控制	水管冷却	养护	表面保护	特殊部位	其他
1	龙滩	广西	192/216.5	30	全年施工	2008	中热水泥，缓凝减水剂	层厚一般为1.5～3m，最大9.5m，间歇一般为3～7d	二次风冷、加冰、加冷水，机口温度为12℃	自卸汽车、塔（顶）带机，供料线保温+吹冷气	减小仓面，缩短覆盖时间，仓面覆盖保温被隔热，仓面喷雾，基础部位强约束区浇筑温度为17℃	3～11月浇筑混凝土通冷却水，上游面局部通河水中冷	高温季节终凝后流水养护，洒水养护	永久外露面2cm保温被，低温季节保温	坝前上游底部回填黏土	高温季节尽量夜晚浇筑
2	光照	贵州	201	25	全年施工	2009		高温季节1.5m，低温季节3m，间歇3～7d	5～9月二次风冷+冷水，料堆遮阳	自卸汽车、皮带机+遮阳	最大限度缩短覆盖时间，仓面喷雾，合理层间间歇散热，仓面隔热	高温、次高温期通冷却水和河水一冷，高温季节浇的通河水中冷	高温季节表面漫水养护	气垫薄膜模板内贴养护至28d	度汛层提前降温，布置抗裂钢筋；坝前上游回填黏土	高温季节尽量夜晚浇筑
3	官地	四川	168		全年施工	2013	中热水泥	固结灌浆层下1.5m，间歇5～7d；以上3m，间歇7～10d	3～10月骨料预冷，强、弱、自由区为12、14、17℃	自卸车隔热防晒洒水，出机口到碾压控制在2h内	高温季节仓面喷雾，仓面3cm卷材覆盖隔热，强、弱、自由区为17、19、22℃	3～10月通制冷水，其他季节通河水，高温混凝土过冬前冷却，蓄水前上游面冷却	上下游面、侧面、仓面流水养护	上下游面粘贴3cm苯板，冬季仓面保温	坝前上游回填黏土	高温季节尽量夜晚浇筑
4	金安桥	云南	160	34	全年施工	2010	中热水泥		二次风冷、加冰、加冷水，机口温度为12℃	自卸汽车遮阳，出机口到碾压控制在2h	上层覆盖控制在5h内，高温季仓面喷雾，层面隔热，浇筑温度为17℃	强约束区、高温弱约束区通制冷水，其他通河水	上下游面花管流水养护			高温季节尽量夜晚浇筑
5	观音岩	云南/四川	159	35	全年施工	2012	中热水泥	层厚3m，间歇期大于5d	二次风冷、加冰、加冷水，料堆遮阳	3～10月自卸汽车保温，出机口到碾压控制在2h	上层覆盖控制在5h内，高温季仓面喷雾，层面隔热	强约束区通制冷水	上下游、侧面淋水养护，仓面持水养护	长期暴露面粘贴保温材料常年保温	过流面蓄水养护，内部通水冷却至20℃	高温季节尽量夜晚浇筑

续表

序号	工程名	地点	坝高（m）	最大坝宽（m）	施工方式	完工年限	优化混凝土抗裂性能	分层与间歇	骨料	运输过程	仓面控制	水管冷却	养护	表面保护	特殊部位	其他
6	鲁地拉	云南	140	25	全年施工	2013	中热水泥	层厚3m，间歇7d	二次风冷、加冰、加冷水，机口、非约束区温度为12、14℃	运输过程保温	高温季仓面喷雾，层面隔热	4～9月通制冷水，其他季节通河水	洒水湿养护，流水至最高温度后2d	上下游面粘贴2.5cm保温板，冬季仓面保温	过流缺口下20m过流前冷却至20～23℃	高温季节尽量夜晚浇筑
7	江垭	湖南	131	35	夏季停浇	2000			4、5、9、10月风冷骨料		仓面保温隔热，控制浇筑温度小于15℃	无		低温季节10cm聚乙烯气垫薄膜		
8	百色	广西	130	35	夏季停浇	2006			骨料堆高，骨料风冷，料场遮阳，拌和楼保温，3～7℃冷水拌和，机口温度低于18℃	皮带机加盖遮阳	仓面喷雾，保温隔热	塑料水管，通河水冷却	湿养护			
9	索风营	贵州	122	25	全年施工	2006	普通水泥，55%粉煤灰，MgO		一次风冷，冷水拌和	运输车辆遮阳蓬	仓面喷雾	塑料水管，自下至上逐渐变稀，4～10月通制冷水，其余通河水	流水养护	上游粘贴聚乙烯保温板		高温季节尽量夜晚浇筑
10	彭水	重庆	122	41+诱导缝	全年施工	2008		约束区1.5m，上部2～3m，间歇5～10d均匀上升	预冷骨料出机口温度为12～14℃		仓面喷雾，保温隔热，12月～次年2月自然入仓，3、11月浇筑温度为15℃，夏季浇筑温度为17℃	初期通制冷水或河水，9月初开始中冷通河水至20℃	临空面养护不小于28d	上下游面永久保温，温度骤降期保温		约束区低温季节浇筑，横缝中部设置诱导缝

续表

序号	工程名	地点	坝高（m）	最大坝宽（m）	施工方式	完工年限	优化混凝土抗裂性能	分层与间歇	骨料	运输过程	仓面控制	水管冷却	养护	表面保护	特殊部位	其他
11	龙开口	云南	119	35	全年施工	2012		强约束区不大于3m，弱约束区和自由区不大于6m	骨料预冷，加冰加冷水拌和，机口温度小于11℃	运输过程保温遮阳	仓面喷雾，保温隔热，强、弱、自由区为17、18、19℃	埋设PVC水管，自下而上逐步变稀，一冷通冷却水，间隔15d后再通河水5～10d	高温季节临空面流水养护	上游面贴3cm苯板保温	上游面20m蓄水前通水降温	尽量在低温季节浇筑
12	思林	贵州	117	29	全年施工	2009		薄层、短间歇、连续浇筑	二次风冷，加冰、加冷水，料场堆料，机口温度小于15℃		仓面喷雾，保温隔热，浇筑温度不大于20℃	通水冷却，5～9月通冷却水，11月～次年2月不通水，其他通河水	洒水养护28d	低温季节和温度骤降期保温	度汛面提前15d碾压完毕且流水养护	
13	大朝山	云南	115	24	夏季停浇	2002			料堆遮阳，风冷骨料，拌和楼风冷	运输过程保温遮阳	拌和到碾压2h完成，仓面喷雾，保温隔热		有条件的流水养护			
14	戈兰滩	云南	113	38	全年施工	2008			料仓遮阳，堆高，骨料预冷、加冰、冷水拌和，机口温度不大于15℃	车辆遮阳，拌和楼出料口喷雾，溜槽和皮带机遮阳	拌和到碾压2h完成，仓面喷雾，保温隔热	通冷却水或河水	高温季节流水养护，长期暴露面长期养护			超过30m的坝段上游面设短缝，尽量在低温季节浇筑
15	岩滩	广西	111	20	夏季停浇	1995			骨料风冷、加冰和冷水拌和，控制机口温度不大于20℃	隔热防晒，入仓温度不大于25℃	喷雾淋水降温					金包银
16	棉花滩	福建	111	70	10～4月浇筑	2002	高效缓凝剂		次高温季对堆料喷水遮阳，料堆高，冷水拌和	运输过程遮阳	冲毛喷雾，保温隔热淋水			低温季节2cm厚的泡沫塑料板		次高温季夜间生产混凝土

续表

序号	工程名	地点	坝高（m）	最大坝宽（m）	施工方式	完工年限	优化混凝土抗裂性能	分层与间歇	骨料	运输过程	仓面控制	水管冷却	养护	表面保护	特殊部位	其他
17	景洪	云南	110	34	全年施工	2009	中热水泥	层厚不大于3m，间歇不小于5d	骨料预冷、加冰加冷水拌和，机口温度不大于12℃	运输过程遮阳	仓面喷雾，保温隔热，浇筑温度不大于17℃	通水冷却，一冷通10～15℃冷却水	养护不小于28d，上下游面挂管流水养护	长期暴露面粘贴保温材料常年保温，低温季节仓面保温	蓄水前降温至22℃	高温季节尽量夜晚浇筑
18	水口	福建	104	32	日均25℃以下浇筑	1996			骨料冰水喷淋预冷，拌和楼冷风，加冰	入仓温度为14℃		温控要求高的埋设冷却水管				台阶式浇筑
19	汾河二库	山西	88	69	冬季停浇	1999			堆料，遮阳，冷水拌和	运输过程遮阳	仓面喷雾			10月中旬起10cm厚聚苯乙烯板	覆盖0.8m土层过冬	高温季节尽量夜晚浇筑
20	花滩	四川	85.3	39	夏季停浇，低于3℃停浇	1999		层厚3m，间歇大于3～5d	堆料，遮阳		仓面喷雾		洒水养护	低温季4cm厚泡沫塑料保温，其他时段1cm		金包银，次高温季节早晚浇筑
21	石板水	重庆	84.6	70	全年施工	1998			10月～次年4月直接入仓，高温季节夜晚浇筑，遮阳，堆高		高温季节仓面喷雾		洒水养护	低温季节表面保护		尽量避免长间歇
22	观音阁	辽宁	82	19	气温高于25℃或低于2℃，停浇	1992		层厚0.75m，间歇3～5d	堆高，夏季4℃冷水拌和，预冷骨料，机口温度小于20℃		仓面喷雾，白天盖聚乙烯篷布隔热，浇筑温度小于25℃		洒水养护	上游面3～5cm聚苯乙烯泡沫塑料板，侧面也保温		金包银，横缝间距较小，约束区低温季节浇

8）表面保温。由于碾压混凝土坝内部长期温度较高，表面保温对防止内外温差尤其重要，对于东北、西北寒冷地区而言尤其如此。低温季节保温一般在上游面粘贴苯板，东北、西北地区的苯板厚度可达 10cm 以上。寒潮频繁的季节也要注意做好表面保护工作。

9）特殊部位：① 为应对上游面初次蓄水开裂风险，可采取蓄水前通水冷却降温、上游面长期挂管流水养护的方式，龙开口、景洪均采用了这一方法；② 对较低高程的上游面，可采取回填黏土的方式，龙滩、光照、官地均采用了这一方法；③ 度汛过流面的开裂风险较大，可采取过流前通水冷却降温、表面流水降温、铺设抗裂钢筋等方法；④ 东北、西北严寒地区可采取覆盖相当厚度黏土或砂过冬的方式。

8.7　特殊部位及时期的温控防裂

8.7.1　低温季节表面防裂

混凝土常见的裂缝，大多数都是不同深度的表面裂缝。早期由于水泥水化热混凝土内升温很高，拆模后表面温度较低，尤其在低温季节，易在表面部分形成很陡的温度梯度，发生很大的拉应力；而早期混凝土强度低，极限拉伸小，再加上养护不善，就易于形成裂缝。因此，表面裂缝常常发生于早期。在冬季低温季节或在早春晚秋气温骤降寒潮频繁季节，由于混凝土表面处于低温或表面温度骤降，也容易形成裂缝。因此，表面裂缝也会出现于晚期。这种现象在寒冷地区或低温季节更为明显。

（1）低温季节的表面防裂措施主要包括：

1）对表面进行保温。

2）在过冬前通水冷却，内部降温。

（2）保温从温度应力的观点出发应达到下述要求：

1）减小混凝土内外温差及混凝土表面温度梯度，防止表面裂缝。

2）防止混凝土超冷，应该尽量设法使混凝土施工期的最低温度不低于坝体运转期的稳定温度，以防止贯穿性裂缝。

3）防止老混凝土过冷，以减小上下层新老混凝土间的约束。

（3）根据上述要求，应在坝体中的下述有关部位注意采取保温措施：

1）刚浇筑的尚在凝固硬化过程中的新浇筑块。

2）由于各种原因而长期停浇的老浇筑块（岩基上长期停歇的薄层浇筑块更应注意）。

3）相邻坝块高差悬殊长期暴露的侧表面。

4）寒冷季节坝体的廊道、孔洞，应予以封闭，浇筑块的棱角和突出部分应加重保温。

过冬前通水冷却是指在混凝土过冬前，通过通水冷却从而降低混凝土内部温度，减小内外温差，从而达到消减温度应力的目的。

采用三维网格仿真计算龙滩大坝的最不利的温降过程：2d 温降 16.2℃和 3d 温降 16.9℃两个温降过程，并假定温降发生在 3d、7d、14d、28d 及 90d 龄期。采用的计算模型和网格见图 8－82。两种温降过程引起的不同龄期时的最大拉应力及影响深度拉应力区见表 8－43 及表 8－44。由于寒潮引起的表面附近温度梯度很大，因此采用特别密集的计算网格。不同龄期温降时应力沿深度方向的分布见图 8－83～图 8－85。

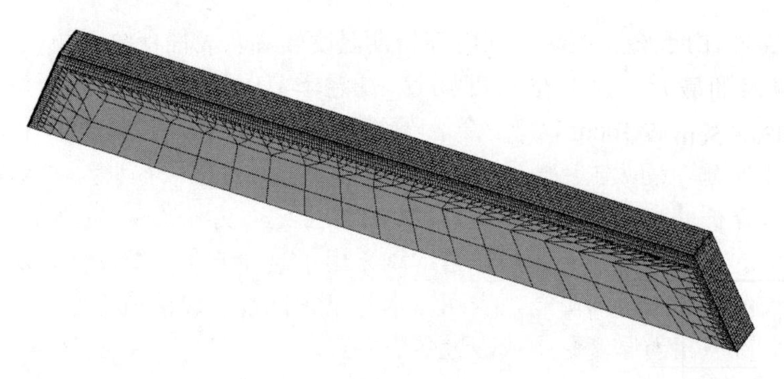

图 8-82　龙滩大坝温降过程计算网格图

表 8-43　　2d 温降过程引起的最大拉应力和影响深度

温降龄期	3d	7d	14d	28d	90d
最大拉应力（MPa）	1.54	1.94	2.33	2.77	3.31
拉应力区深度（m）	4	4	4	4	4

表 8-44　　3d 温降过程引起的最大拉应力和影响深度

温降龄期	3d	7d	14d	28d	90d
最大拉应力（MPa）	1.61	2.0	2.4	2.86	3.44
拉应力区深度（m）	4	4	4	4	4

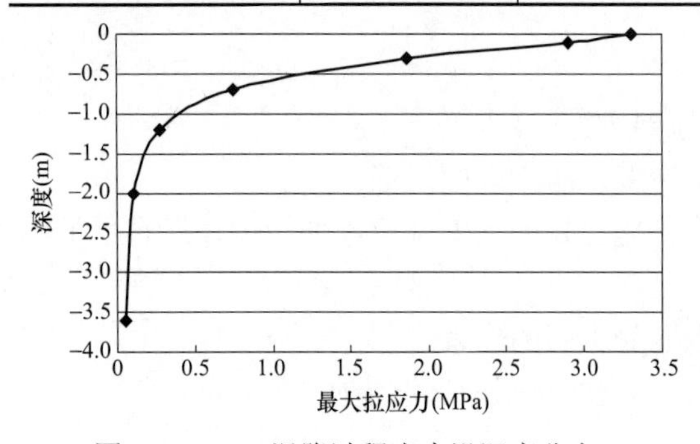

图 8-83　2d 温降过程应力沿深度分布

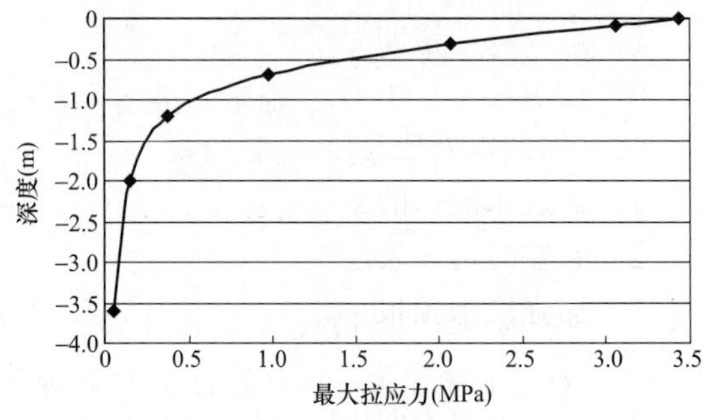

图 8-84　3d 温降过程应力沿深度分布

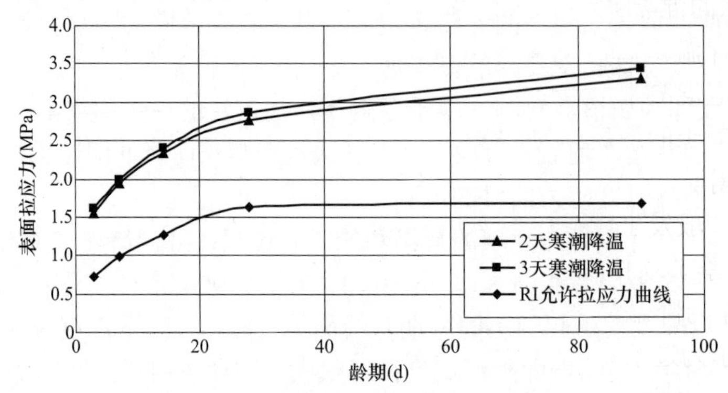

图 8-85　不同龄期遇寒潮时的表面应力

为了了解表面保温对减小寒潮影响的效果，计算分别考虑设置 3cm、5cm、8cm 苯板保温，遇 3d 寒潮时的最大拉应力见表 8-45。由表 8-45 可以看出，设置 3cm 保温板时可使拉应力减小 70%，5cm 保温板拉应力减小 80%以上，8cm 保温板可减小拉应力 90%。因此，表面保温对减小寒潮引起的拉应力是很有效的。

表 8-45　　不同厚度保温板在 3d 寒潮下产生的拉应力　　MPa

保温板厚度	温降龄期（d）				
	3	7	14	28	90
无保温板	1.61	2.0	2.4	2.86	3.44
3cm	0.419	0.521	0.614	0.732	0.876
5cm	0.286	0.351	0.418	0.498	0.598
8cm	0.186	0.228	0.272	0.322	0.387

8.7.2　过流缺口的防裂

在混凝土坝的施工过程中，往往要留一些缺口，供过水用。早龄期混凝土，抗裂能力较低，内部温度较高，如表面接触低温水，很容易出现裂缝。即使没有过水，由于停歇时间长，难免遇到寒潮，也容易出现裂缝。因此，对预留的过流缺口，应进行表面温度应力计算，并根据计算结果，采取适当的表面防裂措施。

（1）过水缺口的表面防裂措施有如下几种：

1）采用表面流水的方法，减小温差，以防过流时温度骤降；

2）采取较严格的温控措施，控制最高温度；

3）过水前进行水管冷却降低内部温度，从而减小温差。

（2）除此以外还有以下措施：

1）在过水缺口的水平面上铺保温被，上面用砂袋压紧；

2）必要时可在表层铺防裂钢筋；

3）加强洪水预报，使混凝土龄期达到 10d 以上后再过水，以便混凝土过水时已有一定抗裂能力；

4）上、下游表面用内贴法粘聚苯乙烯泡沫塑料板保温；

5）侧面过水的混凝土，在龄期 14d 前不拆模板，用模板防止冲刷，模板内侧粘贴聚苯乙烯泡沫塑料板保温。

过水以后，老混凝土内部温度比较低，继续浇筑上层混凝土时，为了控制上下层温差，应严格控制新混凝土的最高温度。例如，降低入仓温度，在一定高度内减小浇筑层厚度、减小冷却水管间距等。

施工期过水一般发生在春、夏、秋相对温度较高的季节。如龙滩工程，在溢流坝段预留缺口以保证洪水季节坝体过水度汛，由气象资料可知，过水时水温与气温的最大温差为 4℃。以此温差作为降温幅度，同样利用图 8-82 的网格仿真模拟坝体过水引起的冷击应力。图 8-86 所示为过水冷击引起的沿深度方向的最大应力。图 8-87 所示为过水时表面拉应力与允许拉应力比较。

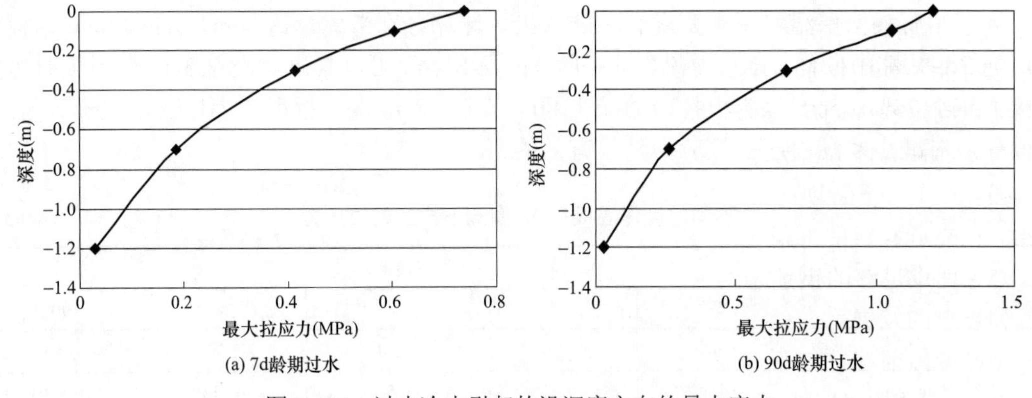

图 8-86　过水冷击引起的沿深度方向的最大应力

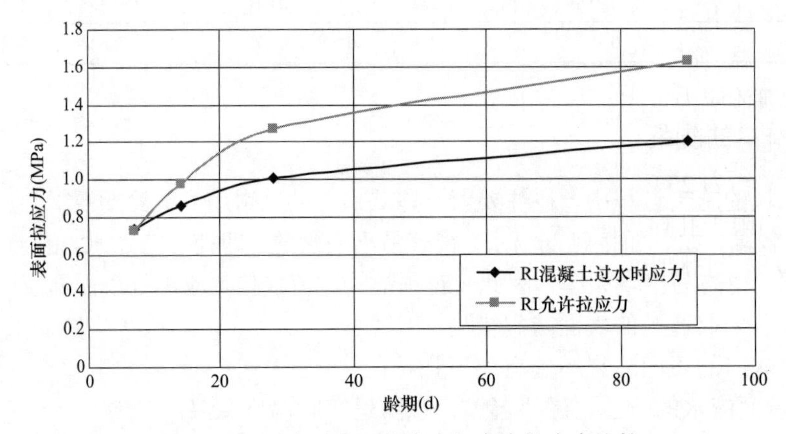

图 8-87　过水时表面拉应力与允许拉应力比较

8.7.3　孔口及孔洞过流的防裂

坝身导流底孔的底板比较薄，它受到的基础约束作用大于一般浇筑块所受到的基础作用。因此，导流底孔是容易产生裂缝的部位。另外，导流底孔高程较低，一般处在基础约束范围内，当坝体冷却至灌浆温度后，通常是受拉的，所以导流底孔一旦出现表面裂缝，后期往往容易发展成为贯穿性大裂缝。

导流底孔冬季过水时，由于冬季水温一般低于坝体稳定温度，因而产生“超冷”。不过水时或部分过水时，孔壁与冬季冷空气接触，温度可能更低。

在基础约束区外的永久性过水孔口，如无钢板衬砌，施工期产生的表面裂缝，到了运行期，在压力水的劈裂作用下，也往往容易发展成为大裂缝。

基于上述原因，对过水孔口，应采取特别严格的防裂措施：

（1）考虑超冷现象和基础约束作用较大，导流底孔附近的混凝土最高温度应低于一般的基础约束块，相应地，应采取更加严格的温度控制措施：更低的混凝土入仓温度、更密集的冷却水管、较低的冷却水温度等，并且最好在气温最低的季节浇筑这一部分混凝土。

（2）力争在过水之前，通过二期水管冷却，将导流底孔周围的混凝土温度降低到规定的温度，减少过水时的内外温差。但二期冷却时，混凝土应有足够的龄期和足够的抗裂能力，以承受基础约束作用所引起的温度应力。

（3）加强孔口内的表面保温。由于孔内过水时一般的表面保温材料将被水冲走，比较好的办法可能是采用钢筋混凝土模板。同时在模板内侧粘贴聚乙烯泡沫保温，并在混凝土内预埋钢筋以固定模板，防止被水冲走。寒潮的降温历时是比较短暂的，而过水时间是比较长的，因此对表面保温能力的要求比较高。

（4）在上、下游坝面，在孔口附近一定范围内，也应用内贴法粘贴聚苯乙烯泡沫塑料板保温，在靠近孔口的部位，应保留模板，以保护泡沫塑料板，防止被冲走。

（5）埋设足够的钢筋，除环向钢筋外，特别要有足够的纵向钢筋，以便万一出现裂缝时可限制裂缝的发展。

（6）度汛前在孔口附近进行表面流水养护。

以景洪工程为例，考虑 2008 年 6 月左冲砂底孔过水，计算底孔过水对坝体温度应力的影响。

计算时，将过水之前的坝体温度（二期冷却和初期蓄水后）作为过水的初始温度，取底孔位置的平均水温 16℃作为过水温度，模拟过水时底孔周围混凝土的温度变化，计算因温度变化引起的坝体应力增量。过水时坝体混凝土的龄期均已超过 1 年。

计算条件中，大坝经过二期冷却和初期蓄水，在 2008 年 6 月冲砂底孔过水前，底孔周围混凝土的温度约为 23℃；过水对底孔周围混凝土带来约 7℃的冷击作用。过水对坝体温度应力的影响仅局限于孔口周围 5m 范围内的混凝土，由此产生的温度应力增量为 0.5MPa 左右（见图 8－88），过水时孔口周围有可能产生的最大拉应力为 1.0～1.3MPa，基本满足设计抗裂要求。

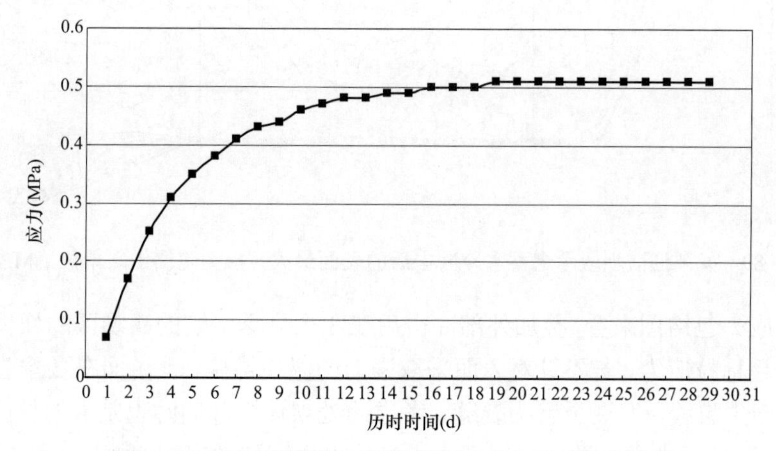

图 8－88　过水期间孔口周围混凝土应力历时变化过程

8.7.4　初期蓄水上游坝面劈头裂缝问题

劈头裂缝与上下游面水平裂缝是重力坝的一个重要问题，有些工程虽然采取了严格的温控措施，仍然出现了严重的劈头裂缝和水平裂缝。对于碾压混凝土重力坝来讲，如何防止上游面的劈头缝和水平裂缝，将是工程成败的关键之一。

对于劈头裂缝的防止，主要有以下措施：

（1）在上游面粘贴永久保温板。

（2）坝前回填土石（即堆渣）。

（3）上下游面水管预冷。

（4）表面流水养护。上游面产生劈头裂缝的另一个可能原因是蓄水。当蓄水时水温低于气温或混凝土温度时，坝面受到冷水冲击。由于与水接触后坝面散热系数增大、温降加快，容易造成较大的温度梯度从而引起较大的拉应力。龙滩通航坝段考虑蓄水冷击后坝表面的拉应力包络图见图 8－89。

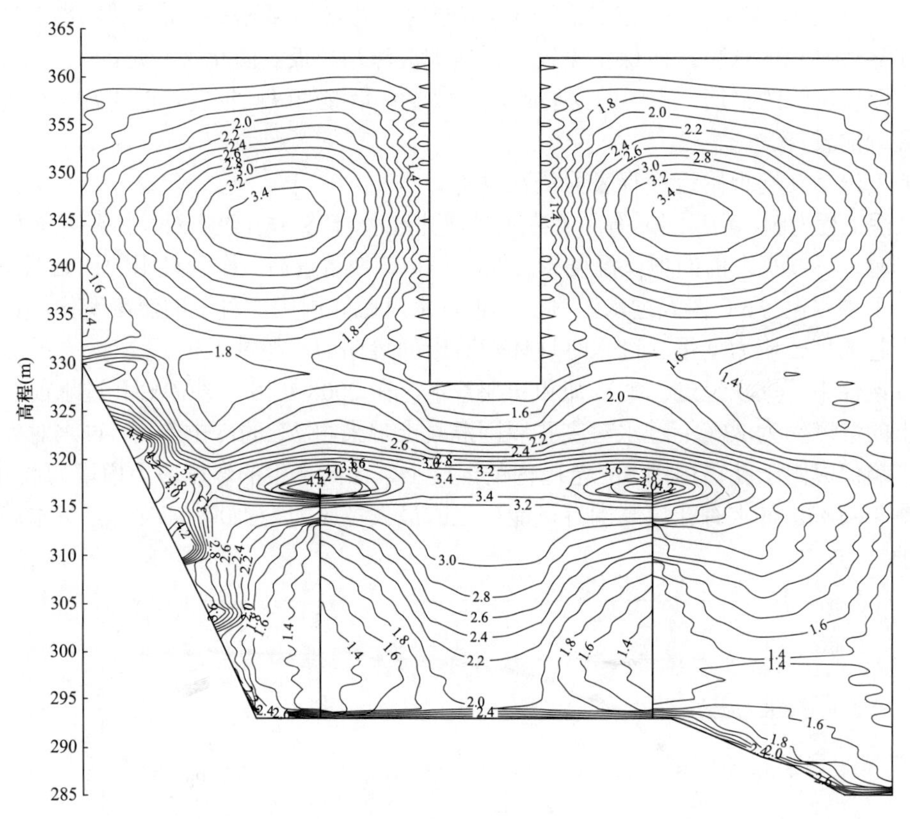

图 8－89　龙滩通航坝段考虑蓄水冷冲击后的表面最大拉应力包络图（单位：MPa）

从最大拉应力包络图来看，叠加外部冲击后在 3 个夏季浇筑的高温区的坝体上游表面将出现大面积的超标拉应力，若不针对表面采取强力的温控措施，上游面在冬季会出现较大的拉应力，可能产生裂缝，发展至劈头裂缝。考虑此处坝体内部同时也是大的拉应力区，一旦出现劈头裂缝，即使不考虑上游水渗透压力引起的水力劈裂的影响，也能形成深层劈头裂缝，对大坝安全构成威胁。因此应对此采取相应的措施。

上游坝面的保温是防止劈头裂缝的有效手段，通过喷涂保温材料、贴保温板等方式，在上游面形成一层保温层，由于保温层散热系数小，可有效地消除由于寒潮和冷水冲击引起的表面拉应力。因此考虑在上游面布置永久性保温板，保温材料取 4～5cm 厚的苯板，可在施工时贴在施工模板内侧一起安装，上游面设置保温板后，无水时的散热系数为 70kJ/（m • d • ℃），与水接触时为 75kJ/（m • d • ℃）。图 8－90 所示为上游表面加 4cm 聚乙烯苯板时的坝轴向最大应力包络图。与图 8－89 比较可见，考虑上游面保温后，表面最大拉应力已从无保温时的 2.0～2.2MPa 下降到 1.2～1.6MPa，能够满足常态混凝土的抗裂标准，可以有效地避免劈头裂缝的产生。

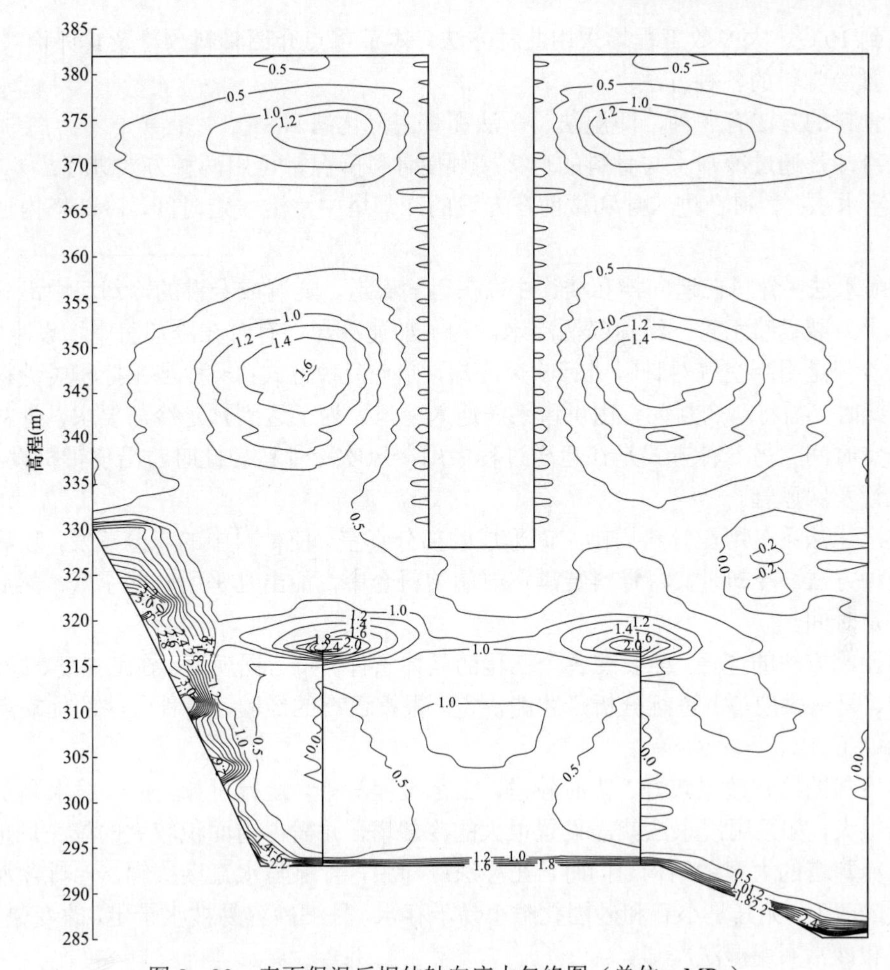

图 8－90 表面保温后坝体轴向应力包络图（单位：MPa）

8.8 温控防裂实施效果及评价

8.8.1 骨料预冷温度检测

冷却一种或多种混凝土原材料，可以降低混凝土浇筑温度，进而降低坝体内部最高温度，并减小最高温度与稳定温度之差，目的是把混凝土的温度变化控制在允许的范围内，以防止裂缝的产生。人工预冷混凝土可以大幅度降低混凝土温度，在炎热的夏季可降温 15～20℃。

近年来，由于某些坝的分块尺寸加大，需要严格地控制温度，因而使预冷混凝土技术有了很大的发展。在通仓长块浇筑的坝中，人工预冷混凝土已成为必不可少的温度控制措施。

骨料预冷技术主要包括以下几种：① 冷却水或加冰拌和；② 骨料预冷。其中①是预冷混凝土最简易的办法。但是，由于水在混凝土中所占的热容量的百分比不大，单凭冷却水及加冰拌和不能充分降低浇筑温度。②骨料预冷技术是在第二次世界大战后，美国陆军工程师团修建了一系列的不分纵缝通仓浇筑的高坝，发展了以预冷骨料为主的冷却混凝土的方法和技术，通过冷却骨料、冷却拌和水和水泥，即使在环境气温很高的夏季，也能把混凝土浇筑温度降低到10℃。大多数工程均采用此种方法，本节重点介绍骨料预冷及其评价。

8.8.1.1　预冷骨料的各种方法

预冷骨料的方法有3种，即湿法、干法和真空汽化法。

湿法冷却是通过冷却水与骨料的直接接触使骨料降温，可用两种方式进行：

（1）浸水法：骨料在进入拌和楼前在专设的冷却塔中浸泡一定时间，冷却塔内通以循环的冷水。

（2）喷水法：骨料在运向拌和楼途中，在运输廊道、隧洞或专设的冷却房中沿载运骨料的皮带机上方装设喷水管，沿途喷洒冷水。为了加速冷却，有时在冷却房中增设冷气设备。

干法冷却是用冷空气对骨料进行吹风冷却，亦有两种方式：一种是在拌和楼骨料仓内进行冷却。此时，需将料仓封闭，由供风系统通入冷风。为了达到预定冷却要求，骨料需在仓内滞留一定时间。另一种方式是在运送过程中用冷风吹冷骨料。此时，沿皮带机设冷风道、冷气供风管及回风管。

真空汽化法系是用在骨料周围空间形成的部分真空，使骨料中的水分蒸发，吸热而冷却骨料的一种方法。冷却时，将骨料装满在封闭的料仓中，抽出几乎所有的空气。然后，将真空保持一定时间。

骨料预冷方法的选择，需要在各个工程的具体条件（如工程规模、施工强度、经济比较、施工布置、材料供应等）进行分析后才能决定。根据已有的经验，各种方法的优缺点及应用上的限制如下。

湿法冷却的冷却效果较好，需时较短，工艺过程简单，运行可靠。但一般水利工程混凝土生产量很大，如采用浸水法就需设置很大的冷却塔，并需占用面积较大的施工场地，用以安装组成冷却塔的大型钢结构。同时，在湿法冷却中，骨料与水直接接触，骨料含水量会有不同程度的改变，尤其是小石和砂因孔隙小易于存水，且细砂容易被水带走，改变原有级配，因此小石和砂常不用湿法冷却。

干法冷却可以避免改变骨料含水量和砂的级配。冷却工序可在拌和楼原有料仓中进行，不需另设冷却塔，因而也就减少了施工场地安排上的困难。但此法需时较长，工艺过程也较复杂。此外，还要注意到砂的透气性很小，不应在料仓内冷却。对于粗骨料，因其粒径大，冷却需时长，最好也不要在运送过程中沿皮带机吹风冷却；如果这样做，势必大大加长皮带机和冷风道的长度，也很不经济。

真空汽化法是骨料冷却中的一项革新，冷却效果好，需时也不是很长，对粗、细骨料均适用，此法也需设置大容量的冷却仓。

8.8.1.2　国内几个典型工程碾压混凝土风冷骨料情况

国内几个典型工程骨料预冷采取的措施及效果评价见表8-46。

表8-46　典型工程骨料预冷采取的措施及效果评价表

工程名称	采取措施	效果评价
龙首一级水电站	搭设防晒棚、大骨料冷水喷淋	可降低骨料温度（尤其大骨料）5℃左右
景洪水电站	两次逐步风冷及加冰及冷水拌和；运输中车厢喷雾、遮阳	出机口温度可控制在14℃内
龙滩	骨料一次风冷、二次风冷	一次风冷合格率为95.7%，二次风冷合格率为30.1%

龙滩工程骨料预冷监测成果如下：

1. 骨料一次风冷检测

骨料一次风冷测温 473 次，设计要求小于或等于 7℃，合格率为 95.6%。其中大石 51 次，最高温度 9.5℃，最低温度 -2℃，平均温度 4.1℃；中石 51 次，最高温度 17.2℃，最低温度 -1℃，平均温度 5.4℃；小石 51 次，最高温度 16℃，最低温度 0℃，平均温度 6.5℃。

2. 骨料二次风冷温度检测

骨料二次风冷测温 473 次，设计要求 0～-4℃，合格率为 30.1%。其中大石 51 次，最高温度 8.5℃，最低温度 -2℃，平均温度 2.1℃；中石 51 次，最高温度 10.2℃，最低温度 -3℃，平均温度 4.6℃；小石 51 次，最高温度 10.5℃，最低温度 -2℃，平均温度 5.4℃。

8.8.2　出机口混凝土温度检测

混凝土出机口温度是根据浇筑温度的要求来控制的，也就是将浇筑温度扣除运输及浇筑过程中的温度回升值确定出机口温度，一般情况下，混凝土出机口温度取决于来料温度，只要控制原材料温度就能控制住出机口温度。

拌和过程中的主要措施是混凝土加冰拌和。几个典型工程混凝土加冰拌和降温效果见表 8-47。

表 8-47　　典型工程混凝土加冰拌和降温效果

坝名	加冰量（kg）	$1m^3$ 混凝土降温效果（℃）
丹江口	50～80	出机口温度降低 5～8
乌江渡	30～50	出机口温度降低 2.7～6.5
枫树坝	23.6 左右	出机口温度降低 2.3～3.5
葛洲坝	30～50	出机口温度降低 2～6

典型工程碾压混凝土坝出机口温度评价汇总表见表 8-48。

表 8-48　　典型工程碾压混凝土坝出机口温度评价汇总表

工程名称	采取措施	效果评价
龙滩	加冰等措施	合格率为 50.1%～55.6%
龙首一级水电站	骨料冷水喷淋、冷水拌和等措施	出机口温度下降 3～5℃
观音阁	冷水拌和等措施	出机口合格率为 70.2%～91.5%
景洪	冰河制冷水等措施	存在超标现象
金安桥	加冰等措施	平均超标 3.15℃

龙滩右岸大坝碾压混凝土出机口温度检测成果见表 8-49。

表 8-49　龙滩右岸大坝碾压混凝土出机口温度检测结果统计

系统名称	时间段		检测次数（次）	最大值（℃）	最小值（℃）	平均值（℃）
高程 308m 拌合系统	2004 年	11—12 月	327	17.2	9.0	13.7
	2005 年	1—3 月	1027	22.0	8.0	14.0
		4—10 月	2904	25.0	8.0	12.7
		11—12 月	1030	19.0	8.0	13.9
	2006 年	1—3 月	884	23.0	10.0	16.5
		4—7 月	625	20.0	6.0	12.2
高程 360m 拌合系统	2004 年	11—12 月	137	21.0	10.0	15.1
	2005 年	1—3 月	668	24.0	7.0	14.4
		4—10 月	1913	23.0	8.0	13.0
		11—12 月	833	21.0	7.0	15.6
	2006 年	1—3 月	843	24.0	10.0	17.2
		4—7 月	546	26.0	8.0	12.6
高程 308m 及高程 360m 拌合系统	2004 年汇总	11—12 月	464	21.0	9.0	14.1
	2005 年汇总	1—3 月	1695	24.0	7.0	14.2
		4—10 月	4817	25.0	8.0	12.8
		11—12 月	1863	21.0	7.0	14.7
	2006 年汇总	1—3 月	1727	24.0	10.0	16.8
		4—7 月	1171	26.0	6.0	12.4
高程 308m 及高程 360m 拌和系统汇总	2004—2006 年	1—3 月、11—12 月	5749	21.0	7.0	15.0
		4—7 月	5358	26.0	6.0	12.6

碾压混凝土可加冰 10～25kg。一般情况下，加冰量与出机口温度的关系：加 25kg 冰时可降温 2.5～3℃。

根据龙滩工地环境气温条件，混凝土出机口温度分每年 1—3 月与 11—12 月、4—10 月两个时段统计。右岸大坝工程碾压混凝土出机口温度共抽样检测 11 107 次，按上述两个时段统计其平均值分别为 15.0℃和 12.6℃。

据监理单位检测结果，混凝土出机口温度合格率，常态混凝土为 56.8%～60.2%，碾压混凝土为 50.1%～55.6%。混凝土浇筑温度超温率，常态混凝土为 0.14%～12.2%，碾压混凝土为 9.0%～19.3%，混凝土最高温度的超温率小于 7%，基本满足设计要求。

8.8.3 混凝土运输过程中的温度回升及浇筑过程中 *VC* 值损失

夏季施工混凝土时气温很高，用加冰等措施预冷得到的低温混凝土，必须尽可能地加以保护，减少温度回升，主要措施是选用温度回升少的运输工具，且在浇筑过程中设法减少仓面温度回升。

要想减少混凝土在夏季运输中的温度回升，应采用较大的立罐，例如用 6m³ 的立罐，如罐体周围进行保温可以做到基本不回升。在一般情况下不采取保温措施，温度回升也不大，从经济上考虑可不采取保温措施；汽车装料回升较立罐大，半小时平均回升 1～3℃，设遮阳板后平均回升 0.2～0.7℃，说明汽车遮阳板是有效的；皮带机运料回升最快，因其运料时暴露面大，设遮阳棚回升也较大，故在气温高（或负温）时，不宜用皮带机运送混凝土。总之，运用回升少的运输工具如立罐，并将拌和楼尽可能设置在距各浇筑部位近的地方，对减少回升是有利的。运输工具应当经常冲洗，至少两小时冲洗一次，对降温、保持运输工具整洁及下料顺利均有好处。

对混凝土坝，混凝土入仓设备的运输能力应根据仓面大小设计配套，使混凝土入仓以后在较短时间内就覆盖上新混凝土。因此，碾压混凝土应采取相应措施，缩短层间的间隔时间，增大起吊设备及入仓浇筑的能力，加快覆盖速度。

所谓稠度，就是在一定的振动条件下，碾压混凝土的液化有一个临界时间，达到临界时间后混凝土迅速液化，这个时间间接表示碾压混凝土的流动性，又称稠度，亦称 *VC* 值。龙滩工程 *VC* 值损失情况统计如下：

（1）不同运输方式 *VC* 值损失情况：在出机口 *VC* 值为 3～5s、汽车运输 *VC* 值损失 1s/10min，供料线运输 *VC* 值损失 1s/min。

（2）碾压混凝土入仓后初始阶段温度回升及 *VC* 值损失情况：在阳光直射、气温 30℃的条件下，温度回升 2～3℃/h，*VC* 值损失 4～6s/h；采用喷雾措施可保持空气湿度，有效减少 *VC* 值损失，*VC* 值损失 3～4s/h，同时可降低仓面环境温度 3～5℃；混凝土碾压后采取喷雾加保温被覆盖措施，温度回升 1.5～2℃/h，*VC* 值损失 2～3s/h。温度回升及 *VC* 值损失增幅随时间的增加而降低。

8.8.4　仓面温度检测情况

碾压混凝土施工的仓面很大，混凝土暴露时间长，受太阳辐射的影响严重。太阳辐射可使碾压混凝土层面气温平均每小时上升 5℃；是否考虑日照的影响，碾压混凝土的最高温度相差 1～3℃。

根据龙滩大坝测温统计结果，从 2005 年 4 月开始，对右岸大坝混凝土施工共进行了 355 个仓号的现场测温工作，测温 26 741 次。其中常态混凝土 162 个仓号，仓内气温检测 4273 次，最高仓内气温 40℃、最低气温 4℃；入仓温度检测 4069 次，最高入仓温度 19.0℃、最低入仓温度 5℃、平均入仓温度 12.5℃。浇筑温度检测 4187 次，最高浇筑温度为 23℃、最低浇筑温度为 10℃、平均浇筑温度为 16.8℃，合格率为 97.2 %。

碾压混凝土 193 个仓号，仓内气温检测 4834 次，最高仓内气温为 39℃、最低气温为 4℃；入仓温度检测 4838 次，最高入仓温度为 22℃、最低入仓温度为 9℃、平均入仓温度为 13.6℃。碾压混凝土浇筑温度检测 4537 次，最高浇筑温度为 26℃、最低浇筑温度为 9℃、平均浇筑温度为 19.3℃，合格率为 85.5%。其中，强约束区（17℃控制）550 次，最高浇筑温度为 26℃、最低浇筑温度为 13℃、平均浇筑温度为 16.5℃，超标 67 次，超温率为 12.2%；弱约束区（20℃控制）2056 次，最高浇筑温度为 23℃、最低浇筑温度为 9℃、平均浇筑温度为 18.6℃，超标 186 次，超温率为 9.0%；脱离约束区（22℃控制）1931 次，最高浇筑温度为 24℃、最低浇筑温度为 9℃、平均浇筑温度为 17.8℃，超标 46 次，超温率为 2.4%。

8.8.5 通水冷却情况

在修筑大体积混凝土坝时，为了坝体灌浆的需要，单靠天然冷却，使坝体按施工进度冷却到预定温度是不可能的，必须采用人工冷却的办法，迫使坝体按照施工进度，在不同的部位达到不同的预定温度，这也是混凝土坝体人工冷却的主要目的。

冷却过程可分为两期控制：一期冷却及二期冷却。一期冷却是在混凝土刚浇筑完甚至正浇筑时就开始进行，以削减早期由水化热温升所形成的温度尖峰和满足基础允许温差的要求。二期冷却是在水泥水化热已基本散发完毕后进行的，主要目的是为了便于接缝灌浆，有时也兼顾浇筑块内外温差和防止表面裂缝的需要。两期冷却所采用的冷却水均可为天然河水或人工冷却水，需视混凝土温度、施工进度安排和当时当地的气候条件而定。例如有的坝由于施工安排，在一期冷却后紧跟着就进行二期冷却，如逢夏秋季，就不得不使用大量人工冷却水。有的坝在用河水进行一期冷却后暂停通水，直到冬季再通低温河水进行二期冷却，甚至完全可以不设制冷厂。

由于碾压混凝土属于半塑性拌和物，用水量低，常态混凝土常用的加冰拌和大幅度降低拌和物出机口温度的温控措施不可行，而碾压混凝土筑坝，具有强度高、工期短、快速施工的特点，应用预冷骨料，具有制冷容量大、成本高、运输及摊铺过程冷量易损耗的缺点。因此，除可采取常规的遮阳、仓面喷雾、蓄水养护以及料堆加高至6m以上、顶部喷水和地垄取料等简易的温控措施外，应合理安排工期，尽量在有利的低温季节浇筑施工，次高温和高温季节宜少浇或停浇，特别对坝体强约束区的混凝土更应如此。

受二滩拱坝在坝体内埋设高强度聚乙烯的冷却水管降温的启发，结合国家“九五”科技攻关通过对冷却水管现场埋设施工工艺和效果试验后，于1997年的高温季节首次应用于沙牌碾压混凝土中部坝体的施工中，包括1997年和1998年两年总计共埋设约2万余米，并利用天然河水水温较低（约为12℃）的有利条件通河水冷却，取到了削减坝内混凝土最高温升的作用，解决了夏季施工的难题。施工实践表明，采用埋设高强度的聚乙烯的冷却水管，能适应碾压混凝土现行的摊铺、碾压等施工工艺，对碾压混凝土的施工工序干扰较小，成本低廉，施工灵活方便，因碾压混凝土的发热过程相对缓慢，削减水化热初期温升（即削峰）效果较为显著。同样，对降低坝内准温度场，控制坝体冬季温降可能造成的坝体更大的内外温差，防止混凝土的开裂，以及进行坝体的横缝、诱导缝接缝灌浆和坝肩岸坡的接触灌浆都可以取得较大的作用。近几年来，这一技术受到国内水电同行的高度重视，并广泛推广应用到国内大多数的碾压混凝土拱坝及重力坝中，包括龙滩、光照、龙首、索风营等，已部分代替预冷骨料的温控措施，对中型的工程项目更是完全代替。沙牌工程混凝土内埋设聚乙烯的冷却水管后混凝土观测成果见表8-50。

表8-50　沙牌工程混凝土内埋设聚乙烯的冷却水管后混凝土温度观测成果表　℃

项目日期	T24（埋设冷却水管）				未埋设冷却水管		
	混凝土温度	气温	出水温度	进水温度	T23	T22	T21
1998年4月16日	20.0	26.0	20.0	19.5	21.3	21.0	22.0
1998年4月17日	24.1	26.5	20.5	19.5	25.6	24.6	26.2
1998年4月18日	26.6	28.0	18.8	17.8	28.3	26.9	28.6

续表

项目日期	T24（埋设冷却水管）				未埋设冷却水管		
	混凝土温度	气温	出水温度	进水温度	T23	T22	T21
1998年4月19日	27.8	21.0	20.5	19.5	29.7	28.2	29.3
1998年4月22日	29.2	19.8	19.4	19.2	31.9	30.5	29.3
1998年4月25日	29.8	20.6	20.2	19.0	33.1	31.9	29.0
1998年5月5日	30.4	22.0	20.2	18.9	35.3	34.4	30.1

温度计T24埋在两根平行的冷却水管中间，温度计T22、T23部位未埋冷却水管。通水冷却20d，T22、T23的混凝土最高温度分别为34.4℃、35.3℃。而埋设冷却水管后，T24的最高温度为30.4℃，冷却效果平均为4.5℃。

水管材采用四川省攀枝花市第一塑料厂生产的高强度聚乙烯管，管外径为32mm，管内径为28mm；热传导系数k=0.464W/（m·K）；拉伸屈服应力不小于20MPa；纵向回缩率不大于300；液压环向应力在20℃，1h承受11.8MPa应力下不破裂不渗漏。

国内部分工程通水冷却情况见表8－51。

表8－51　　国内部分工程通水冷却情况表

工程名称	冷却期数	冷却效果
百色	一期通河水	效果良好
龙首一级	通河水	降低水化热4℃
彭水	二期冷却	通水效果良好
大朝山		降低水化热4～6℃
戈兰滩	一期冷却	符合设计要求
龙滩	一期冷却	符合设计要求
沙牌	二期冷却	符合设计要求

根据龙滩大坝实际统计结果，至2006年5月止，河床及右岸大坝常态混凝土区域共埋设569组冷却水管，碾压混凝土区域共埋设705组冷却水管。初期通水有效地削减了浇筑块的水化热温升，减少了基础温差和内外温差，降低了坝体的温度应力。河床及右岸大坝初期通水冷却情况见表8－52～表8－54。

表8－52　　冷却水管初期通水情况汇总表

序号	坝段	高程（m）	通水天数（d）	回水温度（℃）	坝块监测温度（℃）	设计允许温度（℃）	备注
1	11号	235.4	55	25.5～26.0	28.55～31.31	32	符合设计要求
2		239.5	54	23.0～26.5	27.0～29.1	32	符合设计要求
3	12号	242.0	57	26.0～26.5	29.45～33.5	35	符合设计要求
4		245.0	54	23.0～24.5	28.5～29.9	35	符合设计要求
5	14号	234.8	46	27.0～28.0	29.85～32.35	35	符合设计要求
6		239.6	40	23.5～27.5	28.3～30.5	35	符合设计要求

续表

序号	坝段	高程（m）	通水天数（d）	回水温度（℃）	坝块监测温度（℃）	设计允许温度（℃）	备注
7	15号	235.4	33	25.5～26.5	32.2～34.5	35	符合设计要求
8	17号	234.2	49	26.0～29.0	29.1～33.85	35	符合设计要求
9	19号	231.5	41	26.0～27.5	30.0～31.1	32	符合设计要求
10		243.5	58	26.0～28.0	27.3～33.4	35	符合设计要求
11	20号	237.8	51	23.0～23.5	27.1～29.4	32	符合设计要求
12		242.3	38	22.0～24.0	26.8～29.8	32	符合设计要求

表8-53　河床及右岸大坝初期通水概况汇总表（常态）

序号	坝段	水管组数（组）	进水温度（℃）	出水温度（℃）	通水流量（L/min）	闷温温度（℃）
1	2号	11	20.0～23.5	21.0～24.5	20.0～27.5	23.0～27.0
2	5号	187	12.0～17.5	18.0～26.5	17.0～22.0	19.0～29.5
3	6号	21	12.0～17.5	18.0～25.5	17.0～23.5	24.5～26.0
4	7号	18	12.0～17.0	18.5～23.5	17.5～23.0	21.0～28.0
5	8号	22	12.0～17.0	18.0～24.5	17.0～22.5	27.0～30.5
6	9号	39	12.0～17.5	19.0～25.5	18.0～23.5	26.0～30.5
7	10号	13	12.5～17.5	21.5～26.5	18.0～24.5	26.0～30.0
8	11号	76	16.5～20.5	24.5～26.0	17.5～24.0	25.0～30.0
9	12号	55	16.5～20.5	23.5～26.5	20.0～24.5	26.0～30.0
10	13号	11	16.5～21.0	24.0～26.0	17.5～24.0	25.0～27.0
11	14号	11	16.5～20.5	23.0～25.5	18.0～25.0	25.0～27.5
12	15号	15	16.5～20.0	24.5～26.5	19.0～23.0	25.0～29.0
13	16号	23	16.5～20.5	24.0～26.0	19.0～24.5	25.0～30.0
14	17号	26	16.5～21.0	24.5～26.0	17.0～24.5	24.0～29.0
15	18号	14	16.5～20.5	23.5～25.5	18.0～23.5	25.0～27.5
16	19号	17	16.5～20.5	24.5～26.0	18.5～24.5	24.5～27.0
17	20号	10	15.5～18.5	21.5～25.5	19.0～23.5	26.0～30.0

表8-54　河床及右岸大坝初期通水概况汇总表（碾压）

序号	坝段	水管组数（组）	进水温度（℃）	出水温度（℃）	通水流量（L/min）	闷温温度（℃）
1	9号	15	14.0～22.0	19.0～32.0	17.0～21.5	25.0～27.5
2	10号	51	12.5～22.0	19.0～32.0	16.5～21.0	23.0～30.0
3	11号	48	12.5～22.0	19.0～32.0	17.5～22.0	23.0～29.0
4	12号	78	12.5～20.0	23.0～31.0	17.0～20.5	25.0～30.0
5	13号	71	12.5～20.0	23.0～31.0	17.5～21.0	24.5～30.5
6	14号	84	12.5～20.0	23.0～31.0	16.0～20.5	22.0～30.0

续表

序号	坝段	水管组数（组）	进水温度（℃）	出水温度（℃）	通水流量（L/min）	闷温温度（℃）
7	15 号	36	13.5～19.5	22.5～29.0	16.0～21.0	24.0～31.0
8	16 号	36	13.5～19.5	22.5～29.0	16.5～20.5	24.0～30.0
9	17 号	36	14.0～20.0	18.0～31.0	17.0～21.0	24.5～30.0
10	18 号	48	14.0～20.0	18.0～31.0	17.0～21.5	23.0～31.0
11	19 号	85	13.5～19.0	23.5～30.5	16.5～20.5	25.0～31.0
12	20 号	78	14.0～22.0	23.0～31.0	16.0～20.0	24.0～30.0
13	21 号	39	14.0～22.0	23.0～31.0	16.5～21.5	25.0～29.0

8.8.6　坝体温度监测

为了监测龙滩大坝在高温季节浇筑的碾压混凝土坝体温度，2005 年 5—8 月在 11、12、14、15、17、19 号等坝段增设了 112 支温度计。经监测、统计表明：

（1）由于通水冷却作用，碾压混凝土浇筑层达到最高温度的时间一般在混凝土浇筑后的 8～24d，比常态混凝土和无通水冷却的碾压混凝土明显迟缓。

（2）2005 年 5—8 月，经通水冷却的碾压混凝土浇筑层，水化热温升为 13～16℃，该时段监测到的最高温度为 35.90℃，超标 0.90℃。

（3）超温时间最长为 27d，最大超温率为 7.30%。平均超温率为 1.44%。其所在的浇筑层为 11 号坝段高程 240.20～241.70m，浇筑时间为 2005 年 7 月 26 日 18 时 5 分至 7 月 27 日 16 时 40 分。正处于高温季节的高温时段，仓内气温高达 38℃。尽管混凝土出机口温度达标（测次 41 次，最高 17℃，最低 10℃，平均 12℃），但浇筑温度超标（测次 15 次，最高 22℃，最低 18℃，平均 19.1℃）。该浇筑层冷却水管铺设在高程 241.40m，进水温度为 16～20℃，因制冷水机组超负荷运行，致使进水温度偏高，回水温度为 26～31℃；初期通水 33d 达到设计要求。

上述部位温度超标原因：一是因气温高致使浇筑温度超标，二是因制冷水机组超负荷运行，致使进水温度偏高所至。

在混凝土施工过程中通过采取综合温控措施，坝体混凝土最高温度小于 35℃，处于受控状态。

河床及右岸坝段（2～21 号坝段）为碾压混凝土坝段，从 2004 年 8 月底开始基础垫层常态混凝土浇筑；至 2006 年 1 月，河床溢流坝段碾压混凝土最低浇筑高程为 265.00m，两岸底孔坝段浇筑高程为 279.00m，非溢流坝段最低浇筑高程为 280.00m，大坝最大上升高度约为 75m，除部分非溢流坝段外，坝体已脱离基础约束区。据大坝施工现场温度监测资料的统计分析，坝体垫层常态混凝土最高温度在 30℃左右，碾压混凝土基础约束区范围混凝土最高温度值略高于设计标准，特别是进入高温季节 2005 年 5 月后浇筑的局部最高温度值达到 38.5℃。

据 16 号溢流坝段（最大坝高坝段）和 12 号底孔坝段典型坝段统计，部分温度监测资料统计结果见图 8－91～图 8－94。

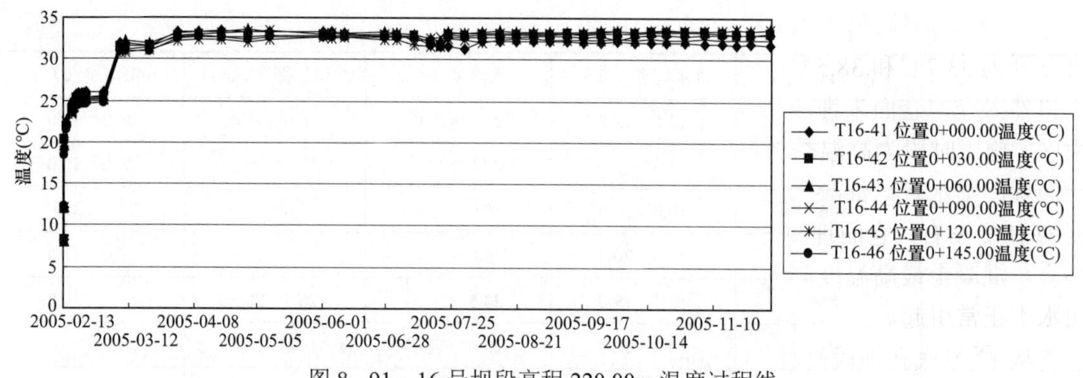

图 8-91　16 号坝段高程 220.00m 温度过程线

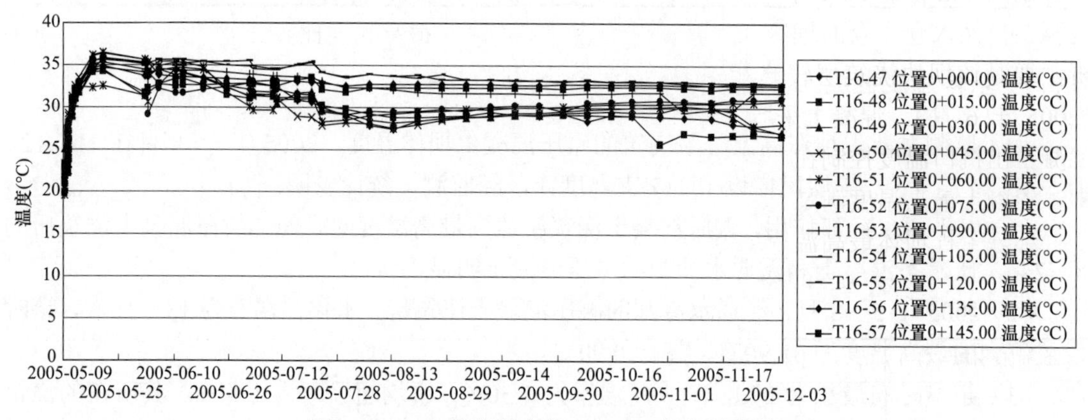

图 8-92　16 号坝段高程 235.00m 温度过程线

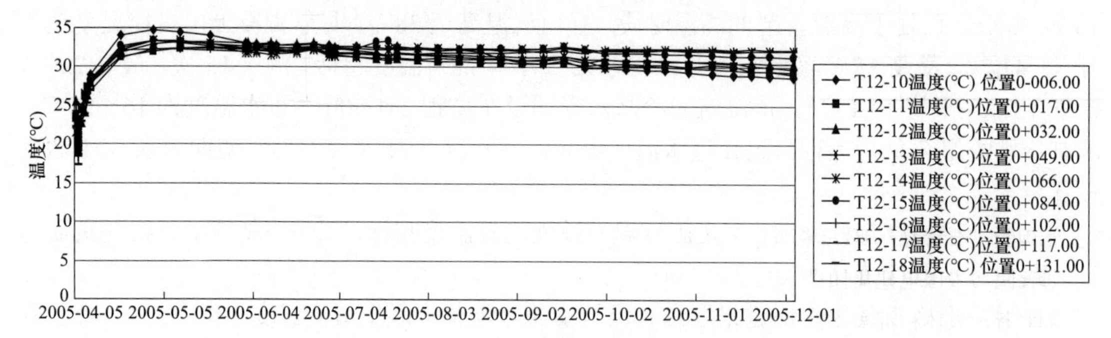

图 8-93　12 号坝段高程 215.00m 温度过程线

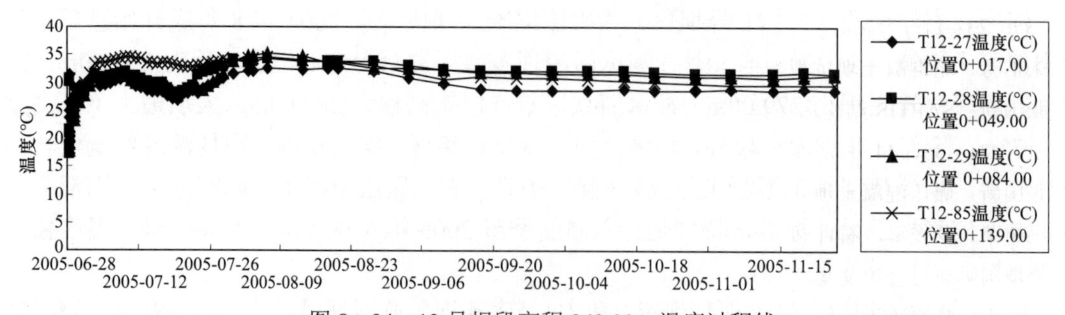

图 8-94　12 号坝段高程 242.00m 温度过程线

从 16 号溢流坝段高程 222.00m 和高程 235.00m 温度过程线图可见，碾压混凝土最高温度分别为 33.7℃和 38.5℃，前者位于基础强约束区，施工时段充分利用低温季节浇筑，混凝土自然入仓，仓面未埋冷却水管，混凝土最高温度高于设计要求 1.7℃；后者位于基础弱约束区，施工时段为高温季节浇筑，混凝土采取了一系列温控措施，如风冷骨料、加冰拌和及仓面埋冷却水管，混凝土自然出机口温度控制在 12℃左右，入仓温度在 14℃左右，浇筑温度为 18℃左右，仓面埋冷却水管，进行通水冷却，进水温度为 12～20℃，回水温度为 20～29℃，混凝土最高温度高于设计要求约 3.5℃，据初步分析主要是该坝块冷却通水不及时和通水不正常引起。

从 12 号底孔坝段高程 215.00m 和高程 242.00m 温度过程线图可见，碾压混凝土最高温度分别为 34.5℃和 35℃，分别位于基础强约束和弱约束区，前者施工时段为 2005 年 2 月，混凝土自然入仓，仓面埋冷却水管，通水冷却，混凝土最高温度比设计要求高 2.5℃，经分析主要是该坝块浇筑层较厚（6m），表面散热条件差引起；后者施工时段为高温季节浇筑（2005 年 6 月），混凝土采取了系列温控措施，如风冷骨料、加冰拌和及仓面埋冷却水管，混凝土出机口温度控制在 13℃左右，入仓温度在 16℃左右，仓面埋冷却水管，进行通水冷却，混凝土最高温度满足设计要求。

部分工程坝体最高温度统计情况见表 8－55。

表 8－55　　部分工程坝体最高温度统计情况表

工程名称	最高温度（℃）	评价	其他
观音阁	35.4	满足设计要求	
金安桥	30.0～31.0	超标 3.5℃	设计最高 27℃
水口	31.3～33.2	满足设计要求	
龙滩	最高 38.5	超标 3.5℃	

参考文献

[1] 张国新，石青春，等．碾压混凝土重力坝设计规范之温控防裂研究专题报告［R］．中国水利水电科学研究院，中国电建集团中南勘测设计研究院有限公司．2011.

[2] 朱伯芳．大体积混凝土温度应力与温度控制［M］．北京：中国电力出版社，1999.

[3] 朱伯芳．DL 5108—1999《混凝土重力坝设计规范》中几个问题的商榷［J］．水利水电技术，2005，36（3）：23－27

[4] 朱伯芳．论混凝土坝抗裂安全系数［J］．水利水电技术，2005：36（7）33－37.

[5] 张国新．SAPTIS 结构多场仿真与非线性分析软件开发及应用（之一）［J］．水利水电技术，2013，44（1）：31－35，44.

[6] 张国新．碾压混凝土坝的温度应力与温度控制［J］．中国水利，2007，21：4－6.

[7] 冯树荣，罗俊军，石青春，肖峰．龙滩高碾压混凝土坝设计关键技术研究综述［C］//第五届碾压混凝土坝国际研讨会论文集，2007 年 11 月，贵阳，中国.

[8] 欧红光，狄原涪，冯树荣．龙滩水电站碾压混凝土重力坝设计［J］．红水河，2001，20（2）：21－24.

[9] 石青春，周慧芬．龙滩碾压混凝土高坝温控设计及温度监测资料的初步分析［C］//中国碾压混凝土坝

20 年——从坑口坝到龙滩坝的跨越，2006 年 05 月，广西，中国.

[10] 石青春，等. 龙滩工程关键技术研究课题之龙滩高碾压混凝土坝快速施工技术研究报告 [R]. 中国电建集团中南勘测设计研究院. 2004.

[11] 张国新，等. 高碾压混凝土坝快速施工技术研究专题之龙滩水电站大坝混凝土温控防裂研究子题研究报告 [R]. 中国水利水电科学研究院. 2000.

[12] 黄淑萍，等. 高碾压混凝土坝快速施工技术研究专题之龙滩水电站大坝混凝土温控防裂研究子题研究报告 [R]. 中国水利水电科学研究院. 2000.

[13] 朱岳明，贺金仁，石青春. 龙滩大坝仓面长间歇和寒潮冷击的温控防裂分析 [J]. 水力发电，2003，29（5）：6－9.

[14] 胡平，杨萍，张国新. 龙滩碾压混凝土重力坝温控防裂仿真研究 [C] //第五届碾压混凝土坝国际研讨会论文集，2007. 11. 贵阳，中国.

[15] 贺金仁，朱岳明，冯树荣，石青春. 龙滩高碾压混凝土坝的温控防裂研究 [J]. 红水河，2003，22（1）：8－13.

[16] 魏大智，吴旭，龙滩水电站碾压混凝土大坝温控 [C] //第五届碾压混凝土坝国际研讨会论文集，2007.11. 贵阳，中国.

[17] DL/T 5005—92 碾压混凝土坝设计导则 [S]. 北京：水利电力出版社，1992.

[18] SDJ 21—78 混凝土重力坝设计规范 [S]. 北京：水利电力出版社，1978.

[19] NB/T 35026—2014 混凝土重力坝设计规范 [S]. 北京：中国电力出版社，2014.

[20] SL 319—2005 混凝土重力坝设计规范 [S]. 北京：中国水利水电出版社，2005.

[21] SL 314—2004 碾压混凝土坝设计规范 [S]. 北京：中国水利水电出版社，2004.

[22] DL/T 5144—2015 水工混凝土施工规范 [S]. 北京：中国电力出版社，2001.

[23] DL/T 5112—2021 水工碾压混凝土施工规范 [S]. 北京：中国电力出版社，2009.

[24] 周建平，等. 水工设计手册（第 2 版）第 5 卷　混凝土坝 [M]. 北京：中国水利水电出版社，2011.

[25] 张国新，等. 澜沧江功果桥水电站施工图阶段大坝混凝土温控计算 [R]. 中国水利水电科学研究院，2009.

[26] 张国新，等. 鲁地拉碾压混凝土重力坝技施阶段三维温度应力仿真分析与温控标准、温控措施深化研究 [R]. 中国水利水电科学研究院. 2009.